MATLAB R2009, SIMULINK et STATEFLOW
pour Ingénieurs, Chercheurs et Etudiants

Nadia Martaj · Mohand Mokhtari

# MATLAB R2009, SIMULINK et STATEFLOW pour Ingénieurs, Chercheurs et Etudiants

Dr. Nadia Martaj
Université Paris X
Pôle Scientifique et
Technologique de
Ville D'Avray
rue de Sèvres 50
92410 Ville d'Avray
France
nadia_martaj@yahoo.fr

Dr. Mohand Mokhtari
Villa Jacquemont 5
75017 Paris
e-Xpert Engineering
France
mohand.mokhtari@gmail.com

ISBN 978-3-642-11763-3 e-ISBN 978-3-642-11764-0
DOI 10.1007/978-3-642-11764-0
Springer Heidelberg Dordrecht London New York

Library of Congress Control Number: 2010929779



*Cover design*: KuenkelLopka GmbH

Printed on acid-free paper

Springer is part of Springer Science+Business Media (www.springer.com)

A ma mère Fatna, mon père Bouchaïb
Mes sœurs et mes frères

Nadia MARTAJ
nmartaj@gmail.com

A mes enfants Sonia, Omar et Hachimi

Mohand MOKHTARI
mohand.mokhtari@gmail.com

## Table des matières

# Chapitre 1 – Prise en main de MATLAB et SIMULINK



# Chapitre 2 – Chaînes de caractères, dates et heures

## Chapitre 3 – Les nombres complexes



## Chapitre 4 – Les polynômes



## Chapitre 5 – Les vecteurs et matrices

## Chapitre 6 – Les Graphiques



## Chapitre 7 – Programmation avec MATLAB

## Chapitre 8 – Tableaux multidimensionnels – Cellules et Structures



## Chapitre 9 – SIMULINK

## Chapitre 10 – Masques et sous-systèmes

# Chapitre 11 – S-fonctions



# Chapitre 12 – Les fonctions Callbacks



# Chapitre 13 – Stateflow

## Chapitre 14 – Traitement du signal

## Chapitre 15 – Régulation et contrôle de procédés



## Chapitre 16 – Contrôle par logique floue

## Chapitre 17 – Réseaux de neurones

# AVANT-PROPOS

MATLAB est un système interactif et convivial de calcul numérique et de visualisation graphique destiné aux ingénieurs et scientifiques. Il possède un langage de programmation à la fois puissant et simple d'utilisation. Il permet d'exprimer les problèmes et solutions d'une façon aisée, contrairement aux autres langages de programmation.

MATLAB intègre des fonctions d'analyse numérique, de calcul matriciel, de traitement de signal, de visualisation graphique 2D et 3D, etc. Il peut être utilisé de façon interactive ou en mode programmation. En mode interactif, l'utilisateur a la possibilité de réaliser rapidement des calculs sophistiqués et d'en présenter les résultats sous forme numérique ou graphique. En mode programmation, il est possible d'écrire des scripts (programmes) comme avec d'autres langages. L'utilisateur peut aussi créer ses propres fonctions pouvant être appelées de façon interactive ou par les scripts. Ces fonctions fournissent à MATLAB un atout inégalable : son extensibilité. Ainsi, l'environnement MATLAB peut être facilement étendu.

Dans MATLAB, l'élément de base est la matrice. L'utilisateur ne s'occupe pas des allocations mémoire ou de redimensionnement comme dans les langages classiques. Les problèmes numériques peuvent être résolus en un temps record, qui ne représente qu'une fraction infime du temps à passer avec d'autres langages comme le Basic, C, C++ ou le Fortran.

MATLAB s'impose dans les mondes universitaire et industriel comme un outil puissant de simulation et de visualisation de problèmes numériques. Dans le monde universitaire MATLAB est utilisé pour l'enseignement de l'algèbre linéaire, le traitement du signal, l'automatique, ainsi que dans la recherche scientifique. Dans le domaine industriel, il est utilisé pour la résolution et la simulation de problèmes pratiques d'ingénierie et de prototypage.

MATLAB est une abréviation de MATrix LABoratory. Ecrit à l'origine, en fortran, par Cleve Moler, MATLAB était destiné à faciliter l'accès au logiciel matriciel développé dans les projets LINPACK et EISPACK. La version actuelle, écrite en C par The MathWorks Inc., existe en version "professionnelle" et en version "étudiant". Sa disponibilité est assurée sur plusieurs plates-formes : Sun, Bull, HP, IBM, compatibles PC, Macintosh, et plusieurs machines parallèles.

MATLAB est conforté par une multitude de boîtes à outils (toolboxes) spécifiques à des domaines variés. Un autre atout de MATLAB, est sa portabilité ; la même portion de code peut être utilisée sur différentes plates-formes sans la moindre modification.

En complément de MATLAB, l'outil additionnel SIMULINK est proposé pour la modélisation et la simulation de systèmes dynamiques en utilisant une représentation de type schémas blocs.

Ce livre s'adresse tant aux débutants qu'aux programmeurs confirmés. Il permet aux débutants d'acquérir les notions de base de programmation. Ils y trouveront une approche que nous avons voulu méthodique pour en permettre une assimilation rapide. Ceux qui utilisent déjà MATLAB découvriront ici une vision cohérente du langage. L'approche pédagogique est concrète : chaque chapitre permet d'acquérir de nouvelles notions de programmation et de les appliquer immédiatement sur des cas pratiques. Les exemples, nombreux et inspirés de situations réelles, servent à démontrer les mécanismes de raisonnement et de programmation.

La première partie de cet ouvrage est une prise en main rapide de MATLAB. La syntaxe du langage et les opérations élémentaires ainsi que les fonctions de base sont décrites. Elle permet d'appréhender le langage, de le situer et de maîtriser ce qui est indispensable.

La deuxième partie est un approfondissement du langage MATLAB, les immenses possibilités de MATLAB sont présentées et approfondies. La subdivision en chapitres fournit au lecteur un accès rapide aux fonctionnalités désirées. Dans cette partie, on décrit la manipulation des vecteurs et matrices et les opérations matricielles spécialisées. La syntaxe détaillée, les techniques de programmation et de déboguage, l'interfaçage avec d'autres langages de programmation tels que C et Fortran et la réalisation d'interfaces graphiques sont fournis ainsi que les extraordinaires possibilités de visualisation graphique de MATLAB.

Un chapitre complet est consacré aux nouveautés de la version 5 de MATLAB, tels que les tableaux multidimensionnels, la programmation orientée Objets et les nouveaux outils d'édition, de déboguage et de réalisation d'interfaces graphiques.

Cette partie se termine par la description et des applications de l'outil additionnel SIMULINK dans des domaines variés.

La troisième partie, présente des applications du monde réel extraites de différents domaines tels que l'analyse numérique, les probabilités et statistiques, la classification, le contrôle de procédés et le traitement numérique des signaux déterministes et aléatoires.

Dans les applications de traitement de signal, de contrôle de procédés et de classification, nous avons utilisé quelques fonctions extraites des boîtes à outils "Signal Processing Toolbox", "Control System Toolbox" et "Neural Networks Toolbox".

Dans sa version R2009, MATLAB s'est enrichi de plusieurs outils additionnels et boites à outils.

Chapitre 1

# Prise en main de MATLAB et SIMULINK



## I. Prise en main de MATLAB

### I.1. L'aide dans MATLAB

Le premier écran de MATLAB présente quelques commandes :

`intro, demo, help help, help, info.`

| | | |
|---|---|---|
| `intro` | : | lance une introduction à MATLAB, |
| `help` | : | produit une liste des fonctions MATLAB par catégorie, |
| `help help` | : | informations sur l'utilisation de l'aide, |
| `info` | : | informations sur les boîtes à outils (`Toolboxes`) disponibles, |


N. Martaj, M. Mokhtari, *MATLAB R2009, SIMULINK et STATEFLOW pour Ingénieurs, Chercheurs et Etudiants*, DOI 10.1007/978-3-642-11764-0_1, © Springer-Verlag Berlin Heidelberg 2010

`demo` : programme de démonstration donnant une présentation des fonctionnalités de base de MATLAB.

Pour quitter MATLAB, tapez `quit` suivi de la touche ENTREE ou utilisez le menu "File" avec l'option "Exit MATLAB".
`help` : produit une liste de domaines MATLAB par catégories,

`help <fonction ou commande>` : fournit de l'aide sur l'utilisation de la fonction ou de la commande indiquée.

```
>> help demo
   DEMO Access product demos via Help browser.

   DEMO opens the Demos pane in the Help browser, listing
   demos for all installed products that are selected
   in the Help browser product filter.
```

Cette commande, appliquée devant un nom de certaines instructions MATLAB (script, fonction), affiche l'aide correspondante.

```
>> help filter
 FILTER One-dimensional digital filter.
 Y = FILTER(B,A,X) filters the data in vector X with the
     filter described by vectors A and B to create the
filtered
     data Y.  The filter is a "Direct Form II Transposed"
     implementation of the standard difference equation:

    a(1)*y(n) = b(1)*x(n) + b(2)*x(n-1) + ... + b(nb+1)*x(n-
nb)
    a(2)*y(n-1) - ... - a(na+1)*y(n-na)

    If a(1) is not equal to 1, FILTER normalizes the filter
    coefficients by a(1).

FILTER always operates along the first non-singleton
dimension,
namely dimension 1 for column vectors and non-trivial
matrices,
and dimension 2 for row vectors.

[Y,Zf] = FILTER(B,A,X,Zi) gives access to initial and final
conditions, Zi and Zf, of the delays.  Zi is a vector of
length
MAX(LENGTH(A),LENGTH(B))-1, or an array with the leading
dimension
of size MAX(LENGTH(A),LENGTH(B))-1 and with remaining
dimensions
matching those of X.
```

```
FILTER(B,A,X,[],DIM) or FILTER(B,A,X,Zi,DIM) operates along
the dimension DIM.
See also filter2 and, in the signal Processing Toolbox.
```

La commande filter appartient à la boite à outils de traitement de signal (Signal Processing Toolbox).

```
>> which filter
built-in C:\Program
Files\MATLAB\R2009a\toolbox\matlab\datafun\@single\filter) %
single method
```

Dans cette aide, nous trouvons les différents cas d'utilisation de cette fonction avec des exemples. On suggère, enfin, de consulter d'autres fonctions de la même catégorie.
Certaines commandes ou fonctions de base (built-in function), ne possèdent pas de texte d'aide, comme la fonction inv.

lookfor <mot-clé> : fournit la liste des fonctions et commandes contenant le mot-clé spécifié dans la première ligne de leur texte d'aide.

On peut aussi faire appel à la documentation MATLAB pour des fonctions, par la commande : doc 'fonction', comme pour la fonction exponentielle :

```
>> doc exp
exp
Exponential
Syntax
Y = exp(X)
Description
The exp function is an elementary function that operates
element-wise on arrays. Its domain includes complex numbers.
Y = exp(X) returns the exponential for each element of X. For
complex , it returns the complex exponential
```

Y = exp(X) returns the exponential for each element of X. For complex $z = x + i*y$, it returns the complex exponential $e^z = e^x(\cos(y) + i\sin(y))$.

```
.
Remark
Use expm for matrix exponentials.
```

L'exemple suivant de la commande lookfor a pour but de lister l'ensemble des commandes et fonctions MATLAB contenant le mot-clé identity.

```
>>  lookfor identity
eye          - Identity matrix.
speye        - Sparse identity matrix.
dspblkeye    - is the mask function for the Signal Processing
               Blockset Identity
```

La commande help help montre les différentes façons d'utiliser la commande help.

D'autres types d'aide peuvent être fournis par les commandes suivantes :

```
doc,
docsearch,
helpbrowser, helpwin,
matlabpath,
more,
which,
whos,
```

Pour avoir de l'aide sur un thème donné de MATLAB, comme pour les graphiques par exemple :

```
` demo matlab graphics
```

## ı.2. Types de données

Dans MATLAB, il y a un seul type de données : le type matrice (Matrix). Tout est matrice, un scalaire est une matrice carrée d'ordre 1. Il n'y a donc pas de déclaration de types. De même, l'utilisateur ne s'occupe pas de l'allocation mémoire. Les variables matrices et vecteurs peuvent être redimensionnés et même changer de type.

MATLAB fait la distinction entre les majuscules et minuscules ; ainsi, `mavar` et `MAVAR` sont deux variables différentes.

```
>> variable=2;
>> Variable
??? Undefined function or variable 'Variable'.
```

## I.3. Notions de base de MATLAB

***Le mode interactif***

Dans le mode interactif, MATLAB peut être utilisé comme une "super-puissante" calculatrice scientifique. On dispose des opérations arithmétiques et d'un ensemble important de fonctions de calcul numérique et de visualisation graphique.

***Variables spéciales et constantes***

Dans MATLAB, on trouve des constantes pré-définies :

| | |
|---|---|
| `pi :` | 3.14159265358979. pi=4atan(1)= imag(log(-1)). |
| `eps :` | 2.2204e-016 (distance entre 1.0 et le flottant le plus proche) ; cette valeur peut être modifiée, |
| `Inf (Infinite) :` | nombre infini, |
| `NaN (Not a Number) :` | n'est pas un nombre, exprime parfois une indétermination. |
| `ans :` | variable contenant la dernière réponse. |

Comme constantes prédéfinies, on trouve :

```
>>  pi
ans =
    3.1416
```

`sin(pi)` ne donne pas exactement `0`.

```
>> sin(pi)
ans =
  1.2246e-016
>>  eps
eps =
    2.2204e-016
```

Cette variable qui vaut $2^{-52}$, peut être modifiée en lui assignant une autre valeur, auquel cas elle perd sa valeur prédéfinie. Il en est de même pour `pi` ou `i` qui désigne l'imaginaire pur unité.

```
>> 1/0
Warning: Divide by zero
ans =
    Inf
>>  0/0
Warning: Divide by zero
ans =
    NaN
```

***Opérations arithmétiques***

Les opérations arithmétiques de base dans MATLAB sont : + pour l'addition, - pour la soustraction, * pour la multiplication et / ou \ pour la division. La division à droite et la division à gauche ne donnent pas les mêmes résultats, ce sont donc deux opérations différentes que ce soit pour les scalaires ou pour les vecteurs et matrices.

*Exemples*

```
>>  5+7-3+2*5
ans =
    19
```

`a/b` : c'est `a` qui est divisé par `b`

```
>>  4/3
ans =
    1.3333
```

`a\b` : c'est `b` qui est divisé par `a`

```
>>  4\3
```

```
ans =
    0.7500
```

Les opérations peuvent être enchaînées en respectant les priorités usuelles des opérations et en utilisant des parenthèses.

```
>>  4*(-5)+12
ans =
    -8
>>  2.3*(4-6)/(3+15)
ans =
   -0.2556
```

MATLAB possède l'opérateur "^" pour l'élévation à une puissance entière ou réelle.

```
>>  3^4
ans =
    81
```

```
>>  5.3^(-1.5)
ans =
    0.0820
```

L'élévation à une puissance est prioritaire par rapport aux autres opérations ; l'utilisation des parenthèses est recommandée.

```
>>  9^1/2
ans =
    4.5000
>>  9^(1/2)
ans =
    3
```

***Format des nombres et précision des calculs***

MATLAB a la possibilité d'afficher les valeurs des variables dans différents formats : flottants courts (`short`), flottants longs (`long`), flottants courts en notation scientifique (`short e`), flottants longs en notation scientifique (`long e`), ainsi que les formats monétaire, hexadécimal et rationnel (notation sous forme d'une fraction).

*format flottant short*

```
>> format short
>> 22/7
ans =
    3.1429
```

*format flottant long*

```
>> format long
>> 22/7
```

```
ans =
   3.142857142857143
```

*format flottant short en notation scientifique*

```
>> format short e
>> 22/7
ans =
    3.1429e+000
```

*format flottant long en notation scientifique*

```
>> format long e
>> 22/7
ans =
    3.142857142857143e+000
```

*format rationnel (fraction)*

```
>>  format rat
>> 0.36
ans =
       9/25
>> format hex
>> 1977
ans =
   409ee40000000000
```

***Edition des lignes de commande***

MATLAB conserve l'historique des commandes entrées de façon interactive lors d'une session. Il est donc possible de récupérer des instructions déjà saisies et de les modifier dans le but de les réutiliser.
Il suffit de double-cliquer dessus pour les réexécuter. On peut tout aussi les effacer et les supprimer de l'espace de travail par un clic droit de la souris. L'historique est conservé dans la fenêtre `History` de l'environnement MATLAB.

## I.4. Tableaux

### *I.4.1. Vecteurs ou tableaux à 1 dimension*

Le moyen le plus simple de saisir un vecteur de type ligne est d'entrer ses éléments en les séparant par des blancs ou des virgules.

*Saisie du tableau x, vecteur ligne*

```
>>  x = [6 4 7]
x =
     6     4     7
```

Afin d'éviter l'affichage du résultat d'une expression quelconque, on terminera celle-ci par un point-virgule.

*Autre façon de saisir un vecteur ligne*

```
>>  x = [6,4,7] ;
```

Ce vecteur est considéré comme une matrice à une ligne et trois colonnes.

```
>>  size(x)
ans =
     1     3
```

Les dimensions d'un tableau quelconque peuvent être récupérées par la commande `size` sous forme d'un vecteur, `[m n]`, `m` et `n` étant respectivement le nombre de lignes et de colonnes.

```
>>  [m n] = size(x)
m =
     1
n =
     3
```

La longueur d'un tableau quelconque est, par définition, sa plus grande dimension.

```
>>  longueur_x = length(x)
longueur_x =
     3
```

Si l'on veut créer le vecteur `v = [6 4 7 1 2 8]`, on peut utiliser le vecteur `x` précédent, en réalisant une concaténation.

*Construction d'un tableau à partir d'un autre*

```
>>  v = [x 1 2 8]
v =
     6     4     7     1     2     8
```

De même pour avoir le vecteur `w = [1 6 4 7 1 2 8]`, nous avons deux possibilités :

```
>>  w = [1 v]
w =
      1     6     4     7     1     2     8
```

```
>>  w = [1 x 1 2 8]
w =
      1     6     4     7     1     2     8
```

Dans MATLAB, les indices d'un tableau commencent à 1. Pour récupérer une composante d'un vecteur, il faut spécifier son indice entre parenthèses.

```
>>  w(3)
ans =
      4
```

Si les composantes d'un vecteur sont espacées d'un pas constant et si la première et la dernière valeur sont connues, alors ce vecteur peut être décrit de la manière suivante :

```
>>  debut = 0; fin = 1;
>>  pas = 0.25;
>>  t = debut:pas:fin
t =
     0    0.2500    0.5000    0.7500    1.0000
```

Si on omet de spécifier ce pas, celui-ci est pris par défaut à 1.

```
>> x=3:6
x =
     3     4     5     6
```

L'addition et la soustraction de vecteurs de mêmes dimensions se font élément par élément.

```
>>  x = [0 4 3];
>>  y = [2 5 7];
>>  x-y
ans =
    -2    -1    -4
>>  x+y
ans =
     2     9    10
```

Ajouter ou retrancher un scalaire à un vecteur, revient à l'ajouter ou le retrancher à toutes les composantes du vecteur.

```
>>  3+x
ans =
     3     7     6
```

```
>>  x-2
ans =
    -2     2     1
```

De même, la multiplication et la division d'un vecteur par un scalaire sont réalisées sur toutes les composantes du vecteur.

```
>>  2*x
ans =
     0     8     6
>>  x/4
ans =
     0    1.0000    0.7500
```

La transformation d'un vecteur ligne en un vecteur colonne et inversement, sera réalisée à l'aide de l'opérateur de transposition " ' ".

```
>>  tx = x'
```

```
tx =
      0
      4
      3
```

Le produit d'un vecteur par sa transposée donne le carré de la norme de celui-ci.

```
>>  x*tx
ans =
     25
```

Le produit d'un vecteur colonne de taille n par un vecteur ligne de taille m donne une matrice de dimensions (n, m).

```
>>  tx*y
ans =
      0     0     0
      8    20    28
      6    15    21
```

En précédant d'un point les opérateurs *, / , \ et ^, on réalise des opérations élément par élément.

```
>>  x.*y
ans =
      0    20    21
```

```
>>  x.^2
ans =
      0    16     9
```

```
>>  x./y
ans =
      0    0.8000     0.4286
```

```
>>  y.\x
ans =
      0    0.8000     0.4286
```

Plusieurs fonctions opérant directement sur des vecteurs sont disponibles sous MATLAB. On peut en citer :

`sum` : somme des composantes d'un vecteur,
`prod` : produit des composantes d'un vecteur,
`sqrt` : racines carrées des composantes d'un vecteur,
`mean` : moyenne des composantes d'un vecteur.

```
>>  sum(x)
ans =
      7
```

```
>>  prod(y)
ans =
     70
```

```
>>  sqrt(x)
ans =
     0     2.0000     1.7321
```

```
>>  mean(x)
ans =
     2.333
>> cumsum(x) % somme cumulée des composantes du vecteur x
ans =
     0     4     7
```

On se propose d'utiliser la méthode de Cramer pour la régression non linéaire. Nous avons la série de mesures y en fonction de x :

```
x = [0.10 0.20 0.50 1.0  1.50 1.90 2.00 3.00 4.00 6.00]
y = [0.95 0.89 0.79 0.70 0.63 0.58 0.56 0.45 0.36 0.28]
```

En traçant y en fonction de x, nous obtenons la courbe suivante d'allure exponentielle.

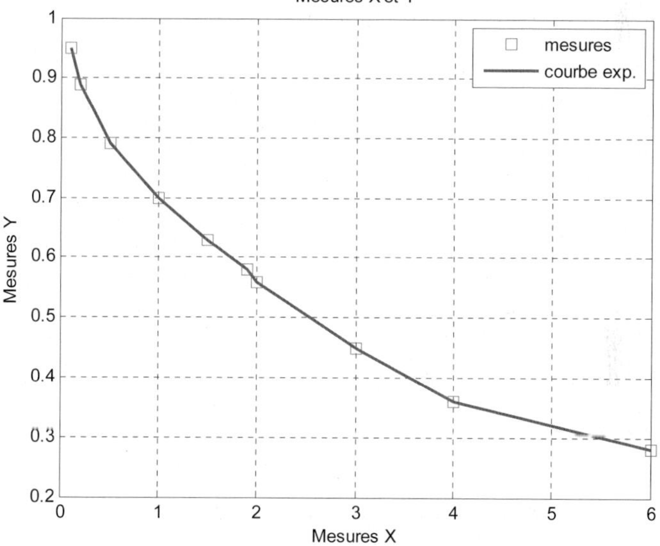


La méthode de Cramer permet d'utiliser les opérations de calcul matriciel. En cherchant le modèle suivant : `y = a e^(b x)`, nous passons au modèle linéaire en considérant le nouveau signal : `z = log(y)= b x + log a` $= \alpha$ `x +` $\beta$

Le calcul des paramètres α et β se fera par les formules suivantes :

$$\alpha = \frac{\det\begin{bmatrix} \sum_{k=1}^{N} z(k) & \sum_{k=1}^{N} x(k) \\ \sum_{k=1}^{N} x(k)\, z(k) & \sum_{k=1}^{N} x(k)^2 \end{bmatrix}}{\det\begin{bmatrix} N & \sum_{k=1}^{N} x(k) \\ \sum_{k=1}^{N} x(k) & \sum_{k=1}^{N} x(k)^2 \end{bmatrix}}, \quad \beta = \frac{\det\begin{bmatrix} N & \sum_{k=1}^{N} z(k) \\ \sum_{k=1}^{N} x(k) & \sum_{k=1}^{N} x(k)\, z(k) \end{bmatrix}}{\det\begin{bmatrix} N & \sum_{k=1}^{N} x(k) \\ \sum_{k=1}^{N} x(k) & \sum_{k=1}^{N} x(k)^2 \end{bmatrix}}$$

*fichier regress_cramer.m*

```
clear all,
close all
x = [0.1 0.2 0.5 1.0 1.5 1.9 2.0 3.0 4.0 6.0];
y = [0.95 0.89 0.79 0.70 0.63 0.58 0.56 0.45 0.36 0.28];
figure(1)
plot(x,y,x,y,'r*')

N =length(x);

% construction de la matrice de mesures phi
z = log(y);
den =det([length(x) sum(x);sum(x) sum(x.^2)]);
alpha = det([sum(z) sum(x);sum(x.*z) sum(x.^2)])/den;
beta = det([N sum(z);sum(x) sum(x.*z)])/den;

% extraction des coefficients A et B du modèle
a = exp(alpha);
b = beta;

% vérification de la linéarisation de z=alpha*x+beta
figure(2)
plot(x,z)

% calcul sortie du modèle
ym = a*exp(b*x)

% tracé des données réelles et du modèle
figure(3)
plot(x,y,'p'), hold on, plot(x,ym,'k')
grid
xlabel('x')
gtext('Modèle exponentiel'), gtext('Mesures')
title('Mesures et modèle exponentiel')
```

Nous obtenons les paramètres suivants :

```
>> alpha
alpha =
   -0.1238

>> beta
beta =
   -0.2080
```

Soit :

```
>> a
a =
    0.8835

>> b
b =
   -0.2080
```

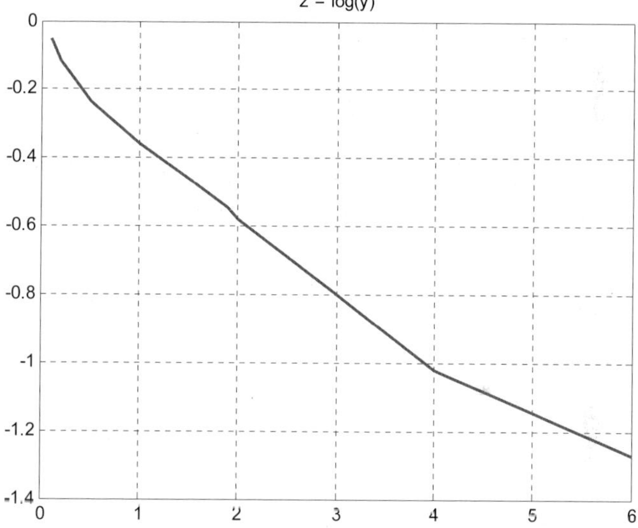


La figure suivante montre les données de mesures et leur modèle exponentiel.

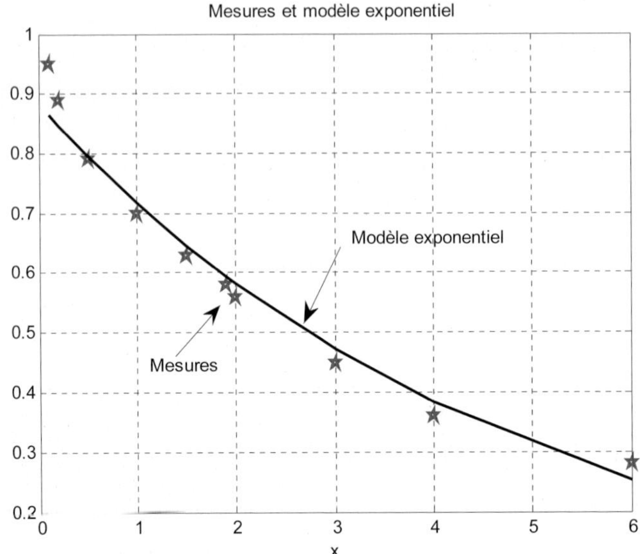


### *I.4.2. Matrices ou tableaux à 2 dimensions*

La matrice ou tableau à 2 dimensions est un type de base de MATLAB.

*Saisie d'une matrice*

La saisie d'une matrice peut être faite de différentes façons.

- **Vecteurs lignes séparés par un saut de ligne ( ;)**

```
>> matrice=[5 7 9; 1 4 2]
matrice =
     5     7     9
     1     4     2
```

- **Vecteurs séparés par un retour à la ligne**

```
>> matrice2=[3 5 7
8 6 10]
matrice2 =
     3     5     7
     8     6    10
```

*Concaténation de matrices*

La concaténation de 2 ou plusieurs matrices de dimensions adéquates, peut se faire horizontalement ou verticalement.

Soit les matrices A et B suivantes :

```
>> A =[5 7 3;2 9 4]

A =
     5     7     3
     2     9     4

>> B = [5 3 0; 7 1 6]

B =
     5     3     0
     7     1     6
```

La concaténation horizontale se fait comme suit :

```
>> ConcatHoriz = [A B]

ConcatHoriz =
           5     7     3     5     3     0
           2     9     4     7     1     6
```

La concaténation verticale se fait en faisant suivre A par un retour à la ligne (point-virgule).

```
>> ConcatVert = [A; B]

ConcatVert =
           5     7     3
           2     9     4
           5     3     0
           7     1     6
```

Nous pouvons aussi utiliser la commande `cat`, en spécifiant la dimension selon laquelle on concatène ces matrices.
La syntaxe est la suivante :

```
MatConcat = cat(dim, A, B)
```

```
>> MatConcatH=cat(2,A,B)
MatConcatH =
     5     7     3     5     3     0
     2     9     4     7     1     6
```

```
>> MatConcatV=cat(1,A,B)
MatConcatV =
     5     7     3
     2     9     4
     5     3     0
     7     1     6
```

La concaténation selon la dimension 3 produit un tableau à 3 dimensions, où chaque matrice formera une page (Se référer au chapitre « Tableaux multidimensionnels »).

*Indexation d'une matrice*

Pour extraire un élément d'une matrice, il suffit de spécifier l'indice de la ligne et celui de la colonne où se trouve cet élément.

L'élément de la 2ème ligne et 4ème colonne est :

```
>> MatConcatH(2,4)

7
```

Elément de la 2ème ligne et des colonnes 4 à 6 :

```
>> MatConcatH(2,4:6)

ans =
     7     1     6
```

On peut ainsi extraire une sous-matrice comme suit (cas des lignes 2 à 3 et colonnes 1 à 2).

```
>> SousMat=MatConcatV(2:3,1:2)

SousMat =
     2     9
     5     3
```

*Suppression de lignes ou de colonnes*

On peut supprimer une ou plusieurs lignes ou colonnes d'une matrice en les remplaçant par un ensemble vide symbolisé par deux crochets [].

Si l'on veut supprimer la 2ème colonne de `MatConcatV` :

```
>> MatConcatV(:,2)=[]

MatConcatV =
     5     3
     2     4
     5     0
     7     6
```

Le signe « : » signifie toutes les lignes.

Pour étudier d'autres propriétés et opérations matricielles, on se référera au chapitre « Vecteurs et matrices ».

### *I.4.3. Tableaux multidimendionnels*

Un tableau à 3 dimensions est une succession, en profondeur, de matrices appelées pages.

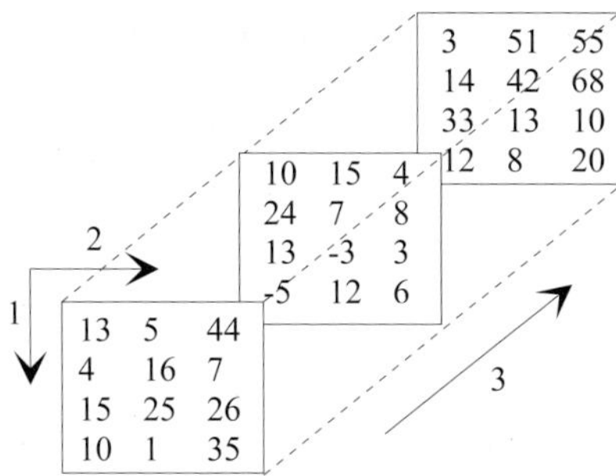


Ce tableau possède ainsi 3 pages, chacune ayant 4 lignes et 3 colonnes.
On indexe un élément de ce tableau selon la règle :

`tableau(num_ligne, num_colonne, num_page).`

Ainsi la valeur 68, 2ème ligne et 3ème colonne de la 3ème page peut être indexée par : `tableau(2,3,3)`

Ci-après, nous créons 2 matrices de même nombre de colonnes pour faire une concaténation verticale (selon la direction 1).

```
>> clear all
>> page1=randn(4);
>> page2=ones(2,4);
>> page3=randn(1,4);
>> mat1=cat(1,page1,page2,page3)

mat1 =
   0.5377    0.3188    3.5784    0.7254
   1.8339   -1.3077    2.7694   -0.0631
  -2.2588   -0.4336   -1.3499    0.7147
   0.8622    0.3426    3.0349   -0.2050
   1.0000    1.0000    1.0000    1.0000
   1.0000    1.0000    1.0000    1.0000
  -0.1241    1.4897    1.4090    1.4172
```

La création d'un tableau à 3 dimensions se fait par la concaténation selon la direction 3 de matrices de mêmes dimensions.

```
>> page1=ones(3);
>> page2=eye(3);
>> mat2=cat(3,page1,page2)
```

```
mat2(:,:,1) =
     1     1     1
     1     1     1
     1     1     1
mat2(:,:,2) =
     1     0     0
     0     1     0
     0     0     1
```

Selon la direction 2, on réalise une concaténation horizontale.
L'ajout d'un scalaire à un tableau multidimensionnel consiste à l'ajouter à tous ses éléments.

```
>> mat2+0.5

ans(:,:,1) =
    1.5000    1.5000    1.5000
    1.5000    1.5000    1.5000
    1.5000    1.5000    1.5000

ans(:,:,2) =
    1.5000    0.5000    0.5000
    0.5000    1.5000    0.5000
    0.5000    0.5000    1.5000
```

Les opérations propres aux vecteurs, telles que `sum`, `mean`, `max`, etc. se font selon les colonnes, puis le vecteur ligne obtenu et enfin par page.

```
>> sum1 = sum(sum((ans))
ans(:,:,1) =
   13.5000

ans(:,:,2) =
    7.5000

>> sum(sum(sum(sum1))
ans
    21
```

Le symbole ' :' transforme tout tableau en un vecteur colonne. Grâce à cette transformation, une seule commande `sum` suffit pour faire la somme de tous les éléments d'un tableau multidimensionnel.

```
>> sum(mat2(:)+0.5)
ans =
    21
```

Nous pouvons supprimer les éléments de la 2$^{\text{ème}}$ colonne du tableau en remplaçant toutes les lignes de toutes ses pages par un ensemble vide. Appliquons-le à la matrice `mat2` :

```
>> mat2(:,2,:)=[]
mat2 =
     1     0
     0     0
     0     1
```

La matrice `mat2` possède toujours 3 lignes mais seulement 2 colonnes, la 1ère et la 3ème de la matrice d'origine.

## I.5. Les chaînes de caractères

Toute chaîne de caractères est une matrice à une ligne, et un nombre de colonnes égal à sa longueur. Une chaîne est considérée par MATLAB comme un vecteur ligne dont le nombre d'éléments est le nombre de ses caractères.

```
>>  ch = 'matlab'
ch =
matlab
```

Les dimensions de la chaîne de caractères sont données par la commande `size`.

```
>>  [n, m] = size(ch)
n =
     1
m =
     6
```

Ainsi la chaîne `'matlab'` est considérée comme une matrice à une ligne et six colonnes, ou plus simplement comme un vecteur ligne de taille 6.

La commande `length` qui permet d'obtenir la taille d'un vecteur ou la plus grande dimension d'une matrice, est applicable aux chaînes de caractères dont elle retourne la longueur.

```
>>  length(ch)
ans =
     6
```

On peut concaténer plusieurs chaînes de caractères en les écrivant comme des éléments d'un vecteur.

```
>>  cch = ['langage ' ch]
cch =
langage matlab
```

Comme pour les vecteurs, sa transposition devient une chaîne verticale de même longueur.

```
>> ch'
ans =
```

```
m
a
t
l
a
b
```

## I.6. Les nombres complexes

L'imaginaire pur i ($i^2 = -1$) est noté i ou j. Un nombre complexe est donc de la forme z = a + ib ou a + jb. Mais MATLAB, dans ses réponses, donne toujours le symbole i.

```
>>  i^2
ans =
  -1.0000 + 0.0000i
>>  j^2
ans =
  -1.0000 + 0.0000i
```

Le conjugué d'un nombre complexe est obtenu par la fonction `conj`. Considérons le nombre complexe `z1`.

```
>>  z1 = 4-3i
z1 =
   4.0000 - 3.0000i
```

Son conjugué, noté `z1c`, est :

```
>>  z1c = conj(z1)
z1c =
   4.0000 + 3.0000i
```

Le conjugué peut aussi se calculer par la transposition du nombre complexe.

```
>> z1'
ans =
   4.0000 + 3.0000i
```

Nous pouvons aussi effectuer les opérations courantes sur les complexes telles que l'addition, la multiplication, l'élévation à une puissance et la division.

```
>>  z2 = 2+3i
z2 =
   2.0000 + 3.0000i
```

*Addition de deux complexes*

```
>>  z1+z2
ans =
   6
```

*Multiplication*

```
>>  z1*z2
ans =
   17.0000 + 6.0000i

>>  z1*z1c
ans =
   25
```

*Division*

```
>>  z1/z2
ans =
  -0.0769 - 1.3846i
```

*Elévation à une puissance*

```
>>  z2^3
ans =
  -46.0000 + 9.0000i
```

*Inverse*

```
>> 1/(1+j)
ans =
   0.5000 - 0.5000i
```

*Remarques*

Il n'est plus nécessaire d'écrire le signe de multiplication '*' avant i (ou j) ; on peut noter `z = 4+2i` au lieu de `z = 4+2*i`. Ce signe est, par contre, nécessaire avant le nom du variable.

```
>> im = 3;
>> 2+jim
??? Undefined function or variable 'jim'.
```

Il est conseillé d'utiliser la première notation pour éviter toute ambiguïté, surtout si on a défini une variable i à laquelle on a affecté une valeur.

Par exemple, si on définit une variable i à laquelle on affecte la valeur 3,

```
>>  i = -3;
```

La définition du complexe z sans le signe '*' avant i, donne bien le nombre complexe désiré.

```
>>  z = 4+2i
z =
    4.0000 + 2.0000i
```

Alors que si l'on utilise le signe '*', i représente la variable précédemment affectée de la valeur -3 au lieu du symbole i des nombres complexes ; dans ce cas, l'instruction précédente revient à une simple opération arithmétique.

```
>>  z = 4+2*i
z =
   -2
```

Les fonctions `real` et `imag` permettent d'obtenir respectivement les parties réelle et imaginaire d'un nombre complexe.

```
>>  a = real(z1)
a =
    4
>>  b = imag(z1)
b =
   -3
```

*Module et argument*

Nous pouvons calculer le module et l'argument d'un nombre complexe à partir de leurs définitions mathématiques.

```
>>  r = sqrt(z1*z1c)
r =
    5
```

```
>>  theta = atan(b/a)
theta =
   -0.6435
```

MATLAB propose les fonctions `abs` et `angle` qui permettent d'obtenir directement le module et l'argument d'un complexe.

```
>>  r = abs(z1)
r =
    5
```

```
>>  theta = angle(z1)
theta =
   -0.6435
```

*Rappel*

forme algébrique : `z = a + ib`
forme trigonométrique : `z = [r, theta]`

`r` et `theta` sont respectivement le module et l'argument de `z`.
La connaissance de l'une de ces formes permet d'aboutir à l'autre.

```
>>  z = r*(cos(theta)+i sin(theta))
ans =
   4.0000 - 3.0000i
```

Il est aussi possible d'utiliser la notation exponentielle.

```
>>  r*exp(j*theta)
ans =
   4.0000 - 3.0000i
```

Comme on peut définir des tableaux ou des matrices de réels, on peut aussi définir des tableaux et des matrices de complexes.

```
>> Z = [z1 0; z2 z1+z2]
Z =
   4.0000 - 3.0000i        0
   2.0000 + 3.0000i   6.0000
```

*Transformation en vecteur colonne*

```
>> Z(:)
ans =
   4.0000 - 3.0000i
   2.0000 + 3.0000i
        0
   6.0000
```

*Somme de tous les éléments de la matrice*

```
>> sum(sum(Z))
ans =
    12
```

## I.7. Les polynômes

MATLAB représente un polynôme sous forme d'un tableau de ses coefficients classés dans l'ordre des puissances décroissantes.

***Saisie d'un polynôme***

Le polynôme `P` d'expression : $P(x) = x^2 - 6x + 9$, est représenté par le tableau à 1 dimension suivant :

```
>>  P = [1 -6 9]

P =
   1    -6     9
```

Le nombre d'éléments du tableau est égal au degré du polynôme `+1`.

Le polynôme $Q(x) = x^3 + 2x^2 - 3$ est représenté par :

```
>>  Q = [1 2 0 -3]

Q =
     1     2     0    -3
```

***Racines d'un polynôme***

On peut déterminer les racines des polynômes `P` et `Q` à l'aide de la fonction `roots`.

```
>>  roots(P)
ans =
     3
     3
```

Ceci est exact car $P(x) = (x-3)^2$.

```
>>  roots(Q)
ans =
   -1.5000 + 0.8660i
   -1.5000 - 0.8660i
     1.0000
```

Le polynôme Q pouvant être mis en facteur comme suit :

$$Q(x) = (x-1)(x^2 + 3x + 3)$$

ses racines sont bien : $1$ ; $-\frac{3}{2} - i\frac{\sqrt{3}}{2}$ ; $-\frac{3}{2} + i\frac{\sqrt{3}}{2}$.

***Evaluation de polynômes***

Pour évaluer un polynôme en un point, on utilise la fonction `polyval`.

*Valeur du polynôme P en 1 et celle du polynôme Q en 0*

```
>>  polyval(P,1)
ans =
     4
```

```
>>  polyval(Q,0)
ans =
    -3
```

***Détermination d'un polynôme à partir de ses racines***

On peut aussi déterminer les coefficients d'un polynôme à partir de ses racines en utilisant la fonction `poly`.

On cherche, par exemple, le polynôme qui a pour racines : 1, 2 et 3.
Celles-ci peuvent être définies comme les éléments d'un vecteur r.

```
>>  r = [1 2 3]
r =
     1     2     3
```

Le polynôme recherché est alors :

```
>>  K = poly(r)
K =
     1    -6    11    -6
```

qui correspond à : $K(x)=x^3-6x^2+11x-6$. En multipliant par un réel non nul, tous les coefficients de K, on trouve un autre polynôme ayant les mêmes racines que K.

On vérifie bien que les racines du polynôme K sont 1, 2 et 3.

```
>>  racines = roots(K);
```

```
>>  racines

racines =
    3.0000
    2.0000
    1.0000
```

***Représentation graphique***

Pour tracer la représentation graphique du polynôme K(x), définissons un domaine pour la variable x qui contient les racines de K.

*Domaine des valeurs de la variable x et évaluation du polynôme K*

```
>>  x = 0:0.1:4;
>>  y = polyval(K,x);
```

*Tracé de la fonction y = K(x)*

```
>> plot(x,y)
>> grid
>> title('tracé de y = x^3-6x^2+11x-6')
>> xlabel('x')
>> ylabel('y')
```

Grâce au bouton Data Curseur, nous montrons sur le graphique les solutions du polynôme.

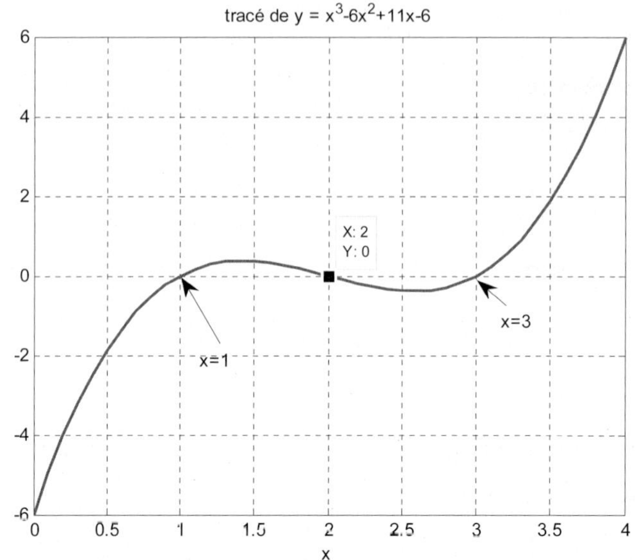


`plot :` tracé d'une représentation graphique,
`grid :` affiche une grille,
`title :` attribue un titre au graphique,
`xlabel :` attribue un texte à l'axe des abscisses,
`ylabel :` attribue un texte à l'axe des ordonnées.

Le titre, les labels de x et de y peuvent être insérés directement par le menu `Insert` de la fenêtre graphique.

***Multiplication et division de polynômes***

La multiplication et la division de polynômes peuvent être réalisées facilement avec MATLAB. Soient deux polynômes `P1` et `P2` définis par :

$$P_1(x) = x + 2$$

$$P_2(x) = x^2 - 2x + 1$$

```
>>  P1 = [1 2]
P1 =
     1     2
```

```
>>  P2 = [1 -2 1]
P2 =
     1    -2     1
```

Le résultat de la multiplication de `P1` par `P2` est le polynôme `P3` qui s'obtient avec la fonction `conv`.

```
>>  P3 = conv(P1,P2)
P3 =
     1     0    -3     2
```

La division de deux polynômes se fait par la fonction `deconv`. Le quotient `Q` et le reste `R` de la division peuvent être obtenus sous forme d'éléments d'un tableau.

```
>>  [Q,R] = deconv(P2,P1)

Q =
     1    -4
R =
     0     0     9
```

En divisant `P3` par `P1`, on retrouve bien le polynôme `P2` (le reste `R` est nul).

```
>> [Q,R] = deconv(P3,P1)

Q =
     1    -2     1

R =
     0     0     0     0
```

`R` est le polynôme nul si la division est exacte.

## I.8. Graphiques 2D et 3D

MATLAB peut produire des graphiques couleurs 2D et 3D impressionnants. Il fournit aussi les outils et moyens de personnaliser et de modifier pratiquement tous leurs aspects, facilement et de manière parfaitement contrôlée.
Pour avoir un aperçu des possibilités de MATLAB, il est conseillé de consulter le programme de démonstration en entrant la commande `demo` à la suite de l'invite ">>".

```
>> demo matlab graphics
```

### *I.8.1. Graphiques 2D*

La commande `plot` permet de tracer des graphiques `xy`. Avec `plot(x,y)` on trace `y` en fonction de `x` ; `x` et `y` sont des vecteurs de données de mêmes dimensions.

*Définition de l'intervalle de x et calcul des valeurs de la fonction y = f(x)*

```
>> x =  -pi:0.1:pi
>> y =  sin(x);
```

*Tracé de la fonction*

```
>>  plot(x,y)
```

*Documentation du graphique*

```
>>  grid
>>  xlabel('angle : de -\pi à \pi')
>>  title('courbe de sin \pi x/\pi x')
```

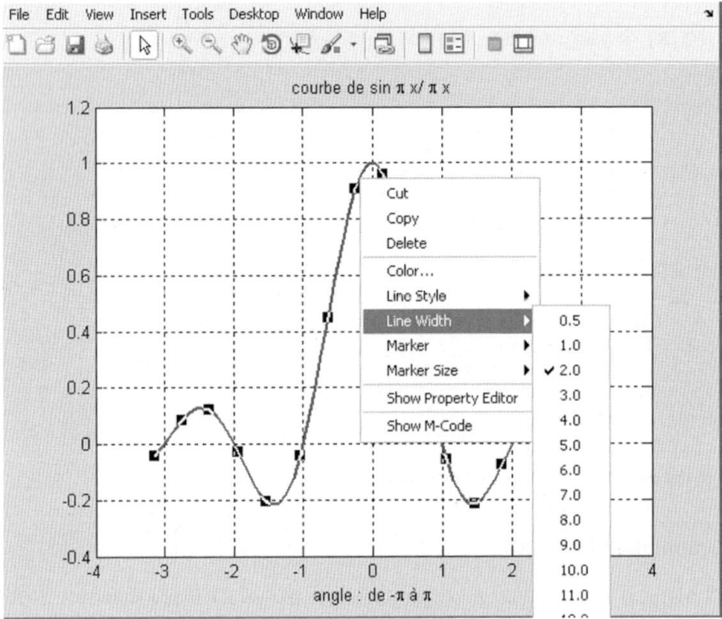


La taille du trait peut être modifiée graphiquement en le sélectionnant à la souris puis un clic droit en choisissant l'option `LineWidth` après avoir sélectionné la flèche d'édition graphique.

De même, on peut modifier la taille et la police des caractères du titre et du label de l'axe des x et y ainsi que celles du texte à l'intérieur de la fenêtre graphique.

La commande `figure(gcf)` permet de passer du mode interactif à la fenêtre graphique courante. Vous pouvez aussi utiliser le menu "`Window`" et sélectionner la fenêtre graphique.

Au graphique courant vous pouvez ajouter un titre, une grille, une légende pour les axes ou du texte sur le graphique grâce aux commandes : `title`, `grid`, `xlabel`, `ylabel`, `text` et `gtext`.

On peut aussi tracer des courbes paramétriques.

```
>>  t = 0:0.001:2*pi;
>>  x = cos(3*t);
>>  y = sin(2*t);
>>  plot(x,y)
>>  grid
>>  xlabel('x')
>>  ylabel('y')
>>  title('courbe de lissajous')
```

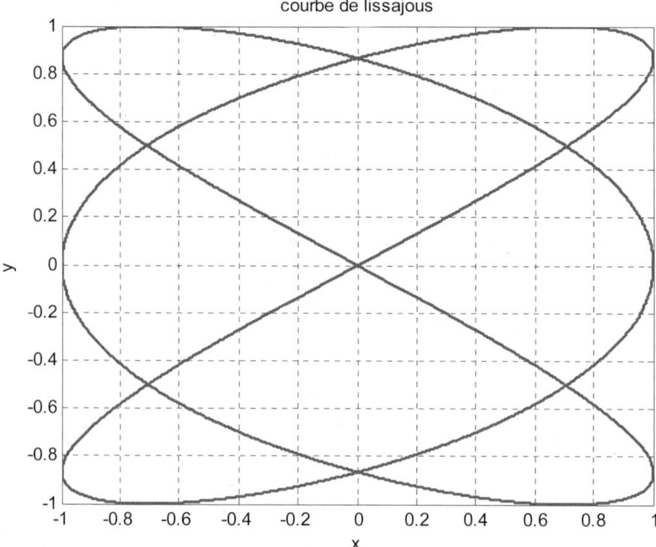


Pour imprimer le graphique courant, on utilisera la commande `print`. Pour la coller dans un texte, on utilisera l'option `Copy Figure`.
Cette copie se fera selon les options que l'on spécifie dans `Copy options` de ce même menu `edit`. On peut choisir un arrière plan blanc (`Force white background`), un arrière plan transparent, etc. On peut aussi copier l'image comme un métafile avec perte ou préservation des informations ou une image `Bitmap (.bmp)`.

### *I.8.2. Graphiques 3D*

Soit l'exemple suivant d'une fonction à 2 variables :

$$z = \frac{\sin(x^2 + y^2)}{x^2 + y^2},$$

pour `x` et `y` variant de $-\pi$ à $\pi$ avec un pas de $\pi/10$.

```
>>  alpha = -pi:pi/10:pi;
```

```
>> beta = alpha;
```

Dans la prochaine étape on génère deux matrices carrées `X` et `Y` qui définissent le domaine de calcul de `z`, on utilisera pour ceci la fonction `mesh` pour le tracé.

```
[X,Y]= meshgrid(alpha, beta);
```

On évalue la fonction `z` et on stocke les données dans la variable `Z`.

```
>> Z = sin(X.^2+Y.^2)./(X.^2+Y.^2);
```

On dessine la surface représentative de la fonction.

```
>> mesh(X,Y,Z)
```

Nous pouvons rajouter un titre pour le tracé (`title`), des légendes pour les axes (`xlabel`, `ylabel` et `zlabel`) ainsi qu'un quadrillage (`grid`).

```
>> xlabel('angle \alpha = -\pi : \pi')
>> ylabel('angle \beta =  -\pi : \pi')
>> title('sin (\alpha^2+\beta^2)/(\alpha^2+\beta^2)')
```

Si une apostrophe est présente dans une chaîne de caractères, il faut la doubler car MATLAB l'utilise comme délimiteur de chaînes.

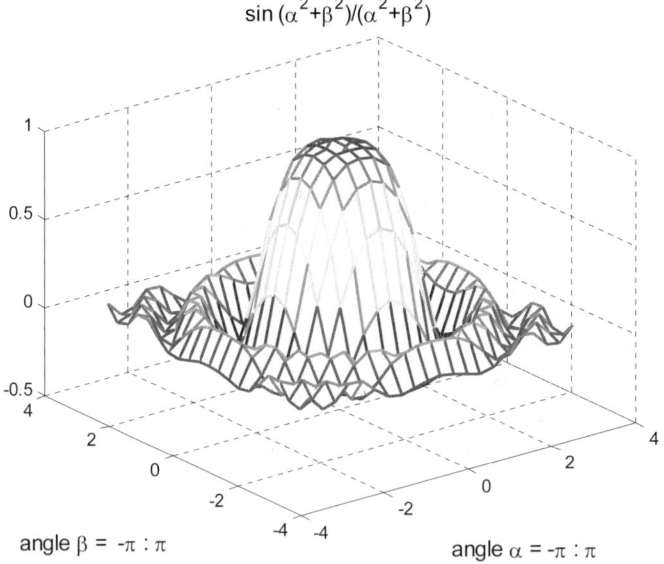

D'autres commandes comme `plot3`, `surf`, etc. étendent considérablement les capacités graphiques de MATLAB.
Un chapitre complet est prévu pour étudier les énormes possibilités graphiques de MATLAB ainsi que les moyens de gérer les objets graphiques, les pointeurs ou `handle graphics`.

## I.9. Les fichiers et la programmation avec MATLAB

Dans MATLAB, il y a deux types de fichiers : les fichiers de données et les fichiers de programmes (scripts et fonctions).

### *I.9.1. Fichiers de données*

En plus des fichiers de données que l'on peut définir et utiliser par programmation, dans MATLAB on trouve les fichiers MAT. Ce sont des fichiers binaires (d'extension "mat") qui permettent de stocker et de restituer des variables utilisées dans l'espace de travail. Ces opérations sont réalisées respectivement par les commandes `save` et `load`.

*Exemple (sauvegarde de variables)*

On définit une variable `t`.

```
>>  t = [1 2 3]
t =
      1      2      3
```

On sauvegarde la variable `t` dans le fichier `fic_t`,

```
>>  save fic_t t
```

Le fichier obtenu aura pour extension "mat" et sera sauvegardé sous le nom `fic_t.mat`.
Si on ne spécifie pas le nom d'une ou plusieurs variables dans les arguments de la commande `save`, toutes les variables de l'environnement seront sauvegardées.

Si on efface toutes les variables de la mémoire,

```
>>  clear all
```

MATLAB ne connaît plus la variable `t`.

```
>> t
??? Undefined function or variable t.
```

Si l'on charge le fichier `fic_t`, la variable `t` est de nouveau présente dans l'espace de travail.

```
>>  load fic_t
```

Cette vérification peut se faire, soit par l'appel de cette variable,

```
>>  t
t =
      1      2      3
```

soit par l'utilisation de la commande `whos` qui affiche toutes les variables de l'espace de travail avec leurs attributs (taille, etc.).

```
>> whos
  Name          Size                Bytes  Class       Attributes

  t             1x3                    24  double
```

On a la possibilité d'effacer une ou plusieurs variables de l'espace de travail. Si l'on veut, par exemple, effacer uniquement certaines variables, on exécutera la commande `clear` suivie des noms de ces variables.

*Exemple*

```
>>  t = [1 2 3];
>>  x = 1;
>>  z = 2 - 3i;
```

```
>>  whos
Name          Size                Bytes  Class       Attributes


  t             1x3                    24  double
  x             1x1                     8  double
  z             1x1                    16  double      complex
```

On décide d'effacer les variables `x` et `t`.

```
>>  clear t x
```

L'exécution de la commande `whos` n'affiche que la seule variable `z` avec ses attributs.

```
>> whos

  Name          Size                Bytes  Class       Attributes
  z             1x1                    16  double      complex
```

### *I.9.2. Fichiers de commandes et de fonctions*

MATLAB peut exécuter une séquence d'instructions stockées dans un fichier. Ce fichier est appelé fichier M (M-file). Ce nom provient du fait que l'extension est "m".

La majorité de votre travail avec MATLAB sera liée à la manipulation de ces fichiers. Il y a deux types de fichiers M : les fichiers de commandes (fichiers scripts) et les fichiers de fonctions.

- ***Les fichiers de commandes (scripts)***

Un fichier de commandes ou script est une séquence d'instructions MATLAB. Les variables de ces fichiers sont locales à l'espace de travail.

Les valeurs des variables de votre environnement de travail peuvent être modifiées par les instructions des fichiers scripts.

Les fichiers de commandes (scripts) sont aussi utilisés pour la saisie de données. Dans le cas de grandes matrices, l'utilisation de scripts vous permet de corriger facilement et rapidement les erreurs de saisie.

Un fichier script peut appeler un autre ou s'appeler lui même de façon récursive.

Nous proposons, dans ce qui suit, un exemple de script, stocké dans un fichier appelé `courbe1.m`, dont le code permet de tracer la courbe de la fonction $y = x^2+5$, sur l'intervalle `[-5, 5]`.

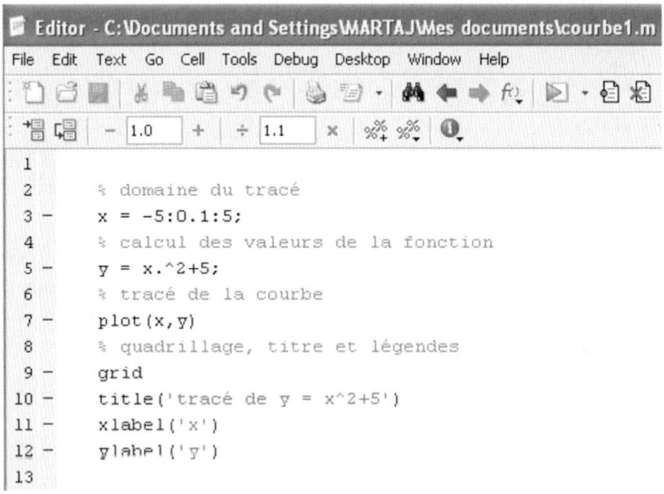

Editor - C:\Documents and Settings\MARTAJ\Mes documents\courbe1.m

```
% domaine du tracé
x = -5:0.1:5;
% calcul des valeurs de la fonction
y = x.^2+5;
% tracé de la courbe
plot(x,y)
% quadrillage, titre et légendes
grid
title('tracé de y = x^2+5')
xlabel('x')
ylabel('y')
```

Pour exécuter un script, dans la fenêtre de commande de MATLAB, il suffit de mettre son nom après le prompt ou de cliquer sur la flèche verte de l'éditeur .

L'éditeur de la version R2009a de MATLAB permet de déboger le programme, facilite l'édition en affichant des couleurs différentes selon le type de données (commentaires en vert, chaînes de caractères en violet, etc.).
Ceci permet d'abord de sauvegarder le fichier puis de l'exécuter.

```
>> courbe1
```

L'exécution de ce script permet de tracer la courbe de parabole suivante :

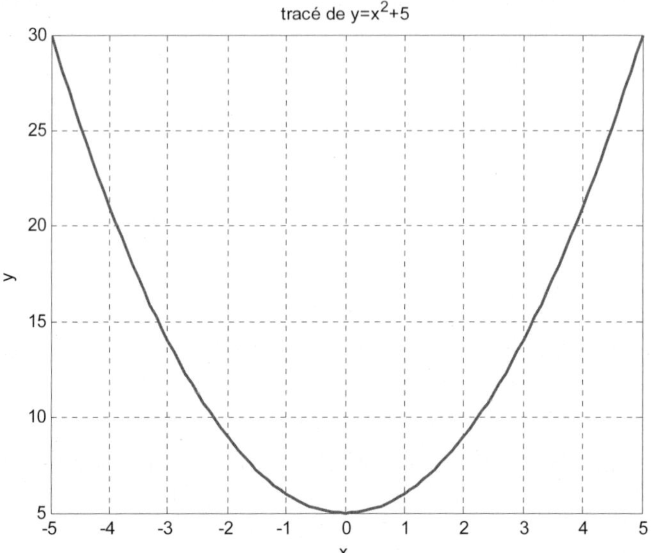


Pour exécuter ce script directement de l'éditeur, il suffit de cliquer sur la flèche verte dans le menu de l'éditeur.

*Remarque*

Pour insérer des commentaires dans un programme, il suffit d'utiliser le symbole "%". Tout ce qui suit ce symbole, jusqu'à la fin de la ligne, est considéré comme un commentaire et n'est pas, par conséquent, interprété par MATLAB.

Un autre moyen très utile d'ignorer, dans le cadre du déboguage, une grande partie d'un programme, on utilise la condition `if 0` ou `while 0`.

Toutes les commandes rencontrées entre cette commande et `end` sont alors ignorées et donc pas exécutées.

Considérons ces quelques lignes où l'on affecte à la variable `x` plusieurs valeurs mais qui ne garde que la 2ème valeur grâce à cette possibilité d'ignorer des parties d'un programme.

```
a=[1 3 5];
if 0
    b=a+3;
end
```

```
b=a+1; % seule commande exécutée
while 0
    b=a+5;
end
```

Nous obtenons bien la bonne valeur de `b`, celle dont l'instruction n'est pas délimitée par `if 0` ou `while 0` et `end`.

```
>> b
b =
     2     4     6
```

- ***Les fichiers de fonctions***

Les fichiers fonctions fournissent une extensibilité à MATLAB. Vous pouvez créer de nouvelles fonctions spécifiques à votre domaine de travail qui auront le même statut que toutes les autres fonctions MATLAB.
Les variables dans les fonctions sont par défaut locales, mais on peut définir des variables globales.

*Exemple de fichier fonction*

Nous allons écrire une fonction pour générer un tableau de `n` nombres aléatoires entiers compris entre `0` et une valeur maximale contenue dans une variable notée `max`.

*fichier randint.m*

```
function res = randint(n, max)
% res : tableau de n entiers compris entre 0 et max
% "rand" :  génère un nombre aléatoire entre 0 et 1,
% "floor" :  renvoie la partie entière d'un nombre
temp = rand(1,n);
res = floor((max+1).*temp);
```

Lorsqu'on sauvegarde ce programme, MATLAB propose de donner le même nom que cette fonction. Il est préférable de garder ce nom. Cet exemple sera ainsi stocké dans un fichier appelé `randint.m`.

La première ligne déclare le nom de la fonction (`randint.m`), les arguments d'entrée (`n, max`) et les arguments de sortie (valeurs retournées par la fonction, `res`). Sans cette première ligne, le fichier M correspond plutôt à un fichier script.

On peut remarquer que, contrairement aux langages classiques, les fonctions MATLAB peuvent donner en retour plusieurs arguments et de différents types.
Pour invoquer une fonction, il suffit de l'appeler suivant la syntaxe suivante :

```
resultat = nom_fonction(liste des arguments d'appel)
```

L'exemple suivant génère un vecteur aléatoire d'entiers, nommé `"nb_alea"`, de longueur `10` et dont toutes les valeurs sont comprises entre `0` et `50`.

```
>> nb_alea = randint(10,50)

nb_alea =
     8    49    48    24    40     7    21    46    40    48
```

Il est nécessaire de faire suivre la première ligne d'un fichier fonction par des lignes de commentaires dans lesquelles on décrira son but et ses arguments. Ces lignes seront utilisées par les commandes `lookfor` et `help`.

```
>>  help randint

% res :tableau de n entiers compris entre 0 et max
% "rand" :  génère un nombre aléatoire entre 0 et 1,
% "floor" :  renvoie la partie entière d'un nombre
```

La commande sinus cardinal est programmée dans MATLAB comme un fichier fonction. Son code est le suivant :

```
SINC Sin(pi*x)/(pi*x) function.
    SINC(X) returns a matrix whose elements are the sinc of
the elements
    of X, i.e.
         y = sin(pi*x)/(pi*x)    if x ~= 0
           = 1                   if x == 0
    where x is an element of the input matrix and y is the
resultant output element.
```

Elle consiste à utiliser la condition `if` pour lever l'indétermination lorsque l'argument est nul. Cette indétermination peut être levée grâce à des opérateurs relationnels dans la fonction `sinc2.m`.

```
function y=sinc2(x)
% fonction sinus cardinal
% x : vecteur des abscisses
% y : vecteur des ordonnées
y=(x==0)+sin(x)./((x==0)+x)
```

### *I.9.3. Instructions de contrôle*

MATLAB dispose des instructions de contrôle suivantes : `for`, `while` et `if`.

La syntaxe de chacune de ces instructions est semblable à celles des langages classiques.

Il est important de savoir que beaucoup d'opérations nécessitent ces instructions dans des langages classiques tels que C et Fortran, alors que dans MATLAB, on peut s'en affranchir. Les opérations sur les matrices (addition, multiplication, etc.) sont les exemples les plus évidents.

*L'instruction* `for`

```
for compteur = ValDébut : pas : ValFin
 instructions
end
```

L'exemple suivant permet de générer, à l'aide de la boucle `for`, les carrés des `n` premiers entiers naturels.

*fichier ncarres.m*

```
% tableau des carrés des n premiers entiers naturels
n = 10;
x = [];
for i = 1:n
 x = [x,i^2];
end
x
```

```
>>  ncarres
x =
     1     4     9    16    25    36    49    64    81   100
```

Ce programme peut être mis sur une même ligne lorsqu'on sépare les instructions par des par des virgules ou des points-virgules.

```
x = []; for i = 1:n, x = [x,i^2]; end
```

***L'instruction*** **`while`**

```
while conditions
 instructions
end
```

Dans l'exemple suivant, on affiche le plus petit entier naturel `n` tel que `2^n` est supérieur ou égal à un nombre donné `x`.

*fichier n_x.m*

```
x = 15; n = 0;
while 2^n < x
 n = n+1;
end
n
```

```
>>  n_x
n =
     4
```

***L'instruction* `if`**

```
if conditions
   instructions (si les conditions sont vérifiées)
elseif
 else
   instructions (si les conditions ne sont pas vérifiées)
end
```

L'exemple suivant permet de vérifier si un entier naturel donné `n` est pair ou impair.

```
if rem(n,2) == 0
   disp('nombre pair')
else
   disp('nombre impair')
end
```

`rem` : retourne le reste de la division de deux nombres,
`disp` : affiche le message spécifié sous forme d'une chaîne de caractères.

### *I.9.4. Opérateurs relationnels et logiques*

Des expressions relationnelles et logiques peuvent être utilisées dans MATLAB exactement comme dans les autres langages de programmation tels que le Fortran ou le C.

***Opérateurs relationnels***

Les opérateurs relationnels sont : `<, <=, >, >=, ==, ~=`

Ces opérateurs peuvent être utilisés avec des scalaires ou des matrices. Le résultat d'évaluation d'une expression relationnelle est 1 (vrai) ou 0 (faux).

Quand ces opérateurs sont appliqués à des matrices, le résultat est une matrice, de mêmes dimensions, formée de 0 et de 1, résultats de comparaisons élément à élément.

***Opérateurs logiques***

Les expressions relationnelles peuvent être combinées en utilisant les opérateurs logiques suivants :
`&, |, ~`

qui signifient respectivement "et" (AND), "ou" (OR) et "non" (NOT). Ces opérateurs sont appliqués sur les matrices élément par élément. Les opérateurs logiques ont une priorité plus faible que les opérateurs relationnels, qui à leur tour ont une priorité plus faible que les opérateurs arithmétiques.

Il est conseillé d'utiliser les parenthèses afin d'éviter toute ambiguïté.

### *Exemples d'expressions logiques*

*Exemple 1*

L'exemple suivant permettra de limiter un signal `u(t)` variant dans le temps, entre les valeurs `u_min` et `u_max` en utilisant les opérateurs relationnels et logiques.

*fichier sature.m*

```
function u_limite = sature(u, u_min, u_max)
% limitation d'un signal
% si signal < u_min alors signal = u_min,
% si signal > u_max alors signal = u_max,
% si u_min <= signal <= u_max alors signal non modifié

% expressions logiques retournant 0 ou 1
expr1 = (u >= u_max);
expr2 = (u <= u_max);
expr3 = ((u < u_max) & (u > u_min));

u_limite = expr1 * u_max + expr2 * u_min + expr3*u;
```

Une expression logique vraie a pour valeur 1, dans le cas contraire (fausse) elle a pour valeur 0.
Dans la fonction `sature`, les opérateurs relationnels et logiques ont permis d'éviter l'emploi de l'instruction de contrôle `if`.

*Quelques exemples d'appels de cette fonction*

- on définit les valeurs `u_min` et `u_max`

```
>>  u_min = 0;
>>  u_max = 10;
```

- une valeur correcte du signal doit être conservée

```
>>  sature(6.5,u_min,u_max)
ans =
    6.5000
```

- une valeur du signal qui doit être limitée à `u_max`

```
>>  sature(10.5,u_min,u_max)
ans =
    10
```

- une valeur du signal qui doit être limitée à `u_min`

```
>>  sature(-1.5,u_min,u_max)
ans =
     0
```

Nous pouvons adapter la fonction de saturation précédente, pour qu'elle puisse s'appliquer à un tableau de valeurs. Nous appellerons le fichier correspondant "`sature2.m`".

*fichier sature2.m*

```
function ul = sature2(u, u_min, u_max)
% limitation d'un signal
% si signal < u_min alors signal = u_min
% si signal > u_max alors signal = u_max
% si u_min <= signal <= u_max alors signal non modifié

ul = (u>=u_max).*u_max + (u<=u_min).*u_min + ((u<u_max)& ...
(u>u_min)).*u;
```

Notez bien que la seule modification se trouve au niveau de la multiplication des vecteurs (multiplication élément par élément ".*"). Cette nouvelle fonction est, bien sûr, valable dans le cas d'un réel qui est simplement un vecteur à un élément.

Nous allons appliquer la fonction `sature2` à un signal sinusoïdal auquel on a ajouté un bruit gaussien.

*fichier sgn_sat.m*

```
hold off
% les limites du signal
u_min = 0;
u_max = 10;
```

```
% signal sinusoïdal bruité
t = 0:100;

% bruit gaussien centré et d'écart type 3
bruit = 3*randn(size(t));
u = 15*sin(0.1*t)+ bruit;

% la saturation
sgn = sature2(u,u_min,u_max);

% signal non saturé
plot(t,u);
hold on
title('signaux saturé et d''origine')
xlabel('temps')

% signal saturé
plot(t,sgn)

% modification des échelles des axes
axis([0 100 -20 20])
grid
```

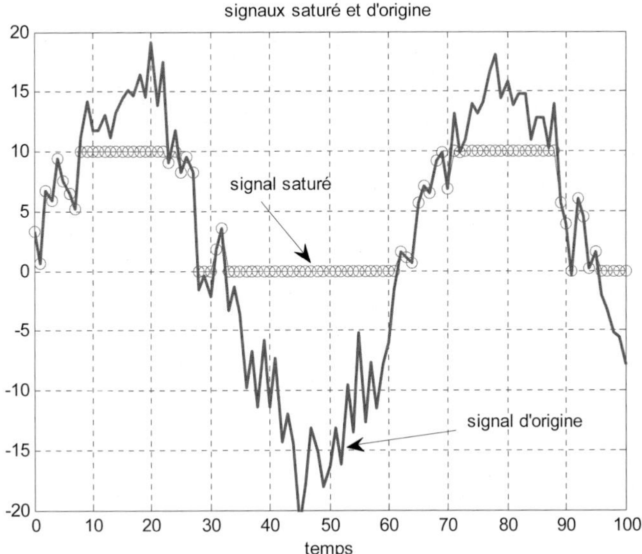


*Exemple 2*

*Génération de deux sinusoïdes de fréquence dépendant du ssigne de x*

Le script suivant génère un signal sinusoïdal `sin(k x)` avec une valeur de `k` dépendant du signe de `x`, soit `k = 1` pour des valeurs négatives de la variable `x` et `k = 4` dans le cas contraire.

*fichier sinus2.m*

```
% domaine des variations de la fonction
x = -4*pi:pi/100:4*pi;

% y = sin(x) si x<=0, et y = sin(4x) si x>0
y = sin(x).*(x<=0)+sin(4*x).*(x>0);

% On trace ensuite la courbe y = f(x)
plot(x,y)
xlabel('x')
ylabel('y')
title('y = sin(x) si x<=0, et y = sin(4x) si x>0')
```

La figure suivante montre que la sinusoïde possède une fréquence 4 fois plus grande lorsque l'abscisse x devient positive.

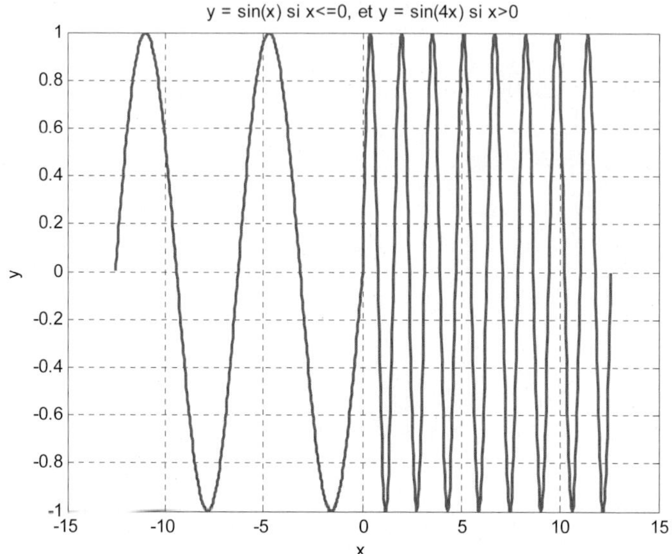


*Exemple 3*

*Génération du sinus cardinal*

La fonction $\frac{sin(x)}{x}$ possède une valeur indéterminée en x = 0, alors qu'elle vaut 1 lorsqu'on lève l'indétermination.

Afin de forcer sa valeur à 1 lorsque x vaut zéro, on utilise l'expression logique `(x == 0)` qui vaudra 1 lorsque x est nul et 0 partout ailleurs.

*fichier sin_card.m*

```
% tracé de la fonction sinus cardinal

% domaine des valeurs de la variable x
x = -4*pi:pi/100:4*pi;

% valeurs de la fonction
y = (x==0)+sin(x)./(x+(x==0));

% tracé de la fonction sinus cardinal
plot(x,y)
grid
title('sinus cardinal y = sin(x)/x')
```

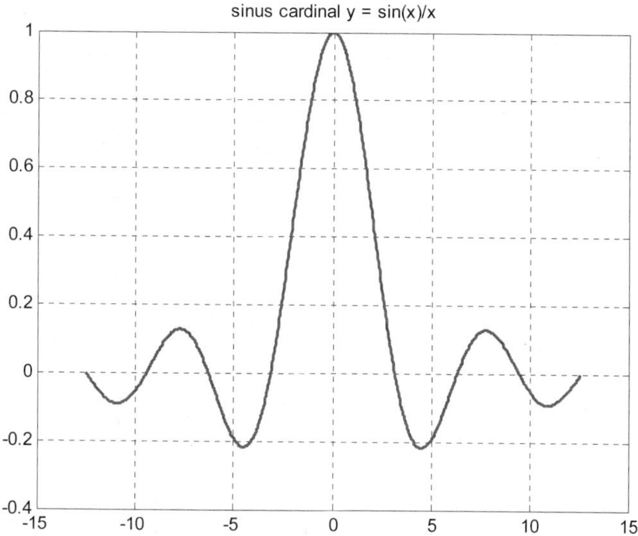


Dans MATLAB, la fonction sinus cardinal existe sous le nom "`sinc`", programmée sous une forme légèrement différente que précédemment.

En demandant de l'aide sur cette fonction comme suit, on remarque que la variable `x` est multipliée par $\pi$.

```
>> help sinc
 SINC Sin(pi*x)/(pi*x) function.
    SINC(X) returns a matrix whose elements are the sinc of
the elements
    of X, i.e.
         y = sin(pi*x)/(pi*x)    if x ~= 0
           = 1                   if x == 0
    where x is an element of the input matrix and y is the
resultant
    output element.

    % Example of a sinc function for a linearly spaced
vector:
    t = linspace(-5,5);
    y = sinc(t);
    plot(t,y);
    xlabel('Time   (sec)');ylabel('Amplitude');   title('Sinc
Function')

    See also square, sin, cos, chirp, diric, gauspuls,
pulstran, rectpuls,and tripuls..
```

En utilisant la commande `type`, vous pouvez visualiser le code des fonctions MATLAB lorsqu'elles existent sous forme de fichiers M.

```
>> type sinc
```

```
function y=sinc(x)
%SINC Sin(pi*x)/(pi*x) function.
%   SINC(X) returns a matrix whose elements are the sinc of
the elements
%   of X, i.e.
%        y = sin(pi*x)/(pi*x)    if x ~= 0
%          = 1                   if x == 0
%   where x is an element of the input matrix and y is the
resultant
%   output element.
%   Example of a sinc function for a linearly spaced
%   vector:
%   t = linspace(-5,5);
%   y = sinc(t);
%   plot(t,y);
%      xlabel('Time  (sec)');ylabel('Amplitude');  title('Sinc
Function')
%     See also SQUARE, SIN, COS, CHIRP, DIRIC, GAUSPULS,
PULSTRAN, RECTPULS,
%   and TRIPULS.
%   Author(s): T. Krauss, 1-14-93
%   Copyright 1988-2004 The MathWorks, Inc.
%   $Revision: 1.7.4.1 $  $Date: 2004/08/10 02:11:27 $
i=find(x==0);
x(i)= 1;      % From LS: don't need this is /0 warning is off
y = sin(pi*x)./(pi*x);
y(i) = 1;
```

Le code de la fonction `sinc` se trouve dans les quatre dernières lignes, toutes les premières sous forme de commentaires servent uniquement pour l'aide en l'invoquant par `help sinc`.
Le code des fonctions appartenant au noyau MATLAB ne peut être consulté. C'est le cas par exemple de la fonction `inv`.

```
>> type inv
INV    Matrix inverse.
    INV(X) is the inverse of the square matrix X.
    A warning message is printed if X is badly scaled or
    nearly singular. See also slash, pinv, cond, condest,
lsqnonneg, lscov. Overloaded methods: lti/inv
```

La commande `edit` « `nom_fic` » ouvre l'éditeur pour modification du code du fichier « `nom_fic` ».

## II. Prise en main de SIMULINK

SIMULINK est un langage de programmation graphique qui permet de modéliser et de simuler des systèmes dynamiques.

### II.1. Quelques bibliothèques

SIMULINK s'ouvre lorsqu'on clique sur le bouton
Les librairies sont des ensembles de blocs répartis selon la catégorie de fonctions réalisées.
Parmi ces librairies, nous trouvons, entre autres, les plus utilisées :

| | |
|---|---|
| `Sources` | Générateurs de signaux, lecture dans fichiers de données. |
| `Sinks` | Blocs d'affichage, enregistrement dans fichiers de données. |
| `Signal Routing` | Routage des fils de liaison entre blocs. |
| `Math Operations` | Operations mathématiques. |
| `Continuous` | Blocs continus. |
| `Discrete` | Blocs discrets. |
| `Ports & Subsystems` | Blocs permettant de réaliser des sous-systèmes. |
| `Logic and Bit Operations` | Blocs d'opérations logiques et binaires. |
| `Discontinuities` | Blocs discontinus (hystérésis, seuil, etc.). |
| `Additional Math & Discrete` | Blocs additionnels d'opérations mathématiques et de systèmes discrets. |

Ci-dessous, nous présentons la librairie `Sources`.

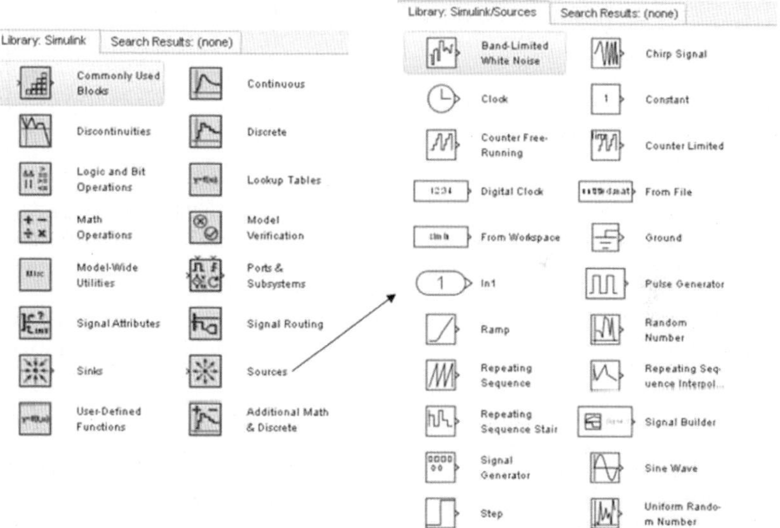


Nous avons, dans cette bibliothèque, des générateurs de signaux, des blocs de lecture de fichiers textes, binaires, des variables de l'espace de travail, un bloc constant, etc.

## II.2. Quelques exemples

### *II.2.1. Réponse indicielle d'un système du 1^er^ ordre*

Le modèle `exo1.mdl` permet de simuler la réponse indicielle d'un système numérique du premier ordre de pôle 0.5 et de gain statique unité.

$$H(z) = 0.5/(1 - 0.5\ z^{-1})$$

Pour cela, nous utilisons le bloc générateur d'échelon de la librairie `Sources` que l'on relie à l'entrée du système (`librairie Discrete`).

La sortie du système ainsi que la commande échelon sont sauvegardées, grâce à un multiplexeur (librairie `Signal Routing`), dans la variable y que l'on peut utiliser dans l'espace de travail MATLAB.

Elle est de même affichée dans un oscilloscope (librairie `Sinks`).

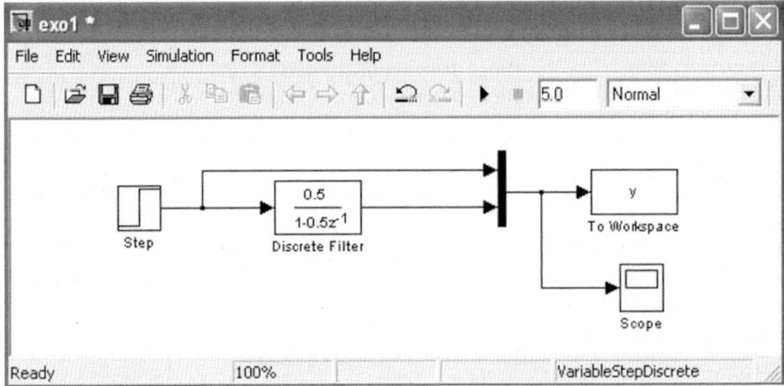


En double-cliquant sur les blocs, on peut les paramétrer : édition du numérateur et dénominateur de la fonction de transfert, hauteur de l'échelon, ainsi que le type de variable `y`, structure ou tableau (`Array`).

Avec l'option `Configuration Parameters` du menu `Simulation`, nous pouvons spécifier les paramètres de la simulation : durée de la simulation, algorithme de résolution, etc.

Dans ce qui suit, nous allons étudier d'autres exemples qui nous permettront d'étudier d'autres fonctionnalités de SIMULINK.

La courbe suivante de l'oscilloscope, montre l'entrée et la sortie du système discret du premier ordre. Nous vérifions bien le gain statique unité obtenu pour z=1, soit :

$$H(1) = 0.5/(1-0.5) = 1$$

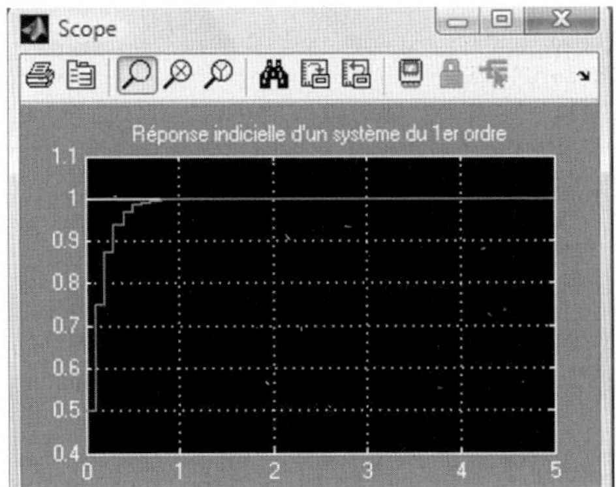


### *II.2.2. Résolution d'un système linéaire surdéterminé*

Le modèle suivant permet de résoudre un système sur déterminé (ou déterminé) de la forme A x = B.

On programme la résolution d'un système sur déterminé par la méthode des moindres carrés :

$$x = (A^T A)^{-1} A^T B$$

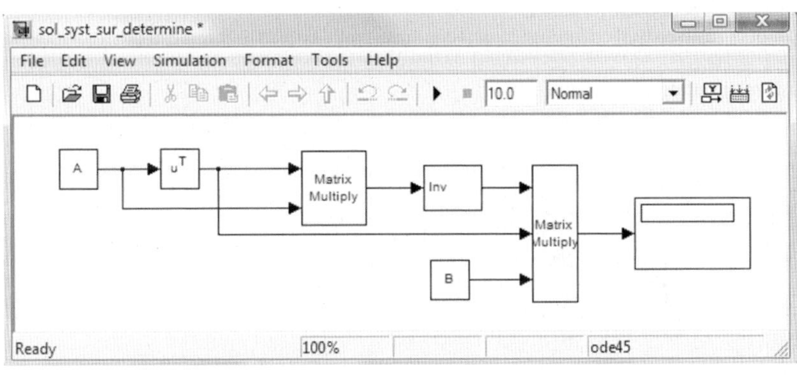


Pour la transposition, nous utilisons le bloc `Math Function` de la librairie `Math Operations`.

Dans le menu déroulant `Function` on choisit l'option `transpose`. Le `bloc` prend alors la forme .

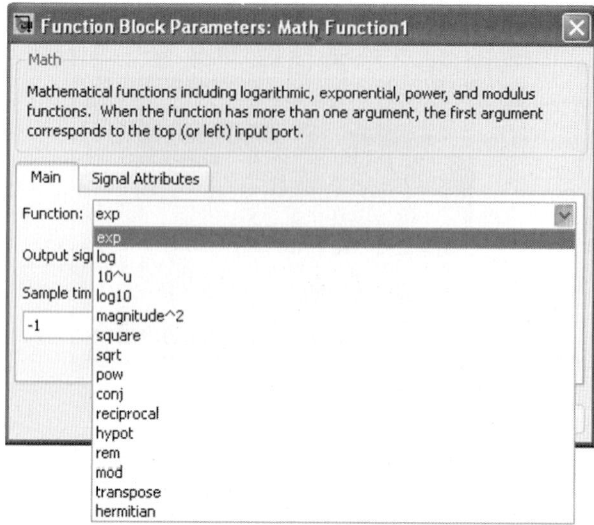


Quant à la multiplication, l'inversion ou le produit matriciel, nous utilisons le même bloc `Product` (produit) Product que nous paramétrons sous sa forme matricielle avec autant d'entrées que l'on désire.
On peut réaliser l'inversion par la division matricielle en écrivant le symbole « / » dans la case `Number of inputs`. Ainsi le bloc ne possèdera qu'une entrée (la matrice à inverser) sur laquelle est notée `Inv`.

La matrice A et le vecteur B sont entrés comme des constantes qui prennent les valeurs des variables spécifiées et connues dans l'espace de travail MATLAB.

Considérons le système sur déterminé suivant :

$$\begin{aligned} 2x_1 + 10\,x_2 &= 0 \\ x_1 \;+ 2\;\; x_2 &= 2 \\ 4x_1 + 20x_2 &= 1 \end{aligned} \qquad \begin{vmatrix} 2 & 10 \\ 1 & 2 \\ 4 & 20 \end{vmatrix} \begin{bmatrix} x_1 \\ x_2 \end{bmatrix} = \begin{vmatrix} 0 \\ 2 \\ 1 \end{vmatrix} \Leftrightarrow \quad AX = B$$

```
>> A=[2 10;1 2;4 20];
>> B = [0 2 1]';
>> inv(A'*A)*A'*B
```

```
ans =
    3.2000
   -0.6000
```

Les matrices A et B, si elles ne sont pas connues dans l'espace de travail, peuvent être spécifiées dans un callback (voir chapitre « Callbacks »), tel le callback `InitFcn`.

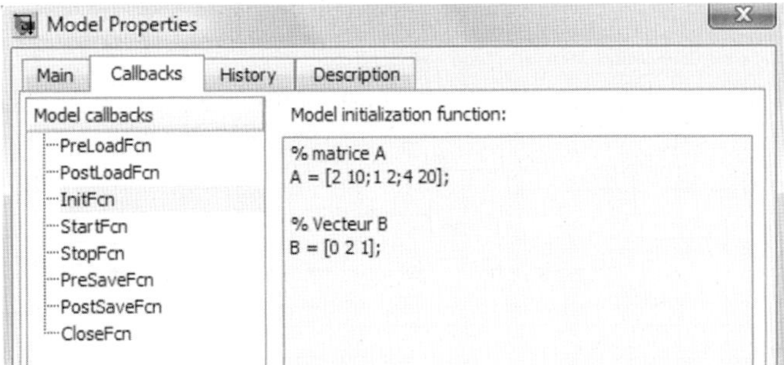


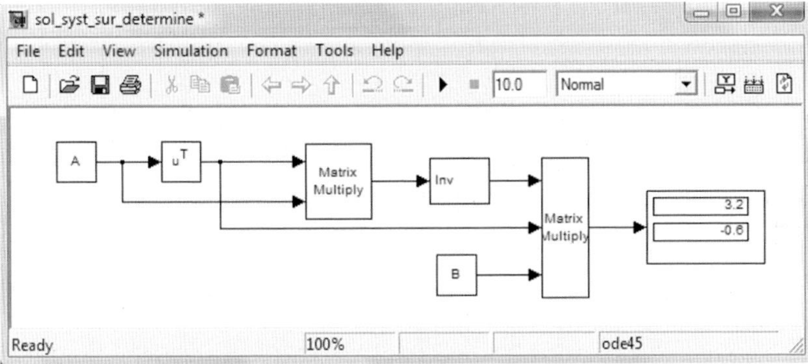


Dans le cas déterminé, de 2 équations à 2 inconnues, nous vérifions la solution suivante :

$$\begin{aligned} 2x_1 + 3x_2 &= 8 \\ x_1 - 2x_2 &= -3 \end{aligned} \qquad \begin{vmatrix} 2 & 3 \\ 1 & -2 \end{vmatrix} \begin{bmatrix} x_1 \\ x_2 \end{bmatrix} = \begin{bmatrix} 8 \\ -3 \end{bmatrix} \Leftrightarrow AX = B$$

```
>> A = [2 1; 1 1];
>> B= [4 3]';
>> inv(A)*B
ans =
     1
     2
```

La matrice A et le vecteur B sont spécifiés dans le callback `InitFcn`.

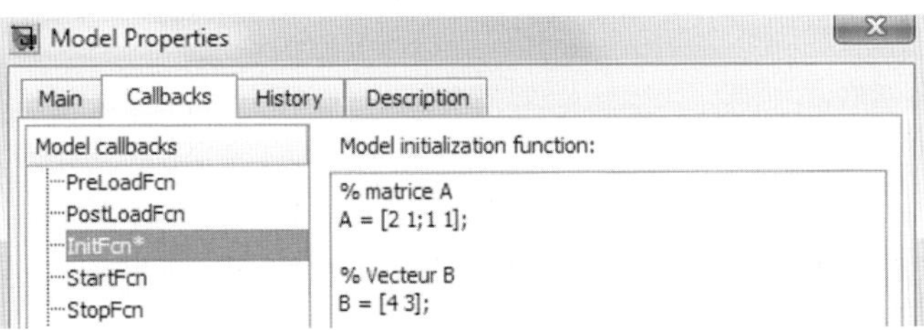

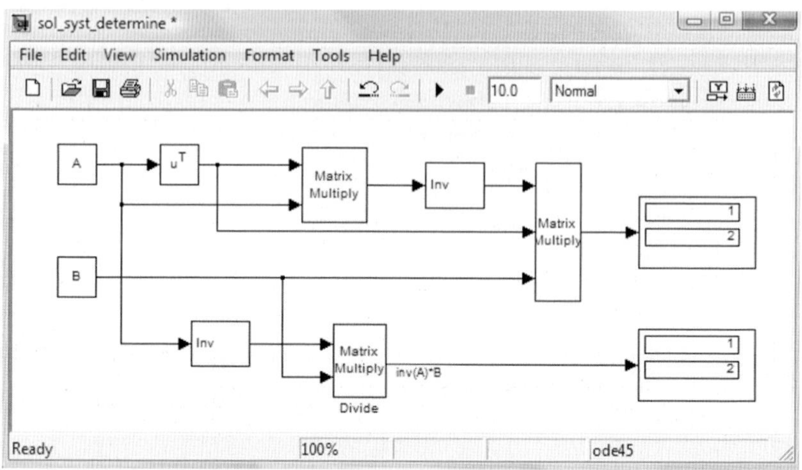


### *II.2.3. Solution d'équation différentielle du 2nd ordre*

On se propose de trouver la solution de l'équation différentielle du 2nd ordre suivante :

$$s''=w_0^2\,(u-s)-2\zeta\,w_0\,s'$$

En prenant la transformée de Laplace, on remarque que cette solution est la sortie du système du 2nd ordre de fonction de transfert : $S(p)=\dfrac{1}{1+\dfrac{2\zeta}{w_0}p+\dfrac{p^2}{w_0^2}}U(p)$

Le système est programmé ci-dessous sous la forme de son équation différentielle du second degré. La pulsation propre w0 et le coefficient d'amortissement sont spécifiés dans le callback InitFcn (étape d'initialisation du modèle SIMULINK « `syst_2nd_ordre_equa_diff.mdl` ».). Le signal d'entrée du système est formé d'un échelon unité jusqu'à l'instant 100 puis on le suit par une rampe de pente 0.05 et de valeur initiale nulle. Afin d'éviter le croisement des fils, nous avons envoyé le signal d'entrée dans une étiquette `Goto` nommée `[u]` que l'on récupère plus loin par l'étiquette `From` de même nom. Les valeurs de w0 et de $\zeta$ sont les suivants :

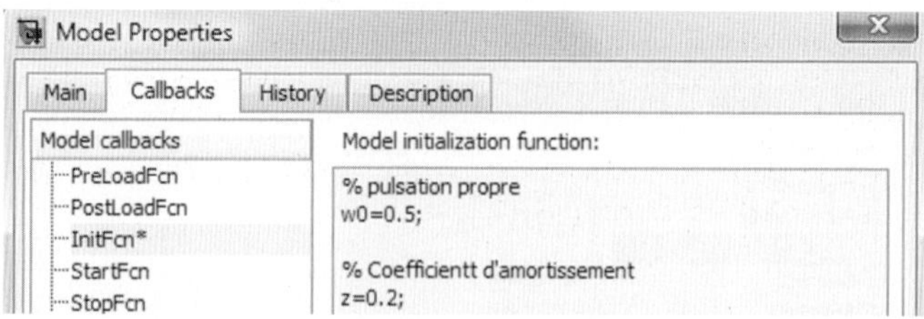

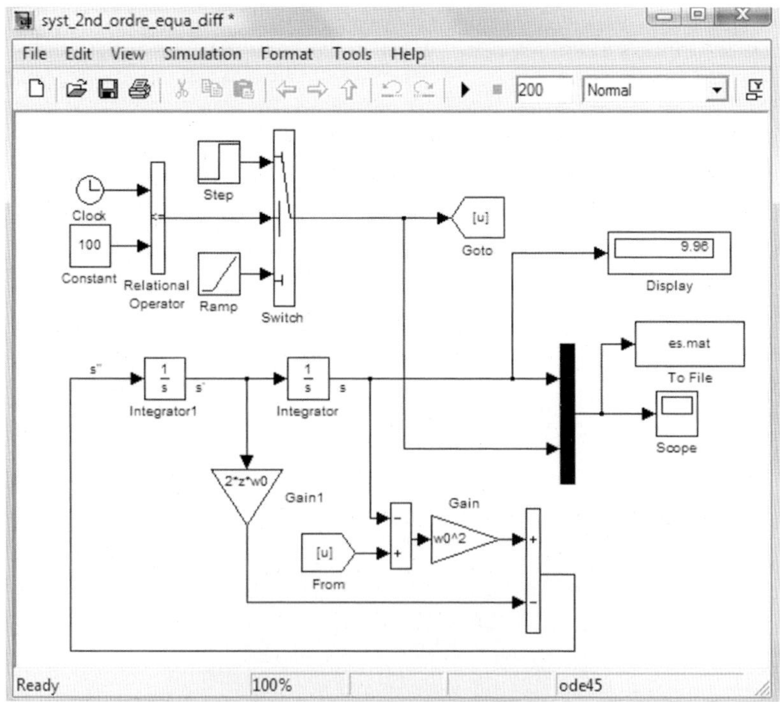


Nous appliquons le même signal d'entrée au système analogique du 2nd ordre et nous obtenons la même réponse temporelle.

Le signal d'entrée est un échelon suivi d'une rampe selon la condition spécifiée par l'opérateur relationnel (`Relational Operator`) de la bibliothèque `Logic & Bit Operations`.

L'échelon passe à travers le `Switch` lorsque la sortie de l'opérateur « <= » est au niveau logique 1 soit le temps d'horloge inférieur à 100. Le signal d'entrée est ensuite envoyé dans la variable locale `u`, grâce au bloc `Goto`
Sa valeur sera récupérée via la même variable `u` grâce au bloc `From`. `Goto` et From appartiennent à la bibliothèque `Signal Routing`.

L'équation différentielle est programmée par 2 intégrateurs purs et 2 gains dans lesquels on utilise les valeurs du coefficient d'amortissement $\zeta$ et la pulsation propre $w_0$.

Les signaux d'entrée et de sortie sont envoyés à la fois vers l'oscilloscope, le fichier binaire `es.mat` et l'afficheur numérique `Display`.

Dans le modèle suivant, le même signal d'entrée est envoyé à l'entrée du système du $2^{nd}$ ordre de coefficient d'amortissement $\zeta$ , de pulsation propre $w_0$ et un gain statique unité.

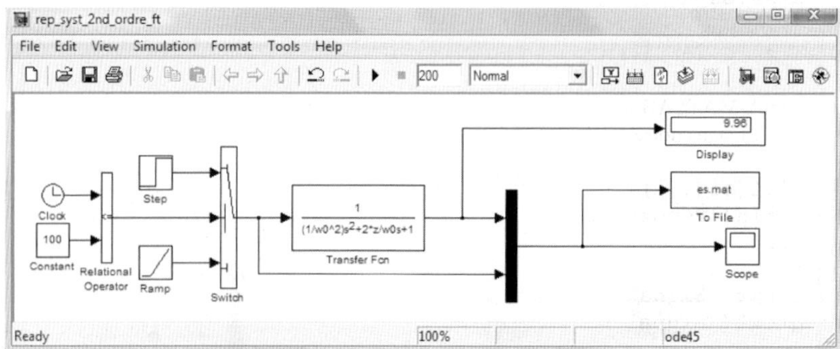


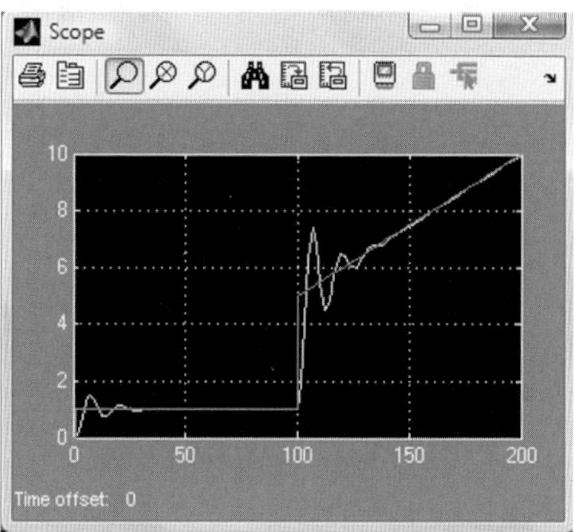


Nous avons aussi sauvegardé ce signal dans le fichier binaire `es.mat` que l'on peut lire grâce à la commande `load`.

On efface toutes les variables de l'espace de travail et on lit le fichier binaire.

```
>> clear all
>> load es
```

La seule variable de l'espace de travail est celle portant le nom du fichier binaire.

```
>> who
Your variables are:
es
```

Bien que le multiplexeur possède uniquement 2 entrées, le signal enregistré possède 3 lignes et autant de colonnes que le nombre d'échantillons temporels.

```
>> size(es)
ans =
     3    84
```

Par défaut, MATLAB ajoute toujours la variable temps en début de fichier, soit le vecteur `es(1, :)` dans notre cas ici.

```
>> plot(es(1,:), es(2,:), es(1,:), es(3,:))
>> title('Réponse indicielle et à une rampe d''un Système …
du 2nd ordre')
>> xlabel('Temps continu')
>> gtext('Signal de sortie')
>> gtext('Signal d''entrée')
```

Le bloc numérique `display` de la bibliothèque `sinks` affiche les valeurs instantanées du signal de sortie du système du 2nd ordre analogique.

Nous obtenons les mêmes signaux que ceux affichés sur l'oscilloscope.

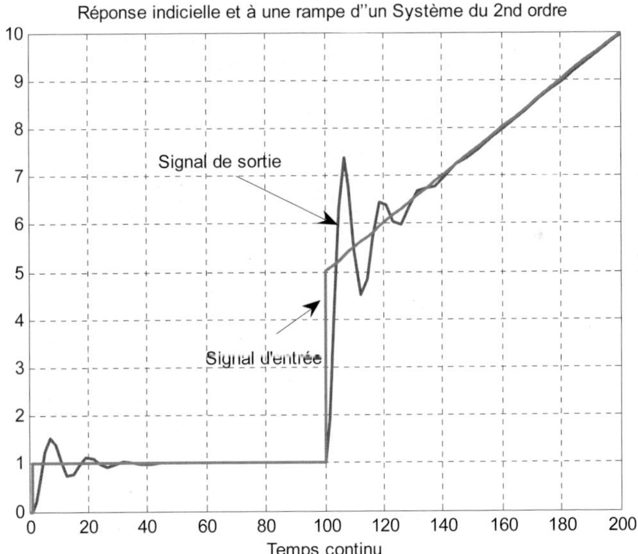


Après quelques oscillations du fait du faible coefficient d'amortissement, le signal de sortie rejoint le signal d'entrée car le gain statique est égal à 1.

### *II.2.4. Résolution d'équations récurrentes*

Considérons l'équation récurrente du second ordre suivante :

$$x_n = 1 + 0.8\,x_{n-1} - 0.5\,x_{n-2}$$

Nous réalisons les retards par des blocs `Unit Delay` que nous retournons via des gains et un sommateur vers l'entrée $x_n$.

La solution est visualisée sur le `Display` et la valeur finale de la courbe sur l'oscilloscope.

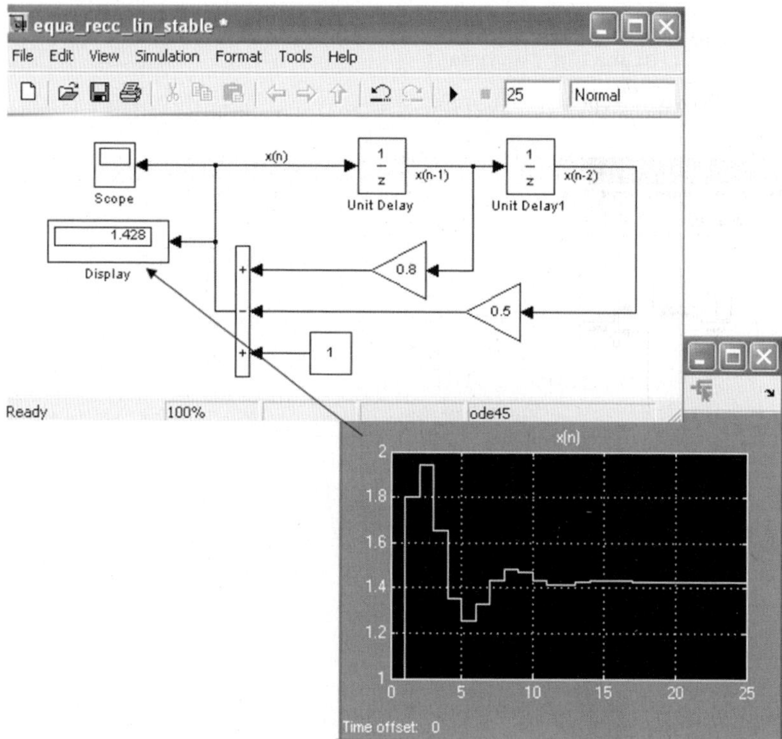


Grâce à l'existence de la constante 1, nous pouvons initialiser les retards purs à 0.

Nous pouvons obtenir la même solution en transformant cette équation en fonction de transfert numérique.

$$X(z) = \frac{1}{1 - 0.8\,z^{-1} + 0.5\,z^{-2}}$$

### *II.2.5. Régulateur PID*

On se propose de réaliser une régulation PID du processus du 1er ordre de fonction de transfert :

$$H(p) = \frac{0.8}{1+20\,p}$$

Le système à contrôler est du premier ordre de constante de temps $\tau = 20\,s$ et de gain statique égal à 0.8.

Le PID est réalisé sous forme de la somme des 3 actions :

- Proportionnelle, P
- Intégrale, $\frac{1}{p}$ avec un gain I.
- Dérivée, $\frac{du}{dt}$, précédée du gain D.

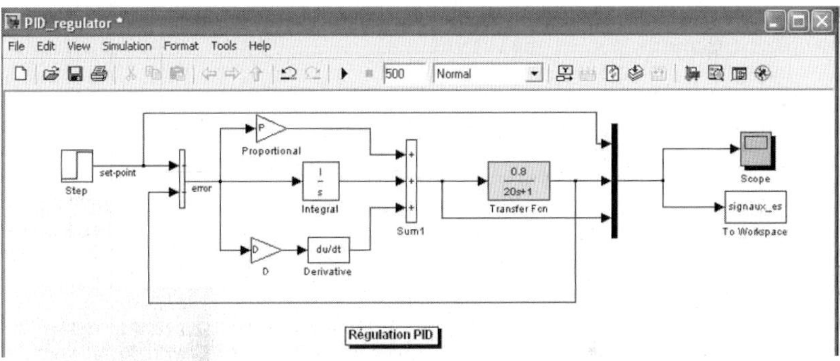


Le gain Dérivée est choisi égal à 0, le régulateur a pour expression :

$$R(p) = 0.1 + \frac{0.05}{p}$$

```
>> P=0.1;
>> I=0.05;
>> D=0;
>> signaux_es

signaux_es =
         time: []
      signals: [1x1 struct]
    blockName: 'PID_regulator/To Workspace'
```

Les signaux sont sauvegardés dans la structure nommée `signaux_es`.

```
>> isstruct(signaux_es)

ans =
     1
```

La commande `isfield` retourne 3 valeurs logiques vraies, `signaux_es` est bien une structure à 3 champs : `time`, `signals`, `blockName`.

```
>>f=isfield(signaux_es,{'time','signals','blockName'})

f =
     1     1     1
```

Les 3 valeurs 1 (vraies) de la réponse `f` de la commande `isfield` indiquent que `time`, `signals` et `blockName` sont des champs de la structure `signaux_es`.

Les structures seront étudiées dans le chapitre des tableaux multidimensionnels.

```
>> plot(signaux_es.signals.values)
```

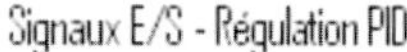


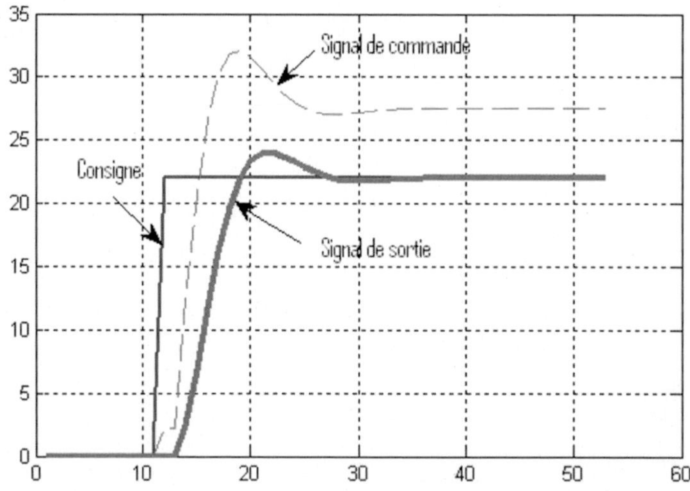


En régime permanent le signal de sortie suit parfaitement le signal de consigne. Nous observons ces mêmes signaux sur l'oscilloscope.

## III. Menu Start

A partir de la version R2009, MATLAB dispose du menu Start qui permet :

- un accès rapide à tous les outils additionnels à MATLAB, à Simulink ainsi qu'aux différentes boites à outils (Toolboxes),
- la connexion au site de Mathworks pour du support, la documentation, et l'échange de fichiers entre utilisateurs (MATLAB File Exchange), etc.
- la recherche de fichiers,
- avoir de l'aide sur un produit donné,
- avoir accès à des démos,
- etc.

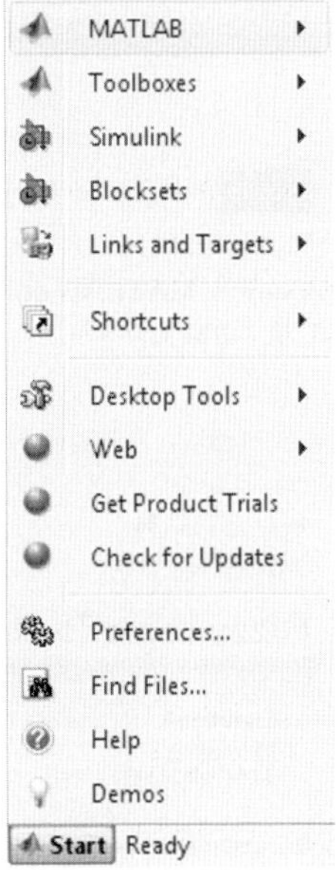


Le menu `Start`, disponible depuis la version R2009 de MATLAB possède beaucoup de propriétés qui permettent l'accès rapide, entre autres, à :

- **Démos**

Ce menu de `Start` permet d'avoir accès assez rapidement à des démos de MATLAB, SIMULINK, des boites à outils (Toolboxes) et aux outils associés, etc. Ci-dessous nous observons les démos de SIMULINK.

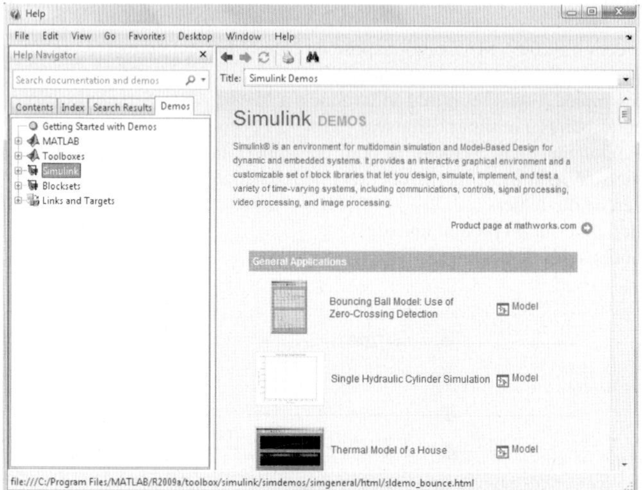


- l'aide à tous les outils associés à MATLAB et à SIMULINK. Ci-dessous, nous faisons appel à l'aide sur la boite à outils de logique floue (`Fuzzy Logic Toolbox`).

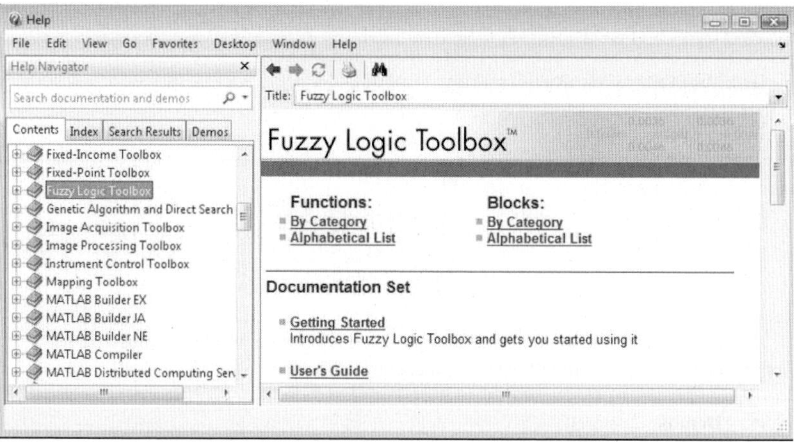


- **Recherche de fichiers,**

Ci-dessous, nous avons recherché la localisation de la fonction `sinc.m` dans tous les répertoires présents dans les chemins de recherche MATLAB (`Entire MATLAB path`). Nous pouvons aussi spécifier le répertoire (`Current directory`) courant ou un répertoire particulier (`Browse`).

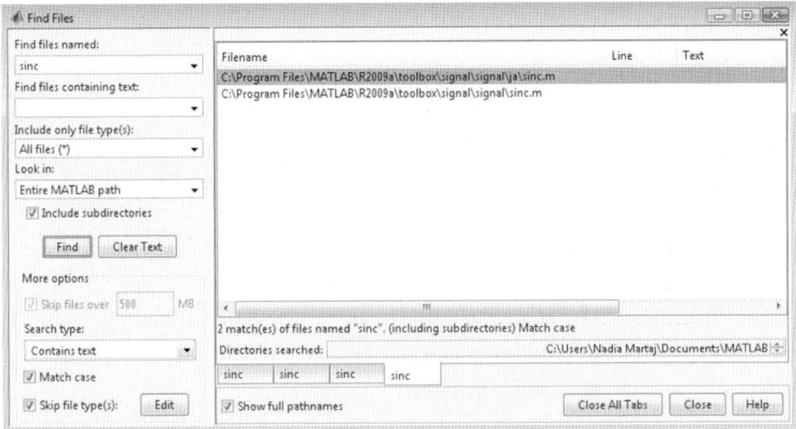


Nous remarquons que cette fonction fait partie de la boite à outils « `Signal Processing Toolbox` ».

- **Preferences**

Spécifie des préférences ou des propriétés par défaut, comme par exemple, dans le cas ci-dessous, le temps de simulation (`Stop time`) et le type de Solveur, qui sont, par défaut à 10 et `Ode45 (Dormand-Price)`, avant d'être modifiés par l'utilisateur.

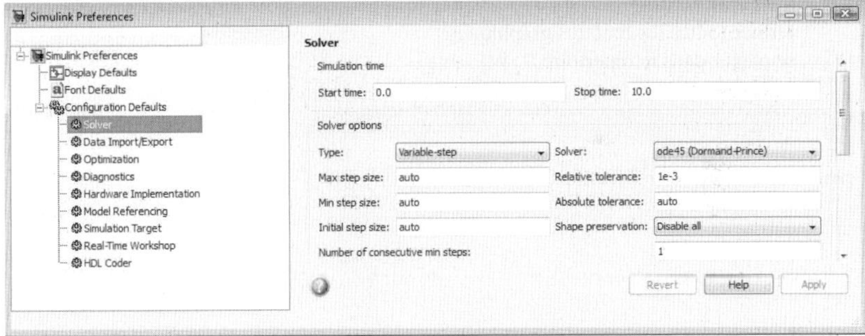


- **Check for Updates**

Permet la recherche des mises à jour en se connectant au site de Mathworks.

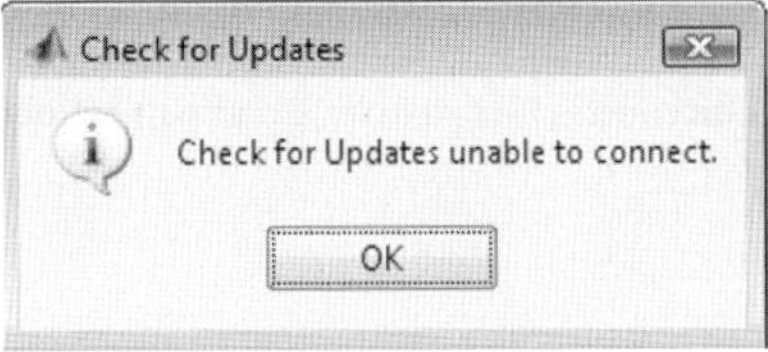

- **Web**

- **Raccourcis (`Shortcuts`)**

Les raccourcis permettent d'emmener MATLAB dans un environnement précis. Dans le champ `Label`, on écrit le nom du raccourci et dans celui du `Callback` on liste un certain nombre de commandes à exécuter lorsqu'on fait appel à ce raccourci.

Dans notre exemple, il s'agit :

- d'effacer l'écran,
- fermer toutes les fenêtres graphiques,
- se placer dans le répertoire `C:/Users`.

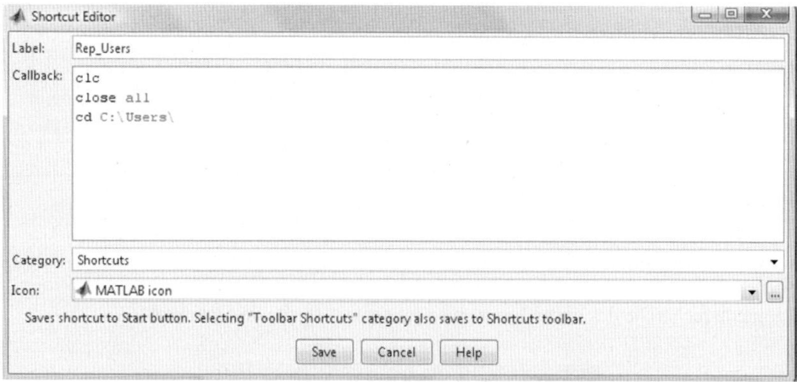


Cette fenêtre d'édition du raccourci (`Shortcut Editor`) est obtenue lorsqu'on choisit `Edit Shortcut`.

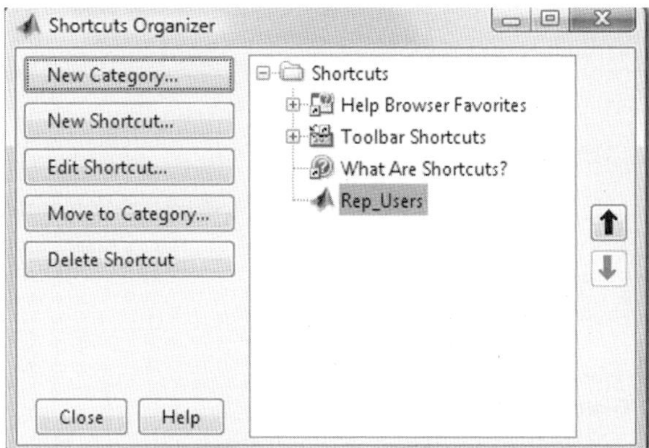


Cette propriété peut aussi être réalisée par un script que l'on nommer `startup.m`, seulement ce dernier ne s'exécute qu'au début d'une nouvelle session MATLAB, contrairement au raccourci qu'on peut exécuter à tout moment grâce au menu `Start`.

Le raccourci peut avoir une icône type MATLAB (cas ci-dessus), SIMULINK ou une icône standard.

Si l'on choisit `Toolbar Shortcuts` dans le champ `Category` au lieu de `Shortcut`, l'icône se retrouve dans la barre des raccourcis juste en dessous des menus de MATLAB comme le montre la figure suivante.

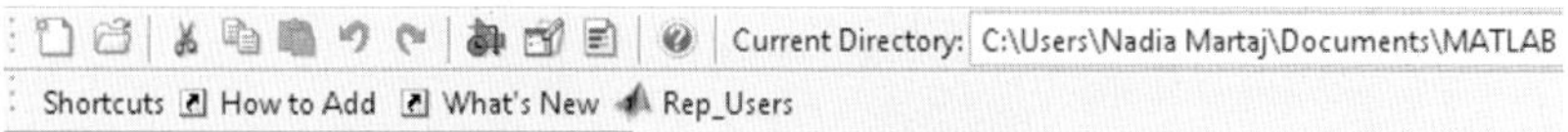


Il ne se retrouve plus dans l'option `Shortcuts` du menu `Start`.

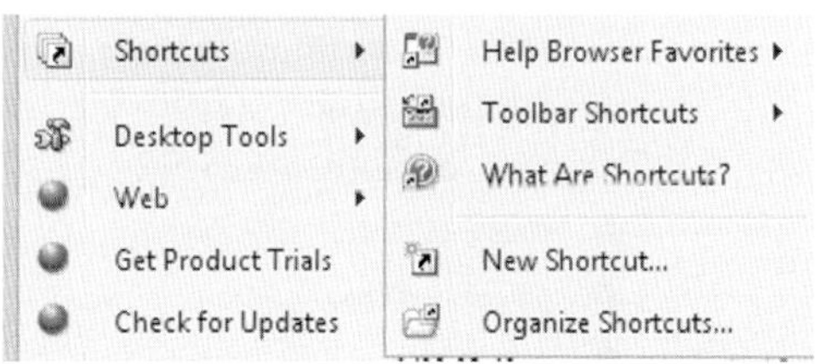


- **Help**

On a, grâce à cette option du menu `Start`, accès à l'aide disponible sur tous les outils associés à MATLAB.

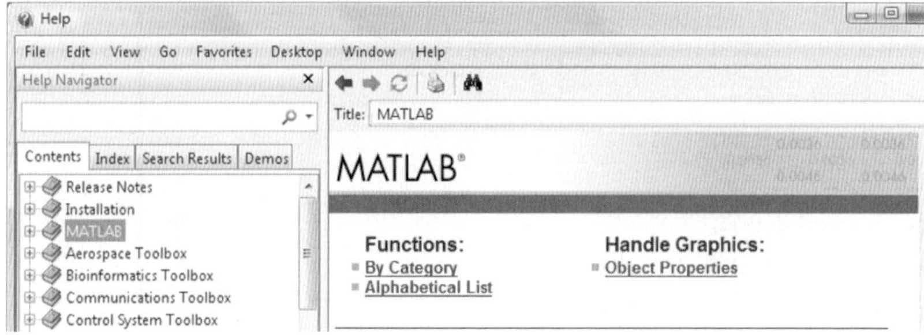


- **Simulink, Toolboxes, MATLAB**

*- MATLAB*

Dans l'option MATLAB du menu Start, nous avons accès :

- au profiler (voir chapitre « Programmation »),
- à des démos de MATLAB,
- à de l'aide de MATLAB,
- à des outils de tracé de courbes, etc.

- *Simulink*

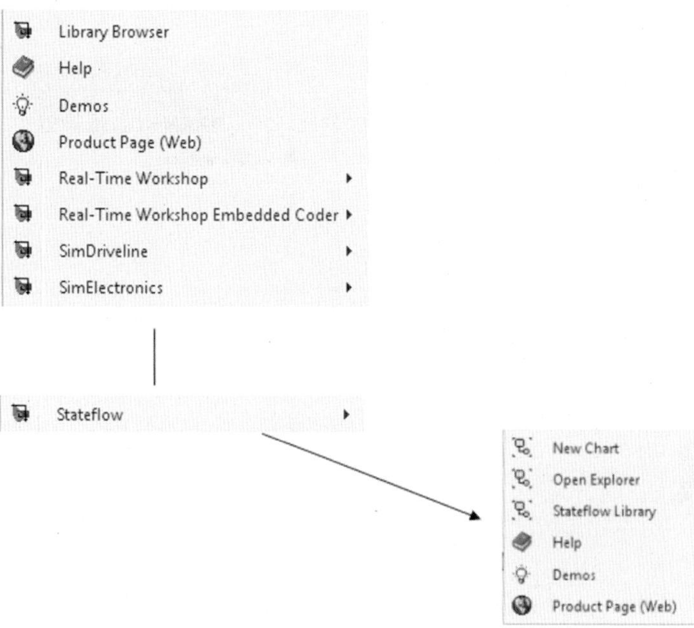


- Block

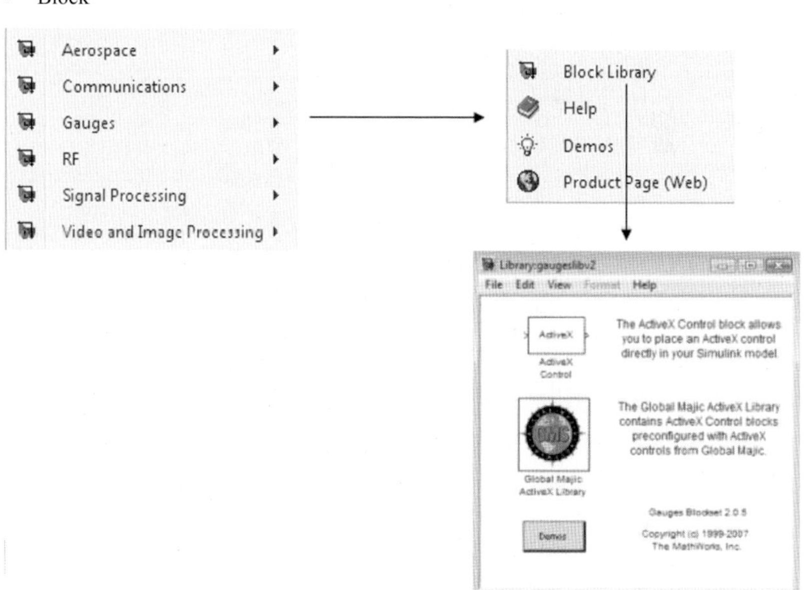

# Chapitre 2

# Chaînes de caractères, dates et heures



Même si MATLAB est un langage de calcul scientifique de haut niveau et orienté Objet, il offre, de plus, des possibilités de traitement des chaînes de caractères, des dates et heures.
Pour plus de renseignements sur les fonctions MATLAB concernant les chaînes de caractères, vous pouvez consulter l'aide en ligne (`help strfun`).

## I. Les chaînes de caractères

### I.1. Généralités

Une chaîne de caractères est toute suite de caractères placés entre guillemets.

```
>> Chaine = 'MATLAB R2009'
Chaine =
MATLAB R2009
```

Comme pour les polynômes, une chaîne de caractères est considérée par MATLAB comme un vecteur ligne dont on peut calculer la taille, la longueur, la transposer, etc.


N. Martaj, M. Mokhtari, *MATLAB R2009, SIMULINK et STATEFLOW pour Ingénieurs, Chercheurs et Etudiants*, DOI 10.1007/978-3-642-11764-0_2, © Springer-Verlag Berlin Heidelberg 2010

• **Extraction d'une partie de la chaîne**

```
>> SousChaine=Chaine(8:length(Chaine))
SousChaine =
R2009
```

La longueur d'une chaîne est égale au nombre des caractères, y compris les blancs (espaces) si elle possède.

• **Taille**

```
>> size(SousChaine)
ans =
     1     6
```

• **Transposition**

```
>> SousChaine'
ans =
R
2
0
0
9
```

## I.2. Fonctions propres aux chaînes de caractères

### *I.2.1. Conversion de chaînes en nombres*

Comme dans les fonctions, on a la possibilité de tester le type des arguments d'entrée, certaines de celles-ci s'appliquent autant aux vecteurs de numériques qu'aux chaînes de caractères, comme la fonction abs qui retourne le module d'un complexe ou le code ascii d'un caractère.

• `abs`

```
>> abs('MATLAB')
ans =
    77    65    84    76    65    66
```

• `double`

Transforme une chaîne en format numérique en double précision.

```
>> Chaine='MATLAB';
>> Double=double(Chaine)
Double =
    77    65    84    76    65    66
```

```
>> whos
  Name          Size              Bytes  Class     Attributes
  Chaine        1x6                  12  char
```

```
Double        1x6                      48  double
```

La taille mémoire occupée par la variable `Double` est 4 fois celle de la chaîne `Chaine`.

- **str2double**

Transforme le nombre en chaîne sous forme d'un nombre en double précision.

```
>> Chaine='MATLAB';
>> str2double(Chaine)
ans =
   NaN
```

```
>> Ch1='123';
>> str2double(Ch1)
ans =
   123
```

- **bin2dec**

Convertit un nombre binaire sous forme de chaîne en sa valeur décimale.

```
>> bin2dec('0111')

ans =
     7
```

- **hex2num**

Cette fonction fournit une conversion d'un nombre écrit sous forme hexadécimale IEEE (chaîne de caractères) en un flottant double précision.

```
>> hex2num('400921fb54442d18')

ans =
    3.1416
```

```
>> ans==pi

ans =
     1
```

Le résultat est égal à $\pi$.

- **hex2dec**

Conversion d'un nombre hexadécimal (écrit sous forme d'une chaîne de caractères) en un nombre entier.

```
>> hex2dec('F89')

ans =
        3977
```

### *I.2.2. Conversion de nombres en chaînes*

- **char**

Convertit un tableau d'entiers non négatifs en caractères (les 127 premiers sont les codes ascii de ces caractères).

```
>> char([77     65     84])
ans =
MAT
```

```
>> char([77 65 84 129 206])
ans =
MAT Î
```

- **setstr**

Réciproquement, connaissant les codes ASCII des caractères d'une chaîne, on peut obtenir la chaîne de caractères correspondante par la fonction `setstr`.

```
>> Code=abs('SIMULINK')
Code =
    83    73    77    85    76    73    78    75
```

```
>> setstr(Code)
ans =
SIMULINK
```

- **num2str**

Transforme un nombre sous forme d'une chaîne de caractères.

```
>> ch1 = 'MATLAB';
```

```
>> Version = 2009;
>> Chaine = [ch1, ' Version ', 'R', num2str(2009),'a']
Chaine =
MATLAB Version R2009a
```

- **mat2str**

Transforme la matrice numérique en chaîne de caractères.

```
>> MatString=mat2str([5 4 7; 8 4 2; 6 0 8])
MatString =
[5 4 7;8 4 2;6 0 8]
```

```
>> isstr(MatString)
ans =
     1
```

```
>> size(MatString)
ans =
```

```
1     19
```

Le résultat est bien une seule chaîne de caractères de 19 caractères.

• **str2num**

Effet inverse de la commande `num2str`. Transforme un nombre vu comme une chaîne en nombre.

```
>> Ch='1+3.14'
Ch =
1+3.14
```

En transformant la chaîne en nombre, l'opération arithmétique est effectuée.

```
>> str2num(Ch)
ans =
    4.1400
```

```
>> strcat(strvcat('cos(3.14)','exp(log(2.71))'))
ans =
cos(3.14)
exp(log(2.71))
```

```
>> str2num(ans)
ans =
   -1.0000
    2.7100
```

• **int2str**

Convertit un entier en chaîne de caractères.

```
>> int2str([23 56;21 9])

ans =
23  56
21   9
```

```
>> isstr(ans)

ans =
     1
```

• **dec2hex**

Conversion d'un nombre entier en un nombre hexadécimal donné sous forme d'une chaîne de caractères.

```
>> dec2hex(77)
ans =
4D
```

• **dec2bin**

Convertit en binaire sous forme d'une chaîne l'entier donné en argument.

```
>> dec2bin(3)
ans =
11
```

```
>> isstr(ans)
ans =
     1
```

*I.2.3. Tests sur les chaînes*

Retourne 1 si le caractère est un espace et 0 autrement.

```
>> isspace('Mat lab')


ans =
     0     0     0     1     0     0     0
```

Le 4ème caractère de la chaîne est un espace.

- **isstr, ischar**

Ces 2 commandes retournent 1 si l'argument est une chaîne de caractères et 0 autrement.

```
>> isstr('MATLAB est un langage de programmation de haut niveau')

ans =
     1
```

```
>> isstr('MATLAB')==ischar('SIMULINK')

ans =
     1
```

- **isletter**

Retourne un tableau de 0 et 1 ; 1 pour les lettres de l'alphabet y compris les lettres avec accents, et 0 pour le reste des caractères.

```
>> Chaine=['è5f87';'çyéfg']

Chaine =
è5f87
çyéfg
```

```
>> isletter(Chaine)

ans =
     1     0     1     0     0
     1     1     1     1     1
```

### *I.2.4. Concaténation de chaînes de caractères*

Pour concaténer horizontalement des chaînes de caractères, il suffit de les mettre comme des éléments d'un vecteur ligne.

```
>> ChaineConcat=['MATLAB ' 'est un langage ' 'de haut niveau']

ChaineConcat =
MATLAB est un langage de haut niveau
```

- **strcat**

Concatène une suite de chaînes données en argument.

```
>> strcat('MATLAB',' R2009a')

ans =
MATLAB R2009a
```

La concaténation verticale comme éléments d'un vecteur colonne impose que ces chaînes soient de même longueur.

```
>> strvcat('MATLAB & SIMULINK','R2009a')

ans =
MATLAB & SIMULINK
R2009a
```

On doit rajouter des blancs à la chaîne la plus petite.

```
>> ['MATLAB & SIMULINK';'R2009a           ']

ans =
MATLAB & SIMULINK
R2009a
```

```
>> size(ans)
ans =
     2    17
```

- **strvcat**

Concaténation verticale de chaînes de caractères, indépendamment de leurs longueurs.

```
>> strvcat('MATLAB & SIMULINK','R2009a')

ans =
MATLAB
R2009a
```

MATLAB ajoute automatiquement le nombre de blancs nécessaires à la chaîne la plus courte.

*I.2.5. Opérations sur les chaînes*

- **strcmp**

Compare 2 chaînes de caractères données en arguments.

```
>> TestEgalite=strcmp('MATLAB','matlab')
TestEgalite =
     0
```

Les 2 chaînes de caractères ne sont pas identiques.

- **strncmp**

Compare les N premiers caractères de chaînes.

```
>> Chaine1='MATLAB';
>> Chaine2='MATlab';
>> TestIdentN=strncmp(Chaine1, Chaine2,3)
TestIdentN =
     1
```

Les 3 premiers caractères des 2 chaînes sont identiques. Les 4 premiers ne le sont pas à cause de la lettre l qui est une fois en majuscule et une autre en minuscule.

```
>> TestIdentN=strncmp(Chaine1, Chaine2,4)
TestIdentN =
     0
```

- **strcmpi**

Compare les chaînes en ignorant les types majuscule et minuscule.

```
>> TestIdent=strcmpi('MATLAB','matlab')

TestIdent =
     1
```

- **findstr.**

Recherche d'une chaîne dans une autre.

```
>> Chaine1='TLAB';
>> Chaine2='MATLAB';
>> findstr(Chaine1, Chaine2)

ans =
     3
```

La réponse est que la chaîne `Chaine1` est à l'intérieur de `Chaine2` et qu'elle commence à la 3ème position.

On vérifie bien cette chaîne par indexation de la chaîne `Chaîne2`.

```
>> Chaine2(1,ans:length(Chaine2))
ans =
TLAB
```

• **strfind**

Recherche les indices où se trouve une chaîne dans une autre.

```
>> findstr(Chaine2,'A')
ans =
     2     5
```

La chaîne '`A`' se trouve bien dans la chaîne '`MATLAB`' aux positions 2 et 5.

• **upper, lower**

Transforme respectivement une chaîne en majuscules et en minuscules.

```
>> Maj=upper('MATlab')

Maj =
MATLAB
```

```
>> Minus=lower('MATlab')

Minus =
matlab
```

• **strrep**

`Ch = strrep(Ch1,Ch2,Ch3)` remplace toutes les occurrences de la chaîne `Ch2` dans `Ch1` par la chaîne `Ch3`.

```
>> Ch=strrep('Ceci est un exemple de niveau moyen','moyen','très bon')
Ch =
Ceci est un exemple de niveau très bon
```

• **strtrim**

Supprime les blancs avant la chaîne.

```
>> Chaine='           MATLAB R2009 et SIMULINK'
Chaine =
           MATLAB R2009 et SIMULINK
```

```
>> Chaine2=strtrim(Chaine)
Chaine2 =
MATLAB R2009 et SIMULINK
```

```
>> length(Chaine)
```

```
ans =
    35
```

```
>> length(Chaine2)
ans =
    24
```

La longueur de la chaîne est passée de 35 à 24 en supprimant les blancs devant la chaîne `Chaine`.

On se propose, ci-après, de supprimer tous les blancs de la chaîne de caractères. On remplace tous les blancs par un ensemble vide. Malgré le `Warning`, le résultat est bon.

```
>> Chaine3= strrep(Chaine,' ',[])
Warning: Inputs must be character arrays or cell arrays of strings.
x =
MATLABetSIMULINK
```

- **strtok**

Retourne le 1er mot d'une chaîne, ainsi que le reste. Les champs sont séparés par un délimiteur qui est par défaut l'espace.

```
>> Chaine = 'MATLAB R2009a';
>> [PremierMot, reste] = strtok(Chaine)
PremierMot =
MATLAB

reste =
R2009a
```

```
>> enreg = 'Langage de très haut niveau : MATLAB';
>> delimiteur = ':';
>> [nom, reste] = strtok(enreg,delimiteur)
nom =
Langage de très haut niveau

reste =
: MATLAB
```

### I.3. Fonctions utiles

- **eval**

Evaluation d'une chaîne de caractères contenant des commandes MATLAB, des opérations et des noms de variables. Si la chaîne n'est pas valide une erreur est retournée.

```
>> x = [2*pi pi/3; pi/2 -1]
x =
    6.2832    1.0472
    1.5708   -1.0000
```

```
>> Chaine = 'exp(-det(sin(x)))'
Chaine =
exp(-det(sin(x)))
```

```
>> eval(Chaine)
ans =
    2.3774
```

- **poly2str**

Retourne un polynôme sous forme d'une chaîne de caractères.

```
 >> p=poly2str([1 -2 4],'x')
p =
   x^2 - 2 x + 4
```

- **texlabel**

Permet d'afficher les caractères `TeX` pour des labels dans les graphiques par exemple..

```
x=-2*pi:pi/10:2*pi;
plot(x, sinc(x))
f1=texlabel('sin(sqrt(lambda^2+gamma^2))/sqrt(lambda^2+gamma^2)');
gtext(f1)
f2=texlabel('angle : -2\pi : 2\pi')
xlabel('angle : -2\pi : 2\pi')
title('Tracé du sinus cardinal')
```

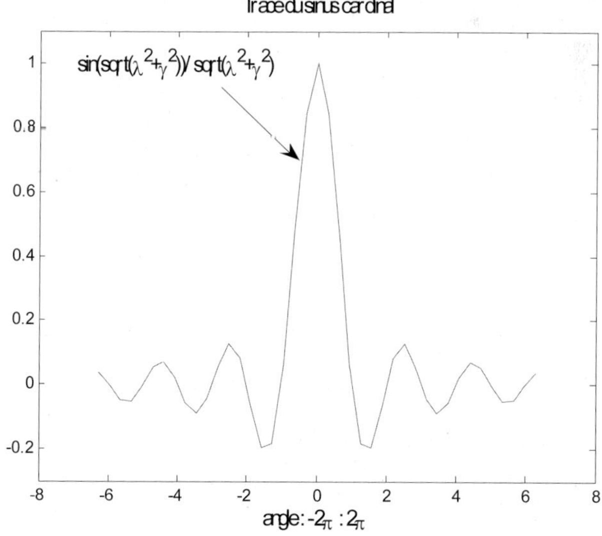

• **blanks**

Permet de générer une chaîne de caractères formée de blancs. Cette commande est utile dans le cas où l'on a besoin d'un vecteur colonne de chaînes de caractères de même longueur. Les chaînes sont complétées par des blancs jusqu'à ce que la longueur maximale soit atteinte. Nous proposons ci-après un exemple d'application de cette commande.

*fichier blancs.m*

```
% chaînes à assembler dans un vecteur colonne
Chaine1 = 'MATLAB & SIMULINK';
Chaine2 = 'Version R2009';

n = 2;

% recherche de la longueur maximale
for i = 1:n,
    LongueurChaine(i) = length(eval(['Chaine', num2str(i)]));
end

% Longueur maximale des chaînes à concaténer
LongMax = max(LongueurChaine);

% Concaténation verticale des chaînes équilibrées
ConcatChaines = [];
for i = 1:n
  Chaine = eval(['Chaine', num2str(i)]);    % i-ème chaîne
  longueurChaine = length(Chaine);
  Chaine = [Chaine, blanks(LongMax-longueurChaine)];
  ConcatChaines = [ConcatChaines; Chaine];
end
% Affichage des chaînes concaténées
ConcatChaines
```

```
>> AjoutBlancs
ConcatChaines =
MATLAB & SIMULINK
Version R2009
```

```
>> eq(length(ConcatChaines), length('MATLAB & SIMULINK'))
ans =
     1
```

MATLAB prévoit la commande `str2mat` pour effectuer les opérations décrites précédemment.

```
>> Chaine1=['MATLAB, langage de calcul scientifique de haut niveau'];
>> Chaine2=['& SIMULINK VersionR2009a'];
>> str2mat(Chaine1,Chaine2)
ans =
MATLAB, langage de calcul scientifique de haut niveau

& SIMULINK VersionR2009a
```

- **deblank**

Supprime les espaces présents à la fin d'une chaîne de caractères.

```
>> Chaine = 'MATLAB            '
Chaine =
MATLAB
```

```
>> size(Chaine)
ans =
     1    18
```

### I.4. Lecture et écriture de chaînes formatées

- **sprintf**

Le but de cette fonction est l'envoi de sorties formatées dans une chaîne.

```
[chaîne, msg_erreur] = sprintf(format, data1, data2, ...)
```

La chaîne retournée "`chaîne`" contient les données des matrices `data1`, `data2`, etc. arrangées sous le contrôle de la chaîne de formatage `format` (dont les instructions sont analogues à celles du langage C). Si une erreur se produit, un message `msg_erreur` est généré, sinon une chaîne vide est retournée.

Cette fonction est semblable à la fonction `fprintf` ; l'écriture est faite sur une chaîne de caractères MATLAB au lieu d'un fichier.

```
>> x=exp(1)
x =
    2.7183
```

```
>> [Chaine, msg] = sprintf('la valeur du neper vaut : %5.2f',x)
Chaine =
la valeur du neper vaut :  2.72
msg =
     ''
```

Si x est une matrice, le résultat serait une concaténation des chaînes obtenues par l'application de la fonction `sprintf` à chacun des éléments de la matrice `x`.

```
>> x=randn(2)
x =
    0.5377   -2.2588
    1.8339    0.8622
```

```
>> [Chaine, msg] = sprintf('Matrice aléatoire : %5.2f',x)
Chaine =
Matrice aléatoire :  0.54Matrice aléatoire :  1.83Matrice aléatoire :
-2.26Matrice aléatoire :  0.86
msg =
     ''
```

La chaîne de format est une chaîne de caractères contenant deux types d'objets : des caractères ordinaires et des spécifications de format. Les caractères ordinaires sont simplement recopiés un à un dans la chaîne résultat.
Chaque spécification de format s'appliquera à l'argument qui lui correspond dans la liste des arguments.

Les spécifications de format ont la forme suivante :

- `d` entier décimal signé,
- `i` entier décimal signé,
- `o` entier octal non signé,
- `u` entier décimal non signé,
- `x` entier hexadécimal non signé (avec a, b, c, d, e et f),
- `X` entier hexadécimal non signé (avec A, B, C, D, E et F),
- `f` nombre flottant signé de la forme [-] dddd.dddd,
- `e` nombre flottant signé de la forme [-] d.dddd e [+/-] ddd,
- `g` nombre flottant signé de type `e` ou `f`, suivant la valeur et la précision données. Les zéros et le point décimal ne figurent que s'ils sont nécessaires,
- `E` nombre flottant, comme `e`, mais l'exposant est la lettre E,
- `G` nombre flottant, comme `g`, mais l'exposant est la lettre E,
- `c` caractère simple,
- `s` chaîne de caractères. Affiche les caractères jusqu'à la rencontre d'un caractère nul d'arrêt ou jusqu'à ce que la précision soit atteinte,
- `%` le caractère de pourcentage `%` est affiché.

- **sscanf**

Cette fonction, dont la syntaxe est décrite ci-après, permet l'extraction d'informations (sous un format particulier) à partir d'une chaîne de caractères.

```
[a, compteur, msg] = sscanf(chaîne, format, taille)
```

| | |
|---|---|
| `a` | matrice de données récupérées, |
| `compteur` | nombre d'éléments lus correctement, |
| `msg` | message d'erreur dans le cas où une erreur est rencontrée (chaîne vide autrement), |
| `chaîne` | chaîne dans laquelle la lecture est réalisée, |
| `format` | instructions de formatage analogues à celles du langage C (voir `sscanf`), |
| `taille` | argument optionnel, pose une limite au nombre d'éléments lus à partir de la chaîne. |

Cette fonction est semblable à `fscanf` ; la lecture est faite à partir d'une chaîne de caractères MATLAB au lieu d'un fichier.

```
>> Chaine='5 3.5 10'
Chaine =
5 3.5 10
```

```
>> x = sscanf(Chaine,'%f')
x =
    5.0000
    3.5000
   10.0000
```

## I.5. Des programmes utiles

Dans cette section, nous proposons au lecteur, des fonctions de traitement de chaînes de caractères qui compléteront celles fournies par MATLAB.

*fonction JourDatee.m*

```
function JDate = JourDate(Date)
% extraction des informations jour, mois et Année
% à partir d'une date
% sous forme d'une chaîne de caractères avec les formats
% 'jj-mm-aa' ou 'jj/mm/aa'
% r_date = [Jour Mois Année];

if nargin ~= 1;
   error('nombre d''arguments incorrect');
end;

Delim = ['-' '/'];     % délimiteurs pour une date
[Jour Reste] = strtok(Date,Delim);
[Mois Reste] = strtok(Reste,Delim);
[Annee Reste] = strtok(Reste,Delim);

% conversions chaînes --> nombres
Jour = str2num(Jour);
Mois = str2num(Mois);
Annee = str2num(Annee);

% Affichage du jour
[n,j]=weekday(datestr(Date));

JDate = num2str([Jour Mois Annee]);
JDate = [j ' ' JDate];
```

Quelques exemples d'appel de cette fonction donnent :

```
>> DateDuRetour=JourDate('31/08/2009')
DateDuRetour =
Thu 31     8  2009
```

```
>> DateNaissance=JourDate('13/10/1977')
DateNaissance =
Thu 13    10  1977
```

## I.6. Applications

### *I.6.1. Cryptage et décryptage d'un message*

On se propose d'écrire un programme permettant de lire un texte, et de l'afficher sous une forme codée, en mettant en œuvre un décalage du jeu de caractères.

Le principe de cet exercice est de mettre en évidence l'utilisation de la fonction `setstr` pour passer des codes ASCII aux caractères composant une chaîne, de leur ajouter ou retrancher une valeur fixe et obtenir ainsi une chaîne codée, donc inintelligible.

*fichier Crypt.m*

```
function ChaineCodee = Crypt(Chaine, Code)
% Encryptage d'une chaîne de caractères en utilisant
% le décalage du jeu de caractères.

if nargin <2;
   disp('nombre d''arguments incorrect');
   help Crypt;
   return
end;
ChaineCodee = setstr((Chaine+Code));

ChaineCodee =
Phvvdjh#lpsruwdqw#=#wx#grlv#uhyhqlu#oh#64#Drþw
```

Connaissant la façon dont est crypté le message, le fichier suivant, `Decrypt.m` permet de revenir au message d'origine.

*fonction Decrypt.m*

```
function ChaineDeCodee = Decrypt(Chaine, ValeurCode)
% Décryptage d'une chaîne de caractères en utilisant
% le décalage du jeu de caractères.
% function ChCodee = Decrypt(Chaine, ValDec)

if nargin <2;
   disp('nombre d''arguments incorrect');
   help Decrypt
   return;
end;

ChaineDeCodee = setstr(abs(Chaine)-ValeurCode);
```

```
>> Message='Phvvdjh#lpsruwdqw#=#wx#grlv#uhyhqlu#oh#64#Drþw';
>> Code=3;
>> ChaineDeCodee=Decrypt(Message,Code)
ChaineDeCodee =
Message important : tu dois revenir le 31 Août
```

### *I.6.2. Palindrome*

Un palindrome est un mot, ou une phrase, lisible indifféremment de la gauche vers la droite ou inversement. On se propose d'écrire un programme qui détermine si une chaîne de caractères est un palindrome.

La solution serait d'inverser la chaîne et de la comparer avec la chaîne d'origine.

*fichier palindrome.m*

```
function Palind = palindrome(Chaine)
% Indique si une chaîne est un palindrome

if nargin <1;
   disp('nombre d''arguments incorrect');
   help palindrome
   return;
end;

ChaineRetournee = fliplr(Chaine);
Palind = strcmp(Chaine,ChaineRetournee);
```

```
>> palindrome('atta')
ans =
1
```

## II. Gestion des dates et heures

### II.1. Différents formats de dates et heures

MATLAB gère la date sous 3 types de format différents :

- chaînes de caractères,
- nombres,
- vecteurs.

La commande `date` retourne la date du jour sous forme d'une chaîne de caractères.

- **`date`**

```
>> date
ans =
09-Aug-2009
```

MATLAB gère aussi les dates sous forme de nombres.

- **`now`**

```
>> now
ans =
  7.3399e+005
```

La commande `now` retourne la date et l'heure actuelle sous la forme d'un seul nombre dont l'entier inférieur correspond à la date du jour et le reste à l'heure actuelle.

Le nombre correspond au nombre de jours passés depuis une date de base. Dans MATLAB, cette date de base est le 1$^{er}$ Janvier 2000.

- **`datestr`**

Transforme une date en nombre sous forme d'une chaîne de caractères.

```
>> datestr(1)
ans =
01-Jan-0000
```

Le nombre correspondant à la date du jour est :

```
>> floor(now)
ans =
      733994

>> rem(now,1)
ans =
    0.5706
```

Pour avoir les chaînes de caractères, nous utilisons la commande `datestr`.

```
>> datestr(floor(now))
ans =
09-Aug-2009
>> datestr(rem(now,1))
ans =
 5:25 PM
```

Appliquée directement à la commande `now`, `datestr` donne l'heure exacte.

```
>> maintenant=datestr(now)
maintenant =
09-Aug-2009 13:45:54
```

On peut spécifier le type de chaîne pour la date uniquement.

```
>> maintenant=datestr(now,1)
maintenant =
09-Aug-2009
```

On peut spécifier un nombre entre 0 et 14 pour designer la forme de la date.

```
>> maintenant=datestr(now,2)
maintenant =
08/09/09
```

```
>> maintenant=datestr(now,14)
maintenant =
08:56:53 PM
```

- **datenum**

Transforme la date sous forme d'une chaîne en date sous forme de nombre.

```
>> datenum('31-Aug-2009')
ans =
      734016
```

• **datevec**

Cette commande permet de transformer une date en nombre sous forme d'une date en vecteur.

```
>>  datevec(now)

ans =
  1.0e+003 *
  2.0090     0.0080     0.0090     0.0230     0.0120     0.0401
```

Ce vecteur contient les informations suivantes : [Année mois jour heure minute second].
Tout comme pour le format nombre, la commande `datestr` peut donner le format chaîne de caractères.

• **clock**

La commande `clock` retourne la date et l'heure sous forme d'un vecteur.

```
>> clock
ans =
  1.0e+003 *
    2.0090     0.0080     0.0110     0.0020     0.0220     0.0471
```

```
>> fix(clock)
ans =
      2009           8          11           2          22          47
```

```
>> datestr(clock)
ans =
09-Aug-2009 13:46:05
```

### II.2. Autres fonctions utiles de mesure du temps

• **eomday**

Retourne la date du dernier jour d'un mois d'une année. La commande suivante donne la date du dernier jour du mois d'août 2009.

```
>> D=eomday(2009,08)
D =
    31
```

• **calendar**

Cette commande affiche le calendrier du mois en cours.

```
>> calendar
                   Aug 2009
     S     M    Tu     W    Th     F     S
     0     0     0     0     0     0     1
     2     3     4     5     6     7     8
     9    10    11    12    13    14    15
```

```
    16    17    18    19    20    21    22
    23    24    25    26    27    28    29
    30    31     0     0     0     0     0
```

On peut spécifier le mois et l'année sous forme de scalaires.

```
>> calendar(1977, 10)
                    Oct 1977
     S     M    Tu     W    Th     F     S
     0     0     0     0     0     0     1
     2     3     4     5     6     7     8
     9    10    11    12    13    14    15
    16    17    18    19    20    21    22
    23    24    25    26    27    28    29
    30    31     0     0     0     0     0
```

- **weekday**

Cette commande retourne le jour de la semaine en donnant comme argument la date sous forme de chaîne de caractères.

```
>> [d,w]=weekday(datestr(now))
d =
     2
w =
Mon
```

La commande suivante montre que le 13 Octobre 1977 était la 5ème journée de la semaine, un jeudi, comme on avait pu le voir dans le calendrier du mois de cette année.

```
>> [d,w]=weekday('13-Oct-1977')
d =
     5
w =
Thu
```

MATLAB dispose de fonctions de gestion du temps CPU, très utiles pour la gestion des programmes.

- **cputime**

Retourne le temps passé, en secondes, depuis le début de la session MATLAB.

```
>> cputime
ans =
   59.6563
```

On peut se servir de cette commande pour mesurer le temps d'exécution d'une suite d'instructions.

On considère les lignes de commande suivantes qu'on exécute dans l'éditeur.

```
% Temps passé depuis le début de la session
t1=cputime ; x=randn(1000); moyenne=mean(x(:)); variance=std(x(:))^2;
```

```
disp('Temps mis en secondes :')
dt=cputime-t1
```

Nous affichons le temps `t1` depuis le début de la session et la durée `dt` pour l'exécution de cette suite d'instructions.

```
t1 =
   81.4063
Temps mis en secondes :
dt =
    0.2031
```

- **`etime`**

La commande `etim(t2,t1)` retourne, en secondes, la différence des temps `t2` et `t1` spécifiés sous le format vecteurs.

```
x = rand(1000000, 1); t = clock;  y=exp(log(x.^2));
TempsMis = etime(clock, t)
TempsMis =
    0.3120
```

- **`tic`**

Initialise le timer.

- **`toc`**

Stoppe le timer et affiche le temps mis depuis le temps passé en argument.

```
t1= tic ;
x=randn(1000);
TempsMis=toc(t1)
TempsMis =
    0.0680
```

L'utilisation de ces commandes est plus recommandée que la commande `etim` pour des raisons de précision.

- **`datetick`**

Permet d'avoir des abscisses sous forme de dates (années ou mois).

```
t = (1954:2:1962)';      y = [9 8.8 8.2 7.8 7.5];
plot(datenum(t,1,1),y)  % Conversion des années en format nombre
datetick('x','yyyy')    % Remplace les ticks de l'axe x par des années
                        % à 4 digits
```

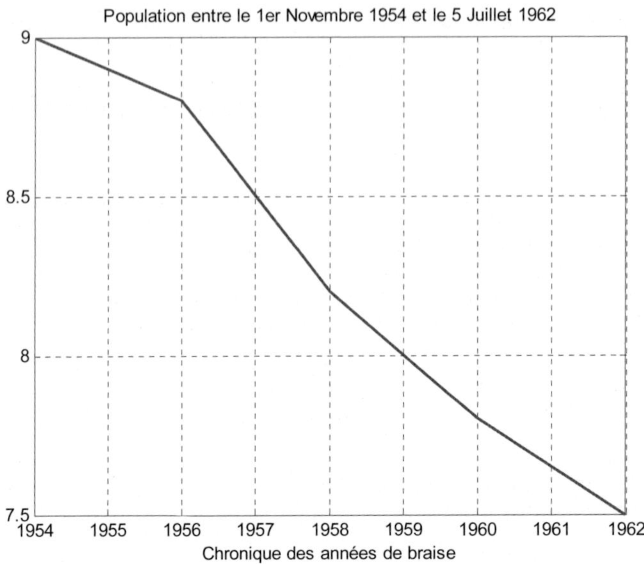
Population entre le 1er Novembre 1954 et le 5 Juillet 1962
9
8.5
8
7.5
1954
1955
1956
1957
1958
1959
1960
1961
1962
Chronique des années de braise

Chapitre 3

# Les nombres complexes



## I. Généralités

MATLAB accepte les nombres complexes sous leur forme algébrique `a+i*b` ou exponentielle `rho*exp(j*theta)`.
Les symboles `i` et `j` représentent le nombre imaginaire pur vérifiant :
`i2 = j2 = -1`
Dans MATLAB, on peut omettre le signe produit (*) lorsqu'on entre un nombre complexe sous sa forme algébrique.
Ci-dessous, nous observons ces 2 manières de créer un complexe :

```
>> z1=2+3*i
z1 =
   2.0000 + 3.0000i

>> z2=2+3j
z2 =
   2.0000 + 3.0000i
```

Pour l'affichage des nombres complexes, MATLAB utilise toujours le symbole `i`. Les deux expressions suivantes représentent le même nombre complexe.

```
>> z1 = 1 + i
z1 =
   1.0000 + 1.0000i

>> z2 = sqrt(2)*exp(i*pi/4)
z2 =
   1.0000 + 1.0000i
```

N. Martaj, M. Mokhtari, *MATLAB R2009, SIMULINK et STATEFLOW pour Ingénieurs, Chercheurs et Etudiants*, DOI 10.1007/978-3-642-11764-0_3, © Springer-Verlag Berlin Heidelberg 2010

Les fonctions `real, imag, abs, angle` permettent d'obtenir respectivement les parties réelle et imaginaire, le module et l'argument d'un nombre complexe.

```
>> z = 1 + 1*i;

>> [real(z) imag(z) abs(z) angle(z)]
ans =
    1.0000    1.0000    1.4142    0.7854
```

Le conjugué d'un nombre complexe s'obtient par la fonction `conj`.

```
>> conj(1+i)
ans =
   1.0000 - 1.0000i
```

Il existe deux façons de construire une matrice à valeurs complexes :

- les éléments sont saisis sous leur forme complexe

```
>> X = [1+2*i 3*i; 1+i 1-i]
X =
   1.0000 + 2.0000i        0 + 3.0000i
   1.0000 + 1.0000i   1.0000 - 1.0000i

>> real(X)
ans =
     1     0
     1     1

>> imag(X)
ans =
     2     3
     1    -1
```

On retrouve la matrice X en utilisant les propriétés des calculs entre matrices et celles des complexes en coordonnées polaires.

```
>> Y=abs(X).*exp(j*atan(imag(X)./real(X)))

Y =
   1.0000 + 2.0000i   0.0000 + 3.0000i
   1.0000 + 1.0000i   1.0000 - 1.0000i
```

- somme de deux matrices représentant les parties réelle et imaginaire

```
>> X = [1 0; 1 1]+i*[2 3; 1 -1];
```

Toutes les opérations sur les matrices à valeurs réelles restent valables pour les matrices de nombres complexes.

```
>> det(X) % déterminant de X
ans =
   6.0000 - 2.0000i
```

La fonction `complex(A,B)` permet la création du complexe A+iB.

```
>> abs(X)  % matrice des modules des éléments de X

ans =
    2.2361    3.0000
    1.4142    1.4142
```

## II. Opérations sur les nombres complexes

Les opérations sur les nombres complexes sont réalisées de la même façon que sur les nombres réels.

### II.1. Somme, produit et division de complexes

*Addition*

L'addition de nombres complexes s'effectue comme suit :

$$\sum z_k = \sum Re(z_k) + i \sum Im(z_k)$$

```
>>(1+i)+sqrt(2)*exp(j*pi/4)

ans =
   2.0000 + 2.0000i
```

Un nombre réel est considéré par MATLAB comme un complexe à partie imaginaire nulle.

```
>> z=5;

>> real(z)
z =
     5
>> imag(z)
ans =
     0
```

Un réel qu'on ajoute à un nombre complexe s'ajoute à la partie réelle de ce dernier.

```
>> 2+(1+i)
ans =
   3.0000 + 1.0000i
```

*Multiplication*

La multiplication d'un nombre complexe par un réel affecte de la même façon ses parties réelle et imaginaire.

```
>> 2*(1+i)
ans =
    2.0000 + 2.0000i

>>(1 + i)*(2+3*i)
ans =
  -1.0000 + 5.0000i
```

*Division*

```
>> z1=(1+i);
>> z2=1-2*i;
>> z1/z2
ans =
  -0.2000 + 0.6000i
```

```
>> (abs(z1)/abs(z2))*exp(i*(angle(z1)-angle(z2)))
ans =
  -0.2000 + 0.6000i
```

On vérifie bien la propriété de la division des nombres complexes.

### II.2. Racine, logarithme et exponentielle de complexes

*Elévation à une puissance réelle*

```
>> (3-2i)^(-3)
ans =
  -0.0041 + 0.0209i
```

```
>> sqrt(1+i)
ans =
    1.0987 + 0.4551i
```

*Logarithme*

```
>> log(1+i)
ans =
    0.3466 + 0.7854i
```

*Exponentielle*

```
>> exp(ans)

ans =
    1.0000 + 1.0000i
```

La commande `cplxdemo` permet de voir une démonstration sur les complexes et leurs possibilités graphiques.

## III. Fonctions spéciales de nombres complexes

MATLAB propose des fonctions spécialisées pour la manipulation des nombres complexes.

### III.1. Représentation graphique

La fonction `plot` appliquée à un nombre complexe, trace son image dans le plan cartésien.

*fichier plt_cplx.m*

```
% tracé des images d'un vecteur de complexes
z = [1 -0.5-3i -2+0.5i];
plot(z,'o')
grid
axis([-3 2 -4 2])
for k = 1:length(z)
  gtext(['image de z = ' num2str(z(k))])
end

xlabel('partie réelle')
ylabel('partie imaginaire')
```

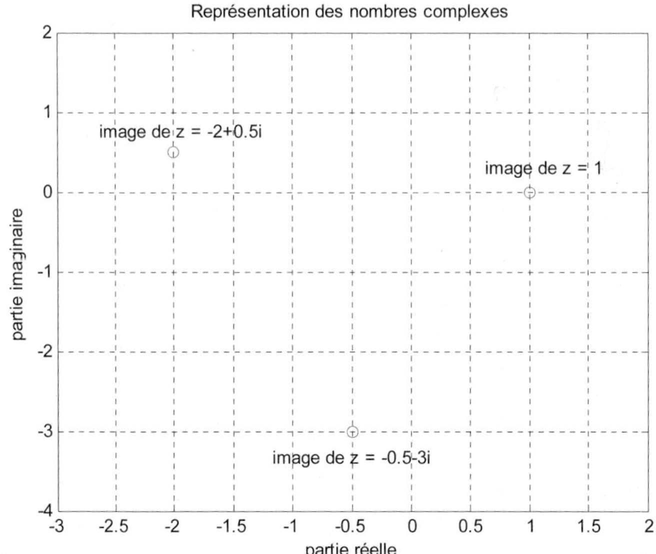

Pour représenter le module et l'argument, on utilise la fonction `compass` qui trace un segment orienté partant de l'origine du plan vers l'image du complexe.

L'application au vecteur `z` contenant les racines 3-ièmes de l'unité donne la représentation suivante :

```
>> z = [1.0000 -0.5000-0.8660i -0.5000+0.8660i];

>> compass(z)

>> title('racines 3-ièmes')
>> xlabel('parties réelles')
>> ylabel('parties imaginaires')
>> grid
```

Les racines n-ièmes de l'unité peuvent être calculées à l'aide du script `nracine.m` dont le code est donné dans ce même chapitre.

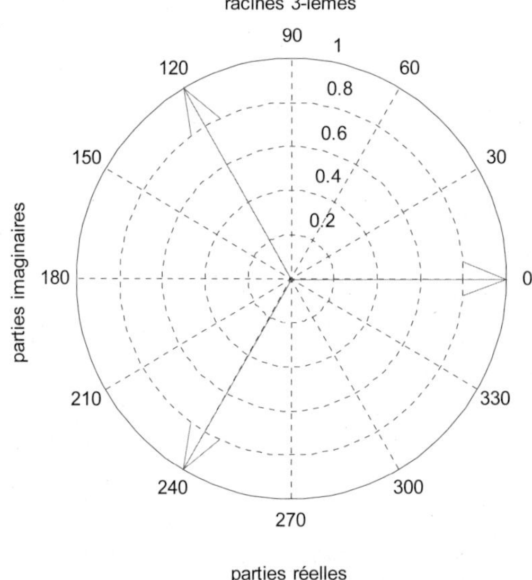


La commande `feather(z)` représente chaque élément complexe du vecteur `z` par un segment orienté dont l'origine est sur l'axe des abscisses.

Ces segments ont pour longueurs et angles (par rapport à l'axe des abscisses), respectivement les modules et arguments des complexes.

Les origines des segments sont régulièrement espacées.

```
>> feather(z)
```

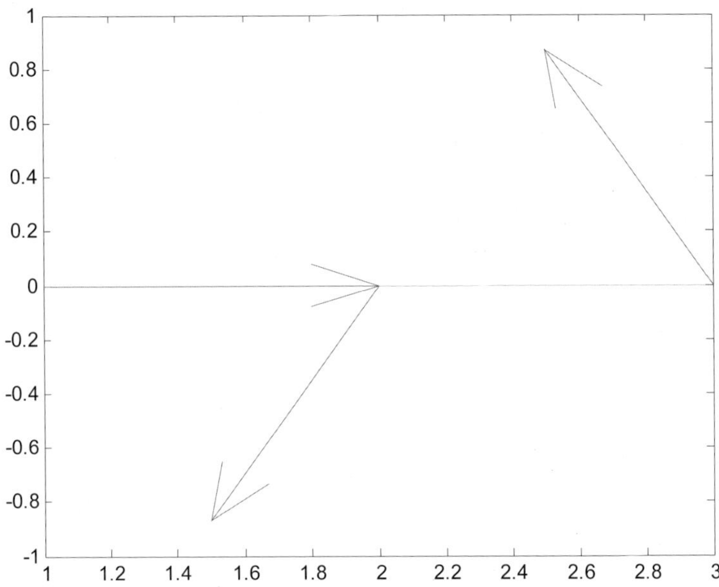


### III.2. Fonctions de variables complexes

La fonction `cplxgrid(n)` permet de diviser l'espace en plusieurs domaines dans le système de coordonnées polaires.

```
>> s = cplxgrid(3)
s =
  Columns 1 through 3
        0                  0                  0
  -0.3333   0.0000i   -0.1667 - 0.2887i   0.1667 - 0.2887i
  -0.6667 - 0.0000i   -0.3333 - 0.5774i   0.3333 - 0.5774i
  -1.0000 - 0.0000i   -0.5000 - 0.8660i   0.5000 - 0.8660i


 Columns 4 through 6
        0                  0                  0
   0.3333             0.1667 + 0.2887i  -0.1667 + 0.2887i
   0.6667             0.3333 + 0.5774i  -0.3333 + 0.5774i
   1.0000             0.5000 + 0.8660i  -0.5000 + 0.8660i
```

```
  Column 7
        0
  -0.3333 + 0.0000i
  -0.6667 + 0.0000i
  -1.0000 + 0.0000i
```

*fichier racines6.m*

```
s = cplxgrid(3)
plot(s)
hold on

racines = nracine(1,6)
plot(racines,'o')
axis([-1.5 1.5 -1.5 1.5])
grid
```

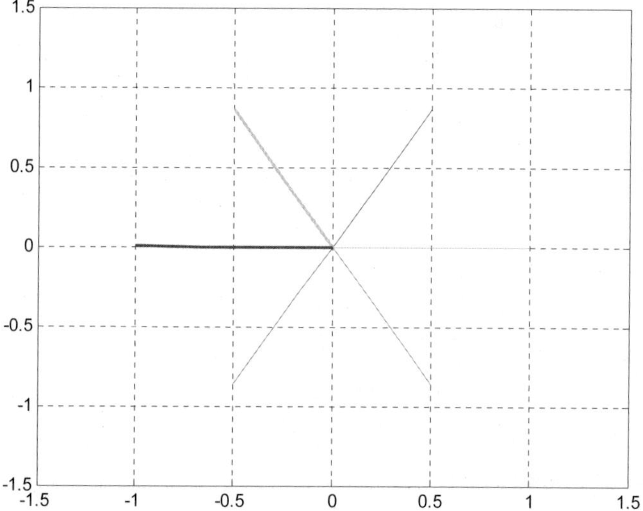


La commande `plot(s)` donne la même courbe que ci-dessus.

La fonction `cplxmap` permet de tracer une fonction à variable complexe y = f(z) en coordonnées polaires dans un disque unité. La partie réelle du complexe y fixe la hauteur de la surface et sa partie imaginaire règle la couleur du tracé.

```
>> z = cplxgrid(20);
>> cplxmap(z,z.^3)
>> title(' fonction y = z^3')
```

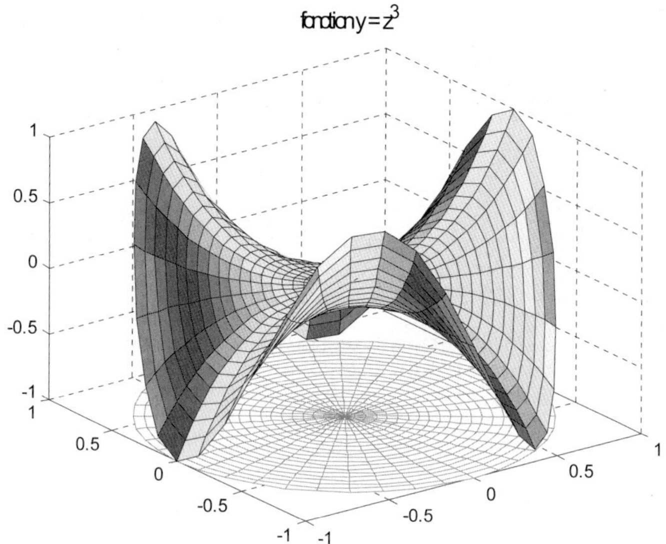


Il existe d'autres fonctions telles que rose et quiver pour le tracé de fonctions à variable complexe.

## IV. Applications

- **Racines n-ièmes d'un nombre complexe**

Si l'on considère le nombre complexe z sous la forme exponentielle

$$z = r\exp(j\theta)$$

on obtient l'expression de ses racines n-ièmes

$$\sqrt[n]{z} = \sqrt[n]{r}\,\exp[j(\frac{\theta+2k\pi}{n})]$$

avec k = 0, 1, ..., n-1.

Dans ce qui suit, nous créons un fichier fonction qui retourne les racines n-ièmes d'un nombre complexe.

*fichier nracine.m*

```
function Res = nracine(z,n)
% racine n-ième d'un nombre complexe
% Res : tableau des racines
```

```
% z : nombre complexe
% n :   ordre de la racine

if nargin ~= 2 | n == 0
   error('arguments incorrects');
end

R = abs(z);
Theta = angle(z);
Alpha = (2*pi*(0:n-1)+Theta)/n;

Res = R^(1/n)*exp(j*Alpha);
Res = conj(Res');
% le prime permet d'obtenir un vecteur colonne
% mais conjugue aussi les complexes
% la fonction conj permet de revenir à la forme initiale.
```

Comme exemple d'application de cette fonction, nous allons rechercher les racines 3-ièmes de l'unité.

```
>> racines = nracine(1,3)
racines =
   1.0000
  -0.5000 - 0.8660i
  -0.5000 + 0.8660i
```

En utilisant les fonctions, exponentielle et logarithme, les racines n-ièmes d'un nombre complexe z sont données par l'expression :

$$\sqrt[n]{z} = \exp\,[\frac{1}{n}\log(z)]$$

Nous proposons au lecteur de définir une fonction logarithme d'un nombre complexe.
Si z est exprimé sous sa forme trigonométrique :

$$z = \rho\, e^{j\,\varphi}$$

son logarithme, défini à 2kπ près, a pour expression :

$$w = \log(z) = \log \rho + j(\varphi + 2k\pi)$$

La fonction `logcplx` dont le code est décrit ci-après, permet de calculer le logarithme d'un nombre complexe.

*fichier logcplx.m*

```
function Log = logcplx(z,k)
% k : nombre de phases à 2 pi près
% z : nombre complexe dont on veut calculer les k logarithmes
```

```
Log = conj(log(abs(z))*ones(1,k)+j*(angle(z)* ...
      ones(1,k)+2*(0:k-1)*pi))';
```

Appliquons cette fonction au calcul du logarithme du nombre $z = 1 + i$ avec $k = 3$ (racines 3-ièmes).

```
>> logcplx(1+i,3)
ans =
   0.3466 + 0.7854i
   0.3466 + 7.0686i
   0.3466 +13.3518i
```

Ce fichier fonction peut aussi être utilisé pour calculer les racines n-ièmes d'un nombre complexe grâce à la fonction exponentielle; dans le cas du nombre complexe précédent, ces racines 3-ièmes sont :

```
>> z = 1+i;
>> n = 3;

>> racines = exp(logcplx(z,n)/n)
ans =
   1.0842 + 0.2905i
  -0.7937 + 0.7937i
  -0.2905 - 1.0842i
```

On peut vérifier ce résultat par son élévation à la puissance 3.

```
>> racines.^3
ans =
   1.0000 + 1.0000i
   1.0000 + 1.0000i
   1.0000 + 1.0000i
```

Nous obtenons 3 fois la même valeur 1.

- **Etude d'un circuit électrique RLC**

Le circuit RLC suivant est attaqué par un signal sinusoïdal $e(t) = e^{jwt}$.

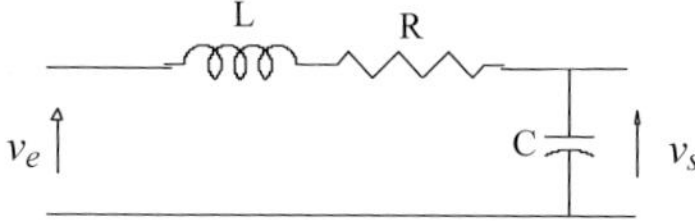


avec

$$R = 100\,\Omega,\ \ L = 0.1\,H,\ \ C = 1mF$$

et un domaine de pulsations allant de 0 à 100 rad/s.

Dans le domaine fréquentiel, ce circuit est défini par la fonction de transfert suivante :

$$H(jw) = \frac{V_S(jw)}{V_e(jw)} = \frac{1}{1 - LCw^2 + jRCw}$$

Nous désirons calculer et tracer la réponse en fréquences de cette fonction de transfert dans une bande de pulsations donnée.

*fichier circuit_RLC.m*

```
% valeurs des composants du circuit
R = 1000; C = 1e-3; L = 0.1;
% domaine des pulsations
w = 0:100;
% fonction de transfert complexe
H = 1./(1-L*C*w.^2+R*C*w*i);
figure(1)
% tracé du module de la fonction de transfert
plot(w,abs(H)), grid
xlabel('pulsation rd/s')
title('module du transfert')
axis([0 100 0 1])
```

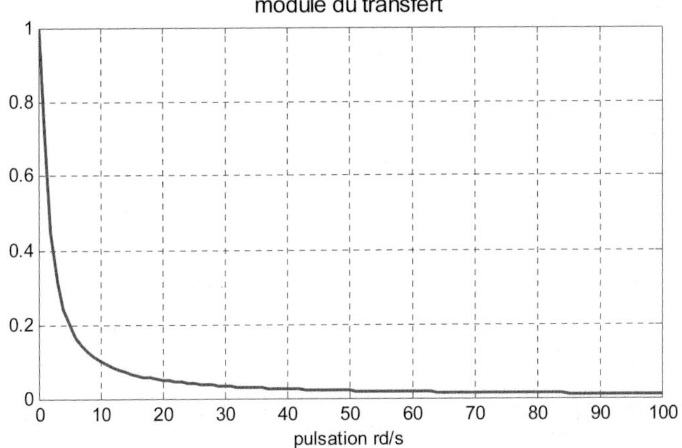


Lorsque le module décroît très rapidement, il est nécessaire d'utiliser les échelles logarithmiques pour la pulsation et le module.

*fichier circuit_ rlc.m (suite)*

```
% coordonnées logarithmiques
figure(3), semilogx(w,180*angle(H)/pi)
grid, title('Phase en coordonnées semi-logarithmiques')
```

```
figure(4), loglog(w,abs(H))
grid, title('Module en coordonnées logarithmiques')
```

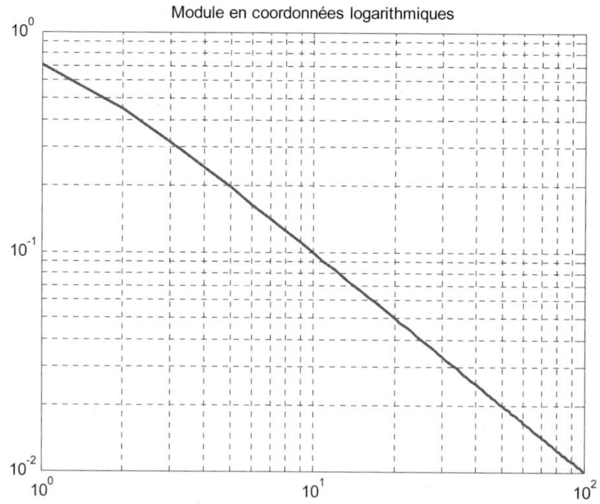


En remplaçant jw par le paramètre p de la transformée de Laplace, on obtient une fonction de transfert dont le numérateur et le dénominateur s'expriment sous forme de polynômes en p. La fonction de transfert précédente devient :

$$H(p) = \frac{V_s(p)}{V_e(p)} = \frac{1}{LCp^2 + RCp + 1}$$

Nous allons programmer une fonction qui permet de tracer la réponse en fréquences (module et phase) pour toute fonction de transfert H(p) en utilisant les notations complexes.

*fichier rpfrqfa.m*

```
% retourne les valeurs du module de la réponse en fréquences
% num, den : numérateur et dénominateur
% de la fonction de transfert
% omega : bande de pulsations
% type  :   'lin' : échelles linéaires
%           'log' : échelles logarithmiques
if nargin ~= 4
  help rpfreqfa
  error('Nombre de paramètres incorrect !')
end
jw = omega*j; H = polyval(num,jw)./polyval(den,jw);
switch type
    case 'log'
```

```
% module et de la phase en coordonnées logarithmiques
  figure(1)
  semilogx(omega,180*angle(H)/pi), grid
  title('Phase en coordonnées semi-logarithmiques')
  figure(2)
  loglog(omega,abs(H)), grid
  title('Module en coordonnées logarithmiques')

    case 'lin'
  % tracé du module et de la phase en coordonnées linéaires
  figure(1)
  plot(omega,180*angle(H)/pi)
  grid
  title('Phase en échelles linéaires')
  figure(2)
  plot(omega,abs(H))
  grid
  title('Module en échelles linéaires')
end
```

Pour utiliser cette fonction, il suffit de lui transmettre les polynômes `num` et `den`, respectivement du numérateur et du dénominateur, l'intervalle des pulsations `omega` dans laquelle on désire tracer les courbes du module et de la phase, ainsi que le type du tracé.
Ce dernier sera déterminé par une chaîne de caractères, `'lin'` pour un tracé en échelles linéaires et `'log'` pour un tracé en échelles logarithmiques.
Dans le cas du circuit RLC précédent, les commandes suivantes permettent d'obtenir des courbes identiques aux précédentes.

*Echelles linéaires*

```
>> rpfreqfa(1, [L*C  R*C 1],0:100,'lin')
```

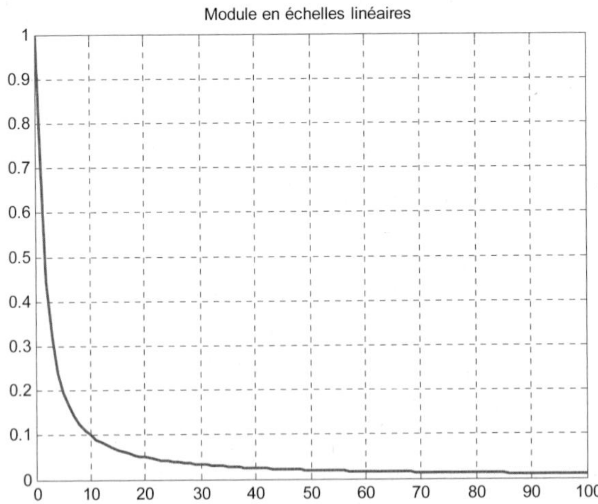

*Echelles logarithmiques*

```
>> rpfreqfa(1, [L*C  R*C 1],0:100,'log')
```

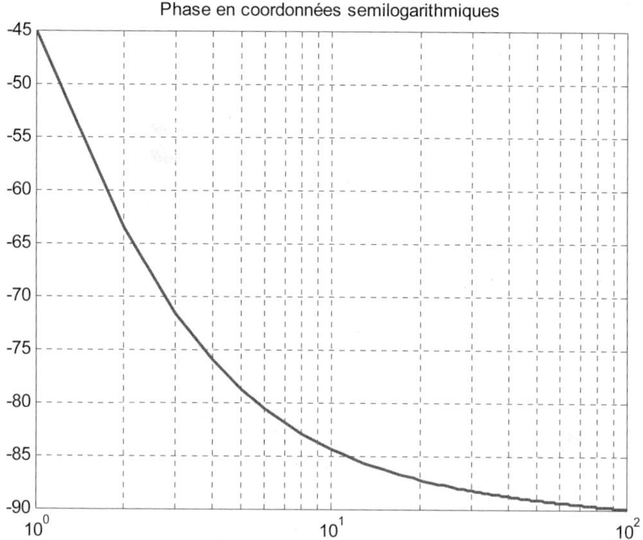


- **Synthèse d'un filtre de Butterworth passe bas analogique d'ordre n**

La fonction de transfert d'un filtre passe bas analogique de `Butterworth` d'ordre n a pour expression :

$$H(jw) = \frac{1}{1 + j\,(\frac{w}{w_c})^n}$$

Son atténuation en décibels correspond à :

$$A = 20 \log \sqrt{1 + (\frac{w}{w_c})^{2n}}$$

$w_c$ : pulsation de coupure à -3 dB.

Ci-après, nous nous imposons un gabarit dans lequel l'atténuation du filtre doit s'inscrire.

Nous obtiendrons un certain nombre de filtres qui respectent ce gabarit.

On se donne le gabarit suivant :

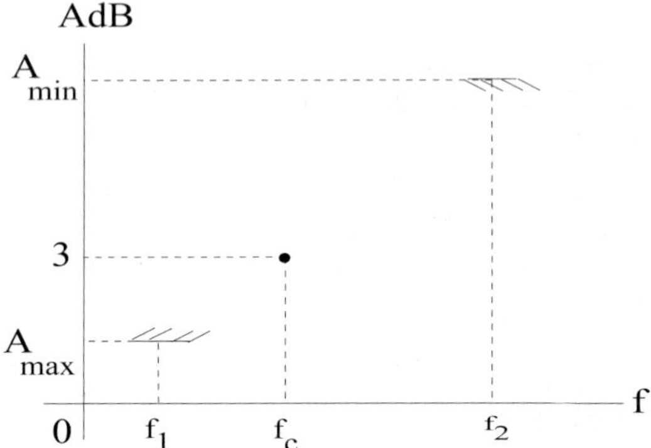


Les fréquences $f_1$ et $f_2$ étant fixées, pour obtenir l'ordre n et la fréquence de coupure $f_c$, on s'impose les conditions suivantes :

$$\begin{cases} A(f_1) \leq A_{\max} \\ A(f_2) \geq A_{\min} \end{cases}$$

La méthode de synthèse consiste, en posant $A(f_1) = A_{\max}$, à calculer, à partir de $n = 1$, l'ordre $n$ et la fréquence de coupure $f_c$ satisfaisant, pour la première fois, à la deuxième condition sur l'atténuation.

On considère le cas particulier, correspondant à un filtre passe bas tel que :

$$A_{\max} = 1\ dB \qquad f_1 = 10\ kHz$$
$$A_{\min} = 46\ dB \qquad f_2 = 20\ kHz$$

*fichier butt_bas.m*

```
% synthèse de filtre passe-bas analogique de Butterworth

% paramètres du gabarit
A_max = 1;
A_min = 46;
f1 = 10e3;
f2 = 20e3;
a = A_max*log(10)/10;
% initialisations
n = 1; Att = 0;
while (Att <= A_min)
 b = log(exp(a)-1)/(2*n);
 fc = f1/exp(b);
 Att = 20*log10(abs((1+j*(f2/fc).^n)));
```

```
 n = n+1;
end
n = n-1;

% affichage des résultats
disp('Ordre et fréquence de coupure')
disp(['n = ' num2str(n) ' ; fc =' num2str(fc) ' Hz']);

f12 = [f1 f2]; Att12 = 20*log10(abs(1+j*(f12/fc).^n));
disp(' Atténuation en dB aux fréquences f1 et f2')
disp(Att12);

% tracé de la courbe d'atténuation et de la phase
f = 0 : 1.2*f2;
Att = 20*log10(abs(1+j*(f/fc).^n));
phase = 180*angle(1./(1+j*(f/fc).^n))/pi;

figure(1), plot(f,Att), grid
title('Filtre passe bas de Butterworth, n=9, fc=10.78 KhZ');
xlabel('fréquences en Hz'), ylabel('Atténuation en dB')

figure(2)
plot(f,phase), grid
title('Filtre passe bas de Butterworth, n=9, fc=10.78 KhZ');
xlabel('fréquences en Hz'), ylabel('phase en degrés')

ordres = [n-2 n n+2];

for k = 1:length(ordres)
 Attn(k,:) = 20*log10(abs((1+j*(f/fc).^ordres(k))));
end

figure(3)
plot(f,Attn), grid
clear Attn ordres Att Att12 f f12
title('Gabarits des filtres d''ordres n = 7, 9 et 11')
xlabel('fréquences en Hz')
ylabel('Atténuation en dB')

gtext(['n = '  num2str(n-2)]);
gtext(['n = '  num2str(n)]);
gtext(['n = '  num2str(n+2)]);

Ordre et fréquence de coupure
n = 9 ; fc =1.078e+004 Hz
```

```
Atténuation en dB aux fréquences f1 et f2
1.0000   48.3172
```

Les figures suivantes représentent l'atténuation d'un filtre de Butterworth d'ordre 9, fréquence de coupure $f_c = 10{,}78$ kHz.

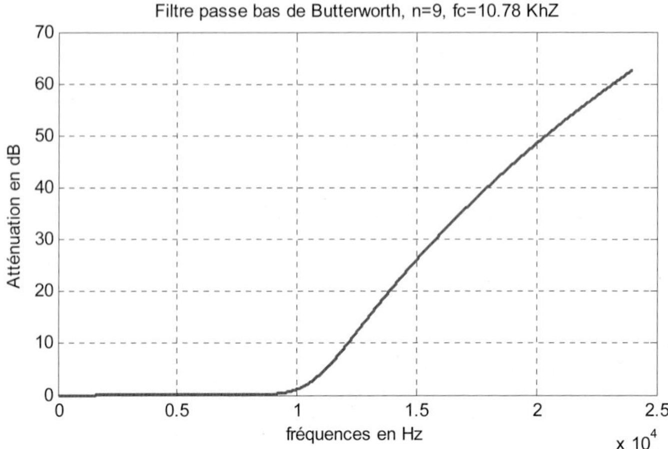


La phase de ce filtre est représentée par la figure suivante:

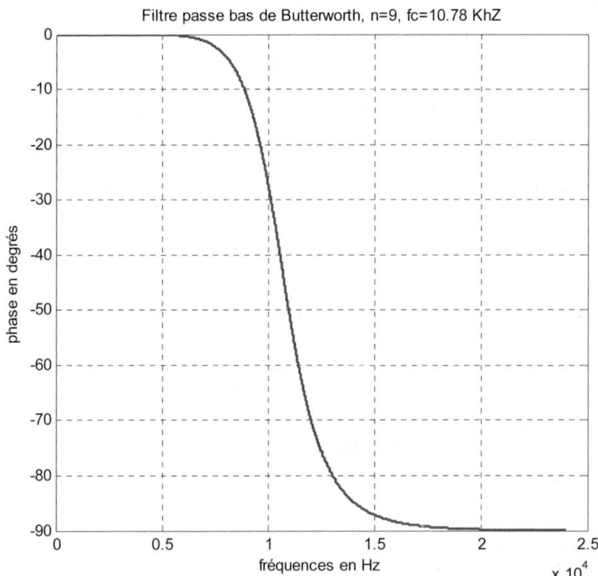


La figure ci-après montre les différentes courbes d'atténuation pour n = 7, 9 et 11, pour lesquelles, nous avons toujours $A(f_1) = 1\,dB$ .

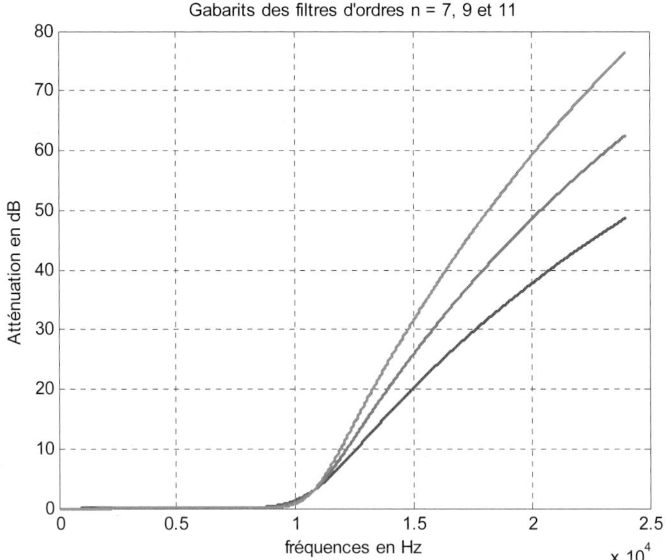


- **Transformée de Fourier discrète (TFD)**

La transformée de Fourier discrète X d'un signal échantillonné x de longueur N, a pour expression

$$X(k) = \sum_{n=0}^{N-1} x(n) e^{-2\pi j \frac{nk}{N}}, \text{ pour } k = 0, \ldots, N-1$$

On considère le signal discret x(k) défini par :

$$x(k) = \begin{cases} 0 & k < 0 \\ (0.8)^k & k \geq 0 \end{cases}$$

Nous proposons ci-après, la fonction `tfd` pour le calcul d'une TFD de même taille que le signal temporel x et un exemple d'application de celle-ci.

*fichier tfd.m*

```
function tf = tfd(x)
% transformée de Fourier discrète du signal x(k)
N = length(x);
tn = 0 : N-1; tk = tn;
tf = sum(x'*ones(1,N).*exp(-2*pi*j*(tk'*tn)/N));
```

*fichier apl_tfd.m*

```
% signal discret x(k)
N=50; x = 0.8.^(0:N-1);

% tracé du signal discret x
figure(1)
stem(0:N-1,x)
title('échantillons du signal discret x')
xlabel('n° d''échantillon temporel')
grid

% calcul et tracé de la TFD de x(k)
tfdx = tfd(x);
figure(2)
stem(0:(N-1)/2
abs(tfdx(1:N/2)))
xlabel('n° d''échantillon fréquentiel')
grid
title('échantillons du module de la TFD')

% tracé de la phase de la tfd
figure(3),
stem(0:(N-1)/2,angle(tfdx(1:N/2)))
xlabel('n° d''échantillon fréquentiel')
grid
title('échantillons de la phase (rad) de la TFD')
```

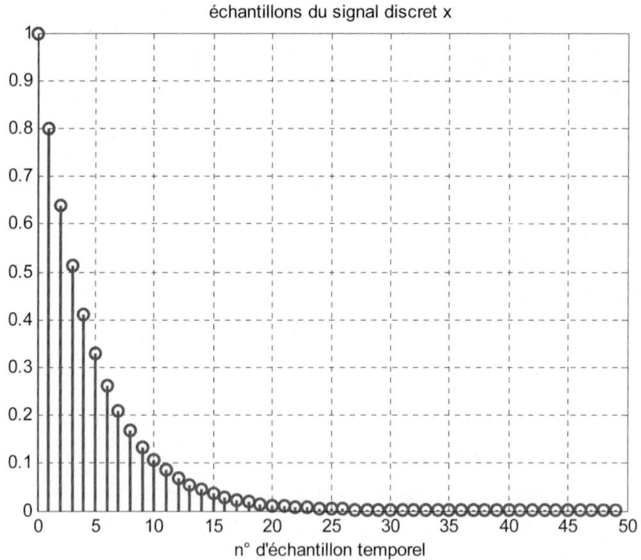

Les échantillons du module et de la phase de la TFD sont représentés par les figures suivantes :

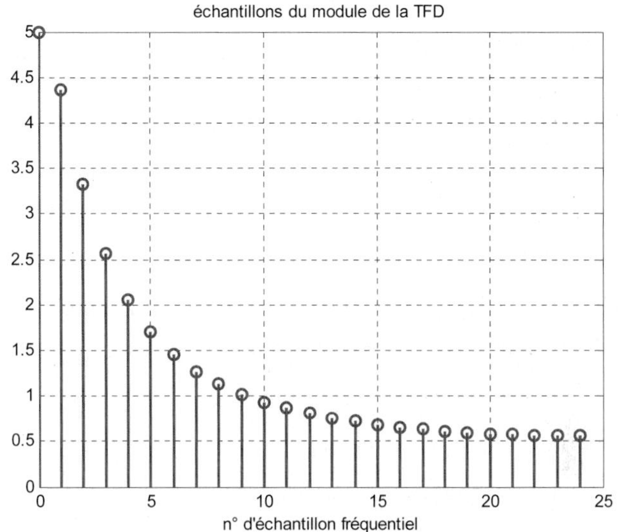


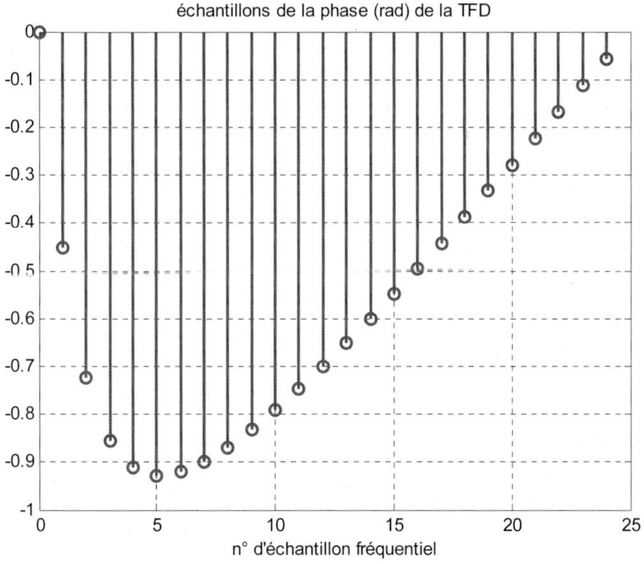

- **Transformée de Fourier (TFSD)**

La transformée de Fourier X d'un signal x, échantillonné à la cadence T, de longueur N, a pour expression

$$X(\theta) = \sum_{k=0}^{\infty} x(k)\, e^{-jk\theta} \quad , -\pi \le \theta \le \pi$$

$\theta = wT$ : pulsation normalisée.

La fonction `tfsd`, proposée ci-après, permet le calcul de la TFSD d'un signal discret. Elle accepte comme paramètres le vecteur du signal et l'intervalle de variations des pulsations normalisées.

*fichier tfsd.m*

```
function tf = tfsd(x,teta)
% transformée de Fourier de signal discret
% tf   : vecteur de la transformée
% x    : vecteur du signal discret
% teta : domaine de valeurs des pulsations normalisées

if nargin == 1
  teta = -pi : pi/100 : pi;
end

N = length(x);
k = 0 : N-1;
tf = sum((x'*ones(1,length(teta))).*exp(-j*k'*teta));
```

*fichier apl_tfsd.m*

```
% calcul de la TFSD de x(k)

teta = -pi : pi/100 : pi;
tfsdx = tfsd(x,teta);

% tracé du module de la tfsd

figure(1)
plot(teta,abs(tfsdx))
xlabel('n° d''échantillon fréquentiel')
grid
title('échantillons du module de la TFSD')

% tracé de la phase de la tfsd

figure(2)
plot(teta,angle(tfsdx))
xlabel('n° d''échantillon fréquentiel')
grid
title('échantillons de la phase (rad) de la TFSD')
```

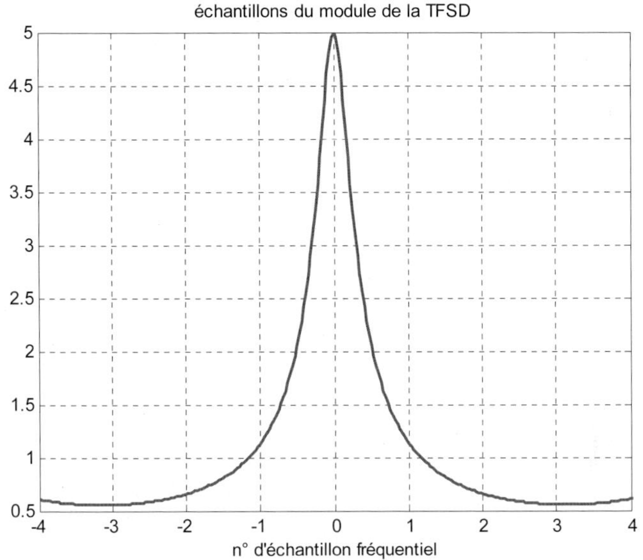
échantillons du module de la TFSD
5
4.5
4
3.5
3
2.5
2
1.5
1
0.5
-4 -3 -2 -1 0 1 2 3 4
n° d'échantillon fréquentiel

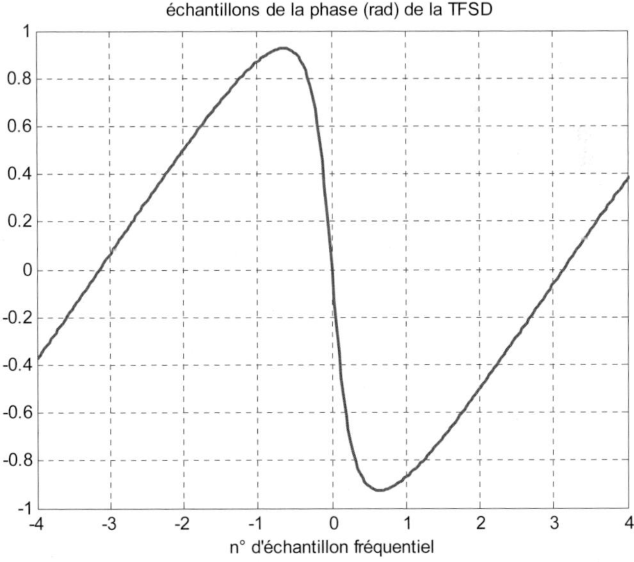
échantillons de la phase (rad) de la TFSD
1
0.8
0.6
0.4
0.2
0
-0.2
-0.4
-0.6
-0.8
-1
-4 -3 -2 -1 0 1 2 3 4
n° d'échantillon fréquentiel

La figure suivante, nous permet d'observer la périodicité fréquentielle du spectre d'un signal échantillonné ($\theta = [-3\pi, 3\pi]$).

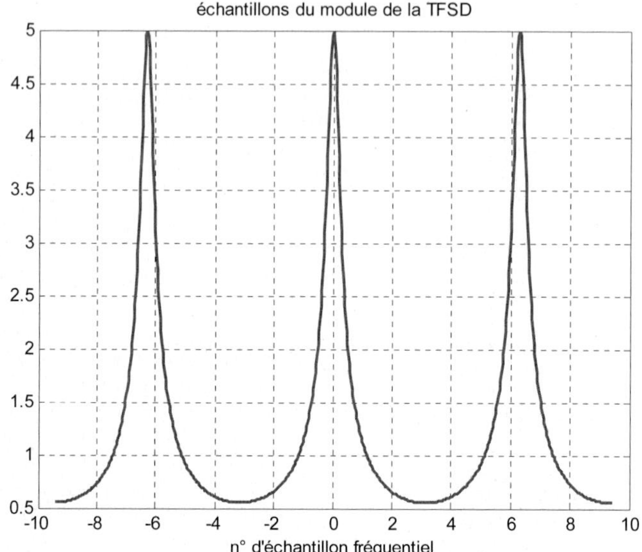

# Chapitre 4

# Les polynômes



## I. Les polynômes

Le calcul polynomial est à la base de nombreux domaines scientifiques, entre autres, le traitement du signal numérique et analogique, contrôle de procédés, approximation de fonctions et interpolation de courbes.

### I.1. Opérations sur les polynômes

MATLAB représente les polynômes sous forme de vecteurs lignes dont les composantes sont ordonnées par ordre des puissances décroissantes. Un polynôme de degré `n` est représenté par un vecteur de taille (`n+1`).

Considérons le polynôme suivant :

$$f(x) = 2x^5 - x^3 + 5x^2 + 8x + 2$$

Il est représenté par le vecteur ligne :

```
>> f = [2 0 -1 5 8 2]
f =
     2     0    -1     5     8     2
```

N. Martaj, M. Mokhtari, *MATLAB R2009, SIMULINK et STATEFLOW pour Ingénieurs, Chercheurs et Etudiants*, DOI 10.1007/978-3-642-11764-0_4, © Springer-Verlag Berlin Heidelberg 2010

En plus des opérations propres aux vecteurs qui peuvent être utilisées pour la manipulation des polynômes, d'autres opérations spécifiques sont prévues dans MATLAB, telles que `conv`, `deconv`, `roots`, etc.

### *I.1.1. Multiplication, division et racines de polynômes*

La multiplication et la division de deux polynômes sont réalisées respectivement par la convolution et la déconvolution de leurs coefficients, à l'aide des fonctions `conv` et `deconv`.

- ***Multiplication de polynômes***

*Exemple: fonctions de transfert en cascade*

Considérons le système suivant constitué de deux fonctions de transfert mises en cascade.

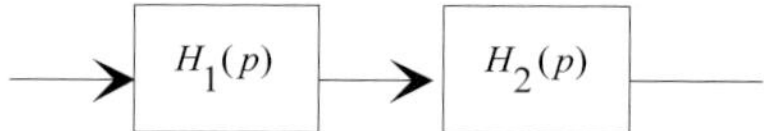


avec

$$H_1(p)=\frac{3p+1}{p^2+2p+3} \qquad H_2(p)=\frac{p+0.5}{p(p+0.2)}$$

La fonction de transfert globale est le produit des fonctions de transfert élémentaires :

$$H(p)=H_1(p)\,H_2(p)$$

*Fonctions de transfert individuelles*

```
>> num_H1 = [3 1];
>> den_H1 = [1 2 3];
```

```
>> num_H2 = [1 0.5];
>> den_H2 = conv([1 0],[1 0.2]);
```

La multiplication de polynômes se fait grâce à la commande `conv`.

*Fonction de transfert globale H*

```
>> num_H = conv(num_H1, num_H2)
num_H =
    3.0000    2.5000    0.5000
>> den_H = conv(den_H1, den_H2)
den_H =
    1.0000    2.2000    3.4000    0.6000         0
```

Le même résultat peut être obtenu en composant plusieurs fois la fonction `conv`.

```
>> num_H = conv([3 1],[1 0.5])

num_H =
    3.0000    2.5000    0.5000
```

```
>> den_H = conv([1 2 3],conv([1 0],[1 0.2]))

den_H =
    1.0000    2.2000    3.4000    0.6000         0
```

Pour afficher cette fonction de transfert globale sous forme d'une fraction, nous pouvons utiliser la fonction `printsys` de la boîte à outils "`Control System Toolbox`".

```
>> printsys(num_H,den_H,'p')

num/den =

               3 p^2 + 2.5 p + 0.5
   -------------------------------
   p^4 + 2.2 p^3 + 3.4 p^2 + 0.6 p
```

- ***Division de polynômes***

Si l'on veut, par exemple, retrouver le dénominateur de $H_1(p)$, on utilisera la fonction `deconv`.

```
>> den_H1 = deconv(den_H,den_H2)

den_H1 =
     1     2     3
```

Dans le cas général, la division peut ne pas donner un résultat exact, il existe alors un quotient `Q` et un reste `R`.

Considérons les deux polynômes P et S suivants :

$$P(x) = x^3 + x \quad 1$$
$$S(x) = x^2 + 3x - 4$$

On s'intéresse au quotient et au reste de la division de P par S.

```
>> P = [1 0 1 -1];
>> S = [1 3 -4];
```

```
>> [Q, R] = deconv(P,S)
Q =
     1    -3
R =
     0     0    14   -13
```

On obtient ainsi, un quotient Q et un reste R donnés par :

$$Q(x) = x - 3$$
$$R(x) = 14x - 13$$

On dispose de la fonction `residue` pour décomposer une fraction en éléments simples sous la forme :

$$\frac{P(x)}{S(x)} = K(x) + \sum_{i=1}^{n} \frac{r_i}{x - p_i}$$

où $p_i$, $r_i$ (i = 1 à n) et $K(x)$ sont respectivement les pôles, les résidus et le terme direct du résultat de la décomposition.

```
[residus,poles, terme_direct] = residue(P,S)

residus =
   13.8000
    0.2000

poles =
    -4
     1

terme_direct =
     1    -3
```

Ce qui correspond à la décomposition suivante :

$$\frac{P(x)}{S(x)} = x - 3 + \frac{13.8}{x+4} + \frac{0.2}{x-1}$$

- ***Racines d'un polynôme***

Les racines d'un polynôme sont données par la fonction *roots*. Ceci est intéressant en traitement de signal ; les solutions du numérateur (zéros) et ceux du dénominateur (pôles) de la fonction de transfert peuvent renseigner sur les modes du système.

Considérons la fonction de transfert $H(p)$ précédente.

*Zéros de H(p)*

```
>> zeros_H = roots(num_H)

zéros_H =
   -0.5000
   -0.3333
```

*Pôles de H(p)*

```
>> poles_H = roots(den_H)
poles_H =
        0
  -1.0000 + 1.4142i
  -1.0000 - 1.4142i
  -0.2000
```

Inversement, on peut construire un polynôme à partir de ses racines en utilisant la fonction `poly`. Les racines du polynôme sont passées à la fonction sous forme d'un vecteur.

```
>> den_H = poly(poles_H)
den_H =
    1.0000     2.2000     3.4000     0.6000          0
```

La fonction *poly* accepte aussi une matrice comme argument dont elle retourne le polynôme caractéristique.

```
>> A = [1 2; 3 4];
```

```
>> p = poly(A)
p =
    1.0000    -5.0000    -2.0000
```

Le polynôme caractéristique de la matrice A est alors :

$$p = x^2 - 5x - 2$$

Les racines de ce polynôme sont les valeurs propres de la matrice A que l'on peut aussi obtenir directement par la fonction eig.

*Racines du polynôme caractéristique de* A

```
racines = roots(p)
racines =
    5.3723
   -0.3723
```

*Valeurs propres de la matrice A*

```
val_prop = eig(A)
val_prop =
   -0.3723
    5.3723
```

### *I.1.2. Manipulation de fonctions polynomiales*

Beaucoup de fonctions mathématiques s'expriment ou peuvent être approximées par des polynômes. On trouve dans MATLAB une variété de commandes pour la manipulation de fonctions polynomiales.

polyval(f,x) : évaluation de la fonction polynomiale f(x) pour un ensemble donné de valeurs de la variable x, exprimé sous forme d'un vecteur,

polyder(f) : calcul de la dérivée de la fonction polynomiale f(x).

Le script poly_di.m, proposé ci-dessous, présente un exemple d'utilisation des fonctions polynomiales polyval, polyder ainsi que de la fonction polyquad dont on propose le code dans la suite. Cette dernière calcule les primitives de fonctions polynomiales.

Considérons, par exemple, la fonction polynomiale $f(x) = 2x^2 - 2x + 1$ . On calculera sa dérivée et la primitive s'annulant en 0, dont on tracera les courbes représentatives.

*fichier poly_di.m*

```
% polynôme représentant la fonction polynomiale f(x)
p = [2 -2 1];
x = 0:0.01:1;

% évaluation du polynôme p sur l'ensemble x
f = polyval(p,x);

% tracé de la fonction f(x)
plot(x,f); axis([0 1 0 1])

% calcul de la dérivée
p_derivee = polyder(p);
disp('polynôme de la fonction dérivée :')
p_derivee

% évaluation de la dérivée sur l'ensemble x
f_derivee = polyval(p_derivee,x);

% tracé de la dérivée
hold on, plot(x,f_derivee,'-.')

% calcul de la primitive
p_integ = polyquad(p,x(1));
disp('polynôme de la fonction primitive :')
p_integ

% évaluation de la fonction intégrale
f_integ = polyval(p_integ,x);

% tracé de la primitive
plot(x,f_integ,':'),
gtext('fonction f'), gtext('derivée f''')
gtext('primitive')
title('fonction f(x), sa dérivée f''(x) et sa primitive')
```

```
>> poly_di
polynôme de la fonction dérivée :
p_derivee =
     4    -2

polynôme de la fonction intégrale :
p_integ =
    0.6667   -1.0000    1.0000         0
```

Nous obtenons ainsi :

$$f'(x) = 4x - 2,$$
$$F(x) = \frac{2}{3}x^3 - x^2 + x$$

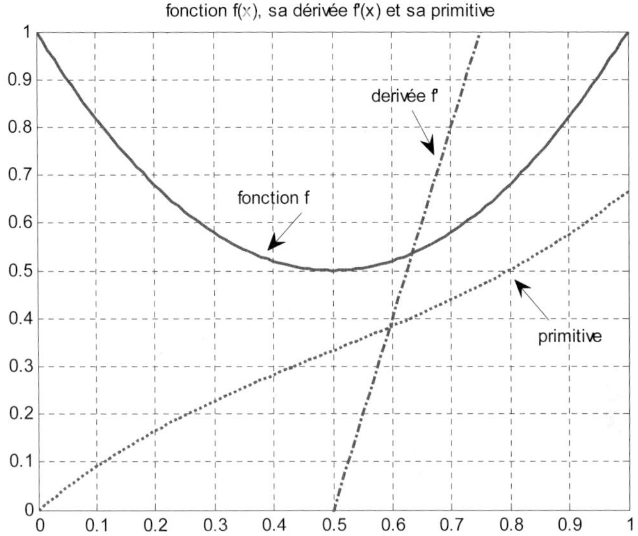


*fichier polyquad.m (utilisé par poly_di.m)*

```
function quad_p = polyquad(p,a)
% polyquad(P) retourne l'intégrale du polynôme dont les
% coefficients sont les éléments du vecteur P.
% p : polynôme à intégrer
% a : borne supérieure du domaine d'intégration
% polyquad(p) : la borne inférieure du domaine est 0

if nargin == 1
   a = 0;
end
if nargin == 0
   help polyquad
   return
end

i = fliplr(find(~isnan(p)));
quad_p = p./i;
a0 = polyval([quad_p 0],a);
quad_p = [quad_p -a0];
```

## I.2. Interpolation et régression

### *I.2.1. Interpolation au sens des moindres carrés*

Dans le domaine de l'analyse de données, on a souvent besoin d'établir un modèle mathématique liant plusieurs séries de valeurs expérimentales. L'interpolation consiste à approcher la courbe liant deux séries de mesures par un polynôme. Les coefficients optimaux de ce polynôme sont ceux qui minimisent la variance de l'erreur d'interpolation. Ce principe est connu sous le nom de la méthode des moindres carrés.
La commande `p = polyfit(x,y,n)` retourne le polynôme `p` de degré `n` permettant d'approcher la courbe `y = f(x)` au sens des moindres carrés. Afin d'en déduire l'erreur entre la courbe expérimentale et le modèle obtenu, on dispose de la fonction `polyval(p,x)` qui retourne la valeur du polynôme `p` pour toutes les composantes du vecteur ou de la matrice `x`. Pour appliquer ces fonctions, nous allons simuler une courbe expérimentale par une sigmoïde à laquelle nous superposons un bruit gaussien.

*fichier sig_reg.m*

```
% génération de la courbe expérimentale
% effacement des variables de l'espace de travail
% intervalle de définition et calcul de la sigmoïde
x = -5:0.1:5;
% fonction sigmoïde bruitée
y = 1./(1+exp(-x))+ 0.05*randn(1,length(x));
% tracé de la sigmoïde bruitée
plot(x,y)
title('fonction sigmoïde bruitée, polynôme d''interpolation')
% polynôme d'ordre 1 d'interpolation
p = polyfit(x,y,1);
% valeurs du polynôme d'interpolation
polyn = polyval(p,x); hold on
% tracé du polynôme d'interpolation
plot(x,polyn,'-.')
% calcul de l'erreur d'interpolation
err = y-polyn;
% tracé de la courbe de l'erreur
plot(x,err,':'), grid
gtext('mesures'), gtext('erreur'), gtext('modèle'), hold off
% affichage du polynôme d'interpolation
disp('polynôme d''interpolation')
p
var_err = num2str(std(err)^2);
disp(['variance de l''erreur d''interpolation : ' ,var_err])
```

On obtient les résultats suivants avec un polynôme d'interpolation d'ordre 1.

```
polynôme d'interpolation

p =
    0.1274    0.5025

variance de l'erreur d'interpolation : 0.011978

>> sig_reg
```

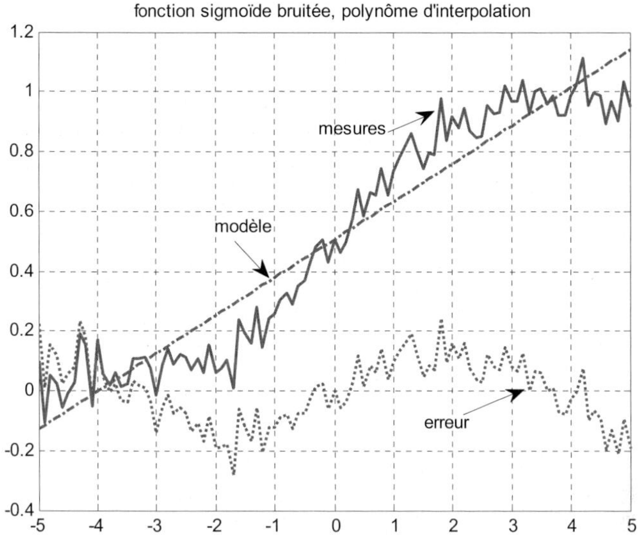


La fonction `errorbar` permet de tracer simultanément la courbe que l'on veut estimer par un polynôme et l'erreur d'estimation.

*Suite fichier sig_reg.m*

```
% utilisation de la fonction errorbar
figure(2)
err = y-polyn
errorbar(x,y,err)
title('sigmoïde, polynôme et erreur d''interpolation')
```

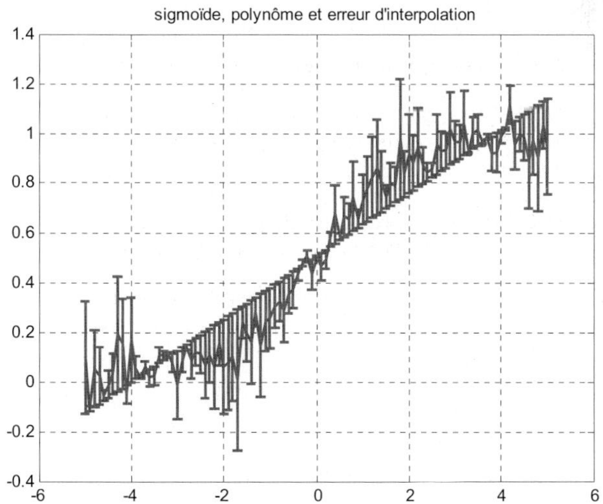

Avec un polynôme d'interpolation d'ordre 5, on obtient une très bonne approximation de la sigmoïde comme le montrent les résultats suivants :

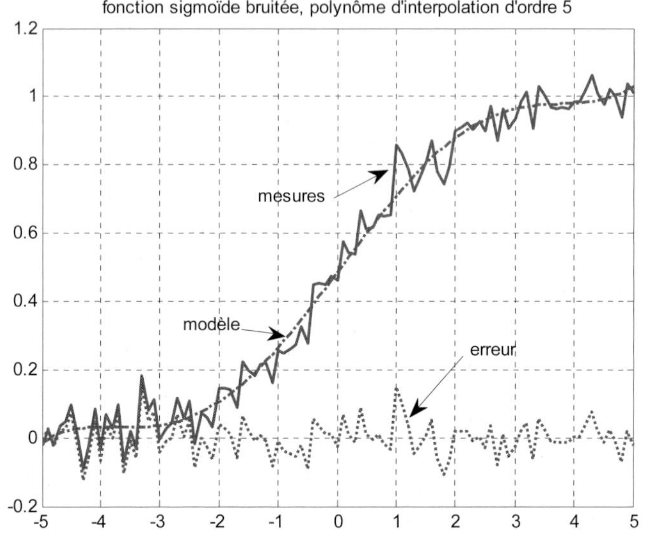


```
>> sig_reg
polynôme d'interpolation
p =
    0.0002   -0.0001   -0.0092    0.0016    0.2244    0.4943
variance de l'erreur d'interpolation : 0.0023618
```

### *I.2.2. Interpolations linéaires et non linéaires*

Une interpolation consiste à relier des points expérimentaux par une courbe formée de segments de droites ou de courbes polynomiales. Ceci est réalisé par la fonction `interp1`.

La commande `interp1(x,y,z)` retourne un vecteur de mêmes dimensions que `z` dont les valeurs correspondent aux images des éléments de `z` déterminés par interpolation sur `x` et `y`.

```
f = interp1(x,y,z,'type')
```

La chaîne `'type'` spécifie un type `d'interpolation` parmi les suivants :

`'linear'` : interpolation linéaire,
`'spline'` : interpolation par splines cubiques,
`'cubic'` : interpolation cubique.

Si l'on ne spécifie pas le type, l'interpolation linéaire est prise par défaut.
Dans le script suivant, nous allons étudier ces différents types d'interpolations sur un même exemple de valeurs discrètes de la fonction cosinus.

*fichier interpolation.m*

```
x = 0:10;

% points à interpoler
y = cos(x);

% le pas du vecteur z inférieur à celui de x
z = 0:.25:10;

% interpolation linéaire
figure(1)
f = interp1(x,y,z); % interpolation linéaire

% tracé des valeurs réelles et de la courbe d'interpolation
plot(x,y,'o',z,f)
grid
xlabel('interpolation linéaire')

% interpolation par splines cubiques
figure(2)

f = interp1(x,y,z,'spline');
plot(x,y,'o',z,f),
grid
xlabel('interpolation par splines cubiques')

% interpolation par cubiques
figure(3)
f = interp1(x,y,z,'cubic');
plot(x,y,'o',z,f),
grid
xlabel('interpolation par cubiques')
```

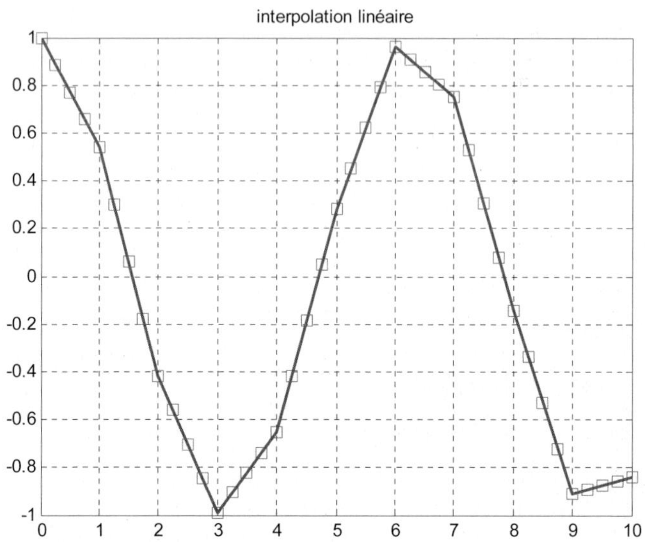


L'interpolation par splines cubiques peut être aussi obtenue par invocation de la commande `spline(x,y,z)`.

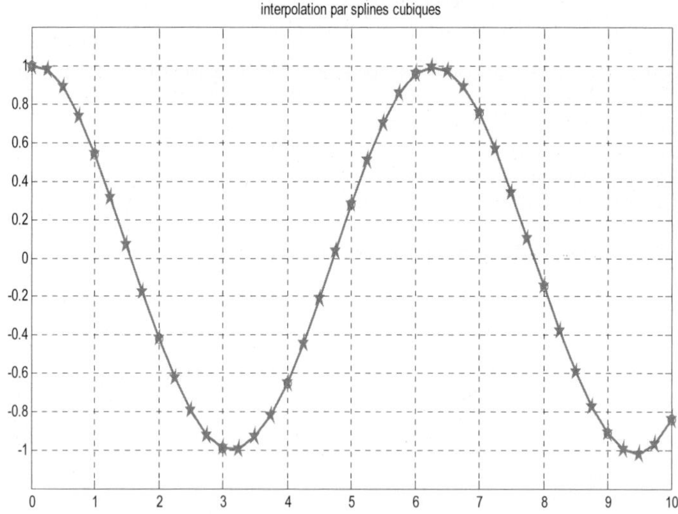


La fonction `interp2` réalise l'interpolation dans l'espace 3D.

L'interpolation de données peut se faire dans le domaine fréquentiel par la méthode de la FFT (transformée de Fourier rapide). La commande `interpft(x,n)` retourne un vecteur de longueur `n` par interpolation dans le domaine fréquentiel (Transformée de Fourier du vecteur `x`).

*fichier int_fft.m*

```
% Interpolation de courbes par interpft
t = 0:pi/16:4*pi;

% fonction à interpoler par interpft
x = cos(t)-0.5*sin(2*t);
y = interpft(x,length(x));

% tracé de la fonction et de son interpolation

plot(t,x)

hold on

plot(t,y,'o')
title('interpft de x = cos t - 0.5 sin 2t')
grid
```

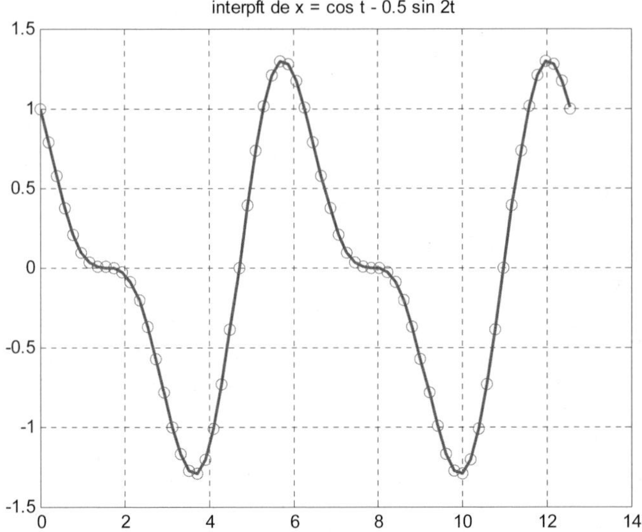


La commande `interpft`, sans paramètres, réalise une démonstration de ce type d'interpolation.

# II. Applications

## II.1. Puissance d'un polynôme

On se propose d'écrire une fonction qui permet d'élever un polynôme à une puissance n entière quelconque. On nommera le fichier correspondant `polypow.m`.

```
function Pres = polypow(P,n)
% élévation d'un polynôme à la puissance entière n

if nargin ~= 2 | n<0
  error('Arguments incorrects !')
end

Pres = 1;

for i = 1:n
  Pres = conv(Pres,P);
end
```

*Exemple d'exécution : élévation au carré d'un polynôme*

$$p(x) = x+1$$

$$q(x) = [p(x)]^2 = x^2 + 2x + 1$$

```
>> p = [1 1];
>> n = 2;
>> q = polypow(p,n)
q =
     1     2     1
```

## II.2. Calcul du PGCD de deux polynômes

Le PGCD de deux polynômes est un polynôme, de degré le plus élevé possible, qui divise exactement les deux polynômes de départ. Il est défini à un coefficient réel multiplicatif près.

Par exemple, le PGCD de $(x^2-1)$ et $(x^2+3x+2)$ a pour expression : $k\,(x+1)$, k étant un réel quelconque non nul.

Le calcul du PGCD repose sur l'algorithme d'Euclide, identique à celui de la recherche du PGCD de deux entiers.

Pour rechercher le PGCD de deux polynômes A et B, on effectue une suite de divisions euclidiennes.

$$A = B\,Q_1 + R_1$$
$$B = R_1\,Q_2 + R_2$$
$$R_1 = R_2\,Q_3 + R_3$$

Etc.

jusqu'à ce que le reste soit le polynôme nul. Le dernier reste non nul est un PGCD.

Nous allons écrire la fonction `pgcd` réalisant ce qui a été décrit précédemment. Nous aurons besoin de faire appel à une fonction de normalisation d'un polynôme qu'on appellera `normpoly` et qui sera décrite par la suite.

*fichier pgcd.m*

```
function pg = pgcd(p1,p2);
% PGCD de 2 polynômes
if (length(p1) == length(p2)) & (p1 == p2)
      pg = p1;  % l'un ou l'autre des polynômes est un PGCD
      return
end
n1 = length(p1);
n2 = length(p2);
if (n1<n2)
   reste = p1;
 else
   reste = p2;
end
while p2 ~= zeros(1,length(p2))
 [quotient,reste] = deconv(p1,p2);
 if any(reste)
    pg = reste; % On garde le dernier reste non nul
 end;
 p1 = p2;
 p2 = reste;
end

pg = normpoly(pg);     % normalisation
```

L'application au calcul du PGCD des polynômes précédents donne :

$$A(x) = x^2 - 1$$

$$B(x) = x^2 + 3x + 2$$

```
>> pg = pgcd([1 0 -1],[1 3 2])
pg =
     1     1
```

Le plus grand commun diviseur des polynômes $A(x)$ et $B(x)$ est alors $C(x) = k\,(x+1)$.

Dans le programme précédent, nous avions fait appel à la fonction `normpoly` dont le but est la normalisation d'un polynôme (division du polynôme par le coefficient du monôme de plus haut degré).

*fichier normpoly.m*

```
function pn = normpoly(pnn)
% function pn = normpoly(pnn)
% pn :  polynôme résultat normalisé
% pnn : polynôme à normaliser
% suppression des premiers zéros
n = length(pnn);
i = 1;
while pnn(i) == 0; i = i+1; end;
pn = pnn(i:n);

% on divise par le coefficient du monôme de plus haut degré
pn = pn ./pn(1);
```

Sans normalisation, le calcul précédent du PGCD donne :

```
>> pg = pgcd([1 0 -1],[1 3 2])
pg =
     0    -3    -3
```

D'une part, le coefficient du monôme de plus haut degré est nul et l'on remarque la présence du coefficient multiplicatif `(k = 3)` d'autre part.

La fonction `normpoly` permet de normaliser le polynôme résultat.

```
>> pg = normpoly(pgcd([1 0 -1],[1 3 2]))
pg =
     1     1
```

## II.3. Calcul du PPCM de deux polynômes

Le PPCM s'obtient à partir du PGCD par une formule du type :

$$A(x)\,B(x) = PGCD(A,B).PPCM(A,B)$$

Le PPCM est lui aussi défini à un coefficient réel près.

*fichier ppcm.m*

```
function pp = ppcm(p1,p2);
% PPCM de 2 polynômes
% le calcul du ppcm utilise celui du pgcd par la formule
% PPCM(A,B) = A.B/PGCD(A,B)
```

```
% calcul du PGCD
pg = pgcd(p1,p2);

% suppression des premiers éléments nuls du polynôme pg
while pg(1) == 0
  pg = pg(1:length(pg)-1);
end

% calcul du ppcm
pp = deconv(conv(p1,p2),pg);
```

*Exemple d'exécution : calcul du PPCM des polynômes*

$$A(x) = x^2 - 1$$

$$B(x) = x^2 + 3x + 2$$

```
>> A = [1 0 -1];
>> B = [1 3 2];

>> PPCM = ppcm(A,B)

PPCM =
1     2     -1     -2
```

Le plus petit commun multiple des polynômes $A(x)$ et $B(x)$ est alors :

$$C(x) = k\,(x^3 + 2x^2 - x - 2), \text{ k réel.}$$

## II.4. Calcul de la transformée inverse de Laplace

On se propose d'écrire un programme qui permet, à partir de l'expression d'une transformée de Laplace, d'obtenir les valeurs du signal correspondant, dans un intervalle de temps. On se limitera à des transformées à pôles simples.

Les transformées de Laplace des signaux causaux s'expriment sous la forme d'une fraction. Par une division polynomiale, on peut décomposer cette fraction en éléments simples,

$$\frac{N(p)}{D(p)} = \sum_i \frac{r_i}{p - p_i}$$

avec deg(N) < deg(D).

L'expression temporelle du signal est alors :

$$x(t) = \sum_i r_i\, e^{p_i t}$$

La décomposition en éléments simples est obtenue par la fonction `residue` de MATLAB.

*fichier laplinv.m*

```
function x = laplinv(num,den,t)
% cette fonction permet d'obtenir l'expression temporelle
% du signal x(t) dont on donne sa transformée de Laplace X(p)
% sous forme d'une fraction N(p)/D(p)
% x : valeurs du signal temporel x(t)
% num,den : numérateur et dénominateur de X(p)
% t : intervalle de temps pour les valeurs du signal x(t)

[r,p,k] = residue(num,den);

x = r'*exp(p*t);
```

Dans ce qui suit, on applique ce script sur un signal x(t) de transformée :

$$X(p)=\frac{1}{(p+1)(p+2)}$$

```
>> num = 1; den = conv([1 1],[1 2]);
>> t = 0:.01:10;
>> x = laplinv(num,den,t);
>> plot(t,x), grid
>> title('signal de transformée X(p) = 1/(p+1)(p+2)');
```

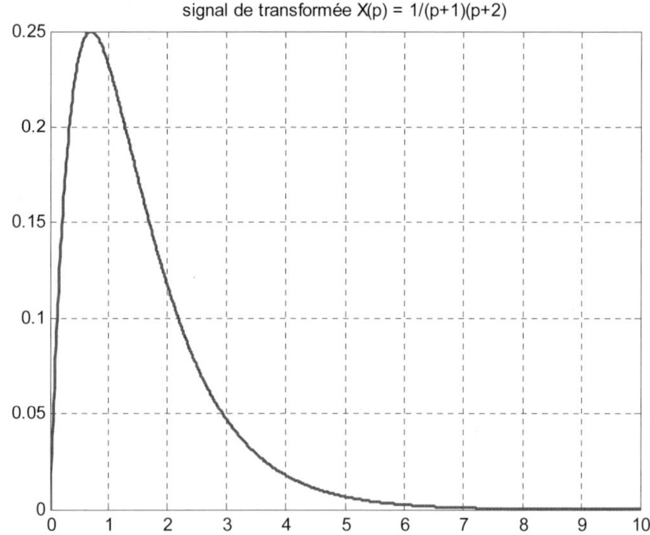

La commande `[r,p,k] = residue(N,D)` décompose la transformée en éléments simples du premier ordre.

$$\frac{N(p)}{D(p)} = \frac{r_1}{p-p_1} + \frac{r_2}{p-p_2} + ... + \frac{r_k}{p-p_k} + ...$$

A cette somme d'éléments du premier ordre s'ajoute le vecteur k constituant le terme direct. Ce terme constitue un vecteur vide dans le cas où deg(N) < deg(D).

L'expression temporelle du signal est alors la somme des transformées inverses des éléments obtenus.

$$x(t) = r_1 e^{p_1 t} + r_2 e^{p_2 t} + ... + r_k e^{p_k t} + ...$$

Dans le cas de l'exemple précédent, on obtient :

```
>> [r,p,k] = residue(1,conv([1 1],[1 2]))

r =
    -1
     1

p =
    -2
    -1

k =
     []
```

L'expression littérale du signal x(t) est alors :

$$x(t) = e^{-t} - e^{-2t}$$

## II.5. Calcul de la dérivée n-ième d'un polynôme

Dans ce qui suit, nous allons écrire la fonction `polydern` qui calcule la dérivée n-ième d'un polynôme, en utilisant la fonction MATLAB `polyder`.

On appliquera cette fonction au calcul de la dérivée d'ordre 3 du polynôme suivant :

$$p(x) = 2x^5 - 3x^4 + 2x^2 - 5$$

Le résultat devrait être le polynôme : $p^{(3)}(x) = 120x^2 - 72x$

*fichier polydern.m*

```
function pdn = polydern(p,n)
% pdn : polynôme dérivée nième de p
```

```
% p : polynôme à dériver n fois
% n  :  ordre de la dérivée

% function pdn = polydern(p,n)
pdn = 0;
n = (n <= length(p))*n; % si n>degré de p alors pdn=0 et n=0

for i = 1:n
 pdn = polyder(p);
 p = pdn;
end
```

*Application à l'exemple précédent*

```
>> p = [2 -3 0 2 0 -5];

>> polydern(p,3)
ans =
   120   -72     0
```

La commande `polyint` permet l'intégration analytique des polynômes.

Considérons le polynôme $p(x)=x-1$, dont l'intégrale vaut $p(x)=\frac{1}{2}x^2 - x + K$

```
>> p = [1 -1]
p =
     1    -1
>> polyint(p)
ans =
    0.5000   -1.0000         0
```

On peut spécifier la valeur de cette constante, par `polyint(p, K)`.

```
>> polyint(p, 5)
ans =
    0.5000   -1.0000    5.0000
```

Un polynôme peut être évalué aux valeurs d'une matrice par la commande `polyvalm`.

```
>> Matrice=[1,3;0 5]

Matrice =

     1     3
     0     5

>> p = [1 -1]
p =
     1    -1
```

```
>> polyvalm(p,Matrice)
ans =

     0     3
     0     4
```

La commande `lcm(A,B)` permet d'obtenir le `PPCM` des éléments d'un polynôme. Ceux-ci doivent être positifs

```
>> A = [1 2 4];
>> B = [5 3 2];

>> lcm(A,B)
ans =
     5     6     4
```

Les vecteurs `A` et `B` doivent être de mêmes dimensions (un des deux peut être scalaire) et avoir des éléments entiers positifs.

**Chapitre 5**

# Les vecteurs et matrices



## I. Vecteurs et matrices

L'élément de base pour MATLAB est une matrice à éléments complexes. Ainsi tout nombre réel est considéré comme une matrice à une ligne et une colonne dont le seul élément est à partie imaginaire nulle. Un vecteur n'est autre qu'une matrice à une ligne ou à une colonne. Les vecteurs servent aussi à représenter les polynômes et les chaînes de caractères. Les tableaux multidimensionnels sont des matrices concaténées selon certaines directions.

N. Martaj, M. Mokhtari, *MATLAB R2009, SIMULINK et STATEFLOW pour Ingénieurs, Chercheurs et Etudiants*, DOI 10.1007/978-3-642-11764-0_5, 

## I.1. Les vecteurs

### *I.1.1. Addition et soustraction*

L'addition et la soustraction de vecteurs de mêmes dimensions se font élément par élément. Soit les vecteurs lignes x et y suivants :

```
>> x = [0 5 2];
```

```
>> y = [3 5 7];
```

Les opérations élémentaires sur ces vecteurs se font tout simplement comme suit :

```
>> x-y
ans =
    -3     0    -5
```

```
>> x+y
ans =
     3    10     9
```

Tant qu'on n'a pas affecté le résultat de l'opération à une variable, MATLAB crée la variable `ans` pour `answer` (réponse).

```
>> resultat = 2*x-y
resultat =
    -3     5    -3
```

Multiplier ou diviser un vecteur par un scalaire revient à diviser chaque élément du vecteur par ce scalaire.

```
>> 3*x-y/2
ans =
   -1.5000   12.5000    2.5000
```

### *I.1.2. Transposition*

Pour réaliser certaines opérations vectorielles, on est amené à transformer un vecteur ligne en vecteur colonne et inversement.
La transposition d'un vecteur est réalisée en faisant suivre son nom par une apostrophe.

```
>> z = [2 5 -7 4];
```

```
>> zT = z'
zT =
     2
     5
    -7
     4
```

La norme d'un vecteur z est égale à la racine carrée de la somme des carrés de ses éléments. Ceci peut s'obtenir à partir du produit scalaire du vecteur z par lui-même.

*Norme d'un vecteur*

```
>> norme_z = sqrt(z*z') % sqrt(N)
norme_z =
     9.6954
```

On peut directement utiliser la fonction *norm*.

```
>> norm(z)
ans =
     9.6954
```

Pour tester la taille d'un vecteur, sa nature ligne ou colonne, nous pouvons utiliser les commandes `length` (longueur) et *size* (taille).

```
>> size(z)
ans =
     1     4
```

```
>> length(z)
ans =
     4
```

z est un vecteur ligne de 4 éléments.

La fonction `numel` donne directement le nombre d'éléments.

```
>> numel(z)
ans =
     4
```

Pour afficher un vecteur, il suffit de faire appel à son nom ou utiliser la commande `disp`.

```
>> z
z =
     2     5    -7     4

>> disp(z)
     2     5    -7     4
```

### *I.1.3. Opérations élément par élément*

Les opérateurs sont précédés du signe "point" lorsqu'on veut réaliser des opérations entre les éléments de deux vecteurs, pris un à un.

```
>> x = [-1 4 3]; y = [5 4 -3];
```

```
>> z = x.*y
z =
    -5    16    -9

>> x./y
ans =
   -0.2000    1.0000   -1.0000

>> x.^2
ans =
     1    16     9
```

### *I.1.4. Génération de vecteurs*

La commande `linspace` permet de générer un ensemble de `n` éléments (vecteur ligne) en spécifiant la première et la dernière valeur. La commande suivante génère un vecteur de `5` composantes équidistantes allant de `0` à `1`.

```
>>  t = linspace(0,1,5)
t =
         0    0.2500    0.5000    0.7500    1.0000
```

On peut aussi spécifier la première et la dernière valeur ainsi que le pas. Par exemple, on crée le vecteur w dont ces valeurs sont respectivement de 0 et 4.

```
>>  w = 0:0.5:4
w =
     0         0.5000         1.0000         1.5000         2.0000         2.5000
3.0000         3.5000        4.0000
```

Si on ne spécifie pas la valeur du pas, il est choisi, par défaut, égal 1.

```
>> w = 0:4
w =
     0     1     2     3     4
```

Si on omet de spécifier le pas, la commande `linspace(x1,x2)` génère `100` valeurs également espacées entre `x1` et `x2`.

```
>> length(linspace(0,5)) % length : longueur du vecteur
ans =
   100
```

Si on désire un espacement logarithmique, on dispose de la commande :

`logspace (d1,d2,N)`

qui génère `N` valeurs espacées d'un pas logarithmique entre $10^{d1}$ et $10^{d2}$, si `N` est omis sa valeur par défaut est `50`.

```
>> t = logspace(1,2.5,5)
t =
   10.0000   23.7137   56.2341  133.3521  316.2278
```

### *I.1.5. Opérations relationnelles sur les vecteurs*

La commande `isvector` retourne la valeur 1 si l'argument est un vecteur (ligne ou colonne) et fausse (valeur 0) dans le cas contraire (matrice). Les dimensions doivent être 1 x n ou n x 1 avec n>=0.

```
>> isvector(z)
ans =
     1
```

On vérifie que même si z possède 2 dimensions, l'une d'elles vaut toujours 1 comme le donne la commande `size`.

```
>> ndims(z)
ans =
     2

>> size(z)
ans =
     1     3
```

Pour déterminer si une donnée est un scalaire, nous avons la commande `isscalar`.

```
>> isscalar(z)
ans =
     0
```

```
>> x=5 ;
>> isscalar(x)
ans =
     1
```

La variable x=5 est bien un scalaire et pas le vecteur z.

Les vecteurs peuvent contenir des valeurs infinies et des valeurs complexes. Ainsi le vecteur w contient les valeurs 3+2i et l'infini.

```
>> w = [3+2i inf]
w =
   3.0000 + 2.0000i        Inf
```

```
>> isfinite(w)
ans =
     1   0
```

La première composante est bien une valeur finie et pas la deuxième.

```
>> isreal(w)
ans =
     0
```

```
>> isinf(w)
ans =
     0  1
```

La deuxième composante est infinie et pas la première.

Un vecteur peut contenir une valeur vide, symbolisée par la valeur [].

```
>> x = [];
>> isempty(x)
ans =
     1
```

Le vecteur x est bien vide.

### I.2. Les matrices

Le tableau à 2 dimensions est l'élément de base de MATLAB. Un vecteur n'est autre qu'une matrice à une ligne ou à une colonne.
Un simple scalaire est vu comme une matrice à 1 ligne et 1 colonne.

```
>> x=5.3;
>> size(x)
ans =
     1     1
```

Une matrice peut être écrite comme une suite de vecteurs lignes, séparés par des points-virgules qui symbolisent des sauts de ligne.

```
>> x = [0 5; 3 5; 6 1]
x =
     0     5
     3     5
     6     1
```

```
>> size(x)
ans =
     3     2
```

```
>> [m, n]=size(x)
m =
     3
n =
     2
```

La variable x est une matrice à 3 lignes et 2 colonnes.

```
>> length(x)    % plus grande taille de la matrice x
ans =
     3
```

Comme pour les vecteurs, on dispose de plusieurs modes d'affichage de matrices : un appel direct de la variable matricielle ou l'utilisation de la commande disp, qui sert aussi à l'affichage d'une chaîne de caractères.

```
>> x
x =
     0     5     3
     1     2     6

>> disp(x)
     x =
     0     5     3
     1     2     6
```

## II. Fonctions sur les vecteurs et matrices

### II.1. Quelques fonctions sur les matrices

MATLAB dispose de fonctions qui opèrent directement sur les vecteurs ou les colonnes d'une matrice. Parmi celles-ci, on peut citer :

| | | |
|---|---|---|
| mean | : | valeur moyenne, |
| std | : | écart type, |
| sum | : | somme, |
| cumsum | : | somme cumulée, |
| cumprod | : | produit cumulé, |
| min | : | valeur minimale, |
| max | : | valeur maximale, |
| diff | : | différence des éléments successifs. |
| prod | : | produit, |
| sort | : | ordre croissant ou décroissant des éléments du vecteur. |

Considérons la matrice rectangulaire X suivante :

```
>> X = [1 2 3;4 5 6]

X =
     1     2     3
     4     5     6
```

La moyenne et l'écart type de chaque colonne sont :

```
>> moyenne = mean(X)
moyenne =
    2.5000    3.5000    4.5000
```

```
>> ecart_type = std(X)
ecart_type =
    2.1213    2.1213    2.1213
```

Les fonctions s'appliquent aux éléments des colonnes d'une matrice

Si l'on désire calculer, par exemple, la moyenne, la somme, l'écart type de l'ensemble des éléments de la matrice, il faut, au préalable, transformer cette dernière en un vecteur colonne par l'opérateur ":". Cette même transformation doit être réalisée pour l'utilisation des fonctions `sum`, `min` et `max`. Nous pouvons aussi, dans certains cas, appliquer deux fois la même fonction.

```
>> X(:)'
ans =
     1     4     2     5     3     6
```

```
>> ec_type_X = std(X(:))
ec_type_X =
    1.8708
```

```
>> moy_X = mean(X(:))
moy_X =
    3.5000
```

Cette valeur peut-être obtenue directement en doublant la fonction `mean` :

```
>> mean(mean(X)
ans =
    3.5000
```

*Produit scalaire de 2 vecteurs*

```
>> c = [1 4 3]; d = [5 2 1];
>> dot(c,d)
ans =
    16
```

Quelque soit le type ligne ou colonne de l'un ou des deux vecteurs le résultat ne change pas.

```
>> dot(c',d)
ans =
    16
```

*Valeurs minimale et maximale de chaque colonne de X*

```
>> mn = min(X)
mn =
       1       2       3
>> mx = max(X)
mx =
       4       5       6
```

Comme précédemment, le minimum et le maximum de toutes les valeurs de la matrice sont calculés des deux façons suivantes :

```
>> min_max1 = [min(X(:)) max(X(:))]
min_max1 =
                  1      6
```

```
>> min_max2=[min(min(X)) max(max(X))]
min_max2 =
               1      6
```

*Somme des éléments de chaque colonne de X*

```
>> som = sum(X)
som =
       5       7       9
```

*Somme des éléments de X*

```
>> somX = sum(sum(X))
somX =
     21
```

L'application des fonctions `min`, `max` et `sum` au vecteur `X(:)` donne les mêmes résultats.

Il en est de même pour la somme qui s'applique d'abord à tous les éléments de chaque colonne. La somme de tous les éléments de la matrice se fait comme précédemment. L'expression relationnelle d'égalité suivante, valant 1, démontre l'égalité des deux expressions :

```
>> sum(X(:))==sum(sum(X))
ans =
     1
```

La fonction `prod` donne le produit des éléments d'un vecteur. On peut s'en servir, par exemple, pour calculer directement la factorielle d'un entier `n`.

`n ! = n (n-1) ... 1`

*Factorielle de 5*

```
>> n = 5;
>> fact_5 = prod(1:n)
```

```
fact_5 =
   120
```

Ce même calcul peut être réalisé en utilisant la récursivité de la factorielle n ! = n (n-1) ! (voir chapitre « Programmation »).

Une majeure partie des fonctions MATLAB est prévue pour accepter directement comme arguments d'appel, des vecteurs ou matrices. Les arguments de retour peuvent être alors, des vecteurs ou des matrices de dimensions analogues aux arguments d'entrée. Ceci est illustré par l'exemple qui suit.

*fichier vect_poly.m*

```
% domaine de variation, vecteur x
x = 0:pi/100:2*pi;

% vecteur y de la fonction
y = x.^2./(1.5+cos(x)); % argument d'appel : vecteur x

% tracé de la courbe de f
plot(x,y), grid
title('Fonction y = f(x) = x^2/(1.5+cos(x))')
xlabel('Abscisse x')
ylabel('Ordonnée y')
```

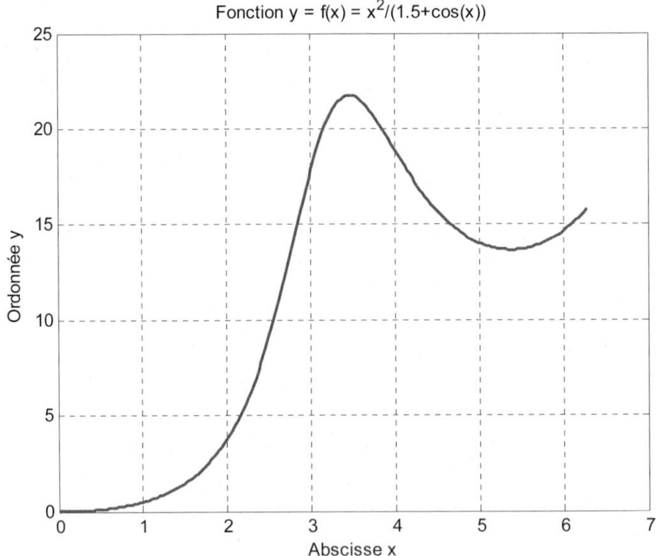


On précède l'opérateur mathématique par le point pour effectuer des opérations élément par élément entre vecteurs.

*Produit cumulé des éléments d'un vecteur*

Considérons le vecteur x suivant :

```
>> x = [2  5  3]
x =
     2     5     3

>> cumprod(x)
ans =
     2    10    30
```

Le résultat du produit obtenu par deux éléments successifs est multiplié à son tour par le suivant et ainsi de suite jusqu'au dernier.

On peut aussi s'en servir pour le calcul de la factorielle d'un nombre entier.

```
>> N=5;
>> ProdCumul=cumprod(1 :5)
>> fact_N=ProdCumul(length(ProdCumul))

ProdCumul =
     1     2     6    24   120

fact_N =
   120
```

## II.2. Concaténation

Une matrice peut être construite par la concaténation d'autres matrices. La concaténation doit respecter la condition sur les matrices qui doivent être de mêmes tailles.

Soit les matrices A et B suivantes :

```
>> A = [1 5 3 ; 5 2 6] ;
>> B = [0 6 7; 8 4 3];
```

On crée la matrice C en concaténant B à droite de A, comme suit :

```
>> C = [A B]
C =
     1     5     3     0     6     7
     5     2     6     8     4     3
```

La concaténation peut se faire aussi verticalement grâce à un saut de ligne.

```
>> D = [A;B]
D =
```

```
        1     5     3
        5     2     6
        0     6     7
        8     4     3
```

La commande `cat(dims, A, B)` permet de concaténer deux ou plusieurs matrices selon la dimension spécifiée dans l'entier *dims* = 1 (verticalement), 2 (horizontalement) et 3 (par pages, voir tableaux multidimensionnels).

```
>> C = cat(1,A,B)
C =
        1     5     3
        5     2     6
        0     6     7
        8     4     3
```

Les concaténations, horizontale et verticale, peuvent être effectuées par les commandes `horzcat` et `vertcat`.

```
C =
        1     5     3     0     6     7
        5     2     6     8     4     3
```

```
>> C=vertcat(A,B)
C =
        1     5     3
        5     2     6
        0     6     7
        8     4     3
```

```
>> C=horzcat(A,B)
C =
        1     5     3     0     6     7
        5     2     6     8     4     3
```

### II.3. Extraction d'une partie d'une matrice, extension d'une matrice

A partir d'une matrice, on peut extraire une autre matrice, un vecteur ou l'un de ses éléments.

```
>> x = [0 1 2;3 4 5];
x =
        0     1     2
        3     4     5
```

L'élément de la deuxième ligne et de la troisième colonne peut être récupéré en écrivant :

```
>> x(2,3)
```

```
ans =
      5
```

L'instruction suivante permet de récupérer une partie de la matrice x. Cette partie sera composée de toutes les lignes de x (représentées par le signe **:**) et des colonnes 2 à 3.

```
>> x1 = x(:,2:3)
x1 =
      1     2
      4     5
```

Cette matrice peut aussi être obtenue en supprimant, de la matrice x, la première colonne.

*Remplacement de la première colonne par une colonne vide*

```
>> x(:,1) = []
x =
      1     2
      4     5
```

*Extraction de la deuxième colonne*

```
>> x(:,2)
ans =
      1
      4
```

*Extraction de la deuxième ligne*

```
>> x(2,:)
ans =
      3     4     5
```

### II.4. Comparaison de matrices

La comparaison de deux vecteurs ou matrices de mêmes dimensions donne un vecteur ou matrice de dimensions analogues, composés de 0 et de 1. Cette opération se fait élément par élément. Le résultat de la comparaison de deux éléments est 1 lorsque la condition est vérifiée et 0 dans le cas contraire.

Considérons les deux matrices A et B suivantes :

```
>> A = [1 2; 4 5];
>> B = [3 6; 0 7];
```

```
>> A < B
ans =
      1     1
      0     1
```

On remarque que seul l'élément `A(2,1)` ne satisfait pas à la condition donnée.

Soit la matrice C suivante :

```
>> C = [0 2; 4 6];
```

La commande `isequal (A, C)` donne 1 si les matrices A et C sont identiques et 0 autrement.

```
>> isequal(A,C)
ans =
     0
```

Le test d'égalité donne 1 pour chaque élément identique et 0 dans le cas contraire. Dans le cas des matrices A et C, seuls les éléments (1,2) et (2,1) sont égaux, comme le montre le test suivant :

```
>> A==C
ans =
     0     1
     1     0
```

Pour vérifier si au moins un élément d'un vecteur ou tous les éléments de celui-ci sont nuls, on utilisera respectivement les commandes `any` et `all`. Ces commandes s'appliquent aussi aux matrices.

L'application de la commande `all` à un vecteur retourne `1` si tous ses éléments sont non nuls et `0` dans le cas contraire. Dans le cas d'une matrice, elle retourne un vecteur ligne dont les composantes sont les résultats de cette commande appliquée à chacune des colonnes.

Pour vérifier si une matrice est symétrique, on la comparera à sa transposée.

```
>> isequal(A,A')
ans =
     0
```

Le résultat de l'égalité étant égal à 0, ceci implique que la matrice `A` n'est pas symétrique.

```
>> all(A == A')
ans =
     0     0
```

Ce test peut être largement simplifié en appliquant deux fois la commande `all`.

```
>> all(all(A == A'))
ans =
     0
```

Tout ce qui a été dit sur la commande `all` reste valable pour la commande `any`.
Par exemple, la réponse à la question : "les matrices `A` et `B` ont-elles des éléments identiques ?", sera donnée par la commande suivante :

```
>> any(any(A == B))
ans =
      0
```

La comparaison entre deux matrices de mêmes dimensions peut se faire en utilisant des opérateurs logiques relationnels classiques.

*Opérateurs relationnels*

Les opérateurs suivants, qui comparent la matrice A à la matrice B agissent élément par élément. Le résultat est une matrice de mêmes dimensions que A (ou B) contenant 1 à l'indice où la condition est vérifiée et 0 ailleurs.

A < B,    A > B,    A <= B,    A >= B,    A == B,    A ~= B

Considérons les matrices A et B suivantes :

```
>> A=[1 5; 3 2]
 A =
      1     5
      3     2

>> B=[0 6; 2 7]
B =
      0     6
      2     7
```

```
>> A>=B
ans =
      1     0
      1     0
```

Il n'y a que les éléments (1,1) et (2,1) de la matrice A qui sont supérieurs ou égaux à ceux de B.

L'opérateur ~ est l'opérateur de la négation. L'instruction suivante qui recherche les éléments de A qui ne sont pas strictement plus petits que ceux de B donnera les mêmes résultats que précédemment.

```
>> ~(A<B)
ans =
      1     0
      1     0
```

*Opérateurs logiques*

Les symboles &, |, et ~ sont les opérateurs logiques correspondent aux portes logiques `AND`, `OR` et `NOT`.
Nous disposons aussi des fonctions `or`, `not` et `xor` pour implémenter le `OU`, le `NOT` et le « `ou exclusif` ».

Avec les matrices A et B précédentes nous avons :

```
>> A|B ;
ans =
     1     1
     1     1
```

```
>> A&B
ans =
     0     1
     1     1
```

Les valeurs de A et B non nulles sont considérées comme une valeur logique 1.

```
>> xor(A,B)
ans =
     1     0
     0     0
```

```
>> not(A&B)
ans =
     1     0
     0     0
```

Ces 2 commandes donnent le même résultat.

```
>> isequal(xor(A,B), not(A&B))
ans =
     1
```

Les opérateurs && et || sont dénommés ET et OU courts-circuits. Ils ont l'avantage d'éviter l'évaluation de toute une expression si l'opérande de gauche est considéré comme faux.

Considérons l'expression logique suivante. Le premier opérande est choisi volontairement à la valeur fausse. On utilisera successivement le & et le court-circuit && et on déterminera le temps de calcul mis pour évaluer la même expression logique.

```
>> clc
>> b=0;
>> tic;
>> x = (b ~= 0) & (randn(1000)> 1);
>> toc
Elapsed time is 0.060768 seconds..
```

Lorsqu'on utilise le ET court-circuit, le fait que b soit faux, l'expression `(randn(1000)>1)` n'est pas évaluée, ce qui diminue considérablement le temps de calcul.

```
>> tic;
>> v = (b ~= 0) && (randn(1000)> 1);
>> toc
Elapsed time is 0.001641 seconds.
```

Le temps de calcul est d'environ le tiers avec le && qu'avec le ET simple du &.

## II.5. Typage des données numériques

Les mêmes valeurs numériques peuvent être forcées dans le type entier signé ou non signé, codé sur 8, 16, 32 ou 64 bits à point fixe ou réelles à virgule flottante.

La matrice A, bien que ne contenant que des entiers, est du type numérique, mais pas entier :

```
>> [isnumeric(A) isinteger(A)]
ans =
     1     0
```

Lorsqu'on force le type entier non signé sur 8 bits par `uint8`, elle devient du type entier, toujours numérique mais pas flottant.

```
>> C=uint8(A)
>> [isnumeric(C) isinteger(C) isfloat(C)]
ans =
     1     1     0
```

Pour déterminer le type d'un objet, on utilise la fonction `class`. On peut aussi forcer le type par la fonction `cast`.

```
>> a = int8(5);
>> b = cast(a,'uint8');
>> class(a)
ans =
int8
>> class(b)
ans =
uint8
```

Un nombre entier signé, codé sur n bits possède des valeurs entre $-2^n/2$ et $2^n/2-1$ et le non signé entre 0 et $2^n-1$.

```
>> intmin(class(a))
ans =
 -128
```

```
>> intmax(class(a))
ans =
  127
```

## II.6. Transformations de vecteurs et matrices

Les commandes `fliplr` et `flipud` réalisent respectivement un retournement de gauche à droite et de haut en bas du vecteur (ou de la matrice) donné en argument.

```
>> x = [1 2 3;4 5 6]
x =
     1     2     3
     4     5     6
```

```
>> x_lr = fliplr(x)
x_lr =
     3     2     1
     6     5     4
```

```
>> x_ud = flipud(x)
x_ud =
     4     5     6
     1     2     3
```

La commande `rot90` réalise une rotation de `90°` d'un vecteur ou matrice. Le résultat obtenu, différent de la transposée, correspond aux applications successives de la transposition et de la commande `flipud`.

```
>> x_90 = rot90(x)
x_90 =
     3     6
     2     5
     1     4
```

```
>> x'
ans =
     1     4
     2     5
     3     6
```

On vérifie aisément que la commande `flipud`, appliquée à la transposée de x correspond à sa rotation par `rot90`.

```
>> all(all(flipud(x') == rot90(x)))
ans =
     1
```

```
>> isequal(flipud(x'), rot90(x))
ans =
     1
```

Les résultats de `flipud(x')` et `rot90(x)` sont identiques.

## III. Fonctions propres aux matrices

MATLAB possède toutes les fonctions de calcul matriciel, qui font de lui, en plus de ses possibilités graphiques de très haut niveau, un langage de calcul numérique qui permet de résoudre, avec facilité, beaucoup de problèmes rencontrés en ingénierie.

### III.1. Produit de matrices

Le produit d'une matrice de dimensions `(m,n)` par une matrice de dimensions `(p,q)` n'est possible que si `n = p`, le résultat donne une matrice de dimensions `(m,q)`.

```
>> A = [1 2; 3 4];
>> B = [1 2 3; 4 5 8];
```

```
>> A*B
ans =
     9    12    19
    19    26    41
```

Si la condition précédente n'est pas réalisée, MATLAB fournit un message annonçant une erreur dans les dimensions des matrices utilisées.

```
>> B*A
??? Error using ==> *
Inner matrix dimensions must agree.
```

Le produit de Hadamard, ou produit élément par élément de 2 matrices de mêmes dimensions, s'obtient par l'opérateur `'.*'`.

```
>> A*A
ans =
     7    10
    15    22
```

```
>> A.*A
ans =
     1     4
     9    16
```

### III.2. Inversion de matrices

Une matrice carrée est inversible si son rang est égal à sa dimension.

```
>> x = [1 2 ; 5 3];
```

*Inversion de la matrice x*

```
>> inv(x)
ans =
   -0.4286    0.2857
    0.7143   -0.1429
```

*Rang de la matrice x*

```
>> rank(x)
ans =
     2
```

Si la matrice possède un certain nombre de lignes ou de colonnes linéairement dépendantes, elle n'est pas inversible (rang plus faible que l'ordre).
MATLAB fournit dans ce cas, un message d'erreur, signalant que la matrice est singulière ou mal conditionnée.

```
>> x = [1 2; 3 6]
x =
     1     2
     3     6
```

```
>> rang = rank(x)
rang =
     1

Warning: Matrix is close to singular or badly scaled.
         Results may be inaccurate. RCOND = 5.551115e-018
```

```
>> x_inv = inv(x)
x_inv =
1.0e+016 *
   -1.8014    0.6005
    0.9007   -0.3002
```

Dans ce cas, si on effectue le produit de `x` par son inverse, on ne retrouve pas la matrice identité.

```
>> x_inv*x
ans =
   -1.0000   -2.0000
    0.5000    1.0000
```

### III.3. Division de matrices

L'opérateur division "`/`" précédé du point, "`./`", permet une division élément par élément de deux matrices.

```
>> A = [1 2; 4 6];
>> B = [2 2; 4 3];
```

```
>> A_sur_B = A./B
A_sur_B =
    0.5000    1.0000
    1.0000    2.0000
```

On peut aussi utiliser l'opérateur slash "/", dans ce cas `A/B` correspond à `A*inv(B)`. Ceci peut être vérifié par l'instruction suivante :

```
>> isequal(A/B, A*inv(B))
ans =
     1
```

L'opérateur antislash "\" réalise une division à gauche, `A\B = inv(A)*B`.

```
>> all(all(A\B == inv(A)*B))
ans =
     1
```

### III.4. Exponentielle, logarithme et racine carrée d'une matrice

MATLAB dispose de 4 fonctions pour le calcul de l'exponentielle d'une matrice :

`expm` : à base des valeurs et vecteurs propres de la matrice,

`expm1` : à base de l'approximation de Pade,

`expm2` : à base des séries de Taylor,

`expm3` : à base des valeurs et vecteurs propres de la matrice.

```
>> x = [1 2; 0 -1]
x =
     1     2
     0    -1
```

```
>> y = expm(x)
y =
    2.7183    2.3504
         0    0.3679
```

Les différentes fonctions précédentes donnent le même résultat.
La fonction `exp` appliquée à une matrice, calcule l'exponentielle, élément par élément.

```
>> z = exp(x)
z =
    2.7183    7.3891
    1.0000    0.3679
```

*Matrice logarithme*

```
>> w = logm(x)
```

```
w =
          0                        0 - 3.1416i
          0                        0 + 3.1416i
```

Les éléments de la matrice résultat sont complexes si les valeurs propres de la matrice d'origine sont négatives, ce qui est le cas de la matrice x.

```
>> eig(x) % valeurs propres de x
ans =
     1
    -1
```

*Logarithme des éléments d'une matrice*

La fonction log appliquée à une matrice, calcule le logarithme népérien de chacun de ses éléments.

```
>> log(x)
Warning: Log of zero
ans =
          0                        0.6931
       -Inf                        0 + 3.1416i
```

```
>> logm(expm(x))   % on retrouve la matrice d'origine
ans =
    1.0000    2.0000
         0   -1.0000
```

On obtient le même résultat avec expm(logm(x)).

*Matrice racine carrée*

La matrice racine carrée rA d'une matrice A est définie par rA*rA = A et s'obtient par la fonction sqrtm.

```
>> rX = sqrtm(x)
rX =
   1.0000                   1.0000 - 1.0000i
        0                        0 + 1.0000i
>> all(all(sqrtm(x)^2 == x))
ans =
     1
```

Pour obtenir les racines carrées des éléments d'une matrice, on utilisera la fonction sqrt.

```
>> sqrt(x)
ans =
   1.0000                      1.4142
   0                           0 + 1.0000i
```

D'une manière générale, on peut évaluer n'importe quelle fonction matricielle par la commande `funm` dont la syntaxe est :

```
fx = funm('f',x)
```

```
>> x = [1 -1;0 2];
>> fx = funm('exp',x)

fx =
    2.7183   -4.6708
         0    7.3891
```

On obtient le même résultat si on applique directement la fonction `expm` à la matrice x par :

```
>> expm(x)
ans =
    2.7183    2.3504
         0    0.3679
```

## III.5. Test du type des éléments d'une matrice

Comme nous le verrons dans les chapitres correspondants, une matrice peut-être constituée d'éléments numériques ou chaînes de caractères. Seule une structure peut contenir divers types d'éléments. Il existe dans MATLAB, des commandes pour tester le type des éléments d'une matrice.

Soit la matrice `x` :

```
>> x=[100 1/0 0/0 ; inf/0 5 0/inf]
x =
   100   Inf   NaN
   Inf     5     0
```

Les divisions 1/0 et Inf/0 donnent la valeur Inf qui symbolise l'infini tandis que 0/0 produit la valeur `NaN` qui n'est pas un nombre.

```
>> isnan(x)
ans =
     0     0     1
     0     0     0
```

Il n'y a que l'élément (1,3) provenant de la division 0/0 qui ne soit pas un nombre, donc du type `NaN`.

Pour déterminer l'existence d'une valeur infinie, nous utilisons la commande `isinf`.

```
>> isinf(x)
```

```
ans =
     0     1     0
     1     0     0
```

Seuls les éléments (1,2) et (2,1) sont infinis. Le résultat inverse est donné par la commande `isfinite`.

```
>> isfinite(x)
ans =
     1     0     0
     0     1     1
```

Nous obtenons une matrice de mêmes dimensions, avec des 1 là où l'élément est fini et 0 ailleurs. Dans le cas de cette matrice x, les éléments `Nan` ou `Inf` ne sont pas finis.

```
>> isnumeric(x)
ans =
     1
```

La commande `isnumeric` teste uniquement si les éléments d'une matrice sont de type numérique ou chaîne de caractères.
Bien que la matrice x contienne des valeurs infinies ou des éléments `NaN` (`Not a number`), ils restent néanmoins, de type numérique. Comme la matrice ne peut contenir qu'un seul type d'éléments, la réponse est 1 dans le cas numérique et 0 dans l'autre cas.

Nous pouvons transformer une matrice sous forme de chaînes de caractères par la commande `mat2str`. Prenons le cas de la même matrice x.

```
>> x_chaine = mat2str(x)
x_chaine =
[100 Inf NaN;Inf 5 0]
```

La matrice, quelles que soient ses dimensions, est transformée en une seule chaîne de caractères.

```
>> size(x_chaine)
ans =
     1    21
```

La chaîne ainsi obtenue possède 21 caractères.
Les caractères « `NaN` » correspondent aux éléments allant du 9$^{ème}$ au 12$^{ème}$ caractère de la chaîne.

```
>> x_chaine(9:12)
ans =
 NaN
```

La commande `isnumeric` donne 0, la valeur 100 est vue comme une chaîne de caractères.

```
>> isnumeric(x_chaine)
ans =
     0
```

Pour tester le type chaîne de caractères, nous disposons de la commande `isstr`.

```
>> isstr(x_chaine)
ans =
     1
```

Pour déterminer le type « chaîne de caractères >>, nous utilisons la commande `ischar`.

```
>> ischar(x_chaine)
ans =
     1
```

Les commandes `isfloat` et `isinteger`, testent respectivement les types à virgule flottante et le type entier.

*Tableau logique (Logical Array)*

Il existe un autre type de tableau : le tableau logique (`logical Array`) dont on peut se servir pour indexer un autre tableau.
Le type `logical` qui n'accepte que les valeurs 0 et 1 est un type particulier dont on se sert pour indexer un tableau pour la recherche.

Soit la matrice x suivante :

```
>> x=[1 2 6; 8 4 3]
x =
     1     2     6
     8     4     3
```

Si l'on veut récupérer les éléments (1,1), (2,1) et (2,3) on se servira, pour indexation, de la matrice index suivante.

```
>> index=[1 0 0; 1 0 1]
index =
     1     0     0
     1     0     1
```

Bien que ne comportant que les valeurs 0 et 1, cette matrice doit être convertie en type logique par la commande `logical` pour servir à l'indexation.

```
>> x(index)
??? Subscript indices must either be real positive integers
or logicals.
```

```
>> index=logical(index)

index =
     1     0     0
     1     0     1
```

Bien qu'ayant les valeurs 0 et 1, le type de cette matrice n'est pas numérique.

```
>> isnumeric(index)

ans =
     0
```

Le type logique des éléments de cette matrice est déterminé par la commande `islogical`.

```
>> islogical(index)

ans =
     1
```

Les valeurs de la matrice x, indexées par la matrice index sont :

```
>> x(index)

ans =
     1
     8
     3
```

Nous retrouvons bien les valeurs des index spécifiés.

## IV. Matrices particulières et spéciales

Certaines matrices reviennent souvent dans les calculs scientifiques. MATLAB offre la possibilité de générer ce type de matrices spéciales telles que la matrice identité, le carré magique, la matrice de Pascal, la matrice de Hadamard, etc.

Pour les matrices rectangulaires, on précisera le nombre de lignes et de colonnes et pour les matrices carrées, on spécifiera uniquement l'ordre.

***Matrice identité***

*Matrice identité d'ordre 3*

```
>> identite = eye(3)

identite =
     1     0     0
     0     1     0
     0     0     1
```

### *Matrice nulle*

*Matrice nulle rectangulaire*

```
>> zero = zeros(2,3)
zero =
     0     0     0
     0     0     0
```

### *Matrice unité*

*Matrice unité rectangulaire*

```
>> un = ones(2,3)
un =
     1     1     1
     1     1     1
```

### *Matrices aléatoires*

On peut générer des matrices aléatoires dont les éléments sont distribués normalement avec une moyenne nulle et une variance unité à l'aide de la commande `randn(m,n)`. Pour une distribution uniforme, on utilisera la commande `rand(m,n)`. Les paramètres `m` et `n` désignent respectivement le nombre de lignes et de colonnes. Les instructions suivantes génèrent 2 matrices aléatoires, `A_uni` et `A_norm` dont les éléments sont respectivement distribués uniformément et normalement.

```
>> n = 500; A_normale = randn(n); A_uniforme = rand(n);
```

*Tracé des histogrammes des distributions obtenues*

*Distribution normale*

```
>> n_classes = 100; hist(A_normale(:),n_classes)
>> title('Distribution normale')
```

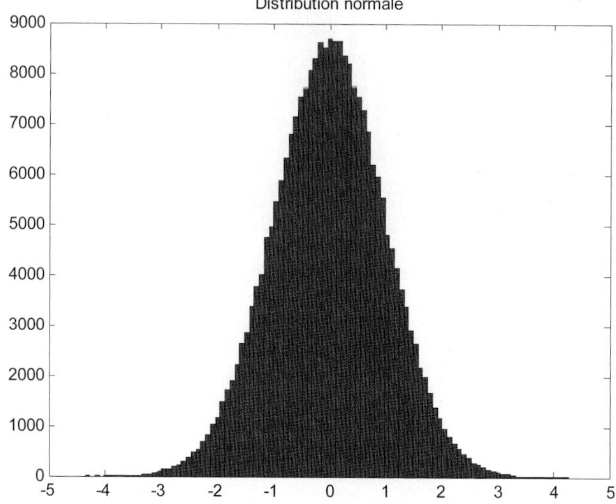

On vérifie bien que la moyenne de la distribution est nulle et que sa variance est égale à 1.

```
>> mean(A_normale(:))
ans =
   -0.0041
```

```
>> std(A_normale(:))^2
ans =
    1.0004
```

Si l'on désire une distribution normale de moyenne m et de variance $\sigma^2$, on opérera la transformation suivante :

A_norm2 = A_norm*σ + m

*Exemple :*

*Distribution normale de 1000 éléments de moyenne 5 et de variance 4*

```
>> A_norm2 = randn(1,1000)*0.5+5;
>> n_classes = 100;
>> hist(A_norm2,n_classes)
>> title('Distribution normale de moyenne 5, variance 0.25')
```

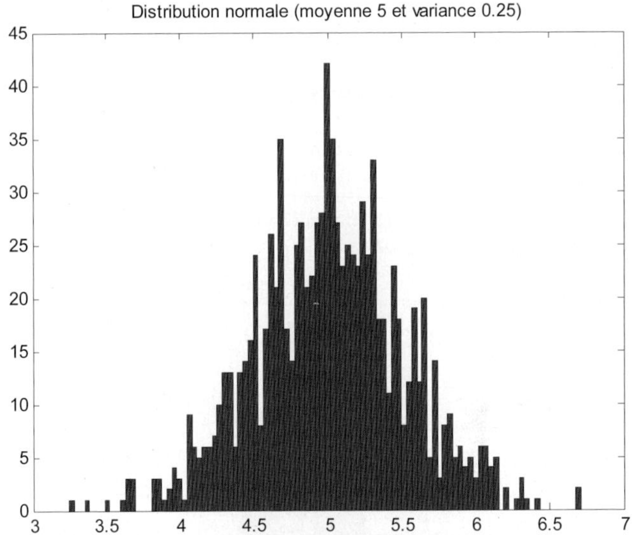


*Distribution uniforme*

La commande rand donne une distribution uniforme de valeurs entre 0 et 1 avec une moyenne de 1/2 et une variance de 1/12.

```
>> mean(A_uni(:))
ans =
    0.4999
```

```
>> std(A_uni(:))^2
ans =
    0.0827
```

Si l'on désire une distribution uniforme sur un intervalle [a, b], on opérera la transformation suivante :

```
A_uni2 = (b-a)*A_uni + a
```

*Exemple : distribution uniforme de 10000 éléments sur l'intervalle [-2 3]*

```
>> a = -2; b = 3;
>> A_uni2 = (b-a)*rand(1,10000)+a;
>> n_classes = 50;
>> hist(A_uni2,n_classes)
>> title('Distribution uniforme sur l''intervalle [-2 3]')
```

```
>> mean(A_uni2)

ans =
    0.5169

>> std(A_uni2)^2
ans =
    2.0804
```

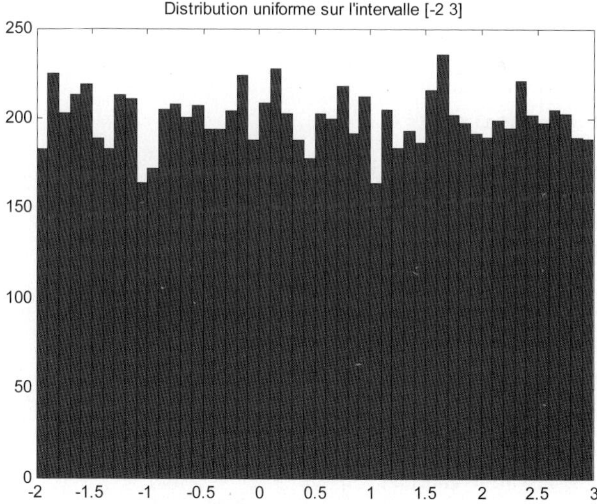

***Carré magique***

La commande `magic(n)` crée une matrice carrée d'ordre `n` dont les éléments prennent les valeurs allant de `1` à $n^2$. La somme des éléments de chaque ligne ou de chaque colonne donne le même nombre.

```
>> magic4 = magic(4)
magic4 =
    16     2     3    13
     5    11    10     8
     9     7     6    12
     4    14    15     1
```

*Sommes des colonnes*

```
>> sum(magic4)
ans =
    34    34    34    34
```

*Sommes des lignes*

```
>> sum(magic4')
ans =
    34    34    34    34
```

***Matrice de Pascal***

C'est une matrice d'entiers naturels, définie positive, symétrique, construite à partir du triangle de Pascal.

*Matrice de Pascal carrée d'ordre 4*

```
>> pasc_mat1 = pascal(4)
pasc_mat1 =
     1     1     1     1
     1     2     3     4
     1     3     6    10
     1     4    10    20
```

```
>> inv(pasc_mat1)
ans =
    4.0000   -6.0000    4.0000   -1.0000
   -6.0000   14.0000  -11.0000    3.0000
    4.0000  -11.0000   10.0000   -3.0000
   -1.0000    3.0000   -3.0000    1.0000
```

Son inverse est aussi à éléments entiers.
La commande `pascal(n,1)` crée une matrice carrée d'ordre `n`, triangulaire inférieure et identique à son inverse (matrice involutive).

```
>> pasc_41 = pascal(4,1)
pasc_41 =
     1     0     0     0
     1    -1     0     0
     1    -2     1     0
     1    -3     3    -1
```

***Matrice de Hadamard***

Une matrice `H` de Hadamard d'ordre `n` est une matrice dont les éléments sont égaux à `1` ou `-1`. Le produit par sa transposée donne une matrice égale à `n` fois la matrice identité.

```
>> hadam4 = hadamard(4)
hadam4 =
     1     1     1     1
     1    -1     1    -1
     1     1    -1    -1
     1    -1    -1     1
```

```
>> hadam4'*hadam4
ans =
     4     0     0     0
     0     4     0     0
     0     0     4     0
     0     0     0     4
```

***Matrice Compagnon***

Si `p` désigne un polynôme de degré `n`, la commande `compan(p)` crée une matrice dite compagnon d'ordre `n-1`, dont `p` est le polynôme caractéristique (les racines de `p` sont égales à ses valeurs propres).

```
>> p = [1  2 -1]
p =
     1     2    -1
```

```
>> comp = compan(p)
comp =
    -2     1
     1     0
```

On vérifie bien l'égalité des racines de `p` et des valeurs propres de la matrice compagnon associée.

```
>> eig(comp) == roots(p)

ans =
     1
     1
```

D'autres commandes telles que hankel, hilb, toeplitz, vander, etc. permettent respectivement la génération des matrices de Hankel, Hilbert, Toeplitz et de Vandermonde.

## V. Factorisation et décomposition de matrices

### *Factorisation de Cholesky*

La factorisation de Cholesky d'une matrice A définie positive consiste en une décomposition de type :

A = B'*B

B : matrice triangulaire inférieure régulière,
B' : transposée de B.

MATLAB prévoit la fonction chol pour cette factorisation.

```
>> A = [1 1 1 ; 1 2 3 ; 1 3 6];

>> B = chol(A)
B =
      1     1     1
      0     1     2
      0     0     1
```

On vérifie bien que B' * B = A

```
>> B'*B == A
ans =
      1     1     1
      1     1     1
      1     1     1
```

### *Décomposition QR*

La fonction qr produit la décomposition QR d'une matrice A :

A = Q * R

R : matrice triangulaire supérieure, de mêmes dimensions que A,
Q : matrice unitaire (la valeur absolue du déterminant est égal à 1).

```
>> A = [1 5 8;3 5 6; 2 7 3];
>> [Q,R] = qr(A)

Q =
   -0.2673    0.6344   -0.7253
   -0.8018   -0.5639   -0.1978
   -0.5345    0.5287    0.6594
```

```
R =
   -3.7417   -9.0869   -8.5524
         0    4.0532    3.2778
         0         0   -5.0113
```

***Décomposition de Schur***

Toute matrice carrée A peut s'écrire :

A = U * T * U'

U : matrice unitaire,
T : matrice triangulaire supérieure.

Cette décomposition s'obtient par la fonction schur.

```
>> A = [2 7 8;-4 5 6;0 3 -5];
>> [U,T] = schur(A)
U =
   -0.9542    0.2860   -0.0874
    0.2979    0.9345   -0.1947
   -0.0260    0.2118    0.9770
T =
    1.5374   -7.0207   -4.2882
    5.0213    7.3740    5.5319
         0         0   -6.9114
```

***Valeurs singulières d'une matrice***

Pour toute matrice A, il existe deux matrices unitaires U et V et une matrice diagonale S dont les coefficients diagonaux sont les valeurs singulières de A.

A = U*S*V'

Cette décomposition sera obtenue par la fonction svd.

```
>> A = [3 4;-5 2];
>> [U,S,V] = svd(A)

U =
    0.6022    0.7983
   -0.7983    0.6022

S =
    5.8549         0
         0    4.4407

V =
    0.9903   -0.1387
    0.1387    0.9903
```

***Factorisation triangulaire LU***

Pour toute matrice carrée régulière A, on peut écrire la décomposition suivante :

P * A = L * U

U : matrice triangulaire supérieure,
L : matrice triangulaire inférieure à diagonale unité,
P : matrice de permutation.

Cette décomposition peut être obtenue par la fonction lu.

```
>> A = [1 3 2; 2 4 5  ; 3 5 6];
>> [L,U,P] = lu(A)
L =
    1.0000         0         0
    0.3333    1.0000         0
    0.6667    0.5000    1.0000
U =
    3.0000    5.0000    6.0000
         0    1.3333    0.0000
         0         0    1.0000
P =
     0     0     1
     1     0     0
     0     1     0
```

MATLAB propose d'autres méthodes de factorisation et de décomposition de matrices, pour cela, il vous est conseillé de consulter le manuel de référence ou d'exécuter la commande "help matfun".

## VI. Matrices creuses et fonctions associées

Dans certains problèmes de modélisation de phénomènes physiques, on aboutit très souvent à la résolution de systèmes linéaires qui peuvent être de très grandes dimensions mais dont la matrice possède très peu d'éléments non nuls. Une telle matrice est dite "creuse" (sparse en anglais).

Pour résoudre de tels systèmes, il convient de mettre en oeuvre des techniques permettant d'éviter de stocker des termes nuls ou d'effectuer des opérations dont l'un des termes est nul.

Un modèle à n composantes fait intervenir une matrice carrée d'ordre n dont la résolution nécessite $n^2$ mots mémoire et un temps de calcul proportionnel à $n^3$.

MATLAB propose un certain nombre de fonctions pour le stockage et la manipulation de matrices creuses. Ces fonctions permettent de réduire l'espace mémoire nécessaire et le temps de calcul.

Ci-après, on crée la matrice x dont les valeurs sont distribuées selon la loi de Gauss.

```
>> x=randn(8) ;
```

On décide, pour la rendre creuse, de ne garder que les valeurs supérieures à 1 et de remplacer toutes les autres par 0.

```
>> x=x.*(x>1)
```

La représentation de x en tant que matrice creuse se fait grâce à la commande `sparse`.

```
>> x_creuse=sparse(x)
x_creuse =
   (6,2)        1.5352
   (2,4)        1.5929
   (3,4)        1.0184
   (8,5)        2.1122
   (3,6)        1.0378
   (7,6)        1.5532
   (1,7)        1.9574
   (3,7)        1.8645
   (7,7)        1.1902
```

Toutes les opérations et fonctions matricielles MATLAB peuvent s'appliquer aux matrices creuses. Les opérations sur les matrices creuses retournent des matrices creuses.
Pour obtenir la matrice pleine on utilisera la fonction `full`.

```
>> x_pleine = full(x_creuse);
```

On peut transformer la matrice pleine originelle en une matrice creuse par la commande `sparse`, qui renvoie la liste des éléments non nuls avec leurs indices.
L'exécution de la commande `whos` permet d'observer l'occupation mémoire des variables `x_creuse` et `x_pleine`. Nous proposons ci-dessous un extrait du résultat de cette commande.

```
>> whos
  Name              Size              Bytes  Class      Attributes

  x                 8x8                 512  double
  x_creuse          8x8                 156  double     sparse
  x_pleine          8x8                 512  double
```

On remarque bien que la matrice creuse occupe 30% environ de l'espace mémoire nécessaire au stockage de la matrice pleine correspondante.
Nous utiliserons la commande `spy` pour une visualisation graphique de la densité d'une matrice.

```
>> spy(x_creuse)
>> title('Représentation de la matrice creuse')
```

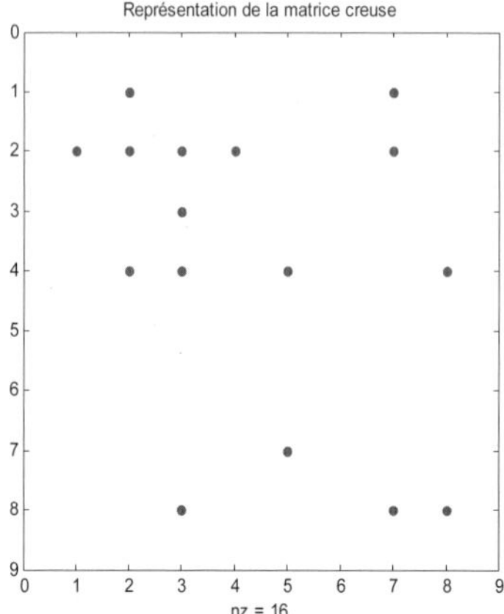


Le nombre d'éléments non nuls, est `nz=16` sur les 64 éléments de la matrice originale.

Les commandes `nnz` et `nonzeros` donnent respectivement le nombre d'éléments non nuls d'une matrice et la liste de ces valeurs.

Pour tester si une matrice est creuse, on dispose de la commande `issparse` qui retourne `1` dans ce cas et `0` dans le cas contraire.

```
>> issparse(x_creuse)
ans =
     1
```

Nous disposons d'autres commandes et fonctions pour la manipulation de matrices creuses.

`spfun('fonction',x_creuse)` applique la fonction donnée aux seuls éléments non nuls de `x_creuse`.

```
>> exp(x_creuse)
ans =
   (1,1)        1.0000
   (2,1)        1.0000
   (3,1)        1.0000
   (4,1)        1.0000
   (5,1)        1.0000
   (6,1)        1.0000
   (7,1)        2.8815
   (8,1)        1.0000
   (1,2)        1.0000
   (2,2)        1.0000
```

L'exponentielle est ici appliquée à tous les éléments, y compris ceux qui sont nuls.

```
>> spfun('exp',x_creuse)

ans =
   (7,1)        2.8815
   (5,2)        3.7065
   (6,4)        3.6421
   (8,4)        3.6000
   (8,5)        2.9562
   (3,6)        3.8171
   (7,6)        5.0518
   (3,7)        5.6728
   (4,7)        6.9411
   (5,7)        5.1298
   (5,8)        2.9508
   (6,8)       10.7258
```

Dans ce cas, la fonction `exp` n'est appliquée qu'aux seuls éléments non nuls, comme le montre l'affichage précédent.

Nous disposons de plusieurs méthodes pour la génération de matrices creuses.

*Matrice creuse identité*

```
>> speye(4)

ans =
   (1,1)          1
   (2,2)          1
   (3,3)          1
   (4,4)          1
```

*Matrices creuses aléatoires*

`sprandn(m,n,densite)` : génère une matrice creuse aléatoire à `m` lignes et `n` colonnes de densité spécifiée. Les valeurs sont normalement distribuées autour de zéro,

`sprandn(x_creuse)` : génère une matrice aléatoire de même structure que `x_creuse`,

`sprandsym(n,densite)` : génère une matrice creuse, carrée, symétrique et aléatoire d'ordre `n`.

```
>> sprandn(x_creuse)

ans =
   (1,1)        -0.8654
   (4,1)        -0.8087
   (2,2)        -1.6858
   (5,3)         0.3582
   (4,4)        -0.6719
```

```
    (2,5)       -1.0210
    (3,5)        2.4989
    (6,6)       -0.6320
    (7,7)        0.7838
    (4,8)        0.2405
    (8,8)       -1.4705
    (9,9)        0.3349
   (10,10)       1.5990
```

```
>> mr = sprandsym(50,0.3);
>> spy(mr)
>> title('Matrice creuse symétrique aléatoire')
```

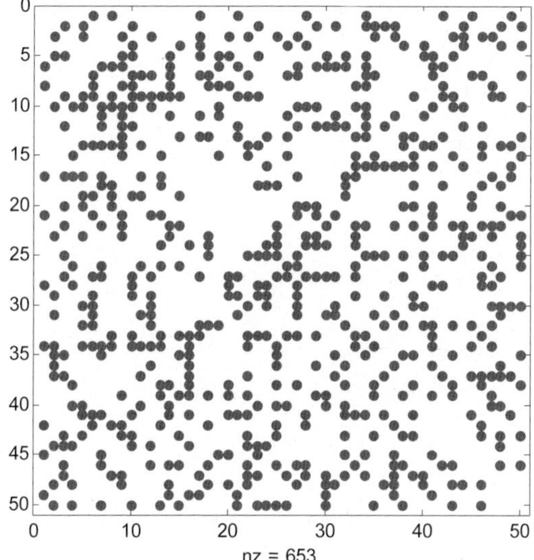


La saisie d'une matrice creuse peut se faire en indiquant seulement les éléments non nuls de la matrice originelle, par l'intermédiaire de la fonction `sparse` qui obéit à la syntaxe :

`sparse(i,j,s,m,n)`

`i` et `j` sont des vecteurs qui contiennent les indices lignes et colonnes des éléments non nuls, dont les valeurs sont données par le vecteur `s`.

Si `n` et `m` ne sont pas spécifiés, la matrice obtenue a pour nombre de lignes la valeur maximale de `i` et pour nombre de colonnes la valeur maximale de `j`.

Considérons la matrice suivante dont la saisie sera réalisée dans le fichier `sparse1.m`.

*fichier sparse1.m*

```
i = [4 8 10 2 3 6 8 4  7];  j = [1 1  2 5 5 5 6 9 10];
s=[-17.70  -16.55  19.56  17.39  -15.87  -15.55  -23.59  -17.55
17.87];
% taille matrice, n lignes et m colonnes
n = 10;
m = 10;
m_creuse = sparse(i,j,s,n,m)
```

```
>> sparse1
m_creuse =
   (4,1)      -17.7000
   (8,1)      -16.5500
  (10,2)       19.5600
   (2,5)       17.3900
   (3,5)      -15.8700
   (6,5)      -15.5500
   (8,6)      -23.5900
   (4,9)      -17.5500
   (7,10)      17.8700
```

## VII. Applications

### VII.1. Moyenne et variance d'une série de mesures

On dispose des 5 mesures suivantes dont on désire calculer la moyenne et la variance :

$$[1.12 \quad 1.05 \quad 1.25 \quad 1.26 \quad 1.39]$$

Si m désigne la moyenne, l'estimation non biaisée de la variance est donnée par :

$$\sigma^2 = \frac{1}{n-1} \sum_{i=1}^{n} (x_i - m)^2$$

```
>> x = [1.12, 1.05, 1.25, 1.26, 1.39];
>> moy_x = sum(x)/(length(x));
moy_x =
    1.2140
```

*Centrage de toutes les composantes de x, élévation au carré, sommation et variance*

```
>> x_centre = x-moy_x(x)
x_centre =
   -0.0940   -0.1640    0.0360    0.0460    0.1760
```

```
>> x2 = x_centre.^2
x2 =
    0.0088    0.0269    0.0013    0.0021    0.0310
```

```
>> somme_x2 = sum(x2)
```

```
somme_x2 =
    0.0701
```

```
>> var = somme_x2/(length(x)-1)
var =
    0.0175
```

On peut réduire le nombre d'instructions par composition de commandes.

```
>> var = sum((x-moy_x).^2)/(length(x)-1);
```

Pour récupérer la moyenne et la variance, il suffit d'invoquer les noms des variables, soit individuellement, soit dans un tableau.

```
>> mv = [moy_x var]
mv =
    1.2140    0.0175
```

Nous voyons ici toute la puissance de MATLAB par rapport aux langages dits évolués tels Pascal ou C pour lesquels nous avons besoin de 2 boucles, une pour le calcul de la moyenne et l'autre pour celui de la variance.

MATLAB facilite encore plus la programmation dans la mesure où beaucoup de fonctions sont déjà prédéfinies ; la moyenne et la variance sont directement accessibles en utilisant les fonctions `mean` et `std`.

```
>> moy = mean(x)
moy =
    1.2140
```

```
>> variance = std(x)^2
variance =
    0.0175
```

D'autres fonctions statistiques permettent de calculer la médiane, les valeurs minimale et maximale d'une série de valeurs.

```
>> [min(x) max(x) median(x)]
ans =
    0    8    2
```

### VII.2. Dérivée d'une fonction

La fonction `diff` appliquée à un tableau `x` de taille `n` donne un tableau de taille `(n-1)` dont chaque élément correspond à la différence de deux éléments successifs de `x`.

```
>> x = [0 3 8 1];
>> diff(x)
ans =
     3     5    -7
```

Cette fonction peut être utilisée pour le calcul de la dérivée d'une fonction mathématique `f(x)` par la formule suivante :

```
f'(x) = df/dx = diff(f)./diff(x)
```

Le programme suivant, illustre le calcul et le tracé de la courbe représentative de la dérivée de la fonction `f(x)` = $x^2-1$.

*fichier derivee.m*

```
clc, clear all, close all
% dérivée de la fonction f(x) = x^2-1
x = -1:.01:1;    % intervalle de la variable x
f = x.^2-1; % fonction à dériver
plot(x,f);   % tracé de la fonction f(x)
hold on
dx = diff(x);    % incréments dx de la variable x
df = diff(f);    % incréments df de la fonction f(x)
df_dx = df./dx; % dérivée de f(x)
% le vecteur f' possède un élément de moins que f
plot(x(1:length(x)-1),df_dx,':')
axis([-1 1 -2 2])
gtext('f(x)')    % légende de la courbe de f(x)
gtext('f''(x)') % légende de la courbe de f'(x)
title('Fonction f(x) = x^2-1 et sa dérivée f''(x)'), grid
```

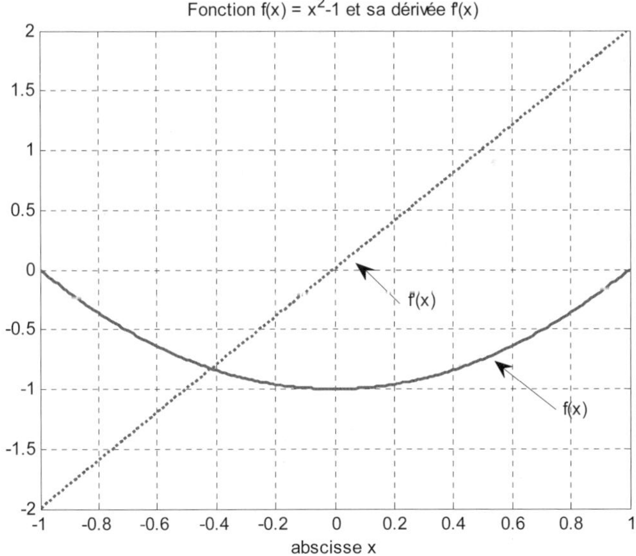


Dans le cas de fonctions polynomiales, MATLAB permet de calculer plus simplement la dérivée en utilisant la fonction `polyder`.

La fonction $f(x)=x^2-1$ peut être représentée par le polynôme p suivant :

```
>> p = [1 0 -1];
```

Le polynôme représentant la fonction dérivée est donné par :

```
>> p_deriv = polyder(p)
p_deriv =
     2     0
```

L'évaluation du polynôme sur l'ensemble des valeurs, donné par le vecteur x, est réalisée par la fonction polyval.

```
>> polyval(p_deriv,x)
ans =
     2     4
```

## VII.3. Calcul d'intégrales

On cherche à calculer les intégrales de la forme suivante : $I(x) = \int_{-1}^{x} f(t)\, dt$

Nous nous intéresserons au cas où $f(t) = t$, dont le résultat théorique est :

$$I(x) = \left[\frac{t^2}{2}\right]_{-1}^{x} = \frac{x^2-1}{2}$$

Pour calculer cette intégrale à l'aide de MATLAB, on peut utiliser la méthode des rectangles qui consiste à approcher l'aire sous la courbe par celle des rectangles de longueur f(x) et de largeur dx (le pas d'intégration). La valeur de l'intégrale dans l'intervalle [a,b] est la somme cumulée des surfaces des rectangles élémentaires. La somme cumulée est réalisée par la fonction cumsum.
La valeur obtenue par cette méthode est d'autant plus proche de la valeur théorique que le pas d'intégration est plus faible. Dans cet exemple, ce pas vaut 0.001.

*fichier integ.m*

```
clear all, close all, clc
dx = 0.001; % pas d'intégration
a = -1; b = 1; % limites du domaine d'intégration
x = a:dx:b; y = x;
g = cumsum(y.*dx); % somme cumulée des aires des rectangles
% tracé de l'intégrale
plot(x,g), hold on
% tracé de la fonction y = f(x)
plot(x,y,'-.'), grid, gtext('y = x'), gtext('intégrale de y')
title('fonction y = x et son intégrale'), hold off
```

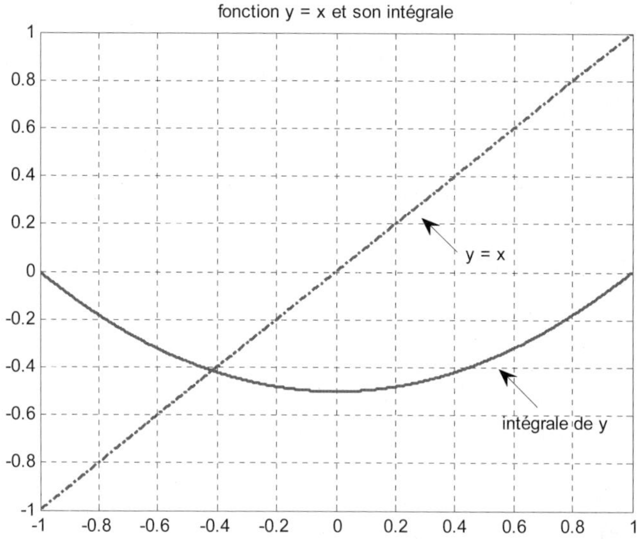


La courbe obtenue correspond parfaitement au résultat théorique.
La fonction `polyquad`, proposée dans le chapitre « `polynômes` », réalise l'intégration d'un polynôme. L'instruction suivante donne la primitive du polynôme, s'annulant en `x = 0`.

$$p(x) = 6x^2 + 2x + 1$$

```
>> p_integ = polyquad([6 2 1])
p_integ =
     2     1     1     0
```

## VII.4. Résolution d'un système d'équations linéaires

Nous proposons le système suivant, comme exemple de résolution de systèmes linéaires.

$$\begin{cases} 2\,x_1 + 3\,x_2 = 8 \\ x_1 - 2\,x_2 = -3 \end{cases}$$

Ce système peut être mis sous la forme matricielle `A X = B`.

*fichier systlin.m*

```
% solution X = inv(A) * B ou X = A\B
A = [2 3;1 -2];
B = [8 -3]';
```

```
X = inv(A)*B;
disp('Solutions:')'
disp(['x1 = ',num2str(X(1)),' et x2 = ',num2str(X(2))])
```

```
>> systlin
Solutions :
x1 = 1 et  x2 = 2
```

Les solutions peuvent être obtenues par la méthode des moindres carrés en utilisant la fonction `nnls`.

```
>> x = nnls(A,B)
x =
    1.0000
    2.0000
```

## VII.5. Résolution d'un système sous-dimensionné ou indéterminé

C'est le cas où le nombre d'inconnues est supérieur à celui des équations. Considérons le cas de l'exemple suivant :

$$\begin{cases} 2x_1 + x_2 - 3x_3 = 1 \\ x_1 - 2x_2 + x_3 = 2 \end{cases}$$

Le système se présente sous la forme matricielle `Ax = b`.

$$\begin{bmatrix} 2 & 1 & -3 \\ 1 & -2 & 1 \end{bmatrix} \begin{bmatrix} x_1 \\ x_2 \\ x_3 \end{bmatrix} = \begin{bmatrix} 1 \\ 2 \end{bmatrix}$$

Un tel système possède une solution si le rang de la matrice `A` est égal à celui de la matrice augmentée `Ab`.
La matrice `Ab` est formée de la matrice `A` à laquelle on ajoute une quatrième colonne formée des composantes du vecteur `b`.

*Matrices du système*

```
>> A = [2 1 -3;1 -2 1];
>> b = [1;2];
```

*Calcul du rang de la matrice A*

```
>> rang_A = rank(A)

rang_A =
     2
```

*Construction de la matrice augmentée Ab*

```
>> Ab = [A b]
```

```
Ab =
     2     1    -3     1
     1    -2     1     2
```

*Rang de la matrice augmentée*

```
>> rang_Ab = rank(Ab)
rang_Ab =
     2
```

Une solution du système est donnée par :

```
>> X = A\b
X =
         0
   -1.4000
   -0.8000
```

`A\b` est équivalent à `inv(A)*b` si `A` inversible.
La matrice `A` étant rectangulaire, donc non inversible, on peut utiliser sa pseudo-inverse donnée par la fonction `pinv`.

On obtient alors, une autre solution pour le système indéterminé.

```
>> X = pinv(A)*b

X =
    0.7333
   -0.6667
   -0.0667
```

Si une matrice est carrée et inversible, alors son inverse est identique à sa pseudo-inverse.

## VII.6. Régression linéaire

On s'intéresse à la recherche du modèle linéaire `Y = f(X)` liant `2` séries de mesures `X` et `Y`.
Comme exemple, on simulera la fonction `y = f(x)` par la relation `y = 0.5 x + 2`, à laquelle on superposera un bruit gaussien centré et de variance unité.

*fichier reg_lin.m*

```
close all
x = 0:20; y = 0.5*x;
b=randn(1,21); yb=y+b; plot(x,y), hold on
plot(x,yb), plot(x,b), grid
title('y en fonction de x')
gtext('y non bruitée'), gtext('y bruitée')
gtext('bruit gaussien'), xlabel('Valeurs de la série x')
```

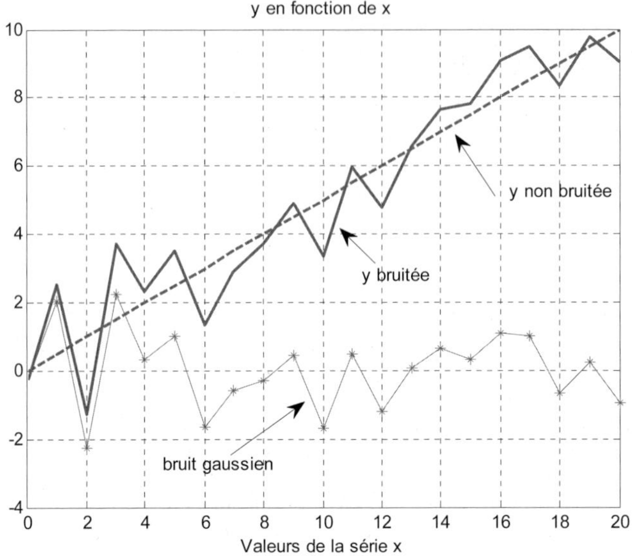


Chaque mesure $y_i$ est liée à la mesure $x_i$ par la loi $y_i = a\ x_i + b$.
Le modèle appliqué à toutes les mesures donne le système matriciel suivant :

$$\begin{bmatrix} y(1) \\ y(2) \\ . \\ . \\ y(21) \end{bmatrix} = \begin{bmatrix} x(1) & 1 \\ x(2) & 1 \\ . & . \\ . & . \\ x(21) & 1 \end{bmatrix} \begin{bmatrix} a \\ b \end{bmatrix}$$

que l'on note :

$$Y = \Phi\ \theta$$

Le vecteur optimal des paramètres qui minimise la variance de l'erreur entre les mesures et le modèle est donné par :

$$\theta = (\Phi^T \Phi)^{-1}\ \Phi^T\ Y$$

*Construction de la matrice* $\Phi$ *(suite du fichier reg_lin.m)*

```
phi = ones(21,2);
phi(:,1) = x'; % 1-ère colonne de phi = vecteur x
```

*Construction du vecteur Y et du vecteur* $\theta$ *optimal (suite du fichier reg_lin.m)*

```
Y = y';
% algorithme des moindres carrés
```

```
teta = inv(phi'*phi)*phi'*Y;

a = teta(1,1);
b = teta(2,1);
disp(['paramètres : a = 'num2str(a) 'b = ' num2str(b)]);

a =
    0.4653

b =
    2.0187
```

*Tracé du nuage des points de mesures et de la droite de régression (suite fichier reg_lin.m)*

```
close all
x = 0:20;
y = 0.5*x;
br=randn(1,21);
yb=y+br;
hold on
plot(x,yb)
grid

phi = ones(21,2);
phi(:,1) = x';  % 1-ère colonne de phi = vecteur x

Y = y';
% algorithme des moindres carrés
teta = inv(phi'*phi)*phi'*Y;

a = teta(1,1);
b = teta(2,1);
gtext(['a = ' num2str(a)]);
gtext(['b = ' num2str(b)]);
ym = a*x+b;

% mesures bruitées
hold on
plot(x,y,'+','LineWidth',3)
plot(x,br)
% sortie du modèle
plot(x,ym,'s')
plot(x,y)
gtext('Mesures bruitées')
gtext('Modèle')
title('Mesures et Modèle linéaire'), grid on
```

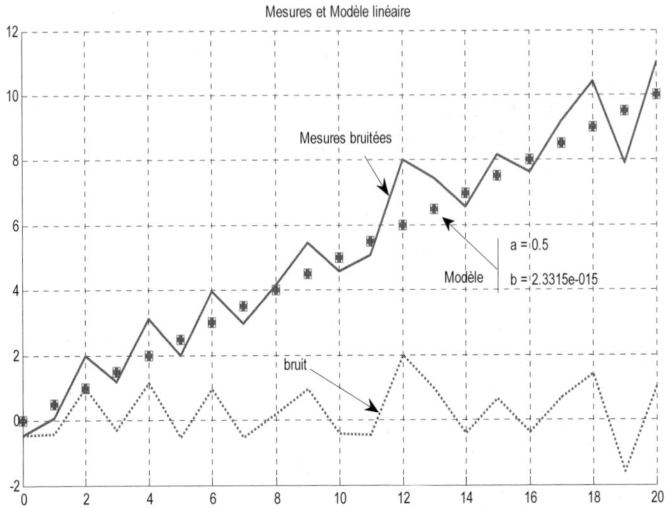


A partir des matrices `X` et `Y`, on dispose dans MATLAB, de la fonction `nnls` pour "`non negative least squares`" permettant le calcul immédiat du vecteur des paramètres du modèle par la méthode des moindres carrés.

Le coefficient `b` du modèle linéaire étant très faible ($2.33\ 10^{-15}$), le signal non bruité est confondu avec celui du modèle obtenu par la commande `nnls` des moindres carrés.

## VII.7. Régression non linéaire

On dispose des 2 séries de mesures x et y suivantes :

| *x* | *0.1* | *0.2* | *0.5* | *1.0* | *1.5* | *1.9* | *2.0* | *3.0* | *4.0* | *6.0* |
|---|---|---|---|---|---|---|---|---|---|---|
| *y* | *0.95* | *0.89* | *0.79* | *0.70* | *0.63* | *0.58* | *0.56* | *0.45* | *0.36* | *0.28* |

1. On cherche une approximation exponentielle liant y à x, sous la forme :

$$y = A\, e^{Bx}$$

Les coefficients A et B, calculés par la méthode de Newton, sont donnés par les relations suivantes :

$$B = \frac{\sum[x\, ln\, y] - \sum x \sum[ln\, y / n]}{\sum x^2 - (\sum x)^2 / n} \qquad A = \frac{\sum(e^{Bx} / y)}{\sum(e^{2Bx} / y^2)}$$

En utilisant les fonctions propres aux vecteurs, nous allons calculer les valeurs des coefficients A et B. Nous tracerons sur un même graphique, la courbe des données réelles et celle du modèle exponentiel obtenu.

*fichier ajustexp1.m*

```
x = [0.1 0.2 0.5 1.0 1.5 1.9 2.0 3.0 4.0 6.0];
y = [0.95 0.89 0.79 0.70 0.63 0.58 0.56 0.45 0.36 0.28];
n = length(x);
B=(sum(x.*log(y))-sum(x)*sum(log(y)/n))/(sum(x.^2)-
sum(x)^2/n);
A = sum(exp(B*x)./y)/sum(exp(2*B*x)./y.^2);
ym = A*exp(B*x);     % modèle

% tracé des données réelles et du modèle
close all, clc
plot(x,y), hold on, plot(x,y,'s'), plot(x,ym,'-.')
title('Mesures réelles et ajustement exponentiel')
xlabel('abscisse x')
gtext('données réelles')
gtext('modèle'
grid
```

```
>> A
A =
    0.8795
>> B
B =
   -0.2080
```

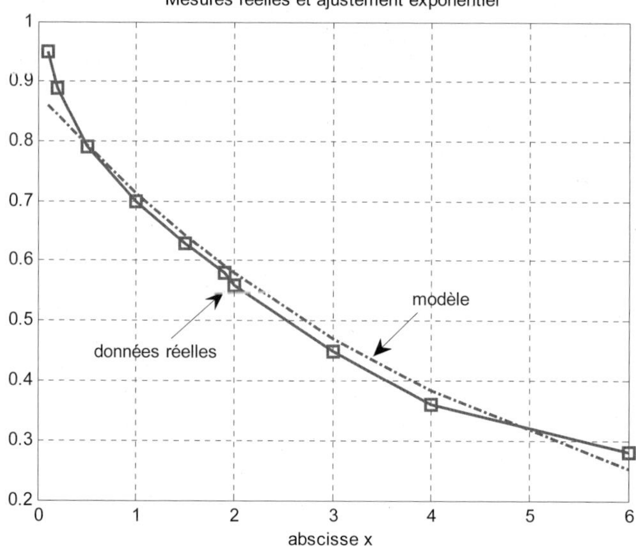


2. On désire obtenir les coefficients A et B du modèle exponentiel précédent par application de la méthode des moindres carrés.

Le modèle linéarisé est : $\ln y = \ln A + Bx$. Ce modèle appliqué à toutes les données donne le système matriciel suivant :

$$\begin{bmatrix} \ln y(1) \\ \ln y(2) \\ . \\ . \\ \ln y(10) \end{bmatrix} = \begin{bmatrix} 1 & x(1) \\ 1 & x(2) \\ . & . \\ . & . \\ 1 & x(10) \end{bmatrix} \begin{bmatrix} \ln A \\ B \end{bmatrix}$$

que l'on note :

$$Y = \Phi\ \theta$$

Le vecteur paramètres est obtenu par :

$$\theta = (\Phi^T \Phi)^{-1}\ \Phi^T\ Y$$

*fichier ajstexp2.m*

```
x = [0.1 0.2 0.5 1.0 1.5 1.9 2.0 3.0 4.0 6.0];
y  =  [0.95  0.89  0.79  0.70  0.63  0.58  0.56  0.45  0.36
0.28]+0.05*rand(size(x));
% construction de la matrice de mesures phi
phi = [ones(length(x),1) x'] ; b = log(y);
Y = b' % vecteur Y
% calcul du vecteur teta optimal
teta = inv(phi'*phi)*phi'*Y;
% extraction des coefficients A et B du modèle exponentiel
A = exp(teta(1,1)); B = teta(2,1);
ym = A*exp(B*x) % modèle exponentiel
% tracé des données réelles et du modèle
plot(x,y), hold on, plot(x,y,'s'),plot(x,ym,'-.'), grid
gtext('données réelles'), gtext('modèle')
```

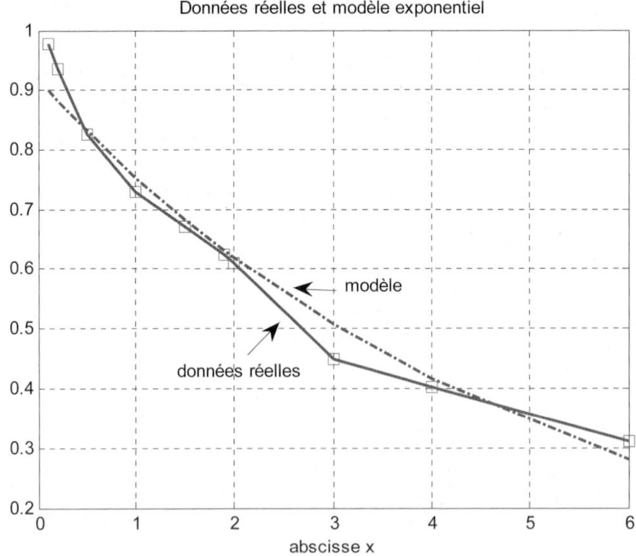

```
>> A
A =
    0.9180

>> B
B =
   -0.1972
```

3. Le système linéarisé appliqué à chaque couple de données $(x_i, y_i)$ permet d'écrire :

$$\ln y_i = \ln A + B x_i$$

que l'on peut mettre sous la forme :

$$f_i = \theta_1 + \theta_2 x_i$$

$$\theta_1 = \frac{\begin{vmatrix} \Sigma f_i & \Sigma x_i \\ \Sigma f_i x_i & \Sigma x_i^2 \end{vmatrix}}{\begin{vmatrix} n & \Sigma x_i \\ \Sigma x_i & \Sigma x_i^2 \end{vmatrix}} \; ; \; \theta_2 = \frac{\begin{vmatrix} n & \Sigma y_i \\ \Sigma x_i & \Sigma x_i y_i \end{vmatrix}}{\begin{vmatrix} n & \Sigma x_i \\ \Sigma x_i & \Sigma x_i^2 \end{vmatrix}}$$

La résolution par la méthode de Cramer permet d'avoir les paramètres $\theta_1$ et $\theta_2$ .
Nous nous proposons de calculer ces paramètres en programmant les relations ci-dessus.

*fichier ajstexp3.m*

```
x = [0.1 0.2 0.5 1.0 1.5 1.9 2.0 3.0 4.0 6.0];
y = [0.95 0.89 0.79 0.70 0.63 0.58 0.56 0.45 0.36 0.28];
% construction de la matrice de mesures phi
f = log(y);
num_teta1 = det([sum(f) sum(x);sum(x.*f) sum(x.^2)]);
den_teta1 = det([length(x) sum(x);sum(x) sum(x.^2)]);
teta1 = num_teta1/den_teta1;
num_teta2 = det([length(x) sum(f);sum(x) sum(x.*f)]);
den_teta2 = den_teta1; teta2 = num_teta2/den_teta2;
% extraction des coefficients A et B du modèle
A = exp(teta1); B = teta2;
% calcul sortie du modèle
ym = A*exp(B*x);
% tracé des données réelles et du modèle
plot(x,y), hold on, plot(x,ym,'-.'), grid
gtext('données réelles'), gtext('modèle')
```

```
>> A
A =
    0.8835
>> B
B =
   -0.2080
```

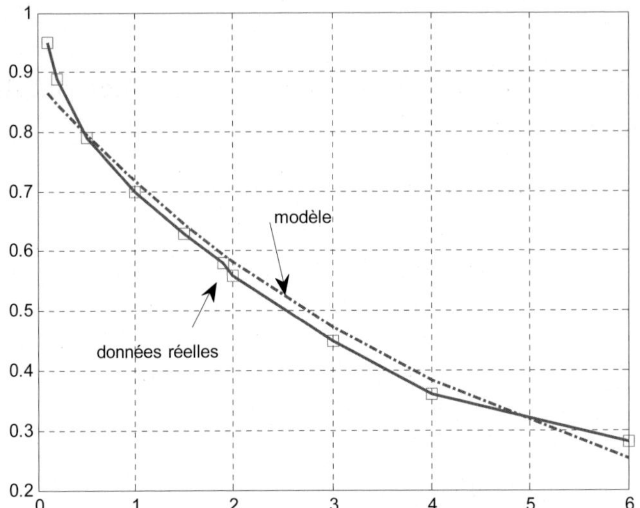
modèle
données réelles
1
0.9
0.8
0.7
0.6
0.5
0.4
0.3
0.2
0
1
2
3
4
5
6

# Chapitre 6

# Les graphiques



MATLAB, outre de permettre de faire des calculs numériques de très haut niveau, il peut aussi produire des graphiques impressionnants, de type 2D ou 3D.

Beaucoup d'outils sont disponibles, notamment les `handle Graphics` (pointeurs sur les graphiques) pour contrôler les aspects de ces graphiques.

Chaque élément du graphique peut-être modifié individuellement grâce à l'approche Objet (ligne, surface, axes, figure, etc.) selon la hiérarchie suivante :

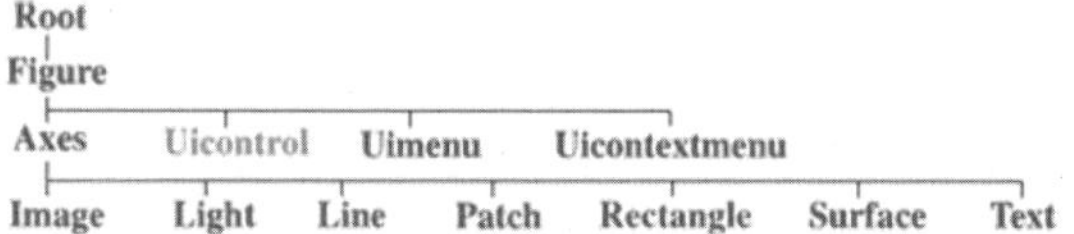


Pour avoir un bref aperçu des possibilités graphiques de MATLAB, on a accès à des démos de graphiques.

```
>> demo matlab graphics
```


N. Martaj, M. Mokhtari, *MATLAB R2009, SIMULINK et STATEFLOW pour Ingénieurs, Chercheurs et Etudiants*, DOI 10.1007/978-3-642-11764-0_6, © Springer-Verlag Berlin Heidelberg 2010

# I. Les graphiques 2D

Dans cette section, nous présenterons les différentes fonctions MATLAB prévues pour le tracé de graphiques 2D. Nous étudierons les graphiques en coordonnées cartésiennes et polaires ainsi que les tracés de diagrammes.

## I.1. Graphiques en coordonnées cartésiennes

La commande `plot` dont la syntaxe est la suivante :

`plot(x,y,s)`

permet de tracer des graphiques de vecteurs de dimensions compatibles (y en fonction de x). Le choix du type et de la couleur du tracé peut se faire avec le paramètre facultatif `s` qui est une chaîne composée de 1 à 3 caractères parmi ce qui suit :
Les différents types sont :

| . | point |
|---|---|
| o | cercle |
| x | Lettre x |
| + | plus |
| * | étoile |
| s | carré |
| v | losange |
| ^ | triangle |
| < | triangle gauche |
| > | triangle droit |
| p | pentagramme |
| h | hexagramme |

Les différentes couleurs sont :

| b | bleu |
|---|---|
| g | vert |
| r | rouge |
| c | cyan |
| m | magenta |
| y | jaune |
| k | noir |
| w | blanc |

Il y a différents tracés selon le type des données x et y.
Dans la plupart des cas, cette commande est utilisée pour x et y, tous deux vecteurs de même taille.
Si l'on veut tracer le sinus cardinal pour un angle allant de $-2\pi$ à $2\pi$ par pas de $\pi/10$, nous exécutons les commandes suivantes :

```
>> x=-2*pi:pi/10:2*pi;
>> y=sinc(x);
>> plot(x,y,'bp')
```

Si a est une constante, toutes les valeurs de y sont tracées verticalement à cette même valeur de l'abscisse.

```
>> a=1;
>> plot(a,y,'b*')
```

La commande plot(y) trace y en fonction de ses indices.

Si l'ont veut un tracé continu en mettant des carrés aux différents points, nous utilisons la commande suivante :

```
>> plot(x,y,'g-',x,y,'rs')
```

La commande plot retourne un pointeur sur la ligne. Les propriétés de cet objet (ligne ou courbe du tracé) peuvent être spécifiées directement dans la commande plot.

```
>> plot(x,y,'LineWidth',2,'Color',[.6 0 0])
>> plot(x,y,'--rs','LineWidth',2,...
    'MarkerEdgeColor','k',...
    'MarkerFaceColor','g',...
    'MarkerSize',10)
```

Pour ajouter des grilles, on fait appel à la commande :

```
>> grid
```

La commande title ajoute un titre au graphique de la fenêtre courante. Les propriétés du titre peuvent être fixées en utilisant ses handles (pointeurs) ou directement par :

```
title('texte du titre', 'prop1', val_prop1, 'prop2',
                    val_prop2, ...)
```

Pour consulter la liste des propriétés et leurs valeurs possibles, il est conseillé de consulter la section "Gestion des handles et objets graphiques" de ce même chapitre. Nous pouvons, de plus, utiliser les caractères LateX en précédant le caractère par un anti-slash.

| \alpha | α | \upsilon | υ | \sim | ~ |
|---|---|---|---|---|---|
| \beta | β | \phi | ϕ | \leq | ≤ |
| \gamma | γ | \chi | χ | \infty | ∞ |
| \delta | δ | \psi | ψ | \clubsuit | ♣ |
| \epsilon | ε | \omega | ω | \diamondsuit | ♦ |
| \zeta | ζ | \Gamma | Γ | \heartsuit | ♥ |
| \eta | η | \Delta | Δ | \spadesuit | ♠ |
| \theta | θ | \Theta | Θ | \leftrightarrow | ↔ |
| \vartheta | ϑ | \Lambda | Λ | \leftarrow | ← |

La commande `textlabel` permet de générer une chaîne de caractères dans laquelle on peut insérer des caractères `LateX` sans l'anti-slash.

```
>> f1=texlabel('sin(sqrt(lambda^2+gamma^2))/sqrt(lambda^2+...
 gamma^2)')
f1 =
{sin}({sqrt}({\lambda}^{2}+...
{\gamma}^{2}))/{sqrt}({\lambda}^{2}+{\gamma}^{2})

>> f2='{\lambda}_{3} e^{-{sqrt}{(\alpha})}'
f2 =
{\lambda}_{3} e^{-{sqrt}{(\alpha})}
```

Il suffit d'utiliser la commande `gtext` pour insérer ces caractères dans un graphique.

```
>> gtext(f1)
>> ylabel(f2)
```

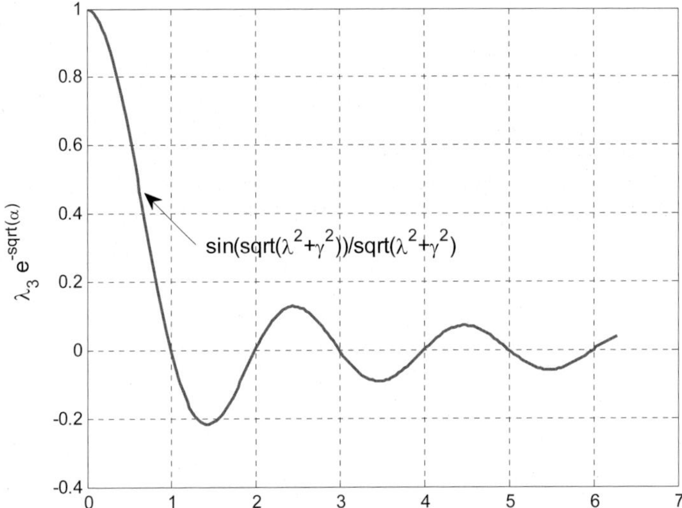


Si l'on veut insérer un texte explicatif sur le graphique nous avons les commandes `text` et `gtext`. La commande `text` l'insère à partir du point de coordonnées x0, y0

```
text(x0,y0,'texte explicatif')
```

Il est possible aussi de placer du texte à un endroit quelconque du graphique sélectionné par l'utilisateur à l'aide de la souris, grâce à la commande `gtext`.

```
>> gtext('Sinus cardinal entre -2\pi et 2\pi')
```

La fonction `plot` retourne une liste de pointeurs (`handles`) sur les différentes courbes du graphique (un pointeur par courbe), pour une utilisation éventuelle des fonctions de bas niveau.
Dans le cas du tracé d'une seule courbe, nous obtenons un seul pointeur comme suit :

```
>> h = plot(x,y)
h =
  171.0093
```

Si `x` et `y` sont des matrices à `n` lignes et `m` colonnes, `plot(x,y)` crée `m` courbes. Chaque courbe représente la i-ème colonne de `y` en fonction de la i-ème colonne de `x`. Il est possible aussi de tracer plusieurs courbes en utilisant une seule fois la fonction `plot` comme suit :

`plot(x1, y1, s1, x2, y2, s2, ...)`

La commande `figure(gcf)` permet de passer de la ligne de commande à la fenêtre graphique courante. L'utilisation des commandes `hold on` permet le tracé de plusieurs courbes sur le même graphique. La commande `hold off` supprime cette possibilité.
Ci-après, nous traçons le sinus cardinal en utilisant les commandes précédentes.

*fichier trace_sinus_cardinal.m*

```
x=0:pi/10:2*pi; y=sinc(x);grid
plot(x,y,'LineWidth',2,'Color',[.6 0 0])
plot(x,y,'--rs','LineWidth',2,'MarkerEdgeColor','k',...
    'MarkerFaceColor','g','MarkerSize',10), grid
title('Sinus cardinal entre 0 et
2\pi','color','b','FontName','Arial','Fontsize',14)
xlabel('Angle : 0 à 2*pi par pas de \pi/10')
```

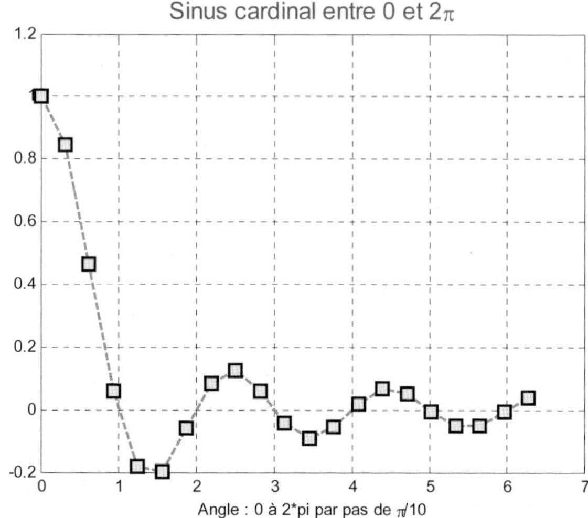

*Exemples de courbes*

Dans ce qui suit, nous proposons le tracé des courbes des fonctions sinus cardinal et sinus amorti dans une même fenêtre graphique. Un texte explicatif sera inséré à coté de chacune d'elles.

*fichier courbes.m*

```
x = -4*pi:pi/10:4*pi;

% sinus cardinal en trait rouge continu
y1 = sinc(x/2);
plot(x,y1,'r')
hold on

% sinus amorti en pointillés, couleur verte
y2 = sin(x).*exp(-0.1*x)/3 ;
plot(x,y2,'g:');

% documentation du graphique
xlabel('abscisse x')
ylabel('ordonnée y')
title('Courbes des fonctions sinus cardinal et sinus amorti')
% Insertion du texte explicatif
txt_x = [-10 ; 2]; txt_y = [1 ; 0.8];
txt_val = ['sinus amorti  ' ; 'sinus cardinal'];
text(txt_x,txt_y,txt_val); grid
```

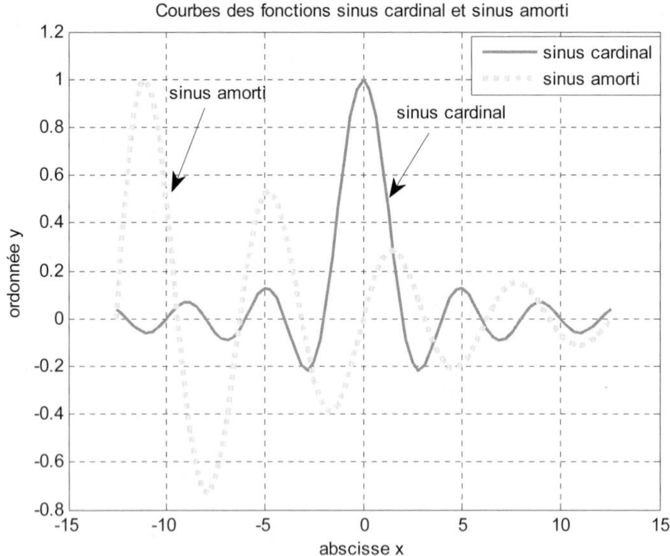

Pour choisir la taille du trait, on sélectionne la courbe et on clique droit. On choisit `LineWidth` à 3.
Pareil pour les textes libres ou le titre, on choisit `Font` à la valeur 12. La flèche est insérée grâce au menu `Insert Arrow`.
Il faut auparavant activer la flèche du menu.

***Courbes paramétriques***

La procédure de tracé de courbes paramétriques est identique à celles de courbes de fonctions.

*fichier lemniscate.m*

```
% courbes paramétriques
t = -100:0.1:100;
x = (2*t)./(1+t.^4);
y = (2*t.^3)./(1+t.^4);
plot(x,y)
title('lemniscate de Bernoulli')
xlabel('x')
ylabel('y')
grid
```

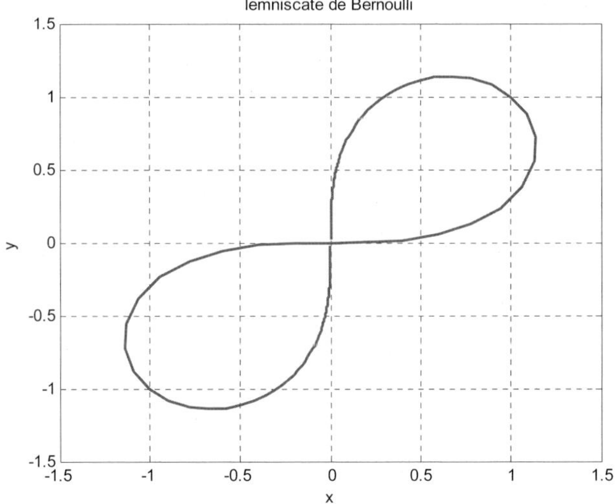


## I.2. Graphiques en coordonnées polaires

Le tracé de courbes en coordonnées polaires sera réalisé par la fonction `polar`, qui obéit à la syntaxe suivante :

```
polar(theta, rho, 'type')
```

Le type de courbe correspond à la nature du tracé (continu, discontinu, etc.) et à sa couleur. Les différentes possibilités sont identiques à celles de la fonction `plot`.

Nous allons dans ce qui suit, tracer les graphiques en coordonnées polaires suivants : une cardioïde (limaçon), une rosace à quatre lobes et la spirale d'Archimède.

```
>> t = 0:.01:2*pi;
>> polar(t,sin(2*t).*cos(2*t),'--r')
```

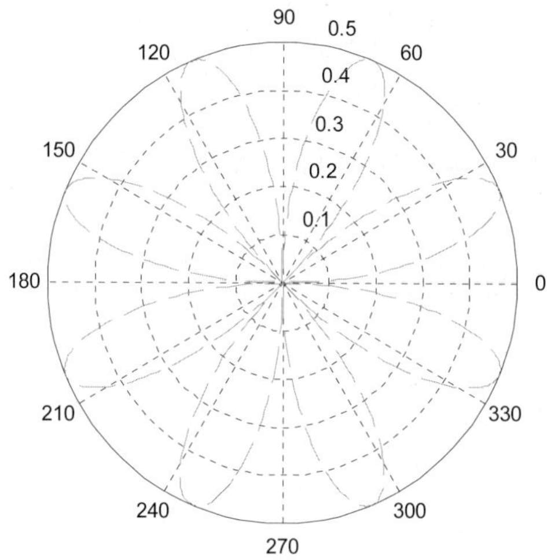


## I.3. Les diagrammes

Le tracé d'histogrammes se fera à l'aide de la commande `hist`.

| | |
|---|---|
| `hist(x,N) :` | trace l'histogramme des valeurs du vecteur `x` en `N` classes, |
| `[n,x] = hist(y,N) :` | retourne des valeurs à utiliser avec la fonction `bar`. |

Comme exemple, nous générerons un vecteur de taille 1000 dont les composantes sont les valeurs d'une variable aléatoire gaussienne, centrée et réduite. Nous représenterons l'histogramme de ces valeurs réparties en dix classes.

```
>> y = randn(1000,1); >> hist(y,10);
>> grid, title('Histogramme d''une répartition en 10
classes')
```

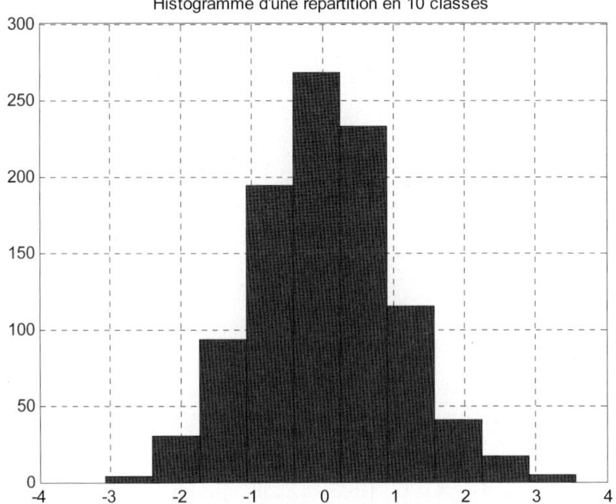


Au lieu de spécifier directement le nombre de classes pour la commande `hist`, nous pouvons indiquer un vecteur qui représente l'intervalle du tracé ainsi que la largeur des classes. La commande `bar(x,y)` dessine un diagramme sous forme de barres des valeurs de `y` en fonction de celles de `x`.

```
>> x = -2*pi:pi/10:2*pi;
>> y = sinc(x); bar(x,y), grid
>> title('Diagramme des valeurs du sinus cardinal')
```

La commande `stairs(x,y)` trace les valeurs discrètes de `y` en fonction de celles de `x` sous forme de marches d'escaliers.

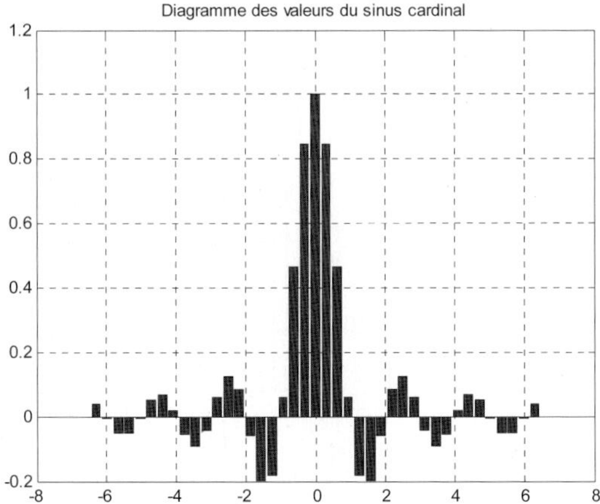

```
>> stairs(x,y), grid
>> title('Tracé en escalier de valeurs discrètes')
```

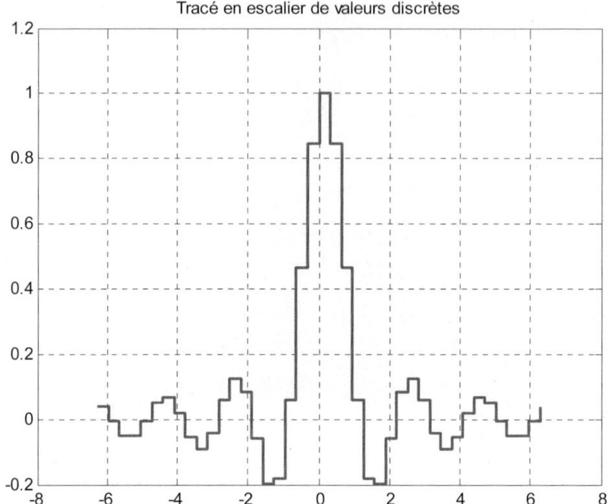


La fonction `stem` permet le tracé d'une séquence de valeurs discrètes.

```
>> stem(x,y), grid, title('Diagramme en bâtons')
```

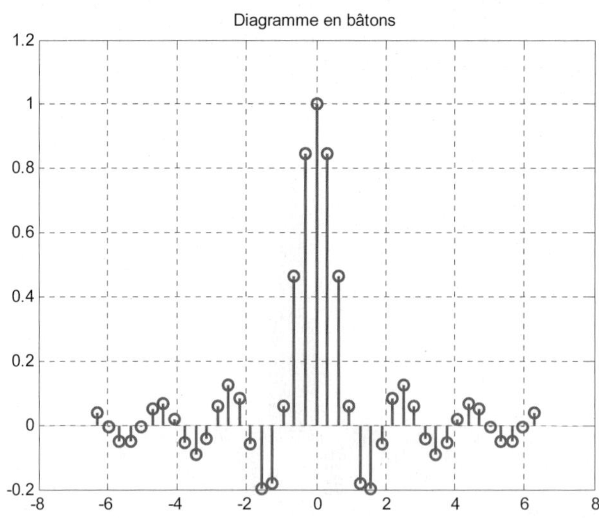

On peut tracer plusieurs courbes dans la même fenêtre graphique grâce à la commande `subplot`.

H = `subplot(m,n,p)`, ou `subplot(mnp)`, transforme la fenêtre en matrice m-par-n et sélectionne le p-ième axe pour la courbe courante.

```
>> subplot(231)
>> plot(x,y)
,
>> z=sin(x);

>> subplot(2,3,6)
>> plot(x,z)
```

La fonction `subplot(231)` sélectionne l'axe n°1 et trace dessus le sinus cardinal. L'autre `subplot` le fait pour le sinus avec `subplot(2,3,6)`.

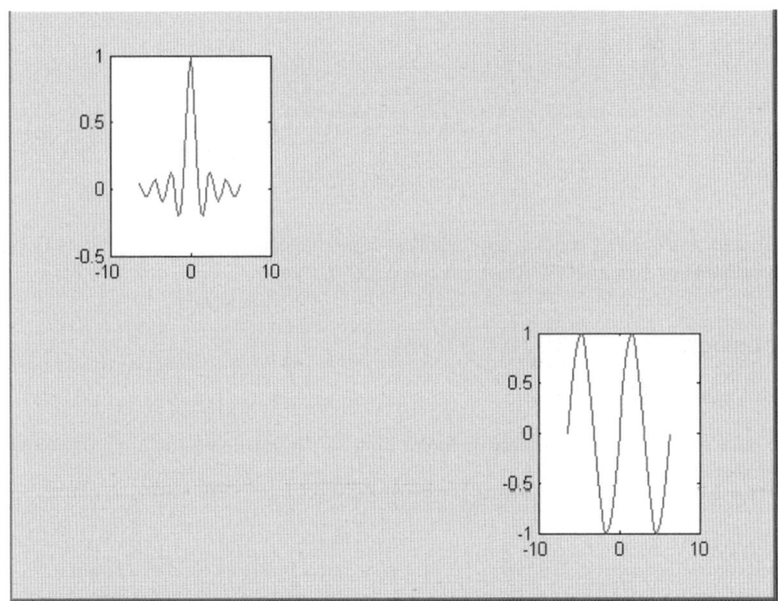


La commande `plotyy` permet de tracer 2 courbes sur la même figure, avec chacune d'elles l'affichage de ses ordonnées particulières.

```
>> x=0:pi/10:2*pi;
>> y=sinc(x);
>> z = cos(x).^2;

>> plotyy(x,y,x,z)
```

```
>> title('Tracé avec 2 axes d''ordonnées différents')
```

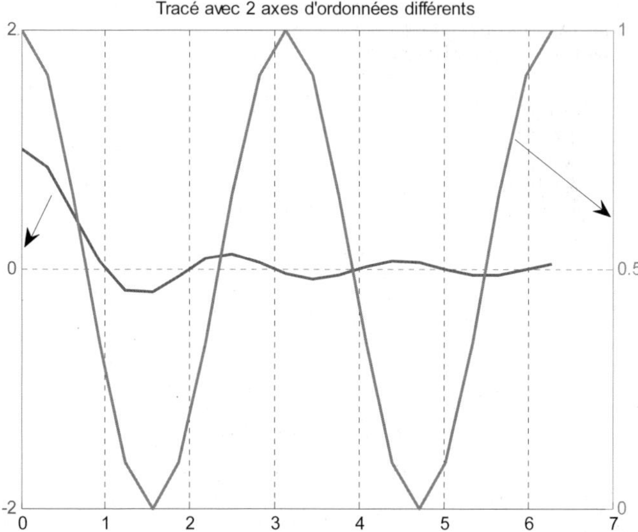


On peut tracer des courbes en échelles logarithmiques avec `loglog`, ou semi-logarithmiques avec `semilogx`, `semilogy`.

## II. Les graphiques 3D

### II.1. Courbes 3D

Le tracé de courbes dans l'espace se fera à l'aide de l'instruction `plot3` qui obéit à une syntaxe analogue à celle de `plot`.

```
plot3(x,y,z)
```

Tout comme la fonction `plot`, `plot3` permet de tracer plusieurs courbes à la fois et retourne une liste de pointeurs (`handles`) sur les différentes courbes du graphique.

Nous proposons comme exemple, le tracé d'une hélice circulaire définie par une équation paramétrique.

*fichier helice_circulaire.m*

```
% Courbe gauche : Hélice circulaire
t = -5*pi:pi/10:5*pi;
```

```
x = 2*sin(t);
y = 2*cos(t);
z = 2*t;
plot3(x,y,z)
% documentation du graphique
title('Hélice circulaire')
grid
xlabel('x')
ylabel('y')
zlabel('z')
```

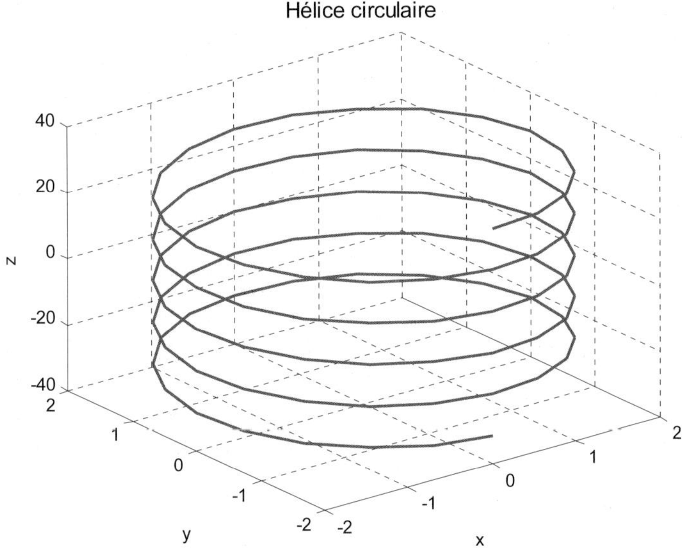


## II.2. Surfaces

Soit l'exemple d'une fonction à 2 variables :

$$z = x^2 + y^2$$

pour x et y variant de `-10` à `10` avec un pas de `0.5`.

```
>> x = - 10:0.5:10;
>> y = x;
```

On génère deux matrices carrées `X` et `Y` qui définissent le domaine de calcul de `Z` ; on utilisera pour ceci la fonction `meshgrid`.

```
>> [X,Y] = meshgrid(x,y);
```

On évalue la fonction z, puis on stocke les données dans la variable Z,

```
>> Z = X.^2 + Y.^2;
```

On dessine ensuite la surface représentative de la fonction à deux variables, avec une représentation en "fil de fer".

```
>> mesh(X,Y,Z)
```

Un quadrillage, un titre et des légendes sur les axes ajoutent plus de lisibilité au graphique.

```
>> grid
>> title('Paraboloïde')
>> xlabel('x')
>> ylabel('y')
>> zlabel('z')
```

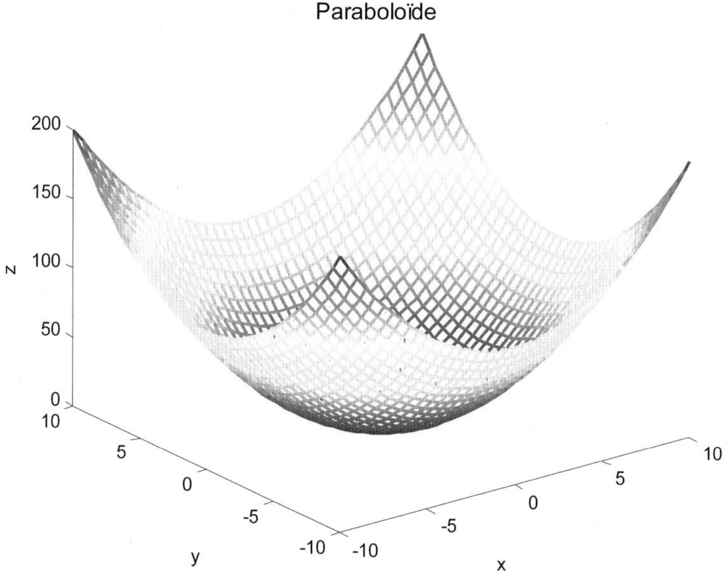


MATLAB propose plusieurs autres commandes pour le tracé de surfaces telles meshz, meshc, surf, surfc et surfl.

La commande meshc, de même syntaxe que mesh, trace une surface avec une projection des contours sur le plan (Ox, Oy).

Elle est la combinaison des commandes mesh et contour.

Une application à l'exemple précédent donne ce qui suit :

```
>> meshc(X,Y,Z), grid
>> title('Paraboloïde avec contours')
>> xlabel('x')
>> ylabel('y')
>> label('z')
```

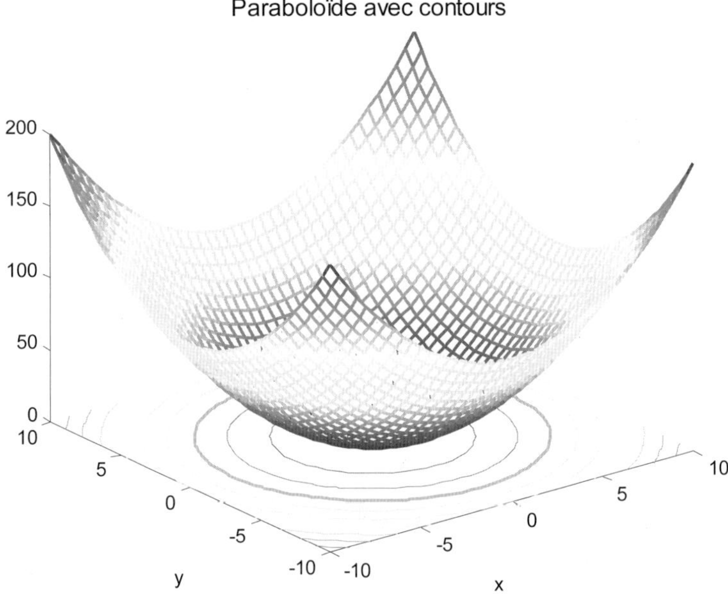


Avec la commande `meshz`, de même syntaxe que `mesh`, nous pouvons tracer une surface avec des plans de références aux limites de chaque axe.

Une application à l'exemple précédent donne ce qui suit :

```
>> meshz(X,Y,Z)
>> grid
>> title('Paraboloïde avec des plans de références')
>> xlabel('x')
>> ylabel('y')
>> zlabel('z')
```

La figure suivante représente le même paraboloïde que précédemment, cette fois-ci limité par des plans aux valeurs de ± 10 pour les axes `x` et `y`.

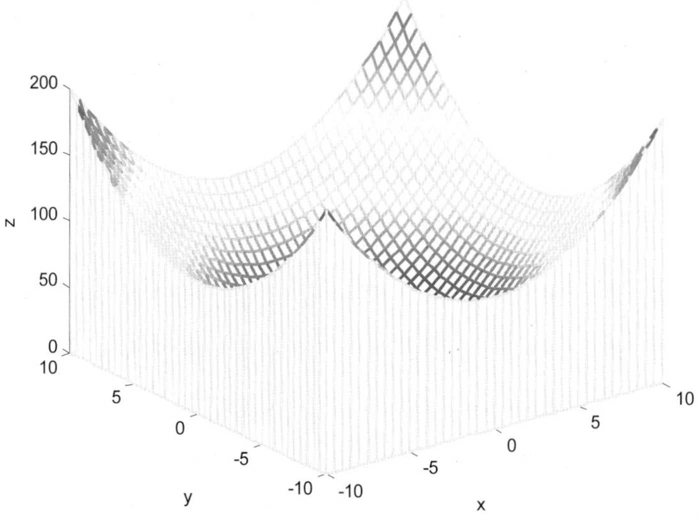


Les commandes `surf`, `surfc` et `surfl` ont une syntaxe analogue à celle de `mesh`, cependant, on obtient une surface coloriée au lieu d'une représentation en "fil de fer".

Nous allons présenter un exemple d'utilisation des commandes `surf` et `surfc` qui possèdent une syntaxe analogue à celle de `mesh`.

*fichier surf_3d.m*

```
% Tracé de la surface z = x^2 - 3y^2
x = - 10:2:10; y = x;

[X,Y] = meshgrid(x,y);
Z = X.^2 - Y.^2;

% sans contours : surf
figure(1)
surf(X,Y,Z) grid
title('Surface sans contours')
xlabel('x'), ylabel('y'), zlabel('z')
% avec contours : surfc
figure(2)
surfc(X,Y,Z)
grid
title('Surface avec contours')
xlabel('x'), ylabel('y'), zlabel('z')
```

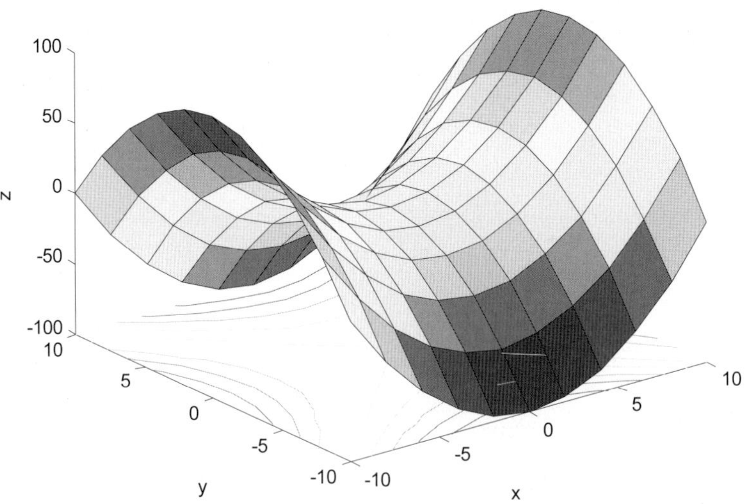


## II.3. Les contours

Avec les fonctions de tracé de surfaces nous avons abordé la possibilité de visualiser une projection des contours de la surface sur le plan (Ox, Oy). MATLAB fournit, de plus, des fonctions spéciales de dessin de contours.

Ces fonctions sont `contour3`, `contour` et `contourc` dont nous présentons des exemples.

La commande `contour3` a pour syntaxe générale :

```
[C, H] = contour3(x,y,z,N)
```

`C :` matrice représentant les contours,

`H :` vecteur colonne de pointeurs (`handles`) sur les lignes du contour,

`N :` nombre de lignes des contours.

```
>> x = - 10:0.5:10;
>> y = x;
>> [X,Y] = meshgrid(x,y);
```

```
>> Z = X.^2 + Y.^2;
>> contour3(X,Y,Z,20)
>> title('Lignes de contours d''un paraboloïde')
>> grid
>> xlabel('x')
>> ylabel('y')
>> zlabel('z')
```

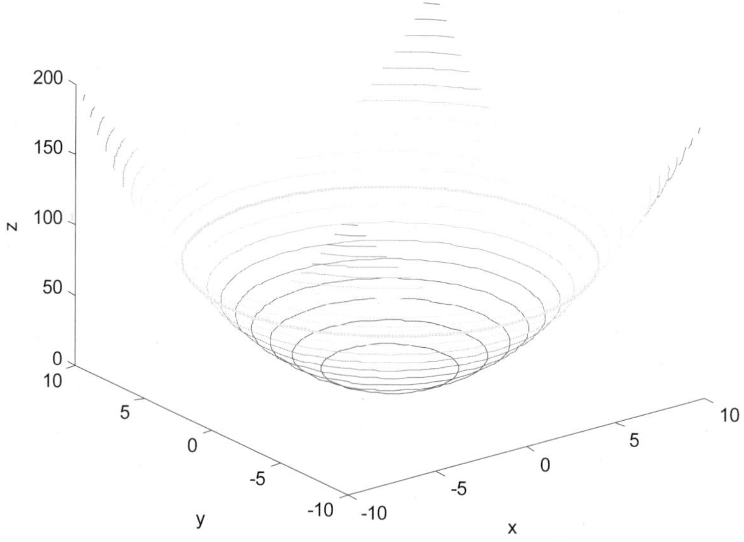


La commande `contour(X,Y,Z)` trace les contours de Z en utilisant X et Y pour le contrôle des axes.

Cette commande utilise la fonction `contourc` qui calcule les contours d'une surface et les renvoie sous la forme d'une matrice.

```
>> contour(X,Y,Z)
>> title('Projection d''un paraboloïde sur le plan (Ox, Oy)')
>> grid
>> xlabel('x')
>> ylabel('y')
```

La figure suivante présente la projection des contours sur le plan (Ox, Oy).

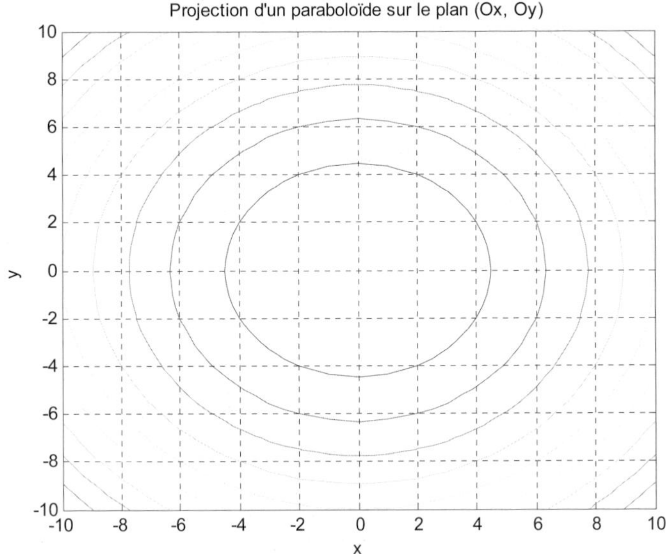


## II.4. Volumes et surfaces de révolution

- ***Cylindres***

La génération d'une surface de révolution d'axe Oz et ayant comme génératrice une courbe `R = f(x)` se fera à l'aide de la fonction `cylinder` selon la syntaxe suivante :

```
[x,y,z] = cylinder(R,N)
```

`R` : vecteur représentant les variations du rayon (courbe génératrice), il doit être régulièrement espacé,

`N` : entier représentant le nombre de points sur la circonférence pour un rayon donné. La résolution du tracé est d'autant meilleure que `N` est grand.

La visualisation de la surface se fera avec `surf(x,y,z)`, le cylindre généré a pour hauteur l'unité. Si `N` n'est pas spécifié, la valeur `20` est prise par défaut. De même, si aucun argument de sortie n'est demandé, la commande `surf(x,y,z)` est exécutée automatiquement.
Dans l'exemple suivant, nous utiliserons comme courbe génératrice une fonction sinus amortie par une fonction exponentielle.

*fichier cylindre.m*

```
% courbe génératrice de la surface de révolution
t = -2*pi:pi/10:2*pi;
r = sin(t).*exp(-0.1*t);
```

```
% coordonnées des points de la surface
N = 15;  % nombre de points sur une circonférence
[x,y,z] = cylinder(r,N);
% tracé de la surface
surf(x,y,z)
title('surface de révolution générée par un sinus amorti')
grid, xlabel('x'), ylabel('y'), zlabel('z')
% palette de couleur en niveaux de gris
colormap(gray)
```

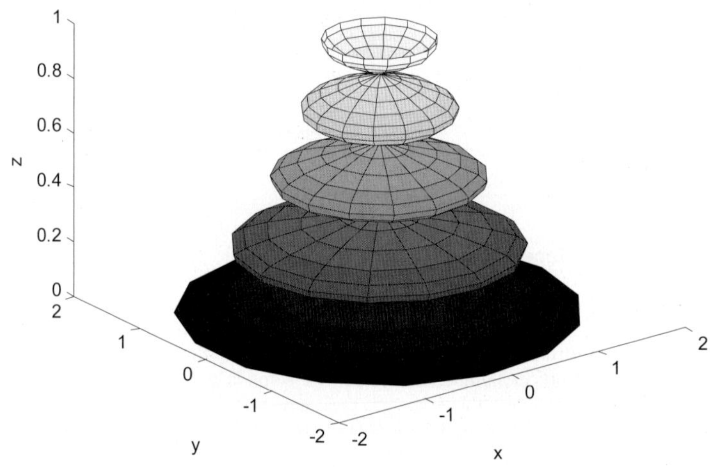


- ***Sphères***

La commande `[x, y, z] = sphere(N)` génère trois matrices carrées `x`, `y`, `z` d'ordre `N+1` qui représentent la sphère de rayon unité. L'instruction `surf(x, y, z)` produit le graphique de la sphère.

Si `N` n'est pas précisé, la valeur `20` est prise par défaut.

*fichier sphere.m*

```
% sphère de rayon unité pour N = 20
N = 20;
[x1, y1, z1] = sphere(N);
figure(gcf)
surf(x1,y1,z1)
grid, title('Sphère de rayon unité, N = 20'), colormap(gray)
```

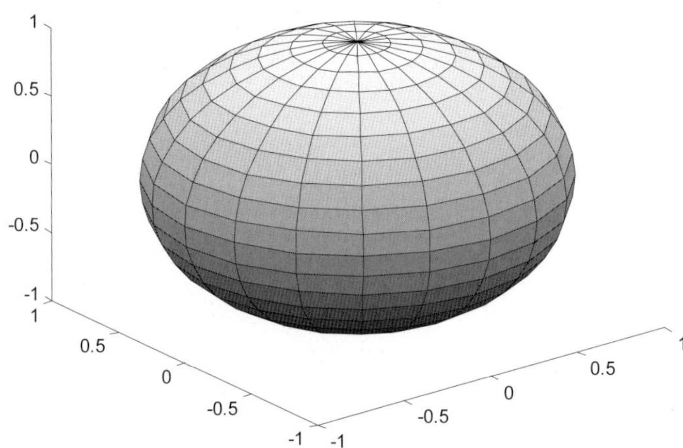


- ***Volumes***

La commande `slice` offre la possibilité de tracer des plans de coupes d'un volume.

```
slice(X, Y, Z, XI, YI, ZI, N)
```

| | |
|---|---|
| `X, Y, Z :` | coordonnées des points générés par `meshgrid (x,y,z)`, où `x`, `y` et `z` représentent les domaines de variation des coordonnées, |
| `XI, YI, ZI :` | plans des coupes suivant les différents axes, |
| `N :` | longueur du vecteur `x`. |

Dans ce qui suit, nous présentons un exemple d'utilisation de cette commande.

*fichier volume.m*

```
% domaines de variation des coordonnées
x = -1.5:0.5:1.5; y = -2:0.5:2; z = -2:0.5:2;
% génération du volume
[X,Y,Z] = meshgrid(x, y, z);
V = X.* exp(-X.^2 - Y.^2 - Z.^2);
% plans de coupes
XI = [1.5]; YI = [2]; ZI = [0 -1];
% tracé des plans de coupes du volume
slice(X,Y,Z,V,XI,YI,ZI,length(x))
% documentation du graphique
title('plans de coupes d''un volume')
xlabel('x'), ylabel('y'), zlabel('z')
```

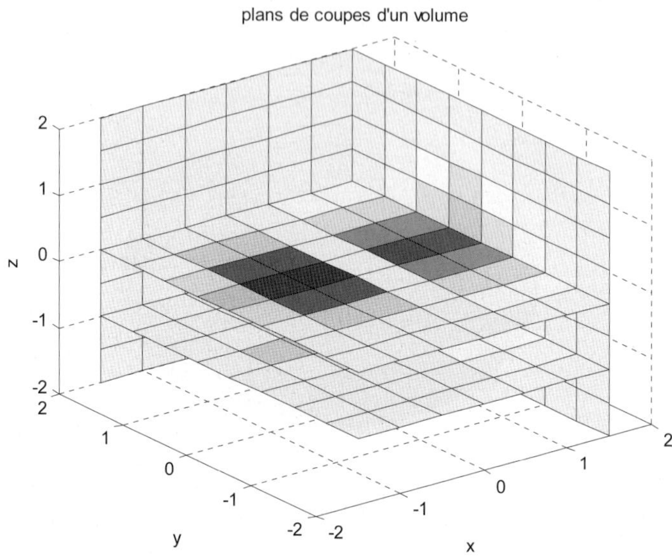


## II.5. Apparence des graphiques 3D

- ***Fixer un "point de vue"***

Dans MATLAB, il est possible de spécifier un "point de vue" pour un graphique 3D. Les angles de vue, fixés par l'utilisateur à l'aide de la fonction `view`, sont exprimés en coordonnées sphériques. On indiquera l'azimut et l'élévation du point à partir duquel on observera le graphique en respectant les coordonnées d'origine.

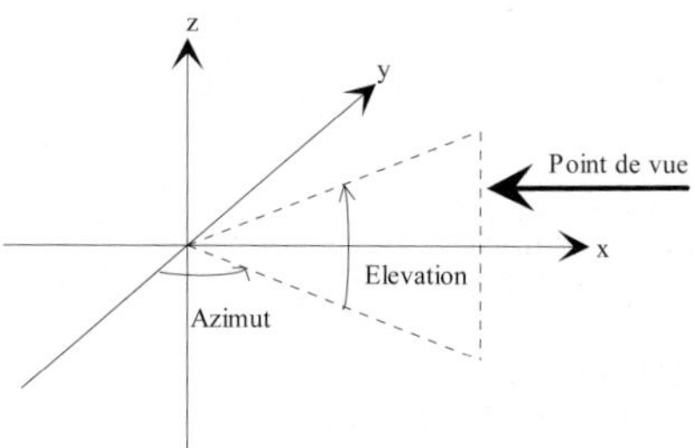


Nous présentons, dans ce qui suit, plusieurs vues du graphique de la fonction sinus cardinal 3D. Le fichier script `grf_vues.m` génère les coordonnées cartésiennes des points, et la commande `vue` (fichier `vue.m`) effectue le tracé avec l'azimut et l'élévation spécifiés.

*fichier grf_vues.m*

```
% Sinus cardinal 3D
```

```
% intervalles des variables x et y
x = -pi:pi/10:pi; y = x;
[X,Y] = meshgrid(x,y);
Z = sinc(X.^2+Y.^2);
```

*fichier vue.m*

```
function vue(X,Y,Z, Az, Elv)
% Az       : Azimut en degrés
% Elv      : Elévation en degrés
% X,Y,Z    : Coordonnées des points
mesh(X,Y,Z)
view(Az,Elv)
txt_az =['azimut = ' num2str(Az) '° et '];
txt_elv =['élévation = ' num2str(Elv) '°']
title(['Vue avec : ' txt_az txt_elv ])
grid, xlabel('x'), ylabel('y'), zlabel('z')
```

*vue 1 : azimut = 45°, élévation = 45°*

```
>> vue(X,Y,Z,45,45)
```

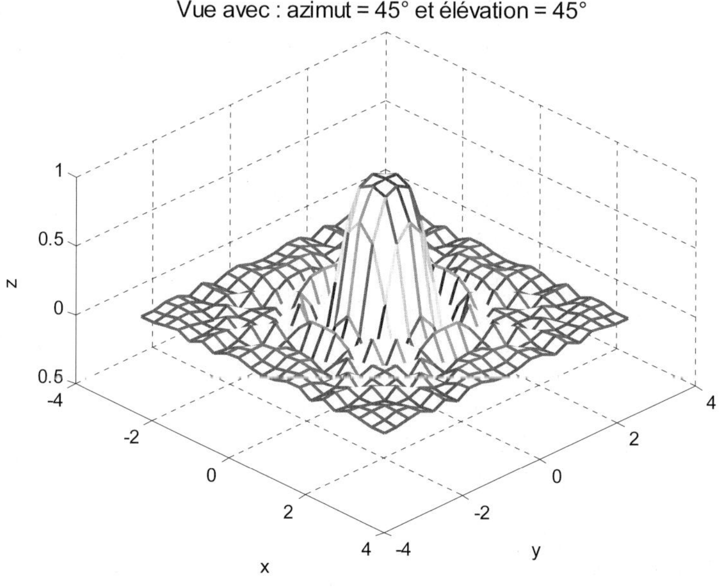


*vue 2, azimut = 0°, élévation = 45°*

```
>> vue(X,Y,Z,0,45)
```

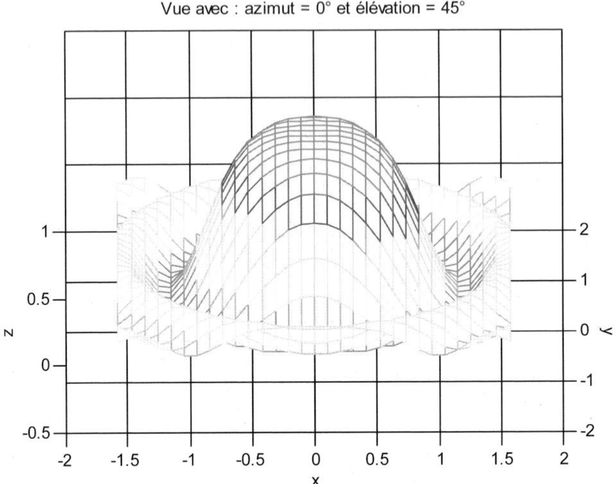


- ***Palette de couleurs***

Une palette de couleurs ou table de couleurs est une matrice à m lignes et 3 colonnes de nombres réels compris entre `0` et `1`. La i-ème ligne de la table définit la i-ème couleur en spécifiant l'intensité des couleurs `RVB`.

La commande `colormap(map)` fixe la table "`map`" comme palette de couleurs courante.
MATLAB propose un certains nombre de palettes prédéfinies, mais l'utilisateur peut définir ses propres tables de couleurs. Parmi les palettes prédéfinies on peut citer : `hsv`, `gray`, `hot`, `cool`, `copper`, `pink`, etc.

Nous conseillons au lecteur d'exécuter les instructions suivantes pour mieux s'apercevoir des différences entre les différentes palettes prédéfinies de MATLAB. "`hsv`" est la palette de couleur par défaut.

```
>> x = -pi/2:pi/30:pi/2;
>> y = x;

>> [X,Y] = meshgrid(x,y);
>> Z = sinc(X.^2+Y.^2);
>> surf(X,Y,Z)
>> grid
>> colormap(hot)
>> colormap(gray)
>> colormap(pink)
>> colormap(copper)
>> colormap(cool)
>> colormap(hsv)
```

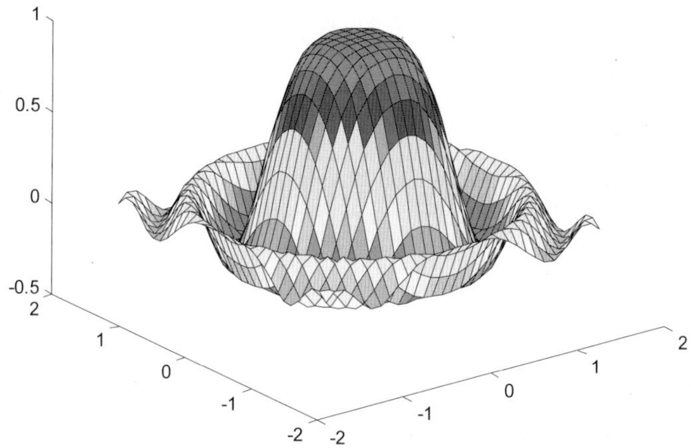


## III. Autres fonctionnalités graphiques

- ***Zoom***

La commande `zoom` applicable seulement aux graphiques 2D, permet de "zoomer" une partie rectangulaire du graphique courant, sélectionnée à l'aide du bouton gauche de la souris. Le bouton droit annule le "zoom" précédent.
`zoom off` rend inactif le "zoom" et la commande `zoom out` rétablit le graphique avec ses dimensions initiales.

La commande `zoom` est intéressante pour une lecture précise du point d'intersection de deux courbes comme le montre l'exemple qui va suivre.

Nous désirons déterminer le point d'intersection des courbes des fonctions f et g définies sur l'intervalle [0, 10] de la façon suivante :

$$f(x) = e^{-\frac{x}{25}} \qquad g(x) = \cos\left(\frac{x}{10}\right)$$

On donnera un encadrement de x d'amplitude $10^{-2}$.

*fichier resout.m*

```
% on ferme toutes les fenêtres graphiques
close all
% tracé des 2 courbes sur l'intervalle [0, 10]
x = 0:.1:10; f = exp(-0.04*x); g = cos(0.1*x);
```

```
figure(1)
plot(x,f), hold on, plot(x,g)
grid, title('Intersection de 2 courbes')
gtext('f(x) = exp(-0.04x)'), gtext('g(x) = cos(0.1x)')
close all
% tracé des 2 courbes sur l'intervalle [0, 10]
x = 0:.1:10;
f = exp(-0.04*x);
g = cos(0.1*x);
figure(1)
plot(x,f), hold on, plot(x,g)
grid, title('Intersection de 2 courbes')
gtext('f(x) = exp(-0.04x)'), gtext('g(x) = cos(0.1x)')
```

Pour obtenir graphiquement les coordonnées du point d'intersection on activera la fonction de "zoom" à l'aide de la commande zoom.

```
>> zoom
```

On choisira plusieurs fois un rectangle de sélection autour du point d'intersection, et on s'arrêtera une fois la précision souhaitée obtenue. Ne pas oublier `zoom off` pour désactiver la fonction de "zoom".

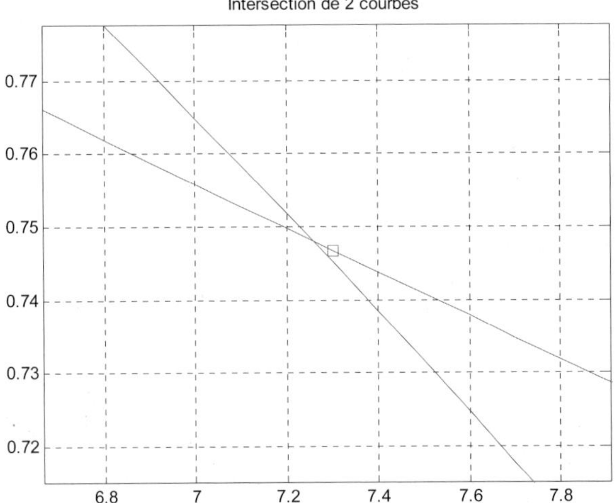


```
>> x(find(abs(f-g)<.002))
ans =
7.3000
```

D'après le graphique obtenu, on peut donner un encadrement de l'abscisse du point d'intersection des deux courbes.

`7.25 < x < 7.26`

- ***Utilisation de fsolve de SIMULINK***

Le bloc `fsolve` de SIMULINK permet d'obtenir la valeur de `x` qui annule la différence des 2 fonctions `f(x)= exp (-x/25)` et `g(x)=cos(x/10).`
La différence `f-g`, programmée dans le bloc `MATLAB Function`, entre dans le bloc `fsolve`, lequel sort la valeur de `x` qui annule cette différence.
Les valeurs de `f` et `g` à cette valeur de `x`, solution de `f-g`, sont programmées dans d'autres blocs `MATLAB Function`, pour vérifier l'égalité de `f` et `g` au point de leur intersection.

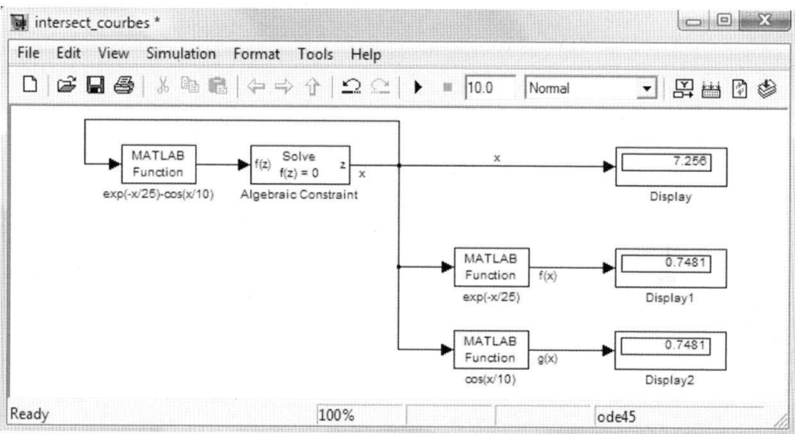


Les 2 courbes se rencontrent au point x = 7.256 et valent toutes les deux exactement 0.7481.

- ***Résolution graphique***

La résolution peut aussi être faite graphiquement à l'aide de l'outil Data Curseur du menu de la fenêtre graphique.

```
close all,clc
x=6:0.01:8;
f_g=exp(-x/25)-cos(x/10);
plot(x,f_g)
grid
hold on
f=exp(-x/25); g=cos(x/10);
plot(x,f), plot(x,g)
plot(x(find((abs(f_g)<2e-4))),0,'o')
gtext('f(x)=exp(-x/25)')
gtext('f(x)=exp(-x/25)')
gtext('g(x)=cos(x/10)')
gtext('f(x)-g(x)')
gtext('f(x)-g(x)=0')
```

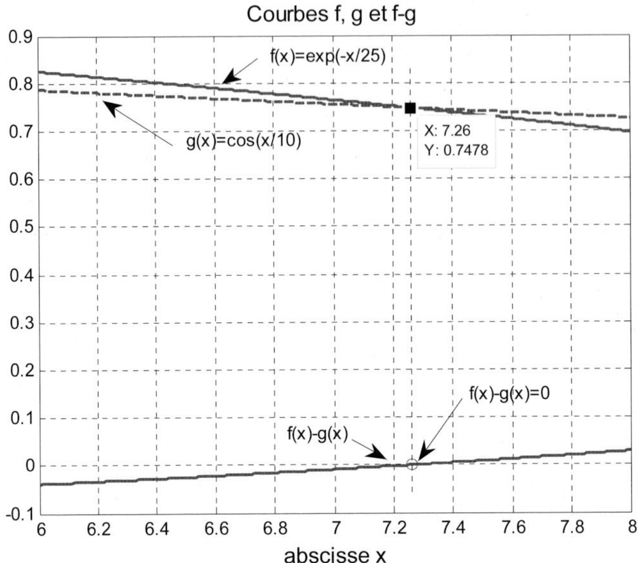


Les résultats sont néanmoins moins précis qu'avec l'utilisation du bloc `fsolve` de SIMULINK.

- ***Récupérer les coordonnées d'un point***

Le problème précédent peut être résolu par la fonction `ginput` qui récupère les valeurs des abscisses et ordonnées des points sélectionnés sur la fenêtre graphique courante par l'intermédiaire de la souris.
La syntaxe de la commande `ginput` est la suivante :

```
[x , y] = ginput(n)
```

`x, y` : vecteurs des coordonnées des points sélectionnés,
`n` : nombre de points que l'on désire sélectionner. Cet argument est facultatif, s'il n'est pas spécifié, la sélection des points se termine quand on appuie sur la touche "Entrée" du clavier.

```
>> [x,y] = ginput(1)
x =
    7.2523
y =
    0.7484
```

On constate que ces valeurs sont moins précises que celles obtenues avec la commande `zoom`. La combinaison de la commande `zoom` et de la fonction `ginput` peut donner une meilleure précision.

- ***Echelles des axes***

Une troisième méthode consiste en l'utilisation de la commande `axis` qui permet de fixer des intervalles de visualisation des différents axes.

```
axis([xMin  xMax  yMin  yMax  zMin  zMax])
```

`zMin` et `zMax` ne sont pas utilisés dans le cas d'un graphique 2D.

A chaque application de la commande `axis` avec un choix judicieux des bornes des axes, on améliore la précision de l'encadrement du point d'intersection. L'application à l'exemple précédent donne :

```
>> axis([6 8 0.7 0.8])
>> axis([7 7.5 0.74 0.76])
>> axis([7.2 7.3 0.74 0.76])
```

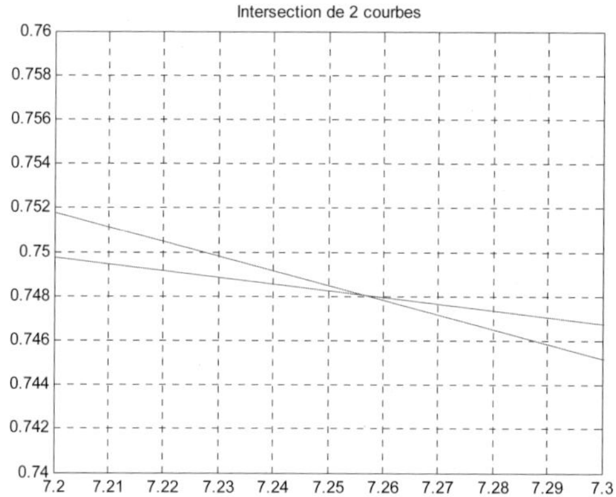


On en déduit un encadrement de l'abscisse du point d'intersection :

```
7.25 < x  < 7.26
```

La commande `axis` possède d'autres possibilités, dont certaines sont :

| | | |
|---|---|---|
| `axis('auto')` | : | restaure les échelles de dessin par défaut, |
| `axis('normal')` | : | restaure les échelles de dessin, |
| `axis('off')` | : | supprime les axes de la fenêtre graphique active, |
| `axis('on')` | : | restaure les axes, |
| `axis('square')` | : | on obtient une fenêtre graphique carrée. |

- ***Subdiviser la fenêtre graphique***

Avec MATLAB, il est possible de tracer plusieurs graphiques dans une même fenêtre à l'aide de la commande `subplot` en divisant cette dernière en plusieurs zones.

`subplot(m, n, p)` divise la fenêtre graphique courante en `m*n` zones graphiques (`m` lignes et `n` colonnes) et trace le graphique qui suit cette instruction dans la zone de numéro `p` (la numérotation se fait de gauche à droite et ligne par ligne).

L'exemple suivant illustre ces possibilités.

*fichier sub_plot.m*

```
% Fenêtre graphique divisée en 6 zones
% 1ère zone : 1,1
t = -pi:pi/20:pi;
x = 2*cos(t);
y = sin(3*t);
subplot(3,2,1)       % 2 colonnes et 3 lignes , zone 1
plot(x,y)
grid
title('courbe paramétrique 2D')
% 2-ième zone : 1,2
subplot(3,2,2)
x = - 10:10;
y = x;
[X,Y] = meshgrid(x,y);
Z = X.^3 + Y.^3;
mesh(X,Y,Z)
grid
title('surface en fil de fer')
% 3-ième zone : 2,1
subplot(3,2,3)
t = -10:0.1:10;
x = 10*sin(t).*cos(t);
y = 10*sin(t).^2;
z = 10*cos(t);
plot3(x,y,z);
title('courbe paramétrique 3D')
grid
% 4-ième zone : 2,2
subplot(3,2,4)
x = - 5:5;
y = x;
[X,Y] = meshgrid(x,y);
Z = sqrt(X.^2 + Y.^2);
surfc(X,Y,Z)
grid
title('surface avec contours')
% 5-ième zone : 3,1
t = -pi:pi/10:pi;
r = sin(t)+2;
N = 40;
subplot(3,2,5)
cylinder(r,N);
```

```
grid
title('surface de révolution')
% 6-ième zone : 3,2
subplot(3,2,6)
x = randn(1000,1);
hist(x,30);
grid
title('histogramme')
```

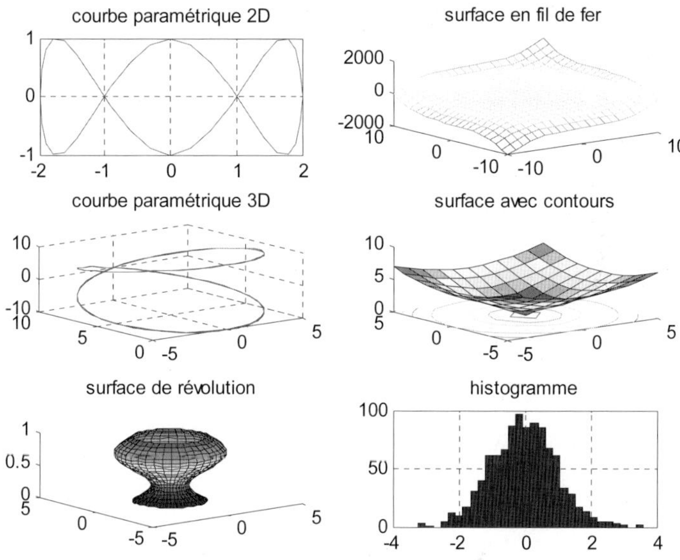


- ***Tracé de fonctions***

`fplot` permet le tracé de la courbe d'une fonction `y = f(x)` dont on spécifie l'expression sous forme d'une chaîne de caractères `'f(x)'`.

Cette expression peut être remplacée par le nom d'un fichier M (fichier de fonction) dans lequel est programmée la fonction `f`.

La syntaxe est la suivante :

```
fplot('expression', [xMin xMax])
```

```
>> fplot('1-cos(2-x^2)', [-pi pi])
>> grid
>> title('Tracé de y = 1-cos(2-x^2) avec fplot')
>> xlabel('x dans l'intervalle [-\pi \pi])
```

La commande

```
fplot('expression', [xMin xMax yMIN yMAX])
```

contrôle aussi l'axe des ordonnées.

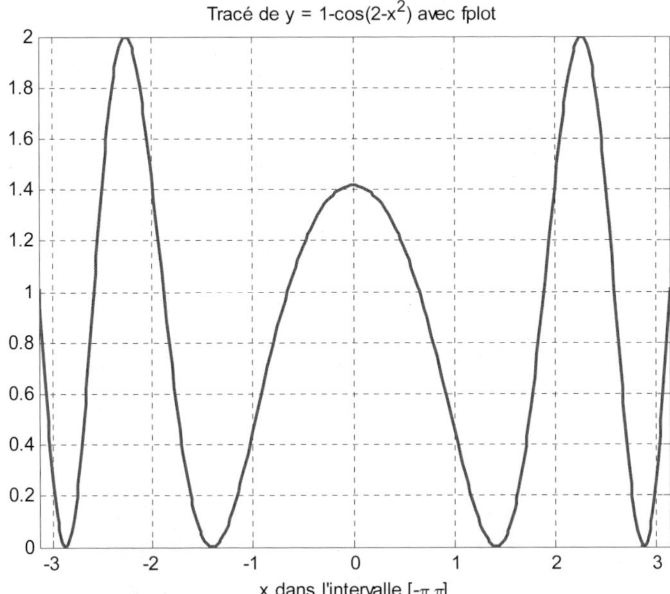


## IV. Gestion des handles et des objets graphiques

MATLAB prévoit des fonctions de haut niveau pour la gestion des graphiques, ainsi que des fonctions de bas niveau pour une gestion complète et plus complexe des objets graphiques. Ces fonctions de bas niveau permettent la gestion individuelle des lignes, surfaces, axes, etc. Elles permettent de produire des graphiques sophistiqués.

- ***Les objets graphiques***

Les objets graphiques sont les primitives de base d'un dessin. Ces objets sont organisés suivant une hiérarchie. On y trouve l'écran correspondant à la racine, les figures, les axes, les lignes, les surfaces, les images, le texte, les contrôles de l'interface graphique, et les menus définis par l'utilisateur.

Chaque objet graphique possède un identificateur unique (appelé pointeur, "`handle`" ou poignée) qui lui est attribué lors de sa création. Certains graphiques sont composés d'objets multiples, à chacun d'entre eux est attaché un pointeur qui lui est propre.

L'écran (la racine de la hiérarchie) a un "`handle`" égal à zéro.

Celui d'une fenêtre graphique est un entier qui est affiché par défaut dans la barre de titre de celle-ci. Les autres objets graphiques ont des pointeurs flottants qui contiennent une information sur les objets pères. Il faut garder à ces nombres toute leur précision (nombre de chiffres significatifs).

La meilleure manière de manipuler ces "`handles`" est de les stocker dans des variables et de transmettre celles-ci aux fonctions nécessaires à la gestion des propriétés de ces objets graphiques.

La hiérarchisation en fils (`children`) et parents (`parents`) fait que ces derniers héritent des propriétés des parents et non l'inverse.

Les commandes les plus importantes pour la gestion des propriétés des objets graphiques sont : `set` (pour spécifier des propriétés) et `get` pour les récupérer).

- ***Les propriétés des objets graphiques***

Tous les objets graphiques de MATLAB ont des propriétés qui contrôlent la façon dont ils sont affichés à l'écran. Ces propriétés contiennent des informations générales telles que le type de l'objet, l'objet parent, les objets enfants ainsi que des informations spécifiques au type d'objet considéré, telles que les échelles des axes et les données utilisées pour le tracé du graphique.

A chaque création d'un objet, un "handle" lui est associé, ainsi que des valeurs par défaut aux différentes propriétés générales et particulières de l'objet.

On peut obtenir des informations sur les valeurs courantes des propriétés d'un objet par la commande `get`.

Il est possible aussi de modifier les valeurs de certaines propriétés (certaines ne sont pas modifiables par l'utilisateur), à l'aide de la commande `set`. Un certain ensemble de propriétés est disponible pour tous les objets.

Pour consulter les valeurs de toutes les propriétés d'un objet ayant pour "`handle`" `h` on utilisera la commande `get(h)`. La consultation des seules propriétés modifiables d'un objet de "`handle`" `h` sera réalisée par `set(h)`.

*Exemples*

*1. Consultation des valeurs des propriétés de l'écran (le "handle" de l'écran est 0)*

```
>> get(0)

    CallbackObject = []
    CommandWindowSize = [45 28]
    CurrentFigure = [1]
    Diary = off
```

```
    DiaryFile = diary
    Echo = off
    FixedWidthFontName = Courier New
    Format = short
    FormatSpacing = loose
    Language = fr_fr.windows-1252
    MonitorPositions = [ (1 by 4) double array]
    More = off
    PointerLocation = [1024 387]
    PointerWindow = [0]
    RecursionLimit = [500]
    ScreenDepth = [32]
    ScreenPixelsPerInch = [96]
    ScreenSize = [ (1 by 4) double array]
    ShowHiddenHandles = off
    Units = pixels

    BeingDeleted = off
    ButtonDownFcn =
    Children = [1]
    Clipping = on
    CreateFcn =
    DeleteFcn =
    BusyAction = queue
    HandleVisibility = on
    HitTest = on
    Interruptible = on
    Parent = []
    Selected = off
    SelectionHighlight = on
    Tag =
    Type = root
    UIContextMenu = []
    UserData = []
    Visible = on
```

Nous affichons ci-dessous certaines propriétés :

| | |
|---|---|
| FixedWidthFontName = Courier New | Police de caractères |
| Format = short | Format d'affichage des nombres |
| Language = fr_fr.windows-1252 | Langue utilisée |
| Units = pixels | Unité de mesures |
| Children = [1] | Existence d'un objet « enfant » |
| Parent = [] | Pas de parent pour la racine |
| Type = root | De l'objet (racine) |

*2. Consultation des propriétés modifiables de l'écran (le handle de l'écran est 0)*

```
>> set(0)
    CurrentFigure
```

```
     Diary: [ on | off ]
     DiaryFile
     Echo: [ on | off ]
     FixedWidthFontName
     Format: [ short | long | shortE | longE | shortG | longG
| hex | bank | + | rational | debug | shortEng | longEng ]
     FormatSpacing: [ loose | compact ]
     Language
     More: [ on | off ]
     PointerLocation
     RecursionLimit
     ScreenDepth
     ScreenPixelsPerInch
     ShowHiddenHandles: [ on | {off} ]
     Units: [ inches | centimeters | normalized | points |
pixels | characters ]
     ButtonDownFcn: string -or- function handle -or- cell
array
     Children
     Clipping: [ {on} | off ]
     CreateFcn: string -or- function handle -or- cell array
     DeleteFcn: string -or- function handle -or- cell array
     BusyAction: [ {queue} | cancel ]
     HandleVisibility: [ {on} | callback | off ]
     HitTest: [ {on} | off ]
     Interruptible: [ {on} | off ]
     Parent
     Selected: [ on | off ]
     SelectionHighlight: [ {on} | off ]
     Tag
     UIContextMenu
     UserData
     Visible: [ {on} | off ]
```

Ci-après, nous allons décrire la syntaxe des commandes `set` et `get` avec des exemples.

*Tracé d'une courbe avec récupération de son handle*

```
>> x = 0 :pi/100 :2*pi;
>> y = sinc(x);
>> h = plot(x,y);
>> grid
>> ht = title('sinus cardinal')
```

On modifie les propriétés du titre à la souris avec les menus de la fenêtre graphique (gras et taille 14).

On insère les grilles et on spécifié une taille 2 pour l'épaisseur du trait.

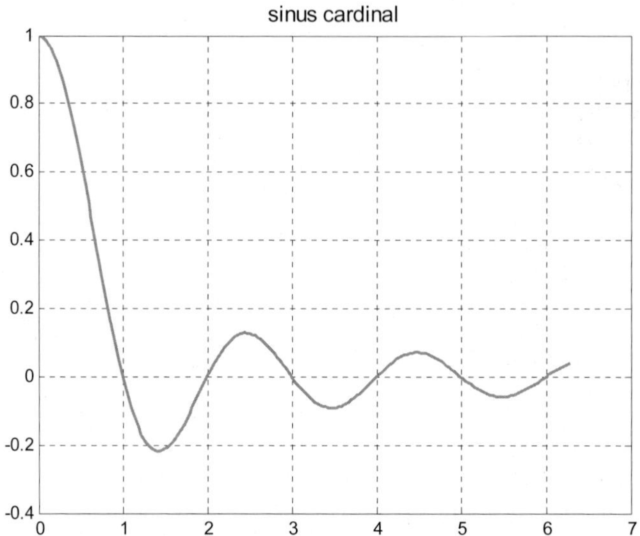


La valeur du "`handle`" `h`, attribuée par MATLAB à la courbe est :

```
ht =
  172.0295
```

Connaissant la valeur du "`handle`", nous pouvons consulter et modifier les propriétés du tracé.

*Consultation des propriétés d'un objet graphique*

```
V = get(hobj, 'NomPropriété')
```

| | | |
|---|---|---|
| `V` | : | valeur de la propriété à consulter, |
| `hobj` | : | "`handle`" sur l'objet, |
| `NomPropriété` | : | correspond au nom de la propriété qui peut être indiqué en minuscules ou en majuscules. |

De la courbe précédente, on récupère quelques propriétés, comme la couleur, le style et l'épaisseur du tracé.

```
>> get(h)
          DisplayName: ''
           Annotation: [1x1 hg.Annotation]
                Color: [1 0 0]
            LineStyle: '-'
```

```
            LineWidth: 2
               Marker: 'none'
           MarkerSize: 6
      MarkerEdgeColor: 'auto'
      MarkerFaceColor: 'none'
                XData: [1x201 double]
                YData: [1x201 double]
                ZData: [1x0 double]
         BeingDeleted: 'off'
        ButtonDownFcn: []
             Children: [0x1 double]
             Clipping: 'on'
            CreateFcn: []
            DeleteFcn: []
           BusyAction: 'queue'
     HandleVisibility: 'on'
              HitTest: 'on'
        Interruptible: 'on'
             Selected: 'off'
   SelectionHighlight: 'on'
                  Tag: ''
                 Type: 'line'
        UIContextMenu: []
             UserData: []
              Visible: 'on'
               Parent: 170.0012
            XDataMode: 'manual'
          XDataSource: ''
          YDataSource: ''
          ZDataSource: ''
```

On retrouve bien l'épaisseur de 2 et la couleur rouge.

Le pointeur sur le titre est :

```
ht =
  238.0012
```

Ses propriétés sont :

```
>> get(ht)
    Annotation = [ (1 by 1) hg.Annotation array]
    BackgroundColor = none
    Color = [0 0 0]
    DisplayName =
    EdgeColor = none
    Editing = off
    Extent = [ (1 by 4) double array]
    FontAngle = normal
    FontName = Helvetica
    FontSize = [10]
```

```
        FontUnits = points
        FontWeight = normal
        HorizontalAlignment = center
        LineStyle = -
        LineWidth = [0.5]
        Margin = [2]
        Position = [3.49194 1.02661 1.00011]
        Rotation = [0]
        String = Sinus cardinal
        Units = data
        Interpreter = tex
        VerticalAlignment = bottom

        BeingDeleted = off
        ButtonDownFcn =
        Children = []
        Clipping = off
        CreateFcn =
        DeleteFcn =
        BusyAction = queue
        HandleVisibility = off
        HitTest = on
        Interruptible = on
        Parent = [170.001]
        Selected = off
        SelectionHighlight = on
        Tag =
        Type = text
        UIContextMenu = []
        UserData = []
        Visible = on
```

Comme le pointeur a été récupéré au moment de la création du titre, on ne retrouve pas les modifications créées après, de façon graphique. On peut les récupérer en spécifiant la propriété que l'on veut.

```
>> get(h,'LineWidth')
ans =
     2
```

```
>> get(h,'Color')
ans =
     1     0     0
```

La couleur étant définie dans le type RVB, celle de la courbe étant bien le bleu.

```
>> trait = get(h,'LineStyle')
trait =
-
```

```
>> get(h,'Linewidth')
```

```
ans =
     2
```

Ce qui correspond à un tracé continu d'épaisseur 2 et de couleur rouge.

Pour récupérer et/ou modifier les propriétés du titre, on doit utiliser la commande suivante qui permet d'avoir les propriétés des axes courants (`gca : get current axis`).

```
>> get(gca)
      ActivePositionProperty = outerposition
      ALim = [0 1]
      ALimMode = auto
      AmbientLightColor = [1 1 1]
      Box = on
      CameraPosition = [3.5 0.3 17.3205]
      CameraPositionMode = auto
      CameraTarget = [3.5 0.3 0]
      CameraTargetMode = auto
      CameraUpVector = [0 1 0]
      CameraUpVectorMode = auto
      CameraViewAngle = [6.60861]
      CameraViewAngleMode = auto
      CLim = [0 1]
      CLimMode = auto
      Color = [1 1 1]
      CurrentPoint = [ (2 by 3) double array]
      ColorOrder = [ (7 by 3) double array]
      DataAspectRatio = [5 1 1.42857]
      DataAspectRatioMode = auto
      DrawMode = normal
      FontAngle = normal
      FontName = Helvetica
      FontSize = [10]
      FontUnits = points
      FontWeight = normal
      GridLineStyle = :
      Layer = bottom
      LineStyleOrder = -
      LineWidth = [0.5]
      MinorGridLineStyle = :
      NextPlot = replace
      OuterPosition = [ (1 by 4) double array]
      PlotBoxAspectRatio = [1 1 1]
      PlotBoxAspectRatioMode = auto
      Projection = orthographic
      Position = [ (1 by 4) double array]
      TickLength = [0.01 0.025]
      TickDir = in
      TickDirMode = auto
      TightInset = [ (1 by 4) double array]
      Title = [238.001]
```

```
Units = normalized
View = [0 90]
XColor = [0 0 0]
XDir = normal
XGrid = off
XLabel = [268.001]
XAxisLocation = bottom
XLim = [0 7]
XLimMode = auto
XMinorGrid = off
XMinorTick = off
XScale = linear
XTick = [ (1 by 8) double array]

XTickLabel =
     0
     1
     2
     3
     4
     5
     6
     7

XTickLabelMode = auto
XTickMode = auto
YColor = [0 0 0]
YDir = normal
YGrid = off
YLabel = [269.001]
YAxisLocation = left
YLim = [-0.4 1]
YLimMode = auto
YMinorGrid = off
YMinorTick = off
YScale = linear
YTick = [(1 by 8) double array]

YTickLabel =
     -0.4
     -0.2
     0
     0.2
     0.4
     0.6
     0.8
     1

YTickLabelMode = auto
YTickMode = auto
ZColor = [0 0 0]
```

```
    ZDir = normal
    ZGrid = off
    ZLabel = [270.001]
    ZLim = [-1 1]
    ZLimMode = auto
    ZMinorGrid = off
    ZMinorTick = off
    ZScale = linear
    ZTick = [-1 0 1]
    ZTickLabel =
    ZTickLabelMode = auto
    ZTickMode = auto

    BeingDeleted = off
    ButtonDownFcn =
    Children = [171.003]
    Clipping = on
    CreateFcn =
    DeleteFcn =
    BusyAction = queue
    HandleVisibility = on
    HitTest = on
    Interruptible = on
    Parent = [1]
    Selected = off
    SelectionHighlight = on
    Tag =
    Type = axes
    UIContextMenu = []
    UserData = []
    Visible = on
```

La récupération des valeurs des propriétés du titre se fait par :

```
>> get(get(gca,'title'),'FontSize')
ans =
    14
```

*Modification des propriétés d'un objet graphique*

```
set(hobj, 'NomPropriété', 'ValeurPropriété', ...)
```

`hobj :` correspond au "handle" sur l'objet,

`NomPropriété :` correspond au nom de la propriété qui peut être indiqué en minuscules ou en majuscules,

`ValeurPropriété :` peut être un nombre, un tableau ou une chaîne de caractères ; le type est fonction de la propriété considérée.

Nous allons modifier l'épaisseur du tracé.

```
>> set(h,'LineWidth',5)
```

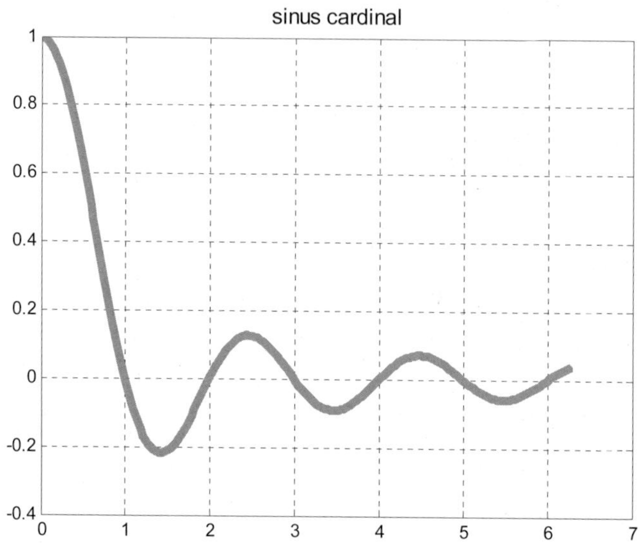


La liste des propriétés modifiables du tracé peut être obtenue avec `set(h)`.

```
>> set(h)
     ans =
             DisplayName: {}
                   Color: {}
               LineStyle: {5x1 cell}
               LineWidth: {}
                  Marker: {14x1 cell}
              MarkerSize: {}
         MarkerEdgeColor: {2x1 cell}
         MarkerFaceColor: {2x1 cell}
                   XData: {}
                   YData: {}
                   ZData: {}
           ButtonDownFcn: {}
                Children: {}
                Clipping: {2x1 cell}
               CreateFcn: {}
               DeleteFcn: {}
              BusyAction: {2x1 cell}
        HandleVisibility: {3x1 cell}
                 HitTest: {2x1 cell}
```

```
          Interruptible: {2x1 cell}
               Selected: {2x1 cell}
     SelectionHighlight: {2x1 cell}
                    Tag: {}
          UIContextMenu: {}
               UserData: {}
                Visible: {2x1 cell}
                 Parent: {}
              XDataMode: {2x1 cell}
            XDataSource: {}
            YDataSource: {}
            ZDataSource: {}
```

La fenêtre graphique courante a pour "`handle`" `gcf` ; avec les commandes `get` et `set`, on pourra afficher les valeurs ou modifier des propriétés telles que :

- la couleur de la fenêtre graphique (`'Color'`),
- sa position (`'Position'`) à l'écran,
- la palette des couleurs (`'Colormap'`), etc.

Par exemple, la commande suivante fixe la couleur blanche pour le fond de la fenêtre graphique courante.

```
>> set(gcf,'color',[1 1 1])
```

Nous pouvons récupérer directement les pointeurs des objets enfants des axes courants grâce au handle des axes courants, `gca (get current axes)`.

```
>> get(gca,'Children')
ans =

   Empty matrix: 0-by-1

h =
  171.0040

ht =
  172.0035
```

L'objet `axes` est parent du titre (pointeur `ht`) et de la ligne du tracé (pointeur `h`).

Les lignes suivantes permettent de récupérer le style, la taille et le contenu du titre.

```
>> get(ht,'FontWeight')

ans =
bold
>> get(ht,'FontSize')
ans =
    14
```

```
>> get(ht,'String')
ans =
Sinus cardinal
```

Le titre 'Sinus cardinal' est bien de taille 14 et de style gras.

La commande `get(gcf)` permet d'avoir les propriétés de la figure courante (`gcf : get current figure`).

Les lignes suivantes permettent de tracer une courbe et spécifier des valeurs aux propriétés du tracé et du titre.

```
>> h=plot(x,y)
h =
    3.0017

>> set(h,'Color', [0 0 1], 'LineStyle', '-', 'LineWidth', 2)
>> g=title('sin \pi x /\pi x');
>> set(g,'Fontname','Arial','Fontsize',12)
```

Dans les exemples suivants, nous faisons appel à la gestion des `handles`.

*fichier plot2axes.m*

```
close all
x=1:12;
t=[4.9 6.5 9.3 8.9 9.2 15.7 19.8 21.1 20 16 11 7.6000] ;

bar(x,t)
ylabel('axe de l''histogramme')

h1=gca;
h2=axes('Position',get(h1,'Position'));

y=-0.0804*x.^3+1.11999*x.^2-2.9354*x+7.1162;
plot(x,y,'Linewidth',2)

set(h2,'YaxisLocation','right','Color','none',...
        'XtickLabel',[])

set(h2,'Xlim',get(h1,'Xlim'),'Layer','top')
ylabel('axe de la courbe continue')

text(2,6,'texte incliné','Rotation',35)
grid

title('Tracé de 2 courbes dans 2 systèmes d''axes ...
différents','FontSize',12)
```

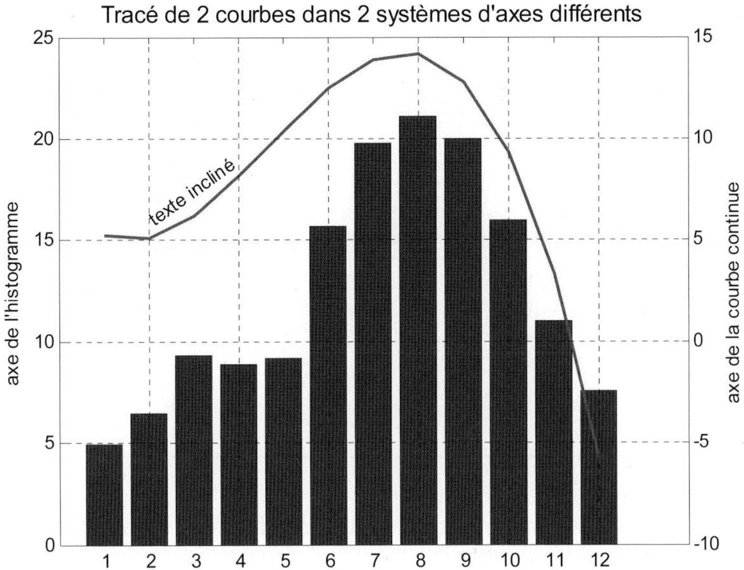


*fichier hanles_2D_Graphics.m*

```
x = -2*pi:pi/100:2*pi; y = sin(x); z = sinc(x);
w = sin(2*x).*exp(-0.5*abs(x));

figure('Name','Etude de tracés continus','NumberTitle','off')
subplot(211)

% tracé des 3 courbes à la fois avec styles de traits
% différents
plot(x, y,'-.', x, z,'-', x,w,':')

% pointeur sur le titre
titre=title('plusieurs courbes avec une commande plot')
set(titre,'FontName','Times')

% gestion des pointeurs sur chacune des courbes
subplot(212)
h1=plot(x,y); % pointeur sur le tracé y(x)
set(h1,'Linewidth',2,'Color',[1 0 0])

% pointeur sur le titre
ht=title('gestion des pointeurs des différentes courbes');
set(ht,'FontName','Arial','FontSize',14)
hold on
h2=plot(x,z)
```

```
set(h2,'Linestyle',':')
xlabel('x allant de -2\pi à 2\pi par pas de \pi/100')
```

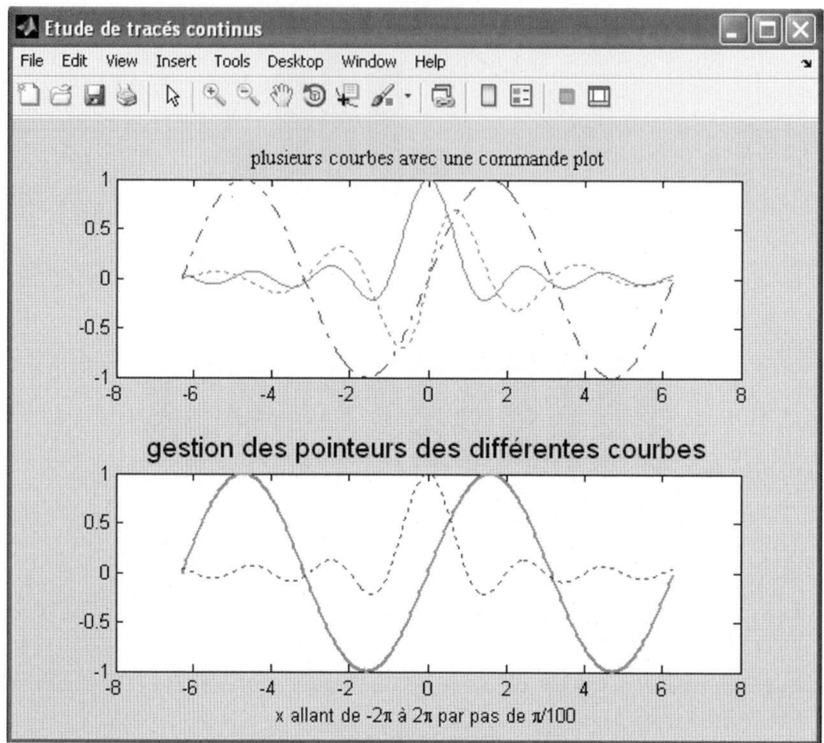


Grâce aux propriétés `'Name'` et `'NumberTitle'` nous affichons le titre de la fenêtre et nous supprimons l'affichage du numéro de la figure.

Nous remarquons la taille de 14 du titre de la courbe du bas.

A partir de la fenêtre graphique on peut créer un script MATLAB qui contiendra toutes les éventuelles modifications graphiques qu'on aurait fait par les menus contextuels.

Ça permet de générer le code qu'on peut insérer après dans notre script.

Ce script possède beaucoup de commentaires pour une bonne lisibilité et clarté.

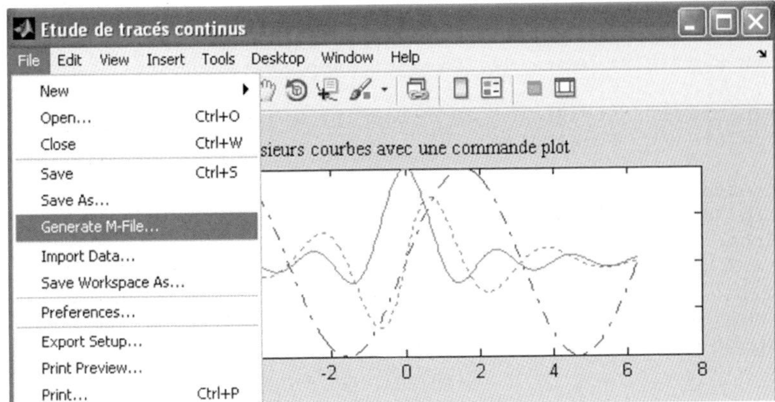


Par le menu `File`, l'option `Generate M-File` permet de créer ce fichier.

*fichier createfigure_handles_2D_Graphics.m*

```
function createfigure(X1, YMatrix1, YMatrix2)
%CREATEFIGURE(X1,YMATRIX1,YMATRIX2)
%  X1:  vector of x data
%  YMATRIX1:  matrix of y data
%  YMATRIX2:  matrix of y data

%  Auto-generated by MATLAB on 05-Jul-2009 16:49:30

% Create figure
figure1 = figure('PaperSize',[20.98
29.68],'NumberTitle','off',...
    'Name','Etude de tracés continus');

% Create subplot
subplot1 = subplot(2,1,1,'Parent',figure1);
box(subplot1,'on');
hold(subplot1,'all');

% Create multiple lines using matrix input to plot
plot1 = plot(X1,YMatrix1,'Parent',subplot1);
set(plot1(1),'LineStyle','-.');
set(plot1(3),'LineStyle',':');

% Create title
title('plusieurs courbes avec une commande
plot','FontName','Times');
% Create subplot
subplot2 = subplot(2,1,2,'Parent',figure1);
box(subplot2,'on');
hold(subplot2,'all');
```

```
% Create multiple lines using matrix input to plot
plot2 = plot(X1,YMatrix2,'Parent',subplot2);

set(plot2(1),'LineWidth',2,'Color',[1 0 0]);
set(plot2(2),'LineStyle',':');

% Create title
title('gestion des pointeurs des différentes …
courbes','FontSize',14,...
    'FontName','Arial');

% Create xlabel
xlabel('x allant de -2\pi à 2\pi par pas de \pi/100');
```

***Autres exemples de gestion de handles graphiques***

- Modification des propriétés d'un objet

*use_graphic_handles.m*

```
 figure('NumberTitle','off','Name','ma 1ère figure')
 x=-1:0.1:1;

 Hndl=plot(x,x.^2,'LineWidth',2,'Color','r');
 title('Parabole','FontName','Times','FontSize',16)
 get(gcf,'children'); % propriétés des axes
 pause(5)

 set(get(get(gcf,'children'),'children'),'Color',[0 1 …
0],'Linewidth',5);
```

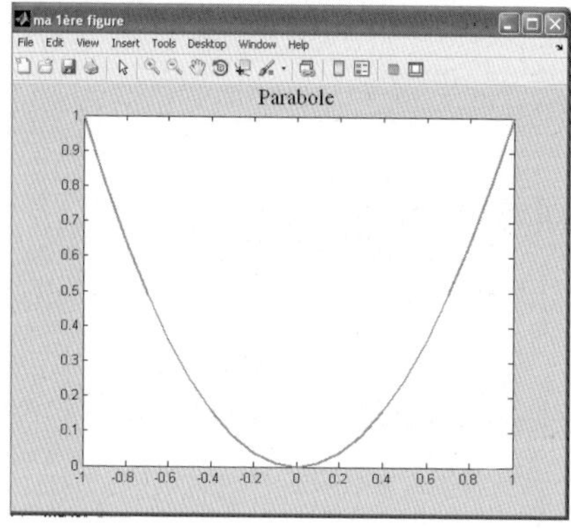


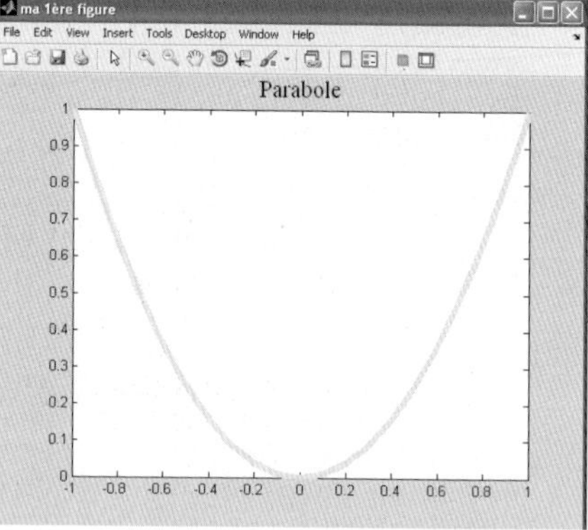

*select_object.m*

```
% h_sin     : handle of sin
% h_sinc    : handle of sinc
% h_obj     : handle of current object
% k         : value of waitforbuttonpress
% type      : object type

clc, warning off
x=-4*pi:pi/100:4*pi;
Sinc=(x==0)+sin(x)./((x==0)+x);
Sin=sin(x);

% plotting the functions
h_sinc=plot(x,Sinc);
set(h_sinc,'Linewidth',3)
hold on
h_sin=plot(x,sin(x));
set(h_sin,'Linewidth',2,'LineStyle',':','Color','r')
title('\bf Courbe sinus \itx \rm\bf et sinus cardinal
\itx','FontName','Arial','FontSize',16)
xlabel('\bf \itangle x')
ylabel('\bf sin \itx \rm\bf et sinc \itx')
hold off

k=waitforbuttonpress

while k==0

    % Handle de l'objet
    handle=gco;

    % type de l'objet
    type=get(handle,'Type')

    % affichage du type
    disp(['objet de type :' type])

    % affichage du détail
    oui_non=input('Voulez-vous des Détails sur l''objet
?','s');

    if upper(oui_non)=='O'
        details=get(handle);
        disp (details)
    end
end
```

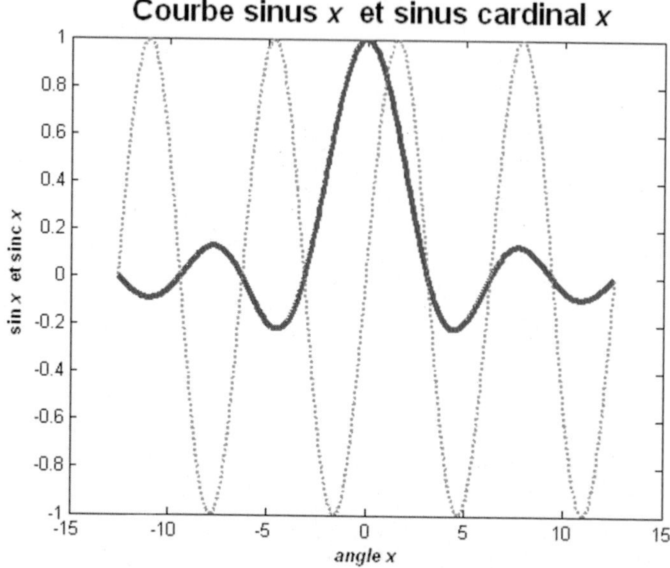


```
k =
     0
type =
axes

objet de type :axes
Voulez-vous des Détails sur l'objet ?o
    ActivePositionProperty: 'outerposition'
                      ALim: [0 1]
                  ALimMode: 'auto'
         AmbientLightColor: [1 1 1]
              BeingDeleted: 'off'
                       Box: 'on'
                BusyAction: 'queue'
             ButtonDownFcn: ''
            CameraPosition: [0 0 17.3205]
        CameraPositionMode: 'auto'
              CameraTarget: [0 0 0]
          CameraTargetMode: 'auto'
            CameraUpVector: [0 1 0]
        CameraUpVectorMode: 'auto'
           CameraViewAngle: 6.6086
       CameraViewAngleMode: 'auto'
                  Children: [2x1 double]
                      CLim: [0 1]
                  CLimMode: 'auto'
                  Clipping: 'on'
                     Color: [1 1 1]
```

```
               ColorOrder: [7x3 double]
                CreateFcn: ''
             CurrentPoint: [2x3 double]
          DataAspectRatio: [15 1 1]
      DataAspectRatioMode: 'auto'
                DeleteFcn: ''
                 DrawMode: 'normal'
                FontAngle: 'normal'
                 FontName: 'Helvetica'
                 FontSize: 10
                FontUnits: 'points'
               FontWeight: 'normal'
            GridLineStyle: ':'
         HandleVisibility: 'on'
                  HitTest: 'on'
            Interruptible: 'on'
                    Layer: 'bottom'
           LineStyleOrder: '-'
                LineWidth: 0.5000
       MinorGridLineStyle: ':'
                 NextPlot: 'replace'
            OuterPosition: [0 0 1 1]
                   Parent: 1
       PlotBoxAspectRatio: [1 1 1]
   PlotBoxAspectRatioMode: 'auto'
                 Position: [0.1300 0.1100 0.7750 0.8114]
               Projection: 'orthographic'
                 Selected: 'off'
       SelectionHighlight: 'on'
                      Tag: ''
                  TickDir: 'in'
              TickDirMode: 'auto'
               TickLength: [0.0100 0.0250]
              TightInset: [0.0929 0.0905 0.0143 0.0786]
                    Title: 173.0026
                     Type: 'axes'
            UIContextMenu: []
                    Units: 'normalized'
                 UserData: []
                     View: [0 90]
                  Visible: 'on'
            XAxisLocation: 'bottom'
                   XColor: [0 0 0]
                     XDir: 'normal'
                    XGrid: 'off'
                   XLabel: 174.0026
                     XLim: [-15 15]
                 XLimMode: 'auto'
               XMinorGrid: 'off'
               XMinorTick: 'off'
                   XScale: 'linear'
```

```
                XTick: [-15 -10 -5 0 5 10 15]
           XTickLabel: [7x3 char]
       XTickLabelMode: 'auto'
            XTickMode: 'auto'
        YAxisLocation: 'left'
               YColor: [0 0 0]
                 YDir: 'normal'
                YGrid: 'off'
               YLabel: 175.0026
                 YLim: [-1 1]
             YLimMode: 'auto'
           YMinorGrid: 'off'
           YMinorTick: 'off'
               YScale: 'linear'
                YTick: [1x11 double]
           YTickLabel: [11x4 char]
       YTickLabelMode: 'auto'
            YTickMode: 'auto'
               ZColor: [0 0 0]
                 ZDir: 'normal'
                ZGrid: 'off'
               ZLabel: 176.0026
                 ZLim: [-1 1]
             ZLimMode: 'auto'
           ZMinorGrid: 'off'
           ZMinorTick: 'off'
               ZScale: 'linear'
                ZTick: [-1 0 1]
           ZTickLabel: ''
       ZTickLabelMode: 'auto'
            ZTickMode: 'auto'
type =
line
objet de type :line
Voulez-vous des Détails sur l'objet ?
```

- Gestion des propriétés de divers objets graphiques

*use_graphic_handles1.m*

```
close all, clc, clear all
x=-4*pi:pi/100:4*pi;
y=(x==0)+sin(x)./((x==0)+x);
Hndl=plot(x,y);
set(gcf,'color',[0.5 0.8
0],'NumberTitle','off','Name','modification propriétés')
set(Hndl,'LineWidth',3,'Color',[1 0.8 0]);
set(gca,'Ygrid','on','YaxisLocation','right')
title('\itSinus
Cardinal','FontName','Arial','FontSize',16,'Color','b')
xlabel('Angle : \theta = [-4\pi:4\pi]', ...
'color','r','FontSize',18)
```

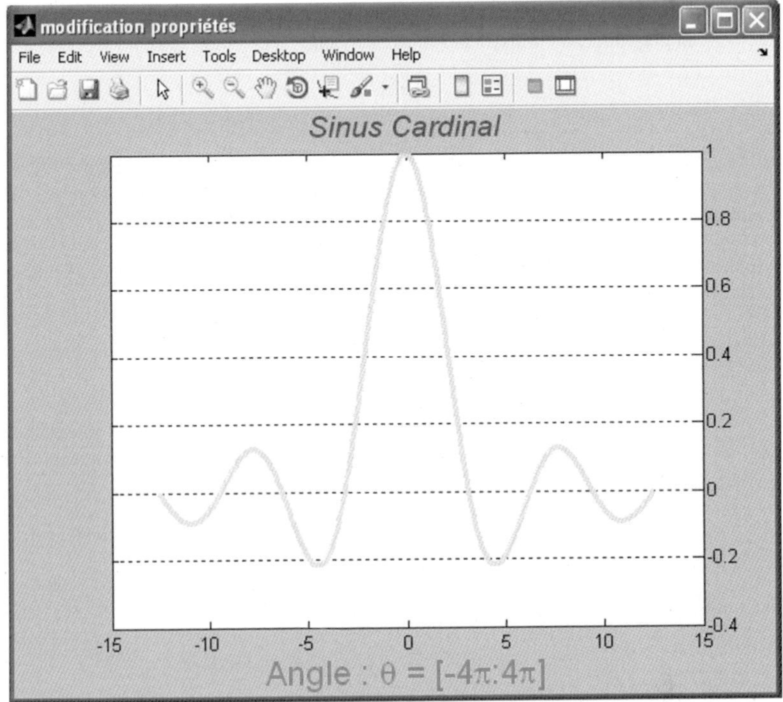


## V. Les animations

Avec MATLAB, vous pouvez créer des animations, par exemple, l'animation du tracé de courbes de fonctions ou de surfaces.
Une animation est une succession d'images dont on peut contrôler la vitesse de défilement.

La réalisation d'animations est subordonnée aux capacités graphiques de votre matériel qui doit supporter un nombre de couleurs supérieur à 16.

La création d'une animation commence par la réservation de l'espace mémoire nécessaire aux différentes images ou frames. Ceci sera réalisé par la commande `moviein` dont la syntaxe est la suivante :

```
Anim = moviein(n)
```

Cette commande initialise la mémoire pour l'enregistrement d'une animation par la création d'une matrice `Anim` suffisamment large pour pouvoir stocker `n` images.

Chaque colonne de la matrice `Anim` correspond à une image de l'animation.

Pour générer une animation dont les images contiennent la fenêtre graphique entière et non seulement un graphique, on utilisera la syntaxe suivante :

`Anim = moviein(n,gcf)`

Une image est une photo instantanée du graphique courant (axes courants). La capture des images de l'animation se fera à l'aide de la commande `getframe` qui retourne pour chaque image un vecteur colonne.

Cette instruction est généralement utilisée dans une boucle `for` pour la construction d'une animation.

`getframe(h)` : capture une image de l'objet graphique dont le pointeur ou handle est `h` (racine, figure ou axes),

`getframe(h,rect)` : on spécifie un rectangle pour la zone de capture, on indiquera ses coordonnées dans les unités par défaut et par rapport au coin inférieur gauche de la fenêtre graphique.

Nous proposons ci-après, un exemple d'animation qui correspond à un aplatissement d'une surface 3D.

Pour observer l'effet d'animation, nous conseillons au lecteur d'exécuter le fichier script `surf_anim.m`.

*fichier surf_anim.m*

```
% génération de la surface à dessiner
x = -pi/2:pi/100:pi/2;
y = x;

[X,Y] = meshgrid(x,y);
Z = sinc(X.^2+Y.^2);

% dessin en fil de fer
mesh(X,Y,Z);
title('Animation du mesh du sinus cardinal')

% pointeur sur les axes
lim = axis;

% réservation de l'espace mémoire
n = 50;  % nombre d'images
Anim = moviein(n);

% fenêtre graphique courante en avant-plan
figure(gcf)

% on enregistre l'animation
for i = 1:n
```

```
    mesh(X,Y,sin(2*pi*i/5)*Z)      % amortissement de la surface
    axis(lim)                      % pas de changement d'axes
    Anim(:,i) = getframe;          % capture d'une image
end
```

Pour exécuter une animation, on utilisera la commande `movie(Anim)`, l'animation étant stockée dans la matrice `Anim`.

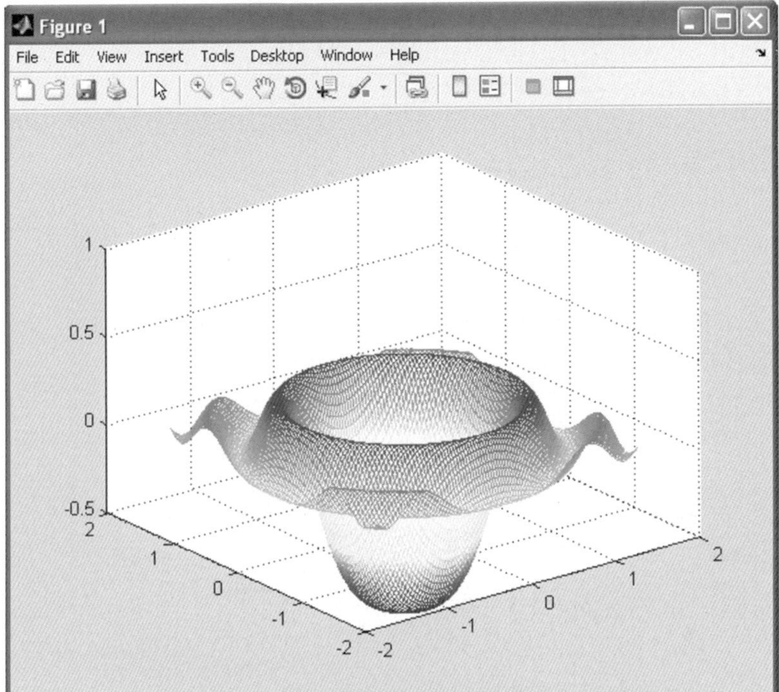


La vitesse de défilement des images peut être contrôlée, ainsi,

`movie(Anim,boucles,ips)`

exécute l'animation `"Anim"` `n` fois avec une vitesse de `ips` images par seconde (par défaut `ips` est égal à 12).

```
>> boucles = 10;        % nombre de boucles
>> ips = 20;            % nombre d'images par seconde
>> movie(Anim, boucles, ips);
```

Cette commande offre d'autres possibilités comme par exemple l'exécution de l'animation dans une région donnée de la fenêtre graphique.

Chapitre 7

# Programmation avec MATLAB



## I. Opérateurs arithmétiques, logiques et caractères spéciaux

### I.1. Opérateurs et caractères spéciaux

Le tableau suivant résume les opérateurs arithmétiques, logiques et spéciaux de MATLAB.

#### *I.1.1. Opérateurs arithmétiques*

| *symbole* | *fonction* |
|---|---|
| + | addition de réels et de matrices |
| – | soustraction de réels et de matrices |
| * | produit de réels et de matrices |
| .* | produit élément par élément de matrices |
| ^ | élévation à une puissance de réels et de matrices |
| .^ | puissance élément par élément de matrices |


N. Martaj, M. Mokhtari, *MATLAB R2009, SIMULINK et STATEFLOW pour Ingénieurs, Chercheurs et Etudiants*, DOI 10.1007/978-3-642-11764-0_7, © Springer-Verlag Berlin Heidelberg 2010

| \ | division à gauche de réels et de matrices |
|---|---|
| / | division à droite de réels et de matrices (division classique) |
| ./ | division élément par élément de matrices |

### *I.1.2. Opérateurs relationnels*

<table>
<tr><td>==</td><td>égalité</td></tr>
<tr><td>~=</td><td>différent</td></tr>
<tr><td><</td><td>strictement inférieur</td></tr>
<tr><td><=</td><td>inférieur ou égal</td></tr>
<tr><td>></td><td>strictement supérieur</td></tr>
<tr><td>>=</td><td>supérieur ou égal</td></tr>
<tr><td>&</td><td>ET logique (AND)</td></tr>
<tr><td>|</td><td>OU logique (OR)</td></tr>
<tr><td>~</td><td>NON logique (NOT)</td></tr>
<tr><td>xor</td><td>OU exclusif (XOR)</td></tr>
</table>

Des commandes telles que `and`, `or`, … réalisent les mêmes fonctions que & et |.

```
>> a=1; b=0; a&b
ans =
     0
>> a=1; b=0; a|b
ans =
     1
>> or(a,b)
ans =
     1
>> and(a,b)
ans =
     0
```

### *I.1.3. Caractères spéciaux*

Nous donnons ci-après, les caractères spéciaux uniquement propres à MATLAB.

| % | commentaires |
|---|---|
| ' | transposée de matrices et délimiteur de chaînes de caractères |
| ! | commandes système (échappement) |
| , | séparation d'instructions ou de réels dans une matrice ou de commandes dans une même ligne. |
| ; | séparation d'instructions (pas d'affichage de valeurs intermédiaires) ou des lignes d'une matrice |
| ... | symbole de continuation (pour terminer une instruction ou une expression à la ligne suivante) |
| .. | répertoire parent du répertoire en cours |
| [ ] | définition de vecteurs ou de matrices |

Dans les lignes de commandes suivantes, nous allons utiliser certains de ces caractères.

*fichier carac_spec.m*

```
% matrice carrée
A = [1 3;4 6] ;
At = A'  % La transposée de A
```

```
% Produit de At par A et inverse
```

```
AtA=At*A, inv_AtA=inv(AtA)
A =
     1     3
     4     6

At =
     1     4
     3     6


AtA =
    17    27
    27    45

inv_AtA =

    1.2500   -0.7500
   -0.7500    0.4722
```

## I.2. Fonctions retournant une valeur logique

MATLAB fournit un certain nombre de fonctions qui retournent des valeurs logiques (vrai : >=1 ou faux : 0) pour tester l'existence de variables, leur type, etc.
Nous en présentons ci-dessous les plus importantes.

- **exist**

`val = exist('var')`

Permet de tester si la variable, la fonction ou le fichier `Var` est défini. Elle retourne :

0 si `Var` n'existe pas (ni fonction, ni variable),
1 si `Var` est une variable de l'espace de travail,
2 si `Var` est un fichier M qui se trouve dans un des répertoires des chemins de recherche de MATLAB,
3 si `Var` est un fichier MEX qui se trouve dans un des répertoires des chemins de recherche de MATLAB,
4 si `Var` est un modèle SIMULINK (fichier `.mdl`),
5 si `Var` est une fonction du noyau de MATLAB (`built-in function`),
6 si Var est un fichier P trouvé dans les chemins de recherché de MATLAB,
7 si Var est un répertoire.

Il existe d'autres options de spécification de la nature de la variable qu'on recherche.

```
val = exist('x','var')
```

ne recherche que des variables.

```
val = exist('x','file')
```

ne recherche que des variables `x` en tant que répertoires.

```
>>  clear all
>>  exist('x')
ans =
     0
```

```
>>  x = randn(2)
x =
    0.5377   -2.2588
    1.8339    0.8622
```

```
>>  exist('x')
ans =
     1
```

```
>> exist('sol_syst_sur_determine')  % modèle SIMULINK
ans =
     4
```

La fonction `inv` (inversion de matrices) est présente dans le noyau de MATLAB.

```
>>  exist('inv') % built-in function
ans =
     5
```

```
>> exist('sinc2')   % fichier M
ans =
     2
```

- **all**

```
val = all(Var)
```

Retourne la valeur "vrai" si tous les éléments du vecteur `Var` sont vrais (différents de `0`). Si `Var` est une matrice, l'opération est réalisée, par défaut, sur chaque colonne et la fonction `all` retourne un vecteur de type ligne, constitué de `0` et `1`.

```
>>  all(x)
ans =
     0     0     1
```

Seule la 3ème colonne possède tous ses éléments non nuls.

```
>>  all(all(x>=0))
ans =
     1
```

L'opération peut être réalisée sur chaque colonne, et dans ce cas le résultat sera un vecteur colonne, si on spécifié la dimension 2 avec la syntaxe :

`val = all(Var, dim)`

```
>> all(x,2)
ans =
     0
     0
```

Il est inutile de spécifier la dimension 1 dans le cas d'une matrice 2D.

Cette propriété est intéressante dans le cas d'un tableau multidimensionnel pour lequel on peut considérer la dimension supérieure ou égale à 3 (On se référera au chapitre des tableaux multidimensionnels)

```
>> y=cat(3,x, eye(3), randn(3))

y(:,:,1) =
     1     0     3
     0     0     1
     5     7     0

y(:,:,2) =
     1     0     0
     0     1     0
     0     0     1

y(:,:,3) =

    1.4090   -1.2075    0.4889
    1.4172    0.7172    1.0347
    0.6715    1.6302    0.7269
```

```
>> all(y,3)
ans =
     1     0     0
     0     0     0
     0     0     0
```

Pour tester tous les éléments du tableau `y`, nous devons imbriquer 3 commandes `all`.

```
>>  all(all(all(y)))
ans =
     0
```

- **any**

val = any(Var)

Retourne la valeur "vrai" si au moins un élément du vecteur Var est vrai (différent de 0). Si Var est une matrice, l'opération est réalisée sur chaque vecteur colonne et la valeur retournée est un vecteur ligne, constitué de 0 et 1.

```
>> x = [1 0 3; 0 0 1]
```

```
x =
     1     0     3
     0     0     1
```

```
>> any(x)
ans =
     1     0     1
```

Pareil que pour la commande all, on peut spécifier la dimension 2, supérieure ou égale à 3 pour un tableau multidimensionnel.

```
>> any(x,2)
ans =
     1
     1
```

```
>> any(y,3)
ans =
     1     1     1
     1     1     1
     1     1     1
```

```
>> any(any(y,3))
ans =
     1     1     1
```

- **find**

I = find(Exp), [I,J] = find(Exp)

Les arguments de retour sont les indices des éléments non nuls du tableau Exp.

Exp : matrice ou expression logique sur des matrices,
I : n° des éléments, la numérotation se fait ligne par ligne et de gauche à droite,

[I, J] : les vecteurs I et J représentent respectivement les indices des lignes et des colonnes.

Les éléments non nuls de la matrice x définie précédemment n'ont pour numéros 1 et 6 comme le montre l'instruction suivante.

```
>>  i = find(x==1)
ans =
      1
      6
```

Seuls les éléments x(1,1) et x(2,3) sont égaux à 1.

```
>>  [i j] = find(x==1)
i =
      1
      2
j =
      1
      3
```

• **isnan**

val = isnan(Var)

La valeur de retour val est une matrice de mêmes dimensions que Var. L'élément val(i,j) est 0 si Var(i,j) est un nombre fini ou infini (Inf) et 1 dans le cas où Var(i,j) correspond à NaN.

```
>> x=[1 0/0; inf/0 5]
x =
      1   NaN
    Inf     5
```

```
>> isnan(x)
ans =
      0     1
      0     0
```

• **isinf**

val = isinf(Var)

La valeur de retour val est une matrice de mêmes dimensions que Var. L'élément val(i,j) est 1 si Var(i,j) est un nombre infini (Inf) et 0 dans le cas où Var(i,j) correspond à NaN ou à un nombre fini.

```
>>  isinf(x)
ans =

      0     0
      1     0

>> isinf(x)|isnan(x)
ans =
      0     1
      1     0
```

- **isfinite**

`val = isfinite(Var)`

La valeur de retour `val` est une matrice de mêmes dimensions que `Var`. L'élément `val(i,j)` est `1` si `Var(i,j)` est un nombre fini et `0` dans le cas où `Var(i,j)` correspond à `NaN` ou à nombre infini `(Inf)`.

```
>> x=[1 0/0; inf/0 5]
>> isfinite(x)
ans =
     1     0
     0     1
```

- **isempty**

`val = isempty(Var)`

`val` prend la valeur `1` si `Var` est une matrice vide (0 ligne ou 0 colonne) et `0` dans le cas contraire. Une matrice vide est symbolisée par `[ ]`.

```
>> isempty(x)
ans =
     0

>>  x = [];
>>  isempty(x)
ans =
     1
```

- **isreal**

`val = isreal(Var)`

`val` prend la valeur `1` si `Var` est une matrice ne contenant que des nombres réels et `0` dans le cas où `Var` contient au moins un nombre complexe.

```
>>  isreal(x)
ans =
     1
```

```
>>  clear all
>>  w = [1+i 2; 1-i -5];
>>  isreal(w)
ans =
     0
```

- **issparse**

`val = issparse(Mat)`

Retourne `1` si la matrice `Mat` est une matrice creuse et `0` dans le cas contraire.

```
>> x=sprand(2)
x =
   (1,1)        0.6324

>> issparse(x)
ans =
     1
```

- **`isstr`**

Retourne `1` si `Var` est une chaîne de caractères et `0` dans les cas contraires.

`val = isstr(Var)`

```
>> isstr('MATLAB')
ans =
     1
```

- **`isglobal`**

`val = isglobal(Var)`

Retourne `1` si la variable `Var` est définie comme globale (entre l'espace de travail MATLAB et une fonction) ou seulement locale à la fonction.

## II. Evaluation de commandes en chaînes de caractères

Des commandes peuvent être insérées dans une chaîne de caractères et évaluées ensuite par d'autres commandes.

- **`eval`**

`eval (chaîne)`

Evalue une chaîne de caractères en exécutant les instructions qui la composent.

Pour récupérer les arguments de sortie de l'expression `chaîne`, on utilisera la forme suivante de la commande.

`[x,y,z, ...] = eval (chaîne)`

```
>> clear all
>> x=[1 2 ;4 7] ;
>> eval('inv(x)')

ans =
    -7     2
     4    -1
```

*Exemple*

On peut concaténer plusieurs commandes et les évaluer comme dans l'exemple suivant de la génération de 5 matrices carrées de nombres aléatoires, d'ordre 3, nommées M1 à M5.

```
for i = 1:5
 eval(['M' num2str(i) ' = rand(3);']);
end
```

```
>>  whos

  Name        Size              Bytes  Class     Attributes
  A           2x2                  32  double
  M1          3x3                  72  double
  M2          3x3                  72  double
  M3          3x3                  72  double
  M4          3x3                  72  double
  M5          3x3                  72  double
  ans         2x2                  32  double
  i           1x1                   8  double
  x           2x2                  32  double
```

```
>>  M1
M1 =
    0.8147    0.9134    0.2785
    0.9058    0.6324    0.5469
    0.1270    0.0975    0.9575
```

- **feval**

Cette commande évalue la fonction `fonct` avec ses paramètres d'appel `x1, ..., xn`.

`feval(fonct, x1, x2, ... , xn)`

`fonct :` fonction définie dans un fichier M (`fonct.m`),
`x1, x2, ... , xn :` arguments d'appel de la fonction.

*Exemple*

*fichier sommep.m*

```
function a = somme(x)
% somme des éléments de la matrice x
a = sum(x);
```

- Appel direct de la fonction :

```
>> a=[1 2 ;4 7] ;
>> som=somme(a)
som=
 14
```

- Appel en utilisant la fonction `feval`:

```
>>  som2 = feval('somme',a)
som2 =
    14
```

- **`evalc`**

La commande `[T, A]=evalc(chaine)` est équivalente à `A = eval(chaine)`, sauf que `T` reçoit les éventuels messages d'erreur.

```
>> [T, A]=evalc('det(x)')
T =
        ''
A =
    -1
```

Dans ce cas, le déterminant vaut -1 sans aucun message d'erreur.

- **`evalin`**

La commande `evalin` permet d'avoir le même résultat comme suit :

```
>> evalin('base','som3= somme(x)')
som3 =
    14
```

- **`lasterr`**

Retourne le dernier message d'erreur généré par MATLAB.

```
>>  x = 1/0;
Warning: Divide by zero
```

```
>>  xx
??? Undefined function or variable xx.
>>  lasterr
ans =
Undefined function or variable xx.
```

- **`Inline`**

Il est parfois très utile de définir une fonction qui sera employée pendant la session courante de MATLAB seulement. MATLAB possède une commande en ligne employée pour définir les fonctions, dites `inline` ou « en ligne >>.

```
>> g = inline('sin(2*pi*f + theta)')
g =
     Inline function:
     g(f,theta) = sin(2*pi*f + theta)
```

```
f = inline('inv(transpose(A)*A)*transpose(A)*B','A','B')

A=[1, 2; 4 5];
B=[5 6]';

f(A,B)
ans =

   -4.3333
    4.6667
```

La commande `char` transforme le corps de la fonction en chaîne de caractères.

```
>> char(f)

ans =
inv(transpose(A)*A)*transpose(A)*B
```

Les arguments sont récupérés par la commande `argnames`.

```
>> argnames(f)
ans =
    'A'
    'B'
```

## III. Commandes structurées

### III.1. Boucle for

La boucle `for` possède la syntaxe suivante :

```
for k = val_init : pas : val_fin
liste des instructions
end
```

Le gros avantage de MATLAB est la vectorisation des données, ce qui permet très souvent d'éviter l'utilisation de la boucle `for`.

Considérons l'exemple suivant que l'on peut réaliser avec et sans boucle `for`. Nous calculerons le temps de calcul et estimerons le temps que l'on gagne si l'on évite la boucle `for`.

Nous disposons de 2 vecteurs `x` et `y`. La méthode d'interpolation de Cramer qui permet un régression linéaire `y(x)` par la droite `y = a x + b` donne les formules suivantes pour le calcul des coefficients `a` et `b`.

Nous considérons le cas de l'interpolation de courbes réelles dont le calcul des paramètres nécessite l'utilisation de calculs matriciels.

$$a=\frac{\det\begin{bmatrix}\sum_{k=1}^{N} z(k) & \sum_{k=1}^{N} x(k)\\ \sum_{k=1}^{N} x(k)\,z(k) & \sum_{k=1}^{N} x(k)^2\end{bmatrix}}{\det\begin{bmatrix}N & \sum_{k=1}^{N} x(k)\\ \sum_{k=1}^{N} x(k) & \sum_{k=1}^{N} x(k)^2\end{bmatrix}},\quad b=\frac{\det\begin{bmatrix}N & \sum_{k=1}^{N} z(k)\\ \sum_{k=1}^{N} x(k) & \sum_{k=1}^{N} x(k)\,z(k)\end{bmatrix}}{\det\begin{bmatrix}N & \sum_{k=1}^{N} x(k)\\ \sum_{k=1}^{N} x(k) & \sum_{k=1}^{N} x(k)^2\end{bmatrix}}$$

Considérons uniquement le numérateur du coefficient `a`.

$$num\_a=\det\begin{bmatrix}\sum_{k=1}^{N} z(k) & \sum_{k=1}^{N} x(k)\\ \sum_{k=1}^{N} x(k)\,z(k) & \sum_{k=1}^{N} x(k)^2\end{bmatrix},$$

Le calcul, en utilisant la boucle `for` donne le script suivant.

*fichier calcul_avec_for.m*

```
x = [0.10 0.20 0.50 1.0  1.50 1.90 2.00 3.00 4.00 6.00]
y = [0.95 0.89 0.79 0.70 0.63 0.58 0.56 0.45 0.36 0.28]

clear all, close all, format long, clc
x = [0.1 0.2 0.5 1.0 1.5 1.9 2.0 3.0 4.0 6.0];
y = [0.95 0.89 0.79 0.70 0.63 0.58 0.56 0.45 0.36 0.28];
% Initialisation des variables
num_a11=0;
num_a12=0;
num_a21=0;
num_a22=0;
for k= 1 : length(x)
    num_a11 = num_a11+y(k);
    num_a12 = num_a12+x(k);
    num_a21=num_a21+x(k)*y(k);
    num_a22=num_a22+x(k)^2;
end
num_a=det([num_a11 num_a12; num_a21 num_a22])
```

Nous pouvons aussi remplir directement la matrice directement à chaque pas de la boucle.

```
mat_num_a=0 ;
for k= 1 : length(x)
    mat_num_a= mat_num_a+[y(k) x(k);x(k)*y(k) x(k)^2];
end
```

MATLAB redimensionne les variables, `mat_num_a` est initialisée à 0 comme une variable scalaire mais elle est remplie comme une matrice 2D à l'intérieur de la boucle.

Nous trouvons le résultat suivant :

```
num_a =
    2.647694000000001e+002
```

En utilisant la propriété de vectorisation et les fonctions de calcul propres aux vecteurs et matrices, on peut utiliser le script simplifié suivant :

*fichier calcul_sans_for.m*

```
clear all, close all, format long, clc
x = [0.1 0.2 0.5 1.0 1.5 1.9 2.0 3.0 4.0 6.0];
y = [0.95 0.89 0.79 0.70 0.63 0.58 0.56 0.45 0.36 0.28];
det_mat_num=det([sum(y) sum(x);sum(x.*y) sum(x.^2)])
```

Nous obtenons la même valeur :

```
det_mat_num =
    2.647694000000001e+002
```

Nous allons maintenant comparer les temps de calcul que nous déterminons en utilisant les commandes `tic` et `toc`.

*fichier temps_avec_for.m*

```
tic
calcul_avec_for %  appel du script calcul_avec_for.m
toc
```

et

*fichier temps_sans_for.m*

```
tic
calcul_sans_for % appel du script calcul_sans_for.m
toc
```

Nous trouvons les résultats suivants pour les temps de calcul.

```
Avec boucle for :
det_mat_num =
    2.647694000000001e+002
Elapsed time is 0.001019 seconds.

Sans boucle for :
det_mat_num =
    2.647694000000001e+002
Elapsed time is 0.000404 seconds.
```

Le temps de calcul est 2,6 fois supérieur pour le calcul avec boucles que sans. Ce rapport augmente avec la taille des vecteurs `x` et `y`.
Néanmoins, ce rapport sera faible avec la puissance sans cesse croissante des processeurs.

Dans de nombreux cas, la boucle `for` peut être remplacée avantageusement par des opérations matricielles. L'exemple suivant en est une bonne illustration.

On désire calculer les valeurs du vecteur `x` de dimension `n` dont les composantes sont définies par l'expression suivante :

$$x(i)=\sum_{j=1}^{m} \exp(i)\,\log(j^2) \quad i=1,2,\ldots,n$$

*Solution avec les boucles for (fichier fic_for1.m)*

```
function x = fic_for1(n,m)
for i = 1:n
    xtemp = 0;
  for j = 1:m
    xtemp= xtemp + exp(i)*log(j^2);
  end
    x(i)=xtemp;
end
```

```
>>  fic_for1(4,5)
ans =
   26.0275    70.7501   192.3187   522.7764
```

***Solution sans les boucles for (fichier fic_for2.m)***

*fichier fic_for2.m*

```
function x = fic_for2(n,m)
x=sum((((exp(1:n))'*ones(1,m)).*(ones(n,1)*log((1:m).^2)))');
```

```
>>  fic_for2(4,5)
ans =
   26.0275    70.7501   192.3187   522.7764
```

Dans ce fichier, nous mettons en œuvre les fonctionnalités du calcul matriciel et celui élément par élément.

Les temps de calcul nécessaire aux fichiers fic_`for1` et `fic_for2` sont obtenus par les fichiers scripts `cmp_for1.m` et `cmp_for2.m`.

*fichier cmp_for1.m*

```
% fonction avec des boucles for
clc
```

```
% initialisation du timer
tic

fic_for1(300,200);
```

```
temps_ecoule1 = toc

>> cmp_for1
temps_ecoule1 =
    0.0658
```

```
>> cmp_for2
temps_ecoule2 =
    1.1105
```

On remarque bien que le calcul vectoriel est nettement mieux qu'avec l'utilisation des boucles `for`.
Le rapport des 2 durées de calcul est alors :

```
>> temps_ecoule2/temps_ecoule1

ans =
   16.8722
```

### III.2. Boucle while

La boucle est exécutée tant que la condition qui suit la commande `while` est vraie.

*fichier calcul_avec_while.m*

```
clc, disp('Avec boucle While')
x = [0.1 0.2 0.5 1.0 1.5 1.9 2.0 3.0 4.0 6.0];
y = [0.95 0.89 0.79 0.70 0.63 0.58 0.56 0.45 0.36 0.28];

% Initialisation des variables
mat_num_a=0;
k=1;

while k<=length(x)
    mat_num_a= mat_num_a+[y(k)  x(k);x(k)*y(k)  x(k)^2];
    k=k+1;
end

det_mat_num=det(mat_num_a)
```

Nous obtenons le résultat suivant :

```
det_mat_num =
  264.7694
```

### III.3. Condition if…else

La syntaxe de la commande `if` est la suivante :

```
if condition1
    Liste1 de commandes
elseif condition2
    Liste2 de commandes
else
    Liste3 de commandes
end
```

Si `Condition1` est vraie, alors `Liste1` est exécutée, sinon et si `condition2` est vérifiée alors il y a exécution de `Liste2`, autrement c'est `Liste3`. Considérons le cas où on peut choisir un signal selon la valeur 1 ou 2 qu'on donne à la variable `signal`, une sinusoïde pour `signal=1`, un sinus cardinal pour `signal=2`, autrement ce sera le signal `chirp` qui sera pris en considération.

*fichier choix_signal_if.m*

```
clc
signal=3;
t=-2:0.01:1;
if eq(signal,1)
    signal=sin(2*pi*0.5*t)
elseif signal==2
signal=sinc(2*pi*0.5*t);
else
signal=chirp(t,0,1,5);
end
plot(signal)
```

Dans le cas où `signal` vaut 2 ou toute autre valeur différente de 1 ou 2, ce sera le signal `chirp` qui sera tracé. La commande de test d'égalité `eq(signal,1)` consiste à tester l'égalité de la valeur de la variable signal à 1. On peut aisément la remplacer par `isequal(signal, 1)` ou `signal==1`. Avec la valeur `signal=3`, nous avons le tracé du signal `chirp` suivant :

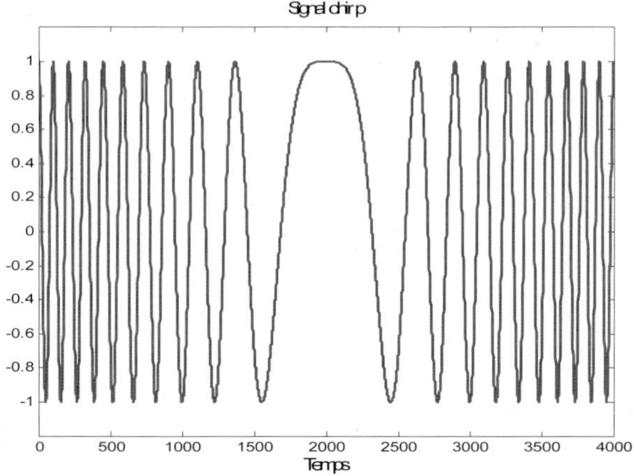

### III.4. Condition switch...case

Cette commande permet de basculer d'une liste de commandes vers une autre selon la valeur de l'expression qui se trouve juste après la commande `switch`.

```
switch  expression
     case val_expression1,
           Liste1 de commandes
     case val_expression2
           Liste2 de commandes                    ...
     otherwise
           Liste3 de commandes
end
```

Cette boucle ressemble beaucoup à la condition `if`, car dans les 2 cas, on teste les valeurs de l'expression.

Considérons le cas utilisé pour la condition `if`.

*choix_signal_switch.m*

```
clc, signal=2;
t=-2:0.01:1;
switch signal
    case 1
        signal=sin(2*pi*0.5*t)
    case 2
        signal=sinc(2*pi*0.5*t);
    otherwise
    signal=chirp(t,0,1,5);
end
plot(signal)
```

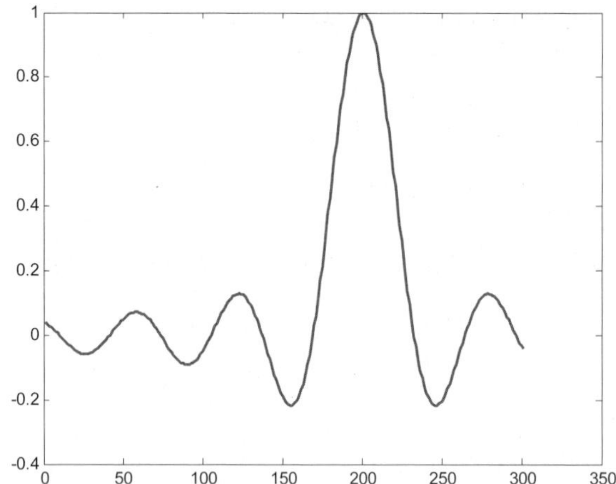

## III.5. Instructions de rupture de séquence

Pour quitter une boucle, nous avons les instructions `break`, `return` et `error('message')`.

- **`break`**

Termine l'exécution d'une boucle. Si plusieurs boucles sont imbriquées, `break` permet de sortir de la boucle la plus proche.

- **`return`**

Cette instruction permet de revenir au fichier M ayant appelé le programme courant ou à la ligne de commande MATLAB.

- **`error('message')`**

Affiche le message spécifié et interrompt l'exécution du programme.

# IV. Scripts et fonctions

## IV.1. Fichiers fonctions

### *IV.1.1. Définitions et exemple*

Une fonction est un fichier qu'on sauvegarde dans la liste des chemins de MATLAB avec passage de paramètres dits d'entrée ou d'appel. Elle retourne d'autres paramètres dits de sortie ou de retour.

*fonction sinc2.m*

```
function y=sinc2(x)
% fonction sinus cardinal
% x : vecteur des abscisses
% y : vecteur des ordonnées
y=(x==0)+sin(x)./((x==0)+x);
```

On définit un angle pour le tracé de la fonction `sinc`, et son appel se fait à l'intérieur de la fonction `plot`.

```
>> x=-4*pi:pi/100:4*pi; plot(sinc2(x), 'LineWidth',3);
```

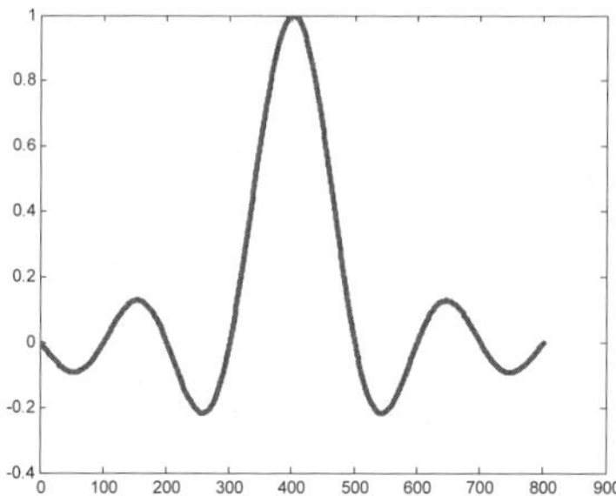

Les variables à l'intérieur d'une fonction sont locales à celle-ci.

On efface toutes les variables de l'espace de travail et on fait appel à la fonction `sinc2`, comme précédemment.

```
>> clear all
>> alpha=-4*pi:pi/100:4*pi;
>> plot(sinc2(alpha), 'LineWidth',3);
```

Si on invoque la variable `x` :

```
>> x
??? Undefined function or variable 'x'.
```

La variable `x` n'est pas connue dans l'espace de travail. Pour qu'elle le soit, il faut la rendre globale par la commande `global x` à l'intérieur de la fonction.

On peut définir plusieurs variables en tant que globales simultanément par :

`global x y z`

On ne peut rendre globale une variable qu'avant son utilisation dans une expression de calcul.

Considérons la fonction suivante dans laquelle on effectue le calcul de l'expression suivante :

`y = sinc(x)+0.1*randn(size(x))`

en utilisant 2 variables intermédiaires qu'on déclarera comme globales.

*fonction sinc_bruitee*

```
function y=sinc_bruite(x)
global y1 y2
y1 = sinc(x);
y2 = 0.1*randn(size(y1))
y=y1+y2;
```

On peut faire appel à une fonction à l'intérieur d'une autre fonction. Ici, on appelle la fonction `sinc` dans la fonction `sinc_bruite`.

*fichier var_glob.m*

```
clear all, clc
x=-2*pi:pi/100:2*pi;
y=sinc_bruite(x);
plot(y,'LineWidth',2)
title('Appel d''une fonction dans une autre')
grid
```

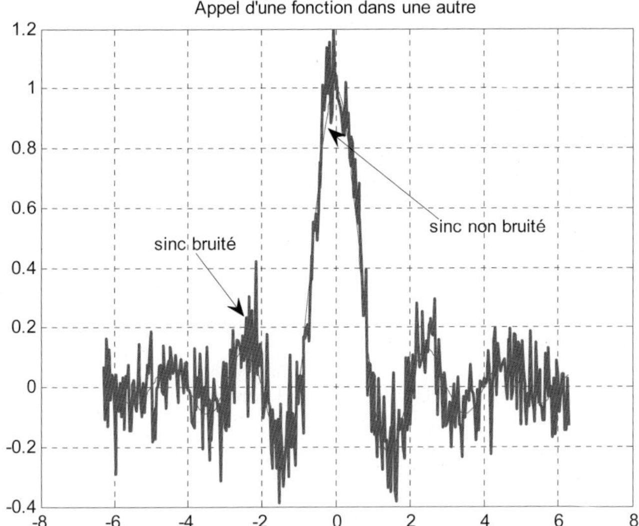


Comme les variables `y1` et `y2` sont déclarées comme globales dans l'espace de travail et dans la fonction `sinc_bruite`, nous pouvons alors avoir leurs valeurs.

Ici, on affiche les 5 premières valeurs de `y1` et les 3 premières de `y2`.

```
% Appel des variables globales
global y1 y2
y1=y1(1:5)
y2=y2(1:3)

y1 =
   -0.0000   -0.0050   -0.0101   -0.0152   -0.0204

y2 =
   -0.0560   -0.1226    0.0793
```

### *IV.1.2. Fonctions polymorphes*

Une telle fonction retourne différents types de résultats selon le nombre et/ou le type des arguments d'appel ou de retour.

Un exemple est donné par la fonction `abs` qui retourne le module d'un nombre complexe ou le code ASCII des caractères d'une chaîne de caractères.

```
>> x=3+2i;
>> module_x = abs(x)
```

```
module_x =
    3.6056
```

```
>> abs('Casa')
ans =
    67    97   115    97
```

Selon le nombre d'arguments de retour demandés à la fonction, le résultat sera différent.

C'est le cas de la fonction `butter` (filtre de `Butterworth`) qui réalise un type différent du filtre (passe bas, …) et qui retourne les matrices d'état, les pôles et zéros du filtre, etc.

| | |
|---|---|
| `[B,A] = butter(N,Wn,'high')` | retourne la fonction de transfert |
| `[Z,P,K] = butter(...)` | retourne les pôles et zéros |
| `[A,B,C,D] = butter(...)` | retourne les matrices d'état A,B,C,D |

On se propose d'écrire une fonction qui fait différents types de calculs selon le nombre et le type des arguments d'appel :

- Factorielle d'un nombre entier ou codes ASCII d'une chaîne,
- Calcul et tracé de la fonction `y=a*x^b` si elle reçoit 3 paramètres dont `a,b`, 2 réels et le troisième, `x` un vecteur d'abscisses.

On teste le nombre d'arguments d'appel ou d'entrée, `nargin`. Si `nargin` est égal à 1, on retourne sa factorielle s'il est entier ou les codes `ASCII` des caractères si c'est une chaîne de caractères.

Si `nargin` vaut 3 (2 réels `a`, `b` et un vecteur `x`), on trace la courbe de $y=ax^2+b$.
Dans tous les autres cas, on quitte la fonction sans retourner de résultat.

Le nombre d'arguments de retour (de sortie) est contenu dans la variable `nargout`.

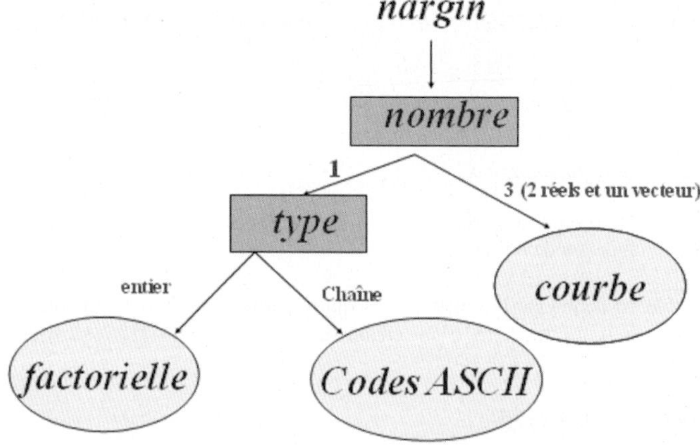

Ces tests sont réalisés dans la fonction suivante.

*fonction fonct_multiple.m*

```
function fonct = fonct_multiple(a,b,x)
% retourne la factorielle d'un nombre entier naturel a
% si elle reçoit un seul argument entier naturel
% calcul la somme des factorielles des 2 paramètres a et b si
elle
% reçoit 2 paramètres d'appel.
% calcul et trace la fonction y=a*x^b si elle reçoit 3
paramètres
% a, b et x.
%
% la factorielle est calculée par la fonction fact.m
utilisant la
% fonction prod.

switch nargin % test du nombre de paramètres d'appel
    case 1
        if ~isstr(a)
        fonct=fact(a);
    else
        fonct=abs(a);
    end
    case 2
        fonct=fact(a)+fact(b);

    case 3
        l=length(x);
        if (l==1)|(isempty(l))
            error ('x doit être un vecteur des abscisses ')
        end
                plot(x,a*x.^b)
title(['fonction ' num2str(a) 'x^{' num2str(b) '}'])
xlabel(['x : [' num2str(x(1)) '  ' num2str(x(length(x))) ']'])
   otherwise
            disp('Unknown method.')
            return
end
```

Les différentes réalisations de la fonction `fonct_multiple` sont résumées ci-après :

```
>> fonct_multiple(5)
ans =
   120
>> fonct_multiple('MATLAB')
ans =
    77    65    84    76    65    66
```

```
>> fonct_multiple(5,2,1:10)
```

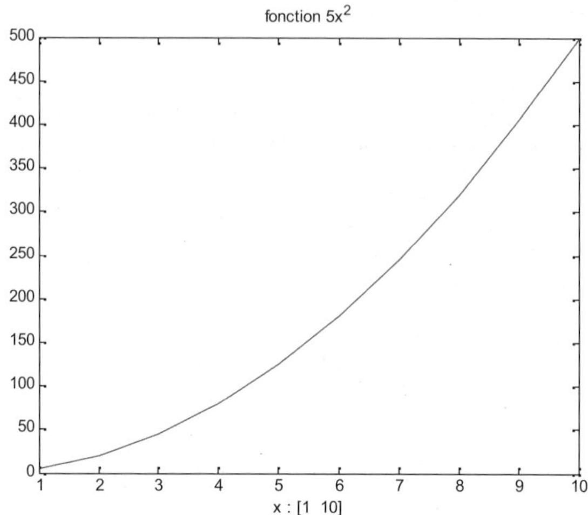


On se propose de créer une fonction qui calcule les polynômes de *Chebyshev* de première espèce par les formules suivantes :

**Tn(x) = 2xTn - 1(x) - Tn - 2(x), n = 2, 3, …, T0(x) = 1, T1(x) = x.**

La fonction suivante réalise ces calculs de façon itérative.

```
function T = ChebT(n)
% Coefficients T of the nth Chebyshev polynomial of the first
kind.
% They are stored in the descending order of powers.
t0 = 1;
t1 = [1 0];
if n == 0
   T = t0;
```

```
elseif n == 1;
   T = t1;
else
   for k=2:n
        T = [2*t1 0] - [0 0 t0];
        t0 = t1;
        t1 = T;
end
end
>> T=chebt(5)
T =
    16       0    -20       0       5       0
```

Sous sa forme récursive, elle a le code suivant :

```
function T=chebt_recc(n)
% Coefficients T of the nth Chebyshev polynomial of the first
kind.
% They are stored in the descending order of powers.
% Edward Neuman
% Department of Mathematics
% Southern Illinois University at Carbondale
(edneuman@siu.edu)
t0 = 1;
t1 = [1 0];
if n == 0
   T = t0;
elseif n == 1;
   T = t1;
else
   T = [2*chebt_recc(n-1) 0]-[0 0 chebt_recc(n-2)];
end
end
```

```
>> T=chebt_recc(5)
T =
    16      0    -20      0      5      0
```

Ces polynômes sont retournés dans l'ordre décroissant de ses coefficients, ordre qu'on peut rétablir par la commande `fliplr`.

```
>> T=fliplr(T)
T =
     0      5      0    -20      0     16
```

La forme itérative est préférable à la forme récursive des fonctions.

```
Clc, disp('Forme itérative:')
tic
T=chebt(5); toc
disp('---')
disp('Forme récursive:'), tic
T=chebt_recc(5);
toc
```

Nous obtenons les temps de calculs suivants, pour ces 2 types de fonctions.

```
Forme itérative :
Elapsed time is 0.000573 seconds.
```

```
---
Forme récursive :
Elapsed time is 0.001531 seconds
```

La variable varargin est utilisée au sein d'une fonction pour contenir un nombre optionnel et variable d'arguments d'appel.
La variable nargin contient le nombre total d'arguments d'appel. Cette fonction effectue la somme ou la différence des 2 premiers arguments d'appel si on lui envoie 2 arguments standards (a, b) et un troisième (1 argument optionnel, soit varargin {1}) sous forme de la chaîne de caractères 'somme' ou 'diff'.
Si elle reçoit 5 arguments au total (2 standards et 3 optionnels), elle trace la courbe $ax^2+b$, x étant le premier argument d'appel optionnel avec des caractéristiques graphiques spécifiées dans les 2 derniers arguments optionnels.
De même, une fonction peut retourner un nombre variable d'arguments en utilisant la variable varargout.

```
function test_vararg(a,b,varargin)

clc
nbre_argin = nargin;
taille_varargin=size(varargin,2);
stdargin = nbre_argin - taille_varargin;

fprintf('Nombre d''arguments d''appel = %d\n', nargin)
fprintf('Entrées standards : %d\n', stdargin)

if isequal(stdargin,2)& isstr(varargin{1});
switch varargin{1}
      case 'somme'
          disp(['Somme =' num2str(a+b)])
      case 'diff'
          disp(['diff =' num2str(a-b)])
end
end

if isequal(stdargin,2)& ~isstr(varargin{1});

plot(a.*varargin{1}.^2+b,'LineStyle',varargin{2},'LineWidth',
varargin{3});
    grid
    title([num2str(a) 'x^2+' num2str(b)])
end
 end
```

On applique les différents cas suivants où l'on obtient successivement la somme, puis la différence des arguments a et p et enfin la courbe avec un style en pointillés, de largeur 3.

```
>> a=1; b=2; test_vararg(a,b,'somme')
Nombre d'arguments d'appel = 3
Entrées standards : 2
Somme =3
```

```
>> a=1; b=2; test_vararg(a,b,'diff')
Nombre d'arguments d'appel = 3
Entrées standards : 2
diff =-1

>> a=0.5; b=2; test_vararg(a,b,0:0.01:1,'-.',3)
Nombre d'arguments d'appel = 5
Entrées standards : 2
```

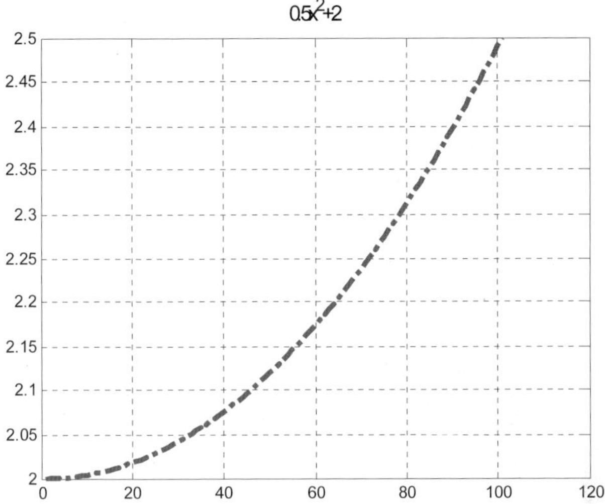


### *IV.1.3. Récursivité des fonctions*

La factorielle est récursive du fait que `n ! = n. (n-1) !`

*fonction factorielle_recursive.m*

```
function fact = factorielle_recursive(N)
% retourne la factorielle d'un nombre entier naturel N
% fonction factorielle récursive fact =

factorielle_recursive(N)
% fact     : valeur retournée de la factorielle de N
% N        : entier naturel pour lequel on calcul la
%            factorielle
if nargin>1;
   help factorielle_recursive
   error('La fonction accepte un nombre entier naturel');
end;
```

```
% cas où n n'est pas un entier naturel
if (fix(N)~=N)| (N<0)
    help factorielle_recursive
   error('N doit être un entier naturel')
end

if N==0
   fact = 1;  % condition d'arrêt
else
   fact = factorielle_recursive(N-1)*N; % relation de
récurrence
end
```

```
>> factorielle_recursive(77)
ans =
  1.4518e+113
```

```
>> factorielle_recursive(6.5)
  retourne la factorielle d'un nombre entier naturel N
  fonction factorielle récursive fact =
factorielle_recursive(N)
  fact      : valeur retournée de la factorielle de N
  N         : entier naturel pour lequel on calcul la
              factorielle

??? Error using ==> factorielle_recursive at 16
N doit être un entier naturel
```

La factorielle est calculée par la fonction `fact.m`.

*fichier fact.m*

```
function factorielle=fact(N)
% Calcul de la factorielle d'un nombre entier
% naturel en utilisant la fonction prod
% la fonction admet un nombre entier naturel
if nargin>1;
   clc
   help fact
   error('nombre d''arguments incorrect');
end;

if isstr(N)
   clc
   help fact
   error('l''argument doit être entier naturel');
end;
% cas où n n'est pas un entier naturel
if (fix(N)~=N)|(N<0)
```

```
   help fact
   error('N doit être un entier naturel')
end

if N==0
   factorielle = 1;
else
   factorielle=prod(1:N);
end
```

MATLAB dispose de la fonction `factorial` pour calculer la factorielle d'un nombre entier.

Elle peut aussi être calculée avec l'utilisation de la fonction `Gamma`, soit `n*gamma(n)` sauf pour `n=0` pour laquelle on obtient une indétermination.

```
>> factorial(5)

ans =
   120
```

### IV.2. Les sous-fonctions

On se propose d'étudier l'évolution des valeurs de suite $u_n$ suivante :

$$u_n = \frac{3 + \dfrac{\cos n}{n^2}}{4(1 + \dfrac{2}{n} + \dfrac{1}{n^2}) + \dfrac{\sin 3n}{n^2}}$$

Pour chaque valeur de l'indice n, on réalise les mêmes opérations de calcul des 3 expressions $3 + \frac{\cos n}{n^2}$, $4(1 + \frac{2}{n} + \frac{1}{n^2})$ et $\frac{\sin 3n}{n^2}$.

Il est alors judicieux de faire appel à la même routine de calcul, appelée sous-fonction (fonction de fonction). Dans ce qui suit, les routines `numer`, `den1` et `den2` sont définies comme des sous-fonctions qui calculent les 3 expressions précédentes.

*fichier subfunction.m*

```
function u = subfunction(n)
% calcul de u par appel de 3 sous-fonctions
%num, den1 et den2
u=num(n)./(den1(n)+den2(n));
% sous-fonction num
function numer=num(n)
numer=3+cos(n)./(n.^2);
% sous-fonction den1
function d1= den1(n)
```

```
d1=4*(1+2./n+1./(n.^2));
% sous-fonction den2
function d2=den2(n)
d2=sin(3*n)./(n.^2);
```

Dans le fichier suivant, on calcule l'expression précédente, en utilisant la sous-fonction `subfunction` pour `n` allant de 1 à 200.

*fichier use_subfunction.m*

```
clc
clear all
n=1:200;
y=subfunction(n);

plot(n,y)
% valeur de convergence 3/4
x=3*ones(size(y))/4;

hold on
plot(n,x)
gtext('Convergence vers \pi/4')
```

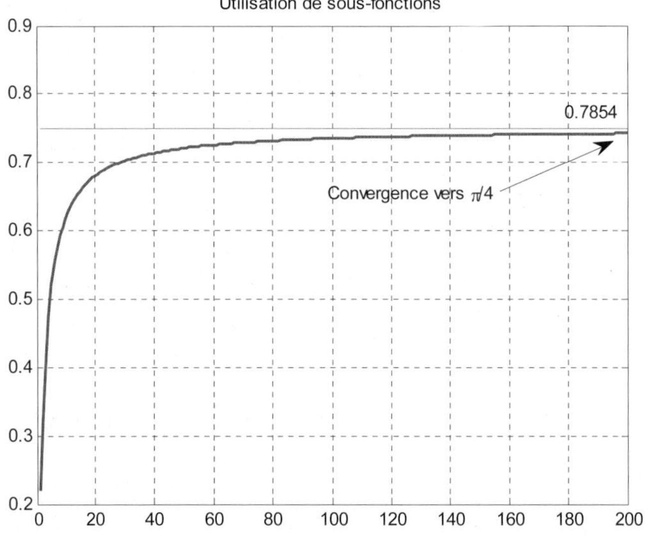


La valeur de l'expression $u_n$ converge vers $\frac{\pi}{4}$.≈ 0.7854.

## V. Conseils de programmation sous MATLAB

Il est utile de suivre certains conseils de programmation dont, entre autres, les suivants :

- choisir des noms significatifs pour les variables et les fonctions,
- documenter les fonctions pour l'aide en ligne et la clarté,
- vérifier le nombre et le type des arguments d'appel et de retour des fonctions,
- n'utiliser les boucles `for` et `while` ainsi que le `if` que si nécessaire, elles peuvent être souvent remplacées avantageusement par des opérations et fonctions vectorielles ou matricielles,
- utiliser des indentations dans les instructions structurées (`for`, `while`, `if`) lorsqu'on est obligé de les utiliser.
- Préférer les formes itératives des fonctions aux formes récursives.

Lors de la programmation, il est utile parfois d'ignorer un bloc d'instructions afin de localiser les erreurs.

Pour ignorer temporairement une partie d'un programme, lors de la phase de mise au point par exemple, on pourra utiliser l'une des méthodes proposées ci-dessous :

```
if 0
....
instructions à ignorer
....
end
```

ou

```
while 0
....
instructions à ignorer
....
end
```

- **`fichiers P-code`**

  Il est parfois utile de cacher le code de certains fichiers. Pour transformer le fichier factorielle_recursive2.m en fichier P, nous utilisons la commande suivante :

```
>> pcode factorielle_recursive2
```

La commande `ls` d'`unix`, ou `dir` de `DOS`, retourne le seul fichier d'extension `.p`.

```
>> ls *.p
factorielle_recursive2.p
```

Si on demande le code par la commande `type`, la réponse est que ce fichier est du type `P-file`.

```
>> type factorielle_recursive2
'factorielle_recursive2' is a P-file.
```

L'exécution de ce fichier donne le même résultat que le fichier M d'origine.

```
>> factorielle_recursive2(5)
ans =
   120
```

Nous pouvons voir la taille du même fichier, avant et après sa transformation en P-code.

```
>> r = dir('factorielle_recursive2.p')
r =
       name: 'factorielle_recursive2.p'
       date: '27-juil.-2009 23:46:59'
       bytes: 246
       isdir: 0
       datenum: 7.3398e+005
```

```
>> r = dir('factorielle_recursive.m')
r =
       name: 'factorielle_recursive.m'
       date: '27-juil.-2009 23:46:37'
       bytes: 680
       isdir: 0
       datenum: 7.3398e+005
```

Nous créons, ci-après, la fonction qui déterminera si un nombre est entier ou pas.

```
function k = isinteg(x);
% Check whether or not x is an integer number.
% If it is, function isint returns 1 otherwise it returns 0.
if abs(x - round(x)) < realmin
k = 1; else k = 0; end
```

On teste si la différence entre ce nombre et sa partie entière est inférieure à la valeur `realmin`[10] qui vaut 2.2251e-308.

```
>> isinteg(6)
ans =
     1
```

Le chiffre 6 auquel on ajoute $10^{-10}$ n'est plus entier.

```
>> >> isinteg(6.0000000001)
ans =
     0
```

MATLAB R2009 possède la fonction isinteger pour réaliser cette opération. Le même chiffre 6 ne sera pas vu comme entier car par défaut, il appartient à la classe `double`.

```
>> isinteger(6)
ans =
     0
```

Pour qu'il soit vu comme un entier, il suffit de transformer son type en entier par `int8`(6), codé sur 8 bits, par exemple.

```
>> isinteger(int8(6))
ans =
     1
```

Dans ce cas, ce chiffre est bien vu comme non entier.

## VI. Déboguage des fichiers

*Exemple d'une session de mise au point d'un programme*

Nous utiliserons comme exemples de programmes pour une session de mise au point, des fonctions réalisées précédemment. Il s'agit de la fonction `factorielle_recursive.m`
Nous pouvons utiliser la commande `dbtype` pour afficher les lignes de code numérotées de ces fonctions.

```
>> dbtype chebt
1       function T = ChebT(n)
2       % Coefficients T of the nth Chebyshev polynomial of the
        first kind.
3       % They are stored in the descending order of powers.
4       t0 = 1;
5       t1 = [1 0]
6       if n == 0
7       T = t0;
8       elseif n == 1;
9       T = t1;
10      else
11      for k=2:n
12      T = [2*t1 0] - [0 0 t0];
13      t0 = t1; t1 = T;
15      end
16      end
```

- Nous pouvons fixer des points d'arrêt dans les différentes fonctions, nous utiliserons pour cela la commande `dbstop`.

La commande suivante fixe un point d'arrêt à la ligne 10 de la fonction `chebT.m`

```
>> dbstop at 10 in chebt
```

```
1  function T = ChebT(n)
2  % Coefficients T of the nth Chebyshev polynomial of the first kind.
3  % They are stored in the descending order of powers.
4  t0 = 1;
5  t1 = [1 0];
6  if n == 0
7  T = t0;
8  elseif n == 1;
9  T = t1;
10 else
11 for k=2:n
12 T = [2*t1 0] - [0 0 t0];
13 t0 = t1;
14 t1 = T;
15 end
16 end
```

On remarque le point d'arrêt à la ligne 10.

L'exécution de la fonction `chebt` s'interrompt à la rencontre de ce point d'arrêt.

```
1  function T = Chebt(n)
2  % Coefficients T of the nth Chebyshev polynomial of the first kind.
3  % They are stored in the descending order of powers.
4  t0 = 1;
5  t1 = [1 0];
6  if n == 0
7  T = t0;
8  elseif n == 1;
9  T = t1;
10 else
11 for k=2:n
12 T = [2*t1 0] - [0 0 t0];
13 t0 = t1;
14 t1 = T;
15 end
16 end
```

```
>> chebt(5)
10  else
K>>
```

On se retrouve alors dans le mode "`debug`" signalé par l'invite " K>>". Nous pouvons, à ce niveau, utiliser les commandes de mise au point (`dbstep`, `dbcont`, `dbstack`, `dbstop`, etc.).

La commande `dbstep` permet de progresser ligne par ligne dans l'exécution de la fonction `ppcm`.

```
K>> dbstep
11   for k=2:n
K>>
```

Nous pouvons consulter la liste des variables locales à la fonction, définies avant la ligne 11.

```
K>> whos
  Name      Size            Bytes  Class     Attributes
  n         1x1                 8  double
  t0        1x1                 8  double
  t1        1x2                16  double
```

Les variables peuvent être consultées et modifiées.

```
K>> t1
t1 =
     1     0
```

Les variables définies dans l'espace de travail ne sont pas visibles pour la fonction `chebt`.

```
K>> x
??? Undefined function or variable 'x'.
```

Seules les variables définies dans la fonction `chebt` ne sont visibles dans on espace de travail.
La variable `x` étant déjà définie dans l'espace de travail MATLAB comme une matrice aléatoire.

Pour remonter de l'espace de travail de la fonction à celui de MATLAB, on utilise la commande `dbup`.

```
K>> dbup
In base workspace.
```

```
K>> whos
  Name      Size            Bytes  Class     Attributes

  ans       1x6                48  double
  x         4x4               128  double
```

Pour redescendre à l'espace de travail de la fonction, on utilise `dbdown`.

```
K>> dbdown
In workspace belonging to chebt at 11
```

```
K>> whos
  Name      Size            Bytes  Class     Attributes
  n         1x1                 8  double
  t0        1x1                 8  double
  t1        1x2                16  double
```

On retrouve uniquement les variables de l'espace de travail de la fonction.

Pour continuer l'exécution de la fonction jusqu'à la fin de celle-ci ou jusqu'au prochain point d'arrêt, on utilisera la commande dbcont.

```
K» dbcont
ans =
    16     0   -20     0     5     0
```

On retrouve alors l'espace de travail de base avec les variables définies dans ce dernier, après la commande dbup.

```
» who
  Name        Size              Bytes  Class     Attributes
  ans         1x6                  48  double
  x           4x4                 128  double
```

On retrouve les variables définies auparavant, avant d'entrer dans le mode debug, dans l'espace de travail MATLAB.

On peut réaliser les commandes précédentes en mode debug par les options du menu debug de la fenêtre de l'éditeur où sont affichées les instructions de la fonction chebt à débuggeur.

Le point d'arrêt est signalé par un cercle rouge à la ligne 10.

Par le menu debug, on peut exécuter le fichier, mettre ou supprimer un point d'arrêt, permettre ou pas un point d'arrêt, etc.

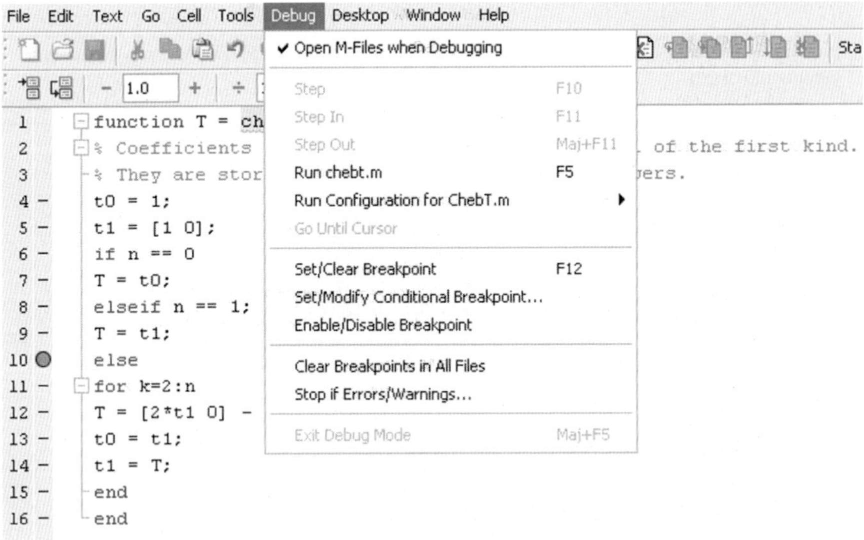

La fenêtre principale de MATLAB contient aussi le menu `debug`.

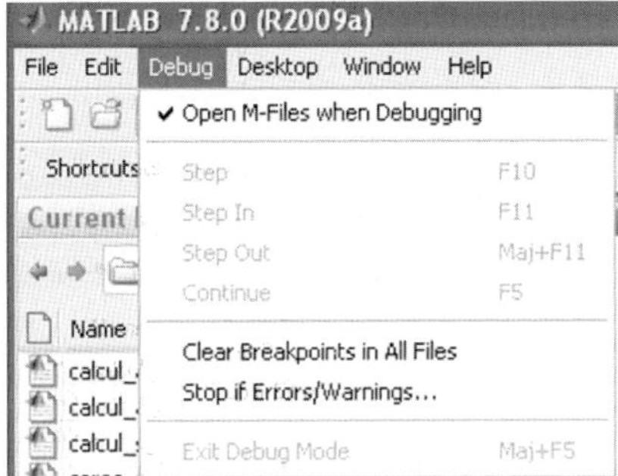


## VII. Le profiler

Le principe du profiler consiste à étudier et améliorer les performances d'un programme. Par la commande `profview`, on ouvre une interface HTML pour lancer le profiler.
Pour étudier les performances d'un programme, MATLAB fournit une interface utilisateur (GUI). Améliorer les performances d'un programme consiste par exemple à déterminer les lignes de programme qui consomment plus de temps d'exécution, afin de rechercher à les améliorer.
Nous allons étudier le profiler sur un programme qui utilise la récursivité plutôt que l'itération.
Pour ouvrir le profiler, on peut, soit utiliser la commande `profile` qui possède beaucoup d'options, ou choisir l'option `Profiler` du menu `Desktop` de la fenêtre principale de MATLAB.
On peut aussi utiliser le menu `Tools` ... `Open profiler` de la fenêtre de l'éditeur une fois qu'on a ouvert ce fichier.

Un autre moyen est d'exécuter la commande `profview` de MATLAB qui affiche l'interface HTML du profiler.

Nous allons étudier le fichier `sinc2.m` pour le comparer à la version disponible dans MATLAB sans aucune expression logique pour lever l'indétermination.

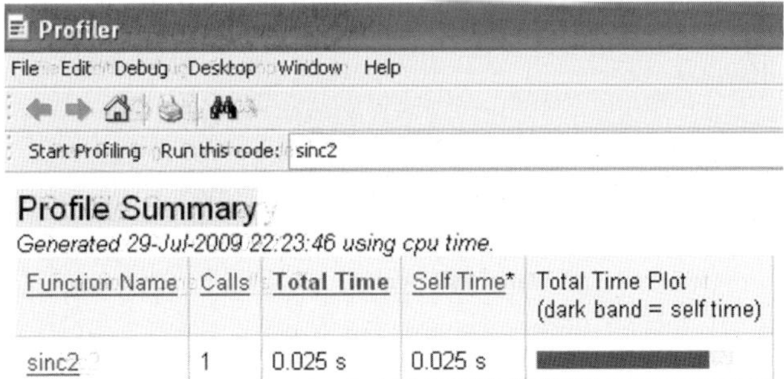

Nous avons le résultat suivant pour `sinc2` :

Start Profiling Run this code: sinc

**Profile Summary**

*Generated 29-Jul-2009 22:27:56 using cpu time.*

| Function Name | Calls | Total Time | Self Time* | Total Time Plot (dark band = self time) |
|---|---|---|---|---|
| sinc | 1 | 0.001 s | 0.001 s | |

La fonction `sinc2.m` met 25 fois plus de temps que `sinc` m, disponible dans MATLAB, à cause des tests relationnels de l'instruction :

```
y=(x==0)+sin(x)./((x==0)+x);
```

```
profile on
y=sinc(-2*pi:pi:2*pi);
profile viewer
profsave(profile('info'),'profile_results')
```

Le profiler aboutit au rapport suivant avec la fonction `sinc` de MATLAB.

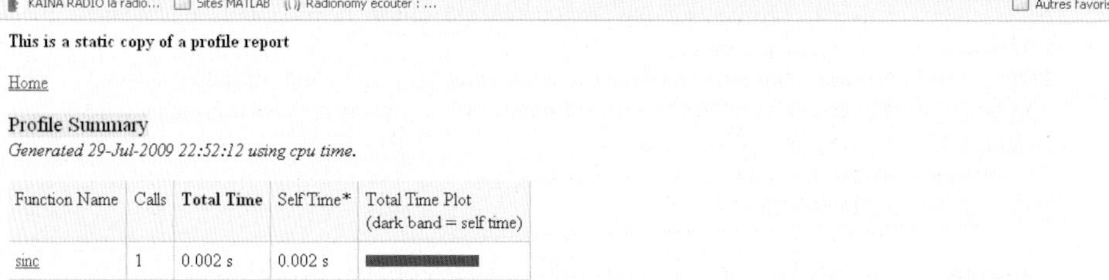

KAINA RADIO la radio... Sites MATLAB Radionomy écouter : ... Autres favoris

**This is a static copy of a profile report**

Home

Profile Summary

*Generated 29-Jul-2009 22:52:12 using cpu time.*

| Function Name | Calls | Total Time | Self Time* | Total Time Plot (dark band = self time) |
|---|---|---|---|---|
| sinc | 1 | 0.002 s | 0.002 s | |

**Self time** is the time spent in a function excluding the time spent in its child functions. Self time also includes overhead resulting from the process of profiling.

En utilisant `sinc2.m`, nous trouvons les résultats suivants :

file:///C:/Documents%20and%20Settings/MARTAJ/Mes%20documents/MATLAB/Chapitres%20prochains/Programmation

KAINA RADIO la radio... Sites MATLAB Radionomy écouter : ... Autres

**This is a static copy of a profile report**

Home

Profile Summary

*Generated 29-Jul-2009 22:46:51 using cpu time.*

| Function Name | Calls | Total Time | Self Time* | Total Time Plot (dark band = self time) |
|---|---|---|---|---|
| sinc2 | 1 | 0.129 s | 0.129 s | |

**Self time** is the time spent in a function excluding the time spent in its child functions. Self time also includes overhead resulting from the process of profiling.

Avec les commandes `profile on` et `profile off`, on démarre et on arrête respectivement le profiler.

La commande profsave sauvegarde le rapport du profiler sous le format HTML.

La commande de syntaxe

```
S = profile('INFO')
```

suspend le profiler et retourne les caractéristiques du profiler dans la structure S suivante :

```
S =
      FunctionTable: [1x1 struct]
      FunctionHistory: [2x0 double]
      ClockPrecision: 3.5714e-010
      ClockSpeed: 2.8500e+009
      Name: 'MATLAB'
      Overhead: 0
```

Nous avons, entre autres, la précision et la vitesse d'horloge du CPU.
Le tableau de structures FunctionTable contient des statistiques pour chaque fonction appelée.

```
>> SF=S.FunctionTable

SF =
          CompleteName: [1x64 char]

          FunctionName: 'sinc'
          FileName: [1x59 char]
          Type: 'M-function'
          Children: [0x1 struct]
          Parents: [0x1 struct]
          ExecutedLines: [4x3 double]
          IsRecursive: 0
          TotalRecursiveTime: 0
          PartialData: 0
          NumCalls: 1
          TotalTime: 1.3642e-004
```

La seule fonction appelée est la fonction sinc qui ne contient pas de récursivité (Isrecursive=0), de type fichier M (Type : M-function), de temps de récursivité nul (TotalRecursiveTime: 0), avec un seul appel de la fonction sinc.

Le champ CompleteName contient le nom de la fonction et le répertoire où elle se trouve, celui de la boite à outils « Signal Processing Toolbox ».

```
>> SF.CompleteName
ans =
C:\Program
Files\MATLAB\R2009a\toolbox\signal\signal\sinc.m>sinc
```

Dans le répertoire `profile_results`, nous trouvons le fichier HTML suivant, qui détaille la durée d'exécution de chaque fonction et commande à l'intérieur de la fonction `sinc`.

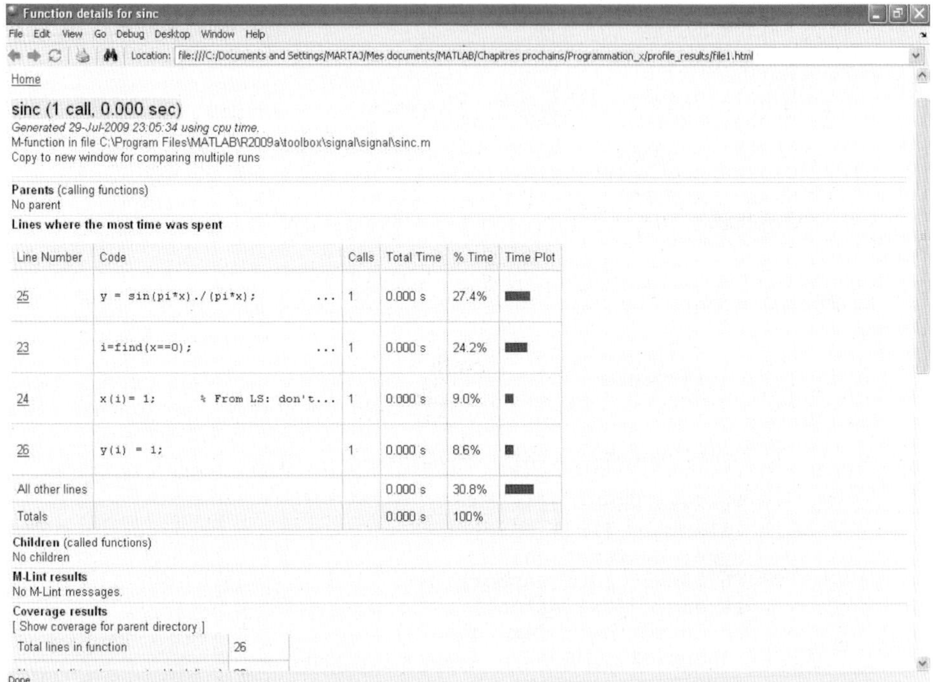

Function details for sinc

File Edit View Go Debug Desktop Window Help

Location: file:///C:/Documents and Settings/MARTAJ/Mes documents/MATLAB/Chapitres prochains/Programmation_x/profile_results/file1.html

Home

sinc (1 call, 0.000 sec)

*Generated 29-Jul-2009 23:05:34 using cpu time.*
M-function in file C:\Program Files\MATLAB\R2009a\toolbox\signal\signal\sinc.m
Copy to new window for comparing multiple runs

**Parents** (calling functions)
No parent

**Lines where the most time was spent**

| Line Number | Code | Calls | Total Time | % Time | Time Plot |
|---|---|---|---|---|---|
| 25 | `y = sin(pi*x)./(pi*x); ...` | 1 | 0.000 s | 27.4% | |
| 23 | `i=find(x==0); ...` | 1 | 0.000 s | 24.2% | |
| 24 | `x(i)= 1; % From LS: don't...` | 1 | 0.000 s | 9.0% | |
| 26 | `y(i) = 1;` | 1 | 0.000 s | 8.6% | |
| All other lines | | | 0.000 s | 30.8% | |
| Totals | | | 0.000 s | 100% | |

**Children** (called functions)
No children

**M-Lint results**
No M-Lint messages.

**Coverage results**
[ Show coverage for parent directory ]

| Total lines in function | 26 |
|---|---|

Done

## VIII. Les fichiers de données

Les données peuvent être stockées dans différents types de fichiers :

- fichiers M pour la sauvegarde d'instructions avant leur utilisation dans des programmes
- fichiers MAT ou des fichiers textes et binaires définis par l'utilisateur.

*Données dans un fichier M (data.m)*

```
% définition de matrices et expression de la solution de A x
= B

A = [1 2 3
     4 5 6];
B = [3 4]';
x= inv(A'*A)*A'*B;
```

*Données dans un fichier MAT*

Une fois qu'une variable est définie, on pourra utiliser la commande `save` pour la sauvegarder dans un fichier MAT. Sa restauration sera réalisée par la commande `load`.

```
clc, clear all, alpha = -2*pi:pi/100 :2*pi;
x = rand(4); alpha ;
save fic_mat x alpha
```

Sauvegarde de la variable `x` et `alpha` dans le fichier MAT `fic_mat.mat`.

```
>> load fic_mat
>> who
Your variables are:
alpha  ans    x
```

```
>> whos
  Name          Size                 Bytes  Class       Attributes

  alpha         1x401                 3208  double
  ans           1x401                 3208  double
  x             4x4                    128  double
```

Dès qu'on ouvre le fichier `mat`, les variables qu'il contient sans dans l'espace de travail. La variable `x` est bien une matrice 4x4 et `alpha` un vecteur de 401 éléments.
On peut sauvegarder les variables dans une structure.

```
>> S1.x=[1 2 ;4 7] ;
>> S1.alpha=-4*pi:pi/100:4*p
```

Les variables *x* et `alpha` sont cette fois sauvegardées dans la structure `S1`.

```
S1 =
  x: [2x2 double]
  alpha: [1x801 double]
>> S1.x
ans =
     1     2
     4     7

>> S1.alpha(1:5)
ans =
  -12.5664  -12.5350  -12.5035  -12.4721  -12.4407
```

Dans SIMULINK, le bloc « `to Workspace` » propose en premier lieu la sauvegarde dans une structure puis dans un tableau (`Array`).
La commande `save` permet aussi la sauvegarde dans un fichier ASCII avec la syntaxe suivante :

```
>> alpha = [-pi -pi/4 0 pi/4 pi];
>> save fict3.txt x alpha -ascii -double -tabs
```

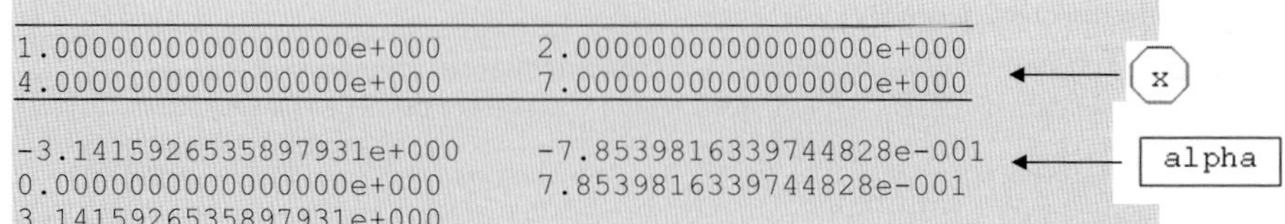
```
1.0000000000000000e+000        2.0000000000000000e+000
4.0000000000000000e+000        7.0000000000000000e+000

-3.1415926535897931e+000       -7.8539816339744828e-001
0.0000000000000000e+000        7.8539816339744828e-001
3.1415926535897931e+000
```


Ce fichier `text` peut être aussi ouvert par la commande :

```
>> open fict3.txt
```

Ces fichiers peuvent être écrits et lus par des commandes type langage C, telles `fprintf` et `fscanf`, etc.

## IX. Les commandes et outils de développement

### IX.1. Commandes de gestion d'environnement

- **`quit`**

Permet de quitter la session de travailler et de fermer MATLAB.

- **`Exit`**

Même fonction que `quit`.

- **`Fichier startup.m`**

Le fichier `startup.m` est exécuté automatiquement à chaque ouverture de MATLAB. Il est très utile dans l'industrie lorsqu'on a besoin d'ouvrir beaucoup d'autres fichiers d'initialisation, comme les paramètres qui interviennent dans une série de mesures (paramètres de régulation, des capteurs, etc.)

Nous avons créé un fichier dans lequel on se met automatiquement dans un répertoire de travail spécifié et qui ouvre un script (fonction `chebt`). C'est utile lorsqu'on n'a pas fini le code d'un programme.

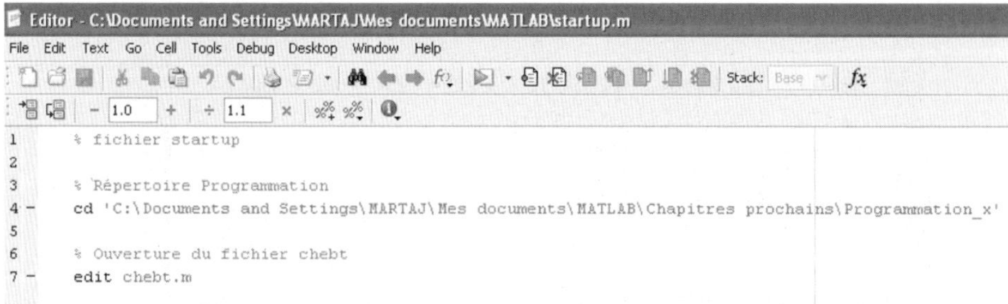

• `clc`

Efface l'écran de MATLAB mais les variables sont toujours présentes dans l'espace de travail. Cette commande est utile au début de tout programme pour plus de lisibilité.
La commande `home` réalise la même fonction en mettant le prompt en haut et à gauche de l'écran.

• `Dos`

Exécute les commandes DOS et retourne les résultats.

```
>> [s, w] = dos('dir')
s =
     0
w =
 Le volume dans le lecteur C n'a pas de nom.
 Le num,ro de s,rie du volume est 7041-B406
 R,pertoire de C:\Documents and Settings\MARTAJ\Mes
documents\MATLAB\Chapitres prochains\Analyse num,rique_x

26/07/2009  05:38    <REP>          .
26/07/2009  05:38    <REP>          ..
24/07/2009  06:38            20ÿ302 fsolve_syst_nl.mdl
24/07/2009  18:13            20ÿ198 fsolve_syst_nl2.mdl
24/07/2009  18:32               261 sol_syst_graph.m
               3 fichier(s)           40ÿ761 octets
               2 R,p(s)  21ÿ377ÿ597ÿ440 octets libres
```

On peut utiliser directement la commande `dir` ou `ls` qui retourne peu de paramètres de retour.

```
>> dir
.                         fsolve_syst_nl.mdl    sol_syst_graph.m
..                        fsolve_syst_nl2.mdl
>> dos('notepad file.m &')
```

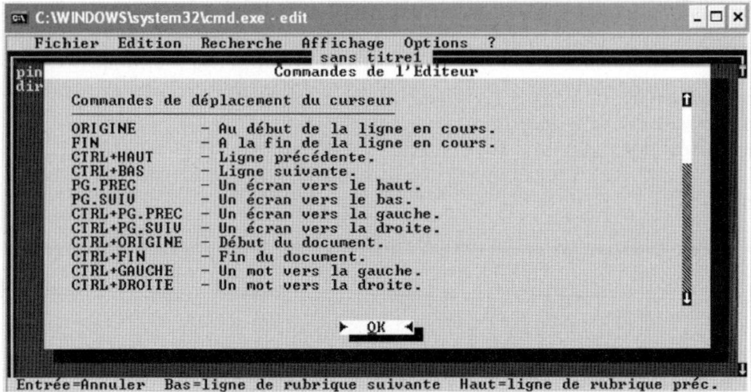

Ouvre une fenêtre de l'éditeur du DOS.

- `system`

Exécute les commandes système et retourne les résultats.

```
>> [status,result] = system('dir')
status =
     0
result =
 Le volume dans le lecteur C n'a pas de nom.
 Le num,ro de s,rie du volume est 7041-B406

 R,pertoire de C:\Documents and Settings\MARTAJ\Mes
documents\MATLAB\Chapitres prochains\Programmation_x

29/07/2009  02:09    <REP>          .
29/07/2009  02:09    <REP>          ..
25/07/2009  05:09              292 calcul_avec_for.m
25/07/2009  17:16              315 calcul_avec_while.m
25/07/2009  05:12              189 calcul_sans_for.m
27/07/2009  00:04               98 carac_spec.m
28/07/2009  22:20              283 chebt.m
```

- `unix`

Permet l'exécution des commandes Unix.

```
>> [s,w] = unix('MATLAB')
```

Lance l'exécution de MATLAB.

```
>> pwd
ans =
C:\Documents and Settings\MARTAJ\Mes
documents\MATLAB\Chapitres prochains\Programmation_x
```

- `diary`

```
>> diary on
>> diary('history_cmd')
>> x=randn(3);

>> chebt(5)

ans =

    16     0   -20     0     5     0

>> diary off
```

Il y a création du fichier `history_cmd` dans lequel sont sauvegardées toutes les commandes exécutées à partir de `diary` on jusqu'à `diary off`.

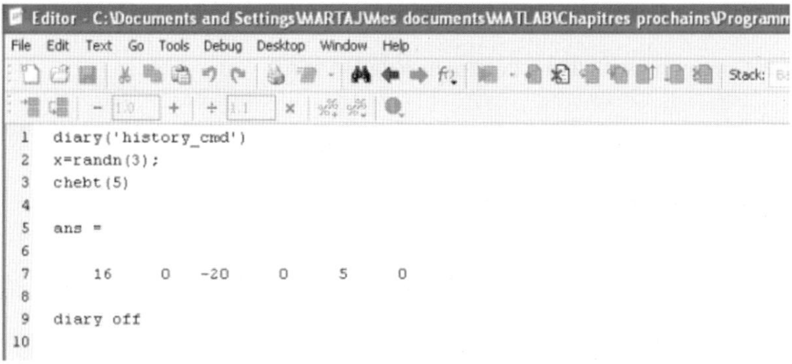

```
diary('history_cmd')
x=randn(3);
chebt(5)

ans =

    16     0   -20     0     5     0

diary off

```

- `format`

Permet de spécifier le format d'affichage des nombres. Ceci n'affecte pas la précision du résultat des calculs. Par défaut, MATLAB affiche les nombres en format court, `short`.

```
>> format long

>> pi
ans =
   3.141592653589793
```

```
>> format short e
>> pi
ans =
  3.1416e+000
```

```
>> format short eng % notation ingénieur
>> exp(100.78766)
ans =
    59.0914e+042
```

```
>> format hex % format hexadécimal
>> pi
ans =
   400921fb54442d18
```

```
>> format rat % format rationnel
```

```
>> pi
ans =
     355/113
```

## IX.2. Commandes d'aide à l'utilisation de MATLAB

La commande `help` seule, affiche des quelques types d'aide, par le nom d'un répertoire où l'on peut obtenir cette aide.

- **help**

`help` «`nom_fonction`» donne de l'aide sur cette fonction.

Cette aide est constituée des lignes de commentaires, sans espace, qui suit la définition de cette fonction.

```
>> help
HELP topics:

Mes documents\MATLAB       - (No table of contents file)
matlab\general             - General purpose commands.
matlab\ops                 - Operators and special characters.
matlab\lang                - Programming language constructs.
matlab\elmat               - Elementary matrices and matrix manipulation.
matlab\randfun             - Random matrices and random streams.
matlab\elfun               - Elementary math functions.
matlab\specfun             - Specialized math functions.
matlab\matfun              - Matrix functions - numerical linear algebra.
matlab\datafun             - Data analysis and Fourier transforms.
matlab\polyfun             - Interpolation and polynomials.
matlab\funfun              - Function functions and ODE solvers.
```

```
>> help sinc2
% aide sur la fonction sinc2.m fonction sinus cardinal
  x : vecteur des abscisses
  y : vecteur des ordonnées
```

La commande `helpwin` donne les mêmes résultats, ainsi que `docsearch`.

- **doc**

`doc` « `fonction` » ouvre la fenêtre contenant l'aide de MATLAB concernant cette fonction.

```
>> doc sinc
```

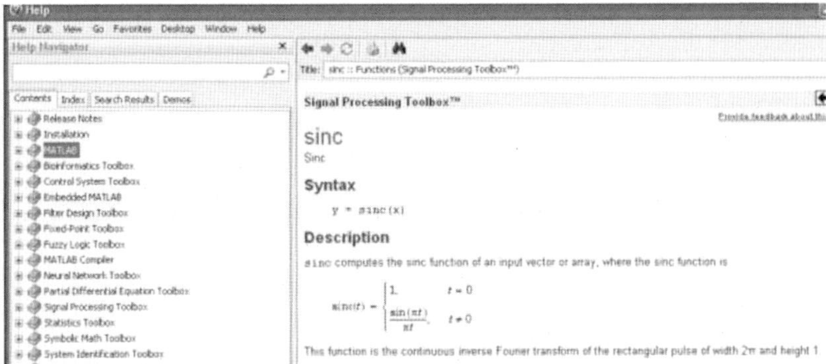


- **`demo`**

Donne les démos disponibles sur un thème donné de MATLAB.

```
>> demo matlab graphics
```

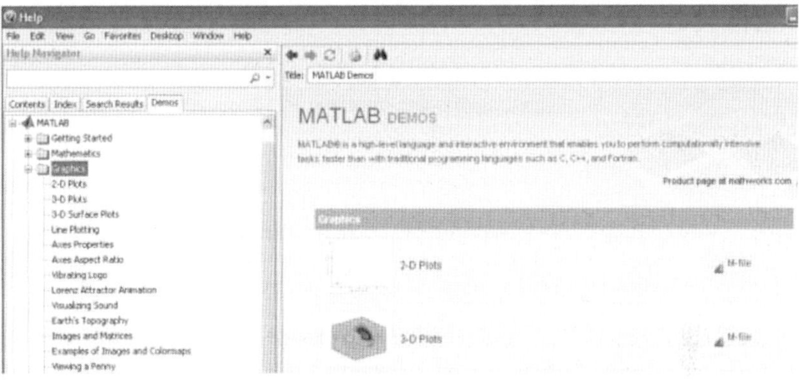


```
>> demo toolbox signal % démos de « Signal Processing
Toolbox ».
```

- **`lookfor`**

Recherche toutes les expressions MATLAB contenant un certain mot-clé.
Pour rechercher tout ce qui contient le mot-clé « `chev` », on utilise la commande suivante :

```
>> lookfor cheb
```

```
chebt                          - Coefficients T of the nth Chebyshev
polynomial of
                                 the first kind.
chebt_recc                     - Coefficients T of the nth Chebyshev
polynomial
                                 the first kind.
chebyPoly_atan_fixpt           - Calculate arctangent using Chebyshev
polynomial
                                 approximation
chebyPoly_atan_fltpt           - Calculate arctangent using Chebyshev
polynomial
                                 approximation
poly_atan2                     - Calculate the four quadrant inverse
tangent via Chebyshev polynomial
cheb1ap                        - Chebyshev Type I analog lowpass filter
prototype.
cheb1ord                       - Chebyshev Type I filter order selection.
cheb2ap                        - Chebyshev Type II analog lowpass filter
prototype.
cheb2ord                       - Chebyshev Type II filter order
selection.
chebwin                        - Chebyshev window.
cheby1                         - Chebyshev Type I digital and analog
filter design.
cheby2                         - Chebyshev Type II digital and analog
filter design.
fdcheby1                       - Chebyshev Type I Module for filtdes.
fdcheby2                       - Chebyshev Type II Module for filtdes.
```

Nous retrouvons dans la liste, les 2 fonctions que nous avons créées, `chebt.m` et `chebt_recc.m`, la plupart étant des fonctions de développement de filtres de `Tchebychev`.

- **web**

```
>>    web('http://www.mathworks.com', '-new');
```

Ouvre le site Web de `Mathworks` dans une nouvelle fenêtre.

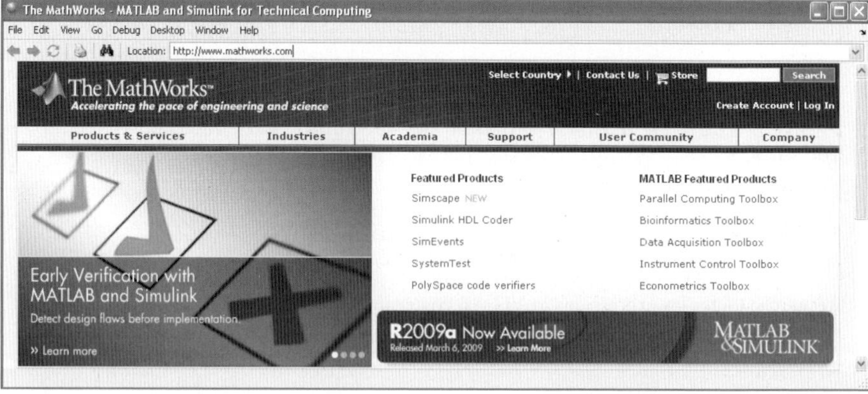

## IX.3. Gestion des répertoires

- **which**

`which « fonct »` donne le répertoire qui contient cette fonction.

```
>> which sinc2
C:\Documents and Settings\MARTAJ\Mes
documents\MATLAB\Chapitres prochains\Programmation_x\sinc2.m
```

- **cd**

La commande `cd` donne le nom du répertoire de travail courant.

```
>> cd
C:\Documents and Settings\MARTAJ\Mes
documents\MATLAB\Chapitres prochains\Programmation_x
```

On peut monter ou descendre d'un niveau par rapport au répertoire courant.

```
>> cd ..
>> cd
C:\Documents and Settings\MARTAJ\Mes
documents\MATLAB\Chapitres prochains
```

On peut se déplacer de plusieurs niveaux en même temps, comme ici de 2 niveaux :

```
>> cd ../..
>> cd
C:\Documents and Settings\MARTAJ\Mes documents
```

On peut aussi spécifier directement le nom du répertoire auquel on veut se déplacer.

```
>> cd ('C:\Documents and Settings\MARTAJ\')
>> cd
C:\Documents and Settings\MARTAJ
```

La commande `pwd` donne le même résultat.

- **dir, ls**

Affiche le contenu du répertoire courant.

```
>> ls
.                          fic_for2.m
..                         fic_mat.mat
calcul_avec_for.m          fict3
calcul_avec_while.m        fict3.txt
calcul_sans_for.m          fonct_multiple.m
```

```
chebt.m                     isinteger2.m
chebt_recc.asv              newstruct.mat
Desktop Tools and Development Environment
```

La commande `dir` donne le même résultat.

- **What**

`W = what('nom_repertoire')`

Cette commande retourne le contenu du répertoire sous forme d'une structure.

```
>> W=what('C:\Documents and Settings\MARTAJ\Mes
documents\MATLAB\Chapitres prochains\Analyse numérique_x')

W =

        path: [1x93 char]
           m: {'sol_syst_graph.m'}
         mat: {0x1 cell}
         mex: {0x1 cell}
         mdl: {2x1 cell}
           p: {0x1 cell}
     classes: {0x1 cell}
    packages: {0x1 cell}
```

Pour avoir la liste des fichiers M ou des modèles SIMULINK :

```
>> W.m
ans =
    'sol_syst_graph.m'
>> W.mdl
ans =

    'fsolve_syst_nl.mdl'
    'fsolve_syst_nl2.mdl'
```

- **path**

Liste tous les répertoires du chemin de recherche de MATLAB.

```
>> path
  MATLABPATH

 C:\Documents and Settings\MARTAJ\Mes documents\MATLAB
 C:\Program Files\MATLAB\R2009a\toolbox\matlab\general
...
C:\Program Files\MATLAB\R2009a\toolbox\shared\optimlib
C:\Program Files\MATLAB\R2009a\toolbox\symbolic
```

• **addpath**

Ajoute un répertoire dans la liste des chemins de recherche de MATLAB.

```
>> addpath ('C:\Documents and Settings\MARTAJ\Mes
documents\MATLAB\Chapitres prochains')

>> path
   MATLABPATH
  C:\Documents and Settings\MARTAJ\Mes
documents\MATLAB\Chapitres prochains
  C:\Documents and Settings\MARTAJ\Mes documents\MATLAB
```

Le répertoire est ajouté à la liste des chemins de recherche de MATLAB.

• **savepath**

Sauvegarde les chemins de recherche de MATLAB.

```
>> savepath 'C:\Documents and Settings\MARTAJ\Mes
documents\MATLAB\Chapitres prochains\pathdef.m')
```

```
>> type pathdef

function p = pathdef
%PATHDEF Search path defaults.
%   PATHDEF returns a string that can be used as input to
MATLABPATH
%   in order to set the path.

%   Copyright 1984-2007 The MathWorks, Inc.
%   $Revision: 1.4.2.2 $ $Date: 2007/06/07 14:45:14 $
% DO NOT MODIFY THIS FILE.  IT IS AN AUTOGENERATED FILE.
% EDITING MAY CAUSE THE FILE TO BECOME UNREADABLE TO
% THE PATHTOOL AND THE INSTALLER.

p = [...
%%% BEGIN ENTRIES %%%
     'C:\Documents and Settings\MARTAJ\Mes
documents\MATLAB\Chapitres prochains;', ...
     matlabroot,'\toolbox\matlab\general;', ...
     matlabroot,'\toolbox\matlab\ops;', ...
```

• **matlabroot**

Affiche le répertoire racine.

```
>> matlabroot
ans =
C:\Program Files\MATLAB\R2009a
```

## X. Editeur de fichiers M

Nous nous proposons d'étudier quelques menus de la fenêtre de l'éditeur de fichiers M. Pour ouvrir cet éditeur, on utilise la commande `edit` « `nom_fichier` ».

La commande `edit` seule ouvre l'éditeur avec un fichier vide, nommé `Untitled.m`

```
>> edit chebt
```

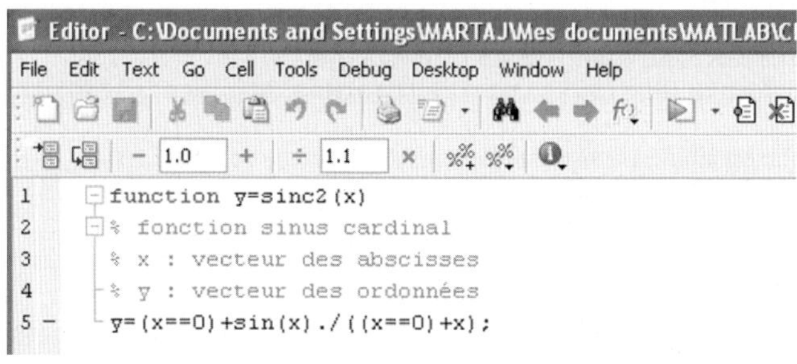


- **`file ... Import Data ...`**

Permet l'importation de données, d'un fichier `txt` ou `mat` comme `fic_mat.mat`

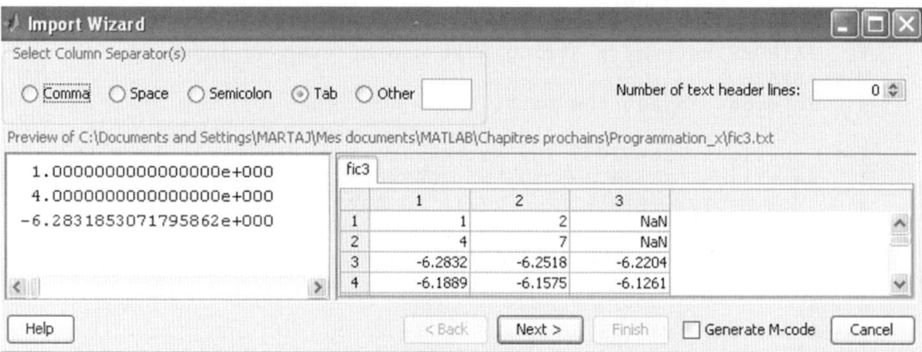


On peut choisir le type de séparateur (virgule, tabulation, ...).
On peut générer le code d'une fonction (`importfile.m`) de lecture de ce fichier, que l'on peut intégrer et appeler d'un autre fichier.

- **`file ... Save Workspace AS ...`**

Les variables de l'espace de travail sont sauvegardées par défaut dans le fichier `matlab.mat` mais on peut choisir un autre nom de fichier.

Nous exécutons les commandes suivantes et nous observons les variables dans la fenêtre `Workspace` (espace de travail).

```
>> chebt(4)
ans =
     8     0    -8     0     1
```

```
>> x=randn(5);
>>    W    =    what('C:\Documents    and    Settings\MARTAJ\Mes
documents\MATLAB\Chapitres
prochains\Programmation_x\sinc2.m')
```

```
W =
       path: 'C:\Documents and Settings\MARTAJ\Mes
documents\MATLAB\Chapitres prochains\Analyse numérique_x'
          m: {'sol_syst_graph.m'}
        mat: {0x1 cell}
        mex: {0x1 cell}
        mdl: {2x1 cell}
          p: {0x1 cell}
    classes: {0x1 cell}
   packages: {0x1 cell}
```

Dans l'espace de travail, nous avons les matrices `x` et `ans` ainsi que la structure `W`.

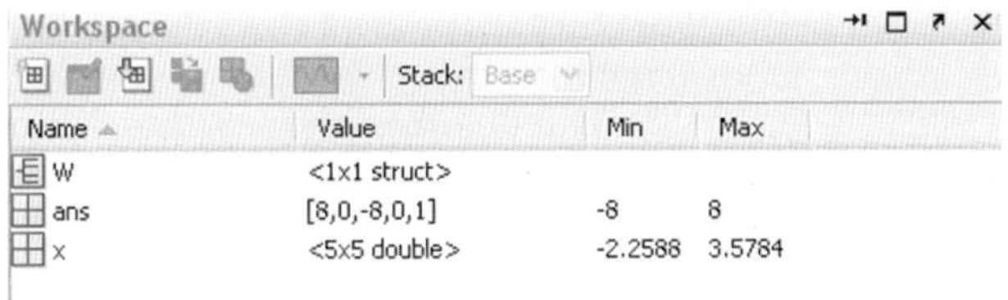


Nous pouvons sauvegarder ces valeurs dans un fichier et pouvoir récupérer ces variables.

- **`File publish`**

On peut publier un script, comme le fichier de données `data.m`, sous forme html.

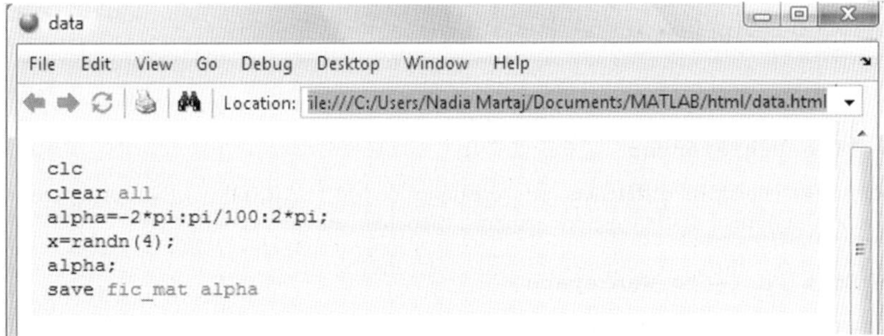

Ce fichier est sauvegardé dans un répertoire nommé automatiquement `html`.

- **`File Set Path`** ...

Permet d'ouvrir la boite de dialogue qui permet la gestion des répertoires (ajout avec sans sous-répertoires, suppression de répertoires, etc.).

On peut parcourir la liste des répertoires dans le sens ascendant (`Move to Bottom`) ou descendant (`Move Down`).

Le chemin de recherche commence par le répertoire du haut et finit par le dernier plus bas. On peut ainsi rajouter des répertoires ou en supprimer certains dans le chemin de recherche de MATLAB.

Si on veut ajouter un répertoire, on clique sur le bouton `Add Folder` ... et on l'on choisit le répertoire qu'on veut dans la nouvelle boite de dialogue.

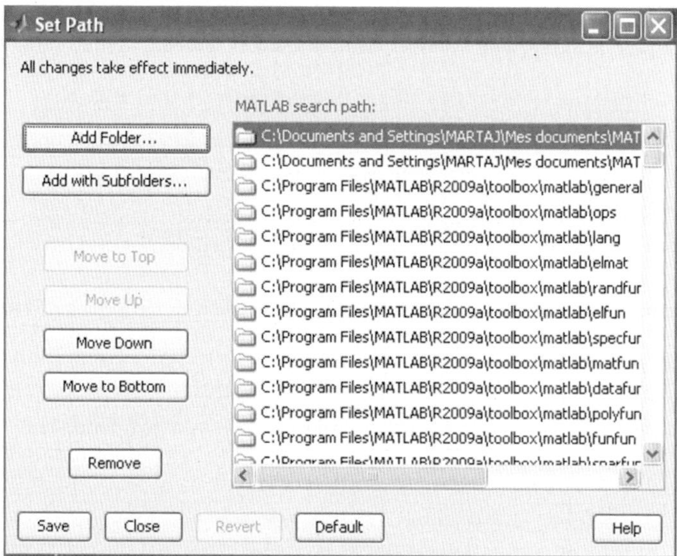


- **`File Preferences`** ...

Permet de choisir les différentes caractéristiques de MATLAB, SIMULINK, etc., comme le choix du format d'affichage des nombres, la couleur, etc.

- **`Edit Paste to Workspace`**

Enregistre le contenu du fichier dans une structure appelée `A_pastespecial`.

```
>> whos
```

```
  Name                          Size                    Bytes   Class
Attributes
  A_pastespecial       3x1                     346  cell
```

Si on demande sa valeur, on obtient :

```
>> A_pastespecial

A_pastespecial =
    'clc, clear all, alpha = -2*pi:pi/100 :2*pi;'
    'x = rand(4); alpha ;'
    'save fic_mat x alpha'
```

- **`Edit Find Files`**

Permet la recherche de fichiers.

Par ce menu `Edit`, on peut aussi effacer le contenu des différentes fenêtres de MATLAB (`Workspace, etc.`).

- **`Text Evaluate Selection (F9)`**

Permet d'évaluer les commandes préalablement sélectionnées. On peut remarquer les différentes variables dans la fenêtre `Workspace`.

On peut aussi transformer des lignes de commande en commentaires ou supprimer cette caractéristique, ainsi que réaliser des indentations qu'on peut agrandir ou diminuer.

- **`Go`**

Permet de déplacer le curseur dans le fichier.

- **`Tools`**

Permet d'utiliser des outils tel le profiler étudié plus haut, ainsi que `M-Lint` qui peut afficher un rapport des erreurs au fur et à mesure de la programmation.

- **`debug`**

Permet le déboguage du fichier en installant ou supprimant des points d'arrêt, etc.

- **`Window`**

Permet la gestion des différentes fenêtres de MATLAB (leur forme, leur disposition, etc.).

- **`Help`**

Permet d'afficher de l'aide, d'activer ou désactiver sa licence MATLAB, etc.

Remarque :
Le menu `Cell` est étudié dans le chapitre correspondant aux cellules, structures et tableaux multidimensionnels.

## Chapitre 8

# Tableaux multidimensionnels – Cellules et Structures



## I. Tableaux multidimensionnels

### I.1. Définition et génération d'un tableau multidimensionnel

#### *I.1.1. Définition*

MATLAB, langage orienté objet, admet des tableaux à plusieurs dimensions, supérieures à 2 pour le cas particulier des matrices.

Un tableau à 3 dimensions est formé de « pages », elles-mêmes constituées de matrices (tableaux à 2 dimensions), avec le même nombre de lignes et de colonnes.

N. Martaj, M. Mokhtari, *MATLAB R2009, SIMULINK et STATEFLOW pour Ingénieurs, Chercheurs et Etudiants*, DOI 10.1007/978-3-642-11764-0_8, © Springer-Verlag Berlin Heidelberg 2010

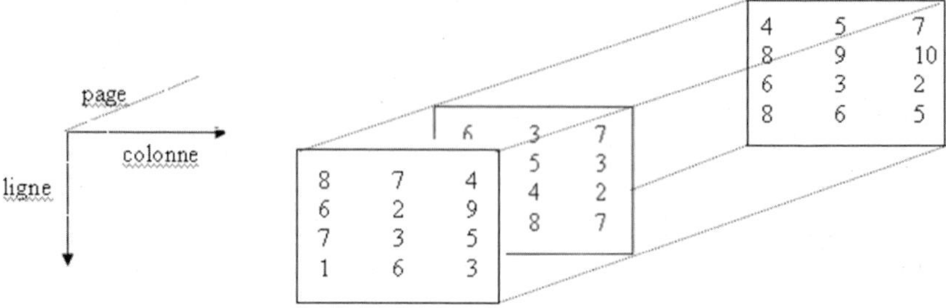


### *I.1.2. Création d'un tableau multidimensionnel*

Par définir ce tableau, nous utilisons la commande `cat` qui réalise la concaténation des pages selon la dimension 3.

```
>> page1=[8 7 4;6 2 9;7 3 5;1 6 3] ;
>> page2=[6 3 7;4 5 3; 1 4 2;3.14 8 7];
>> page3=[4 5 7;8 9 10;6 3 2;8 6 5];
>> cat(3, page1,page2,page3)
```

```
>> tableau1=cat(3, page1,page2,page3)
tableau1(:,:,1) =
     8     7     4
     6     2     9
     7     3     5
     1     6     3

tableau1(:,:,2) =
    6.0000    3.0000    7.0000
    4.0000    5.0000    3.0000
    1.0000    4.0000    2.0000
    3.1400    8.0000    7.0000

tableau1(:,:,3) =
     4     5     7
     8     9    10
     6     3     2
     8     6     5
```

L'affichage se fait par page, le signe ' :' indique « toutes » les lignes et toutes les colonnes de chaque page.

Pour accéder à l'élément de la 2ème page, 4ème ligne et 1ère colonne :

```
>> tableau1(4,1,2)
ans =
    3.1400
```

On peut créer un tableau multidimensionnel sans utiliser la commande `cat`, en spécifiant directement la page comme dans le cas suivant :

```
>> tableau2(:,:,1)=[2 6;4 5]
tableau2 =
     2     6
     4     5
```

```
>> tableau2(:,:,2)=[5 7;8 3]
tableau2(:,:,1) =
     2     6
     4     5

tableau2(:,:,2) =
     5     7
     8     3
```

On peut étendre un tableau en spécifiant directement les valeurs de la nouvelle page.

```
>> tableau2(:,:,3)=[2 4;1 7]
tableau2(:,:,1) =
     2     6
     4     5

tableau2(:,:,2) =
     5     7
     8     3

tableau2(:,:,3) =
     2     4
     1     7
```

Un tableau à 4 dimensions est un tableau de tableaux.
Les éléments de la 4ème dimension de `tableau3` sont formés de `tableau1` et d'un tableau aléatoire de mêmes dimensions que `tableau1` :

```
>> tableau3(:,:,:,1)=tableau1;
>> tableau3(:,:,:,2)=randn(size(tableau1)) ;
```

```
>> size(tableau3)
ans =
     4     3     3     2
```

Nous pouvons aussi utiliser la commande `cat` en précisant la concaténation selon une autre dimension comme la 4ème dimension, par exemple.

```
>> tableau4=cat(4, tableau1, randn(size(tableau1))) ;
```

Nous pouvons vérifier l'égalité de `tableaux3` et `tableau4` si les valeurs de `randn` sont toujours les mêmes à chaque réalisation.

```
>> all(all(all((tableau3==tableau4))))

ans(:,:,1,1) =
     1

ans(:,:,1,2) =
     0
```

L'égalité est réalisée uniquement pour les éléments de la 1ère page ne contenant par la fonction `randn`.

Comme pour les matrices, on peut créer des tableaux particuliers en utilisant les commandes `ones`, `randn`, `zeros`, etc.

```
>> taille=size(tableau1);
>> tableau5=ones(taille)+randn(taille);
```

Nous créons un tableau de mêmes dimensions que `tableau1`, formés de 1 auxquels on a ajouté des valeurs aléatoires normales, dont nous affichons la 2ème page.

```
>> tableau5(:,:,2)

ans =
    3.9080    0.5314    1.7015
    1.8252    0.7275   -1.0518
    2.3790    2.0984    0.6462
   -0.0582    0.7221    0.1764
```

La commande `ndims` donne le nombre de dimensions qui est 4 pour `tableau3`.

```
>> ndims(tableau3)
ans =
     4
```

La commande `whos` qui liste les variables de l'espace de travail donne :

```
>> whos
  Name            Size              Bytes  Class     Attributes

  ans             1x1               8    double
  page            0x0               0    double
  page1           4x3               96   double
  page2           4x3               96    double
  page3           4x3               96    double
  tableau1        4x3x3             288    double
  tableau2        2x2x3             96    double
  tableau3        4-D               576    double
  taille          1x3               24    double
```

Pour supprimer la 2ème colonne dans toutes les pages de `tableau3`, on doit la remplacer par un ensemble vide.

```
>> tableau3(:,2,:)=[]
```

La première page de ce nouveau tableau donne :

```
>> tableau3(:,:,1)
ans =
     8     4
     6     9
     7     5
     1     3
```

On peut accéder à une partie du tableau en indexant les lignes, les colonnes et les pages correspondantes.

### *I.1.3. Extraction d'un sous-tableau*

```
>> subtableau3=tableau3(1:2,1,1:2)

subtableau3(:,:,1) =
     8
     6

subtableau3(:,:,2) =
     6
     4
```

Dans ce cas on ne considère que les 2 premières lignes, uniquement la 1ère colonne, des pages 1 à 2. Le tableau est uniquement constitué d'un tableau à 3 dimensions à 2 pages formées de 2 vecteurs. Les conditions sur les valeurs des éléments d'un tableau des tableaux de mêmes dimensions formés de 1 et 0 aux index des éléments où la condition est respectivement vraie et fausse.

```
>> [i,j,k]=find(tableau5>3)
i =
     3
     3

j =
     3
     4
k =
     1
     1
```

On trouve uniquement 2 éléments qui vérifient cette condition, à savoir les éléments (3,3) et (3,4) de la 1ère page.

On peut créer un tableau formé de ces éléments en indexant directement `tableau5` à l'aide de la commande `find`.

```
>> tableau6=tableau5(find(tableau5>3))
tableau6 =
    3.5784
    3.0349
```

Le `tableau6` est alors une matrice à 2 lignes et 1 colonne.

```
>> size(tableau6)
ans =
     2     1
```

On peut transformer n'importe quel tableau en un seul vecteur colonne en l'indexant par le signe « : ». Si on veut calculer la moyenne de tous les éléments de `tableau5`, nous avons plusieurs possibilités.

### *I.1.4. Opérations sur les tableaux*

#### *I.1.4.1. Fonctions de tableaux*

```
>> moy1=mean(tableau5)
moy1(:,:,1) =
    0.0376   -0.0422
moy1(:,:,2) =
    1.1625    1.4848
moy1(:,:,3) =
    0.4590    0.3869
```

Le calcul se fait d'abord par page en calculant la moyenne de chacune de ses colonnes.

En combinant deux fois la commande `mean`, nous obtenons toujours 3 pages contenant la moyenne de tous les éléments de toutes les pages.

```
>> moy2=mean(moy1)
moy2(:,:,1) =
   -0.0023
moy2(:,:,2) =
    1.3237
moy2(:,:,3) =
    0.4229
```

Il faut combiner la commande `mean` en autant de dimensions du tableau pour avoir la moyenne de tous ses éléments.

```
>> moyenne=mean(mean(mean(tableau5)))
moyenne =
    0.5814
```

Le moyen le plus simple de calculer cette moyenne est de l'appliquer sur le vecteur colonne obtenu en indexant le tableau par l'opérateur « : ».

```
>> moyenne=mean(tableau5(:))
moyenne =
    0.5814
```

Ceci est valable pour toutes les commandes telles que `sum`, `prod`, etc.

```
>> size(tableau5(:))
ans =
    18     1
```

Le vecteur obtenu est de type colonne à 18 éléments.

##### *I.1.4.2. Opérations élément par élément*

Les opérations élément par élément peuvent s'opérer tableau par tableau, matrice par matrice, vecteur par vecteur ou élément par élément (singleton).

Certaines opérations ne s'appliquent que pour les tableaux à 2 dimensions (matrices) comme `det`, `eig`, etc.

```
>> a = rand(1,2,3,4,5);
>> eig (a)
??? Undefined function or method 'eig' for input arguments
of type 'double' and attributes 'full nd real'.
>> det(a)
??? Undefined function or method 'det' for input arguments
of type 'double' and attributes 'full nd real'.
```

Ces fonctions s'appliquent, par contre, à des pages (matrices) de ces tableaux.

```
>> c=cat(4,cat(3,[1 3;5 6],[2 6;8 9]), cat(3,[7 5; 4 7],[9
2;8 5]))
>> det(c(:,:,2,1))
ans =
   -30
>> inv(c(:,:,2,1))
ans =
   -0.3000    0.2000
    0.2667   -0.0667
```

L'application des fonctions telles que `sinc`, `cos`, `exp`, etc. à des tableaux multidimensionnels, donne des tableaux de mêmes dimensions.

```
>> sinc_a=sinc(a);
>> size(sinc_a)
ans =
     1     2     3     4     5
>> exp_2_sin_a=exp(2*sin(a));
>> size(exp_2_sin_a)
ans =
     1     2     3     4     5
```

### *I.1.5. Changement des dimensions d'un tableau*

`tableau5` de dimensions (3, 2, 3) possède 18 éléments. Il peut être transformé ainsi en une matrice à 6 lignes et 3 colonnes, par exemple.

```
>> reshape(tableau5,[6,3])

ans =
    0.5377   -0.4336    0.7254
    1.8339    0.3426   -0.0631
   -2.2588    3.5784    0.7147
    0.8622    2.7694   -0.2050
    0.3188   -1.3499   -0.1241
   -1.3077    3.0349    1.4897
```

Ou en matrice à 3 lignes et 6 colonnes :

```
>> reshape(tableau5,[3,6])

ans =
    0.5377    0.8622   -0.4336    2.7694    0.7254   -0.2050
    1.8339    0.3188    0.3426   -1.3499   -0.0631   -0.1241
   -2.2588   -1.3077    3.5784    3.0349    0.7147    1.4897
```

On peut la transformer en n'importe quel tableau, pourvu que le nombre d'éléments reste inchangé, soit par exemple le tableau à 3 dimensions de 3 pages, chacune de 2 lignes et 3 colonnes.

```
>> reshape(tableau5,[2,3,3])
ans(:,:,1) =

    0.5377   -2.2588    0.3188
    1.8339    0.8622   -1.3077

ans(:,:,2) =
   -0.4336    3.5784   -1.3499
    0.3426    2.7694    3.0349
ans(:,:,3) =
    0.7254    0.7147   -0.1241
   -0.0631   -0.2050    1.4897
```

### *I.1.6. Permutation des dimensions d'un tableau*

La commande `permute(tableau, dims)` permet de permuter les dimensions de `tableau` selon les dimensions spécifiées dans `dims`.

```
>> a = rand(1,2,3,4,5);

>> b=permute(a,[2,1,3,5,4]);
```

On passe du tableau « a » 5 dimensions au tableau « b » à 4 dimensions tout en respectant le même nombre total d'éléments. Le tableau « a » est formé de 5 tableaux eux-mêmes constitués de 4 tableaux à 3 dimensions (3 pages d'une ligne et 2 colonnes) et le tableau « b » sera formé de 4 tableaux constitués de 5 tableaux tridimensionnels à 3 pages de 2 lignes et 1 colonne.

```
>> size(a)
ans =
     1     2     3     4     5
```

```
>> size(b)
ans =
     2     1     3     5     4
```

On donne ici la première page des tableaux « `a` » et « `b` » de la dernière dimension 5 pour « `a` » et 4 pour « `b` ».

```
>> a(:,:,1,1,1)
ans =
    0.3685    0.6256

>> b(:,:,1,1,1)
ans =
    0.3685
    0.6256
```

Le retour au tableau d'origine se fait à l'aide de la commande `ipermute` avec les mêmes dimensions utilisées par la commande `permute`.

```
>> c=ipermute(b,[2,1,3,5,4]);

>> all(c(:)==a(:))
ans =
     1
```

Le tableau « `c` » obtenu par la commande `ipermute` est identique au tableau « `a` » d'origine.

### *I.1.7. Utilisation pratique des tableaux multidimensionnels dans l'industrie*

Prenons l'exemple d'un banc de mesures dans l'industrie de l'automobile où l'on a souvent besoin de mesurer nombre de signaux issus de capteurs (température, pression, humidité, débit de fluide, etc.). Supposons qu'on fasse ces mêmes mesures pour plusieurs paramètres de l'environnement (ex. vitesse du moteur). Dans ce cas précis, chaque ligne du tableau représente les valeurs issues de ces capteurs à un instant t. Toutes les lignes comporteront ainsi toutes les mesures pour une vitesse du moteur. Chaque colonne représente la valeur d'un capteur pour tous les instants de l'essai. Pour une autre vitesse du moteur, les mesures sont enregistrées dans une autre page du tableau.

Pour la vitesse 1 :

| Température (°C) | Débit (l/mn) | Pression (bar) |
|---|---|---|
| 20.1 | 0.48 | 1.67 |
| 21.0 | 0.50 | 1.20 |
| 21.2 | 0.52 | 1.18 |
| 21.5 | 0.55 | 1.16 |
| 21.8 | 0.57 | 1.12 |
| 21.7 | 0.60 | 1.08 |
| 21.9 | 0.62 | 1.08 |
| 22.1 | 0.64 | 1.07 |
| 22.5 | 0. 67 | 1.04 |
| 22.8 | 0.68 | 1.02 |

Pour la vitesse 2:

| Température (°C) | Débit (l/mn) | Pression (bar) |
|---|---|---|
| 30 | 0.54 | 1.04 |
| 30.6 | 0.62 | 1.03 |
| 30.8 | 0.65 | 1.01 |
| 31 | 0.67 | 0.96 |
| 31.2 | 0.69 | 0.94 |
| 31.5 | 0.71 | 0.93 |
| 31.7 | 0.81 | 0.91 |
| 31.9 | 0.91 | 0.89 |
| 32.2 | 1.01 | 0.84 |
| 32.5 | 1.1 | 0.81 |

Le tableau multidimensionnel sera le suivant : 2 pages de 3 colonnes et 10 colonnes.

```
>> temp_vit1=[20.1  21  21.2  21.5  21.8  21.7  21.9  22.1  22.5
22.8]';
>> pression_vit1=[1.67 1.20 1.18 1.16 1.12 1.08 1.08 1.07
1.04 1.02]';
>> debit_vit1=[0.48 0.50 0.52 0.55 0.57 0.60 0.62 0.64 0.67
0.68]';
```

La concaténation selon la 2ème dimension se fera pour ces vecteurs colonnes.

```
>> vit1=cat(2,temp_vit1,pression_vit1,debit_vit1)
vit1 =
   20.1000    1.6700    0.4800
   21.0000    1.2000    0.5000
   21.2000    1.1800    0.5200
   21.5000    1.1600    0.5500
   21.8000    1.1200    0.5700
   21.7000    1.0800    0.6000
   21.9000    1.0800    0.6200
   22.1000    1.0700    0.6400
   22.5000    1.0400    0.6700
   22.8000    1.0200    0.6800
```

On fait de même pour les mesures concernant la vitesse 2 du moteur :

```
vit2 =
   30.0000    1.0400    0.5400
   30.6000    1.0300    0.6200
   30.8000    1.0100    0.6500
   31.0000    0.9600    0.6700
   31.2000    0.9400    0.6900
   31.5000    0.9300    0.7100
   31.7000    0.9100    0.8100
   31.9000    0.8900    0.9100
   32.2000    0.8400    1.0100
   32.5000    0.8100    1.1000
```

Le tableau multidimensionnel des 2 séries de mesures s'obtient par concaténation selon la dimension 3.

```
>> vit12= cat(3, vit1,vit2)

vit12(:,:,1) =
   20.1000    1.6700    0.4800
   21.0000    1.2000    0.5000
   21.2000    1.1800    0.5200
   21.5000    1.1600    0.5500
   21.8000    1.1200    0.5700
   21.7000    1.0800    0.6000
   21.9000    1.0800    0.6200
   22.1000    1.0700    0.6400
   22.5000    1.0400    0.6700
```

```
   22.8000      1.0200      0.6800

vit12 (:,:,2) =
   30.0000      1.0400      0.5400
   30.6000      1.0300      0.6200
   30.8000      1.0100      0.6500
   31.0000      0.9600      0.6700
   31.2000      0.9400      0.6900
   31.5000      0.9300      0.7100
   31.7000      0.9100      0.8100
   31.9000      0.8900      0.9100
   32.2000      0.8400      1.0100
   32.5000      0.8100      1.1000
```

On désire tracer la courbe des mesures de chaque capteur sur le même graphique pour visualiser l'effet de la vitesse du moteur sur cette mesure (température, pression, débit).

*fichier mesures_capteurs.m*

```
% Tracé des mesures de capteurs
vit1 =[20.1000      1.6700      0.4800
   21.0000      1.2000      0.5000
   21.2000      1.1800      0.5200
   21.5000      1.1600      0.5500
   21.8000      1.1200      0.5700
   21.7000      1.0800      0.6000
   21.9000      1.0800      0.6200
   22.1000      1.0700      0.6400
   22.5000      1.0400      0.6700
   22.8000      1.0200      0.6800];

vit2 =[30.0000      1.0400      0.5400
   30.6000      1.0300      0.6200
   30.8000      1.0100      0.6500
   31.0000      0.9600      0.6700
   31.2000      0.9400      0.6900
   31.5000      0.9300      0.7100
   31.7000      0.9100      0.8100
   31.9000      0.8900      0.9100
   32.2000      0.8400      1.0100
   32.5000      0.8100      1.1000];

vit12= cat(3, vit1,vit2)
subplot(1,3,1)

plot(1:10,vit12(:,1,1))
grid on
hold on
plot(1:10,vit12(:,1,2))
title('Temp. °C')
```

```
subplot(1,3,2)
plot(1:10,vit12(:,2,1))
hold on
plot(1:10,vit12(:,2,2))

title('Pression (Bar)'), grid on
subplot(1,3,3)
plot(1:10,vit12(:,3,1))
grid on
hold on
plot(1:10,vit12(:,3,2))
title('Débit l/mn')

% courbe de la pression en fonction de la température
hold off
figure(2)
plot(vit12(:,1,1), vit12(:,2,1),'s')
title('Pression en fonction de la température - Vitesse 1 du
moteur')
```

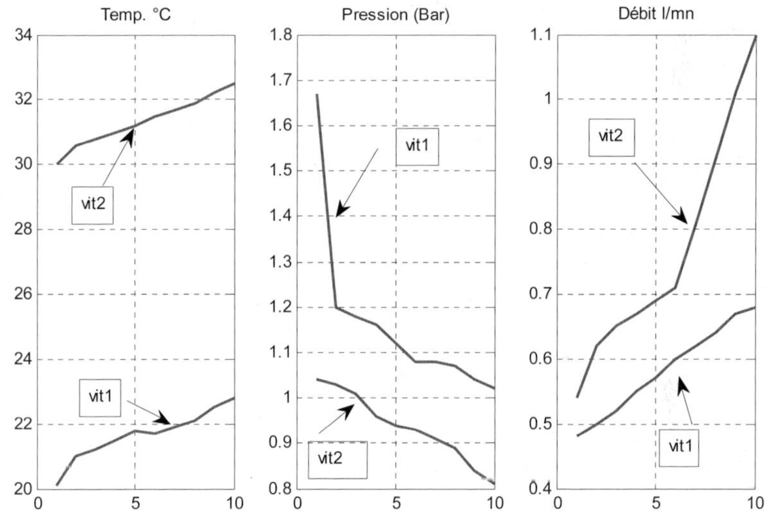


On réalise également la modélisation de la courbe donnant la pression en fonction de la température. On trace la courbe donnant la pression en fonction de la température.

```
>> plot(vit12(:,1,1), vit12(:,2,1))
```

Le menu `Tools` de la fenêtre graphique possède l'outil de lissage de courbes `Basic Fitting`.

Cet outil permet de tracer la courbe du polynôme d'interpolation, d'afficher les coefficients du polynôme de lissage et de les sauvegarder sous une forme d'une structure.

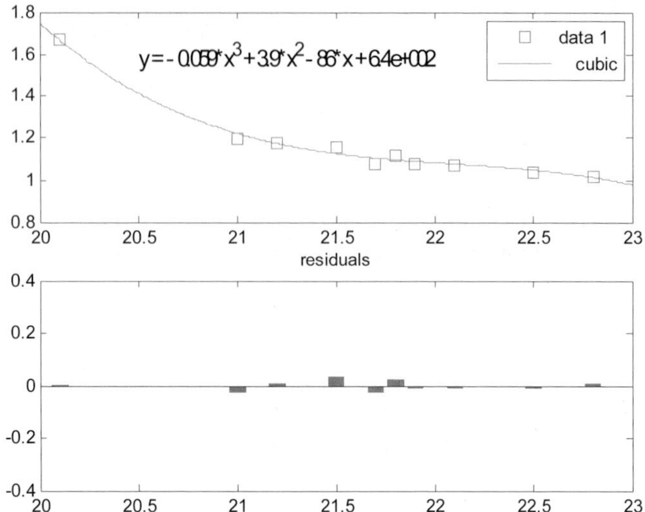


On choisit un lissage cubique en cochant la case `cubic`, soit un polynôme d'interpolation du 3ème degré. En cochant la case `Show equations`, on obtient l'affichage des paramètres du coefficient avec le nombre de digits significatifs spécifié dans le menu `Significant digits`.

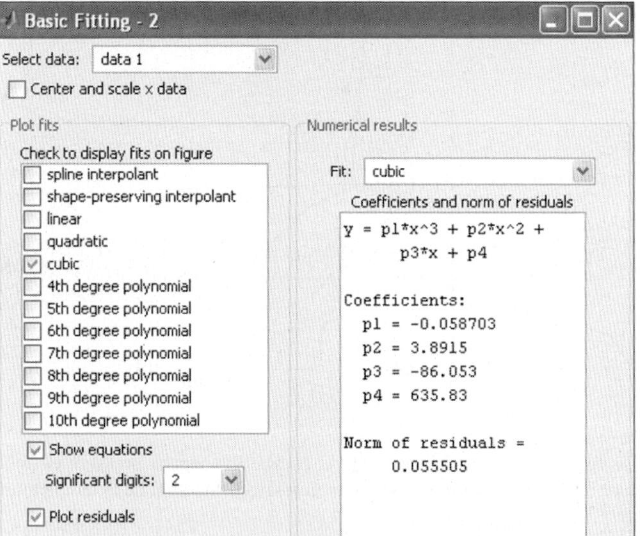


En cliquant sur le bouton `Save to workspace`, le polynôme est sauvegardé dans l'espace de travail MATLAB sous la forme d'une structure.

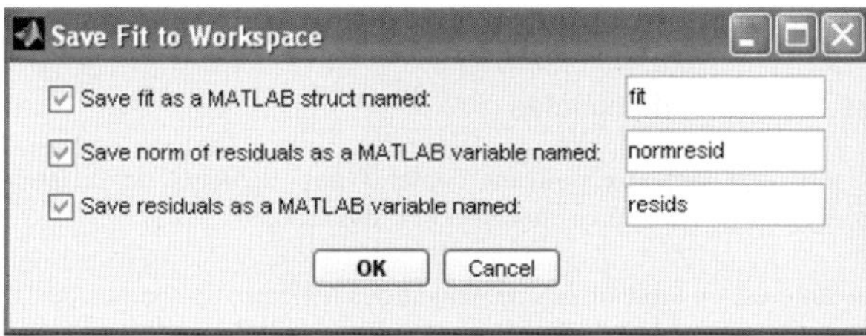


La structure aura pour nom `fit`, la norme des résidus sous le nom `normresid` et les résidus sous le nom `resids`.

Ces noms peuvent être, bien sûr, modifiés.

Dans le cas où on garde ces noms, nous avons :

```
>> fit
fit =
     type: 'polynomial degree 3'
    coeff: [-0.0587 3.8915 -86.0531 635.8273]

>> fit.type

ans =
polynomial degree 3

>> fit.coeff
ans =
   -0.0587    3.8915  -86.0531  635.8273
```

```
>> normresid
normresid =
    0.0555
```

Les valeurs des résidus sont :

```
>> resids

resids =
    0.0026
   -0.0220
    0.0055
    0.0338
    0.0232
   -0.0251
   -0.0095
   -0.0068
   -0.0084
    0.0066
```

## II. Tableaux multidimensionnels de cellules

### II.1. Cellules, Tableaux de cellules

Les cellules sont des tableaux pouvant contenir des éléments de différents types de données : des chaînes de caractères, des nombres, des tableaux, etc.

La cellule suivante est un tableau 2x2 contenant des tableaux de chaînes de caractères, des nombres complexes, des tableaux d'entiers et une autre cellule.

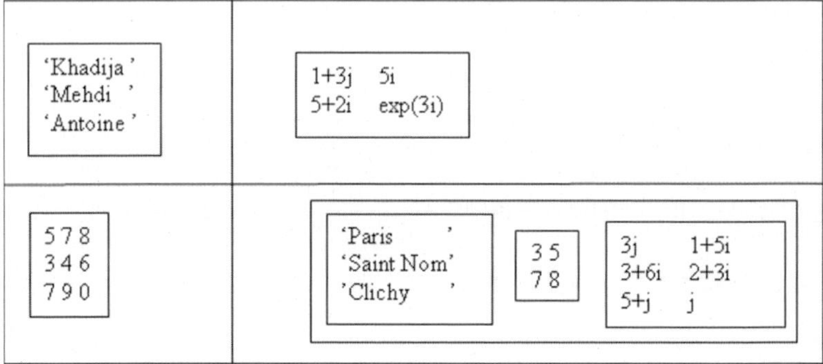


#### *II.1.1. Construction de cellules*

Les éléments d'une cellule doivent être mis entre accolades « { } »

La cellule ci-dessus doit être écrite de façon suivante :

```
>> Cell2={['Khadija';'Mehdi   ';'Antoine'] [1+3j  5i;5+2i exp(3i)]; ...
[5 7 8 ;3 4 6 ;7 9 0] Cell1}
```

Avec `Cell1 précédemment définie par:`

```
>> Cell1={['Paris    ';'Saint Nom';'Clichy    '] [3 5;7 8] ...
[3j 1+5i;3+6i 2+3i ;5+j j]}
```

```
Cell1 =
    [3x9 char]    [2x2 double]    [3x2 double]
```

```
Cell2 =
    [3x7 char  ]    [2x2 double]
    [3x3 double]    {1x3 cell  }
```

Nous remarquons que `Cell1` est constituée d'un tableau d'une ligne et 3 colonnes.

- Le premier élément est du type chaîne de caractères (3 lignes de 9 colonnes ou caractères),
- Le deuxième est de type réel (matrice carrée 2x2),

- Le troisième est un tableau de type double de 3 lignes et 2 colonnes.

Les chaînes d'une même colonne doivent avoir la même longueur (même nombre de caractères). Dans le cas précédent, nous avons du rajouter autant de blancs aux chaînes les plus courtes afin d'avoir la même longueur que la plus grande.
Pour s'affranchir de ce calcul fastidieux de longueur des chaînes, nous utilisons la commande `strvcat` (concaténation verticale des chaînes de caractères).

```
>> Cell1={[strvcat('Paris','Saint Nom','Clichy')] [3 5;7 8]
...
[3j 1+5i;3+6i 2+3i ;5+j j]}
>>     Cell2={[strvcat('Khadija','Mehdi','Antoine')]     [1+3j
5i;5+2i exp(3i)]; ...
[5 7 8 ;3 4 6 ;7 9 0] Cell1}

Cell1 =
    [3x9 char]    [2x2 double]    [3x2 double]

Cell2 =
    [3x7 char  ]    [2x2 double]
    [3x3 double]    {1x3 cell  }
```

Un autre moyen de construire des cellules est d'utiliser la commande `cell`.

```
>> x=cell(2,3)
x =
      []      []      []
      []      []      []
```

Cette commande crée une cellule vide taille 2x3.

On peut spécifier après chaque élément de la cellule.

```
>> x{1,1}=1
x =
    [1]      []      []
     []      []      []
```

```
>> x{2,3}='MATLAB R2009a'
x =
    [1]      []                  []
     []      []     'MATLAB R2009a'
```

La commande `cell` permet de définir le type d'objet cellule avant de spécifier leurs valeurs.

```
>> A = cell(3,1);
>> for n = 1:3
   A{n} = randn(n);
   A{n}
end
```

```
ans =
   -2.2023
```

```
ans =
    0.9863    0.3274
   -0.5186    0.2341

ans =
    0.0215   -0.3744    1.4725
   -1.0039   -1.1859    0.0557
   -0.9471   -1.0559   -1.2173
```

Le tableau A possède 3 cellules.

```
>> A
A =
    [   -2.2023]
    [2x2 double]
    [3x3 double]
```

Chaque cellule est aussi un tableau de taille n. Pour accéder à la valeur d'indices (2,3) de la 3$^{ème}$ cellule, on fait l'indexation suivante :

```
>> A{3}(2,3)
ans =
    0.0557
```

### *II.1.2. Accès aux éléments des cellules, indexation*

Pour accéder à un élément d'une cellule, on l'indexe en utilisant les accolades :

```
>> Cell1{1}
ans =
Paris
Saint Nom
Clichy
```

```
>> Cell1{1:2}
ans =
Paris
Saint Nom
Clichy

ans =
     3     5
     7     8
```

Pour avoir tous les éléments de la cellule, on met l'opérateur « : » entre les accolades, comme pour les tableaux de réels.

```
>> Cell1{:}
ans =
Paris
Saint Nom
Clichy
ans =
     3     5
     7     8

ans =
        0 + 3.0000i    1.0000 + 5.0000i
   3.0000 + 6.0000i    2.0000 + 3.0000i
   5.0000 + 1.0000i         0 + 1.0000i
```

Nous remarquons que l'élément 2x2 de la cellule `Cell2` est aussi une autre cellule de taille 1x3 (1 ligne et 3 colonnes).

```
>> x=Cell2{2,2}

x =
    [3x9 char]    [2x2 double]    [3x2 double]
```

```
>> x=Cell2{2,2}

x =
    [3x9 char]    [2x2 double]    [3x2 double]

>> x(3)
ans =
    [3x2 double]

>> iscell(x)
ans =
     1
```

L'indexation peut se faire soit entre crochets soit entre accolades.

Comme nous venons de le voir, `Cell2{2,2}` retourne le contenu de la cellule `Cell2` spécifié par l'index (2ème ligne et 2ème colonne).

On utilise les parenthèses pour indexer les cellules d'un tableau (voir tableaux de cellules).

### *II.1.3. Concaténation de cellules*

Nous créons 2 cellules, `Cell3` et `Cell4` que nous allons concaténer en une cellule `Cell5`.

```
>> Cell3={[1 3;5 9] ['2 Sources chaudes';'Saint Nom
';'Saint Lazare     ']}
Cell3 =
    [2x2 double]    [3x17 char]

>> Cell3{2}
ans =
2 Sources chaudes
Saint Nom
Saint Lazare

>> Cell4={'Thermodynamique à échelle finie' 8667}
Cell4 =
    [1x30 char]    [8667]
```

• *Concaténation des cellules*

```
>> Cell5={Cell3 Cell4}
Cell5 =
    {1x2 cell}    {1x2 cell}
```

On remarque bien que `Cell5` est constituée de 2 cellules.

Pour accéder au 1^er^ élément de la 1^ère^ cellule de `Cell5`, nous devons faire deux fois l'indexation.

```
>> Cell5{1}
ans =
    [2x2 double]    [3x17 char]
```

Le premier élément de `Cell5` est une autre cellule à 2 éléments.

```
>> Cell5{1}{1}
ans =
     1     3
     5     9
```

On peut aussi concaténer les éléments de ces deux cellules pour en faire les éléments d'une seule. Pour ça, on utilise les crochets « [] » au lieu des accolades « {} ».

```
>> Cell6=[Cell3 Cell4]
Cell6 =
    [2x2 double]    [3x17 char]    [1x31 char]    [8667
```

On obtient bien une seule cellule avec un élément supplémentaire que la cellule Cell5.

```
>> Cell6{:}
ans =
     1     3
     5     9

ans =
2 Sources chaudes
Saint Nom
Saint Lazare

ans =
Thermodynamique à échelle finie
ans =
        8667
```

- *2ème élément de la 1ère cellule*

```
>> Cell5{1}{2}
ans =
2 Sources chaudes
Saint Nom
Saint Lazare
```

## II.2. Tableaux de cellules

### *II.2.1. Tableaux bidimensionnels*

Un tableau de cellules contient des cellules de mêmes dimensions.

```
>> x1 = {['MATLAB R2009a' ; 'exergie      '] ,8667}
x1 =
    [2x13 char]    [8667]
```

```
>> x2= {randn(2),'SIMULINK 7.8.5'}
x2 =
    [2x2 double]    'SIMULINK 7.8.5'
```

```
>> x12 =
    [2x13 char  ]    [          8667]
    [2x2  double]    'SIMULINK 7.8.5'
```

L'indexation entre parenthèses retourne les cellules d'un tableau spécifiées par l'index.

```
>> x12(1)
ans =
    [2x13 char]
```

```
>> x12(1:2)
ans =
    [2x13 char]    [2x2 double]
```

L'indexation entre accolades retourne le contenu des cellules d'un tableau spécifiées par l'index.

```
>> x12{1}
ans =
MATLAB R2009a
exergie
```

```
>> x12{1:2}
ans =
MATLAB R2009a
exergie

ans =
    0.3188   -0.4336
   -1.3077    0.3426
```

Considérons le tableau de cellules suivant dont nous rentrons les valeurs par lignes.

```
>> x(1,:) = {'tissu rouge', {'transparent', [3193, 8667]}};
>> x(2,:) = {'2 étoiles vertes', {'vertes',  [3, 2]}};
>> x(3,:) = {'brushing film du Dimanche',  {'Octobre', [13
10]}};
>> x
x =
    'tissu rouge'            {1x2 cell}
    '2 étoiles vertes'       {1x2 cell}
          [1x25 char]        {1x2 cell}
```

Ce tableau est constitué de 3 cellules contenant chacune une cellule ayant 2 éléments (une chaîne de caractères et un vecteur ligne de taille 2).

Le deuxième élément de chacune de ces cellules internes vaut :

```
>> x{:,2}

ans =
    'transparent'    [1x2 double]
ans =
    'vertes'    [1x2 double]
ans =
    'Octobre'    [1x2 double]
```

*Le 4$^{ème}$ élément du tableau x, x{4}, étant une cellule :*

```
>> x{4}

ans =
    'transparent'    [1x2 double]
```

Le premier élément de cette cellule peut être indexé comme suit pour pouvoir extraire sa valeur :

```
>> x{4}{1}
ans =
transparent
```

C'est la 1ère valeur du 4ème élément du tableau de cellules x.

### *II.2.2. Tableaux multidimensionnels de cellules*

La même notion de pages est définie pour les tableaux multidimensionnels de cellules où la même commande `cat` peut être utilisée selon une dimension.

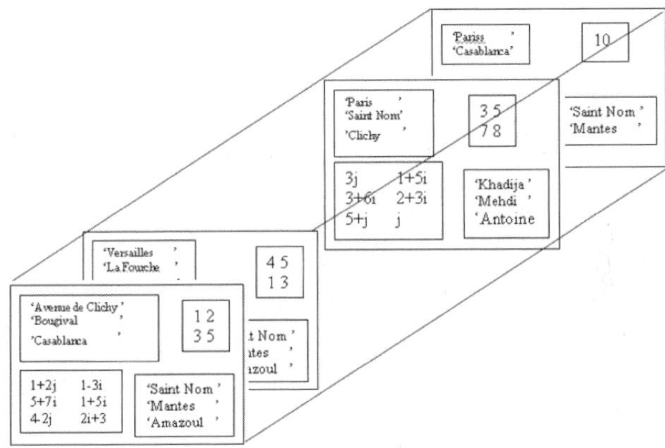


Considérons les tableaux de cellules suivants, basés sur la même structure que le schéma précédent :

```
>> % Cellule A

% Cellule A
>> A{1,1} = 'Saint Nom';
>> A{1,2} = ones(2);
>> A{2,1} = i;
>> A{2,2} = 'Casablanca';

 % Cellule B
>> B{1,1} = 'Antony';
>> B{1,2} = [1 3;5 7];
>> B{2,1} = exp(j*[pi pi/4]);
>> B{2,2} = 3;

>> % Tableau à 3 dimensions de cellules
>> C = cat(3, A, B);
```

Nous obtenons le tableau de structures à 3 dimensions suivant :

```
>> C
C(:,:,1) =
    'Saint Nom'              [2x2 double]
    [0.6324 + 1.0000i]       'Casablanca'

C(:,:,2) =
    'Antony'          [2x2 double]
    [1x2 double]      [           3]
```

Chacune de ces 2 pages est un tableau bidimensionnel de cellules, qui peut être remplie directement sans utiliser la commande `cat` comme pour les tableaux ordinaires.

```
>> D(:,:,1)={'Saint Nom' ones(2);i+rand 'Casablanca'};
>> D(:,:,2)={'Antony' [1 3;5 7]; exp(j*[pi pi/4]) 3};

>> D

D(:,:,1) =
    'Saint Nom'             [2x2 double]
    [0.7382+ 1.0000i]       'Casablanca'
D(:,:,2) =
    'Antony'          [2x2 double]
    [1x2 double]      [           3]
```

On obtient le même tableau de cellules à 3 dimensions sans utiliser la commande `cat`.

### II.3. Fonctions propres aux cellules et tableaux de cellules

- *cellfun*

Applique des fonctions MATLAB à des tableaux de cellules.

```
>> CellNombres = {1:5, [1; 3; 2], [] inf};
>> CellNombres{:}
ans =
     1     2     3     4     5

ans =
     1
     3
     2

ans =
     []
ans =
   Inf
```

Le calcul de la moyenne et de la variance des 4 cellules du tableau se fait par application des commandes `mean` et `cov`.

```
>> MoyCellNombres = cellfun(@mean, CellNombres)
MoyCellNombres =
     3     2   NaN   Inf
```

```
>>      VarCellNombres      =      cellfun(@std,      CellNombres,
'UniformOutput', false)
```

```
>>      VarCellNombres      =      cellfun(@std,      CellNombres,
'UniformOutput', false)
VarCellNombres =
    [1.5811]    [1]    [NaN]    [NaN]
```

Si on veut récupérer la taille du tableau de cellules, nous utilisons la commande `size`.

```
>> [NbLignes,NbCols] = cellfun(@size, CellNombres)

NbLignes =
     1     3     0     1
NbCols =
     5     1     0     1
```

```
>> cellplot(CellNombres)
```

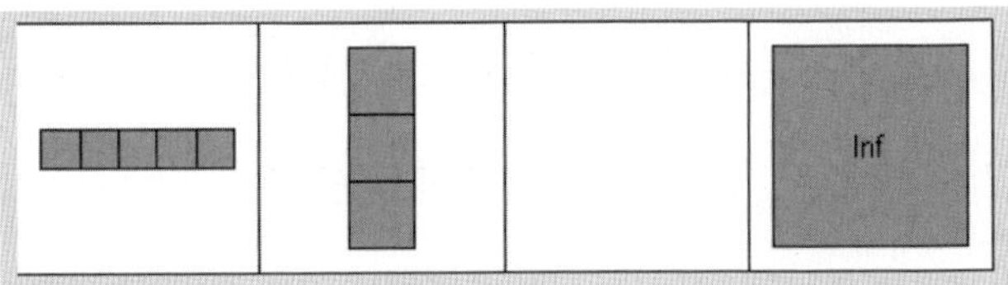


La cellule vide, représentée par un carré blanc, possède 0 ligne et 0 colonne.

- *iscell*

Pour déterminer si une donnée est du type cellule, on utilise la commande `iscell` qui retourne 1 si l'argument est une cellule et 0 dans le cas contraire.

```
>> Cell5{1}
ans =
    [2x2 double]    [3x17 char]
```

```
>> iscell(ans)
ans =
     1
```

Le premier élément de la cellule `Cell5` est aussi une cellule.

- *num2cell*

Transforme un tableau numérique en tableau de cellules.

```
>> A=[1 3;5 7];
>> B=num2cell(A)
B =
    [1]    [3]
    [5]    [7]
```

```
>> size(B)
ans =
     2     2
```

```
>> iscell(B)
ans =
     1
```

Le tableau B, à 2 lignes et 2 colonnes est du type cellule.

`C = num2cell(A,dims)` convertit la matrice `A` en tableau de cellules `C` en créant des cellules séparées selon la dimension spécifiée dans `dims`.

```
>> C=num2cell(A,1) % contenu des colonnes dans cellules
                   % séparées

C =
    [2x1 double]    [2x1 double]
```

```
>> C(1)

ans =
    [2x1 double]
```

Le contenu de la 1ère cellule est :

```
>> C{1}
ans =
     1
     5

>> D=num2cell(A,2) %contenu des lignes dans cellules séparées
D =
    [1x2 double]
    [1x2 double]
```

Cette commande s'applique aussi pour des tableaux multidimensionnels.

- *iscellstr*

Retourne 1 pour un tableau de cellules sous forme de chaînes de caractères et 0 dans le cas contraire.

```
>> CellChaine={'MATLAB R2009a','Amel','SIMULINK', 'Khadija'}

CellChaine =
    'MATLAB R2009a'    'Amel'    'SIMULINK'    'Khadija'

>> iscellstr(CellChaine)

ans =
     1
```

- *cellstr*

Cette commande crée une structure de chaînes de caractères à partir d'un tableau de chaînes.

```
>> TabChaines=['MATLAB R2009a';'Amel                 ';'SIMULINK
';...
'Khadija      ']

TabChaines =
MATLAB R2009a
Amel
SIMULINK
Khadija
```

```
>> CellChaines=cellstr(TabChaines)

CellChaines =

    'MATLAB R2009a'
    'Amel'
    'SIMULINK'
    'Khadija'
```

```
>> whos

 Name              Size              Bytes  Class     Attributes

  CellChaines       4x1                304  cell
  TabChaines        4x13               104  char
  ans               4x1                304  cell
```

Les mêmes chaînes de caractères occupent 304 octets en tant que cellule contre 104 en tant que tableau de chaînes de caractères.

- *celldisp*

Affiche la structure donnée en argument.

```
>> celldisp(CellChaine)

CellChaine{1} =
MATLAB R2009a

CellChaine{2} =
Amel

CellChaine{3} =
SIMULINK

CellChaine{4} =
Khadija
```

- *cellplot*

Affiche graphiquement un tableau de cellules.

```
>> A(:,:,1)={'Saint Nom' ones(2);i+rand 'Casablanca'}
>> A(:,:,2)={'Antony' [1 3;5 7]; exp(j*[pi pi/4]) 3};
>> cellplot(A)
```

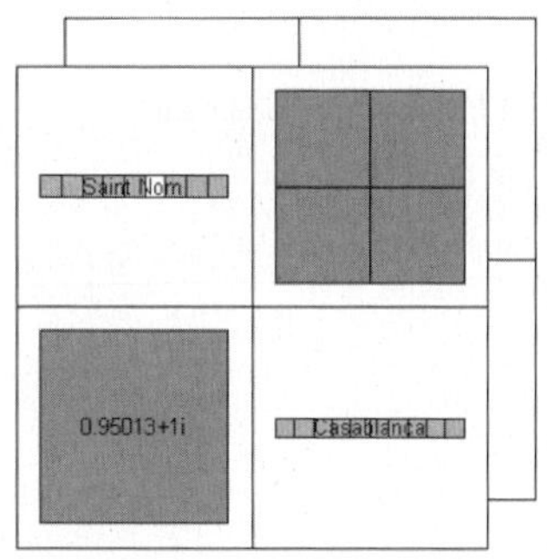


- *cell2mat*

Convertit un tableau multidimensionnel de cellules en une seule matrice (tableau 2D).

```
>> C = {[1 5] [2 3 4 7]; [5 8; 9 7] [4 8 9 3; 1 12 20 5]};

>> C{:}
```

```
ans =
     1     5
ans =
     5     8
     9     7
ans =
     2     3     4     7
ans =
     4     8     9     3
     1    12    20     5

>> cell2mat(C)
ans =
     1     5     2     3     4     7
     5     8     4     8     9     3
     9     7     1    12    20    5
```

La seule condition est que les contenus de la cellule doivent pouvoir être concaténés dans un hyperrectangle.

Si on trace la figure donnant la forme du tableau de cellules, nous remarquons que chaque cellule possède toujours le même nombre de lignes que celle qui lui est voisine horizontalement et le même nombre de colonnes que celle qui lui est voisine verticalement.

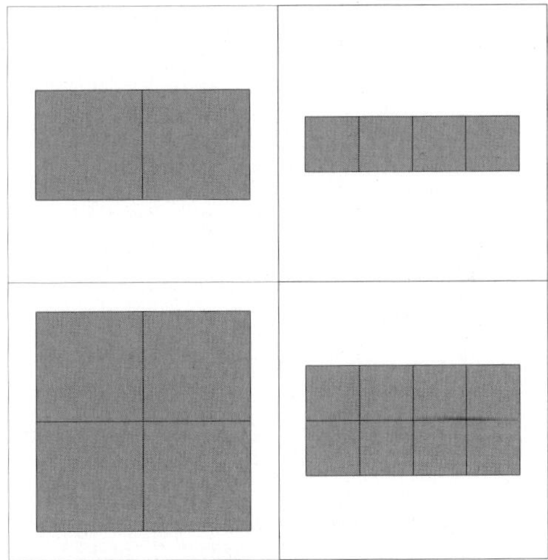

- *sort*

Arrange les chaînes d'un tableau de cellules par ordre alphabétique.

```
>> TabChaines={'MATLAB R2009a','Amel','SIMULINK', 'Khadija'}
TabChaines =
    'MATLAB R2009a'    'Amel'     'SIMULINK'     'Khadija'

>> CellOrd=sort(TabChaines)
CellOrd =
    'Amel'    'Khadija'    'MATLAB R2009a'     'SIMULINK'
>> iscell(CellOrd)
ans =
     1
```

Le résultat de la commande `sort` est aussi un tableau de cellules de chaînes de caractères ordonnées par ordre alphabétique.

## III. Tableaux multidimensionnels de structures

### III.1. Structures

Une structure avec des champs vides est obtenue par la commande `struct` sans remplir les tableaux de cellules contenant les valeurs des éléments des différents champs.

```
>> StructVide = struct('Champ1',{},'Champ2',{})
StructVide =
0x0 struct array with fields:
    Champ1
    Champ2
```

Considérons la description de personnes par certaines caractéristiques qui sont :

- la taille,
- la couleur des yeux,
- la date de naissance,
- l'adresse,
- lieu de naissance.

Une personne dénommée `NomPers` sera décrite par une structure avec les 5 champs précédents.

```
>> NomPers = struct('Poids',{50},...
                    'CouleurDesYeux',{'noirs'},...
                    'DateDeNaissance', {'10 Mai 1977'},...
                    'Adresse',  {'Allée  Les  Erables  Saint
Nom'},...
                    'LieuDeNaissance',{'Sidi        Bernoussi
Casablanca'})
NomPers =
              Poids: 50
```

```
    CouleurDesYeux: 'noirs'
     DateDeNaissance: '10 Mai 1977'
            Adresse: 'Allée Les Erables Saint Nom'
 LieuDeNaissance: 'Sidi Bernoussi Casablanca'
```

La description de 2 personnes à la fois se fait en spécifiant 2 valeurs à chaque fois pour chaque champ de la structure `NomPers`.

```
>> NomPers = struct('Poids',{50 75},...
   'CouleurDesYeux',{'noirs' 'marrons'},...
   'DateDeNaissance', {'10 Mai 1977' '13 Octobre 1954'},...
   'Adresse', {'Allée Les Erables, Saint Nom' 'Avenue de Clichy
Paris'},...
   'LieuDeNaissance',{'Sidi Bernoussi Casablanca' 'Amazoul'})
```

```
>> NomPers(1)
ans =
            Poids: 50
    CouleurDesYeux: 'noirs'
 DateDeNaissance: '10 Mai 1977'
            Adresse: 'Allée Les Erables, Saint Nom'
LieuDeNaissance: 'Sidi Bernoussi Casablanca'

>> NomPers(2)
ans =
            Poids: 75
    CouleurDesYeux: 'marrons'
    DateDeNaissance: '13 Octobre 1954'
            Adresse: 'Avenue de Clichy Paris'
    LieuDeNaissance: 'Amazoul'
```

On peut accéder à n'importe quel champ d'une personne définie dans cette structure.

```
>> NomPers.Adresse
ans =
Allée Les Erables, Saint Nom

ans =
Avenue de Clichy Paris
```

Pour obtenir l'adresse de la première personne :

```
>> Adress1=NomPers(1).Adresse

Adress1 =
Allée Les Erables, Saint Nom
```

Et la date de naissance de la deuxième personne :

```
>> NomPers(2).DateDeNaissance
ans =
13 Octobre 1954
```

On peut étendre la structure en affectant directement d'autres valeurs aux champs de la structure `NomPers`.

L'extension de la structure peut se faire en affectant uniquement un champ, comme le champ Poids.

```
>> NomPers(3).Poids=78
```

```
>> NomPers
NomPers =
1x3 struct array with fields:
    Poids
    CouleurDesYeux
    DateDeNaissance
    Adresse
    LieuDeNaissance
```

Les autres champs non affectés, retournent des valeurs vides.

```
>> NomPers(3).Adresse
ans =
     []
```

On le voit directement en affichant les champs de `NomPers(3)` .

```
>> NomPers(3)
ans =
              Poids: 78
     CouleurDesYeux: []
    DateDeNaissance: []
            Adresse:  []
    LieuDeNaissance: []
```

Tous les champs sont vides sauf le champ `Poids`, seul auquel on a affecté la valeur 78. L'affectation directe d'une valeur à un champ est la deuxième façon de créer une structure. La simple instruction suivante permet de créer la structure `a` en affectant la valeur 5 au champ `b`.

```
>> a.b=5 ;
>> isstruct(a)
ans =
     1
```

La variable `a` désigne bien une structure qui possède jusqu'à présent un seul champ `b` qui vaut 5.

```
>> a(:)
ans =
    b: 5
```

### III.2. Tableaux de structures

Un tableau multidimensionnel peut posséder comme éléments des structures.

Considérons la structure `NomPers` étudiée précédemment.

```
>> NomPers = struct('Poids',{50},...
                    'CouleurDesYeux',{'noirs'},...
                    'DateDeNaissance', {'10 Mai 1977'},...
                    'Adresse',  {'Allée  Les  Erables  Saint,
Nom'},...
                    'LieuDeNaissance',{'Sidi       Bernoussi,
Casablanca'})
NomPers =

              Poids: 50
     CouleurDesYeux: 'noirs'
    DateDeNaissance: '10 Mai 1977'
            Adresse: 'Allée Les Erables Saint Nom'
    LieuDeNaissance: 'Sidi Bernoussi Casablanca'
```

La commande suivante spécifie cette structure comme étant l'élément (2,3) de la 5ème page du tableau `TablStruct` à 3 dimensions.

```
>> TablStruct(2,3,5)=NomPers
TablStruct =
2x3x5 struct array with fields:
    Poids
    CouleurDesYeux
    DateDeNaissance
    Adresse
    LieuDeNaissance
```

```
>> isstruct(TablStruct)
ans =
     1
```

Ce tableau est lui-même de type structure.

```
>> size(TablStruct)
ans =
     2     3     5
```

Si on veut afficher les éléments de ce tableau, on obtient des structures avec des champs vides, sauf l'élément (2, 3, 5).

```
>> TablStruct(1,2,4)
ans =
              Poids: []
     CouleurDesYeux: []
    DateDeNaissance: []
            Adresse: []
    LieuDeNaissance: []
```

```
>> TablStruct(2,3,5)
ans =
              Poids: 50
     CouleurDesYeux: 'noirs'
    DateDeNaissance: '10 Mai 1977'
            Adresse: 'Allée Les Erables, Saint Nom'
    LieuDeNaissance: 'Sidi Bernoussi, Casablanca'
```

### III.3. Convertir un tableau de cellules en tableau de structures et inversement

Les fonctions `struct2cell` et `cell2struct` convertissent, respectivement, un tableau de structures en tableau de cellules et inversement.

```
>> TabCell=struct2cell(TablStruct);
```

Le nouveau tableau `TabCell` est bien du type cellules.

```
>> isstruct(TabCell)
ans =
     0
```

```
>> iscell(TabCell)
ans =
     1
```

Cette commande convertit un tableau (`m,n`) de structures à `p` champs en un tableau de cellules de dimensions (`p,m,n`).

```
>> size(TabCell)
ans =
     5     2     3     5
```

Seul le dernier élément de `TabCell` possède une cellule non vide.

```
>> TabCell(:,:,3,5)
ans =
     []    [         50]
     []    'noirs'
     []    '10 Mai 1977'
     []      [1x27 char]
     []      [1x25 char]
```

La conversion d'un tableau multidimensionnel à un tableau de cellules se fait par la commande `cell2struct` qu'on applique au tableau `Tabcell`.

```
>> Tabtruct=cell2struct(TabCell,{'Poids','CouleurDesYeux', …
'DateDeNaissance', 'Adresse','LieuDeNaissance'},1)

Tabtruct =
    2x3x5 struct array with fields:
    Poids
    CouleurDesYeux
    DateDeNaissance
    Adresse
    LieuDeNaissance
```

### III.4. Fonctions propres aux tableaux de structures

- *isstruct*

Retourne 1 si l'argument est une structure et 0 autrement.

```
>> isstruct(NomPers)
ans =
     1
```

- *rmfield*

```
>> NomPers2=rmfield(NomPers,'Poids')

NomPers2 =
     CouleurDesYeux: 'noirs'
    DateDeNaissance: '10 Mai 1977'
            Adresse: 'Allée Les Erables Saint, Nom'
    LieuDeNaissance: 'Sidi Bernoussi, Casablanca'
```

On obtient une structure sans les champs supprimés par la commande `rmfield`.

- *fieldnames*

Cette commande retourne les champs de la structure donnée en argument.

```
>> Champs = fieldnames(NomPers)
Champs =
    'Poids'
    'CouleurDesYeux'
    'DateDeNaissance'
    'Adresse'
    'LieuDeNaissance'
```

- *getfield*

Retourne la valeur d'un champ d'une structure.
Si on veut avoir le lieu de naissance dans la structure `NomPers` :

```
>> ValNaissance=getfield(NomPers,'LieuDeNaissance')
ValNaissance =
Sidi Bernoussi, Casablanca
```

Le résultat est le même que celui donné par la commande suivante en pointant le champ correspondant :

```
>> NomPers.CouleurDesYeux
ans =
noirs
```

- *isfield*

Retourne 1 si la chaîne spécifiée est un champ de la structure et 0 autrement.

```
>> isfield(NomPers,'CouleurDesYeux')
ans =
     1
```

On peut entrer comme argument plusieurs chaînes de caractères sous forme d'une cellule.

```
>> isfield(NomPers,{'Taille','DateDeNaissance'})
ans =
     0     1
```

La chaîne '`Taille`' n'est pas un champ de la structure `NomPers`.

- *orderfields*

Les champs sont ordonnés par ordre alphabétique.

```
>> OrdNomPers=orderfields(NomPers)
OrdNomPers =
            Adresse: 'Allée Les Erables Saint, Nom'
     CouleurDesYeux: 'noirs'
    DateDeNaissance: '10 Mai 1977'
   LieuDeNaissance: 'Sidi Bernoussi, Casablanca'
             Poids: 50
```

On obtient ainsi une nouvelle structure dont la liste des champs est ordonnée.

```
>> isstruct(OrdNomPers)
ans =
     1
```

- *setfield*

Permet de spécifier la valeur d'un champ d'une structure.

Ci-après, nous modifions la valeur du champ '`Adress`' de la structure `NomPers` (c'est le cas où la personne déménage de Saint Nom à l'avenue de Clichy, Paris 17ème).

```
>> NomPers2=setfield(NomPers,'Adresse','90 Avenue de Clichy, 75017 Paris')
NomPers2 =
               Poids: 50
      CouleurDesYeux: 'noirs'
     DateDeNaissance: '10 Mai 1977'
             Adresse: '90 Avenue de Clichy, 75017 Paris'
     LieuDeNaissance: 'Sidi Bernoussi, Casablanca'
```

La même chose est obtenue par :

```
>> NomPers.Adresse='90 Avenue de Clichy, 75017 Paris'
```

- *struct2array*

Transforme une structure en vecteur.

```
>> VectNomPers=struct2array(NomPers)
VectNomPers =
2noirs10 Mai 197790 Avenue de Clichy, 75017 ParisSidi Bernoussi, Casablanca
```

```
>> size(VectNomPers)
ans =
     1    75
```

- *structfun*

Applique une fonction MATLAB à chaque champ d'une structure.

La mise en majuscules des champs de la structure NomPers se fait par la ligne de commandes suivante :

```
>> MajChamps = structfun(@(x) ( upper(x) ), NomPers, 'UniformOutput', false)
MajChamps =
               Poids: 50
      CouleurDesYeux: 'NOIRS'
     DateDeNaissance: '10 MAI 1977'
             Adresse: 'ALLÉE LES ERABLES SAINT, NOM'
     LieuDeNaissance: 'SIDI BERNOUSSI, CASABLANCA'
```

Ci-après, on transforme le contenu des champs par le code ASCII de leurs valeurs

```
>>  CodeAscii=  structfun(@(x)  (  abs(x)  ),  NomPers,
'UniformOutput', false)

CodeAscii =
             Poids: 50
    CouleurDesYeux: [110 111 105 114 115]
   DateDeNaissance: [49 48 32 77 97 105 32 49 57 55 55]
           Adresse: [1x28 double]
   LieuDeNaissance: [1x26 double]
```

# Chapitre 9

# SIMULINK



N. Martaj, M. Mokhtari, *MATLAB R2009, SIMULINK et STATEFLOW pour Ingénieurs, Chercheurs et Etudiants*, DOI 10.1007/978-3-642-11764-0_9, 

Simulink, outil additionnel à MATLAB, permet la modélisation, la simulation et l'analyse de systèmes dynamiques linéaires ou non linéaires.

Ces systèmes peuvent être analogiques, discrets ou hybrides. Les systèmes discrets peuvent avoir plusieurs parties échantillonnées à des cadences différentes.

Les paramètres régissant le fonctionnement de ces systèmes peuvent être modifiés en ligne, soit en cours de simulation, et l'on peut observer leur effet immédiatement.

Simulink possède une interface graphique pour visualiser les résultats sous forme de graphiques ou de valeurs numériques en cours de simulation.

Simulink est bâti autour d'une bibliothèques de blocs classés par catégories (systèmes discrets ou continus, blocs linéaires ou non discontinus, etc.).

Pour faire apparaître la bibliothèque de Simulink, il faut cliquer sur l'icône:

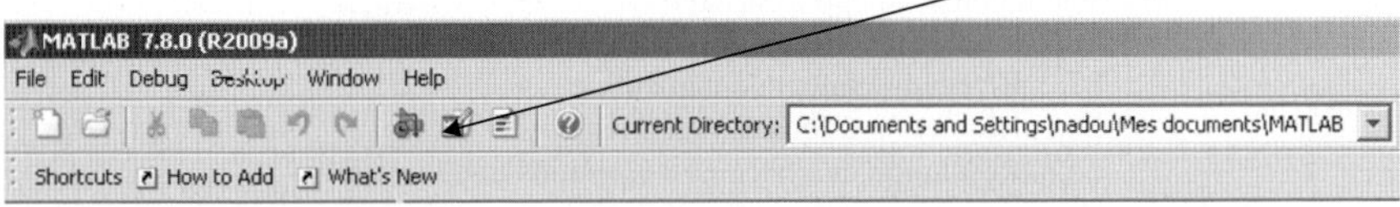


On peut aussi appliquer la commande

`>> simulink,` dans l'espace de travail MATLAB.

D'autres outils de modélisation sont associés à Simulink, tels `Stateflow`, `Fuzzy Logic`, `Neural Network`, etc., comme on le voit dans la fenêtre suivante :

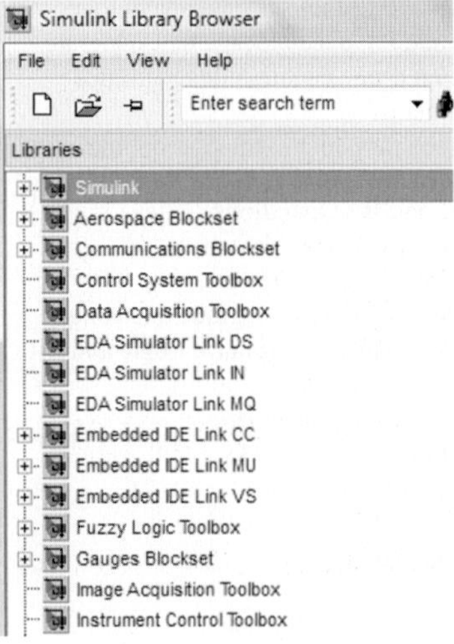

On obtient la fenêtre de la librairie SIMULINK contenant les différents types de librairies de blocs classés par catégorie.

Nous avons aussi `Simulink Extras`, représenté comme tout autre outil additionnel avec ses propres librairies de blocs.

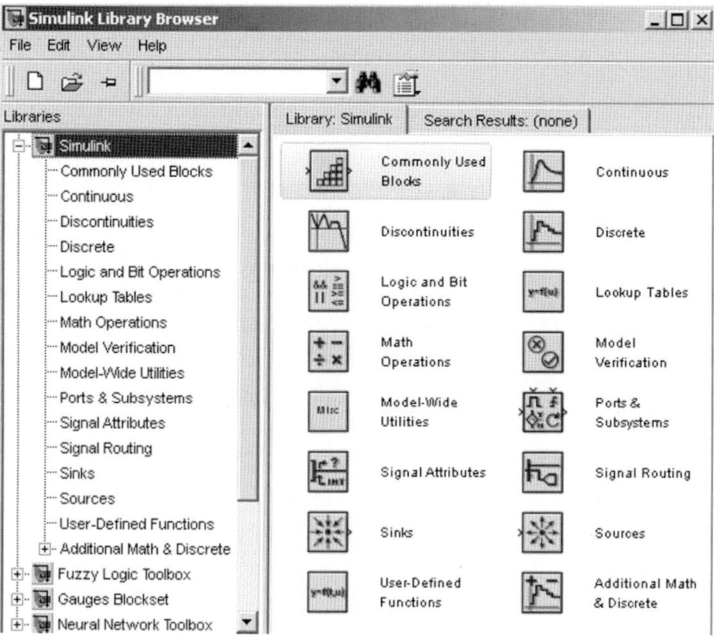


Chacune de ces librairies est constituée de blocs comme pour la librairie `Continuous` :

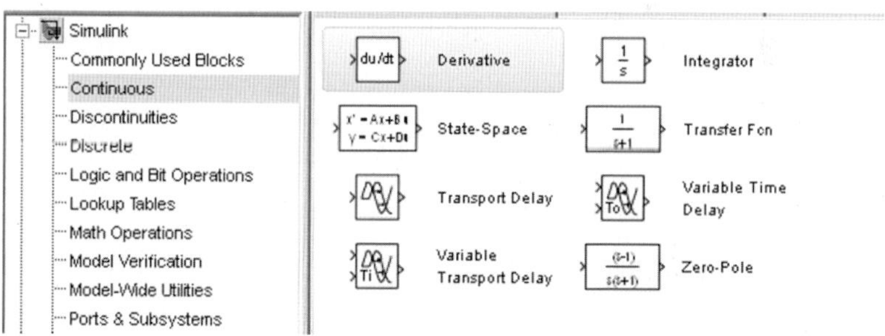


Cette librairie contient des blocs de modélisation de systèmes continus (fonctions de transfert, intégrateur, dérivateur, etc.).

Au cours de l'étude de Simulink, nous allons étudier dans des exemples la plupart des blocs de ces librairies.

Les différentes librairies ont les fonctionnalités suivantes ;

| | |
|---|---|
| Commonly Used Blocks | Blocs couramment utilisés. |
| Discontinuities | Blocs modélisant les discontinuités. |
| Logic and Bit Operations | Blocs d'opérations logiques. |
| Math Operations | Blocs d'opérations mathématiques. |
| Model-Wide Utilities | Utilitaires. |
| Signal Attributes | Blocs d'attributs de signaux. |
| Sinks | Blocs d'affichage ou de sortie. |
| User-Defined Functions | Fonctions définies par l'utilisateur. |
| Continuous | Blocs de modèles continus. |
| Discrete | Blocs de modèles discrets<. |
| Lookup Tables | Tables d'interpolation. |
| Model Verification | Blocs de vérification (limites, gradient, etc.) |
| Ports & Subsystems | Ports et sous-systèmes. |
| Signal Routing | Routage du signal. |
| Sources | Générateurs de signaux, lecture de fichiers, etc. |
| Additional Math & Discrete | Blocs additionnels de Mathématiques et blocs discrets. |

## I. Prise en main rapide

### I.1. Simulation de systèmes dynamiques continus

Afin de se familiariser rapidement avec SIMULUNK, nous proposons, à travers quelques exemples, de découvrir un certain nombre de blocs de cette librairie.

### *I.1.1. Réponse à un échelon et à une rampe d'un système analogique du 2nd ordre*

Un système analogique du second ordre a pour fonction de transfert:

$$H(p)=\frac{1}{1+\frac{2\xi}{w_0}p+\frac{p^2}{w_0^2}}$$

avec $w_0$ et $\xi$, respectivement, la pulsation propre et le coefficient d'amortissement.

On affecte à ces 2 variables des valeurs permettant d'obtenir un système sous amorti.

Ces variables, définies dans l'espace de travail de MATLAB, peuvent être utilisées par leurs noms au niveau de SIMULINK.

```
>>  w0=1;               % pulsation propre
>>  dzeta=0.1;          % coefficient d'amortissement
```

Avant de créer le modèle de simulation, nous commençons par préparer dans la fenêtre `Untitled`, les différents blocs qui nous seront utiles.

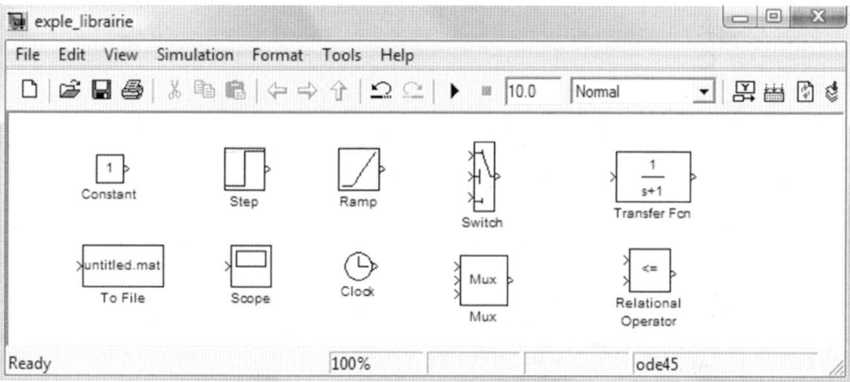


Pour placer un bloc dans une fenêtre vierge de SIMULINK, il suffit de double cliquer sur la bibliothèque correspondante de la librairie et le ramener par l'intermédiaire de la souris (bouton gauche).

Dans le tableau suivant, nous résumons, pour chacun de ces blocs, la bibliothèque de la librairie SIMULINK, dans laquelle on peut l'obtenir.

| **Icône** | **Bibliothèque** | **Fonction** |
|---|---|---|
| `Constant` | Sources | Création d'une valeur constante par double clic |
| `Step` | Sources | Signal échelon de retard et d'amplitude variables |
| `Ramp` | Sources | Rampe de pente, retard et valeur initiale variables |
| `Manual switch` | Signal Routing | Commutateur de signal |
| `Transfer Fcn` | Continuous | Fonction de transfert analogique |

| To file | Sinks | Enregistrement du signal dans un fichier .mat |
|---|---|---|
| Scope | Sinks | Oscilloscope |
| Clock | Sources | Bloc contenant le temps de simulation |
| Mux | Signal Routing | Multiplexeur de signaux |
| Relational Operator | Logic and Bit Operations | Opérateur relationnel |

Dans la fenêtre suivante, nous appliquons le signal échelon tant que le temps est inférieur ou égal à 100. A partir du temps t=101, le signal rampe est ensuite appliqué grâce au sélecteur.

Les signaux d'entrée (sortie du sélecteur) et de sortie du système dynamique sont appliqués à l'oscilloscope à travers un multiplexeur afin qu'ils soient visualisés simultanément. Le signal de sortie est sauvegardé sous forme d'un fichier «`.mat` » dont on a fixé le nom `sortie.mat`.
Ce fichier peut être ainsi récupéré dans l'espace de travail MATLAB. D'autre part, chaque valeur de ce signal de sortie peut être visualisée dans l'afficheur `Display` (la dernière valeur étant de 19.98).

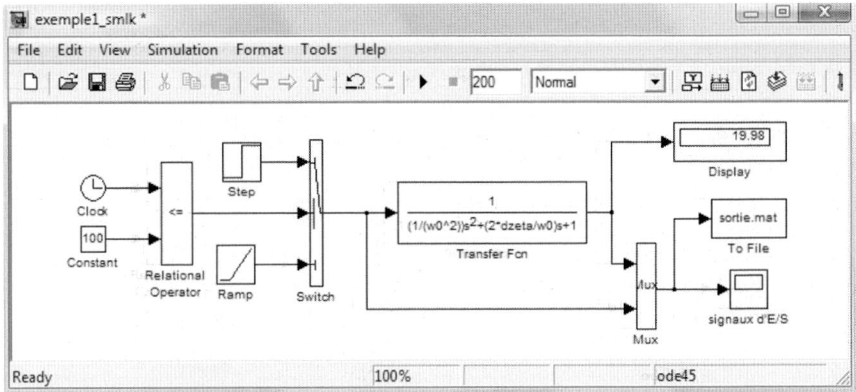


En double cliquant sur le bloc du commutateur (`Switch`), nous pouvons spécifier le seuil, lequel, lorsqu'il est dépassé ou égal à la valeur prise par le signal de contrôle (sortie logique de l'opérateur relationnel) fait passer le signal de la première entrée (l'échelon dans le cas de cet exemple) à l'entrée du système du 2$^{nd}$ ordre.
Lorsque le signal de contrôle devient plus faible que le seuil spécifié, c'est le signal rampe qui attaque le système analogique du second ordre.
Le seuil du commutateur est ici choisi égal à 0.5 puisque l'opérateur relationnel sort une valeur logique (1 si le temps de simulation est égal ou supérieur à 100 et 0 dans le cas contraire).
Ce seuil peut bien sûr valoir des valeurs strictement inférieures à 1 et strictement supérieures à 0. Avant de démarrer la simulation, nous avons besoin de fixer le nombre de points de simulation qui correspond aussi à la taille des signaux mis en œuvre.

L'option `Parameters` du menu `Simulation` permet de fixer cette durée en spécifiant l'instant de départ (`Start time`) et de fin de simulation (`Stop time`).

La fenêtre suivante représente les paramètres de simulation.

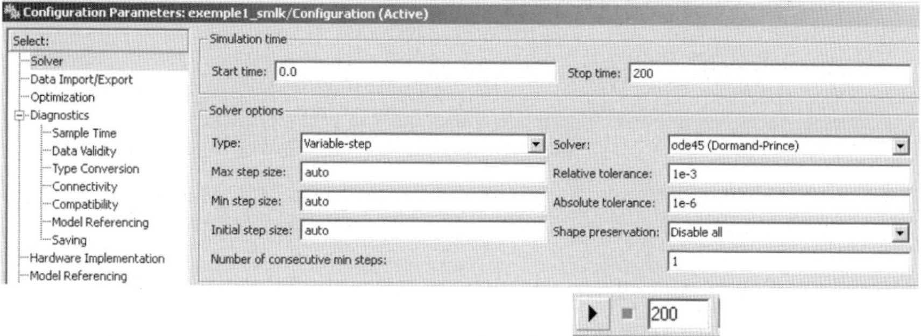


200

Pour lancer la simulation, il suffit de sélectionner la flèche Start simulation ou l'option `Start` du menu `Simulation`.

Avec un double clic sur l'icône `Scop` dont on a modifié l'étiquette en '`signaux d'E/S`', on peut observer le signal de sortie du système dynamique.

Les lignes de commande suivantes permettent le tracé de la sortie du système en réponse à la suite des signaux échelon et rampe.

Le temps de simulation, les signaux de commande et de sortie sont lus dans le fichier `sortie.mat`.

```
>> load sortie
>> t=y(1,:); s=y(2,:); u=y(3,:);
>> h=plot(t,s) ;
>> set(h,'LineWidth',2), hold on
>> plot(t,u), grid
>> title('Réponse du système et signal de …
   commande échelon+rampe')
>> xlabel('temps')
```

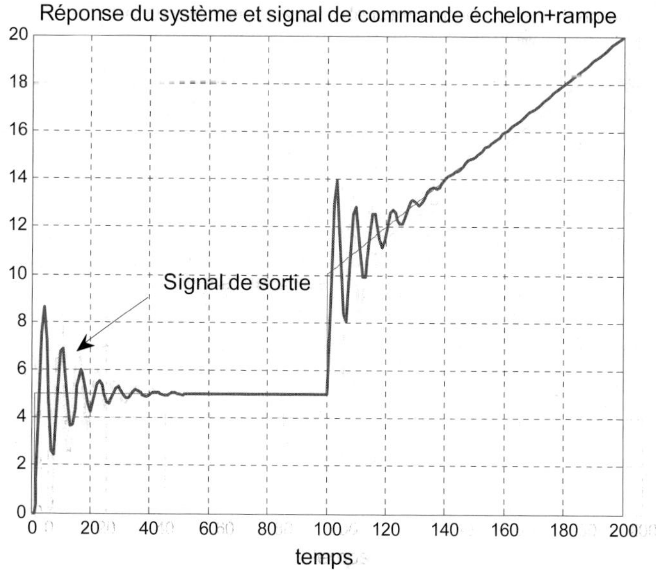

Le signal de sortie est tracé avec un gros trait, le trait fin correspond au signal de commande formé de l'échelon suivi de la rampe.

### *I.1.2. Equation différentielle du second ordre*

Le système du second ordre étudié précédemment, que l'on peut représenter par:

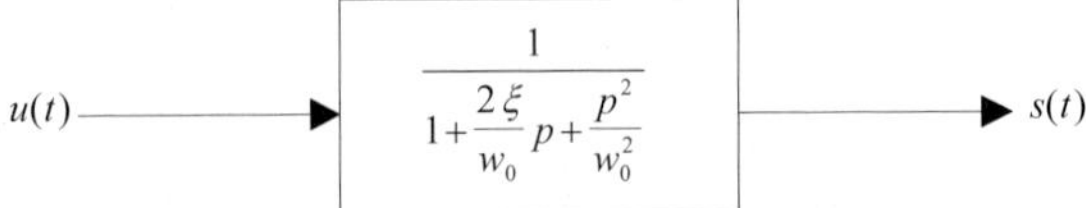


peut se définir par l'équation différentielle suivante, reliant l'entrée u(t) à la sortie s(t):

$$s''(t) = w_0^2\,[u(t) - \frac{2\xi}{w_0}s'(t) - s(t)]$$

Le modèle SIMULINK est représenté par la fenêtre suivante:

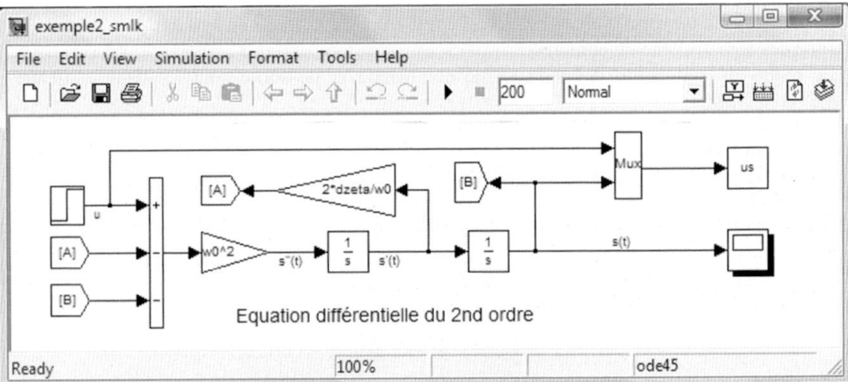


Dans cet exemple, nous avons utilisé l'opérateur d'intégration, $\frac{1}{s}$ du bloc `Continuous`. Afin d'éviter des lignes de connexions longues ou croisées, un signal peut être envoyé à une variable étiquette (`tag`) `Goto` (bloc `Signal Routing`) dont on spécifie un nom par un double clic. Ce signal peut être récupéré à travers une autre étiquette `From` de même nom.
Pour attacher un commentaire à une connexion, on double clique dessus pour faire apparaître un rectangle vide dans lequel on écrit le texte correspondant (exemple de s''(t), s'(t) et s(t)).
En réalisant un double clic dans un espace vierge de la fenêtre, on peut aussi écrire des textes de commentaires (par exemple le titre décrivant le modèle). C'est le cas du texte «`Equation différentielle du 2nd ordre` ». Pour chaque bloc ou commentaire préalablement sélectionné, on peut associer une ombre grâce à la commande `Show Drop Shadow` du menu `Format`. Inversement une ombre peut être supprimée par `Hide Drop Shadow`.
Dans cet exemple, nous avons ombré l'oscilloscope et le titre du modèle.

Contrairement au modèle SIMULINK précédent, tous les blocs sont dépourvus de label, ceci peut être réalisé, après avoir sélectionné tous les blocs par `Select All` du menu `Edit`, par la commande Hide Name du menu Format. Cette opération peut être réalisée pour un seul bloc ou un ensemble de blocs préalablement sélectionnés à la souris.

Les signaux d'entrée u(t) et s(t) sont stockés dans un fichier .mat à travers un multiplexeur. Par un double clic sur le bloc untitled.mat, on peut spécifier le nom du fichier (us dans notre cas) ainsi que le nom de la variable qui contiendra les données (le nom spécifié ici est xy).

Le fichier us.mat contient la variable xy de dimension (3xN), N étant le nombre de points de la simulation fixé dans le menu Simulation Parameters. La variable xy contiendra, par défaut, le vecteur ligne représentant le temps. Les 2 autres lignes sont successivement le signal d'entrée u(t) et le signal de sortie s(t) .

Dans le script suivant, on ouvre le fichier us.mat dans l'espace de travail MATLAB par la commande load. On récupère ensuite les variables temps, entrée et sortie pour représenter graphiquement les signaux d'entrée et de sortie.

*fichier lect_fichier.m*

```
% lecture du fichier us.mat
load us
t=xy(1,:); u=xy(2,:); s=xy(3,:);
plot(t,u,t,s)
axis([0 length(t) -0.8 1.8])
xlabel('temps');
title('solution d''équation différentielle'), grid
axis([0 100 -0.2 1.8])
gtext('Echelon d''entrée')
gtext('Signal de sortie')
```

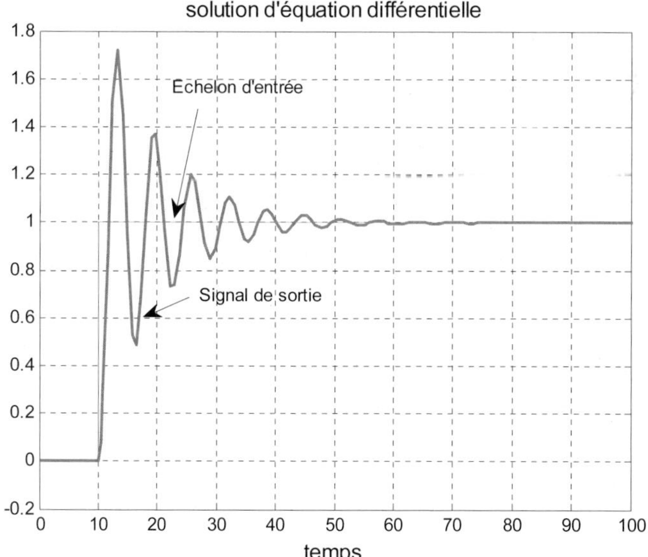

### *I.1.3. Modèle d'état du système du second ordre*

Le système du second ordre est défini par l'équation différentielle:

$$s + \frac{2\xi}{w_0} s' + \frac{1}{w_0^2} s'' = u$$

Nous pouvons le transformer en système d'état comme suit:

$$\underbrace{s}_{x_1} + \frac{2\xi}{w_0} \underbrace{s'}_{x_2} + \frac{1}{w_0^2} s'' = u$$

Nous obtenons ainsi le système d'état suivant:

$$\begin{aligned} \dot{x}_1 &= x_2 \\ \dot{x}_2 &= -w_0^2\, x_1 - 2\,\xi\, w_0\, x_2 + w_0^2\, u \end{aligned}$$

et l'équation d'observation:

$$s(t) = x_1$$

Sous forme matricielle, ce système d'écrit:

$$\begin{bmatrix} \dot{x}_1 \\ \dot{x}_2 \end{bmatrix} = \begin{bmatrix} 0 & 1 \\ -w_0^2 & -2\,\xi\, w_0 \end{bmatrix} + \begin{bmatrix} 0 \\ w_0^2 \end{bmatrix} u$$

$$s(t) = \begin{bmatrix} 1 & 0 \end{bmatrix} \begin{bmatrix} x_1 \\ x_2 \end{bmatrix}$$

SIMULINK possède un bloc pour représenter un système d'état, `State-Space` du bloc `Linear`.

Une fois que ce bloc est transféré dans une fenêtre vide et après que les paramètres $w_0$ et $\xi$ soient affectés dans l'espace de travail MATLAB, on double clique sur ce bloc pour entrer les matrices d'état A, B, C et D du système d'état continu:

$$\begin{aligned} \dot{X} &= A\,X + B\,u \\ s(t) &= C\,X + D\,u \end{aligned}$$

avec X le vecteur d'état, soit

$$X = \begin{bmatrix} x_1 \\ x_2 \end{bmatrix}.$$

Pour ce système, le double clic sur le bloc `State-Space` de la librairie `Continuous` permet l'ouverture d'une fenêtre dans laquelle on entre les valeurs des matrices d'état A, B, C et D. Ces matrices sont définies littéralement avec les paramètres $w_0$ et $\xi$ affectés dans l'espace de travail MATLAB.

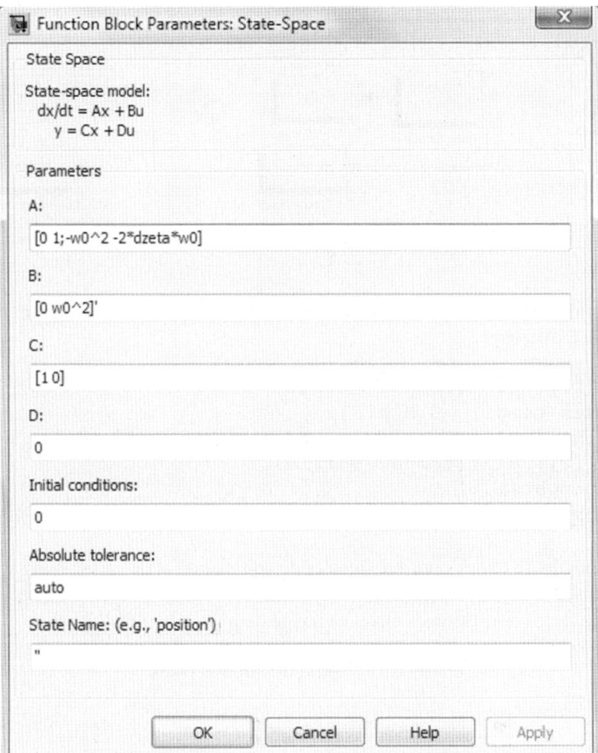


Dans cet exemple, nous appliquons au système un créneau de hauteur 1 et de largeur 200, obtenu par la différence entre un échelon commençant au temps t=300 et un autre débutant au temps t=100.

L'entrée, la sortie du système et le temps sont envoyés vers les variables (`To Workspace` du bloc `Sinks`) que le nomme respectivement `entree`, `temps` et `sortie` après un double clic.

On entre les valeurs suivantes des paramètres dans l'espace de travail MATLAB.

```
>> w0=0.5;
>> dzeta=0.1;
```

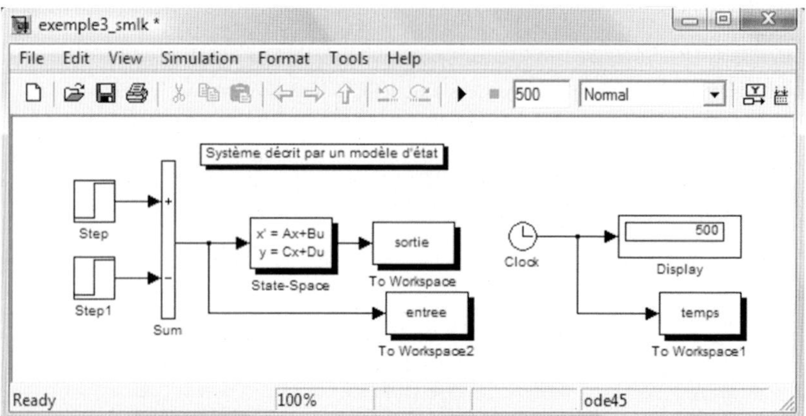


Après la simulation, nous récupérons les différentes variables dans l'espace de travail MATLAB pour leur affichage.

```
>> subplot(211), plot(temps, entree)
>> axis([0 max(temps) -0.5 1.5])
>> title('signal d''entrée du système du second ordre')
>> subplot(212), plot(temps, sortie),
>> xlabel('temps')
>> title('sortie du système du second ordre')
```

Pour faire correspondre le temps pour les signaux de commande et de sortie, nous avons tracé les 2 signaux dans 2 fenêtres différentes. Le système étant sous amorti (`dzeta = 0.1`), nous observons de fortes oscillations à chaque changement de valeur de l'échelon.

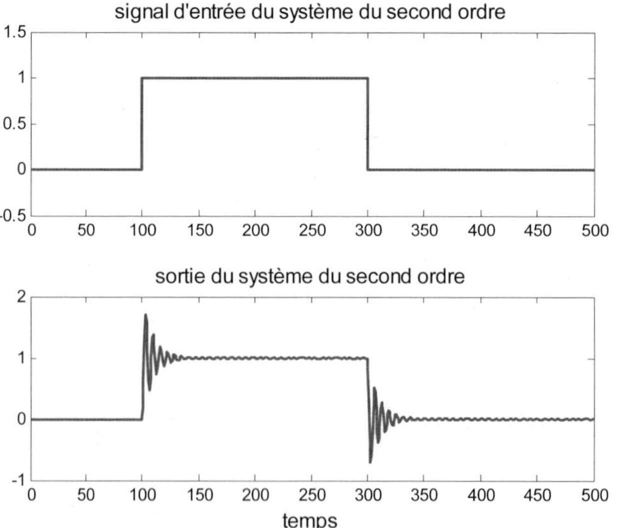

### I.1.4. Régulation Proportionnelle et Intégrale

On considère un processus du 1er ordre de gain statique 0.8 et de constante de temps, $\tau = 20s$ soit la fonction de transfert:

$$H(p) = \frac{H_0}{1+\tau p} = \frac{0.8}{1+20p}$$

Nous voulons asservir ce système pour d'une part réduire le temps de réponse d'un facteur 5 et que la sortie du système bouclé, soit égale au signal de consigne en régime établi.

Pour cela, nous utilisons un régulateur $D(p) = K(1+\frac{1}{T_i p})$ P.I. d'expression:

Si l'on choisit $T_i = \tau$ pour compenser le pôle du processus, la fonction de transfert du système bouclé a pour expression:

$$F(p) = \frac{1}{1+\frac{\tau}{K H_0} p}$$

Le système en boucle fermée se comporte comme un système du 1er ordre de constante de temps égale à celle du processus, divisée par le facteur $KH_0$ que l'on doit choisir égal à 5.

Dans l'espace de travail MATLAB, nous définissons les variables représentant le gain statique et la constante de temps du processus.

```
>> H0=0.8; tau=20;
```

La figure suivante représente l'expression du régulateur avec $T_i = \tau$ et $K = 5/H_0$.

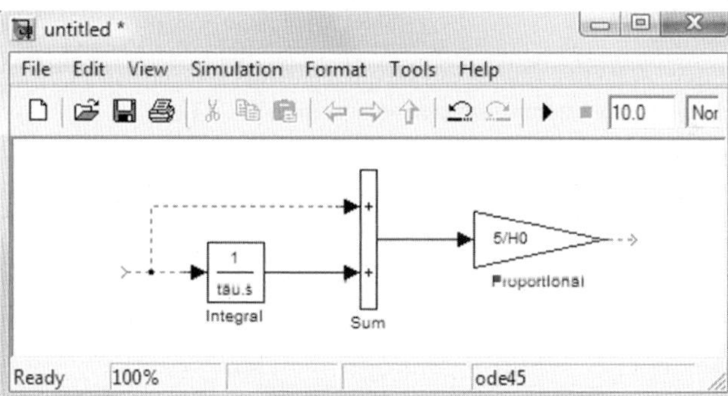


Si l'on veut réduire l'ensemble des blocs de ce régulateur en un système, nous devons en faire un sous-système.
Pour cela, il faut sélectionner, à la souris, l'ensemble des blocs et choisir l'option `Create Subsystem` du menu `Edit`.

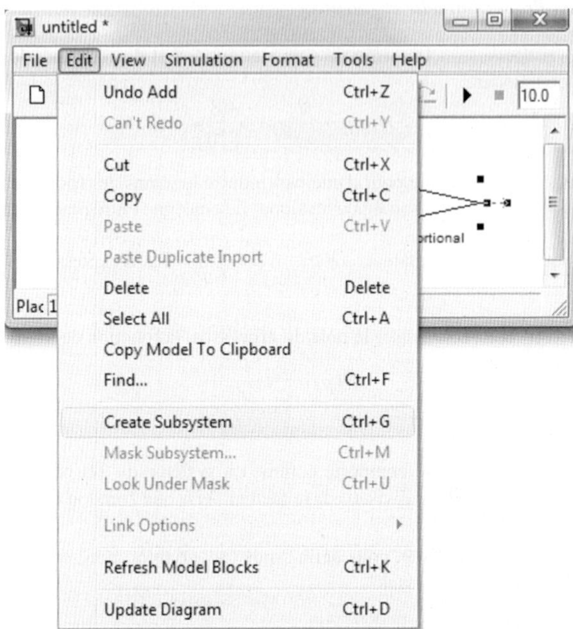


Nous obtenons, le bloc unique suivant, après avoir redimensionné et supprimé les connexions. Par un double clic sur le bloc `Subsystem`, nous remarquons la mise en place de ports d'entrée et de sortie, nommés `In1` et `Out1` par défaut, que l'on renomme respectivement par `erreur` et `commande`.

Ainsi, nous disposons du bloc unique suivant qui représente le régulateur PI.
Le label «`Subsystem` » est transformé en «`Régulateur PI`».

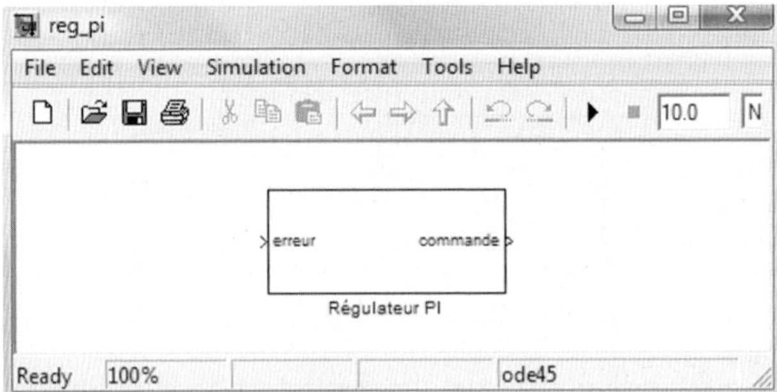


D'autre part, en plus du signal de consigne, de la sortie du système bouclé et du signal de commande issu du régulateur, nous avons aussi sauvegardé la réponse en boucle ouverte du processus, dans le fichier `bo_bf.mat`.

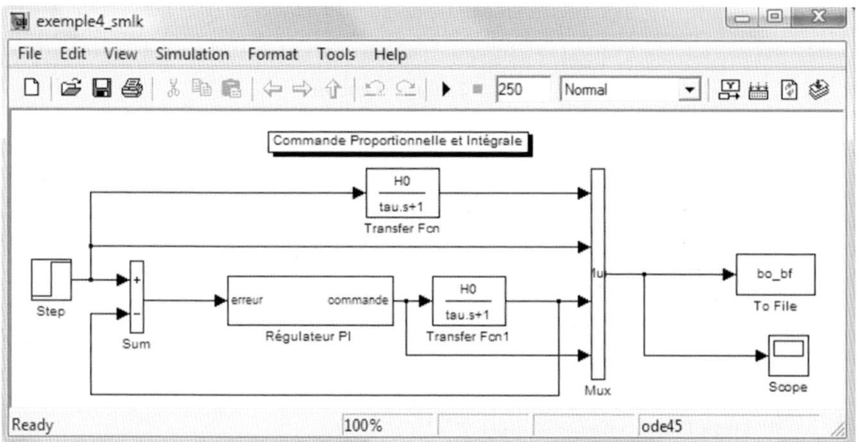


Le bloc `Width` de la librairie `Signal Attributes` permet de donner la dimension du signal qui le traverse. Dans notre cas, il y a 4 signaux, dans l'ordre, la réponse en boucle ouverte, le signal de consigne, la sortie du système bouclé et le signal de commande généré par le régulateur.
Le script `aff_signaux` permet de récupérer les signaux du fichier `bo_bf.mat` pour leur tracé.

*fichier aff_signaux.m*

```
clear all, close all

% lecture du fichier .mat
load bo_bf
t=y(1,:);
rep_bo=y(2,:); consigne=y(3,:); rep_bf=y(4,:); cde=y(5,:);

% réponse du système en boucle ouverte
figure(1)
plot(t,rep_bo); hold on, plot(t,consigne)
i=find(abs(rep_bo-(1-exp(-1))*max(rep_bo))<0.04);
cste_temps=t(i);
plot(cste_temps*ones(1,21),rep_bo(i)-
.1:0.01:rep_bo(i)+0.1,':')
title('signaux d''entrée et de sortie du système en BO')
axis([0 max(t) 0 1.2]), xlabel('temps')

gtext('\downarrow signal d''entrée')
gtext('\uparrow réponse en boucle ouverte')
gtext(['\leftarrow \tau = ' num2str(cste_temps) ' s'])
```

Sur ce graphique, la constante de temps est calculée en cherchant le temps pour lequel la valeur du signal atteint `1-exp(-1) = 63%` de la valeur maximale.
La valeur obtenue est telle que le signal atteint 63% à 0.04 près.

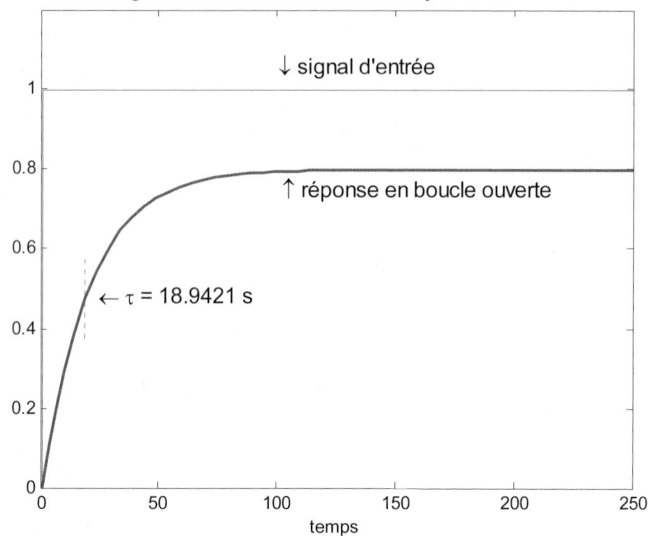


*suite fichier aff_signaux.m*

```
% réponse en boucle fermée et consigne
figure(2), h=plot(t,rep_bf); set(h,'linewidth',2), hold on
plot(t,consigne), axis([0 50 0 1.2])
gtext('\leftarrow sortie du système régulé')
xlabel('temps')
title('consigne et sortie du système régulé')
gtext(['\leftarrow \tau = ' num2str(cste_temps) ' s'])
```

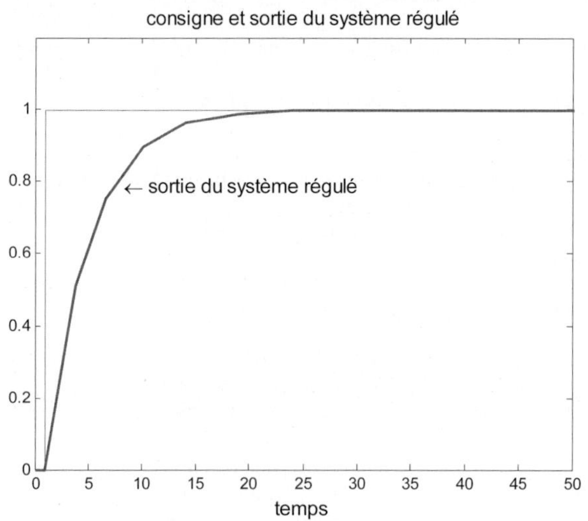

Nous remarquons que le système bouclé est environ 5 fois plus rapide qu'en boucle ouverte.

*fichier aff_signaux.m (suite)*

```
% signal de commande
figure(3), plot(t,cde)
title('signal de commande'), grid, xlabel('temps')
```

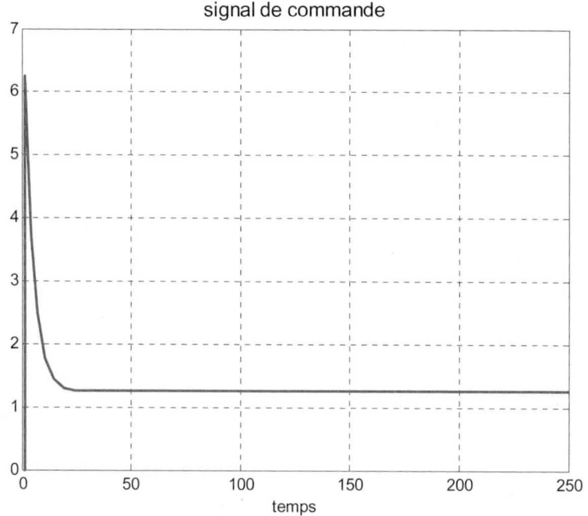


### *I.1.5. Génération d'un sinus cardinal*

On se propose de générer un sinus cardinal en utilisant l'expression logique suivante:

$$y = (x == 0) + \sin(x)./(x + (x == 0))$$

avec $x = 2\pi f t$.

Dans le modèle SIMULINK suivant les lignes sont étiquetées (commentaire après un double clic). Parmi les blocs non étudiés précédemment, on remarque le bloc f(u) Fcn (bibliothèque `User-Defined Functions`).

La variable d'entrée de cette fonction doit être impérativement notée `u`.

Pour l'opérateur relationnel de la bibliothèque `Logic and Bit Operations` on choisit dans le menu déroulant l'opération `'=='` qui donne un sort un niveau logique 1 lorsque les 2 entrées sont égales et 0 partout ailleurs.

On peut ajouter le paramètre `amplitude` en multipliant par sa valeur le signal de sortie du dernier sommateur.

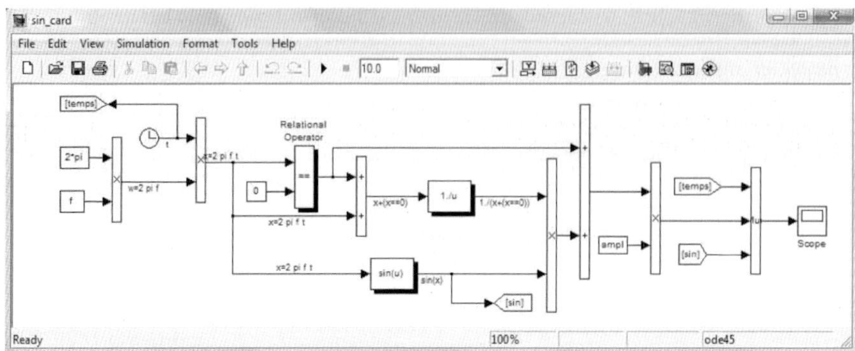


Si l'on veut créer un seul bloc ayant comme paramètres d'entrées la fréquence et l'amplitude, on supprime le bloc `Scope`, les constantes `f` et `ampl` ainsi que le titre du modèle, puis on sélectionne le tout à la souris (pas avec `Select All` du menu `Edit`) et l'on crée le sous-système par `Create Subsystem` du menu `Edit`.

Nous obtenons ceci:

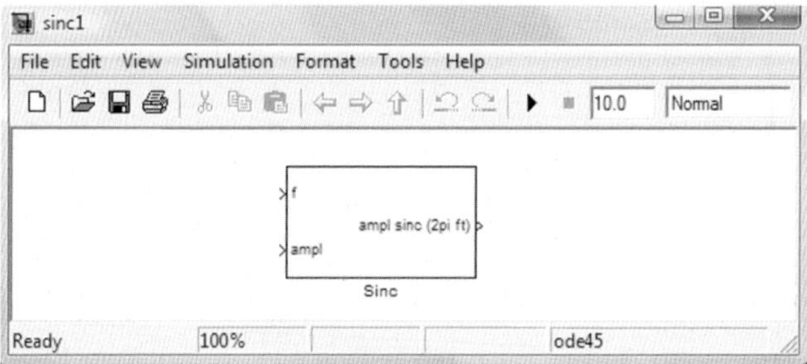


Nous utilisons ci-après, le sous-système pour générer un sinus cardinal d'amplitude 5 et de fréquence 1 Hz.

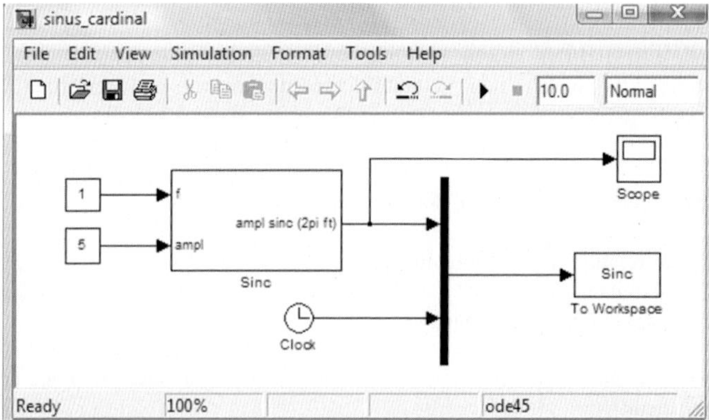

Le temps et le signal sont enregistrés sur la variable globale nommée `sinc` via un multiplexeur. Les lignes de commandes suivantes permettent l'affichage du signal sinus cardinal en fonction du temps.

```
>> plot(Sinc(:,2), Sinc(:,1))
>> xlabel('temps'), grid
>> title('Sinus cardinal d''amplitude 5 et de fréquence 1')
```

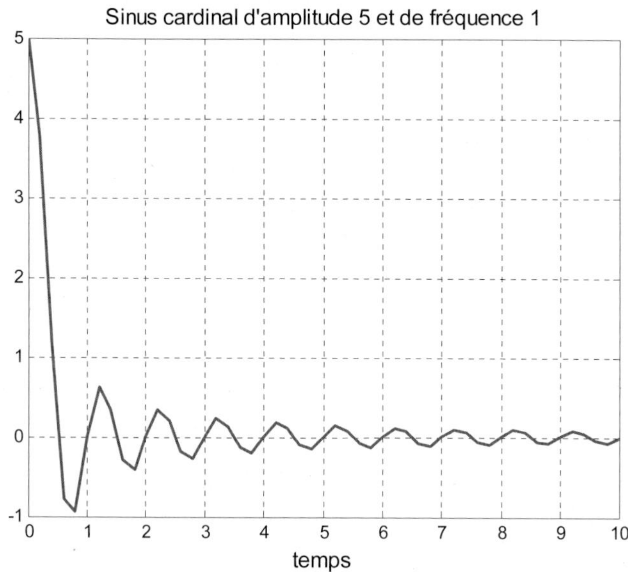


On vérifie bien la période de 1 seconde et l'amplitude de 5 correspondant à la valeur initiale.

## I.2. Simulation de systèmes discrets

### *I.2.1. Filtrage d'un signal bruité par moyenne mobile*

On considère un signal discret `x(t)` bruité dont le bruit b(t) possède une variance $\sigma_b^2$. Lorsqu'on le fait passer à travers un filtre moyenne mobile d'ordre (n-1) de type:

$$H(z)=\frac{1}{n}(1+z^{-1}+z^{-2}+\ldots+z^{-(n-1)})$$

la variance du bruit en sortie est divisée par l'ordre n.

Considérons un signal d'expression :

$$y(t)=5\ \sin 0.1\,\pi\, t\,,$$

échantillonné à $T_e$ = 0.02s auquel on superpose un bruit gaussien centré de variance 0.1.

En réalisant un filtrage de type « moyenne mobile », on obtient un signal moins bruité.

Si la moyenne se fait sur un horizon n, la variance du signal filtré aura une variance n fois plus faible que celle du signal bruité original.

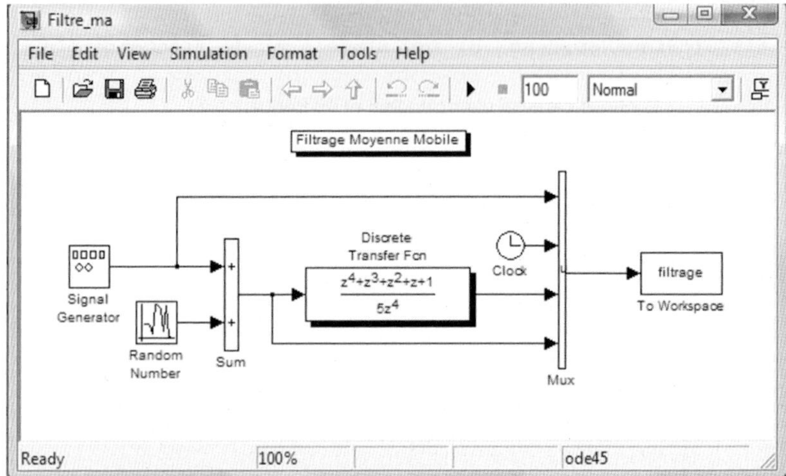


Nous avons choisi un filtre d'ordre 4.

Le signal bruité ainsi que la réponse du filtre sont envoyés vers l'espace de travail MATLAB sous le nom de variable `filtrage`.

Le fichier `filtre_ma.m` permet d'afficher les différents signaux et de calculer leurs variances.

*fichier filtre_ma.m*

```
close all

% affichage du signal d'origine et du signal bruité
x_origine=filtrage(:,1);
t=filtrage(:,2);
xfiltre=filtrage(:,3);
xbruite=filtrage(:,4);
% affichage du signal bruité
figure(1)
plot(t,xbruite)
axis([0 max(t) -8 8])
title('signal sinusoïdal bruité')
xlabel('temps')
grid
```

```
% affichage du signal filtré
figure(2)
plot(t,xfiltre)
axis([0 max(t) -8 8])
title('signal filtré')
```

```
xlabel('temps'), grid

% calcul des variances
% bruit avant filtrage
b1=xbruite-x_origine;

% bruit après filtrage
b2=xfiltre-x_origine;
disp(['variance du signal bruité : ' num2str(std(b1)^2)])
disp(['variance du signal filtré : ' num2str(std(b2)^2)])
close all

% affichage du signal d'origine et du signal bruité
x_origine=filtrage(:,1);
t=filtrage(:,2);
xfiltre=filtrage(:,3);
xbruite=filtrage(:,4);

% affichage du signal bruité
figure(1)
plot(t,xbruite)
axis([0 max(t) -8 8])
title('signal sinusoïdal bruité')
xlabel('temps')
grid

% affichage du signal filtré
figure(2), plot(t,xfiltre), axis([0 max(t) -8 8])
title('signal filtré')
xlabel('temps'), grid

% calcul des variances
% bruit avant filtrage
b1=xbruite-x_origine;
% bruit après filtrage

b2=xfiltre-x_origine;

disp(['variance du signal bruité : ' num2str(std(b1)^2)])
disp(['variance du signal filtré : ' num2str(std(b2)^2)])
```

Les deux figures suivantes représentent le signal sinusoïdal bruité qu'on met à l'entrée du filtre ainsi que le signal de sortie. Nous vérifions bien que le signal de sortie du filtre possède une variance plus faible, avec des résultats donnés par la théorie.

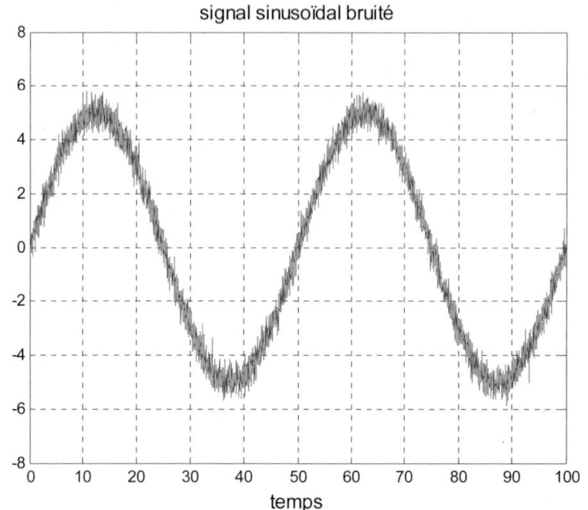


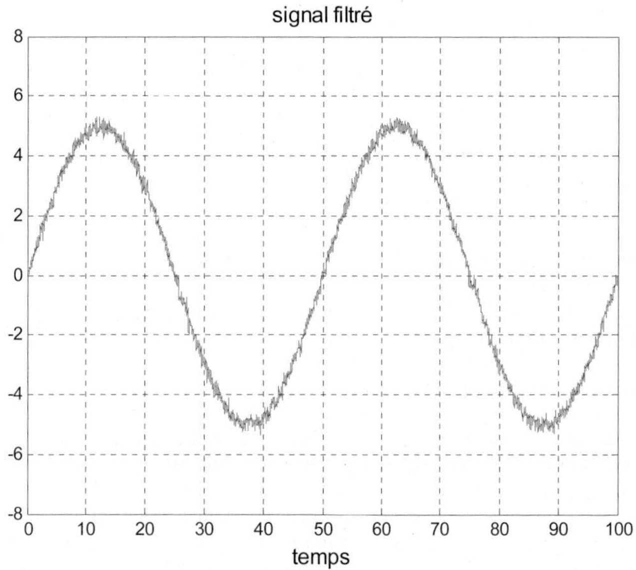


```
variance du signal bruité : 0.098845
variance du signal filtré : 0.019131
```

Le filtrage divise par un facteur 5.1667 la variance du bruit.

### *I.2.2. Régulation intégrale numérique*

Le système analogique étudié précédemment de fonction de transfert:

$$H(p) = \frac{H_0}{1+\tau p} = \frac{0.8}{1+20\,p}$$

est échantillonné à une cadence de 5 secondes. Le système échantillonné a pour modèle discret:

$$H(z) = \frac{b}{z-a} = \frac{0.177}{z-0.7788}$$

Les signaux d'entrée et de sortie discrets, u(t) et y(t) sont décrits par l'équation de récurrence:

$$y(t) = a\,y(t-1) + b\,u(t-1)$$

On désire le mettre sous forme de système d'état.

$$x_1(t+1) = x_2(t)$$

Nous obtenons: $x_2(t+1) = a\,x_1(t) + b\,u(t)$

Soit sous forme matricielle:

$$\begin{bmatrix} x_1(t+1) \\ x_2(t+1) \end{bmatrix} = \begin{bmatrix} 0 & 1 \\ a & 0 \end{bmatrix} \begin{bmatrix} x_1(t) \\ x_2(t) \end{bmatrix} + \begin{bmatrix} 0 \\ b \end{bmatrix} u(t)$$

Dans la figure suivante, le système modélisé dans l'espace d'état est attaqué, en boucle ouverte par un échelon unitaire.

Afin qu'elles soient connues dans Simulink, les valeurs des paramètres a et b sont spécifiées dans l'espace de travail MATLAB.

```
>> a=0.7788;
>> b=0.177;
```

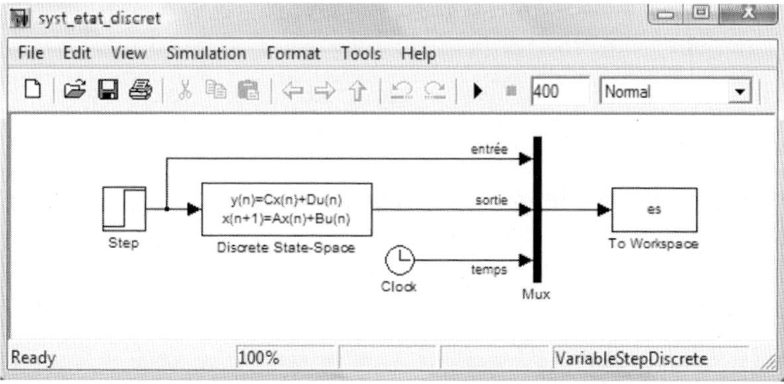

Les lignes de commande suivantes, permettent de récupérer les variables temps, entrée et sortie du système contenues dans la variable globale `es` à des fins d'affichage.

```
>> t=es(:,3);

>> entree=es(:,1);
>> sortie=es(:,2);

>> plot(t,sortie)
>> hold on

>> plot(t,entree)
>> axis([0 max(t) 0 1.2])
>> xlabel('temps')
>> title('système en boucle ouverte')

>> gtext('\leftarrow réponse en boucle ouverte')
>> gtext('\downarrow entrée du système')
```

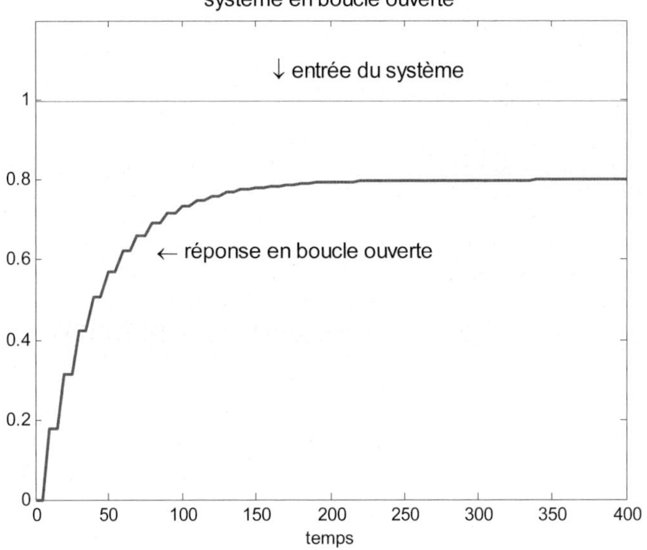


On retrouve bien le gain statique de 0.8. Ce système bouclé par un correcteur intégral pur, $\frac{K}{z-1}$ a pour fonction de transfert:

$$F(z)=\frac{K\,b}{z^2-z\,(a+1)+a+Kb}$$

C'est un système du second ordre de gain statique unité, F(1)=1.

```
>>  a=0.7788; b=0.177; K=0.1;
```

Dans l'espace de travail, on affecte au gain K la valeur 0.1 et l'on spécifie les valeurs des paramètres $a$ et $b$.

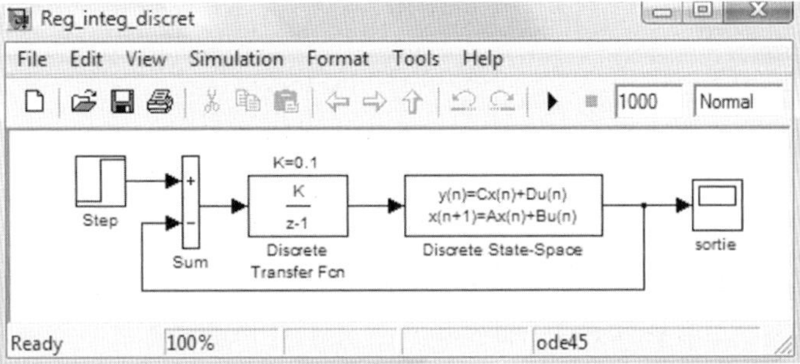


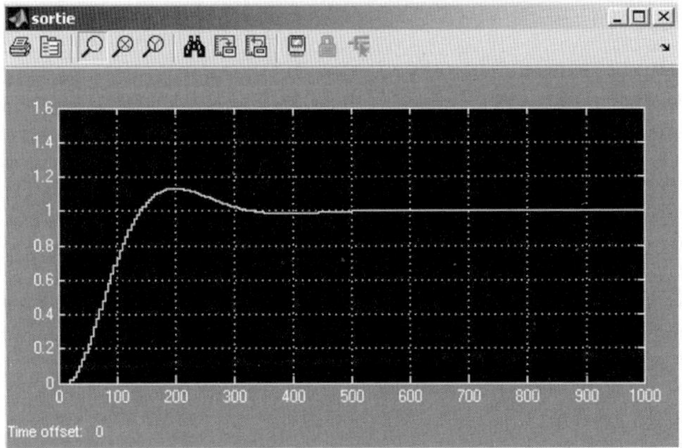


### *I.2.3. Résolution d'équation récurrente*

On se propose de chercher la valeur finale x de la l'équation récurrente suivante.

$$x_n = 1 - 0.8\,x_{n-1} + 0.5\cos x_{n-2}$$

A partir de la variable `x(n)` dont on cherche la loi d'évolution et par conséquent sa valeur finale, on la retarde 2 fois par l'élément retard (`Unit Delay` de la bibliothèque `Discrete`).

L'élément non linéaire, `0.5 cos x(n-1)` est réalisé par le bloc `MATLAB Function` de la librairie `User-Defined Functions`.

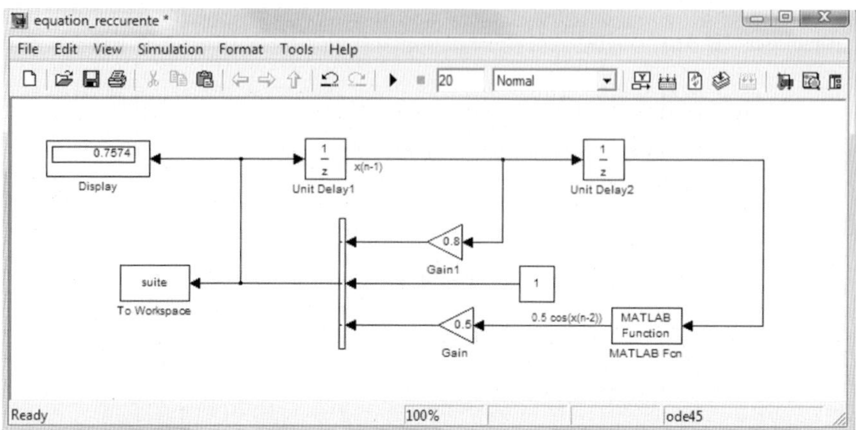


Quand on enregistre des signaux dans l'espace de travail (`To Workspace`), on peut le faire de 3 manières différentes :

- structure avec le temps (`Structure With Time`),
- structure simple (`Structure`),
- tableau (`Array`).

Dans les exemples précédents, nous n'avons utilisé que la méthode de tableau.

Dans cet exemple, nous avons choisi d'utiliser le type `Structure`.

On efface toutes les variables de l'espace de travail, on exécute encore une fois le fichier et on utilise la commande `whos` pour avoir les variables présentes dans l'espace de travail ainsi que leurs caractéristiques.

```
>> clear all

>> whos
  Name        Size                     Bytes  Class
  suite       1x1                        986  struct array
  tout       21x1                        168  double array
```

On remarque bien que la variable `suite` est une structure (`struct array`).

La variable tout contient le même signal, un vecteur de 21 variables puisqu'on a choisi stop time de 20 dans le menu `Simulation … Configuration Parameters`.

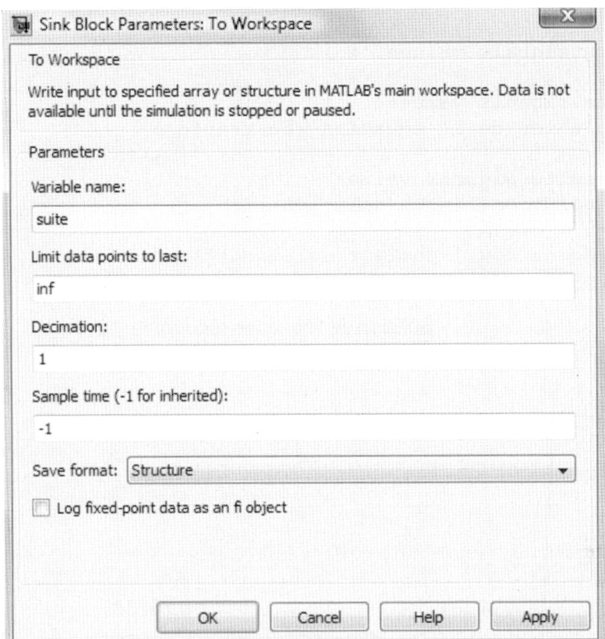


En invoquant la structure suite, on récupère ses champs que sont : le temps, `signals` et le nom du bloc à savoir `blockName`.

```
>> suite
suite =
    time: []
    signals: [1x1 struct]
    blockName: 'equat_recurrente/To Workspace'
```

Comme nous avons choisi le type de structure simple, le champ `time` est vide, `[]`. Le champ `signals` est une structure.

Pour voir les valeurs des champs de la structure `signals`, on exécute la commande suivante :

```
>> suite.signals
ans =
        values: [21x1 double]
        dimensions: 1
        label: 'x(n)'
```

C'est un tableau de 21 valeurs à une dimension et son label est `x(n)` .
Les lignes de commande suivantes permettent de tracer l'évolution de la solution de l'équation récurrente.

Le fichier suivant permet de tracer l'évolution de la solution de l'équation de récurrence.

*fichier lect_struct.m*

```
plot(suite.signals.values,'x')
hold on
plot(suite.signals.values,'-')
title('Solution de l''équation récurrente')

solution=suite.signals.values;
solution=solution(length(solution));

gtext(['\downarrow ' num2str(solution)])
grid
```

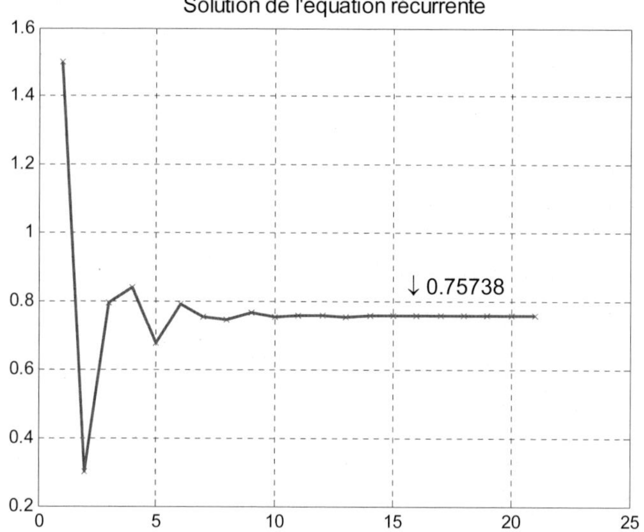


La solution finale est telle que $(n-1 \approx n)$ lorsque n tend vers l'infini.

Si on appelle x cette solution finale, nous devons résoudre l'équation suivante:

`1.8 x -1 -0.5 cos x = 0.`

Pour résoudre cette équation, nous disposons du bloc Solve de la bibliothèque Math Operations qui permet de trouver la solution qui annule l'équation qui est connectée à son entrée.

La fonction cosinus est réalisée par le bloc MATLAB Function dans lequel on a spécifié la fonction cos.

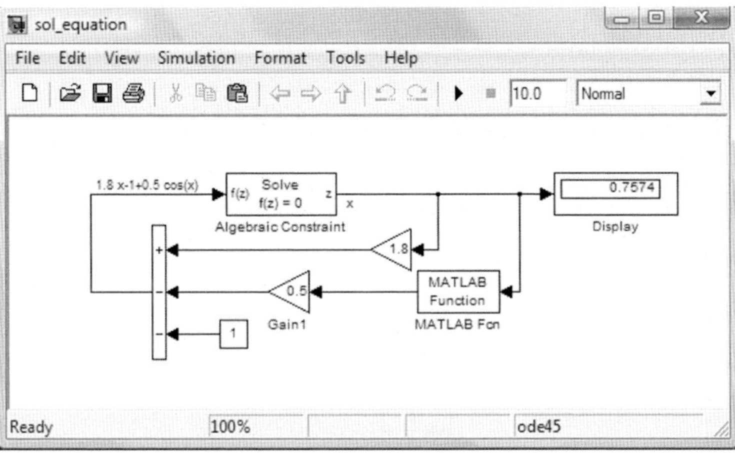


Nous obtenons bien la même valeur de la solution.

### *I.2.4. Résolution de systèmes d'équations non linéaires*

Cherchons les solutions du système de 2 équations non linéaires suivantes :

$$-\cos x + y = -0.5$$
$$\log(x+1) - 3\arcsin y = 2.5$$

Grâce à la fonction `fsolve` U1 -> Y U2 -> Y(E) Y Assignment de la bibliothèque `Math Operations` et du bloc `Fcn` pour implémenter les fonctions `cos(u)`, `asin` et `log`, le schéma de ce système est représenté comme le modèle Simulink suivant.

La recherche des solutions se fera à l'aide de 2 blocs `Fsolve` (`Algebraic Constraint`) auxquels, on présente à leurs entrées les expressions qui doivent s'annuler, à savoir :

$$\cos(x) + y + 0.5$$
$$\log(x+1) - 3\,a\sin y - 2.5$$

Ces expressions sont programmées à l'intérieur d'un bloc `Fcn` après double clic.

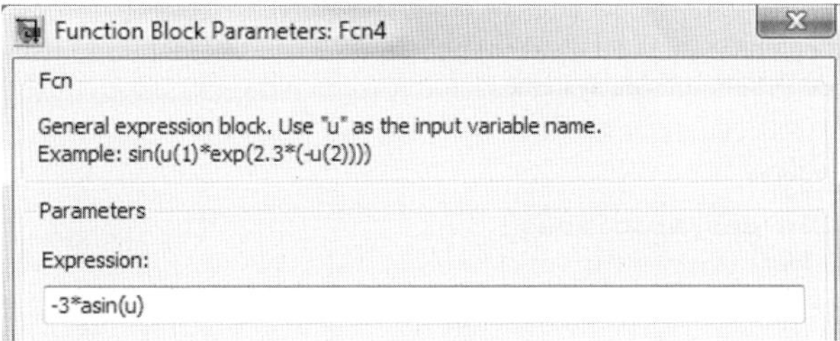

Bien que l'entrée du bloc `Fcn` soit toujours notée `u`, cette dernière, dans les blocs `log(u+1)` et `-cos(u)` correspond à la variable `x`, alors que la variable `u` du bloc `-3*asin(u)` représente la variable `y`.

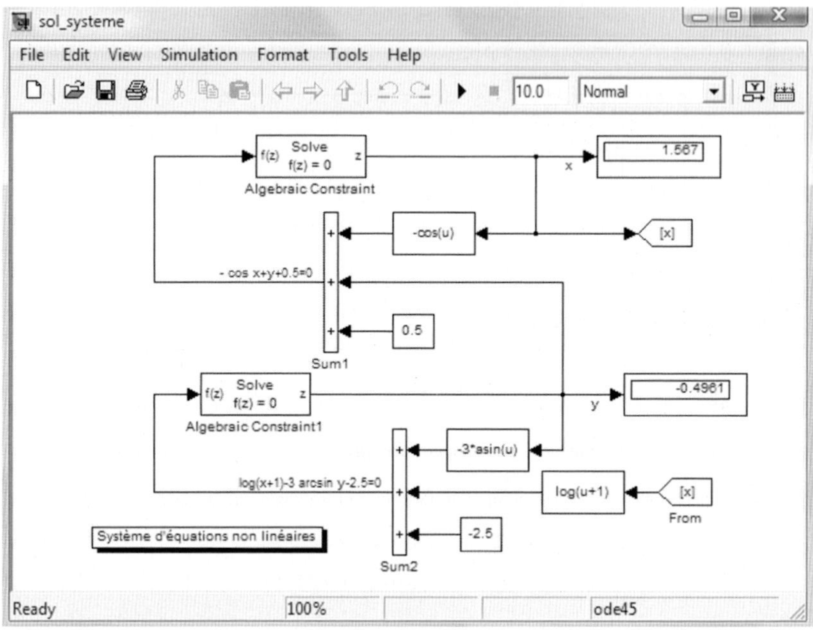


Pour vérifier les solutions obtenues par la fonction `fsolve`,

$$x = 1.567$$
$$y = -0.4961$$

nous allons chercher le point d'intersection des 2 fonctions $y = f(x)$ obtenues dans chacune des 2 équations du système. Ces 2 expressions extraites du système sont:

$$y_1 = \cos(x) - 0.5$$
$$y_2 = \sin\frac{\log(x+1) - 2.5}{3}$$

Les lignes de commandes suivantes permettent de tracer les courbes de $y_1$ et $y_2$ en fonction de la variable $x$ dont le domaine de variation est fixé entre 0 et 2 par pas de 0.001.

L'abscisse et l'ordonnée du point d'intersection de ces 2 courbes sont respectivement la valeur de $x$ et celle de $y$, solutions du système.

*fichier systeme_nl.m*

```
% intervalle des abscisses
x=0:0.001:10;
```

```
% expressions des 2 fonctions
y1=cos(x)-0.5;
y2=sin((-2.5+log(x+1))/3); close

% affichage des 2 fonctions
plot(x,y2), hold on, plot(x,y1), grid

% recherche des indices des solutions
% avec une précision de 5 10^-4
i=find(abs(y1-y2)<0.0005);

% Tracé des points de rencontre des 2 courbes
title('expressions y1 et y2 en fonction de x')
h=plot(x(i),y1(i),'*')
set(h,'linewidth',5)
% labels des axes
xlabel('variable x'), ylabel('variable y')
```

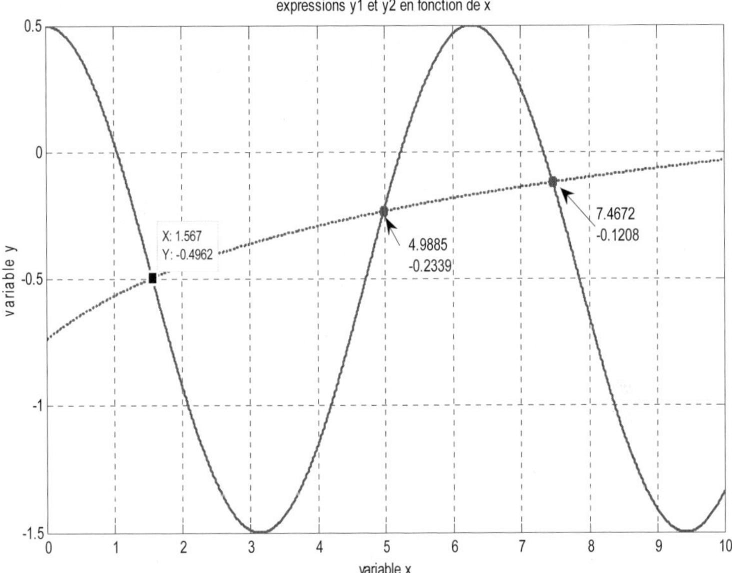


Les solutions ou coordonnées du point d'intersection des 2 courbes sont identiques, symbolisées par des points sur ce graphique ont les valeurs suivantes.
Les valeurs des points d'intersection sont obtenues graphiquement grâce aux commandes `ginput` et `gtext`.
Les valeurs exactes de l'abscisse `x` et celles des courbes `y1` et `y2` sont :

```
>> x(i)
ans =
    1.5670    4.9810    7.4650
```

```
>> y1(i)
ans =
   -0.4962   -0.2346   -0.1208

>> y2(i)
ans =
   -0.4961   -0.2349   -0.1211
```

L'avantage de l'utilisation de la fonction `fsolve` de SIMULINK est qu'il n'est pas nécessaire de donner à l'avance l'intervalle, inconnu a priori, dans lequel se trouve l'une des solutions.
L'inconvénient de la résolution par SIMULINK réside dans le fait que la simulation s'arrête dès l'obtention de la première solution.
La résolution de ce système peut se faire à l'aide d'un seul bloc `fsolve`. En effet, on peut exprimer l'une des inconnues en fonction de l'autre.
Dans le système précédemment étudié, la variable `y` peut être remplacée dans la deuxième équation par:

$$y = \cos x - 0.5$$

On aboutit à la recherche de la solution x de l'équation suivante:

$$\log(x+1) - 3\,\arcsin(\cos x - 0.5) - 2.5 = 0$$

La valeur de `y` peut être récupérée facilement dans le modèle SIMUMINK comme dans le modèle suivant.

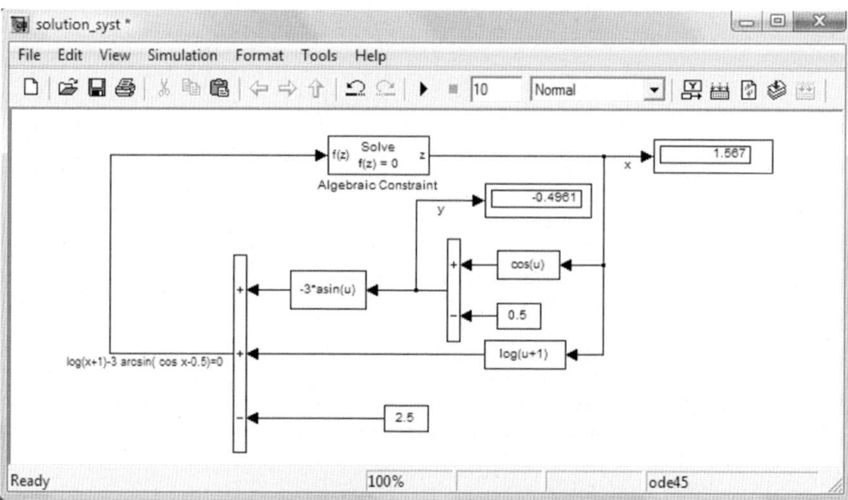


## II. Masquage ou encapsulation de sous-systèmes

Le masquage permet de rassembler un certain nombre de blocs réalisant une fonction particulière en un seul bloc paramétrable.

Les blocs de la librairie SIMULINK sont réalisés sous forme de masques.

Dans l'exemple précédemment étudié, le sous-système peut-être masqué et les paramètres utiles à la simulation seront entrés dans une boite de dialogue.

Le masquage des sous-systèmes est étudié dans un chapitre à part, « Masquage et sous-systèmes » auquel on se référera pour apprendre à réaliser des masques.

Considérons le modèle `Reg_integ_discret.mdl`.
On supprime le bloc échelon de consigne ainsi que l'oscilloscope de sortie et on en fait un sous-système comme dans le paragraphe « `Régulation Proportionnelle et Intégrale` »

Toutes les valeurs des variables définissant le système sont spécifiées dans l'espace de travail MATLAB.

Nous verrons qu'il y a une autre méthode, plus efficace, celles de `Callbacks` dont nous avons aussi consacré tout un chapitre.

On sélectionne l'ensemble des blocs et on utilise l'option `Create Subsystem` pour obtenir un bloc unique dont nous présentons le contenu à droite.

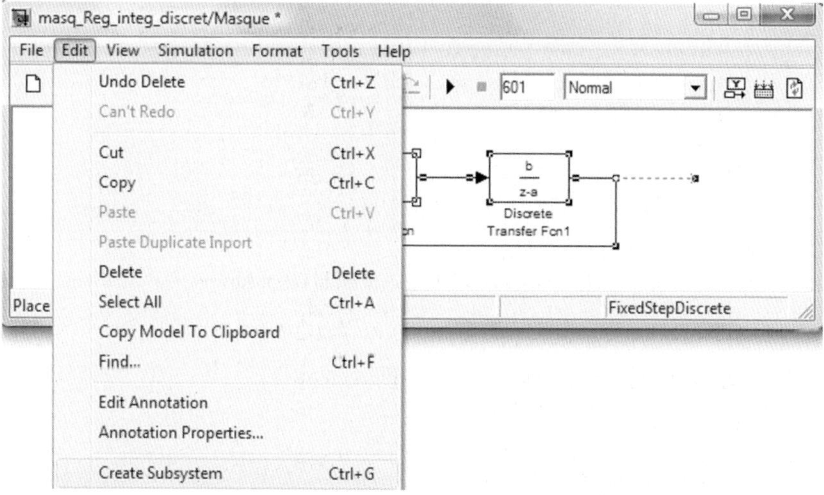


Le bloc unique (sous-système) et son contenu obtenu par un double-clic sont les suivants ;

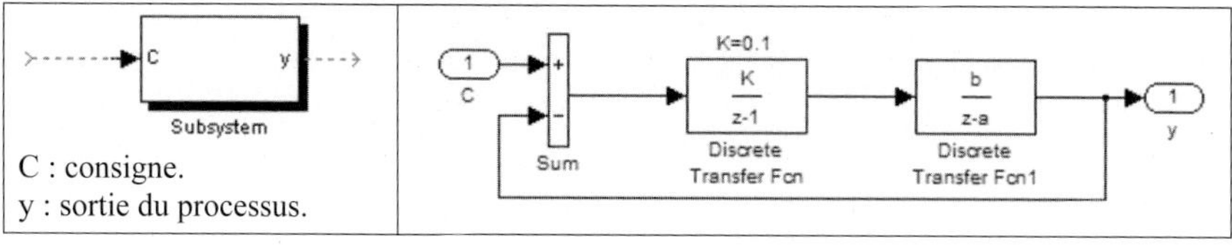


C : consigne.
y : sortie du processus.

Les paramètres du sous-système ne sont pas affectés à leurs valeurs car elles seront entrées à travers une boite de dialogue.

Les paramètres du régulateur (gain et dénominateur) sont appelés `K` et `den_reg`. Pour le modèle d'état du processus, nous utilisons la forme de fonction de transfert discrète.

Idem pour la période d'échantillonnage qu'on désigne par `Te=5s`.

Lorsque ces variables sont affectées à leurs valeurs, elles le sont automatiquement dans SIMULINK. Pour cela, nous exécutons le fichier `param_masq_reg.m`.

Les 2 fenêtres suivantes montrent les noms de ces différentes variables (régulateur et processus).

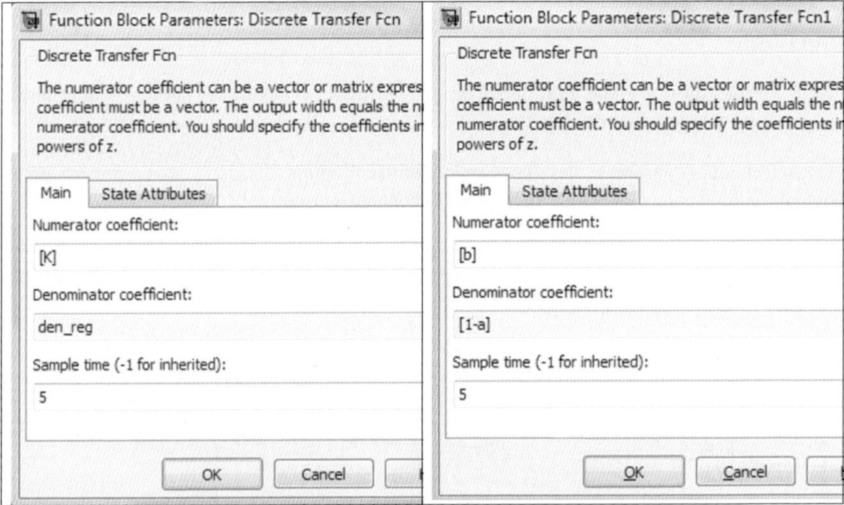


Les variables sont affectées à leurs valeurs en exécutant le script suivant :

*fichier param_masq_reg.m*

```
% Paramètres du processus
a=0.7788;
b=0.177;

% Régulateur intégral
K=0.1; % Gain du régulateur
den_reg=[1 -1]; % dénominateur du régulateur
```

Ensuite on sélectionne le sous-système et on applique la commande `Mask Subsystem` du menu `Edit`.

S'ouvre alors une fenêtre avec 4 onglets :

- `Icon & Ports`,
- `Parameters`,
- `Initialization`,
- `Documentation`.

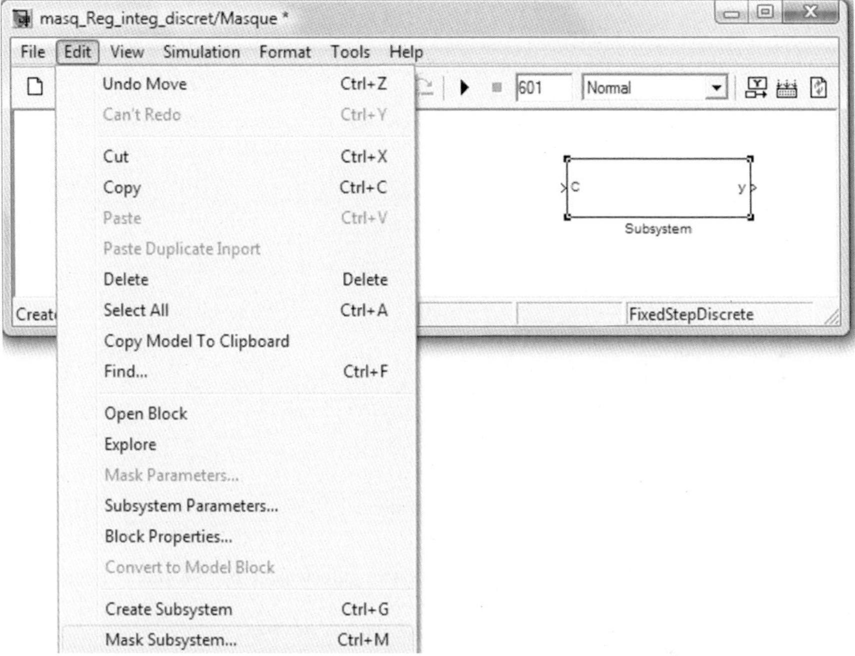


On remplit ensuite des champs pour définir le masque (Se référer au chapitre Masques et sous-systèmes). Dans cette fenêtre le prompt est ce qui sera affiché par Matlab dans la boite de dialogue, lorsqu'on clique sur le masque. Dans la colonne variable, on spécifie le nom de la variable utilisée.

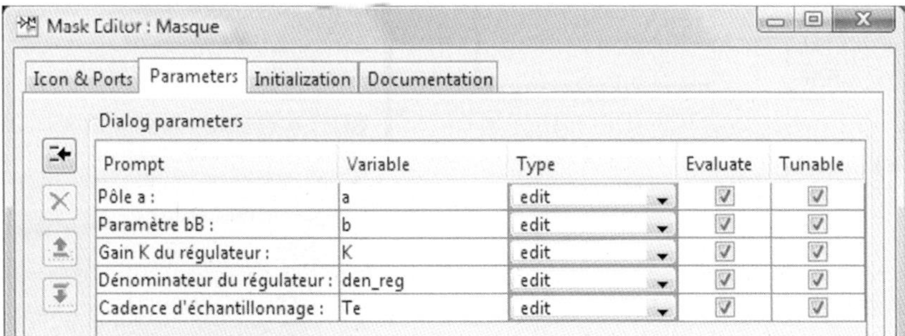

Dans la colonne variable, ce sont les valeurs des paramètres qui seront utilisés lors de l'exécution du masque.
Dans le fichier nous avons spécifié les valeurs de ces différentes variables, `a,b, K`, `den_reg` et `Te`.

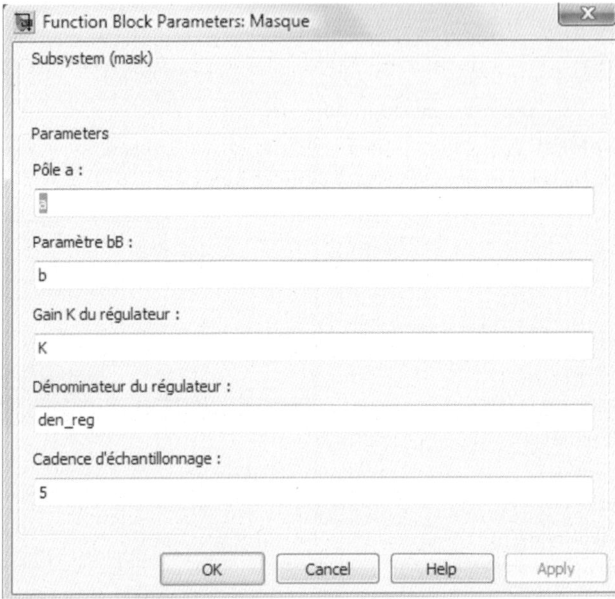


Seule la cadence d'échantillonnage a été spécifiée directement par sa valeur numérique Te=5s.
L'application de ce masque donne le modèle et les signaux suivants :

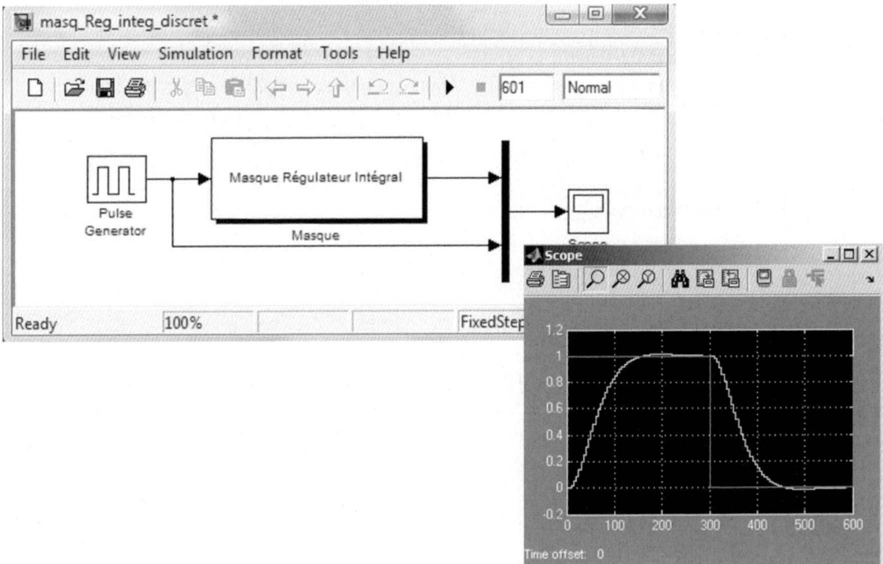

Pour l'apprentissage approfondi sur le masquage des sous-systèmes, le lecteur doit se référer au chapitre « `Masques et sous-systèmes` » dédié à cet effet.

## III. Utilisation des Callbacks

Pour spécifier les valeurs numériques des variables utilisées dans des modèles Simulink, nous avons du le faire dans l'espace de travail MATLAB, soit après le prompt, soit en exécutant un script.

Une autre méthode, plus efficace, est d'utiliser des `Callbacks` qui sont des fonctions appelées par le modèle Simulink selon les différentes étapes de l'exécution du modèle.

Considérons le même exemple du masque `masq_Reg_integ_discret.mdl` que précédemment, que nous allons appeler `masq_Reg_integ_callback`.mdl.

Nous allons utiliser le callback `InitFcn` qui appellera les mêmes commandes que le script `param_masq_reg.m` qu'on exécute avant de lancer le modèle Simulink.

Pour cela, on recopie l'intégralité du fichier dans la partie droite du callback `InitFcn`, comme on le voit dans la figure suivante.

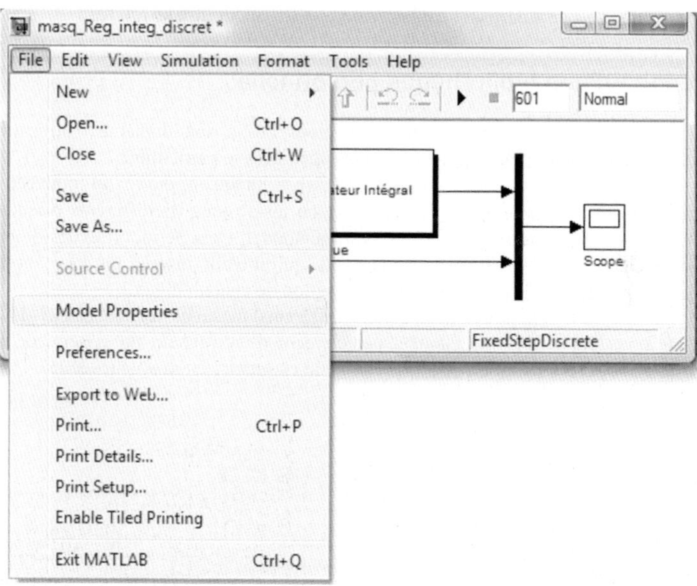


Ces commandes, appelées lors de l'étape d'initialisation du modèle Simulink (`Init`), consistent à spécifier les valeurs numériques des paramètres du modèle (pôle a et paramètre b de la fonction de transfert du processus) et l'expression du régulateur (gain K et dénominateur de sa fonction de transfert).

Ces commandes peuvent être utilisées dans le callback `PostLoadFcn` (juste après l'ouverture du modèle Simulink).

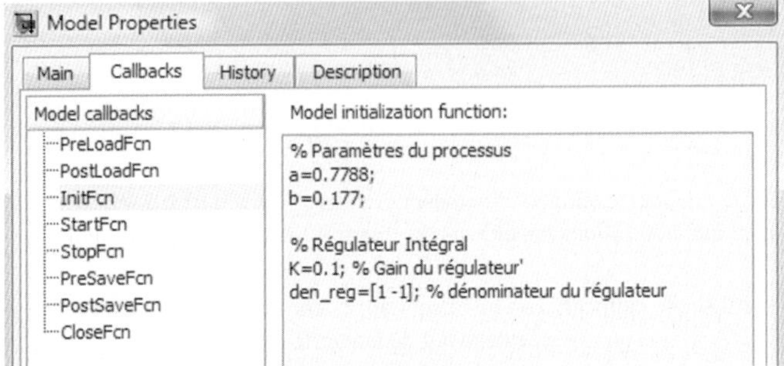


Nous pouvons utiliser ce modèle sans exécuter de script pour spécifier des valeurs aux variables. Avec la même consigne carrée que précédemment, nous obtenons les mêmes résultats (signaux de consigne et de sortie sur l'oscilloscope).
Un chapitre entier est consacré aux callbacks auquel le lecteur doit se référer.

## IV. Création d'une bibliothèque personnelle

Chaque lecteur a la possibilité de créer des blocs liés à son domaine d'utilisation. Ces différents masques peuvent être rassemblés dans une librairie particulière.
Pour créer une bibliothèque, on choisit `Library` lorsqu'on ouvre un nouveau fichier SIMULINK par `File/New`. Dans cette fenêtre, on insère tous les différents masques créés que l'on a l'habitude d'utiliser dans son travail personnel. Cela permet d'éviter de parcourir toutes les librairies de Simulink à chaque fois qu'on veut insérer un bloc, notamment lorsqu'on ne se rappelle pas très bien de la localisation de chacun d'eux.
Dans la fenêtre suivante, nous représentons différents masques tels le calcul du produit scalaire de 2 vecteurs, l'inverse élément par élément d'un vecteur, un générateur de sinus cardinal, de PWM et transformation d'un octet codé en binaire en sa valeur réelle.

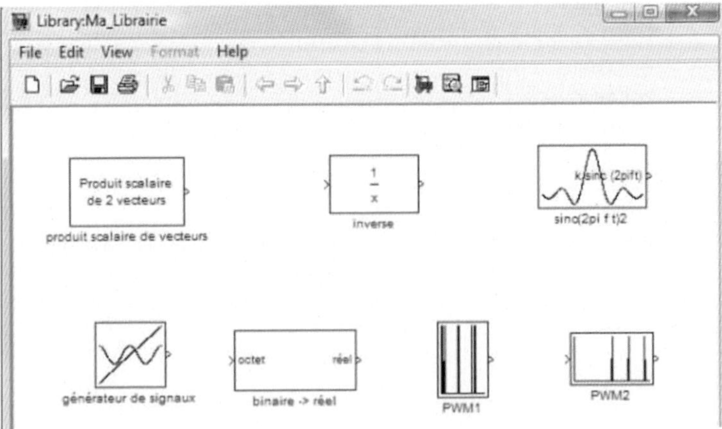

Pour faire apparaître cette librairie de blocs personnels, on modifie le fichier `slblocks.m` comme suit :

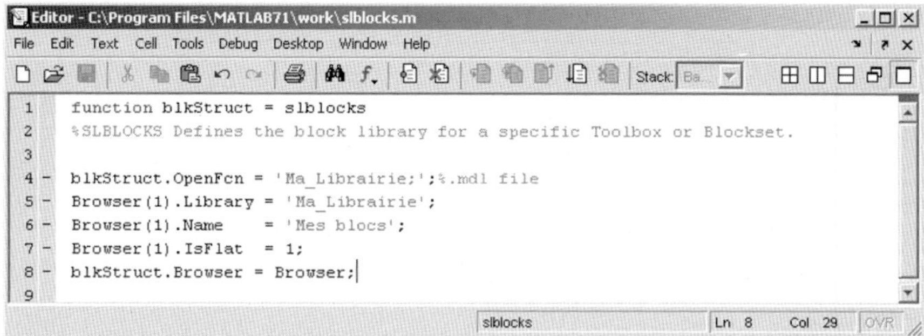


Après l'exécution de ce fichier, nous retrouvons cette bibliothèque dans le browser Simulink, au même titre que Stateflow, etc.
Nous pouvons ainsi utiliser ses différents blocs de la même façon qu'on le fait pour les blocs Simulink ou autre outil additionnel.
Nous remarquons la présence de la librairie « `Mes blocs` » au même titre que celles de Simulink.

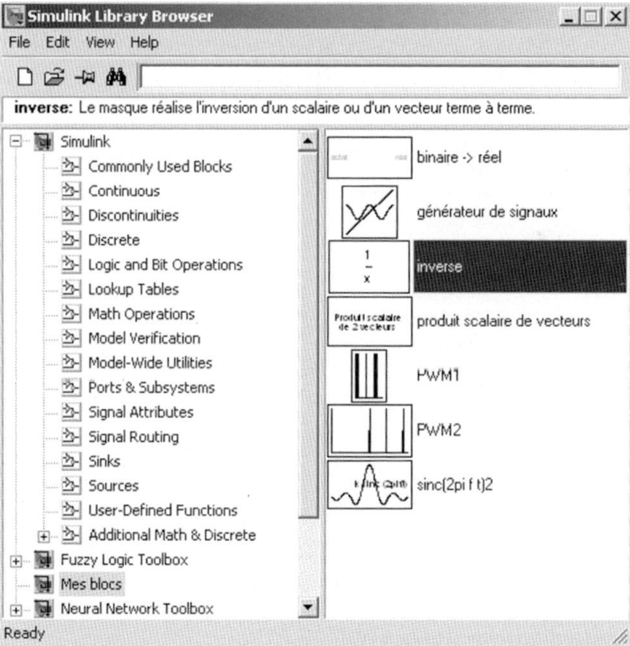


Nous pouvons ainsi utiliser ces blocs dans un programme Simulink, comme par exemple le bloc '`inverse`' qui calcule l'inverse d'un vecteur terme à terme.

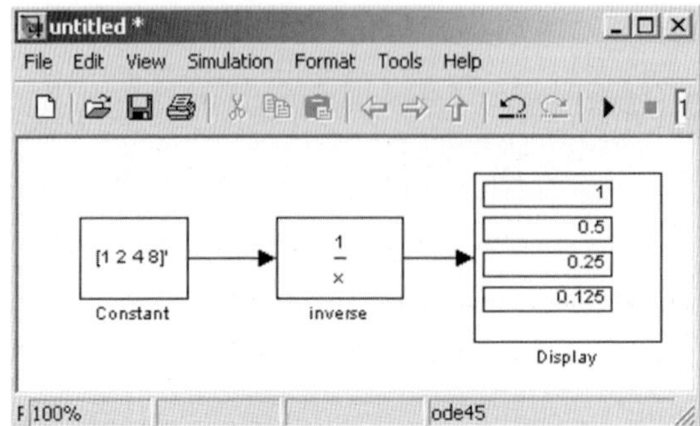


## V. Etude des différentes librairies de SIMULINK

### V.1. Librairie Sinks

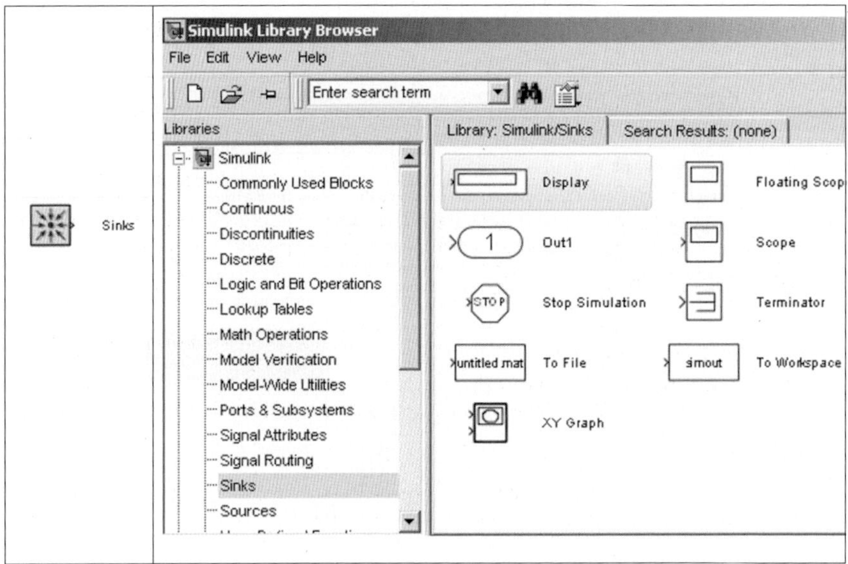


Cette librairie contient :

- des appareils virtuels de visualisation graphique (oscilloscope pour afficher des données en fonction du temps, `XY graph` pour visualiser une série de données en fonction d'une autre comme le diagramme de Lissajous),
- un bloc d'enregistrement de données dans un fichier `mat`,
- un bloc pour enregistrer des données dans une variable globale entre SIMULINK et l'espace de travail MATLAB,

- une icône qui permet l'arrêt de la simulation lorsqu'elle reçoit un niveau logique 1 à son entrée.

Un exemple d'utilisation du bloc `XY Graph` est donné par la figure suivante dans lequel on trace une sinusoïde en fonction d'une autre.

On trace une sinusoïde $x(t) = \sin 2\pi t$ en fonction d'une autre, $y(t) = \sin(4\pi t - \frac{\pi}{4})$.
La 2^nde sinusoïde possède une pulsation double de celle de la première mais elle est déphasée de $-\frac{\pi}{4}$. Les amplitudes sont les mêmes et égales à l'unité.

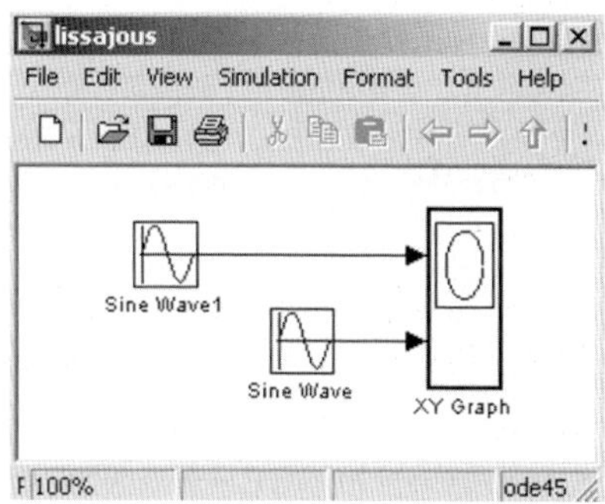


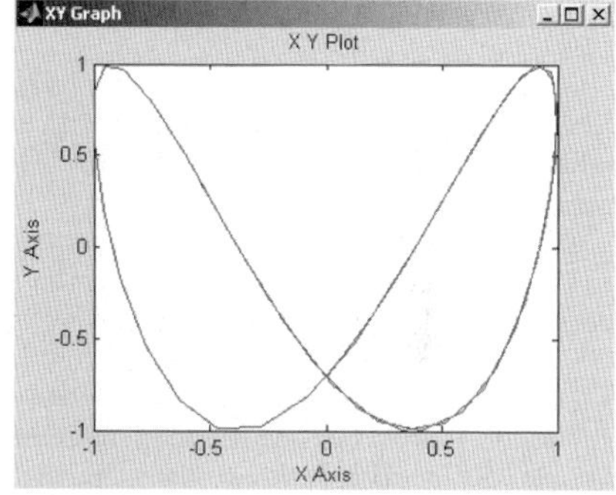


Pour réaliser un autre exemple utilisant les autres blocs, nous avons besoin d'utiliser un système continu défini par sa fonction de transfert (`continuous`) attaqué par un signal échelon (librairie `Sources`).

Le système analogique $H(p = \frac{4}{3p+1}$ est du premier ordre, de gain statique égal à 4.
Nous calculons la différence instantanée sortie moins la consigne. Dès que cette différence est égale ou supérieure à 2.999 on arrête la simulation en attaquant le bloc `Stop` par un signal logique (`Boolean`).

Comme le bloc de comparaison à une constante sort un signal de type `uint8` (octet non signé), nous avons du placer un convertisseur de `uint8` vers `Boolean`.

Le convertisseur (`converter`) appartient à la librairie `Signal Attributes`. Le bloc de comparaison à une constante est dans la librairie `Logic and Bit Operations`.

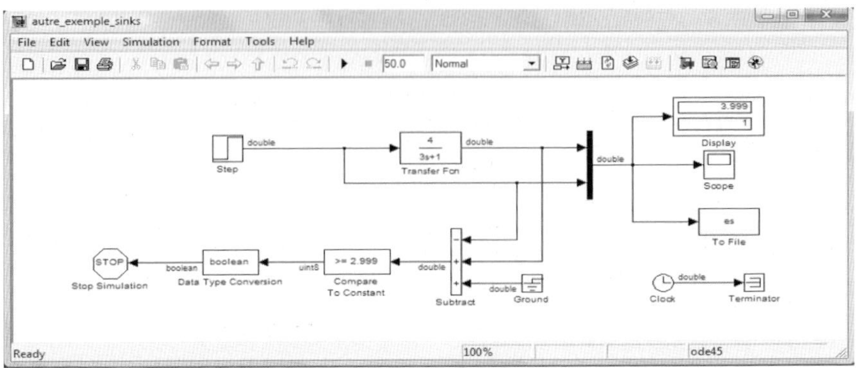


Les blocs `Ground` (`Sources`) et `Terminator` (`Sinks`) servent, respectivement à être reliés à des blocs non encore utilisés afin d'éviter l'affichage des `Warnings` dans l'espace de travail Matlab.

Les blocs `In` et `Out` servent essentiellement pour les sous-systèmes (voir chapitre `Masques et sous-systèmes`).

L'afficheur numérique indique bien 3.999 pour la sortie et 1 pour l'échelon unité et la simulation s'arrête dès que la condition est réalisée, bien avant le temps de la simulation qui est de 50 comme spécifié dans le menu `Simulation ... Configuration Parameters`.

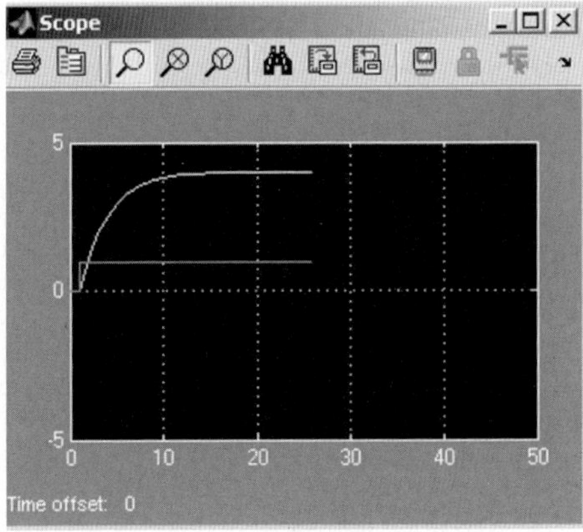


Nous avons aussi sauvegardé les signaux qui sortent du multiplexeur dans un fichier binaire `es.mat`, les signaux étant contenus dans la variable `signaux`.

La lecture du fichier binaire se fait par la commande `load`.

Les commandes suivantes permettent de lire ce fichier et de tracer les 2 signaux d'entrée et de sortie.

```
load es
whos
  Name              Size                Bytes  Class     Attributes

  signaux           3x29                  696  double
```

On retrouve bien la variable `signaux` qui contient les signaux d'entrée/sortie auquel s'est ajouté le temps.

Comme on l'a vu dans l'oscilloscope, il y a bien 29 points à l'arrêt de la simulation.

Les lignes de commande permettent de tracer les signaux enregistrés dans le fichier binaire.

```
load es, close all
temps= signaux(1,:);
entree=signaux(2,:);
sortie=signaux(3,:);
plot(temps, entree)
axis([0 50 -0.5 4.5])
grid, hold on
plot(temps, sortie)
gtext('entrée'), gtext('sortie')
title('Signaux d''entrée et de sortie'), xlabel('temps')
```

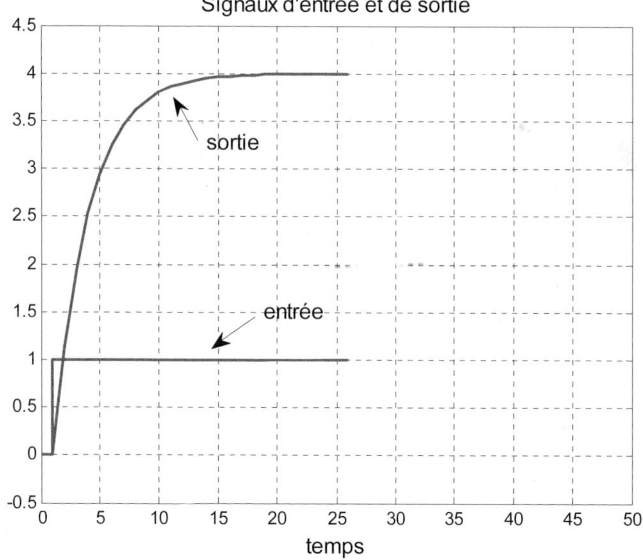

## V.2. Librairie Sources 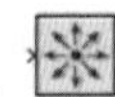

Cette librairie contient des blocs qui permettent de :

- générer différents types de signaux (sinus, carré, aléatoires, triangulaires, impulsions, constante, etc.).

- de disposer du temps de simulation (horloge analogique et numérique),
- de lire des données contenues dans un fichier .mat qui peut être préalablement créé dans l'espace de travail MATLAB.

- Le bloc `In1` sert d'entrée pour les sous-systèmes avant leur masquage, en même temps que le port `Out1` de la librairie `Sinks` pour servir de port de sortie.

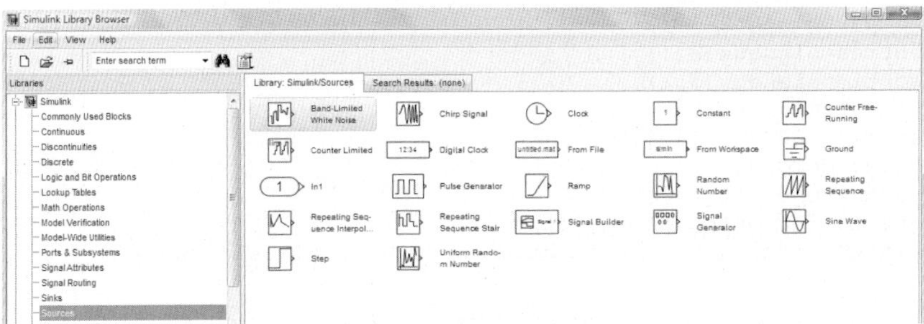


Nous allons étudier un exemple utilisant le maximum de ces blocs.

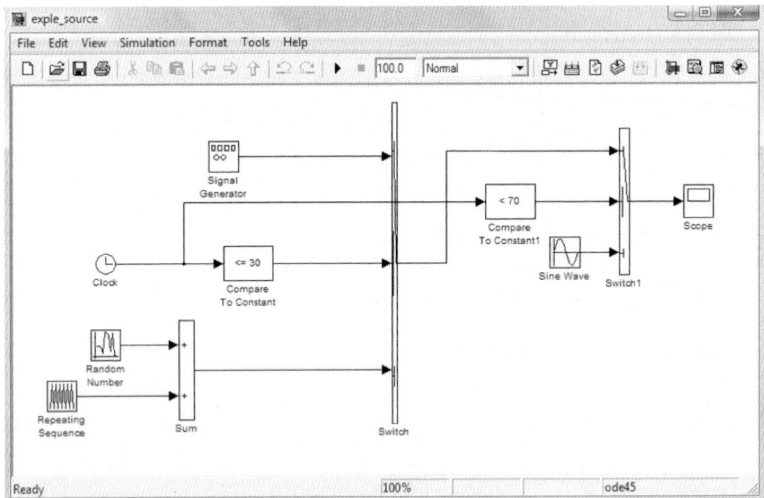

Selon la valeur du temps de simulation (30 et 70), on fait passer un signal carré, puis une séquence répétitive bruitée par un random gaussien puis un signal sinusoïdal.

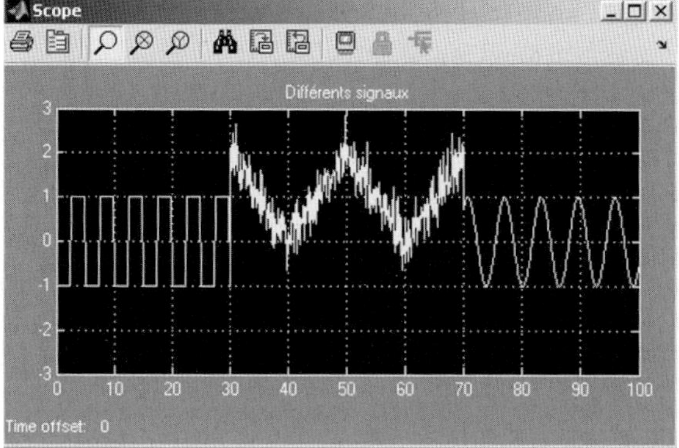


### V.3. Librairie Discrete

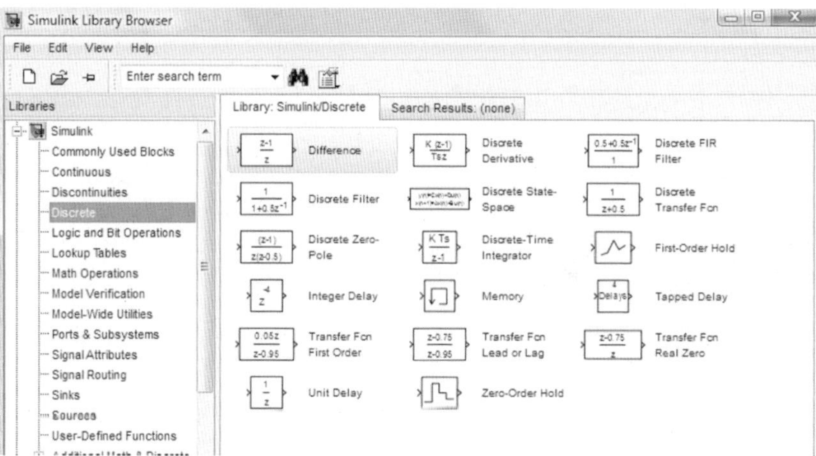


Cette librairie contient les éléments discrets suivants :

- retard d'une période d'échantillonnage (`Unit Delay`) ;
- un intégrateur discret provenant de la numérisation de l'intégrateur analogique $\frac{1}{p}$ que l'on discrétise par le calcul de surfaces par les rectangles (inférieurs ou supérieurs) ou par celle des trapèzes (méthode de Tustin),
- les bloqueurs d'ordre 0 ou 1,

- différentes fonctions de transfert discrètes en z ou $z^{-1}$ que l'on peut spécifier par les coefficients de leur numérateur et dénominateur ou par les valeurs de leurs pôles et zéros,
- un bloc de modélisation dans l'espace d'état,
- Un filtre FIR (Finite Impulse Response ou filtre à réponse impulsionnelle finie),
- Un bloc retard pur dont on peut spécifier le nombre de périodes.

La fenêtre suivante montre une régulation par un intégrateur pur (intégration par la méthode des trapèzes ou méthode de Tustin) d'un processus analogique précédé d'un bloqueur d'ordre 0. Les signaux de consigne, de commande (issue du bloqueur) et de sortie du processus sont stockés dans une nommée `sortie`. Cette variable est globale donc visible dans SIMULINK et l'espace de travail MATLAB.

### *V.3.1. Commande intégrale*

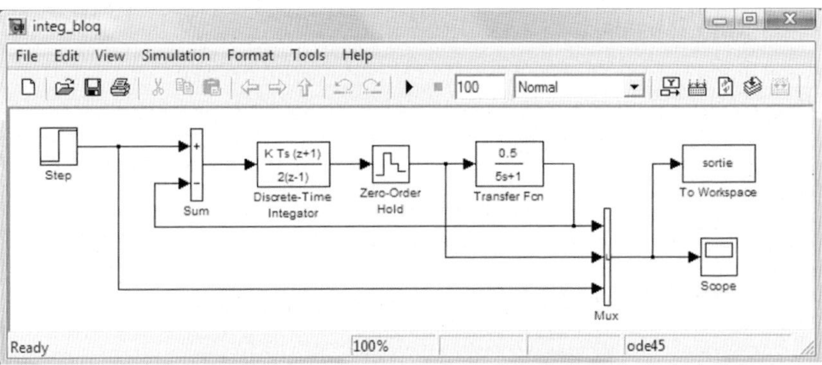


Le fichier `aff_sign_sortie.m` permet de récupérer les différents signaux de la variable sortie et de les afficher.

*fichier aff_sign_sortie.m*

```
% récupération des signaux dans la variable sortie
 y=sortie(:,1);  u=sortie(:,2);  c=sortie(:,3);
% affichage des différents signaux
 plot(y), hold on,  plot(c),  stairs(u), grid
% annotation des différents signaux
 gtext('signal de commande'), gtext('sortie')
 gtext('consigne')
 % titre et axe des abscisses
 title('commande par un intégrateur intégré à SIMULINK')
 xlabel('temps')
```

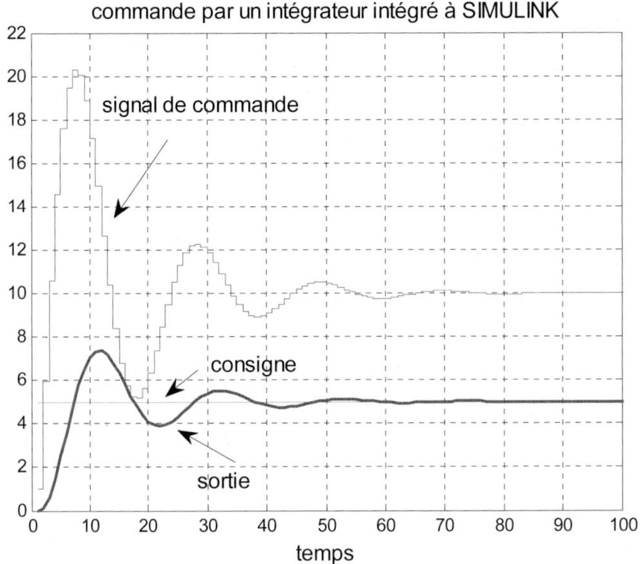


Grâce à l'intégration et après quelques oscillations, le signal de sortie rejoint le signal de consigne, ce qui annule l'erreur statique. Le bloqueur d'ordre 0 permet de bloquer la commande issue du régulateur numérique durant une période d'échantillonnage pour attaquer un système analogique.

### *V.3.2. Commande P.I. d'un système analogique*

Dans cette fenêtre, nous avons programmé le régulateur PI analogique d'expression :

$$C(p)=10\ (1+\frac{1}{p})$$

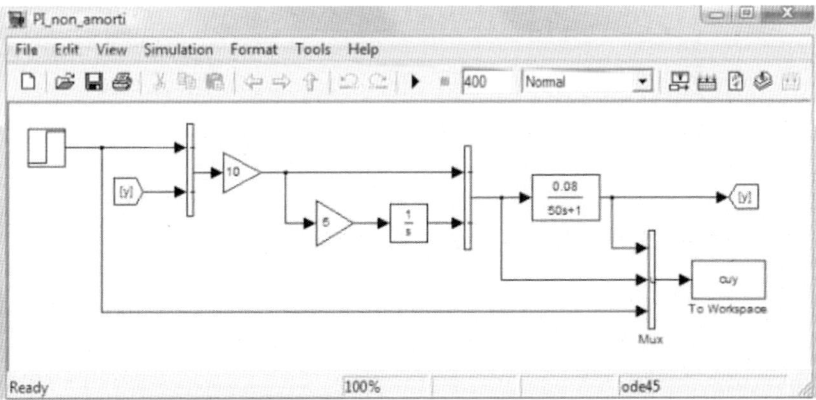

Les 2 fenêtres suivantes représentent respectivement l'évolution, dans le temps des différents signaux ; la consigne et le signal de sortie pour la première et le signal de commande pour la seconde.

Ces lignes de commande permettent de tracer les signaux de consigne, sortie et commande.

```
close all
plot(cuy(:,3))
hold on
plot(cuy(:,1))
title('Consigne et sortie')
gtext('Sortie')
grid
figure
stairs(cuy(:,2))
grid
title('Signal de commande')
```

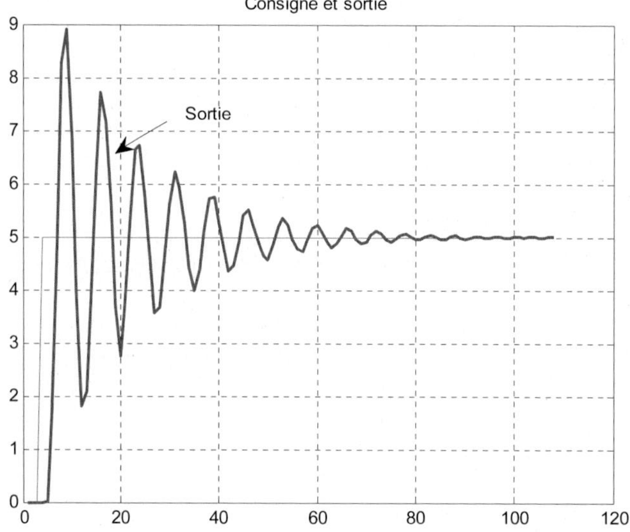


L'erreur statique s'annule au bout de 40 secondes environ.

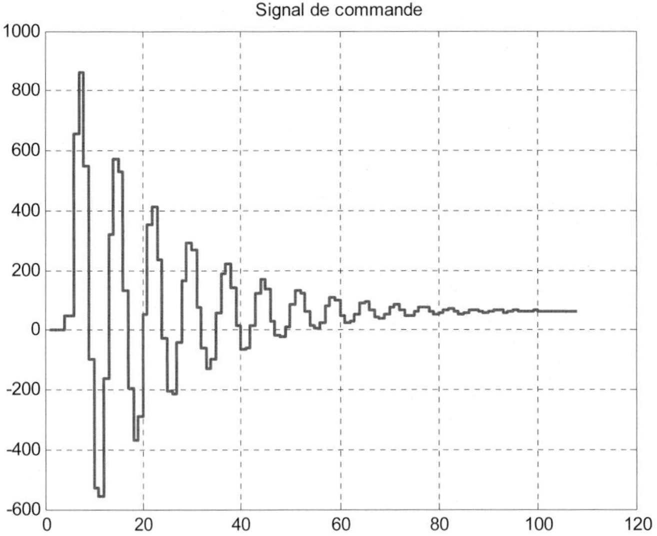


### *V.3.3. Commande P.I. avec blocage de l'intégrale*

Dans la loi de commande suivante, la commande précédente est reproduite tant que la valeur absolue de l'erreur est inférieure à 3, dans le cas contraire seule la partie proportionnelle de 10 est utilisée.

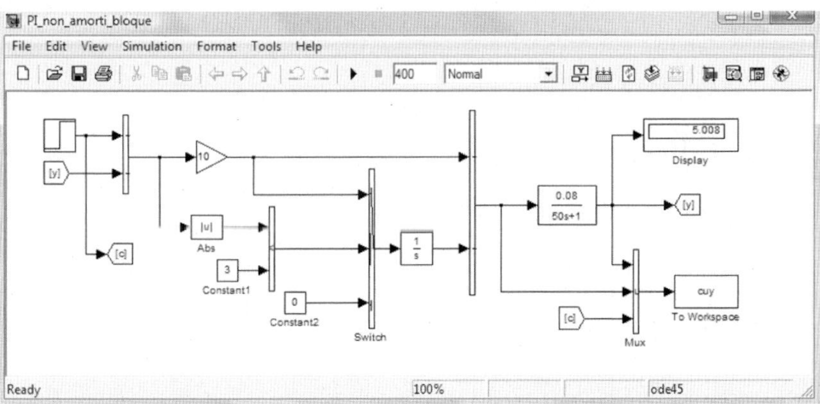


Les lignes de commande suivantes permettent de lire le fichier binaire `cuy.mat` et de tracer les différents signaux qui y sont stockés.

```
plot(cuy(:,1)), hold on, plot(cuy(:,3))
axis([0 160 3 6]), grid, gtext('sortie'), gtext('consigne')
title('Signaux de consigne et de sortie')
```

Comme le montrent les figures suivantes, l'évolution de la sortie est non linéaire. Grâce à l'inhibition de l'intégrale lors des grandes erreurs de poursuite, nous obtenons des valeurs de la commande plus faibles que précédemment.

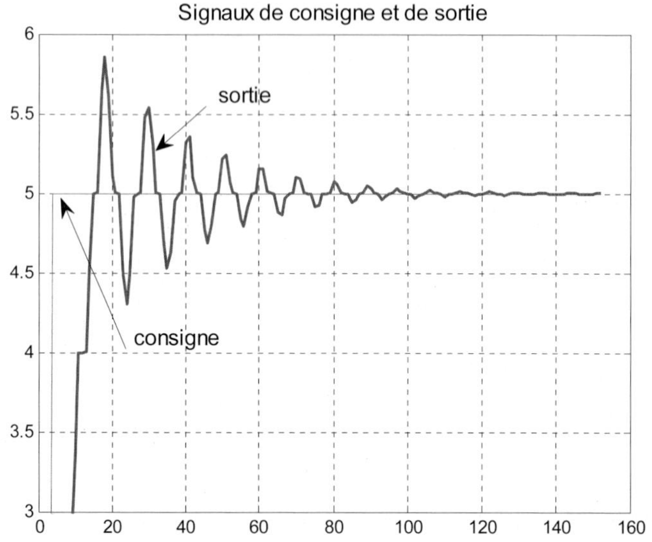


```
close
stairs(cuy(:,2)), grid
gtext('Signal de commande')
```

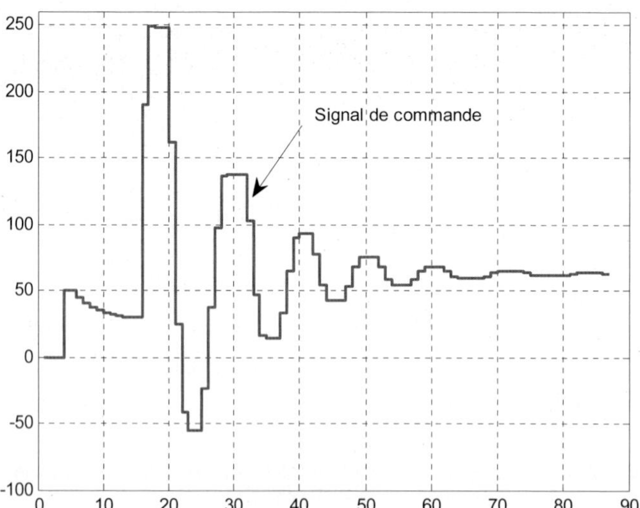

### V.3.4. Résolution d'une équation de récurrence

- ***Par le bloc Memory***

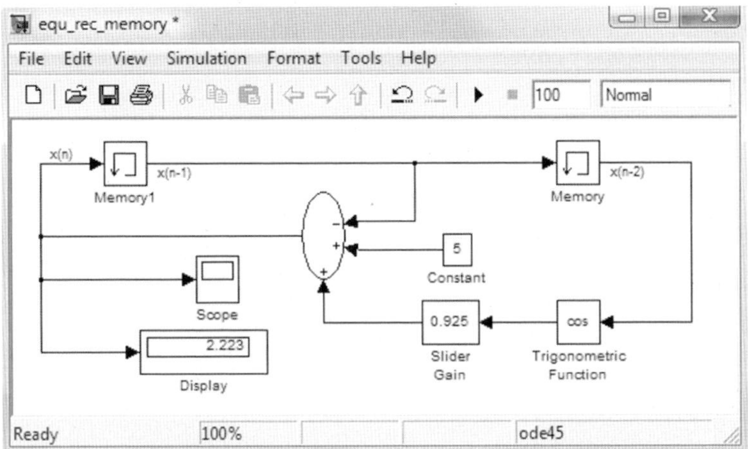


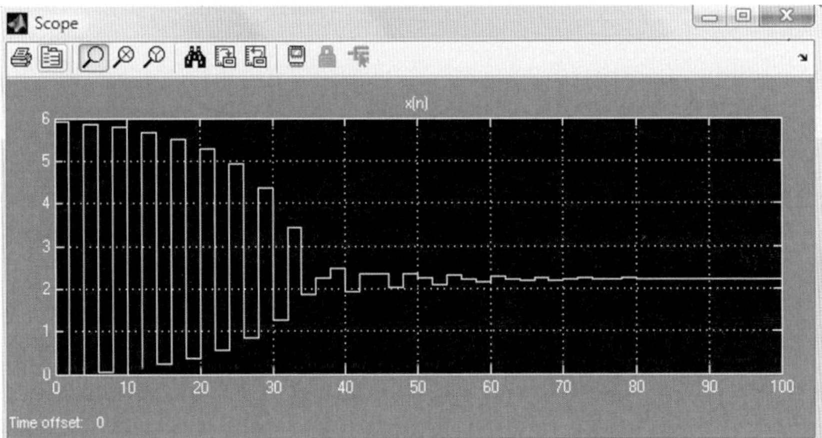


Nous remarquons que sur l'oscilloscope, il apparaît le signal x(n) qui correspond à l'étiquette de la ligne à laquelle il est relié ; ceci par un double clic sur la ligne et remplissage de la zone texte de l'étiquette.

Le signal, après plusieurs oscillations décroissantes, se stabilise à la valeur finale 2.223 au bout d'une cinquantaine d'itérations environ.

- ***Par un filtre numérique***

On se propose de chercher la solution finale de l'équation récurrente suivante :

$$x(k)=0.3\,x(k-1)+0.7\,x(k-2)=1.5$$

Cette équation linéaire peut être résolue à l'aide d'un filtre numérique de fonction de transfert : $H(z^{-1})=\dfrac{1.5}{1+0.3\,z^{-1}+0.7\,z^{-1}}$, dont l'entrée est une constante égale à l'unité.

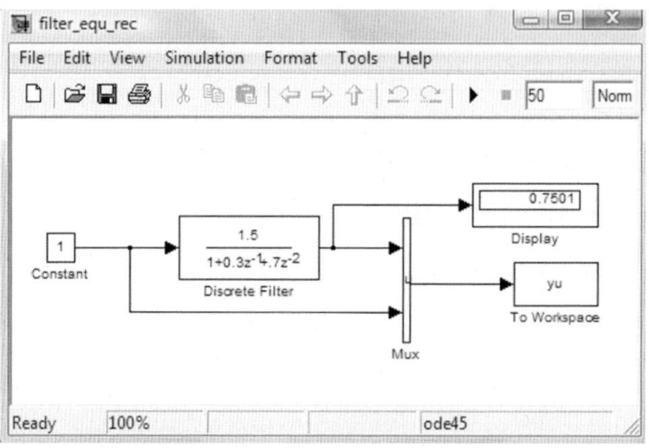


```
>> y=yu(:,1); u=yu(:,2);
>> stairs(y), hold on, stairs(u)
>> title('solution d''une équation récurrente')
>> xlabel('temps discret')
>> gtext(['\downarrow solution = ' num2str(y(length(y)))])
>> grid, gtext('entrée'), gtext('évolution de la solution')
```

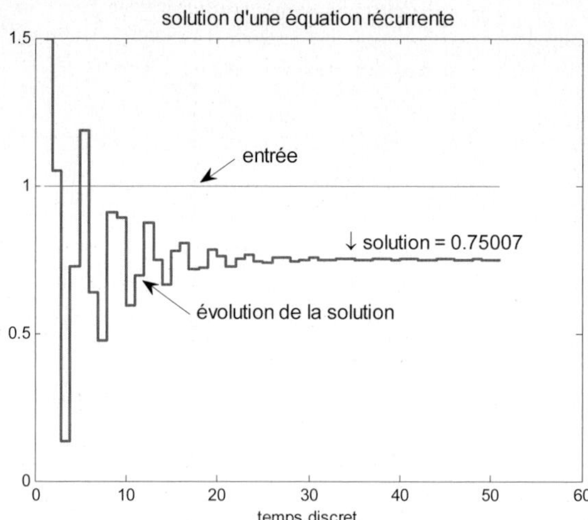

En régime permanent, à savoir $k \to \infty$, on peut écrire $k \approx k-1 \approx k-2$, ce qui donne la solution finale :

```
>>  x=1.5/(1+0.3+0.7)
x =
    0.7500
```

### V.4. Librairie Continuous

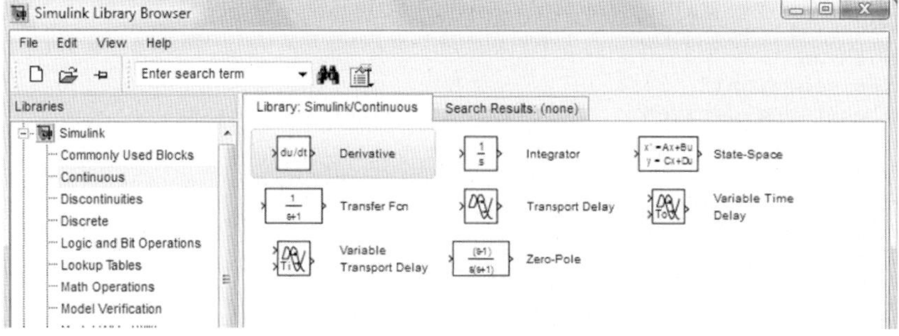


Dans cette librairie, on trouve des blocs continus, tels la dérivée continue, les fonctions de transfert de Laplace, les modèles d'état continus ainsi qu'un intégrateur continu et des `transports delay`.

Dans l'exemple suivant on réalise diverses opérations (dérivation, intégration, transport delay et retard de 1 échantillon sur le même signal sinusoïdal).

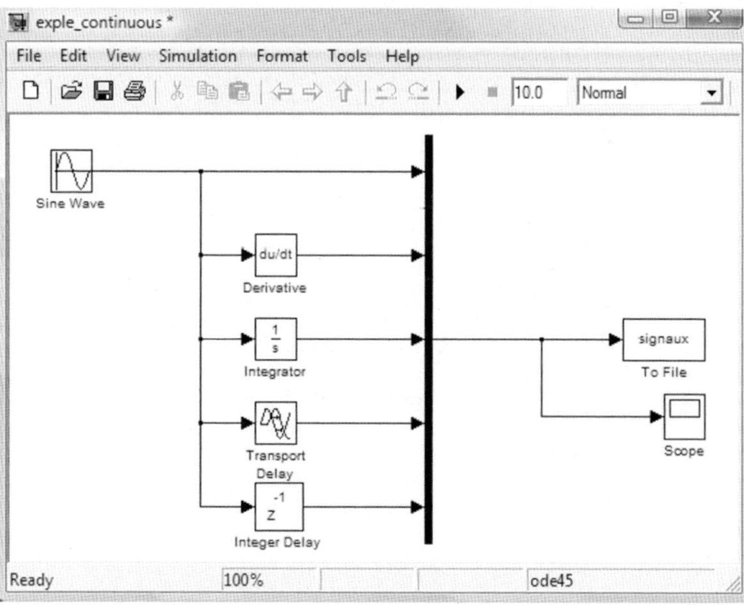

Les lignes de commande suivantes permettent la lecture du fichier binaire et de tracer les différentes figures qu'on peut observer aussi sur l'oscilloscope.

```
close all, clear all, clc
load signaux
temps=sign(1,:); signal_origine=sign(2,:);

plot(temps,signal_origine)
gtext('\leftarrow Signal origine')

pause(2)
hold on
derivee=sign(3,:);
plot(temps,derivee,':'), gtext('\rightarrow Dérivee ')

pause(2)
hold on
integration=sign(4,:);
plot(temps,integration,'-.')
gtext('\leftarrow Integ'), grid
title('Transformations continues')
delay=sign(5,:);
plot(temps,delay,'o')
gtext('Delay de 5')
```

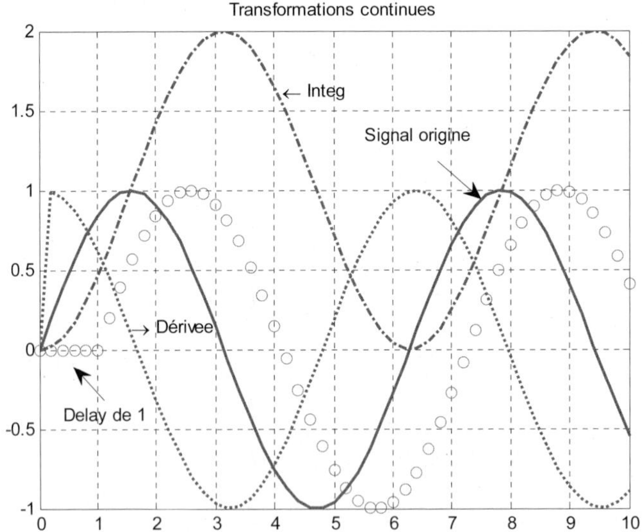

- ***Commande par retour d'état***

On considère un système de fonction de transfert analogique du second ordre (double intégrateur) donnée par l'expression suivante :

$$H(p) = \frac{1}{p^2}$$

Avant de réaliser cette commande, on étudie sa réponse indicielle afin de connaître sa dynamique en boucle ouverte.

On utilisera le bloc `Transfer Fcn` qui réalise la fonction de transfert par la spécification de la fonction de transfert du processus.

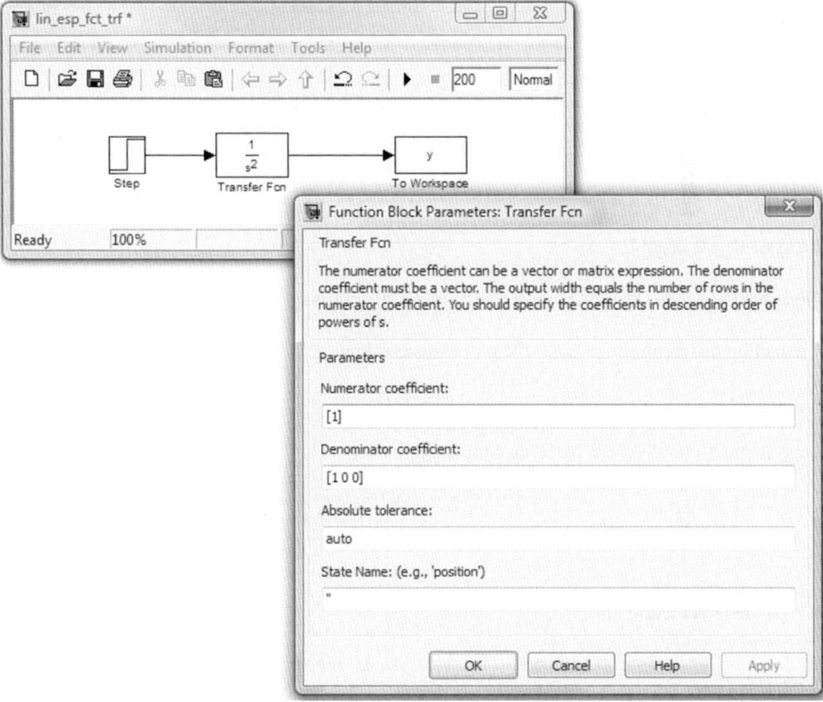


```
>> h=plot(y);
>> set(h,'Linewidth',2);
>> axis([0 200 0 max(y)])
>> grid,
>> title('réponse indicielle du volant d''inertie')
>> xlabel('temps continu')
```

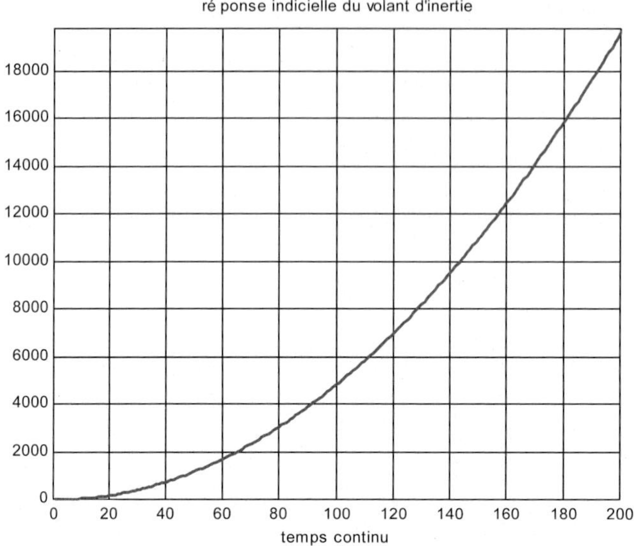


Le système est instable.

Nous pouvons aussi utiliser la représentation d'état continu.

L'équation différentielle régissant le processus est donnée par :

$$\ddot{y} = u(t)$$

Le système d'état obtenu à partir de cette équation est :

$$\begin{bmatrix} \dot{x}_1 \\ \dot{x}_2 \end{bmatrix} = \begin{bmatrix} 0 & 1 \\ 0 & 0 \end{bmatrix} \begin{bmatrix} x_1 \\ x_2 \end{bmatrix} + \begin{bmatrix} 0 \\ 1 \end{bmatrix} u(t) = A\,X + B\,u(t)$$

X désigne le vecteur d'état $\begin{bmatrix} x_1 \\ x_2 \end{bmatrix}$.

Ci-dessous, on montre l'utilisation du bloc de la représentation d'état et la saisie des différentes matrices.

On désire changer la dynamique du processus en imposant les pôles de la boucle fermée par le retour d'état.

Ces pôles sont les solutions de l'équation caractéristique :

$$\det(pI - A + B\,F) = 0$$

La commande par retour d'état est de la forme $u(t) = -F\,X(t)$.

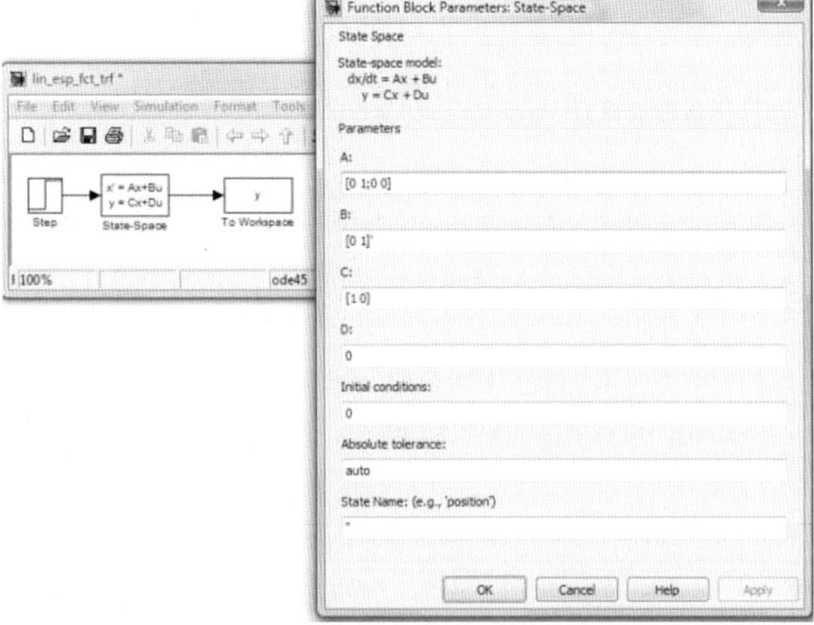


On désire que la position atteigne la valeur 50 radians pour se stabiliser (vitesse nulle) suivant la dynamique imposée par les pôles de la boucle fermée. On impose les pôles du retour à l'équilibre suivants :

$$p_1 = -0.2 \text{ et } p_2 = -0.1.$$

Les composantes $f_1$ et $f_2$ du vecteur du retour d'état F sont les solutions du système :

$$\begin{aligned} 0.04 - 0.2\,f_2 + f_1 = 0 \\ 0.01 - 0.1\,f_2 + f_1 = 0 \end{aligned}$$

On obtient le vecteur de retour d'état suivant : $F = \begin{bmatrix} 0.04 \\ 0.3 \end{bmatrix}$.

Si le système est bouclé par le retour d'état comme entrée : $q - F\,x(t)$, avec $q$ une constante, nous avons :

$$u(t) = q - F\,x(t)$$

En régime permanent, la dérivée du vecteur d'état est nulle,

$$\dot{X} = A\,X + B\,u = 0$$

soit :

$$A X = -B u$$

Nous avons ainsi :

$$A X = -B u = -B(q - F X)$$

En régime permanent, le vecteur d'état, qui se confond la première composante $x_1$ (la deuxième correspondant à la vitesse sera nulle), avec cette commande, est alors donné par :

$$X = -q(A - B F)^{-1} B$$

La valeur de la constante $q$ permettant d'avoir une position finale $x_{10}$ est alors, dans ce cas, donnée par :

$$B q = -(A - B F) X$$

Ceci donne la valeur de la constante $q$ pour atteindre l'état final $X_f$ :

$$q = -(B'^*B)^{-1} * B'^*(A - B * F) X_f$$

```
>> q=-inv(B'*B)*B'*(A-B*F)*[50 0]'
q =
     2
```

La figure suivante montre la loi de commande ainsi que la valeur du vecteur du retour d'état.

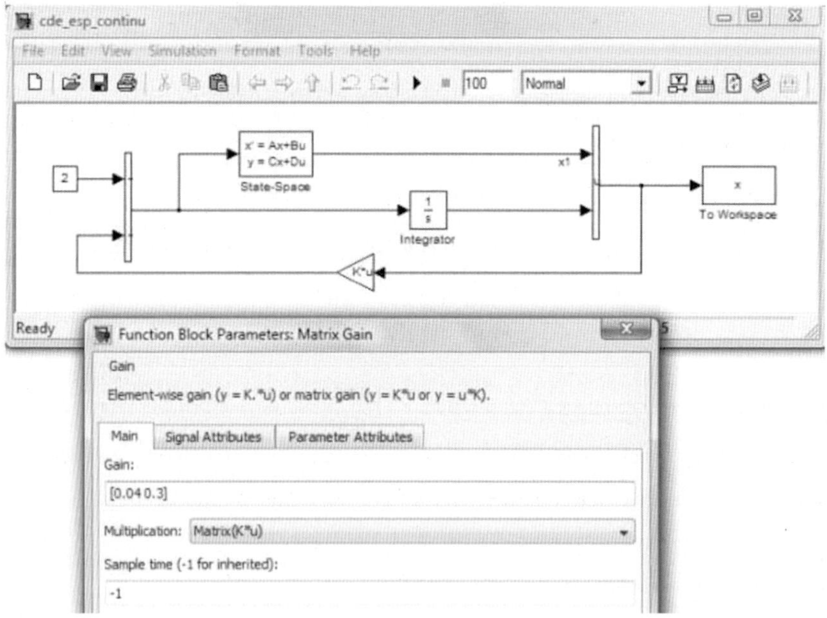

Les lignes de commande suivantes permettent de lire le fichier x et de tracer les courbes des 2 composantes d'état.

```
close all

% trace de la 1ère composante d'état x1
plot(x(:,1)), hold on

% trace de la 2ème composante d'état x2
plot(x(:,2)), axis([0 50 0 60])
title('Evolution des composantes d''état')
xlabel('Temps'), grid
gtext('\leftarrow x1')
gtext('\downarrow x2')
```

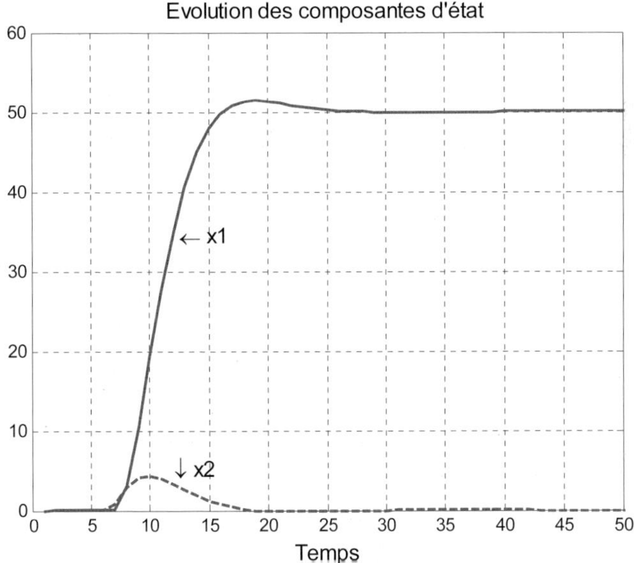


La position, qui correspond à la composante d'état $x_1$, se stabilise sur la valeur de 50 radians au bout de 25 secondes environ. La deuxième composante $x_2$ s'annule au même moment puisqu'elle représente la vitesse.

### V.5. Tables d'interpolation ou d'extrapolation linéaires

Les tables permettent d'estimer, par interpolation linéaire, une valeur d'une fonction à partir d'un nombre fini de points.

MATLAB fournit des tables à une ou deux dimensions.

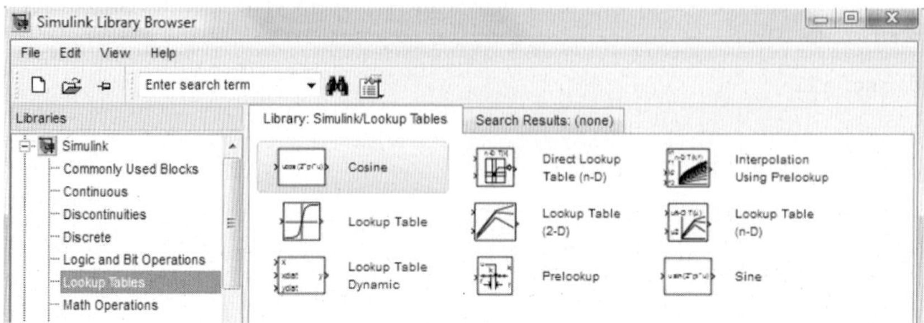


### *V.5.1. Table d'interpolation et d'extrapolation*

- **Table à une dimension**

La table consiste à partir d'un ensemble limité de points décrits par leurs abscisses et leurs ordonnées, d'obtenir l'ordonnée d'un point intermédiaire dont on donne la valeur de son abscisse.

La figure suivante implémente une table donnant les valeurs allant de la tangente hyperbolique de valeurs allant de -5 à 0 par pas de 1.
A partir de cette table, on cherche à obtenir l'ordonnée de la valeur d'abscisse `x=1`.

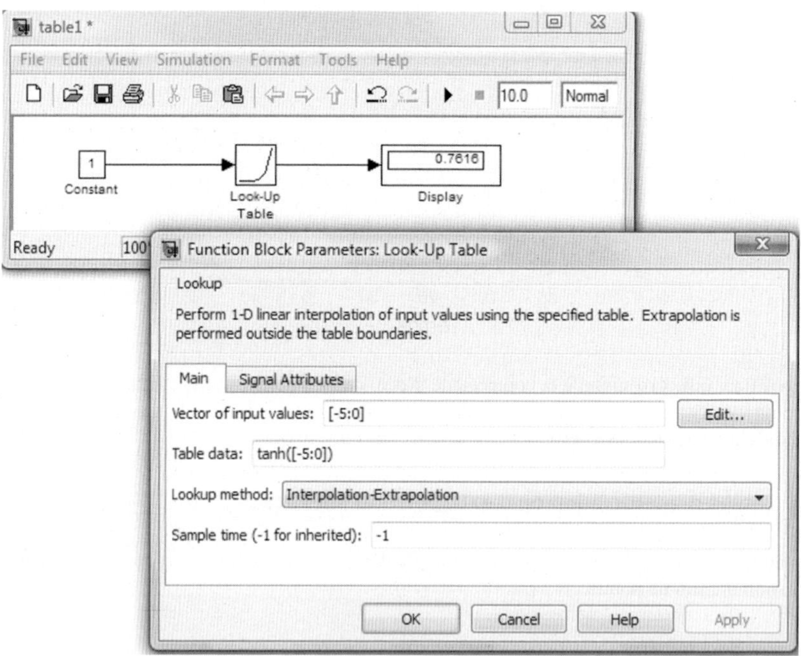


On peut facilement vérifier cette valeur en traçant cette fonction entre -5 et 10 par pas de 0.1.

*verif_table1.m*

```
% intervalle de variation de x
x=-5:0.1:10;
% fonction tangente hyperbolique définie sur -5 et 10
f=tanh(x);
% tracé de la fonction
plot(x,f)
```

```
% recherche de l'indice pour lequel x=1
i=find(x==1);
% affichage de la valeur de f de cet indice
gtext(['l''ordonnée pour x=1 est : ' num2str(f(i))])
grid
```

L'ordonnée pour `x=1` est : 0.76159. On obtient exactement la même chose et le tracé montre la validité de cette valeur.
Ces lignes de commandes permettent de tracer la courbe sur l'intervalle [-5 ; 5] sur laquelle on fait apparaître en traits pointillés l'abscisse `x=1` et la valeur de son ordonnée, quasiment la même que celle obtenue par l'intervalle en utilisant la table.

```
>> plot(ones(1,length(-1:0.1:tanh(1))),-1:0.1:tanh(1),':')
>> hold on
>> plot(-5:0.1:1,tanh(1)*ones(1,length(-5:0.1:1)),':')
>> axis([-5 5 -1 1]), >> grid
>> title('tangente hyperbolique')
```

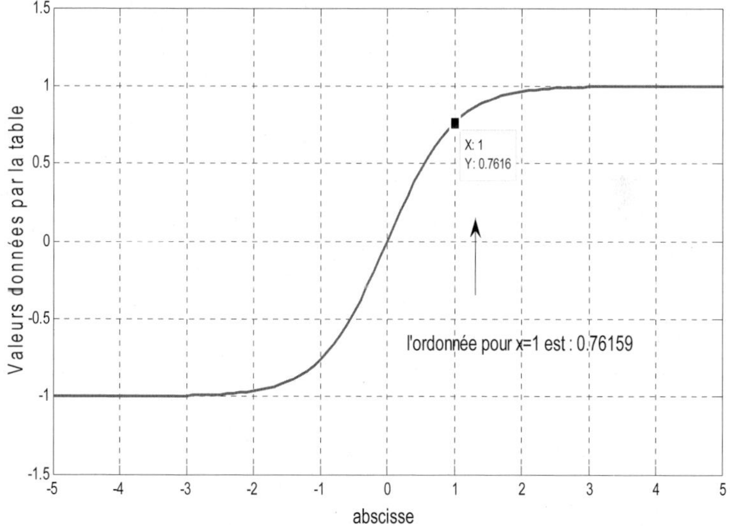

On peut interpoler ou extrapoler plusieurs points en même temps en envoyant l'ensemble des abscisses de ces points à la table.

Grâce à Data Cursor l'icône, on vérifie parfaitement ce que donne la table lorsque l'entrée x=1.

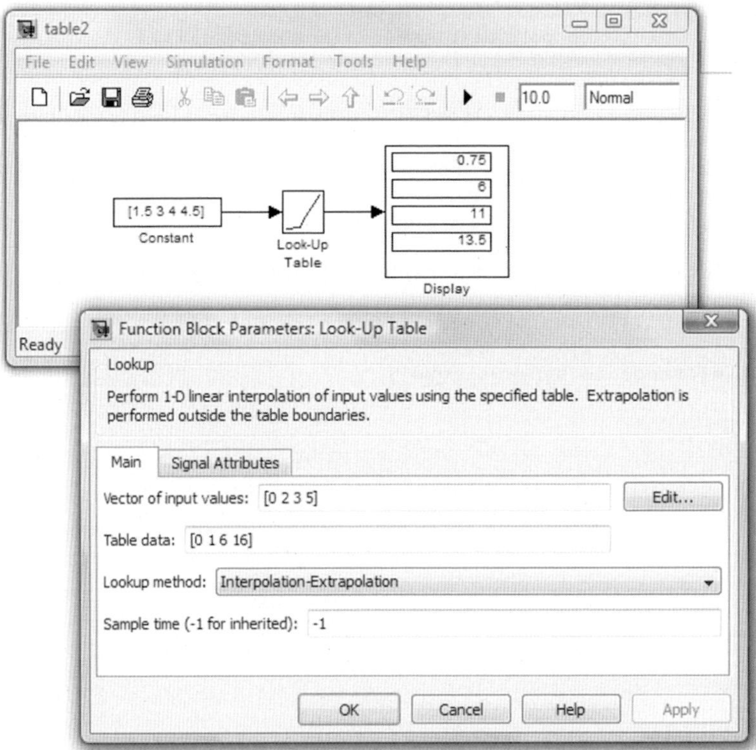


Les lignes de code suivantes permettent de tracer les points de la table (ronds) et ceux obtenus par interpolation (croix).

```
>> hold on
>> plot([0 2 3 5],[0 1 6 16],'o')
>> plot([[1.5 3 4 4.5]],[0.75 6 11 13.5],'*')
>> title('o : points de la table, * : points interpolés')
>> xlabel('abscisses')
>> ylabel('ordonnées')
>> grid
```

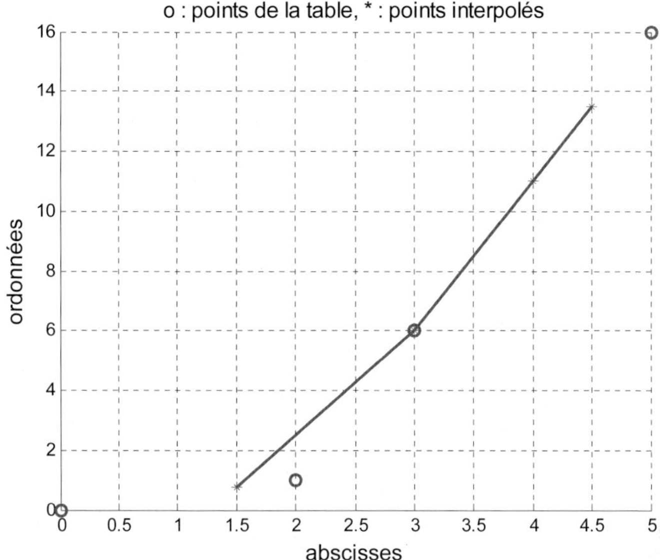


- **Table à deux dimensions**

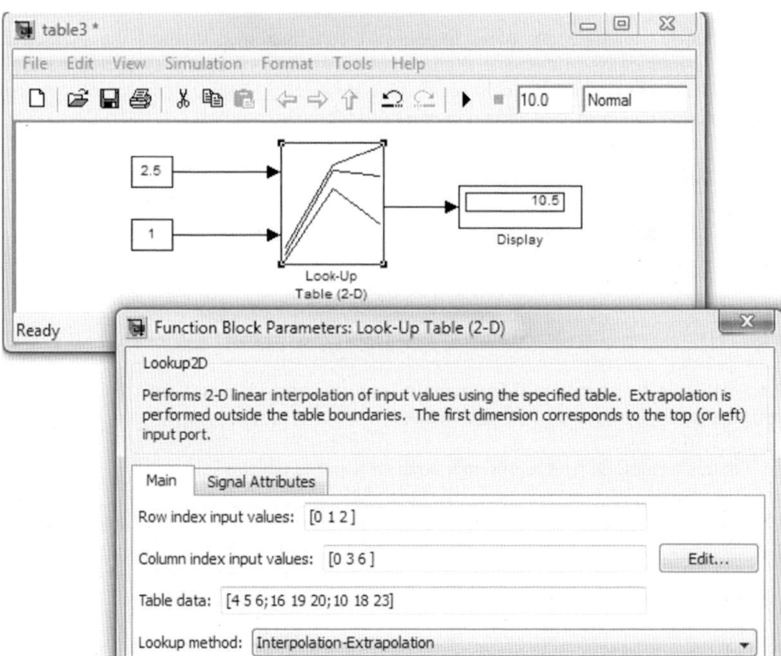

Une table à deux dimensions permet, à partir d'un couple restreint (x,y) et de leurs ordonnées respectives, d'estimer l'ordonnée d'un couple d'abscisses en dehors (extrapolation) ou à l'intérieur (interpolation) du domaine implémenté dans la table.

## V.6. Librairie Logic and Bit Operations

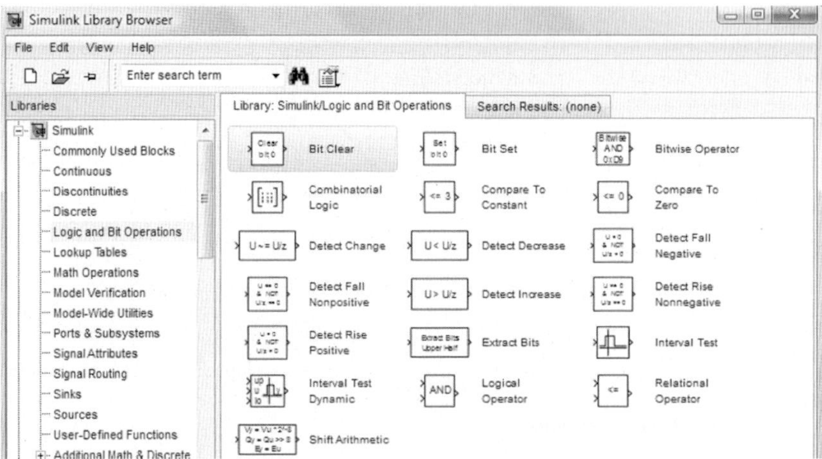


Cette librairie comporte des blocs logiques et combinatoires, d'autres qui permettent de détecter le montée ou la descente d'une courbe. Nous avons aussi des opérateurs logiques (AND, NOT, etc.) et relationnels (égal, plus petit, etc.) ainsi qu'une table combinatoire logique permettant la spécification d'expressions logiques complexes.

### *V.6.1. Circuits logiques et combinatoires*

Le ET logique de 2 bits est caractérisé par la table de vérité suivante :

| a b | 0 | 1 |
|---|---|---|
| 0 | 0 | 0 |
| 1 | 0 | 1 |

Pour réaliser cette opération, il faut remplir les différentes valeurs (0 ou 1) suivant le sens de la flèche en les séparant par un point virgule.

En d'autres termes, on peut représenter cette table par le tableau suivant :

| a | b | a ET b |
|---|---|---|
| 0 | 0 | 0 |
| 0 | 1 | 0 |
| 1 | 0 | 0 |
| 1 | 1 | 1 |

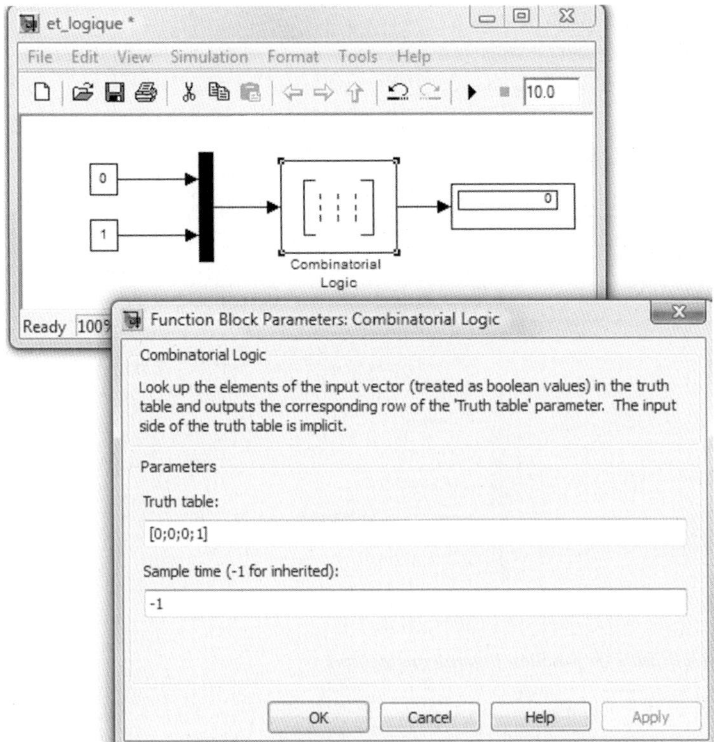


### *V.6.2. Somme de 2 bits avec retenue*

Le tableau suivant résume cette opération.

| a | b | a+b | retenue |
|---|---|---|---|
| 0 | 0 | 0 | 0 |
| 0 | 1 | 1 | 0 |
| 1 | 0 | 1 | 0 |
| 1 | 1 | 0 | 1 |

La figure suivante montre l'exemple de l'addition de deux 1 logiques.

En double-cliquant sur le bloc de la table de vérité, nous entrons les valeurs des 2 dernières colonnes de droite du tableau ci-dessus.

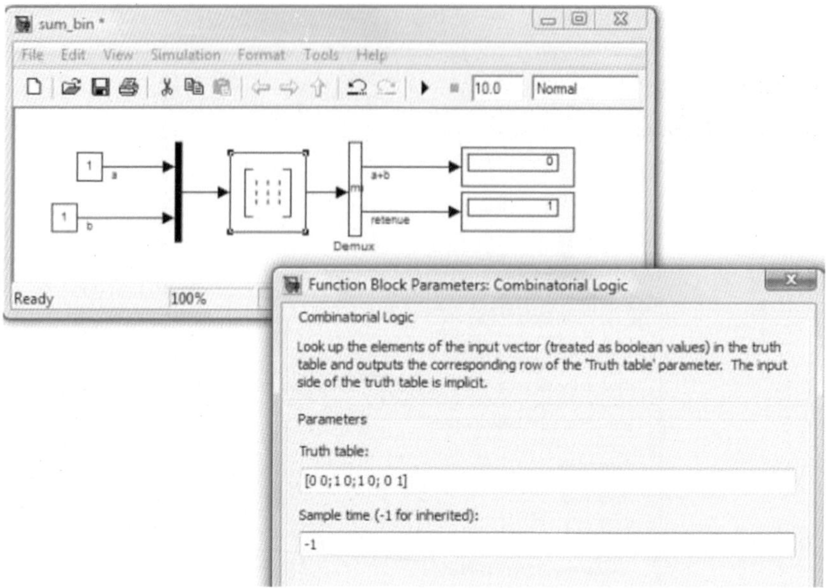


### *V.6.3. Réalisation de fonction logique quelconque*

Considérons la fonction :

$$x = \overline{\overline{(a+b)}.\ c\ \overline{b}}$$

La figure suivante montre sa réalisation en utilisant les opérateurs logiques (`Logical Operators`) :

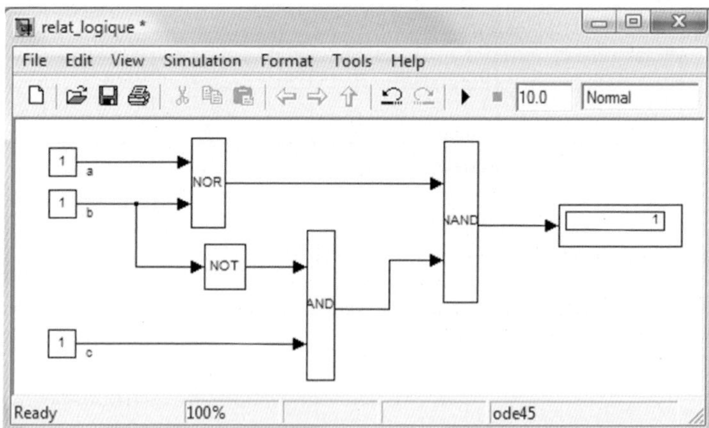

Programmons d'abord cette relation sous MATLAB :

```
>>  a = [0  0  0  0  1  1  1  1] ;
>>  b = [0  0  1  1  0  0  1  1] ;
>>  c = [ 0  1  0  1  0  1  0  1] ;
>>  x = not(not(or(a,b))& c & not(b))
x =
     1     0     1     1     1     1     1     1
```

On peut réaliser cette fonction à l'aide de sa table de vérité, en utilisant le tableau suivant :

| a | b | c | x |
|---|---|---|---|
| 0 | 0 | 0 | 1 |
| 0 | 0 | 1 | 0 |
| 0 | 1 | 0 | 1 |
| 0 | 1 | 1 | 1 |
| 1 | 0 | 0 | 1 |
| 1 | 0 | 1 | 1 |
| 1 | 1 | 0 | 1 |
| 1 | 1 | 1 | 1 |

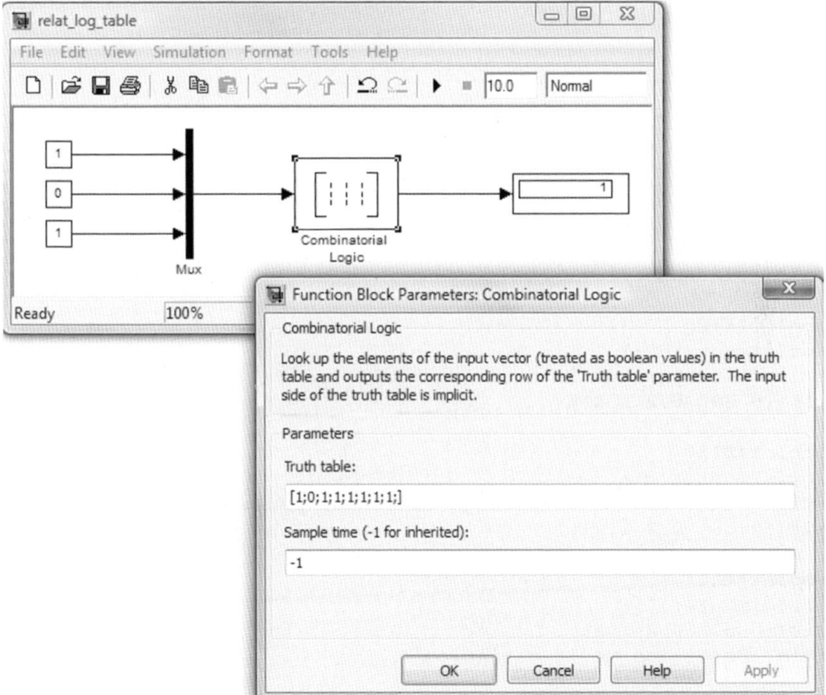

### V.6.4. Autres éléments de la librairie Logic and Bit Operations

Nous allons étudier dans le modèle Simulink suivant des blocs de cette librairie qui permettent de :

- détecter le type de variation (positif, signal croissant ou négatif dans le cas de la décroissance),
- le passage par zéro d'un signal continu.

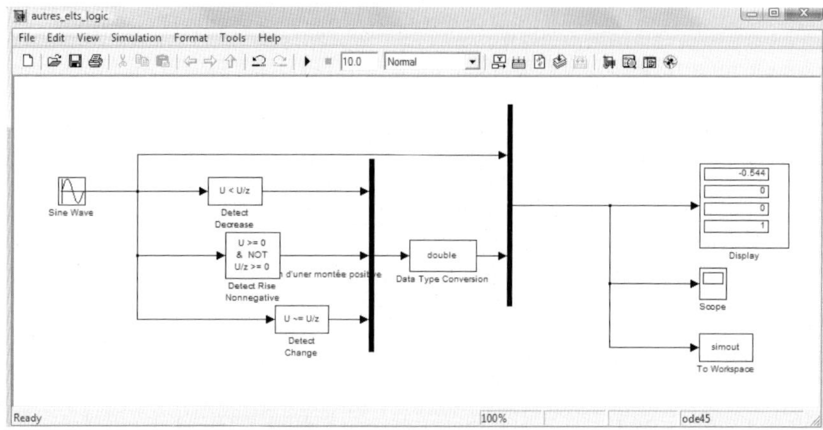


*fichier autres_elts_log.m*

```
close all
subplot(411)
plot(simout(:,1))
axis([0 50 -1.2 1.2])
title('Sinusoïde')

subplot(412)
plot(simout(:,2))
title('Détection de la décroissance')
axis([0 50 -0.2 1.2])

subplot(413)
plot(simout(:,3))
title('Détection d''un passage croissant par zéro')
axis([0 50 -0.2 1.2])

subplot(414)
plot(simout(:,4))
axis([0 50 -0.2 1.2])
title('Détection de la variation')
```

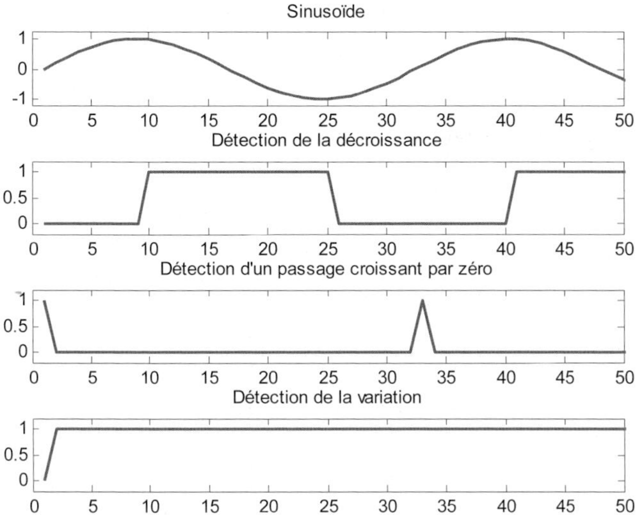


Sur cette figure, nous représentons tout en haut la sinusoïde d'entrée.

La deuxième courbe correspond à la sortie du bloc U < U/z Detect Decrease qui donne 1 lorsqu'il y a décroissance et 0 autrement (croissance).

On remarque bien ces valeurs logiques selon la dérivée de la sinusoïde.

Le deuxième bloc Detect Rise Positive, donne 1 lorsqu'il y a passage par zéro du signal dans le sens croissant.

Le bloc U~= U/z Detect Change, correspondant à la dernière courbe donne la valeur logique 1 à chaque variation du signal. Dans le cas de la sinusoïde, il y a constamment des variations, ce qui fait que la sortie du bloc vaut toujours 1.

Tous ces blocs sortent un signal de type entier non signé sur 8 bits (`uint8`).

Comme la sinusoïde est typée en double, nous avons converti, en double, les sorties des 3 blocs près leur multiplexage.

### V.7. Librairie Ports & Subsystems

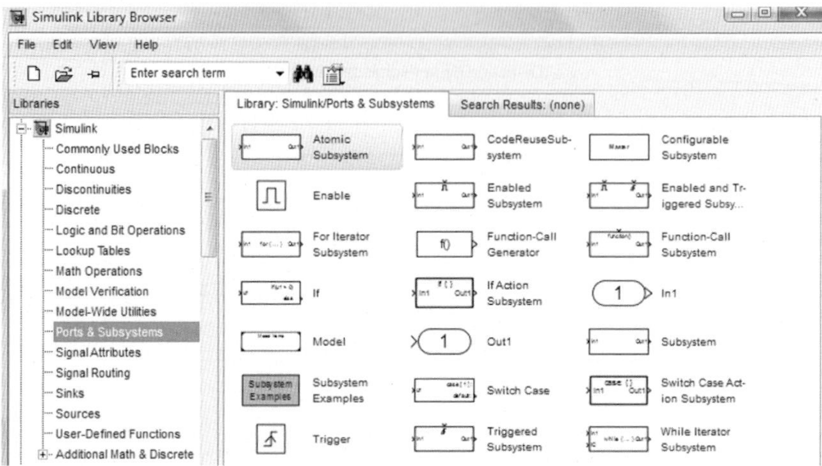


Cette librairie contient principalement des blocs concernant les sous-systèmes. Nous trouvons, dans la nouvelle version de Simulink, des boucles `For`, `While`, `Switch Case`, des conditions `If` disponibles auparavant, uniquement dans les scripts Matlab.

Nous allons d'abord étudier la condition `If … elseif`, en utilisant le bloc [u1 | if(u1 > 0) | else — If].

En double-cliquant dessus nous obtenons cette boite de dialogue dans laquelle on peut spécifier le nombre d'entrées sur lesquelles portera la condition.
On écrit ensuite l'expression de la condition `If`, comme ici $u_1>0$.

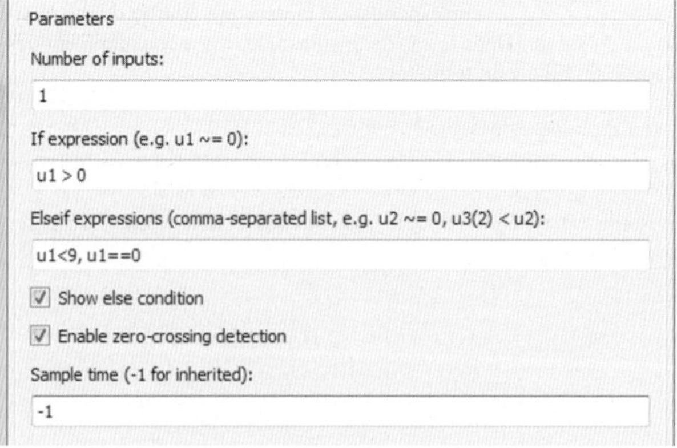

Nous pouvons aussi utiliser des opérateurs logiques tels le ET (&), ~= (différent), le OU (|), etc. dans l'expression de la condition. Les expressions des différents `elseif` sont entrées dans le champ correspondant en les séparant par des virgules. Dans notre cas, nous avons les deux `elseif u1<9` et `u1==0`.

- **`If`**

Chaque sortie de ce bloc attaque l'entrée trigger (déclenchement) d'un sous-système dans lequel est programmée l'action à réaliser.

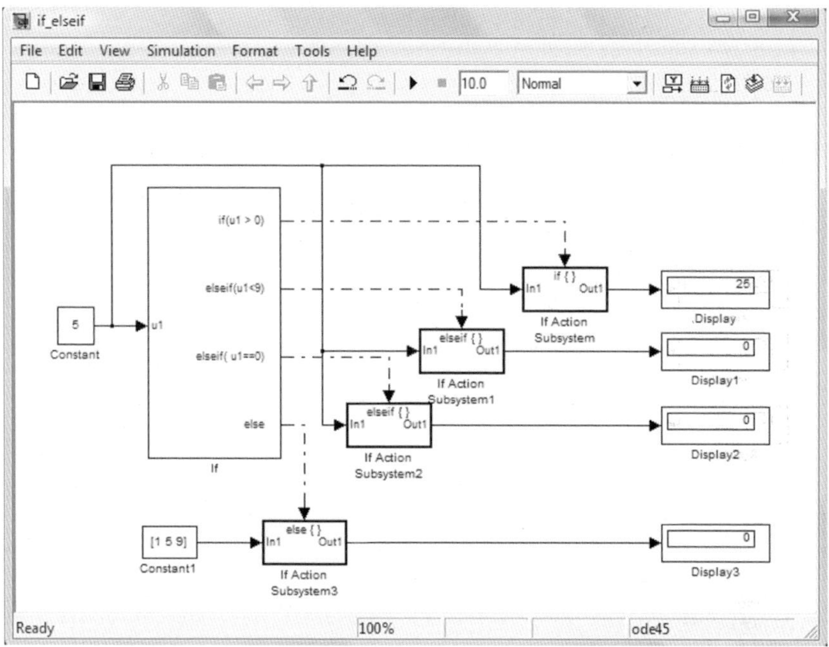


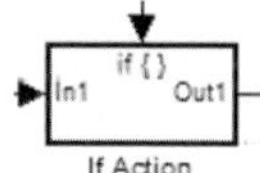


Chaque sortie sert de trigger ou déclenchement d'un sous-système dans lequel on programme l'action à réaliser si cette sortie vaut 1 (vérifiée). Dans notre cas, la sortie `if(u1>0)` permet d'élever au carré l'entrée du bloc (constante 5).

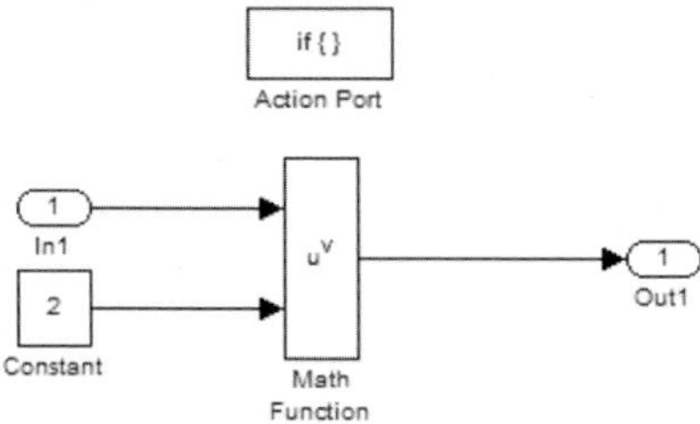

A ce sous-système on peut ajouter autant d'entrées (`In`) et de sorties (`Out`) que l'on peut renommer (pour plus d'informations sur les sous-systèmes, on se référera au chapitre dédié aux sous-systèmes et leur masquage).

Puisque la condition `if(u1>0)` est réalisée, nous obtenons bien le carré de l'entrée. Les sorties `elseif`, alors ignorés sortent 0.

Les deux `elseif` permettent de réaliser les actions suivantes :

- `9 - u1`
- sortie de cette valeur nulle telle quelle.

Le `else` final correspond au calcul du produit des éléments du vecteur [1 5 9].

- **`Switch case`**

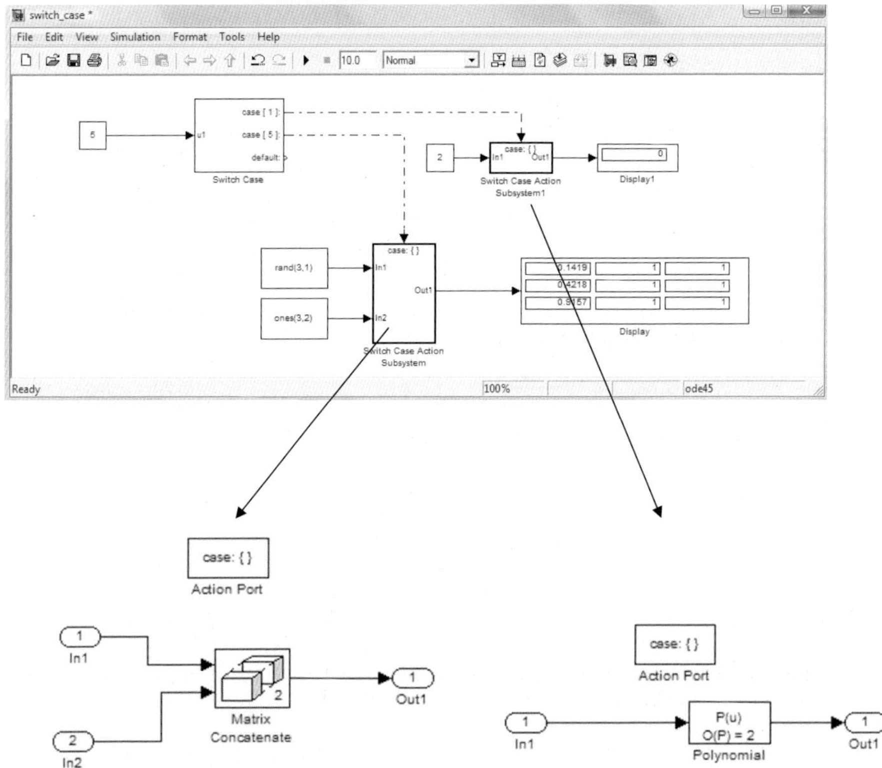


Dans le cas où l'entrée vaut 1 (case {1}), on évalue le polynôme $x^2+2x+3$ pour x = 2.

Dans le cas où l'entrée vaut 5, on fait la concaténation de 2 matrices, un vecteur aléatoire de 3 lignes et 1 colonne avec une matrice unité de 3 lignes et 2 colonnes.

Pour spécifier les différents cas, ici 1 et 5, on met ces valeurs comme éléments d'une cellule.

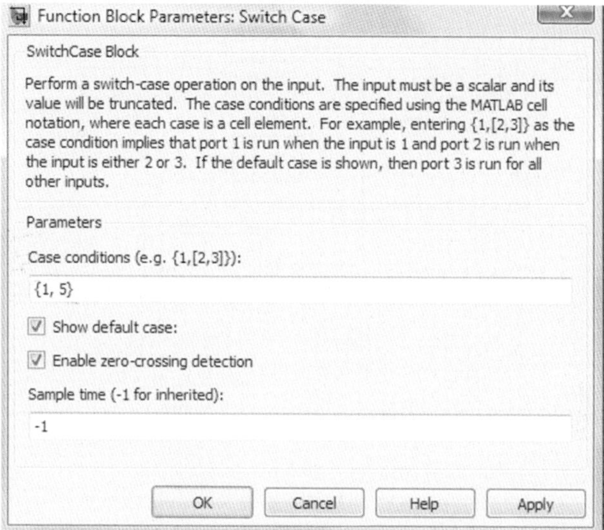


On peut montrer ou cacher le cas par défaut en cochant ou décochant la case `Show default case.` Ici, il est visible mais non utilisé.

## V.8. Librairie User-Defined Functions

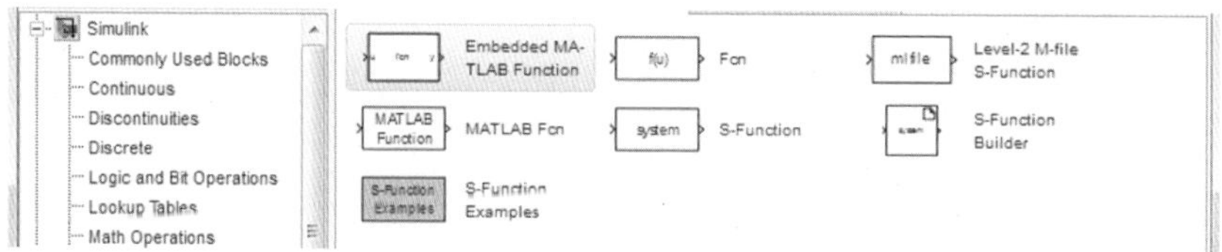


Dans cette librairie, nous trouvons des blocks qui permettent à l'utilisateur de créer ses propres fonctions (Fcn, S-fonctions, etc.).

Les S-fonctions font partie d'un chapitre particulier. Le bloc `Fcn`, à l'instar du bloc `Matlab Fcn`, permet de programmer des fonctions utilisant des commandes Matlab.
Dans le modèle Simulink suivant, nous résolvons le système linéaire A x = B en spécifiant la différence A x – B à l'entrée du bloc Fcn afin de l'annuler.

La sortie de ce bloc correspond à la valeur de x qui annule cette différence.

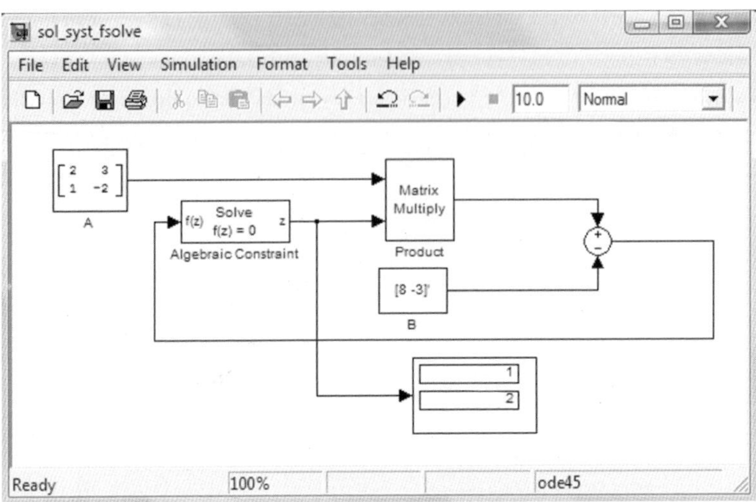


Dans l'exemple suivant, nous résolvons le système non linéaire à 2 inconnues, suivant :

$$-\cos x + y = -0.5$$
$$\ln(x+1) - 3\arcsin y = 2.5$$

En faisant la rétroaction (retour de droite vers la gauche) des variables x et y, on utilise 2 blocs `Fsolve` pour résoudre les deux équations suivantes :

$$-\cos x + y + 0.5 = 0$$
$$\ln(x+1) - 3\arcsin y - 2.5 = 0$$

Les différences sont les entrées des blocs et les sorties sont les solutions.

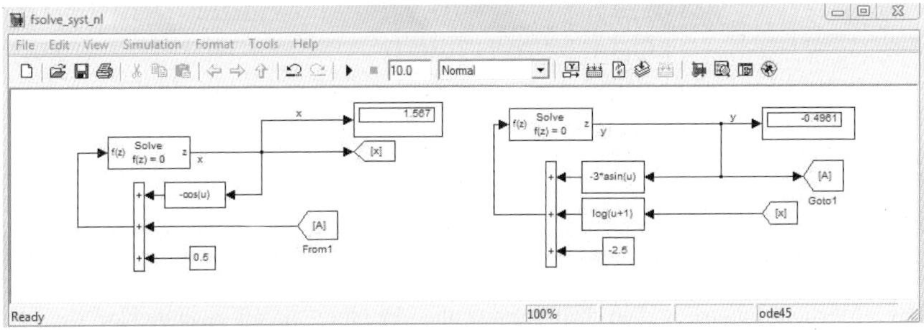


Nous pouvons aussi résoudre le système à l'aide d'un seul bloc `Fsolve` et 2 blocs `Fcn`, en recherchant simultanément le vecteur formé par les 2 variables, `[x, y]`.
La variable d'entrée d'un bloc `Fcn` est toujours notée `u`. Cette fois-ci `u` représente le vecteur où `x = u(1)` et `y = u(2)`.

Après le calcul de chacune des composantes de ce vecteur, on les multiplexe avant l'entrée dans le bloc `Fsolve`.

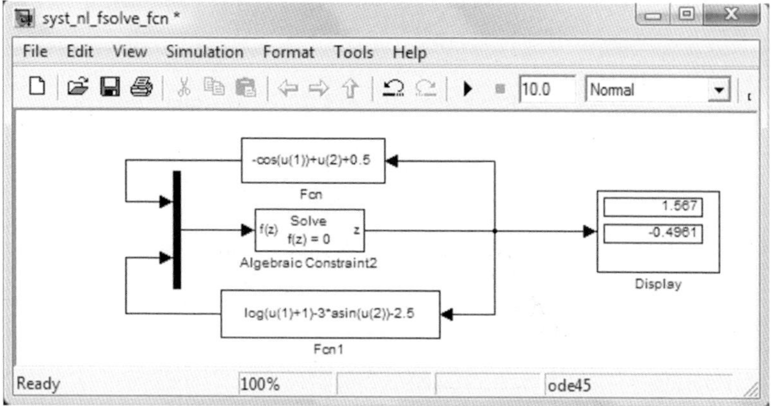


Nous retrouvons les mêmes valeurs de x et y avec cette méthode vectorielle que par le calcul séparé de chacune des inconnues.

Nous retrouvons les mêmes résultats que précédemment.

### V.9. Librairie Commonly Used Blocks

Cette librairie contient des blocs qui reviennent très souvent dans la modélisation des systèmes dynamiques.

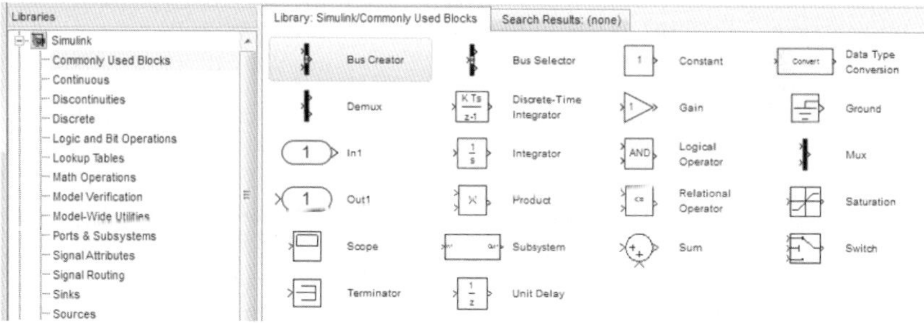


Cette librairie contient des blocs nécessaires à beaucoup de modèles Simulink.

### *V.10.* Librairie Discontinuities

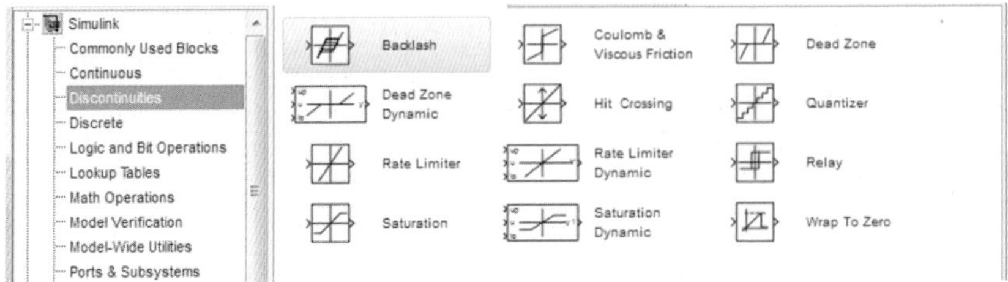


- *Switch multi-ports, quantificateur, valeur absolue et zone morte*

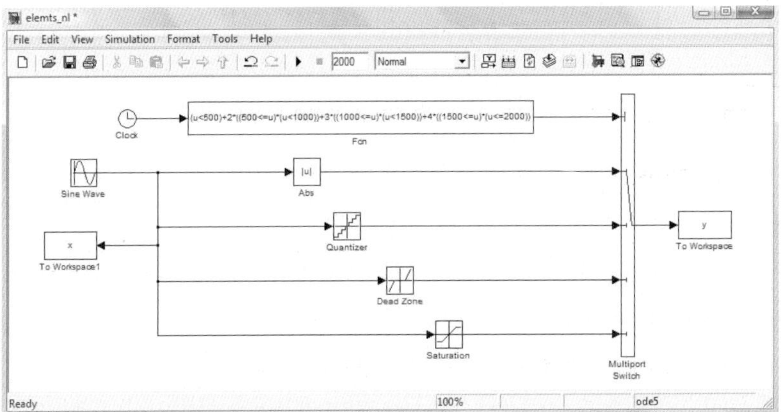


On génère un signal sinusoïdal que l'on fait passer en parallèle, et successivement par le bloc " valeur absolue ", l'élément de quantification (`Quantizer`), la zone morte (`dead zone`) et le bloc qui sature entre 2 limites données.

Les différents traitements donnent des signaux qui entrent dans un commutateur multiple qui fait passer l'un d'eux suivant le chiffre présent à sa première entrée, comme le montre le tableau suivant.

| seuil de la 1ère entrée | n° entrée de passage du signal |
|---|---|
| jusqu'à 1.4999... | 1 |
| de 1.5 à 2.4999... | 2 |
| de 2.5 à 3.4999... | 3 |
| de 3.5 à 4.4999... | 4 |
| etc. | etc. |

Le nombre de voies de ce commutateur est modifiable par un double clic à la souris.
Pour que chaque type de signal passe par la voie qui lui est réservée, les seuils sont déterminés par une expression relationnelle dépendant du temps qui est la suivante :

(u<500)+2*((500<=u)*(u<1000))+3*((1000<=u)*(u<1500))+4*((1500<=u)*(u<=2000)) qui donne les valeurs suivantes suivant le temps :

| **intervalle de temps** | **valeur de l'expression logique** |
|---|---|
| t<500 | 1 |
| 500<t<=1000 | 2 |
| 1000<t<=1500 | 3 |
| 1500<t<=2000 | 4 |

Ainsi le tableau suivant résume le type de signal qui passe par le commutateur en fonction du temps :

| **intervalle de temps** | **fonction réalisée** |
|---|---|
| t<500 | valeur absolue |
| 500<t<=1000 | quantification |
| 1000<t<=1500 | zone morte |
| 1500<t<=2000 | limitation |

Les caractéristiques des différents blocs sont :

- le pas de quantification est choisi égal à 2,
- la saturation est -1 et 1,
- la zone morte est entre -2 et 2.

Ci-dessous, on trace le signal d'origine en même temps que les différentes transformations définies précédemment.

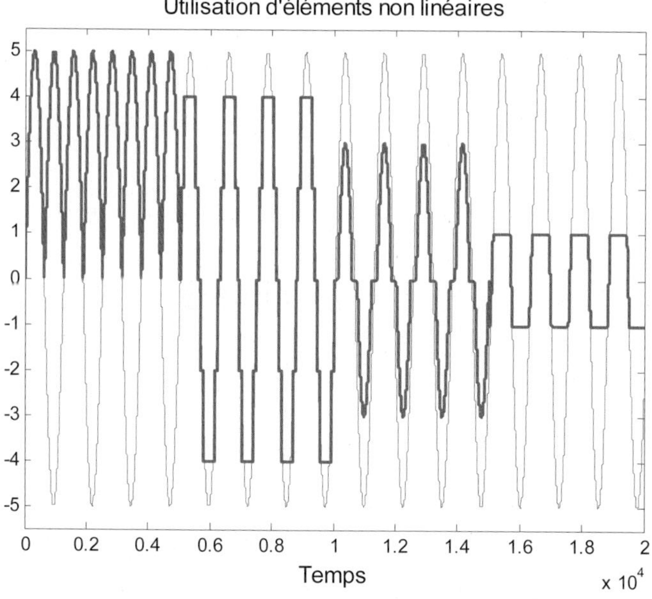

## V.11. Librairie Math Operations

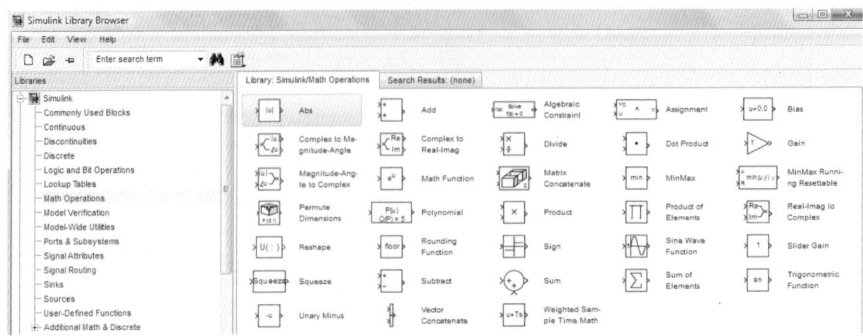


Cette librairie contient les blocs d'opérations mathématiques :

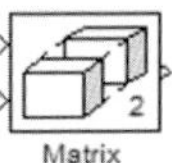


- Opérations sur les vecteurs et matrices (concaténation , permutation des dimensions, etc.)
- Opérations sur les nombres complexes
- Le bloc `Algebraic Constraint` qui permet de résoudre l'équation f(x)=0
- L'évaluation de polynômes
- Les fonctions trigonométriques

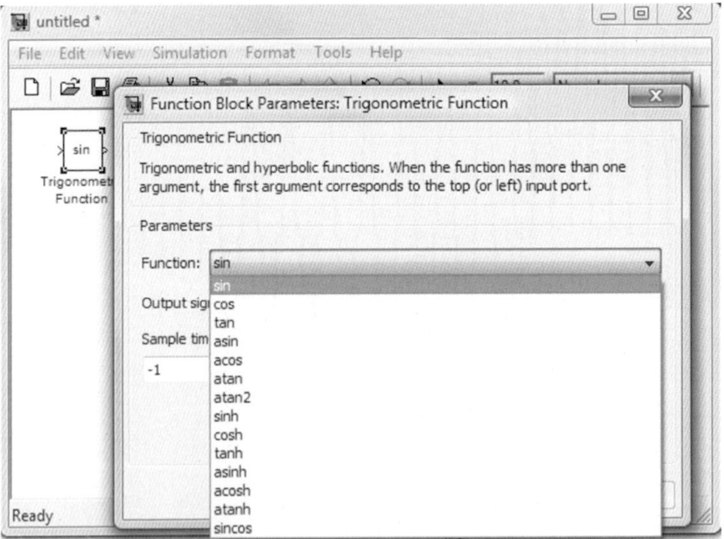


- Les fonctions mathématiques

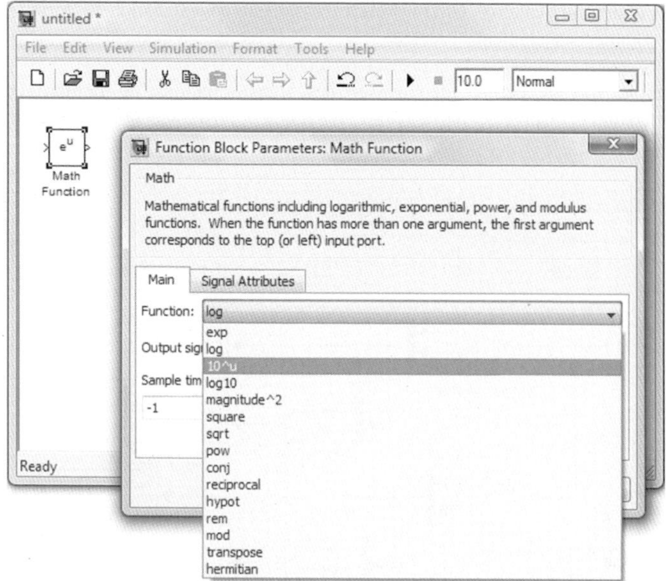


Dans ces fonctions mathématiques, nous retrouvons, entre autres, le logarithme, l'élévation à une puissance, la transposition d'un vecteur, le carré, la racine carrée, etc. Nous allons étudier des exemples utilisant quelques blocs de cette librairie.

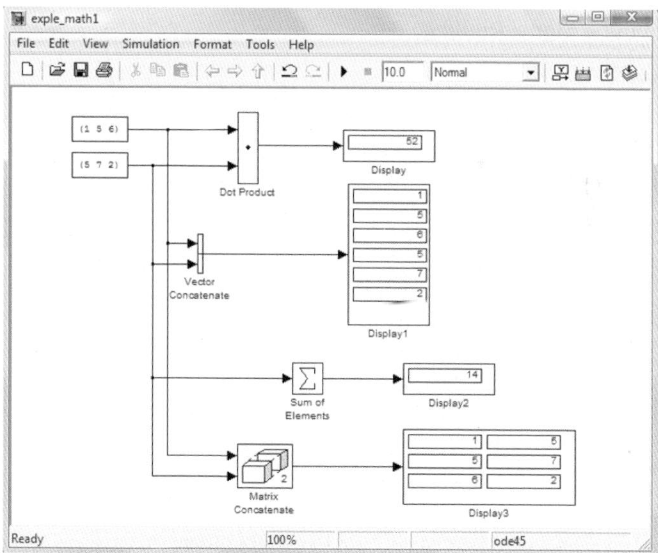


Dans cet exemple, nous disposons des 2 vecteurs `[1 5 6]` et `[5 7 2]` dont nous

faisons le produit scalaire `(Dot Product)`, une concaténation vectorielle, le calcul de la somme des éléments (vecteur `[5 7 2]`), et une concaténation matricielle (les vecteurs sont des colonnes de la matrice résultat).
L'exemple suivant permet de réaliser des transformations de nombres complexes (module/Angle et l'inverse, partie réelle/Imaginaire et repassage au nombre complexe).

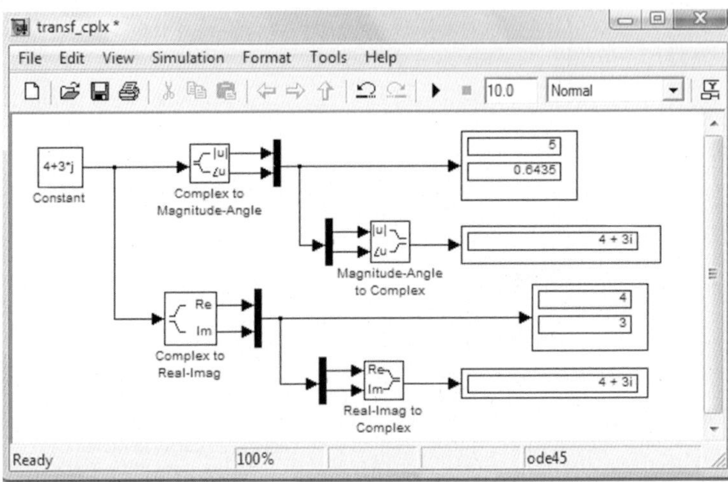


## V.12. Librairie Signal Routing

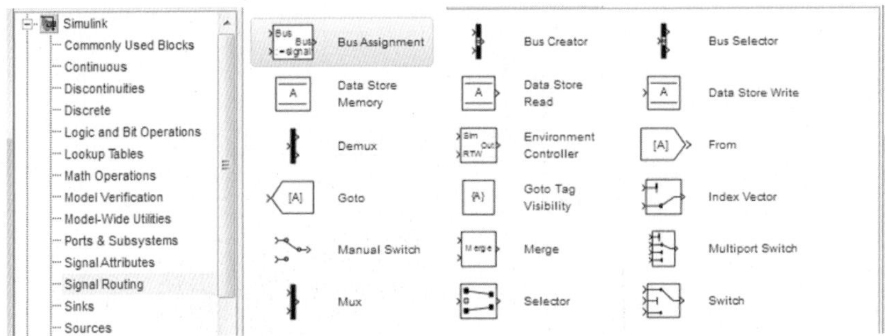


Afin d'éviter des longs fils de connexion ainsi que le croisement de ceux-ci, pour une meilleure visibilité du diagramme, on peut stocker une information dans une étiquette (`Goto`) que l'on nomme par une chaîne de caractères désignant le signal stocké et le récupérer plus loin par le bloc (`From`) nommé pareillement.

Dans ce diagramme, on génère, dans 2 sous-systèmes différents, un signal sinusoïdal et un signal aléatoire que l'on dirige vers des étiquettes.

En dehors de ces sous-systèmes, on affiche grâce au commutateur de seuil 0.5 le signal sinusoïdal suivi du signal `random`.

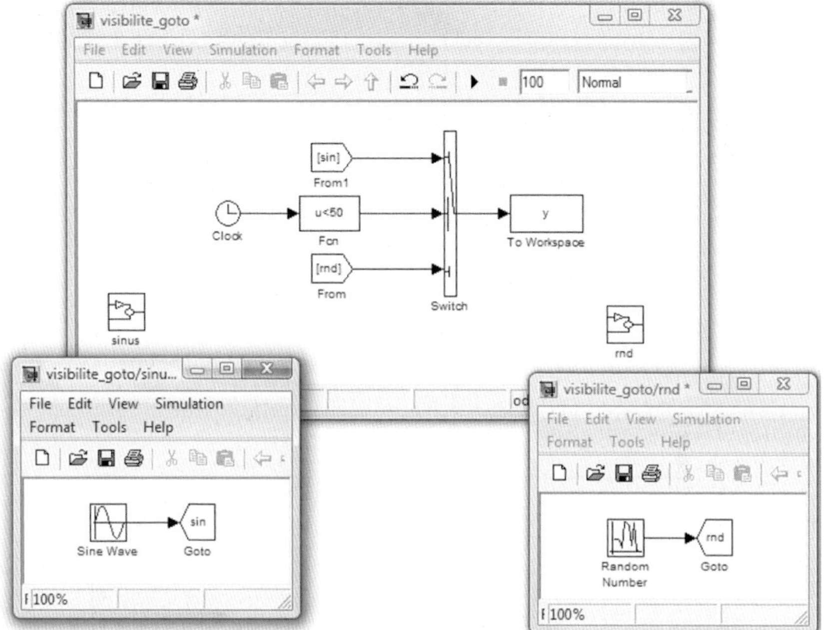


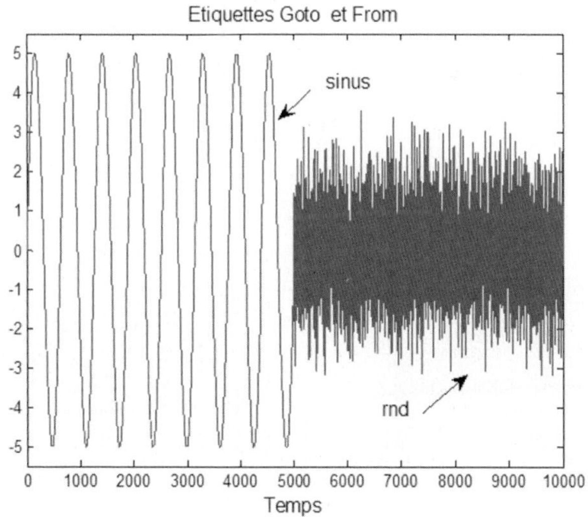

Le diagramme suivant montre le stockage et la restitution de valeurs par les blocs `Data Store Write` et `Data Store Read`. Le bloc `Data Store Memory` doit être présent dans le même diagramme.

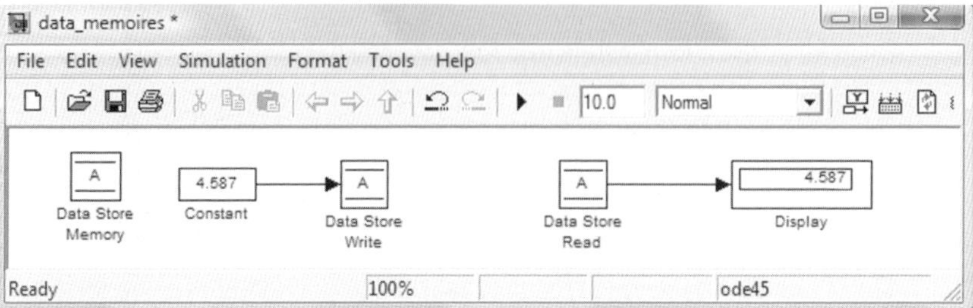


♦ **Bus Selector**

Le bus sélecteur agit comme un démultiplexeur avec lequel on peut sélectionner les entrées venant d'un multiplexeur. Les différents signaux d'entrée peuvent provenir d'un autre bus sélecteur.

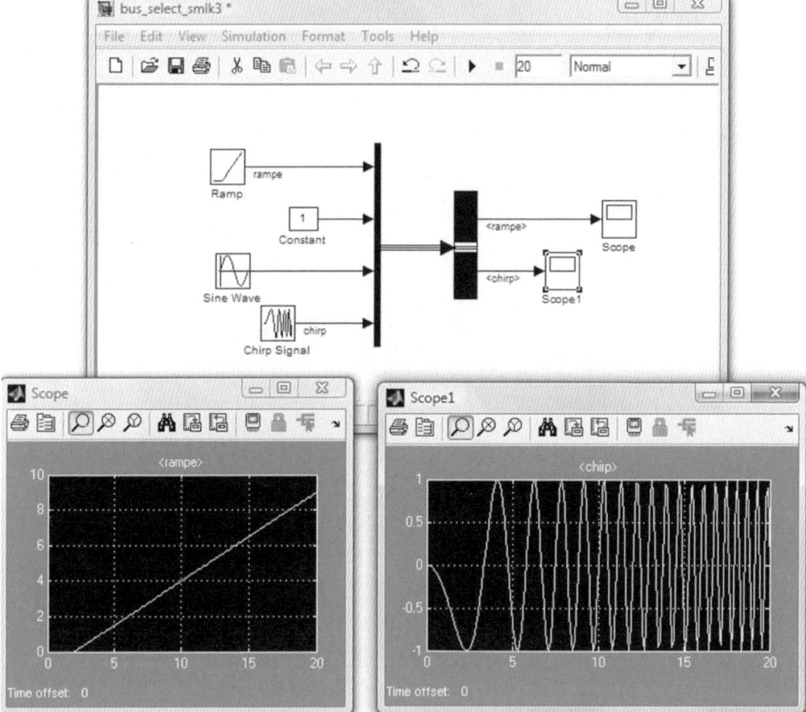

En double cliquant sur le bus sélecteur, on ouvre la fenêtre suivante dans laquelle on sélectionne les entrées qui doivent sortir. Ces noms correspondent aux étiquettes insérées aux lignes de connexion en double cliquant dessus. On sélectionne une entrée et avec le bouton 'Select >>', il s'insère dans la partie Selected signals (signaux sélectionnés).
Le bouton Remove permet de supprimer un ou plusieurs signaux sélectionnés. Up et Down permettent de descendre et monter dans la liste de ces signaux.

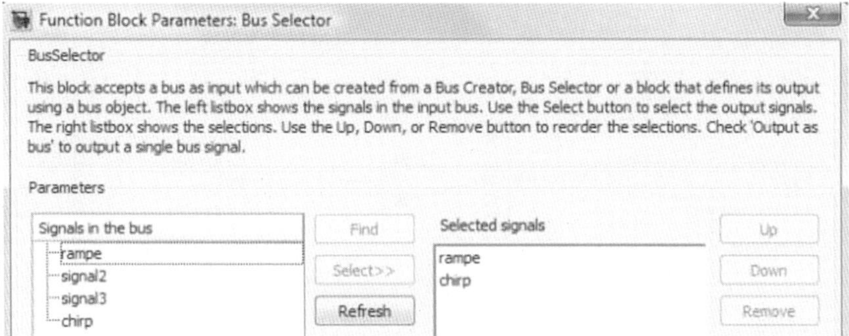


On obtient bien les signaux Chirp et Ramp sélectionnés. Si on coche le bouton Muxed Output, tous les signaux sélectionnés sont multiplexés.

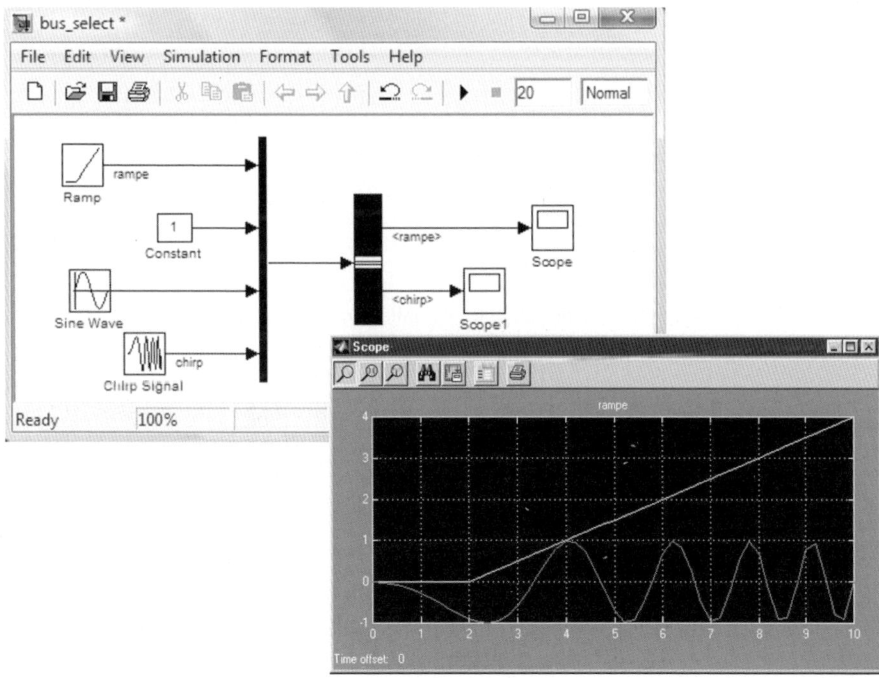

Dans ce cas, l'oscilloscope affiche les 2 signaux multiplexés à la fois. Le titre de la fenêtre correspond à l'étiquette du 1er signal, qui est '`rampe`' dans notre cas.

- **Sélecteur**

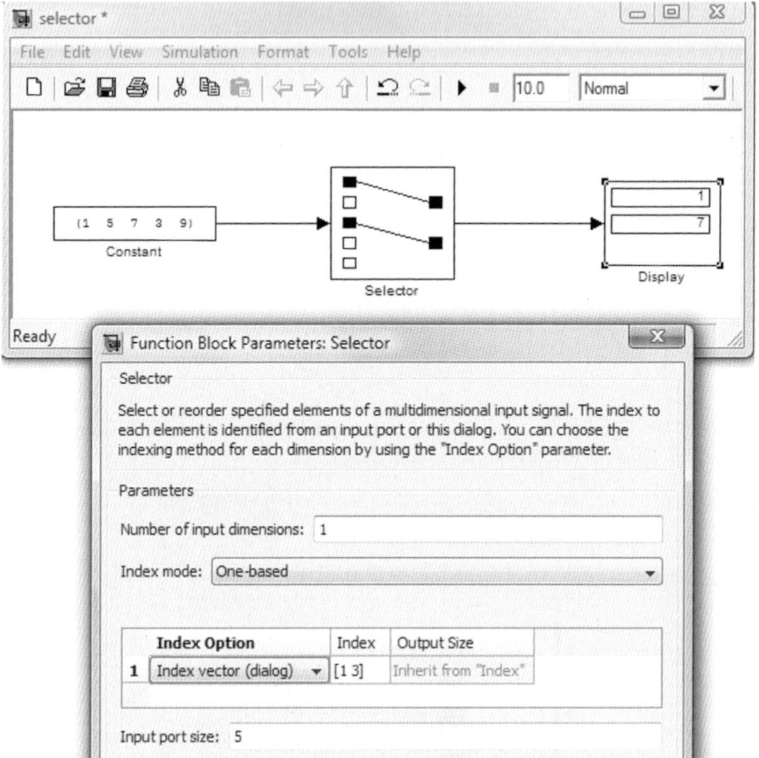


Dans la fenêtre de dialogue du sélecteur, on indique qu'il admet 5 entrées et que l'on décide de récupérer la 1ère et la 3ème des valeurs.

## VI. Simulink Extras

Dans sa partie Simulink, la version R2009 de Matlab présente Simulink Extras comme tout autre outil additionnel avec ses propres librairies.

### VI.1. Librairie Additional Discrete

C'est une librairie contenant principalement des modèles discrets avec des états initiaux ou sorties initiales connus, soit sous forme zéros /pôles ou fonction de transfert.

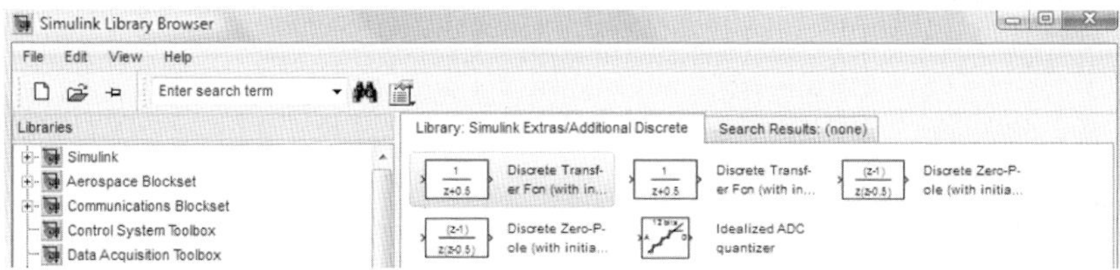


Dans ce qui suit, nous avons un modèle sous la forme zéros/pôles avec états initiaux (entrée et sortie nulles).

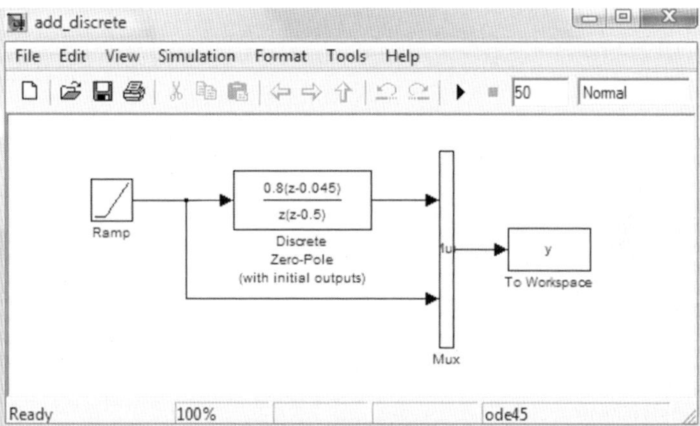


Les lignes de commande suivantes permettent d'afficher les signaux d'entrée et de sortie du système contenus dans la variable globale y.

```
>> s=y(:,1);
>> u=y(:,2);
>> stairs(u)

>> hold on
>> h=plot(s);

>> set(h,'LineWidth',2)
>>  title('réponse à une rampe d''un 1er ordre avec retard
pur')
>> xlabel('temps discret')

>> grid
>> gtext('\leftarrow rampe d''entrée')
>> gtext('\leftarrow signal de sortie')
```

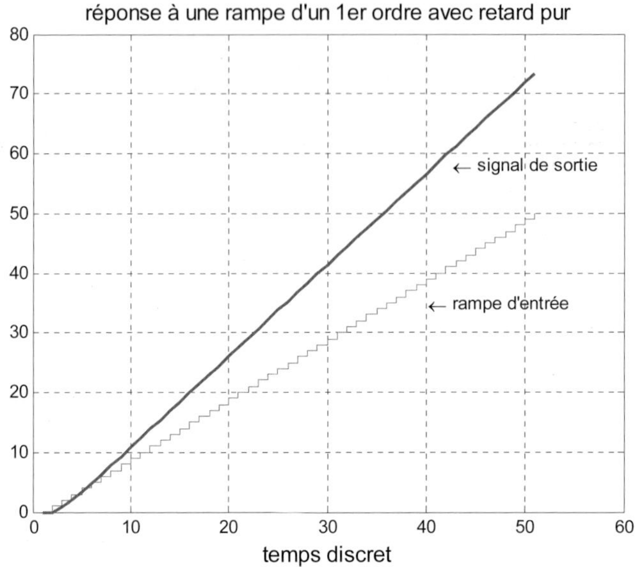


### VI.2. Librairie Additional Linear

Dans cette librairie, nous trouvons le régulateur PID, le bloc de modélisation d'état avec initialisation des sorties, des fonctions de transfert continues, ainsi que la forme zéros/pôles avec des états initiaux.

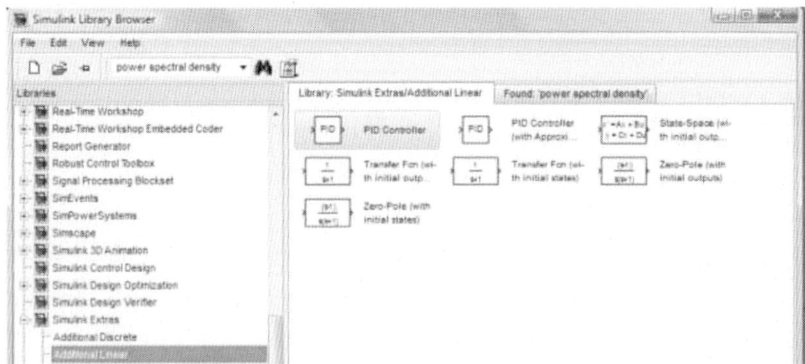

Dans le modèle Simulink suivant, nous allons étudier une régulation PID à l'aide de l'un de ces blocs.

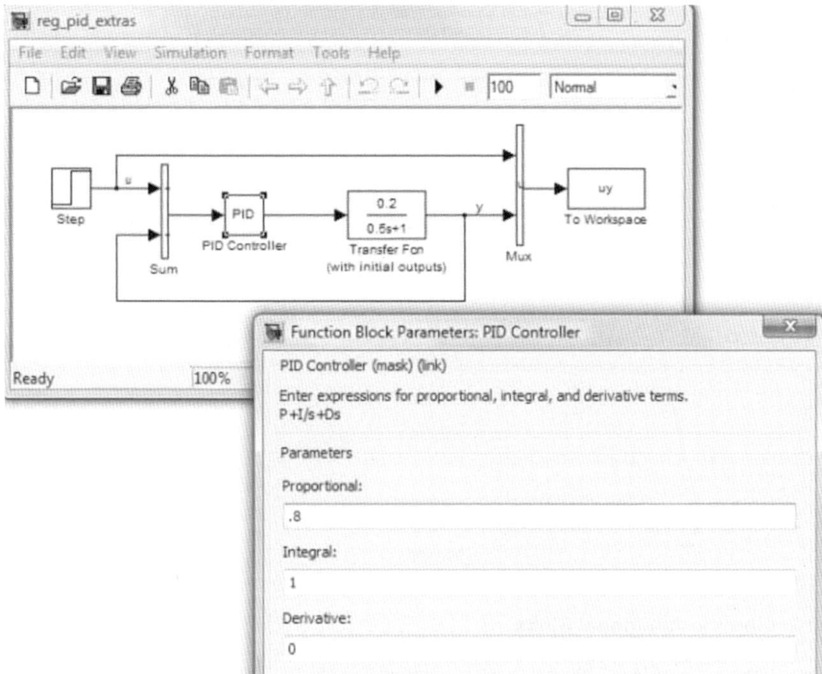


En double-cliquant sur le bloc PID, nous spécifions ses paramètres :

- Gain proportionnel `Kp=0.8`,
- Gain intégral `Ki=1`,
- Gain de la partie Dérivée `Kd=0`).

```
>> u=uy(:,1);
>> y=uy(:,2);

>> plot(u)
>> hold on

>> plot(y)
>> grid
>> axis([0 80 0 1.1])
>> h=plot(y);

>> set(h,'LineWidth',2)
>> title('Régulation PI d''un processus analogique du 1er ...
        ordre')
>> xlabel('temps')
```

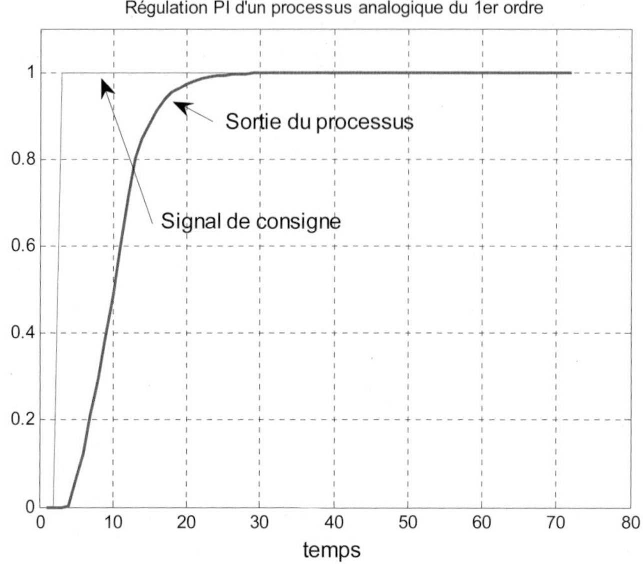


## VI.3. Librairie Additional Sinks

Cette librairie possède des blocs de sortie additionnels pour :

- l'affichage de la densité spectrale de puissance,
- l'affichage de l'autocorrélation d'un signal,
- réaliser l'analyse spectrale, etc.

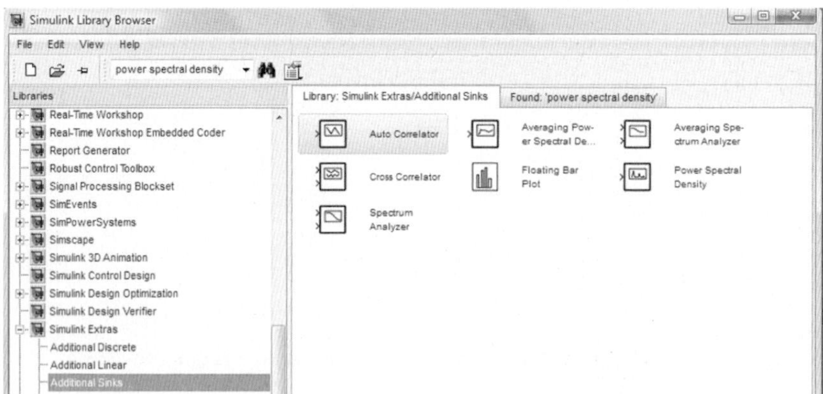

- ***Densité spectrale énergique***

Dans le diagramme suivant, on affiche la densité spectrale de puissance d'un signal sinusoïdal de pulsation 10 rad/s sur 512 points.

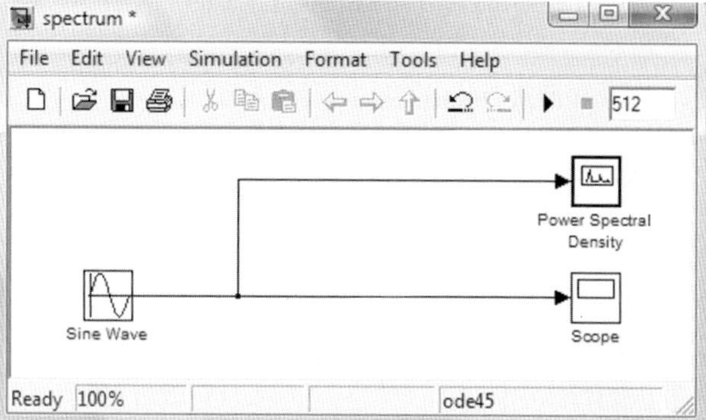


Dans la fenêtre suivante, on affiche le signal, la densité spectrale de puissance dont le pic de puissance se trouve exactement à la puissance du signal (10 rad/s) et tout en bas on retrouve la phase en degrés. Tous ces signaux sont affichés en fonction de la pulsation (rad/s).

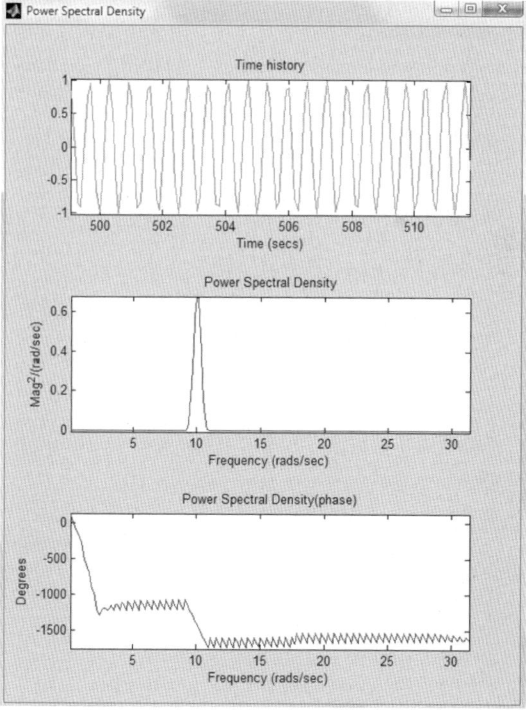

## VI.4. Librairies Transformation & Flips Flop

- **Transformation**

Cette librairie contient les différentes transformations suivantes :

- ♦ coordonnées polaires → coordonnées cartésiennes et inversement,
- ♦ degrés Celsius → degrés Fahrenheit et inversement,
- ♦ coordonnées sphériques → coordonnées cartésiennes et inversement,
- ♦ radians → degrés et inversement.

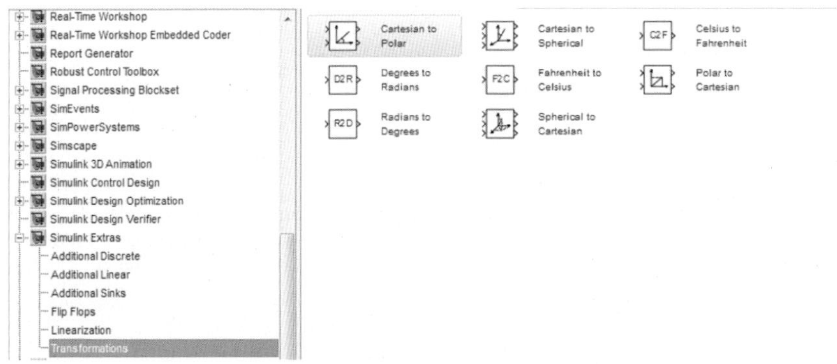


3 exemples de conversion sont donnés ci-dessous : une conversion de radians en degrés et son inverse ainsi que celle qui transforme les coordonnées polaires en coordonnées cartésiennes.

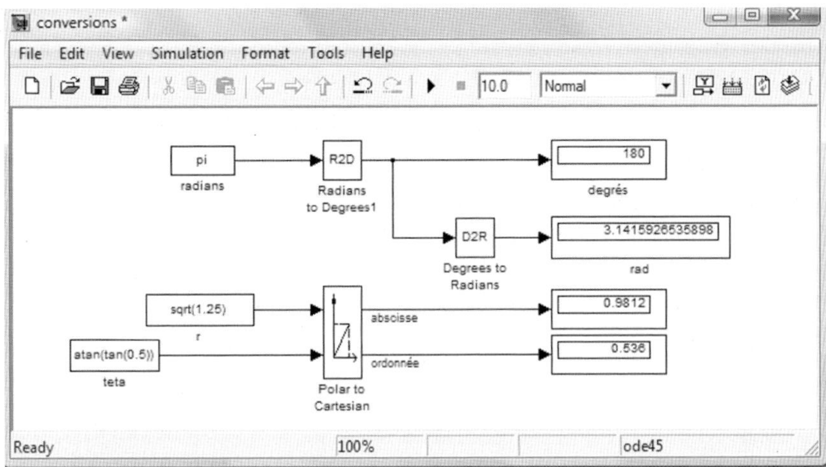


- **Flips Flops**

Cette librairie contient les bascules de type D, RS et JK.

Réalisation d'un compteur 3 bits (modulo 8) à partir de bascules JK

Le diagramme suivant montre la réalisation d'un compteur 3 bits.
Nous avons ajouté volontairement un vecteur offset au résultat pour un affichage lisible des différents bits.

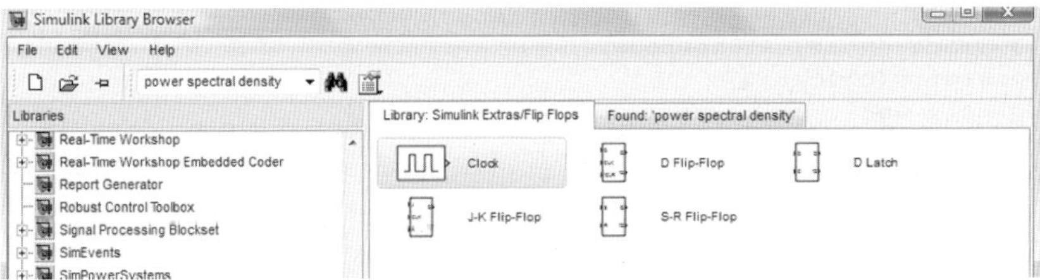

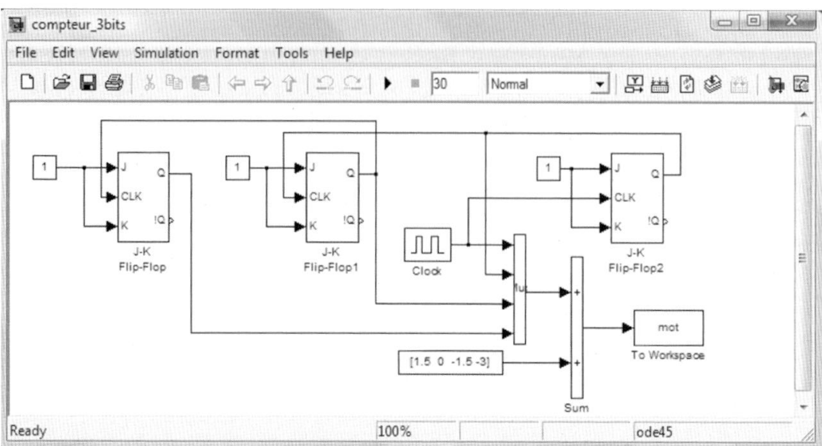


Les lignes de commande suivantes permettent de tracer l'évolution de l'horloge et des bits du compteur.
Nous avons ajouté aux valeurs de l'horloge et des 3 bits du compteur le vecteur [1.5 0 -1.5 -3] pour un tracé clair des 4 signaux.

```
>> clock=mot(:,1)
>> bit1=mot(:,2);
>> bit2=mot(:,3);
>> bit3=mot(:,4);

>> plot(clock)
```

```
>> Tracé du signal horloge
>> stairs(clock),
>> hold on

>> Tracé de l'évolution des 4 signaux : horlogz zt 3 bits du
>> >> compteur

>> stairs(bit1)
>> stairs(bit2)
>> stairs(bit3)
>> stairs(bit4)
```

```
>> axis([0 30 -3.5 3])
>> title('compteur 3 bits (modulo 8)')
```

La courbe suivante montre l'évolution de l'horloge et des 3 bits du compteur.

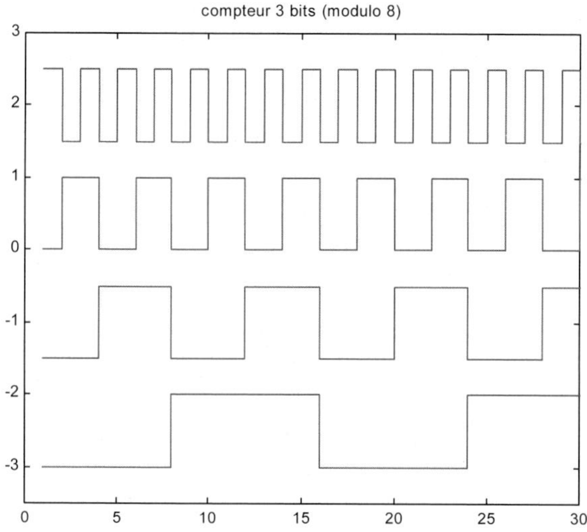
compteur 3 bits (modulo 8)
3
2
1
0
-1
-2
-3
0
5
10
15
20
25
30

# Chapitre 10

# Masques et sous-systèmes



L'encapsulation ou le masquage d'un ensemble de blocs, à l'instar des S-fonctions, est une fonctionnalité très importante de SIMULINK qui permet d'obtenir un seul bloc par fonction dans un modèle complexe. Cette association d'un ensemble de blocs est transformée en un seul pour effectuer une tâche spécialisée (calcul particulier, génération de signal, etc.).

Parmi les principaux intérêts des masques et des sous-systèmes, il y a, entre autres :

- création de blocs propres au domaine de chaque utilisateur,
- réduction du nombre de boîtes de dialogue,
- hiérarchisation, réduction et plus de clarté des modèles SIMULINK.

Nous allons, tout d'abord, étudier quelques sous-systèmes de la bibliothèque `Ports & Subsystems`, puis l'éditeur de masques dans quelques exemples précis de calcul numérique, générateurs de signaux, etc.


N. Martaj, M. Mokhtari, *MATLAB R2009, SIMULINK et STATEFLOW pour Ingénieurs, Chercheurs et Etudiants*, DOI 10.1007/978-3-642-11764-0_10, © Springer-Verlag Berlin Heidelberg 2010

# I. Sous-systèmes

## I.1. Sous-système sinus amorti

Les blocs correspondants sont dans la librairie `Ports & Subsystems`.

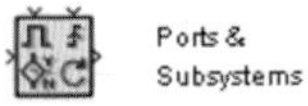

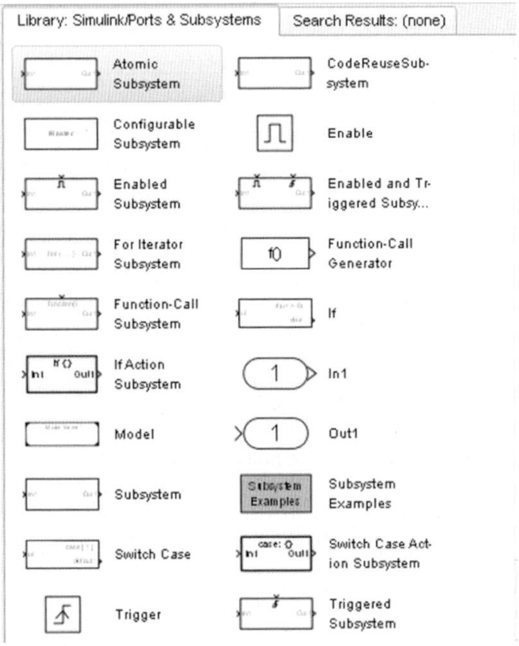

Nous nous intéressons aux sous-systèmes, bloc `Subsystem`, dont on se servira pour réaliser des masques.

Nous désirons créer un bloc SIMULINK permettant de générer le signal sinusoïdal amorti d'expression :

$$x(t) = a\, e^{-k\,t} \sin(w\,t - \varphi)$$

Nous commençons par créer l'ensemble des blocs réalisant cette expression.

On utilise principalement le bloc `MATLAB Function` dans lequel on programme les fonctions mathématiques `sin` (sinus) et `exp` (exponentielle) de MATLAB.

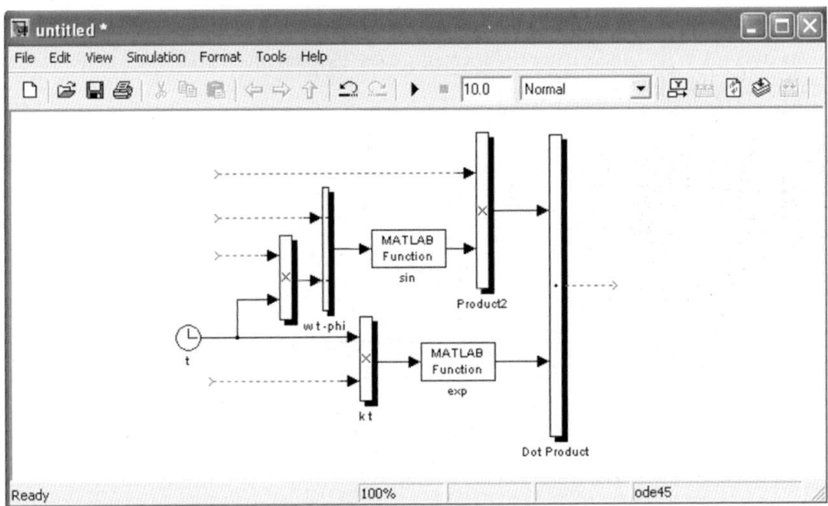


Les opérateurs « sinus » et « exponentiel » sont définis par le même bloc `MATLAB Function` de la librairie `User-Defined Functions la Release 2009a.`
En sélectionnant l'ensemble à l'aide de la souris, l'option `Create Subsystem` du menu `Edit` permet de créer le sous-système équivalent.

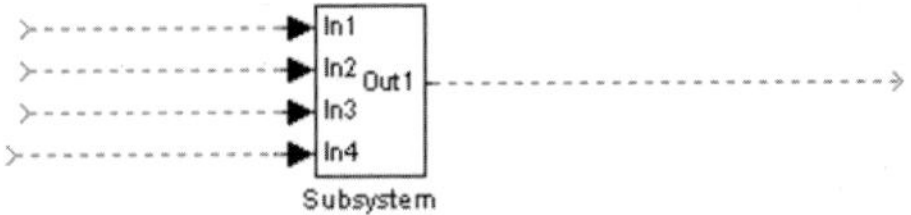


En double-cliquant sur l'icône obtenue, on retrouve le détail du système auquel sont ajoutés les blocs `input` (entrées) et `output` (sorties).
Il est nécessaire, pour plus de lisibilité, de donner à ces blocs les noms des variables utilisées, soit `a`, `phi`, `w`, `k` et `x` dans notre cas.

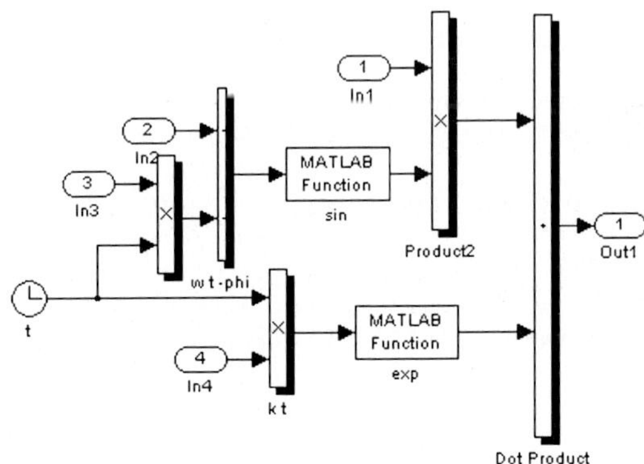

On obtient le sous-système suivant que l'on utilise pour générer le signal $x(t) = 4\,e^{-0.2\,t}\,\sin 2t$, que l'on envoie dans l'espace de travail sous la forme de matrice x (`Array`).

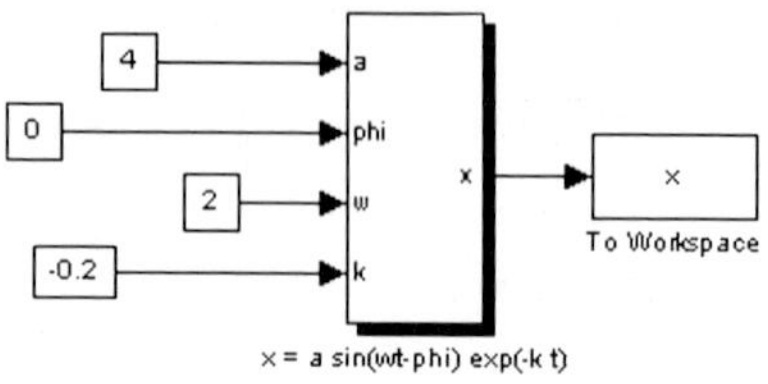


```
>> title('Sinus amorti - a=5,w = 2 rad/s,\phi = \pi/2; k=0.2')
>> grid
```

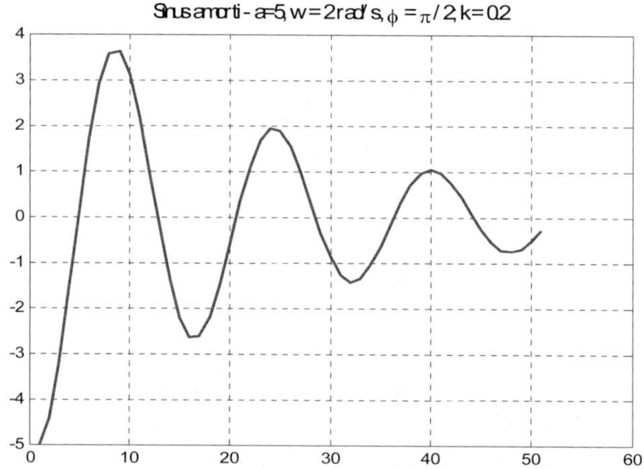

### I.2. Sous-système Générateur de séquences binaires pseudo-aléatoires, SBPA

Les séquences binaires pseudo-aléatoires sont très utilisées dans le domaine de l'identification de processus pour représenter un signal binaire supposé blanc et centré.

Chaque séquence SBPA est définie par un polynôme caractéristique, l'élément n° j d'une séquence de longueur 1023 est donné par : $u(j) = -u(j-7)\;u(j-10)$.

On utilise les retards $z^{-3}$ et $z^{-7}$ de la bibliothèque qu'on initialise indépendamment à 1 et -1. La séquence SBPA de longueur 1023 est implémentée de la façon suivante :

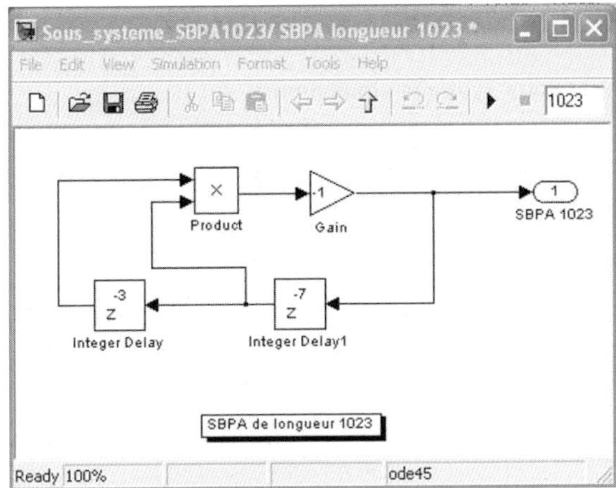


Le sous-système générateur de SBPA, peut être utilisé de la façon suivante :

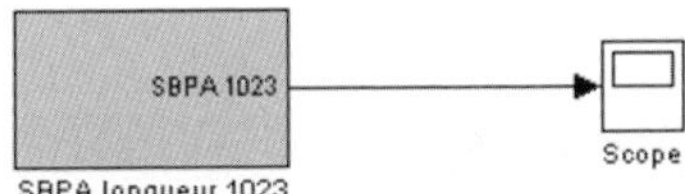


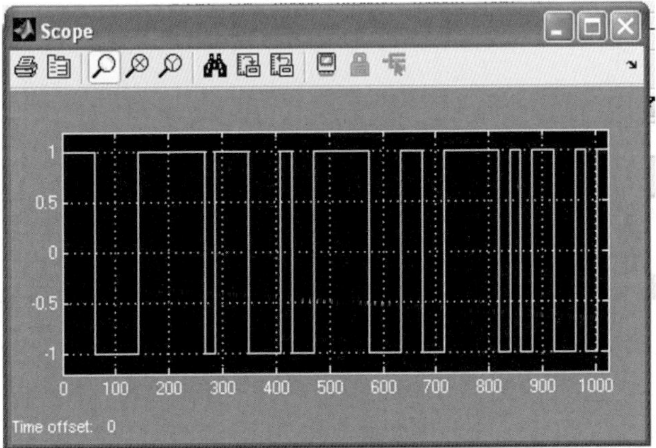


L'oscilloscope représente ce signal PWM variant entre -1 et 1. Les retards discrets doivent être impérativement initialisés à -1 pour l'un et 1 pour l'autre.

Pour avoir des valeurs comprises entre 0 et une amplitude `ampl`, nous devons programmer une transformation linéaire `a x + b`. C'est ce que nous verrons lorsque nous ferons le masque afin d'avoir le cas généralement utilisé dans l'industrie, des tensions variant entre 0 et 5 V (niveau TTL).

# II. Masquage des sous-systèmes

## II.1. Masquage du sous-système sinus amorti

La forme du bloc du sous-système ne fait apparaître, ni les variables utilisées, ni le type de fonction réalisée. Son masquage nous permettra de le personnaliser en traçant dessus la courbe d'un sinus amorti et de créer une boîte de dialogue pour spécifier les valeurs des variables utilisées.

Après avoir sélectionné l'icône, on choisit l'option `Mask Subsystem` du menu `Edit`.
On obtient la fenêtre `Mask Editor` (Editeur de masque), avec ses 4 menus, `Icon&Ports`, `Parameters`, `Initialization` et `Documentation`.

Lorsqu'on veut modifier un masque, on utilisera l'option `Edit Mask...` du menu `Edit`.

Dans cette fenêtre on définit tous les paramètres du masque.
Dans l'onglet `Icon&Ports`, on peut tracer sur le bloc du masque un signal représentant le signal généré par celui-ci.

Dans notre cas, un sinus cardinal sera tracé sur ce bloc.

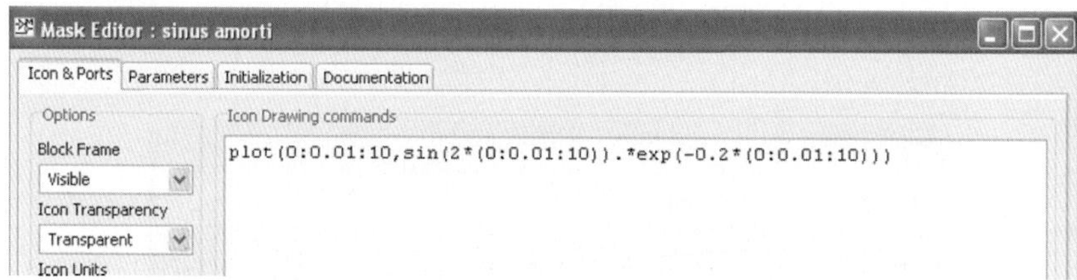


On dispose de 5 options pour les propriétés de l'icône du masque :

1. `Block frame` : rend visible ou invisible le cadre de l'icône,
2. `Icon transparency` : l'option `Transparent` permet l'affichage des noms de variables d'entrées ou de sorties définies dans le sous-système (exemple de la variable `x` de sortie),
3. `Icon Units` : Unités de mesure des coordonnées du bloc, `Autoscale` permet une échelle automatique
4. `Icon rotation` : définit les propriétés de rotation de l'icône par rapport au texte ou la courbe définis sur l'icône.
5. `Port rotation` : rotation du port

Dans la fenêtre `Parameters`, on définit les variables que l'on spécifie comme éditables, évaluables et modifiables.

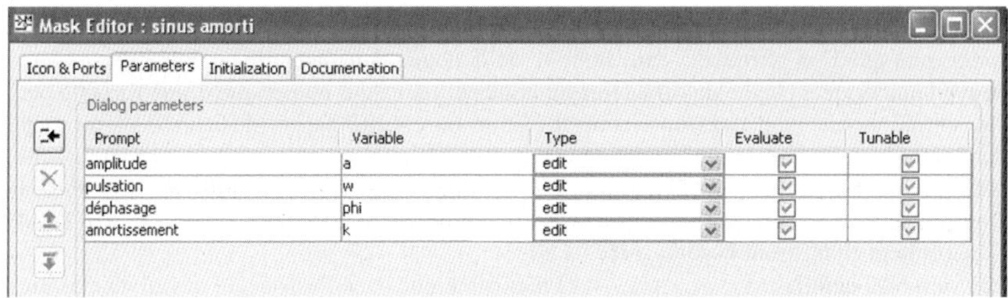


Dans l'onglet `Documentation`, on écrit de la documentation sur ce masque.
Ces variables n'existent que dans l'espace de travail du masque. Une variable de MATLAB de même nom ne sera pas affectée par un changement de valeur dans le masque.
On définira mieux l'ensemble de ces options dans les autres exemples de masques.

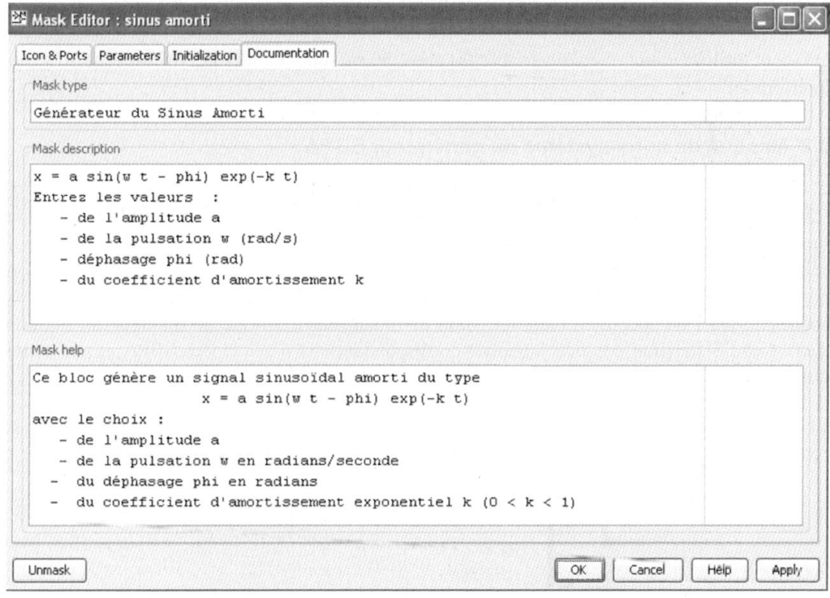


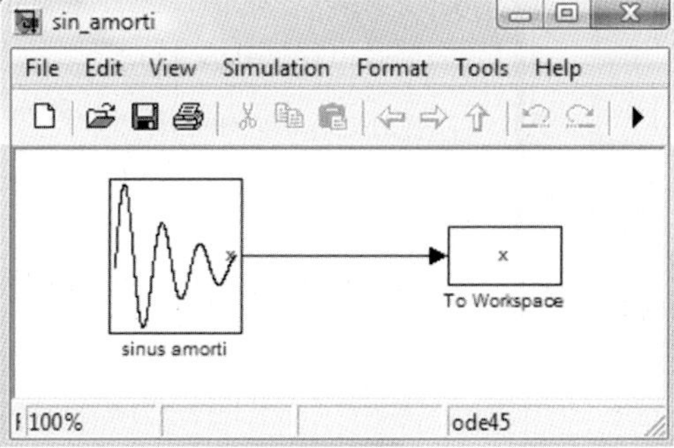

Le menu `Initialization` permet de définir les variables ainsi que leur signification (`prompt`) que l'on retrouvera dans la boîte de dialogue dans laquelle on entrera les valeurs de type numérique, chaîne de caractères ou booléen. La valeur numérique d'une variable peut être entrée directement dans un champ d'édition ou choisie parmi plusieurs dans un menu déroulant. Le type booléen est prévu en cochant (`1` logique) ou en laissant vierge (`0` logique) la case correspondante.
Une variable peut prendre une valeur sous forme de chaîne de caractères. MATLAB l'interprétera en utilisant la commande `eval`.
Les variables définies (`a, w, phi, k`) n'existent que dans l'espace de travail du masque ; elles ne sont donc pas vues par MATLAB.

On exécute le masque et on fait appel à la variable `k` dans MATLAB :

```
>> k???
Undefined function or variable 'k'.
```

On peut utiliser cette même variable `k` dans le masque et MATLAB sans qu'il y ait interférence.

## II.2. Masque du sous-système du générateur SBPA

Ce masque contenant 6 sous-systèmes, permettra de générer 6 séquences différentes de longueurs 21, 63 … jusqu'à la séquence du sous-système de la SBPA de longueur 1023. Pour sélectionner l'une des 6 séquences, on utilise la S-fonction `sf_select` pour laquelle on passe le paramètre Te de la période d'échantillonnage et `k` représentant le numéro de la séquence que l'on spécifiera dans un menu déroulant dans la boîte de dialogue du masque final. Cette S-fonction possède 6 entrées correspondant aux 6 séquences SBPA et une sortie qui sera la séquence n° `k`.

Les sorties des blocs des 6 séquences sont multiplexées puis multipliées par le gain `a`, représentant l'amplitude, avant d'être envoyées à la S-fonction de sélection de séquence.

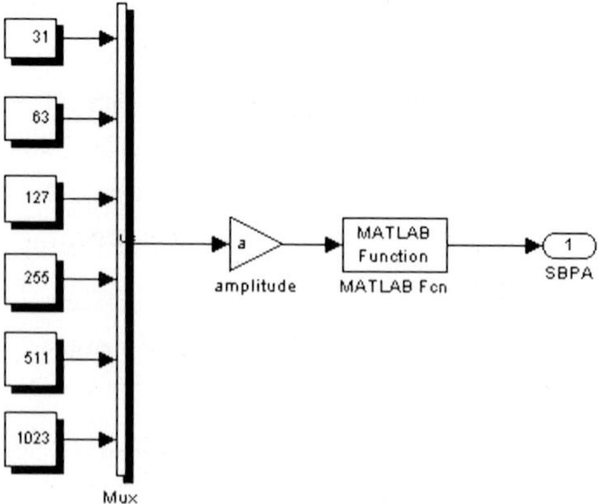

Le bloc `MATLAB Function` comporte la commande `u(k)` pour choisir la séquence n°`k`. On sélectionne l'ensemble des blocs que l'on transforme d'abord en sous-système puis en masque.

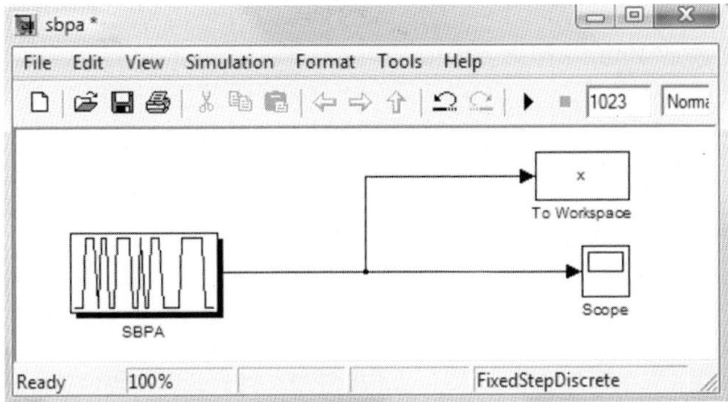

Les commandes écrites dans la fenêtre `Dialog Callback` s'affiche devant le prompt de MATLAB à chaque exécution du masque.

Dans la fenêtre du menu `Parameters` de l'éditeur de masque permet de définir les différentes variables.

Nous pouvons les éditer en leur affectant des valeurs (numériques ou chaînes de caractères), ou choisir leurs valeurs dans un menu déroulant ou des boites à cocher.

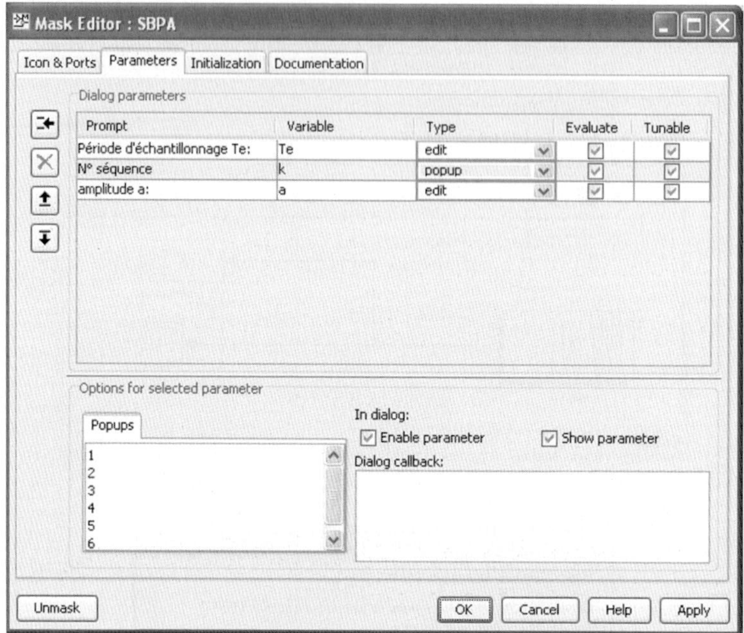


Le masque du sous-système est utilisé pour générer la séquence n° 2 soit une longueur 63.

```
>> stairs(x), axis([0 63 -3.5 3.5])
>> title('SBPA de longueur 63, et d''amplitude 3')
```

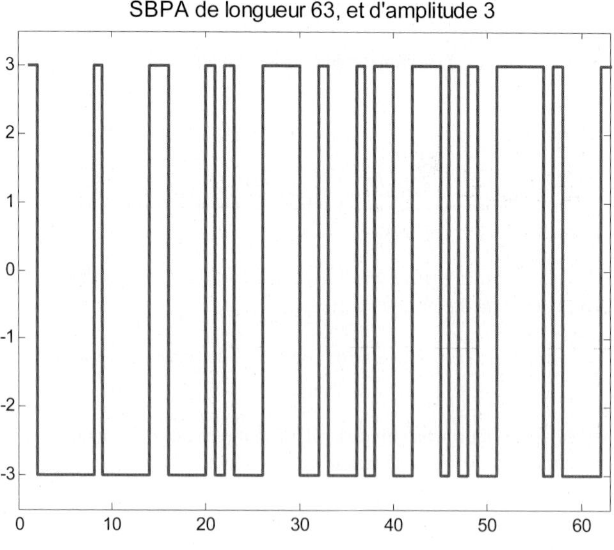

Le signal généré est envoyé dans le fichier `sbpa.mat`.
En double-cliquant sur le bloc SBPA, on ouvre la boîte de dialogue, dans laquelle on spécifie :

- la période d'échantillonnage `Te` en secondes,
- le numéro de séquence (6) dans le menu déroulant,
- l'amplitude de 3.

La valeur de la période d'échantillonnage `Te` sera transmise aux blocs de niveau inférieur, à savoir la S-fonction de sélection de séquence et les blocs `Discrete Tranfert Fcn (with initial states)` utilisés pour construire les modèles de SBPA de différentes longueurs.
Dans cette fenêtre, on reconnaît le menu déroulant `popup` pour le choix du numéro de séquence.

Le menu `Initialization` permet de fixer les valeurs des variables indépendament de celles que l'on spécifie pour le masque. Il permet d'initialiser le sous-système masqué dans des périodes critiques (mise à jour du modèle ou début de simulation). Seules les valeurs définies dans la boite de dialogue du masque seront prises en compte pour l'exécution du masque.

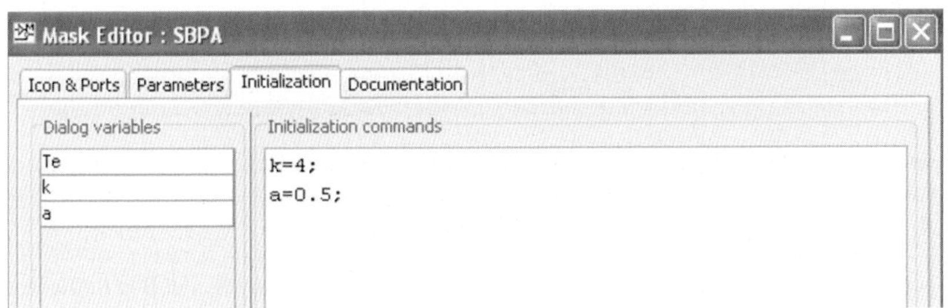


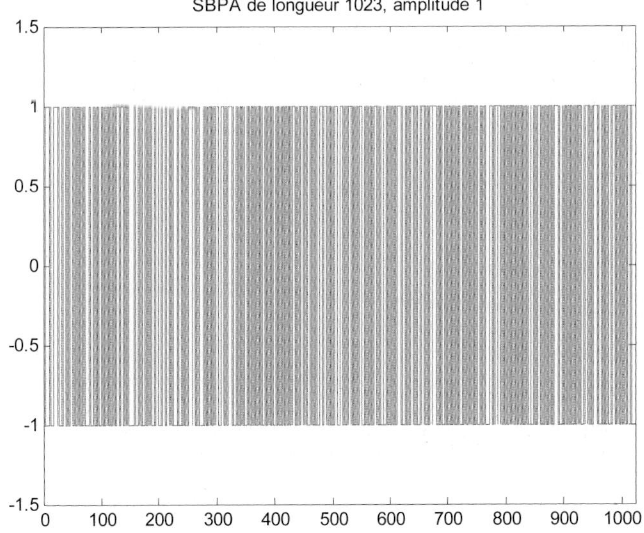

## II.3. Masques d'algèbre linéaire

### *II.3.1. Résolution d'équation linéaire*

Il s'agit de résoudre l'équation `A x = B`, avec $A = \begin{bmatrix} 1 & 2 \\ 4 & 6 \\ 3 & 6 \end{bmatrix}$ et $B = \begin{bmatrix} 0 \\ 5 \\ 7 \end{bmatrix}$. La solution que fera le sous-système masqué sera du type $x=(A^T A)^{-1}\ A^T\ B$. Cette méthode dite aussi des moindres carrés permet de résoudre des systèmes surdimensionnés.

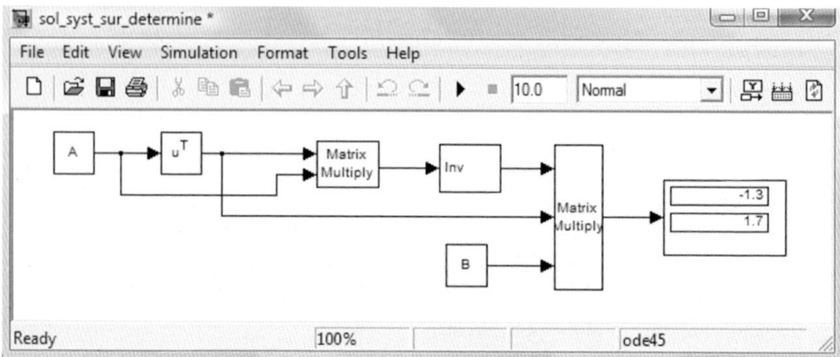


L'inversion et la multiplication matricielle sont réalisées par les opérateurs simples de multiplication et de division pour lesquels on choisit le type « `matrix` » au lieu de « `element wise` ».

Pour réaliser le sous-système puis le masque, on supprime les constantes A et B et l'afficheur, et on crée le sous-système par `Edit` ... `Create Subsystem` après avoir tout sélectionné.

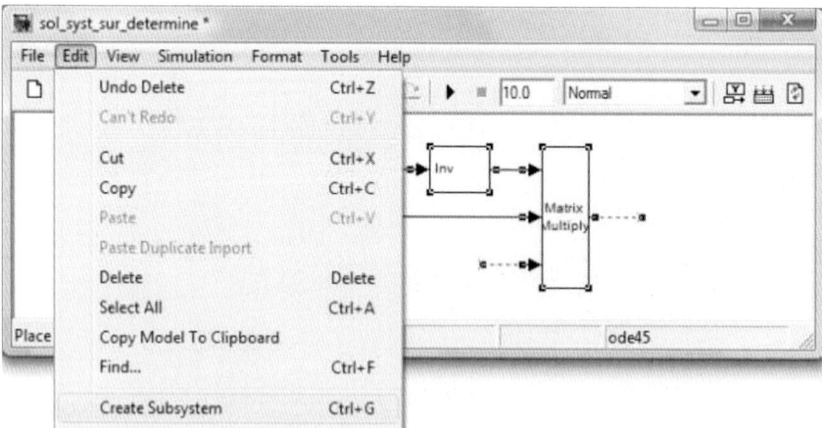

Nous obtenons le sous-système suivant qui donne les mêmes solutions si on lui rentre la même matrice A et le même vecteur B (connus dans le `Callback InitFcn`, comme précédemment).

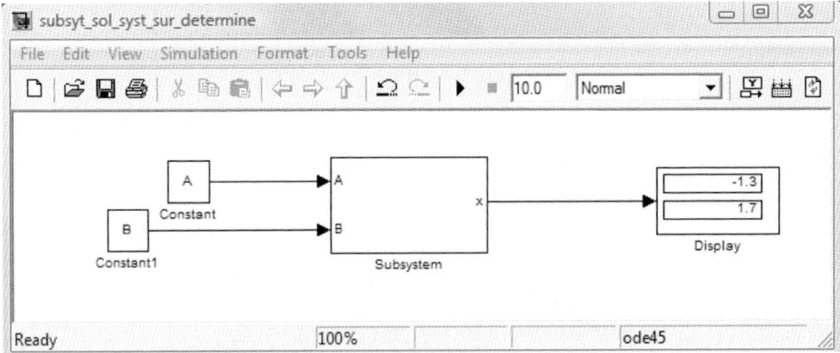


Pour réaliser le masque, on enlève A et B du Callback, on supprime les entrées A et B et l'afficheur. On sélectionne le sous-système et on choisit le menu `Edit Mask Subsystem`...

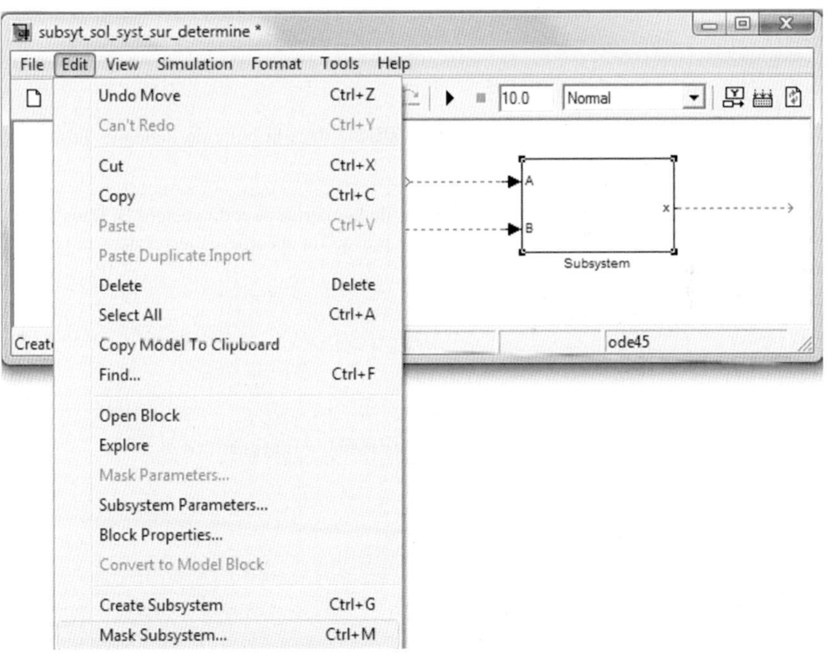

On ouvre alors l'éditeur de masque avec ses différents onglets.

- `Onglet Icon & Ports`

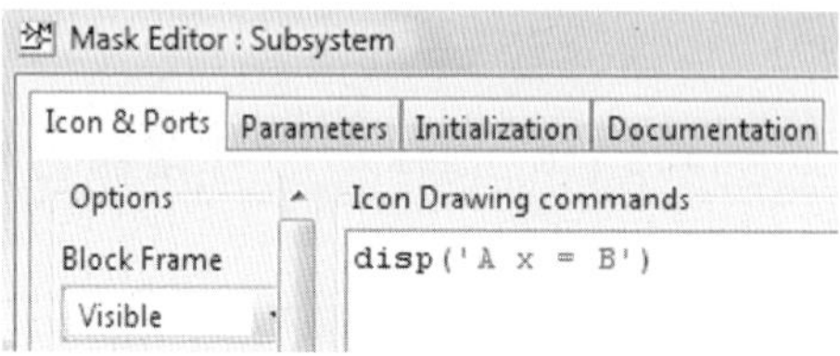


- `Onglet Parameters`

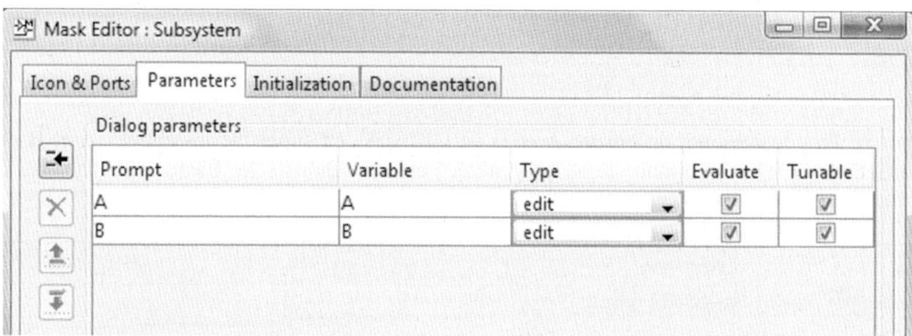


Dans la colonne `Prompt` on note ce qui sera affiché dans la boite de dialogue du masque lorsqu'on double clique dessus.

Dans la colonne `Variable`, on met les valeurs de la matrice A et du vecteur B. Dans ce cas, A et B représentent les valeurs de ces variables puisqu'on spécifie celles-ci dans la boite de dialogue du masque.

- `Onglet Documentation`

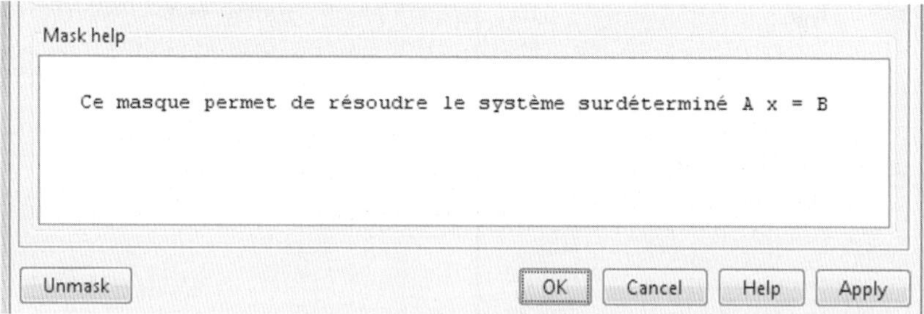

Le texte que l'on met dans le champ `Mask help` est celui qu'on obtient lorsqu'on demande de l'aide en sélectionnant le bloc avec le choix de Help après un clic droit.

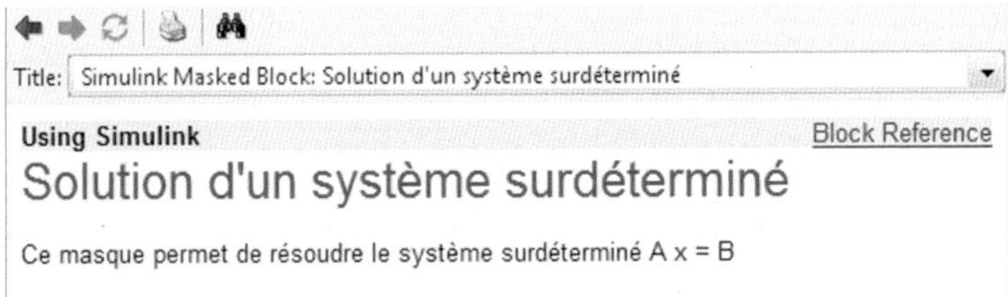


Ci-dessous, nous utilisons le masque pour résoudre le même système qu'avec le sous-système précédent, puis un système déterminé.

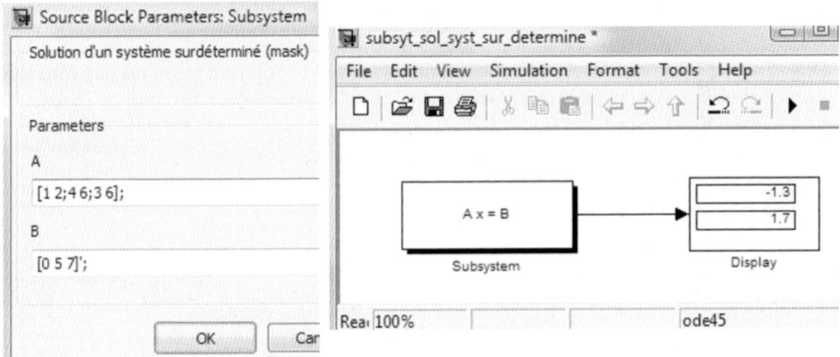


Le masque permet aussi la résolution des systèmes déterminés (autant d'équations que d'inconnues).

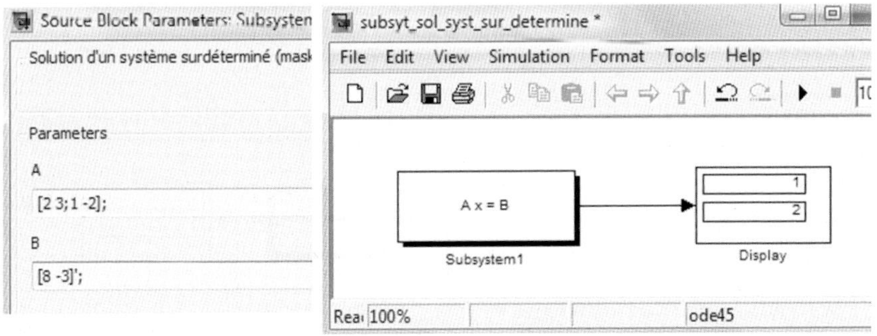

On peut aussi utiliser le bloc `fsolve` (`Algebraic constraint`) de la bibliothèque `Math Operations` qui résout l'équation `A x - B = 0`.

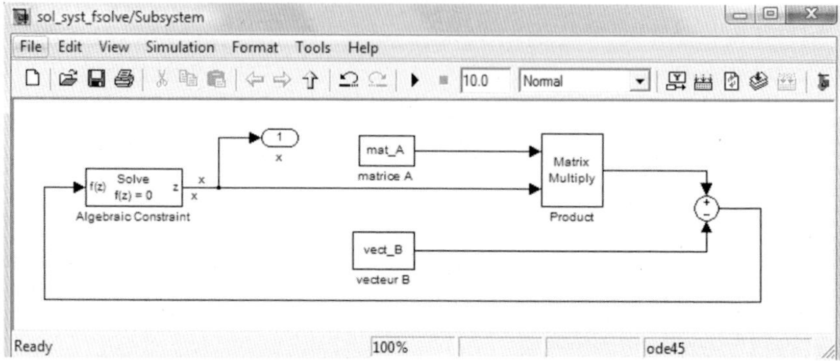


Dans l'onglet `Parameters`, et dans la colonne `Variable`, on écrit les noms des variables `mat_A` et `vect_B` du modèle ci-dessus.

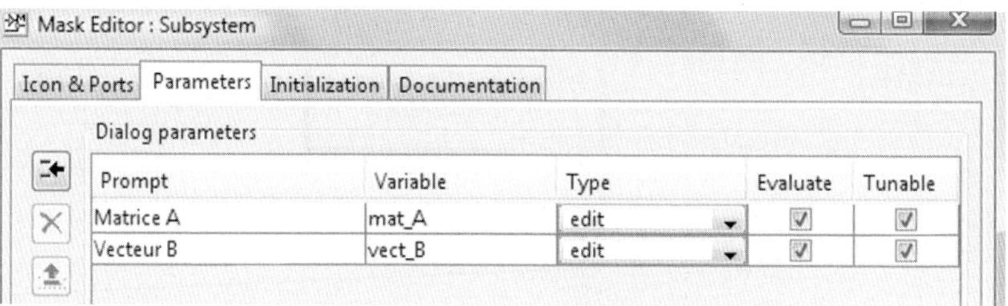


Ci-dessous, nous considérons un cas d'un système déterminé.

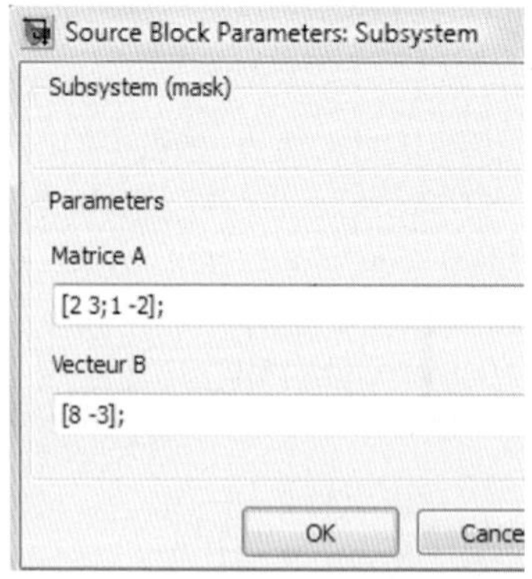


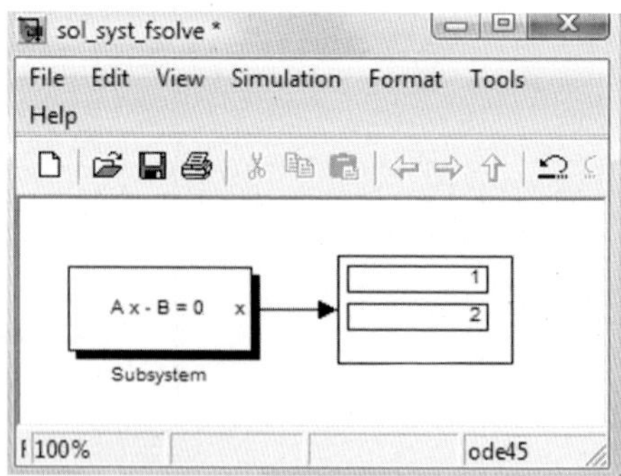

### *II.3.2. Générateur PWM*

Le signal PWM est très utilisé dans l'industrie, entre autres, de l'automobile. C'est un signal carré dont le rapport cyclique est défini par la longueur du niveau haut sur la période du signal.

Dans le cas d'une tension qui varie entre 0 et 5V, ces 2 valeurs correspondent respectivement aux valeurs 0% et 100% du rapport cyclique.

Un signal purement carré possède un rapport cyclique de 50%.

On se propose de réaliser un masque qui génère ce type de signal.

On utilise la fonction `square` de la boite à outils `Control System Toolbox` définie par :

```
y= square(2*pi*f*t, duty) = square(2*pi*t/T, duty),
```

`f`, `t` et `duty` étant respectivement la fréquence, le temps et le rapport cyclique.

Ce signal varie entre -1 et 1 et si l'on veut que notre signal PWM ait une amplitude `ampl`, nous devons réaliser la transformation linéaire `ampl*(y+1)/2`.

On rentre le temps (`clock`), le paramètre `2π/T` et le rapport cyclique `duty-cycle` à travers un multiplexeur.

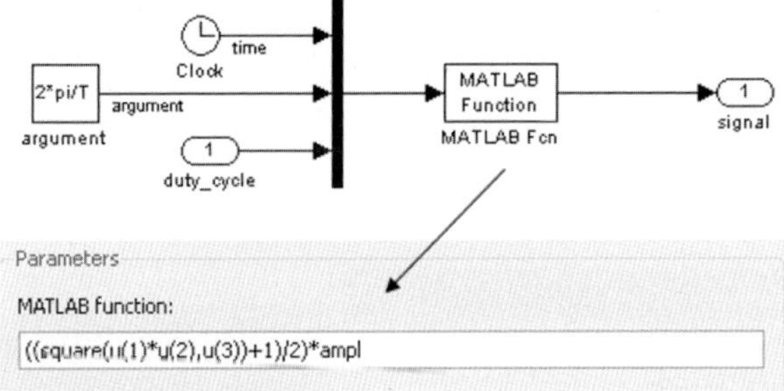


On donne ci-après le masque et le résultat du cas du rapport cyclique de 80% et une amplitude de valeur 5. Dans l'onglet `Icon & Parameters`, on trace un signal PWM de rapport cyclique de 20%.

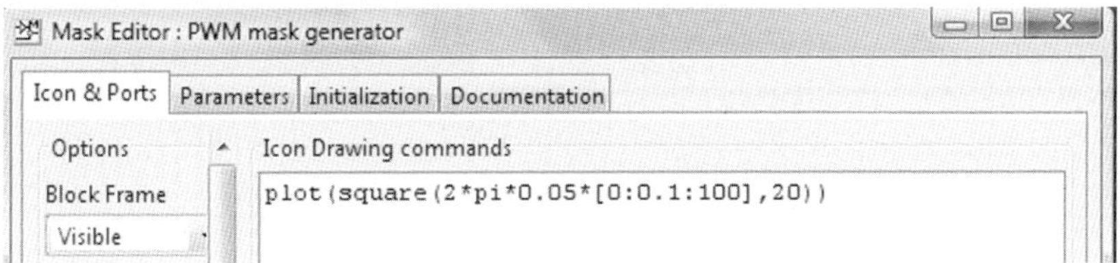


Dans l'onglet `Parameters`, on spécifie la variable `T` et l'amplitude `ampl` du signal PWM.

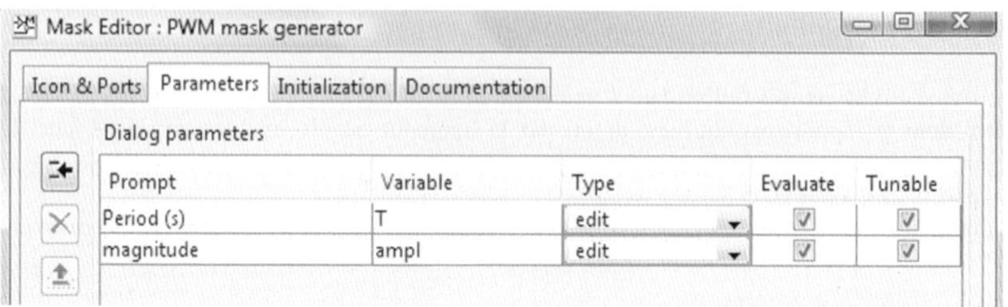


Lorsqu'on double clique sur le bloc du masque, nous avons la boite de dialogue suivante dans laquelle on spécifie la période et l'amplitude du signal.

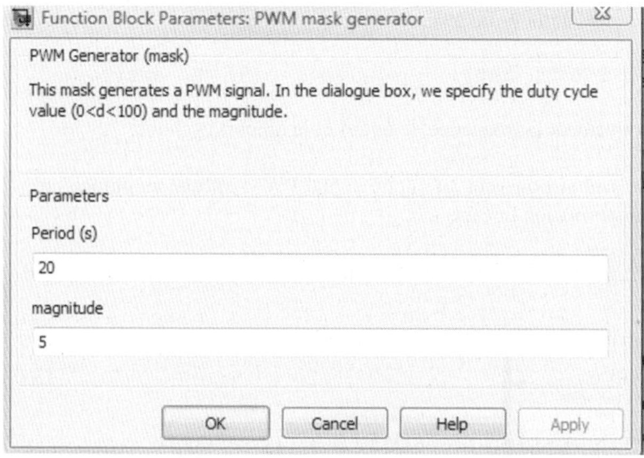


Dans l'exemple suivant, nous montrons l'exemple de la génération d'un signal PWM de rapport cyclique 80% et d'amplitude 5.

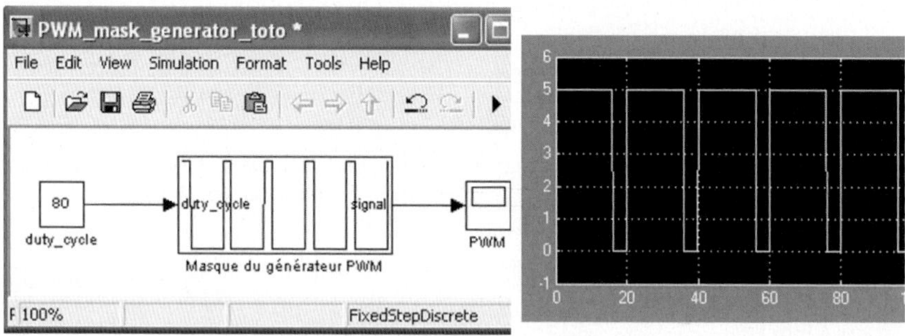

## III. Sous-systèmes de la bibliothèque Ports & Subsystems

### III.1. Iterator Subsystem

Ce sous-système, de la bibliothèque `Ports & Subsystems`, permet de réaliser des calculs itératifs dans SIMULINK.
Nous désirons programmer l'équation récurrente suivante : `x(k) = 1 - 0.95 x(k-1)`.

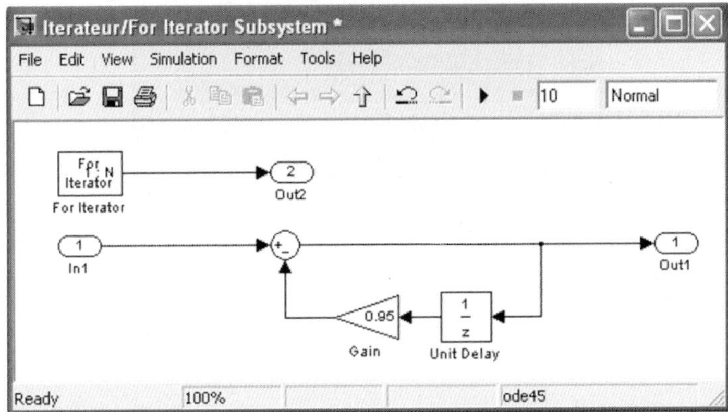


Nous avons rajouté dans le sous-système une sortie supplémentaire `out2`, qui ressort le nombre d'itérations, égal à 10.

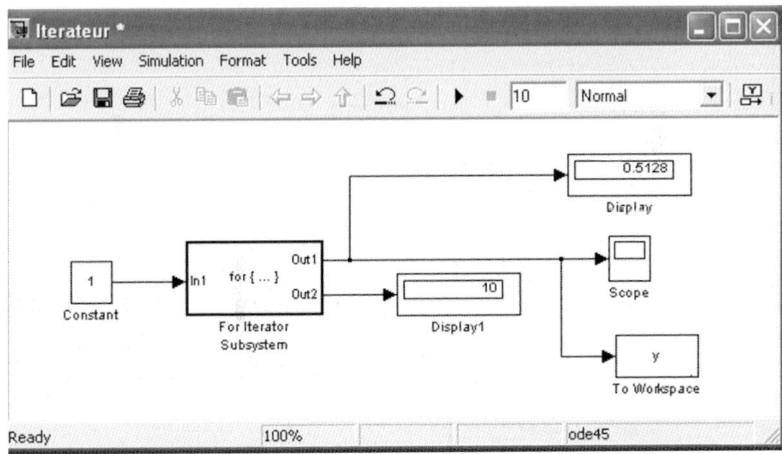


Au bout des 10 itérations, nous obtenons l'évolution suivante de la variable `x`.

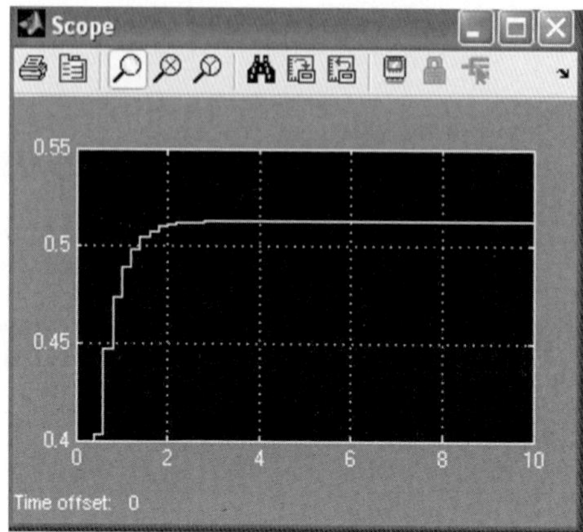


On vérifie bien qu'en régime permanent, la valeur de x vaut :

```
>> x = 1/(1+0.95)

ans=
 0.5128
```

**III.2. Sous-système If**

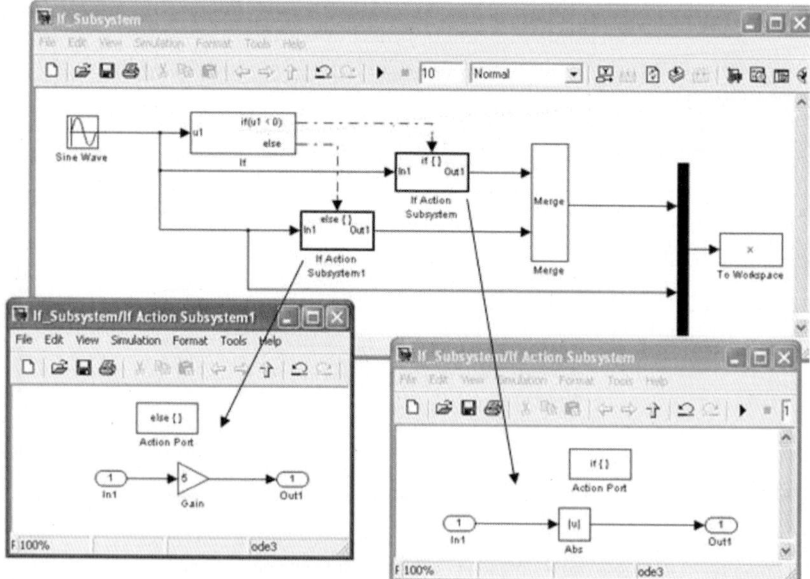

Le sous-système `If` comporte une condition sur l'entrée, `if(u1<0)`. Cette condition peut être plus complexe et sur autant d'entrées qu'il y a. Le sous-système `If` sort des signaux d'action qui sont à vrai quand cette condition est réalisée.
On peut avoir les sorties `else` et `else if`.
Dans notre cas, lorsque le signal d'entrée sinusoïdal est négatif, on prend sa valeur absolue, autrement on multiplie son amplitude par 5.

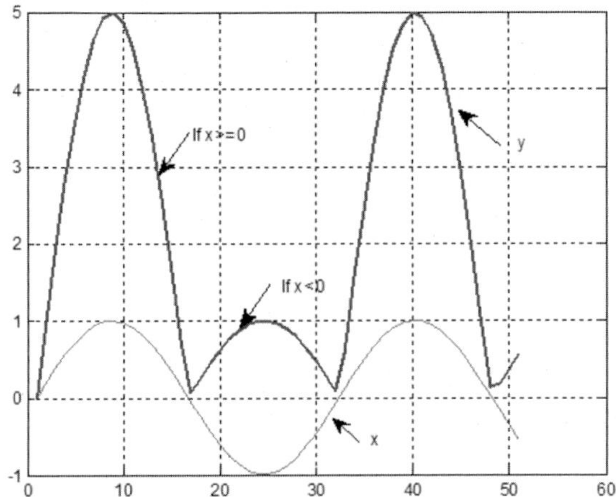


### III.3. Sous-système Switch Case

Ce bloc, comme les précédents, contrôle le flux de données dans le cas où une condition aboutit à plusieurs alternatives. On se propose, dans ce qui suit, de réaliser un masque d'un générateur de signal aléatoire dont on peut choisir le type gaussien ou uniforme.

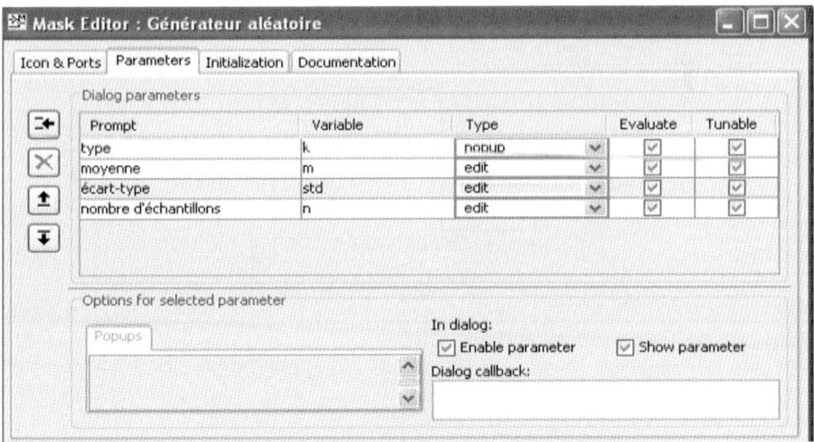

On spécifiera les paramètres suivants :

k : type gaussien (k=1) ou uniforme (k=2),
m : moyenne du signal gaussien ou valeur maximale du signal uniforme,
std : écart-type du signal gaussien,
n : nombre d'échantillons temporels du signal.

Le type k sera choisi par menu déroulant (popup). Lorsqu'on double-clique sur le masque, on aboutit la fenêtre suivante pour le choix de ces paramètres. Il s'agit ici de la génération d'un signal gaussien centré (moyenne nulle) et de variance 0.01.

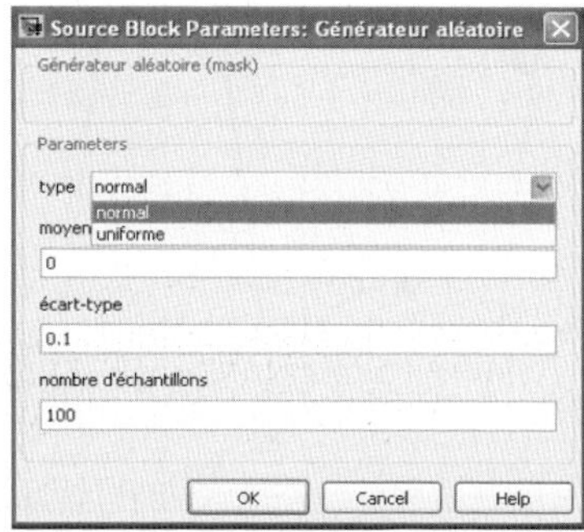


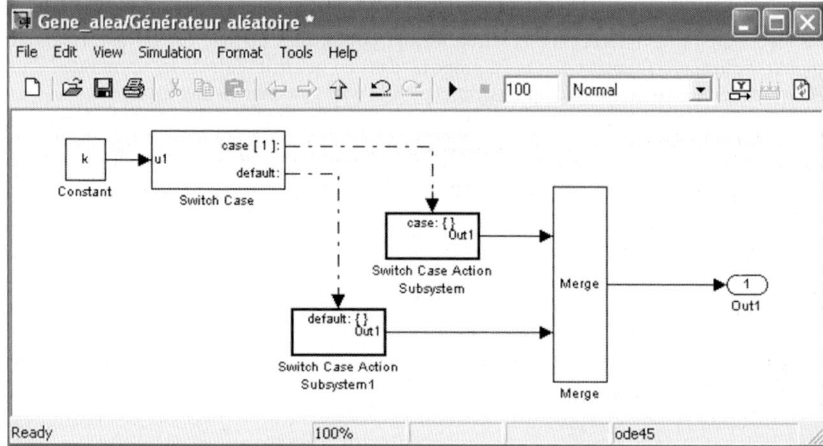


Dans les sous-systèmes case {} et default{}, on insère les blocs Random gaussien et uniforme.

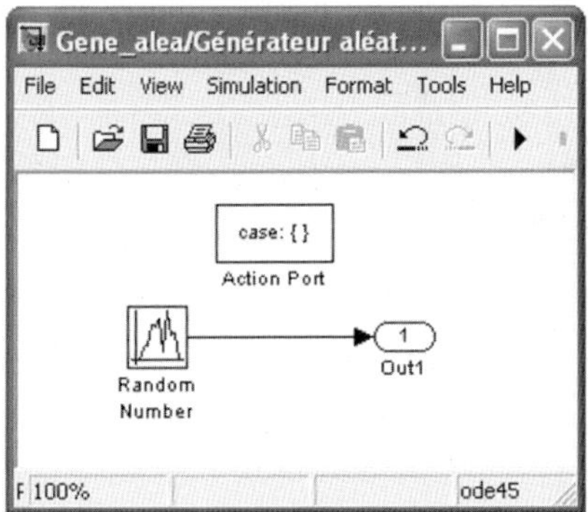


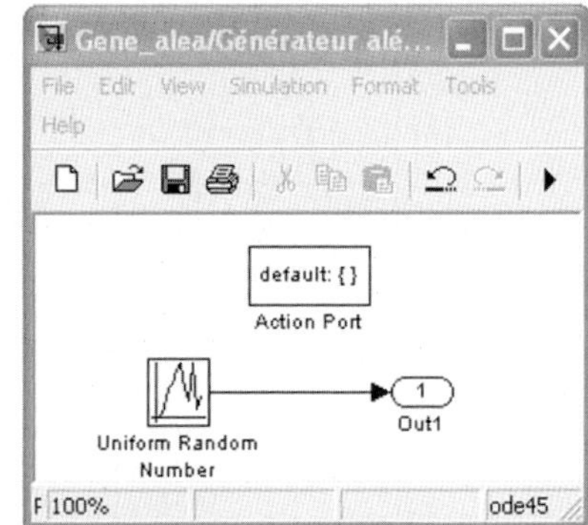


Ci-après, nous avons le masque et la courbe du signal aléatoire.

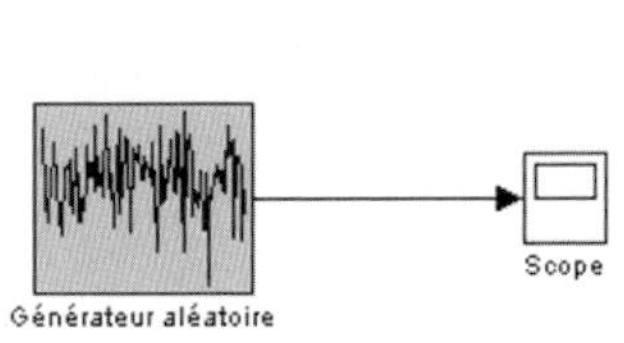


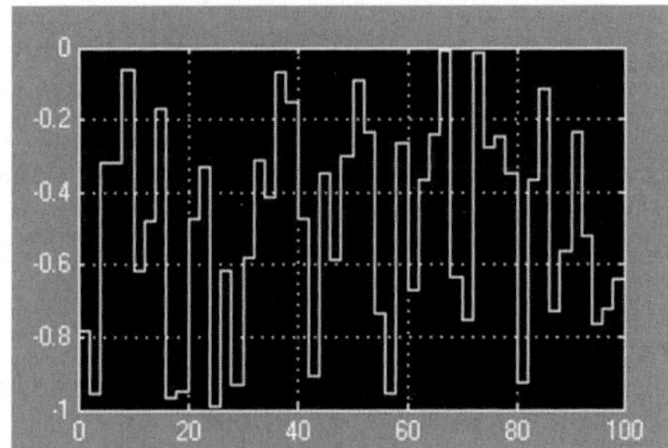


Le bouton `Unmask` désactive tout ce qui a été défini dans l'éditeur du masque. Il suffit de ne pas enregistrer le modèle si on veut revenir et garder le masque. Le bouton `Help` donne de l'aide sur la création de masques. Lorsqu'on veut visualiser le contenu du masque, il suffit de choisir l'option `Look Under Mask` du menu `Edit`.

## III.4. Sous-systèmes activés et triggés

### *III.4.1. Sous-systèmes activés*

Lorsque le sous-système est activé, on prend sa valeur absolue de la bibliothèque `Math Operations`.

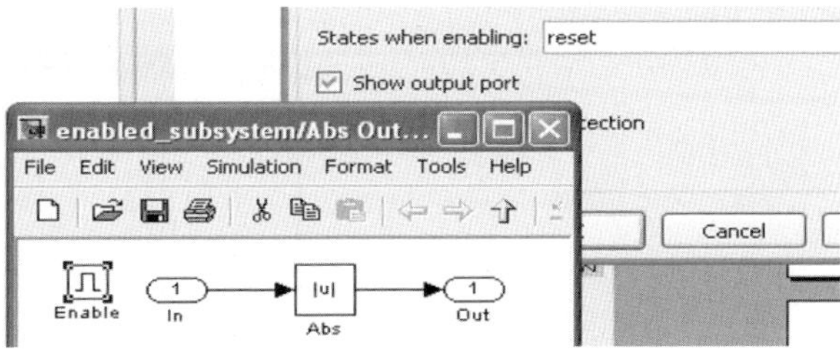

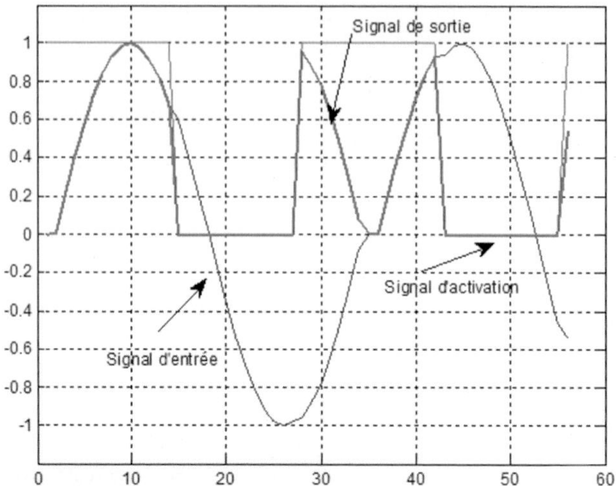


Le bloc `boolean` de la bibliothèque `Signal Attributes` (attributs du signal) permet de passer d'un type `double` ou `integer` (entier) au type booléen avant d'aller activer ou déclencher le sous-système.

### *III.4.2. Sous-systèmes triggés ou déclenchés*

Les systèmes triggés voir le contenu exécuté au front (montant, descendant) du signal de déclenchement (`trigger`).

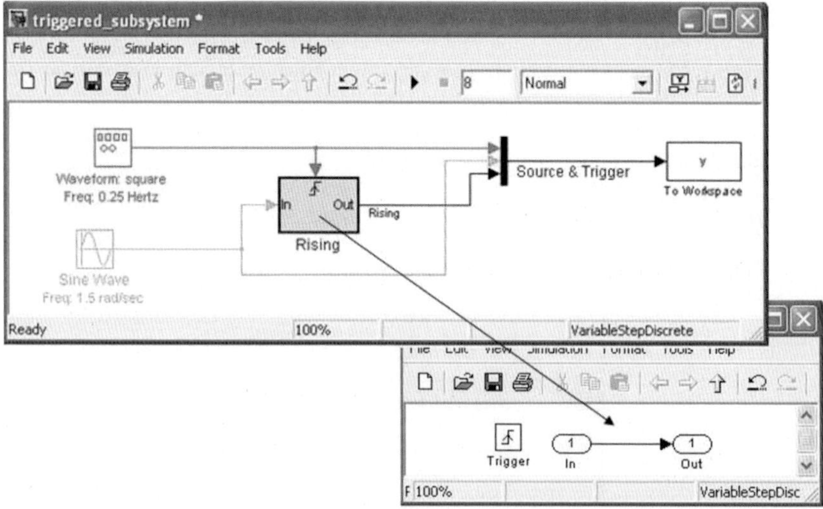

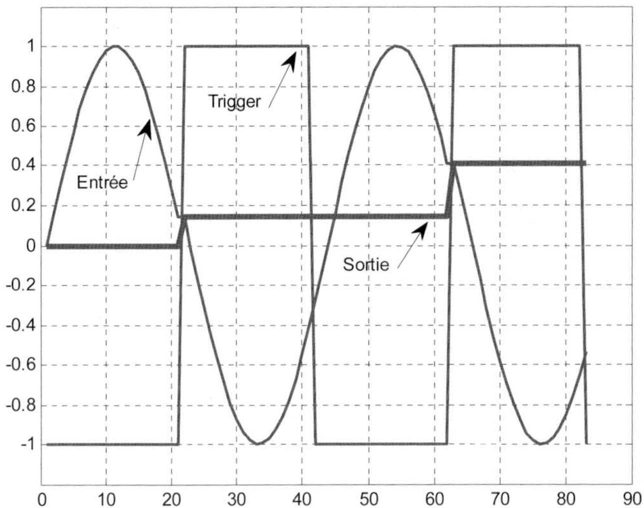


Un sous-système peut être déclenché (`triggred`) et activé (`enabled`) par le même ou des signaux différents.
Il suffit de prendre un sous-système atomique (`atomic subsys`tem) dans la bibliothèque `Ports & Subsystems` et de mettre à l'intérieur les ports de déclenchement (`trigger`) et d'activation (`enable`).

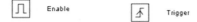


On obtient alors le sous-système suivant qui existe aussi dans la bibliothèque.

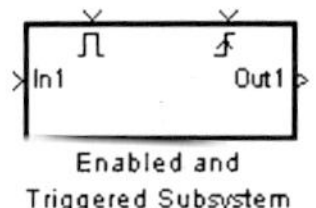


### III.5. Sous-systèmes configurables

Un sous-système configurable réalise les actions de plusieurs sous-systèmes à la fois qui sont alors sauvegardés dans une librairie.

On se propose de faire un sous-sysème configurable qui réalise la résolution d'une équation du 1er et du 2nd degré.

On ouvre un nouveau fichier `library` dans laquelle on insère alors le modèle (`Template`) de ce système configurable et les 2 sous-systèmes correspondants.

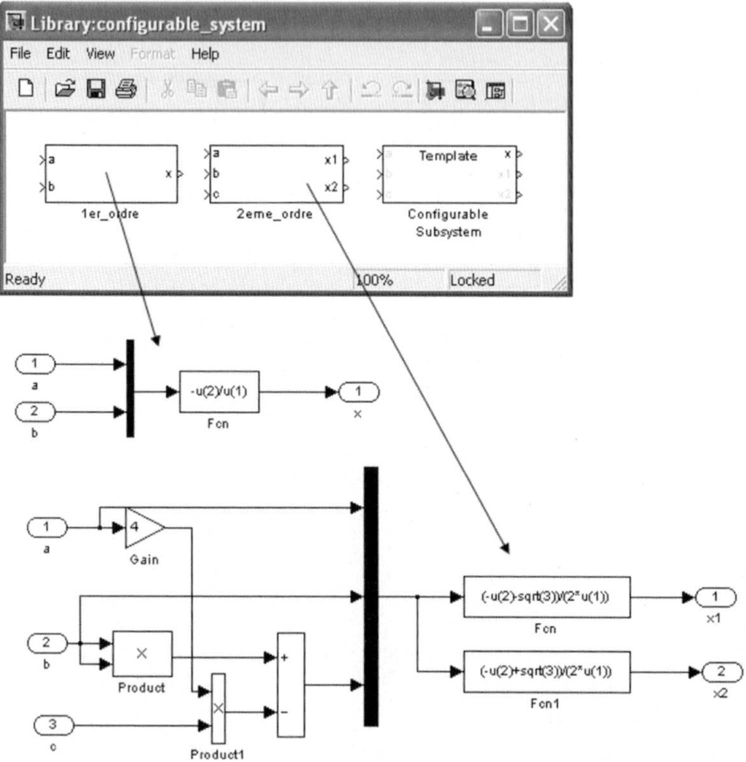


Pour utiliser l'un ou l'autre des 2 sous-systèmes on le choisit dans l'option `Block Choice` dans le menu contextuel qu'on invoque en cliquant droit sur le bloc du système configurable Lorsqu'un des sous-systèmes possède moins d'entrées et de sorties que le modèle (`Template`), on utilise la masse (`Ground`) ou le terminateur (`Terminator`) des bibliothèques Sour`ces` et `Sinks` respectivement.

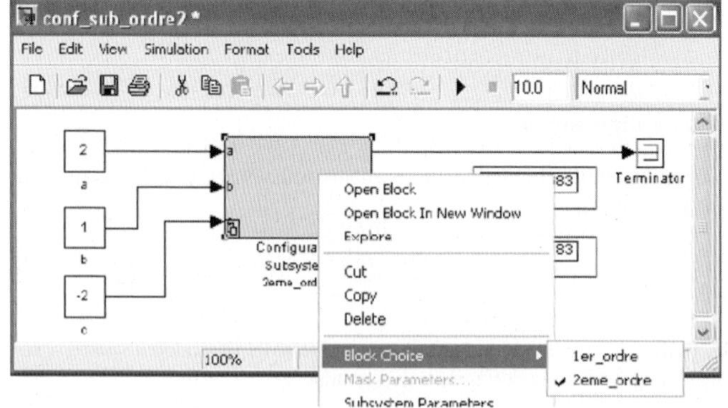

## Chapitre 11

# S-fonctions



## I. Principe de fonctionnement des S-fonctions

Une S-fonction (fonction système), basée sur le principe du modèle d'état, est une fonction, écrite en langage M ou C que l'on peut intégrer dans un bloc SIMULINK pour réaliser des calculs spécifiques.

C'est un moyen puissant d'exécuter du code MATLAB à l'intérieur d'un modèle SIMULINK. C'est un moyen très puissant d'étendre les possibilités de SIMULINK.

SIMULINK dispose des 3 blocs suivants pour implémenter une S-fonction la librairie des blocs « `User-Defined Functions` ».

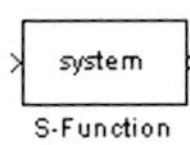

S-Function

mlfile
Level-2 M-file S-Function

system
S-Function Builder

On dispose, de plus, du bloc `S-Function Examples` qui propose différents exemples de S-fonctions, codées en langage M, C, C++, Ada et Fortran.

N. Martaj, M. Mokhtari, *MATLAB R2009, SIMULINK et STATEFLOW pour Ingénieurs, Chercheurs et Etudiants*, DOI 10.1007/978-3-642-11764-0_11, © Springer-Verlag Berlin Heidelberg 2010

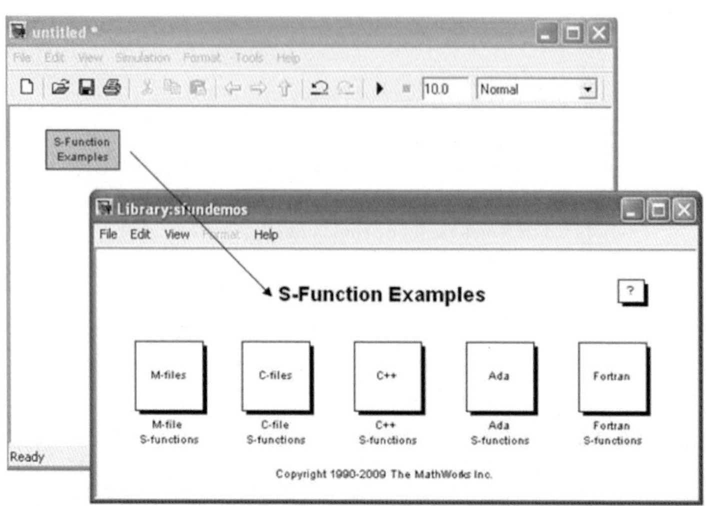


Les S-fonctions peuvent décrire des systèmes continus, discrets ou hybrides. On peut utiliser les S-fonctions également avec le produit « `Real-Time Workshop®, ou RTW` ). Le code peut être adapté ou optimisé en écrivant un fichier `TLC` « `Target Language Compiler` »

Les S-fonctions sont utiles principalement :

- Lorsqu'on veut ajouter un bloc supplémentaire à SIMULINK,
- Intégrer du code C dans un modèle SIMULINK,
- Réaliser des animations,
- etc.

Une S-fonction est définie par un vecteur d'entrée `u`, un vecteur de sortie `y` et un modèle d'état avec les matrices `A` (d'état ou d'évolution), `B` (de commande), `C` (d'observation) et `D` (transfert direct) et le vecteur d'état `x`.
Pour la modélisation des systèmes physiques, la matrice `D` est généralement nulle.

Notons, comme nous le verrons dans ce chapitre, une S-fonction peut être définie sans le modèle d'état, par des équations mathématiques reliant les sorties `y` aux entrées `u`, par exemple.

Dans la définition générale d'une S-fonction, le vecteur d'état possède une partie continue $x_c$ et une autre discrète, $x_d$.

$$x = \begin{bmatrix} x_c \\ x_k \end{bmatrix}$$

Avec la dérivée de l'état continu, $\dot{x}_c$ et l'évolution de l'état discret, $x_{k+1}$ données par :

$$\dot{x}_c = f_d(t,x,u)\text{, Derivatives (Dérivées)}$$

$$x_{k+1} = f_u(t,x,u)\text{, Update (Mise à jour)}$$

Le vecteur de sortie est :

$$y = f_o(t, x, u)\text{, Output (sortie)}$$

La S-fonction peut être modélisée par le schéma suivant :

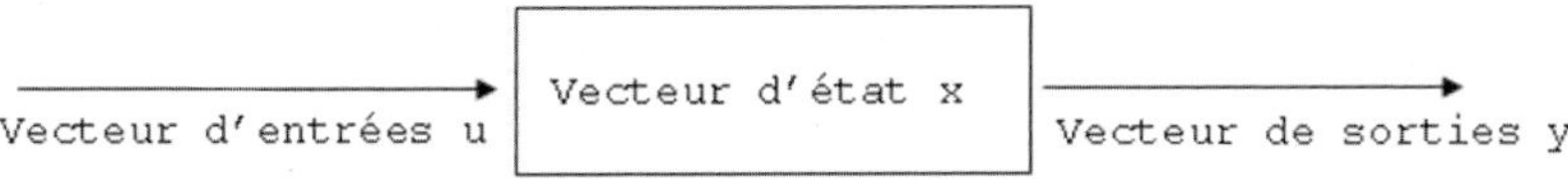


MATLAB fournit un modèle de S-fonction, nommé `template.m` qu'il suffira de transformer afin de l'adapter à la fonction qu'il doit réaliser dans le modèle SIMULINK correspondant.

Lorsqu'elle reçoit ses entrées, et avant de délivrer la valeur du vecteur de sortie, la S-fonction passe par plusieurs étapes de simulation.

Lors de l'exécution d'un modèle SIMULINK, il y a successivement les étapes suivantes :

1. Une phase d'initialisation pendant laquelle SIMULINK incorpore les librairies des blocs qui composent le modèle, et initialise la structure `SimStruct` qui contient les informations sur la S-fonction.
2. Propagation des signaux (taille, type, cadence d'échantillonnage),
3. Evaluation des paramètres des blocs,
4. Détermination de l'ordre d'exécution des blocs,
5. Allocation de mémoire nécessaire.

SIMULINK entre ensuite dans une boucle de simulation, où chaque passage est dénommé « pas de simulation ». A chaque pas, SIMULINK exécute les blocs dans l'ordre défini lors de l'étape d'initialisation.
A chaque exécution d'un bloc, SIMULINK fait le calcul de ses états, de leurs dérivées et calcule la sortie pour l'instant d'échantillonnage courant.

Il y a exécution de cette boucle jusqu'à ce que le solveur calcule les états avec exactitude.
Ceci se renouvelle jusqu'à la fin de la simulation.

Un drapeau (`flag`) indicateur permet à chaque instant de connaître l'étape dans laquelle on se trouve.

Une S-fonction est bâtie comme une simple fonction qui reçoit des paramètres d'appel et retourne des paramètres de sortie, ou dits de retour.

La syntaxe générale d'une S-fonction est la suivante :

```
function[sys,x0,str,ts] = nom_fonction(t,x,u,flag,P1,P2,...)
```

Les paramètres d'appel sont le temps `t`, l'entrée `u`, l'état `x` et le `flag` qui détermine l'étape courante. La S-fonction peut aussi recevoir autant de paramètres optionnels que nécessaires, comme `P1`, `P2`, etc.

La S-fonction retourne :

- la cadence d'échantillonnage `ts`,
- une chaîne de caractères `str`,
- l'état initial `x0` et la variable `sys` dans laquelle est calculée la sortie.

## II. Les différentes étapes de simulation

Selon la valeur du `flag` qui détermine l'étape courante, il y a exécution des différentes fonctions commençant toutes par `mdl` en référence à l'extension des fichiers SIMULINK.

| **Etape de simulation** | **« S-fonction en fichier M » Etat du flag** | **Fonction appelée « fichier C-MEX »** |
|---|---|---|
| Initialisation | 0 | mdlInitializeSizes |
| Calcul du prochain pas d'échantillonnage (Optionnel) | 4 | mdlGetTimeOfNextVarHit |
| Calcul des sorties | 3 | mdlOutputs |
| Mise à jour de l'état discret | 2 | mdlUpdate |
| Dérivées de l'état continu | 1 | mdlDerivatives |
| Fin de simulation | 9 | mdlTerminate |

### II.1. S-fonction codée en langage M

#### *II.1.1. S-fonction avec modèle d'état discret*

Nous rappelons la syntaxe d'une S-fonction écrite en langage M de MATLAB.

```
function[sys,x0,str,ts] = function_name(t,x,u,flag,P1,P2,...)
```

`t, x, u, flag` : temps, état, entrée, flag (variables passées par le système à la S-fonction)
`P1, P2` : Variables optionnelles passées à la S-fonction.

La sortie et toutes les variables de retour au système dépendent, selon l'étape de simulation, de l'état `x`, l'entrée `u` et de la valeur du `flag`.

Nous donnons, ci-après, l'état de la S-fonction, selon l'indication du flag.

- `flag = 0`, Etape d'initialisation dans laquelle la S-fonction retourne dans la variable `sys` les informations du système modélisé, ainsi que l'état initial. La chaîne `str` est vide dans le cas des fichiers ainsi que la cadence d'échantillonnage dans `ts`. La fonction `mdlInitializeSizes` initialise la structure `simsize` contenant les champs suivants :

```
NumContStates     % Nombre d'états continus
NumDiscStates     % Nombre d'états discrets
NumOutputs        % Nombre de sorties
NumInputs         % Nombre d'entrées
DirFeedthrough    % D est généralement nulle (D=0)
NumSampleTimes    % Nombre de cadences d'échantillonnage.
```

- S'il y a 2 instants d'échantillonnage, la matrice `[NumSampleTimes, 2]` contient la période d'échantillonnage et l'offset : `[period offset]`,
- `flag = 1`, la dérivée de l'état continu, $\dot{x}$, est retournée dans la variable `sys`,
- `flag = 2`, la mise à jour de l'état discret, x(k+1) est retournée dans `sys`,
- `flag = 3`, la sortie est retournée dans `sys`,
- `flag = 4`, dans le cas d'un échantillonnage variable, le prochain échantillonnage est retourné dans `sys`.

- `flag = 9`, fin de simulation, les variables du système sont effacés et `sys` reçoit un vecteur vide (`sys = []`.

Nous allons étudier un cas d'un système du 2[nd] ordre, défini par son modèle d'état, qui sera modélisé par une S-fonction.
Le système est défini d'abord par sa fonction de transfert discrète du 2[nd] ordre H(z) :

$$H(z^{-1}) = \frac{1}{1 - 0.8\,z^{-1} + 0.5\,z^{-2}}$$

Dans le modèle SIMULINK suivant, `sf_2ordre_discret_etat.mdl`, nous avons aussi modélisé le système par cette fonction de transfert discrète, à titre de comparaison, avec les résultats de la S-fonction.
Le système reçoit à son entrée un échelon unité.
Le modèle SIMULINK a ainsi pour but d'obtenir la réponse indicielle du système.
Le gain statique vaut $\frac{1}{1 - 0.8 + 0.5} = 1.43$

La sortie discrète est donnée, en fonction de l'entrée, par l'équation de récurrence suivante :

$$y(k) = 0.8\,y(k-1) - 0.5\,y(k-2) + u(k)$$

En notant $x_1$, la 1ère composante d'état, et en posant : $x_1(k) = y(k)$
Nous avons : $x_1(k+1) = 0.8\,x_1(k) + x_2(k)$
Ainsi : $x_2(k+1) = -0.5\;x_1(k) + u(k)$

Ainsi les matrices d'état sont : $A = \begin{bmatrix} 0.8 & 1 \\ -0.5 & 0 \end{bmatrix}$, $B = \begin{bmatrix} 0 \\ 1 \end{bmatrix}$, $C = (1\;\;0), D = 0$

En double-cliquant sur le bloc qu'on a pris de la librairie « `User-Defined Functions` » de SIMULINK, on met dans le champ `S-function name,` le nom du fichier M dans lequel est programmée la S-fonction.

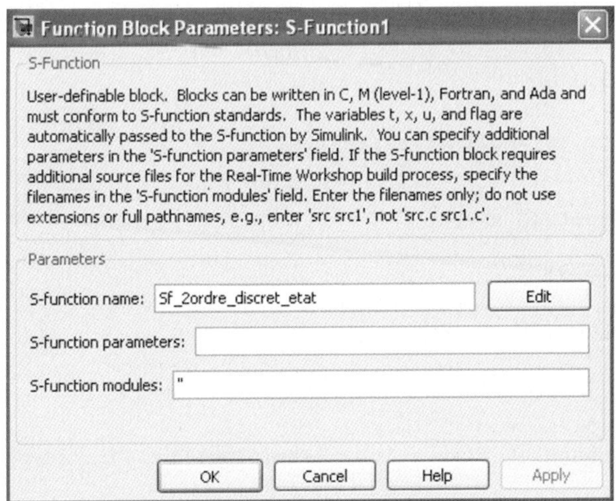

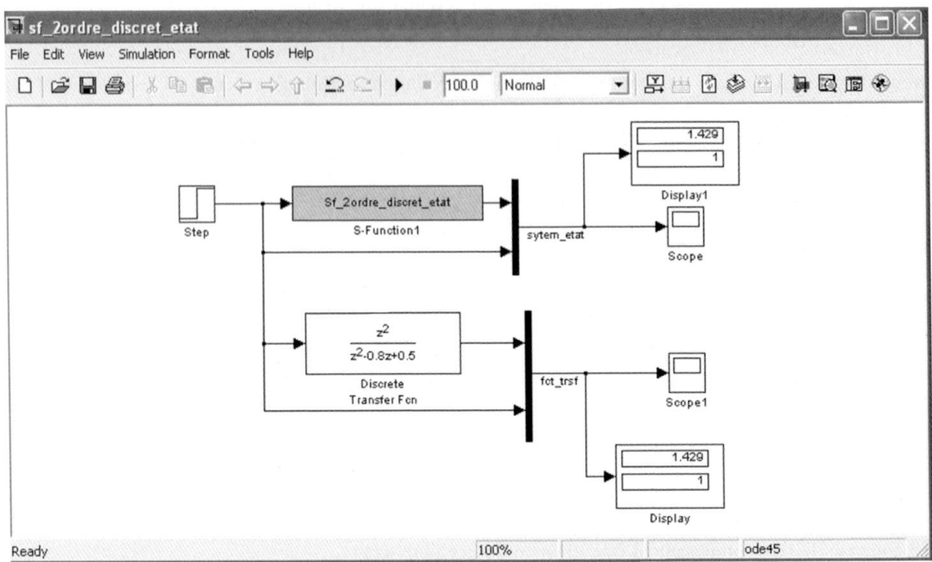


Dans le fichier `Sf_2ordre_dicret_etat.m`, les matrices `A`, `B`, `C` sont définies à l'intérieur de la S-fonction.
Le système étant discret, nous devons choisir un solveur discret (pas d'état continu) à pas fixe (`type fixed step`) dans le menu `Simulation … Configuration Parameters`.

*fonction Sf_2ordre_discret_etat.m*

```
function [sys,x0,str,ts] = Sf_2ordre_discret_etat(t,x,u,flag)

A = [0.8 1;-0.5 0];            % matrice d'état
B = [0 1]';                    % matrice de commande
C = [1 0];                     % matrice d'observation

switch flag,

   case 0,
    [sys,x0,str,ts]=mdlInitializeSizes;

   case 3
    sys=mdlOutputs(C,x);

    case {1,4,5,9}
    sys=[];

    case 2
    sys=mdlUpdate(x,u,A,B);

  otherwise
    error(['Unhandled flag = ',num2str(flag)]);
end
```

```
function [sys,x0,str,ts]=mdlInitializeSizes
sizes = simsizes;
sizes.NumContStates  = 0; % pas d'états continus
sizes.NumDiscStates  = 2; % 2 états discrets
sizes.NumOutputs     = 1; % 1 sortie
sizes.NumInputs      = 1; % 1 entrée
sizes.DirFeedthrough = 0; % D = 0
sizes.NumSampleTimes = 1; % au moins une cadence d'échantillonnage

sys = simsizes(sizes);

x0  = [0 0]; % état initial nul
str = [];    % chaîne vide lors de l'étape d'initialisation
ts  = [1 0]; % instant d'échantillonnage de 1s sans offset

function sys=mdlDerivatives(t,x,u,A,B)
sys = [];

function sys=mdlUpdate(x,u,A,B)
sys = A*x+B*u; % Mise à jour de l'état

function sys=mdlOutputs(C,x)
sys =C*x; % Calcul de la sortie
```

On retrouve les mêmes signaux d'entrée/sortie pour la modélisation par fonction de transfert que par la S-fonction et nous observons le gain statique de 1.43 dans les afficheurs et les oscilloscopes.

Dans ce cas, il n'y a ni état continu, ni état discret. Seule la sortie est calculée lorsque le `flag` indique la valeur 3.

- `flag = 0`, étape d'initialisation où l'on spécifie :
  - le nombre d'états continues (0),
  - le nombre d'états discrets (2),
  - le nombre d'entrées (1),
  - le nombre de sorties (1),
  - le nombre d'instant d'échantillonnage (1 car l'offset est nul),
  - l'état initial [0 0]',
  - la cadence d'échantillonnage (1s) et l'offset (0).

Dans les valeurs [1, 4, 5, 9] du flag, on retourne un vecteur vide dans la variable `sys`.

- `flag = 1`, appel de la fonction du calcul de la dérivée de l'état,

$$\dot{x} = A\,x + B\,u$$

- `flag = 3`, appel de la fonction de calcul de la sortie

$$y = C\,x + D\,u$$

Nous obtenons les signaux d'entrée et de sortie suivants.

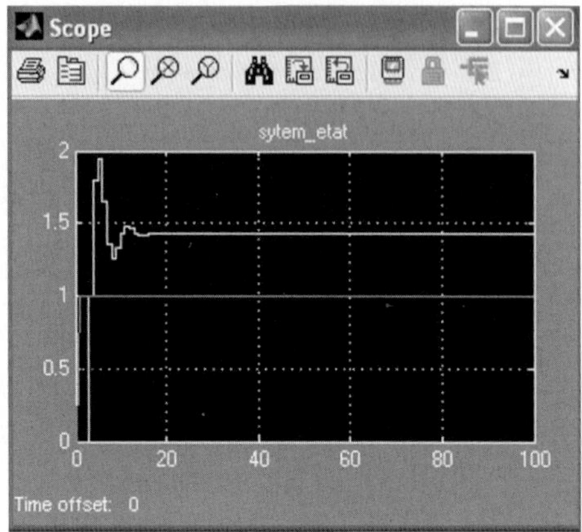


***II.1.2. S-fonctions avec paramètres optionnels***

Nous allons utiliser la même S-fonction avec des paramètres optionnels, tels la période d'échantillonnage `Te` et l'état initial `Xinit`.

- *modèle Sf_2ordre_discret_etat2.mdl*

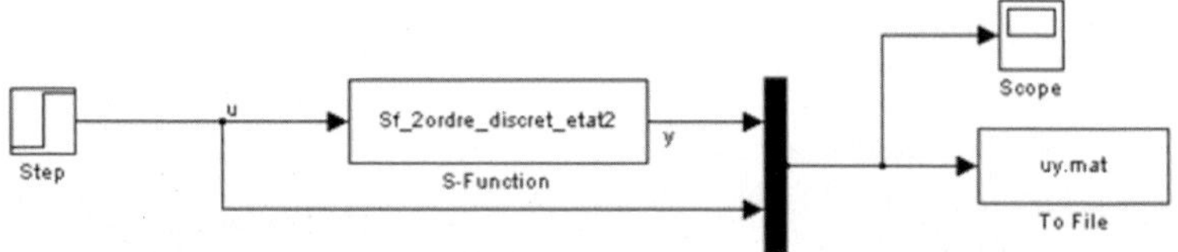


En double-cliquant sur le bloc de la S-fonction, on ouvre la fenêtre suivante dans laquelle, on met le nom du fichier M contenant le code de la S-fonction et les valeurs des paramètres optionnels dans le même ordre dans lequel ils ont été définis.

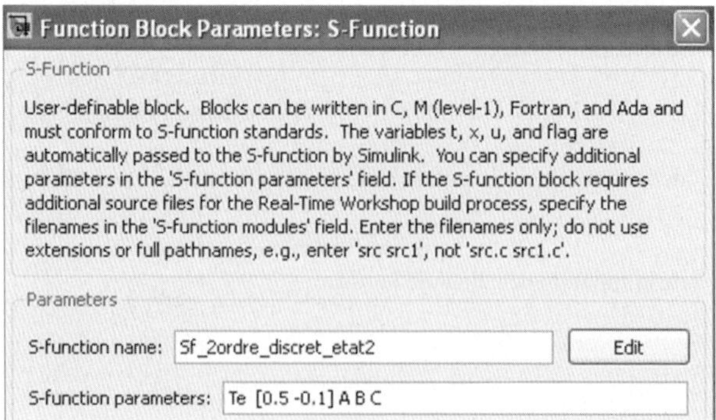

Les matrices d'état A, B, C et la période d'échantillonnage sont définies dans le `callback InitFcn (file … Model Properties)`.

Quant à l'état initial `Xinit`, il a été choisi égal à [0.5 -0.1].

Les paramètres optionnels doivent être affectés à leurs valeurs dans le même ordre dans lequel ils ont été définis dans la S-fonction

```
function [sys,x0,str,ts]=Sf_2ordre_discret_etat2(t,x,u,flag,Te,Xinit,A,B,C)
```

Les paramètres optionnels sont `Te`, puis l'état initial `Xinit`, puis les matrices d'état, dans l'ordre, `A`, `B` et `C`. La matrice `D`, nulle n'a pas été utilisée.

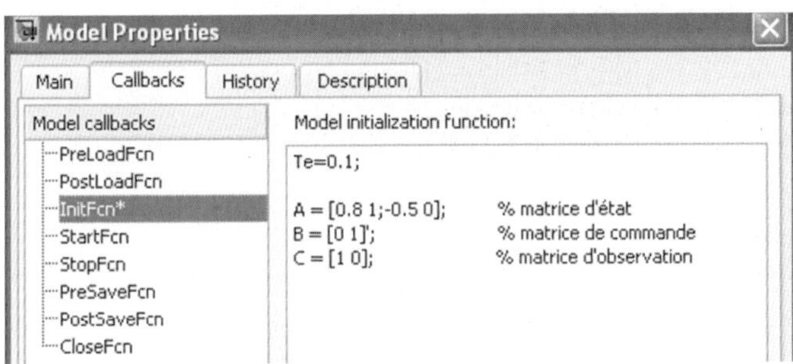


Le code de la S-fonction est donné dans le fichier suivant.

*fonction sf_2ordre_discret_etat2.m*

```
% Simulation d'un modèle d'état discret

function
[sys,x0,str,ts]=Sf_2ordre_discret_etat2(t,x,u,flag,Te,Xinit,A,B,C)
switch flag,

case 0   % Etape d'initialisation
   [sys,x0,str,ts]=Initialisation(A,Te,Xinit);
case 2   % Etape de calcul du l'état
   sys=Mise_a_jour_etat(x,u,A,B);

case 3   % Etape de calcul de la sortie
   sys=CalculSorties(x,u,C);

case {1,4,9}   % Etapes inutilisées
   sys=[];

otherwise
   error(['Unhandled flag=',num2str(flag)]);
end

% Fonction d'initialisation
```

```
function [sys,x0,str,ts]=Initialisation(A,Te,Xinit)
   sizes=simsizes;
   sizes.NumContStates=0;
   sizes.NumDiscStates=length(A);
   sizes.NumOutputs=1;
   sizes.NumInputs=1;
   sizes.DirFeedthrough=0;
   sizes.NumSampleTimes=1;
   sys=simsizes(sizes);
   x0=Xinit;              % Conditions initiales sur l'état
   str=[];
   ts=[Te 0];          % Période d'échantillonnage Te sans offset
% Fonction de calcul de l'état
function sys= Mise_a_jour_etat(x,u,A,B)
sys=A*x+B*u;

% Fonction de calcul de la sortie
function sys= CalculSorties(x,u,C)
sys=C*x;
```

Les signaux sont sauvegardés dans le fichier `uy.mat`.
Le tracé des différents signaux est réalisé grâce aux commandes suivantes.

```
>> load uy, stairs(signals(1,:), signals(2,:))
>> hold on, plot(signals(1,:), signals(3,:))
>> grid
>> title('Signaux d''entrée et de sortie')
>> xlabel('Temps discret')
>> gtext('Signal d''entrée')
>> gtext('Signal de sortie')
```

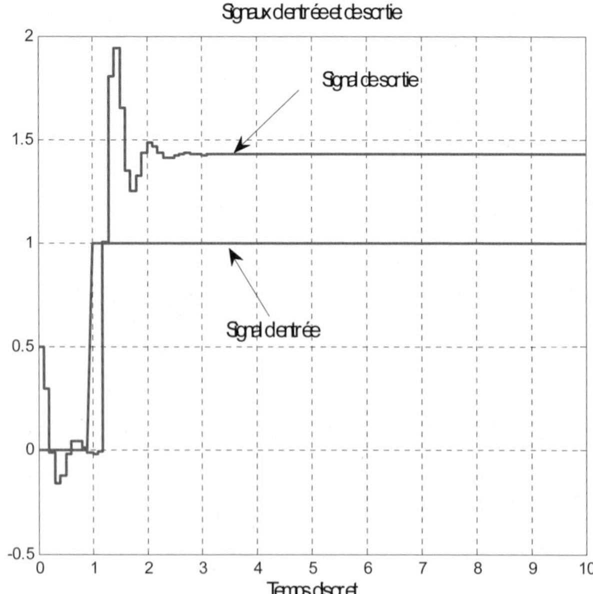

Le régime transitoire du signal de sortie est différent que précédemment à cause du fait qu'on a changé la valeur du vecteur d'état initial et la période d'échantillonnage `Te`.

### *II.1.3. S-fonction avec échantillonnage variable*

Nous allons simuler le fonctionnement à échantillonnage variable du même système défini par son modèle d'état.

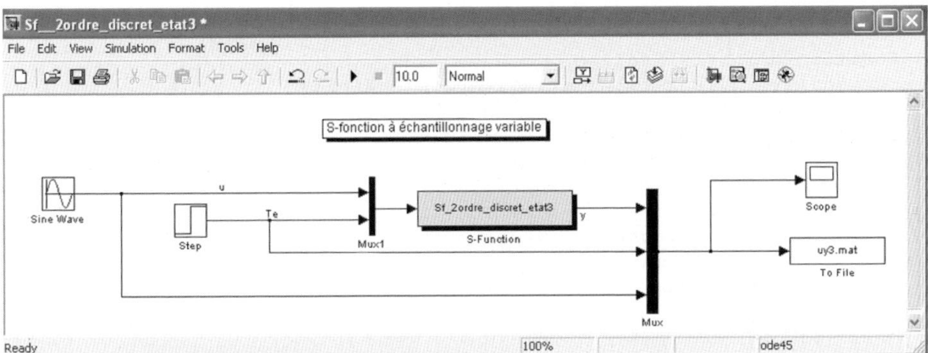


Comme la période d'échantillonnage est variable, on doit mettre à `'none'`, l'option `'Source block specifies -1 sample'` dans `Diagnostics` du menu `Simulation … Configuration Parameters …`

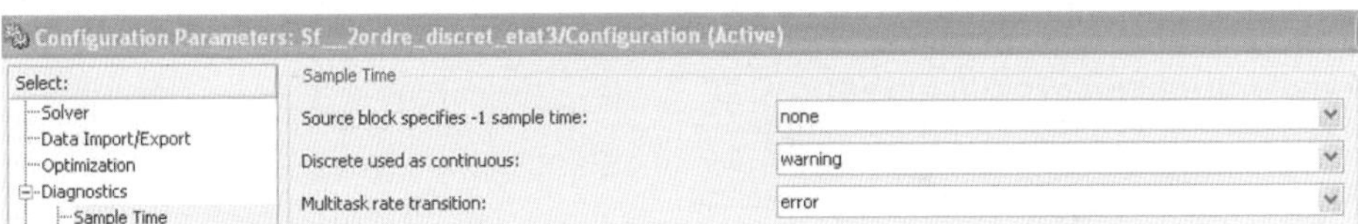


Comme dans l'exemple précédent, les matrices d'état `A, B, C` sont spécifiées dans le callback `InitFcn` du modèle SIMULINK `Sf__2ordre_discret_etat3.mdl`.

*fonction sf_2ordre_discret_etat3.m*

```
% Simulation d'un modèle d'état discret à période d'échantillonnage
variable : 2 périodes d'échantillonnage Te = 0.1s puis 0.9s

function
[sys,x0,str,ts]=Sf_2ordre_discret_etat3(t,x,u,flag,A,B,C,Xinit)

switch flag,

case 0   % Etape d'initialisation
   [sys,x0,str,ts]=Initialisation(A,Xinit);

case 2   % Etape de calcul du l'état
   sys=MiseaJourEtat(x,u,A,B);
```

```
case 3   % Etape de calcul de la sortie
   sys=CalculSorties(x,u,C);
case 4   % Etape de calcul du prochain Te
   sys=CalculProchainTe(t,u);
case {1,9}   % Etapes inutilisées
   sys=[];
otherwise
   error(['Unhandled flag=',num2str(flag)]);
end

% Fonction d'initialisation
function [sys,x0,str,ts]=Initialisation(A,Xinit)
   sizes=simsizes;
   sizes.NumContStates=0;
   sizes.NumDiscStates=length(A);
   sizes.NumOutputs=1;
   sizes.NumInputs=2;
   sizes.DirFeedthrough=1;   % car on utilise le flag = 4
   sizes.NumSampleTimes=1;
   sys=simsizes(sizes);
   x0=Xinit;
   str=[];
   ts=[-2 0];     % pour obtenir un pas d'échantillonnage variable

% Fonction de calcul de l'état
function sys=MiseaJourEtat(x,u,A,B)
sys=A*x+B*u(1);

% Fonction de calcul de la sortie
function sys= CalculSorties(x,u,C)
sys=C*x; % Sinusoïde de consigne

% Fonction de calcul du prochain Te
function sys= CalculProchainTe(t,u)
sys=t+u(2); % 2ème échelon dont la valeur donne la valeur de Te
```

Lorsqu'on utilise plusieurs valeurs de la période d'échantillonnage Te, nous sommes obligés de mettre à 1 la valeur de `DirFeedthrough`. D'autre part, dans la même étape d'initialisation on initialise `Te` à la valeur [-2 0]
Les signaux d'entrées/sorties sont sauvegardés dans le fichier binaire `uy3.mat` sous le nom de variable `signals`.

Les lignes de commande suivantes permettent de tracer les différents signaux.

```
load uy3
stairs(signals(1,:), signals(2,:))
hold on
plot(signals(1,:), signals(3,:))
title('Signaux d''entrée et de sortie')
plot(signals(1,:), signals(4,:))
xlabel('Temps discret')
gtext('Signal de sortie')
gtext('Sinusoïde d''entrée'), grid
```

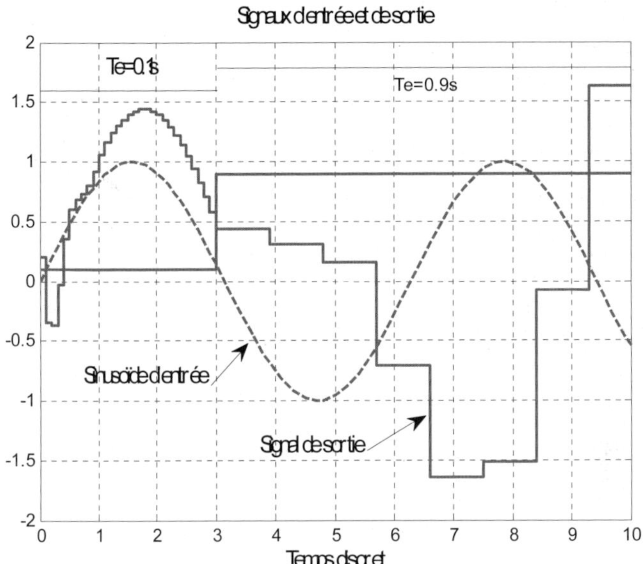


On observe bien la différence des 2 périodes d'échantillonnage sur le signal de sortie.

### *II.1.4. S-fonction avec modèle défini par ses équations mathématiques*

Nous allons utiliser les équations mathématiques de l'équation de récurrence pour définir le système au lieu du modèle d'état.

*fonction sf_2nd_ordre_equa_recc.m*

```
% Simulation d'un système du 2nd ordre discret
% par son équation de récurrence

function [sys,x0,str,ts]=sf_2nd_ordre_equa_recc(t,x,u,flag,a,b)

switch flag

case 0   % Etape d'initialisation
   [sys,x0,str,ts]=mdlInitialisation;

case 3   % Etape de calcul de la sortie
   sys=a*u(1)+b*u(2)+u(3);

case {1,2,4,9}   % Etapes inutilisées
   sys=[];

otherwise
   error(['Unhandled flag=', num2str(flag)]);
end
```

```
% Fonction d'initialisation
function [sys,x0,str,ts] = mdlInitialisation
    sizes=simsizes;
    sizes.NumContStates=0;
    sizes.NumDiscStates=0;
    sizes.NumOutputs=1;
    sizes.NumInputs=3;
    sizes.DirFeedthrough=1;
    sizes.NumSampleTimes=1;
    sys=simsizes(sizes);
    x0=[];
    str=[];
    ts=[1 0];
```

Il y a transfert direct (relation entre la sortie y et l'entrée u de paramètre 1 dans l'équation de récurrence

$$y(k) = 0.8\, y(k-1) - 0.5\, y(k-2) + u(k)$$

On doit donc mettre : `sizes.DirFeedthrough=1;`

Nous avons :

- 3 entrées,
- 1 sortie,
- aucun état, ni continu ni discret,
- 1 seule période d'échantillonnage d'une seconde (offset nul).

- *modèle sf__2nd_ordre_equa_recc.mdl*

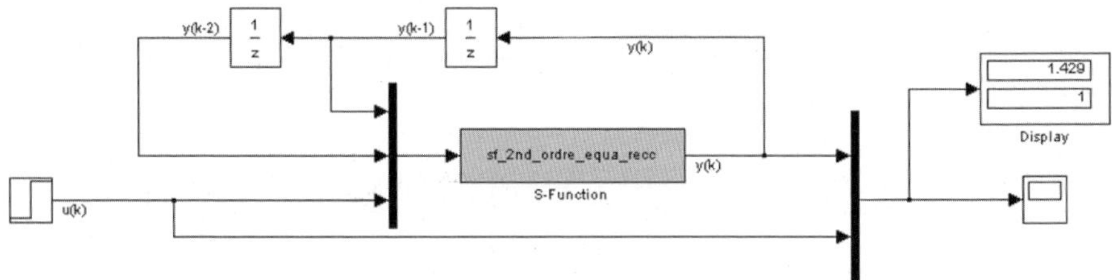


Nous retrouvons les mêmes résultats que dans l'exemple II.1.

### II.2. S-fonction en langage C (fichier C MEX)

Nous devons choisir le compilateur pour passer du fichier C qu'on peut éditer dans n'importe quel éditeur de texte à un fichier exécutable. MATLAB dispose du compilateur `lcc` qu'on peut utiliser à la place d'un compilateur C.

La commande suivante permet le choix de ce compilateur. Dans notre cas, nous ne disposons que du compilateur `lcc`.

```
>> mex -setup
Please choose your compiler for building external interface (MEX)
```

```
files:
Would you like mex to locate installed compilers [y]/n? y
Select a compiler:
[1] Lcc-win32 C 2.4.1 in C:\PROGRA~1\MATLAB\R2009a\sys\lcc
[0] None
Compiler: 1

Please verify your choices:
Compiler: Lcc-win32 C 2.4.1
Location: C:\PROGRA~1\MATLAB\R2009a\sys\lcc

Are these correct [y]/n? y

Trying to update options file: C:\Documents and
Settings\MARTAJ\Application Data\MathWorks\MATLAB\R2009a\mexopts.bat
From template:      C:\PROGRA~1\MATLAB\R2009a\bin\win32\mexopts\lccopts.bat
Done . . .
**************************************************************************
Warning: The MATLAB C and Fortran API has changed to support MATLAB
         variables with more than 2^32-1 elements.  In the near future
         you will be required to update your code to utilize the new
         API. You can find more information about this at:
         http://www.mathworks.com/support/solutions/data/1-
5C27B9.html?solution=1-5C27B9
         Building with the -largeArrayDims option enables the new API.
**************************************************************************
```

Lorsqu'on a choisi le compilateur, la commande `mex` termine par demander de vérifier le choix effectué.

Nous allons, par principe de vérification et comparaison, réaliser la modélisation du même système du second que précédemment.

*fonction sf_2nd_ordre_etat_num_C*

```
/* Définition du nom de la S_fonction */
#define S_FUNCTION_NAME sf_2nd_ordre_etat_num_C

/* fichiers en-tête de définition de SimStruct */
#include "simstruc.h"

/* Déclaration des matrices d'état */
static double A[2][2]={{0.8, 1},
                      {-0.5 ,0}};
static double B[2][1]={{0},{1}};
static double C[1][2]={1, 0};

/* Initialisation des caractéristiques de la S_fonction */
static void mdlInitializeSizes(SimStruct *S)
{
 ssSetNumContStates(S,0);    /* Aucun état continu */
 ssSetNumDiscStates(S,2);    /* 2 états discrets */
 ssSetNumInputs(S,1);        /* 1 entrée */
 ssSetNumOutputs(S,1);       /* 1 sortie */
```

```
 ssSetDirectFeedThrough(S,0); /* Pas de passage direct entre u et y */
 ssSetNumSampleTimes(S,1);  /* 1 seule cadence d'échantillonnage */
 ssSetNumSFcnParams(S,0);
 ssSetNumRWork(S,0);
 ssSetNumIWork(S,0);
 ssSetNumPWork(S,0);
}

/* Initialisation de la période d'échantillonnage de
   0.1 s sans offset */
static void mdlInitializeSampleTimes(SimStruct *S)
{
    ssSetSampleTime(S, 0, 0.1);
    ssSetOffsetTime(S, 0, 0.0);
}

/* Initialisation des conditions initiales nulles */
static void mdlInitializeConditions(real_T *x0, SimStruct *S)
{
int i;
for (i=0; i<2; i++)
   {
    *x0++=0;
   }
}
/* Calcul de la sortie */
static void mdlOutputs(real_T *y, const real_T *x, const real_T *u,
              SimStruct *S, int_T tid)
{
y[0]=C[0][0]*x[0]+C[0][1]*x[1];
}
/* Mise à jour de l'état discret */
static void mdlUpdate(real_T *x, const real_T *u, SimStruct *S, int_T
tid)
{
   double Xtemp[2];
   Xtemp[0]=A[0][0]*x[0]+A[0][1]*x[1]+B[0][0]*u[0];
   Xtemp[1]=A[1][0]*x[0]+A[1][1]*x[1]+B[1][0]*u[0];
   x[0]=Xtemp[0];
   x[1]=Xtemp[1];
}

/* Mise à jour de l'état continu */
static void mdlDerivatives(real_T *dx, const real_T *x, const real_T
*u, SimStruct *S, int_T tid)
{
/* Pas de code car la fonction est discrète */
}

static void mdlTerminate(SimStruct *S)
{
/* Pas de code car fonction non utilisée dans ce cas */
}
```

```
/* En-tête nécessaire pour les S_Fonctions */
#ifdef MATLAB_MEX_FILE
#include "simulink.c"
#else
   #include "cg_sfun.h"
   #endif
```

En langage C, on retrouve la même structure que pour les S-fonctions écrites en langage M : des fonctions décrivant chacune une étape de simulation.

Pour compiler le fichier texte auquel on aura mit l'extension `.c`, on utilise la commande `mex`.

```
>> mex sf_2nd_ordre_etat_num_C.c
```

On obtient le fichier CMEX suivant : `sf_2nd_ordre_etat_num_C.mexw32`

- *modèle sf__2nd_ordre_etat_num_C.mdl*

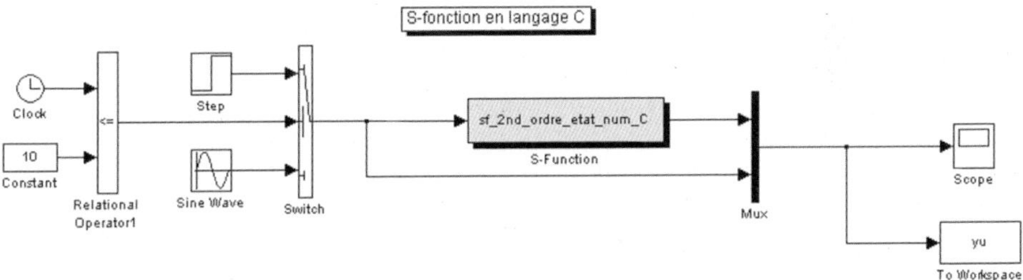


Les signaux d'entrée/sortie sont sauvegardés dans la variable `yu` sous forme d'une structure. Il n'y a aucun paramètre à mettre dans la boite de dialogue du bloc de la S-fonction à part la spécification de son nom.
Nous retrouvons bien le gain statique de 1.43. Le signal d'entrée est constitué d'un échelon avant t=10 et ensuite une sinusoïde grâce au `switch` qui fait passer le signal de l'entrée 1 tant que la sortie de l'opérateur relationnel est vraie.

```
>> plot(yu.signals.values), grid
>> gtext('Signal de sortie')
>> gtext('Signal d''entrée')
```

`values` est un champ de la structure `signals`, lui-même champ de la structure `y`, comme on peut le voir ci-après.

```
>> yu
yu =
         time: []
      signals: [1x1 struct]
    blockName: 'sf__2nd_ordre_etat_num_C/To Workspace'
```

```
>> yu.signals
ans =
        values: [501x2 double]
```

```
    dimensions: 2
         label: ''
```

```
>> size(yu.signals.values)
ans =
   501     2
```

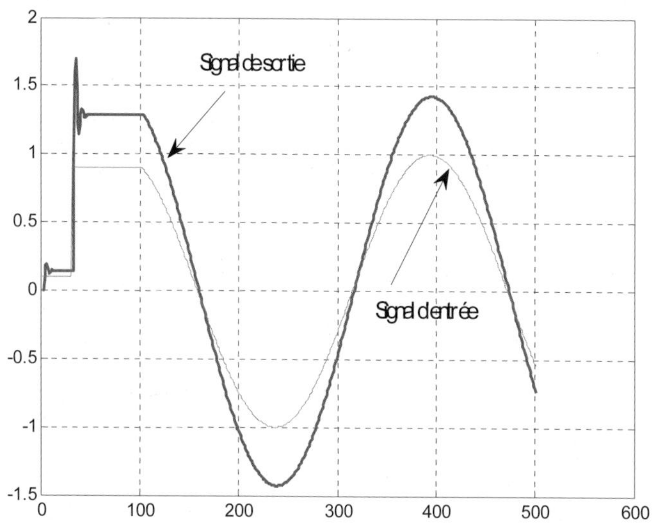


## III. Les S-fonctions Builder

### III.1. Système sous forme de modèle d'état discret

Le `Builder` ou constructeur de S-fonction automatise la création des S-fonctions en proposant la programmation du code de chaque étape dans l'onglet qui lui est destiné dans la boite de dialogue.

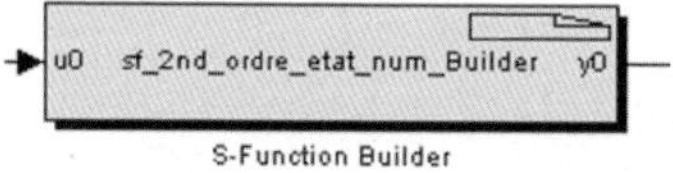


Nous allons étudier le même système du $2^{nd}$ degré représenté par son système d'équations d'état. Construire une fonction avec le `Builder` consiste à coder les différentes étapes de simulation en langage C, dans leurs onglets spécifiques.

En double-cliquant sur le bloc de la S-fonction, nous obtenons une boite de dialogue qui comprend, en même temps, les étapes de simulation d'un système discret (Mise à jour de l'état discret) et d'un système analogique (Calcul des dérivées de l'état analogique), comme le montre la figure suivante :

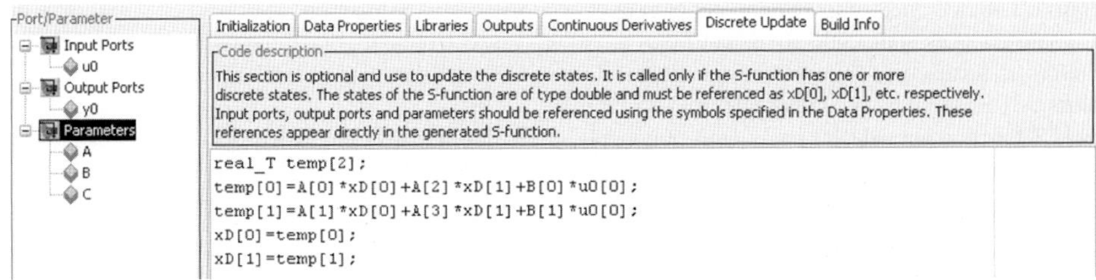


- *Onglet « Initialisation »*

Cet onglet correspond à l'étape d'initialisation de la S-fonction dans laquelle, comme pour le code en langage M ou C, nous devons spécifier le nombre d'états (continus et discrets), leurs valeurs initiales correspondantes ainsi que le nombre de cadences d'échantillonnage. `Sample mode` spécifie le type d'échantillonnage (`inherited, continuous et discret`).

Le mode « `inherited` », lorsqu'on met -1 à la valeur de la cadence d'échantillonnage, consiste à utiliser la même cadence que le bloc précédent du modèle SIMULINK.

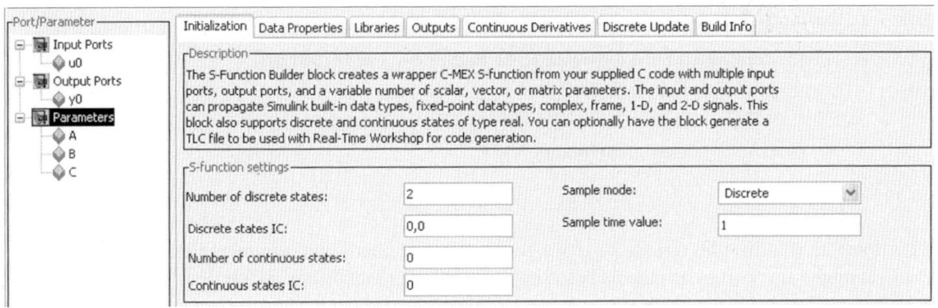


Ci-dessus, nous avons spécifié 2 états discrets, de valeur initiales (0,0), aucun état continu, un échantillonnage de type `Discrete` de cadence d'1s.

- *Onglet « Port and Parameter Properties »*

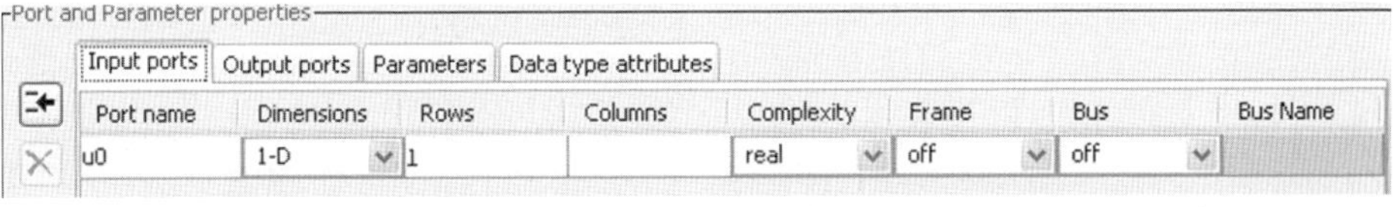


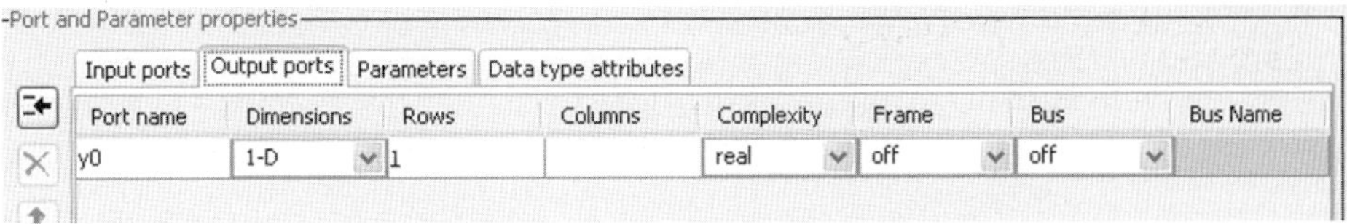

Dans cet onglet, on spécifie le nom des entrées et des sorties de la S-fonction.
Comme les états sont impérativement notés `xC` et `xD` respectivement pour l'état continu et discret, les entrées et sorties sont impérativement notées `u0` et `y0`. Si la S-fonction possède 2 entrées, elles seront alors `y0[1]` et `y0[2]`, composantes du vecteur `y0`.
Si la S-fonction possède des paramètres optionnels, on les définit dans l'onglet `Parameters` suivant :

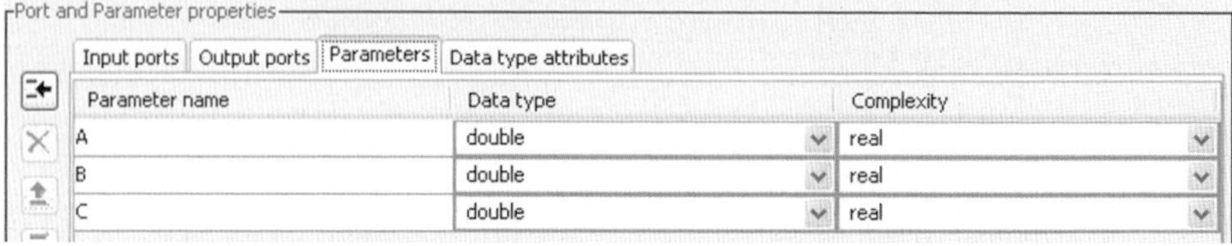


- *Onglet « Calcul de la sortie »*

    ✓ *Cas d'un système d'état discret*

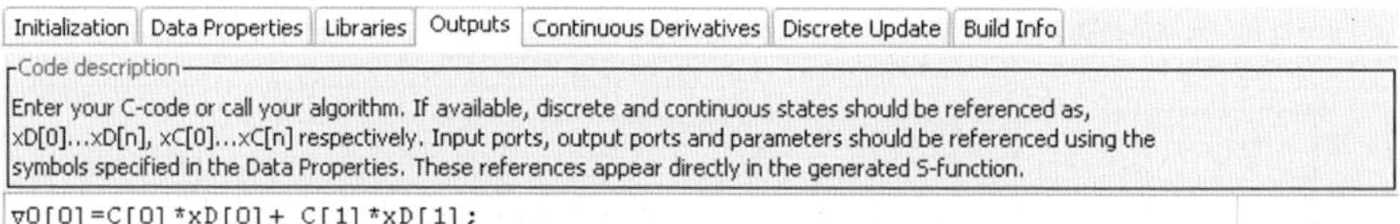


    ✓ *Cas d'un système d'état analogique*

```
y0[0]=C[0]*xC[0]+ C[1]*xC[1];
```

Il est impératif d'utiliser les termes `xC` et `xD`, respectivement pour l'état continu et l'état discret.
Dans cet onglet `Outputs`, on calcule la sortie `y0` à partir de l'état discret `xD` ou l'état continu `xC`.

- *Onglet « Mise à jour de l'état discret »*

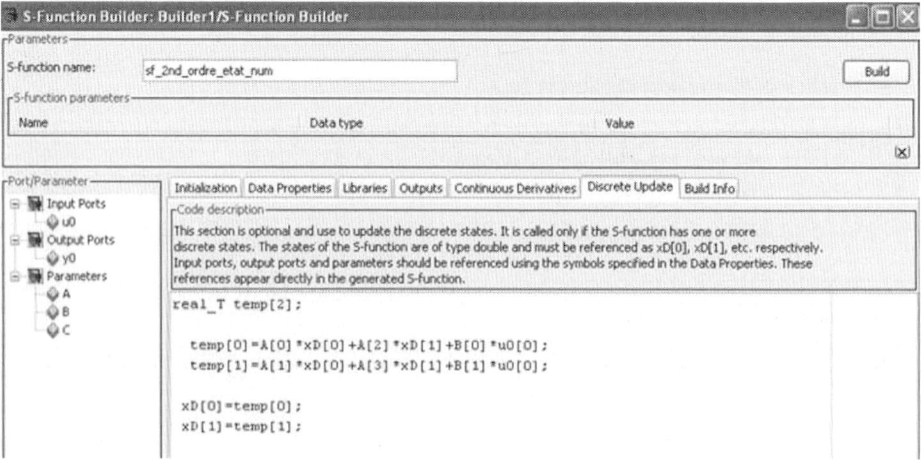

Dans l'onglet `Discrete Update`, on met à jour l'état discret et dans celui de `Continuous Derivatives`, on calcule la dérivée de l'état continu.

- *Onglet « Calcul des dérivées de l'état continu »*

Dans le cas d'un système du 2nd degré continu, le calcul de la sortie se fait comme suit :

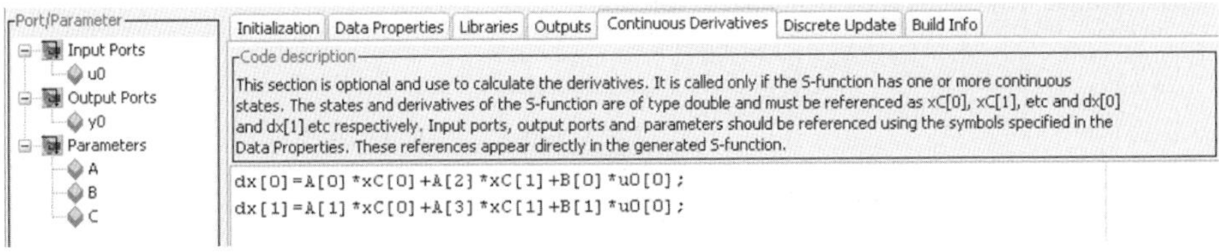


Le rectangle de gauche récapitule l'architecture de la S-fonction : ses entrées/sorties et les matrices d'état.

Dans l'onglet `Build Info`, on choisit les options de compilation et on sauvegarde par `save`.

Il y a alors création du fichier C de la S-fonction et du `Target Langage TLC`.

Dans la fenêtre de commande MATLAB, nous avons la liste des fichiers crées :

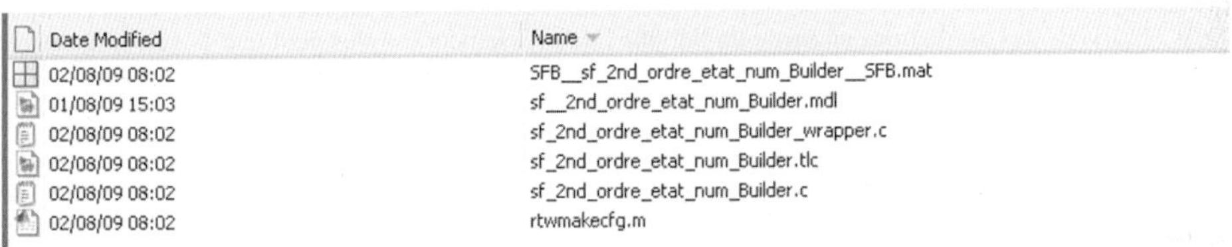

| Date Modified | Name |
|---|---|
| 02/08/09 08:02 | SFB__sf_2nd_ordre_etat_num_Builder__SFB.mat |
| 01/08/09 15:03 | sf__2nd_ordre_etat_num_Builder.mdl |
| 02/08/09 08:02 | sf_2nd_ordre_etat_num_Builder_wrapper.c |
| 02/08/09 08:02 | sf_2nd_ordre_etat_num_Builder.tlc |
| 02/08/09 08:02 | sf_2nd_ordre_etat_num_Builder.c |
| 02/08/09 08:02 | rtwmakecfg.m |

Le modèle suivant comporte la S-fonction `Builder` représentant le même modèle discret du $2^{ème}$ ordre.

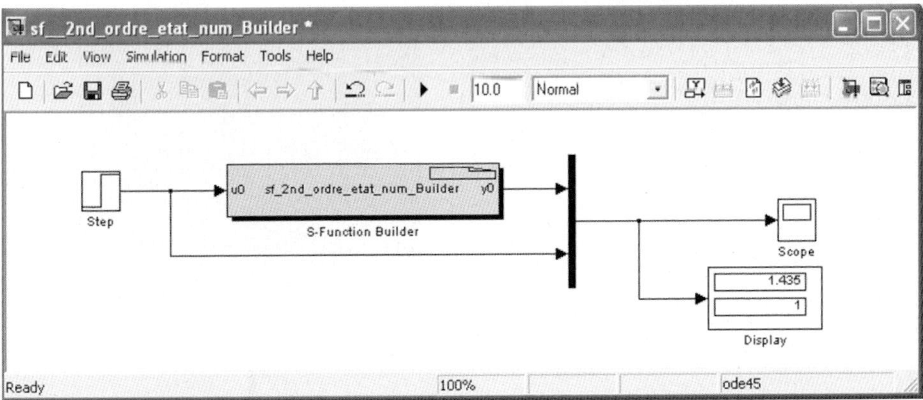

Nous retrouvons bien le gain statique de 1.43 et la même courbe de sortie de la S-fonction que l'on peut observer sur l'oscilloscope.

## III.2. Système sous forme de modèle d'état continu

On considère un système du second ordre de coefficient d'amortissement `z` et de pulsation propre `w0`, et un gain statique unité tel qu'il est défini par sa fonction de transfert H(p) :

$$H(p) = \frac{Y(p)}{U(p)} = \frac{1}{(\frac{p}{w_0})^2 + 2\zeta(\frac{p}{w_0}) + 1}$$

Ce qui correspond à l'équation différentielle suivante :

$$y'' = \omega_0^2\ (u - s) - 2\zeta\, w_0\, y'$$

En programmant l'équation différentielle ci-dessus, on sait que l'ordre du système correspond aux nombre d'intégrateurs dont chaque sortie correspond à une variable d'état, nous avons le modèle SIMULINK suivant (équation différentielle) dont on fait ressortir chaque variable d'état et le bloc modélisant l'espace d'état. Les variables d'état, dépendant des paramètres `z` et `w0` sont spécifiés dans le callback `InitFcn` de ce modèle SIMUMINK. Dans le modèle SIMUINK suivant, nous programmons la résolution de l'équation différentielle ainsi que le modèle d'état correspondant.
Les deux modélisations reçoivent le même signal d'entrée constitué d'un échelon suivi d'une rampe. Nous observons des oscillations en sortie du fait que l'amortissement est plus petit que sa valeur optimale de $\zeta = \frac{\sqrt{2}}{2} = 0.7071$.

- *modèle equa_diff_mod_etat_continu.mdl*

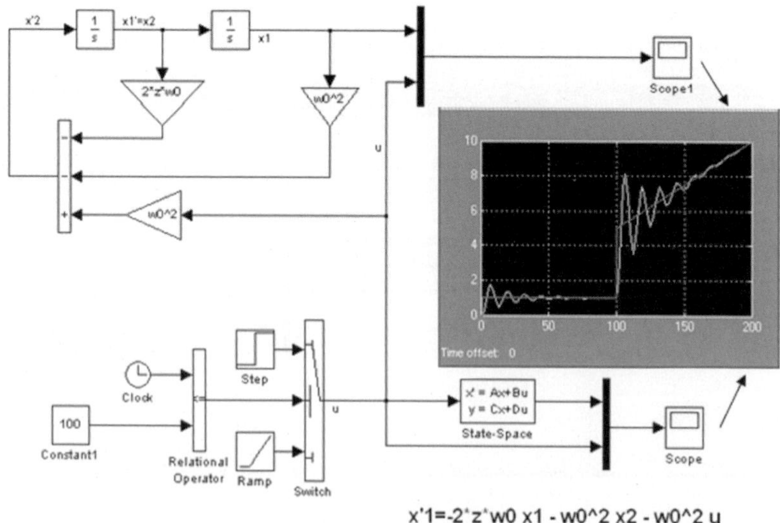

Par l'équation différentielle ou le bloc espace d'état nous obtenons le même signal de sortie avec une entrée échelon suivi d'une rampe.

Le callback `InitFcn` où sont spécifiés les paramètres `z`, `w0` et les matrices d'état est le suivant (`File` ... `Properties`) :

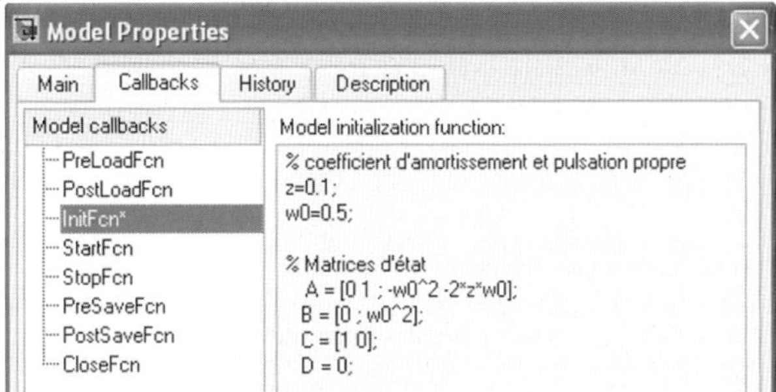


La S-fonction est utilisée dans le modèle « `Builder_Sfonct_etat_analogique.mdl` ».

Nous obtenons le même type de courbe du signal de sortie et un gain statique unité ; la sortie rejoint le signal d'entrée (échelon ou rampe) en régime permanent, comme on l'observe à l'oscilloscope.

- *modèle Builder_Sfonct_etat_analogique.mdl*

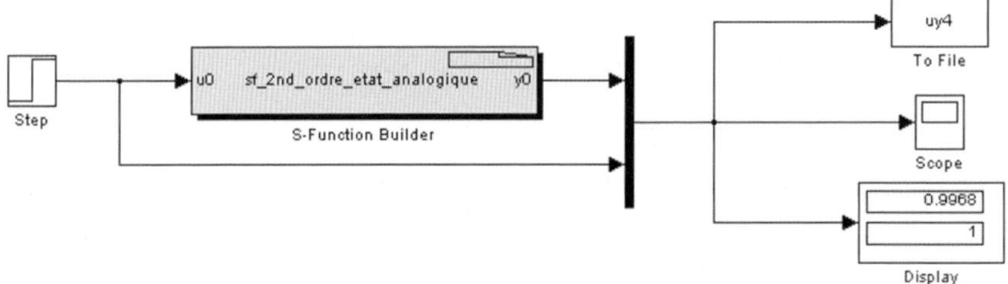


- *Paramètres de la S-fonction*

S-function parameters

| Name | Data type | Value |
|---|---|---|
| z | double | z |
| w0 | double | w0 |
| A | double | A |
| B | double | B |
| C | double | C |

Dans le champ des valeurs nous mettons seulement le nom des variables car elles sont connues grâce au `callback`.

- *Onglet « Calcul de la sortie »*

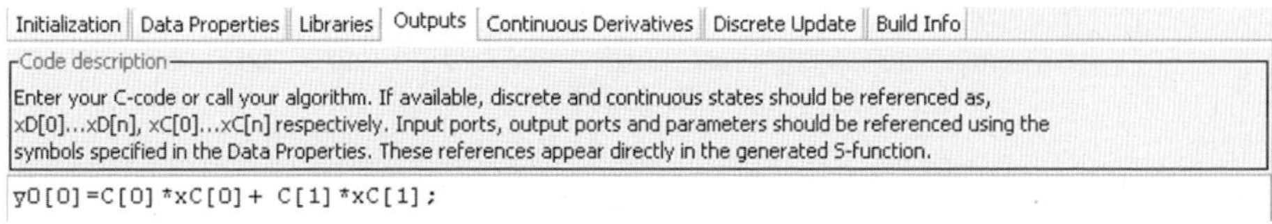

- *Onglet « Calcul des dérivées de l'état continu »*

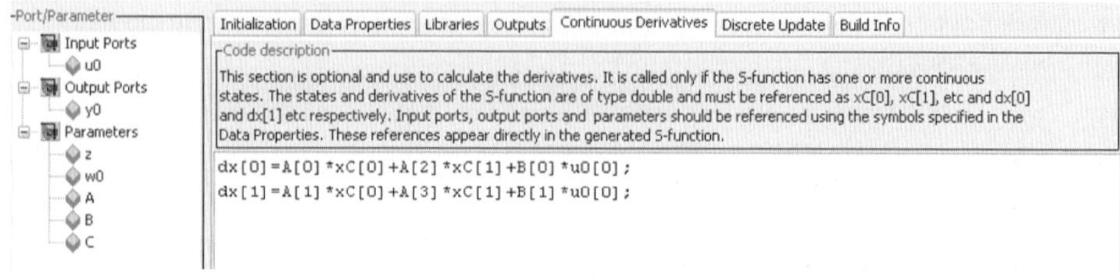


La dérivée de l'état est nommée impérativement `dx`, comme `xC` et `xD` pour les états continus et discrets.

Les signaux d'entrée et de sortie sont tracés grâce aux lignes de commande suivantes :

```
>> load uy4

>> plot(es(1,:), es(2,:))
>> hold on
>> plot(es(1,:), es(3,:))
>> grid
>> title('S-fonction état analogique')
>> xlabel('Temps continu')
```

Le système est faiblement amorti d'où les oscillations en régime transitoire mais atteint la valeur de l'entrée en régime permanent du fait du gain statique égal à l'unité.

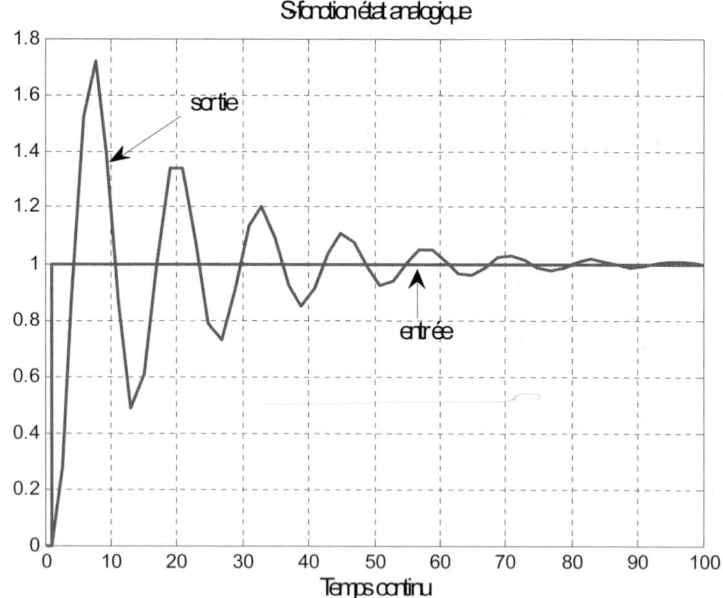

### III.3. Système défini par des équations mathématiques

La S-fonction est définie par des équations mathématiques qui régissent le signal de sortie en fonction de l'entrée.

Nous n'utilisons pas le modèle d'état mais les équations mathématiques pour calculer la sortie en fonction de l'entrée.
Nous nous proposons de résoudre l'équation de récurrence suivante :

$$x_n = 1 + 0.8\, x_{n-1} - 0.5\; x_{n-2}$$

Grâce au bloc `Delay`, on crée les variables $x_{n-1}$ et $x_{n-2}$ qu'on multiplexe pour former le vecteur d'entrée u de la S-fonction.

Dans l'étape d'initialisation, il y a bien 2 entrées et 1 sortie.

Par cette équation, il y a bien une relation directe entre l'entrée et la sortie donc le champ DirFeedthrough est égal à 1.

*fonction sf_sans_etat.m*

```
% Simulation d'un modèle d'état continu

function [sys,x0,str,ts]=sf_sans_etat(t,x,u,flag)

switch flag

case 0   % Etape d'initialisation
   [sys,x0,str,ts]=mdlInitialisation;

case 3   % Etape de calcul de la sortie
   sys=0.8*u(1)-0.5*u(2)+1;

case {1,2,4,9}   % Etapes inutilisées
   sys=[];

otherwise
   error(['Unhandled flag=', num2str(flag)]);
end

% Fonction d'initialisation
function [sys,x0,str,ts] = mdlInitialisation
   sizes=simsizes;
   sizes.NumContStates=0;
   sizes.NumDiscStates=0;
   sizes.NumOutputs=1;
   sizes.NumInputs=2;
   sizes.DirFeedthrough=1;
   sizes.NumSampleTimes=1;
   sys=simsizes(sizes);
   x0=[];
   str=[];
   ts=[1 0];
```

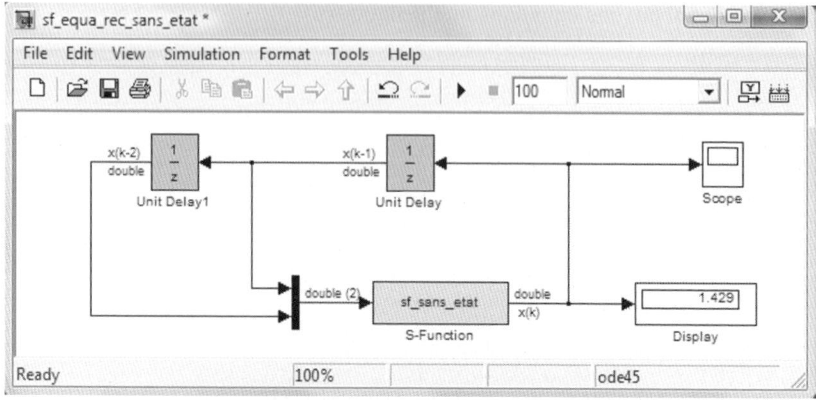


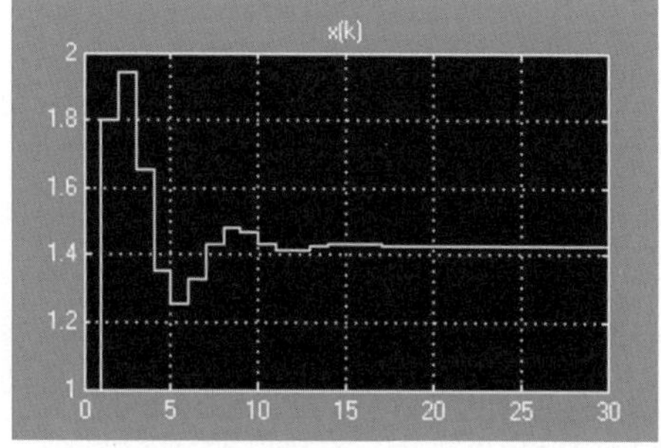


## IV. S-fonctions hybrides

### IV.1. Exemple 1 de système hybride

Un système hybride est constitué d'états continus et d'états discrets à la fois, comme le système suivant :

$$x_2^{'}(t) \longrightarrow \boxed{\frac{1}{p}} \xrightarrow{x_1(k+1)=x_2(t)} \boxed{\frac{1}{z}} \xrightarrow{x_1(k)}$$

La sortir d'un intégrateur est une variable d'état continue, $x_2(t)$, celle d'un retard unité est une variable d'état discrète comme $x_1(k)$

MATLAB définit le vecteur d'état, dans le cas général comme la concaténation du vecteur d'état continu suivi du vecteur d'état discret.

Dans le cas général, nous avons le schéma suivant du vecteur d'état hybride :

$$\begin{bmatrix} X_1(t) \\ X_2(k+1) \end{bmatrix} \begin{matrix} \longrightarrow \\ \longrightarrow \end{matrix} \begin{bmatrix} m\ lignes\ d'\acute{e}tat\ continu \\ n\ lignes\ d'\acute{e}tat\ discret \end{bmatrix}$$

La modélisation d'état du schéma hybride précédent (retard discret + intégrateur analogique) donne :

$$\begin{bmatrix} x'_2(t) \\ x_1(k+1) \end{bmatrix} = A \begin{bmatrix} x_2(t) \\ x_1(k) \end{bmatrix} + B\ u(t) = \begin{bmatrix} u(t) \\ x_2(k) \end{bmatrix} \longrightarrow A = \begin{bmatrix} 0 & 0 \\ 0 & 1 \end{bmatrix} \quad B = \begin{bmatrix} 0 \\ 1 \end{bmatrix} \quad C = \begin{bmatrix} 0 & 1 \end{bmatrix} \quad D = 0$$

Dans la S-fonction on programme les 2 états, analogique et discret et on définira pour chacun d'eux la condition initiale.

*fonction syst_hybrid1.m*

```
function [sys,x0,str,ts] = syst_hybrid1(t,x,u,flag)
% Un exemple de système hybride composé d'un intégrateur analogique
%(1/p) en série à un retard unité(1/z).
%
switch flag,

  case 0          % Initialization
    [sys,x0,str,ts] = mdlInitializeSizes;

  case 1
    sys = mdlDerivatives(t,x,u); % Calculate derivatives

  case 2
    sys = mdlUpdate(t,x,u); % Update disc states

  case 3
    sys = mdlOutputs(t,x,u); % Calculate outputs
  case {4, 9}
    sys = [];         % Unused flags

  otherwise
    error(['unhandled flag = ',num2str(flag)]); % Error handling
end

function [sys,x0,str,ts] = mdlInitializeSizes
sizes = simsizes;
sizes.NumContStates  = 1; % 1 état continu
sizes.NumDiscStates  = 1; % 1 état discret
sizes.NumOutputs     = 1; % 1 sortie
sizes.NumInputs      = 1; % 1 entrée
sizes.DirFeedthrough = 0; % pas de passage direct de u à y
sizes.NumSampleTimes = 2; % 2 cadences d'échantillonnage.
sys = simsizes(sizes);
x0  = ones(2,1);            % valeurs initiales des 2 états = 1
str = [];
ts  = [0,       0            % 0s avec offset de 0s (état continu)
       1,       0];          % 1s avec offset nul pour l'état discret
function sys = mdlDerivatives(t,x,u)
sys = u;  % Dérivée de l'état continu = entrée u(t)
function sys = mdlUpdate(t,x,u)
sys = x(1); % Mise à jour de l'état discret (1ère composante d'état)
function sys = mdlOutputs(t,x,u)
  sys = x(2); % sortie = 2ème composante du vecteur d'état
```

- *modèle Sf_syst_hybride1.mdl*

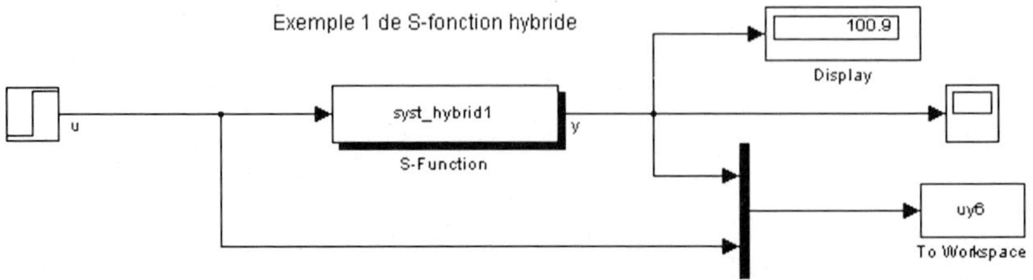


```
>> uy6
uy6 =
         time: [1001x1 double]
      signals: [1x1 struct]
    blockName: 'Sf_syst_hybride1/To Workspace'

>> plot(uy6.time, uy6.signals.values(:,1)), hold on
>> plot(uy6.time, uy6.signals.values(:,2))
>> axis([0 20 0 20])
>> title('Signaux d''entrée/sortie')
>> xlabel('Temps discret')
>> grid
>> gtext('échelon unité d''entrée')
>> gtext('rampe de sortie')
```

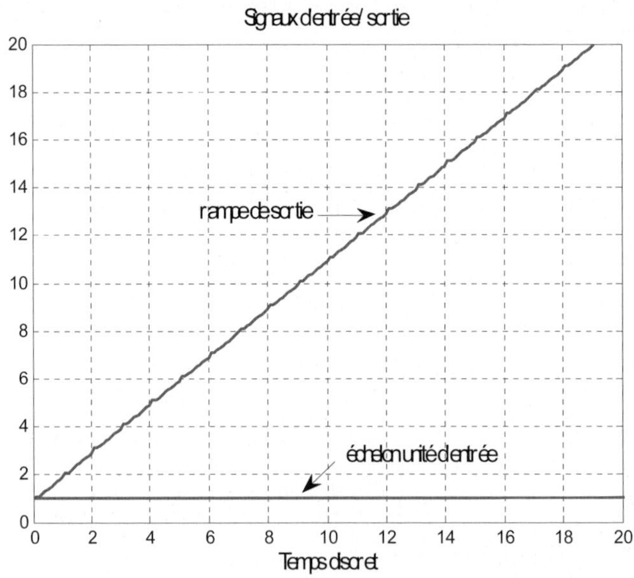

Dans le cas précédent, nous n'avons pas utilisé la modélisation de l'état hybride, juste de spécifier que la sortie est la deuxième variable d'état, soit `x1(k)` et que la dérivée de l'état continu correspond à l'entrée `u`.

Dans ce qui suit, la S-fonction utilisera la modélisation de l'état hybride.

*fonction syst_hybrid_etat.m*

```
function [sys,x0,str,ts] = syst_hybrid_etat(t,x,u,flag,A,B,C)

switch flag,

  case 0          % Initialization
    [sys,x0,str,ts] = mdlInitializeSizes;

  case 1
    sys = mdlDerivatives(A,B,x,u); % Calculate derivatives

  case 2
    sys = mdlUpdate(A,B,x,u); % Update disc states

  case 3
    sys = mdlOutputs(C,x); % Calculate outputs

case {4, 9}
    sys = [];         % Unused flags

  otherwise
    error(['unhandled flag = ',num2str(flag)]); % Error handling
end

function [sys,x0,str,ts] = mdlInitializeSizes
sizes = simsizes;
sizes.NumContStates  = 1; % 1 état continu
sizes.NumDiscStates  = 1; % 1 état discret
sizes.NumOutputs     = 1; % 1 sortie
sizes.NumInputs      = 1; % 1 entrée
sizes.DirFeedthrough = 0; % pas de passage direct entrée/sortie
sizes.NumSampleTimes = 2; % 2 cadences d'échantillonnage
sys = simsizes(sizes);
x0  = ones(2,1);
str = [];
ts  = [0,       0            % Te = 0 (état continu)
       1,       0];          % Te = 1s (état discret)

function sys = mdlDerivatives(A,B,x,u)
sys = A(1,:)*x+B(1)*u;  % dérivée de l'état continu

function sys = mdlUpdate(A,B,x,u)
sys = A(2,:)*x+B(2)*u; % mise à jour de l'état discret

function sys = mdlOutputs(C,x)
  sys = C*x; % calcul de la sortie
```

Dans le cas du modèle hybride, le calcul de la dérivée de l'état continu est suivi de la mise à jour de l'état discret.

- *modèle Sf_syst_hybride_etat.mdl*

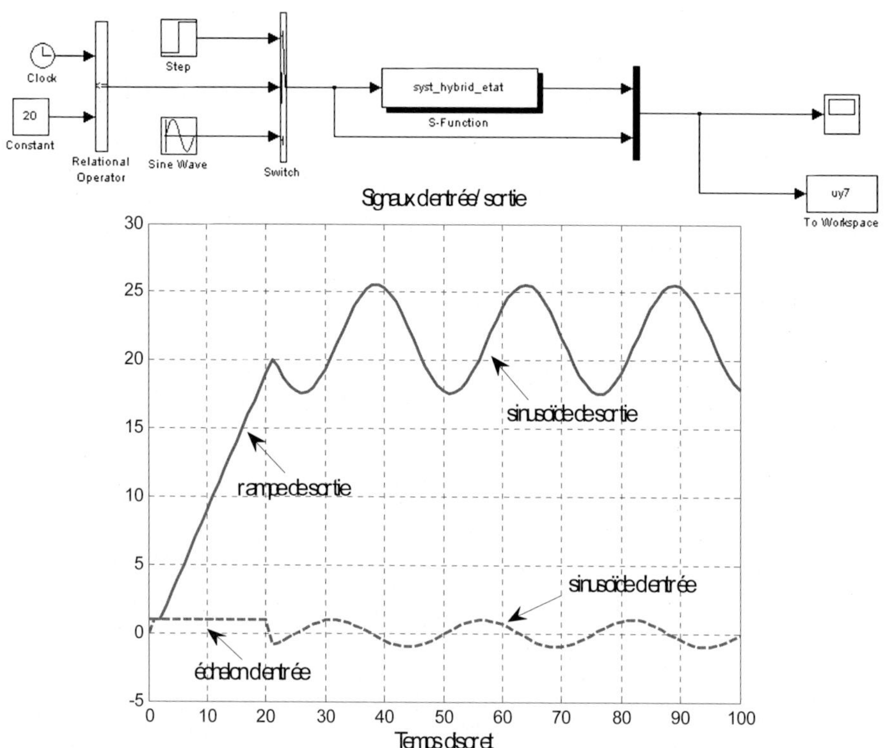


Nous retrouvons la même rampe de sortie entre les instants 0 et 20. Au-delà, les 2 signaux, sinusoïdaux sont presqu'en opposition de phase à cause de l'intégration analogique suivie du retard numérique.

## V. S-fonctions aux tailles des signaux des entrées/sorties dynamiques

Les S-fonctions peuvent supporter des tailles arbitraires des signaux. SIMULINK peut déterminer les tailles actuelles des signaux d'entrée au début de la simulation.

La S-fonction peut utiliser les tailles de ces signaux pour déterminer le nombre d'états continus, discrets et le nombre de sorties.

De plus, les fichiers C MEX et les blocs de S-fonction de niveau 2 peuvent avoir plusieurs ports d'entrée et de sortie dont les tailles peuvent être déterminées de façon dynamique.

### V.1. Taille dynamique des vecteurs d'entrées/sorties

Comme dans l'exemple suivant, selon la fonction réalisée par la S-fonction, la taille du vecteur de sortie est automatiquement imposée par cette opération indépendamment de la taille du vecteur d'entrée.
Dans l'exemple suivant, on obtient en sortie un vecteur de même taille que l'entrée car on réalise une opération élément par élément.
Si on faisait la somme des éléments du vecteur d'entrée, on obtiendrait un scalaire donc la taille de la sortie est dynamique.

*fonction resizing_inputs_outputs.m*

```
function [sys,x0,str,ts] = resizing_inputs_outputs(t,x,u,flag)

switch flag,
case 0          % Initialization
    [sys,x0,str,ts] = mdlInitializeSizes;
case 3
    sys = mdlOutputs(u); % Calcule de la sortie
case {1,2,4,5,9}
    sys = [];         % flags non utilisés
otherwise
    error(['unhandled flag = ',num2str(flag)]); % Error handling
end

function [sys,x0,str,ts] = mdlInitializeSizes
sizes = simsizes;
sizes.NumContStates  = 0;
sizes.NumDiscStates  = 0;
sizes.NumOutputs     = -1; % taille dynamique en sortie
sizes.NumInputs      = -1; % taille dynamique en entrée
sizes.DirFeedthrough = 1;
sizes.NumSampleTimes = 1;
sys = simsizes(sizes);
x0=[];
str = [];
ts  = [1 0];

function sys = mdlOutputs(u)
% récupération de la taille du vecteur d'entrée
size_input=size(u);
sys = u.^2; % carré du vecteur d'entrée, élément par élément
```

SIMULINK détermine la taille du vecteur d'entrée en affectant à la variable `size_input` la taille du vecteur `u` que reçoit la S-fonction à son entrée.

- *modèle sf_resing_input_output.mdl*

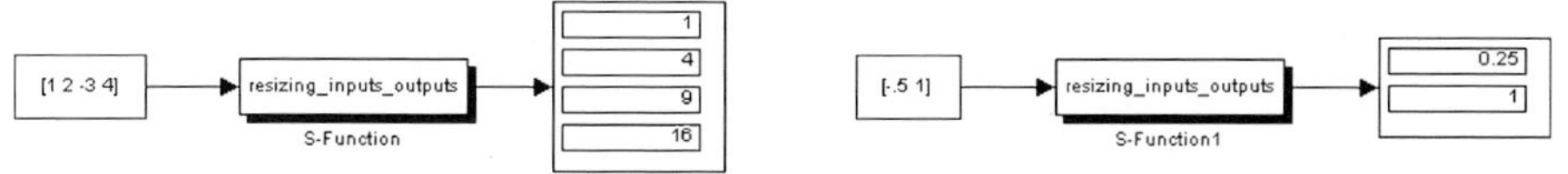

Pour accepter un vecteur d'entrée à taille dynamique, il suffit de fixer la taille à -1 dans l'étape d'initialisation.

```
sizes.NumOutputs      = -1; % taille dynamique en sortie
sizes.NumInputs       = -1; % taille dynamique en entrée
```

### V.2. Taille dynamique du vecteur d'état

La taille n du vecteur d'état dépend des dimensions de la matrice d'évolution, carrée, A(n,n).
Considérons la S-fonction dans laquelle on met à -1 la taille du vecteur d'état analogique, ainsi que celle du vecteur de sortie.

Considérons la matrice d'évolution A suivante :

```
>> A = [0.8 1 0;-0.5 0 -0.1; 0 1 -0.5];              % matrice d'évolution
```

Les pôles du système (ou les valeurs propres de la matrice A) sont :

```
>> eig(A) % pôles
ans =
   0.3375 + 0.5825i
   0.3375 - 0.5825i
  -0.3751
```

Avec les matrices de commande B et d'observation C suivantes, nous obtenons la fonction de transfert ci-après :

```
>> B=[0.5 0.1 0.4]'; C=[1 0 0]; D=0;
>> [num, den]=ss2tf(A,B,C,D);
>> printsys(num, den,'z')
num/den =
      0.5 z^2 + 0.35 z + 0.06
   ----------------------------
   z^3 - 0.3 z^2 + 0.2 z + 0.17
```

```
>> dstep(num, den)
```

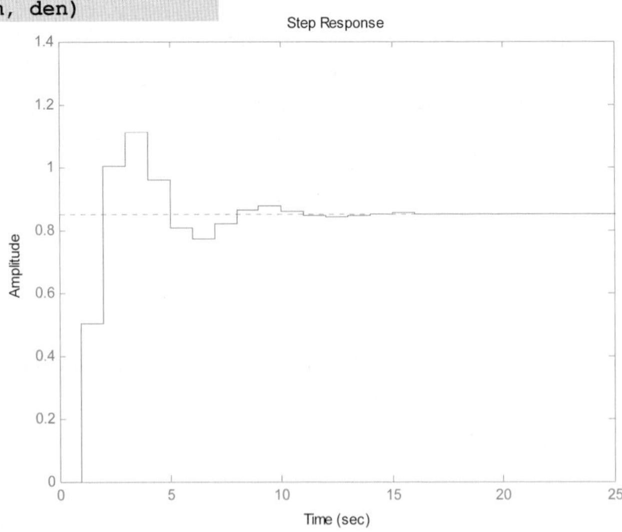

Nous avons ainsi un système du 3ème ordre, stable, de gain statique 0.84 environ.

Nous allons ainsi ignorer la taille du vecteur d'état, celui d'entrée et de sortie. Seule la connaissance des matrices d'état suffisent.

Dans le modèle SIMULIK suivant, nous avons simulé le même système du 3ème ordre défini plus haut par sa fonction de transfert ainsi que par une S-fonction dont le nombre d'états est défini dynamiquement selon les dimensions du modèle d'état (matrice d'évolution A).

Nous obtenons la même réponse indicielle que précédemment et le même gain statique de 0.85.
Nous obtenons la réponse indicielle suivante sur l'oscilloscope.

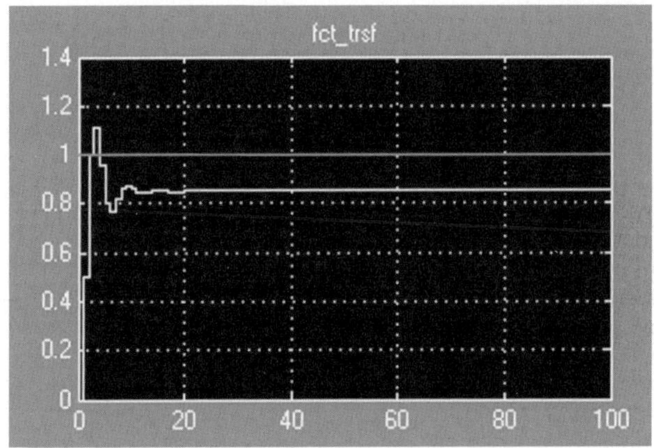


- *modèle sf_3ordre_discret_etat_dynamique.mdl*

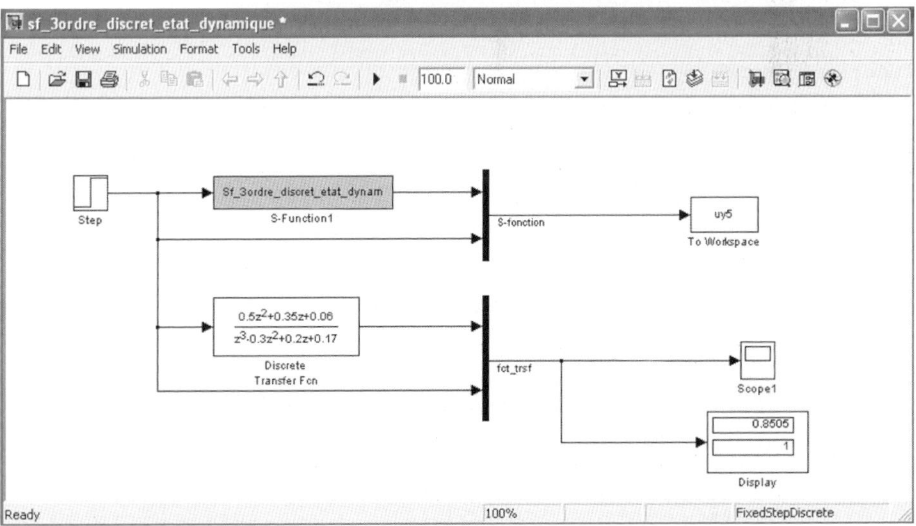

*S-fonction Sf_3ordre_discret_etat_dynam.m*

```
function [sys,x0,str,ts] = Sf_3ordre_discret_etat_dynam(t,x,u,flag,A,B,C)

switch flag
   case 0,
    [sys,x0,str,ts]=mdlInitializeSizes(A);
   case 3
    sys=mdlOutputs(C,x);

    case {1,4,5,9}
    sys=[];
    case 2
    sys=mdlUpdate(x,u,A,B);

  otherwise
    error(['Unhandled flag = ',num2str(flag)]);

end

function [sys,x0,str,ts]=mdlInitializeSizes(A)
sizes = simsizes;
sizes.NumContStates  = 0;
sizes.NumDiscStates  = length(A);
sizes.NumOutputs     = 1;
sizes.NumInputs      = 1;
sizes.DirFeedthrough = 0;
sizes.NumSampleTimes = 1;   % 1 échantillonnage de valeur nulle.
sys = simsizes(sizes);
x0  = zeros(length(A),1);
str = [];
ts  = [1 0];
function sys=mdlDerivatives(t,x,u,A,B)
sys = [];

function sys=mdlUpdate(x,u,A,B)
sys = A*x+B*u;

function sys=mdlOutputs(C,x)
sys =C*x;
```

Le nombre `n` d'états discrets est égal à la dimension de la matrice d'évolution `A` (matrice carrée, `nxn`). De même que l'état initial `x0` est égal au vecteur, type colonne, nul de `n` éléments.

Les matrices d'état sont spécifiées dans le callback `InitFcn` du modèle SIMULINK (`File` ... `Model Properties`).

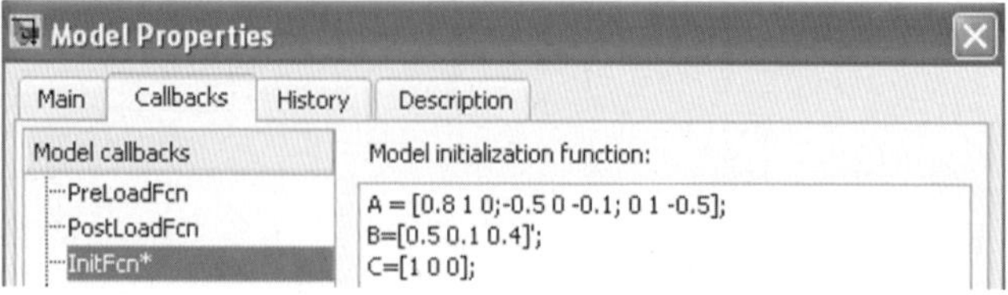

Si nous passons à un système d'un ordre différent, stable, avec ses matrices d'état que nous mettons dans ce même `callback`, cette même S-fonction le décrira parfaitement sans rien changer à son code.

## VI. Différents autres exemples de S-fonctions

### VI.1. Système du 2nd ordre discret, équation de récurrence

Nous allons définir le système du second ordre discret par l'équation de récurrence qui relie les échantillons de la sortie à ceux de l'entrée.

L'ordre est donné par le nombre de retards, comme le système analogique pour celui des intégrateurs. Les variables d'états discrètes sont aussi les sorties de ces retards comme pour celles des intégrateurs pour le cas analogique.

- *modèle sf_secd_ordre_discret_equa_recc.mdl*

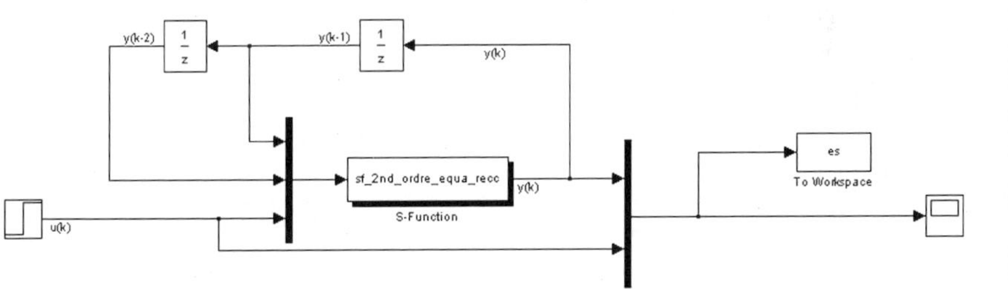


La fonction de transfert discrète `H(z)` du système du second ordre peut être mise sous la forme de telle façon à faire apparaître le coefficient d'amortissement `z` et la pulsation propre non amortie `w0`.

La cadence d'échantillonnage doit être spécifiée à la valeur 0.1s comme spécifié dans le corps de la S-fonction.

*fonction sf_2nd_ordre_equa_recc.m*

```
function [sys,x0,str,ts]=sf_2nd_ordre_equa_recc(t,x,u,flag,alpha1,alpha2)

switch flag,

  case 0          % Initialization
    [sys,x0,str,ts] = mdlInitializeSizes;

  case 3
    sys = mdlOutputs(alpha1,alpha2,u); % Calculate outputs

  case {1,2,4,5,9}
    sys = [];       % Unused flags

  otherwise
    error(['unhandled flag = ',num2str(flag)]); % Error handling
end
```

```
function [sys,x0,str,ts] = mdlInitializeSizes
sizes = simsizes;
sizes.NumContStates  = 0; % pas d'état continu
sizes.NumDiscStates  = 0; % pas d'état discret
sizes.NumOutputs     = 1;
sizes.NumInputs      = 3; % 3 entrées
sizes.DirFeedthrough = 1; % existence de passage direct
sizes.NumSampleTimes = 1;
sys = simsizes(sizes);
x0=[];
str = [];
ts  = [0.1 0]; % 1 seule cadence d'échantillonnage de 0.1 s

function sys = mdlOutputs(alpha1,alpha2,u)
sys = alpha1*u(1)+alpha2*u(2)+(1-alpha1-alpha2)*u(3);
```

Les signaux d'entrée et de sortie sont sauvegardées dans la structure `es` et sont tracés grâce aux lignes de commande suivantes.

```
>> stairs(es.signals.values(:,1)), hold on
>> plot(es.signals.values(:,2))
>> axis([0 50 0 1.2])
>> grid
>> title('Réponse d''un système du 2nd ordre')
>> xlabel('Temps discret')
>> gtext('Signal de sortie - temps de réponse optimal')
>> gtext('Signal d''entrée')
```

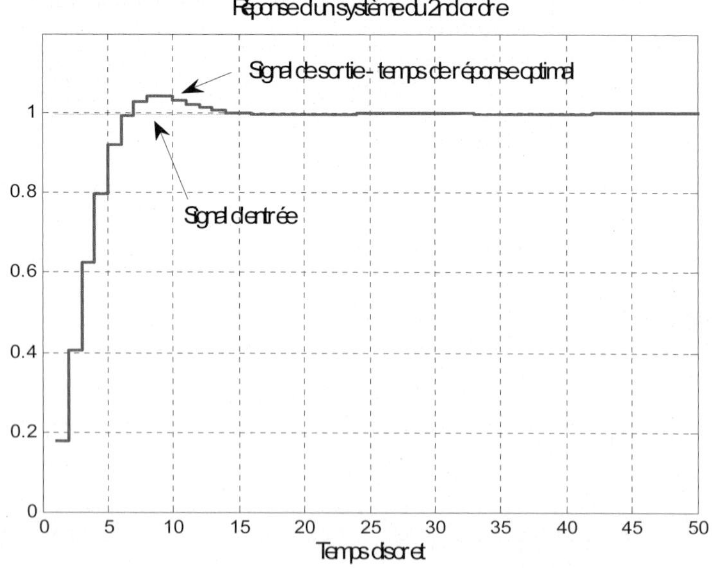


Le gain statique vaut 1 et le temps de réponse est optimal.

### VI.2. Solution d'un système linéaire à 2 inconnues

On se propose d'écrire une S-fonction qui résout un système d'équations linéaires par la méthode `LMS` (des moindres carrés). Cette S-fonction sans entrée, recevra la matrice `A` et le vecteur `B` sous forme de paramètres optionnels, spécifiés dans le callback `InitFcn` du modèle SIMULINK.

- *modèle SF_sol_syst_lin_sf_sans_input.mdl*

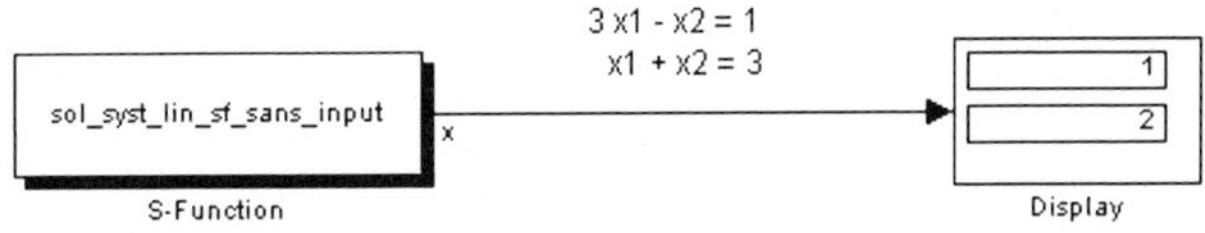


Dans ce cas précis, on résout le système d'équations suivant :

$$3\,x1 - x2 = 1$$
$$x1 + x2 = 3$$

La S-fonction qui programme la méthode des `LMS` est le suivant :

*fonction sol_syst_lin_sf_sans_input.m*

```
function [sys,x0,str,ts] = sol_syst_lin_sf_sans_input(t,x,u,flag,A,B)

switch flag,

case 0          % Initialisation
    [sys,x0,str,ts] = mdlInitializeSizes;
case 3
    sys = mdlOutputs(A,B); % Calcul de la sortie

case {1,2,4,5,9}
    sys = [];          % flags inutilisés

  otherwise           % dans tous les autres cas
    error(['unhandled flag = ',num2str(flag)]);

end

function [sys,x0,str,ts] = mdlInitializeSizes
sizes = simsizes;
sizes.NumContStates  = 0; % pas d'état continu
sizes.NumDiscStates  = 0; % pas d'état discret
sizes.NumOutputs     = 2; % 2 sorties
sizes.NumInputs      = 0; % aucune entrée
sizes.DirFeedthrough = 1; % passage direct entre entrées et sorties
sizes.NumSampleTimes = 1; % 1 cadence d'échantillonnage nul ts=[0 0]
sys = simsizes(sizes);
x0=[];
str = [];
ts  = [0 0];
function sys = mdlOutputs(A,B)
sys = inv(A'*A)*A'*B;
```

### VI.3. Résolution d'une équation récurrente non linéaire

On se propose de réaliser une S-fonction qui résout l'équation de récurrence suivante :

$$x_n = 1 - 0.8\,x_{n-1} + 0.5\cos x_{n-2}$$

Les retards sont réalisés par le bloc discret $\frac{1}{z}$ de la librairie `Discrete` (retard d'une cadence d'échantillonnage).

*fonction sf_equat_recc_nl.m*

```
function [sys,x0,str,ts] = sf_equat_recc_nl(t,x,u,flag)

switch flag,
case 0,   % Initialization %
    [sys,x0,str,ts]=Initialisation;

case {1,2,4,9}
    sys=[];

case 3,
    sys=sortie(u);
end
function [sys,x0,str,ts]=Initialisation
sizes = simsizes;
sizes.NumContStates  = 0;
sizes.NumDiscStates  = 0;
sizes.NumOutputs     = 1;
sizes.NumInputs      = 2;
sizes.DirFeedthrough = 1; % existence d'un passage direct
sizes.NumSampleTimes = 1;
sys = simsizes(sizes);

% état initial nul
x0  = [];
str = [];

% 1 seul échantillonnage de 1s sans offset
ts  = [1 0];

function sys=sortie(u)
sys = 1-0.8*u(1)+0.5*cos(u(2));
```

Dans le modèle SIMULINK suivant on réalise les retards de la valeur courante $x_n$ grâce au retard unité. Les valeurs $x_n$ et $x_{n-1}$ sont ramenées à l'entrée de la S-fonction à travers un multiplexeur.

Nous avons ainsi l'existence d'un lien direct de l'entrée vers la sortie *(*`sizes.DirFeedthrough=1`*).*

La sortie est calculée par une relation linéaire entre l'entrée 1 du multiplexeur et le cosinus de la 2ème.

- *modèle Sf__equat_recc_nl.mdl*

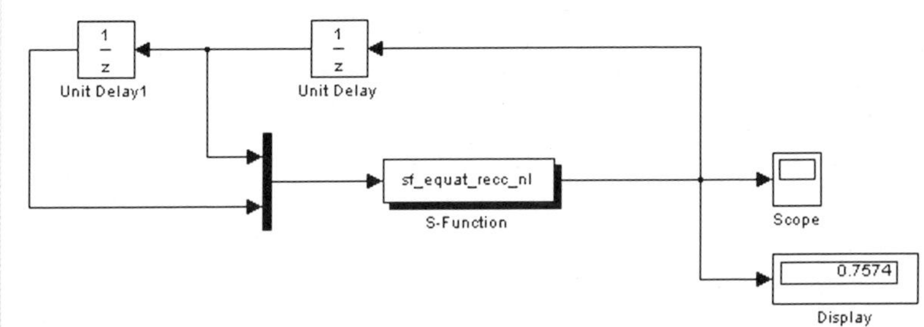


Cette solution (valeur finale et évolution dans le temps) peut être vérifiée par le modèle SIMULINK suivant grâce à une rétroaction et des retards.

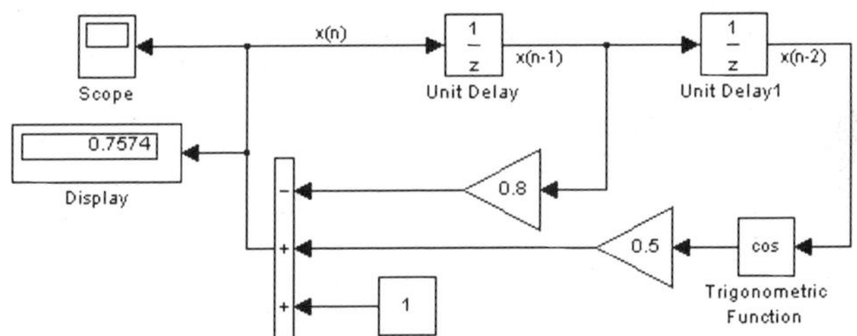


La valeur finale peut être obtenue en résolvant l'équation : $x_f = 1 - 0.8\,x_f + 0.5\cos x_f$

En utilisant les blocs `Fcn` et `Solve`, on recherche la valeur de la variable `u` qui satisfait l'égalité : $1 - 1.8u + 0.5\cos u = 0$

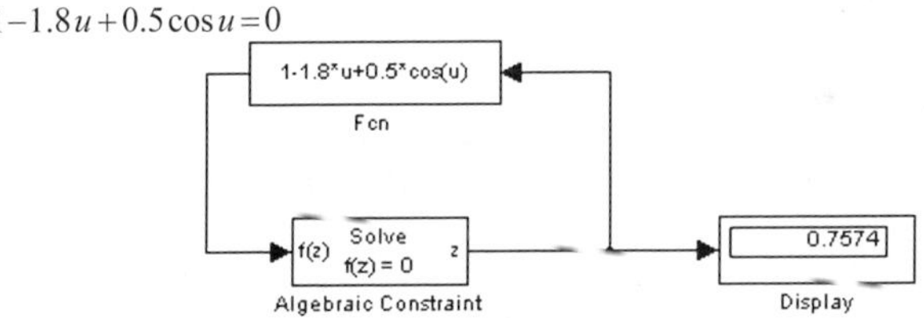


Nous obtenons la même valeur 0.7574 que précédemment.

## VI.4. Régulation Proportionnelle et Intégrale P.I.

Le modèle propose 2 S-fonctions, `sf_reg_pi.m` qui programme un régulateur de type PI et `sf_ordre_1`.m qui modélise un système discret du 1er ordre de fonction de transfert :

$$H(z^{-1}) = \frac{b_1\, z^{-1}}{1 - a_1\, z^{-1}}$$

qui donne la relation suivante, de récurrence entre la sortie et la commande

$$y(k) = a_1\, y(k-1) + b_1\, u(k-1)$$

Dans le modèle SIMULINK, la S-fonction du régulateur reçoit à travers un multiplexeur :
- la valeur du coefficint d'amortissement désiré en boucle fermée,
- la pulsation propre normalisée,
- les valeurs, actuelle et précédente de la sortie du processus, `y(k)` et `y(k-1)`

ainsi que les valeurs, actuelle et précédente du signal de consigne.

- *modèle regul_pi.mdl*

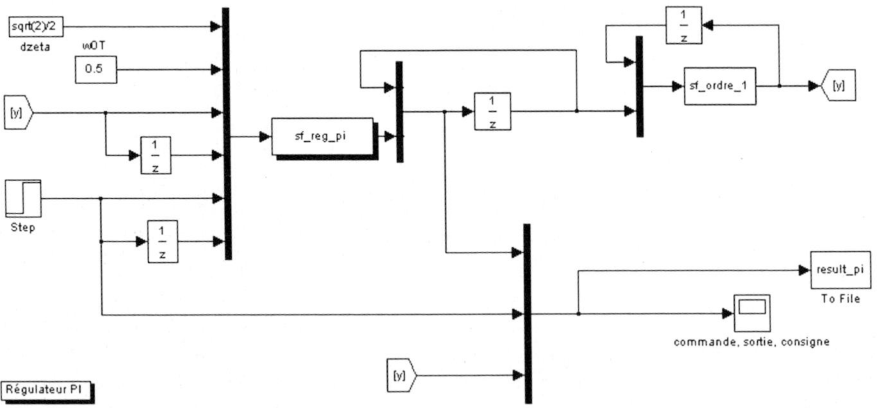


*fonction sf_ordre_1.m*

```
% S_fonction de simulation d'un système du 1er ordre
function [sys,x0,str,ts]=sf_ordre_1(t,x,u,flag,a1,b1,Te)

switch flag

case 0
  % Etape d'initialisation
    [sys,x0,str,ts]=Initialisation(Te);

case {1,2,4,9}
   sys=[];

case 3
   % paramètres du modèle du 2nd ordre
   sys=a1*u(1)+b1*u(2);

otherwise
   error(['Unhandled flag = ', num2str(flag)])
end

function [sys,x0,str,ts]=Initialisation(Te);
```

```
sizes=simsizes;
sizes.NumContStates=0;
sizes.NumDiscStates=0;
sizes.NumOutputs=1;
sizes.NumInputs=2;
sizes.DirFeedthrough=1;
sizes.NumSampleTimes=1;
sys=simsizes(sizes);
x0=[];
str=[];
ts=[Te 0];
```

Cette S-fonction reçoit à son entrée les valeurs précédentes `u(k-1)` et `y(k-1)` en retardant la commande `u(k)` issue du régulateur et la sortie `y(k)` du processus.

Le principe de cette régulation `PI` est de calculer ses paramètres afin que le système en boucle fermé se comporte comme un système du second ordre d'amortissement optimal, (meilleur temps de réponse), soit $\zeta$=0.7071.

*fonction sf_reg_pi.m*

```
% S_fonction de régulateur PI
function [sys,x0,str,ts]=sf_reg_pi(t,x,u,flag,a1,b1,Te)

switch flag

case 0
% Etape d'initialisation
[sys,x0,str,ts]=Initialisation(Te);

case {1,2,4,9}
   sys=[];

case 3
% Paramètres de la FTBF du 2nd ordre
z = u(1);    % coeffient d'amortissement
w0T = u(2);  % pulsation propre non amortie

gamma1=-2*exp(-z*w0T)*cos(w0T*sqrt(1-z*z));
gamma2=exp(-2*z*w0T);

% calcul des erreurs de poursuite err1 et err2
err1=u(5)-u(3); % err(t)
err2=u(6)-u(4); % err(t-1)

% calcul des paramètres alpha0 et alpha1 du PI
alpha0=(gamma1+a1+1)/b1;
alpha1=(gamma2-a1)/b1;

% calcul de la commande PI
sys=alpha0*err1+alpha1*err2;

otherwise
   error(['Unhandled flag = ', num2str(flag)])
```

```
end

function [sys,x0,str,ts]=Initialisation(Te);
sizes=simsizes;
sizes.NumContStates=0;
sizes.NumDiscStates=0;
sizes.NumOutputs=1;
sizes.NumInputs=6;
sizes.DirFeedthrough=1;
sizes.NumSampleTimes=1;
sys=simsizes(sizes);
str=[];
x0=[];
ts=[Te 0];
```

Les différents signaux (sortie du processus, commande et consigne) sont tracés par les lignes de commande suivantes :

```
>> load result_pi
>> stairs(signaux_temps(1,:), signaux_temps(2,:))
>> hold on
>> plot(signaux_temps(1,:), signaux_temps(3,:))
>> plot(signaux_temps(1,:), signaux_temps(4,:))
>> gtext('Signal de commande'), gtext('Signal de sortie')
>> gtext('Signal de consigne')
>> title('Signaux de consigne, sortie et commande')
>> xlabel('Temps discret'), grid
```

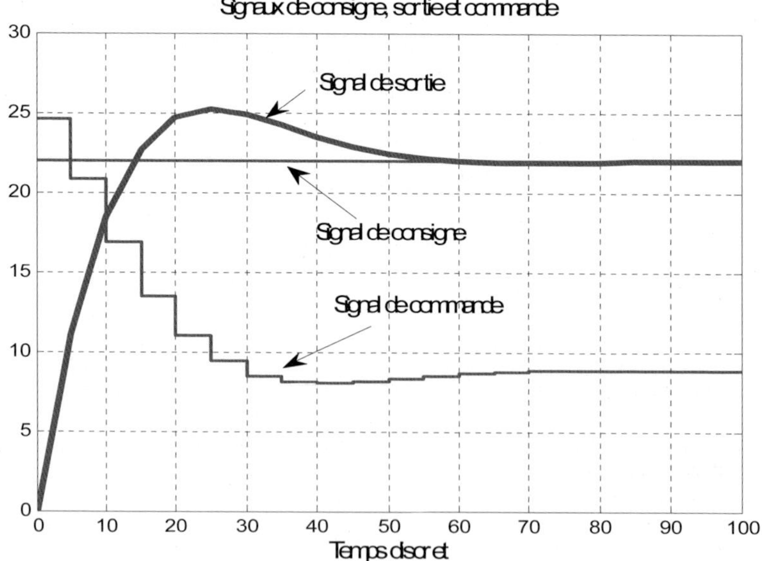

Du fait de la présence d'une intégration, le signal de sortie rejoint la consigne en régime permanent. Le système en boucle fermée, se comporte comme un second ordre d'amortissement optimal, $\varsigma = \frac{\sqrt{2}}{2}$ Avec un seul dépassement, le temps de réponse est minimal.

## VII. User Data

La commande `gcb` retourne les paramètres des blocs du modèle SIMULINK récemment utilise. `UserData` sert à spécifier des valeurs vers le port série, COM1 dans l'exemple suivant :

```
s = serial('COM1');
% On remplit les champs d'une structure
valeur.valeur1 =0.25; valeur.valeur2 =-0.5;
s.UserData = valeur;
```

Grâce à la commande `get` on peut avoir accès aux valeurs précédentes d'une variable.

- *modèle regule_PID_UserData.mdl*

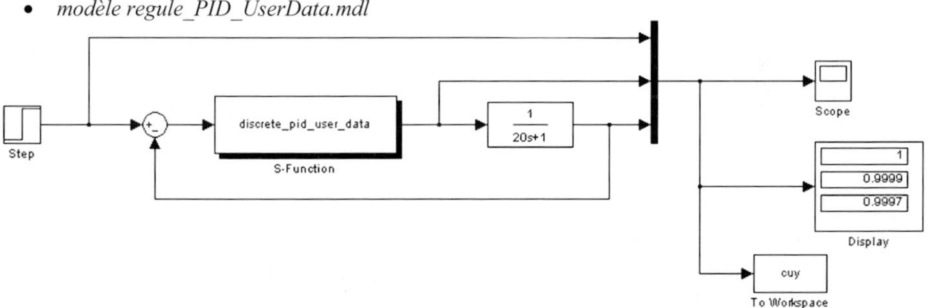


*fonction discrete_pid_user_data.m*

```
function [sys,x0,str,ts] = discrete_pid_user_data(t,x,u,flag,Kp,Ki,Td,Te,Umax,Umin)
switch flag,
case 0,   % Initialization %
    [sys,x0,str,ts]=mdlInitializeSizes(Te);
case 1, % continuous states derivatives
    sys=mdlDerivatives(t,x,u);
case 2,
    sys=mdlUpdate(t,x,u,Umax,Umin,Te); % Discrete states updating
case 3,
    sys=mdlOutputs(Kp,Ki,Td,Te,x,u); % output computing
case 4
    sys=mdlGetTimeOfNextVarHit(t,x,u);
case 9,
    sys=mdlTerminate(t,x,u);
otherwise
    error(['Unhandled flag = ',num2str(flag)]);
end
function [sys,x0,str,ts]=mdlInitializeSizes(Te)
sizes = simsizes;
sizes.NumContStates  = 0;
sizes.NumDiscStates  = 1;
sizes.NumOutputs     = 1;
```

```
sizes.NumInputs       = 1;
sizes.DirFeedthrough = 1;
sizes.NumSampleTimes = 1;
sys = simsizes(sizes);
x0  = 0;
str = [];
ts  = [Te 0];
function sys=mdlDerivatives(t,x,u)
sys = [];
function sys=mdlUpdate(t,x,u,Umax,Umin,Te)
x=(x+Te*u);
%x=min(max(x,Umin),Umax));
sys=x;
function sys=mdlOutputs(Kp,Ki,Td,Te,x,u)
e_d_avant = get_param(gcb,'Userdata');
set_param(gcb,'Userdata',u);
deriv_err=(u-e_d_avant)/Te;
sys = Kp*u+Ki*x+Td*deriv_err;
function sys=mdlTerminate(t,x,u)
sys = [];
```

Les lignes de commande suivantes permettent de tracer les différents signaux sauvegardés dans le fichier `cuy`.

```
>> plot(cuy.time, cuy.signals.values(:,1)), hold on
>> plot(cuy.time, cuy.signals.values(:,3))
>> stairs(cuy.time, cuy.signals.values(:,2))
>> axis([0 150 0 2]), title('Signaux d''entrée/sortie')
>> xlabel('Temps discret'), grid
>> gtext('Signal de consigne'), gtext('Signal de sortie')
>> gtext('Signal de commande')
```

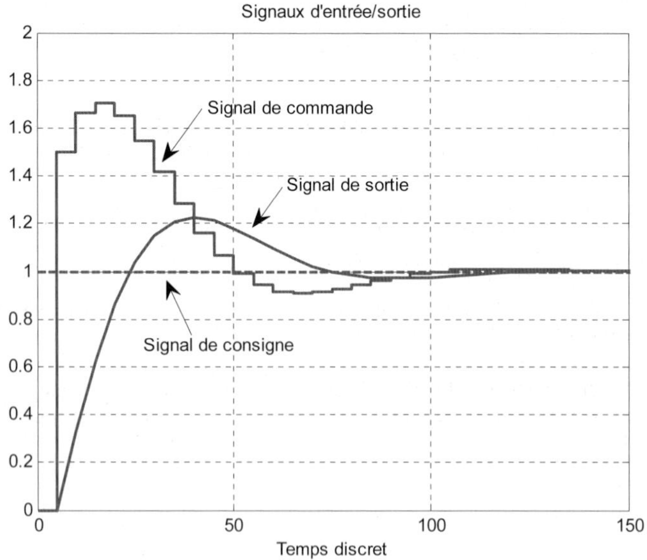

Chapitre 12

# Les fonctions Callbacks



## I. Callbacks associés à un modèle SIMULINK

Callback : commande MATLAB exécutée lors de l'occurrence d'un événement :

- ouvrir un modèle SIMULINK
- double-cliquer sur un bloc d'un modèle
- etc.

Les callback sont des expressions MATLAB qui seront exécutées lors de l'occurrence d'un événement (ouverture d'un modèle SIMULINK, un double-cliqué sur un bloc ...).

Ces fonctions sont spécifiées par les paramètres d'un bloc, d'un port ou du modèle SIMULINK. Dans le cas particulier du callback `NameChangeFcn`, ses fonctions sont exécutées lorsqu'on double-clique sur ce bloc.

Les instructions MATLAB associées au callback `CloseFcn` sont exécutées à la fermeture du modèle SIMULINK.

On peut créer des fonctions callback de 2 façons : interactivement ou par programmation. La façon interactive consiste à utiliser la boite de dialogue `Model Properties` de la fenêtre SIMULINK.

N. Martaj, M. Mokhtari, *MATLAB R2009, SIMULINK et STATEFLOW pour Ingénieurs, Chercheurs et Etudiants*, DOI 10.1007/978-3-642-11764-0_12, © Springer-Verlag Berlin Heidelberg 2010

### I.1. Méthode interactive

On utilise l'option `Model Properties` du menu `File`.

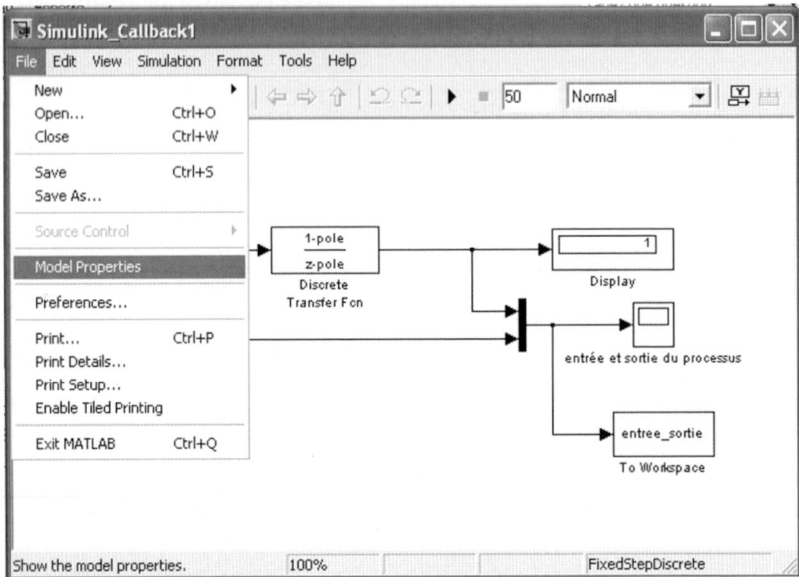


Dans l'option `Configuration Parameters` du menu `Simulation`, nous choisissons le type « `fixed step` », le solver « `Discrete (no continuous states)` » ainsi que 50 pour `Stop time`.

Nous considérons, pour introduire quelques fonctions callback, le modèle SIMULINK suivant. Il s'agit d'une modélisation d'un simple processus du 1er ordre dont on tracera la réponse indicielle. Sans les callback, les valeurs du pôle du modèle, la hauteur de l'échelon de consigne sont déterminées dans le fichier `Simulink_Callback1M.m` qu'on doit exécuter avant la simulation du modèle `Simulink_Callback1.mdl`.

*fichier Simulink_Callback1M.m*

```
clc, clear all, close all

% Spécification des paramètres par fichier M

% Pôle du modèle du processus
pole=0.8;
hauteur = 5;

% Signal de consigne
Consigne = [ones(1,50) hauteur*ones(1,50)];
```

Lorsqu'on sélectionne l'option `Model Properties` du menu `File`, on aboutit à la fenêtre suivante, dans laquelle on choisit le menu `Callbacks`.

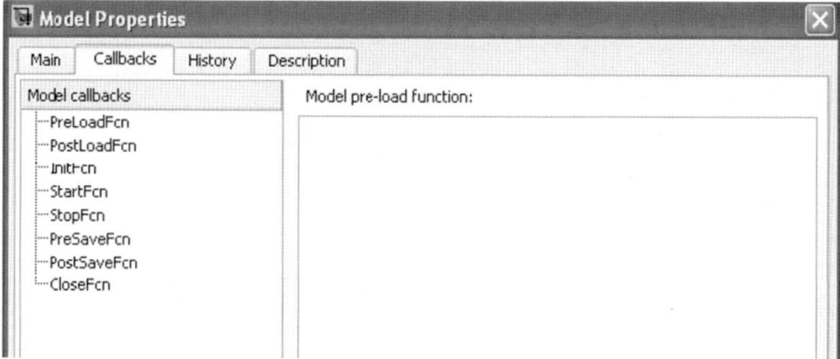


Dans la partie gauche nous retrouvons les différents callbacks. Pour chacun d'eux, nous spécifions dans la partie droite, les fonctions Matlab ou les scripts à exécuter.

Le tableau suivant représente l'étape d'exécution par type de callback.

| Block/modèle | Callback | Etape d'exécution |
|---|---|---|
| modèle | `CloseFcn` | A la fermeture du modèle. Permet l'exécution d'un script MATLAB, la fermeture des fenêtres, la suppression des variables du Workspace |
| Bloc/modèle | `InitFcn` | Avant l'exécution du modèle. Peut être utilisé pour l'initialisation des variables de MATLAB à utiliser lors de la simulation |
| modèle | `PostLoadFcn` | Au chargement du modèle |
| modèle | `PostSaveFcn` | Après la sauvegarde du modèle |
| modèle/bloc | `PreLoadFcn` | Avant l'ouverture du modèle (Initialiser des variables MATLAB |
| modèle | `PreSaveFcn` | Avant la sauvegarde du modèle |
| modèle | `StartFcn` | Avant la simulation mais après la lecture des variables de MATLAB |
| modèle | `StopFcn` | Après l'arrêt de la simulation. Exemple d'exécution d'un graphique après l'arrêt de la simulation du modèle. |

Nous pouvons trouver de l'aide dans SIMULINK, « `Creating Model Callback Functions` » comme le monte l'écran suivant :

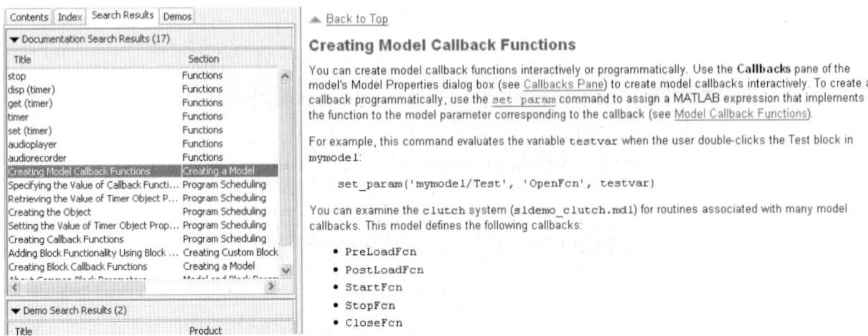


Notre but, en utilisant les callbacks, sera d'éviter l'exécution du fichier M afin de spécifier les valeurs des variables utilisées dans le modèle SIMULINK.
Nous pouvons utiliser les callbacks `InitFcn`, `PostLoadFcn` et `PreLoadFcn`.

Prenons le cas du callback `InitFcn` (étape d'initialisation du modèle). Nous effaçons toutes les variables de l'espace de travail et programmons le callback comme suit :

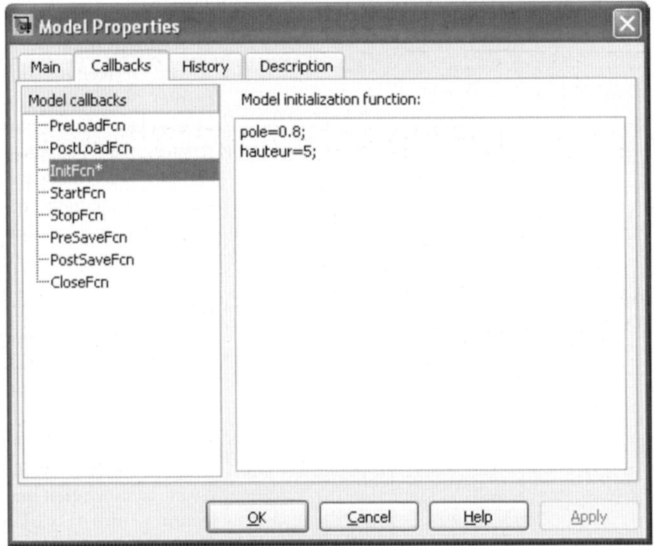


Chaque callback programmé possède une étoile après son nom.

Après l'exécution du modèle SIMULINK, nous obtenons les signaux d'entrée/sortie à l'oscilloscope.

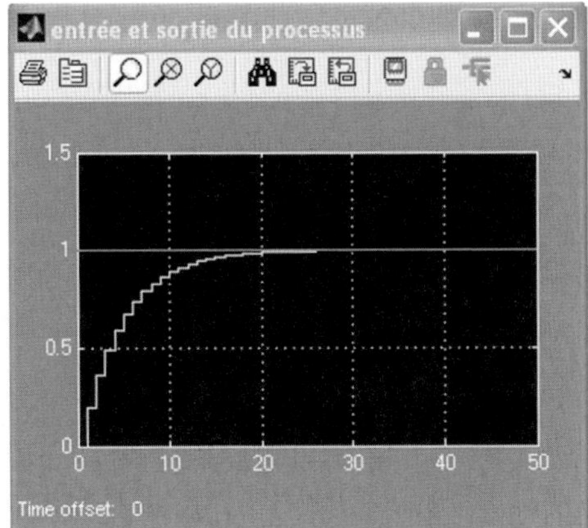


Nous pouvons maintenant programmer le tracé de ces courbes d'entrée/sortie après chaque arrêt de la simulation en utilisant le callback `StopFcn`.

Les variables d'entrées/sorties sont sauvegardées dans la variable `entree_sortie` sous forme de structure.

Nous mettons les lignes suivantes à droite du callback `StopFcn`. Elles seront exécutées à la fin de la simulation du modèle.

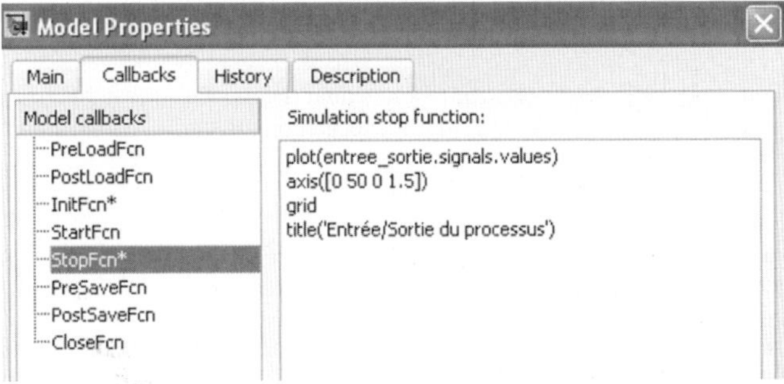


On peut mettre ces instructions dans un fichier script. Dans ce cas, on fera appel à son nom dans la fenêtre du callback.

Dès la fin de la simulation, nous obtenons automatiquement le tracé des courbes d'entrées/sorties.

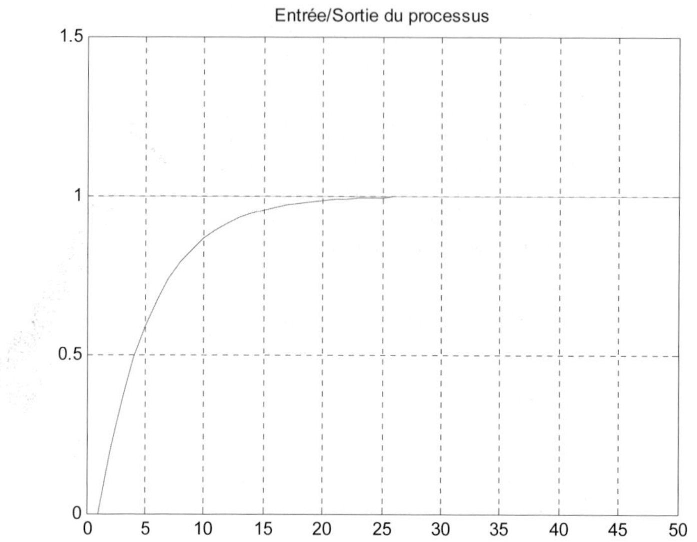

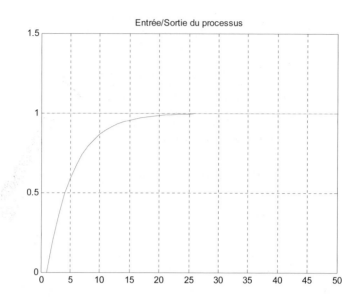

### I.2. Par programmation avec la commande set_param

La commande `set_param` est très importante dans le contrôle de l'exécution des modèles SIMULINK, et dans notre cas particulier, celui des callbacks.

Pour configurer le callback `'PreloadFcn'` pour le modèle `mymodelname`.`mdl` de telle façon que le script `expression`.m soit exécuté, on effectue la commande suivante :

```
set_param('mymodelname','PreloadFcn', 'expression')
```

Dans le cas de notre exemple des 2 callbacks précédents, on écrit sur le prompt de MATLAB ou dans un fichier script les 2 commandes suivantes :

```
set_param('Simulink_Callback1','InitFcn', 'prog_callback_Init')
set_param('Simulink_Callback1','StopFcn', 'prog_callback_Stop')
```

*fichier prog_callback_Init.m*

```
pole=0.8;
hauteur=5;
```

*fichier prog_callback_Stop.m*

```
plot(entree_sortie.signals.values)
axis([0 50 0 1.5])
grid
title('Entrée/Sortie du processus')
```

La méthode itérative semble plus intéressante que cette dernière car d'une part, elle nécessite des fichiers scripts. D'autre part, la première méthode a l'avantage d'intégrer les commandes MATLAB (ou le fichier script) directement dans SIMULINK.

Nous verrons plus loin d'autres possibilités et avantages de la commande `set_param` dans le contrôle de la simulation d'un modèle SIMULINK.
Des paramètres de simulation peuvent être spécifiés par cette commande comme le type de solveur, le temps de fin de simulation ou `StopTime`.

Nous décidons de spécifier d'autres valeurs que celles que nous avons utilisées afin de vérifier cette commande :

```
>> set_param('Simulink_Callback1', 'Solver', 'ode15s',
'StopTime', '100')
```

De la même façon que ces paramètres, tous ceux qu'on spécifie dans la boite de dialogue d'un bloc peuvent être ainsi spécifiés par la commande `set_param`.

On vérifie bien les changements en observant la fenêtre `Configuration Parameters` :

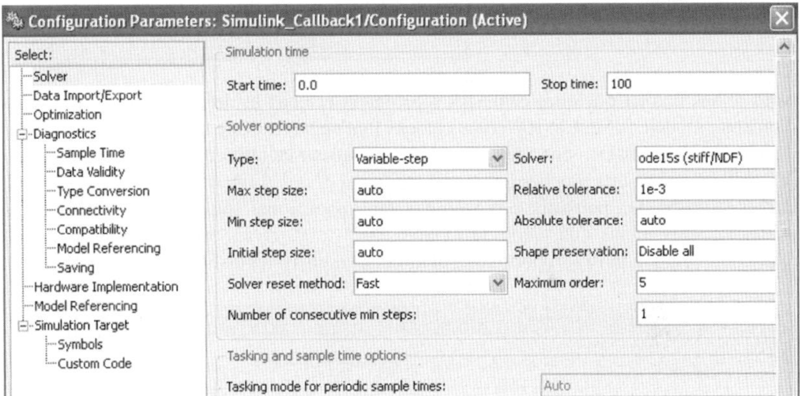


## II. Callbacks associés à des blocs d'un modèle SIMULINK

Grâce à ces callbacks, on peut contrôler les paramètres d'exécution d'un modèle SIMULINK.
De même que les callbacks associés à un modèle SIMULINK, ces derniers peuvent être réalisés par les mêmes méthodes : itératives ou par programmation avec la même commande `set_param`.
Dans ce cas, on sélectionne le bloc pour lequel on désire associer les callbacks et on utilise l'option `Block Properties` … du menu `Edit`.

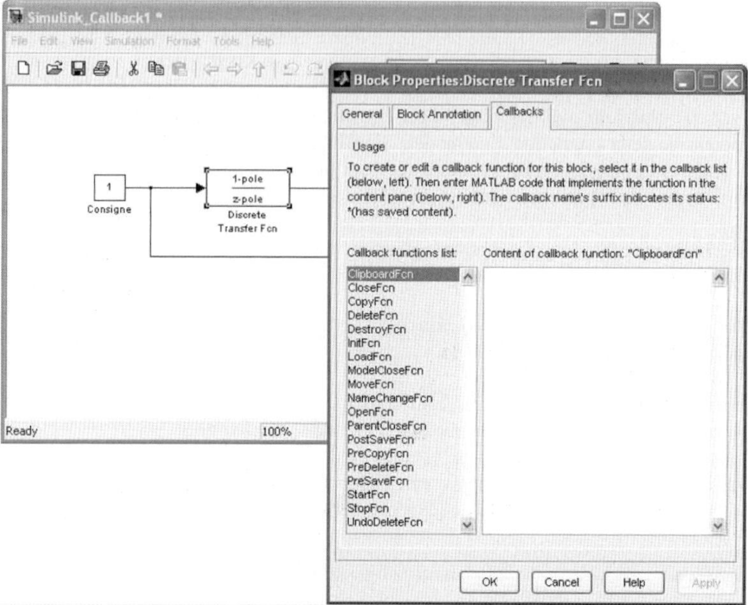


Nous allons étudier quelques callbacks séparément et nous les utiliserons pour des blocs d'un autre modèle SIMULINK Certains blocks font apparaître une boite de dialogue par un double-clic, le `slider gain` fait apparaître un curseur en utilisant un callback.
Les callbacks sont très proches des `Handle graphics`. Lors de la création d'un GUI, l'appui d'un bouton poussoir, par exemple, fait appel à une sous-fonction exécutant un callback. Nous allons considérer le modèle `regul_PI.mdl` suivant dans lequel on réalise une régulation PI (proportionnel et Intégral) d'un système du 1$^{er}$ ordre.

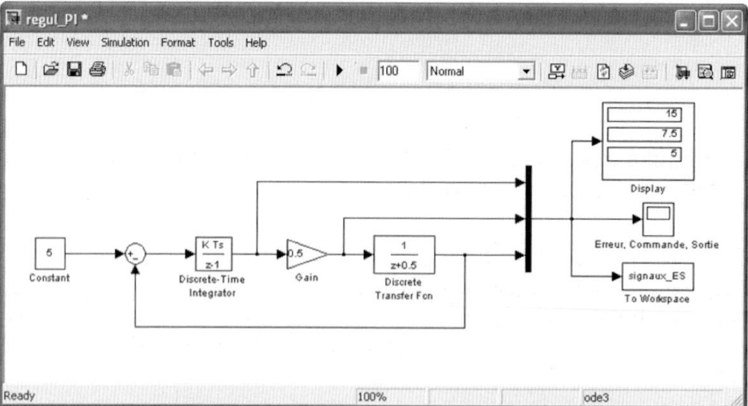

On utilise maintenant la commande `set_param` pour spécifier le gain `K` et tracer les signaux de la structure `signaux_ES`.

```
set_param('regul_PI/Gain', 'Gain','0.5')
set_param('Simulink_Callback1','StopFcn', 'Trace_signaux_ES')
```

*fichier Trace_signaux_ES.m*

```
% Tracé des signaux ES du modèle Regul_PI.mdl
plot(signaux_ES.signals.values)
grid
title('Signaux d''erreur, de commande et de sortie du processus')
axis([0 115 0 16])
gtext('Signal d''erreur')
gtext('Signal de commande')
gtext('Signal de consigne')
```

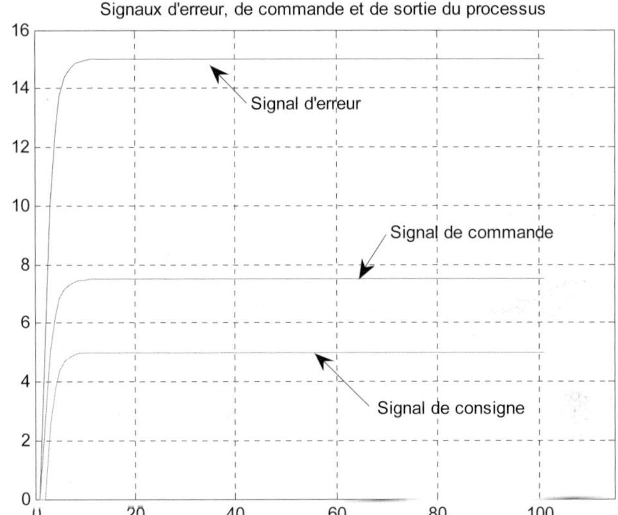


## III. Etude des quelques callbacks

### III.1. OpenFcn

On considère le même modèle `Simulink_Callback1.mdl` qu'on renomme en `Simulink_Callback2.mdl`. On crée un bloc qui remettra les variables `pole` et `hauteur` aux valeurs par défaut de 0.8 et 5 respectivement, au cas où elles auraient été modifiées.

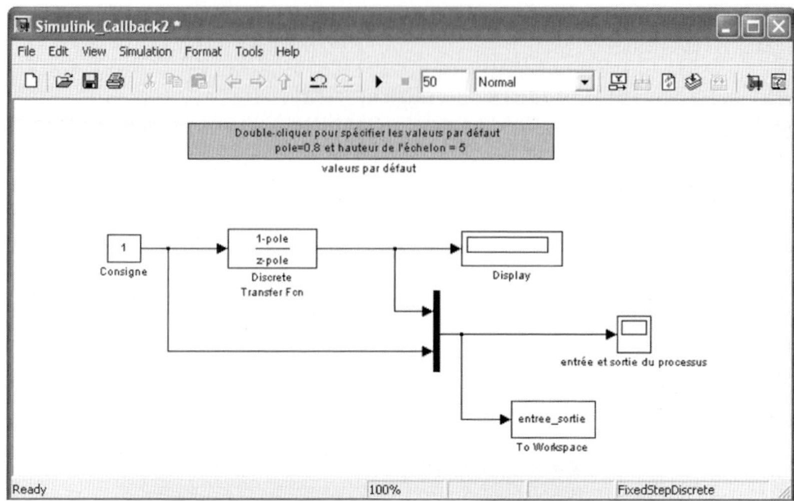

On efface l'espace de travail MATLAB et on vérifie que les variables `pole` et `hauteur` sont inexistantes.

```
>> clear all
>> who
```

La commande `who` n'affiche aucune variable.

```
>> pole
??? Undefined function or variable 'pole'.
```

Après avoir double-cliqué sur le bloc, nous avons :

```
>> who
Your variables are:
hauteur  pole
```

### III. 2. CopyFcn – DeleteFcn

Ces callbacks exécutent les fonctions MATLAB lorsqu'on fait une copie du bloc ou lorsqu'on le supprime.
On l'applique pour le bloc `Discrete Transfer Fcn`. Lorsqu'on le copie ou qu'on le supprime on exécute le script `plot_sinc` qui affiche la fonction sinus cardinal.

*fichier plot_Sinc.m*

```
clc, close all
% Fichier à exécuter suite à un callback CloseFcn
x=-4*pi:pi/100:4*pi;
y=(x==0)+sin(x)./((x==0)+x);
plot(x,y,'LineWidth',2, 'color','k')
title('\bf \itSinus
\itcardinal','FontSize',16,'FontName','Times','Color', 'r')
set(gca,'Xgrid','on','Ygrid','on')
xlabel('\bf Angle \alpha : [-4\pi : 4\pi]','Fontsize',14)
```

Après sélection du bloc `Discrete Transfer Fcn` et la sélection du menu `Block Properties`, suivi du choix du menu `Callbacks`, on fait appel au fichier `plot_Sinc.m` pour les callbacks `CopyFcn` et `Delete` Fcn.

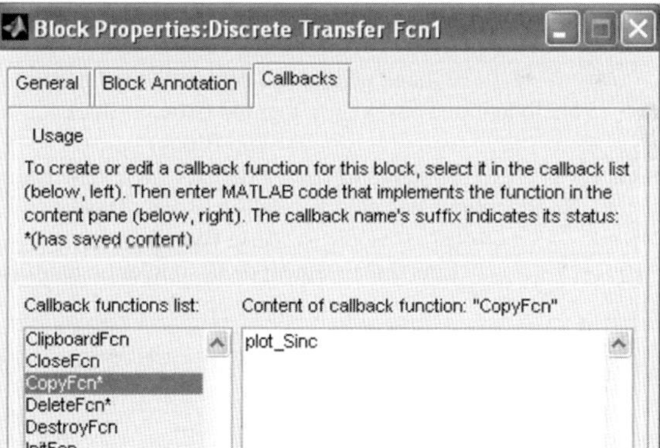


Lorsqu'on fait une copie ou que l'on supprime ce bloc, il y a apparition de la fenêtre du tracé du sinus cardinal.

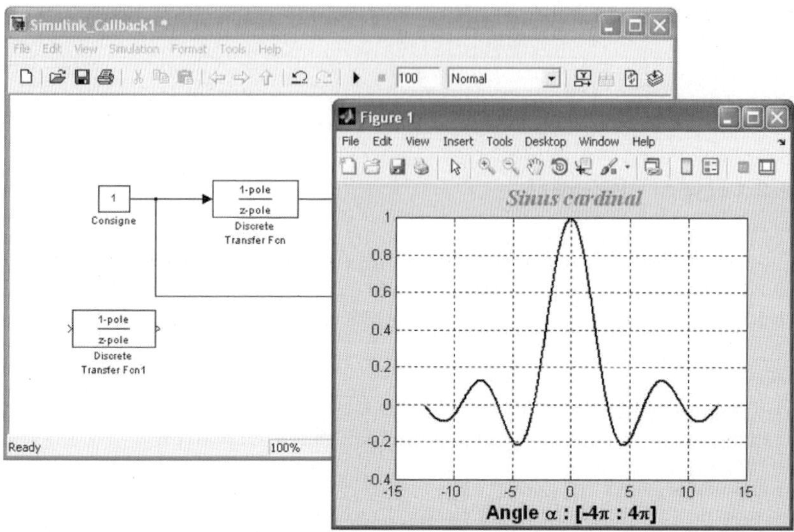


### III.3. Autres Callbacks

On donne, ci-après, quelques autres callbacks avec leur étape d'exécution.

| Callback | Instant d'exécution |
|---|---|
| ModelCloseFcn | A la fermeture du modèle. Permet de supprimer toutes les variables inutiles à la fermeture du modèle |
| LoadFcn | Chargement du modèle |
| . ModelCloseFcn | Fermeture du modèle |
| MoveFcn | Quand un bloc est déplacé ou redimensionné<br>Ne fonctionne pas pour la rotation (Rotate Block) ou le retournement (Flip Block) |
| NameChangeFcn | Quand un bloc est déplacé ou redimensionné<br>Ne fonctionne pas pour la rotation (Rotate Block) ou le retournement (Flip Block) |
| StartFcn | Lors du lancement de la simulation du modèle |
| PreSaveFcn | Lors de la sauvegarde du modèle |

## IV. Fichier startup

Toutes les variables utilisées dans une session MATLAB peuvent être affectées à leurs valeurs dans un script nommé `startup.m`, ouvert à chaque démarrage de MATLAB.
Si l'on reconsidère le même modèle `Simulink_Callback1.mdl`, on peut affecter les valeurs 0.8 et 5 respectivement au pôle et la hauteur de l'échelon de consigne et faire appel à ce modèle pour son exécution.

*fichier startup.m*

```
pole = 0.8 ;
hauteur =5 ;
Simulink_Callback1
```

On peut même lancer l'exécution du modèle en ajoutant la commande suivante :

```
sim('Simulink_Callback1')
```

Grâce aux callbacks programmés auparavant, nous obtenons automatiquement le résultat de la simulation avec la figure suivante :

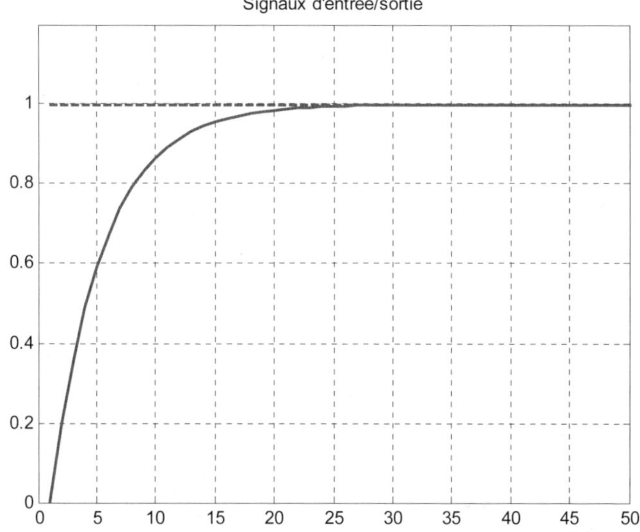

# Chapitre 13

# Stateflow



N. Martaj, M. Mokhtari, *MATLAB R2009, SIMULINK et STATEFLOW pour Ingénieurs, Chercheurs et Etudiants*, DOI 10.1007/978-3-642-11764-0_13, 

## I. Introduction

Stateflow est un outil graphique interactif intégré à SIMULINK pour modéliser et simuler des machines d'état fini, systèmes qui réagissent à des événements, dits systèmes réactifs. Ces systèmes passent d'un état à un autre en réponse à des événements et des conditions.
De tels systèmes permettent de modéliser des processus dynamiques tels des moteurs, pompes, etc.

Une machine à états finis est une machine qui ne fonctionne que dans un nombre fini d'états, ou modes opératoires.

C'est le cas d'un ventilateur qui fonctionne dans les 5 états suivants :

- arrêt,
- ¼ vitesse maximale
- ½ vitesse maximale,
- ¾ de sa vitesse maximale,
- vitesse maximale.

Pour construire une machine d'états finis, Stateflow propose un graphe ou `chart` qu'on peut déplacer dans une fenêtre Simulink.

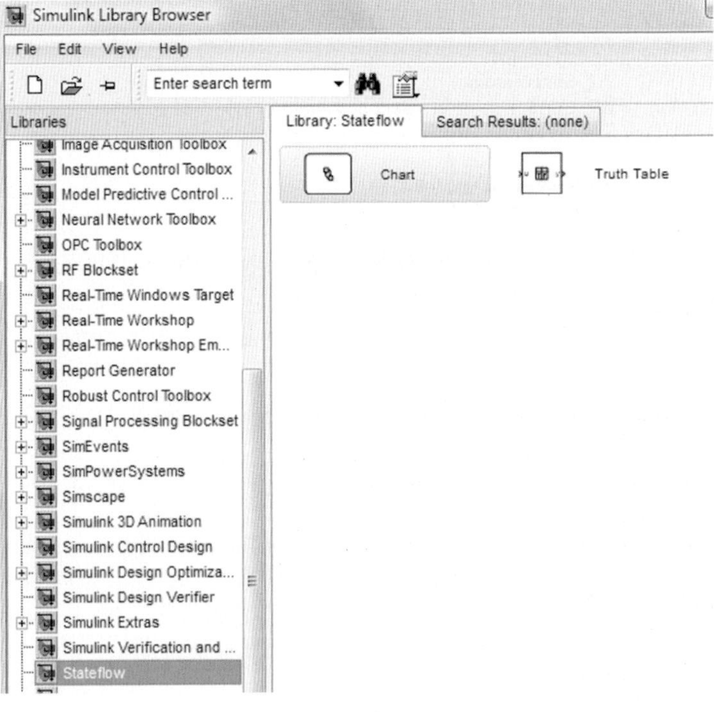

Lorsqu'on double-clique sur le bloc `Chart` dans la fenêtre SIMULINK, on aboutit à une fenêtre Stateflow dans laquelle nous trouvons une palette d'outils nécessaires pour construire une machine d'état fini.

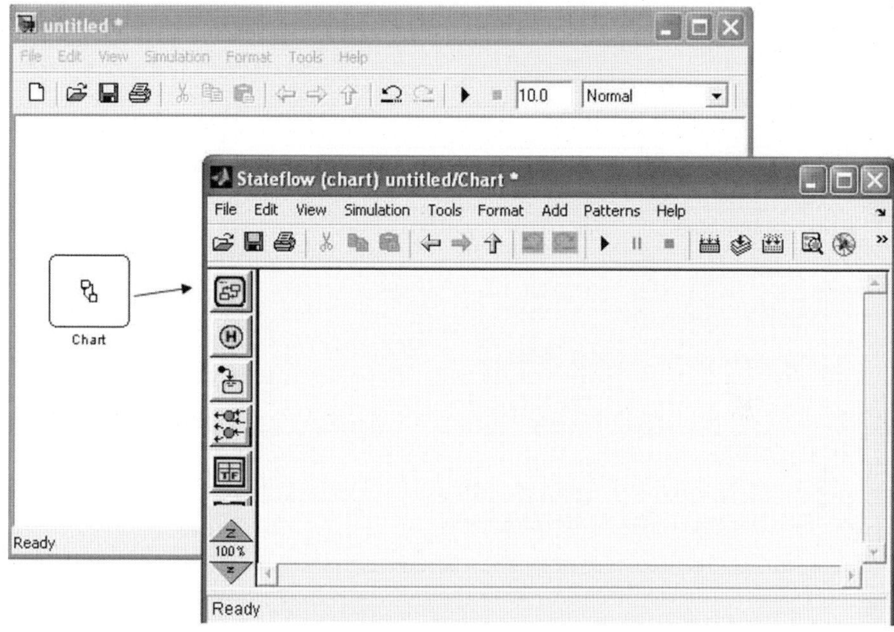


Ces outils sont représentés dans le tableau suivant.

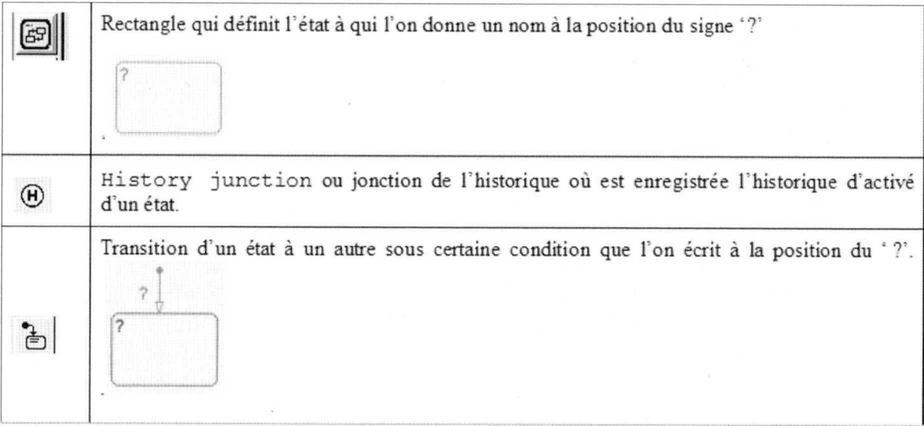

| | |
|---|---|
| | Rectangle qui définit l'état à qui l'on donne un nom à la position du signe '?' |
| | `History junction` ou jonction de l'historique où est enregistrée l'historique d'activé d'un état. |
| | Transition d'un état à un autre sous certaine condition que l'on écrit à la position du '?'. |

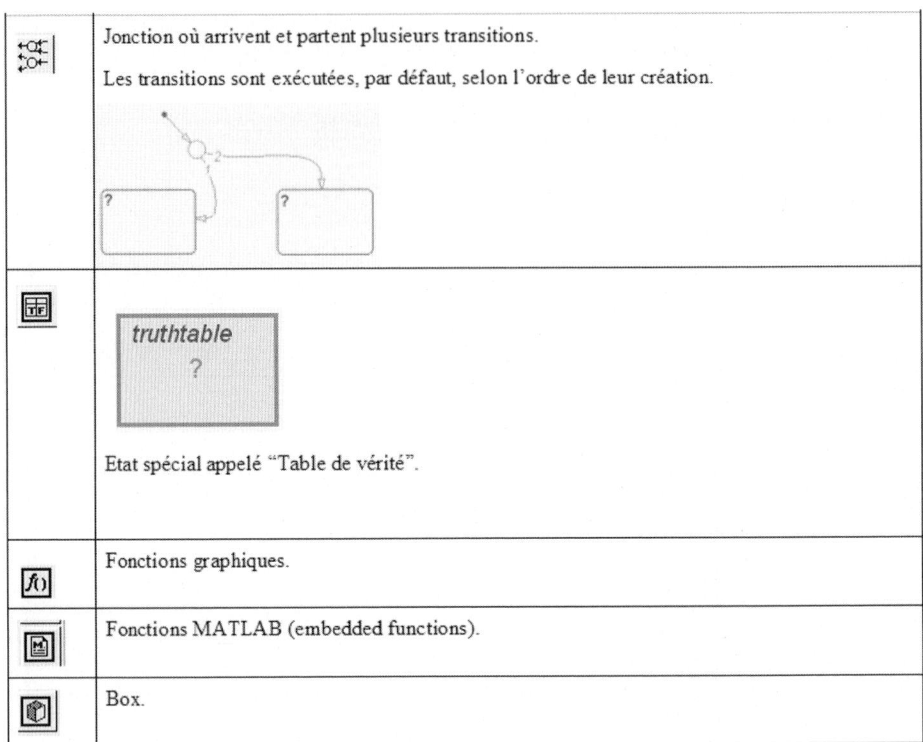

| | |
|---|---|
| | Jonction où arrivent et partent plusieurs transitions.<br>Les transitions sont exécutées, par défaut, selon l'ordre de leur création. |
| | truthtable<br>?<br>Etat spécial appelé "Table de vérité". |
| | Fonctions graphiques. |
| | Fonctions MATLAB (embedded functions). |
| | Box. |

Considérons le cas suivant qui représente le fonctionnement des essuie-glaces d'un véhicule.

## II. Exemples d'application

### II.1. Exemple 1 : système d'essuie-glaces d'un véhicule

Dans le graphe suivant, nous allons modéliser le fonctionnement des essuie-glaces d'un véhicule.

Nous avons 2 états dénommés : l'état `Off` (arrêt) et l'état `ON`.

L'état `ON` contient lui-même 2 états (états internes ou sous-états): `Slow` (état de fonctionnement lent) et `Fast` (état rapide).

L'état `off` ne contient pas d'états internes car il correspond à la seule vitesse nulle.

Partant de l'état `off` on ne peut passer à l'état `ON` que par la position 1 du switch (bouton) correspond à la première vitesse des essuie-glaces.

Ainsi, ce passage est conditionné par le test `Switch==1` que l'on écrit sur la transition.

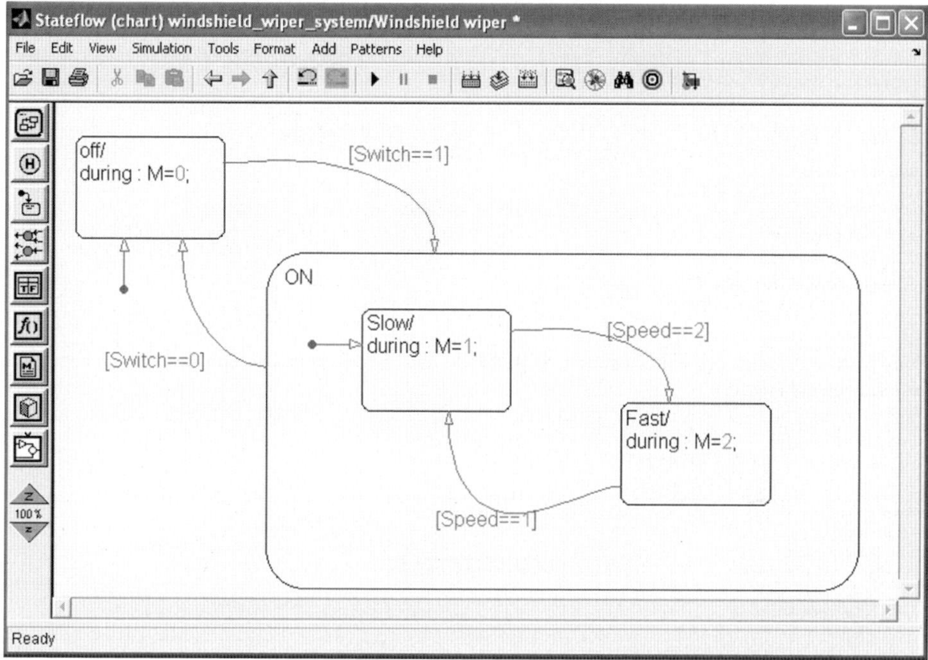


L'état `ON` commence systématiquement par l'état `Slow` (1ère vitesse) d'où la présence de la transition par défaut qui arrive à cet état sans aucune condition, la seule étant qu'on soit dans l'état `ON`. L'état `off` possède, lui aussi, une transition par défaut car c'est le premier auquel on arrive dès le début du fonctionnement de la machine.

De l'état interne `Fast`, on passe vers l'état `Slow` si la condition `Speed==1` est vérifiée.

De l'état `ON` (`Slow` ou `Fast`), on revient à l'état `off` si le switch est mis à la position 0.

Pendant qu'on est dans un état, on réalise des actions. Dans le cas de l'essuie-glace, on applique au moteur une tension qui correspond à la vitesse souhaitée. Ceci est symbolisé par la valeur donnée à la variable M (moteur).

Sur les transitions, on trouve principalement des conditions relatives à l'état des capteurs et dans les états on agit sur les actionneurs.

Dans le menu `View ... Model Explorer` on peut visualiser toutes les entrées venant de SIMULINK ou les sorties que ce bloc Stateflow y affiche.

Les variables `Switch` et `Speed` sont des entrées venant de SIMULINK alors que `M` est une sortie qui y est affichée.

Pour définir ces variables nous utilisons le menu `Add`. Nous pouvons utiliser le menu `Add` de la fenêtre Stateflow ou mieux le menu `Tools` ... `Explore` ou `View` ... `Model Explorer`.

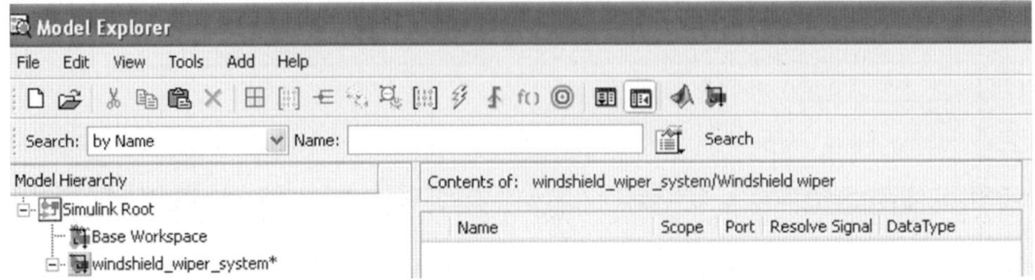


Nous pouvons ajouter des entrées-sorties SIMULINK, des événements, des données ou des entrées de déclenchement (Trigger).
Dans notre cas, nous devons ajouter les entrées `Switch` et `Speed` et la sortie `M`. Nous utilisons le menu `Add` ... `Data` [:] des entrées-sorties SIMULINK.

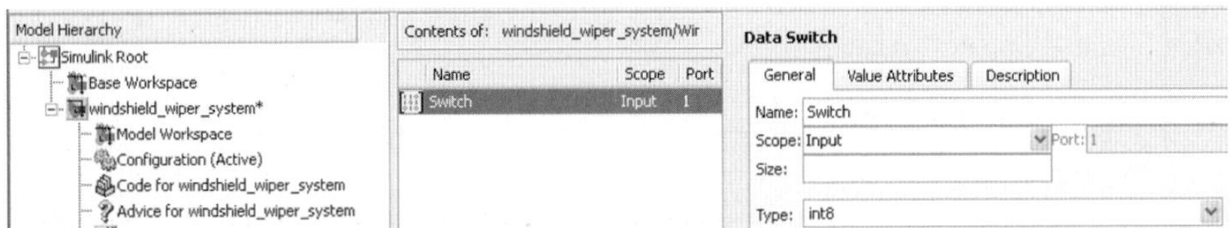


On choisit le nom de la variable dans le champ `Name`, `Input` dans le champ `Scope` (entrée) et son type entier `int8`. On fait de même pour l'entrée `Speed` et `M` sera `output` de type `int8`.
Dans SIMULINK, le bloc Stateflow qui représente le système des essuie-glaces reçoit les signaux d'entrée `Switch` et `Speed` par un interrupteur (bloc Switch) qui peut basculer, respectivement entre 1 et 0 pour `Switch` et entre 1 et 2 pour `Speed`. La sortie `M` est affichée dans un afficheur numérique (`Display`). Nous vérifions bien que M vaut 2 lorsque `Switch=1` et `Speed=2`.

- *modèle windshield_wiper_system.mdl*

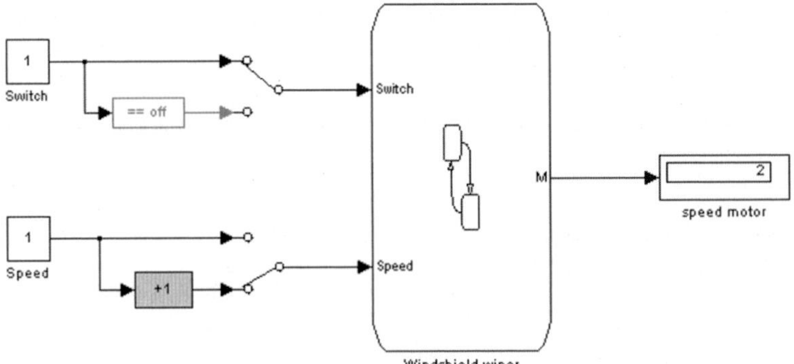

Si nous visualisons la fenêtre Stateflow, nous remarquons que la machine est dans l'état ON (bordure en rouge).

Nous avons les spécifications du conducteur ainsi que la valeur de la variable de sortie `M` correspondant à la tension appliquée au moteur. Toutes les autres variables sont inutiles donc à supprimer. Cette fenêtre peut aussi s'afficher par le menu `Tools` ... `Explore`.

Cette fenêtre représente le choix du menu `Add` ... `Data` directement dans la fenêtre Stateflow.

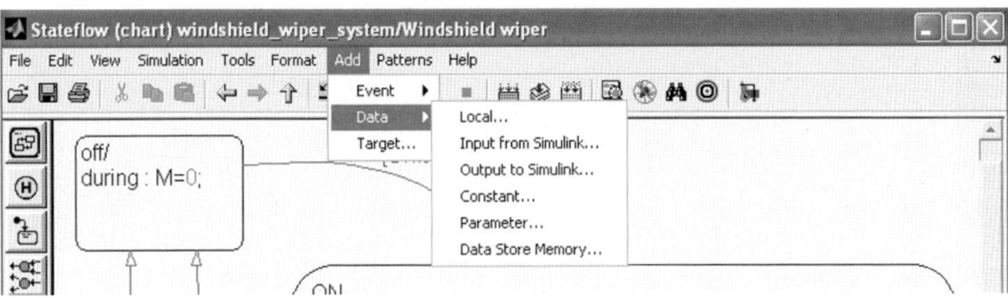


### II.2. Exemple 2 : chronomètre

Lorsque la machine reçoit le signal `run` (état logique=1), il y a initialisation à 0 des variables `seconds` et `minutes`.

La transition qui permet de passer de l'état initial `Stopped` à l'état de comptage (`Counter`) possède le label suivant :

```
[run]/
minutes:=0;
seconds:=0;
```

Ceci indique que si le signal `run` est vrai, on réalise cette transition en mettant à 0 les variables `minutes` et `seconds` qui seront affichées dans SIMULINK (sorties du bloc Stateflow).

Lorsqu'on arrive à l'état `started` du début de comptage on entre dans l'état interne `Counter` selon la condition sur le nombre de secondes et de minutes.

On passe dans l'état `Counter` lorsque la variable `tick` est vraie.

Les deux transitions qui partent et arrivent au même état `Counter` réalisent l'algorithme suivant :

Si `tick` est vrai

Alors Si le nombre de secondes est inférieur à 59, on incrémente la variable `seconds`
Si le nombre de minutes est égal à 59, on incrémente la variable `minutes`.

Fin

Si `tick` est faux alors on reste dans l'état `Started` si `run` a été validé.

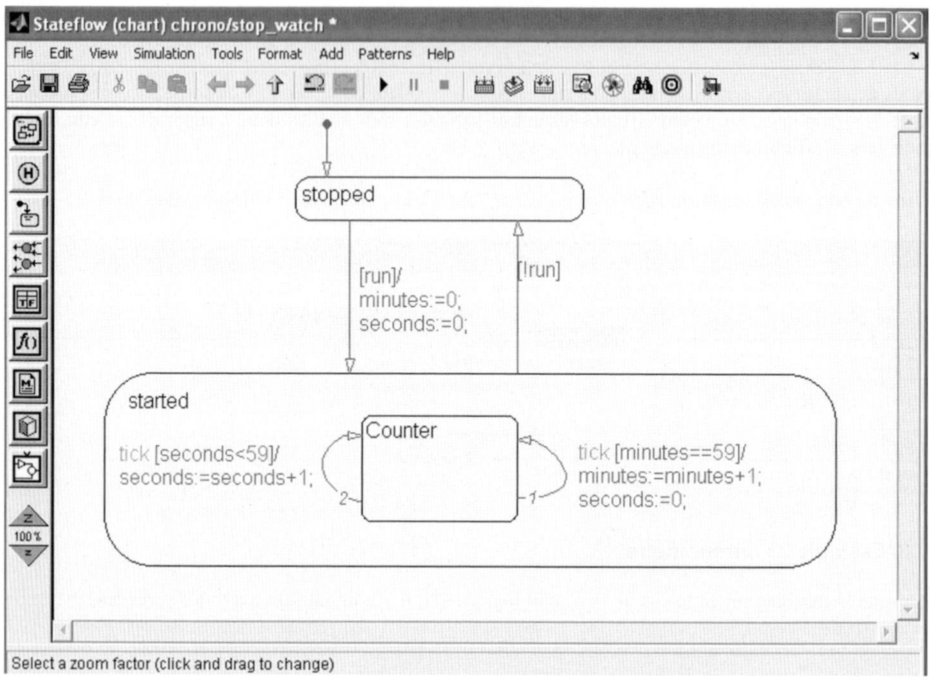


Le même test et la même incrémentation peuvent être faits pour la variable `heures`. Ce chronomètre a besoin du signal `tick` sous forme d'un signal carré de déclenchement qui peut agir sur un de ses fronts. `tick` est choisi comme étant un événement (`event`).

On ajoute les événements par le raccourci symbolisé par .

L'arrêt du comptage peut se faire par celle de SIMULINK ou par Stateflow lorsqu'on met la variable `run` à l'état faux représente par la condition [ `!  run`] qui valide la transition du passage vers l'état de départ `Stopped`.

- *modèle chrono.mdl*

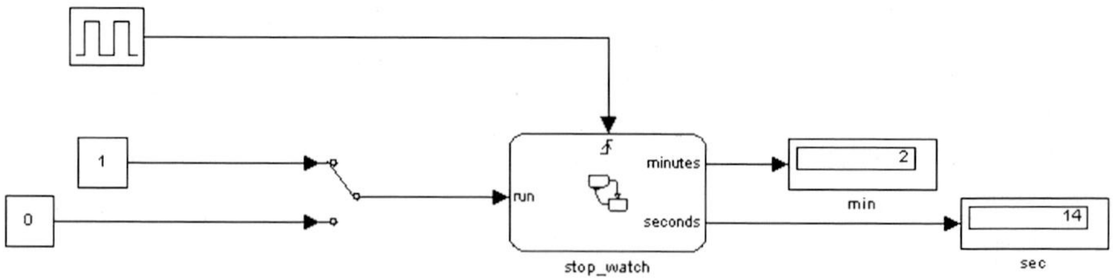


On choisit de compter jusqu'à 100.

Le graphe Stateflow du chronomètre possède une entrée, `run` et deux sorties : `minutes` et `secondes`. L'entrée `run`, de type `boolean` permet de valider ou non le comptage du temps. Le comptage se fait au rythme du signal carré (période 2 secondes) qui sert d'entrée de déclenchement (`trigger`).

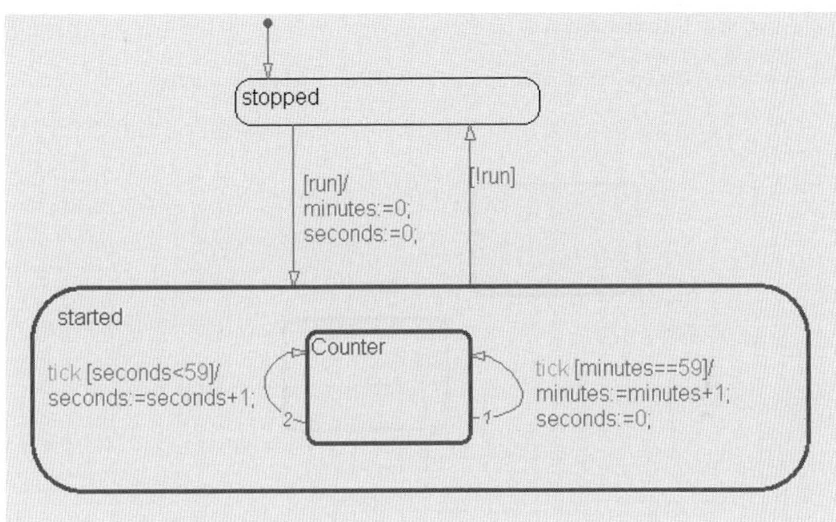


Dans l'état `stopped`, on ne réalise aucune action. La transition vers l'état `started` est du type

```
[condition]/transition action
```

Lorsque la condition `run` est vraie (`run==1`) on réalise les actions de remise à zéro des variables de sortie `minutes` et `secondes`.
L'état `Counter` ne possède, non plus, aucune action. Les actions de comptage se font au niveau des transitions qui deviennent du type

```
Event [condition]/transition action
```

Lorsque l'événement `tick` survient, que le nombre de secondes est inférieur à 59, on incrémente ce nombre.
Dès que le nombre de secondes atteint 59, la transition de gauche n'est plus active à cause de la condition `[seconds<59]` qui devient fausse.

### II.3. Compteur

- *modèle compteur.mdl*

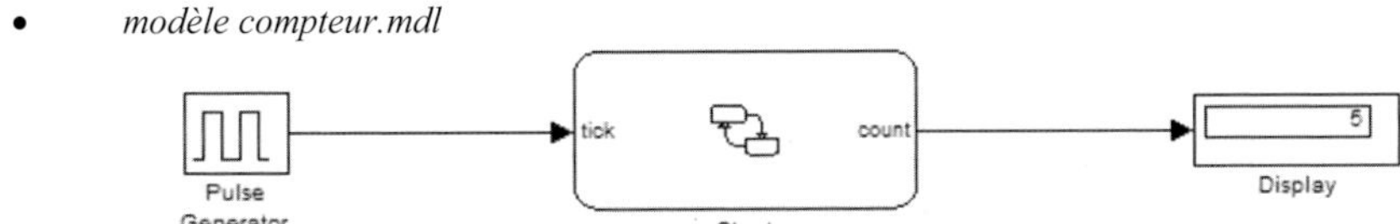

Dans ce cas, la transition par défaut fait passer la machine par l'état A dans lequel on initialise la variable `count` à 0.

Dès l'entrée à l'état `B`, on incrémente cette variable `count`. Le passage de `A` à `B` se fait suite à l'événement `Event` à condition que la condition `count==0` soit vérifiée. Dans cette transition on réalise également l'action de l'incrémentation de `count`.

On reste dans l'état `B` tant que la valeur de `count` est différente, donc inférieure à 5.

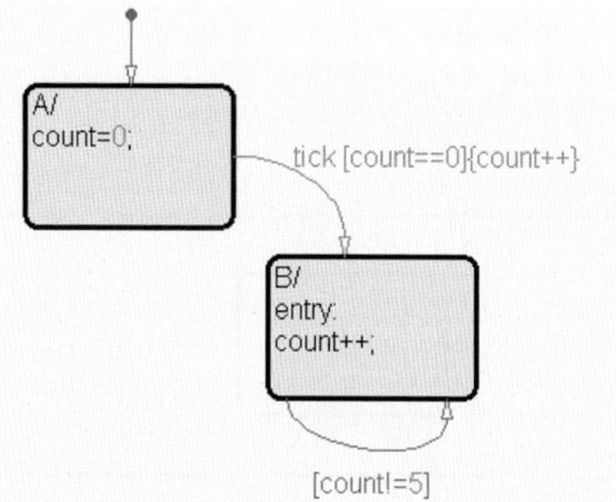


L'incrémentation de `count` se fait dans la transition de l'état `A` vers `B` ainsi que dans l'état `B`. La transition se fait au rythme du signal `tick`, défini booléen. Nous avons du faire une conversion du type `double` vers `boolean` dans le modèle Simulink.

### II.4. Clignotant

Le système consiste au passage d'un état vers un autre à la fréquence d'un signal d'horloge.
L'ordre de clignotement doit être validé avant tout fonctionnement, indépendamment de la présence de ce signal.

- *modèle clignotant.mdl*

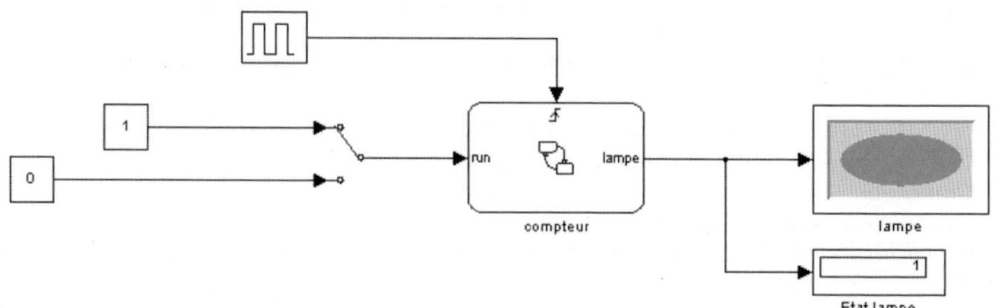


Le modèle Stateflow possède une entrée `run` qui valide le fonctionnement de clignotement et une entrée `tick` de déclenchement (trigger) sous forme d'un signal carré.

Le signal de sortie `lampe` attaque un afficheur et une diode électroluminescente (led).

| Name | Scope | Port | Trigger | Resolve Signal | DataType | Compiled Type |
|---|---|---|---|---|---|---|
| tick | Input | 1 | Rising | | | |
| lampe | Output | 1 | | ☐ | boolean | boolean |
| run | Input | 1 | | | boolean | boolean |

Les signaux `lampe` et `run` sont définis comme logiques (`boolean`) pendant que le déclenchement se fait au front montant du signal carré.

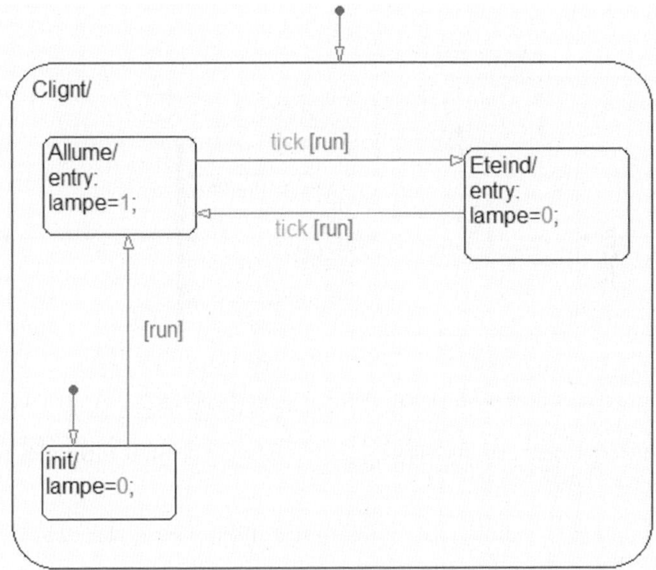


L'état `Clignt` peut être défini comme un sous état du bloc Stateflow puisqu'il est le seul.

L'état `init` est un sous état de l'état `Clignt`.

Ils ont tous deux, comme tout état interne ou sous état, une transition par défaut (sans condition).

Dès l'entrée dans l'état `Clignt`, on aboutit à l'état `init` où on simule l'extinction de la lampe.

Si l'entrée `run` est à au niveau 1 on entre dans l'état `Allume`. Lorsqu'on valide une transition par un signal logique (`boolean`) comme `run`, on le met entre crochets.

Dès l'entrée dans cet état (`entry :`), on met le signal logique `lampe` à 1.
L'extinction de la lampe se fait au front montant du signal de déclenchement si le signal `run` est à 1, d'où la condition `tick [run]`.

Cette même condition sur les signaux `run` et `tick` permet le retour à l'état `init` où la lampe s'éteint. Tant que cette condition est valide, on passe sans discontinuer de `Eteint` à `Allume` et inversement.

On observe dans SIMULINK le clignotement (rouge/vert) de la lampe de l'outil `Gauges Blocksets` ou l'affichage 0/1 sur le bloc `display`.

### II.5. Horloge

Le modèle SIMULINK suivant permet, à partir d'un nombre de secondes, de donner le nombre d'heures, de minute et de secondes.

- *modèle horloge.mdl*

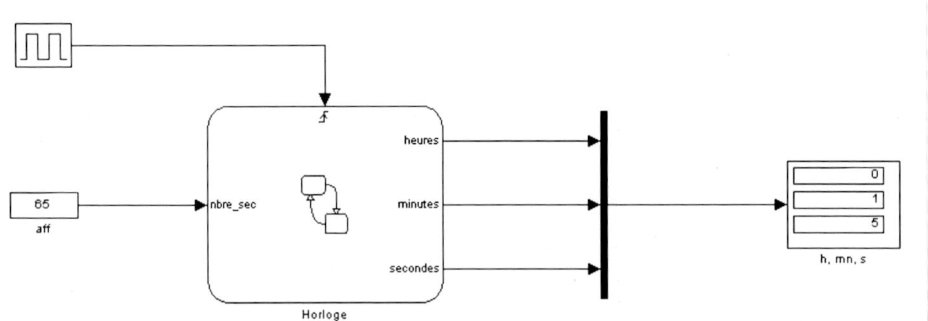


Le bloc Stateflow est déclenché par le signal `tick` sur le front montant (`Rising`) d'un signal carré.

Il reçoit le chiffre en secondes sur son entrée `nbre_sec`, entrée de SIMULINK sous forme d'un entier non signé, codé sur 8 bits, `uint8`.

Ses 3 sorties (`heures, minutes, secondes`) sont affichées sur le bloc `display`, après passage par un multiplexeur.

| Name | Scope | Port | Trigger | Resolve Signal | DataType | Compiled Type | Size | Compi |
|---|---|---|---|---|---|---|---|---|
| tick | Input | 1 | Rising | | | | | |
| run | Local | | | ☐ | boolean | unknown | | |
| nbre_sec | Input | 1 | | | uint8 | unknown | | |
| stop | Local | | | ☐ | boolean | unknown | | |
| heures | Output | 1 | | ☐ | uint8 | unknown | | |
| minutes | Output | 2 | | ☐ | uint8 | unknown | | |
| secondes | Output | 3 | | ☐ | uint8 | unknown | | |

Les signaux logiques `run` et `stop` servent aux transitions pour valider le calcul et son arrêt.

La programmation n'est pas optimale mais uniquement à but pédagogique afin d'étudier d'autres fonctionnalités de Stateflow.

Le test `[1==1]` est toujours valide, condition toujours réalisée.

Lorsqu'on doit se déplacer vers plusieurs états selon des conditions différentes, ces dernières valideront autant de transitions qui partent d'un même état.

On ne peut pas avoir plusieurs transitions par défaut partant d'un même état.

Une manière d'éviter cette erreur est de mettre cette condition qui rend cette transition prioritaire à une autre par défaut.

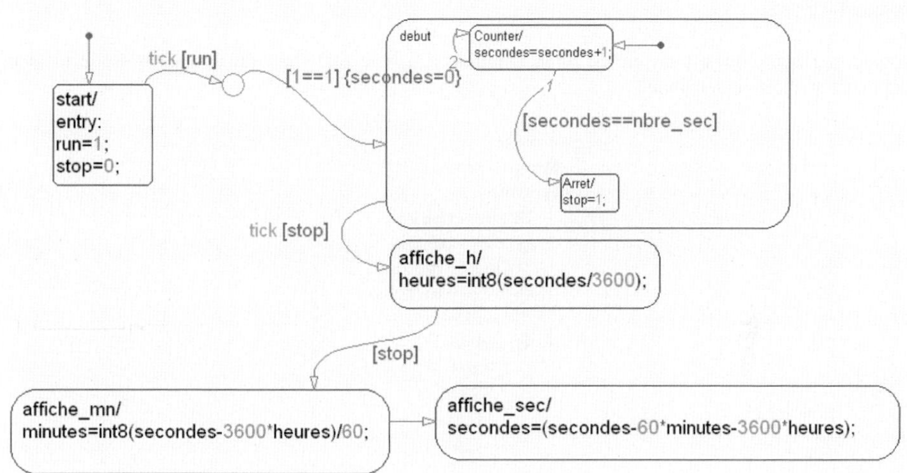


Dès l'entrée dans l'état `start`, on initialise les variables locales `run` et `stop` respectivement à 1 et 0. Dans la transition `[1==1] {secondes=0}`, on force la variable `secondes` à 0.

L'affiche des sorties ne se fait que lorsque la variable `stop` est à 1 et au front montant du signal de déclenchement.

## III. Objets de Stateflow

Un graphe Stateflow est composé des différents objets suivants :

- états,
- événements,
- transition,
- les données,
- les conditions,
- jonction
- jonction de l'historique
- etc.

### III.1. Les états

Dans les états on décrit les actions à réaliser dans le cadre du graphe qui décrit la machine à états finis.
Un état peut être actif ou inactif selon des événements qui peuvent intervenir ou des conditions de validation des transitions.

Un état est appelé super état, ou état parent vis à vis de ceux qu'il contient et ceux-là deviennent des sous-états (ou enfants).

Cette hiérarchie apparaît dans la fenêtre de gauche de l'explorateur (`Tools … Explorer`)

Les états `init`, `Eteint` et `Allume` sont des sous-états de l'état `Clignt`, lui-même un enfant de l'état racine `compteur`.

Notons que Stateflow est un enfant pour Simulink. Le bloc Stateflow (compteur) possède la même hiérarchie que le switch manuel.

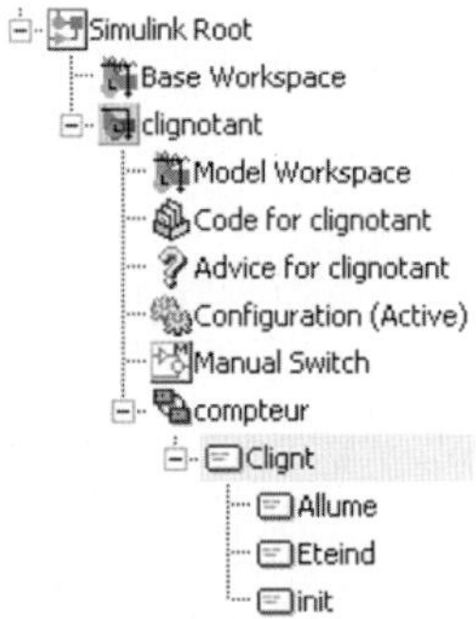


Chaque état possède un parent. Dans le cas suivant, les états B et C ont l'état A comme parent.

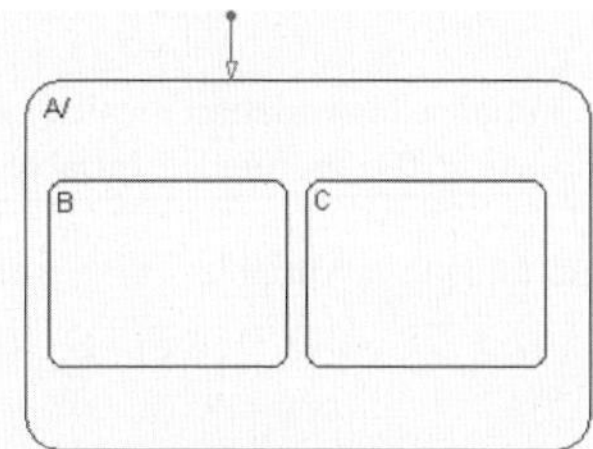


Le cas suivant contient des états exclusifs. C'est aussi le cas précédent pour les états B et C vis-à-vis de l'état parent A.

Ils ne peuvent pas être actifs en même temps. On dit qu'ils sont en décomposition `OU`.
L'exclusivité est réalisée par les transitions qui contiennent des conditions qui valident le passage d'un état vers un autre.

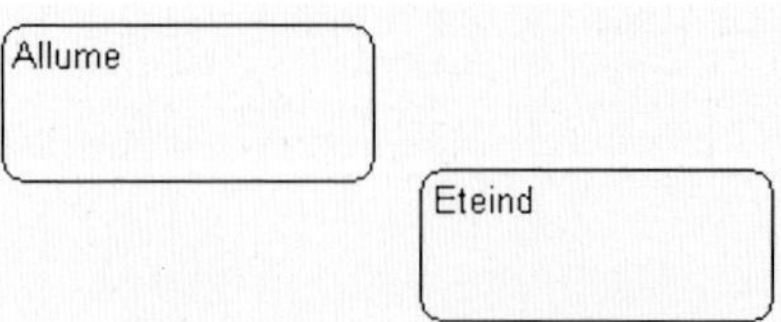

Un graphe Stateflow peut posséder plusieurs états qui peuvent être actifs simultanément. Ces états sont dits parallèles, soit en décomposition ET. Les états parallèles sont encadrés par des bords en pointillés.

Chaque état possède un nom (label) en haut à gauche du rectangle délimitant cet état.

En général, nous avons :

nom/

`entry:` <actions à réaliser à l'entrée dans cet état>

`during:` <actions à réaliser Durant l'activité de cet état>

`exit:` <actions à réaliser dès qu'on sort de cet état>

`on <nom_evt> :` actions à réaliser à l'occurrence de l'événement `nom_evt`

`bind :` <variable> <actions>

Si on ne spécifie rien, c'est considéré comme `entry` donc les actions sont à exécuter dès l'entrée dans l'état.

Le fait de mettre « `bin : a` » signifie que seul cet état ou des états enfants peuvent modifier la valeur de la variable `a`.
Les autres états peuvent utiliser cette variable mais ne peuvent modifier sa valeur.
Le nom de chaque état doit être unique à l'intérieur de chaque super état pour ne pas qu'il y ait ambiguïté.

Bien qu'ils aient les mêmes noms `On` et `Off`, les états `Lampe` et `Clim`, enfants du super état `Vehicule` possèdent les noms complets suivants :

- `Lampe.On` et `Lampe Off`
- `Clim.On` et `Clim.Off`

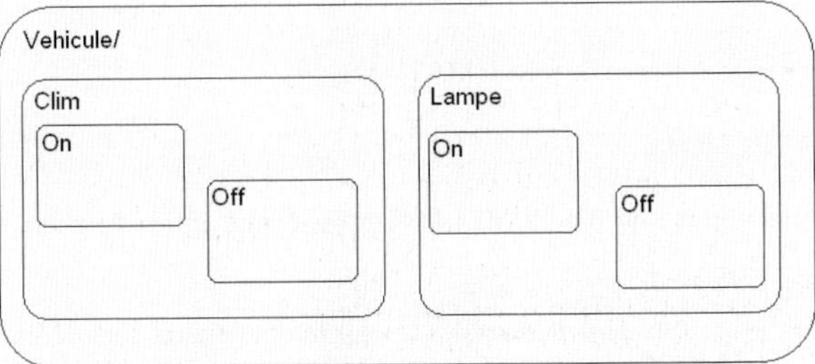


Les actions sont très proches du langage C, exemple pour l'incrémentation, ajout/retrait d'une constante et appel d'une fonction :

```
- a++;
- b+=5
- [vrai, faux] = ma_fonction(x);
```

L'indexation de vecteurs et tableaux se fait comme dans le langage C :

```
x = vect [4];
y = matr[2][7]
```

Les lignes de commentaire peuvent débuter par l'un des 3 symboles : `//`, `*/` et `%`.

Tout comme pour MATLAB, une ligne peut se terminer par le symbole… pour indiquer que la ligne continue jusqu'à la suivante.

Exemple du graphe `horloge`, l'action de l'état `affiche_sec` peut s'écrire comme suit :

```
secondes =(secondes-60*minutes ...
- 3600*heures) ;
```

On peut utiliser quelques fonctions de la librairie Math du langage C telles : `abs`, `sqrt`, `ceil`, etc.

En plus de ces instructions particulières du langage C, on peut faire appel à des fonctions préalablement définies.
On peut utiliser les fonctions MATLAB et les variables de l'espace de travail grâce à l'utilisation de l'opérateur `ml`.

Nous allons étudier un cas où l'on fait appel à ces variables et fonctions.

- *modèle appel_fct_MATLAB.mdl*

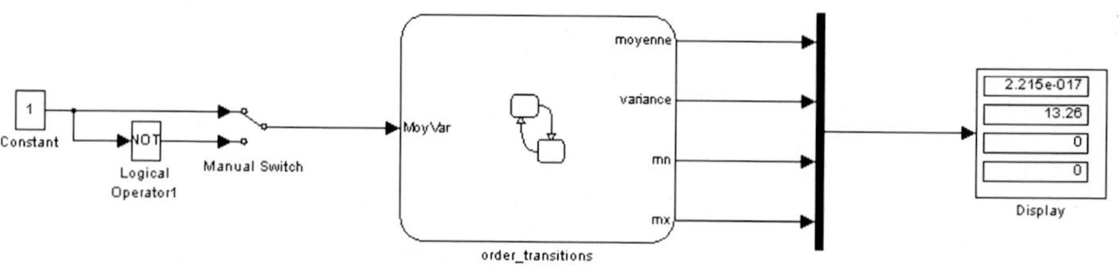


On définit la variable x dans l'espace de travail MATLAB.

```
>> x=-2*pi:pi/100:2*pi;
```

Le graphe Stateflow, vu comme un bloc SIMULINK possède une entrée de choix des calculs faits sur cette variable.

Les variables `ect, x et y`, qui servent pour des calculs intermédiaires sont définies comme locales.

| Name | Scope | Port | Trigger | Resolve Signal | DataType | Compiled Type |
|---|---|---|---|---|---|---|
| ect | Local | | | ☐ | double | double |
| moyenne | Output | 1 | | ☐ | double | double |
| variance | Output | 2 | | ☐ | double | double |
| mn | Output | 3 | | ☐ | double | double |
| MoyVar | Input | 1 | | | boolean | boolean |
| mx | Output | 4 | | ☐ | double | double |
| y | Local | | | ☐ | ml | ml |
| x | Local | | | ☐ | ml | ml |

Lorsque l'entrée logique `MoyVar` est au niveau 1, on calcule la moyenne et la variance de la variable `x`. C'est ce qu'on fait dans l'état `moy_var`.

La commande `ect.std(ml.x)` revient à calculer l'écart type de la variable `x` de l'espace de travail par l'utilisation de la commande MATLAB `std`.

Idem pour le calcul de la moyenne pour la commande `mean` de MATLAB.

Le passage de l'état `start` à l'état `moy_var` est conditionné par la variable logique `MoyVar` que le graphe reçoit de SIMULINK.

Dans cet état, les variables, `moyenne` et `variance` sont affichées dans le display.

Si l'entrée logique `MoyVar` est fausse, on passe de l'état `start` à `min_max` dans lequel on calcule le minimum et le maximum du tableau `x`.

Dans chacun de ces deux états, on remet à 0 les variables de l'autre état (variables locales).

Les calculs de la moyenne et de la variance se font par les fonctions Matlab `std^2` et `mean` qu'on associe à la commande `ml`.

La condition évidente `[1==1]` permet d'éviter l'existence de plus de deux transitions par défaut entre les états `moy_var` et `sin_card`.

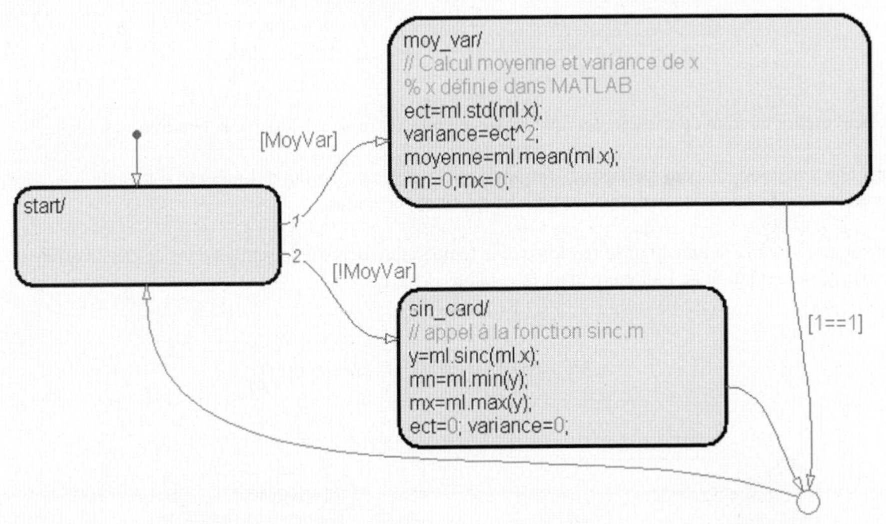


Le retour de chacun des deux états vers `start` se fait en utilisant une jonction (objet de la palette).

Comme on ne doit pas avoir, en sortie ou en entrée d'un objet Stateflow (ici la jonction), 2 transitions par défaut, on utilise la condition `[1==1]` qui vaut toujours 1.

## III.2. Les transitions

Une transition est un objet graphique qui lie un état à un autre. Un label décrit les circonstances ou les conditions du passage entre ces états

### *III.2.1. Les transitions par défaut*

La transition par défaut (sans aucune condition, ni label) détermine l'état qui doit être actif lorsqu'il y a ambiguïté entre plusieurs états en décomposition `OU` et qui ont le même niveau de hiérarchie.
Chaque état qui contient des sous-états doit avoir sur l'un d'eux une transition par défaut qui détermine cet état actif dès l'entrée de ce super état (ou état parent).

### *III.2.2. Labels des transitions*

Une condition est une expression booléenne qui valide la transition du passage d'un état vers un autre. La condition est mise entre crochets.
Les conditions peuvent faire intervenir des variables locales ou des entrées SIMULINK. L'exemple suivant montre l'augmentation de la vitesse du ventilateur lorsque la température ambiante dépasse un certain seuil.

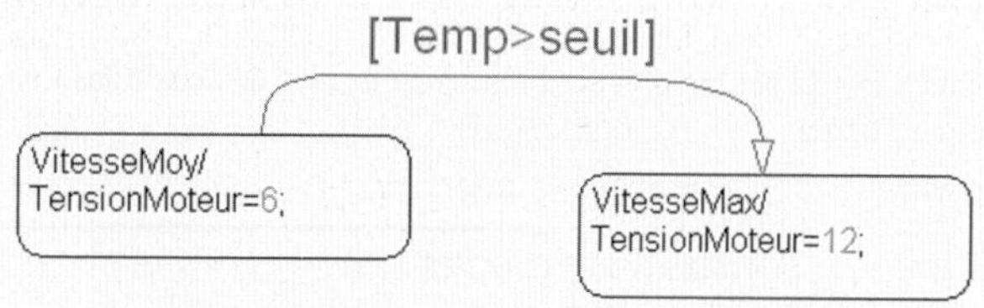


On peut mettre un nom de variable logique locale auparavant mise à 1 lorsque la condition est réalisée.

Dans une transition, on peut réaliser des actions comme celles qu'on fait à l'intérieur d'un état.
Les actions réalisées dans une transition sont mises entre accolades.

Dans le cas suivant, la transition se fait lorsque la température dépasse le seuil et dans ce cas on arrête le moteur de recirculation de l'air en mettant la variable `recirc` à 0.

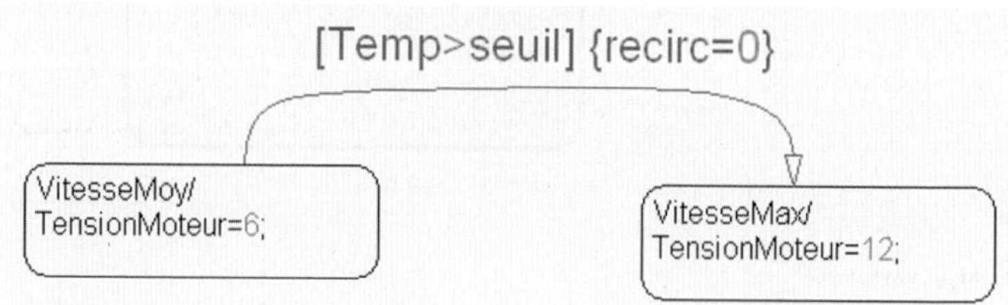


Le label d'une transition est dans le cas général le suivant :

```
event[condition]{condition_action}/transition_action
```

La transition sera validée lorsque :

- l'événement `event` a lieu,

et

- la condition est vraie,

On peut spécifier plusieurs événements avec l'opérateur « | ». La condition doit être mise entre crochets.

Les 2 graphes suivants sont équivalents :

Dans le premier, à l'occurrence de l'événement `event`, et si la température dépasse le seuil, on applique la tension de 12V au moteur du ventilateur et qu'on a déterminé l'état de destination, `Etat2`, on fait appel à la fonction `ma_fonction` à laquelle on passe les arguments `x` et `y`.

Toutes ces commandes sont exécutées en sortie de l'état `Etat1`.

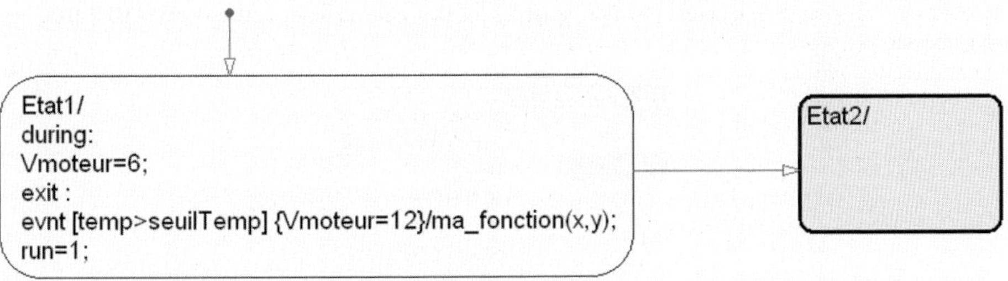


Dans le cas suivant, l'instruction de type événement `[condition] [action]/appel_fonction` peut être sur le label de la transition du passage de l'état `Etat1` à `Etat2`.

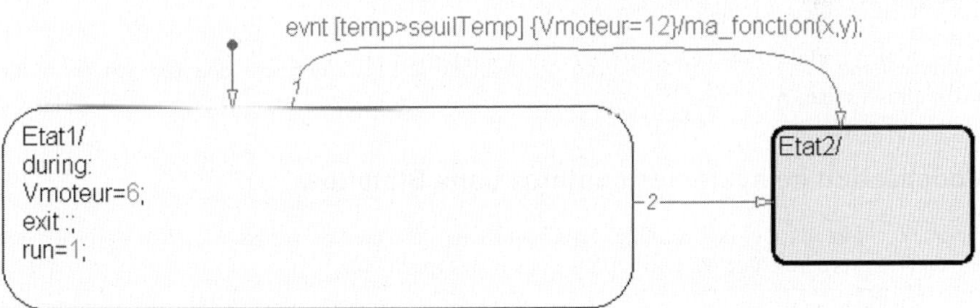


### III.3. Les événements

Les événements, objets non graphiques, agissent sur l'exécution du graphe Stateflow. Tous les événements doivent être définis par le menu `Add ... Event` dans `Model Explorer`.

L'occurrence d'un événement peut servir à valider une transition de passage d'un état à un autre ou une action à exécuter.

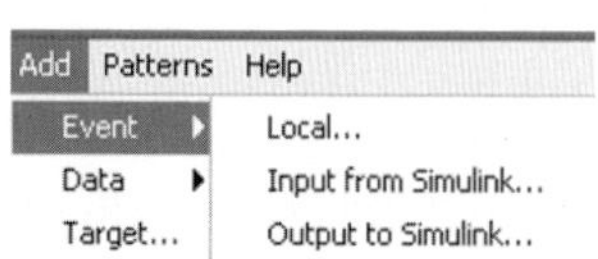


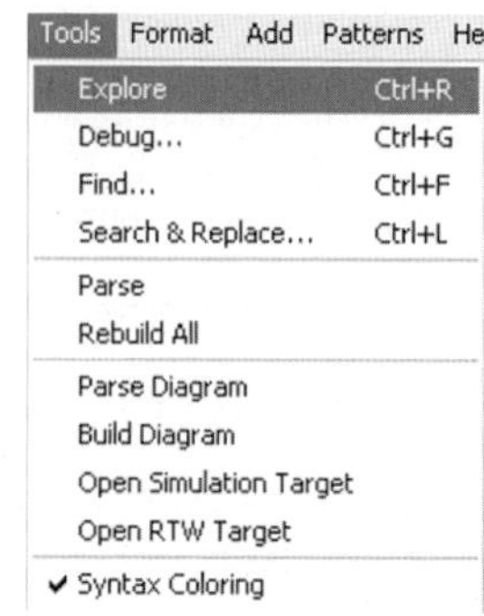


### III.4. Les objets Data

Les objets `Data` (données) peuvent être des variables locales, entrées de ou sorties vers SIMULINK, une constante, etc.

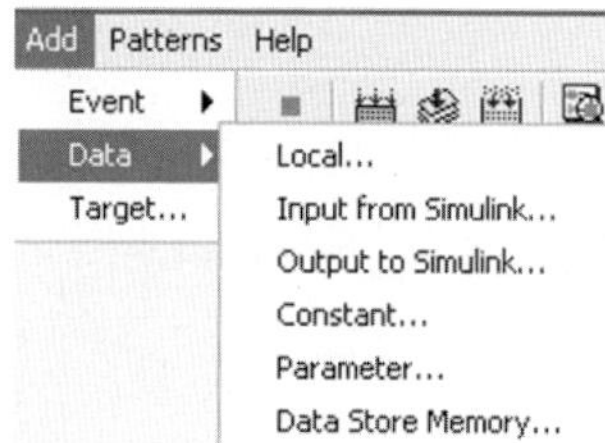


Comme dans le modèle `horloge`, les variables logiques `run` et `stop` sont locales au graphe (définies et utilisées dans le graphe).
Elles sont invisibles dans Simulink, et dans Matlab.

Par contre, comme MATLAB est au niveau hiérarchique le plus élevé, ces données peuvent y être définies et utilisées dans Stateflow.

## IV. Modélisation de systèmes continus dans Stateflow

Les variables continues sont des variables représentées par leur taux de variation ou leur dérivée. Cette dernière donnée est représentée par une variable locale, de type double.

Pour chaque variable continue qu'on crée, Stateflow crée implicitement une variable représentant sa dérivée, avec le nom `NomVariable_dot`.

Les variables représentant les dérivées n'apparaissent pas dans l'explorateur.

Après un clic droit de la souris, on choisit `Properties` qui affiche la fenêtre suivante Dans le menu `Update method`, on sélectionne `Continuous`.

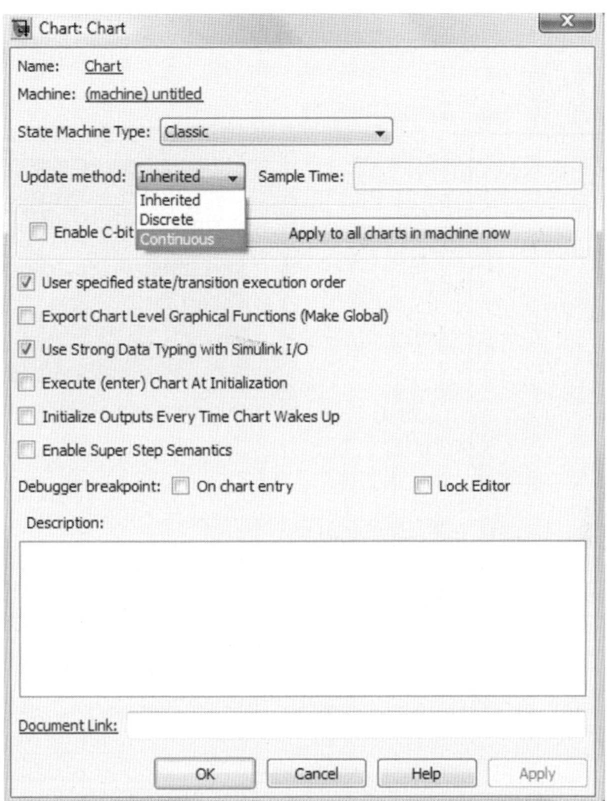


Les variables définies comme continues sont uniquement des variables locales, elles ne peuvent pas être des entrées, ni des sorties.
Toutes les opérations liées aux variables continues ne peuvent se faire que pendant l'étape `during` de l'état.
Nous allons étudier la modélisation d'un système continu du $1^{er}$ et du $2^{ème}$ ordre.

La fonction de transfert du système du $1^{er}$ ordre :

$$H(p) = \frac{k}{1 + \tau\, p}$$

permet d'obtenir le régime transitoire : $\dot{y}(t) = -\tau\, y(t)$ que nous allons programmer dans Stateflow.
En définissant la variable (`Data`) comme locale et continue, Stateflow crée implicitement sa dérivée `y_dot`, invisible dans l'explorateur.
Dans le seul état nommé `_1erOrdre`, on programme l'équation différentielle :

```
y_dot= tau y,
```

avec la constante de temps `tau` définie comme une entrée de SIMULINK.

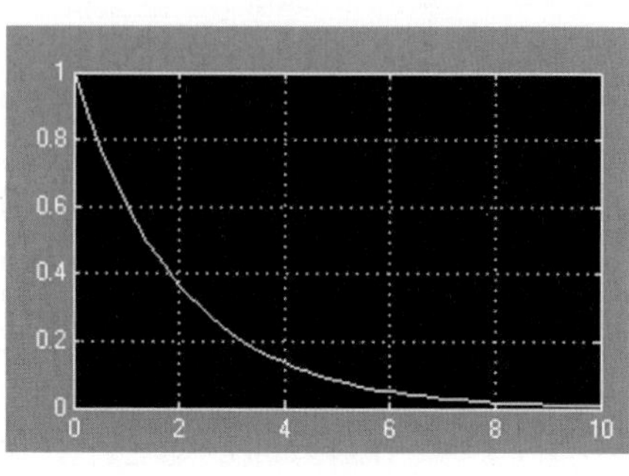


Dans l'explorateur nous avons les différentes variables (`Data`).

Model Hierarchy
- Simulink Root
  - Base Workspace
  - syst_1er_ordre_continu
    - Model Workspace
    - Code for syst_1er_ordre_continu
    - Advice for syst_1er_ordre_continu
    - Configuration (Active)
    - Chart

Contents of: syst_1er_ordre_continu/Chart

| Name | Scope | Port | Resolve Signal | DataType | Compiled Type | Size | Compiled Size | UpdateMeth |
|---|---|---|---|---|---|---|---|---|
| y_out | Output | 1 | ☐ | double | double | | 1 | Discrete |
| tau | Input | 1 | | Inherit: ... | double | -1 | 1 | Discrete |
| y | Local | | | double | double | | 1 | Continuous |
| v | Local | | | double | double | | 1 | Continuous |
| p | Local | | | double | double | | 1 | Continuous |

Pour le système du second ordre, nous programmons le modèle d'état suivant :

```
x'1=-2*z*w0 x1 - w0^2 x2 - w0^2 u
x'2=x1
```

Nous définissons les variables `x1` et `x2` comme locales et continues et Stateflow crée leurs dérivées `x1_dot` et `x2_dot` que nous relions par les équations d'état ci-dessus.

Dans la transition par défaut nous initialisons ces variables à 0.

- *modèle syst_2eme_ordre_continu.mdl*

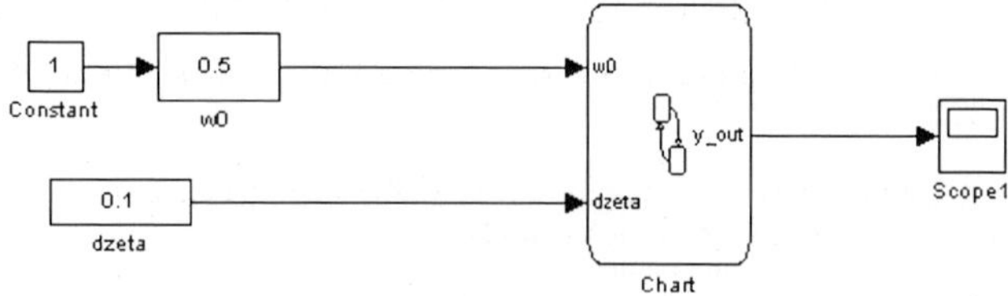

Avec un coefficient d'amortissement de 0.1, nous observons des oscillations amorties dans la réponse transitoire du système.

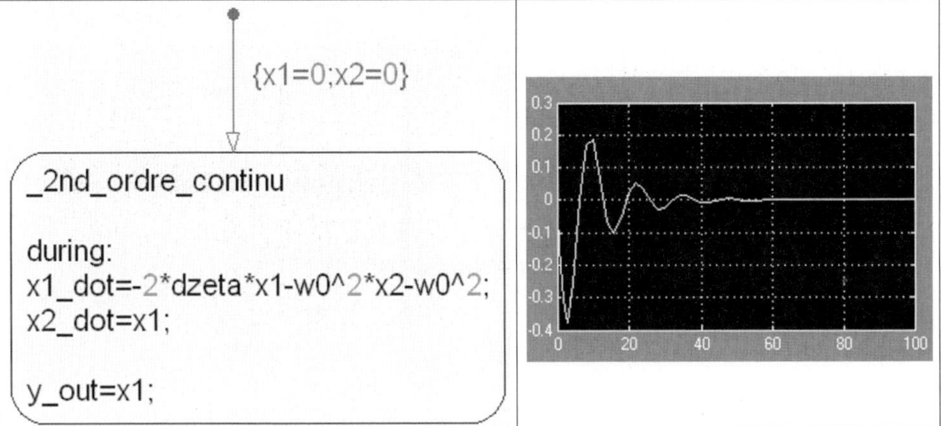


## V. Fonctions graphiques

Une fonction graphique est une fonction définie graphiquement par un graphe Stateflow. Une fonction graphique est créée grâce à l'outil f() de la palette d'outils de Stateflow.

Dans le diagramme d'une fonction on peut trouver tous les objets graphiques tels les états, les transitions, les jonctions ainsi que les conditions et les actions.

Lorsqu'on utilise l'outil f(), on fait apparaître un rectangle dans lequel sera définie la fonction graphique, comme dans l'exemple suivant où la fonction `f1` accepte 2 paramètres d'appel dont elle fait le produit.

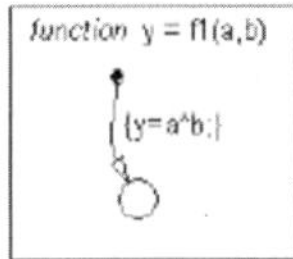


Une fonction peut accepter autant de paramètres d'appel que nécessaire et elle-même peut être utilisée dans des actions d'états ou de transitions dans un graphe Stateflow.

Une fonction ne peut pas retourner plus d'un argument de retour. Les arguments d'appel et de retour ne peuvent pas être des tableaux.

On peut faire appel à une fonction dans le corps d'une autre fonction graphique. On se propose d'étudier quelques exemples d'utilisation de fonctions graphiques.

On se propose de programmer la fonction sinus cardinal à l'aide de Stateflow en utilisant uniquement des actions dans les transitions.

### V.1. Sinus cardinal

- `modèle sin_card_stateflow.mdl`

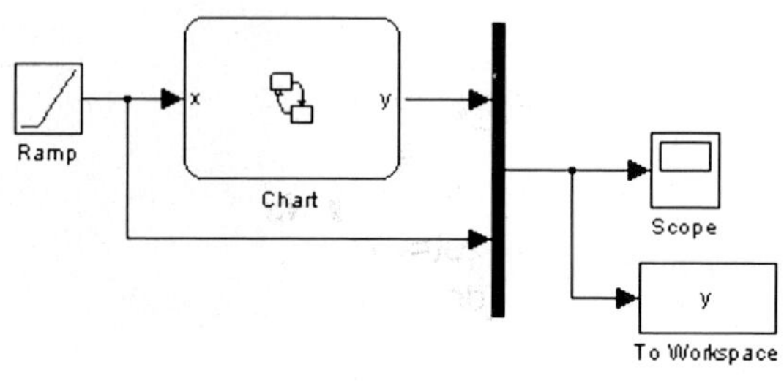


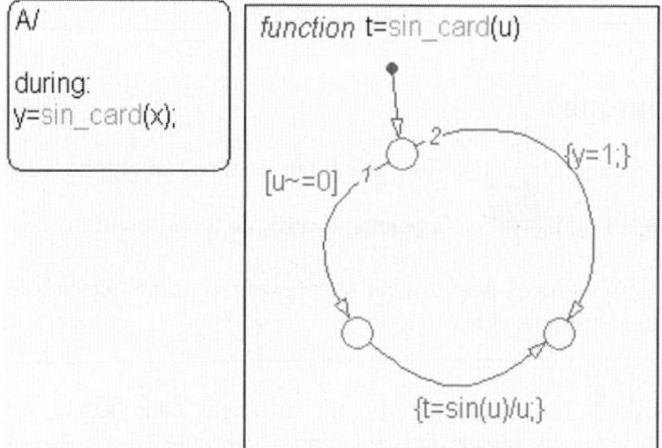


Dans l'état A, on fait appel à la fonction `sin_card`, avec `y` et `x` les opérateurs de retour et d'appel.

A l'aide de l'outil *f()* de la palette d'outils, on fait apparaître le rectangle dans lequel on programme la fonction `sin_card`.

On lève l'indétermination `sin(0)/0` grâce aux deux transitions 1 et 2.
La transition 1 teste si l'argument d'appel est différent de zéro : `[u~=0]`.
Après une jonction, nous trouvons la transition dans laquelle on réalise l'action qui programme le sinus cardinal : `{t=sin(u)/u ;}`

La transition 2 permet uniquement de mettre à 1 la valeur du sinus cardinal. Les 2 transitions arrivent à une jonction finale.

Dans le modèle `sin_card_stateflow` on sauvegarde les signaux d'entrée et de sortie du bloc Stateflow dans l'espace de travail sous la forme d'un tableau y.

Les lignes suivantes permettent de tracer les signaux d'entrée/sortie. L'argument est une rampe de pente π/50.

```
subplot(211), plot(y(:,1)), title('Sinus cardinal'), grid on
axis([0 50 -0.3 0.9]), subplot(212), plot(y(:,2))
title('Argument du sinus cardinal (rampe de pente \pi/50)')
grid, axis([0 50 0 25])
```

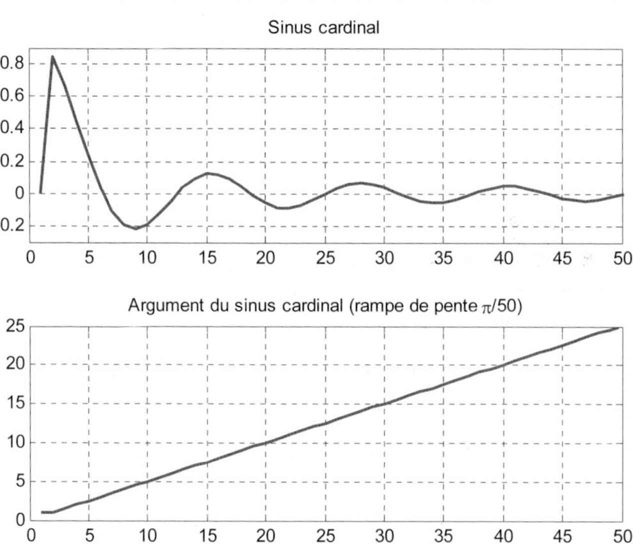


Les valeurs de l'angle entre 0 et 50 rads, sont espacées d'un pas de π/50.

### V.2. Carré, tiers de la valeur absolue

- Modèle `fct_stateflow.mdl`

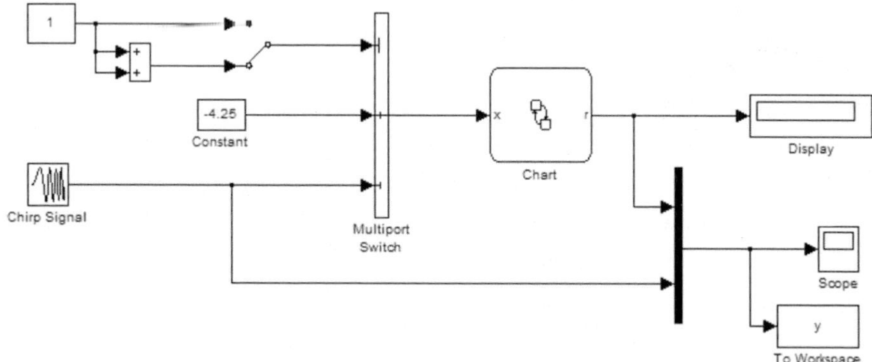

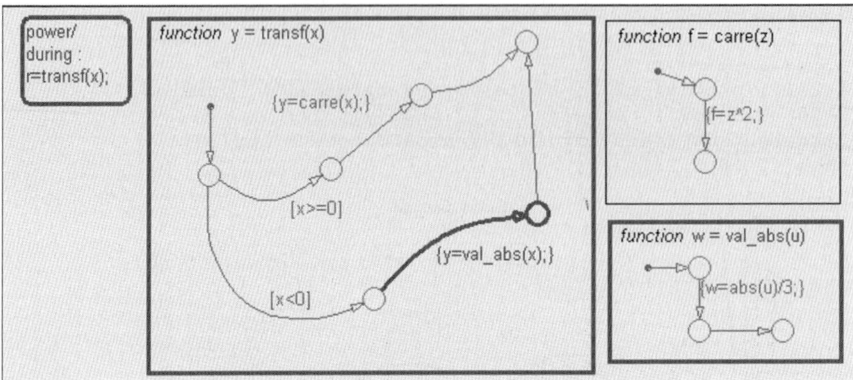


Dans le seul état `power` que nous avons dans le graphe Stateflow, nous faisons appel à la fonction graphique nommée `transf` qui fait appel à son tour à 2 autres fonctions : `carre` et `val_abs` qui consistent, respectivement à élever au carré l'argument et au tiers de la valeur absolue, telles que sont définies ces fonctions dans le graphe Stateflow.

Les états de définition ou d'appel de chaque fonction commencent par une jonction à laquelle arrive une transition par défaut.

Lorsque `x` est positif ou nul, la transition définie par la seule condition [`x>=0`] est valide et on arrive la transition dans laquelle on réalise, par défaut, l'action consistant à l'appel de la fonction `carre`.
Cette transition est uniquement définie par l'action `{y=carre(x);}`

Dans le cas contraire où `x` est négatif, on passe successivement par la transition définie par la condition `[x<0]` et celle de l'action `[y=val_abs(x);}`

Les définitions ou les appels de fonctions aboutissent à une jonction finale.

Le graphe peut être optimisé comme suit:

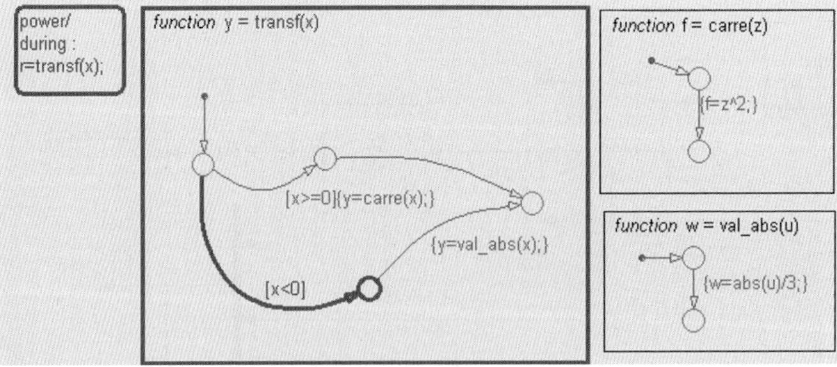

```
plot(y(:,1))
grid on
axis([0 50 -1 1])
hold on
plot(y(:,2))
title('Signaux d''entrée/sortie')
```

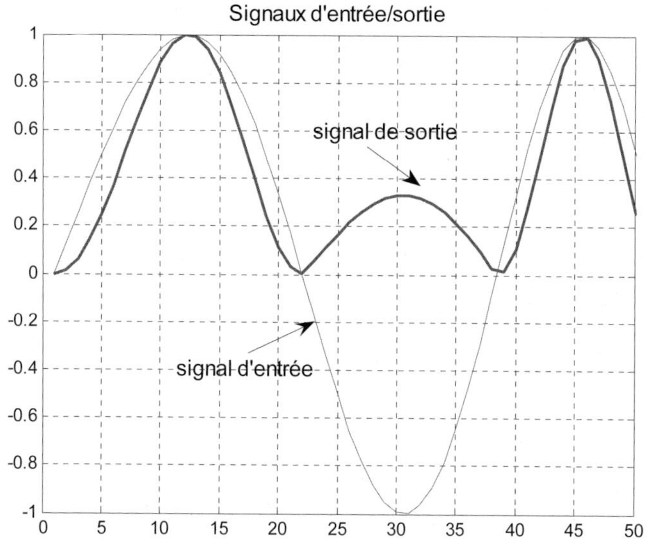


## VI. Fonctions de test if ... then ... else

- **`if ... else`**

On se propose de programmer le test `if ... else` à l'aide de Stateflow.

- `modèle if else.mdl`

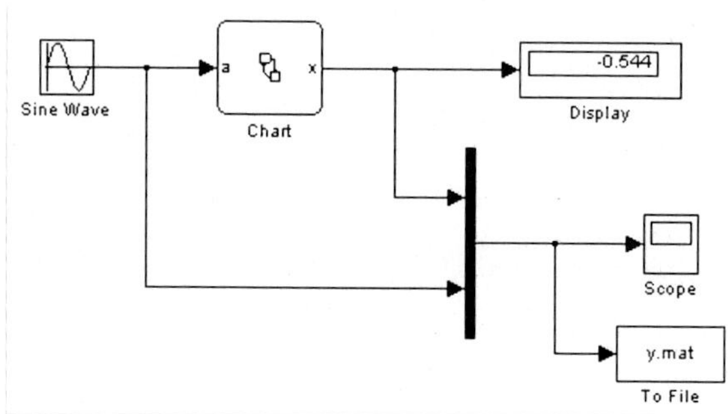

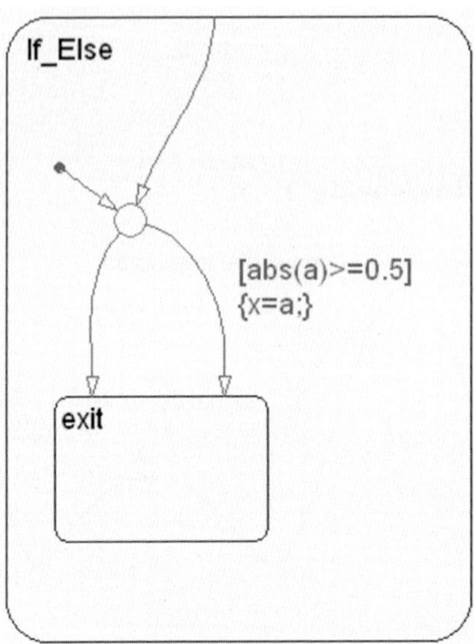


Le graphe Stateflow débute par une jonction à laquelle arrive une transition par défaut, comme on aurait pu le faire avec un état.

De cette jonction partent 2 transitions dont l'une est par défaut. L'autre indique que si la valeur absolue du signal d'entrée est supérieure à 0.5 alors le signal de sortie prend sa valeur.

Dans le cas contraire, le signal de sortie garde la valeur atteinte par le signal d'entrée (blocage).

Une transition interne à l'état général arrive à la jonction de départ pour réaliser une exécution continue du modèle durant le temps de simulation défini par le menu de Simulink (`Simulation ...Configuration Parameters`).

Les signaux d'entrée/sortie sont envoyés vers le fichier binaire `y.mat`. Les lignes de commande suivantes permettent le tracé de ces signaux.

```
% lecture du fichier y
load y

plot(ans(2,:))
axis([0 50 -1 1])

hold on

plot(ans(3,:))
title('Signaux d''entrée/sortie')
grid
```

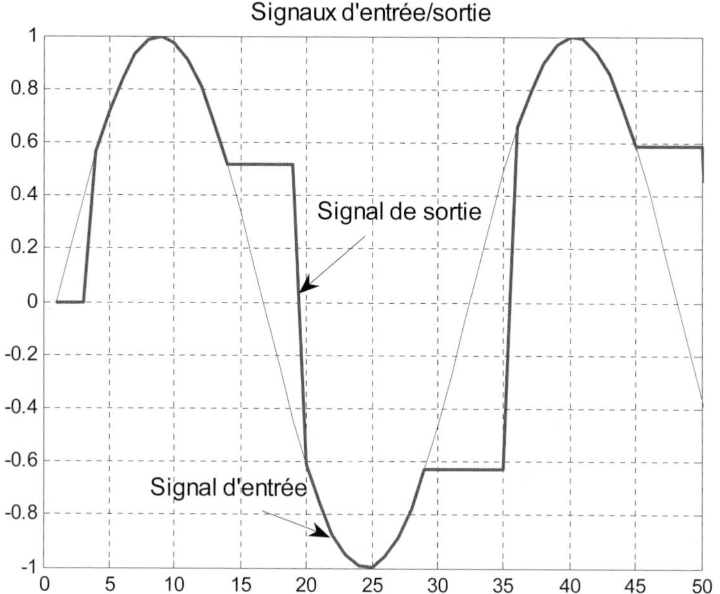


- **If ... else2.mdl**

- modèle `if_else2.mdl`

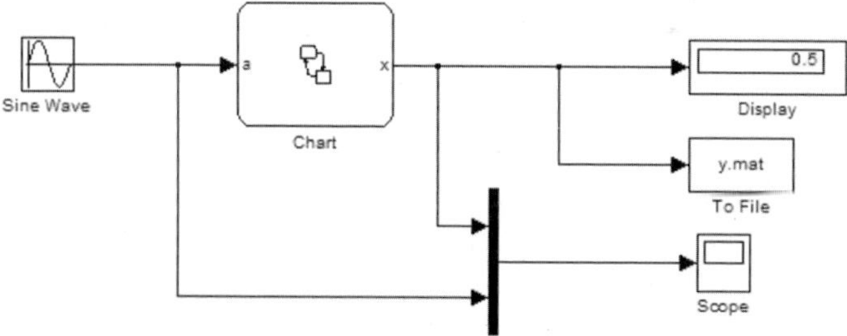


Dans le graphe Stateflow du modèle `if_else2.mdl`, nous utilisons des transitions comportant chacune une seule condition ou action.

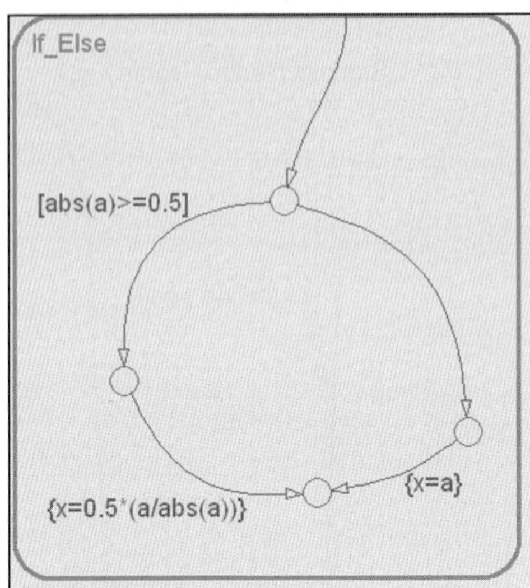


Ce graphe commence par une jonction à laquelle arrive une jonction interne à l'état. De cette jonction partent 2 jonctions dont l'une est par défaut.

L'autre jonction active le passage vers une autre jonction par la condition `[abs(a)>=0.5]` à savoir que la valeur absolue du signal d'entrée supérieure à 0.5.

Après le passage par une autre jonction, on réalise l'action `{x=0.5*(a/abs(a)}` qui consiste à mettre `x` à `0.5 * signe(x)`.

Ce graphe peut être optimisé comme suit (2 jonctions seulement).

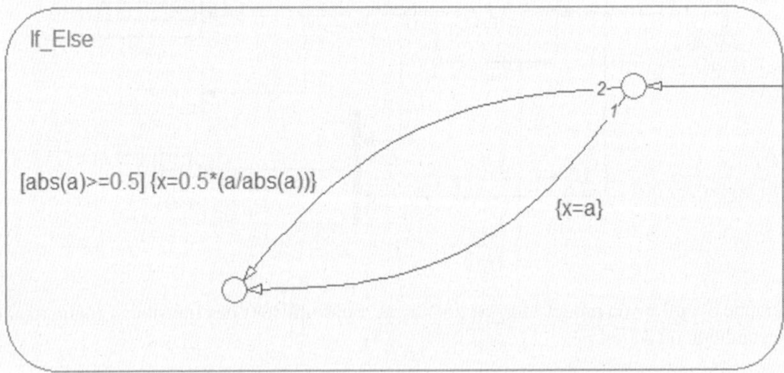


Les signaux d'entrée/sortie sont envoyés vers l'oscilloscope et le fichier binaire `y.mat`.

Les lignes de commande suivantes permettent de tracer les signaux d'entrée/sortie du bloc Stateflow.

```
load y
plot(ans(2,:))
axis([0 50 -1 1])
hold on
plot(ans(3,:))
title('Signaux d''entrée/sortie')
grid
```

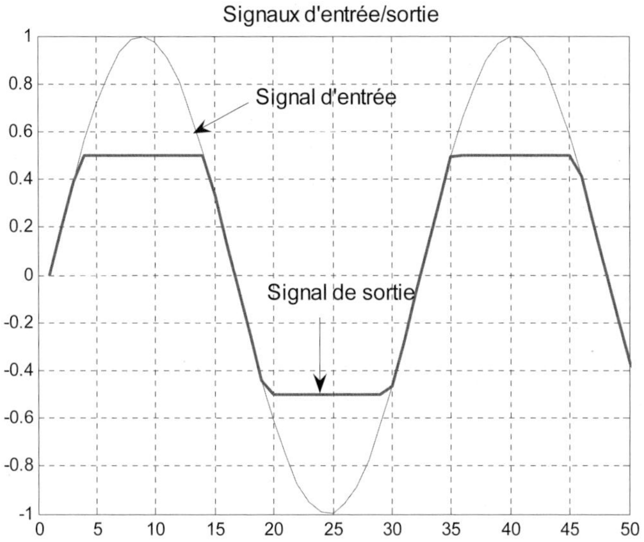


- **`if ... if ... elseif`**

- `modèle if_if_else.mdl`

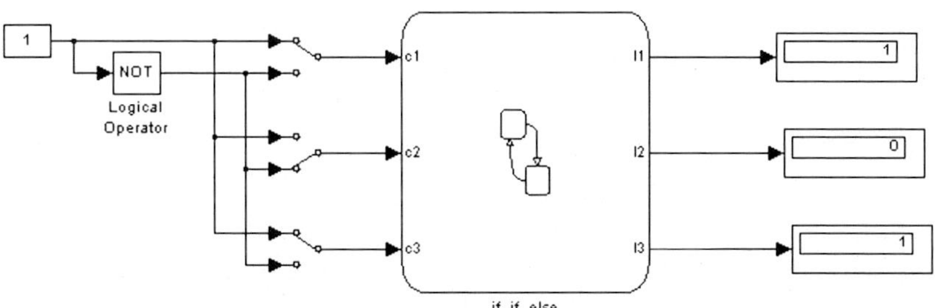


Dans le graphe Stateflow suivant, dans la transition par défaut, on réalise la mise à zéro des sorties I1, I2 et I3.

On arrive à l'état init dont on peut se passer pour aboutir directement à la jonction à laquelle on passe à travers la transition dans laquelle on met I1 à 1 si l'entrée c1 est vraie (égale à 1). De cette jonction partent 2 transitions dont l'une ne comporte ni condition ni action. Dans la transition de gauche, on met I2 à 1 si l'entrée c2 est vraie. Dans le chemin de droite, on fait de même pour I3 si c3 = 1.

Dans le cas précédent, seule c2 est nulle, ce qui a pour conséquence I2=0.

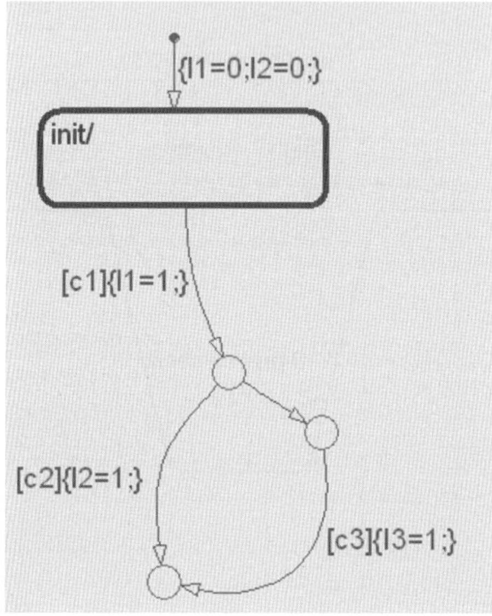


## VII. Boucle for

### VII.1. Valeur d'une fonction

On se propose de calculer la variable y qui dépend de n :

$$y = \frac{3 + \dfrac{\cos n}{n^2}}{4\left(1 + \dfrac{2}{n} + \dfrac{1}{n^2}\right) + \dfrac{\sin 3n}{n^2}}$$

- modèle for_loop.mdl

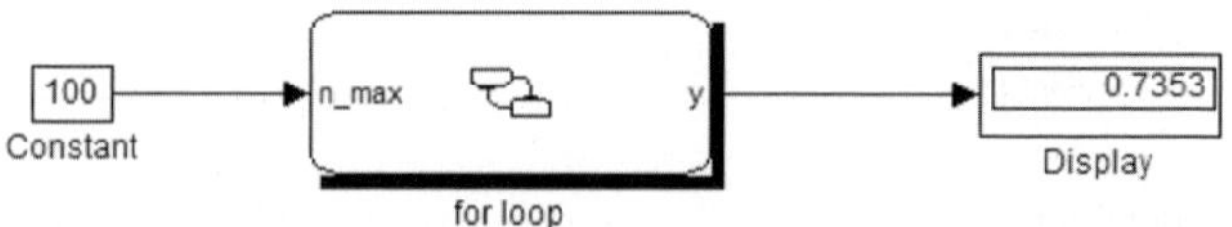

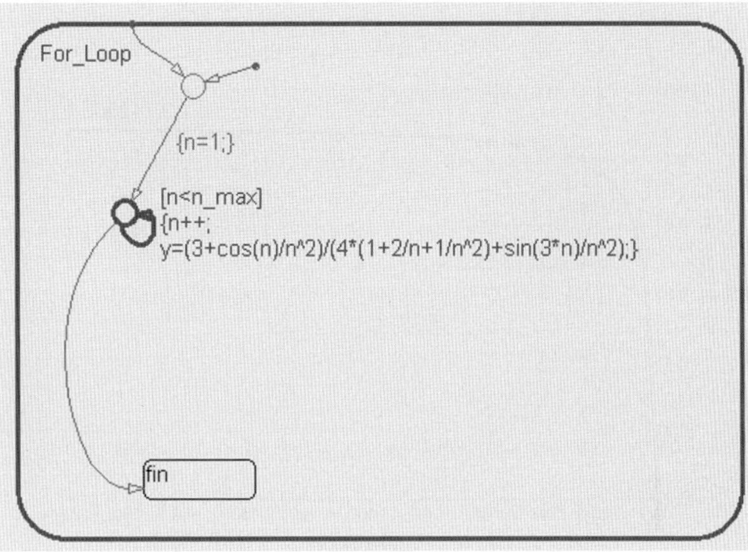


On peut vérifier ce résultat à l'aide du script Matlab :

*fichier boucle_for.m*

```
for n=1:200
    i(n)=n;
    num_y=3+cos(n)/n^2;
    den_y=4*(1+2/n+1/n^2)+sin(3*n)/n^2;
    y(n)=num_y/den_y;

end

% Tracé de l'évolution de y en fonction de n
plot(i,y)
grid


gtext(['\downarrow'        num2str(y(length(y)))])
xlabel('Indice n')
ylabel('Evolution de y')
```

La figure suivante montre l'évolution de y en fonction de l'indice n ainsi que sa convergence vers la même valeur obtenue par Stateflow.

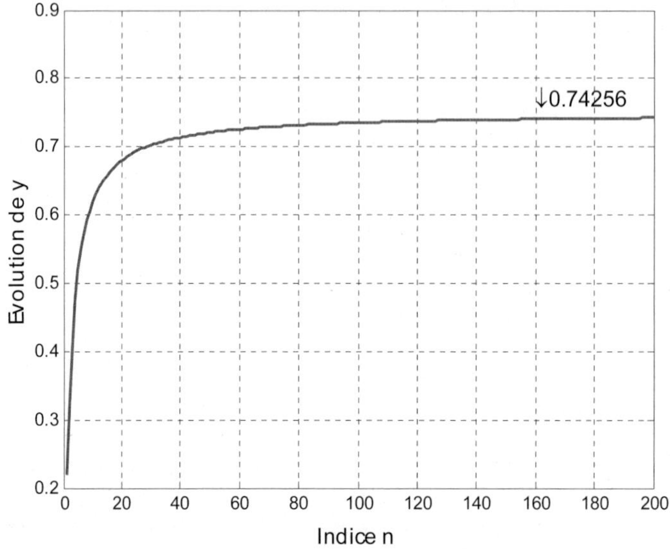


**VII.2. Courbes de Lissajous**

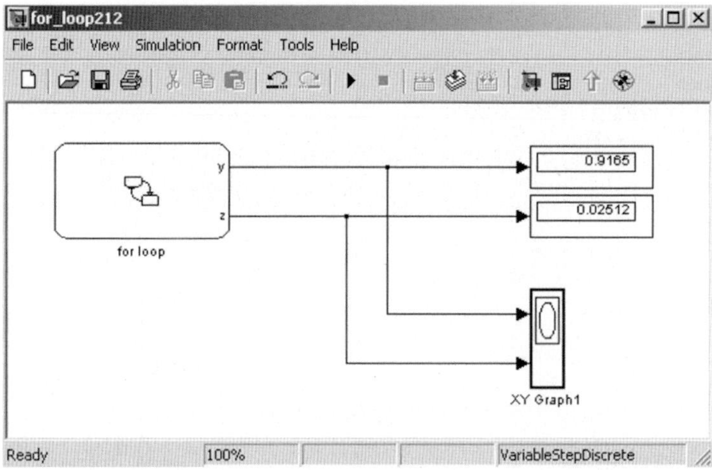


On se propose de tracer une courbe paramétrée en fonction d'une autre, soit la fonction `z=a cos(4 t)` en fonction de `y=a cos(3 t)`, toutes deux paramétrées par la variable `t` incrémentée à chaque pas de la valeur `n` $\pi/1000$ avec `n` allant de 1 à 100.

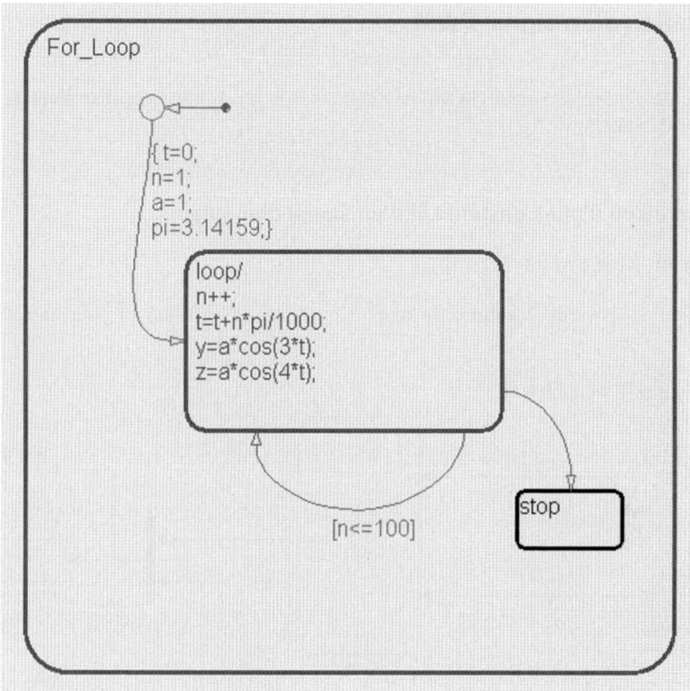


Nous obtenons la courbe de Lissajous suivante.

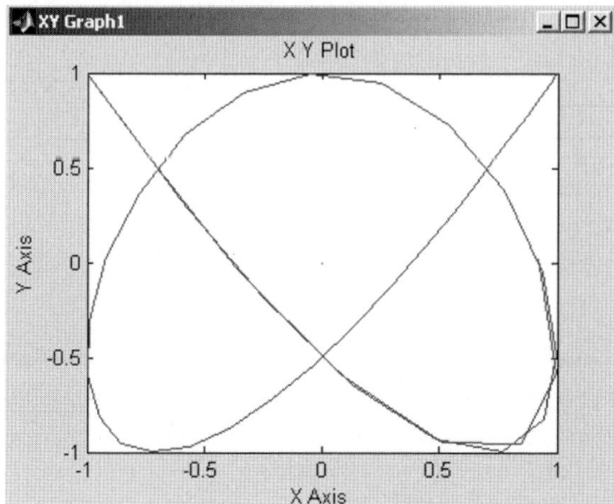

## VIII. Génération d'un signal PWM

On se propose de générer le signal PWM (`Pulse Width Modulation`) par diverses méthodes de programmation de Stateflow.

### VIII.1. Comparaison d'une constante et d'un signal triangulaire

- `modèle pwm_stateflow.mdl`

Le graphe Stateflow possède 2 entrées (le rapport cyclique `rc` exprimé en pourcentage et un signal triangulaire).

Une sortie constitue le signal PWM.

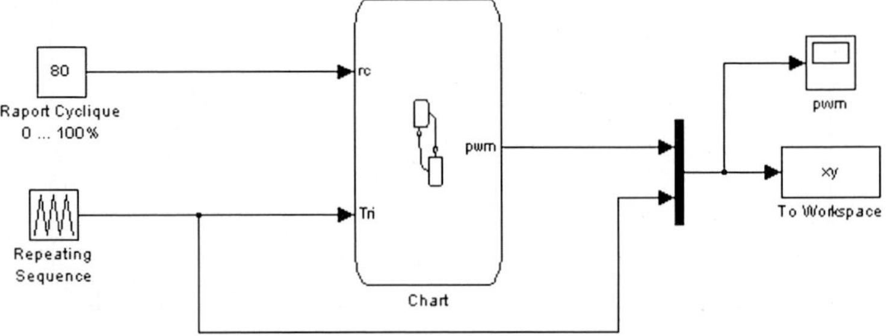


Pour générer le signal, on utilise le test conditionnel `~(Tri>=rc/100)`, qui donne 1 partout où le signal triangulaire est supérieur au centième du rapport cyclique (spécifié entre 0 et 100%) et 0 ailleurs.

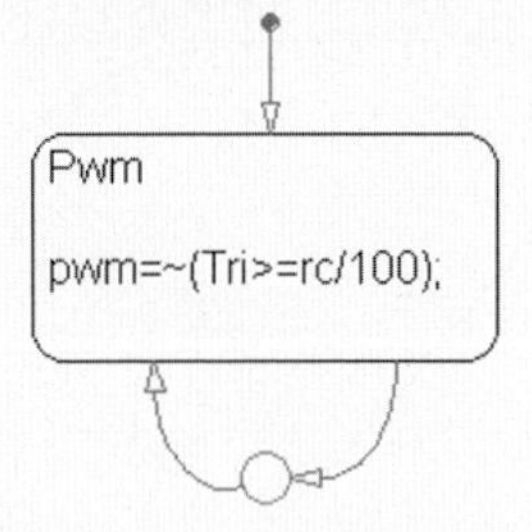


Les signaux triangulaires et PWM sont envoyés vers l'espace de travail sous forme de structure de nom `xy`.

```
plot(xy.signals.values(:,1))
hold on
plot(xy.signals.values(:,2))
```

```
axis([0 50 -0.2 1.2])
grid
title('Signaux triangulaire et PWM')
```

La figure suivante montre le cas d'un signal PWM de rapport cyclique de 80%.

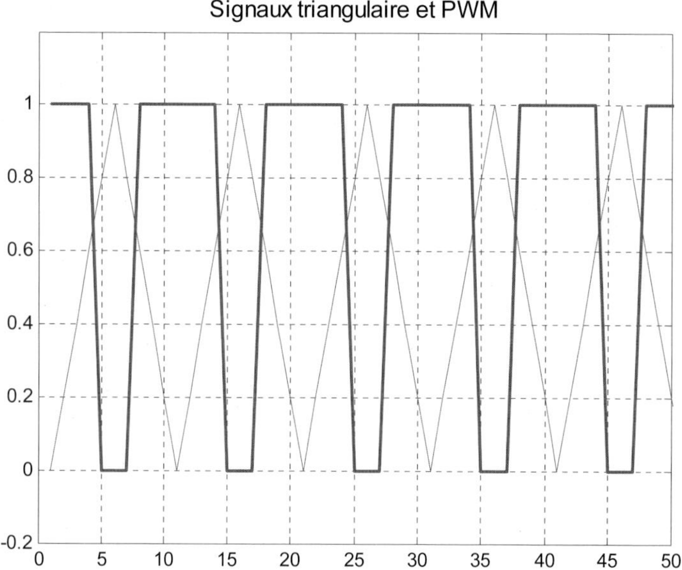


Le signal PWM est réalisé à la fréquence du signal triangulaire ; 1 lorsque la constante (rapport cyclique) est supérieure à la valeur du triangle.

Nous obtenons le même résultat avec le graphe suivant (modèle `pwm2_stateflow.mdl)` où l'action se fait dans la transition.

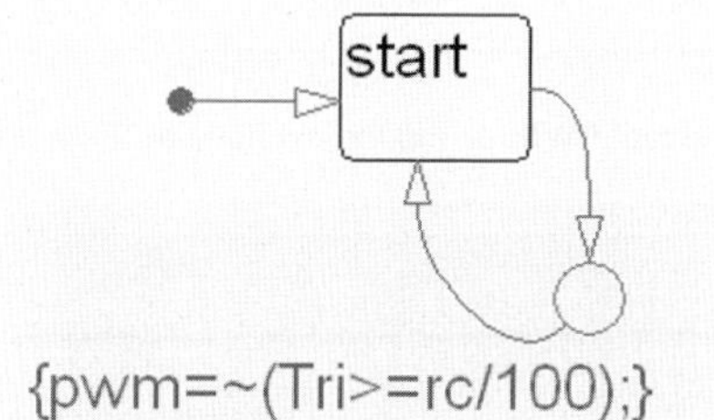


Nous pouvons aussi utiliser la condition `if ... then... else` pour générer ce signal PWM à partir des mêmes signaux d'entrée : le signal triangulaire pour spécifier la fréquence et la constante pour le rapport cyclique.

### VIII.2. Condition else

La même condition sur la constante et le triangle est faite sous forme de programmation (action sur une transition).

- `modèle if_else_pwm.mdl`

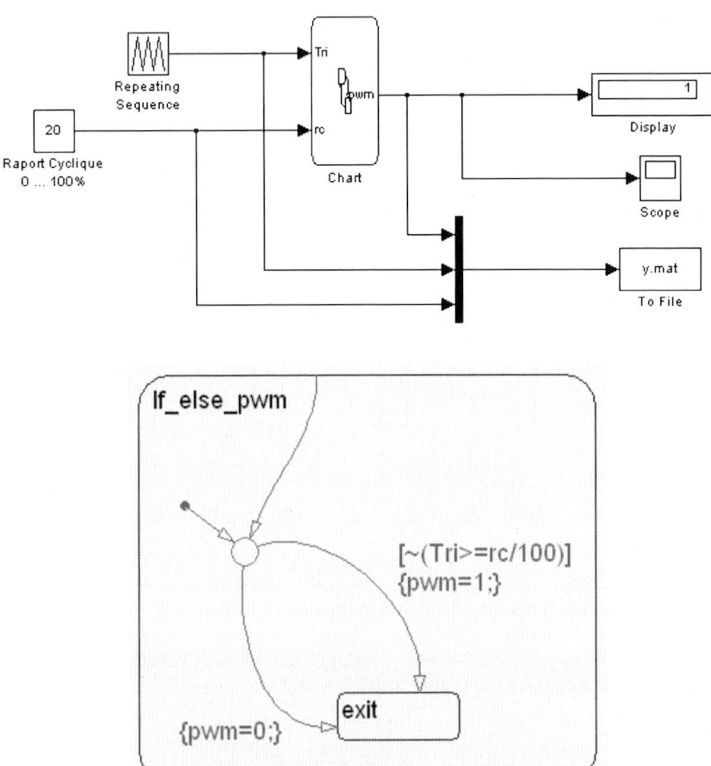


Ce cas, utilisé pour générer un signal PWM de rapport cyclique de 20%, donne la courbe suivante.

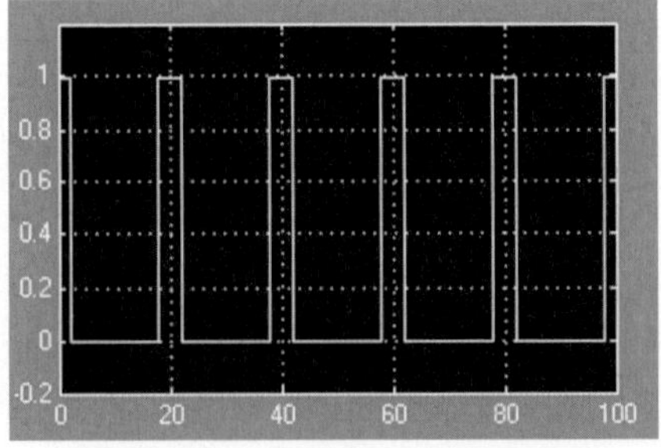

# IX. Régulation PID numérique et analogique

## IX.1. Réponse impulsionnelle d'un système discret du 1^er ordre

On se propose d'obtenir la réponse impulsionnelle d'un système du 1^er ordre numérique de fonction de transfert :

$$H(z^{-1}) = \frac{b_1\, z^{-1}}{1 - a_1\, z^{-1}}$$

Correspondant à l'équation de récurrence temporelle suivante entre l'entrée `u(t)` et la sortie `y(t)`.

$$y(t) = a_1\, y(t-1) + b_1\, u(t-1)$$

- modèle `repimp_1er_ordre_stateflow.mdl`

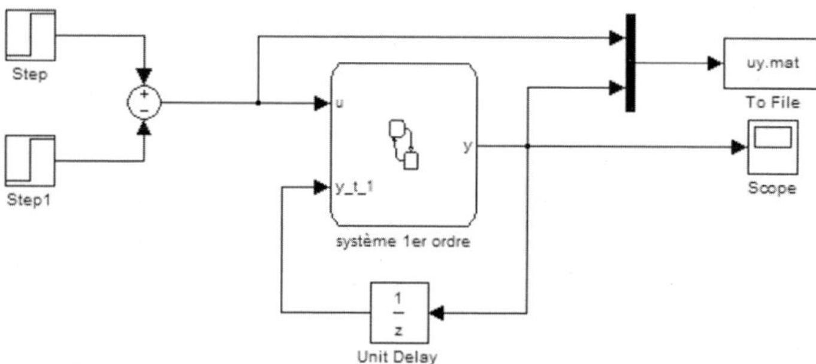


Les lignes de commande suivantes permettent de lire le fichier binaire `uy.mat` et de tracer l'impulsion et sa réponse lorsqu'on l'applique au processus.

```
load uy

who
size(s)
plot(s(1,:),s(2,:))
hold on
plot(     s(1,:),s(3,:))
grid
axis([0 40 0 1.2])
title('Impulsion et réponse impulsionnelle')
xlabel('Temps discret')

gtext('Impulsion')
text('Réponse impulsionelle du processus')
gtext('Réponse impulsionelle du processus')
gtext('Impulsion')
```

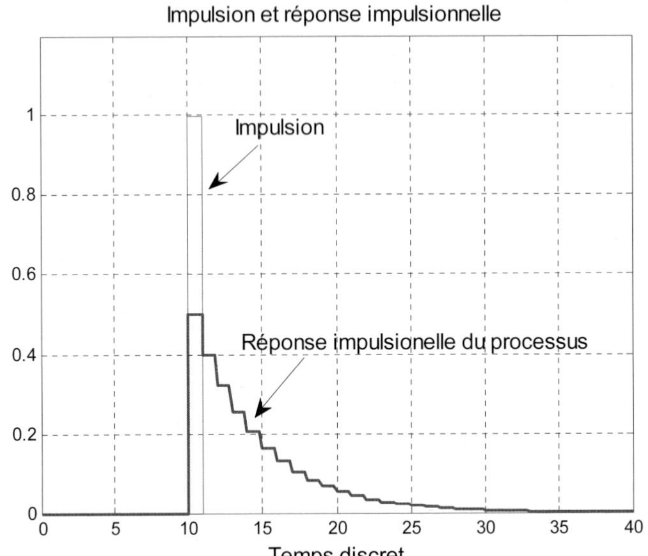


L'impulsion est générée par la différence de 2 échelons.

La modélisation du processus est réalisée par le graphe Stateflow suivant. L'équation de récurrence précédente du processus est programmée dans le graphe Stateflow dans l'action de la deuxième transition. La première transition ne sert qu'à affecter des valeurs aux paramètres du modèle.

{a1=0.8;b1=0.5;}

{y=a1*y_t_1+b1*u;}

## IX.2. Régulation PID discrète

Dans le modèle Simulink suivant, on réalise une commande PID avec un signal de consigne constitué d'un échelon suivi d'une rampe.

Le graphe du régulateur reçoit comme entrées, les signaux de l'erreur à l'instant courant `err`, sa valeur précédente `err_t_1` et la commande précédente `u(k-1)`.

Sa sortie consiste en la commande `u(k)` à appliquer au processus à l'instant `k`.

• `modèle pid_stateflow_discret.mdl`

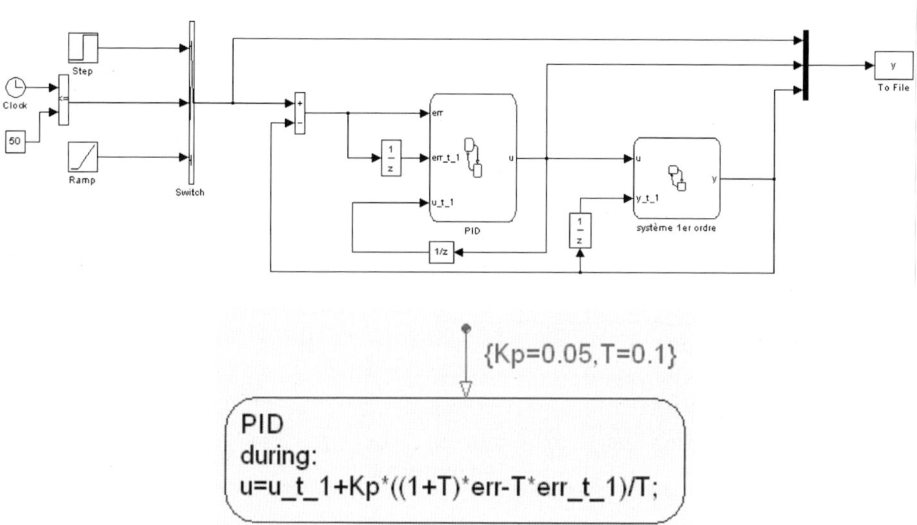


Ce régulateur correspond à la fonction de transfert et à l'équation de récurrence suivantes.

$$\frac{u(k)}{err(k)} = \frac{Kp}{T} \frac{1+T-T\,z^{-1}}{1-z^{-1}} \qquad u(k) = u(k-1) + \frac{Kp}{T}\left[(1+T)\,err(k) - T\,err(k-1)\right]$$

La lecture du fichier binaire `y.mat` et le tracé des signaux de consigne, commande et sortie du processus sont réalisés par les lignes de commande Matlab suivantes.

```
close all
load y
plot(x(1,:),x(2,:))
hold on
stairs(x(1,:),x(3,:))
plot(x(1,:),x(4,:))
grid
axis([0 100 0 4.5])
title('Consigne, sortie et signal de commande')
xlabel('Temps discret')
gtext('commande')
gtext('sortie du processus')
gtext('Consigne')
```

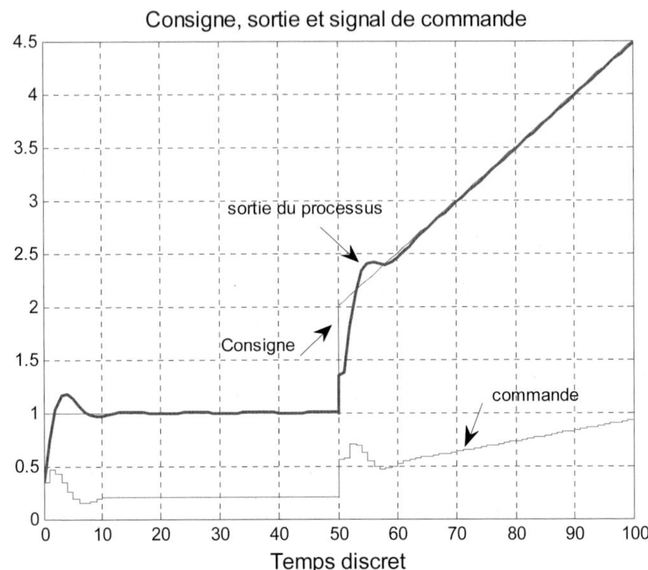


On réalise une autre régulation PID discrète avec seulement une consigne de type échelon.

- `modèle PID_Stateflow.mdl`

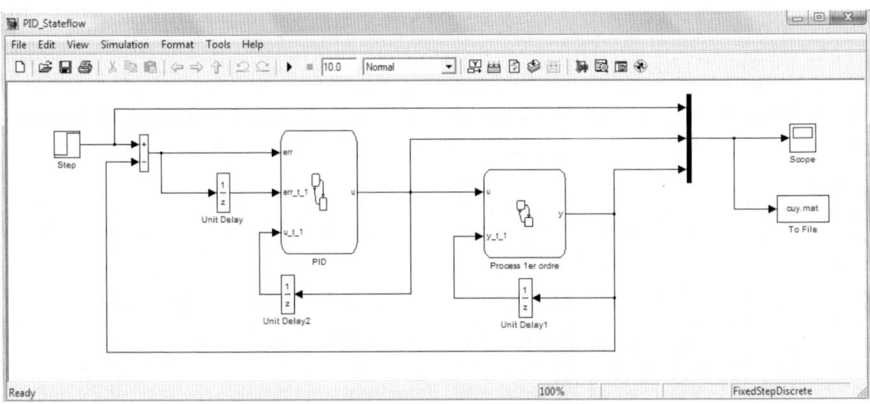


Le graphe Stateflow suivant, possède un seul état, `PID/`, avec une transition par défaut dans laquelle on réalise l'action d'affectation des valeurs 0.01 et 0.1, respectivement, pour le gain proportionnel `Kp` et la constante de temps d'intégration `T`.

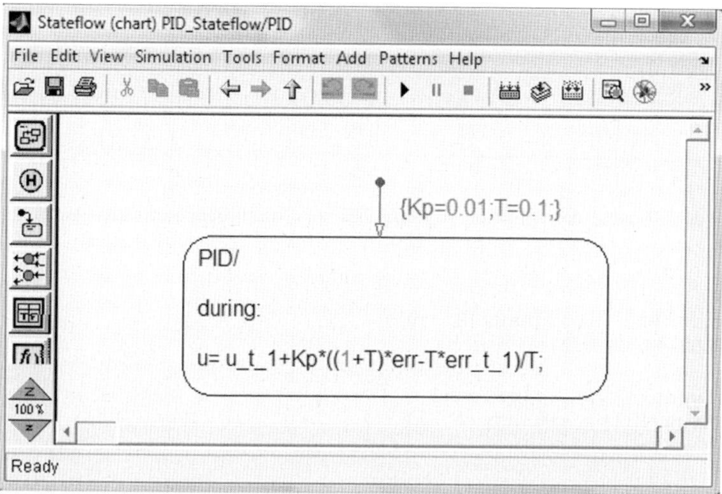


Durant toute la durée de l'activation de l'état, on évalue la relation récurrente qui donne le signal de commande `u`.

Le modèle du processus, du premier ordre est le suivant : $b_1\ z^{-1}/(1-a_1\ z^{-1})$ avec le pôle $a_1=0.8$ et $b_1=0.5$.
L'affectation de ces valeurs est réalisée dans l'action liée à la première transition du graphe définissant le processus.

Après le passage par une jonction, nous trouvons une autre transition dans laquelle on évalue l'équation de récurrence définissant le modèle du processus :

$$y(k)=a_1\ y(k-1) + b_1\ u(k-1)$$

{a1=0.8;b1=0.5;}

{y=a1*y_t_1+b1*u;}

Dans l'explorer suivant, nous observons la hiérarchie des objets du graphe Stateflow. Nous observons notamment les 2 états `PID` et `Process_1er_ordre`.

Model Hierarchy
- Simulink Root
  - Base Workspace
  - PID_Stateflow*
    - Model Workspace
    - Code for PID_Stateflow
    - Advice for PID_Stateflow
    - Configuration (Active)
    - PID
    - Process 1er ordre

Contents of: PID_Stateflow/PID

| Name | Scope | Port | Resolve Signal | DataType | Compiled Type | Size | Compiled Size | UpdateMethod |
|---|---|---|---|---|---|---|---|---|
| err | Input | 1 | | double | unknown | | | Discrete |
| err_t_1 | Input | 2 | | double | unknown | | | Discrete |
| Kp | Local | | ☐ | double | unknown | | | Discrete |
| T | Local | | ☐ | double | unknown | | | Discrete |
| u | Output | 1 | ☐ | double | unknown | | | Discrete |
| u_t_1 | Input | 3 | | double | unknown | | | Discrete |

Les signaux de la boucle de régulation sont affichés sur l'oscilloscope et sauvegardés dans le fichier binaire `cuy.mat`.

```
load cuy
plot(signaux(1,:), signaux(2,:))
axis([0 200 -0.2 1.2])
hold on
stairs(signaux(1,:), signaux(3,:))
plot(signaux(1,:), signaux(4,:))
title(['Consigne, commande et sortie'])
grid
gtext('Signal de commande')
gtext('Sortie du processus')
gtext('Signal de consigne')
xlabel('Temps discret')
```

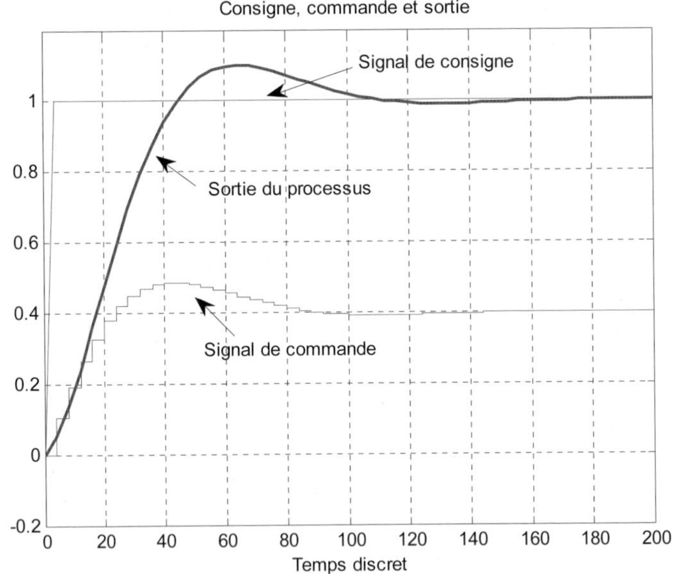


Après deux dépassements dont le deuxième est négligeable, la sortie rejoint le signal de consigne.

## IX.3. Régulation PID analogique

Le régulateur PI analogique possède la fonction de transfert suivante:

$$\frac{u(t)}{err(t)} = Kp + \frac{1}{T_i\, p}$$

soit l'équation différentielle suivante :

$$u(t)=Kp\,\dot{err}(t)+Ti\;err(t)$$

Stateflow crée automatiquement les variables `err_dot` et `u_dot` pour les dérivées de l'erreur et de la commande. Ainsi, nous aurons : `u_dot = Kp err_dot + Ti err.`

- `PID_stateflow_continu.mdl`

Le régulateur PI analogique possède la fonction de transfert suivante:

$$\frac{u(t)}{err(t)} = Kp + \frac{1}{T_i\, p},$$

soit l'équation différentielle suivante :

$$u(t)=Kp\;\dot{err}(t)+Ti\;err(t)$$

Stateflow crée automatiquement les variables `err_dot` et `u_dot` pour les dérivées de l'erreur et de la commande. Ainsi, nous aurons : `u_dot = Kp err_dot + Ti err.`

- `modèle PID_analogique.mdl`

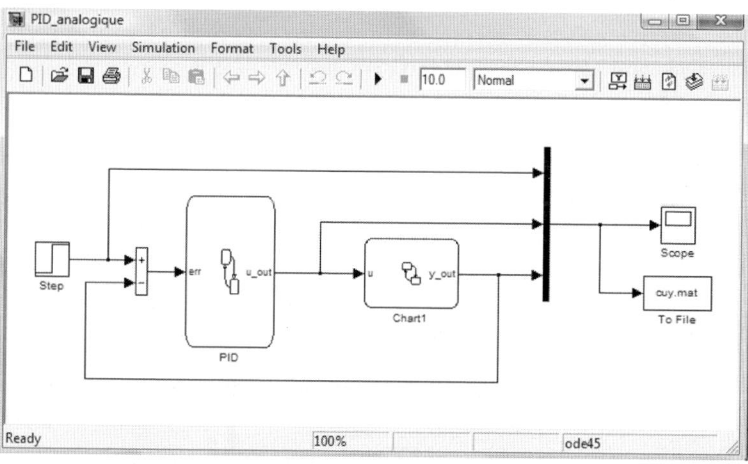


Le processus analogique est choisi de gain statique unité et de constante de temps τ=2s, avec

$$\frac{Y(p)}{U(p)}=\frac{1}{1+\tau\, p}$$

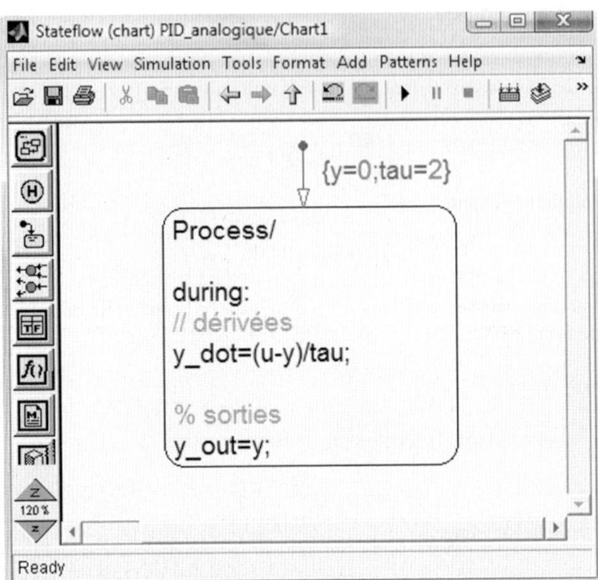


Dans la transition par défaut, nous réalisons l'action d'affectation des valeurs 20 et 5, respectivement pour le gain proportionnel `Kp` et la constante de temps d'intégration `Ti`. Durant l'activation de l'état, on évalue la dérivée du signal de sortie et on affecte la valeur de ce signal à celui de la sortie du bloc, `y_out`.

Avant de donner les résultats de cette régulation, nous traçons, en même temps, les réponses, indicielle et impulsionnelle du processus.

Le modèle Simulink suivant permet d'obtenir la réponse indicielle de ce processus.

- `modèle rep_ind_imp.mdl`

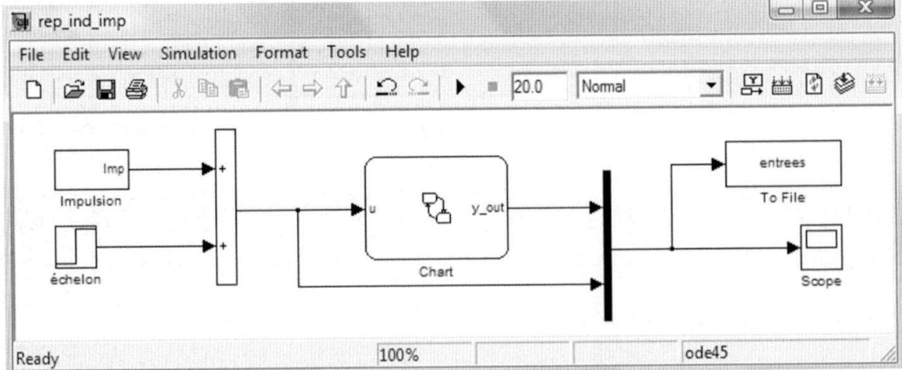

La figure suivante montre la réponse impulsionnelle suivie de la réponse indicielle.

L'impulsion est de hauteur de 2 et de largeur 0.5 (aire unité) comme le montre la figure suivante de l'oscilloscope.
L'impulsion est réalisée par la différence de 2 échelons décalés d'une durée de 0.5.

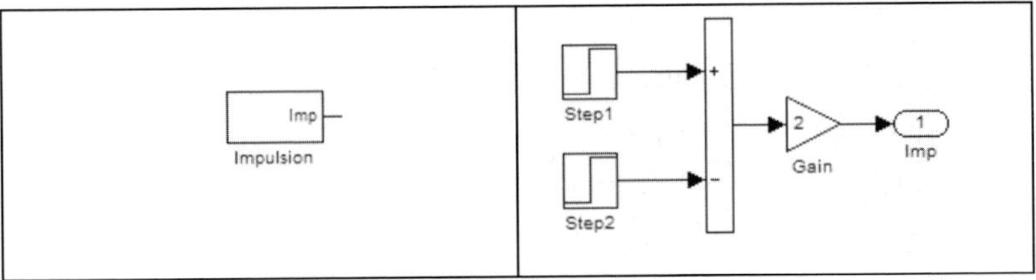


La figure suivante montre l'impulsion suivie de l'échelon ainsi que la réponse du processus à ces 2 entrées.

Le tracé de ces courbes se fait par la lecture du fichier binaire `entrees.mat`.

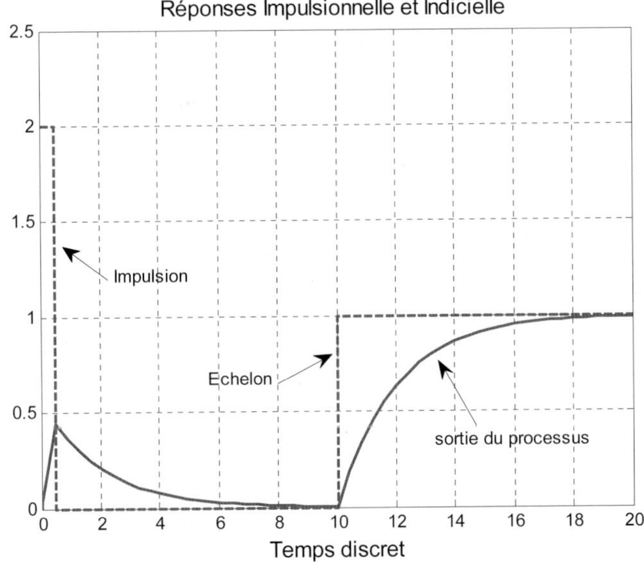


La réponse indicielle montre le gain statique unité et sa nature du premier ordre.

Le graphe Stateflow suivant concerne la programmation du régulateur intégrateur pur analogique.

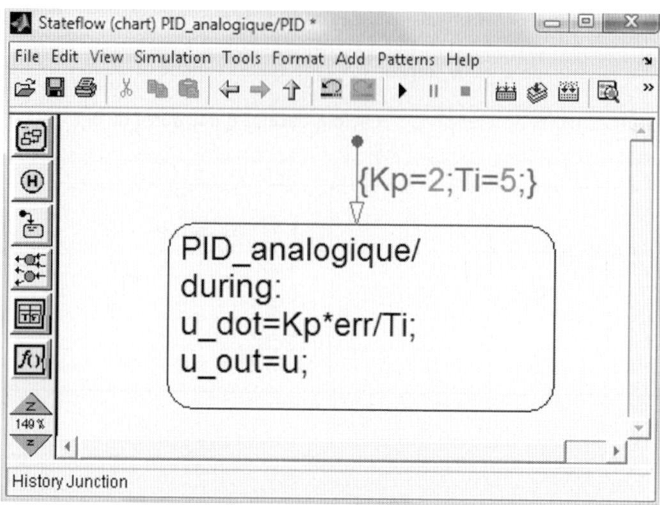


Le régulateur intégral pur a comme expression :

D(p)=Kp/Ti p

Les paramètres Kp et Ti sont affectés à leurs valeurs 20 et 5 dans l'action liée à la transition par défaut.

Durant l'activation de l'état `PID_analogique`, on calcule la dérivée du signal de commande `u` et on affecte sa valeur au signal de sortie `u_out`.

Les lignes de commande suivantes permettent de lire le fichier binaire et de tracer les différents signaux de consigne, commande et sortie du processus continu.
Dans un graphe Stateflow, les variables dont les dérivées interviennent, ne peuvent être ni des entrées, ni des sorties mais uniquement locales.
Pour sortir une de ces variables, on crée une variable (`output`) à laquelle on affecte la valeur de la variable locale correspondante;

Les lignes de commande suivantes permettent d'obtenir les résultats de ce type de régulation.

```
load cuy, close all
plot(ans(1,:),ans(2,:))
title('Régulation PID analogique')
xlabel('Temps analogique')
axis([0 50 -0.2 1.4])
hold on
plot(ans(1,:),ans(3,:))
plot(ans(1,:),ans(4,:))
grid
gtext('Signal de commande')
gtext('Signal de sortie du processus')
gtext('Signal de consigne')
```

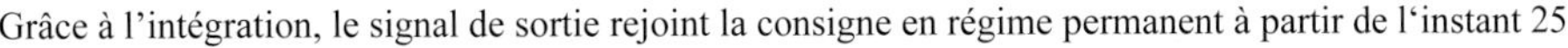
Grâce à l'intégration, le signal de sortie rejoint la consigne en régime permanent à partir de l'instant 25.

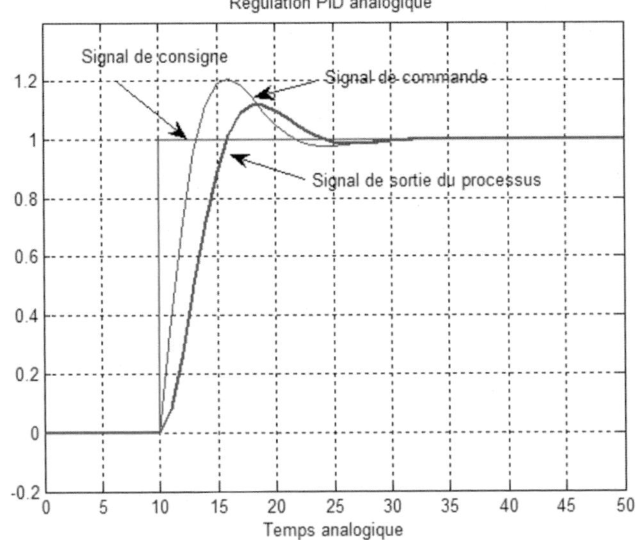


Comme pour le régulateur discret, la présence de l'intégration dans l'expression du régulateur fait que la sortie du processus rejoint le signal de consigne en régime permanent, soit entre les instants 4 et 5 dans notre cas (figure précédente). Il s'en suit aussi de la stabilisation du signal de commande.

- `modèle regulation_PID_mixte.mdl`

On peut réaliser une boucle de régulation mixte (régulateur analogique suivi d'un bloqueur d'ordre 0 pour attaquer le processus discret).

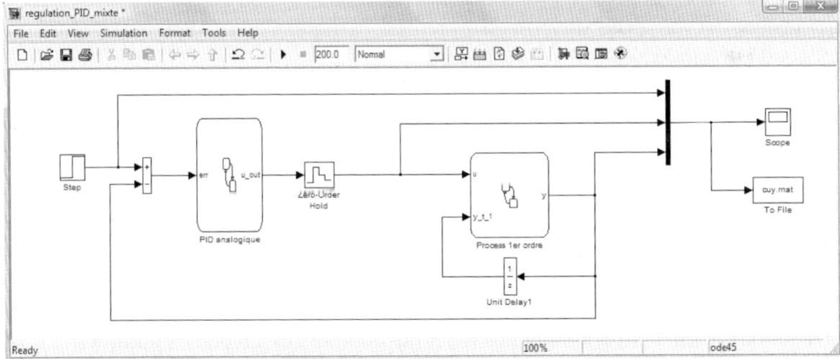


Si on garde le même processus discret qu'auparavant, on doit modifier les paramètres du régulateur PID analogique pour obtenir une certaine stabilité.

Avec Kp =2 et Ti =10 s, nous obtenons les résultats suivants :

```
load cuy
plot(signaux(1,:), signaux(2,:))
```

```
axis([0 100 0 1.4])
hold on,
stairs(signaux(1,:), signaux(3,:))
plot(signaux(1,:), signaux(4,:))
title(['Consigne, commande et sortie, régulation mixte'])
grid
gtext('Signal de commande')
gtext('Sortie du processus')
gtext('Signal de consigne')
xlabel('Temps discret')
```

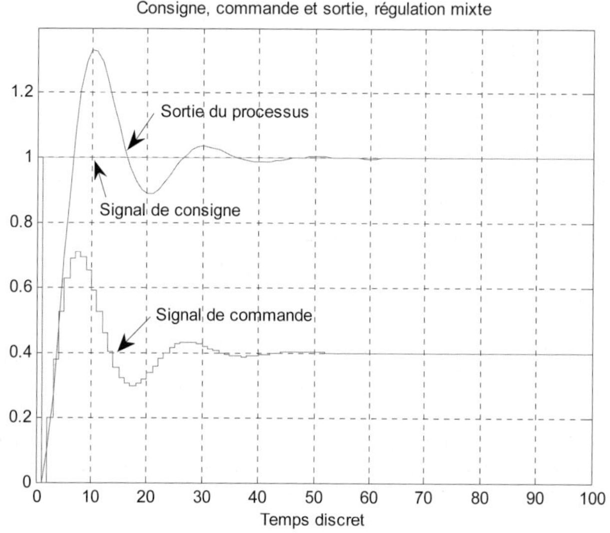


A partir de l'instant 50, la sortie du processus rejoint parfaitement le signal de consigne grâce à la présence de l'action intégrale.

Avec les valeurs des paramètres utilisés dans l'expression du régulateur, nous observons 3 dépassements du signal de sortie du processus.

## X. Fonctions décrites en langage MATLAB (Embedded fonctions)

Au lieu qu'elles soient graphiques, les fonctions peuvent être programmées dans le langage textuel Matlab. Ces fonctions permettent d'ajouter des fonctions Matlab aux graphes Stateflow.

Ces fonctions fonctionnent avec un sous-ensemble de fonctions Matlab.

Les fonctions textuelles Matlab sont créées en utilisant l'icône f() de la palette d'outils Stateflow.

Dès qu'on pointe sur cette icône, il y a création d'un rectangle avec le label `eM` pour « `embedded Matlab` »

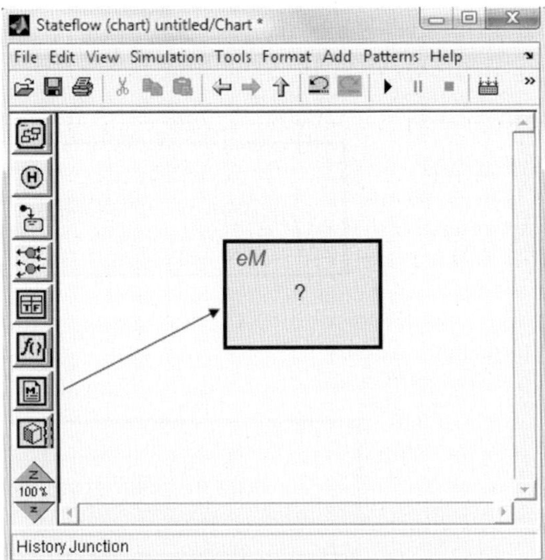


A la place du point d'interrogation, on écrit le label de la fonction de la même manière que les fonctions graphiques.

La label possède la syntaxe suivante : `[prim, deriv] = prim_deriv(poly),` avec `poly` le paramètre d'appel, `prim` et `deriv` étant les deux paramètres de retour.

On se propose d'étudier un exemple qui permet de calculer la primitive et la dérivée d'un polynôme. Cette fonction possèdera alors un seul paramètre d'appel (polynôme) et deux paramètres de retour qui sont les polynômes primitive et dérivée.

Appelons cette fonction : `prim_deriv(poly), soit:`

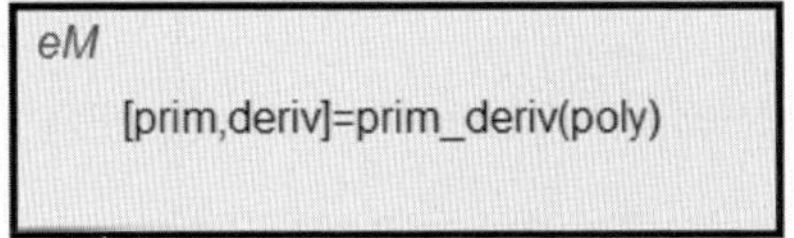


On crée un nouveau modèle Simulink dont on commence à préparer les différents blocs utiles.

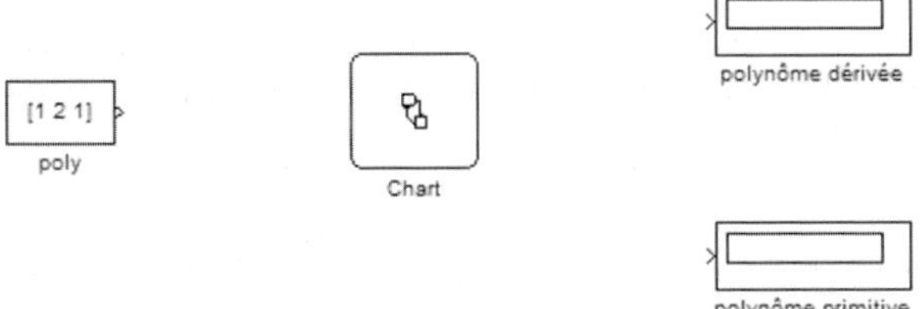


On double-clique sur le graphe Stateflow dans lequel on crée une transition qui se termine par une jonction avec l'action correspondant à l'appel de la fonction textuelle.

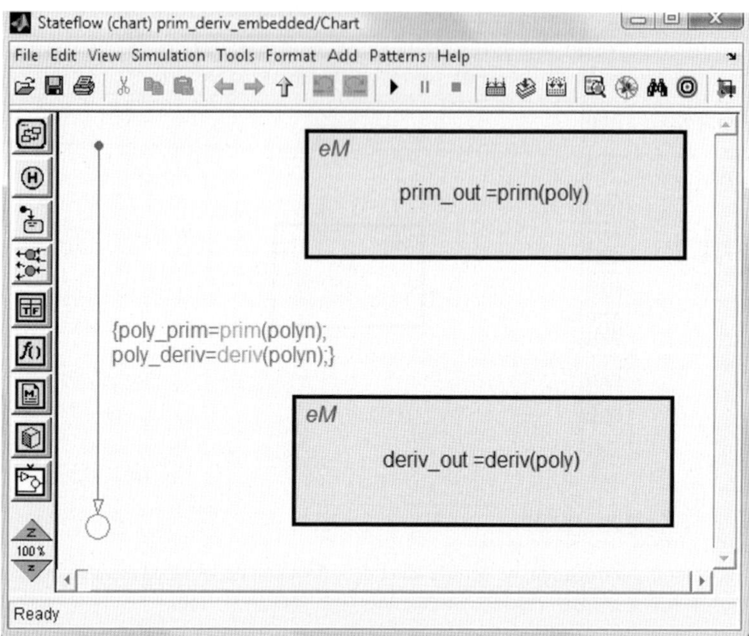


Pour éditer le code de la fonction, on double-clique sur le rectangle comportant le symbole `eM` (`embedded Matlab`) et le label de la fonction.
Ça ouvre alors l'éditeur dans lequel on trouve le label classique d'une fonction Matlab.

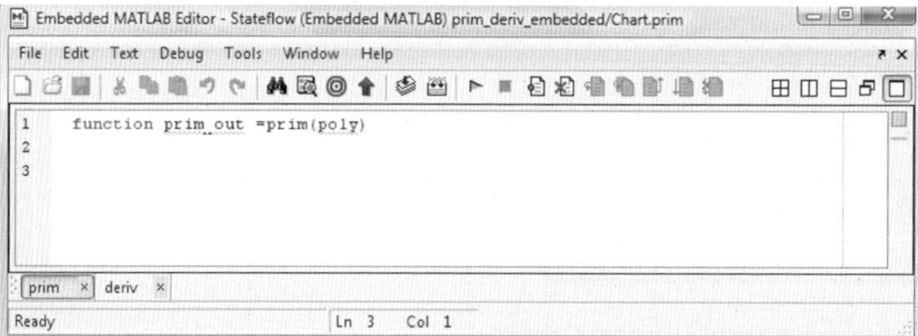


Dans l'explorateur de chart (graphe Stateflow), on définit les entrées/sorties du bloc Stateflow. Ce sont les paramètres que l'on trouve dans l'action de la transition qui se termine par une jonction.

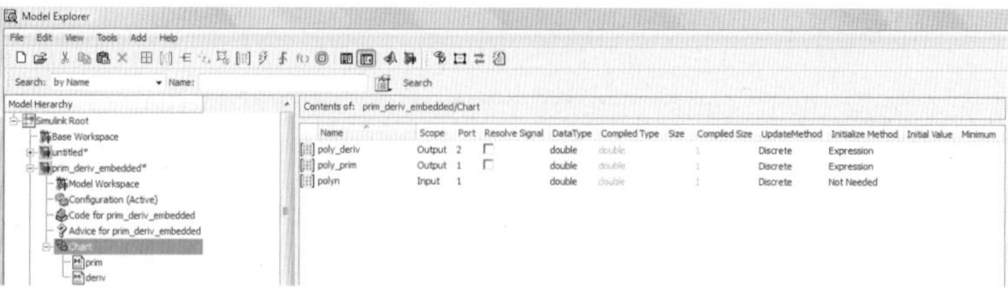

En dessous de chart, on observe les fonctions `eM` avec le symbole M.

Pour chaque fonction, après un clic dessus, on ouvre leur explorateur dans lequel on définit ses entrées/sorties qui sont `poly` et `prim_out` pour la fonction `prim` ainsi que `poly` et `deriv_out` pour la fonction `deriv`.

Les explorateurs de ces fonctions `eM` sont les suivants :

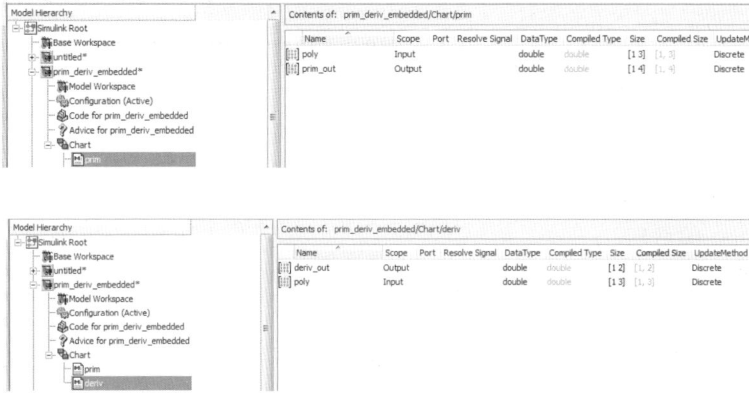

Comme l'ordre du polynôme d'entrée est choisi égal à 3, ceux de la dérivée et de la primitive sont respectivement de 2 et 4, comme on le spécifie dans l'explorateur au-dessous de `size`.

Il ne nous reste plus qu'à programmer les fonctions `prim` et `deriv`.

Pour la fonction `deriv`, nous utilisons la fonction `polyder`. Comme elle ne fait pas partir des fonctions du sous-ensemble Matlab (`subset`), nous la rendons disponible grâce à la commande :

```
eml.extrinsic('polyder')
```

```
>> polyder([1 2 1])
ans =
     2     2
```

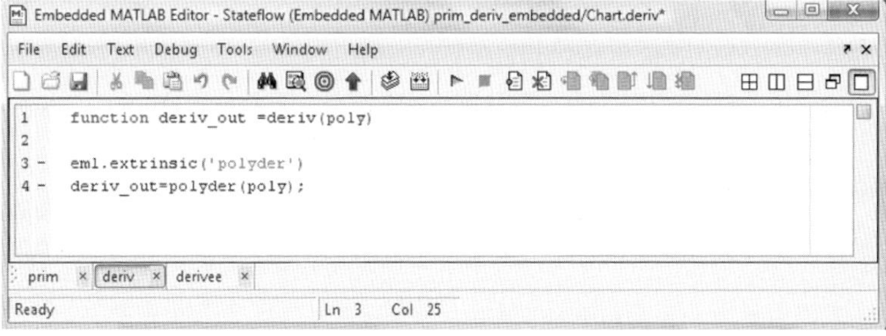


Pour la fonction `prim` qui calcule la primitive, nous pouvons utiliser la commande `polyint`.

```
>> polyint([1 2 1])
ans =
    0.3333    1.0000    1.0000         0
```

Dans notre cas, nous utilisons la commande `polyval` de chaque coefficient du polynôme évalué à la valeur 1, soit :

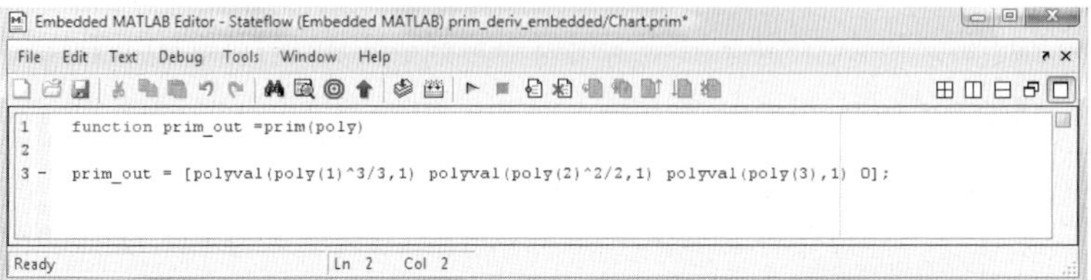


Le modèle Simulink suivant nous utilisons ces fonctions pour obtenir la dérivée et la primitive du polynôme : $x^2 + 2x + 1$

Nous obtenons la dérivée : $2x + 2$ et la primitive 0.3333 $x^3$+2 $x^2$ + x.

Dans la partie du bas, nous évaluons ces polynômes résultats par une rampe de pente unité.
Nous obtenons finalement le résultat escompté, comme le montre la figure prochaine où nous retrouvons le polynôme d'origine, ainsi que sa dérivée et sa primitive.

- `modèle prim_deriv_embedded`

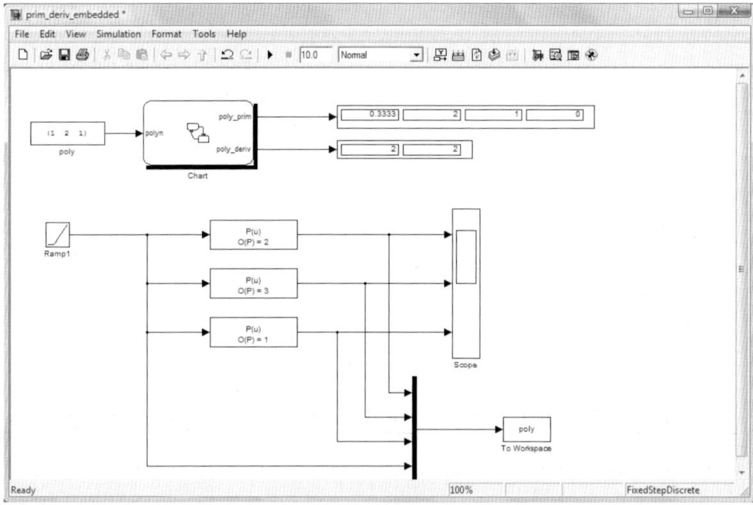


Nous avons évalué tous les polynômes, celui de l'entrée et les deux de sortie grâce au bloc `Polynomial` de la libraire `Math Operations` de Simulink.

Nous traçons ci-après les 3 polynômes, celui de l'entrée, sa dérivée et sa primitive.

```
close all
subplot(131)
plot(poly(:,4),poly(:,1))
grid
gtext('x^2 + 2x+1')
subplot(132)
plot(poly(:,4),poly(:,2))
grid
gtext('x^3/3+x^2+x')
subplot(133)
plot(poly(:,4),poly(:,3))
gtext('2x+2')
grid
```

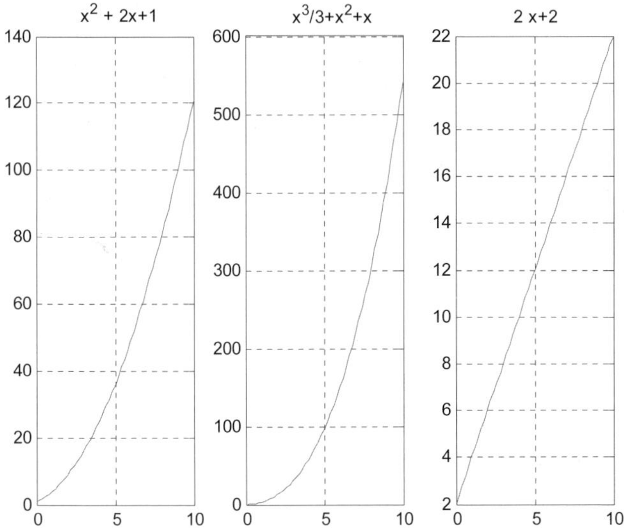


## XI. Les box

Les box (boîtes) sont des rectangles qui permettent l'organisation de plusieurs objets graphiques dans le graphe Stateflow.
Lorsqu'on veut faire appel à une fonction résidant à l'intérieur d'un box nous devons spécifier le nom du box.
Un des avantages des box est l'instauration de l'ordre d'activation des états parallèles.
Grâce à des box l'ordre d'activation se fait de haut vers le bas et de gauche à droite.

On peut créer un box grâce à l'outil de la palette de Stateflow.

On peut transformer un état en un box, en cliquant droit en choisissant l'option `Box` du menu `Type` et inversement.

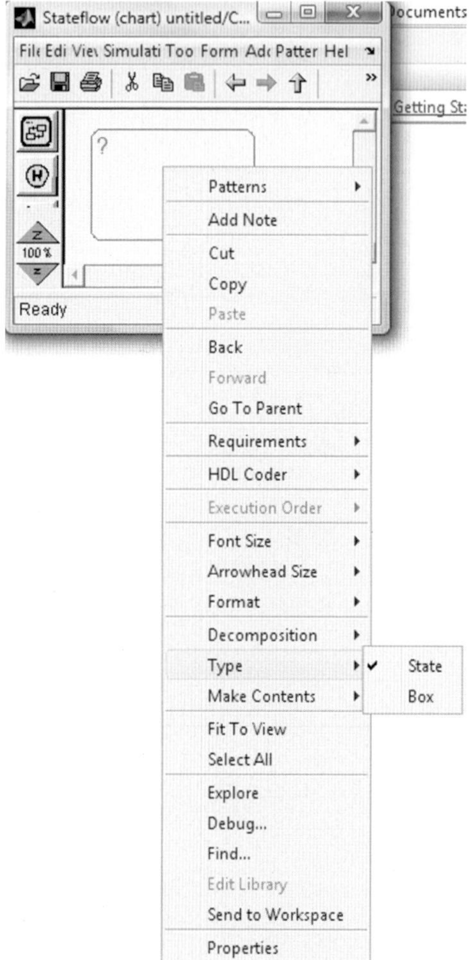


Un autre avantage des box consiste à grouper un ensemble de fonctions `eM` (`embedded Matlab`).

Dans le graphe suivant nous avons rassemblé les fonctions `Temp` et `VitFan` dans le même box nommé `Temp_Fan`.

Dès l'entrée dans l'état `Temp`, on fait appel à la fonction `MeasureTemp` qui se trouve dans le box `Temp_Fan` d'où la syntaxe `Temp_Fan.MeasureTemp()`.

Si la température dépasse 80°C, on valide la transition qui fait passer à l'état `Fan/`.

Dès l'entrée dans cet état, on active le ventilateur en faisant appel à la fonction `VitFan` du box labellisé `Temp_Fan` avec la syntaxe `Temp_Fan.VitFan()`.

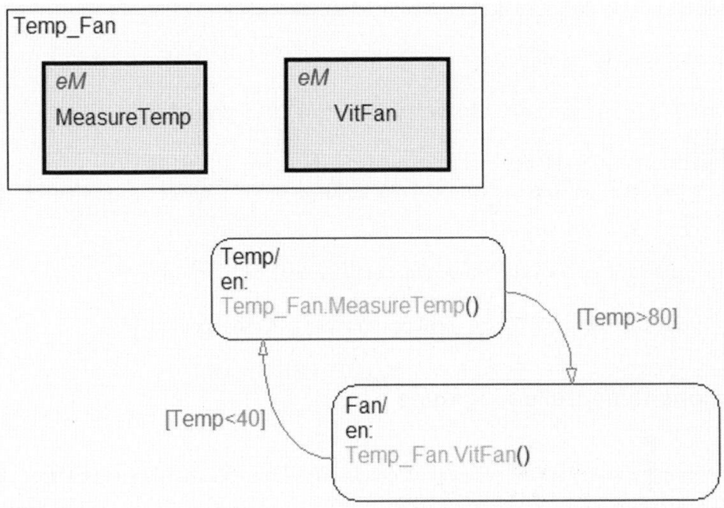


De la même façon, on peut grouper des états. Dans le box `Etat_Clim`, nous avons 2 états en décomposition parallèle, `Temperature` et `Pressure`. Selon la valeur de la température, on passe de l'état `Froid` à l'état `Chaud` et inversement.

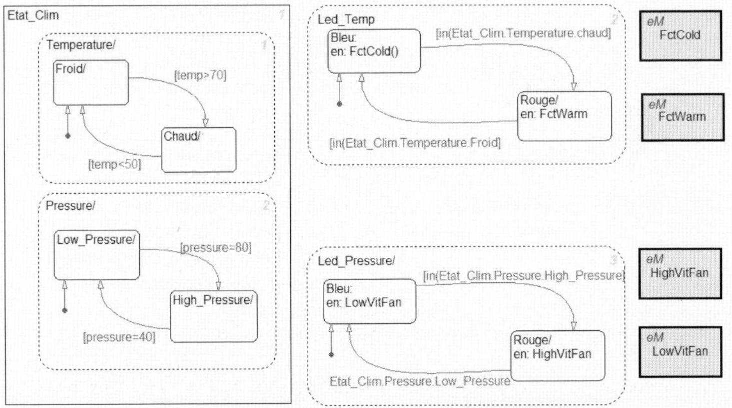


A l'extérieur du box, nous avons également 2 états parallèles `Led_Temp` et `Led_Pressure` indiquant la couleur de la Led (voyant), bleu quand il fait froid ou basse pression et rouge au cas chaud ou haute pression.

Nous avons également 2 fonctions `eM` pour refroidir ou chauffer ainsi que 2 autres pour augmenter ou baisser la vitesse d'un ventilateur afin d'agir sur la valeur de la pression.

Dans le cas de la couleur de la Led de température, elle est initialement bleue.

La condition labellisant la jonction :

```
[in(Etat_Clim.Temperature.Froid]
```

teste si l'on est dans l'état Froid/ de l'état `Temperature` du box `Etat_Clim`.
Si l'on est dans cet état, on met la Led à la couleur rouge et on actionne la fonction `eM` de chauffage `FctWarm`.

Il en est de même pour le cas de cette température et des 2 états de la pression.

Les états `Temperature` et `Pressure` sont prioritaires car ils sont dans un box.

## XII. Fonctions temporelles logiques

Les fonctions temporelles logiques exécutent un graphe Stateflow en terme de temps. Dans les actions des états ou des transitions, on peut utiliser 2 types de temps : celui basé par un événement ou le temps absolu. Pour cela, on utilise des fonctions de base appelées fonctions ou opérateurs temporels logiques.

Opérateurs basés sur des événements :

| | | |
|---|---|---|
| `after` | `after(n, E)`<br>E: événements de base<br>n : un entier positif | Cette fonction retourne une valeur vraie dans le cas où l'occurrence de événement E a eu lieu au moins n fois depuis l'activation de l'état associé. |
| `before` | `before(n,E)`<br>E: événement de base pour l'opérateur before<br>N : entier positif | Retourne une valeur vraie si l'événement E est apparu moins que n fois depuis l'activation de l'état associé. Autrement, la valeur retournée est fausse. |
| `at` | `at(n,E)`<br>E: événement de base<br>n: entier positif | Retourne vrai uniquement à la nième occurrence de l'événement de base E depuis l'activation de l'état associé. |

| `every` | `every(n,E)`<br>E : événement de base<br>N : entier positif | Retourne vraie à chaque nième occurrence de l'événement E depuis l'activation de l'état associé; Autrement, la valeur retournée est fausse. |
|---|---|---|
| `temporalCount` | `temporalCount(E)`<br>E est l'événement de base pour l'opérateur `temporalCount` | Incrémente de 1 et retourne une valeur positive pour chaque occurrence de l'événement de base E après l'activation de l'état associé.<br>Autrement la valeur retournée est 0; |

Exemple de ces opérateurs logiques temporels :

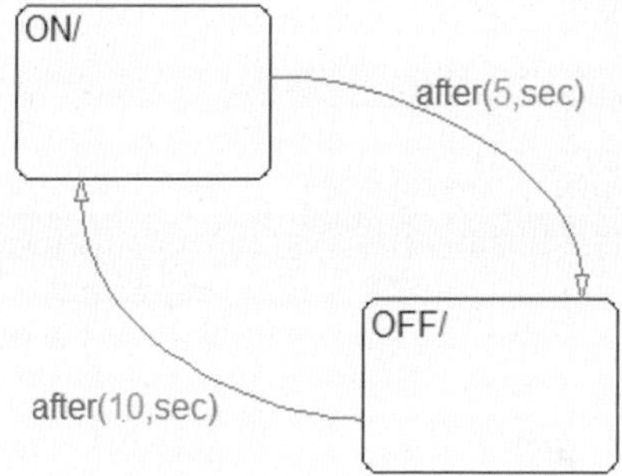


Au départ, l'état ON/ est activé. 5 secondes de simulation après, la transition vers l'état OFF/ est validée. L'état ON/ est désactivé et OFF/ activé.

10 secondes de simulation après, il y a passage de l'état OFF/ vers l'état ON/. Il y a répétition de ces actions et transitions jusqu'à la fin de la simulation.

## XIII. Tables de vérité

Les tables de vérité permettent d'implémenter des décisions logiques dans un graphe Stateflow.

Pour créer une table de vérité, nous utilisons l'icône qui fait apparaître le rectangle :

A la place du point d'interrogation on écrit le label de la table, soit la fonction à appeler.

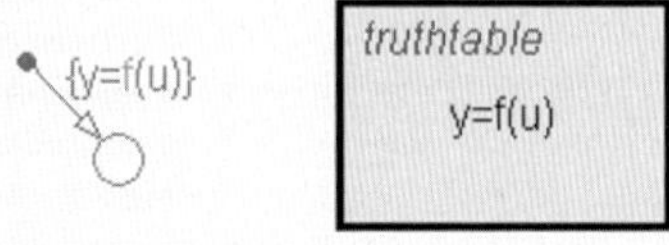


Supposons que l'on fasse les transformations pour un signal x sinusoïdal pour obtenir le signal y selon l'algorithme suivant :

```
if x< 0
         y=-x        /* redressement
elseif  x>= 0.5
         y=0.5;   /* valeur constante = 0.5 ;
else
         y=x;     /* signal inchangé
```

En double cliquant sur le rectangle, on fait apparaître l'éditeur de la table, dans lequel on note les conditions et les actions à réaliser.

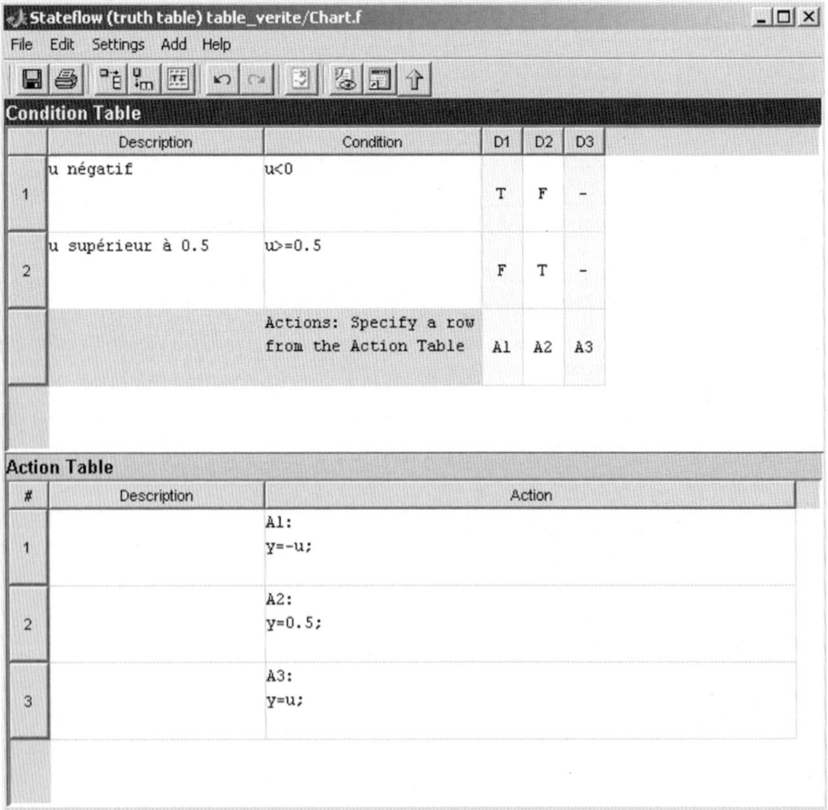

Stateflow (truth table) table_verite/Chart.f

File Edit Settings Add Help

**Condition Table**

| | Description | Condition | D1 | D2 | D3 |
|---|---|---|---|---|---|
| 1 | u négatif | u<0 | T | F | - |
| 2 | u supérieur à 0.5 | u>=0.5 | F | T | - |
| | | Actions: Specify a row from the Action Table | A1 | A2 | A3 |

**Action Table**

| # | Description | Action |
|---|---|---|
| 1 | | A1:<br>y=-u; |
| 2 | | A2:<br>y=0.5; |
| 3 | | A3:<br>y=u; |

On ajoute une ligne de condition avec l'icône et une ligne d'action avec .

- `modèle redressement_limitation.mdl`

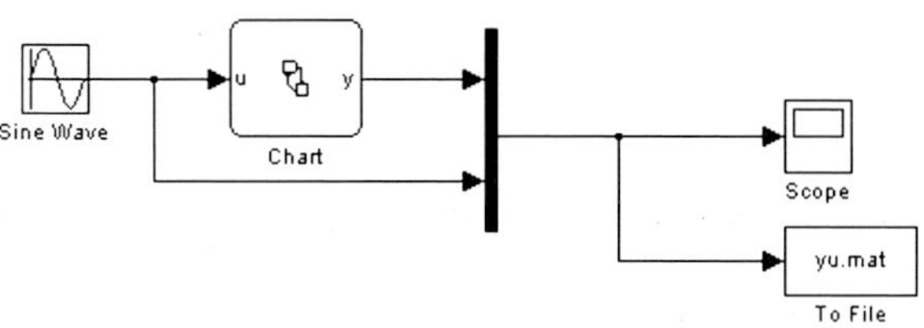


La figure suivante montre le signal sinusoïdal d'origine et le résultat obtenu après son redressement et sa limitation à 0.5.

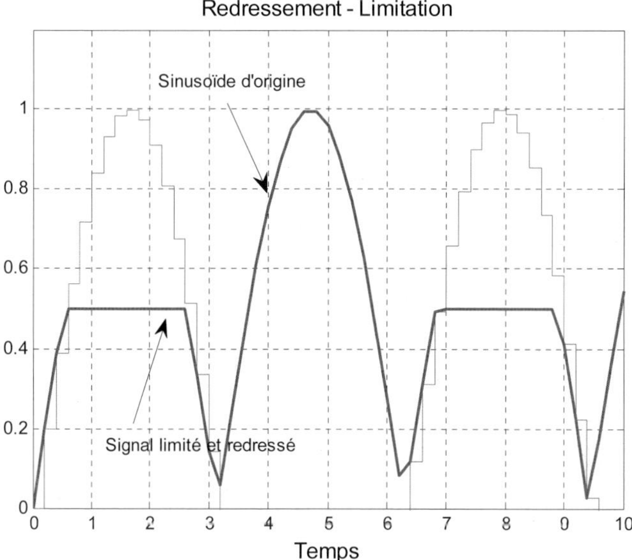


- **Génération d'un signal PWM**

- `modèle pwm_table_verite.mdl`

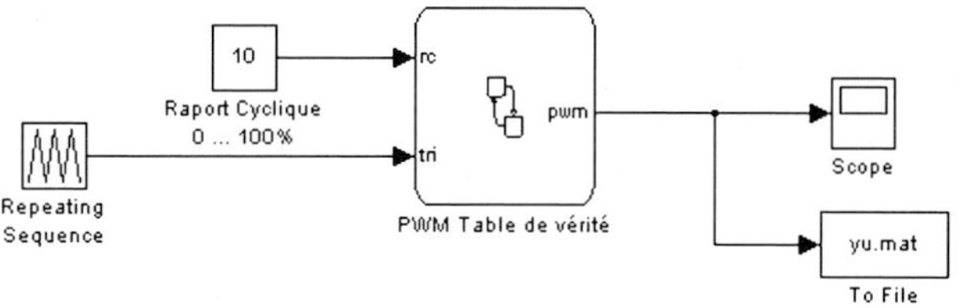

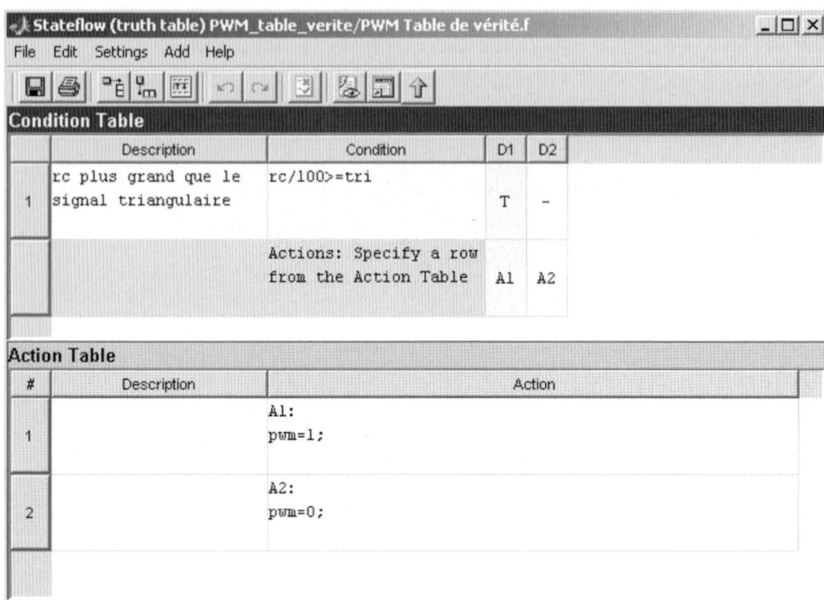


Lorsque le rapport cyclique est plus grand que le signal triangulaire, on réalise l'action `A1` consistant à mettre la sortie `pwm` à `1`.

Dans le cas contraire, on réalise l'action par défaut de mettre `pwm` à la valeur `0`.

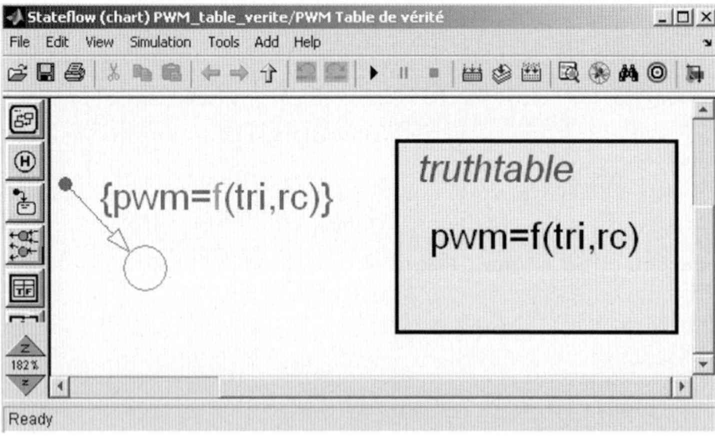


L'oscilloscope suivant montre le signal PWM de rapport cyclique de 20%.

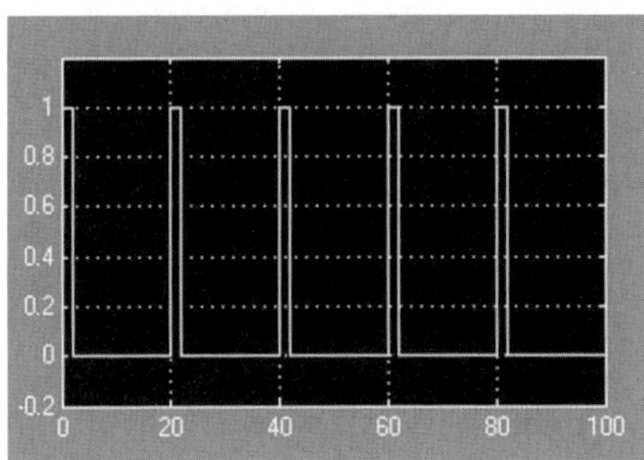


## XIV. Jonction de l'historique

Considérons le graphe suivant où le super état `speed_fan` contient 2 états, `vit0` et `vit1`. Lorsqu'un événement survient, on passe du super état à l'état `Arret`.

- `modèle vit_fan_stateflow.mdl`

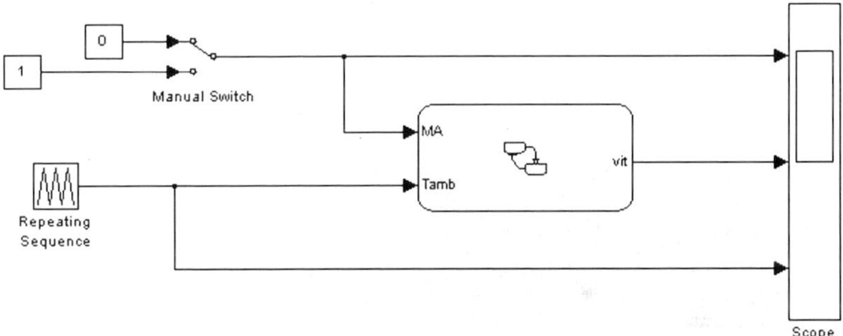


Nous avons utilisé le bloc `repeating sequence` pour générer une montée puis une descente en température ambiante `Tamb`.

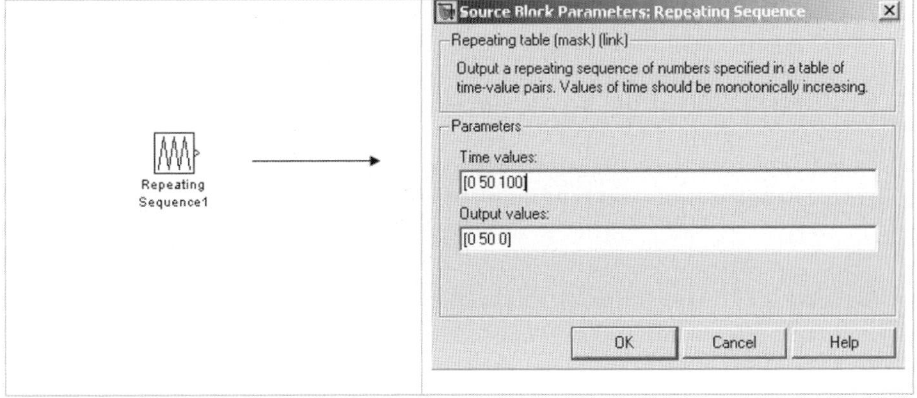

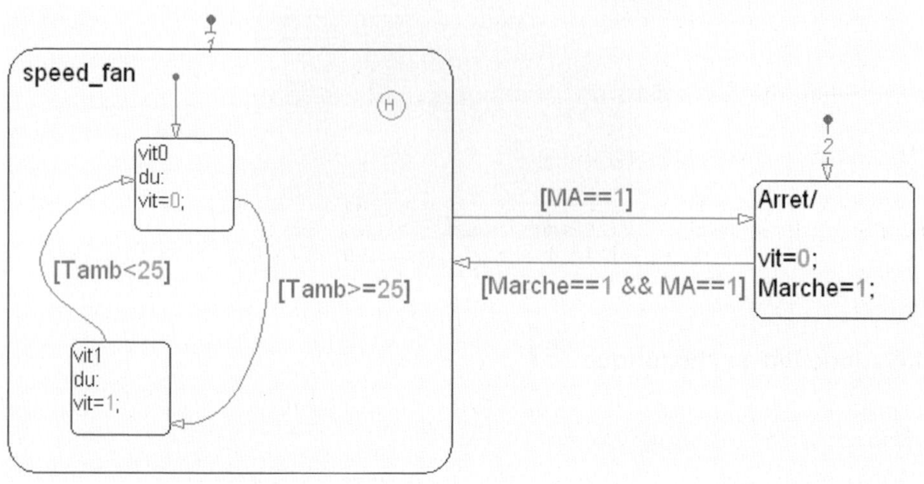


La figure suivante montre les signaux :

- MA (Marche/Arrêt),
- l'état de la vitesse du ventilateur, vit
- la température ambiante Tamb.

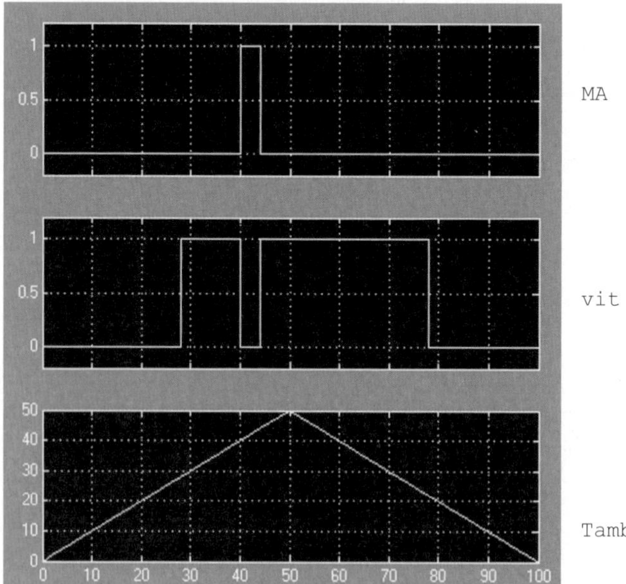

A l'occurrence de l'événement `MA` (Marche/Arrêt), on passe du super état `speed_fan` à l'état `Arret` qui remet la vitesse à zéro (`vit=0`) et le retour se fait dans l'état `vit1` (`vit=1`).

## XV. Utilisation des vecteurs et matrices dans Stateflow

### Déterminant et inverse d'une matrice

Dans l'exemple suivant, on se propose de calculer le déterminant d'une matrice A et ensuite de l'inverser. Les éléments de cette matrice sont entrés directement dans le graphe Stateflow.
Pour vérification du résultat, on réalise d'abord cette inversion dans MATLAB.

```
>> A = [1 2 ; 3 4]
A =
     1     2
     3     4
```

```
>> determ=det(A)
determ =
    -2
```

```
>> x=inv(A)
x =
   -2.0000    1.0000
    1.5000   -0.5000
```

Comme dans le langage C, le premier indice des tableaux est 0, contrairement à Matlab où l'indice commence à 1.
Ainsi l'élément (1,1) de la matrice `A` est noté `A[0][0]`.
Comme dans le langage C, les commentaires, de couleur verte commencent soit par 2 slashs « // » ou insérés entre « /* » et « */ ». Les commentaires peuvent aussi être insérés dans le langage Matlab après le symbole pourcentage « % ».
Comme elle est entièrement définie dans le graphe Stateflow, la matrice `A` est définie comme une variable locale de taille [2 2].
Le déterminant `determ` et la matrice inverse `x` sont des sorties vers SIMULINK.
Toutes ces variables sont de type `double` et la mise à jour de fait de façon discrète (`Update Method`).
Pour utiliser les commandes `inv` et `det` de Matlab, nous avons besoin de les précéder par l'opérateur `ml`.

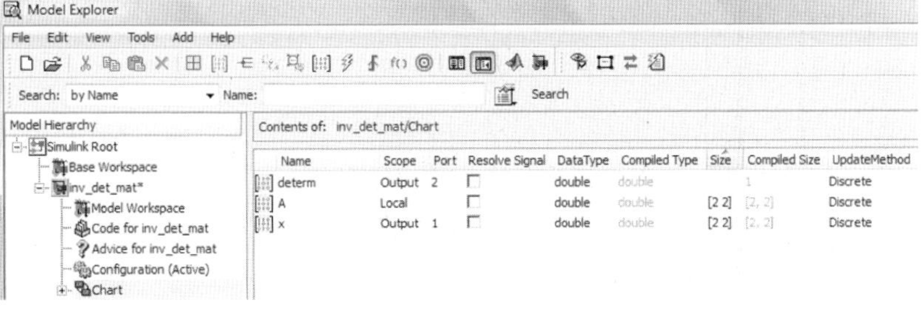

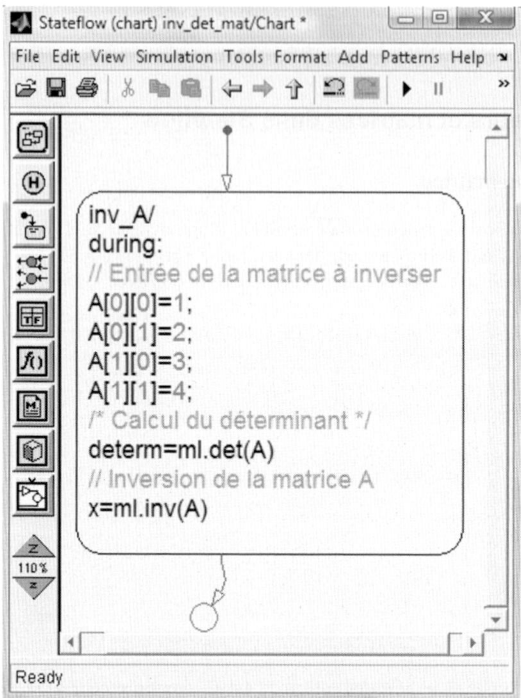


Comme nous l'observons dans le modèle SIMULINK suivant, nous obtenons bien les mêmes valeurs de matrice inverse et du déterminant.

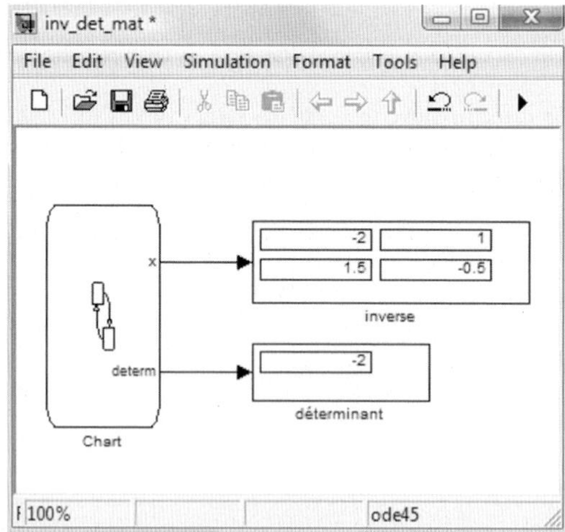

# XVI. Utilisation de fonctions et données Matlab, opérateur ml

## XVI.1. Utilisation de fonctions Matlab

Grâce à l'opérateur `ml` ou à la fonction `ml` on peut, respectivement, accéder aux variables de l'espace de travail Matlab et faire appel à des fonctions Matlab.

Supposons l'existence d'une variable `x` dans l'espace de travail Matlab.

```
>> x=5;
```

L'utilisation de cette variable dans un graphe Stateflow dans une expression mathématique telle que : $y = 3*x^2$, se fait comme dans le graphe Stateflow et le modèle Simulink suivants :

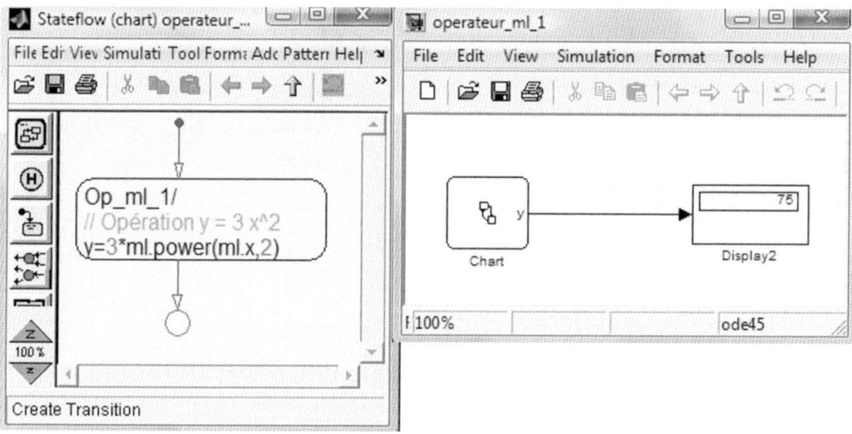


On précède la fonction `power` de Matlab ainsi que la variable `x` définie dans l'espace de travail Matlab par l'opérateur `ml` suivi d'un point.

On ne définit que la variable de sortie `y` car `x` est déjà définie dans l'espace de travail Matlab, comme on le voit dans l'explorateur suivant.

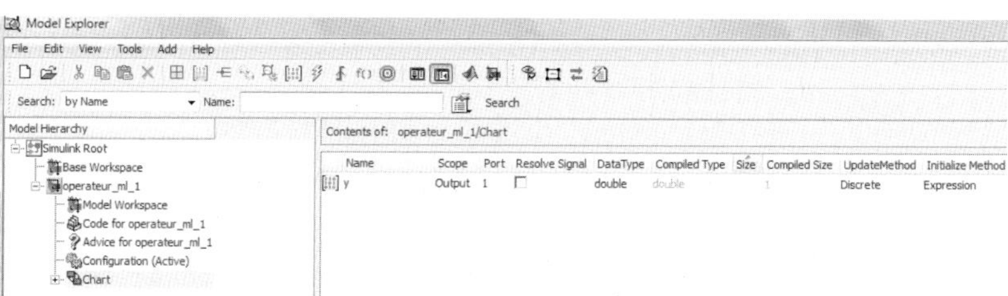


Dans le cas général, l'appel d'une fonction Matlab se fait selon la syntaxe suivante :

```
[arg_ret1,arg_ret2,...]= matlab_funct(arg_apel1, arg_apel2,...)
```

`Arg_ret1, arg_ret2` sont les arguments de retour de la fonction Matlab `matlab_funct` qui sont aussi des datas de Stateflow, définies dans l'explorateur.

Les arguments d'appel, `arg_apel1`, `arg_apel2` peuvent être des données Stateflow ou des variables de l'espace de travail Matlab, donc à précéder, dans ce cas, impérativement par l'opérateur `ml`.

### XVI.2. Résultat d'un calcul précédent de l'opérateur ml

Si le résultat d'un calcul ou le retour d'une fonction est précédé de l'opérateur `ml`, il est automatiquement créé dans l'espace de travail Matlab.

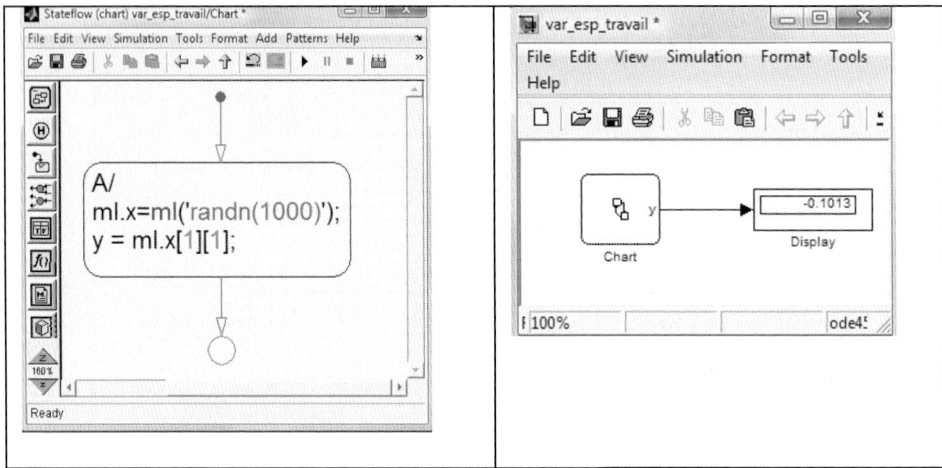


Dans le graphe Stateflow ci-dessus le résultat de la commande `randn` est enregistré dans la variable `x`. Comme cette variable est précédée de l'opérateur `ml`, elle est automatiquement envoyée vers l'espace de travail Matlab.

Dans l'explorateur, nous ne trouvons que la variable de sortie `y`, de type double.

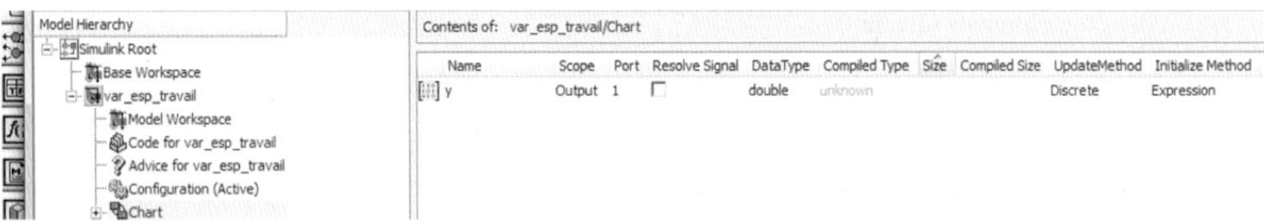


Dans l'afficheur `Display`, nous affichons la 1ère valeur du tableau `x`.

Pour vérifier l'existence de la variable `x` dans l'espace de travail Matlab, nous utilisons soit la commande `exist`, soit la commande `whos`.

```
>> exist('x')
ans =
     1
```

```
>> whos
  Name          Size              Bytes  Class     Attributes
  ans           1x2                  16  double
  simout        1x1              328042  struct
  tout         51x1                 408  double
  x          1000x1000          8000000  double
  xy            1x1              328042  struct
```

Nous vérifions bien qu'il s'agit d'une matrice de 1000 lignes et 1000 colonnes.

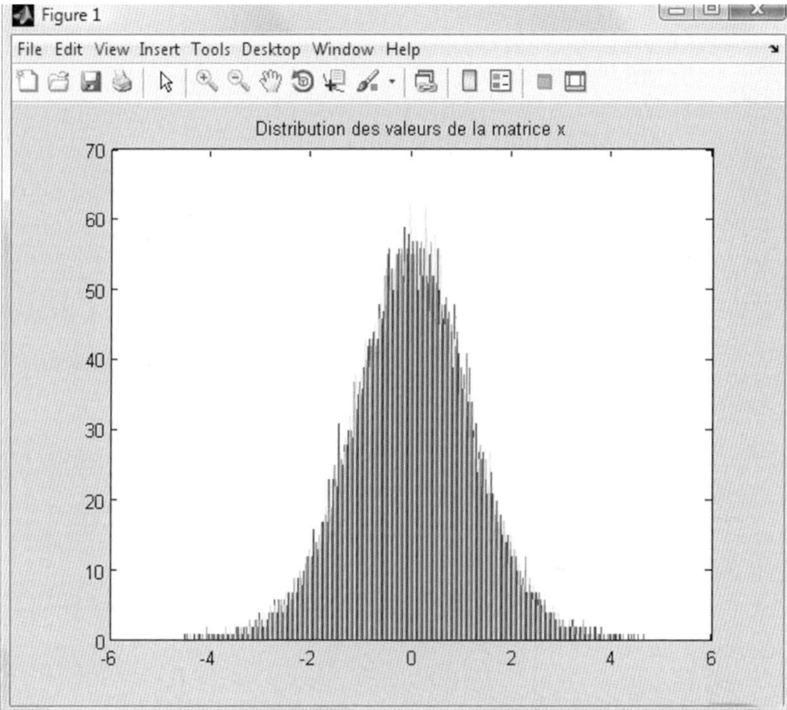


Nous vérifions bien le caractère gaussien centré et de variance unité de la distribution des valeurs de la matrice x.

Le tableau suivant donne la valeur de la moyenne et de la variance de cette distribution.

| moyenne | variance |
|---|---|
| >> mean(x(:))<br><br>ans =<br>9.4576e-004 | >> cov(x(:))<br><br>ans =<br>0.9994 |

Pareil pour les tableaux, dès qu'on remplit un élément par un retour de calcul ou de fonction, celui-ci est automatiquement créé dans l'espace de travail Matlab.

On vérifie bien la valeur nulle de la moyenne et l'unité de la variance.

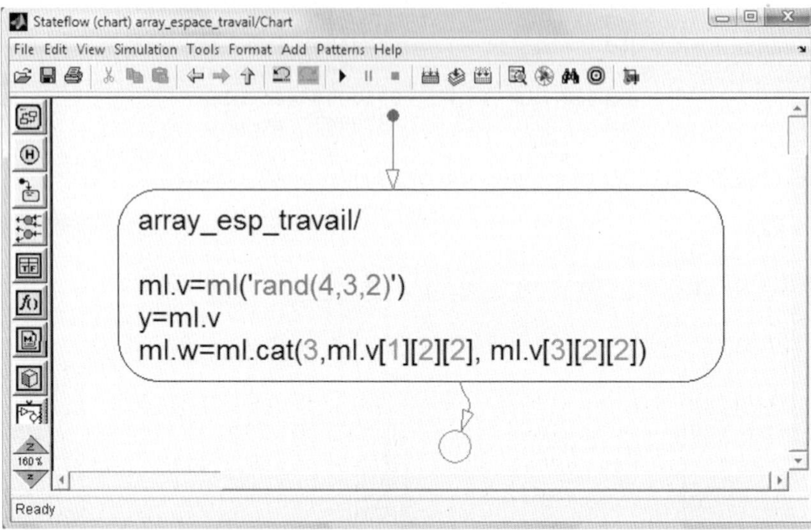


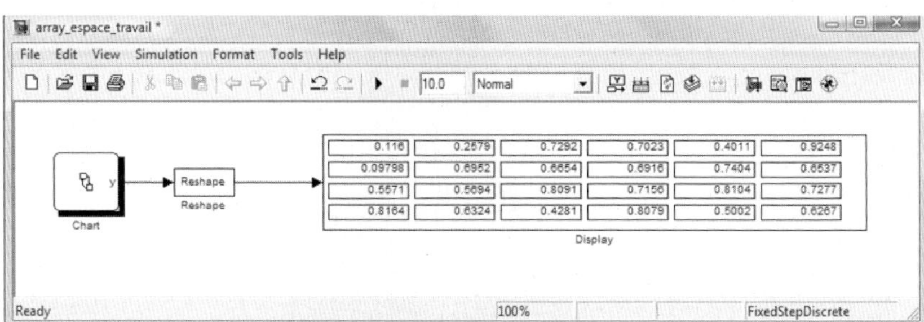


```
y =
(:,:,1) =
    0.1160    0.2579    0.7292
    0.0980    0.6952    0.6654
    0.5571    0.5694    0.8091
    0.8164    0.6324    0.4281
(:,:,2) =
    0.7023    0.4011    0.9248
    0.6916    0.7404    0.6537
    0.7156    0.8104    0.7277
    0.8079    0.5002    0.6267

ml.w =
(:,:,1) =
    0.4011
(:,:,2) =
    0.8104
```

## XVII. Fonction ml

La fonction `ml` permet de faire appel à des fonctions Matlab sous forme d'évaluation d'une chaîne de caractères.
Sa syntaxe est la suivante :

```
ml(ChaineAevaluer, arg1, arg2, …);
```

« `ChaineAevaluer` » est une chaîne de caractères qui sera évaluée dans l'espace de travail Matlab. Elle peut contenir, une ou une suite de commandes Matlab, séparées par des points-virgules.

**Exemples :**

1. Dans les exemples `var_esp_travail` et `array_esp_travail`, nous sons avons utilisé successivement `ml('randn(1000)')` et `ml('rand(4,3,2)')`. Les résultats sont envoyés vers les variables `x` et `v` de l'espace de travail Matlab.

2. Dans l'exemple suivant, les résultats de retour de la fonction `ml` seront envoyés vers une variable locale de Stateflow. On utilisera cette fonction pour générer des valeurs aléatoires et calculer leur moyenne et leur variance qui sont des variables locales qu'on `mettra` ensuite dans un tableau pour en faire une variable de sortie vers Simulink.

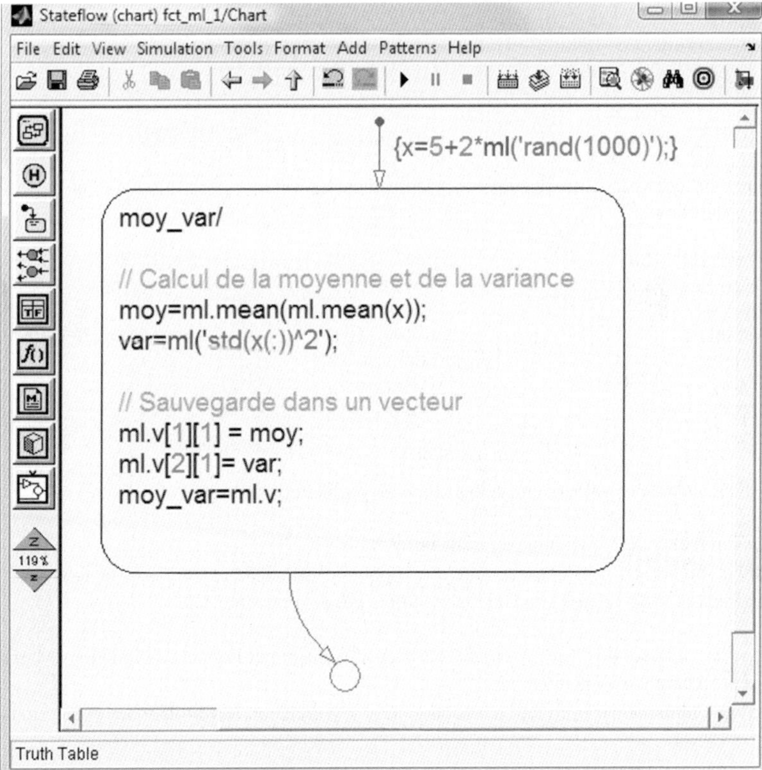

Dans la transition par défaut, on effectue la transition action qui permet de créer la matrice aléatoire x. Dans l'état moy_var, le calcul de la moyenne se fait en imbriquant 2 fois la commande ml.mean(x) car la première calcule la moyenne des colonnes, la seconde réalise celle du vecteur ligne obtenu (vecteur des moyennes de chaque colonne).

On crée ensuite le vecteur v, à 2 lignes et 1 colonne, dans l'espace de travail Matlab dans lequel on sauvegarde les valeurs de la moyenne et de la variance.

```
>>  v
v=
     5.9998
     0.3333
```

On recopie le vecteur v dans le vecteur moy_var qui servira de sortie pour afficher la moyenne et la variance dans l'afficheur.

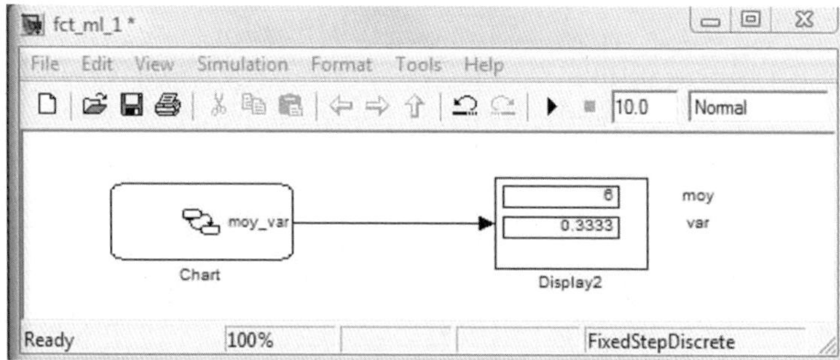


Dans les lignes de commandes suivantes, on vérifie bien les valeurs de la moyenne et de la variance obtenues dans Stateflow

```
>> x=5+2*rand(1000);
>> moy=mean(x(:));
>> var=cov(x(:));
>> [moy ; var]

ans =
     5.9995
     0.3338
```

On retrouve bien les mêmes valeurs que celles obtenues par Stateflow.

3. Utilisation simultanée de l'opérateur ml et de la fonction ml.
Dans le graphe suivant on utilisera l'opérateur ml pour le calcul de cos(2π) et la fonction ml pour sin(π/6); on affichera les 2 valeurs ainsi que leur somme qui devra donner 1.5.

Le calcul du x=cos(2π) et de y=sin(π/6) se sont respectivement par l'appel des fonctions Matlab cos et sin en les précédant par l'opérateur ml.
La valeur de π est obtenue par la fonction ml, ml('pi') comme on le voit dans les expressions de x et de y.

Les variables `x` et `y` étant des variables locales pour les sortir vers Simulink, nous avons besoin de créer d'autres variables `cos2pi` et `SinPIsur6` que nous définissons comme variables de sorties dans l'explorateur. La variable `z` est une somme de 2 expressions dans lesquelles on utilise l'opérateur `ml` dans l'une et la fonction `ml` dans l'autre.

```
mlOp_mlFct/
during :

x=ml.cos(2*ml('pi'));
y=ml.sin(ml('pi')/6);

cos2pi=x;
SinPIsur6=y;
z =ml('randn(2)')+ml.log(y)
z_out=z;
```

On obtient bien sin(π/6)=0.5, cos(2π)=1 et la matrice carrée (4*4) qui est `randn(2)` à laquelle on ajoute à tous les éléments le logarithme de la valeur de la variable y.

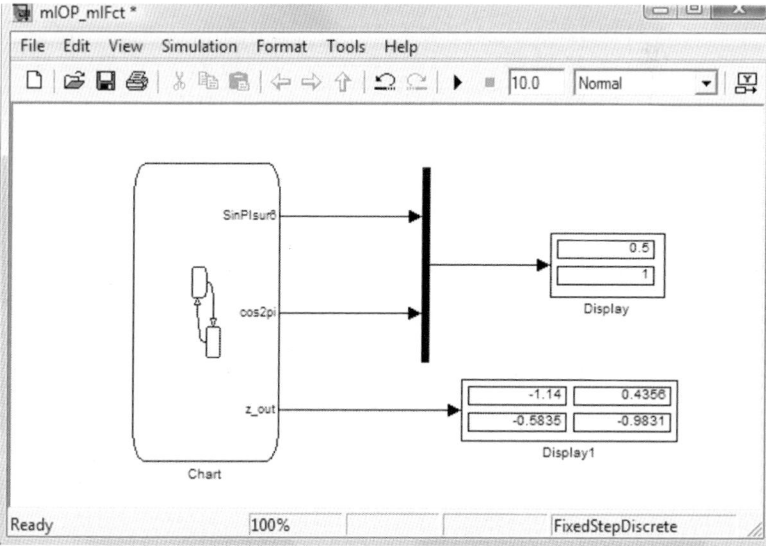

## XVIII. Appel de fonctions MATLAB

Considérons la fonction très simple qui consiste à retourner la somme de 2 arguments qu'on lui passe.

```
function som = somme_2Nombres(N1,N2)
som=N1+N2 ;
```

On vérifie qu'elle fonctionne dans l'espace de travail Matlab

```
>> somme_2Nombres(2,3)
ans =
     5
```

On fait appel maintenant à cette fonction sous Stateflow.

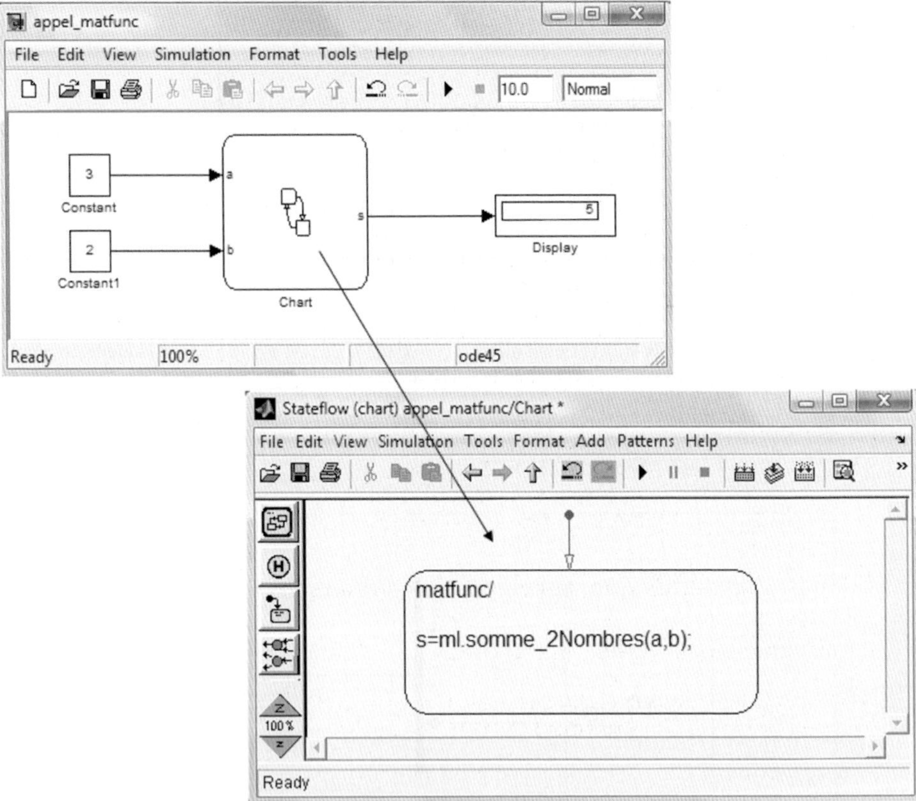


a, b et s sont des variables de Stateflow (2 entrées et 1 sortie). L'appel d'une fonction Matlab se fait grâce à l'opérateur `ml`.

# Chapitre 14

# Traitement du signal



## I. Traitement numérique des signaux déterministes

### I.1. Synthèse des filtres numériques

Dans cette partie, nous allons étudier une méthode de synthèse de filtres numériques passe-bas, passe haut à partir du gabarit d'un filtre passe bande générique.

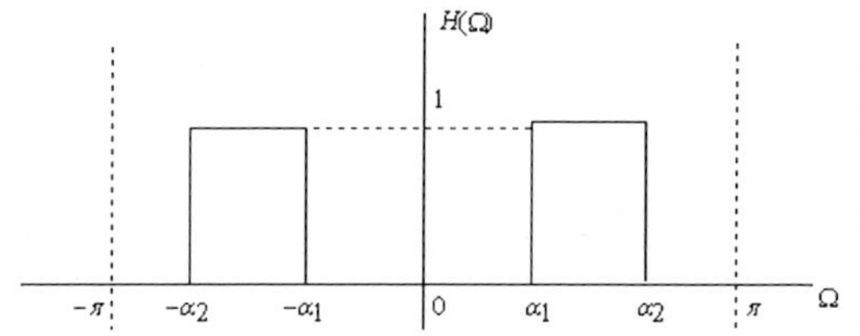


N. Martaj, M. Mokhtari, *MATLAB R2009, SIMULINK et STATEFLOW pour Ingénieurs, Chercheurs et Etudiants*, DOI 10.1007/978-3-642-11764-0_14, 

### *I.1.1. Réponse impulsionnelle*

La réponse impulsionnelle du filtre numérique passe bande de gabarit suivant, est donnée par la formule :

$$h(k) = \frac{1}{2\pi}\int_{-\pi}^{\pi} H(\Omega)\, e^{jk\Omega}\, d\Omega = \frac{1}{2\pi}\left[\int_{-\alpha_2}^{-\alpha_1} H(\Omega)\, e^{jk\Omega}\, d\Omega + \int_{\alpha_1}^{\alpha_2} H(\Omega)\, e^{jk\Omega}\, d\Omega\right]$$

qui donne

$$h(k) = \frac{1}{\pi}\left[\alpha_2 \sin c(k\,\alpha_2) - \alpha_1 \sin c(k\,\alpha_1)\right]$$

En spécifiant des valeurs particulières aux pulsations normalisées $\alpha_1$et $\alpha_2$, on peut synthétiser des filtres de types passe bas et passe haut.

Nous allons, dans ce qui suit, programmer une fonction qui accepte comme arguments d'appel, les deux pulsations normalisées $\alpha_1$ et $\alpha_2$ et retourne la réponse impulsionnelle $h(k)$ du filtre. Comme exemple d'application de cette fonction, nous calculons la réponse impulsionnelle $h(k)$, $(k = -2, -1, 0, 1, 2)$ du filtre passe bas de gabarit suivant :

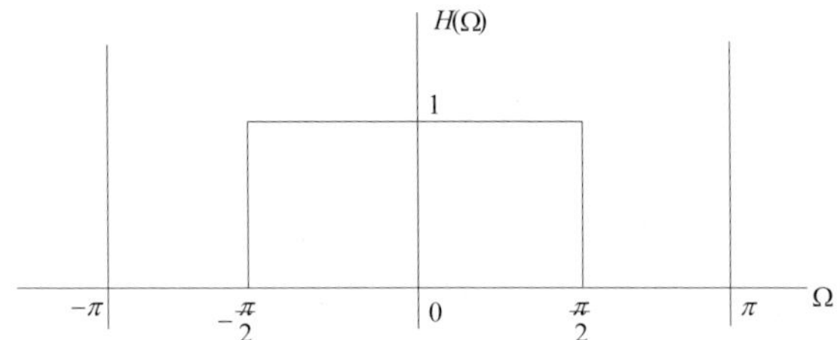


Ce gabarit correspond à celui du filtre passe bande pour lequel $\alpha_1 = 0$ et $\alpha_2 = \frac{\pi}{2}$. Si l'on veut tronquer la réponse impulsionnelle de ce filtre par une fenêtre rectangulaire de largeur 20, il faut prendre N = 10.

*fichier nfrepimp.m*

```
function h = nfrepimp(alpha1,alpha2,N)
% h : réponse impulsionnelle du filtre
% alpha1, alpha2 : pulsations normalisées
% N : demi-largeur de la fenêtre rectangulaire
% [alpha1, alpha2] : fréquences normalisées délimitant
% la bande passante du filtre passe bande
k = -N:N;
h = (alpha2*sinc2(k*alpha2)-alpha1*sinc2(k*alpha1)/pi;
```

Le sinus cardinal est calculé par la fonction `sinc2`.

*fichier sinc2.m*

```
function sc = sinc2(x)
% fonction sinus cardinal
sc = (x == 0)+sin(x)./((x == 0)+x);
```

Nous obtenons les valeurs suivantes de la réponse impulsionnelle tronquée par une fenêtre rectangulaire.

*fichier hfiltbas.m*

```
alpha1 = 0; alpha2 = pi/2;
N = 10;

h = nfrepimp(alpha1,alpha2,N);

k = -N:N; stem(k, h)
title('réponse impulsionnelle du filtre passe bas')
xlabel('n° k d''échantillon h(k)')
axis([-10 10 -0.2 0.7])
grid
```

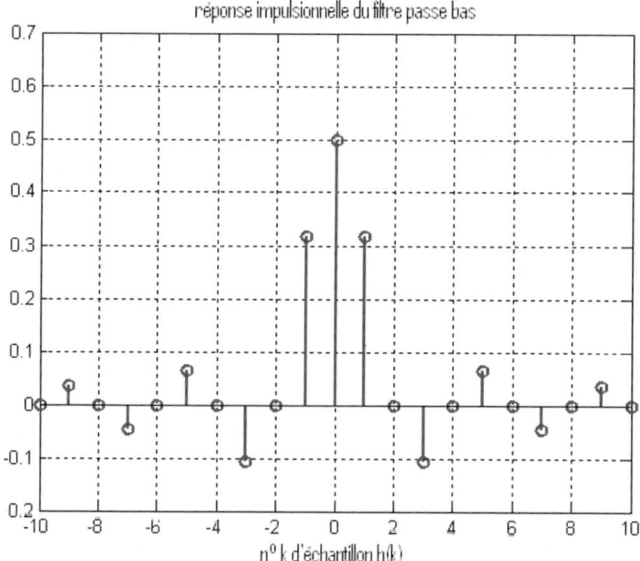


### I.1.2. *Réponse en fréquences*

La fonction `rpfreqfn`, dont le code est donné ci-après, permet de calculer le réponse en fréquences d'un filtre numérique de type RIF (réponse impulsionnelle finie) ou RII (réponse impulsionnelle infinie) dans une bande de pulsations normalisées qui peut s'étendre de $-\pi$ à $\pi$.

`num` et `den` sont le numérateur et le dénominateur de la fonction de transfert du filtre et `omega` la bande de pulsations normalisées. Un filtre RIF est considéré par cette fonction comme un filtre RII dont le dénominateur est égal à l'unité.

*fichier rpfreqfn.m*

```
function ampl = rpfrqfn(num,den,omega)
% retourne les valeurs du module de la réponse en fréquences
% d'un filtre numérique numérique
% ampl :  valeurs retournées du module
% num, den :  numérateur et dénominateur du filtre
% omega : bande de pulsations normalisées
if nargin == 2
 omega = -pi:pi/10:pi;
end
if nargin == 1
 den = [1 zeros(1:length(num)-1)]; omega = -pi:pi/10:pi;
end
pulse = exp(-j*omega);
h = polyval(num,pulse)./polyval(den,pulse);
```

- *Exemple 1 : filtre RII moyenneur du premier ordre*

$$H_1(z) = \frac{1}{2}(1+z^{-1})$$

Si on ne spécifie pas la bande des pulsations, l'intervalle $[-\pi,\pi]$ est pris par défaut avec un pas de $\pi/10$. De plus, pour un filtre RIF, on peut ne pas spécifier le dénominateur (argument `den`).

```
>> H1 = rpfreqfn(0.5*[1 1]);
>> plot(-pi:pi/10:pi,abs(H1)); grid
>> xlabel('pulsations normalisées')
>> title('Module de la réponse en fréquences du filtre H1')
```

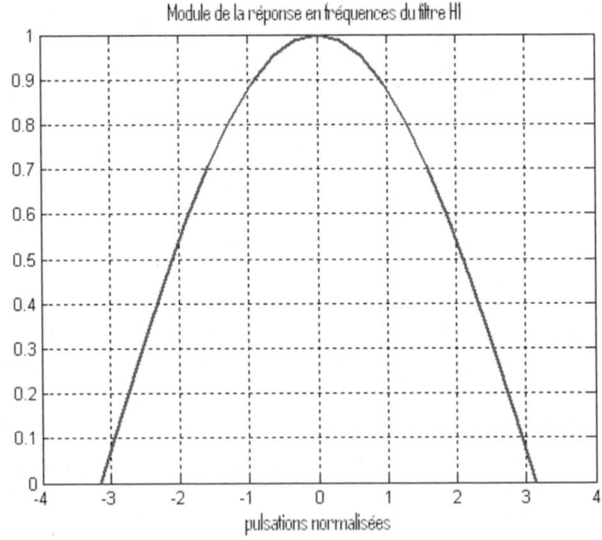

- *Exemple 2 : filtre FIR passe bande, d'ordre 4*

$$H_2(z) = \frac{0.2066\, z^{-4} - 0.4131\, z^{-2} + 0.2066}{z^{-4} + 0.3695\, z^{-2} + 0.1958}$$

*fichier pasbnd4.m*

```
% fonction de transfert en z
num = [0.2066    0.0000   -0.4131    0.0000    0.2066];
den = [1.0000    0.0000    0.3695    0.0000    0.1958];
H2 = rpfreqfn(num,den);
omega = -pi:pi/10:pi;
plot(omega ,abs(H2));
grid
xlabel('pulsations normalisées')
title('Module de la réponse en fréquences du filtre H2')
```

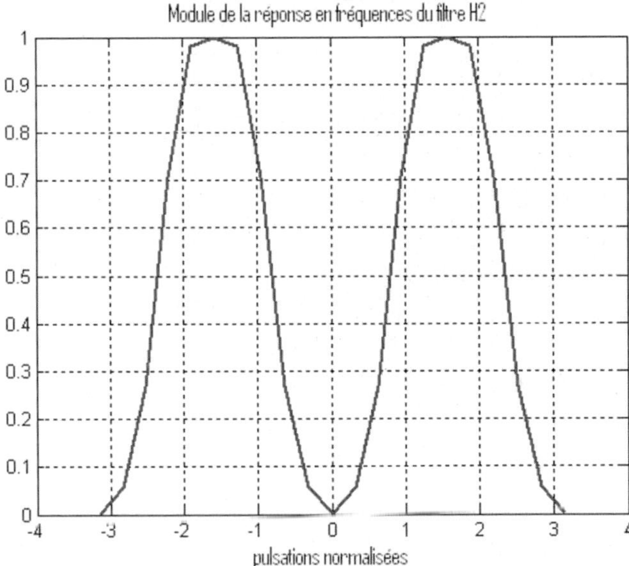


## I.2. Réponse en fréquences d'un filtre numérique

La réponse en fréquences d'un filtre numérique peut être calculée à partir de sa réponse impulsionnelle $h(k)$ ( $k = -N, \ldots 0, \ldots N$ ), par la relation :

$$H(j\Omega) = \sum_{k=-N}^{k=N} h(k)\, e^{-jk\Omega}$$

Lorsqu'on tronque $h(k)$ par une fenêtre rectangulaire, le module du gabarit obtenu, présente des oscillations, connues sous le nom du phénomène de Gibbs.

La fonction repfreq proposée ci-après, calcule la réponse en fréquences d'un filtre numérique à partir de sa réponse impulsionnelle h, dans la bande de pulsations normalisées, spécifiée par le vecteur omega.

*fichier repfreq.m*

```
function H = repfreq(omega,h)
N = (length(h)-1)/2;
k = -N:N;

for i = 1:length(omega)
    H(i) = sum(h.*exp(-j*omega(i)*k));
end
```

On peut améliorer la programmation de la fonction repfreq en supprimant la boucle for. La fonction repfreq2 présente cette modification.

*fichier repfreq2.m*

```
function H = repfreq2(h,omega)
N = (length(h)-1)/2;
k = -N:N;
% matrice représentant exp(-jk*Omega
% exp(-j*k'*omega))
% matrice représentant h(k), duplications de h
% h'*ones(1,length(omega)):
% produit élément par élément de deux matrices
% et somme sur chaque colonne

H = sum(h'*ones(1,length(omega)) .* exp(-j*k'*omega));
```

La comparaison des temps d'exécutions par les deux fonctions pour le calcul de la réponse en fréquences du filtre indique bien l'importance de la modification.
(temps d'exécution sur PC Pentium IV, 512 Mo).

```
>> tic;
>> H = repfreq(h,omega);
>> toc;
Elapsed time is 0.003831 seconds.

>> tic;
>> H1 = repfreq2(h,omega);
>> toc;
Elapsed time is 0.000525 seconds.
```

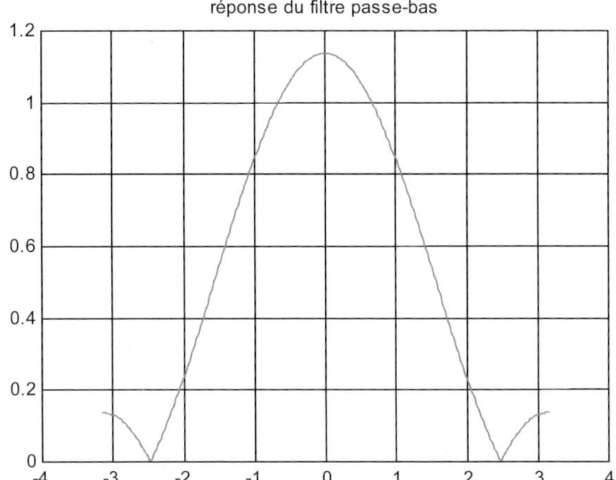


A partir du gabarit d'un filtre passe bande pour lequel on spécifie les pulsations normalisées $\alpha_1$et $\alpha_2$, on peut synthétiser les filtres suivants :

- filtre passe bas ( $\alpha_1 = 0$ , $\alpha_2$: pulsation de coupure)
- filtre passe haut ( $\alpha_1$ : pulsation de coupure, $\alpha_2 = \pi$ )

La synthèse d'un filtre coupe bande peut se faire en considérant que son gabarit (ou sa réponse impulsionnelle) est la somme de ceux des filtres passe bas et passe haut.

Nous allonsdans ce qui suit, programmer une fonction qui permet la synthèse de tels filtres à partir du type passe bande. Cette fonction que l'on nommera `filtnum` possède la syntaxe suivante :

```
[g,h] = filtnum(alpha1,alpha2,fen,N)
```

Elle permettra de tracer et de retourner le module de la réponse en fréquences et la réponse impulsionnelle après troncature par une fenêtre temporelle de largueur N dont le type est spécifié par la chaîne de caractères `fen`. Pour tronquer la réponse impulsionnelle du filtre par les fenêtres de Hamming, Hanning, Blackman, la fenêtre triangulaire et la fenêtre rectangulaire, le paramètre `fen` prendra respectivement les valeurs `'hamm'`, `'han'`, `'blak'`, `'tril'` et `'rect'`. La troncature de la réponse impulsionnelle est réalisée par appel de la fonction `windows` que l'on définira par la suite.

*fichier filtnum.m*

```
function [h,g] = filtnum(alpha1,alpha2,fen,N);
% synthèse de filtre à partir de la réponse impulsionnelle
% d'un filtre passe bande générique
% alpha1, alpha2 : pulsations de coupure normalisées
% fen : type de fenêtre de troncature
```

```
% N : largeur de la fenêtre temporelle
% g : mod. du gabarit après troncature de la rép. impuls.
% h : réponse impulsionnelle après troncature
% sans paramètres, synthèse d'un filtre passe bas
% de pulsation de coupure alpha = 0.5*pi/T.
% La réponse impulsionnelle est tronquée par la fenêtre de
% Hamming W(k) = 0.54+0.46*cos(k*pi/N) de largeur N = 20.
%   fen = 'hamm';
%   N = 20;
%   alpha1 = 0; alpha2 = pi/2;
%   [h,g] = filtnum(alpha1,alpha2,fen,N);
if nargin == 0
  [h,g] = filtnum(0,pi/2,'hamm',20);
  return
end
% Détermination des caractéristiques du filtre
if alpha1 == 0
  type = 'passe bas';
end
if alpha2 == pi
  type='passe haut';
end
if (alpha1 ~= 0 & alpha2 ~= pi)
  type = 'passe bande';
end
if rem(N,2) ~= 0
  error('Largeur N de la fenêtre , pas un nombre pair !!')
end
% Réponse impulsionnelle du filtre passe bande générique
k = -N/2:N/2;
h = (alpha2*sinc2(k*alpha2)-alpha1*sinc2(k*alpha1))/pi;
% génération de la fenêtre de troncature
W = windows(fen,N);
% troncature de la réponse impulsionnelle
h = h.*W;
% tracé de la réponse impulsionnelle
figure(1)
stem(k,h)
grid
title('Réponse impulsionnelle')
xlabel([type ' , ' fen]);
% Réponse en fréquences du filtre
omega = -pi:pi/10:pi;
for i = 1:length(omega)
  g(i) = abs(sum(h.*exp(-j*omega(i)*k)));
end
% tracé de la réponse en fréquences
figure(2), plot(omega,g), grid
title('Réponse en fréquences')
xlabel([type ' , ' fen]);
```

La fonction `windows` permet de générer une fenêtre temporelle avec laquelle on multiplie la séquence de la réponse impulsionnelle afin d'atténuer les oscillations de `Gibbs`.
Nous avons considéré les fenêtres les plus couramment utilisées : fenêtre rectangulaire, triangulaire, fenêtres de `Hamming`, de `Hanning` et de `Blackman`.

*fichier windows.m*

```
function W = windows(fen,N)
% génération d'une fenêtre temporelle de troncature de la
% réponse impulsionnelle d'un filtre numérique
if nargin == 1
  N = 10; % largeur par défaut
end
k = -N/2:N/2;
if fen == 'hamm'  % fenêtre de Hamming
  W = 0.54+0.46*cos(k*pi/N);
end
if fen = 'hann' % fenêtre de Hanning
  W = .5*(1+cos(k*pi/N));
end
if fen == 'rect'  % fenêtre rectangulaire
  W = ones(size(k));
end
if fen == 'tril'  % fenêtre triangulaire
  W = [2*(-N/2:0)/N+1 -2*(1:N/2)/N+1];
End

if fen == 'blak'  % fenêtre de Blackman
  W = 0.42+0.5*cos(k*pi/N)+ 0.08*cos(2*k*pi/N);
end
```

Si l'on veut visualiser une de ces fenêtres, par exemple celle de `Blackman`, il suffit de faire appel à cette fonction en spécifiant le type `'black'` et sa largeur.

Les commandes suivantes permettent de générer et de tracer les différentes fenêtres évoquées précédemment dans la même fenêtre graphique.

*fichier plt_wind.m*

```
wrect = windows('rect');
whamm = windows('hamm');
whann = windows('hann');
wtril = windows('tril');
wblak = windows('blak');

k = -5:5;
plot(k,wrect,k,whamm,k,whann,k,wtril,k,wblak), grid
title('fenêtres de troncature de largeur 10')
xlabel('n° d''échantillon'), axis([-5 5 0 1.2])
```

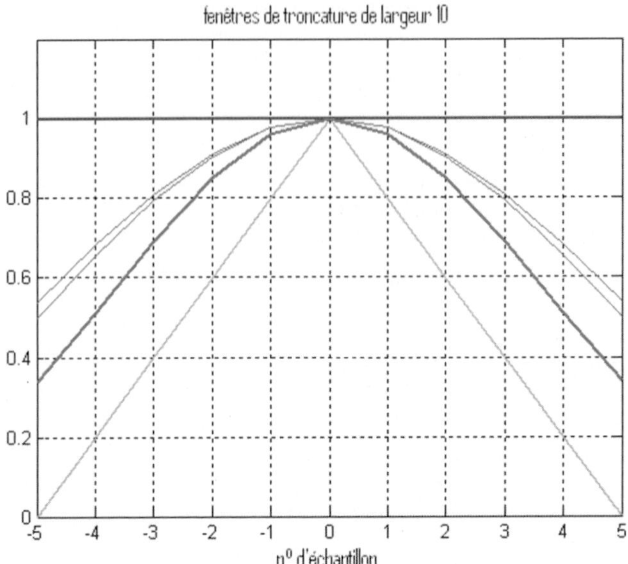


### Exemples de synthèses de filtres

- *filtre passe haut*

On désire synthétiser un filtre passe haut de bande passante, $\left[\frac{\pi}{2}, \pi\right]$, avec troncature de la réponse impulsionnelle par la fenêtre de `Hamming` de largeur N = 20.

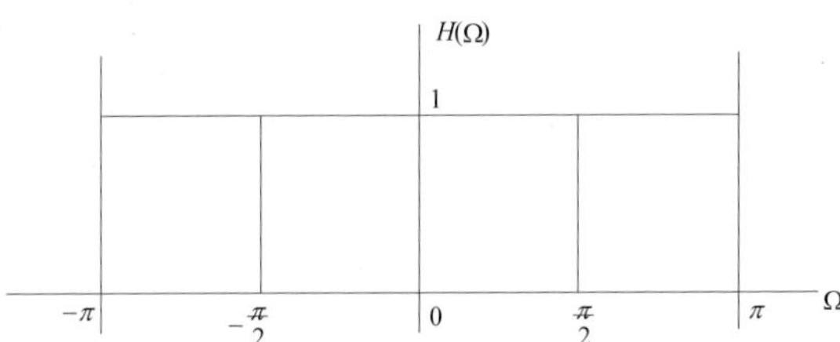


Pour cela, on fait appel à la fonction `filtnum`, proposée précédemment :

```
[h,g] = filtnum(pi/2,pi,'hamm',20)
```

La réponse impulsionnelle après troncature par la fenêtre de `Hamming` et le module de la réponse en fréquences sont représenrées dans les graphiques suivants :

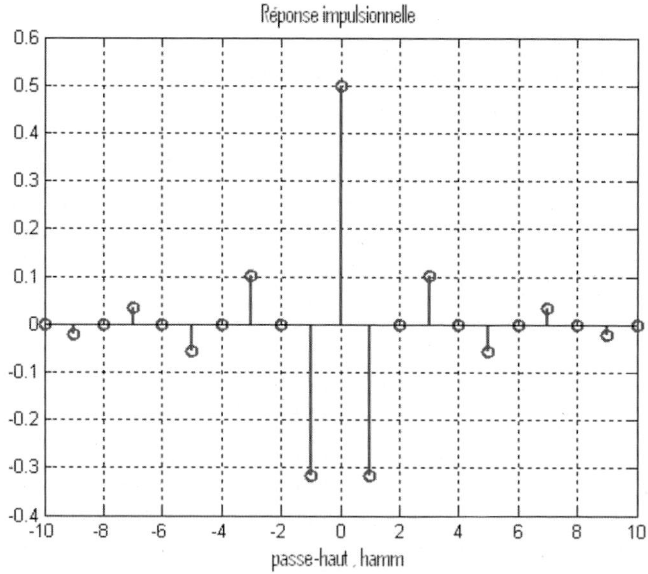
Réponse impulsionnelle
0.6
0.5
0.4
0.3
0.2
0.1
0
-0.1
-0.2
-0.3
-0.4
-10 -8 -6 -4 -2 0 2 4 6 8 10
passe-haut , hamm

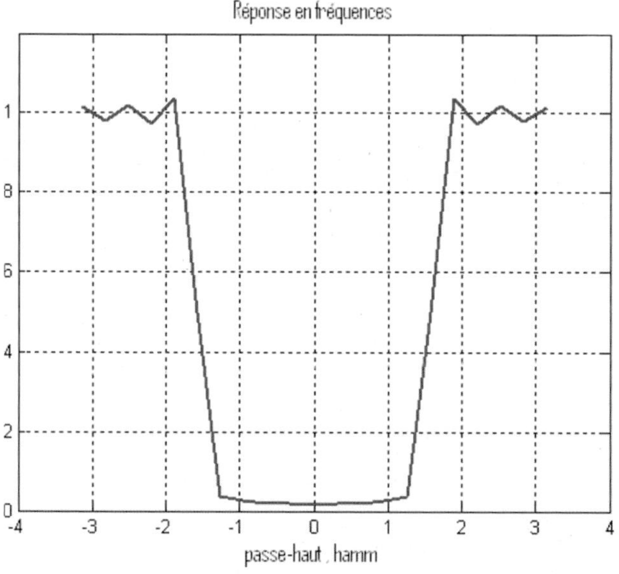
Réponse en fréquences
1
8
6
4
2
0
-4 -3 -2 -1 0 1 2 3 4
passe-haut , hamm

• ***filtre passe bas***

*On désire synthétiser un filtre passe bas de bande passante* $\left[0, \frac{\pi}{3}\right]$ *avec troncature de la réponse impulsionnelle par une fenêtre triangulaire de largeur N = 32.*

```
[h,g] = filtnum(0,pi/3,'tril',32)
```

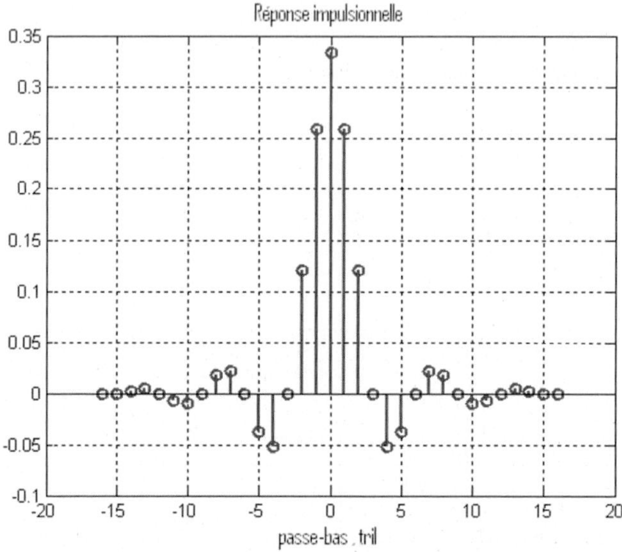


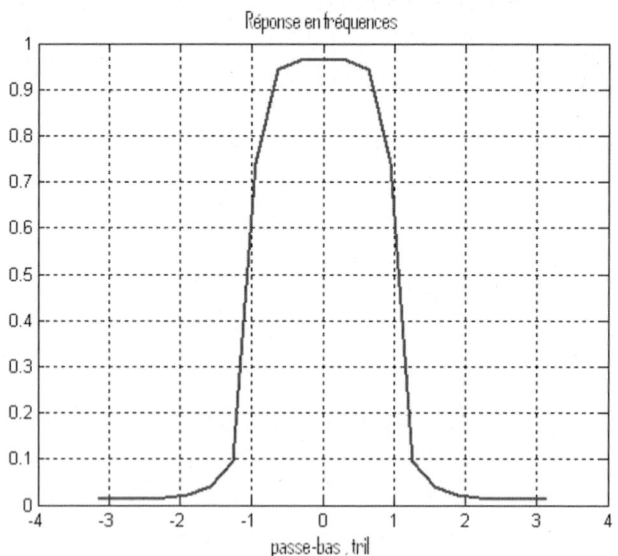

## I.3. Applications

### I.3.1. Filtrage de signaux

La fonction `filter` de syntaxe `y = filter(B, A, x)`, permet d'obtenir la réponse d'un filtre numérique de fonction de transfert $H(z)$ à un signal d'entrée discret $x(k)$.

`x :` vecteur représentant le signa à filtre,
`B, A :` numérateur et dénominateur de la fonction de transfert du filtre,
`y :` vecteur représentant le signal filtré.

Les fichiers de démonstrations, `filtdem`, `filtdem2` et `filtdemo` du toolbox "Signal", permettent de visualiser des exemples de filtrage de signaux.

Considérons un filtre numérique du premier ordre de fonction de transfert : $H(z) = \frac{0.2}{z-0.8}$

et cherchons la réponse à un créneau.

*fichier apl_filt.m*

```
% génération de la séquence d'entrée
N = 30; t = 1:0.1:N;  % temps discret
% séquence d'entrée
x = [zeros(1,length(t)/3) ones(1,length(t)/3) ...
zeros(1,length(t)/3)];
% description du filtre
num_H = 0.2; den_H = [1 -0.8];
% filtrage de la séquence d'entrée
y = filter(num_H,den_H,x);
% tracé des séquences d'entrée et de sortie du filtre
plot(t,x,':'), hold on, plot(t,y)
axis([0 30 -0.2 1.2]), grid,
gtext('entrée x'), gtext('sortie y')
```

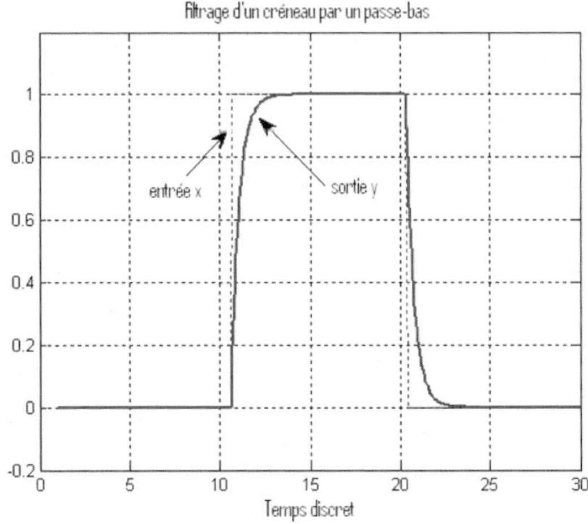

### I.3.2. Analyse spectrale

La transformée de Fourier d'un signal discret x(k) est calculée par la commande `fft` (algorithme TFR) avec la syntaxe :

`fft(x)` : transformée de Fourier du vecteur x,
`fft(x,N)` : transformée de Fourier du vecteur x sur N points.

Si la longueur du vecteur x est plus petite que N, des zéros sont ajoutés. Dans le cas contraire, le signal x est tronqué. On peut calculer directement la transformée de Fourier de plusieurs signaux dont les vecteurs formeront les colonnes de la matrice x. Des exemples de transformée de Fourier peuvent être consultés en lançant les fichiers de démonstration: `fft`, `fft2` (transformée de Fourier bidimensionnelle), `fftdemo` (analyse spectrale FFT, de la boite à outils "Signal").

Comme exemple, on s'intéressera à la synthèse d'un filtre passe bande pour récupérer un signal sinusoïdal à partir d'une somme de 3 sinusoïdes. On utilisera pour ceci des commandes disponibles dans la boite à outils de traitement de signal "Toolbox Signal".

On s'intéressera plus particulièrement à la synthèse d'un filtre passe bande de type Butterworth, réalisée grâce à la commande `butter` de syntaxe :

```
[b,a] = butter(n,[f1 f2])
```

`b, a` : numérateur et dénominateur de la fonction de transfert en z du filtre,
`f1, f2` : fréquences limitant la bande passante du filtre,
`n` : fixe l'ordre 2n du filtre.

Les fréquences `f1` et `f2` sont des fréquences normalisées à la moitié de la fréquence d'échantillonnage.

D'autres syntaxes de cette même commande permettent de générer des filtres passe bas, passe haut, etc. La commande `help butter` donne l'aide nécessaire.

Pour obtenir la réponse en fréquences d'un filtre numérique, on utilisera la commande `freqz` dont une syntaxe est :

```
H = freqz(b,a,f)
```

`b, a` : numérateur et dénominateur de la fonction de transfert en z du filtre,
`f` : vecteur désignant la bande de pulsations normalisées entre 0 et $\pi$.

Il est possible d'obtenir la réponse impulsionnelle d'un filtre numérique à partir de sa fonction de transfert en z, grâce à la commande impz. Cette commande possède beaucoup de syntaxes dont la suivante :

```
[h, t] = impz(b, a)
```

retourne les échantillons de la réponse impulsionnelle dans le vecteur h et les indices temporels dans le vecteur t.

*fichier apl_fft.m*

```
fe = 100; % fréquence d'échantillonnage
t = (1:fe)/fe;

% différents signaux sinusoïdaux
x1 = sin(2*pi*t*40)
x2 = sin(2*pi*t*25);
x3 = sin(2*pi*t*10);

% signal somme
xtot = x1+x2+x3;

figure(1)
plot(t,xtot);
title('somme de 3 sinusoïdes de fréquences 10, 25 et 40 Hz');
xlabel('fréquences normalisées')
grid
```

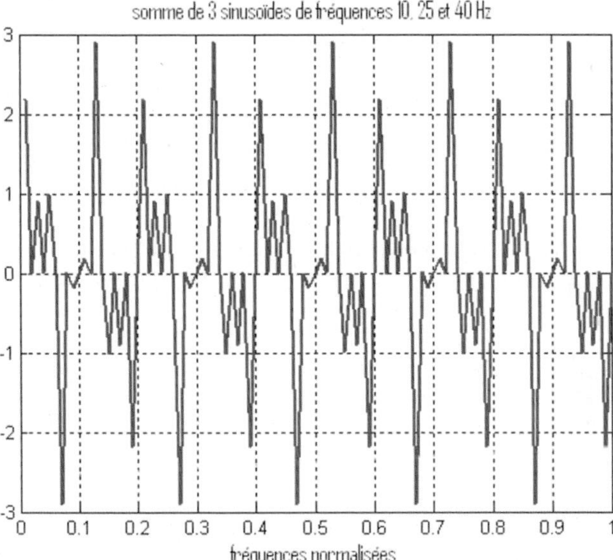


*fichier apl_fft.m (suite)*

```
% fft du signal somme
figure(2)
Nx = length(xtot);
tf = fft(xtot,Nx);
w = (0:Nx-1)/Nx*fe;
% tracé de la fft du signal somme
stem(w,abs(tf(1:Nx)))
```

```
grid
xlabel('fréquences en Hz')
title('module de la fft de la somme x1+x2+x3')
```

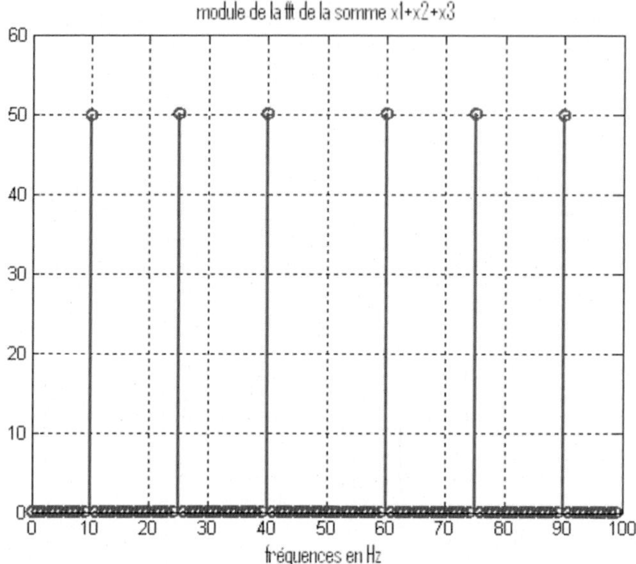


Dans le spectre obtenu, on retrouve bien les fréquences de 10, 25 et 40 Hz. On observe la périodicité fréquentielle de période $\frac{f_e}{2}$, $f_e$ étant la féquence d'échantillonnage.

*fichier apl_fft.m (suite)*

```
% filtrage par un passe bas de Butterworth du 2nd ordre
% fréquences de coupure 20 et 30 Hz

% calcul du numérateur B et du dénominateur A
% de la fonction de transfert en z du filtre passe bande
% de Butterworth d'ordre 2

[B,A] = butter(2,[20 30]/(fe/2));

% filtrage du signal somme
s_filt = filter(B,A,xtot);

figure(3)
plot(t,x2)
title('signal de 25 Hz d''origine')
axis([t(1) t(length(t)) -1.5 1.5]), grid
figure(4)
```

```
plot(t,s_filt), title('signal filtré')
axis([t(1) t(length(t)) -1.5 1.5])
xlabel('fréquences normalisées'), grid
```

Les figures suivantes représentent le signal sinusoïdal de 25 Hz d'origine et le signal sinusoïdal de fréquence 25 Hz obtenu par filtrage du signal somme.

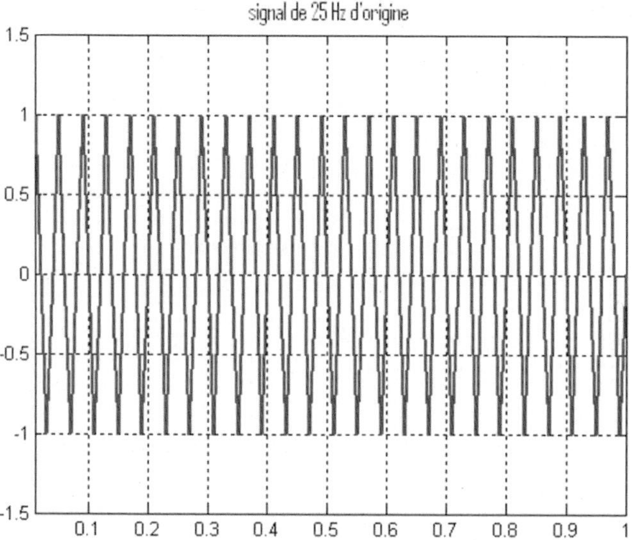


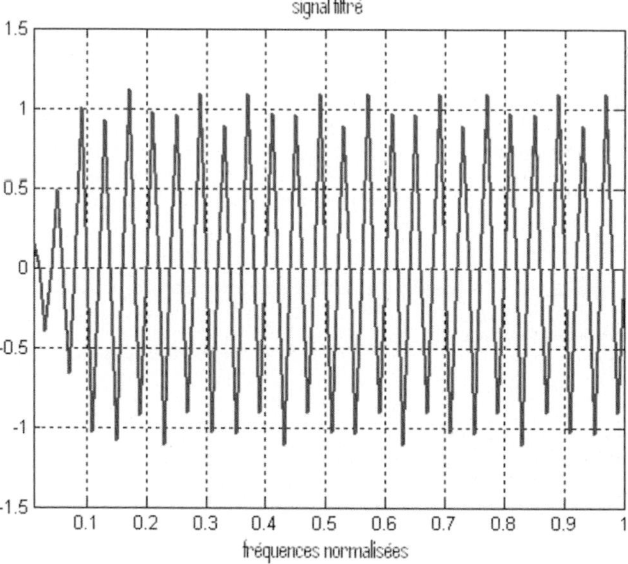

*fichier apl_fft.m (suite)*

```
% réponse en fréquences du filtre
H = freqz(B,A,w,fe);

% tracé du module du gabarit en échelles semi-log
figure(5)

% Tracé du module de H en échelle logarithmique
semilogx(w,abs(H))

title('module de la réponse en fréquences du filtre')
xlabel('fréquences en Hz')
grid
```

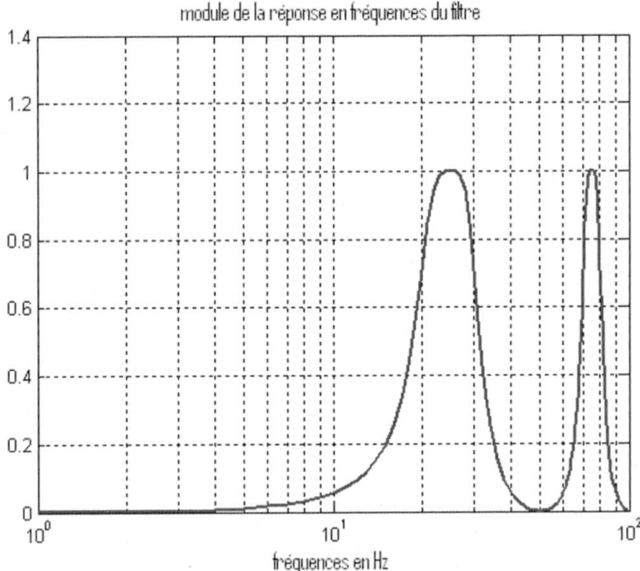


*fichier apl_fft.m (suite)*

```
[h,t] = impz(B,A); % réponse impulsionnelle du filtre

figure(6)

stem(t,h)

xlabel('n° d''échantillon')
grid
title('réponse impulsionnelle du filtre')
```

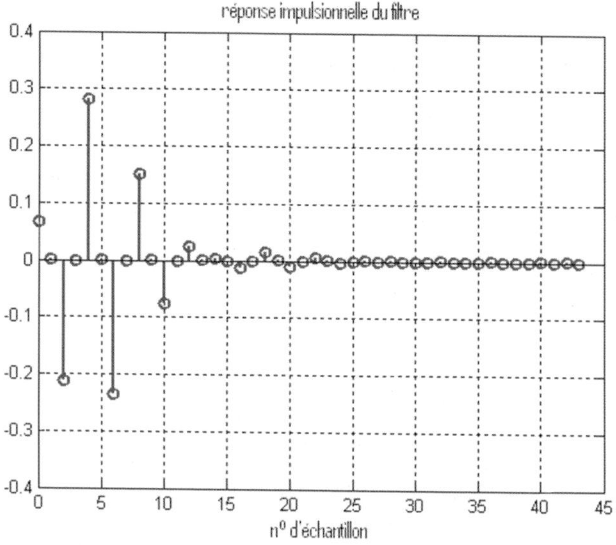


*fichier apl_fft.m (suite)*

```
% fft du signal filtré
figure(7), tff = fft(s_filt,Nx); w = (0:Nx-1)/Nx*fe;
stem(w,abs(tff(1:Nx)));
title('module de la fft du signal filtré')
xlabel('fréquences en Hz'), grid
```

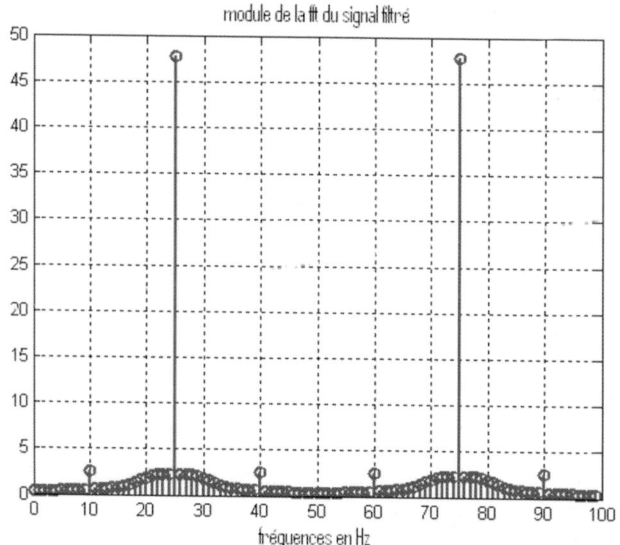

# II. Signaux stochastiques

## II. 1. Caractéristiques statistiques du filtrage numérique

### *II.1.1. Signaux stochastiques monodimensionnels*

On considère un filtre numérique du premier ordre de fonction de transfert générale :

$$H(z) = \frac{B(z^{-1})}{A(z^{-1})}$$

attaqué par un bruit x(t) gaussien, blanc, centré et de variance $\sigma_x^2$.
On se propose d'étudier les caractéristiques du bruit en sortie (moyenne, variance, autocorrélation, intercorrélation avec le bruit en entrée, densité spectrale énergétique etc.).

Les signaux discrets x(t) et y(t), de même longueur, sont respectivement l'entrée et la sortie du filtre numérique. Nous utilisons les notations suivantes :

| | |
|---|---|
| $\bar{x}, \bar{y}$ | : Moyenne de x et y, |
| $R_{xy}(k), R_{yx}(k)$ | : Échantillon n° k des fonctions d'intercorrélation de x à y et de y à x, |
| $R_{xx}(k), R_{yy}(k)$ | : Échantillon n° k des fonctions d'autocorrélation de x et de y, |
| $S_{xx}(w), S_{yy}(w)$ | : Densités spectrales de puissance de x et de y, |
| $S_{xy}(w)$ | : Interspectre de puissance des signaux x et y. |

Nous rappelons les relations permettant le calcul de ces différents paramètres, dans le cas du filtrage d'un signal x(t) par un filtre numérique de fonction de transfert H(z) et de sortie y(t).

La valeur moyenne du signal de sortie est égale à celle de l'entrée multipliée par le gain statique du filtre :

$$\bar{y} = H(1)\,\bar{x}$$

L'échantillon n° k de la fonction de corrélation de x à y est donné par :

$$R_{xy}(k) = \frac{1}{N-k-1} \sum_{j=1}^{N-k} x(j)\, y(j+k)$$

La densité spectrale énergétique d'un signal est la transformée de Fourier de sa fonction d'autocorrélation

$$S_{xy}(w) = F\left[R_{xy}(k)\right]$$

C'est la réponse en fréquences du filtre RIF de réponse impulsionnelle $R_{xy}(k)$ dans le domaine $[-\pi, \pi]$ de pulsations normalisées.

Le fichier correlxy.m permet de calculer la fonction de corrélation d'un signal x à un signal y. Elle a pour syntaxe :

```
cxy = correlxy(x,y,k)
```

`x, y` : vecteurs lignes de même dimension représentant les signaux,
`k` : n° de l'échantillon de la fonction de corrélation,
`cxy` : vecteur ligne de même taille que x et y, représentant la fonction de corrélation.

*fichier correlxy.m*

```
function corr_scale = correlxy(x,correlation, k)
nbre_max = ceil(length(x)/4);
k = k*(k<=nbre_max)+nbre_max*(k>nbre_max);
correlation = correlation(length(x):length(x)+
k)./(length(x)-1-(0:k));
corr_scale = [fliplr(correlation(2:length(correlation))) ...
correlation];
```

Comme exemple d'utilisation de cette fonction, on se propose de calculer à l'aide du fichier `correl.m`, les fonctions d'autocorrélation des signaux d'entrée et de sortie du filtre moyenneur :

$$H(z)=\frac{1}{2}(1+z^{-1})$$

ainsi que leurs fonctions d'intercorrélation.

*fichier correl.m*

```
clc, clear all, close all, hold off
num = 0.5*[1 1];
den = [1 0];
N = 1000;
x = randn(1,N);
y = filter(num,den,x);
k = 3; % nombre d'échantillons de la corrélation

x = x-mean(x);
y = y-mean(y);

% -----------------
% Autocorrélation du bruit d'entrée
% Autocorrélation du bruit d'entrée
correl_xx = conv(x,fliplr(x));
corr_scale = correlxy(x, correl_xx, k);
figure(1)
stem(-k:k,corr_scale)
hold on
plot(-k:k,corr_scale,':')
title('Autocorrélation du bruit blanc d''entrée')
grid
```

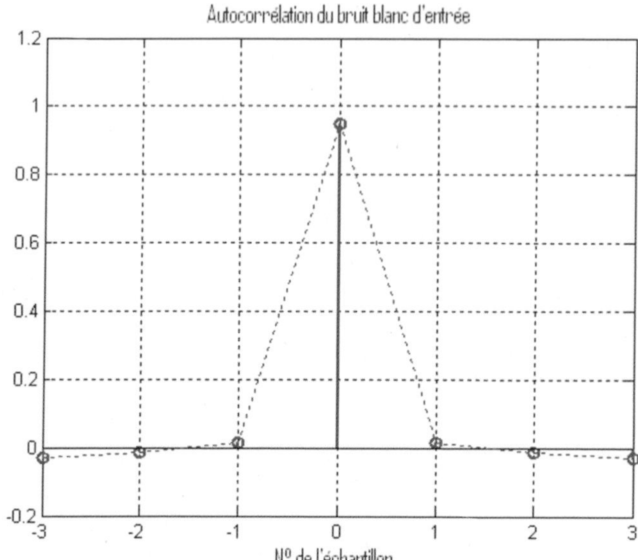


Avec un nombre d'échantillons de 1000, le signal généré par la fonction `randn` est proche d'un bruit blanc, sa fonction d'autocorrélation est proche d'une impulsion de Dirac (autocorrélation d'un bruit blanc).

*fichier correl.m (suite)*

```
% Corrélation du bruit d'entrée au bruit de sortie

correl_xy = conv(x,fliplr(y));
corr_scale = correlxy(x, correl_xy, k)

% Tracé de la fonction d'intercorrélation de part et d'autre
% de l'échantillon zéro

figure(2)
stem(-k:k,corr_scale)
hold on

% Tracé de traits entre les pics des échantillons
plot(-k:k,corr_scale,':')

title('Corrélation entre le bruit d''entrée x au bruit de
sortie y')
grid
```

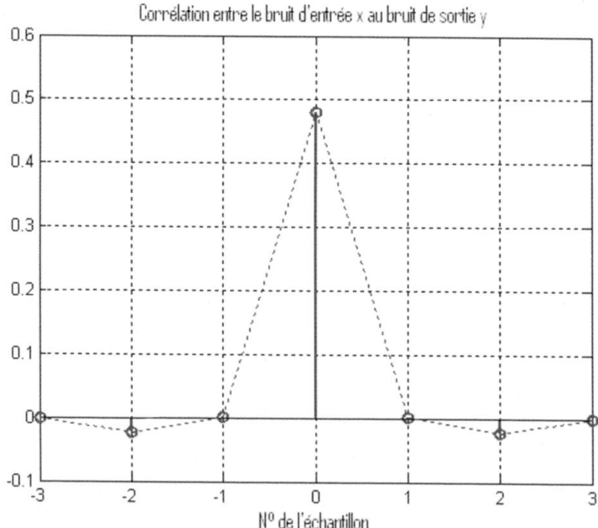


*fichier correl.m (suite)*

```
% Corrélation du bruit de sortie au bruit d'entrée
correl_yx = conv(y,fliplr(x));
corr_scale = correlxy(x, correl_yx, k)
figure(4), stem(-k:k,corr_scale), hold on
plot(-k:k,corr_scale,':')
title('Corrélation du bruit de sortie au bruit d''entrée')
```

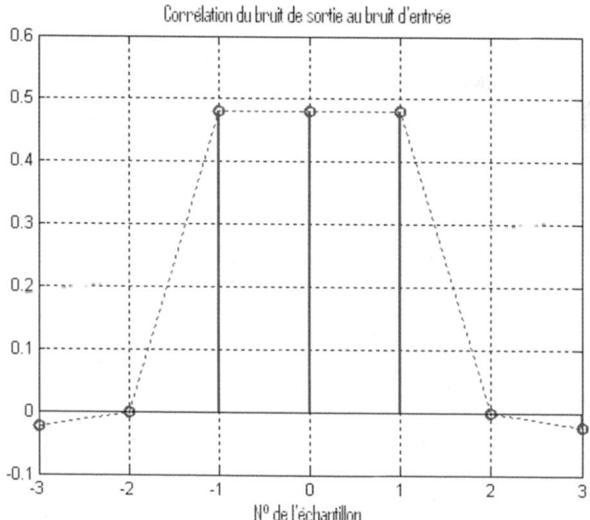

Lorsqu'on filtre un bruit blanc, on obtient toujours un bruit coloré. Dans ce cas particulier, en raisonnant dans le domaine temporel, nous avons :

$$R_{yx}(k) = E[x(t)\,y(t+k)] = \frac{1}{2}E\{x(t)\,[x(t+k)+x(t-1+k)]\}$$

$$R_{yx}(k) = \frac{1}{2}\sigma_x^2 \text{ (pour k = 0)} + \frac{1}{2}\sigma_x^2 \text{ (pour k = 1)}$$

*fichier correl.m (suite)*

```
% Autocorrélation du bruit de sortie
correl_yy = conv(y,fliplr(y));
corr_scale = correlxy(x, correl_yy, k)
figure(3)
stem(-k:k,corr_scale)
hold on
plot(-k:k,corr_scale,':')
title('Autocorrélation du bruit de sortie')
grid
```

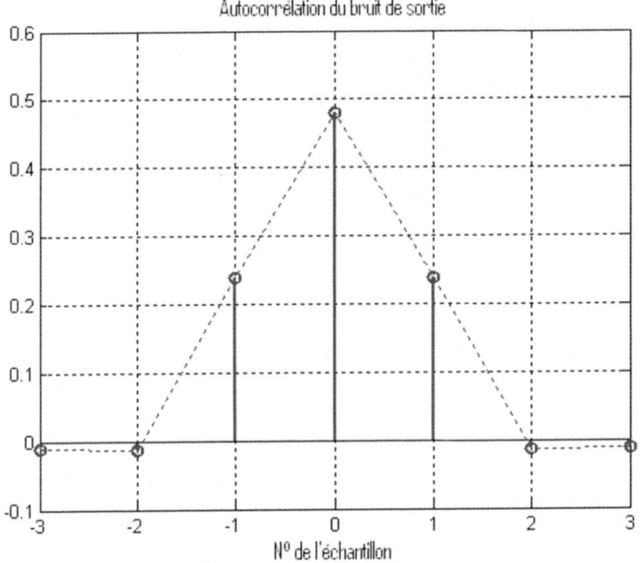


Nous obtenons ces résultats par le calcul dans le domaine temporel.

$$R_{yy}(k) = E[y(t)\,y(t+k)] = \frac{1}{4}\,E\{[x(t+k)+x(t-1+k)][x(t+k)+x(t-1+k)]\}$$

$$R_{yy}(k) = \frac{1}{2}\sigma_x^2 \text{ (pour k = 0)} + \frac{1}{4}\sigma_x^2 \text{ (pour k = 1)}$$

La densité spectrale de puissance d'un signal x(t) est le module de la réponse en fréquences du filtre RIF de réponse impulsionnelle $R_{xx}(k)$. On peut l'obtenir à l'aide de la fonction `rpfreqfn`.

Dans le cas particulier du filtre moyenneur H(z) précédent, l'autocorrélation de son signal de sortie est la réponse impulsionnelle du filtre :

$$G(z) = \frac{1}{2} + \frac{1}{4} z^{-1}$$

Sa réponse en fréquences constitue la DSP du signal de sortie.

```
>> omega = -pi:pi/10:pi;
>> Rxx = [0.5 0.25];
>> dsp = abs(rpfreqfn(Rxx));
>> plot(omega,dsp)
>> grid
>> title('Densité spectrale de puissance du signal ...
d''entrée')
>> xlabel('Pulsations')
```

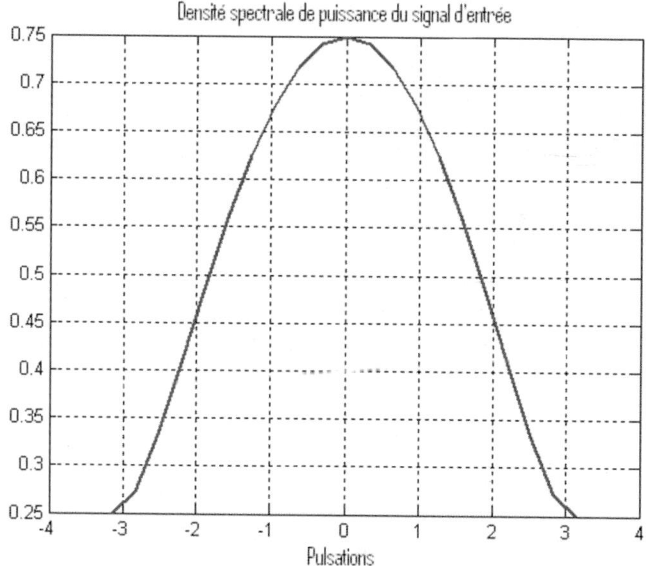


La puissance du signal de sortie du filtre moyenneur maximale pour w = 0, décroît avec la pulsation pour s'annuler à $w=\pi$.

La densité spectrale de puissance du signal de sortie du filtre peut aussi être calculée par le filtrage de la densité spectrale de son signal d'entrée :

$$Z\left[S_{yy}(k)\right] = H(z)\, H(z^{-1})\, Z\left[S_{xx}(k)\right]$$

$S_{yy}(k)$ est la réponse du filtre de fonction de transfert $H(z)\,H(z^{-1})$ à la séquence donnée par la DSP du signal d'entrée.

Le fichier fonction `dspfn` permet le calcul de la DSP par cette méthode.

*fichier dspfn.m*

```
function dspout = dspfn(Rxx,num,den,omega)
% calcul de la DSP du signal de sortie d'un filtre numérique
if nargin ==1
  error('Nombre d''arguments incorrects')
end
if nargin==2
  den = [1 zeros(1,length(num)-1)];
  omega = -pi:pi/10:pi;
end
if nargin ==3
  omega = -pi:pi/10:pi;
end
% fonction de transfert H(z)*H(1/z)*Z(Rxx)=num_G/den_G
num_G = conv(conv(num,fliplr(num)),Rxx);
den_G = conv(den,fliplr(den));
pulse = exp(j*omega);
dspout = polyval(num_G,pulse)./polyval(den_G,pulse);
```

***Exemples d'utilisation de la fonction* `dspfn`**

- *Filtre RII*

Pour un filtre d'ordre 1, de fonction de transfert générale $H(z) = \dfrac{b}{1-a\,z^{-1}}$ $(|a| \le 1)$,

attaqué par un bruit blanc de variance $\sigma_x^2$, le calcul théorique de la DSP du signal de sortie donne :

$$S_{yy}(\Omega) = \frac{b^2}{1 + a^2 - 2\,a\cos\Omega}\,\sigma_x^2$$

Considérons comme exemple, un filtre RII de premier ordre de fonction de transfert $H(z)$, attaqué par un bruit blanc de variance unité.

$$H(z) = \frac{1}{1-0.2\,z^{-1}}$$

Le fichier `apl_dsp.m` permet le calcul de la densité spectrale énergétique de la sortie de ce filtre obtenue par l'utilisation de la fonction `dspfn` et celle donnée par le calcul théorique.

*fichier apl_dsp.m*

```
% calcul et tracé de la DSP
num = [0 1]; den = [1 -0.2]; Rxx = [1 zeros(1,10)];
omega = -pi:pi/10:pi; dsp = dspfn(Rxx,num,den);
plot(omega,abs(dsp))
a = 0.2; b = 1; % calcul théorique
dsp = b^2./(1+a^2-2*a*cos(omega));
hold on, plot(omega,dsp,'o')
xlabel('pulsations normalisées')
title('densité spectrale énergétique de filtre passe bas')
```

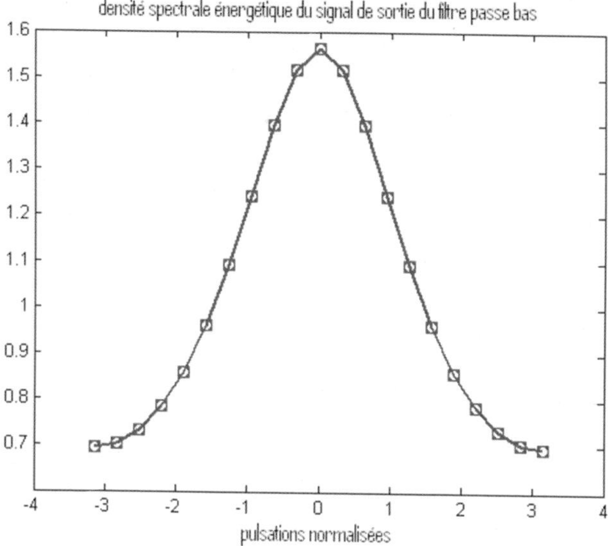


- *Filtre FIR dérivateur*

$$H(z)=1-z^{-1}$$

*fichier derivate.m*

```
% filtre dérivateur avec entrée RND
% étude des caractéristiques statistiques du bruit en sortie
% réponse en fréquences du filtre dérivateur
num = [1 -1]; omega = -pi:pi/10:pi;
h = rpfreqfn(num);
figure(1), plot(omega,abs(h))
grid, title('Réponse en fréquences du filtre dérivateur')
Rxx = 1; dsp = dspfn(Rxx,num);
figure(2), plot(omega,abs(dsp));
grid, title('DSP de la sortie du filtre dérivateur')
```

Les figures suivantes représentent la réponse en fréquences du filtre dans la bande des pulsations normalisées $[-\pi, \pi]$ et la densité spectrale énergétique de son signal de sortie.

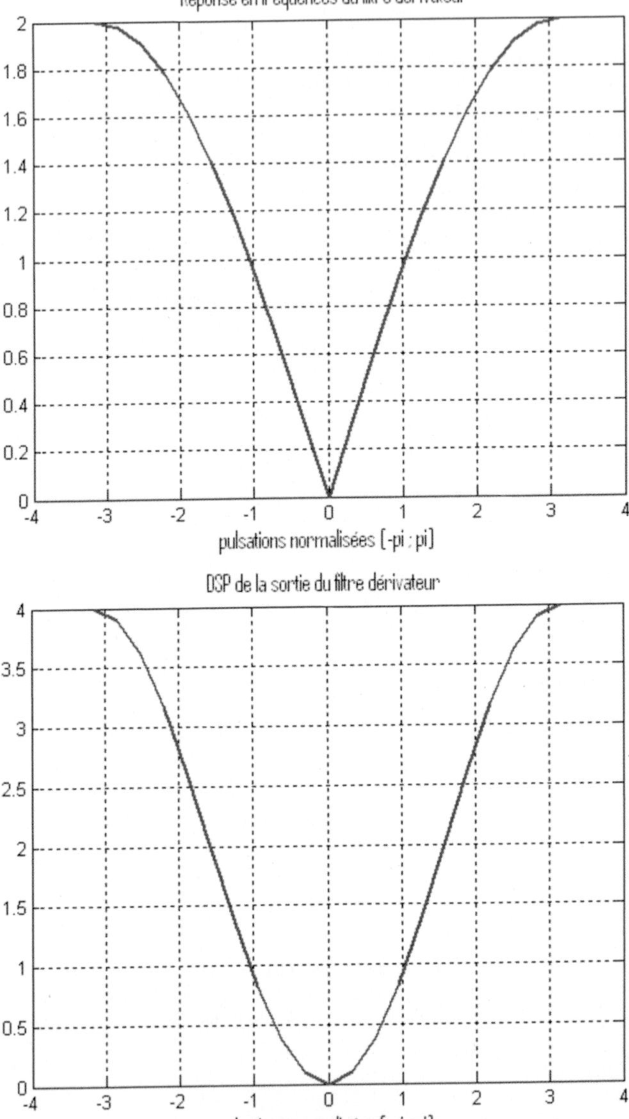


2

### *II.1.2. Systèmes et signaux stochastiques multidimensionnels*

Un système discret d'ordre n, peut être décrit par le modèle d'état suivant :

$$x(t+1) = A\,x(t) + B\,u(t) + w(t)$$

$$y(t) = C\,x(t) + v(t)$$

où x(t), u(t) et y(t) sont respectivement les vecteurs d'état, de commande et de sortie. Les vecteurs $w(t)$ et $v(t)$ représentent les bruits de modélisation et de mesure, leurs matrices de variances sont notées Q et R.

On désire déterminer les caractéristiques statistiques de l'état x(t) et d'en déduire celles de la mesure y(t), dans le cas particulier où l'entrée est déterministe et centrée.
D'après l'équation d'état, les valeurs moyennes de l'état et du signal de sortie sont :

$$\overline{x} = (I - A)^{-1}\,\overline{w}$$

$$\overline{y} = C(I - A)^{-1}\,\overline{w} + \overline{v}$$

La matrice de variances du vecteur du vecteur d'état étant :

$$P_{x(t)} = A\,P_{x(t-1)}\,A^T + R$$

celle du vecteur de sortie est :

$$P_y = C\,P_x\,C^T + R$$

**_Exemples de système d'état_**

Considérons un système discret décrit par un modèle d'état.

$$\begin{cases} x(k+1) = A\,x(k) + B\,w(k) \\ y(k) = C\,x(k) \end{cases}$$

avec

$$A = \begin{bmatrix} 0.5 & 1 \\ 0 & 0.2 \end{bmatrix},\ B = \begin{pmatrix} 0 \\ 1 \end{pmatrix},\ C = \begin{pmatrix} 1 & 1 \end{pmatrix}$$

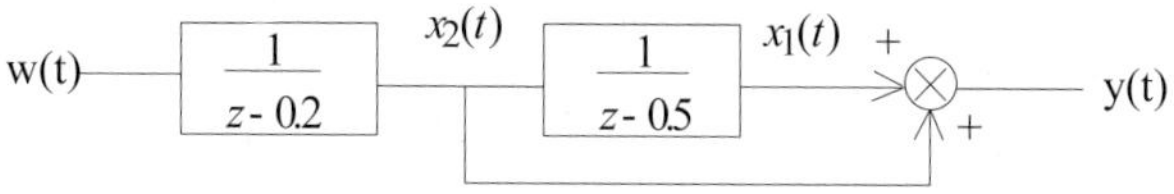

w(t) → $\frac{1}{z-0.2}$ → $x_2(t)$ → $\frac{1}{z-0.5}$ → $x_1(t)$ (+) ⊗ (+) → y(t)

Les bruits de mesure $v(k)$ et de modélisation $w(k)$, supposés gaussiens et centrés, possèdent respectivement les variances 0 et 2.

*fichier apl_etat.m*

```
clear all
close all
% modèle d'état
A = [0.5 1;0 0.2];
B = [0;1];
C = [1 1];
% Génération du bruit de modélisation
N = 100;
w = sqrt(2)*randn(1,N);
sigma2w = std(w)^2; % variance de bruit de modélisation
% évolution de l'état
y(1) = 0;
x = [0 0]';
for i = 2:N
  x(:,i) = A*x(:,i-1)+B*w(i);
  y(i) = C*x(:,i);
end
% évolution de la matrice de variance de l'état
Px = zeros(2,2); Py = 0;
for i = 1:N
 Px = A*Px*A'+B*B'*sigma2w;
 Py(i) = C*Px*C';
 % éléments de la matrice P
 P1(i) = Px(1,1); P2(i) = Px(2,2);  P3(i) = Px(2,1);
end
disp('Régime permanent :')
disp(['variance de x1                 : ' num2str(P1(i))]);
disp(['variance de x2                 : ' num2str(P2(i))]);
disp(['coefficient de corrélation     : '
num2str(P3(i)/sqrt(P1(i)*P2(i)))]);
% tracé des éléments de la matrice P
plot(P1), grid, hold on, plot(P2)
plot(P3./sqrt((P1.*P2)))
gtext('variance de x1')
gtext('variance de x2')
gtext('Coefficient de corrélation de x1 et x2')
% tracé de l'évolution de la variance de la mesure
figure(2), plot(Py),grid
gtext('variance de la mesure')
% tracé de l'évolution de l'état du système
figure(3), plot(x(1,:)), hold on
plot(x(2,:),':'), grid
gtext('état x1 : _'), gtext('état x2 :..')
% tracé de l'évolution de la sortie du système
figure(4)
plot(y), grid
gtext('sortie du système')
```

```
Régime permanent :
Variance de x1                  : 3.6387
```

```
Variance de x2                       : 2.2328
Coefficient de corrélation           : 0.17408
```

Les courbes suivantes donnent l'évolution dans le temps des variances des composantes d'état, le coefficient de corrélation entre les 2 états et la variance du signal de mesure.

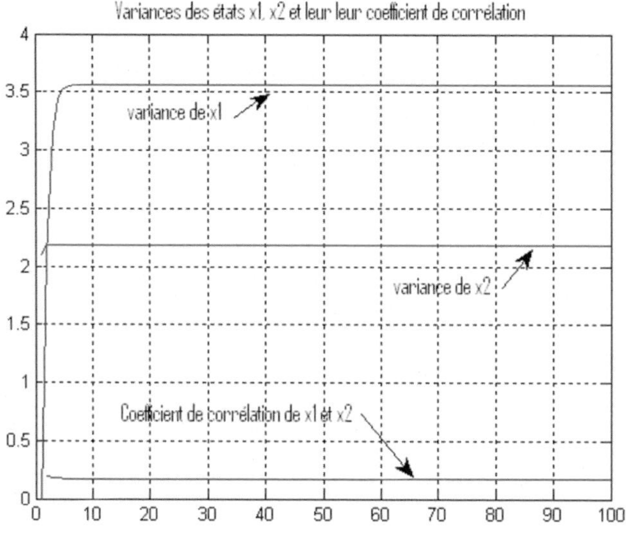


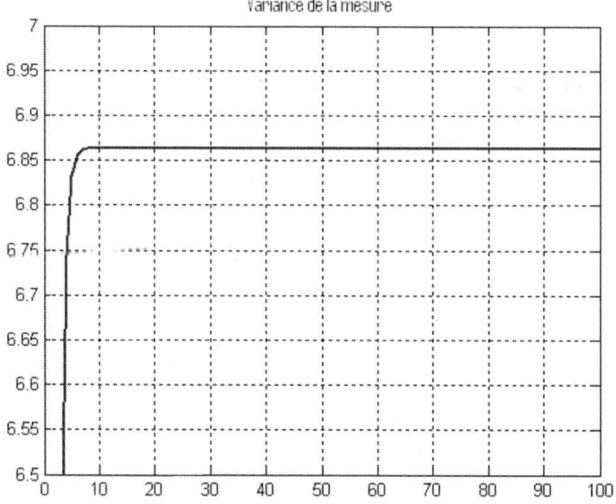

Les courbes suivantes représentent, respectivement, l'évolution temporelle des deux états ainsi que celle de la sortie du système.

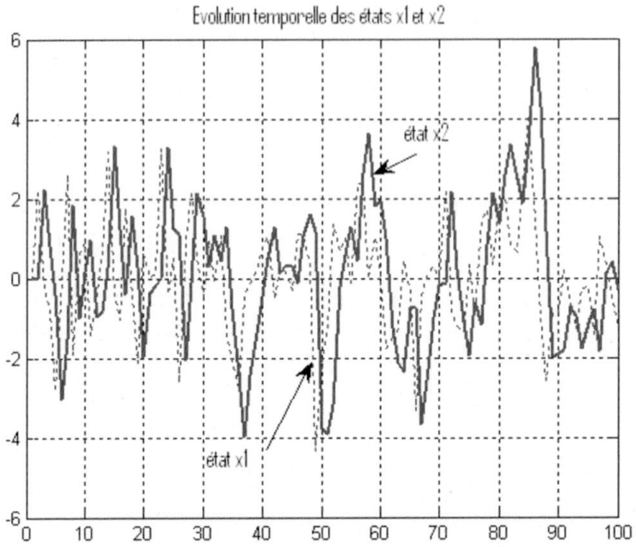


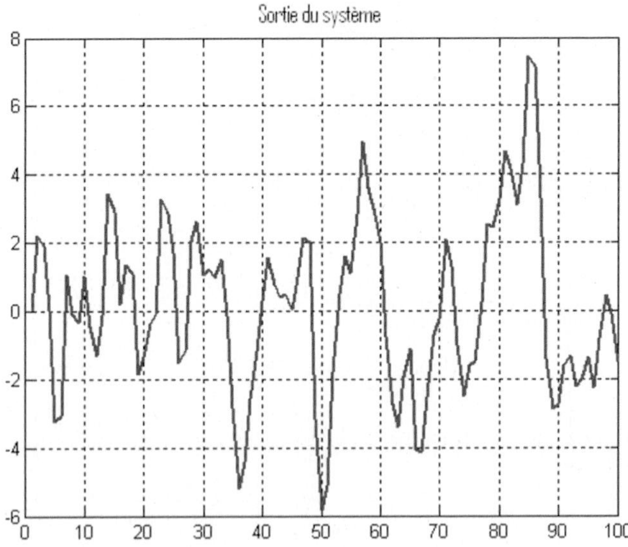

## II.2. Estimation de signaux et de modèles de systèmes discrets

### *II.2.1. Algorithme des moindres carrés récursifs*

La méthode des moindres carrés récursifs est utilisée pour rechercher, en temps réel, un modèle numérique d'un processus physique ou d'un signal. Le principe consiste à minimiser un critère quadratique correspondant au carré de l'erreur, à l'instant courant, entre la sortie du modèle et la valeur de la sortie du processus ou celle du signal que l'on veut modéliser.

#### *Identification d'un modèle de processus dynamique*

L'objectif est de minimiser un critère quadratique correspondant à la somme des carrées de l'écart entre la sortie réelle du processus à identifier et celle du modèle obtenu à chaque instant d'échantillonnage.

Si un processus se comporte comme un système du premier ordre et présente un retard pur, il peut être modélisé par la fonction de transfert suivante :

$$\frac{y(t)}{u(t)} = \frac{z^{-1}(b_1 + b_2 z^{-1})}{1 - a_1 z^{-1}}$$

La sortie à l'instant courant t est liée aux entrées-sorties précédentes par l'équation de récurrence suivante :

$$y(t) = a_1\, y(t-1) + b_1\, u(t-1) + b_2\, u(t-2)$$

que l'on peut exprimer sous forme d'un produit scalaire d'un vecteur paramètres $\theta(t)$ et du vecteur des mesures précédentes $\phi(t-1)$ :

$$y(t) = \theta^T(t)\,\phi(t-1)$$

avec

$$\theta^T(t) = [a_1\ b_1\ b_2]$$

$$\phi(t-1) = [y(t-1)\ u(t-1)\ u(t-2)]^T$$

Le critère quadratique à minimiser a pour expression :

$$J_t(\theta) = \frac{1}{2} \sum_{k=1}^{t} \left[y(k) - \theta(k)^T \phi(k-1)\right]^2$$

Le minimum du critère J est obtenu par le jeu de paramètres qui annule sa dérivée dans l'espace paramétrique.

$$\frac{dJ_t(\theta)}{d\theta} = \sum_{k=1}^{t} \left[y(k) - \theta(k)^T \phi(k-1)\right]\left[-\phi(k-1)^T\right] = 0$$

Ceci donne

$$\sum_{k=1}^{t} \phi(k-1)y(k) = \sum_{k=1}^{t} \phi(k-1)\,\phi(k-1)^T\,\theta$$

soit

$$\theta(t) = \left[\sum_{k=1}^{t} \phi(k-1)\,\phi(k-1)^T\right]^{-1}\left[\sum_{k=1}^{t} \phi(k-1)\;y(k)\right]$$

$$= P(t)\sum_{k=1}^{t} \phi(k-1)y(k)$$

La matrice *P(t)* correspond à la matrice de variances de l'erreur d'estimation.

$$P(t)^{-1} = \sum_{k=1}^{t} \phi(k-1)\,\phi(k-1)^T = P(t-1)^{-1} + \phi(t-1)\,\phi(t-1)^T$$

Le lemme d'inversion matricielle :

$$(A+BCD)^{-1} = A^{-1} - A^{-1}B(C^{-1}+DA^{-1}B)^{-1}DA^{-1}$$

permet d'obtenir la relation récursive de P(t).

$$P(t) = P(t-1) - \frac{P(t-1)\,\phi(t-1)\,\phi(t-1)^T\,P(t-1)}{1+\phi(t-1)^T\,P(t-1)\,\phi(t-1)}$$

A partir de l'expression précédente du vecteur paramètres $\theta(t)$, on peut aboutir à sa forme récursive.

$$\theta(t) = P(t)\sum_{k=1}^{t} \phi(k-1)\,y(k) = P(t)\left[\phi(t-1)\,y(t) + \sum_{k=1}^{t-1} \phi(k-1)y(k)\right]$$

d'où :

$$\theta(t) = P(t)\left[P(t-1)^{-1}\,\theta(t-1) + \phi(t-1)y(t)\right]$$

or

$$P(t)^{-1} = P(t-1)^{-1} + \phi(t-1)\phi(t-1)^T$$

On obtient l'expression finale de remise à jour du vecteur paramètres :

$$\theta(t) = \theta(t-1) + P(t)\,\phi(t-1)\,\frac{y(t) - \phi^T(t-1)\,\theta(t-1)}{1+\phi(t-1)^T\,P(t-1)\,\phi(t-1)}$$

Pour exciter tous les modes du processus, on lui applique un signal riche en fréquences, proche d'un signal blanc.
On choisit pour cela une séquence pseudo-aléatoire de longueur L.

Le fichier script `mcr.m` proposé ci-après, implémente cet algorithme pour la recherche du modèle suivant :

$$\frac{y(t)}{u(t)} = \frac{z^{-1}(b_1 + b_2\, z^{-1})}{1 - a_1\, z^{-1}} = \frac{z^{-1}(1 - 0.5\, z^{-1})}{1 - 0.8\, z^{-1}}$$

On choisit une séquence pseudo-aléatoire de longueur 1023 comme signal d'entrée. On ajoute un bruit blanc, gaussien, de variance unité au signal de sortie de ce modèle afin de simuler un processus réel.

*fichier mcr.m*

```
% Identification par MCR

% Modèle du processus à identifier
% y(t) = a1*y(t-1)+b1*u(t-1)+b2*u(t-1)+v(t)
% v(t) : bruit gaussien centré de variance unité
a1 = 0.8; b1 = 1; b2 = -0.5; % paramètres à retrouver

param = [a1 b1 b2];      % vecteur paramètres
N = 1000;              % nombre de points
np = 3;              % nombre de paramètres

% Génération de la séquence SBPA
u = 1:10; u = (-1).^u;              % initialisation
for i = 11:N
u(i) = -u(i-7)*u(i-10);
end
% tracé de la séquence SBPA
plot(1:N,u), axis([0 100 -1.2 1.2])
title('Séquence d''entrée SBPA, L=1023'), grid
```

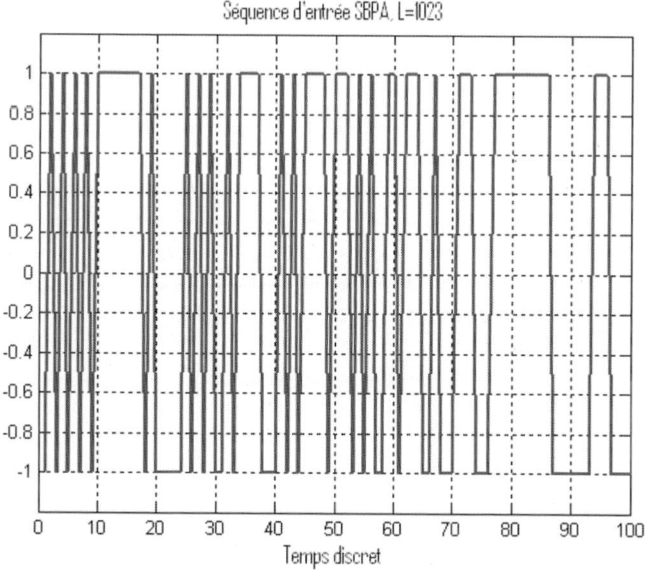

*fichier mcr.m (suite)*

```
% initialisation de la matrice de variance
P = 1e8*eye(np);

% initialisation du vecteur paramètres
teta = zeros(np,2);
v = randn(1,N); % génération du bruit

% génération du signal de sortie du processus
y = [0 0];

for i = 3:N
phi(:,1) = [y(i-1) u(i-1) u(i-2)]';
y(i) = param*phi(:,1)+v(i);
teta(:,i) = teta(:,i-1)+P*phi*(y(i)-teta(:,i-1)'*phi) /...
(1+phi'*P*phi);

P = P-(P*phi*phi'*P)/(1+phi'*P*phi);
end
disp(['valeurs finales des paramètres : ']);
teta_final=teta(:,i)

% Tracé de l'évolution des paramètres
figure(2)
for i = 1:np
plot(1:N,teta(i,:)), hold on
end

title('Evolution des paramètres'), grid

teta_final =
    0.7632
    0.9767
   -0.4672
```

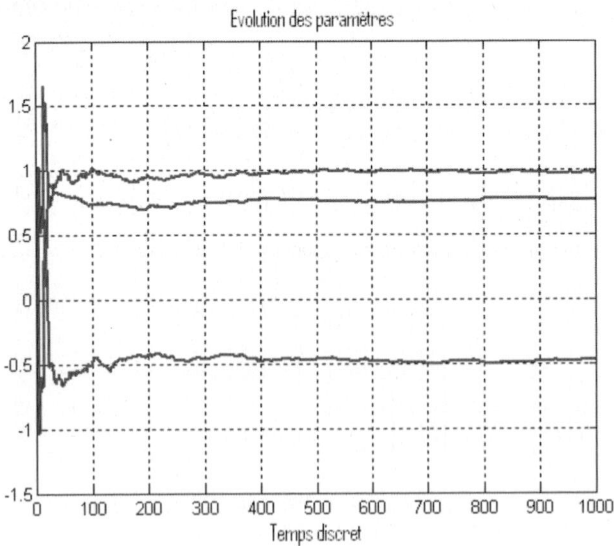

*fichier mcr.m (suite)*

```
% tracé du signal de sortie du processus

figure(3)
plot(1:N,y);
title('Signal de sortie du processus')
grid
```

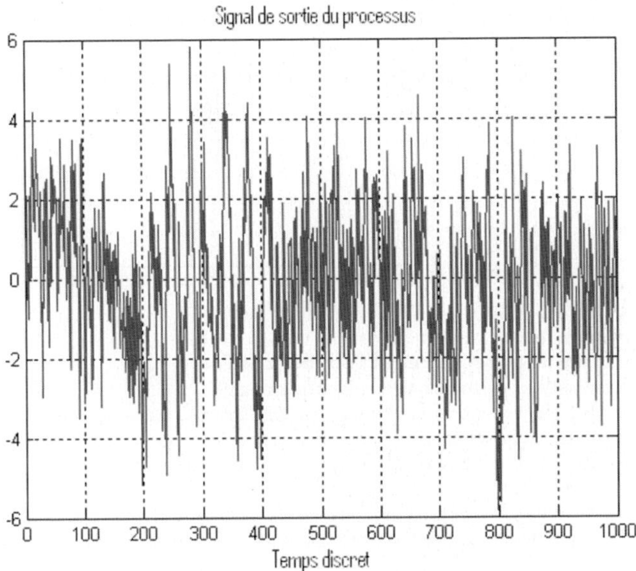


*fichier mcr.m (suite)*

```
% sortie du modèle
ym = [0 0];    % initialisation de la sortie du modèle
for i = 3:N
  ym(i) = [ym(i-1) u(i-1) u(i-2)]*param' ;
end
% Résidu de l'identification
err = ym-y; moy = mean(err);  % moyenne du résidu
var = std(err-moy)^2; % variance du résidu
figure(4), plot(1:N,err)
title('Résidu de l''identification'), grid
```

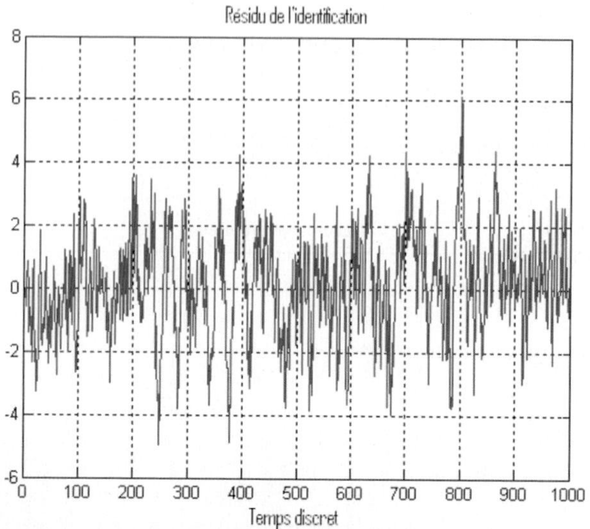


*fichier mcr.m (suite)*

```
% calcul de l'autocorrélation du résidu
err = err-moy; % centrage de l'erreur
% appel de la fonction corrxy.m (décrite dans ce chapitre)
cor_err = corrxy(err,err);
% tracé de la fonction d'autocorrélation
k = -length(err)+1:length(err)-1;
figure(5), plot(k,cor_err)
grid, title('Autocorrélation du résidu de l''identification')
```

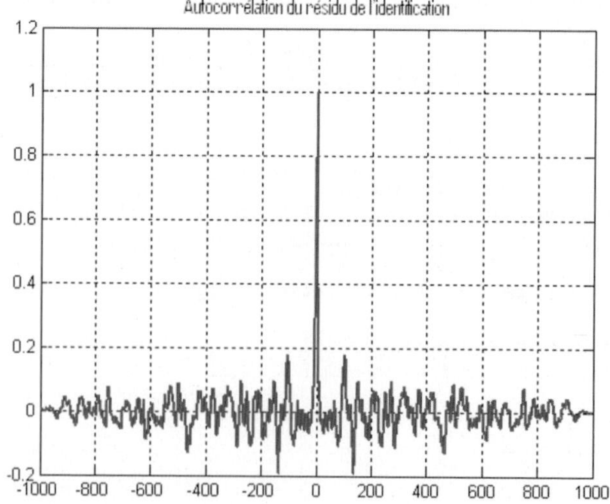

*fichier mcr.m (suite)*

```
figure(6)

% autocorrélation de randn
t = 0:1000;

x = randn(size(t));
corr_x = corrxy(x,x);
k = -length(x)+1:length(x)-1;
plot(k,corr_x);
grid
title('Autocorrélation du signal généré par randn')
```

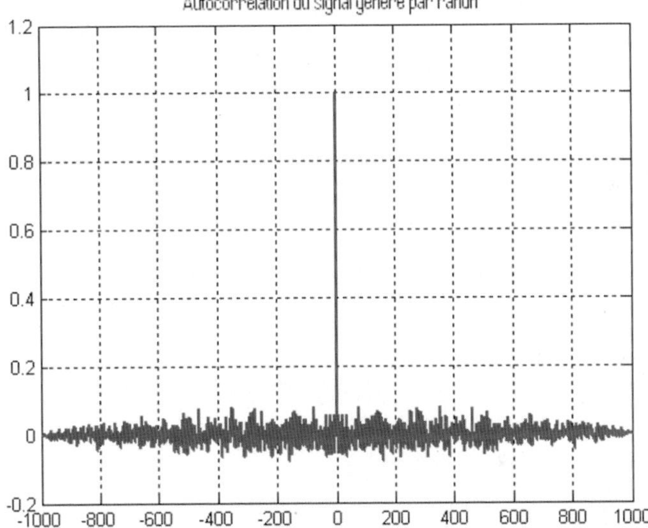


Un modèle est validé si l'autocorrélation du résidu est proche de celle d'un bruit blanc. C'est le cas du modèle obtenu précédemment.

Le calcul de l'autocorrélation fait appel à la fonction `corrxy` suivante :

*fichier corrxy.m*

```
function corr = corrxy(x,y,k)
% x,y : signaux dont on calcule la corrélation
% k   : étendue de la fonction d'autocorrélation
% si k n'est pas précisé, l'étendue de la fonction
% d'autocorrélation est la même que celle des signaux x et y.
% corr : fonction d'autocorrélation normalisée

if length(x)~=length(y)
  error('les 2 signaux doivent être de mêmes dimensions')
end
```

```
x = x-mean(x);
y = y-mean(y);

% calcul de l'autocorrélation normalisée
corr = conv(x,fliplr(y));
if nargin==3
    if k>length(x)-1
       k = length(x)-1;
    end

corr = corr(length(x)-k:length(x)+k);

end
```

### II.2.2. Filtrage de Kalman

Le filtre de Kalman permet de déterminer l'état $x(t)$ d'un système dynamique à partir de ses entrées-sorties (connaissance a posteriori) et de son modèle d'état (connaissance a priori). L'estimation de l'état s'effectue en minimisant la variance de l'erreur d'estimation $\tilde{x}(t)$.

$$E\left[\tilde{x}(t)^T \tilde{x}(t)\right] = E\left\{\left[x(t)-\hat{x}(t)\right]^T \left[x(t)-\hat{x}(t)\right]\right\}$$

Le modèle d'état est décrit par les 2 équations suivantes :

$$\begin{cases} x(t+1) = A\,x(t) + B\,u(t) + w(t) \\ y(t) = C\,x(t) + v(t) \end{cases}$$

$w(t)$ est le bruit d'état ou de modélisation et $v(t)$ celui de la mesure. Ils traduisent respectivement l'incertitude que l'on a sur le modèle et le bruit du capteur de mesure.

Ces bruits sont supposés gaussiens, blancs, centrés et décorrélés.

$$E\left[w(t)^T w(t+k)\right] = Q(t)\,\delta(k) \qquad \delta(k)\text{ : symbole de Kronecker}$$

$Q(t)$: matrice de variances du vecteur $w(t)$

$$E\left[w(t)^T v(t)\right] = 0, \quad E\left[v(t)^T v(t+k)\right] = R(t)\,\delta(k)$$

$R(t)$: matrice de variances du bruit.

Si les bruits sont stationnaires, leurs matrices de variances, notées $Q$ et $R$., sont indépendantes du temps.

L'estimation récurrente de l'état peut se décomposer en 2 étapes, comme le montre le dessin suivant.

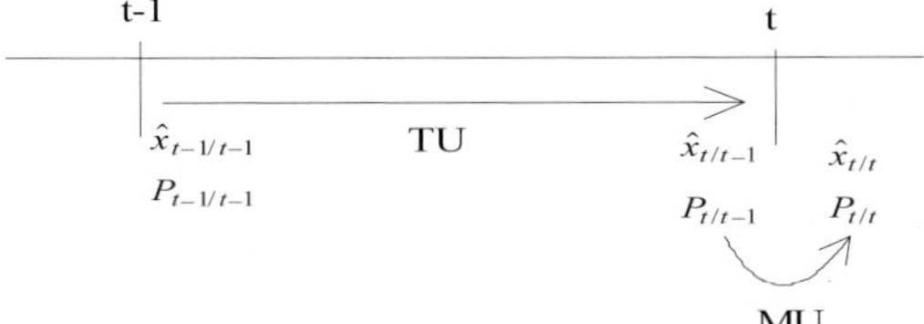


*Etape TU (Time Update)*

Correspond à l'évolution de l'état entre 2 périodes d'échantillonnage.

$$\hat{x}_{t/t-1} = A\,\hat{x}_{t-1/t-1} + B\,u(t)$$

En l'absence de mesures, l'incertitude augmente, en effet, la matrice P de variance de l'erreur d'estimation augmente.

$$P_{t/t-1} = E\left\{\left[x(t)-\hat{x}_{t/t-1}\right]^T \left[x(t)-\hat{x}_{t/t-1}\right]\right\} = A\,P_{t-1/t-1}\,A^T + Q$$

*Etape MU (Measurement Update)*

L'état est remis à jour à la suite de la lecture de la sortie du système.

$$\hat{x}_{t/t} = \hat{x}_{t/t-1} + K(t)\left[y(t) - C\,\hat{x}_{t/t-1}\right]$$

L'écart entre la sortie mesurée et celle prédite par le modèle est multiplié par le gain K(t) pour s'ajouter à l'état précédent pour sa remise à jour.

La matrice de variances de l'erreur d'estimation décroît pendant cette étape de remise à jour puisque l'apport d'une nouvelle information se traduit par une meilleure connaissance de l'état.

$$P_{t/t} = P_{t/t-1} - P_{t/t-1}\,C^T\left[R + C\,P_{t/t-1}\,C^T\right]^{-1} C\,P_{t/t-1}$$

Le gain d'adaptation K(t) est donné par

$$K(t) = P_{t/t-1}\,C^T\left[R + C\,P_{t/t-1}\,C^T\right]^{-1}$$

***II.2.2.1. Application 1 : Estimation d'une constante***

Une grandeur constante x est mesurée au moyen de deux capteurs 1 et 2 qui mesurent les 2 composantes du vecteur y. Les mesures délivrées par les capteurs 1 et 2 sont de qualités différentes, de variances 1 et 4 respectivement.

Le modèle d'état correspondant est alors le suivant.

$$\begin{cases} x(k+1) = x(k) \\ y(k+1) = C\,x(k) + v(k) \end{cases} \qquad \text{avec } C = \begin{pmatrix} 1 \\ 1 \end{pmatrix}.$$

Les bruits $v_1$ et $v_2$ sont considérés blancs, gaussiens, centrés et indépendants.

$$E\big[v(k)\big] = 0$$

$$E\Big[\,v(k)\,v^T(k)\,\Big] = R = \begin{bmatrix} 1 & 0 \\ 0 & 4 \end{bmatrix}$$

La matrice de transition A étant une matrice identité, il n'y a pas dans ce cas d'étape TU pour l'état. Comme il n'y a pas de bruit de modélisation, la matrice P de variances ne varie pas dans l'étape TU.

*fichier kalman1.m*

```
t = 0:1000;
cste = 5; % constante à estimer

% bruits des capteurs
v1 = randn(size(t)); v2 = 2*randn(size(t));
% mesures des 2 capteurs
y = cste+[v1; v2];
figure(1)
plot(t,y(1,:))
grid
title('Mesure du capteur 1')
figure(2)
plot(t,y(2,:))
grid
title('Mesure du capteur 2')
```

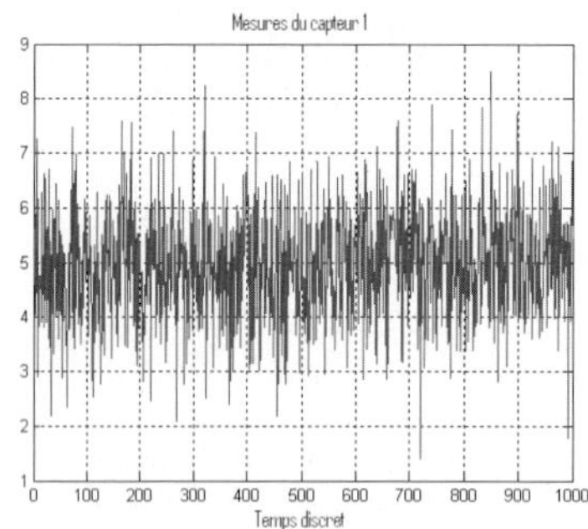


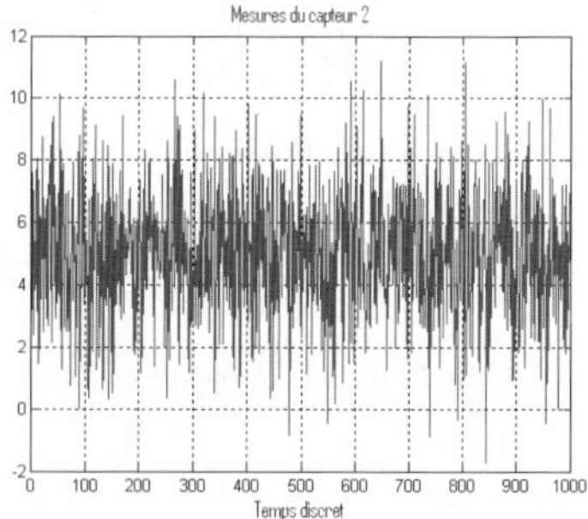


*fichier kalman1.m (suite)*

```
correl1 = corrxy(yc(1,:),yc(1,:));
correl2 = corrxy(yc(2,:),yc(2,:));
k = -length(y(1,:))+1:length(y(1,:))-1;

figure(3)
plot(k,correl1);
grid
title('Autocorrélation du signal du capteur 1')
```

```
figure(4)
plot(k,correl2);
grid
title('Autocorrélation du signal du capteur 2')
```

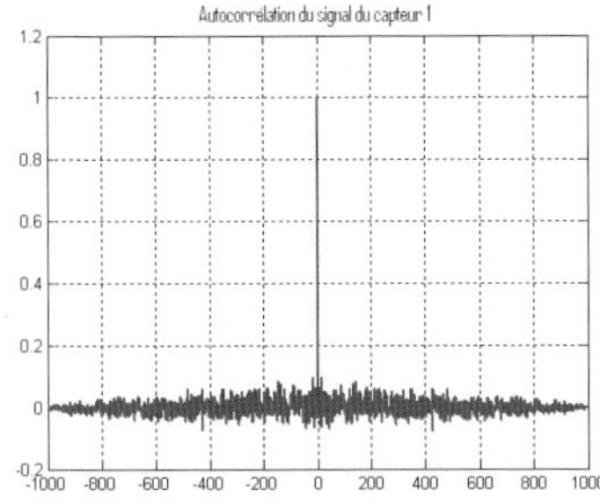


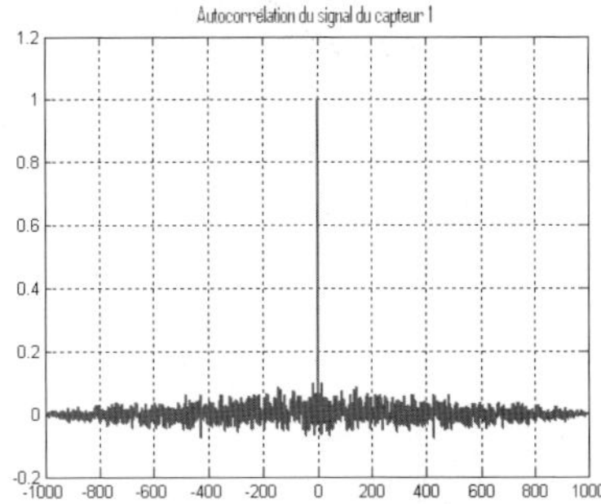


*fichier kalman1.m (suite)*

```
% matrice de variance du bruit de mesure
Rv = [std(v1)^2 0;0 std(v2)^2];
C = [1 1]'; % matrice d'observation
P(1) = 1; % matrice de variance, initialisation
x(1) = 0; % initialisation de l'état
for i = 2:length(t)
% étape MU
K = P(i-1)*C'*inv(Rv+C*P(i-1)*C'); % gain d'adaptation
x(i) = x(i-1)+K*(y(:,i)-C*x(i-1));
P(i) = P(i-1)-K*C*P(i-1); end
figure(6), plot(t,x), title('Evolution de l''état'), grid
```

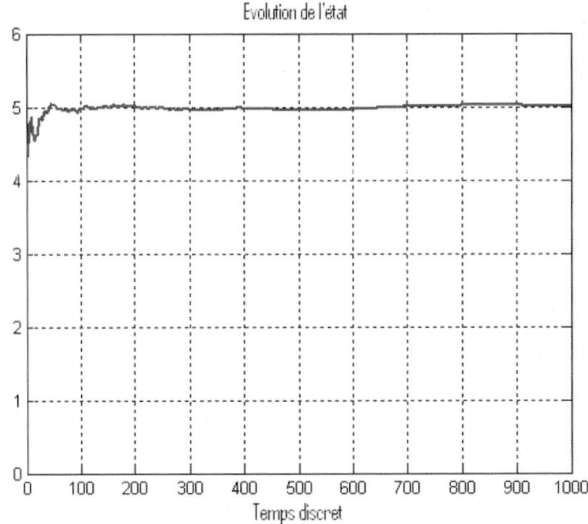

On atteint la valeur de la constante au bout de 200 itérations environ.

*fichier kalman1.m (suite)*

```
figure(7), plot(t,P)
grid, axis([0 100 0 max(P)])
title('Evolution de la variance de l''erreur d''estimation')
```

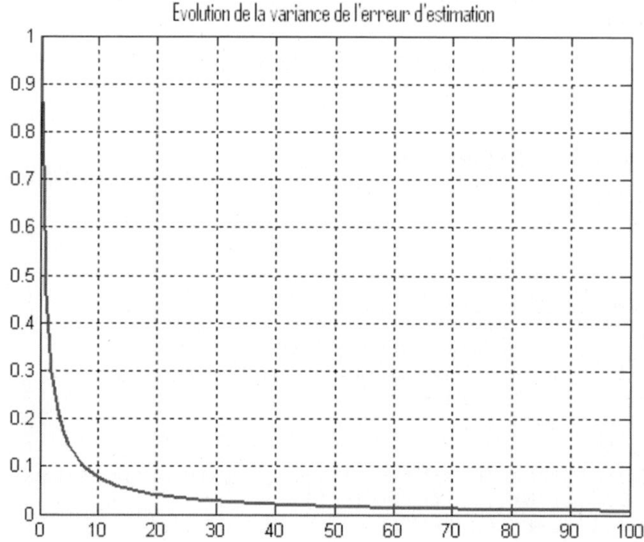


***II.2.2.2. Estimation de l'état d'un processus dynamique***

On suppose que l'on dispose du modèle du processus discrétisé, c'est-à-dire que l'on connaît les matrices A, B et C du modèle interne suivant :

$$x(t+1) = A\,x(t) + B\,u(t) + w(t)$$
$$\mathbf{y}(t) = C\,x(t) + v(t)$$

On a besoin d'estimer l'état du processus pour différentes raisons, entre autres, parce que les différentes composantes sont intéressantes du point de vue physique et que l'on ne connaît pas de capteurs susceptibles de fournir l'information ou bien que les capteurs sont trop chers ou peu fiables.
On considère un processus constitué d'un moteur à courant continu pour lequel on dispose d'un capteur pour mesurer la position angulaire. Le filtre de Kalman servira à estimer en temps réel la vitesse angulaire sans avoir à utiliser de capteur spécifique.

Le modèle analogique du moteur ayant comme entrées-sorties, la position angulaire $\theta(t)$ et la tension $u(t)$ appliquée à son induit.

$$\frac{\theta(p)}{U(p)} = \frac{k}{p(p+a)}$$

$a = \frac{R}{L}$ est la constante de temps du système ayant comme sortie la vitesse angulaire.
R et L sont respectivement la résistance et la self d'induit.

Avec a = 1, et k = 0.32, le modèle suivant permet de ressortir la vitesse et la position de l'arbre moteur.

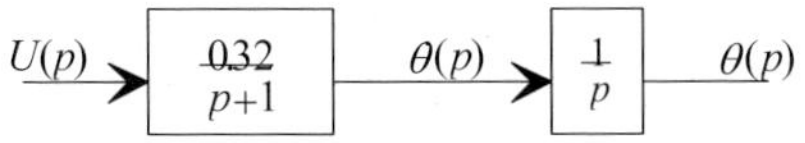

$$U(p) \rightarrow \boxed{\frac{0.32}{p+1}} \xrightarrow{\dot{\theta}(p)} \boxed{\frac{1}{p}} \rightarrow \theta(p)$$

En posant,

$$x_1(t) = \dot{\theta}(t) \text{ : vitesse}$$

$$x_2(t) = \theta(t) \text{ : position}$$

on en déduit le modèle d'état analogique :

$$\begin{cases} \dot{x}_1(t) = -x_1(t) + 0.32\, u(t) \\ \dot{x}_2(t) = x_1(t) \end{cases}$$

$$\begin{pmatrix} \dot{x}_1(t) \\ \dot{x}_2(t) \end{pmatrix} = \begin{bmatrix} -1 & 0 \\ 1 & 0 \end{bmatrix} \begin{pmatrix} x_1(t) \\ x_2(t) \end{pmatrix} + \begin{pmatrix} 0.32 \\ 0 \end{pmatrix} u(t) = A \begin{pmatrix} x_1(t) \\ x_2(t) \end{pmatrix} + B\, u(t)$$

Le signal de sortie étant identique à la deuxième variable d'état, l'équation d'observation est :

$$y(t) = x_2(t) = (0 \quad 1) \begin{pmatrix} x_1(t) \\ x_2(t) \end{pmatrix} + 0\, u(t) = C \begin{pmatrix} x_1(t) \\ x_2(t) \end{pmatrix} + D\, u(t)$$

La fonction `c2dt` (Conversion of continuous state space models to discrete models) de la boite à outils "Control Toolbox" permet de passer du modèle d'état analogique vers le modèle d'état discret.

*fichier mod_etat.m*

```
% matrices du modèle d'état analogique
A = [-1 0; 1 0];
B = [0.32;0];
C = [0 1];
T = 0.2; % cadence d'échantilolonnage en secondes
% matrices du modèle d'état discret
[A,B,C,D] = c2dt(A,B,C,T,0)
```

```
>> mod_etat
A =
    0.8187         0
    0.1813    1.0000
B =
    0.0580
    0.0060
C =
     0     1
D =
     0
```

Le processus échantillonné à 0.2 s possède le modèle d'état discret suivant :

$$\begin{pmatrix} x_1(t+1) \\ x_2(t+1) \end{pmatrix} = \begin{bmatrix} 0.8187 & 0 \\ 0.1813 & 1 \end{bmatrix} \begin{pmatrix} x_1(t) \\ x_2(t) \end{pmatrix} + \begin{pmatrix} 0.1813 \\ 0.0187 \end{pmatrix} u(t) = A \begin{pmatrix} x_1(t) \\ x_2(t) \end{pmatrix} + B\ u(t)$$

$$y(t) = x_2(t) = (0 \quad 0.32) \begin{pmatrix} x_1(t) \\ x_2(t) \end{pmatrix} + 0\ u(t) = C \begin{pmatrix} x_1(t) \\ x_2(t) \end{pmatrix} + D\,u(t)$$

Dans la suite, on appliquera au système un signal de commande carré. On suppose que l'on dispose d'un capteur de position qui fournit la valeur du signal de sortie à chaque période d'échantillonnage. Le filtre de Kalman permettra de fournir une estimation de la vitesse angulaire.

Pour simuler la mesure de la position, on a besoin du modèle discret du processus. Ce modèle peut être obtenu directement à partir du modèle d'état par la fonction `ss2tf` de la boite à outils "Signal Toolbox".

```
>> [num,den] = ss2tf(A,B,C,D)
num =
          0    0.0060    0.0056
den =
     1.0000   -1.8187    0.8187
```

L'expression de la fonction de transfert discrète dont le numérateur et le dénominateur sont représentés par les variables `num` et `den`, est donnée par la commande `printsys` de la boite à outils "`Control Toolbox`".

```
>> printsys(num,den,'z')
num/den =
     0.0059938 z + 0.0056074
     -----------------------
     z^2 - 1.8187 z + 0.81873
```

La sortie du processus peut être simulée à partir de l'équation de récurrence suivante :

$$y(t) = 1.819\,y(t-1) - 0.8187\,y(t-2) + 0.005994\ u(t-1) + 0.005607\ u(t-2)$$

*fichier kalman2.m*

```
% Estimation de vitesse d'un moteur par un filtre de Kalman
% à partir de la mesure de la position bruitée
N = 400;  % nombre de périodes d'échantillonnage
n = 2;    % ordre du système

% modèle d'état du système discret
A  = [0.8187 0;0.1813 1];
B  = [0.0580;0.0060];
C  = [0 1];
v = randn(1,N); % bruit de mesure
Rv = std(v)^2;  % variance du bruit de mesure
P = [10 0;0 10];

% Génération du signal de commande, carré
u_max = 2*ones(1,N/4);
u = [-u_max u_max -u_max u_max];
% initialisation de l'état et de la sortie
x = zeros(n,3);, y = zeros(1,3);

% algorithme du filtrage de kalman
for i = 3:N
% sortie du processus
y(i)=1.819*y(i-1)-0.8187*y(i-2)+0.00599*u(i-1)+0.0056*...
u(i-2)+v(i);

  % étape TU
  x(:,i) = A*x(:,i-1)+B*u(i-1);
  P = A*P*A';

  % étape MU
  K = P*C'/(Rv+C*P*C'); % gain d'adaptation
  x(:,i) = x(:,i)+K*(y(i)-C*x(:,i));
  P = P-K*C*P; % mise à jour de la matrice de variances

  % évolution de la matrice P
  P1(:,i) = P(:,1); % 1ère colonne de P
  P2(:,i) = P(:,2); % 2ème colonne de P
end

% tracé du signal de commande
figure(1)
plot(1:N,u)
title('Signal de commande');
axis([0 N-1 -max(u_max)-1 max(u_max)+1]);

% tracé du signal de sortie
figure(2)
plot(1:N,y)
title('Position bruitée de l''arbre moteur'), grid
```

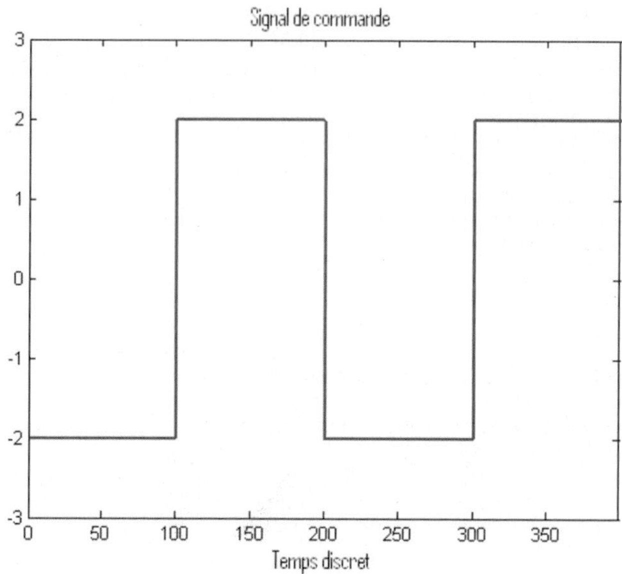


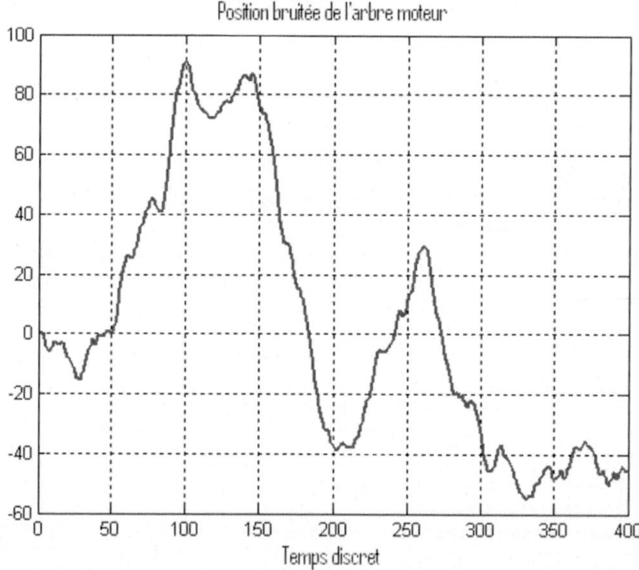


*fichier kalman2.m (suite)*

```
% tracé de la vitesse estimée
figure(3), plot(1:N,x(1,:));
title('Vitesse estimée par le filtre de kalman'), grid
```

```
fichier kalman2.m (suite)
% évolution de la matrice de variance P
figure(4)
plot(1:N,P1(1,:))
hold on
plot(1:N,P1(2,:))
plot(1:N,P2(2,:))
title('Evolution de la matrice de variance P')
mxP = max(max(P1(1,:)),max(max(P1(2,:)),max(P2(1,:))))])
axis([0 20 0 mxP])
grid
hold off
```

Le filtre de Kalman permet d'estimer la deuxième composante d'état (vitesse) à partir des mesures bruitées de la position (première composante d'état).

Très souvent, dans les algorithmes de commande de ce type de procédés, on estime la vitesse par la dérivée de la position.

Dans notre cas, si x(t) et y(t) désignent respectivement la position et la vitesse de l'arbre moteur, on aurait :

$$\frac{y(t)}{x(t)} = \frac{1-z^{-1}}{T}$$

soit

$$y(t) = \frac{x(t)-x(t-1)}{0.2}$$

Cette méthode n'est valable que si la position x(t) n'est pas bruitée. En effet, si $\sigma_x^2$ désigne la variance de la position, celle de la vitesse devient :

$$\sigma_y^2 = \frac{2}{(0.2)^2}\sigma_x^2 = 50\ \sigma_x^2$$

*fichier kalman2.m (suite)*

```
% Estimation de la vitesse par la dérivée de la position
deriv_pos(1) = 0;

for i = 2:N
  deriv_pos(i) = (y(i)-y(i-1))/0.2;
end

% tracé de la dérivée de la position
figure(5)
plot(1:N,deriv_pos)
grid
title('Vitesse estimée par la dérivée de la position')
```

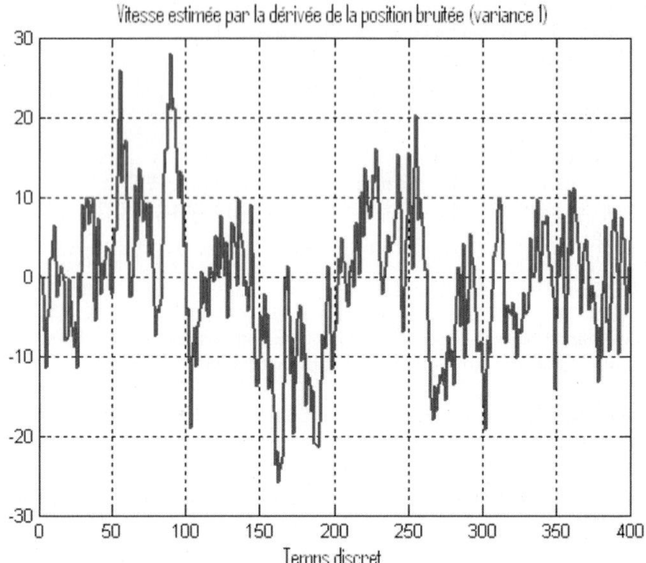


Si la position n'est pas bruitée, l'approximation par la dérivée reste acceptable. Dans notre cas, cette méthode donne lieu à une très mauvaise estimation.

Dans la partie suivante du fichier script kalman2.m, nous comparons la vitesse approximée par la dérivée de la position non bruitée et celle estimée précédemment par le filtre de Kalman à partir de la position bruitée.

```
deriv_pos(1) = 0;
y(1: 2) = [0 0];

for i = 3:N
y(i)=1.819*y(i-1)-0.819*y(i-2)+0.006*u(i-1)+0.00561*u(i-2);
deriv_pos(i) = (y(i)-y(i-1))/T;
end

% tracé de la dérivée de la position
figure(6)
plot(1:N,deriv_pos)
grid
hold on
plot(1:N,x(1,:),'-.')
txt1 = 'Dérivée de la position non bruitée et ';
txt2 = 'vitesse estimée par kalman';
title([txt1, txt2])
gtext('kalman')
gtext('dérivée')
```

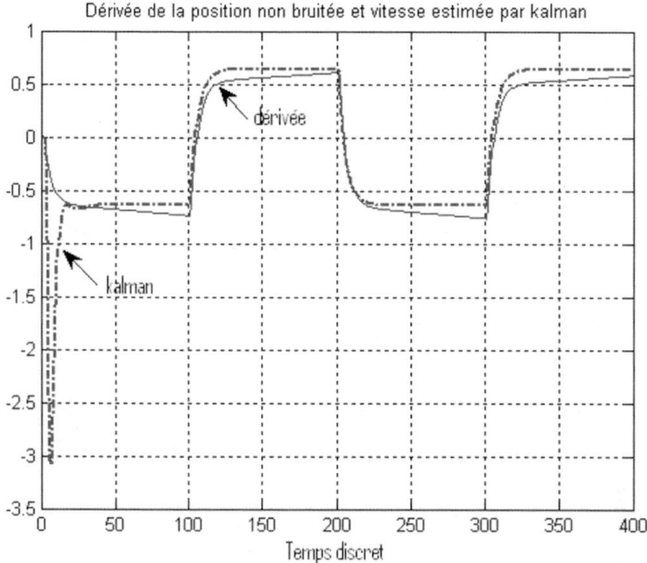


L'estimation par le filtre de Kalman est de meilleure qualité en présence de bruit que par la méthode de la dérivée en l'absence de bruit.

#### *II.2.2.3. Extraction d'une sinusoïde noyée dans du bruit*

Un signal sinusoïdal est généré par une équation différentielle du second ordre. Le modèle d'état est ainsi du second ordre.

La première composante d'état $x_1(t)$ est le signal à estimer.
Le choix de la seconde composante d'état n'est pas imposé.

Considérons le signal sinusoïdal suivant :

$$y(t) = a \cos wt$$

La deuxième composante d'état est du type :

$$x_2(t) = a \sin wt$$

Ce choix n'est pas limitatif, mais une fois imposé, la matrice de transition est unique. Si T désigne la période d'échantillonnage, nous avons, avec `a = 1` :

$$\begin{cases} x_1(t+T) = \cos w(t+T) = \cos wT \cos wt - \sin wT \sin wt \\ x_2(t+T) = \cos w(t+T) = \sin wT \cos wt + \cos wT \sin wt \end{cases}$$

Le modèle d'état est alors :

$$\begin{cases} x(t+1) = A\,x(t) \\ y(t) = C\,x(t) \end{cases}$$

avec

$$A = \begin{bmatrix} cos\,wT & -sin\,wT \\ sin\,wT & cos\,wT \end{bmatrix} \qquad C = \begin{pmatrix} 1 & 0 \end{pmatrix}$$

Il n'y a pas de bruit de modélisation car on cherche un type de signal déterminé dont on connaît parfaitement la valeur de la pulsation.

On considère dans ce cas particulier, un signal sinusoïdal de pulsation $w = 2\pi / 5$, échantillonné à la cadence $T = 0.1\,s$.

*fichier kalman3.m*

```
% estimation par filtrage de kalman d'une sinusoïde
% noyée dans du bruit
n = 2;     % ordre du système
T = 0.1;   % période d'échantillonnage en s
t = 0:T:500;  % horizon de l'estimation
% bruit blanc gaussien centré, de variance 1
v = randn(size(t));
w = 2*pi/5;    % pulsation du signal
y = cos(w*t)+v; % sinusoïde bruitée
figure(1), plot(t,y); axis([0 100 -4 5])
title('signal bruité')grid
```

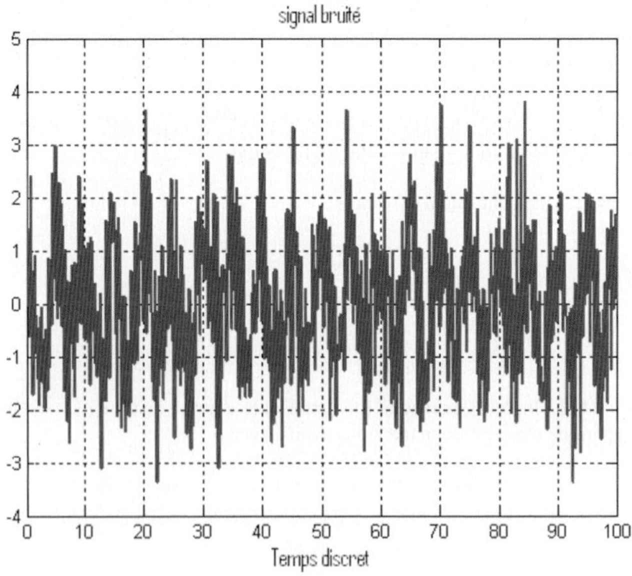

*fichier kalman3.m (suite)*

```
% matrice d'évolution
A = [cos(w*T) -sin(w*T);sin(w*T) cos(w*T)];

% matrices d'état

% matrice C d'observation
C = [1 0];

% matrice de variance, initialisation
P = [1000 0; 0 0];

% variance du bruit de mesure
Rv = 1;

% initialisation de l'état
x = zeros(n,1);

% algorithme de Kalman

for i = 2:length(t)

% étape TU
  x(:,i) = A*x(:,i-1);
  P = A*P*A';

% étape MU
  K = P*C'/(Rv+C*P*C'); % gain d'adaptation
  x(:,i) = x(:,i)+K*(y(i)-C*x(:,i));
  P = P-K*C*P;

% évolution de la matrice P
  P1(:,i) = P(:,1); % 1ère colonne de P
  P2(:,i) = P(:,2); % 2ème colonne de P

end

% sortie du filtre de Kalman
figure(2)
plot(t,x(1,:))
axis([0 150 -1.5 1.5])
xlabel('150 premièrs échantillons')
title('Sortie du filtre de Kalman')
grid
```

La figure suivante représente le signal estimé par le filtre de Kalman durant les 150 premières itérations.

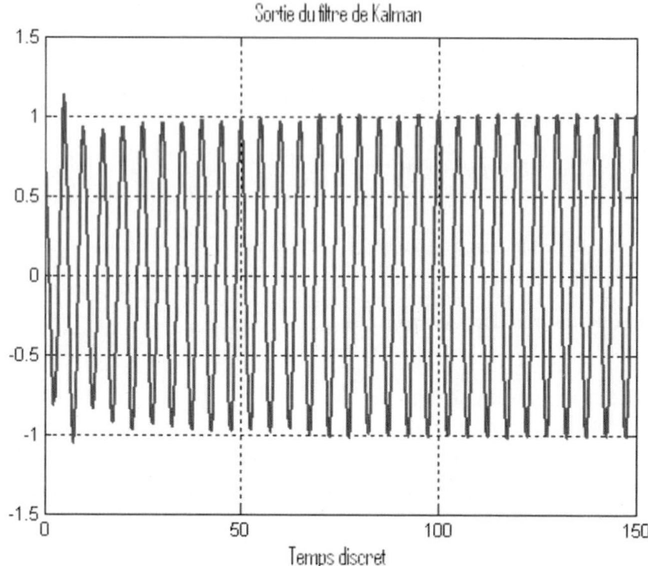


On obtient une bonne estimation de la sinusoïde au bout d'une cinquantaine d'itérations environ.

*fichier kalman3.m (suite)*

```
% sortie du filtre de Kalman
figure(3)
plot(t,x(1,:))
axis([480 500 -1.5 1.5])
xlabel('20 derniers échantillons')
title('Sortie du filtre de Kalman')
grid

figure(4)
plot(t,y);
title('signal bruité')
xlabel('20 derniers échantillons')
axis([480 500 -1.5 1.5])
grid
```

Les deux figures ci-dessous, représentent respectivement, les 20 derniers échantillons du signal estimé par le filtre de Kalman et les 20 derniers échantillons du signal bruité d'origine.

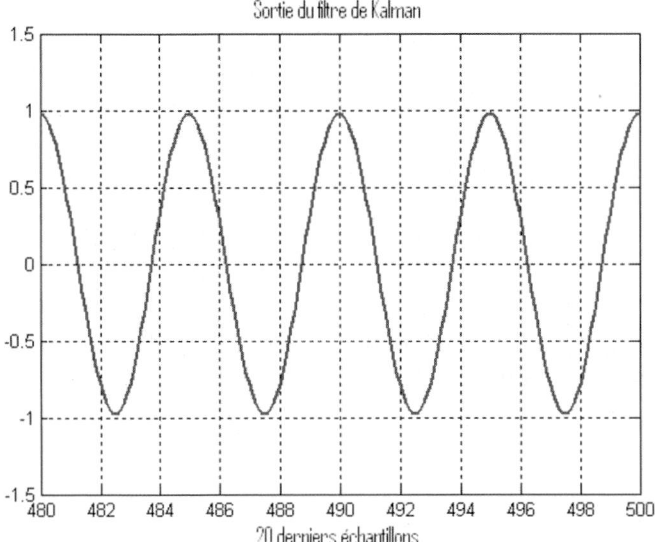


La figure suivante représente le signal bruité, à partir duquel on récupère la sinusoïde grace au filtrage de Kalman.

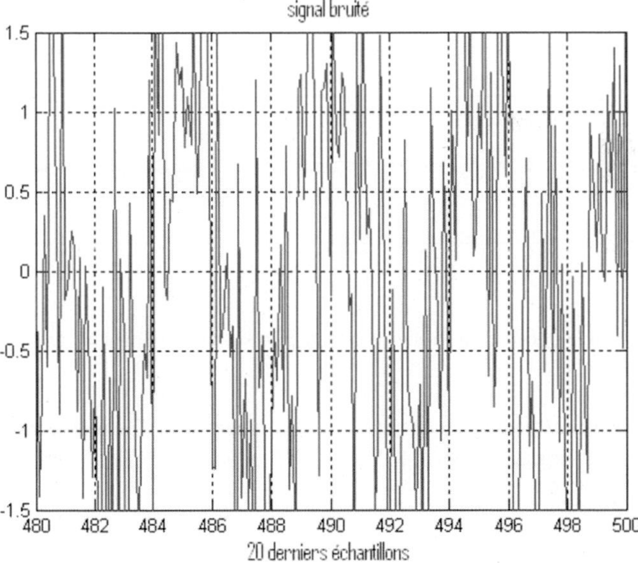

*fichier kalman3.m (suite)*

```
% évolution de la matrice de variance P
% P(1,1) :  variance de x1
% P(2,1) :  covariance de x1 et x2
% P(2,2) :  variance de x2

% tracé des éléments de la matrice P
figure(5)
plot(t,P1(1,:)),
hold on
plot(t,P1(2,:))
plot(t,P2(1,:))
plot(t,P2(2,:))
title('Evolution des éléments de la matrice de variances P')
axis([0 20 -.2 1])
grid
hold off
```

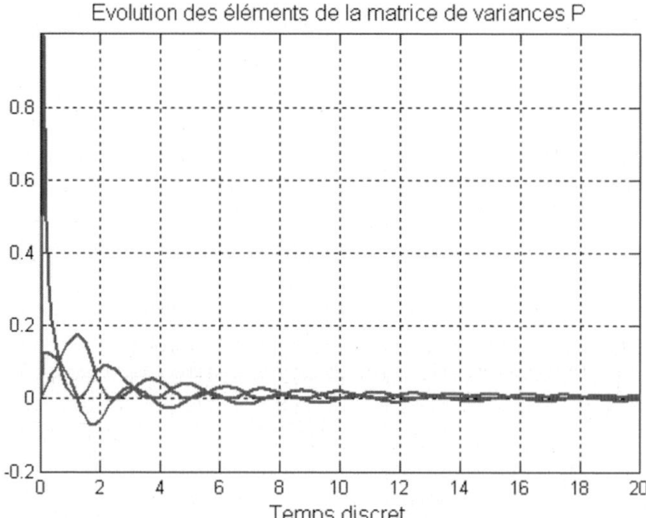


Le signal d'erreur, écart entre le signal estimé et le signal non bruité est représenté par la figure suivante :

*fichier kalman3.m (suite)*

```
% erreur d'estimation
err = cos(w*t) - x(1,:);
figure(6)
plot(t,err)
title('erreur d''estimation de la sinusoïde'), grid
axis([0 500 -.5 .5])
```

La figure suivante représente l'erreur entre la sinusoïde réelle et celle estimée par le filtre de Kalman à partir du signal bruité.

Après un régime transitoire, l'erreur devient très faible, sa moyenne et sa variance sont très faibles.

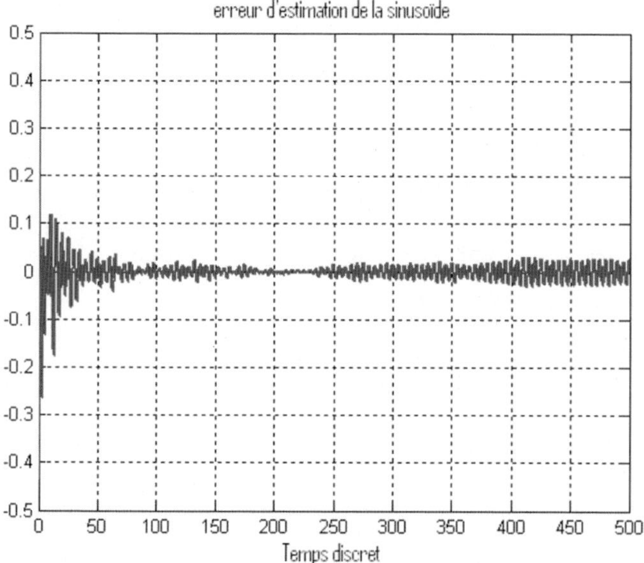


*fichier kalman3.m (suite)*

```
% Variance et moyenne de l'erreur
% on s'intéresse aux 300 dernières valeurs de l'erreur
k = 200:500;
err = err(k); var_err = std(err)^2; moy_err = mean(err);
disp(['moyenne et variances de l''erreur'])
disp(['moyenne   : ',num2str(moy_err)])
disp(['variance : ',num2str(var_err)])
```

```
moyenne et variances de l'erreur
moyenne   : -0.001617
variance : 0.001796
```

La moyenne de l'erreur et sa variance, de l'ordre $10^{-3}$, sont très négligeables.

## III. Signal Processing Toolbox & Signal Processing Blockset

MATLAB propose la boite à outils « Signal Processing Toolbox » qui regroupe des fonctions MATLAB, dédiées au traitement du signal déterministe ou aléatoire, mono ou multidimensionnel. SIMULINK possède plusieurs bibliothèques de blocs dans la librairie

« `Signal Processing Blockset` » qui agissent sur les signaux, telle l'estimation, le filtrage, les fonctions mathématiques, etc.

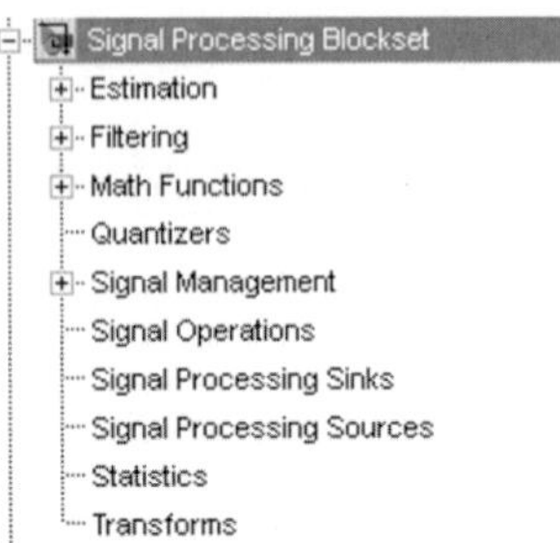


## III.1. GUI de la boite à outils « Signal Processing Toolbox »

### *III.1.1. GUI sptool et FDATool*

La commande `filtdemo` ouvre un GUI qui permet le design d'un certain nombre de filtres dont on spécifie les caractéristiques (bande passante, fréquences de coupure, etc.).

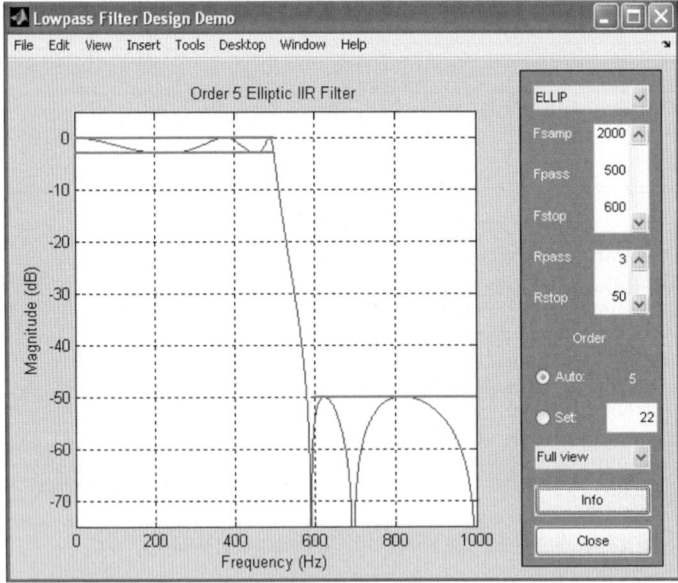


Le cas précédent concerne un filtre elliptique d'ordre 5. Le bouton `Info` permet d'afficher l'aide correspondante.

L'interface utilisateur `FDATool` est un autre GUI spécialisé pour le design et l'analyse des filtres. Lorsque le filtre est créé, nous pouvons récupérer le code du fichier M correspondant.

On peut choisir dans cette interface, le type de filtre, sa nature IIR (réponse impulsionnelle infinie) ou FIR, son ordre et ses fréquences spécifiques.

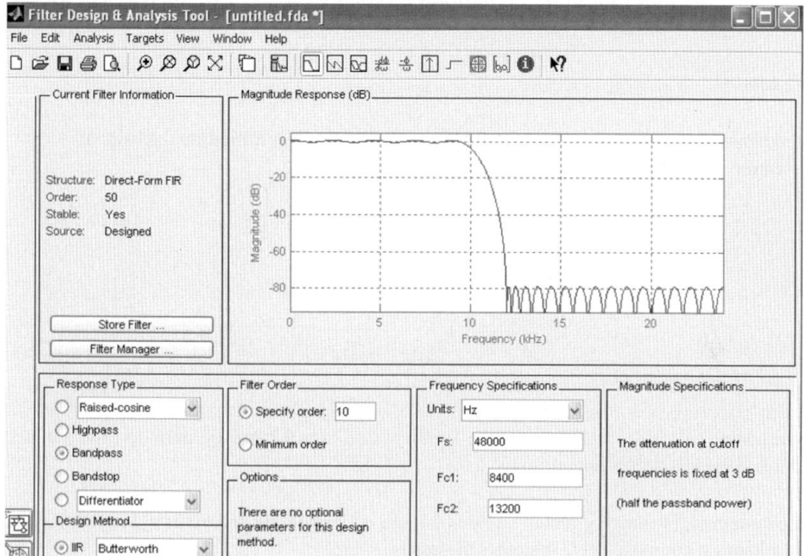


Grâce aux boutons suivants, , nous pouvons visualiser :

- les spécifications du filtre en `terme` d'atténuation ou de bande passante,
- le module de la réponse en fréquences,
- la phase,
- le gain et la phase simultanément,
- les réponses impulsionnelle et indicielle,
- les coefficients du filtre, etc.

Pour générer le code du script MATLAB, nous devons utiliser l'option `Generate M-file` du menu `File` de cette interface.

Cette interface, avec toutes les caractéristiques spécifiées, peut être enregistrée sous la forme d'un fichier d'extension `fda`.

Les valeurs des coefficients du filtre ainsi obtenu, peuvent être exportées vers l'espace de travail de MATLAB. Dans le cas d'un filtre FIR, ces coefficients seront dans la variable `num` qui désigne le numérateur de sa fonction de transfert.

Cette interface est gérée par une autre, appelée `SPTool` ainsi que 3 autres GUI dont `Signal Browser`, `Filter Designer`, `FVTool`, et `Spectrum Viewer`. Cette interface s'ouvre grâce à la commande suivante :

```
>> sptool
```

### *III.1.2. Quelques fonctions de la boite à outils « Signal Processing Toolbox »*

- *lsim*

La commande `lsim` permet de simuler un système LTI pour n'importe quel signal d'entrée.

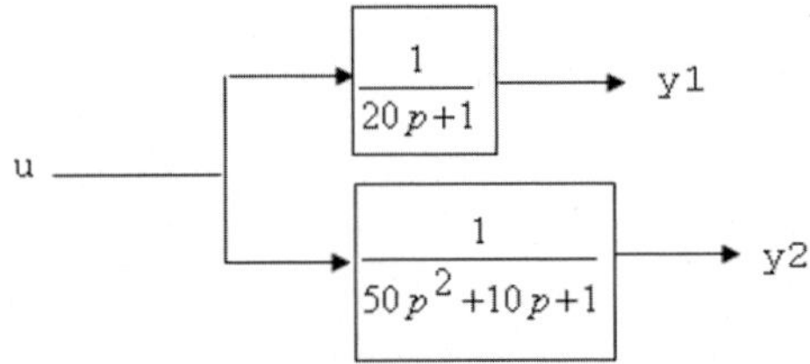


On génère, à l'aide de la commande `gensig`, un signal carré de période 500, sur une durée de 1000s qu'on échantillonne à 0.1s.

Le système LTI (voir Systèmes LTI du chapitre « Contrôle de processus », le système LTI résultant est composé des 2 systèmes ci-dessus.

La commande `lsim(H,u,t)` simule le système LTI durant la durée `t` lorsqu'on lui applique l'entrée `u`.

```
[u,t] = gensig('square',500,1000,0.1);
H = [tf(1,[20 1]) ; tf(1,[50 10 1])]
lsim(H,u,t)

Transfer function from input to output...
          1
 #1:  --------
       20 s + 1

                 1
 #2:  -----------------
       50 s^2 + 10 s + 1
```

De la même façon que pour les tableaux, le fait de mettre un point-virgule « ; » entre les 2 fonctions `tf` correspondent à la mise en parallèle des 2 fonctions de transfert, avec une entrée et 2 sorties : un système du premier ordre de constante de temps de 20s et un système du second ordre de pulsation propre $w_0 = 1/\sqrt{50}$ et un coefficient d'amortissement $\zeta = 5/\sqrt{50}$ .

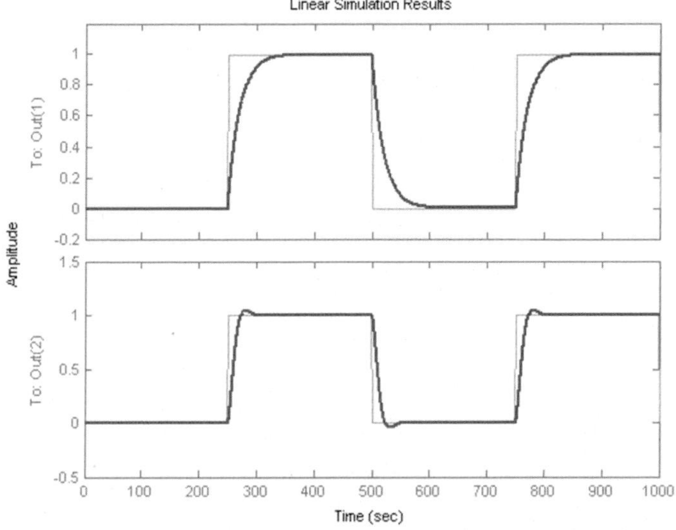


- ***La commande*** **`filter`** ***et l'outil d'analyse de filtres numériques*** **`FVTOOL`**

La commande `filter` permet d'obtenir le signal de sortie d'un filtre pour un signal d'entrée donné.

```
>> b = 1 ; a = [1 0.8];  imp = [1; zeros(49,1)];
>> h = filter(b,a,imp); stem(h)
```

L'impulsion est définie comme une valeur 1 à l'instant initial et de 0 partout.

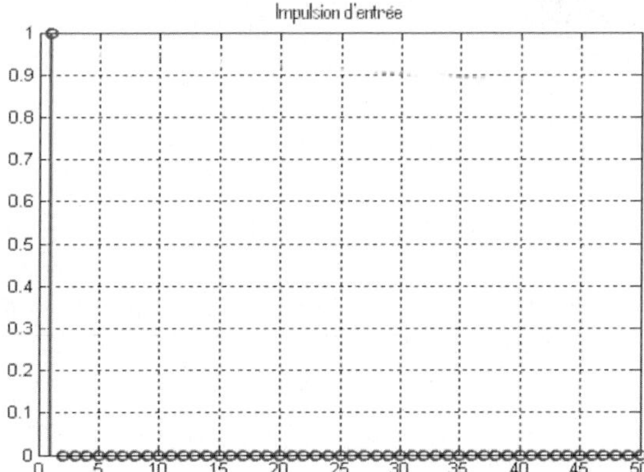

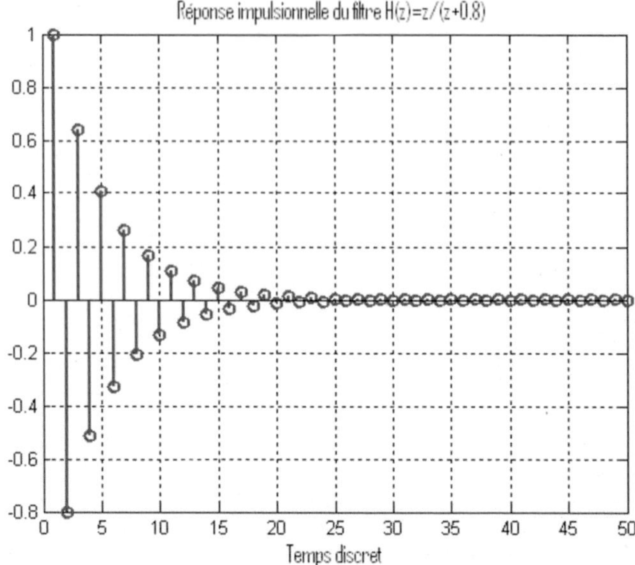


On peut obtenir cette réponse impulsionnelle ou d'autres réponses particulières en utilisant l'outil de visualisation des filtres (`Filter Visualization Tool`).par la commande `fvtool` en spécifiant le numérateur `b` et le dénominateur `a`.

```
>> fvtool(b,a)
```

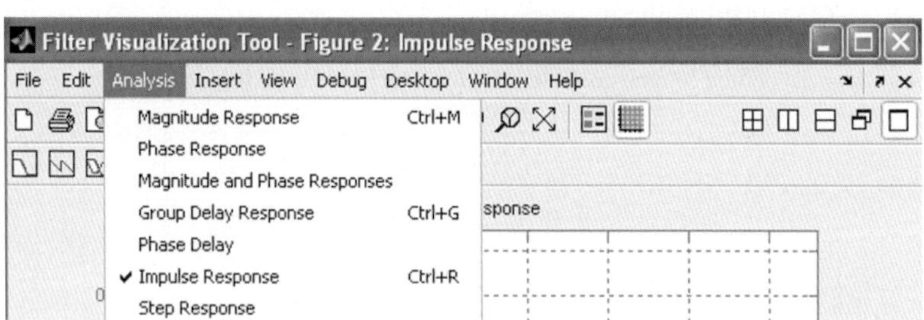


`FVTool` est une interface graphique utilisateur, `GUI`, qui permet l'analyse de filtres numériques.

Grâce au menu `Analysis` on peut choisir le type de réponse que l'on veut analyser comme la réponse indicielle, la réponse en phase, ou l'ensemble du module ou de la phase par rapport à la pulsation normalisée.

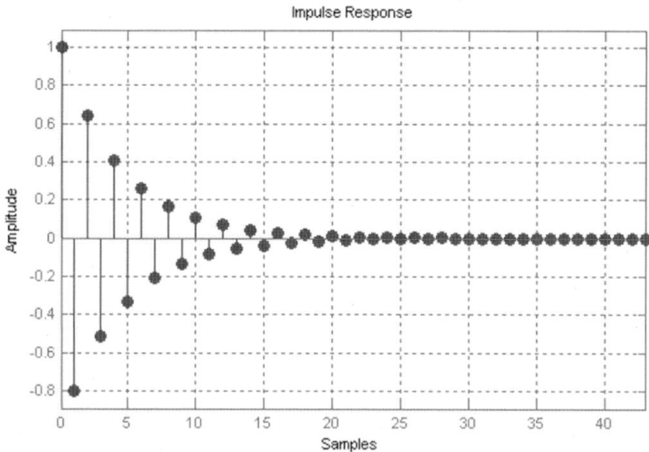


- ***firls***

La commande `firls (n, f,a)` permet de générer un filtre FIR (réponse impulsionnelle finie) d'ordre n (n+1 coefficients) à partir d'un gabarit spécifié par une liste de fréquences `f` et de modules `a` (amplitudes) au sens des moindres carrés (`ls : least squares`).

```
>> h=firls(30,[0 .1 .2 .3 .4 .5 .6 .7 .8 .9],[1 1 1 1 1 1 1 0 0 0]);
```

Cette commande retourne les `(n+1)` coefficients du filtre. Grâce à l'outil d'analyse `fvtool`, nous pouvons voir ses différentes caractéristiques temporelles ou fréquentielles.

Nous avons ainsi réalisé un filtre passe-bas dont la réponse indicielle est la suivante :

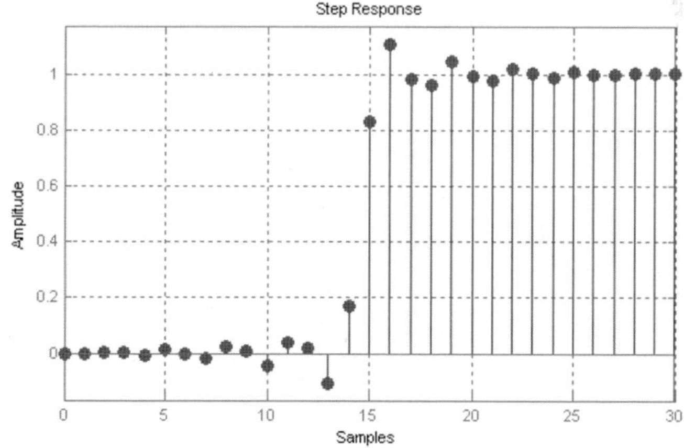

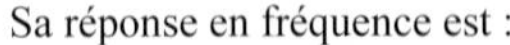
Sa réponse en fréquence est :

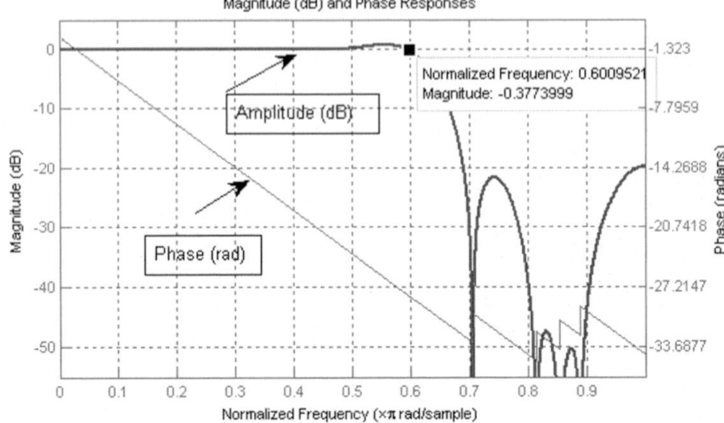


- ***Analyse dans le domaine des pôles et des zéros***

La commande `zplane` permet de tracer les pôles et les zéros d'un filtre. Pour désigner un filtre passe-bande il faut spécifier des pôles complexes conjugués.

Considérons le cas du zéro et des pôles suivants :

```
>> zer = -0.8;
>> pol = 0.95*exp(j*2*pi*[-0.4 0.4]');
>> zplane(zer,pol)
```

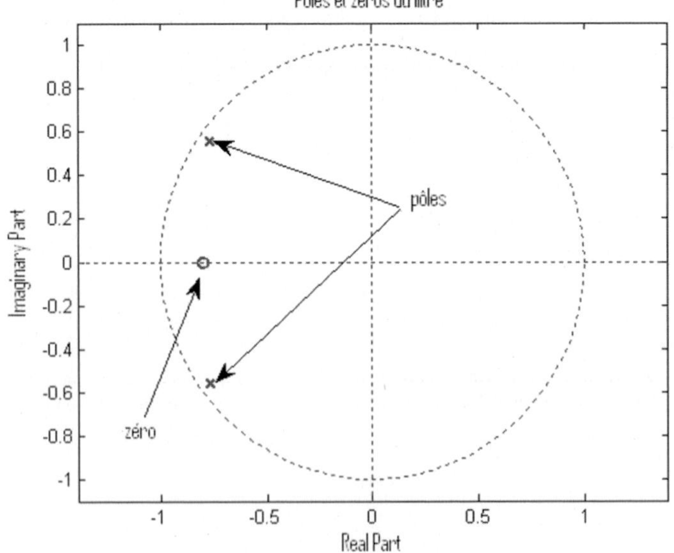

```
>> [b,a] = zp2tf(zer,pol,1);
>> fvtool(b,a)
```

La commande `zplane` donne le tracé des pôles et des zéros du filtre comme vu dans la figure précédente.

La commande `zp2tf` permet de passer du mode zéros-pôles à la fonction de transfert.

```
>> [b,a] = zp2tf(zer,pol,1);
>> tf(b,a)

Transfer function:
        s + 0.8
---------------------
s^2 + 1.537 s + 0.9025
```

La réponse en fréquences du filtre est la suivante :

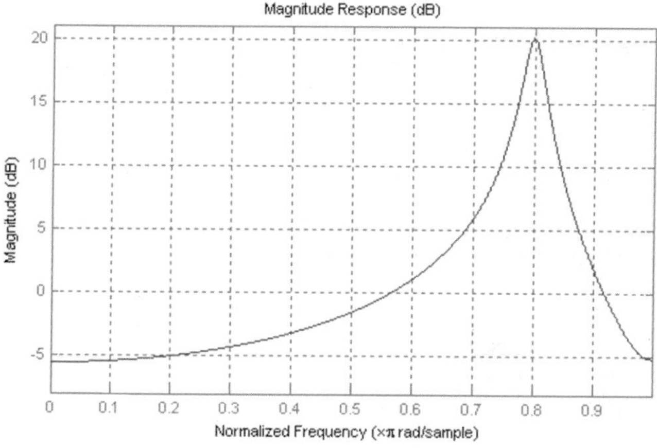


• ***freqz***

La commande `freqz` permet de tracer l'amplitude et la phase d'un filtre en spécifiant le numérateur et le dénominateur de sa fonction de transfert.

```
>> freqz([1 0.8],[1 1.537 0.9025])
>> title('Amplitude et Phase')
```

Comme le montre la figure suivante, nous retrouvons la même réponse en fréquences que précédemment pour le même filtre dont nous avons spécifié les pôles et les zéros.

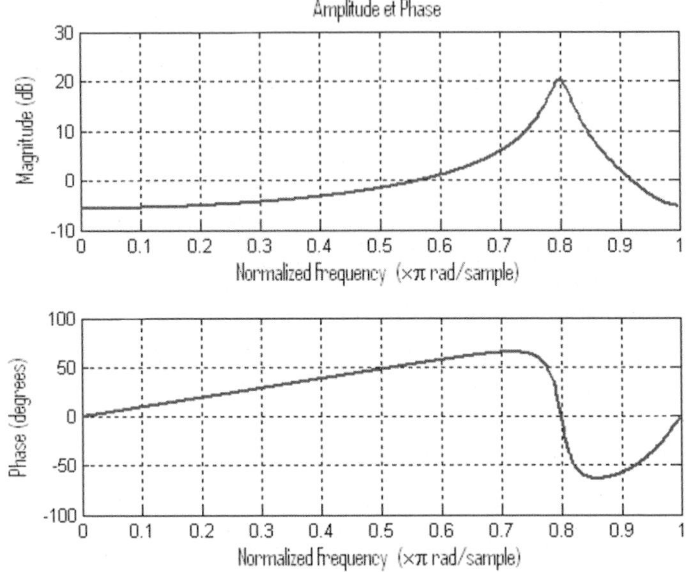


- ***Filtres IIR (réponse impulsionnelle infinie)***

Les filtres `IIR` sont du type `ARMA`, c'est-à-dire que la fonction de transfert possède un dénominateur, contrairement aux filtres `FIR`, type `MA` (`Moving Average`).

La partie AR (AutoRégressive) contient les pôles (solutions du dénominateur) et est responsable de la stabilité du filtre.

Grâce aux fonctions de spécification des filtres IIR, nous pouvons avoir des filtres de type `Butterworth`, `Chebychev`, `Elliptique`, etc.

Les fonctions `butter`, `ellip`, etc. possèdent beaucoup d'options pour désigner ces différents filtres.

Nous allons étudier la mise en œuvre de filtres de `Butterworth`, un passe-bas et un passe-bande.

Pour un passe-bas, il suffit de spécifier l'ordre `n` et la fréquence de coupure normalisée $w_c$.

```
[b,a] = butter(4,0.3); % Butterworth passe-bas d'ordre 4
H=tf(b,a)
fvtool(b,a)

Transfer function:
0.01856 s^4 + 0.07425 s^3 + 0.1114 s^2 + 0.07425 s + 0.01856
------------------------------------------------------------
        s^4 - 1.57 s^3 + 1.276 s^2 - 0.4844 s + 0.0762
```

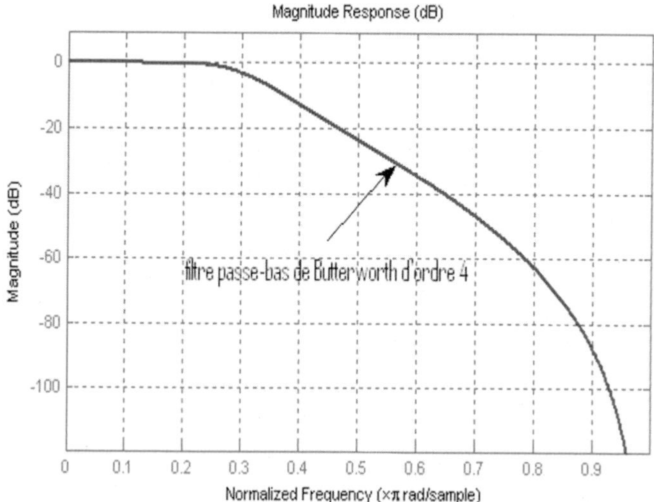


On peut créer le filtre de `Butterworth` en spécifiant d'abord les caractéristiques fréquentielles (bande passante, la bande coupée, les fréquences de coupure et les atténuations correspondantes).

Supposons un filtre passe-bande de la bande passante allant de 2000 Hz à 5000 Hz, une bande coupée commençant à partir de 500 Hz de chaque coté.

L'échantillonnage se fait à 10 KHz avec un maximum de 1 dB d'ondulation dans la bande passante.

L'atténuation de la bande coupée est de 30 dB.

```
[n,Wn] = buttord([2000 5000]/10000,[500 7000]/10000,1,30)
[b,a] = butter(n,Wn);

fvtool(b,a)

>> droite(Wn(1),-10,Wn(1),10, Wn(1),Wn(1))
>> droite(Wn(2),-10,Wn(2),10, Wn(2),Wn(2))

>> gtext('w1 = 0.1715')
>> gtext('w2 = 0.5516')

n =
     5

Wn =
    0.1715    0.5516
```

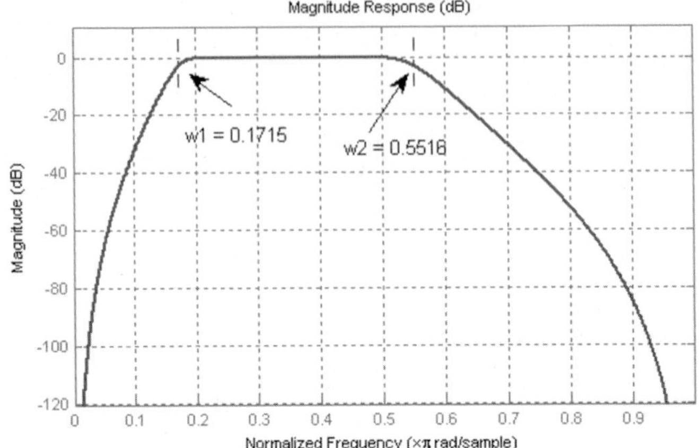


Les coefficients du numérateur `b` et du dénominateur `a` sont dans les vecteurs retournés par la fonction `butter`. Ils sont affichés dans la fenêtre de l'outil `fvtool` en choisissant `Filter Coefficients` du menu `Analysis`.

```
>> b'          >> a'

ans =          ans =

    0.0179        1.0000
         0       -3.1498
   -0.0896        5.2969
         0       -6.3254
    0.1793        6.0559
         0       -4.5844
   -0.1793        2.7193
         0       -1.2546
    0.0896        0.4474
         0       -0.1083
   -0.0179        0.0149
```

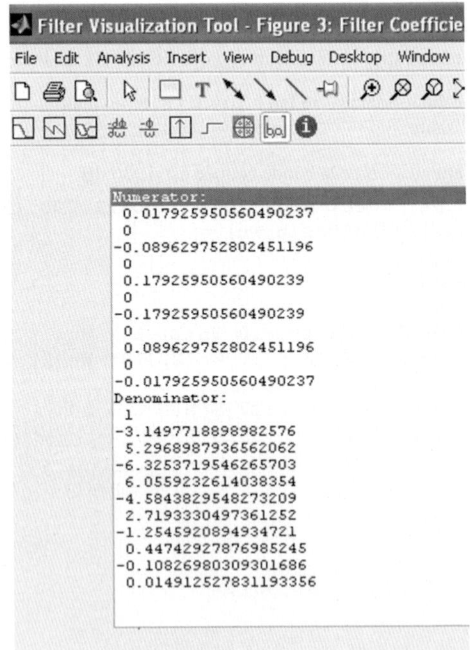


```
Numerator:
 0.017925950560490237
 0
-0.089629752802451196
 0
 0.17925950560490239
 0
-0.17925950560490239
 0
 0.089629752802451196
 0
-0.017925950560490237
Denominator:
 1
-3.1497718898982576
 5.2968987936562062
-6.3253719546265703
 6.0559232614038354
-4.5843829548273209
 2.7193330497361252
-1.2545920894934721
 0.44742927876985245
-0.10826980309301686
 0.014912527831193356
```

```
>> tf(b,a)
Transfer function:
0.01793 s^10 - 0.08963 s^8 + 0.1793 s^6 - 0.1793 s^4 +
0.08963 s^2 - 0.01793
-------------------------------------------------------------
s^10 - 3.15 s^9 + 5.297 s^8 - 6.325 s^7 + 6.056 s^6 - 4.584
s^5 + 2.719 s^4 - 1.255 s^3 + 0.4474 s^2 - 0.1083 s + 0.01491
```

## III.2. Etude de quelques blocs de la librairie « Signal Processing Blockset »

La librairie `Signal Processing Blockset` propose des outils pour le traitement numérique du signal, la simulation et la génération de code. Elle contient des blocs de traitement de signal, d'algèbre linéaire et de blocs de calcul matriciel.

Des exemples de démonstration peuvent être consultés en exécutant la commande suivante :

```
>> demo signal blockset
```

Nous avons des exemples de traitement adaptatif, audio, analyse spectrale, etc.

Comme SIMULINK, l'outil `Signal Processing Blockset` possède des librairies contenant des bibliothèques de blocs dédiés à des fonctions particulières.

Comme le montre la figure suivante, il y a 4 librairies principales :

- Estimation,
- Filtrage,
- Fonctions mathématiques,
- Gestion de signaux.

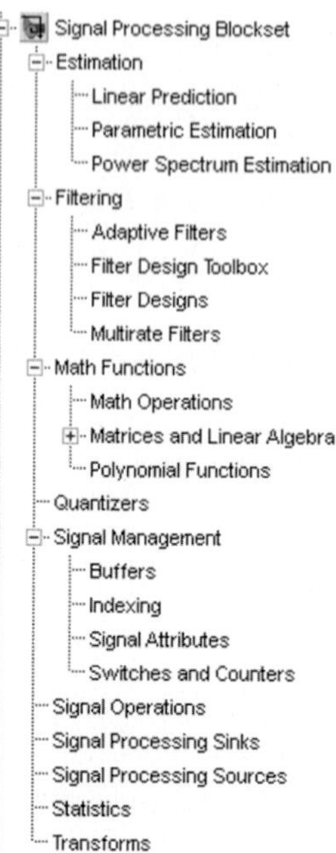


### III.2.1. Librairie « Estimation »

Cette librairie possède 3 bibliothèques de blocs : prédiction linéaire, estimation du spectre de puissance et estimation de paramètres.

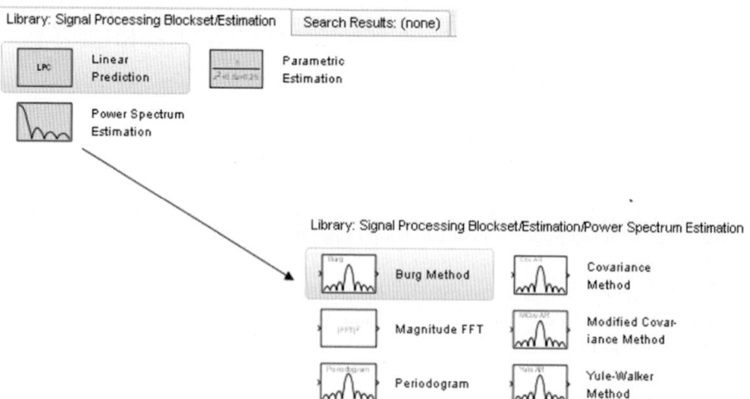

• ***Estimateur de Yule_Walker***

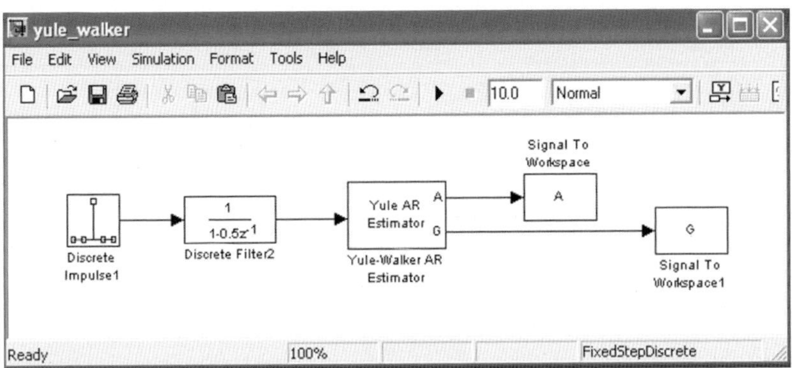


```
>> A
A =
      1
      1
      1
      1
      1
      1
      1
      1
>> G
G =
    1.0000
    0.2500
    0.0625
    0.0156
    0.0039
    0.0010
    0.0002
    0.0001
```

Nous spécifions le dénominateur du filtre AR estimé par l'algorithme de `Yule Walker` dans le callback `InitFcn`.

```
>> title('Sortie du filtre z/(z+0.5) et l''estimateur de Yule Walker')
>> xlabel('Temps discret')
```

Le filtre obtenu, d'ordre `p` a la forme suivante :

$$H(z) = \frac{\sqrt{G}}{1 + a(2)\, z^{-1} + .... + a(p+1)\, z^{-p}}$$

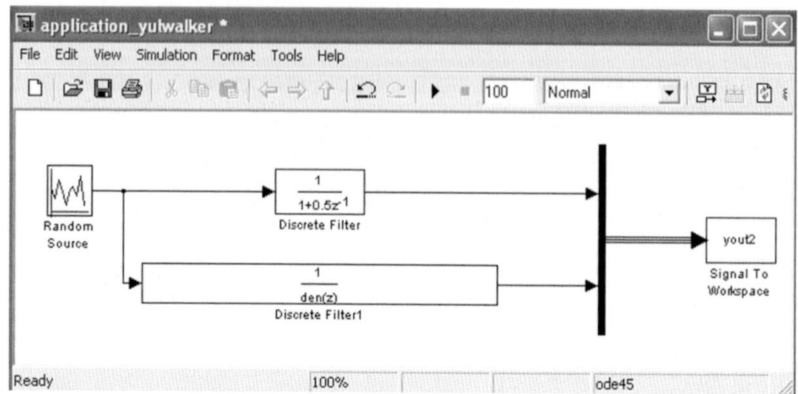


Ci-dessous nous traçons la sortie du filtre numérique et celui estimé par l'algorithme de `Yule Walker`.

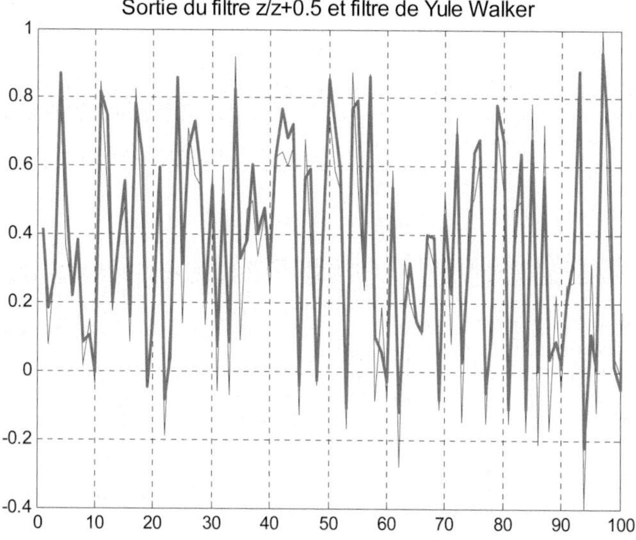


### III.2.2. Librairie « Filtrage »

Cette librairie comporte des blocs de `mise` en œuvre de filtres digitaux, des filtres adaptatifs, etc.

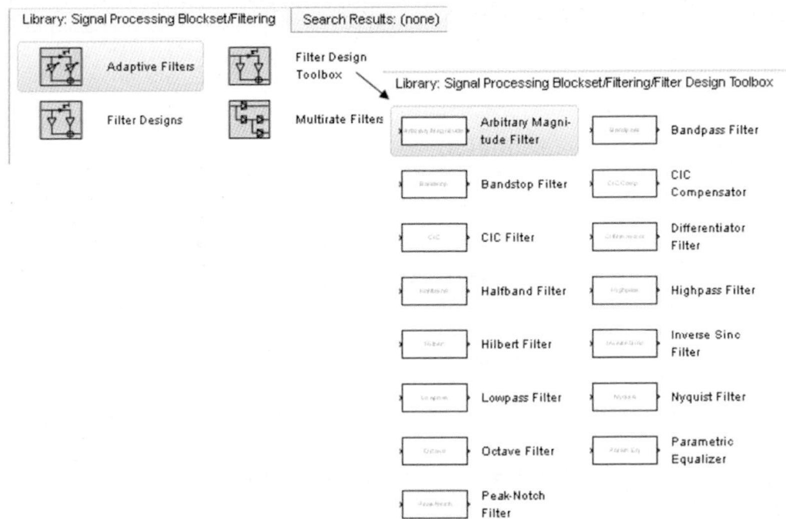


Dans l'exemple qui suit, nous générons une sinusoïde à laquelle on superpose un bruit.
Le bruit est choisi de hautes fréquences par le filtrage FIR hautes fréquences d'un bruit uniforme.
Ce bruit HF est ajouté à une sinusoïde de fréquence 75 Hz pour former une sinusoïde bruitée.
Cette dernière est ensuite filtrée par un passe bas de type FIR.

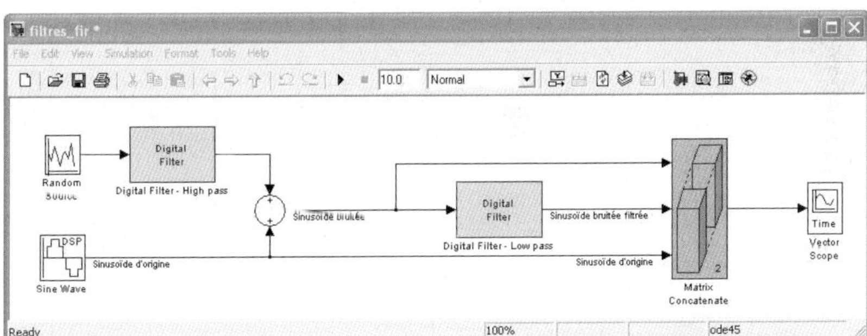


Les numérateurs des filtres FIR sont spécifiés dans le `Callback InitFcn` (voir chapitre Callbacks).

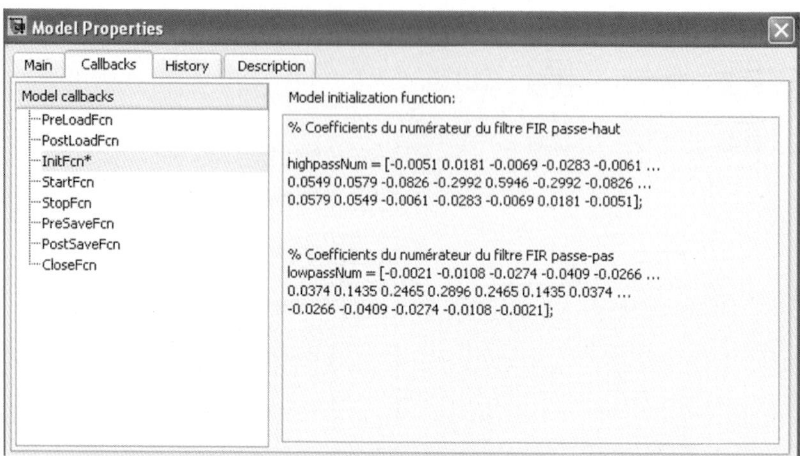


Nous avons choisi des signaux de 50 échantillons par trame. Le `Vector Scope` représente les signaux de la sinusoïde d'origine, la sinusoïde bruitée et le signal de sortie.

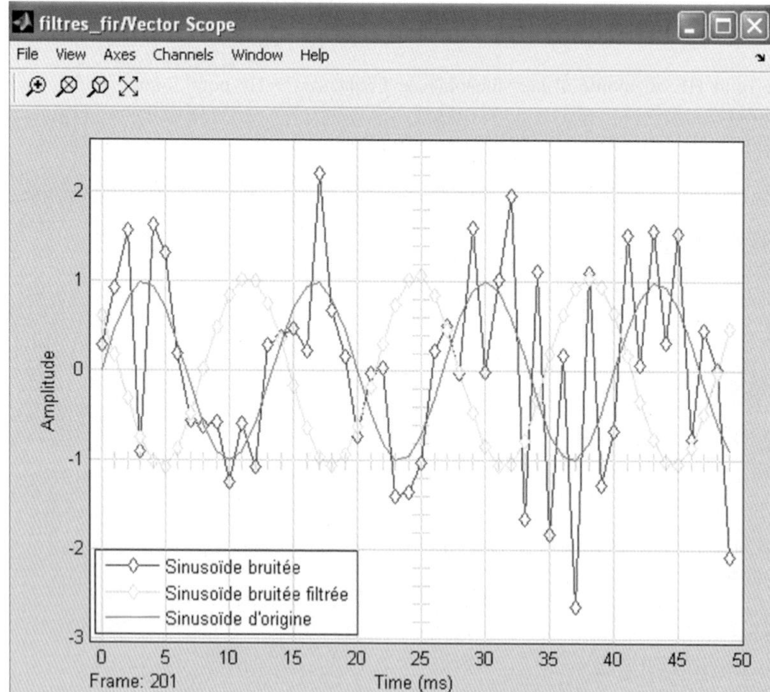

- ***Algorithme LMS (least mean squares) des moindres carrés***

Dans l'exemple suivant nous utilisons l'algorithme LMS pour obtenir les paramètres d'un filtre qui permet d'obtenir la sortie désirée.

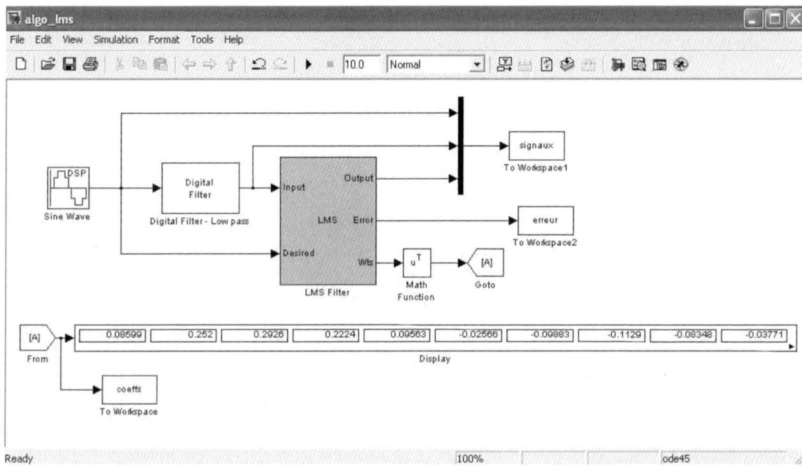


La figure suivante représente la sinusoïde d'origine et la sortie du filtre LMS.

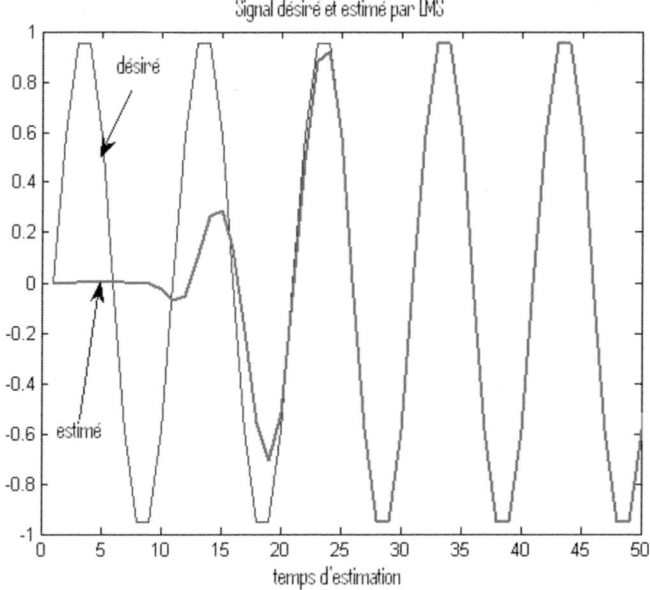

```
>> err=reshape(erreur,1, length(erreur))
>> plot(err), axis([0 50 -1 1]), grid
>> xlabel('Temps d''estimation')
>> title('Evolution de l''erreur d''estimation')
```

L'erreur s'annule au bout de 25 échantillons environ, temps au bout duquel la sinusoïde estimée rejoint celle désirée.

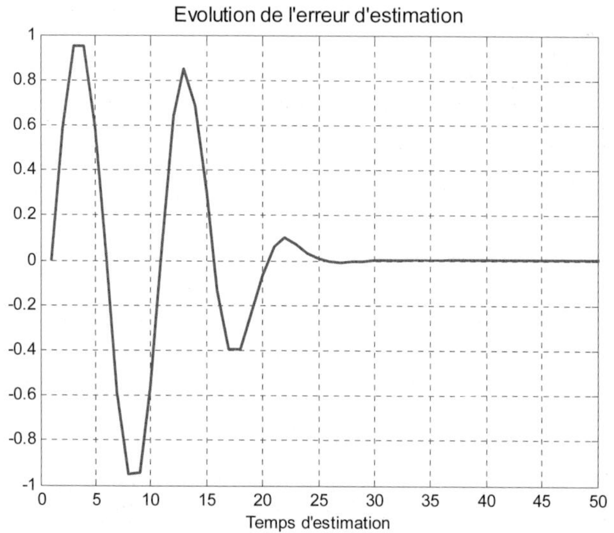


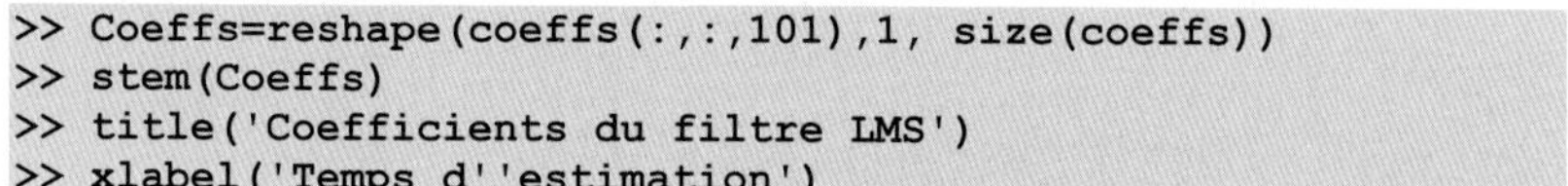

```
>> Coeffs=reshape(coeffs(:,:,101),1, size(coeffs))
>> stem(Coeffs)
>> title('Coefficients du filtre LMS')
>> xlabel('Temps d''estimation')
```

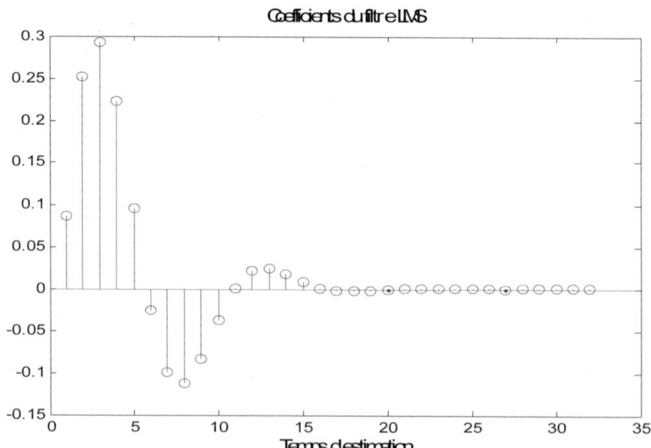

### III.2.3. Librairie « Math Functions »

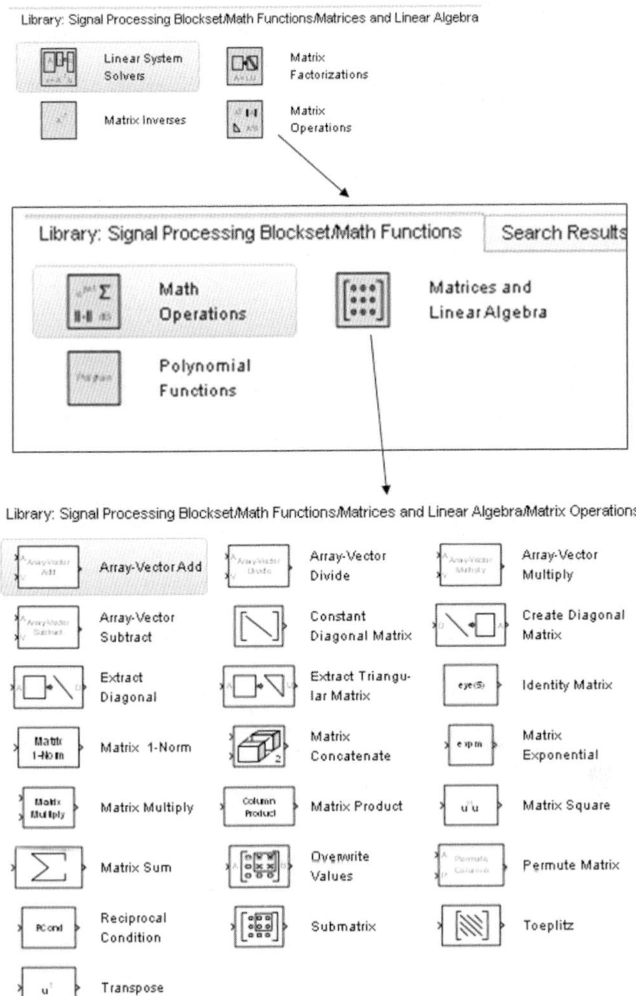


Le modèle `sgn_blockset3.mdl` permet la résolution de l'équation `A x = B` par la méthode dite des moindres carrés : $\hat{x} = (A^T A)^{-1} A^T B$

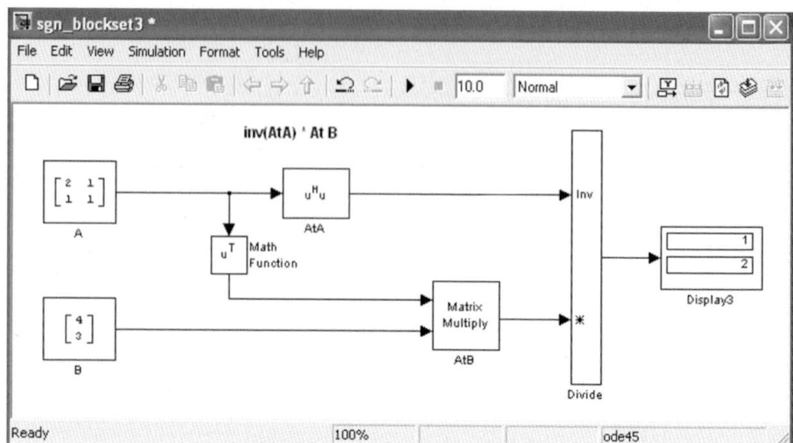


Nous avons utilisé le bloc qui permet d'avoir une matrice carrée inversible $A^TA$ et du bloc `Matrix Multiply de Math Functions and Linear Algebra/Matrix Operations`.

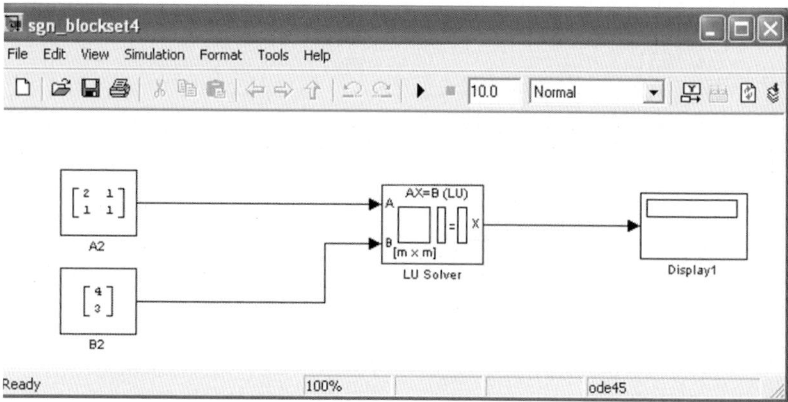


Dans cet exemple, on obtient directement la solution par le bloc `LU Solver` de `Matrices and Linear Algebra/Linear System Solvers`.

Dans l'exemple suivant, nous avons inversé la matrice $A^TA$ par le bloc `General Inverse` (LU) et un bloc de multiplication matricielle, `Matrix Multiply` à 3 entrées.

On effectue, dans l'exemple suivant, le produit simultané des 3 matrices : $(A^TA)^{-1}$, $A^T$ et `B`.

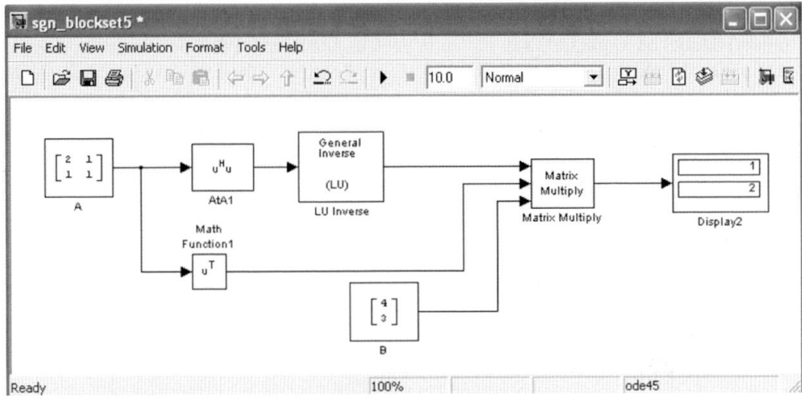


### III.2.4. Librairie « Signal Management »

Cette librairie contient des bibliothèques de gestion des signaux, comme les `switchs` (interrupteurs) pour diriger le signal, indexer les vecteurs et matrices, etc.

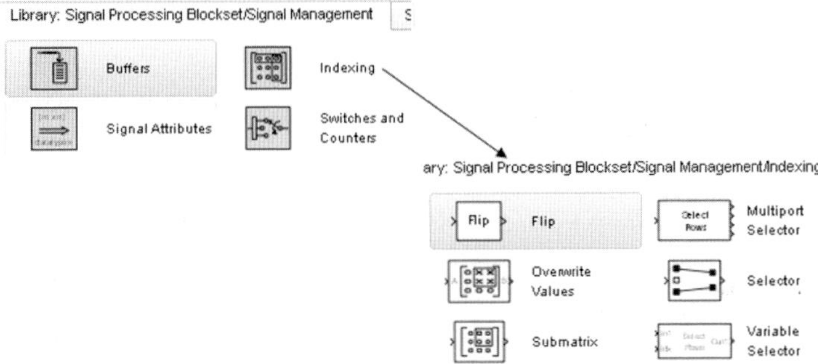


Nous allons utiliser les propriétés d'indexation pour le calcul de la factorielle du nombre 5.

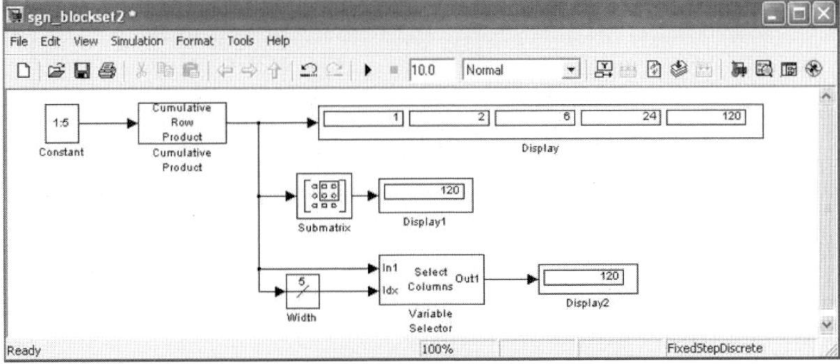

Pour le calcul de la factorielle, nous utilisons le bloc de produit cumulatif (cumulative Row Product) auquel on applique à son entrée le vecteur allant de 1 à 5. Nous obtenons ainsi le vecteur des 5 valeurs : 1, 2, 6, 24 et 120. Cette dernière valeur qui est la valeur de la factorielle de 5, doit être alors indexée

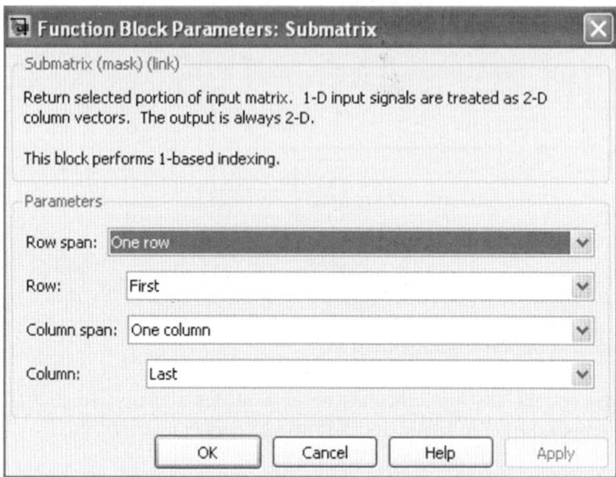


L'indexation se fait par le retrait d'une sous-matrice dans une autre.

Nous choisissons un intervalle d'une colonne, la première ligne et la dernière colonne, soit l'élément de la première ligne et dernière colonne.

L'autre méthode consiste à sélectionner un élément dans un tableau. Nous choisissons l'élément contenu à la position déterminée par la taille du vecteur, `size`, (dernière).

Nous avons aussi réalisé un masque pour extraire un élément d'un vecteur connaissant la taille du vecteur et la position de l'élément à extraire.

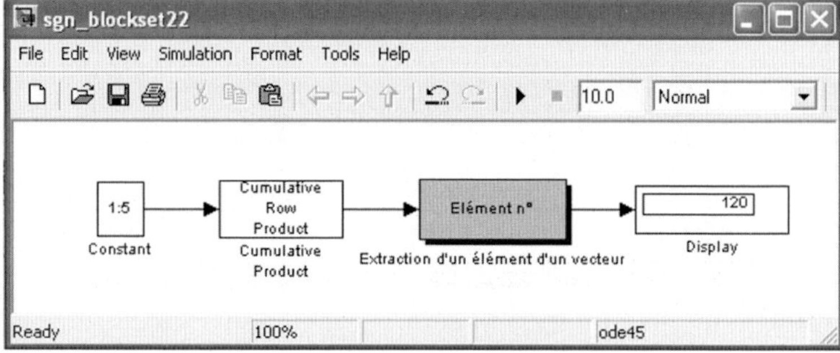


Le masque '`Elément n°`» a besoin de la taille du vecteur (5) et la l'indice de la dernière valeur à récupérer donc n° 5.

***Utilisation du GUI FDATool - sgn_blockset1.mdl***

Dans cet exemple, nous générons une sinusoïde bruitée en ajoutant un bruit à une sinusoïde pure.

Nous filtrons cette sinusoïde bruitée à l'aide d'un filtre dont nous déterminons les caractéristiques à l'aide du `GUI FDATool`.

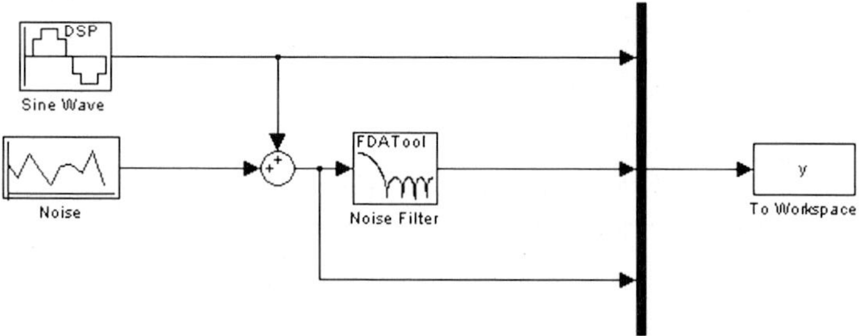


Nous représentons ci-dessous, le bruit contenant la sinusoïde, la sinusoïde ajoutée et celle qu'on extrait par le filtre passe-bande de `Butterworth`.

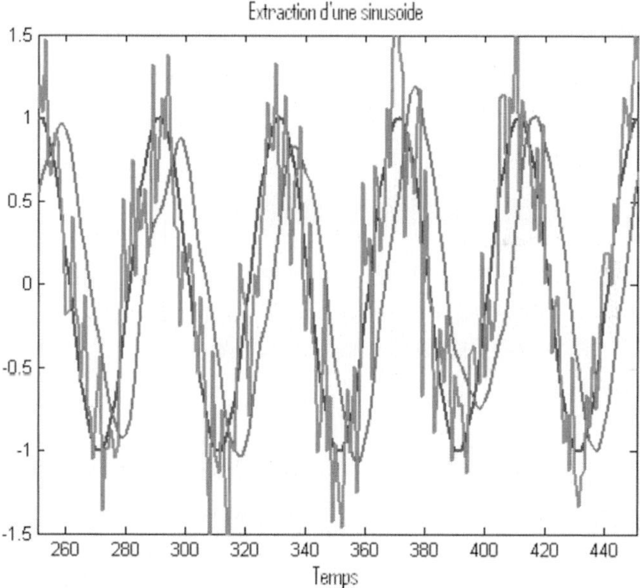

***Extraction d'une sinusoïde continue***

On se propose d'extraire une sinusoïde de la somme avec deux autres, grâce à un filtrage de la somme par un filtre analogique de `Butterworth`.

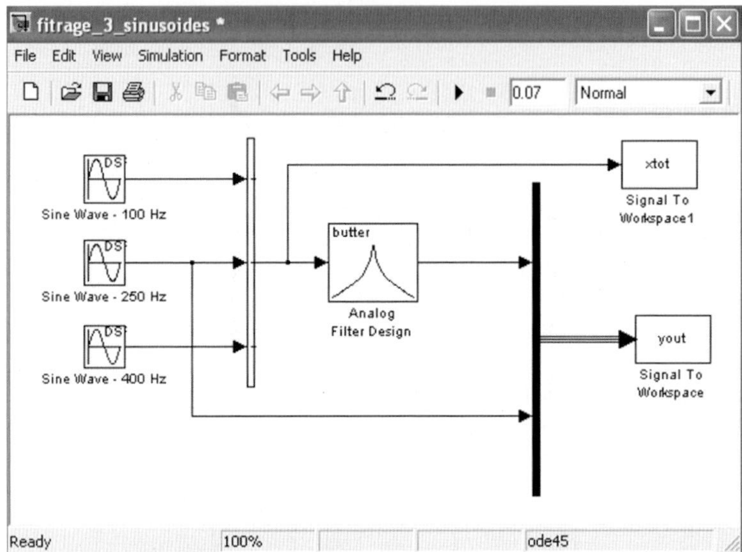


Nous avons choisi un filtre d'ordre 2 pour limiter le temps de réponse donc du régime transitoire.

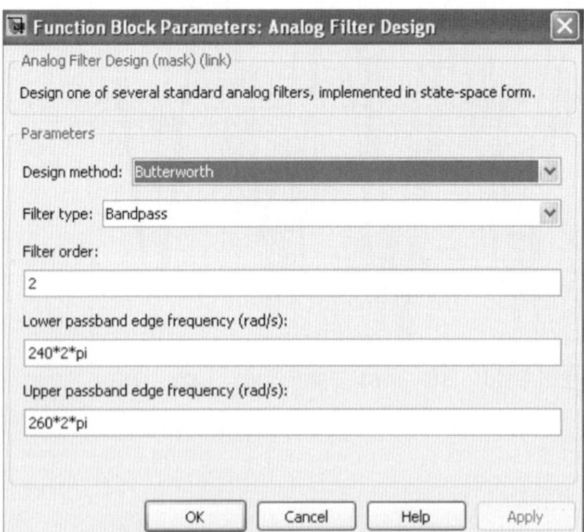

```
>> plot(yout)
>> title('Sinusoïde de 250 Hz et sortie du filtre')
>> xlabel('Temps continu'), title('Somme des 3 sinusoïdes'
```

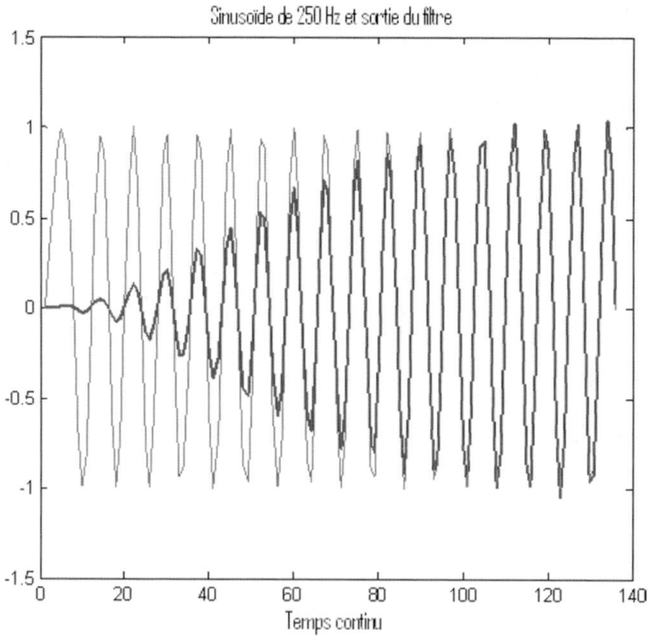


- ***Filtrage par des scripts MATLAB et tracé de la FFT***

*fichier filtre_butter_FFT.m*

```
clc, close all
t=0:0.01:1;
x1=2*sin(20*pi*t);
x2=10*sin(50*pi*t);
x3=5*sin(80*pi*t);
xtot=x1+x2+x3;
fe = 100; % fréquence d'échantillonnage

% Parties MA et AR du filtre passe-bande
% bande passante [9 11] Hz et d'ordre 2
[B,A] = butter(2,[9 11]/(fe/2));
printsys(B,A,'z')
y=filter(B,A,xtot);
subplot(211)
plot(y)
hold on
plot(x1)
```

```
title('Sinusoïde de 10 Hz et celle extraite')
xlabel('temps discret')
axis([0 100 -2.2 2.2])
subplot(212)
plot(xtot)
axis([0 100 -15 15])
title('Somme des 3 sinusoïdes')
xlabel('temps discret')
hold off

% erreur de filtrage
err_filt=x1-y;
figure
plot(err_filt)
grid
```

La figure suivante représente la sinusoïde de 10 Hz et celle qu'on extrait du signal somme. Nous retrouvons bien l'amplitude de 2.

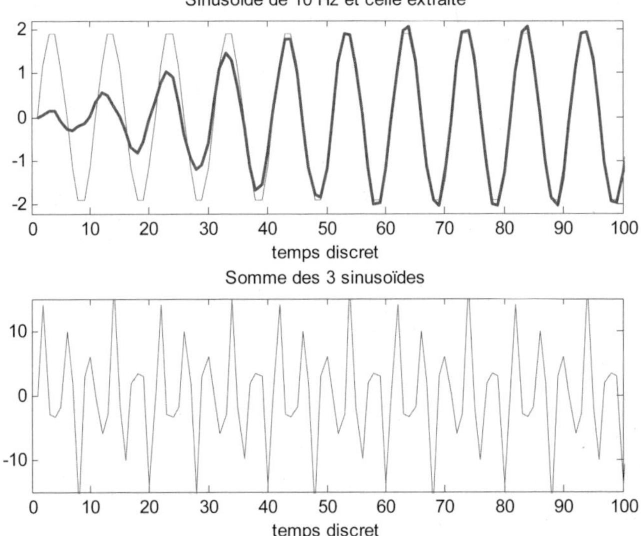


Dans cet exemple, nous avons récupéré, par la fonction `Butter`, le numérateur B et dénominateur A de la fonction de transfert du filtre passe bas de `Butterworth` d'ordre 2. Le filtrage du signal total se fait grâce à la fonction `filter` à laquelle on transmet la fonction de transfert du filtre.

La sortie du filtre rejoint la sinusoïde au bout de 50 échantillons environ.

La commande `printsys` de la boite à outils « `Control System Toolbox` » permet d'afficher la fonction de transfert du filtre.

```
num/den =

       0.0036217 z^4 - 0.0072434 z^2 + 0.0036217
   ----------------------------------------------------------
   z^4 - 3.0987 z^3 + 4.2276 z^2 - 2.8348 z + 0.83718
```

La courbe suivante représente l'erreur de filtrage.

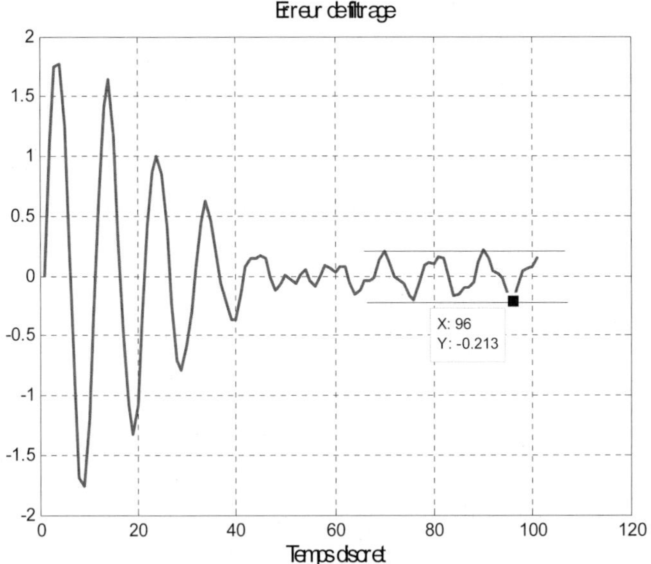


On remarque l'effet du régime transitoire du filtre et l'erreur résiduelle en régime permanent qui devient assez faible.

Ces 2 effets sont dus à l'ordre du filtre et la largeur de la bande passante qui est de 2 Hz de part et d'autre de la fréquence à récupérer.

Le tracé de la FFT montre bien un pic avec une dispersion aussi faible que l'ordre du filtre est grand.
L'inconvénient dans ce cas sera l'allongement du temps de réponse.

```
>> plot(abs(fft(xtot)))
>> grid
>> title('FFT du signal total')
>> xlabel('Fréquences')
```

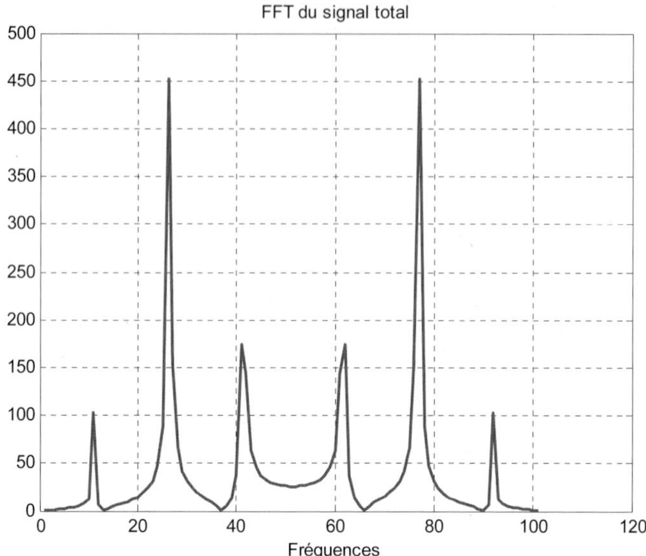


Nous retrouvons le pic à 10 Hz et un autre symétrique à cette fréquence par rapport à l'axe `fe/2`.

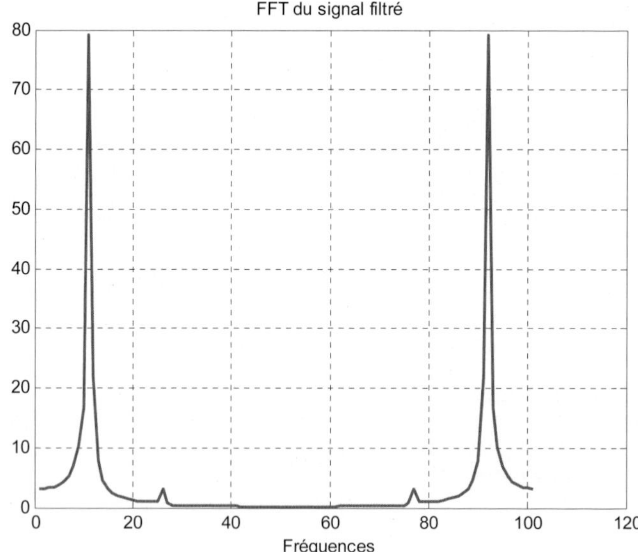

**Chapitre 15**

# Régulation et contrôle de procédés



Dans ce chapitre, nous allons étudier de nombreuses méthodes de régulation et de contrôle de procédés.

## I. Commande linéaire quadratique LQI

La commande LQI telle qu'elle est présentée ci-après, est basée sur la minimisation d'un critère quadratique. Elle est prédictive à un pas et possède une intégration afin de rejeter l'erreur en régime permanent.

Le critère J à minimiser permet d'assurer un compromis entre le carré de la variation de la commande de l'instant d'échantillonnage t et le carré de l'erreur de poursuite de l'instant future (t+1).

$$J=e(t+1)^2+R\Delta u(t)^2$$

La minimisation de ce critère consiste à calculer la variation de commande optimale qui satisfait à :

$$\frac{\partial J}{\partial(\Delta u)}=0$$

La présence de l'erreur future $e(t+1)$ et de l'incrément de commande $\Delta u(t)$ permet d'aboutir à une commande prédictive à un pas d'échantillonnage et d'inclure une intégration.

N. Martaj, M. Mokhtari, *MATLAB R2009, SIMULINK et STATEFLOW pour Ingénieurs, Chercheurs et Etudiants*, DOI 10.1007/978-3-642-11764-0_15, © Springer-Verlag Berlin Heidelberg 2010

Considérons un système du premier ordre de modèle discret :

$$\frac{B(z)}{A(z)}=\frac{z^{-1}(b_1+b_2z^{-1})}{1-a_1z^{-1}}$$

qui relie les entrées-sorties du processus par l'équation de récurrence suivante :

$$y(t)=a_1\,y(t-1)+b_1\,u(t-1)+b_2\,u(t-2)$$

Pour faire apparaître l'incrément de la commande, on dérive les deux termes de cette expression pour obtenir le nouveau modèle prédicteur.

$$\hat{y}(t+1)=(1+a_1)\,y(t)-a_1\,y(t-1)+b_1\,\Delta u(t)+b_2\,\Delta u(t-1)$$

En désignant par $r(t+1)$ la consigne future, l'erreur e(t+1) est estimée par :

$$e(t+1)=r(t+1)-\hat{y}(t+1).$$

La minimisation du critère permet d'aboutir à l'incrément de commande optimal suivant :

$$\Delta u(t)=\frac{b_1^2}{b_1^2+R}\left[r(t+1)-(1+a_1)\,y(t)+a_1\,y(t-1)\right]$$

La commande à appliquer réellement au processus, à l'instant discret t, se calcule par la somme de la commande appliquée à l'instant (t-1) et de l'incrément Δu(t).

$$u(t)=u(t-1)+\Delta u(t)$$

A partir du modèle du processus et de la loi de commande, on obtient la fonction de transfert en boucle fermée suivante :

$$\frac{y(t)}{r(t)}=\frac{1-\lambda}{1-z^{-1}(1+a_1)\,\lambda+z^{-2}\,a_1\,\lambda}$$

avec $\lambda=\dfrac{R}{b_1^2+R}$

Le gain statique est égal à l'unité grâce à la présence de l'intégration, la dynamique est du second ordre de coefficient d'amortissement $\xi$ et de pulsation non amortie $\omega_0$.

Ces 2 paramètres vérifient les relations suivantes :

$$(1+a_1)\,\lambda=2e^{-\xi\omega_0T}\cos\left(\omega_0T\sqrt{1-\xi^2}\right)$$
$$a_1\,\lambda=e^{-2\xi\omega_0T}$$

On s'impose une valeur du coefficient d'amortissement $\xi=\sqrt{2}/2$, et on déduit celle de la pulsation normalisée $\omega_0 T$ par le rapport des 2 relations précédentes.

$$\frac{1+a_1}{a_1} = 2\,e^{\xi\omega_0 T}\cos(\omega_0 T\sqrt{1-\xi^2})$$

C'est une relation non linéaire en $\omega_0 T$ que l'on peut résoudre facilement par MATLAB. La deuxième relation permet le calcul du coefficient de réglage R.

$$R = \frac{b_1^2}{a_1 e^{2\xi\omega_0 T} - 1}$$

Le fichier `R_w0T.m` permet le calcul des paramètres $\omega_0 T$ et R si le modèle du processus est du premier ordre de pôle 0.8.

$$\frac{B(z)}{A(z)} = \frac{z^{-1}}{1-0.8z^{-1}}$$

*fichier R_w0T*

```
% Calcul des paramètres w0T et R de la commande LQI

z = sqrt(2)/2;   % coefficient d'amortissement

% paramètres du modèle du processus
a1 = 0.8;
b1 = 1;

x = 0:0.001:1;

y = 2*exp(z*x).*cos(x*sqrt(1-z*z))-(1+a1)/a1;
plot(x,y);
grid
hold on

%tracé de l'axe d'ordonnée nulle
plot(x,zeros(1,length(x)),'-.')
xlabel('pulsation normalisée w0T')
title('recherche de w0T pour dzeta = 0.7071')

% recherche de l'indice des tableaux x et y qui satisfait y=0
% avec la précision de 0,05%
j = find(abs(y)<0.0005);

% valeur de w0T recherchée
w0T = x(j);

% Tracé d'une droite verticale à w0T
```

```
droite(w0T,-0.5,w0T,0.5);

% calcul du coefficient de pondération R
R = (b1*b1)/(a1*exp(2*z*w0T)-1);

% affichage des valeurs des paramètres
text(0.21,0.7,['w0T = ' num2str(w0T)])
text(0.21,0.6,['R   = ' num2str(R)])

hold off
```

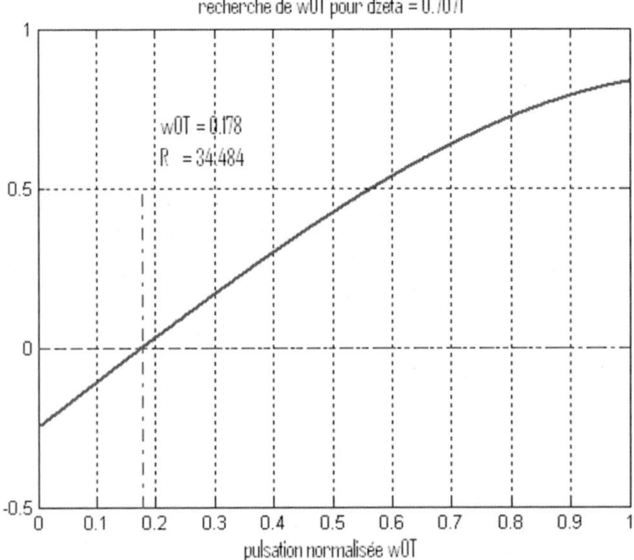


Dans le cas général, le modèle du processus est représenté par la fonction de transfert :

$$\frac{B(z)}{A(z)} = \frac{z^{-1}\,(b_1 + b_2\, z^{-1} + \ldots + b_m\, z^{-m+1})}{1 - a_1\, z^{-1} - a_2\, z^{-2} - \ldots - a_n\, z^{-n}}$$

Par extension du cas particulier précédent, la loi de commande, dans ce cas général, s'écrit :

$$\Delta u(t) = \frac{b_1}{b_1^2 + R}\left[ r(t+1) - (a_1+1)\, y(t) + [\sum_{i=1}^{n-1}(a_{i+1} - a_i)\, y(t-i)] - a_n\; y(t-n) - \sum_{i=2}^{m} b_i\; \Delta u(t-i+1) \right]$$

Pour programmer cette loi de commande, on utilisera les fonctionnalités polynomiales et matricielles de MATLAB. Les sommes sont programmées sous forme de produits scalaires et on utilisera le minimum de boucles `'for'`.

Le modèle du processus est défini par les 2 polynômes A et B comme suit :

$$A = [a_1 \; a_2 \; ... \; a_n]$$
$$B = [\, b_1 \; b_2 ... \; b_m]$$

Le terme entre crochets peut être mis sous la forme du produit scalaire $\theta\varphi^T$ avec :

$$\theta = [\, a_1 + 1 \quad a_2 - a_1 \quad a_3 - a_2 \quad ... \quad a_n - a_{n-1} \quad - a_n \,]$$
$$\phi^T = [\, y(t) \quad y(t-1) \quad y(t-2) \quad ... \quad y(t-n+1) \quad y(t-n) \,]^T$$

*Construction du vecteur de mesures $\theta$ :*

Le vecteur $\theta$ est construit de la façon suivante :

$$\theta = [a_1 \, a_2 - a_1 \, a_3 - a_2 ... a_n - a_{n-1} - a_n] + [100...00]$$

```
= diff([0 A 0]) + eye(1,n+1)
```

*Construction du vecteur de mesures $\varphi$ :*

La sortie $y(t)$ de l'instant courant est donnée par le modèle (1) en fonction des sorties et des commandes précédentes.

$$y(t) = A * [y(t-1)y(t-2)...y(t-n)]' + B * [u(t-1)u(t-2)...u(t-m)]'$$

```
= A * y_t_1' + B * u_t_1'
```

Les composantes des vecteurs `y_t_1` et `u_t_1` sont les valeurs précédentes de la sortie et de la commande.

Les composantes du vecteur $\phi$ sont les valeurs précédentes de y(t).

La partie faisant intervenir les incréments de commande précédents est programmée comme suit :

$$\sum_{i=2}^{m} b_i \, \Delta u(t-i+1) = [b_2 \, ... \, b_m] * [\Delta u(t-1) \; ... \; \Delta u(t-m+1)]'$$

```
= B(1,2:m)*du_t_1'
```

avec `du_t_1`, le vecteur contenant les valeurs précédentes de l'incrément de commande.

Le fichier fonction `lqi.m` permet la programmation de cette commande.

`[y,u] = lqi(a,b,r,N,R,u_min,u_max)`

| | |
|---|---|
| `a, b :` | polynômes A et B du modèle du processus, |
| `r, N :` | signal de consigne et nombre d'échantillons, |
| `R :` | coefficient de pondération de l'incrément de commande, |
| `u_min, u_max :` | valeurs limites de la commande. |

Les paramètres retournés sont la sortie du processus et le signal de commande.

*fichier lqi.m*

```
function [y,u] = lqi(a,b,r,N,R,u_min,u_max)
% Commande Linéaire Quadratique avec Intégration (LQI)
% Commande prédictive à 1 pas
% Minimisation du critère quadratique :
%     J = R du(t)^2 + e(t+1)^2
% sans paramètres, les résultats correspondent à :
%   modèle du processus a1 = 0.8; b1 = 1;
%   nombre d'échantillons N = 600
%   coefficient de pondération R = 34.48
%   limitation de commande entre 0 et 10
%   consigne créneau entre 3 et 7

if nargin ~= 7
  home
  help lqi;
  disp('Appuyer sur une touche pour résultats d''un exemple')
  pause

  % consigne créneau
  N = 600;
  r = [3*ones(1,N/3) 7*ones(1,N/3) 3*ones(1,N/3)];

  % valeurs limites de la commande
  u_min = 0; u_max = 10;

  % modèle du processus
  aa =.8 ; bb = 1; R = 34.48;
  [y,u] = lqi(aa,bb,r,N,R,u_min,u_max);

  % affichage des résultats
  figure(1)
  plot(1:N,r,'-.',1:N,y);
  xlabel('temps discret')
  title('Signaux de sortie et consigne')
  figure(2)
  stairs(1:N,u);
  title('Signal de commande')
  xlabel('temps discret')
  return
end
```

```
% ordre du modèle du processus
na = length(aa);
nb = length(bb);

% initialisation des variables
% --------------------------
du = zeros(1,N);
y = r;
u = r/(sum(bb)/(1-sum(aa)));

% algorithme de commande
% ---------------------
alpha = bb(1,1)/(bb(1,1)^2+R);

% polynôme AA
AA = diff([0 aa 0])+eye(1,na+1);

% polynôme BB
BB = bb(1,2:nb);
ok = isempty(BB);

if ok, BB = 0; end

for i = max(na,nb)+1:(N-1)
  %-------------------- boucle d'échantillonnage
  % valeurs précédentes de la sortie et de la commande
  y_t_1 = fliplr(y(i-na:i-1));
  u_t_1 = fliplr(u(i-nb:i-1));

 % valeurs précédentes des incréments de la commande
  du_t_1 = fliplr(du(i-nb+1:i-1));
  if ok, du_t_1 = 0; end

 % sortie courante du modèle du processus
 y(i) = y_t_1*aa'+u_t_1*bb';

 % calcul de l'incrément et de la commande à appliquer
 du(i) = alpha*(r(i+1)-fliplr(y(i-na:i))*AA'-du_t_1*BB');
 u(i) = du(i)+u(i-1);

 % saturation de la commande
 cde = u(i);

 cde = (cde >= u_max)*u_max+(cde <= u_min)*u_min+...
 ((cde < u_max)&(cde > u_min))*cde;

u(i) = cde;
end
```

L'appel de la fonction `lqi` sans paramètres, correspond au cas précédemment étudié.

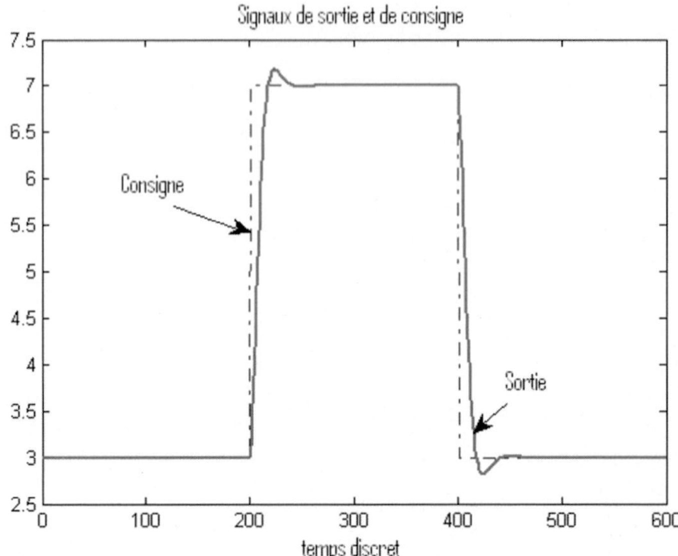
Signaux de sortie et de consigne
Consigne
Sortie
temps discret
7.5
7
6.5
6
5.5
5
4.5
4
3.5
3
2.5
0
100
200
300
400
500
600

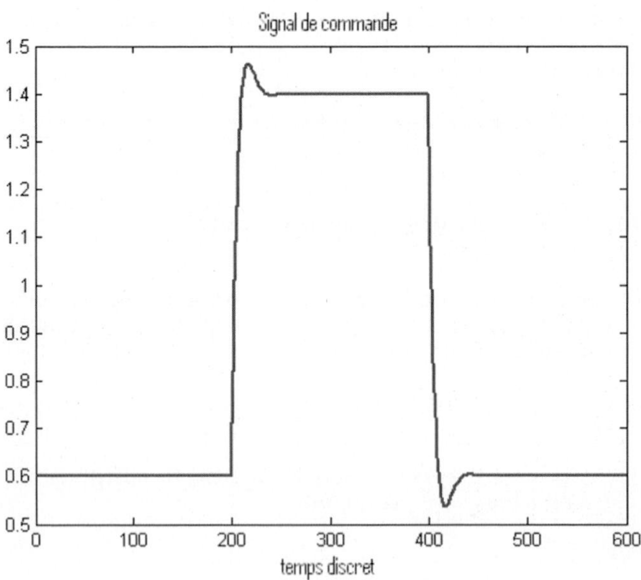
Signal de commande
temps discret
1.5
1.4
1.3
1.2
1.1
1
0.9
0.8
0.7
0.6
0.5
0
100
200
300
400
500
600

Si le modèle d'un processus n'est pas du type précédemment étudié, le calcul du coefficient R peut être déterminé a posteriori par simulation.

Un utilisateur pourrait choisir la valeur de R qui donne, soit le meilleur temps de réponse, soit des incréments de commande plus faibles, etc.

On va considérer le cas d'un modèle de processus du second ordre suivant :

$$\frac{B(z)}{A(z)} = \frac{0.5\, z^{-1}}{1 - 0.76\, z^{-1} + 0.3\, z^{-2}}$$

et on visualisera l'effet du coefficient de pondération R sur les performances de la loi de commande.

*fichier cde_lqi.m*

```
% Nombre d'échantillons
N = 600;

% signal de consigne
% génération de l'échelon
r = [3*ones(1,N/3) 7*ones(1,N/3) 3*ones(1,N/3)];

R = 1;
u_min = 0;
u_max = 10;
aa = [0.76 -0.3];
bb = 0.5;

[y,u] = lqi(aa,bb,r,N,R,u_min,u_max);

% Appel de la fonction lqi sans paramètres
lqi

figure(1)
plot(y)
hold on

% tracé du signal de consigne
plot(r,'-.')
hold off
title('signaux de sortie et de consigne')
xlabel('instants d''échantillonnage')
axis([0 N 2 8])

% affichage de la commande sous forme bloquée
figure(2)
stairs(u)
title('signal de commande')
xlabel('instants d''échantillonnage')
```

Avec R = 1, on obtient :

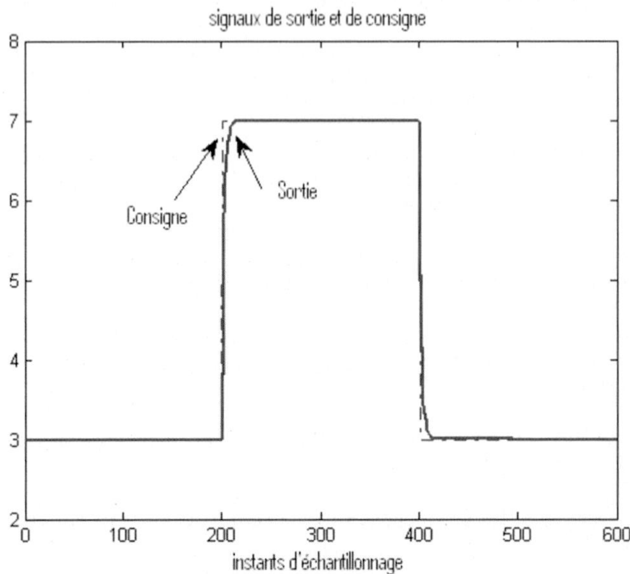


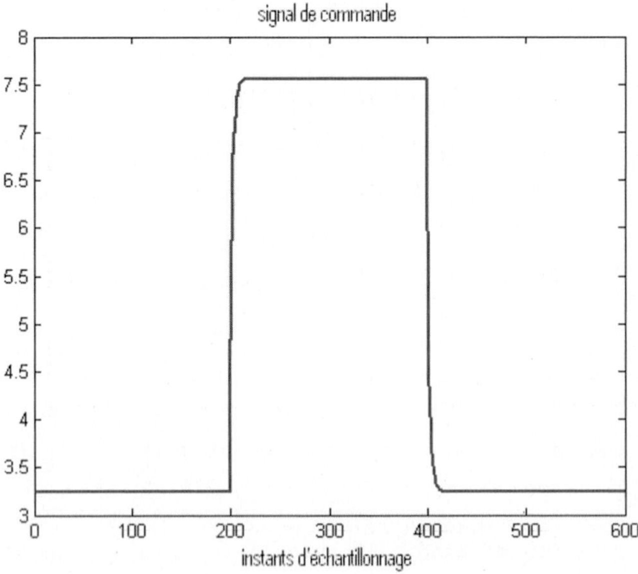

Le temps de réponse est très faible, en contre partie les variations de la commande sont très grandes lors des changements de consigne.

Pour obtenir un temps de réponse raisonnable tout en adoucissant la commande, on est amené à augmenter le coefficient de pondération R.

Pour R = 10, la variation de la commande est beaucoup moins pondérée par rapport à l'erreur de poursuite, la sortie du processus suit le signal de référence avec une dynamique beaucoup plus faible que précédemment.

Dans un cas réel, on choisira une valeur du coefficient R qui satisfait à des critères de temps de réponse, de limitation de la commande ou de ses incréments.

Nous obtenons les résultats suivants qui peuvent être satisfaisants dans un cas réel.
Les valeurs statiques de la commande sont les mêmes quelque soit la valeur du coefficient de pondération R.

Il en est de même de l'erreur statique, nulle grâce à la présence de l'intégration dans la loi de commande.

La courbe suivante représente les signaux de consigne et de sortie pour une valeur du coefficient R = 10.

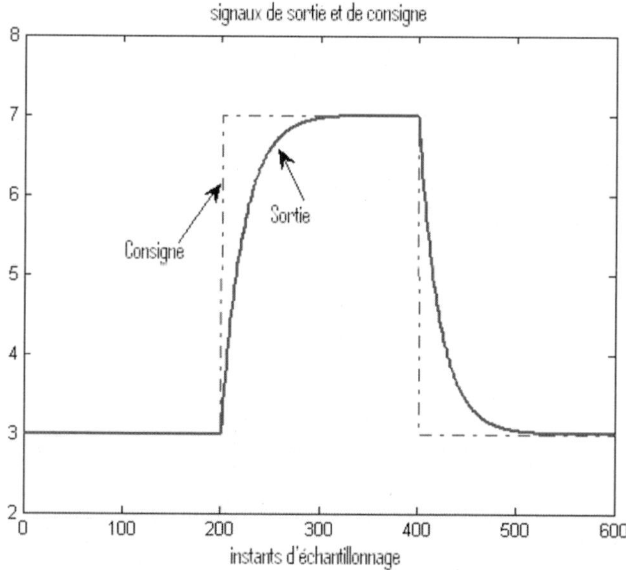

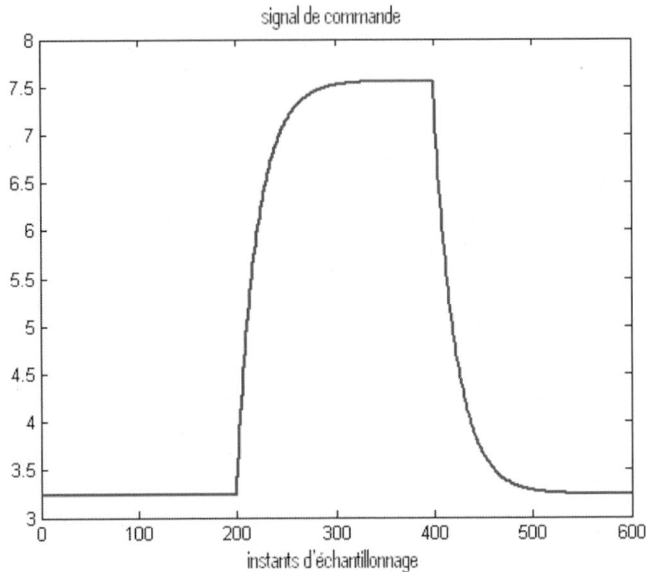


## II. Commande RST

L'intérêt de ce type de commande -contrairement à beaucoup d'autres correcteurs numériques tel le classique PID- est de spécifier la loi de réjection des perturbations indépendamment de celle de la poursuite du signal de consigne.

Pour cette raison, ce régulateur est dit "poursuite et régulation à objectifs indépendants".

Le calcul de la loi de commande est basé sur un critère polynomial qui permet de spécifier la dynamique de réjection de l'erreur entre le signal de référence et le signal de sortie (perturbation).

$$P(z^{-1})\left[r(t+1)-y(t+1)\right]=0$$

Cette dynamique s'obtient par le choix du polynôme $P(z^{-1})$.

Si l'on choisit un polynôme de régulation du premier ordre

$$P(z^{-1}) = 1-0.5\,z^{-1} = 1-p_1\,z^{-1}$$

la perturbation sera divisée par 2 à chaque instant d'échantillonnage.

Comme exemple d'application de cette commande, considérons un modèle de processus du premier ordre avec retard pur :

$$H(z^{-1}) = \frac{B(z^{-1})}{A(z^{-1})} = \frac{z^{-1}(b_1 + b_2 z^{-1})}{1 - a_1 z^{-1}}$$

Le modèle prédicteur est dans ce cas

$$y(t+1) = (1 + a_1)\, y(t) - a_1\, y(t-1) + b_1\, \Delta u(t) + b_2\, \Delta u(t-1)$$

Avec le polynôme de régulation du premier ordre, la commande u(t) à appliquer au processus à l'instant d'échantillonnage t est :

$$u(t) = \frac{1}{b_1}\left[ r(t+1) - p_1\, r(t) - (1 + a_1 - p_1)\, y(t) + a_1\, y(t-1) - (b_2 + b_1)\, u(t-1) + b_2\, u(t-2) \right]$$

Lorsqu'il s'agit de consignes telles l'échelon ou le signal carré, il est préférable de les filtrer pour donner le signal de référence $r(t)$.

On choisit généralement un filtre du premier ou du second ordre de gain statique unité.

Le filtre de référence du second ordre est de la forme :

$$H_r(z^{-1}) = \frac{1 - \alpha_1 - \alpha_2}{1 - \alpha_1 z^{-1} - \alpha_2 z^{-2}}$$

Si l'on choisit un filtre du premier ordre de pôle $\alpha_1$, il suffit d'afficher $\alpha_2 = 0$.

Pour des consignes ne présentant pas de fronts raides (sinus, etc.), il n'est pas utile de les filtrer; dans ce cas, il faut afficher $\alpha_1 = \alpha_2 = 0$.

Les coefficients $\alpha_1$ et $\alpha_2$ déterminent la pulsation propre non amortie $w_0$ et le coefficient d'amortissement $\xi$ par les relations suivantes :

$$\alpha_1 = 2 e^{-\xi \omega_0 T} \cos\left(\omega_0 T \sqrt{1 - \xi^2}\right)$$
$$\alpha_2 = -e^{-2\xi \omega_0 T}$$

T est la période d'échantillonnage.

*fichier Regul_RST.m*

```
N = 300;

% génération du créneau de consigne
%c = [3*ones(1,N/2) 7*ones(1,N/3) 3*ones(1,N/3)];
c = [3*ones(1,N/3) 7*ones(1,N/3) 3*ones(1,N/3)];
 % filtrage par un filtre du 2nd ordre
% pulsation non amortie w0T = 0.2
% coefficient d'amortissement dzeta = 0.7071
```

```
%z=sqrt(2)/2;
z=3;
w0T = 0.8;

alpha1 = 2*exp(-z*w0T)*cos(w0T*sqrt(1-z*z));
alpha2 = -exp(-2*z*w0T);
r(1) = c(1);
r(2) = c(2);

% signal de référence
for i = 3:N
  r(i) = alpha1*r(i-1)+alpha2*r(i-2)+(1-alpha1-alpha2)*c(i);
end

% modèle du processus
num = [1 -.5];
den = [1 -0.8];

%polynôme de régulation du 1er ordre de pole 0.5
Preg = [1 -.8]; % p1 = 0.5

% valeurs limites de la commande
u_min = 0; u_max = 10;

% initialisation des variables
u(2) = r(2)*sum(den)/sum(num); u(1) = u(2);
y(1) = r(1);
y(2) = r(2);
du1 = 0;
for i = 3:N-1
% calcul de la sortie du modèle du processus
y(i) = -den(2)*y(i-1)+num*[u(i-1) u(i-2)]';
du2 = ([r(i+1) r(i)]*Preg'-[1-den(2)+Preg(2) den(2)]*[y(i)
y(i-1)]'-num(2)*du1)/num(1);
u(i) = u(i-1)+du2;
du1 = du2;
% création de perturbations
y(i) = y(i)-(i == 110)+(i == 210);
%limitation de la commande entre 0 et 10
cde = u(i);
cde = (cde >= u_max)*u_max+(cde <= u_min)*u_min+((cde <
u_max)& (cde>u_min))*cde;
u(i) = cde;
end
plot(y), hold on, plot(r,'-.');
title('signaux de consigne, de référence et de sortie')
xlabel('instants d''échantillonnage')
axis([0 N-10 2 8])
hold off, grid
```

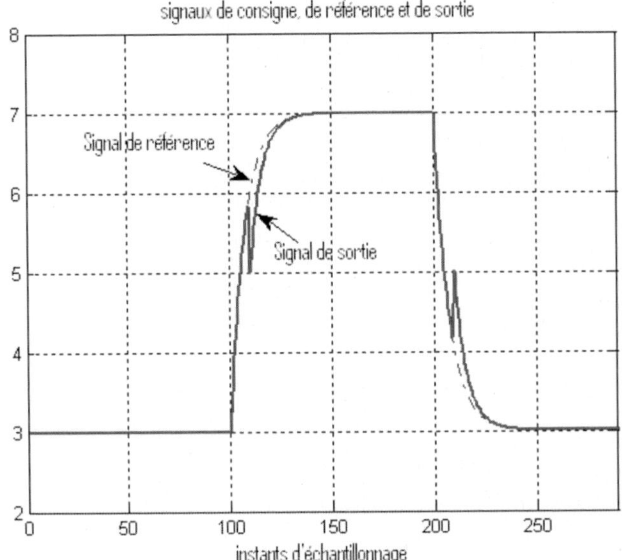


Aux instants d'échantillonnage 50, 110 et 250, nous avons crée des perturbations de valeurs respectives -0.5, -2 et 1. Elles sont rejetées avec une dynamique du premier ordre de pôle 0.5 (atténuation de 2 à chaque instant d'échantillonnage) alors que la sortie suit parfaitement le signal de référence obtenu par le filtrage de la consigne avec une dynamique du second ordre.

Les dynamiques de poursuite et de régulation sont bien indépendantes

La loi de commande dite à 3 branches R, S et T est décrite par le schéma suivant :

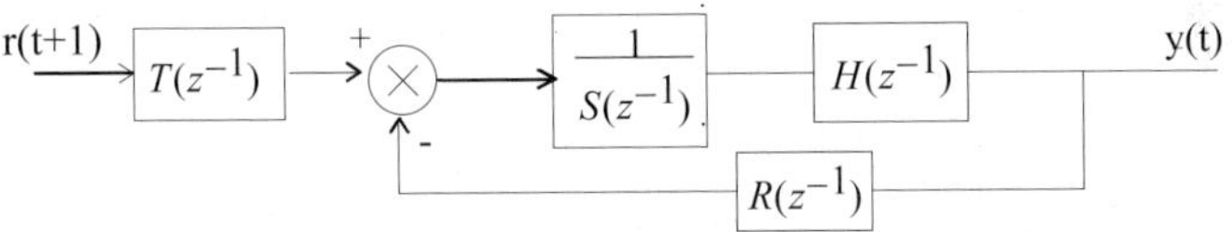


Le filtrage de la consigne c(t) donne le signal de référence r(t) qui définit la dynamique de poursuite.

$$c(t+1) \longrightarrow \boxed{H_r(z^{-1})} \longrightarrow r(t+1)$$

La commande s'exprime en fonction des 3 polynômes R, S et T.

$$u(t)=\frac{1}{S(z^{-1})}\left[T(z^{-1})r(t+1)-R(z^{-1})y(t)\right]$$

Dans le cas du processus étudié, nous avons :

$$R(z^{-1}) = (1 + a_1 - p_1) - a_1\, z^{-1}$$
$$S(z^{-1}) = b_1 + (b_2 - b_1)\, z^{-1} - b_2\, z^{-2}$$
$$T(z^{-1}) = 1 - p_1\, z^{-1}$$

Dans le cas général d'un processus d'ordre n, ayant m zéros et d'un choix de polynôme de régulation d'ordre l, les polynômes du régulateur ont pour expressions :

$$R(z^{-1}) = 1 + a_1 + \sum_{i=2}^{n} (a_i - a_{i-1})\, z^{-i} - a_n\, z^{-n} - \sum_{i=2}^{l} p_i\, z^{-1}$$
$$S(z^{-1}) = b_1 + \sum_{i=2}^{m} (b_i - b_{i-1})\, z^{-i} - b_m\, z^{-m}$$
$$T(z^{-1}) = P(z^{-1})$$

*Programmation du régulateur*

Le modèle du processus décrit par deux polynômes `A` et `B`, pour obtenir le polynôme `R`, il faut ajouter des zéros au plus petit des polynômes `A` et `P`.

```
if length(A)<length(P)
  A(length(A)+1:length(P)) = zeros(1,length(P)-length(A))
else
  P(length(P)+1:length(A)) = zeros(1,length(A)-length(P))
end
```

Ainsi, le polynôme `R` sous forme plus compacte,

$$R(z^{-1}) = (1 + a_1 - p_1) + \sum_{i=2}^{\max(n,l)} \left[(a_i - a_{i-1}) - p_i\right] z^{-i} - a_n\, z^{-n}$$

peut être décrit facilement à l'aide d'un seul tableau.

```
R = [1+A(1)-P(1)    diff(A)-P(2:length(P))-A(length(A))]
```

Les polynômes S et T sont donnés par :

```
S = [B(1)     diff(B)     -B(length(B)]
T = P
```

La commande, `u(t)`, à appliquer au processus, à l'instant discret `iT`, se calcule comme suit :

```
% ordres de A et P après augmentation du plus petit
q = length(A);
s = length(S);
u(i) = ([1 -P]*fliplr[r(i-q:r(i+1))]'-R*...
```

```
    fliplr[y(i-q:y(i))]'-S(2:s)*fliplr(u(i-s:i-1) )/B(1);
```

Le fichier fonction `rst.m` permet d'implémenter cette commande dans le cas le plus général de type de modèle de processus et de polynôme de régulation.

```
[y,u] = rst(aa,bb,r,N,Preg,den_Hr,u_min,u_max);
```

| | |
|---|---|
| `aa, bb :` | polynômes A et B du modèle du processus, |
| `r, N :` | signal de référence et nombre d'échantillons, |
| `Preg :` | paramètres du polynôme de régulation, |
| `den_H :` | dénominateur du modèle de référence, |
| `u_min,u_max :` | valeurs limites de la commande, |
| `y, u :` | vecteurs des signaux de sortie et de commande. |

*fichier rst.m*

```
function [y,u] = rst(aa,bb,r,N,Preg,den_Hr,u_min,u_max);

% Commande intégrale et prédictive à 1 pas
% sans paramètres, les résultats correspondent à :
% modèle du processus aa = [1 -0.74]; bb = [1 -0.5];
% nombre d'échantillons N = 600
% polynôme de régulation du 1er ordre Preg = [1 -0.5]
% limitation de commande entre u_min = 0 et u_max = 10
% consigne créneau 5 +/- 2
% dénominateur du modèle de référence den_Hr = [1 -.8];
if nargin ~= 8
help rst;
disp('Appuyer sur une touche pour voir résultats d''un
exemple')
  pause

  % consigne échelon
  N = 600;
  c = [3*ones(1,N/3) 7*ones(1,N/3) 3*ones(1,N/3)];

  % valeurs limites de la commande
  u_min = 0; u_max = 10;

  % polynôme de régulation
  Preg = 0.5;

  % modèle de référence
  den_Hr = [1 -0.9 0];

  % modèle du processus
  aa = 0.5; bb = [1 -0.5];

  % génération du signal de référence
  num_Hr = sum(den_Hr);
  r(1) = c(1);
```

```
  r(2) = c(2);
  for i = 3:N
    r(i) = -den_Hr(2:3)*r(i-2:i-1)'+num_Hr*c(i);
  end
 [y,u] = rst(aa,bb,r,N,Preg,den_Hr,u_min,u_max)
 return
end

% ordre du modèle du processus et des polynômes Hr et Preg
if length(aa)<length(Preg)
  aa(length(aa)+1:length(Preg)) = zeros(1,length(Preg)-...
  length(aa));
else
  Preg(length(Preg)+1:length(aa)) = zeros(1,length(aa)-...
  length(Preg));
end

nb = length(bb);

% ordres de aa et Preg après augmentation du + petit
na = length(aa);
% construction des polynômes R, S et T
R   =   [1+aa(1)-Preg(1)   diff(aa)-Preg(2:length(Preg))   -...
aa(length(aa))];
S = [bb(1) diff(bb) -bb(length(bb))];

% initialisation des signaux de commande et de sortie
y = r;
u = r/(sum(bb)/(1-sum(aa)));

for i = max(na,nb)+1:(N-1);
  y_t_1 = fliplr(y(i-na:i-1));
  u_t_1 = fliplr(u(i-nb:i-1));
  y(i) = y_t_1*aa'+u_t_1*bb';

u(i) = ([1 -Preg]*(fliplr(r(i-length(Preg)+1:i+1)))'-...
       R*(fliplr(y(i-length(R)+1:i)))'-S(2:length(S))*...
       (fliplr(u(i-length(S)+1:i-))')/S(1);

% saturation de la commande
cde = u(i);
cde = (cde >=u_max)*u_max+(cde<=u_min)*u_min+((cde<u_max)&...
((cde>u_min))*cde;
u(i) = cde;

end
```

Considérons le processus du second ordre suivant :

$$\frac{B(z)}{A(z)} = \frac{1}{1-0.76\, z^{-1} + 0.3\, z^{-2}}$$

sur lequel on appliquera la commande RST. On spécifie un modèle de référence du premier ordre de pôle 0.9 ( $\alpha_1$=0.9, $\alpha_2$=0) et une dynamique de régulation du premier ordre de pôle 0,5.

Pour appliquer cette commande, on spécifie tous les paramètres nécessaires dans le fichier script `cde_rst.m`.

*fichier cde_rst*

```
N = 600;
% consigne échelon
c = [3*ones(1,N/3) 7*ones(1,N/3) 3*ones(1,N/3)];
% valeurs limites de la commande
u_min = 0; u_max = 10;

% polynôme de régulation
Preg = 0.5;

% modèle de référence
den_Hr = [1 -0.9 0];

% modèle du processus
aa = [0.76 -0.3]; bb = 0.5;

% génération du signal de référence
num_Hr = sum(den_Hr); ²
r(1) = c(1); r(2) = c(2);
for i = 3:N
  r(i) = -den_Hr(2:3)*r(i-2:i-1)'+num_Hr*c(i);
end

[y,u] = rst(aa,bb,r,N,Preg,den_Hr,u_min,u_max);
figure(1)
plot(y)
hold on
plot(r,'g-.')
plot(c,':');
title('signaux de référence, de consigne et de sortie')
xlabel('instants d''échantillonnage'), grid
figure(2)
plot(u), grid
title('signal de commande')
xlabel('instants d''échantillonnage');
```

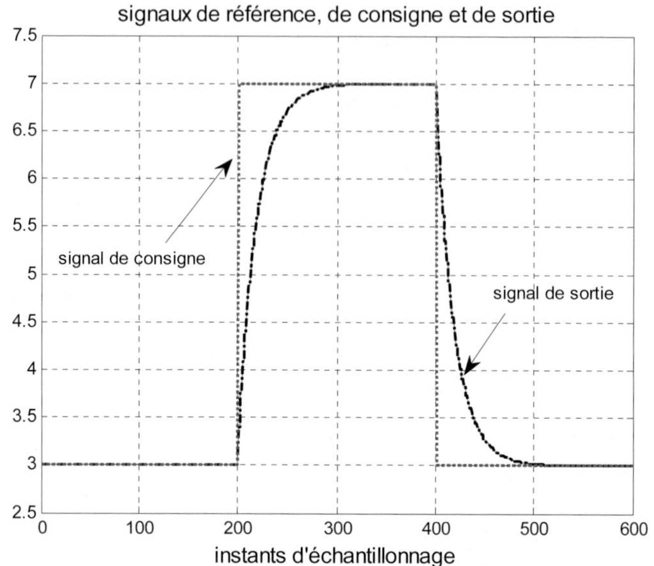
signaux de référence, de consigne et de sortie
signal de consigne
signal de sortie
instants d'échantillonnage

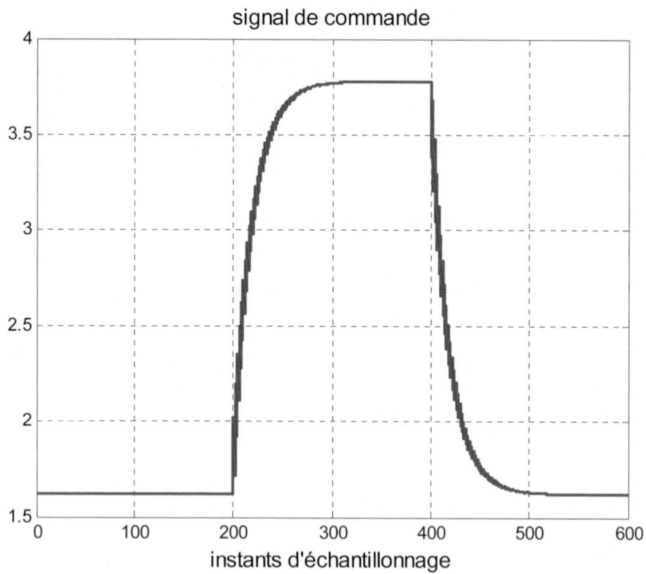
signal de commande
instants d'échantillonnage

## III. Commande asymptotique et commande optimale dans l'espace d'état

### III.1. Commande asymptotique par placement de pôles

On suppose un système linéaire ou linéarisé décrit par une équation d'état discrète résultant de la discrétisation du processus continu.
Un régulateur a pour objet de maintenir la sortie à la valeur 0 en présence de perturbations.

Le signal de commande s'exprime par un retour de l'état, sous la forme : $u(t) = -F\,x(t)$
Si le processus possède `p` entrées et si mon modèle d'état est d'ordre n, la matrice `F` de coefficients de retour d'état est de dimensions (`p, n`).

La loi de commande par retour d'état est schématisée comme suit :

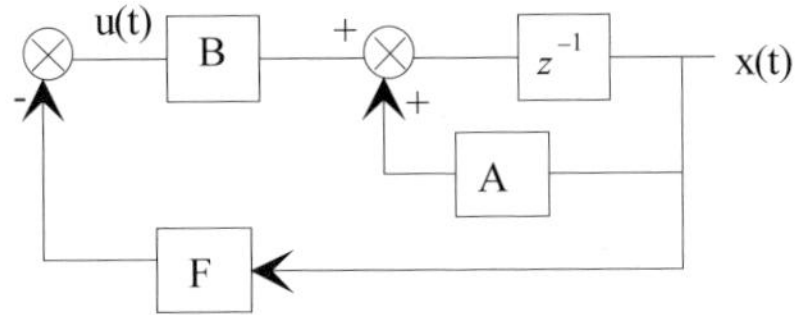


Le comportement du système bouclé par la matrice F est donné par l'équation matricielle suivante :

$$x(t+1) = (A - B\,F)\,x(t)$$

Cette équation permet de suivre l'évolution de l'état du système à partir de conditions initiales non nulles ou suite à l'application d'une perturbation.

Si le processus est commandable, on peut placer les pôles du système en boucle fermée (par retour d'état) n'importe où dans le plan z.

Ces pôles sont les solutions de l'équation caractéristique suivante :

$$\det(zI - A + BF) = 0$$

Si l'on désire un retour à l'équilibre suivant une dynamique de second ordre de pôles réels $z_1 = 0.6$ et $z_2 = 0.8$, les deux coefficients de retour d'état sont solutions du système :

$$\begin{aligned} 2 - 0.005 f_1 - 0.1 f_2 &= 1.4 \\ 1 + 0.005 f_1 - 0.1 f_2 &= 0.48 \end{aligned}$$

```
>> F = inv([-0.005 -0.1;0.005 -0.1])*[-0.6; -0.52]
F =
    8.0000
    5.6000
```

La loi de commande appliquée à un double intégrateur (volant d'inertie) est schématisée comme suit :

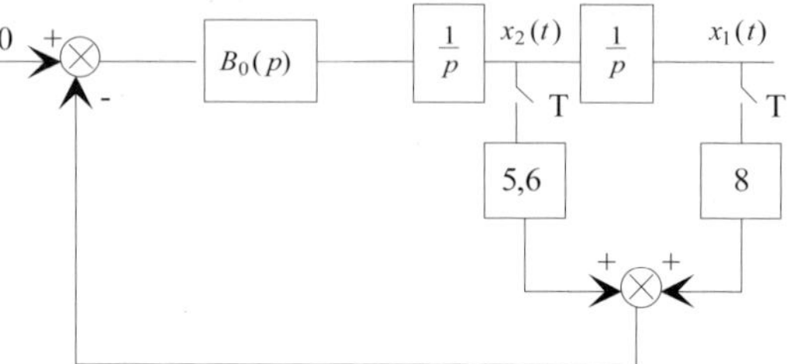


Les matrices du modèle d'état discret du processus analogique précédé du bloqueur d'ordre 0 sont obtenues par la commande `c2dt` connaissant celles du système analogique et la période d'échantillonnage.

*Matrices du modèle d'état analogique*

```
>> A = [0 1; 0 0]; B = [0;1]; C = [1 0]; D = 0;
```

*Matrices du modèle d'état du système discret*

```
>>[A,B,C,D] = c2dt(A,B,C,0.1,0) % échantillonnage à 0.1 s
A =
    1.0000    0.1000
         0    1.0000
B =
    0.0050
    0.1000
C =
     1     0
D =
     0
```

*fichier retetat.m*

```
% matrices d'état du sysème discret
A = [1.0000 0.1000;0 1.0000]; B = [0.0050;0.1000]; C = [0 1];
N = 100; % horizon de commande
F = [8 5.6]; % matrice des coefficients du retour d'état
% algorithme de commande
u = []; u(1) = 0; x(:,1) = [1 0]'; % conditions
for i = 2:N
  x(:,i) = A*x(:,i-1)+B*u(i-1); u(i) = -F*x(:,i);
% perturbation sur la vitesse
  if i==N/2, x(2,i) = x(2,i)-1;   end
end
figure(1), plot(1:N,x(1,:)), hold on
plot(1:N,x(2,:),'-.'), hold off
title('Evolution du vecteur d''état');
```

```
gtext('x1'), gtext('x2')
gtext('perturbation sur la vitesse')
figure(2), stairs(1:N,u)
title('Signal de commande par retour d''état')
```

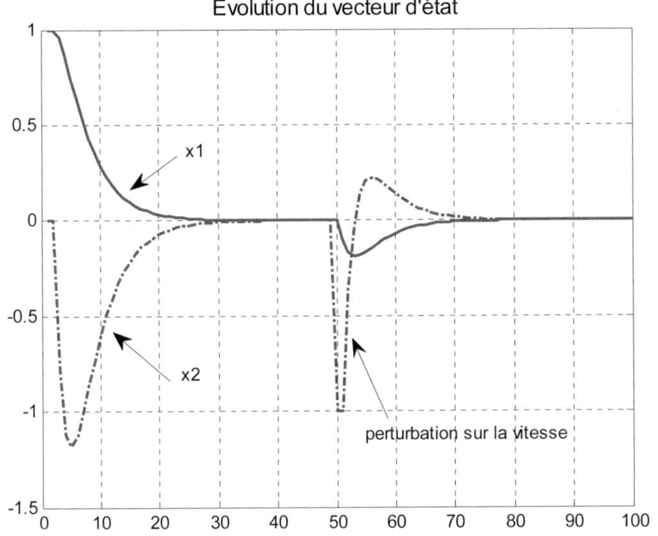


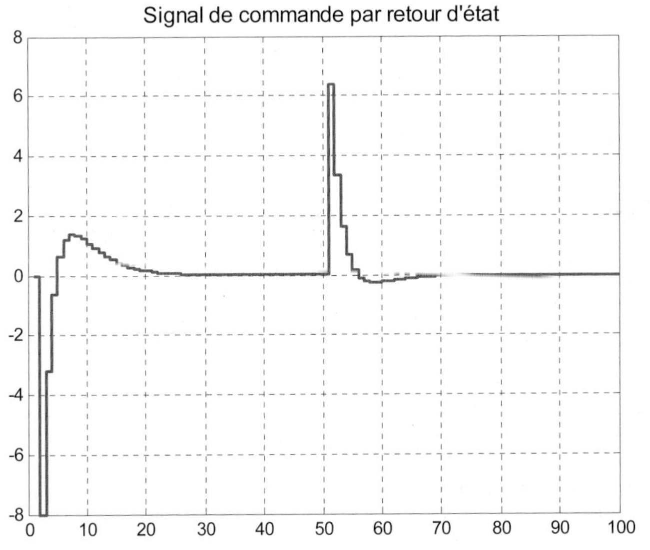

l'on veut revenir à zéro le plus rapidement possible, il suffit de mettre tous les pôles à l'origine, ce qui correspond aux valeurs suivantes des coefficients du retour d'état.

$$f_1 = 100\ ,\ f_2 = 15$$

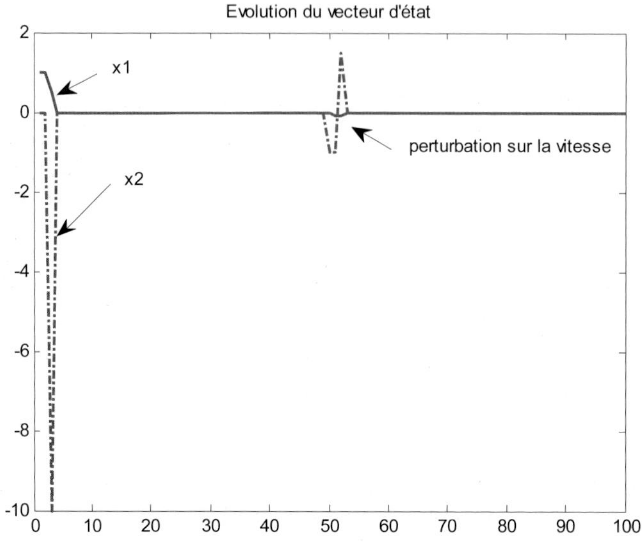


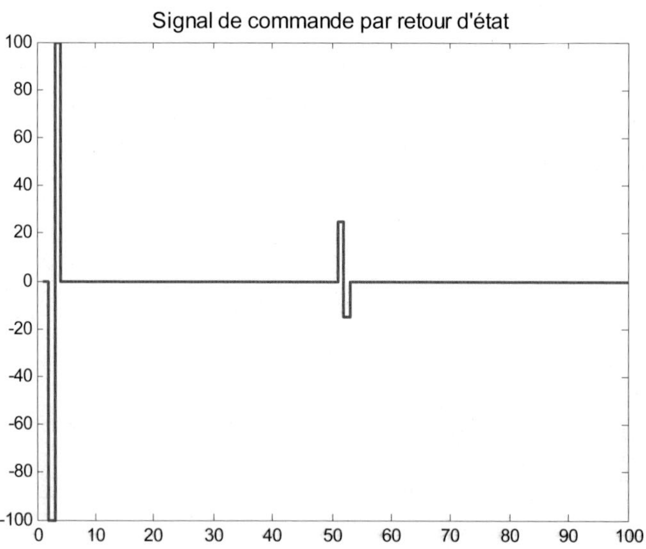

Quelques soient les conditions initiales, en deux périodes d'échantillonnage le système revient à sa position d'équilibre : c'est la réponse pile pour laquelle les actions sont très violentes.

## III.2. Commande optimale dans l'espace d'état

***Régulation autour d'une consigne nulle***

La commande optimale dans l'espace d'état est basée sur la minimisation d'un critère quadratique, le plus général étant

$$J=\frac{1}{2}x(N)^T\,H\,x(N)+\frac{1}{2}\sum_{t=0}^{N-1}\left[x(t)^T\,Q\,x(t)+u(t)^T\,R\,u(t)\right]$$

N désigne l'instant auquel on atteint l'objectif qui est l'annulation de l'état dans le cas d'une régulation autour d'une consigne nulle.

Q et H sont des matrices de pondération, symétriques. La matrice H ou terme de pondération terminal permet de pénaliser plus ou moins l'écart final par rapport à la cible cherchée.

Q est une matrice de pondération de l'état intermédiaire. R est une matrice de pondération des signaux de commande.

Dans le cas d'un système à p entrées dont le modèle d'état est d'ordre n, les matrices H, Q et R sont carrées, symétriques et d'ordres n et p respectivement.
Le problème consiste à minimiser le critère J sous la contrainte suivante

$$x(t+1)=A\,x(t)+B\,u(t)$$

La minimisation du critère quadratique entre les étapes (N-1) et N sous la contrainte précédente permet d'obtenir.

$$u(N-1)=-\left[R+B^T\,P(N)\,B\right]^{-1}B^T\,P(N)\;A\;x(N-1)$$

$$=-F(N-1)\;x(N-1)$$

$$P(N-1)=A^T\left[P(N)-P(N)\,B\left[R+B^T\,P(N)\,B\right]^{-1}B^T\,P(N)\right]A+Q$$

(Équation de RICCATI)

La détermination du retour d'état F(N-1) est basée sur le principe et optimalité dont l'énoncé est dû à BELLMAN (1962).

*Application au double intégrateur échantillonné à la cadence T = 0.1 s.*

u(t) $\frac{1}{p}$ $x_2(t)$ $\frac{1}{p}$ $x_1(t)$

*fichier cde_opt1.m*

```
% commande optimale par retour d'état
% régulation autour d'une consigne non nulle
% matrices du modèle d'état analogique
A=[0 1; 0 0]; B=[0;1]; C=[0 1]; D=0;
% matrices du modèle d'état discret
[A,B,C,D]=c2dt(A,B,C,0.1,0);
N=100; % horizon de commande
% matrices de pondération
H=[1 0;0 0]; Q=H; R=0.01;
% calcul des coefficients du retour d'état optimal
P=H;
for i=N:-1:2
F(i-1,:)=inv(B'*P*B+R)*B'*P*A;
P=A'*(P-P*B*inv(B'*P*B+R)*B'*P)*A+Q;
end
% tracé des coefficients du retour d'état
figure(1), plot(1:N-1,F(:,1)), hold on
plot(1:N-1,F(:,2)),hold off
title('Coefficients du retour d''état optimal')
gtext('f1'), gtext('f2')
```

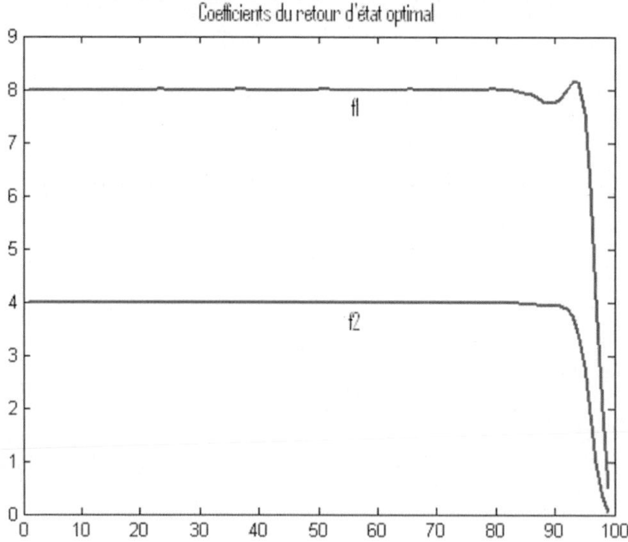

Le retour d'état est constant sauf au voisinage du point d'arrivée. Le régime permanent correspond à la solution permanente de l'équation de RICCATI. Le plus souvent on implante le régime permanent.

*fichier cde_opt1.m (suite)*

```
% algorithme de commande
u(1)=0; x(:,1)=[1 0]';
for i=2:N-1
 x(:,i)=A*x(:,i-1)+B*u(i-1);
 u(i)=-F(i,:)*x(:,i);
 if i==N/2
  x(2,i)=x(2,i)-1;
 end % perturbation sur la vitesse
end

figure(2)
plot(1:N-1,x(1,:))
hold on
plot(1:N-1,x(2,:),'-.')
grid
hold off
title('Evolution du vecteur d''état, retour optimal');
gtext('x1'),
gtext('x2'), gtext('perturbation sur la vitesse')
```

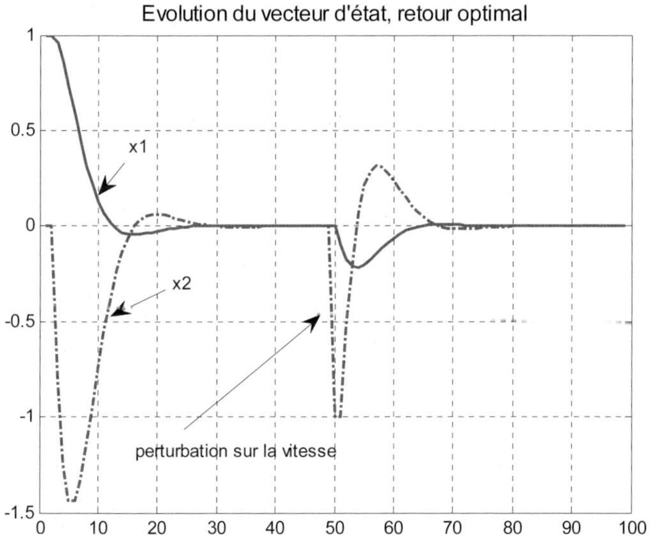

*fichier cde_opt1.m (suite)*

```
figure(3), stairs(1:N-1,u), grid
title('Signal de commande par retour d''état optimal')
```

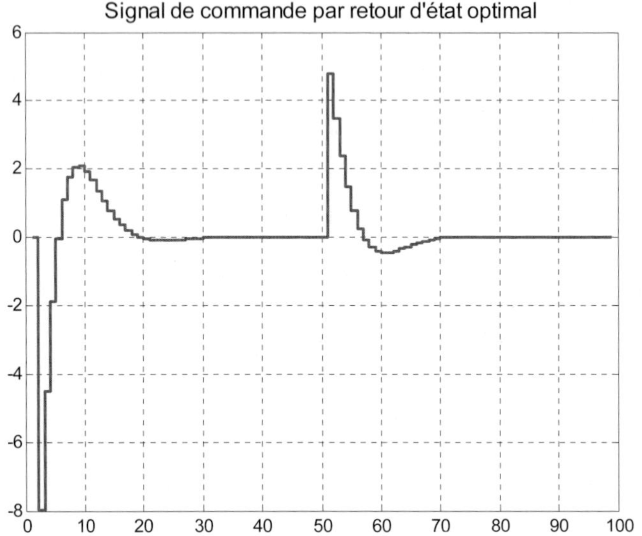


Les figures suivantes représentent les résultats de cette commande lorsqu'on implante la solution permanente de l'équation de RICCATI.

*fichier cde_opt1.m (suite)*

```
% retour d'état permanent
%-----------------------

% coefficients du retour d'état permanent
F = [F(1,1) F(1,2)];

u(1)=0; x(:,1)=[1 0]';

for i=2:N-1
  x(:,i)=A*x(:,i-1)+B*u(i-1);
  u(i)=-F*x(:,i);

  if i==N/2
    x(2,i)=x(2,i)-1;
  end % perturbation sur la vitesse

end
```

```
figure(4)
plot(1:N-1,x(1,:))
hold on

plot(1:N-1,x(2,:),'-.')
grid
hold off
title('Evolution du vecteur d''état, retour permanent');

gtext('x1')
gtext('x2')
gtext('perturbation sur la vitesse')
```

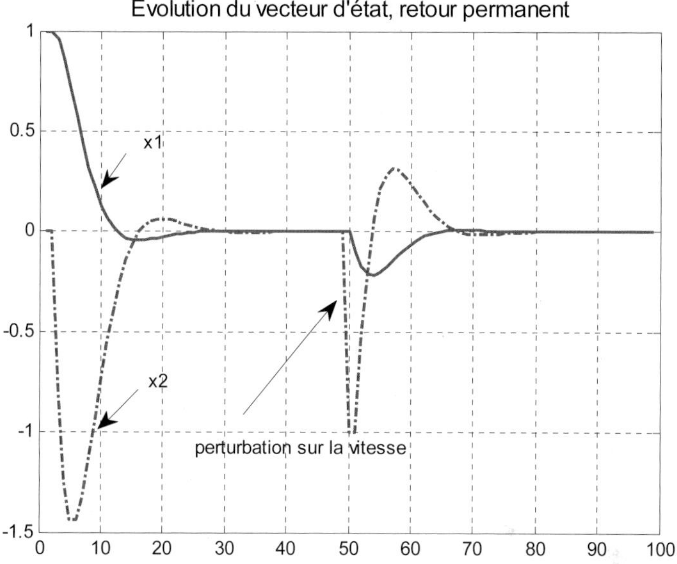


*fichier cde_opt1.m (suite)*

```
figure(5)
stairs(1:N-1,u);
grid
title('Signal de commande par retour d''état permanent')
```

Les résultats obtenus par un retour d'état permanents ne diffèrent pas de beaucoup de ceux de la commande optimale avec un retour d'état variant dans le temps.

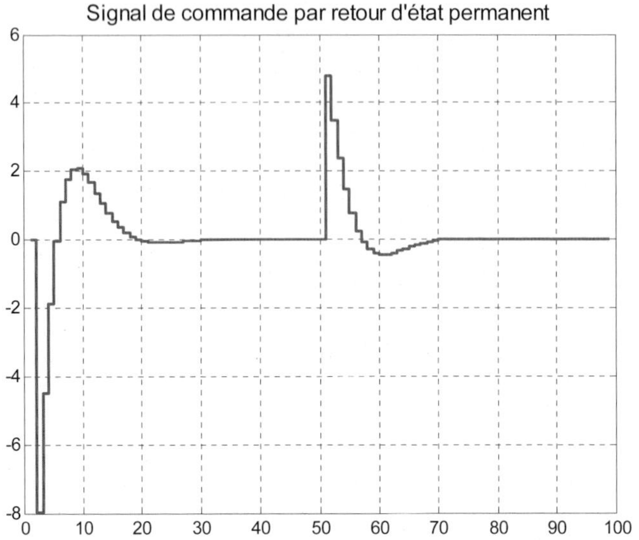


***Régulation autour d'une consigne constante non nulle***

Dans le programme suivant, on implante le retour d'état permanent pour une régulation autour d'une consigne constante de position. La deuxième composante du vecteur d'état est nulle.

L'état correspondant est représenté par le vecteur :

$$x\_ref = \begin{pmatrix} 5 \\ 0 \end{pmatrix}$$

La loi de commande est schématisée comme suit :

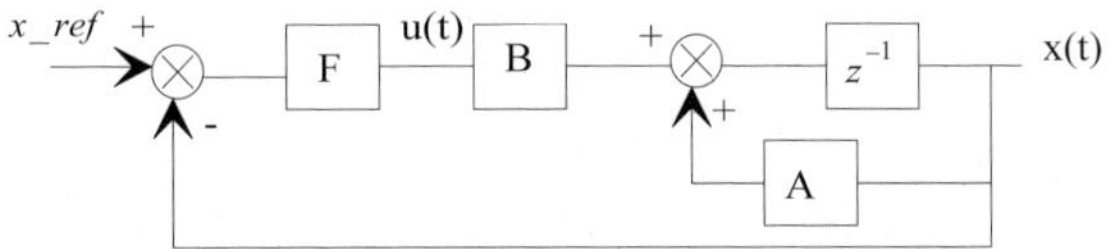


*fichier cde_opt2.m*

```
% commande optimale par retour d'état
% régulation autour d'une consigne non nulle
clear all

% matrices du modèle d'état discret du processus
A =[1.0000 0.1000;0 1.0000];
B =[0.0050;0.1000];
```

```
C =[1 0];

% horizon de commande
N=100;

% matrices de pondération
H=[1 0;0 0];
Q=H;
R=0.1;

% initialisation de la matrice P
P=H;

% calcul du retour d'état et de la matrice P
for i=N:-1:2
  F(i-1,:)=inv(B'*P*B+R)*B'*P*A;
  P = A'*(P-P*B*inv(B'*P*B+R)*B'*P)*A+Q;
end

% état de consigne
x_ref=[5 0]';

% algorithme de commande
u(1)=0;
x(:,1)=[1 0]';
y(1)=0;

for i=2:N-1

  % sortie position
  x(:,i)=A*x(:,i-1)+B*u(i-1);

% signal de commande
  u(i)=-[F(1,1) F(1,2)]*(x(:,i)-x_ref);

% signal de sortie
  y(i)=C*x(:,i);

end

figure(1)
plot(1:N-1,y);
grid
title(['signal de sortie, R = ' num2str(R)])
```

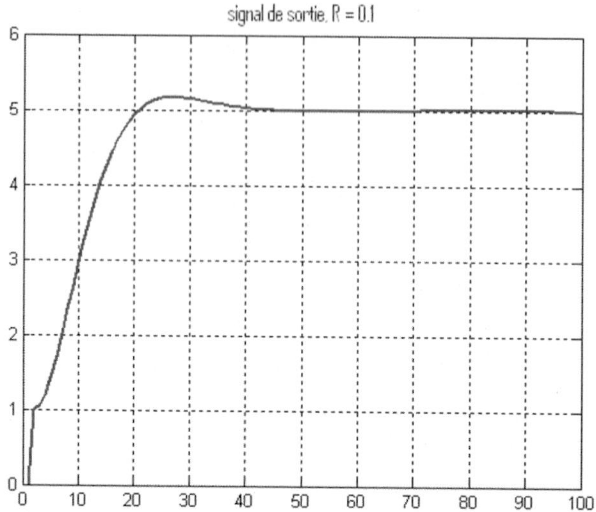


Le signal de sortie atteint la valeur de la consigne au bout d'une quarantaine de périodes d'échantillonnage.

*fichier cde_opt2.m (suite)*

```
% tracé du signal de commande bloqué
figure(2), stairs(1:N-1,u); grid
txt = 'signal de commande par retour d''état , R = ';
title([txt, num2str(R)])
```

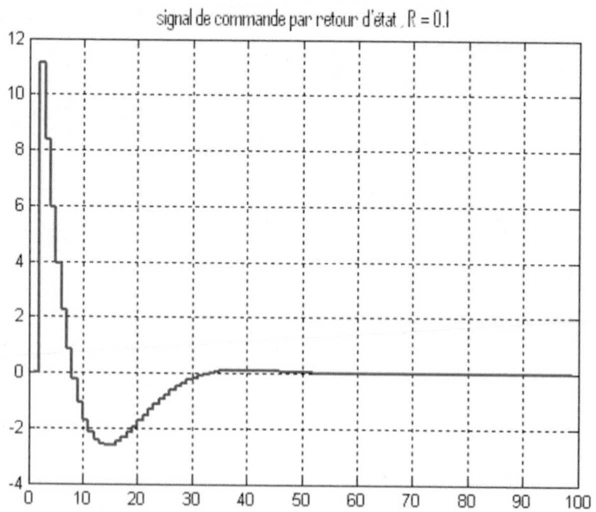

L'augmentation de la pondération R, a pour conséquence de rallonger le temps de réponse. Avec R = 1, nous obtenons une poursuite beaucoup plus lente et un signal de commande beaucoup plus faible à cause d'une pondération beaucoup plus forte.

Quelque soit la valeur de ce coefficient de pondération R, nous obtenons toujours une erreur statique nulle grâce à la présence de l'intégration mais au bout d'un temps de plus en long.

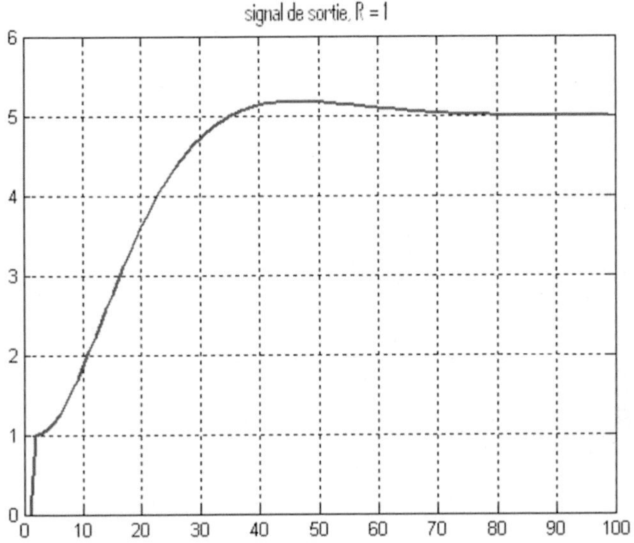


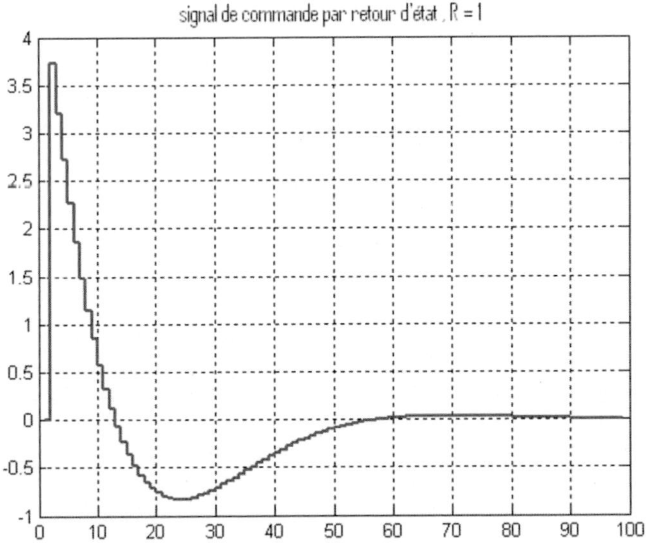

La dynamique est plus lente que précédemment à cause d'une plus forte pondération de la commande.

***Régulation autour d'une consigne variant dans le temps***

En général la loi de commande permettant de réguler autour d'une consigne r(t) non nulle,

$$u(t)=q\ r(t) - F\ x(t),$$

comporte un retour d'état et une commande anticipative.

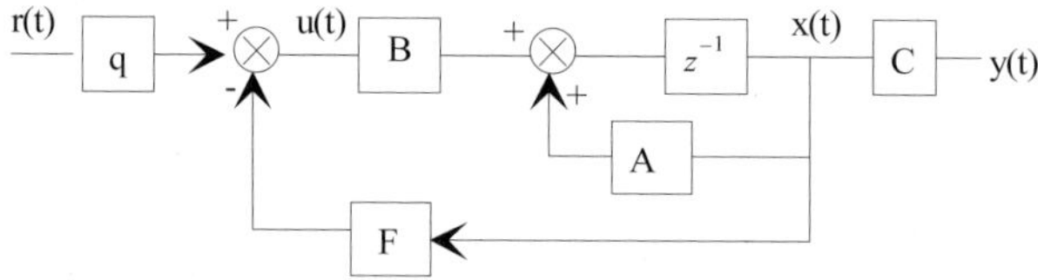


L'équation d'état devient :

$$x(t+1) = A\,x(t) + B\,[q\ r(t) - F\,x(t)] = (A - B\,F)\,x(t) + B\,q\ r(t)$$

La sortie en régime permanent, s'exprime en fonction du signal de consigne par :

$$y = C(I - A + B\,F)^{-1} B\,q\ r$$

L'égalité entre la sortie et la consigne en régime permanent est obtenue avec la valeur suivante de l'anticipation :

$$q = \left[C(I - A + B\,F)^{-1} B\right]^{-1}$$

*fichier cde_opt3.m*

```
% commande optimale par retour d'état
% régulation autour d'une consigne non nulle

% matrices du modèle d'état discret du processus
A = [1.0000 0.1000;0 1.0000];
B = [0.0050;0.1000];
C = [1 0];

N = 400; % horizon de commande

% signal de référence carré
palier = ones(1,N/4); ref = [-palier palier -palier palier];

% matrices de pondération
H = [1 0;0 0]; Q = H; R = 0.01;
% initialisation de la matrice P
```

```
P = H;
for i = N:-1:2
  F(i-1,:) = inv(B'*P*B+R)*B'*P*A;
  P = A'*(P-P*B*inv(B'*P*B+R)*B'*P)*A+Q;
end
F = [F(1,1) F(1,2)];
% calcul de l'anticipation
q = inv(C*inv(eye(2)-A+B*F)*B);

% algorithme de commande
u(1) = 0;
x(:,1) = [1 0]';
y(1) = 0;

for i = 2:N-1
  x(:,i) = A*x(:,i-1)+B*u(i-1);
  u(i) = -F*x(:,i)+q*ref(i);
  y(i) = C*x(:,i); % sortie position
end

figure(1)
plot(1:N-1,y);
title('Signal de sortie')
hold on
plot(ref)
figure(2)
stairs(1:N-1,u)
grid
title('Signal de commande par retour d''état')
```

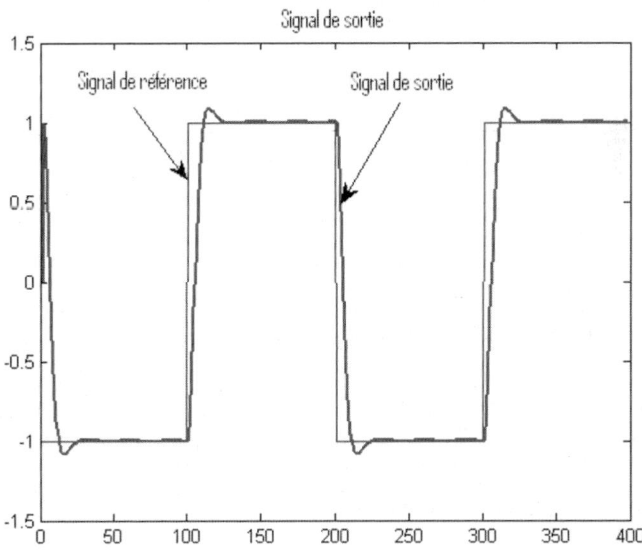

La figure suivante représente le signal de commande par retour d'état.

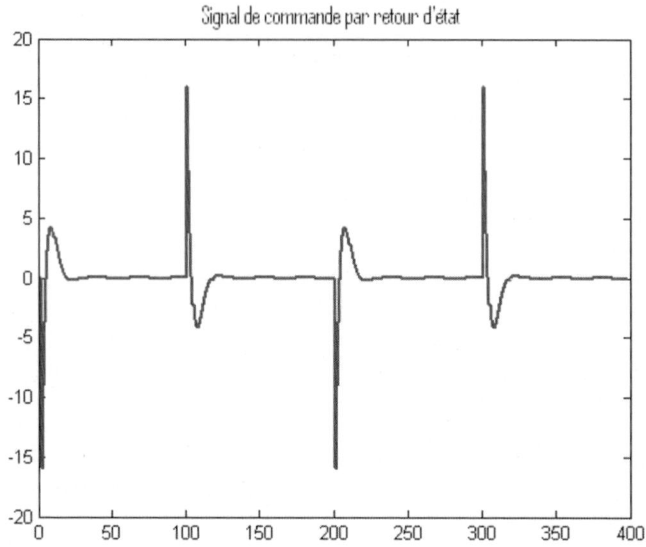


## IV. La régulation PID

La régulation la plus répandue dans l'industrie est la commande P.I. (Proportionnelle et Intégrale) où la commande appliquée au processus est formée de 2 parties :

- une partie proportionnelle à l'erreur consigne-sortie $Kp$ ,
- une partie intégrale de cette erreur $D(p) = \frac{Kp}{T_i \, p}$

L'expression analogique du régulateur PI est :

$$D(p) = Kp\,(1 + \frac{1}{T_i \, p})$$

Une façon de discrétiser ce régulateur serait d'utiliser les équivalences analogique et discrète de la dérivée.

$$p \approx 1 - z^{-1}$$

La fonction intégrale est conservée ($\frac{1}{p} \approx \frac{1}{1 - z^{-1}}$) par la discrétisation. L'expression discrète du régulateur est la suivante :

$$D(z^{-1}) = \frac{Kp}{T_i}\ \frac{1+T_i - T_i z^{-1}}{1-z^{-1}}$$

On désire réguler un système discret de fonction de transfert :

$$H(z) = \frac{b_1 z - 1}{1 - a_1 z - 1} \text{ Avec } \begin{cases} a_1 = 0{,}8 \\ b_1 = 1 \end{cases}$$

Le schéma du système régulé (boucle fermée) est :

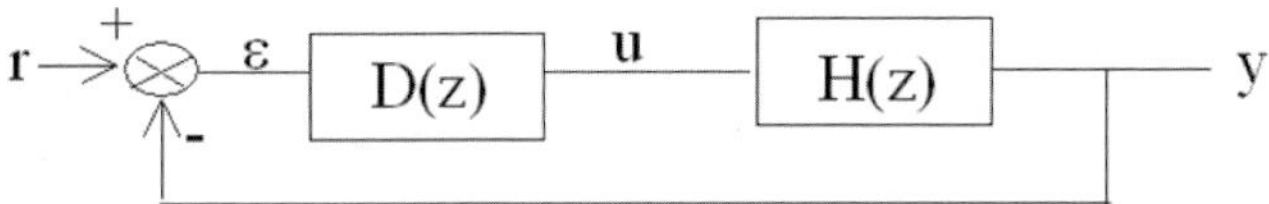


où r, y, ε et u sont respectivement les signaux de consigne, de sortie, d'erreur et de commande issue du régulateur.

L'équation caractéristique (dénominateur) de la fonction de transfert en boucle fermée est :
$A(z^{-1}) = 1 + [K_p b_1 (\frac{1+T_i}{T_i}) - a_1 - 1] z^{-1} + (a_1 - K_p b_1) z^{-2}$ et le gain statique est égal à 1.

En notant l'équation caractéristique sous la forme :

$$A(z^{-1}) = 1 - \alpha_1 z^{-1} - \alpha_2 z^{-2}$$

Les paramètres $\alpha_1$ et $\alpha_2$ sont donnés en fonction du coefficient d'amortissement $\varsigma$ et de la pulsation propre non amortie normalisée $\Omega = \omega_0 T$ $(0 < \Omega < 1)$ du système du 2[nd] ordre de la boucle fermée par :

$$\alpha_1 = 2 e^{-\varsigma\Omega} \cos(\Omega\sqrt{1-\varsigma^2})$$
$$\alpha_2 = -e^{-2\varsigma\Omega}$$

Les expressions du gain $K_p$ et de la constante de temps $T_i$ du régulateur sont :

$$K_p = \frac{a_1 - e^{-2\varsigma\Omega}}{b_1}$$
$$\frac{1+T_i}{T_i} = \frac{a_1 + 1 - 2e^{-\varsigma\Omega}\cos(\Omega\sqrt{1-\varsigma^2})}{K_p b_1}$$

On se propose de calculer ces valeurs pour $\Omega = 0.5$ et $\varsigma = \frac{\sqrt{2}}{2}$

$$F(z^{-1}) = \frac{K_p}{T_i} \frac{b_1 [1 + T_i - T_i z^{-1}] z^{-1}}{1 + [K_p b_1 (\frac{1+T_i}{T_i}) - a_1 - 1] z^{-1} + (a_1 - K_p b_1) z^{-2}}$$

*fichier KT_pid.m*

```
a=0.8; b=1; w0=0.5; z=sqrt(2)/2;
K= (a-exp(-2*z*w0))/b;
x=(a+1-2*exp(-z*w0)*cos(w0*sqrt(1-z*z)))/(K*b);
T=1/(x-1);
```

```
>> K
K =
    0.3069
>> T
T =
    1.7484
```

Le modèle `pid_1.mdl` propose cette régulation. Les paramètres `Kp` et `Ti` sont entrés dans le `Callback InitFcn` du modèle (voir chapitre `Callbacks`).

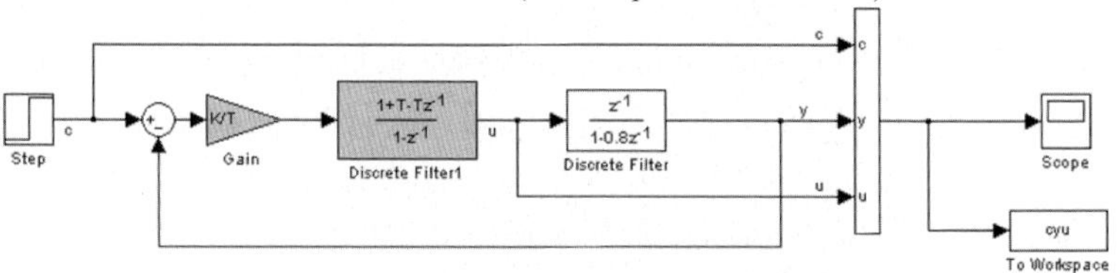


La figure suivante affiche les 3 signaux de consigne, du signal de commande du PID et de la sortie du processus.

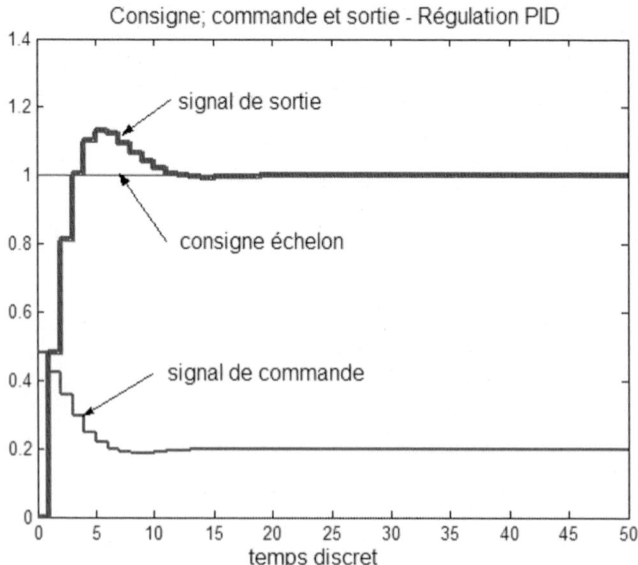

- ***Régulateur analogique suivi d'un bloqueur d'ordre 0***

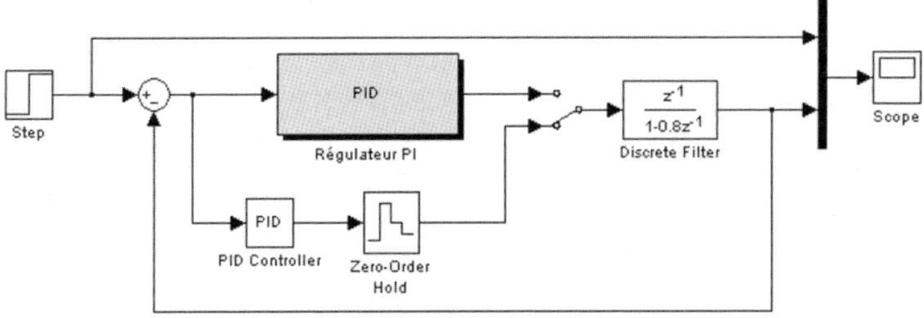


Comme le PID est analogique, on le fait suivre par un bloqueur d'ordre 0.

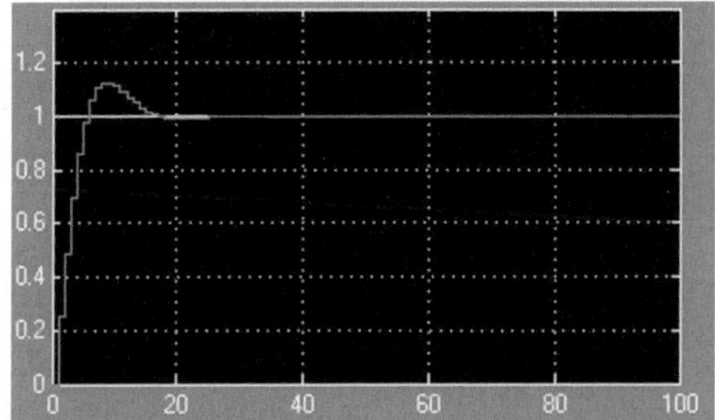


Les paramètres du régulateur sont entrés dans la boite de dialogue du masque du PID (voir chapitres Masques et sous-systèmes).

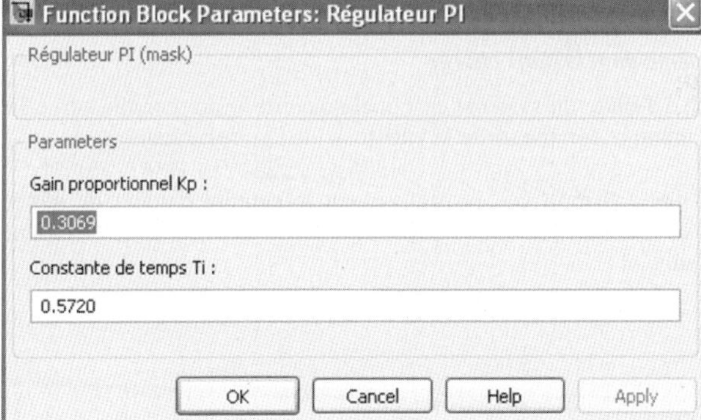

# V. La boite à outils "Control System Toolbox"

## V.1. Etude d'un système d'un moteur avec charge

MATLAB dispose de la boite à outils "`Control System Toolbox`" pour la modélisation de procédés et la mise en oeuvre de régulateurs.

Afin d'étudier quelques unes des fonctions prévues, nous allons considérer l'asservissement de la position angulaire d'une charge couplée à travers un réducteur à l'arbre d'un moteur à courant continu.

On utilisera la correction de la vitesse de l'arbre moteur par boucle tachymétrique et par un régulateur numérique.

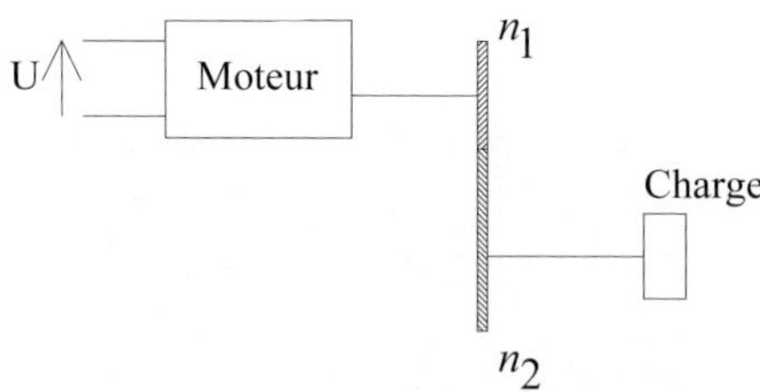


Les paramètres du système sont :

| | |
|---|---|
| Ke = 6 $10^{-2}$ V/(rad/s) | Coefficient de force contre-électromotrice |
| Kg = 5 $10^{-2}$ V/(rad/s) | Coefficient de retour tachymétrique |
| Km = 5 $10^{-1}$ N.m/A | Coefficient de couple moteur |
| R = 10Ω , L = 10 mH | Résistance et self d'induit |
| N = $n_2/n_1$ = 20 | Rapport de réduction |
| Jm = $10^{-4}$ kg $m^2$ | Moment d'inertie de l'arbre moteur |
| Jc = 0.15 kg $m^2$ | Moment d'inertie de la charge |

***Etude du système moteur sans charge***

On s'intéresse à l'étude du système en boucle ouverte ayant comme sortie la tension u(t) appliquée à l'induit et comme sortie la vitesse *w* de l'arbre moteur.

En désignant par I, Cm et Cp, respectivement le courant d'induit du moteur, le couple moteur et le couple perturbateur, on déduit, à partir des équations électromécaniques, le schéma bloc suivant :

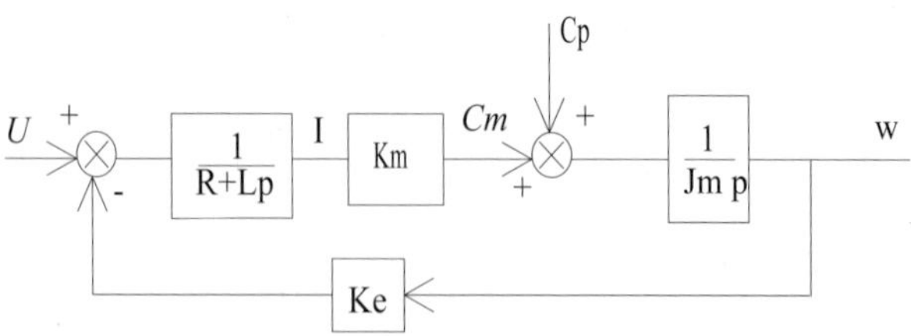

Nous voulons calculer la fonction de transfert de ce système en l'absence de couple perturbateur, tracer sa réponse indicielle et sa réponse en fréquences (diagrammes de Bode et de Nyquist).et étudier sa réponse à une perturbation indicielle de couple perturbateur.

La boite à outils "`Control System Toolbox`" contient différentes fonctions pour le calcul de la fonction de transfert et du modèle d'état d'un système bouclé.

La fonction `series` permet de calculer la fonction de transfert ou le modèle d'état de deux systèmes mis en cascade.

Considérons la mise en cascade de 2 systèmes de fonctions de transfert respectives $H_1(p)$, $H_2(p)$. La fonction de transfert global est donnée par :

```
[numG, denG] =  series(numH1, denH1, numH2, denH2)
```

Dans le cas de la chaîne directe du moteur :

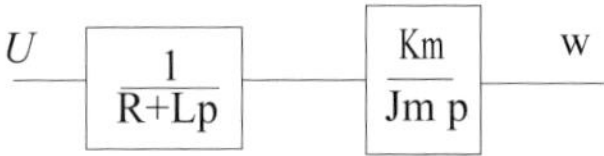


*fichier moteur.m*

```
% asservissement de la vitesse de la  charge

% paramètres électromécaniques
Km = 5e-1; Kg = 0.05; Ke = 6e-2;
R = 10; L = 1e-2;
Jm = 1e-4; Jc = 0.15;
N = 20;

% inertie ramenée sur l'arbre moteur
Jt = Jm + Jc/(N^2);

% fonction de transfert H1
% vitesse angulaire du moteur sans charge
% fonction de transfert Hcd de la chaîne directe
[num_cd, den_cd] = series(1, [L R], Km, [Jm 0]);
[num_cd, den_cd] = minreal(num_cd, den_cd);
disp('[transfert de la chaîne directe Hcd :')
printsys(num_cd,den_cd,'p')
```

```
0 pole-zero(s) cancelled
[transfert de la chaîne directe Hcd :
num/den =

      500000
   -----------
    p^2 + 1000 p
0 pole-zero(s) cancelled
```

La fonction `minreal` utilisée précédemment permet de simplifier la fonction de transfert obtenue par la compensation de pôles.

On obtient ainsi une fonction de transfert normalisée; le coefficient de plus haut degré du dénominateur est égal à l'unité.

Dans notre cas, il n'y a pas eu de compensation de pôles.

La fonction de transfert du système bouclé peut être obtenue à l'aide de la commande `feedback`.

Considérons la fonction de transfert H(p) = Y(p)/X(p) du système suivant :

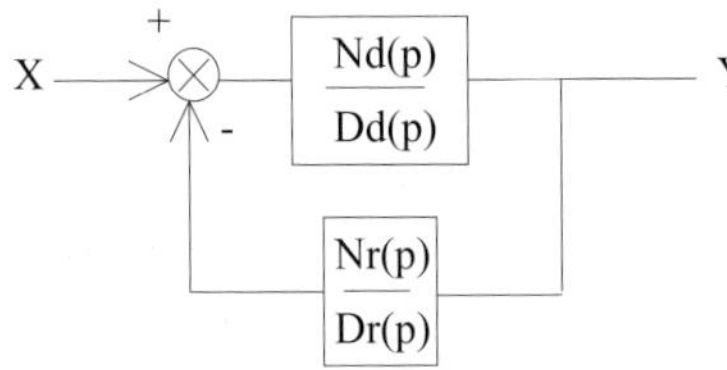


En notant `Nd`, `Dd`, `Nr`, et `Dr`, les polynômes des chaînes directe et de retour, le numérateur et le dénominateur de H(p) sont obtenus par cette commande en spécifiant le paramètre - `'-1'` de la contre réaction.

```
[numH,denH]= feedback(Nd,Dd,Nr,Dr,-1)
```

*fichier moteur.m (suite)*

```
% fonction de transfert du moteur
[numH1,denH1] = feedback(num_cd,den_cd,Ke,1,-1);
[numH1,denH1] = minreal(numH1,denH1);

disp('Fonction de transfert H1 du moteur :')

printsys(numH1,denH1)

num/den =
           5e+005
   --------------------
   s^2 + 1000 s + 3e+004
```

```
>> step(numH1,denH1)
```

La courbe suivante donne la réponse indicielle du moteur.

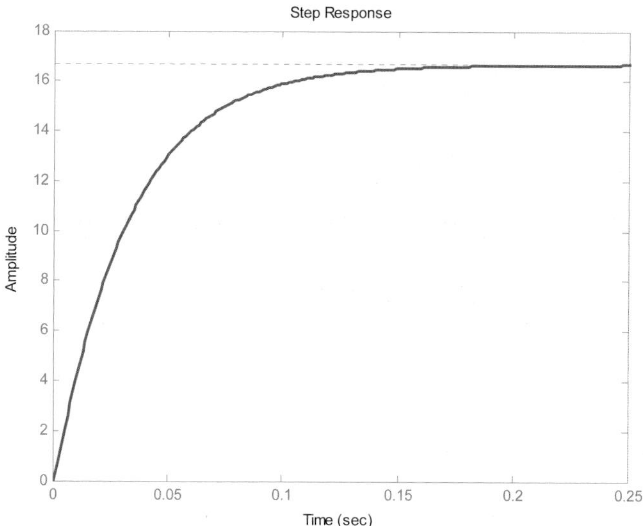


On peut vérifier facilement que ce résultat correspond parfaitement à la fonction de transfert obtenue par le calcul.

$$H_m(p) = \frac{Km}{Ke\,Km + R\,Jm\,p + L\,Jm\,p^2}$$

*fonction de transfert théorique*

```
>> numTh = Km; denTh = [L*Jm R*Jm Ke*Km];
>> disp('Fonction de transfert théorique H1 du moteur :')
>> [numTh,denTh] = minreal(numTh,denTh)
>> printsys(numTh,denTh)

num/den =
              5e+005
    ---------------------
    s^2 + 1000 s + 3e+004
```

La réponse du système à un signal `x` peut être obtenue à l'aide de la commande `lsim`.

```
lsim(numH1,denH1,x)
```

Dans l'étude de procédés, on utilise souvent les réponses à l'échelon et à l'impulsion.
La boite à outils "`Control System Toolbox`" dispose des fonctions `step` et `impulse` pour obtenir les réponses indicielle et impulsionnelle.
Les paramètres d'appel peuvent être les polynômes de la fonction de transfert ou les matrices d'état du système.

*fichier moteur.m (suite)*

```
% réponse indicielle, vitesse moteur non chargé
figure(1)
step(numH1,denH1)

grid
ylabel('vitesse de l''arbre moteur (rad/s)')
xlabel('temps')
title ('réponse indicielle vitesse, moteur non charge);
k = dcgain(numH1,denH1);

disp('Gain statique en rad/s/V')
disp(num2str(k));
```

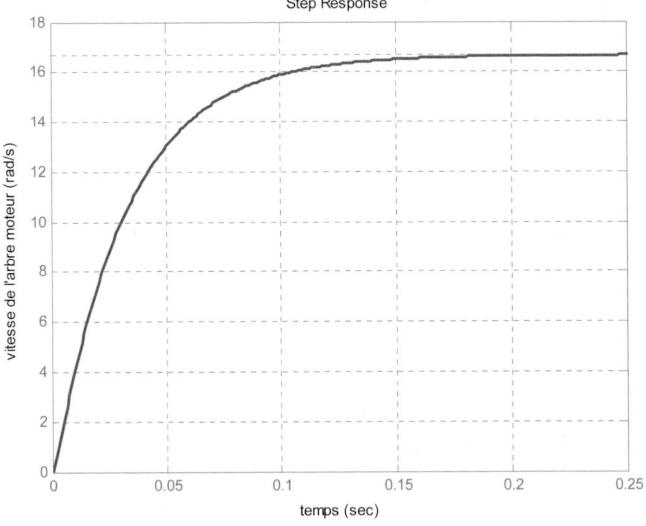


```
Gain statique : 16.67
```

***Etude du système moteur avec charge***

On s'intéresse au système ayant comme sortie la position angulaire $\theta$ de la charge sur l'arbre en fonction de la tension d'induit du moteur.

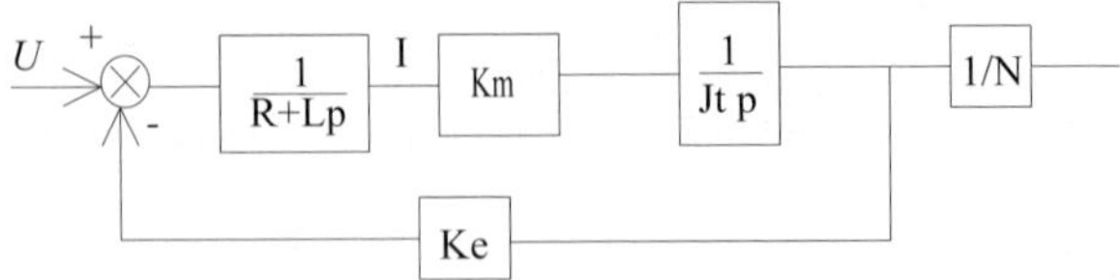

*fichier moteur.m (suite)*

```
% système du moteur chargé
[num_cd, den_cd] = series(1, [L R], Km, [Jt 0]);
[numH2,denH2] = feedback(num_cd,den_cd,Ke,1,-1);
denH2 = N*denH2;
[numH2,denH2] = minreal(numH2,denH2);
disp('Fonction de transfert, vitesse de la charge')

printsys(numH2,denH2)
0 pole-zeros cancelled
Fonction de transfert de vitesse de la charge
num/den =
            5263
    -------------------
    s^2 + 1000 s + 6316
```

Avant de corriger le système, on a besoin d'étudier ses caractéristiques en boucle ouverte, à travers ses réponses indicielle, impulsionnelle, ses réponses en fréquences afin de déterminer les marges de gain et de phase, etc.

De plus, un modèle de haut degré peut être simplifié. On s'intéresse dans ce qui suit, à l'étude de la réponse indicielle.

L'allure de cette réponse, donnée dans la figure suivante, est très proche de celle d'un système du premier ordre avec une intégration, de la forme :

$$\frac{G_S}{p(1+\tau p)}$$

$G_S$ et $\tau$ sont le gain statique et la constante de temps du système de premier ordre ayant comme sortie la vitesse angulaire de la charge.

Le gain statique $G_S$ est égal à celui du moteur sans chargé, divisé par le rapport de réduction N.

La constante de temps est le temps au bout duquel, la réponse impulsionnelle atteint 63% de la valeur statique. On utilisera la commande `zoom` pour mesurer la valeur de ce paramètre.

*fichier moteur.m (suite)*

```
% réponse indicielle, vitesse charge
rep_ind = step(numH2,denH2);
t = 0:length(rep_ind)-1;
% tracé de la réponse indicielle
figure(2), plot(t,rep_ind), hold on
title('réponse indicielle, vitesse de la charge')
xlabel('temps en secondes')
ylabel('vitesse de la charge (rad/s)')
```

```
% calcul de la constante de temps
val_stat = rep_ind(length(rep_ind));
trait = 0.63*val_stat*ones(1,length(rep_ind));
plot(trait), grid, hold off
```

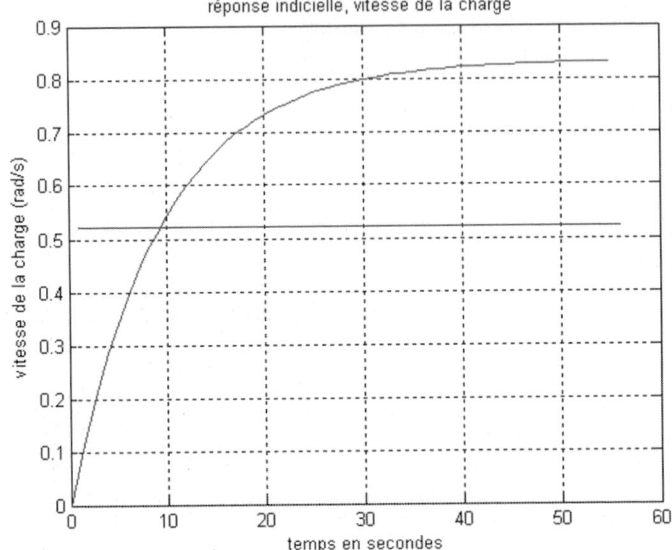


La lecture graphique de la constante de temps peut se faire en invoquant la commande `zoom`. Nous pouvons aussi modifier l'axe des temps par la commande `axis`.

```
>> zoom on
```

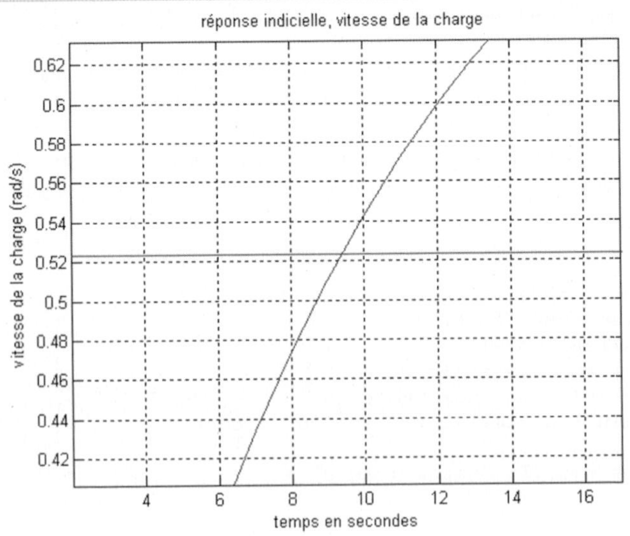

Après sélection à la souris, de rectangles qui entourent le point d'intersection de la courbe avec le trait représentant 63% de la valeur maximale, on obtient une constante de temps de 6 secondes environ.

Le modèle peut être considéré comme un premier ordre de constante de temps de 6 secondes.

*fichier moteur.m (suite)*

```
% modèle simplifie
num1 = k/N; den1 = [6 1];
ind1 = step(num1,den1);

t = 0:min(length(rep_ind), length(ind1))-1;

figure(3)

% tracé des réponses indicielles des modèles réél
% et simplifié

plot(t,ind1(t+1),'o')
hold on
plot(t,rep_ind(t+1))
grid
title('modèle réel et modèle simplifié')
axis([0 length(t)-1 0 val_stat*1.2])
```

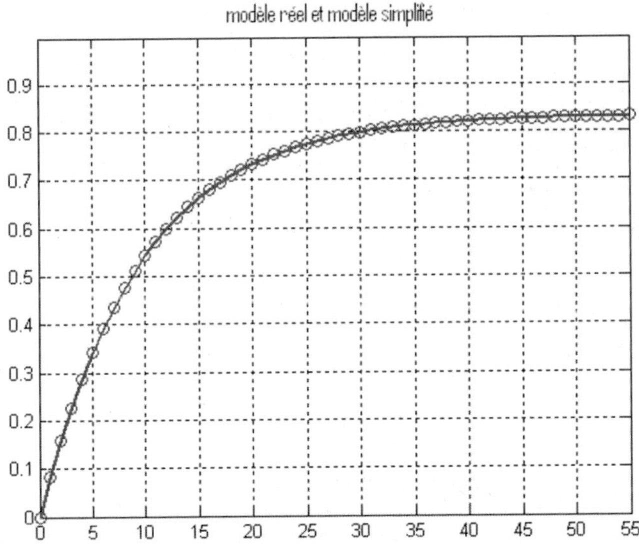

Les réponses impulsionnelles des modèles réel et simplifié étant semblables, le système complet peut être alors décrit parla fonction de transfert

$$H(p)=\frac{0.833}{1+6p}$$

La possibilité de simplification du modèle initial peut être montrée en calculant les valeurs de ses pôles.

```
>> disp('Pôles du modèle réel :'),
>> roots(denH2)

Pôles du modèle réel :

ans =

 -993.6438
   -6.3562
```

Le mode correspondant au pôle `p = -993.6438` s'éteignant très rapidement; peut être négligé.

La fonction `residue` permet de décomposer cette réponse impulsionnelle en ses différents modes.

```
>> [r,p,k] = residue(numH2,denH2)

r =
   -5.3309
    5.3309

p =
 -993.6438
   -6.3562

k =
     []
```

La réponse impulsionnelle du système peut être alors décomposée comme suit :

$$y(t)=5.3309\ \left(e^{-6.3562\ t}-e^{-993.6438\ t}\right)$$

Les diagrammes de `Bode` peuvent être directement tracés en invoquant la commande `bode`.

Dans le cas du modèle simplifié du premier ordre :

```
>> bode(0.833,[6 1]);
```

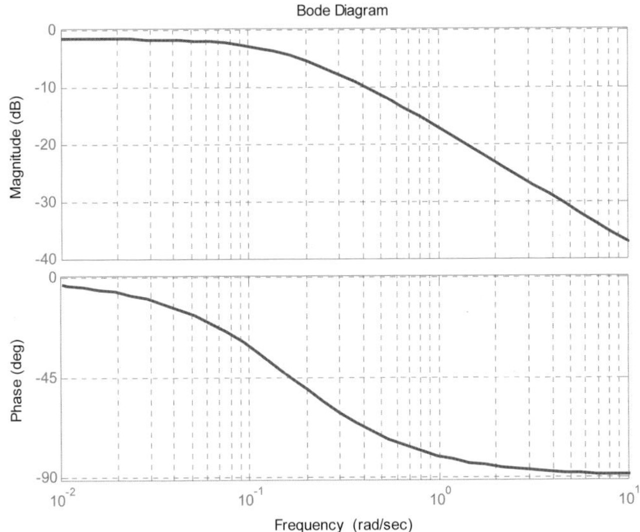


On peut aussi calculer le module et la phase pour les tracer ensuite avec des unités semi - logarithmiques par `semilogx`.

`[mod,phase,w] = bode(num, den)` : retourne le module, la phase et l'étendue des pulsations.

Les diagrammes de Bode servent essentiellement à mesurer les marges de gain et de phase. La commande `margin(mod,phase,w)` trace les diagrammes de `Bode` et affiche les marges de gain et de phase.

Les tracés des diagrammes de `Nyquist` et de `Nichols` sont obtenus respectivement par les fonctions `nyquist` et `nichols`.

`nyquist (num,den)` et `nichols(num,den)`

Nous traçons ci-après le digramme de Nyquist du modèle simplifié du premier ordre.

```
>> nyquist(0.833,[6 1])
>> grid
>> title('diagramme de Nyquist du modèle simplifié')
>> xlabel('axes réel')
>> ylabel('axe imaginaire')
```

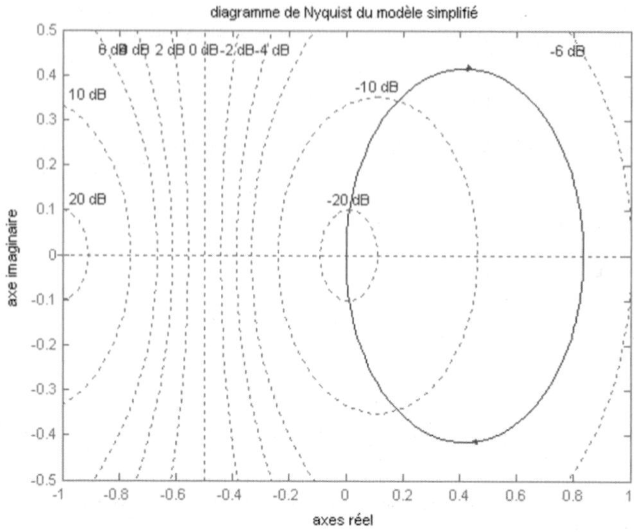


***Effet d'une perturbation de couple perturbateur***

On se propose d'étudier l'effet d'un échelon de couple perturbateur sur la vitesse de la charge.

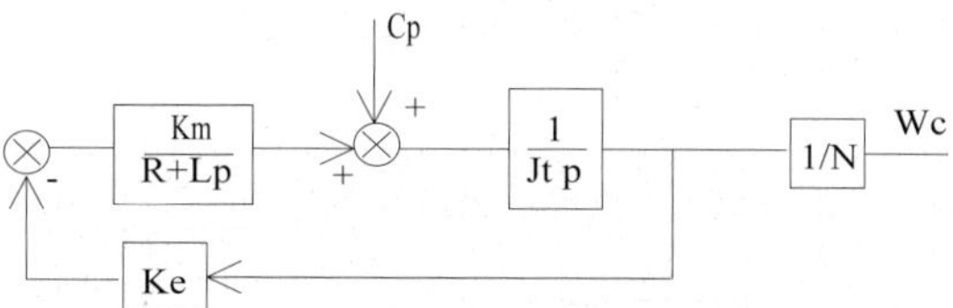


On peut obtenir la fonction de transfert Wc/Cp à l'aide de la commande `feedback`.

```
>> [num,den] = feedback(1,[Jt 0],Ke*Km,[L R],-1);
>> den  = den*N ; disp('Fonction de transfert Wc/Cp')
>> printsys(num,den)
Fonction de transfert Wc/Cp
num/den =
           0.01 s + 10
   ---------------------------
   0.000095 s^2 + 0.095 s + 0.6
```

```
>> dcgain(num,den)
ans =
   16.6667
```

La réponse au couple perturbateur possède la même dynamique et le même gain statique que celle de la vitesse de l'arbre moteur vis-à-vis de la tension d'induit.

***Correction tachymétrique de la vitesse du moteur***

On désire asservir la vitesse angulaire de l'arbre moteur par l'intermédiaire d'un retour tachymétrique de coefficient Kg.

Le système bouclé par retour tachymétrique est :

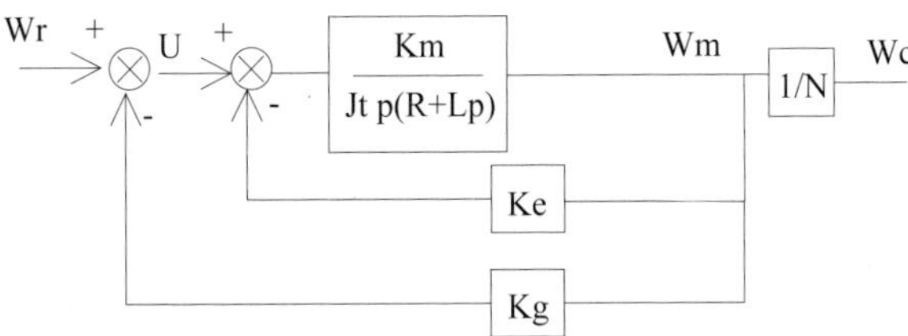


A partir de la fonction de transfert Wm/U et le retour tachymétrique Kg, on obtient la fonction de transfert Wc/Wr.

*fichier moteur.m (suite)*

```
% retour tachymétrique
% fonction de transfert, vitesse moteur
[numH3, denH3] = feedback(Km,conv([Jt 0],[L R]),Ke,1,-1);
disp('Fonction de transfert Wm/U :')
printsys(numH3,denH3,'p')

[numH4,denH4] = feedback(numH3,denH3,Kg,1,-1);
disp('Fonction de transfert Wm/Wr :')
printsys(numH4,denH4,'p')
% fonction de transfert, vitesse charge
denH5 = denH4*N; numH5 = numH4;
disp('Fonction de transfert Wc/Wr :')
printsys(numH5,denH5,'p')
gain stat = dcgain(numH5,denH5)

Fonction de transfert Wm/U :
num/den =
                  0.5
   ------------------------------
   4.75e-006 p^2 + 0.00475 p + 0.03

Fonction de transfert Wm/Wr :
num/den =
                  0.5
   -------------------------------
   4.75e-006 p^2 + 0.00475 p + 0.055
```

```
Fonction de transfert Wc/Wr :
num/den =
                    0.5
   ----------------------------
   0.000095 p^2 + 0.095 p + 1.1

gain_stat =
    0.4545
```

Le calcul théorique de la fonction de transfert Wm/Wr donne :

$$\frac{Wm}{Wr}=\frac{Km}{Km(Ke+Kg)+Jt\,R\,p+Jt\,L\,p^2}$$

```
>> disp('resultat theorique Wm/Wr')
>> num = Km;
>> den = [Jt*L Jt*R Km*(Kg+Ke)];
```

```
>> printsys(num,den);

résultat théorique Wm/Wr

num/den =
                       0.5
   ---------------------------------
   4.75e-006 s^2 + 0.00475 s + 0.055
```

***Discrétisation du système analogique***

Nous désirons corriger la vitesse de la charge à l'aide d'un régulateur numérique. Nous allons utiliser le modèle simplifié du premier ordre obtenu précédemment pour la synthèse du correcteur.

Pour obtenir le modèle discret à partir du modèle analogique échantillonné à une cadence T, on utilise la commande `c2dm`. Avec la syntaxe suivante :

```
[numd,dend] = c2dm(numa,dena,T,'zoh')
```

on discrétise le système analogique précédé du bloqueur d'ordre 0 (zero-order hold).

*fichier reg_num.m*

```
% synthèse de régulateur numérique
% modèle analogique
na = 0.833; da = [6 1];
% discrétisation du système
[nd,dd] = c2dm(na,da,2,'zoh');
printsys(nd,dd,'z'), figure(1)
indN = dstep(nd,dd);
stairs(indN), grid, xlabel('temps discret')
ylabel('réponse impulsionnelle')
```

```
title('modèle analogique discrétisé à T = 2s')

Fonction de transfert du modèle discret
num/den =

     0.23613
   -----------
   z - 0.71653
```

La discrétisation conserve l'ordre et le gain statique du modèle analogique.

```
>> ddcgain(nd,dd)
ans =
    0.8330
```

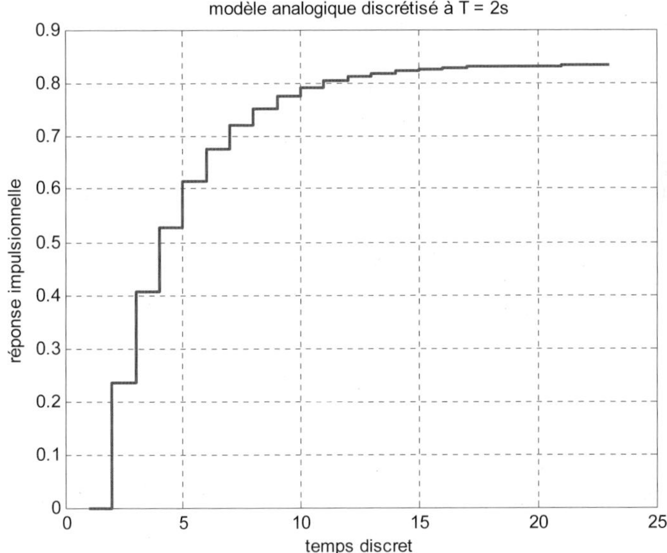


Les diagrammes de Nyquist et de Bode d'un modèle discret peuvent être obtenus et tracés en utilisant les fonctions `dnyquist` et `dbode`.

```
>> dbode(nd,dd,2)
```

On spécifie la période d'échantillonnage `Ts`, qui est choisie égale à 2s dans ce cas.

Cette fonction accepte aussi un modèle d'état par la forme :

```
>> dbode(A,B,C,D,Ts,IU)
```

Elle retourne le module et la phase dans les vecteurs `Mag` et `Phase`.

[MAG,PHASE,W] = dbode (A,B,C,D,Ts,...)

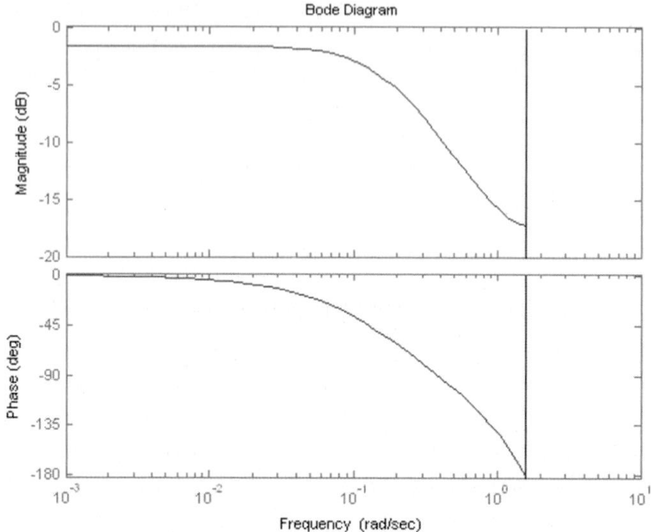


On peut utiliser indifféremment la fonction de transfert du système discret ou son modèle d'état. En notant $H(z^{-1})$ et $D(z^{-1})$ les fonctions de transfert du modèle discret et du régulateur, le schéma de la loi de commande est, en général, le suivant :

Wr + - $D(z^{-1})$ $H(z^{-1})$ Wc

avec Wr la consigne de vitesse.

Nous désirons que le système en boucle fermée se comporte comme un système du premier ordre de gain statique unité et de pôle $\alpha = 0.8$, soit une fonction de transfert en boucle fermée :

$$F(z^{-1}) = \frac{(1-a)\,z^{-1}}{1-a\,z^{-1}}$$

Le modèle du processus étant :

$$H(z^{-1}) = \frac{0.2361}{z - 0.7165} = \frac{b_1\, z^{-1}}{1 - a\, z^{-1}}$$

l'expression du correcteur peut être obtenue par l'expression suivante, obtenue après le calcul de la fonction de transfert en boucle fermée.

$$D(z^{-1}) = \frac{F(z^{-1})}{H(z^{-1})\,[1 - F(z^{-1})]}$$

Dans le cas des spécifications précédentes, ce correcteur a pour expression :

$$D(z^{-1}) = \frac{(1-\alpha)(1 - a\, z^{-1})}{b_1\,(1 - z^{-1})}$$

Ce correcteur compense les pôles et les zéros du processus et introduit une intégration.

Pour réaliser un retour unitaire, MATLAB dispose de la fonction `cloop`, de syntaxe :

```
cloop(num, den, signe)
```

`num, den` : numérateur et dénominateur de la chaîne directe,
`signe` : `-1` pour une contre-réaction et `+1` pour une `réaction`.

*fichier reg_num.m (suite)*

```
% expression du régulateur
alfa = 0.8; numD = (1-alfa)*dd; denD = conv([1 -1],nd);
disp('Expression du régulateur :')
printsys(numD,denD,'z')

Expression du régulateur :
num/den =
  0.2 z - 0.14331
   -----------------
   0.23613 z - 0.23613
```

Par l'utilisation de la commande `cloop`, on peut vérifier que la fonction de transfert en boucle fermée est identique à celle que nous avons spécifiée.

```
>> [numF, denF] = cloop(conv(numD,nd),conv(denD,dd),-1);
>> numF = suppz(numF);
>> denF = suppz(denF);
>> [numF, denF] = minreal(numF, denF);
>> disp('Fonction de transfert en boucle fermée :')
>> printsys(numF,denF,'z')
```

```
1 pole-zeros cancelled
Fonction de transfert en boucle fermée :
```

```
num/den =
```

```
    0.2
  -------
  z - 0.8
```

La fonction suppz permet de supprimer les premiers coefficients nuls de polynômes.

***Mise en oeuvre du correcteur***

Nous nous intéressons dans ce qui suit, à la mise en oeuvre du régulateur, lorsqu'on spécifie un signal de consigne carré.

Pour générer un signal carré, on dispose de la fonction square ayant les syntaxes :

square(x) : génère un signal carré de période $2\pi$ pour les éléments du vecteur x,

square(x,rc) : génère un signal carré de période $2\pi$ et de rapport cyclique rc.

Pour générer une période, nous pouvons utiliser les expressions logiques. Nous nous intéressons à l'écriture d'une fonction permettant de générer un signal carré, que l'on nommera carre.

Les paramètres d'appel sont la longueur de la période, les valeurs minimale et maximale du signal et le nombre de périodes.

*fichier carre.m*

```
function x = carre(xmin,xmax,per,N_per,flag)
% génération d'un signal carré
% x          : signal généré
% xmin, xmax    : valeurs min et max du signal
% per        : période du signal
% N_per      : nombre de périodes
% flag       : 0 pour que commence par sa valeur min
%            : 1 pour que x commence par sa valeur max

x =[];

% génération de la période
t = 0:per-1;
xP = (~(t<=floor(per/2)-1))+ flag*(~(t>floor(per/2)-1));

for k = 0:N_per-1
x = [x xP];
end

% mise à l'échelle des amplitudes
x = xmin*(x == min(x))+xmax*(x == max(x));
```

Pour générer un échelon, il suffit de spécifier un nombre de périodes égal à 1.
En notant $\varepsilon(t)$ l'erreur entre la consigne et la sortie du processus, à l'instant discret t, et après simplification de l'expression du correcteur :

$$D(z^{-1}) = \frac{\alpha_1 - \alpha_2\ z^{-1}}{1-z^{-1}} = \frac{0.8471 - 0.6069\ z^{-1}}{1-z^{-1}}$$

La variation de la commande $\Delta u(t)$ est donnée par :

$$\Delta u(t) = \alpha_1\ \varepsilon(t) - \alpha_2 \varepsilon(t-1$$

La sortie du processus est donnée par l'équation de récurrence :

$$y(t) = a_1 y(t-1) + b_1 u(t-1)$$

*fichier commande.m*

```
clc
% Implantation du régulateur

% Génération du signal de consigne carré
r =  carre(-5,5,100,2,0);
% coefficients du régulateur
alfa1 = 0.8471; alfa2 = 0.6069;
% coefficients du modèle du procédé
a1 = 0.7165; b1 = 0.2361;
% initialisations
err(1) = 0;
u(1) = r(1)/ddcgain(b1,[1 -a1]);
du(1) = 0;
y(1) = r(1);

for i = 2:length(r)-1
 % sortie du processus
 y(i) = a1*y(i-1) + b1*u(i-1);

 % erreur
 err(i) = r(i+1) - y(i);

 % calcul de la commande
 du(i) = alfa1*err(i) - alfa2*err(i-1);
 u(i) = u(i-1) + du(i);
end
% tracé des signaux de consigne et de sortie
figure(1), plot(r,'-.')
hold on
plot(y)
xlabel('temps discret')
title('signaux de consigne et de sortie')
axis([0 length(r) min(r)-1 max(r)+1])
figure(2) % tracé du signal de commande
stairs(u), xlabel('temps discret'),
title('signal de commande')
```

Les figures suivantes représentent les signaux de consigne et de sortie du processus. On remarque bien que la dynamique de poursuite correspond à un premier ordre de pôle 0.8. L'erreur statique est nulle grâce à la présence d'une intégration dans la loi de commande.

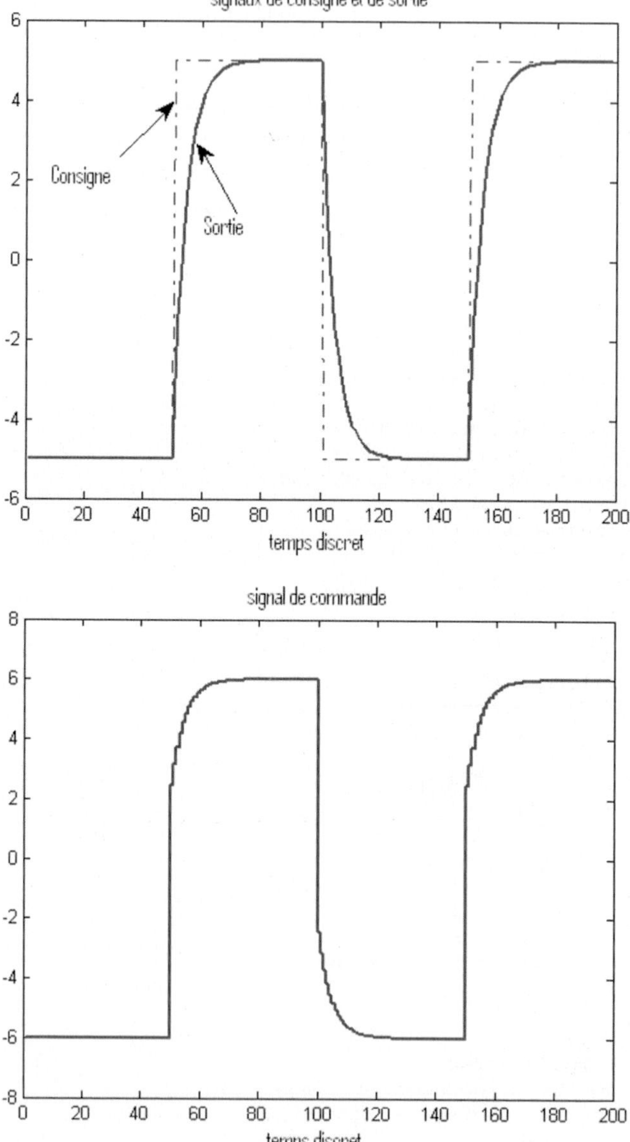

## V.2. Le système linéaire et invariant dans le temps, LTI

Dans MATLAB, un système LTI peut être défini par sa fonction de transfert, ses équations d'état, ses zéros, gain et pôles ainsi que par sa réponse en fréquences.

### *V.2.1. Fonction de transfert*

On peut créer ue fonction de transfert en spécifiant son numérateur et son dénominateur en utilisant la fonction `tf`.

Si l'on veut spécifier un système du 2nd ordre de coefficient d'amortissement optimal $\zeta = \frac{\sqrt{2}}{2}$ et une pulsation propre $\omega_0$, soit la fonction de transfert :

$$H(p) = \frac{1}{1 + 2\zeta \frac{p}{\omega_0} + \frac{p^2}{\omega_0^2}}$$

```
z=sqrt(2)/2 ;
w0=0.01;
num = [1];
den = [1/w0^2 2*z/w0 1];
sys = tf(num,den)
step(sys)
```

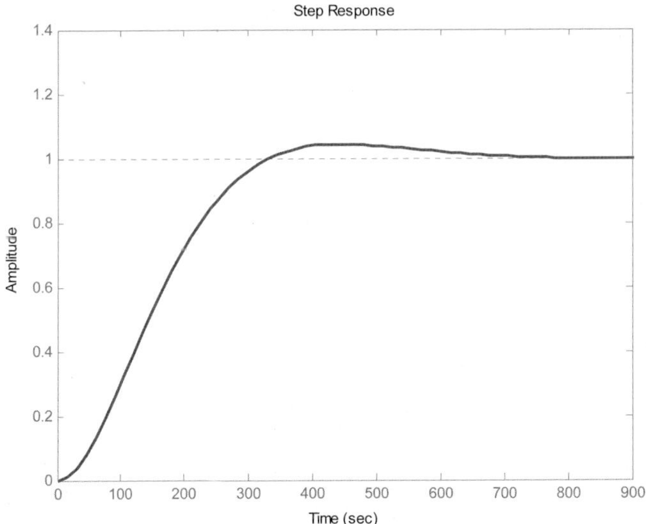


Notons que `step` donne la réponse indicielle quelque soit la définition de `sys` (équation d'état, ou autre).

Une autre façon plus simple d'écrire, en spécifiant le paramètre 's' de Laplace :

```
>> s=tf('s');
>> sys=1/(10000*s^2+141.4*s+1)
Transfer function:
           1
-----------------------
10000 s^2 + 141.4 s + 1
```

*V.2.2. Zéro-Pôle-Gain*

Pour spécifier la fonction de transfert suivante :

$$H(p)=\frac{1}{(p+2)(p+3)}$$

par la méthode ZPK, nous notons :

- 2 pôles de -2 et -3,
- Pas de zéro,
- Un gain de 1

```
>> sys = zpk([],[-2 -3],[1])
Zero/pole/gain:
     1
-----------
(s+2) (s+3)
```

La réponse impulsionnelle est obtenue par la commande `impulse`.

```
>> impulse(sys)
```

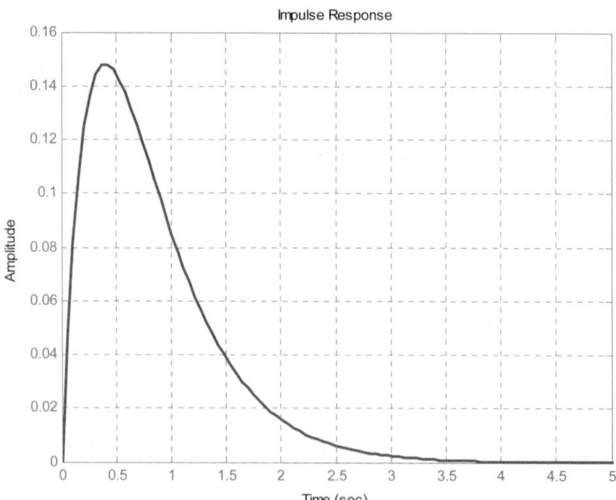

### *V.2.3. Espace d'état*

La commande `ss` permet de construire le modèle d'état en spécifiant les matrices d'état `A`, `B`, `C` et `D`.

La commande `zp2ss` permet de passer de la forme Zéros-Pôles vers la forme Espace d'Etat. Considérons l'exemple précédent.

```
>> [A,B,C,D]=zp2ss([],[-2 -3],[1])
A =
   -5.0000   -2.4495
    2.4495         0
B =
     1
     0
C =
         0    0.4082
D =
     0
```

Nous définissons le système par la commande `ss` pour laquelle nous transmettons ces matrices d'état.

```
>> sys=ss(A,B,C,D)

a =
              x1        x2
   x1         -5    -2.449
   x2      2.449         0

b =
          u1
   x1      1
   x2      0

c =
              x1        x2
   y1          0    0.4082

d =
          u1
   y1      0

Continuous-time model.
```

Nous retrouvons les 2 pôles par ses valeurs propres:

```
>> eig(sys)
ans =
    -3
    -2
```

L'opération de passage du modèle d'état à la méthode Zéros-Pôles se fait par `ss2zp`.

Nous pouvons passer de la fonction de transfert au modèle d'état par `tf2ss` et `ss2tf` respectivement.

Pour passer au modèle d'état discret, échantillonné à la cadence `T=0.1s`, nous utilisons la commande `c2dt`.

```
>> [Ad,Bd,Cd,Dd] = c2dt(A,B,C,0.1,0)
Ad =
    0.5850   -0.1908
    0.1908    0.9746

Bd =
    0.0779
    0.0104

Cd =
         0    0.4082

Dd =
     0
```

La commande `tf` peut aussi définir des systèmes multivariables. Pour un système à `m` sorties et `n` entrées, les polynômes `num` et `den` sont des tableaux de cellules de dimensions `m x n` où `num(i,j)` et `den(i,j)` spécifient la fonction de transfert liant l'entrée `j` à la sortie `i`.

Pour un système à 2 sorties et 1 entrée, un tel système peut être défini par sa fonction de transfert comme suit :

```
>> sys = tf( {1 ; 1 } , {[20 1] ; [10000 141.4 1]})

Transfer function from input to output...
         1
 #1:  --------
      20 s + 1

                   1
 #2:  -----------------------
      10000 s^2 + 141.4 s + 1
```

Nous trouvons les 2 réponses indicielles suivantes par la même commande `step`.

```
>> step(sys)
```

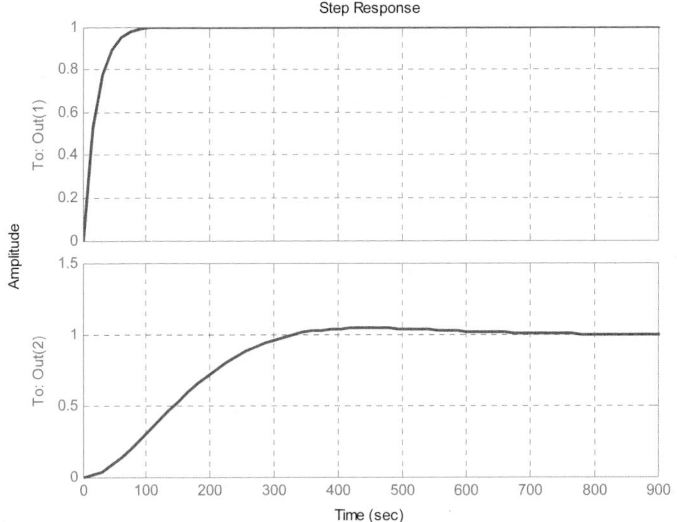


### *V.2.4. Les objets LTI et leurs propriétés*

Un système LTI créé par `tf`, `zpk`, ... est un objet qui possède des propriétés. L'implémentation des objets obéit à la programmation orienté Objets de MATLAB. Les objets sont des structures (Voir Chapitre Tableaux multidimensionnels) avec un flag qui indique leur classe (`tf`, `zpk`, `ss`, `frd`) et des champs appelés propriétés des objets.

Pour les objets LTI, ces propriétés comprennent :

- les données du modèle,
- la cadence d'échantillonnage,
- les retards,
- les noms des entrées et des sorties

Les fonctions opérant sur un objet particulier sont appelées « `méthodes` ». Certaines opérations peuvent être effectuées sur des LTI, comme l'addition, multiplication ou concaténation. Ces opérations sont dites « `surchargées` » en ce sens qu'elles s'appliquent au LTI avec la même syntaxe que pour les matrices, mais adaptées aux objets LTI. Les objets LTI obtenus après ces opérations sont héritées des objets LTI utilisés.

Selon la classe des objets LTI, ces derniers possèdent une priorité, ou obéissent aux règles de précédence.
On peut ajouter deux objets LTI de classes différentes mais la classe de l'objet LTI résultant sera de la classe ayant plus de priorité.
Si `sys1` est obtenu par `tf`, `sys2` obtenu par `ss`, alors l'objet : `sys1+sys2` sera de la classe `ss`.

Pour éviter ces règles de précédence, on peut forcer la classe de l'objet résultant, comme par `sys = sys1 + tf(sys2)`, ou `sys = tf(sys1 + sys2)`.

Le tableau suivant résume les résultats des opérations arithmétiques réalisées sur les objets LTI.

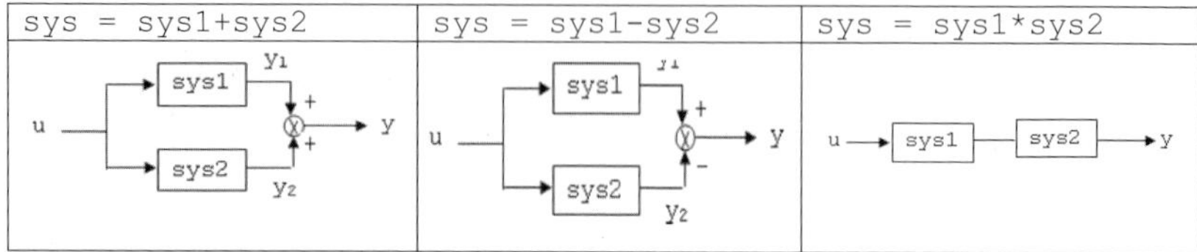


Les objets LTI possèdent tous, des propriétés génériques mais à chaque classe correspondent des propriétés spécifiques.

- **Propriétés génériques :**

| | | |
|---|---|---|
| InputDelay | Retards sur les entrées | Vecteur |
| InputGroup | Groupes des entrées | Structure |
| InputName | Noms des entrées | Cellule de chaînes |
| Notes | Notes sur le modèle | Texte |
| OutputDelay | Retards sur les sorties | Vecteur |
| OutputGroup | Groupes des sorties | Structure |
| OutputName | Noms des sorties | Cellule de chaînes |
| Ts | Cadence d'échantillonnage | Scalaire |
| UserData | Données additionnelles | Type arbitraire |

La période d'échantillonnage `Ts` maintient la valeur de la période des systèmes discrets. Par convention, `Ts` est nulle pour des systèmes continus. `Ts` vaut -1 pour des systèmes dont on ne spécifie pas la période d'échantillonnage.

`InputDelay`, `OutputDelay`, permettent de spécifier des retards purs sur les entrées ou les sorties.

Les propriétés `InputName` et `OutputName` permettent de donner un nom à chacune des entrées et sorties. Par défaut, si on ne spécifie pas de nom, ces propriétés sont des cellules vides.

Considérons l'exemple suivant :

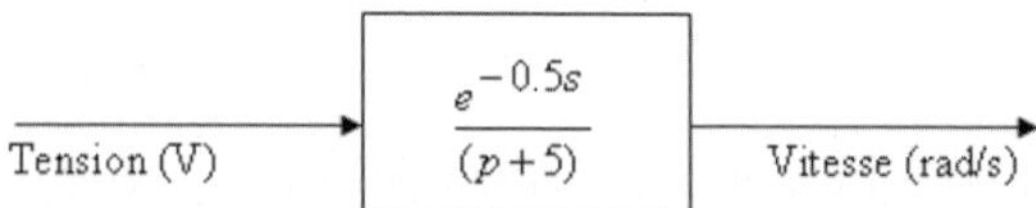


```
>> sys = tf(1,[1 5],'Inputdelay',0.5);
>> set(sys,'inputname','Tension (V)','outputname', ...
'Vitesse (rad/s)','notes','modèle d''un moteur CC')
```

En invoquant la variable sys, nous retrouvons toutes les propriétés de l'objet.

```
>> sys
Transfer function from input "Tension (V)" to output "Vitesse
(rad/s)":
                   1
exp(-0.5*s) * -----
                s + 5
```

Le type de ces propriétés sont rappelées grâce à la commande set(sys).

```
>> set(sys)
num: Ny-by-Nu cell array of row vectors (Nu = no. of inputs)
den: Ny-by-Nu cell array of row vectors (Ny = no. of outputs)
      ioDelay: Ny-by-Nu array of delays for each I/O pair
     Variable: [ 's' | 'p' | 'z' | 'z^-1' | 'q' ]
           Ts: Scalar (sample time in seconds)
   InputDelay: Nu-by-1 vector
  OutputDelay: Ny-by-1 vector
    InputName: Nu-by-1 cell array of strings
   OutputName: Ny-by-1 cell array of strings
   InputGroup: structure with one field per channel group.
  OutputGroup: structure with one field per channel group.
         Name: String
        Notes: Text
     UserData: Arbitrary
```

Pour retrouver la valeur d'une propriété, on utilise la commande get (Voir Chapitre handle Graphics) en spécifiant la propriété que l'on recherche.

Ci-dessous, on recherche le nom du signal d'entrée et les notes sur le modèle.

```
>> get(sys,'InputName')
ans =
    'Tension (V)'
```

```
>> get(sys,'Notes')
ans =
    'modèle d'un moteur CC'
```

La commande get(sys) permet d'avoir toutes les valeurs spécifiées des propriétés de l'objet.

```
>> get(sys)
          num: {[0 1]}
          den: {[1 5]}
      ioDelay: 0
     Variable: 's'
           Ts: 0
```

```
   InputDelay: 0.5
  OutputDelay: 0
    InputName: {'Tension (V)'}
   OutputName: {'Vitesse (rad/s)'}
   InputGroup: [1x1 struct]
  OutputGroup: [1x1 struct]
         Name: ''
        Notes: {'modèle d'un moteur CC'}
     UserData: []
```

- **Propriétés spécifiques pour zpk :**

| | | |
|---|---|---|
| z | Zéros | Tableau de cellules en vecteurs colonnes. |
| p | Pôles | Tableau de cellules en vecteurs colonnes. |
| k | Gain | Matrice réelle |
| variable | Variable de la function de transfert : | Texte |
| ioDelay | Retards sur les entrées et les sorties | Matrice |

Pour voir comment sont implémentées ces propriétés pour le même exemple précédent, nous forçons sa classe à celle du `zpk`. Le nouvel objet sera appelé `sys_zpk`.

```
>> sys_zpk=zpk(sys)

Zero/pole/gain from input "Tension (V)" to output "Vitesse
(rad/s)":
                1
exp(-0.5*s) * -----
              (s+5)
```

Pour avoir le pôle, par exemple, on utilise la même commande `get`.

```
>> get(sys_zpk,'p')
ans =

    [-5]
```

Les différentes propriétés sont définies comme suit :

```
>> get(sys_zpk)
                 z: {[0x1 double]}
                 p: {-5}
                 k: 1
           ioDelay: 0
     DisplayFormat: 'roots'
          Variable: 's'
                Ts: 0
```

```
        InputDelay: 0.5
       OutputDelay: 0
         InputName: {'Tension (V)'}
        OutputName: {'Vitesse (rad/s)'}
        InputGroup: [1x1 struct]
       OutputGroup: [1x1 struct]
              Name: ''
             Notes: {'modèle d'un moteur CC'}
          UserData: []
```

- **Propriétés spécifiques pour ss :**

:

| a | Matrice d'état A | Matrice 2D |
|---|---|---|
| b | Matrice de commande B | Matrice 2D |
| c | Matrice d'observation C | Matrice 2D |
| d | Matrice de passage direct D | Matrice 2D |
| e | Descripteur de la moyenne de l'état. | Matrice 2D |
| InternalDelay | Retards internes | Vecteur |
| StateName | Noms des états | Vecteur de cellules |
| Scaled | Etat mis à l'échelle pour une meilleure précision ? | 0 pour faux, 1 pour vrai |

On fait de même que précédemment en forçant la classe `ss`.

```
>> sys_ss=ss(sys)
a =
        x1
   x1   -5

b =
        Tension (V)
   x1             1

c =
                  x1
   Vitesse (rad    1

d =
                  Tension (V)
   Vitesse (rad             0

Input delays (listed by channel): 0.5

Continuous-time model.

>> get(sys_ss)

                  a: -5
```

```
                b: 1
                c: 1
                d: 0
                e: []
           Scaled: 0
        StateName: {''}
    InternalDelay: [0x1 double]
               Ts: 0
       InputDelay: 0.5
      OutputDelay: 0
        InputName: {'Tension (V)'}
       OutputName: {'Vitesse (rad/s)'}
       InputGroup: [1x1 struct]
      OutputGroup: [1x1 struct]
             Name: ''
            Notes: {'modèle d'un moteur CC'}
         UserData: []
```

Dans le cas de ce modèle du 1$^{er}$ ordre, les matrices d'état sont des scalaires.

- **Propriétés spécifiques pour frd**

| Frequency | Données en fréquences | Vecteur réel |
|---|---|---|
| ResponseData | Réponse en fréquences | Tableau multidimensionnel de valeurs complexes. |
| Units | Unités de fréquence | Chaîne : rad/s ou Hz |

Le mode `frd` concerne la réponse en fréquences du système (uniquement des données en fréquences).

Considérons un simple système du 1er ordre de fonction de transfert :

$$H(p) = \frac{1}{p+5}$$

Nous cherchons la réponse en fréquences de ce système dans la bande de fréquences de 0 à 100 Hz.

```
>> sys=tf(1,[1 5]);
>> sys = frd(sys,0:100,'Units','Hz')
```

Les 10 premières réponses en fréquences sont:

```
 Frequency(Hz)              Response
 -------------              --------
       0             2.000e-001 + 0.0000i
       1             7.755e-002 - 0.0974i
       2             2.734e-002 - 0.0687i
       3             1.315e-002 - 0.0496i
       4             7.614e-003 - 0.0383i
       5             4.941e-003 - 0.0310i
       6             3.457e-003 - 0.0261i
       7             2.552e-003 - 0.0224i
```

```
     8             1.960e-003 - 0.0197i
     9             1.551e-003 - 0.0175i
    10             1.259e-003 - 0.0158i
```

### *V.2.5. Les systèmes LTI dans SIMULINK*

Dans la partie SIMULINK de la boite à outils «`Control System Toolbox`», nous pouvons utiliser le bloc `LTI System` pour définir un modèle LTI soit sous forme de fonction de transfert soit sous ses autres formes comme les équations d'état.

Dans le cas suivant, nous le définissons sous la forme de fonction de transfert dont nous spécifions le numérateur et le dénominateur.

Soit le modèle suivant du 1er ordre de constante de temps 20 s et de gain statique unité :

$$H(p)=\frac{1}{20p+1}$$

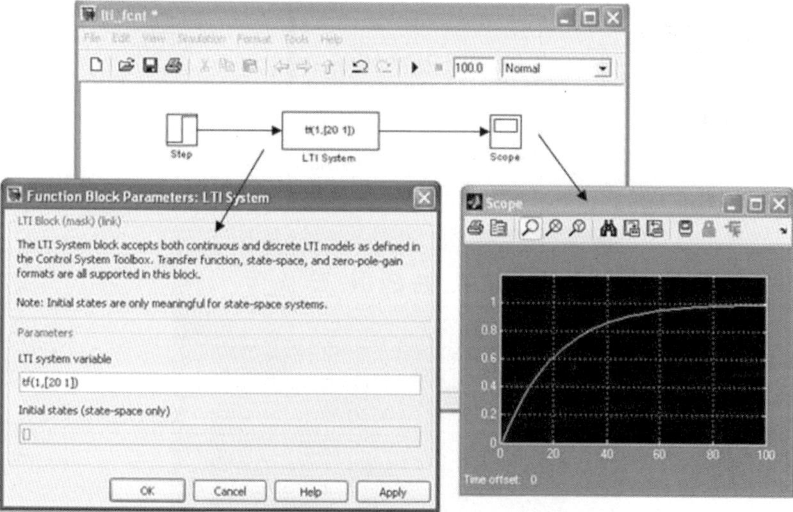


Dans le champ `LTI system variable`, nous pouvons utiliser les commandes vues précédemment.

Nous définissons les matrices d'état d'un système défini par la méthode zéros-pôles-gain.

```
>> [A,B,C,D]=zp2ss([],[-2 -3],[1])
A =
   -5.0000   -2.4495
    2.4495         0
```

```
B =
     1
     0

C =
          0    0.4082

D =
     0
```

Nous utilisons la commande `ss(A,B,C,D)` dans le champ `LTI system variable` du bloc, comme on peut le voir en double-cliquant sur ce bloc.

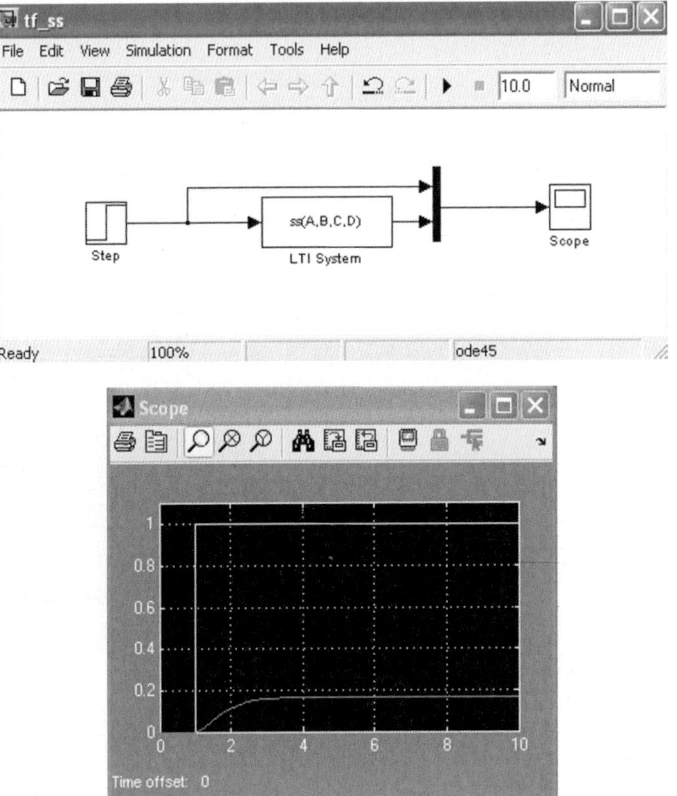


Les matrices `A`, `B`, C, `D` peuvent être entrées directement dans un callback de la fenêtre du modèle SIMULINK (Voir chapitre `Callbacks`).

On utilisera le callback `InitFcn` qui est appelé à chaque initialisation du modèle SIMULINK, `tf_ss.mdl`.

Les fonctions MATLAB, exécutées sont celles où l'on spécifie ces matrices.

On choisit l'option `Model Properties` du menu `File`.

La commande exécutée sera alors le calcul des matrices d'état par `zp2ss`.

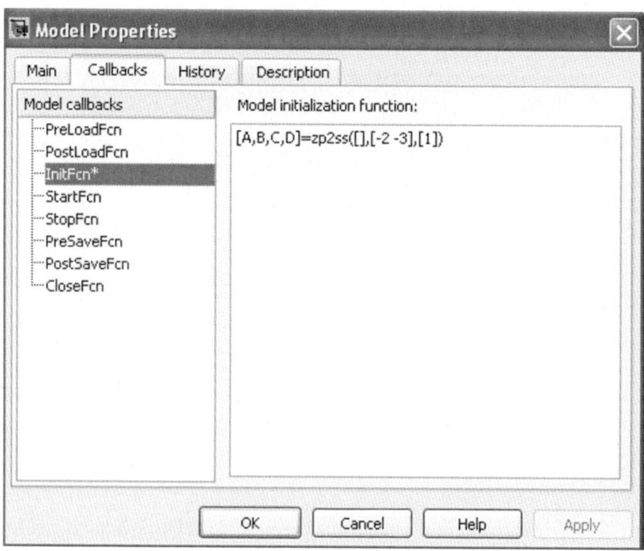


Nous obtenons les mêmes courbes du signal d'entrée et de sortie sur l'oscilloscope.

### *V.2.6. LTI viewer*

Le `LTI viewer` est un outil qui permet de spécifier les caractéristiques des objets LTI.

C'est un interface graphique (`GUI : graphical user interface`) qui simplifie l'analyse d'un système LTI.

Il permet de comparer plusieurs réponses en même temps, étudier l'effet de paramètres sur la réponse d'un système, étudier la stabilité, les marges de gain et de phase, le temps de réponse, etc.

Pour ouvrir cet éditeur, nous pouvons utiliser la commande suivante :

```
>> ltiview
```

Nous obtenons l'interface graphique suivant :

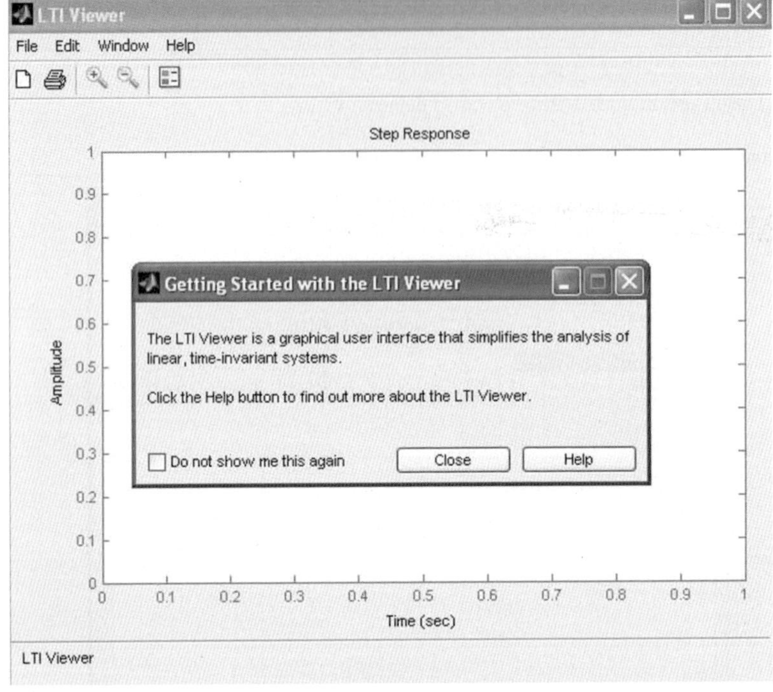


Pour ouvrir `LTI viewer` afin d'étudier un exemple de LTI, nous pouvons le spécifier entre parentheses.

MATLAB permet la sauvegarde de systèmes LTI, sous forme de fichiers binaires qu'on ouvre grâce à la commande `load`, comme par exemple `sys_dc`.

```
>> load ltiexamples
>> whos
  Name            Size              Bytes  Class     Attributes

  G               1x1                2526  tf
  Gcl1            1x1                2526  tf
  Gcl2            1x1                2526  tf
  Gcl3            1x1                2526  tf
  Gservo          1x1                2812  zpk
  clssF8          2x2                2993  ss
  diskdrive       1x1                2860  zpk
  frdF8           2x2                2806  frd
  frdG            1x1                2330  frd
  freq            5x1                  40  double
  gasf            4x6               11429  ss
```

```
hplant        1x1          10589  ss
m2d           4-D           6850  tf
respF8        2x2x5          320  double    complex
respG         5x1             80  double    complex
ssF8          2x2           2993  ss
sys_dc        1x1           2385  ss
```

Nous avons différents systèmes LTI de différentes classes, `ss`, `tf`, `zpk` ou `frd`.

Pour étudier ce système dans `LTI viewer`, nous le spécifions entre parenthèses.

```
>> ltiview(sys_dc)
```

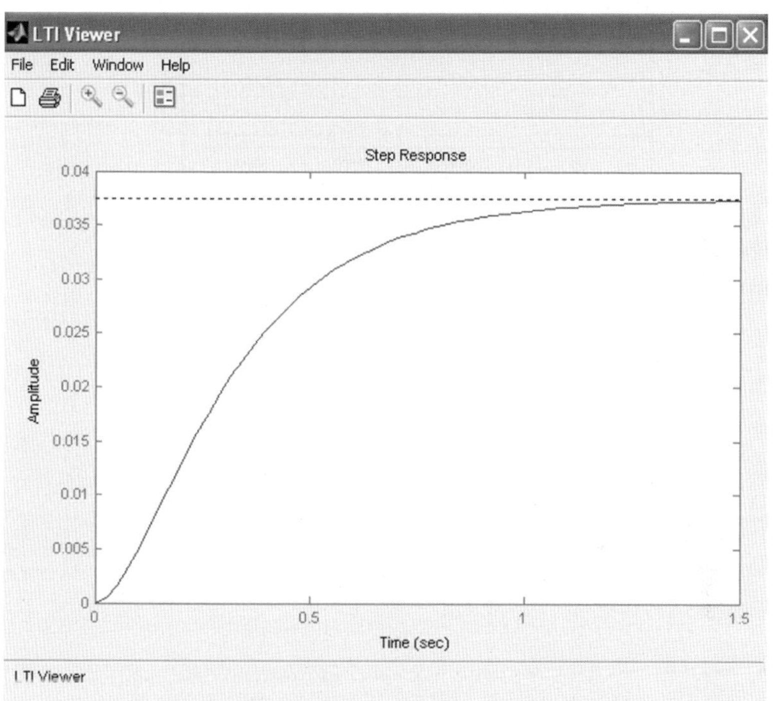


Le `Viewer Preferences` qui permet de spécifier les préférences d'affichage des courbes, textes, mode d'affichage des axes (linéaire ou logarithmique), etc. peut être ouvert par le menu `Edit`, en choisissant `Viewer Preferences`.

On peut spécifier les unités de fréquence, le style du texte, etc.

Le `Viewer Preferences` peut être aussi ouvert par la commande suivante :

```
>> ctrlpref
```

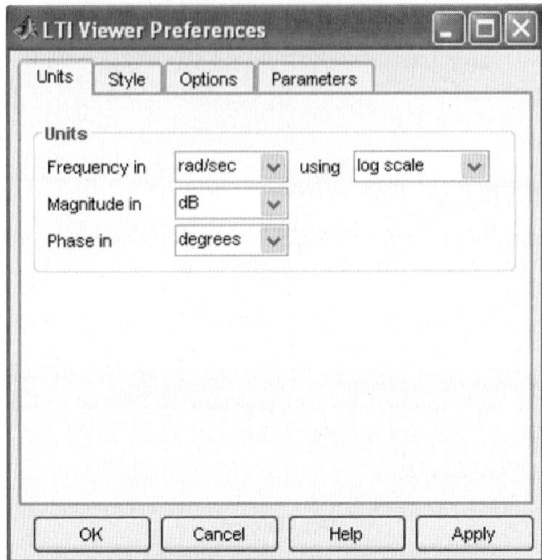


Par défaut, les fréquences sont spécifiées en rad/s, les amplitudes en dB et les phases en degrés.

Comme les amplitudes sont en dB, l'échelle est alors logarithmique.

## Chapitre 16

# Contrôle par logique floue



## I. Principe fondamental

La notion d'ensemble flou permet de définir une appartenance graduelle d'un élément à une classe, c'est à dire appartenir plus ou moins fortement à cette classe. L'appartenance d'un objet à une classe est ainsi définie par un degré d'appartenance entre 0 et 1.

Pour mettre en évidence cette notion, un exemple intéressant est l'âge d'une personne, pour lequel on définit 3 classes, « jeune », « âge moyen » et « âgé » dans l'intervalle allant de 0 à 100 ans.

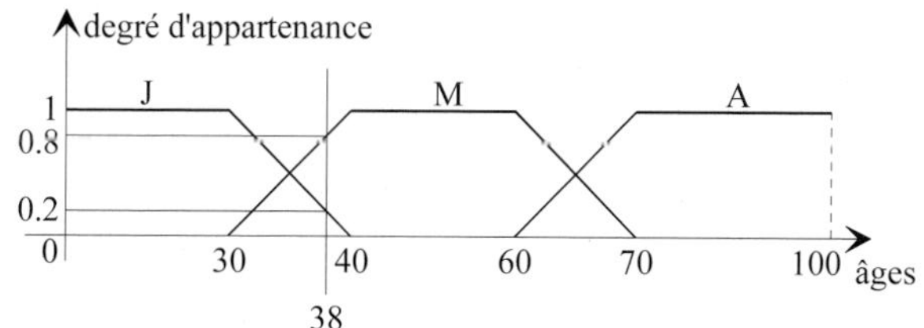


Selon cette logique, un individu âgé de 38 ans est à 20% jeune et à 80% d'âge moyen, soit des degrés d'appartenance de 0.2 à l'ensemble flou J et 0.8 à l'ensemble flou M.
Les ensembles flous J, M et A sont représentés par des fonctions d'appartenance (en Z pour l'ensemble J, trapézoïdale pour M et en S pour A).


N. Martaj, M. Mokhtari, *MATLAB R2009, SIMULINK et STATEFLOW pour Ingénieurs, Chercheurs et Etudiants*, DOI 10.1007/978-3-642-11764-0_16, © Springer-Verlag Berlin Heidelberg 2010

Il existe plusieurs types de fonctions d'appartenance : triangulaire, gaussienne, etc.
Le domaine dans lequel la logique floue a été le plus appliquée est la conduite de procédés industriels dont on ne possède pas de modèle mathématique ou trop fortement non linéaires.

Considérons le cas du pendule inversé, pour lequel on doit maintenir le pendule à sa position verticale en agissant sur la force appliquée au chariot qui le supporte.

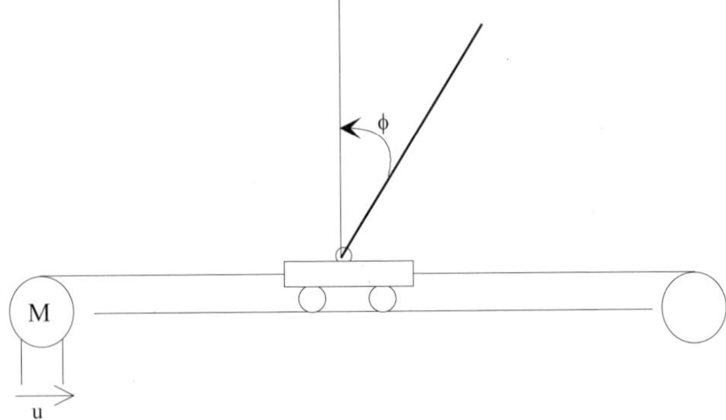


Il existe 3 étapes essentielles dans la mise en œuvre d'un régulateur flou comme le montre le schéma ci-dessous :

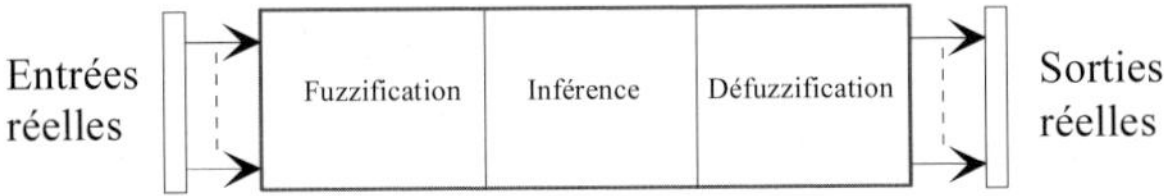


## II. Etapes de mise en œuvre d'un contrôleur flou

### II.1. Etape de fuzzification

L'étape de fuzzification consiste à définir des ensembles flous pour les variables d'entrée et de sortie.

Pour chacune de ces variables, on doit connaître a priori son intervalle de définition. Dans la plupart des cas, le régulateur flou reçoit comme variables d'entrée, l'erreur entre la sortie du processus et le signal de consigne ainsi que la variation de cette erreur.

La dérivée de cette erreur suffit pour représenter sa variation.

Ainsi la loi de commande peut être schématisée comme suit :

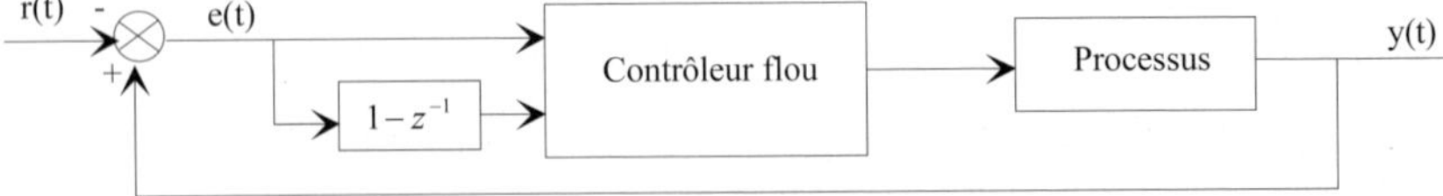

Dans le cas du pendule inversé, il s'agit d'avoir $\phi = 0$. L'erreur et sa variation sont alors :

$$e(t) = y(t)$$
$$\Delta e(t) = y(t) - y(t-1)$$

On considère que le pendule n'est pas récupérable s'il sort du domaine [-20°, 20°], que la variation maximale de l'angle est de 10° en valeur absolue. On définit chacune de ces variables par 3 ensembles flous définis par des fonctions d'appartenance triangulaires (N pour négative, Z pour zéro et P pour positive).

Si la tension appliquée à l'induit du moteur, qui est la sortie du régulateur, est limitée à l'intervalle [-10V; 10V], on choisit de la définir par 5 ensembles flous (NG : négative grande, N : négative, Z : zéro, P : positive et PG : positive grande) de formes triangulaires. L'étape de fuzzification consiste à avoir une définition floue des entrées-sorties.

L'erreur sera l'écart angulaire entre le signal de sortie et le signal de consigne imposé (angle nul). La variation de l'erreur est la différence entre l'erreur à l'instant courant kT à celle de l'instant précédent (k-1)T.
Si on estime que les valeurs maximales, en valeur absolue, de l'erreur et de sa variation, sont respectivement égales à 20 et à 10, nous obtenons les ensembles flous suivants qui définiront les entrées-sorties du régulateur.

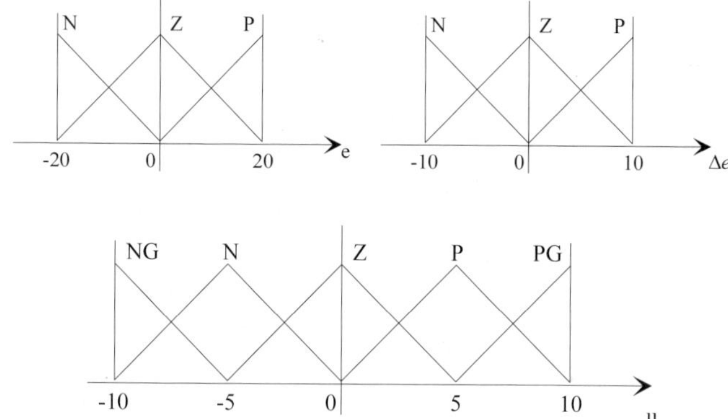


## II.2. Etape d'inférence

C'est l'étape où l'on établit les règles floues qui permettent d'aboutir à la commande en fonction des valeurs de l'erreur et de sa variation.

En général, la commande dépend non seulement de l'erreur mais aussi de sa variation. Dans le cas du pendule, il faut le ramener à la position de consigne d'autant plus énergiquement qu'il s'en éloigne et que sa vitesse est grande.

Les règles floues lient la variable de sortie aux variables d'entrée afin de tirer des conclusions ou déductions floues.

Une règle floue comporte une prémisse du genre « Si l'erreur est négative ET la variation de l'erreur est négative » et une déduction floue du type « Alors u est positive grande ». Dans le cas où les deux variables d'entrée sont définies, chacune, par 3 ensembles flous, on aboutit à 9 règles floues, lesquelles, dans le cas particulier du pendule inversé sont données par la table, dite d'inférence, suivante.

| $\Delta e$ \ e | N | Z | P |
|---|---|---|---|
| N | PG | P | Z |
| Z | P | Z | N |
| P | Z | N | NG |

Il faut remarquer que dans le cas de cette table, le régulateur flou fournit un incrément de commande que l'on ajoute, à chaque pas d'échantillonnage, à la commande appliquée précédemment. Les 3 cas où la commande est Z, sont ceux où l'on doit garder la même commande, soit :

- l'erreur est Z et sa variation est Z (pendule à la position de consigne),
- l'erreur est P mais sa variation est N,
- l'erreur est N mais sa variation est P.

Dans les 2 derniers cas, le pendule revient de lui-même à la position de consigne.

Après l'édition des règles, il reste à calculer les degrés d'appartenance de la variable de sortie à tous les ensembles flous qui lui sont associés.

Aux 5 ensembles flous de la variable de sortie correspondent 5 déductions floues.

1. Si ( $e$ est N) ET ( $\Delta e$ est N) ALORS u est PG,
2. Si {( $e$ est N) ET ( $\Delta e$ est Z)} OU {( $e$ est Z) ET ( $\Delta e$ est N)} ALORS u est P,
3. Si {( $e$ est Z) ET ( $\Delta e$ est Z)} OU {( $e$ est P) ET ( $\Delta e$ est N)} OU {( $e$ est N) ET ( $\Delta e$ est P)} ALORS u est Z,
4. Si {( $e$ est P ET ( $\Delta e$ est Z)} OU {( $e$ est Z) ET ( $\Delta e$ est P} ALORS u est N
5. Si ( $e$ est P) ET ( $\Delta e$ est P) ALORS u est NG.

Chaque règle est composée de prémisses liées par les opérateurs `ET`, `OU` et donne lieu à une implication par l'opérateur `ALORS`.

La méthode de Mamdani consiste à utiliser l'opérateur `min` pour le `ET` et l'opérateur `max` pour le `OU`.

Plusieurs règles peuvent être activées en même temps, i.e. que chacune de leurs prémisses possède un degré d'appartenance non nul. Ceci dépend des types de fonctions d'appartenance utilisées ; en l'occurrence toutes les règles sont, à chaque instant d'échantillonnage, plus ou moins activées si l'on choisit des fonctions d'appartenance de forme gaussienne.

L'agrégation de ces règles, opération qui doit aboutir à une seule valeur de la variable de sortie, se fait par l'opérateur `max` , comme si les règles étaient liées par l'opérateur `OU`.

Cette méthode peut être illustrée, comme suit, dans le cas de l'agrégation des règles 1 et 2.

Chaque prémisse de la règle 1 est mise en évidence par l'écrêtage de la fonction d'appartenance PG soit par le degré d'appartenance de $e$ à l'ensemble N, soit par celui de $\Delta e$ à l'ensemble N.

Comme les clauses de la prémisse de la règle sont liées par l'opérateur ET, on écrête l'ensemble PG de la variable u par le minimum des 2 degrés d'appartenance, comme le montre la figure suivante :

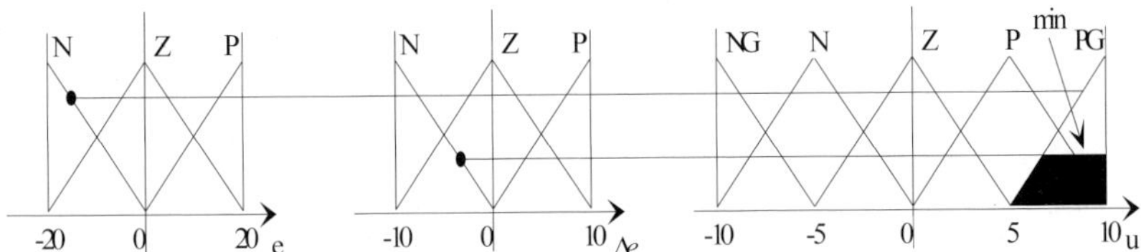


La règle 2 possède 2 prémisses liées par l'opérateur OU. Pour chacune de ces prémisses, on réalise la même opération que pour la règle 1.

L'opérateur OU étant remplacé par l'opérateur `max`, on prendra le maximum des 2 surfaces obtenues.

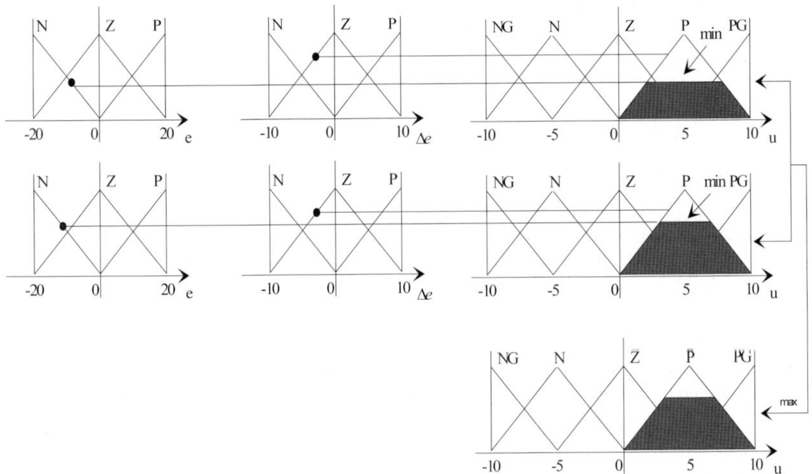


L'agrégation des règles 1 et 2 se fait en prenant en chaque point de l'ensemble de définition de la variable de sortie (univers de discours), le maximum des surfaces obtenues.

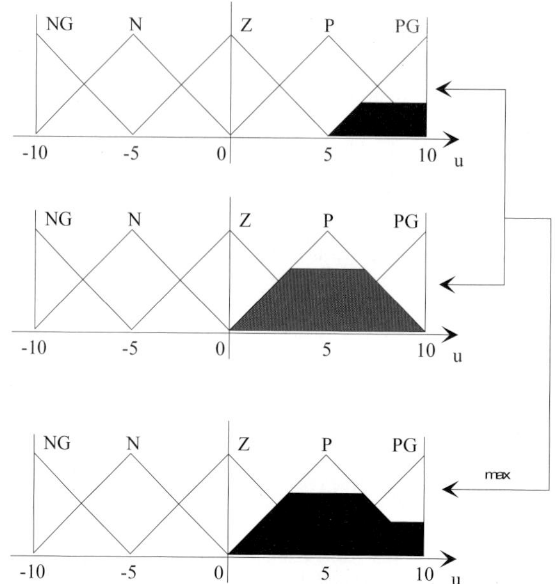


Si les règles 1 et 2 sont activées en même temps, la fonction d'appartenance de la variable de sortie est symbolisée par la surface pleine ci-dessus.

Cette méthode est dite « `inférence max-min` ». Une autre méthode, dénommée « `som-prod` » consiste à utiliser le produit pour le `ET` et la demi-somme pour le `OU`.

## II.3. Etape de défuzzification

Lors de la fuzzification, pour chaque variable d'entrée réelle, on calcule ses degrés d'appartenance aux ensembles flous qui lui sont associés.

Dans l'étape de défuzzification, on réalise l'opération inverse, à savoir, obtenir une valeur réelle de la sortie à partir des surfaces obtenues dans l'étape d'inférence.
Il existe plusieurs méthodes de défuzzification, dont la plus utilisée est celle du centre de gravité.

La boîte à outils « `Fuzzy Logic TOOLBOX` » dispose de plusieurs types de défuzzification :

| | | |
|---|---|---|
| `'centroid'` | : | centre de gravité de la surface, |
| `'bisector'` | : | bissecteur de la surface, |
| `'mom'` | : | moyenne des maximas, |
| `'som'` | : | plus petit des maximas en valeur absolue, |
| `'lom'` | : | plus grand des maximas en valeur absolue. |

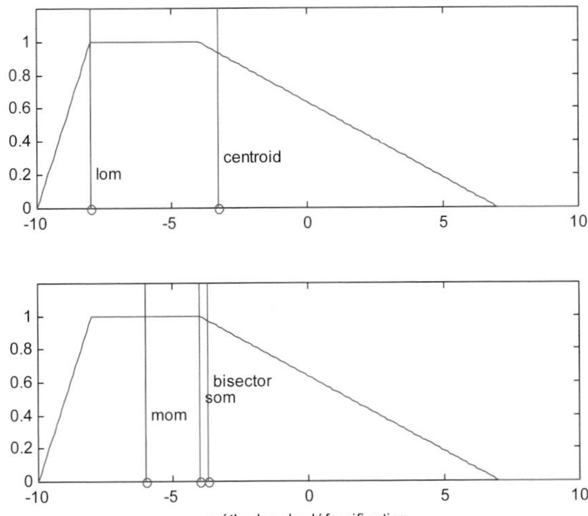


Parmi ces méthodes, les plus utilisées sont la méthode du centre de gravité `'centroid'` et celle de la moyenne des maximas `'mom'`.
La méthode `'centroid'` calcule le centre de gravité de la surface obtenue après l'étape d'inférence et le projette sur l'axe horizontal. On réalise ainsi la moyenne de toutes les valeurs de la variable de sortie, chacune pondérée par son degré d'appartenance.

La méthode `'mom'` ou la moyenne des maximas correspond à un simple calcul de moyenne arithmétique des valeurs ayant le plus grand degré d'appartenance (1 dans le cas de la figure précédente pour toutes les valeurs allant de -8 à -4 par pas de 0.1).

Les méthodes `som` et `lom` consistent à prendre, respectivement, le plus petit et le plus grand des maximas, qui sont, dans le cas précédent, les valeurs -8 et -4.

Ces 2 dernières méthodes, ne requièrent aucune opération en virgule flottante car il s'agit seulement de la recherche des valeurs maximales dont on prend le `min` ou le `max`; en contrepartie les valeurs sont très imprécises car il n'y a qu'une seule valeur qui est retenue (la plus faible ou la plus élevée).

La méthode la plus précise où toutes les valeurs de l'univers de discours interviennent plus ou moins fortement suivant le degré d'appartenance est celle du centre de gravité.

La figure suivante montre que le nombre d'opérations en virgule flottante augmente linéairement avec la précision du résultat de la défuzzification en partant du type `mom`, moyenne des maximas à celui du centre de gravité, `centroid`.

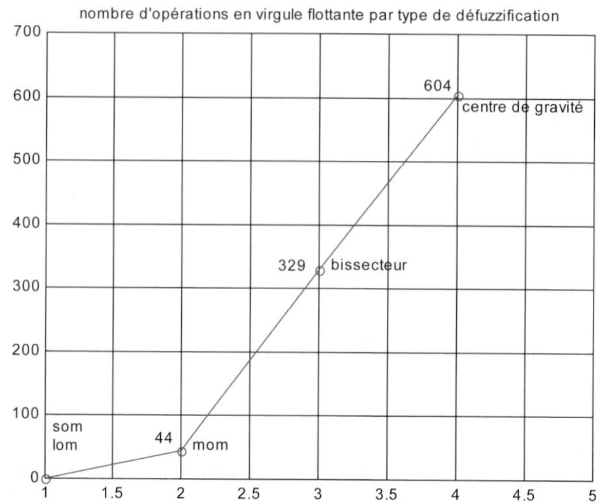


## III. L'interface graphique de la boîte à outils Fuzzy Logic TOOLBOX

La commande `fuzzy` permet d'ouvrir l'interface graphique `FIS` Editor dans laquelle on peut définir complètement le système flou. Par défaut, l'interface propose une entrée et une sortie avec la méthode de Mamdani. Les opérateurs `ET` et `OU` sont réalisés respectivement par le `min` et le `max`, l'implication se fait par le `min`, l'agrégation des règles par le `max` et la défuzzification par la méthode du centre de gravité (`centroid`).

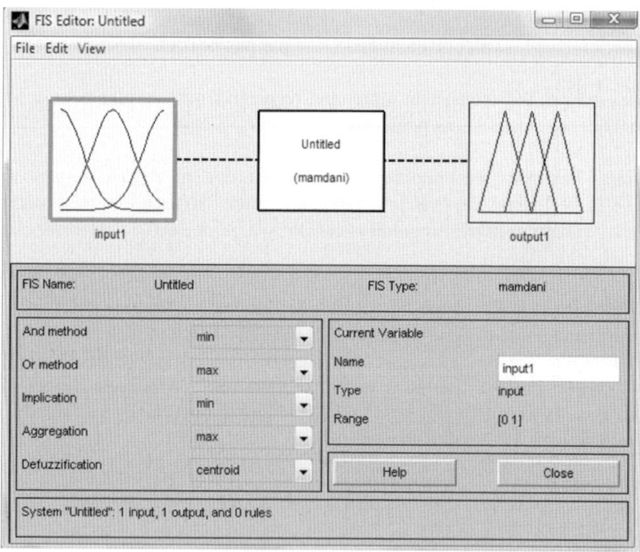

On décrit ci-après les différents menus et leurs options.

- **Menu File**

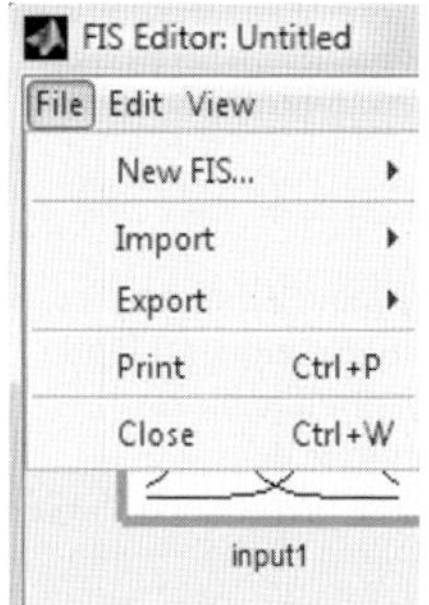


| | | |
|---|---|---|
| `New FIS ...` | : | nouveau système flou de type Mamdani ou Sugeno, |
| `Import` | : | lecture d'un système flou sauvegardé sur disque (fichier .FIS), |
| `Export` | : | Export du système flou vers l'espace de travail ou un fichier, |
| `Print` | : | impression, |
| `Close` | : | Fermeture de la fenêtre. |

- **Menu Edit**

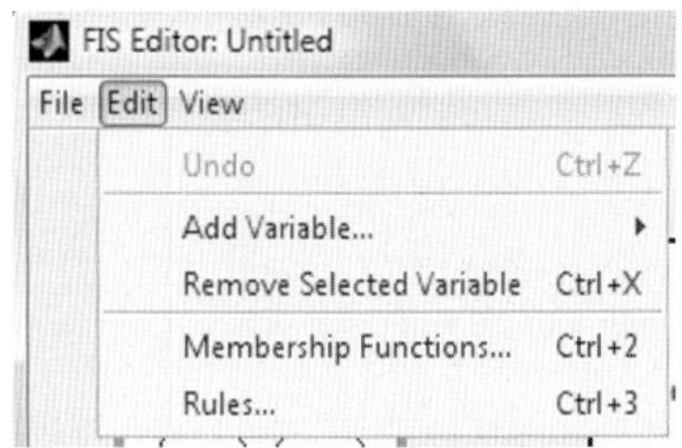


| | | |
|---|---|---|
| `Undo` | : | annuler la dernière modification, |
| `Add Variable` | : | ajout d'une variable d'entrée ou de sortie, |
| `Remove Selected Variable` | : | suppression de la variable d'entrée ou de sortie préalablement sélectionnée, |
| `Membership Functions` | : | édition des fonctions d'appartenance (ensembles flous), |
| `Rules` | : | édition des règles floues. |

- **Menu View**

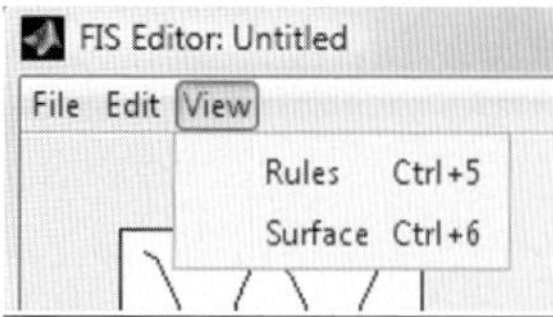


`Rules` : permet de passer à la fenêtre `Rule Viewer` dans laquelle on peut donner à toutes les variables d'entrée des valeurs quelconques à l'aide de la souris ou par des valeurs numériques en les entrant dans le vecteur ligne `Input`. On observe ainsi la surface floue de la variable de sortie ainsi que sa valeur numérique après défuzzification,

`Surface` : permet de passer à la fenêtre `Surface Viewer` dans laquelle est affichée la surface représentant la variable de sortie en fonction des variables d'entrée.

Les différentes fenêtres de l'édition d'un système flou seront étudiées sur l'exemple suivant où l'on réalise un contrôleur flou pour réguler un processus du premier ordre.
On considère un processus de fonction de transfert :

$$H(z) = \frac{0.8\,z^{-1}}{1-0.5\,z^{-1}}$$

que l'on veut réguler en logique floue, afin que la sortie y(t) suive la consigne r(t).
Le régulateur aura 2 entrées : l'erreur de poursuite e(t) et sa variation Δe(t),

$$e(t) = y(t) - r(t)$$
$$\Delta e(t) = e(t) - e(t-1)$$

On définit pour chacune des entrées, dénommées respectivement `erreur` et `d_erreur`, 3 ensembles flous avec des fonctions gaussiennes sur l'intervalle de valeurs `[-10 ; 10]`.

Dans la fenêtre `FIS Editor : Untitled`, ouverte par la commande `fuzzy`, on ajoute une deuxième entrée par l'option `Add input` du menu `Edit`.

Pour chacune de ces entrées ou sorties, sélectionnée à la souris, on a la possibilité de spécifier un nom et de choisir entre les méthodes `max-min`, `som-prod`, etc.

En double-cliquant sur l'une d'elles, on ouvre la fenêtre d'édition des fonctions d'appartenance dans laquelle on peut choisir le nombre et le type de ces fonctions, l'intervalle de valeurs de cette variable.

La sélection à la souris de chacune des fonctions d'appartenance permet de lui donner un nom auquel on fera référence dans les règles floues.

La fenêtre suivante montre que la variable erreur est définie sur l'intervalle `[-10 ; 10]` sur lequel on spécifie 3 fonctions d'appartenance gaussiennes, nommées respectivement `Negative`, `Nulle` et `Positive`.

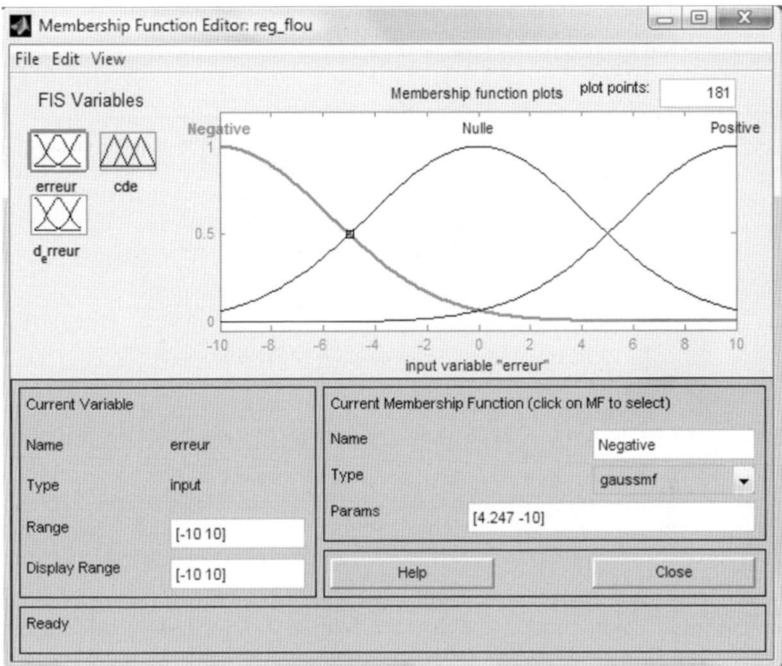


Lorsque toutes les variables d'entrée et de sortie sont complètement définies, on ouvre la fenêtre `Rule Editor` par l'option `Edit` ... `Rules`.

Dans la fenêtre suivante, un nouveau menu, `Options`, permet de choisir la langue dans laquelle on écrit les règles.

Chaque règle peut être pondérée par un coefficient que l'on écrit à la fin et entre parenthèses. Par défaut ce coefficient vaut 1.

Tous les ensembles flous des différentes variables sont affichés ; il suffit de cliquer sur l'ensemble adéquat pour chacune des règles.

Dans le cas affiché ci-dessus, il s'agit de la règle 8 :

```
Si erreur est Positive ET d_erreur est Nulle Alors cde est N
```

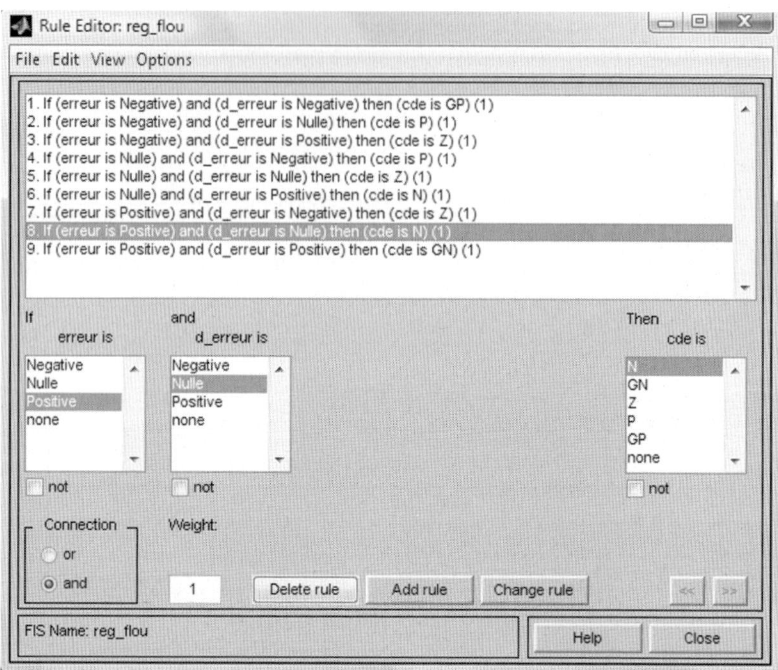


L'option `Edit … FIS properties` permet de revenir à la fenêtre `FIS Editor`, de même pour que pour `Membership Functions` pour la fenêtre d'édition des fonctions d'appartenance de la variable (entrée ou sortie) considérée.

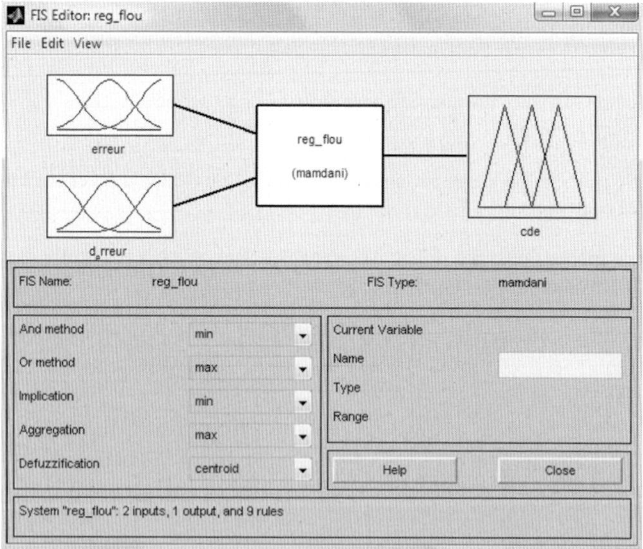

On sauvegarde ensuite le système sous forme d'un fichier d'extension `.FIS`, `reg_flou` dans le cas de notre exemple. La lecture de ce fichier à l'aide de l'éditeur-déboggeur intégré permet d'avoir la description textuelle du régulateur.

```
>> edit reg_flou.fis

[System]
Name='reg_flou'
Type='mamdani'
NumInputs=2
NumOutputs=1
NumRules=9
AndMethod='min'
OrMethod='max'
ImpMethod='min'
AggMethod='max'
DefuzzMethod='centroid'

[Input1]
Name='erreur'
Range=[-10 10]
NumMFs=3
MF1='Negative':'gaussmf',[4.247 -10]
MF2='Nulle':'gaussmf',[4.247 0]
MF3='Positive':'gaussmf',[4.247 10]

[Input2]
Name='d_erreur'
Range=[-10 10]
NumMFs=3
MF1='Negative':'gaussmf',[4.247 -10]
MF2='Nulle':'gaussmf',[4.247 0]
MF3='Positive':'gaussmf',[4.247 10]

[Output1]
Name='cde'
Range=[-10 10]
NumMFs=5
MF1='N':'trimf',[-10 -5 0]
MF2='GN':'trimf',[-15 -10 -5]
MF3='Z':'trimf',[-5 0 5]
MF4='P':'trimf',[0 5 10]
MF5='GP':'trimf',[5 10 15]

[Rules]
1 1, 5 (1) : 1
1 2, 4 (1) : 1
1 3, 3 (1) : 1
2 1, 4 (1) : 1
2 2, 3 (1) : 1
2 3, 1 (1) : 1
```

```
3 1, 3 (1) : 1
3 2, 1 (1) : 1
3 3, 2 (1) : 1
```

Pour pouvoir utiliser ce régulateur dans SIMULINK ou dans un fichier M, il faut impérativement le sauvegarder dans l'espace de travail, à l'aide de l'option `Export ... To Workspace` du menu `File`.

Lorsqu'on aura exporté le système flou vers l'espace de travail, on peut vérifier l'existence de ce système flou et voir ses caractéristiques, grâce aux commandes `whos` et l'invocation de son nom après le prompt.

```
>> whos
  Name          Size            Bytes  Class     Attributes
  reg_flou      1x1              8096  struct
```

Le système flou est connu comme une structure.

```
>> reg_flou
reg_flou =
            name: 'reg_flou'
            type: 'mamdani'
       andMethod: 'min'
        orMethod: 'max'
    defuzzMethod: 'centroid'
       impMethod: 'min'
       aggMethod: 'max'
           input: [1x2 struct]
          output: [1x1 struct]
            rule: [1x9 struct]
```

Les entrées, les sorties et les règles floues sont aussi définies comme des structures. Si l'on veut voir les entrées, on exécute les différentes commandes suivantes :

```
>> reg_flou.input
ans =
1x2 struct array with fields:
    name
    range
    mf
```

```
>> reg_flou.input.name
ans =
erreur

ans =
d_erreur
```

```
>> reg_flou.rule
```

```
ans =
1x9 struct array with fields:
    antecedent
    consequent
    weight
    connection
```

antecedent correspond aux entrées, consequent aux sorties.

```
>> a1=reg_flou.rule.antecedent
x =
     1     1
```

```
>> b1=reg_flou.rule.consequent
b1 =
     5
```

Ces 2 résultats correspondent au cas où les 2 variables correspondent à leur premier ensemble (N) et la sortie (cde) à son cinquième (GP).

## IV. Création d'un système flou à l'aide des commandes de la boîte à outils

On se propose de réaliser le même type de régulateur flou avec 2 entrées : l'erreur et sa variation dont chacune sera définie par 3 ensembles flous de formes gaussiennes.

La création d'un système flou se fait à l'aide de la commande newfis qui accepte jusqu'à 7 arguments.

Ses différentes syntaxes sont :

```
sys_flou = newfis('nom_syst');
```

sys_flou : matrice caractérisant le système flou,
nom_syst : nom du système flou.

```
sys_flou = newfis('nom_syst', 'type')
```

nom_syst : nom du système flou,
type : type Mamdani ou Sugeno.

La syntaxe générale avec les 7 arguments est :

```
sys_flou = newfis('nom_syst','type','ET_methode', 'OU_method',
                  'imp_method', 'agg_method','deffuz_method');
```

nom_syst : nom du système flou,
type : type Mamdani ou Sugeno,
ET_methode : méthode utilisée pour l'opérateur ET,
OU_method : méthode utilisée pour l'opérateur OU,
imp_method : méthode d'implication (min ou prod),

`agg_method` : méthode d'agrégation des règles (`max`, `OU probabiliste` ou somme),
`deffuz_method` : méthode de défuzzification.

On se propose, dans ce qui suit, de créer le même type de régulateur que celui réalisé à partir de l'interface graphique.

### *IV.1. Fuzzification des variables d'entrée et de sortie*

Le fichier `prog_flou.m` permet la génération d'un contrôleur flou de type Mamdani, tel que celui réalisé à l'aide de l'interface graphique, en utilisant cette fois-ci les commandes MATLAB.

Après la définition des différentes variables d'entrée et de sortie par la commande `addvar`, les différentes fonctions d'appartenance sont spécifiées par la commande `addmf`.

```
sys_fuz = addvar('nom', 'type', 'sys_fuz','intervalle');
```

`sys_fuz` : nom du système flou,
`type` : variable d'entrée '`input`' ou de sortie '`output`',
`nom` : nom de la variable auquel feront référence les règles floues,
`intervalle` : intervalle de valeurs que prend la variable.

```
sys_fuz = addmf('nom', 'type', 'num', 'nom_mf',
'type_mf','params')
```

`nom` : nom de la fonction d'appartenance,
`type` : variable d'entrée '`input`' ou de sortie '`output`',
`num` : numéro de la variable (la variable n° 1 est la 1ère créée),
`nom_mf` : nom de la fonction d'appartenance,
`type_mf` : type de la fonction d'appartenance, exemple « `gaussmf` »
`params` : paramètres de la fonction d'appartenance.

*fichier prog_flou.m*

```
% programmation d'un système flou dans un fichier M

% création d'un nouveau système flou

sys_flou = newfis('regul_flou');

% définition des variables d'entrée : l'erreur et sa variation
interv_err = [-10 10];
interv_derr = [-10 10];

sys_flou = addvar(sys_flou,'input','err',interv_err);
```

```
% définition des ensembles flous des entrées
```

```
% gaussiennes d'écart-type 5, centrées sur -10, 0 et 10
sys_flou = addmf(sys_flou,'input',1,'Negative','gaussmf',...
                 [5 min(interv_err)]);
sys_flou = addmf(sys_flou,'input',1,'Nulle','gaussmf',...
                 [5 mean( interv_err)]);
sys_flou = addmf(sys_flou,'input',1,'Positive','gaussmf',...
                 [5 max(interv_err)]);
% ajout de la 2ème variable d'entrée : dérivée de l'erreur
sys_flou = addvar(sys_flou,'input','d_err',interv_derr);

% gaussiennes d'écart-type 5, centrés sur -10, 0 et 10
sys_flou = addmf(sys_flou,'input',2,'Negative','gaussmf',...
                 [5 min(interv_derr)]);
sys_flou = addmf(sys_flou,'input',2,'Nulle','gaussmf',...
                 [5 mean(interv_derr)]);
sys_flou = addmf(sys_flou,'input',2,'Positive','gaussmf',...
                 [5 max(interv_derr)]);
```

A ce niveau, on a réalisé la fuzzification des 2 entrées du régulateur flou.
Le tracé des fonctions d'appartenance de la première valeur d'entrée du système `sys_flou` se fait par la commande `plotmf`.

```
>> figure, plotmf(sys_flou,'input',1)
>> title('ensembles flous de l''erreur'), grid
>> ylabel('degrés d''appartenance')
```

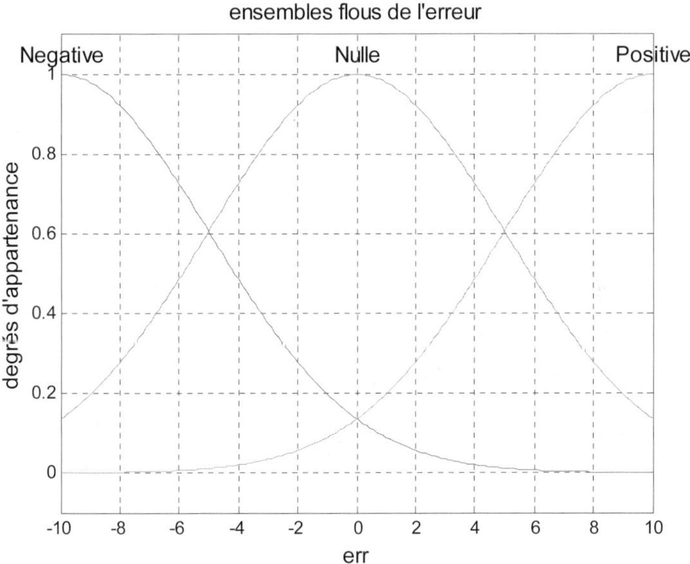

*suite du fichier prog_flou.m*

```
% définition de la variable de sortie du régulateur
interv_cde = [-10 10];
sys_flou = addvar(sys_flou,'output','cde',interv_cde);

% définition des 5 fonctions d'appartenance triangulaires
base1 = [-15 -10 -5]; % base de la 1ère fonction triangulaire
sys_flou = addmf(sys_flou,'output',1,'GN','trimf',base1);
base = base1+5;
sys_flou = addmf(sys_flou,'output',1,'N','trimf',base);
base = base+5;
sys_flou = addmf(sys_flou,'output',1,'Z','trimf',base);
base = base+5;
sys_flou = addmf(sys_flou,'output',1,'P','trimf',base);
base = base+5;
sys_flou = addmf(sys_flou,'output',1,'GP','trimf',base);
```

On trace les fonctions d'appartenance de la variable de sortie.

```
>> figure
>> plotmf(sys_flou,'output',1)
>> title('ensembles flous de la variable de sortie')
>> grid
>> ylabel ('degrés d''appartenance')
```

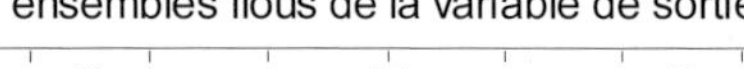


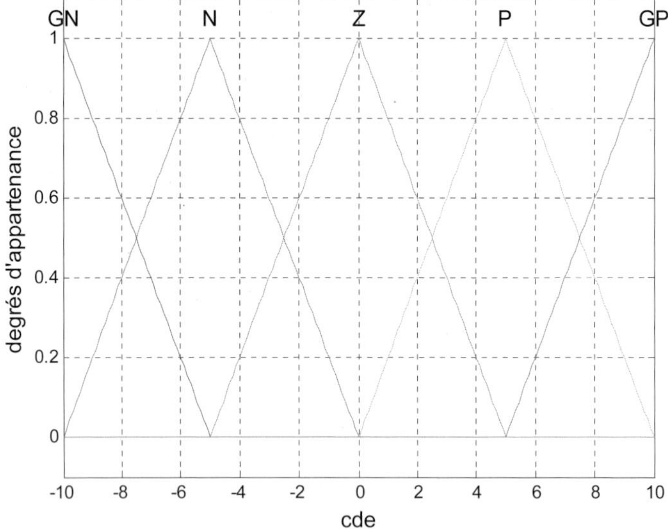

On peut supprimer soit une des variables d'entrée ou de sortie, soit une de ses fonctions d'appartenance.
Les commandes suivantes suppriment respectivement la première entrée du système `sys_fuzzy` et la deuxième fonction d'appartenance de la première entrée.

```
sys_fuzzy = rmvar(sys_fuzzy,'input',1);

sys_fuzzy = rmmf(sys_fuzzy,'input',1,'mf',2);
```

### *IV.2. Edition des règles floues*

Pour un système flou possédant `m` entrées et `n` sorties, l'ensemble des règles floues est défini par une matrice de règles possédant autant de lignes que d'ensembles flous de chacune des entrées et `(m+n+2)` colonnes.

La première règle floue, rappelée ci-après, constitue la première ligne de cette matrice.
Si l'erreur est négative (1er ensemble nommé `N`) `ET` la dérivée de l'erreur négative (1er ensemble nommé `N`) alors la commande est grande positive (5ème ensemble nommé `GP`). Cette règle est pondérée par 1.

Le dernier chiffre symbolise l'opérateur liant les clauses des 2 prémisses (1 pour `ET`, 2 pour `OU`).

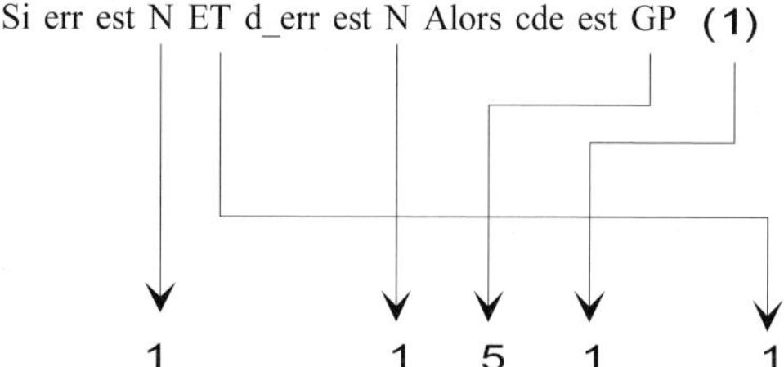


*suite du fichier prog_flou.m*

```
% édition de la matrice des règles floues
regles = [1 1 5 1 1
          1 2 4 1 1
          1 3 3 1 1
          2 1 4 1 1
          2 2 3 1 1
          2 3 2 1 1
          3 1 3 1 1
          3 2 2 1 1
          3 3 1 1 1];
sys_flou = addrule(sys_flou,regles);
```

L'édition des règles floues peut être aussi directement faite de façon linguistique sous forme de chaîne de caractères. La commande `parsrule` permet ensuite de l'ajouter sous le format adéquat à la matrice des règles.

Par le choix de la langue, le français dans notre cas, cette commande reconnaît les mots clés : Si, Alors, Est, Et, Ou et NON.
Il suffit de rentrer les différentes règles sous forme d'un vecteur de chaînes de caractères, en faisant attention à rajouter des blancs à certaines d'entre elles pour qu'elles aient la même taille.

```
regles = ['si err est Negative et d_err est Negative alors cde est GP';
          'si err est Negative et d_err est Nulle alors cde est P     ';
          'si err est Negative et d_err est Nulle alors cde est Z     ';
          'si err est Nulle et d_err est Negative alors cde est P     ';
          'si err est Nulle et d_err est Nulle alors cde est Z        ';
          'si err est Nulle et d_err est Positive alors cde est N     ';
          'si err est Positive et d_err est Negative alors cde est Z ';
          'si err est Positive et d_err est Nulle alors cde est N     ';
          'si err est Positive et d_err est Positive alors cde est GN'];
```

```
>> sys_flou = parsrule(sys_flou,regles,'verbose','francais');
```

La commande showrule affiche les règles de façon normalisée.

```
>> showrule(sys_flou)
```

```
>> showrule(sys_flou)
ans =
1. If (err is Negative) and (d_err is Negative) then (cde is GP) (1)
2. If (err is Negative) and (d_err is Nulle) then (cde is P) (1)
3. If (err is Negative) and (d_err is Positive) then (cde is Z) (1)
4. If (err is Nulle) and (d_err is Negative) then (cde is P) (1)
5. If (err is Nulle) and (d_err is Nulle) then (cde is Z) (1)
6. If (err is Nulle) and (d_err is Positive) then (cde is N) (1)
7. If (err is Positive) and (d_err is Negative) then (cde is Z) (1)
8. If (err is Positive) and (d_err is Nulle) then (cde is N) (1)
9. If (err is Positive) and (d_err is Positive) then (cde is GN) (1)
```

*suite du fichier prog_flou.m*

```
% sauvegarde sur disque sous le nom 'regul_flou.fis'
writefis(sys_flou,'regul_flou');
% suppression des variables intermédiaires
clear interv_cde regles base interv_derr base1 interv_err
```

Le système est maintenant complètement défini.

La commande getfis, possédant plusieurs syntaxes, permet d'avoir des informations sur le système : nombre d'entrées, d'ensembles flous de chacune d'elles, etc.

- *nom du système flou défini par la matrice sys_flou*

```
>> getfis(sys_flou,'name')
ans =
regul_flou
```

- *caractéristiques de la 1ère entrée*

```
>> getfis(sys_flou,'input',1)
      Name =      err
      NumMFs =    3
      MFLabels =
            Negative
            Nulle
            Positive
      Range =     [-10 10]
ans =
      Name: 'err'
    NumMFs: 3
       mf1: 'Negative'
       mf2: 'Nulle'
       mf3: 'Positive'
     range: [-10 10]
```

- *caractéristiques de la sortie*

```
>> getfis(sys_flou,'output',1)
      Name =      cde
      NumMFs =    5
      MFLabels =
            GN
            N
            Z
            P
            GP
      Range =     [-10 10]
ans =
      Name: 'cde'
    NumMFs: 5
       mf1: 'GN'
       mf2: 'N'
       mf3: 'Z'
       mf4: 'P'
       mf5: 'GP'
     range: [-10 10]
```

- *caractéristiques du système flou*

```
>> getfis(sys_flou)
      Name       = regul_flou
      Type       = mamdani
      NumInputs = 2
      InLabels  =
            err
            d_err
      NumOutputs = 1
      OutLabels =
            cde
      NumRules = 9
```

```
        AndMethod = min
        OrMethod = max
        ImpMethod = min
        AggMethod = max
        DefuzzMethod = centroid

ans =
regul_flou
```

• *caractéristiques du 1er ensemble flou de la 1ère entrée*

```
>> getfis(sys_flou,'input',1,'mf',1)
        Name = Negative
        Type = gaussmf
        Params = [5 -10]
ans =
        Name: 'Negative'
        Type: 'gaussmf'
        params: [5 -10]
```

Dans ce cas, cette commande indique que la première fonction d'appartenance de la première entrée, dénommée `'Negative'`, est de forme gaussienne d'écart type 5 et centrée sur -10.

• *caractéristiques de l'ensemble du système flou*

La commande `showfis` décrit complètement le système flou, pour chacune des entrées ou sorties, elle retourne tous ses paramètres (nom, domaine de variations, nombre et types de fonctions d'appartenance, etc.).

De plus, elle indique la méthode utilisée (si elle n'est pas spécifiée, celle de Mamdani est prise par défaut) et affiche la liste des règles.

```
>> showfis(sys_flou)

1.  Name              regul_flou
2.  Type              mamdani
3.  Inputs/Outputs    [2 1]
4.  NumInputMFs       [3 3]
5.  NumOutputMFs      5
6.  NumRules          9
7.  AndMethod         min
8.  OrMethod          max
9.  ImpMethod         min
10. AggMethod         max
11. DefuzzMethod      centroid
12. InLabels          err
13.                   d_err
14. OutLabels         cde
15. InRange           [-10 10]
16.                   [-10 10]
```

```
17. OutRange          [-10 10]
18. InMFLabels        Negative
19.                   Nulle
20.                   Positive
21.                   Negative
22.                   Nulle
23.                   Positive
24. OutMFLabels       GN
25.                   N
26.                   Z
27.                   P
28.                   GP
29. InMFTypes         gaussmf
30.                   gaussmf
31.                   gaussmf
32.                   gaussmf
33.                   gaussmf
34.                   gaussmf
35. OutMFTypes        trimf
36.                   trimf
37.                   trimf
38.                   trimf
39.                   trimf
40. InMFParams        [5 -10 0 0]
41.                   [5 0 0 0]
42.                   [5 10 0 0]
43.                   [5 -10 0 0]
44.                   [5 0 0 0]
45.                   [5 10 0 0]
46. OutMFParams       [-15 -10 -5 0]
47.                   [-10 -5 0 0]
48.                   [-5 0 5 0]
49.                   [0 5 10 0]
50.                   [5 10 15 0]
51. Rule Antecedent   [1 1]
52.                   [1 2]
53.                   [1 3]
54.                   [2 1]
55.                   [2 2]
56                    [2 3]
57.                   [3 1]
58.                   [3 2]
59.                   [3 3]
51. Rule Consequent   5
52.                   4
53.                   3
54.                   4
55.                   3
56.                   2
57.                   3
58.                   2
```

```
59.                  1
51. Rule Weight      1
52.                  1
53.                  1
54.                  1
55.                  1
56.                  1
57.                  1
58.                  1
59.                  1
51. Rule Connection  1
52.                  1
53.                  1
54.                  1
55.                  1
56.                  1
57.                  1
58.                  1
59.                  1
```

- *affichage de la liste des règles*

La commande showrule, sans spécification du type de langage, affiche la liste des règles sous forme linguistique, en anglais par défaut.

```
>> showrule(sys_flou)
ans =
1.If (err is Negative) and (d_err is Negative) then (cde is GP) (1)
2.If (err is Negative) and (d_err is Nulle) then (cde is P) (1)
3.If (err is Negative) and (d_err is Positive) then (cde is Z) (1)
4.If (err is Nulle) and (d_err is Negative) then (cde is P) (1)
5.If (err is Nulle) and (d_err is Nulle) then (cde is Z) (1)
6.If (err is Nulle) and (d_err is Positive) then (cde is N) (1)
7.If (err is Positive) and (d_err is Negative) then (cde is Z) (1)
8.If (err is Positive) and (d_err is Nulle) then (cde is N) (1)
9.If (err is Positive) and (d_err is Positive) then (cde is GN) (1)
```

On peut aussi n'afficher que quelques règles, sous une autre forme, symbolique par exemple. La commande suivante affiche les règles n° 1, 4, 3, 9, 7 et 2 dans l'ordre, sous forme symbolique.

```
>> aff_regles = showrule(sys_flou,[1 4 3 9 7 2],'symbolic')
aff_regles =
1. (err == Negative) & (d_err == Negative) => (cde = GP) (1)
4. (err == Nulle) & (d_err = =Negative) => (cde = P) (1)
3. (err == Negative) & (d_err == Positive) => (cde = Z) (1)
9. (err == Positive) & (d_err == Positive) => (cde = GN) (1)
7. (err == Positive) & (d_err == Negative) => (cde = Z) (1)
2. (err == Negative) & (d_err == Nulle) => (cde = P) (1)
```

- *génération de la surface de la variable de sortie en fonction des entrées*

La commande `surfview(sys_flou)` ouvre la fenêtre `Surface Viewer` dans laquelle on a la possibilité de modifier l'angle de vue à l'aide de la souris en déplaçant un point quelconque de la fenêtre.

Pour obtenir une meilleure précision graphique, on peut aussi augmenter le nombre de mailles pour chacune des 2 entrées, en entrant une valeur plus grande pour `Xgrids` et `Ygrids`.

La commande `gensurf(sys_flou)` trace cette surface dans une fenêtre graphique.

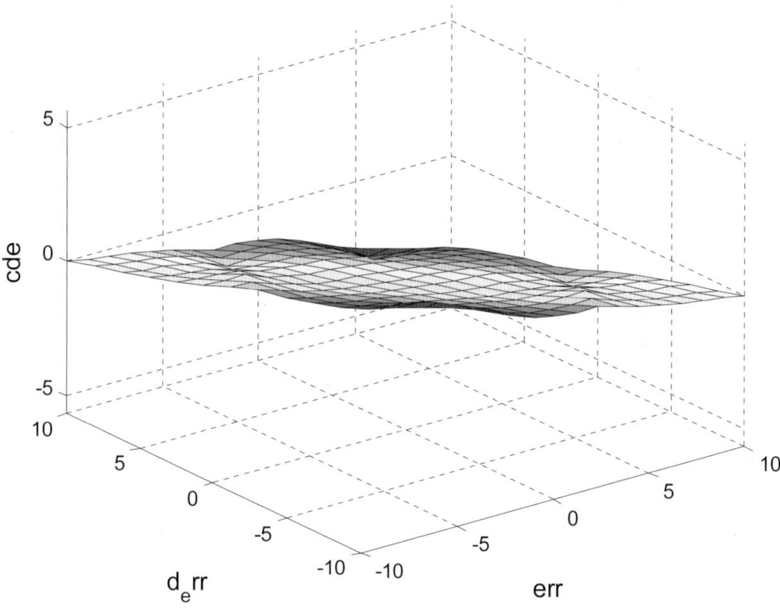


L'angle de vue de la surface obtenue par `gensurf` peut-être modifié par la commande `view` en spécifiant l'azimut et l'altitude adéquats.

```
>> AZ = 45 ;
>> EL = 30;
>> gensurf(sys_flou)
>> view(AZ,EL),
>> title('commande en fonction de l''erreur et de sa variation')
```

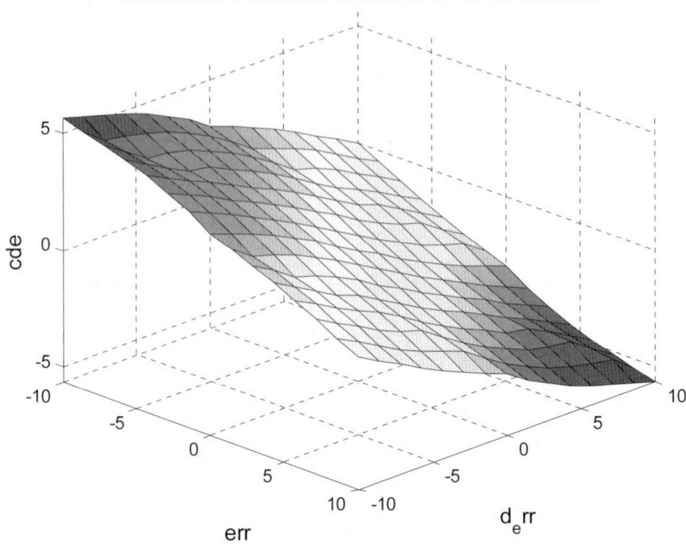


Une représentation graphique du système, qui rappelle succinctement les paramètres essentiels (nombre d'entrées et de sorties, nombre et types de fonction d'appartenance, etc.), est obtenue par la commande `plotfis`.

```
>> plotfis(sys_flou)
>> gtext('représentation graphique du système flou')
```

représentation graphique du système flou

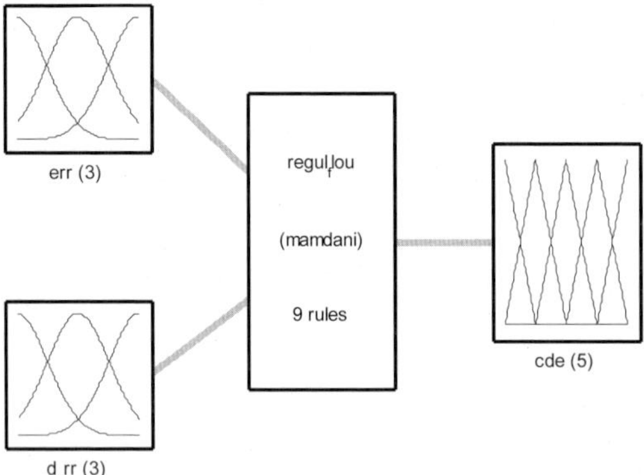


System regulflou: 2 inputs, 1 outputs, 9 rules

### *IV.3. Défuzzification*

La commande `ruleview` affiche la fenêtre `Rule Viewer` dans laquelle on peut observer la défuzzification par la méthode `max-min`. A l'aide de la souris, on peut choisir des valeurs quelconques pour chacune des entrées et observer la fonction d'appartenance de la variable de sortie obtenue par la méthode `max-min`.

Par défaut, la défuzzification est réalisée par la méthode du centre de gravité.

Pour les valeurs 0.4545 et 7.727, respectivement de l'erreur et de sa dérivée, la commande issue du régulateur flou est de -3.44.
Ce résultat peut être obtenu par la commande `evalfis`.
Si la matrice représentant le régulateur flou n'est pas présente dans l'espace de travail, sa lecture se fait par la commande `readfis`.

```
>> sys_flou = readfis('reg_flou');
>> x = [0.4545 7.727];
>> y = evalfis(x,sys_flou)

y =
   -3.4380

>> ruleview(sys_flou)
```

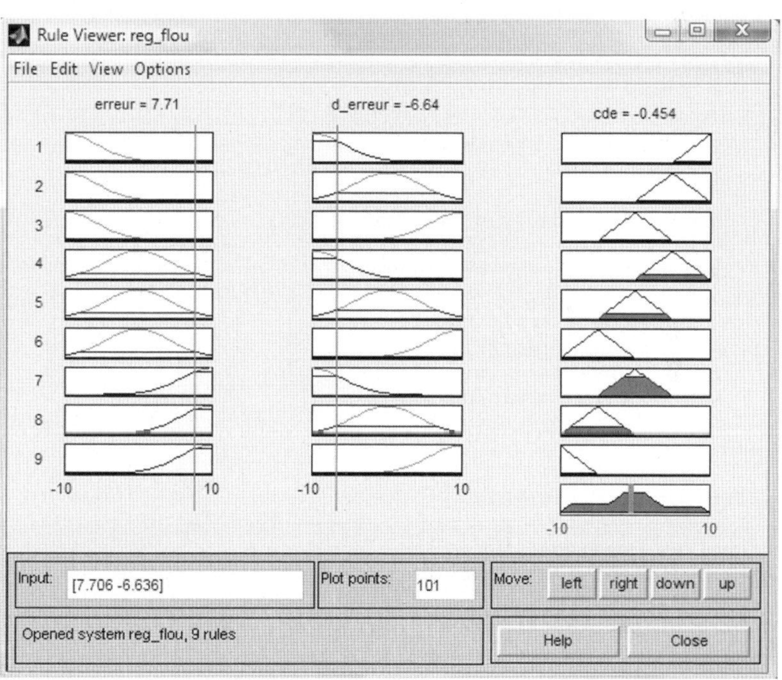

A l'aide de la souris, on peut déplacer le curseur des valeurs des entrées (l'erreur et sa variation) et observer au fur et à mesure la valeur de la variable de sortie, la commande cde.

### *IV.4. Utilisation du régulateur dans une loi de commande*

Pour utiliser ce régulateur, on exécute le programme prog_flou.m.

*fichier cde_flou.m*

```
% Utilisation du régulateur flou dans une loi de commande
close all
% programme de définition du régulateur
prog_flou

% signal de consigne
r = (0:60)/12; triangle = [r fliplr(r)];
carre = [zeros(1,100) 5*ones(1,100) zeros(1,100)];
triangle = triangle+sin(0.2*( 0:length(triangle)-1));
r = 2+[triangle carre];

% initialisation de la commande
u = ones(1,2);
y = r; err = zeros(1:2);
% gain multiplicatif de la sortie du régulateur flou
Gain = 1.8;

for i = 3:length(r)-1

    % lecture de la sortie du processus
      y(i) = 0.7*y(i-1)+0.3*u(i-1)+0.05*u(i-2);

      % erreur et dérivée de l'erreur
      err(i) = y(i)-r(i+1);
      d_err(i) = err(i)-err(i-1);

      % commande à appliquer
      x = [err(i) d_err(i)];
      du(i) = evalfis(x,sys_flou);
      u(i) = u(i-1)+Gain*du(i);

   end

% affichage des résultats

% signal de consigne
plot(r,':'), axis([0 length(r) 0 9]), hold on

% sortie du processus
plot(y)
grid
```

```
titre1 = 'régulation par logique floue - ';
titre2 = 'signaux de consigne et de sortie';
title(strcat(titre1,titre2));
xlabel('temps discret')
figure(2)
% signal de commande appliqué au processus
stairs(u)
xlabel('temps discret'), grid
title('signal de commande appliqué');
figure(3)
% signal de sortie du régulateur flou
stairs(du);
title('sortie du régulateur flou')
xlabel('temps discret')
grid
figure(4)
subplot(211)
% signal d'erreur
plot(err)
axis([0 length(err) -6 6])
title('erreur')
grid
subplot(212)
% variation de l'erreur
plot(d_err), axis([0 length(d_err) -6 6])
title('dérivée de l''erreur'), grid
xlabel('temps discret')
```

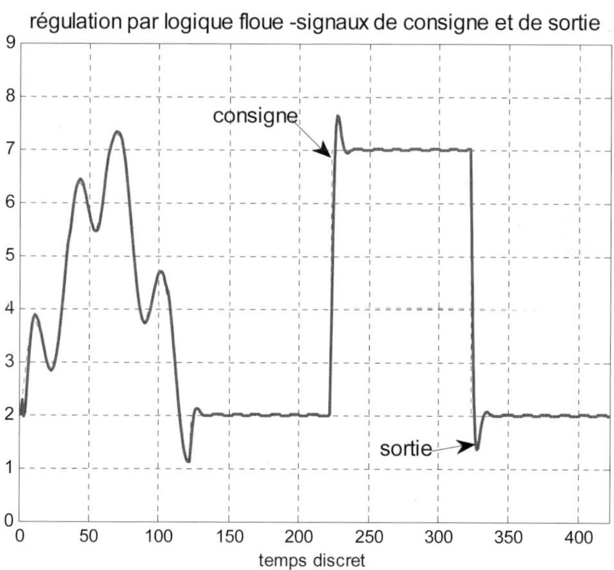

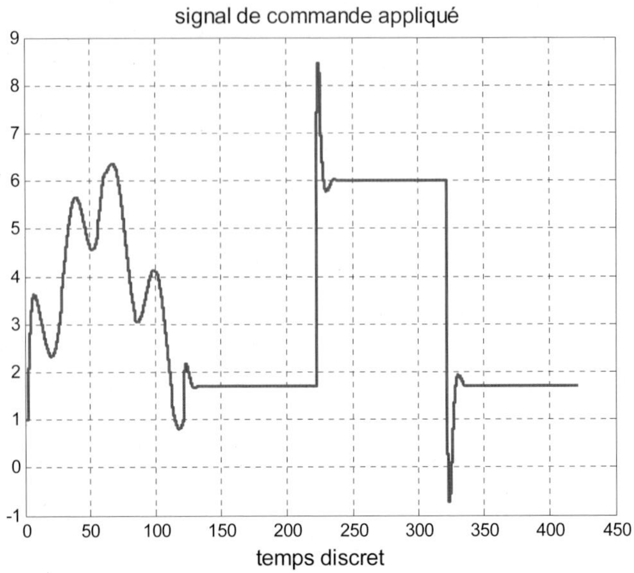


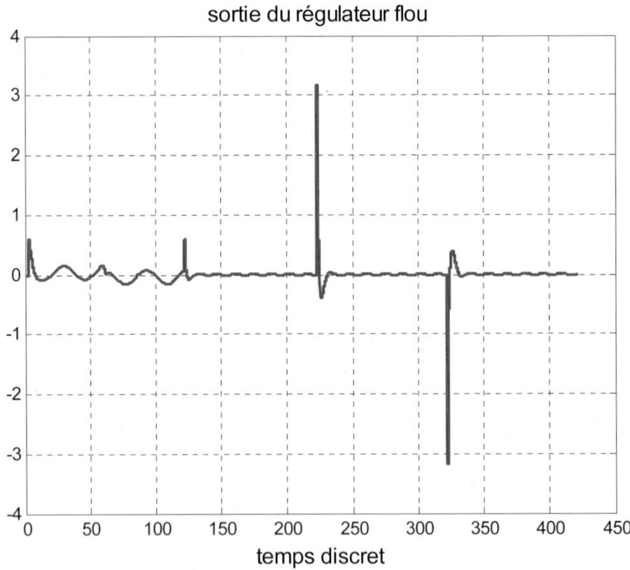


On vérifie bien qu'en régime statique, le régulateur flou génère une commande nulle du fait que l'intégration permet d'annuler l'erreur.

A partir des courbes de l'erreur et de sa variation, on peut facilement vérifier la table d'inférence (règles floues).

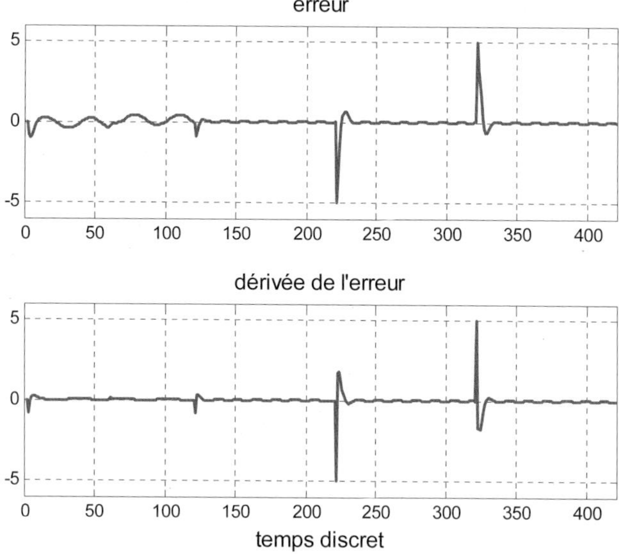


Avec un gain multiplicatif de 0.8, on observe une erreur pour un signal de consigne variant dans le temps, le dépassement et le temps de montée à la poursuite d'un échelon sont plus faibles que précédemment (avec un gain de 1.8). L'erreur statique est toujours nulle grâce à la présence d'une intégration dans la loi de commande du fait que le régulateur flou génère une variation de commande que l'on ajoute à la commande précédente avant de l'appliquer au processus.

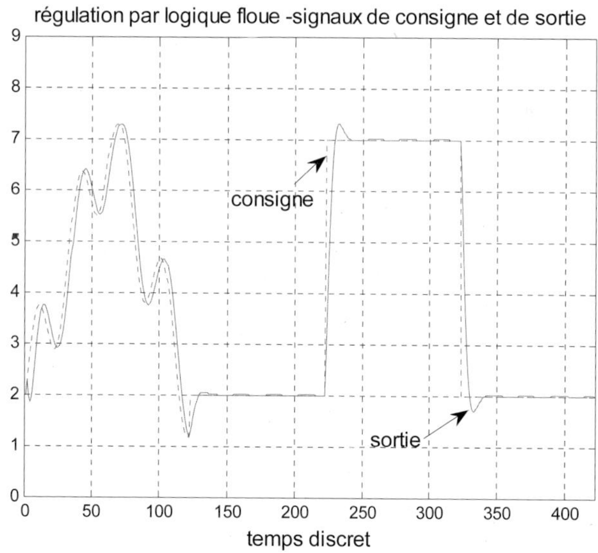

On peut rendre le système de commande plus dynamique en rétrécissant le domaine de valeurs de l'erreur et de sa dérivée lors de l'étape de fuzzification.

Les lignes de commandes suivantes du fichier `prog_flou2.m` permettent la modification de l'intervalle de définition de l'erreur. Par conséquent, on modifie aussi les paramètres (écart-type et moyenne) des fonctions d'appartenance de l'erreur.

```
% définition des variables d'entrée : l'erreur et sa variation
interv_err = [-1 1];
sys_flou = addvar(sys_flou,'input','err',interv_err);

% définition des ensembles flous des entrées
% fonctions d'appartenance gaussiennes d'écart-type 1, de
% moyennes respectives -1, 0 et 1

sigma = 1;

sys_flou = addmf(sys_flou,'input',1,'Negative','gaussmf',...
                [sigma min(interv_err)]);
sys_flou = addmf(sys_flou,'input',1,'Nulle','gaussmf',...
                [sigma mean(interv_err)]);
sys_flou = addmf(sys_flou,'input',1,'Positive','gaussmf',...
                [sigma max(interv_err)]);
```

Le même fichier `cde_flou.m`, avec un gain de 0.3, donne les résultats suivants.

La dynamique du système en boucle fermée peut ainsi être déterminée, soit par les intervalles de définition des variables d'entrée et de sortie, soit par le gain multiplicatif, ce qui laisse un degré de liberté dans le choix des intervalles de définition de l'erreur et de sa variation, inconnus a priori.

## V. Utilisation du régulateur flou dans SIMULINK

La boite à outils `Fuzzy Logic Toolbox` est un outil additionnel à Simulink.

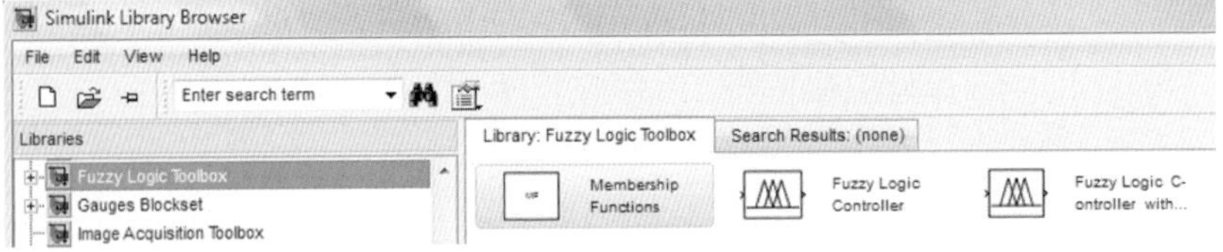


La librairie comporte 3 blocs dont le premier comporte différentes formes de fonctions d'appartenance (ensembles flous), les 2 autres étant des régulateurs.

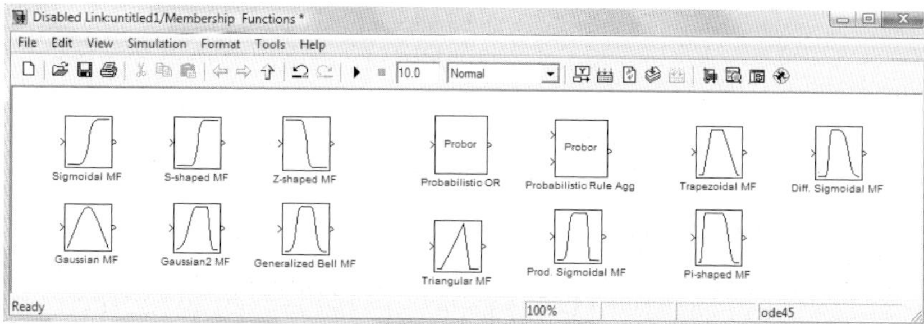


Le bloc représentant un système flou existe dans la librairie `Blocksets & Toolboxes/SIMULINK Fuzzy`.

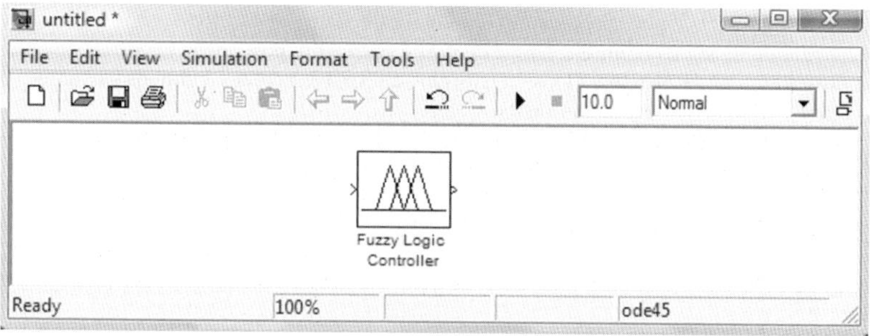


A partir de l'interface graphique, nous avons sauvegardé ce système sous le nom `regul_flou.fis` et dans l'espace de travail sous forme d'une matrice `regul_flou`. Pour associer ce bloc au régulateur flou créé précédemment, on double-clique sur l'icône pour spécifier le nom `reg_flou` de la matrice présente dans l'espace de travail.

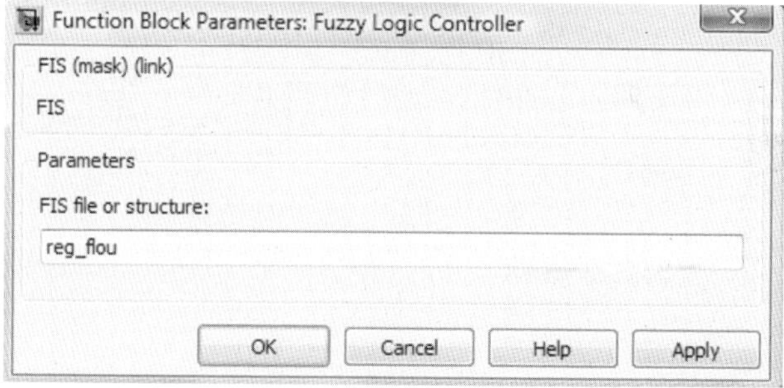


Comme le régulateur possède 2 entrées, l'erreur et sa variation, ces dernières doivent être multiplexées.
La commande appliquée au processus est la somme de la sortie du régulateur et celle appliquée à l'instant d'échantillonnage précédent.
Les signaux de consigne et de sortie sont multiplexés pour être affichés simultanément dans une fenêtre d'oscilloscope et stockés dans le fichier `cs.mat`.

On fait de même pour le signal de sortie du régulateur et la commande totale appliquée au processus. Grâce au bloc *Switch*, le gain multiplicatif de la commande floue vaut 0.2 jusqu'à l'instant t=300 puis 0.8 jusqu'à la fin.

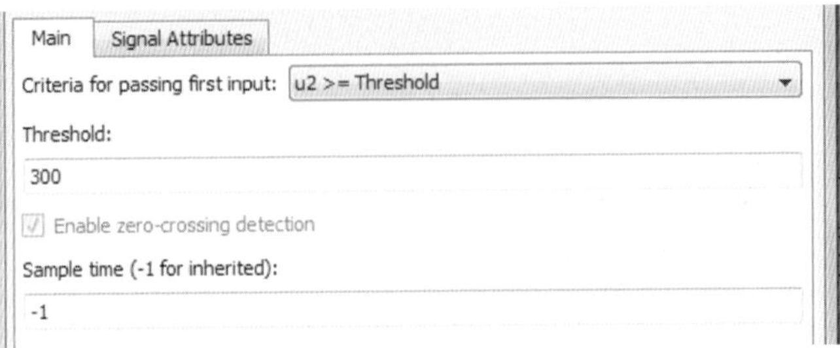


Comme le montre la figure précédente, en double-cliquant sur le bloc `Switch`, on spécifie l'instant auquel le signal d'entrée change de port d'entrée (du port 1 vers le port 2).
On utilise l'éditeur de systèmes flous en réalisant successivement les 3 actions suivantes :

- exécution de la commande `fuzzy`,
- importation du système flou à partir du fichier `reg_flou.fis`
- exportant ce même système flou vers l'espace de travail Matlab.

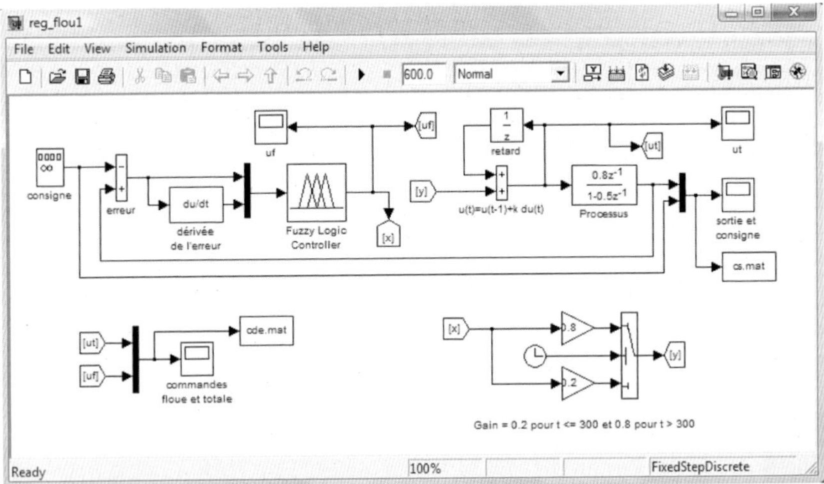


*fichier lect_fic.m*

```
% commande par régulateur flou
% lecture des entrées/sorties et affichage des résultats
load cde.mat, load cs.mat
t = cs(1,:);      % temps discret
ut = cde(2,:); % commande appliquée au processus
uf = cde(3,:); % sortie du régulateur flou
```

```
y = cs(2,:);   % sortie
r = cs(3,:);   % consigne

% affichage des signaux de consigne et de sortie
figure(1)
plot(t,r)
hold on
h = plot(t,y);
set(h,'LineWidth',2);
plot(300*ones(1,25),-1.2:0.1:1.2,'-.')
axis([0 600 -1.5 1.5]), hold off
title('Signaux de consigne et de sortie')
xlabel('temps discret')
text(150,-1.25,'Gain k = 0.2'), text(400,-1.25,'Gain k = 0.8')

% tracé du signal de commande
figure(2)
stairs(t,ut)
hold on

% tracé de la sortie du régulateur flou
h = stairs(t,uf);
set(h,'LineWidth',2);
plot(300*ones(1,21),-1:0.1:1,'-.'), hold off
title('Sortie du régulateur flou et commande appliquée')
xlabel('temps discret')
text(150,-1.25,'Gain k = 0.2')
text(400,-1.25,'Gain k = 0.8')
```

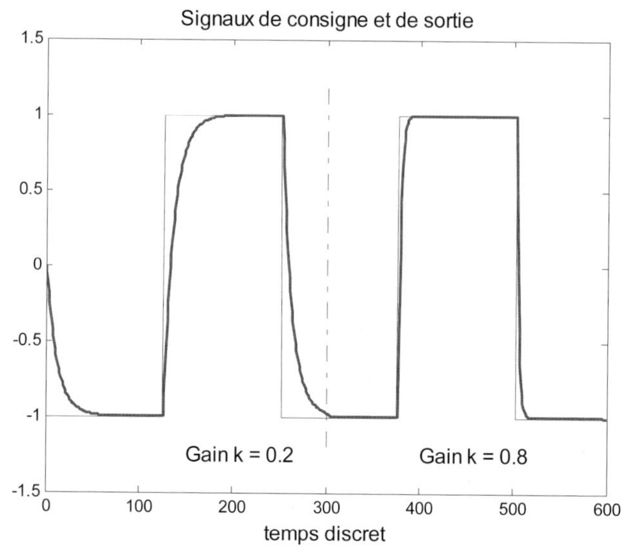

Ce type de commande floue est analogue à une commande PI (proportionnelle et intégrale). L'intégrateur annule l'erreur statique et le gain multiplicatif agit sur le temps de réponse.

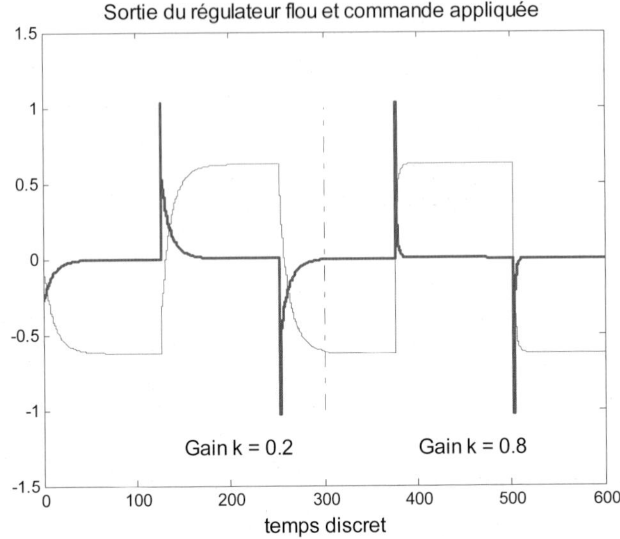


Avec un signal de consigne sinusoïdal, un gain de 0.8 permet de réduire l'erreur de poursuite.

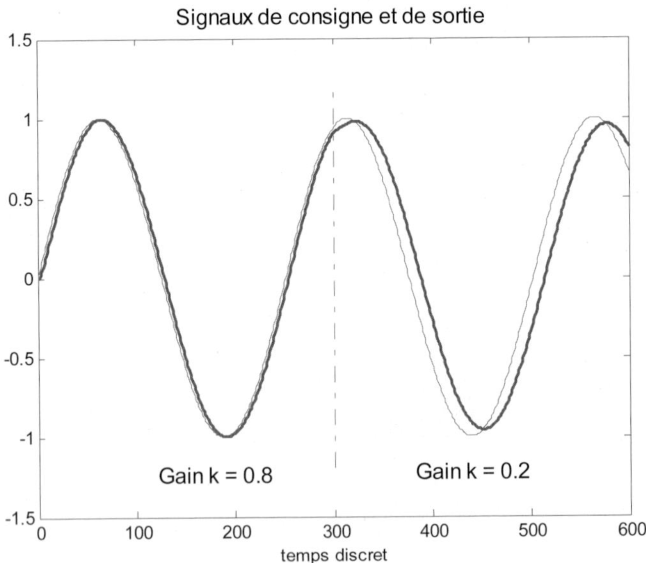

Pour appliquer directement la commande `u(k)`, sans ajouter les ses variations, nous envoyons `u(k-1)` vers un bloc `Terminator` et nous ajoutons la sortie d'un bloc `Ground` à la commande `u(k)`.

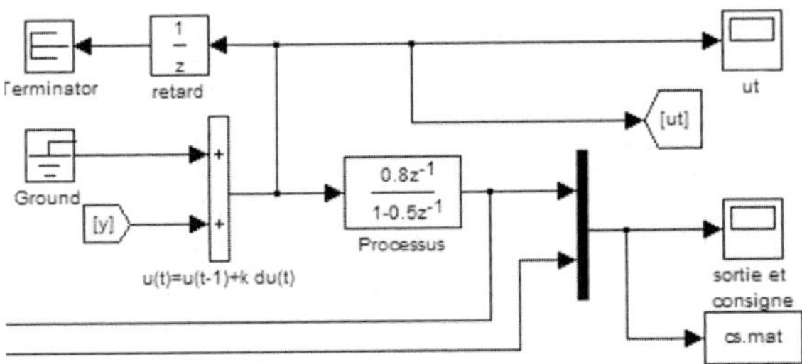


Nous obtenons ainsi, très facilement à partir du programme `reg_flou1.mdl`, le programme de la commande floue, `reg_flou2.mdl`, sans l'ajout de l'intégration.

On utilise le même système flou que précédemment, `reg_flou.fis`.

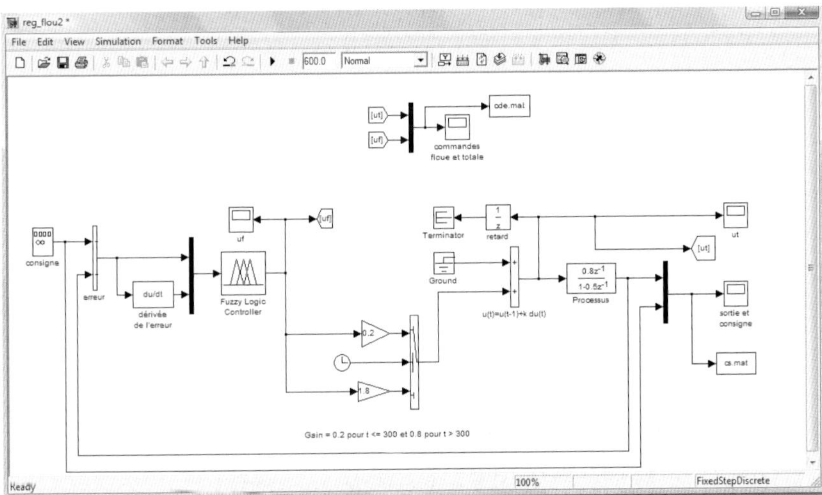


Grâce au même fichier `lect_fic.m`, on trace les mêmes courbes de consigne, commande et sortie du processus pour les 2 valeurs du gain `k`, 0.2 et 0.8.

En l'absence de l'intégration dans la commande, l'erreur statique n'est pas nulle, mais néanmoins, elle est aussi petite que le gain est grand.

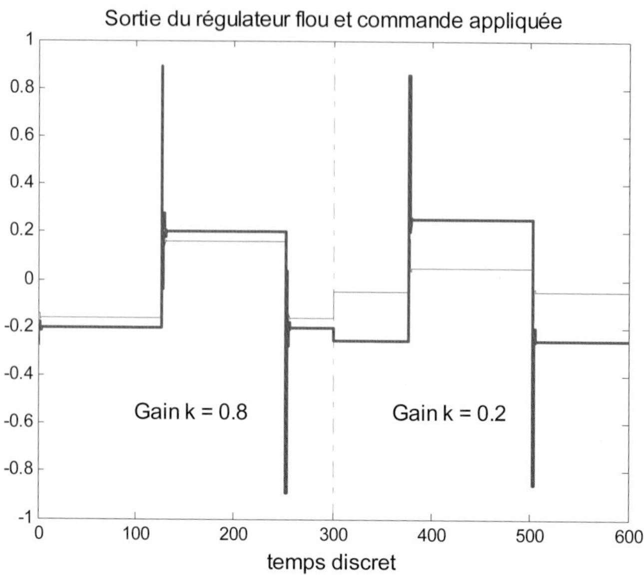


Avec k=1, l'erreur statique est quasiment nulle.

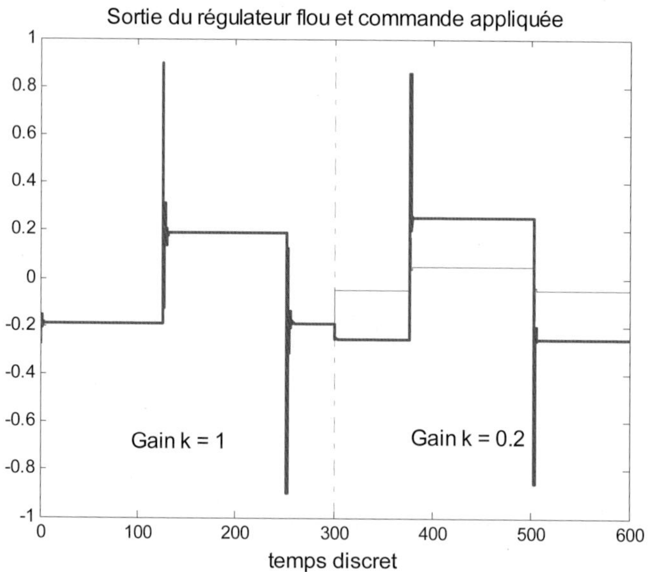

Si on continue à augmenter ce gain, on arrive à l'instabilité du système.

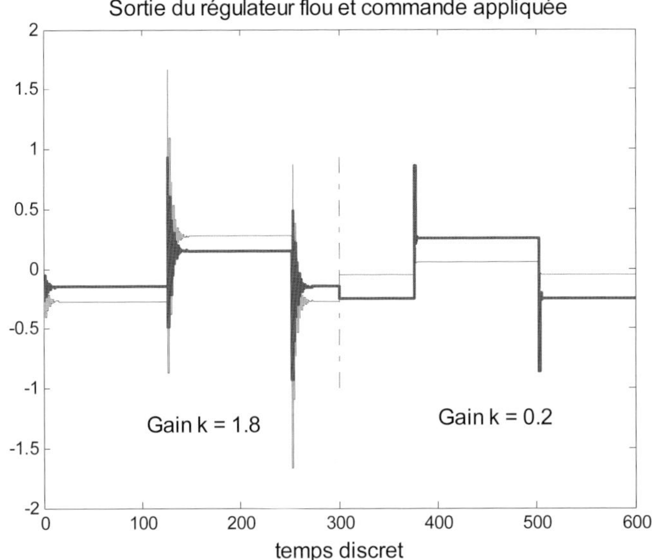


Avec un gain `k=1.8`, on observe l'apparition de l'instabilité.

## VI. Méthode de Sugeno

La méthode de `Mamdani`, datant de 1975, est beaucoup plus répandue dans la théorie du contrôle de procédés. La méthode de `Sugeno` (1985) en diffère au niveau de la définition de la variable de sortie et, par conséquent, des méthodes de défuzzification.

Rien ne change au niveau de la fuzzification des variables d'entrée. La variable de sortie prend, soit une valeur constante (singleton) indépendant des valeurs des entrées, soit une combinaison linéaire de celles-ci.

Ce singleton sera, lors de l'étape de déffuzification, pondéré par les degrés d'appartenance des variables d'entrée.

La règle générale d'une règle de type `Sugeno` est, pour un système à 2 entrées `e1` et `e2` :

```
Si e1 est A ET e2 est B Alors sortie = p*e1+q*e2+r
```

avec `A` et `B` qui sont des fonctions d'appartenance, respectivement, de `e1` et `e2,` et `p`, `q`, `r` des constantes choisies par l'utilisateur pour définir la combinaison linéaire des entrées.

Ces constantes sont définies dans l'interface graphique par le vecteur ligne `Params` dans la fenêtre `Membership functions Editor` pour la variable de sortie. Le fait de choisir des singletons revient à mettre à zéro les composantes `p` et `q` du vecteur `Params`.

### *VI.1. Réalisation d'un régulateur flou par l'interface graphique*

Le régulateur est défini dans le fichier `reg_sug.fis` que l'on peut ouvrir dans l'interface graphique par `edit from disk` du menu `file` ou dont on peut visualiser les caractéristiques par la commande `edit` sous forme d'un texte ASCII.

Les commandes suivantes tracent les fonctions d'appartenance qui définissent les ensembles flous de l'erreur et de sa variation.

```
% lecture du système flou
fismat = readfis('reg_sug');

% affichage de la fonction d'appartenance de la 1ère variable
% d'entrée
plotmf(fismat,'input',1)
title('ensembles flous de l''erreur')
ylabel('Régulateur par Sugeno'), grid

% affichage de la fonction d'appartenance de la 2ème variable
% d'entrée
figure(2), plotmf(fismat,'input',2)
title('ensembles flous de la variation de l''erreur')
ylabel('Régulateur par Sugeno'), grid
```

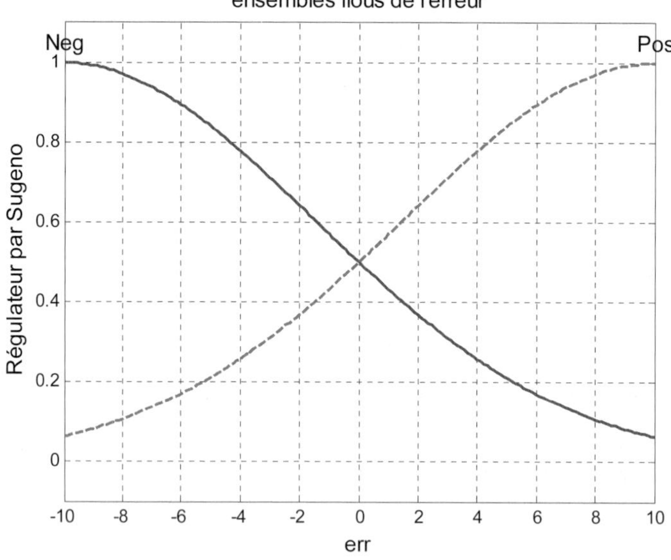

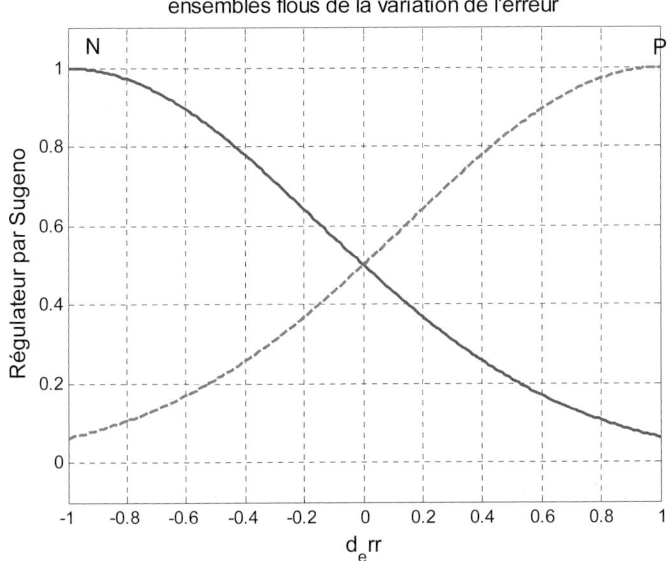


Comme il y a 2 ensembles flous pour chacune des 2 entrées, la variable de sortie sera définie sur 4 ensembles flous, comme schématisé ci-dessous :

| $\dot{\varepsilon}$ \ $\varepsilon$ | N | P |
|---|---|---|
| N | NN | NP |
| P | PN | PP |

Dans chacun des cas, la valeur de la sortie est une combinaison linéaire des entrées :

Cas NN ou PP :

`cde = (2)*err+(1)*d_err+(0)`, d'où le vecteur `Params = [2 1 0]`

Cas NP ou PN :

`cde = (1)*err+(1)*d_err+(0)`, d'où le vecteur `Params = [1 1 0]`

Remarquons que la taille du vecteur `Params` est égale au nombre d'entrées + 1.

On peut choisir un singleton constant pour chaque ensemble flou de la sortie qui sera pondéré par le degré d'appartenance minimal (dans le cas du ET).

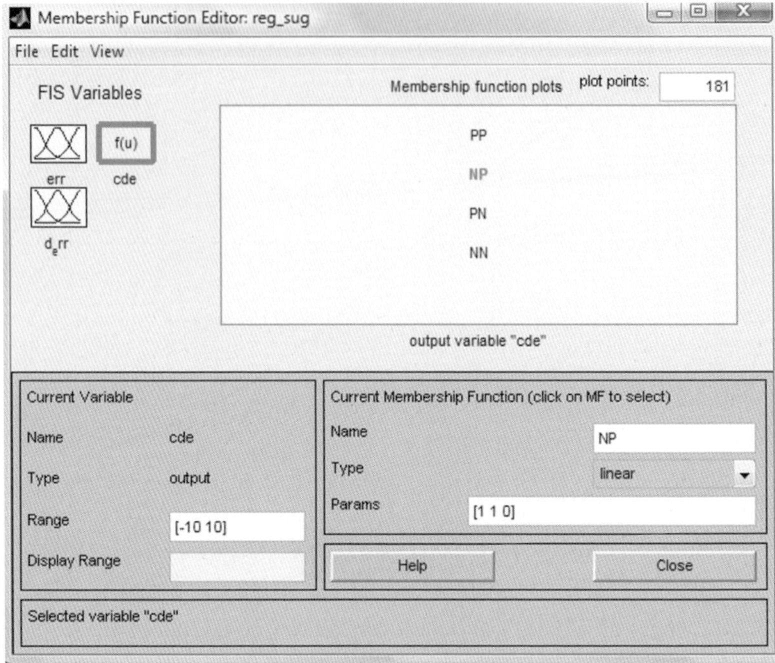


Suivant l'appartenance de l'une des entrées aux ensembles flous définis, la valeur de la sortie sera une combinaison linéaire de celles-ci.
Considérons le cas particulier où l'erreur `err = 1` et sa variation `d_err = -0.5`.

Les lignes de commandes suivantes permettent le calcul des degrés d'appartenance de chacune de ces variables aux différents ensembles flous.

```
input = [1 -0.5];
errN = evalmf(input(1),[8.5 -10],'gaussmf')
errP = evalmf(input(1),[8.5 10],'gaussmf')
d_errN = evalmf(input(2),[0.85 -1],'gaussmf')
d_errP = evalmf(input(2),[0.85 1],'gaussmf')
```

```
errN =
    0.4328
errP =
    0.5709
d_errN =
    0.8411
d_errP =
    0.2107
```

Ces résultats sont schématisés par les figures suivantes :

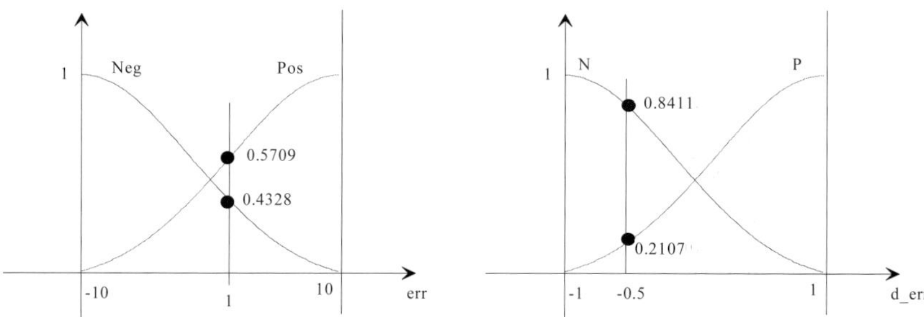


La boîte à outils `Fuzzy Logic TOOLBOX` prévoit, dans le cas de la méthode de `Sugeno`, 2 méthodes de défuzzification : `wtsum` et `wtaver`.

La valeur du singleton de sortie dépend de celles des entrées. Avant sa pondération par les degrés d'appartenance, il vaut dans chaque cas :

cas NN ou PP : `cde = (2)*1+(1)*(-0.5) = 1.5`
cas PN ou NP : `cde = (1)*1+(1)*(-0.5) = 0.5`

Dans le cas où l'opérateur `ET` est réalisé, dans chaque règle, par le `min`, nous obtenons les coefficients de pondération du singleton comme suit :

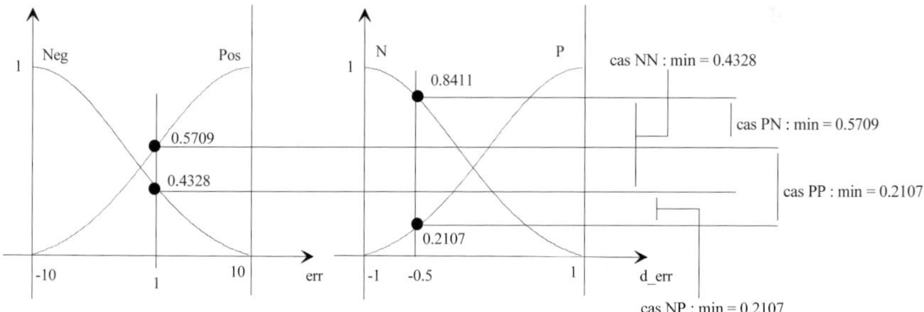


Dans chaque cas, la valeur du singleton est pondérée par le minimum des degrés d'appartenance :

```
cas NN   : cde = 1.5*0.4328 = 0.6492
cas NP   : cde = 0.5*0.2107 = 0.1054
cas PN   : cde = 0.5*0.5709 = 0.2854
cas PP   : cde = 1.5*0.2107 = 0.3160
```

La valeur finale du singleton est calculée, dans la méthode `wtsum` par la somme pondérée :

```
cde = 0.6492+0.1054+0.2854+0.3160 = 1.3560
```

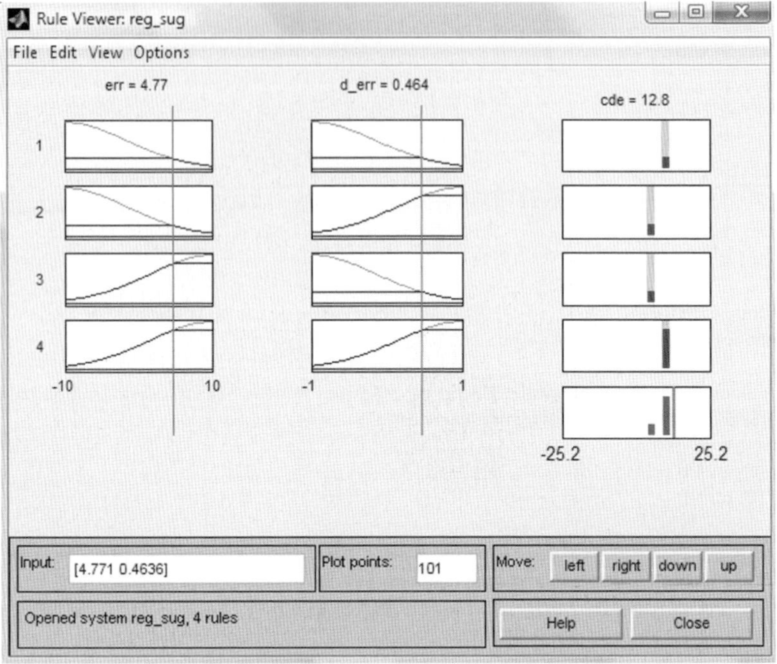


Dans la colonne `cde`, les traits fin et gros représentent, respectivement, le singleton avant et après pondération.

Si l'on choisit la méthode `wtaver`, on divise le résultat obtenu par `wtsum` par la somme des degrés d'appartenance :

$$cde = \frac{1.5 * 0.4328 + 0.5 * 0.2107 + 0.5 * 0.5709 + 1.5 * 0.2107}{0.4328 + 0.2107 + 0.5709 + 0.2107} = 0.9515$$

La figure suivante montre la surface générée par la variable de sortie en fonction des entrées.

```
>> figure
>> fismat = readfis('reg_sug.fis');
>> gensurf(fismat)
>> title('surface engendrée par la sortie du régulateur')
```

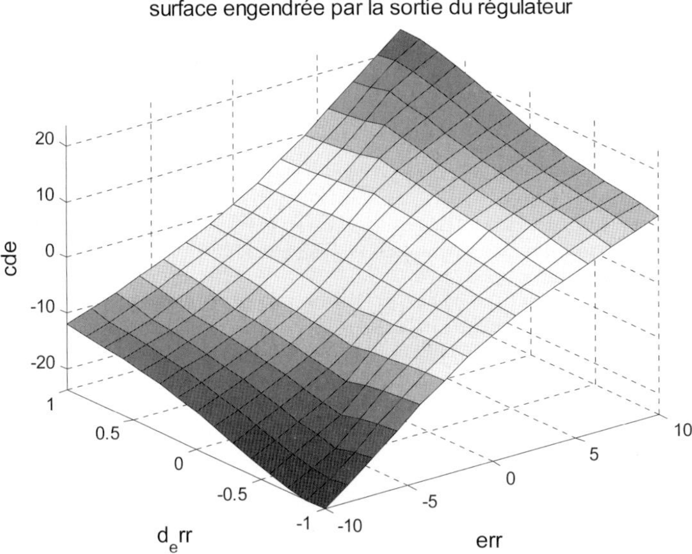


Dans le fichier `cde_sug.m`, on utilise le régulateur pour la poursuite du même signal de consigne que précédemment. A l'instant t = 150, on crée une perturbation de valeur 1.

*fichier cde_sug.m*

```
% Utilisation du régulateur flou de Sugeno
% dans une loi de commande
% lecture du régulateur de Sugeno
reg = readfis('reg_sug');
% signal de consigne
r = (0:60)/12 ; triangle = [r fliplr(r)];
carre = [zeros(1,100) 5*ones(1,100) zeros(1,100)];
triangle = triangle+sin(0.2*( 0:length(triangle)-1));
r = 2+[triangle carre];
% initialisation de la commande
u = ones(1,2); y = r; err = zeros(1:2);

for i = 3:length(r)-1
    % lecture de la sortie du processus
      y(i) = 0.8*y(i-1)+u(i-1)-0.5*u(i-2);
      % erreur et dérivée de l'erreur
      err(i) = r(i+1)-y(i);
      d_err(i) = err(i)-err(i-1);
      % entrée du régulateur
      x = [err(i) d_err(i)];
      % sortie du régulateur
      du(i) = evalfis(x,reg);
```

```
        % commande à appliquer
        u(i) = u(i-1)+0.2*du(i);
        % perturbation à t = 150
        y(i) = y(i)+(i == 150);
end

% affichage des résultats
plot(r,':'), axis([0 length(r) 0 9])
hold on, plot(y), grid
titre1 = 'régulation par logique floue - ';
titre2 = 'signaux de consigne et de sortie';
title(strcat(titre1,titre2));
xlabel('temps discret'), ylabel('Méthode de Sugeno')
figure(2), stairs(u), xlabel('temps discret'), grid
title('signal de commande appliqué');
figure(3), stairs(du);
title('sortie du régulateur flou')
xlabel('temps discret'), grid
figure(4), subplot(211), plot(err)
axis([0 length(err) -6 6])
title('erreur'), grid, subplot(212)
plot(d_err), axis([0 length(d_err) -6 6])
title('dérivée de l''erreur'), grid
xlabel('temps discret')
```

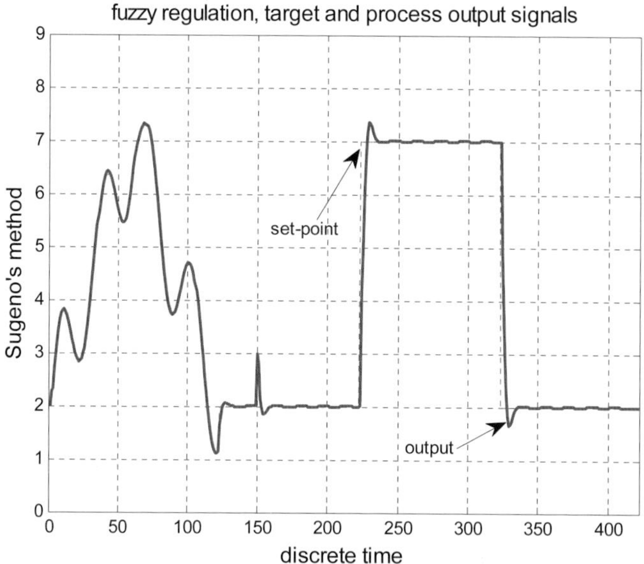


A l'instant discret t = 150, la perturbation est rejetée avec un léger dépassement. Le signal de commande appliqué au processus, par le régulateur flou, est donné par la figure suivante.

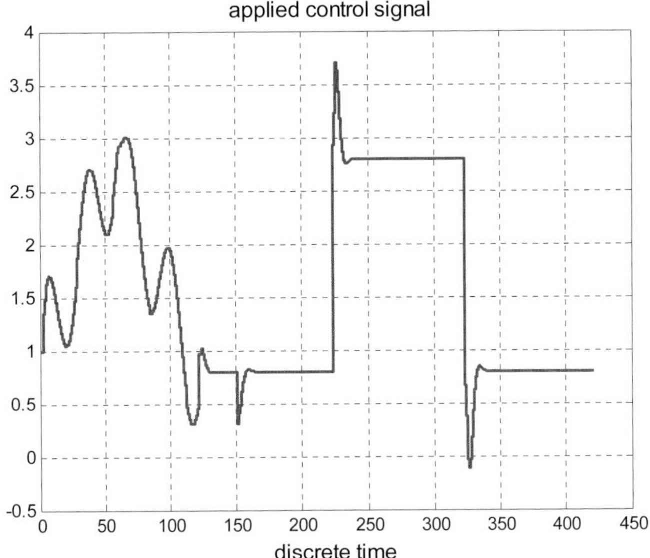


La sortie du régulateur flou (variations de commande) est représentée par la courbe suivante :

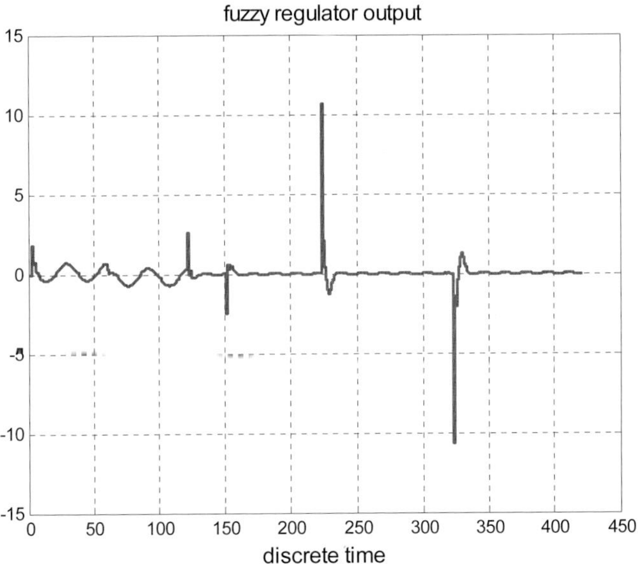


La figure suivante montre les courbes de l'erreur et de sa variation.

En analysant à chaque instant d'échantillonnage, la courbe donnant la sortie du régulateur, on peut facilement retrouver l'effet des règles floues définies.

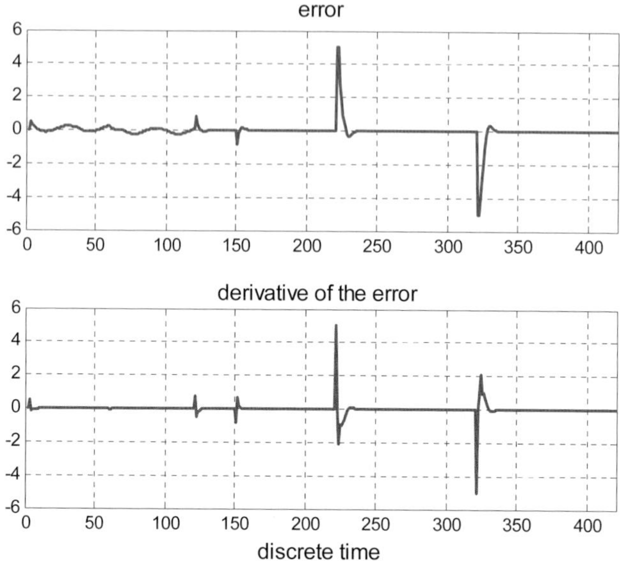


***VI.2. Réalisation d'un régulateur flou par les commandes de la boîte à outils***

Le fichier `prog_flou3.m` permet la programmation avec des commandes spécifiques à la boîte à outils `Fuzzy Logic TOOLBOX`, du régulateur flou réalisé précédemment par l'interface graphique.

*fichier prog_flou3.m*

```
% création d'un régulateur flou de type Sugeno
sys_flou = newfis('reg_sug2','sugeno');

% définition des variables d'entrée : l'erreur et sa variation
interv_err = [-10 10] ; interv_derr = [-1 1];
sys_flou = addvar(sys_flou,'input','err',interv_err);

% définition des ensembles flous des entrées
sigma = 8.5;
sys_flou = addmf(sys_flou,'input',1,'Neg','gaussmf',...

                [sigma min(interv_err)]);
sys_flou = addmf(sys_flou,'input',1,'Pos','gaussmf',...
                [sigma max(interv_err)]);
% ajout de la 2ème variable d'entrée : dérivée de l'erreur
```

```
sys_flou = addvar(sys_flou,'input','d_err',interv_derr);
sigma = 0.85;

sys_flou = addmf(sys_flou,'input',2,'N','gaussmf',...
                 [sigma min(interv_derr)]);
sys_flou = addmf(sys_flou,'input',2,'P','gaussmf',...
                 [sigma max(interv_derr)]);

% définition de la variable de sortie du régulateur
interv_cde = [-10 10];
sys_flou = addvar(sys_flou,'output','cde',interv_cde);

% définition des 4 ensembles flous de sortie
sys_flou = addmf(sys_flou,'output',1,'NN','linear',[2 1 0]);
sys_flou = addmf(sys_flou,'output',1,'PN','linear',[1 1 0]);
sys_flou = addmf(sys_flou,'output',1,'NP','linear',[1 1 0]);
sys_flou = addmf(sys_flou,'output',1,'PP','linear',[2 1 0]);

regles = ['si err est Neg et d_err est N alors cde est NN';
          'si err est Neg et d_err est P alors cde est NP';
          'si err est Pos et d_err est N alors cde est PN';
          'si err est Pos et d_err est P alors cde est PP'];

sys_flou = parsrule(sys_flou,regles,'verbose','francais');
```

Il y a création du système flou `sys_flou.fis`

```
>> whos
  Name           Size            Bytes  Class     Attributes
  sys_flou       1x1              5996  struct
```

Le singleton de sortie peut être une constante au lieu de dépendre linéairement des valeurs des entrées.

Dans ce cas, on choisit un nombre de valeurs suffisant dans l'intervalle de définition de la variable de sortie.

On se propose dans ce qui suit de modifier la nature du singleton de sortie, en considérant les 4 ensembles flous constants suivants :

`GN = -10, N = -5, P = 5 et GP = 10`

Dans le fichier `prog_flou4.m`, on crée le régulateur flou `reg_sug3.fis`. Les modifications apportées au fichier `prog_flou3.m` sont les lignes de code suivantes :

*fichier prog_flou4.m (modification du fichier prog_flou3.m)*

...

```
% définition des 4 singletons constants de sortie
sys_flou = addmf(sys_flou,'output',1,'GP','constant',10);
sys_flou = addmf(sys_flou,'output',1,'P','constant', 5);
sys_flou = addmf(sys_flou,'output',1,'N','constant',-5);
```

```
sys_flou = addmf(sys_flou,'output',1,'GN','constant',-10);

regles =['si err est Neg et d_err est Negat alors cde est GN';
         'si err est Neg et d_err est Posit alors cde est N ';
         'si err est Pos et d_err est Negat alors cde est P ';
         'si err est Pos et d_err est Posit alors cde est
GP'];
sys_flou = parsrule(sys_flou,regles,'verbose','francais');

% sauvegarde sur disque du système flou : reg_sug2.fis
writefis(sys_flou,'reg_sug3')
```

Les caractéristiques du régulateur (type, caractéristiques des variables d'entrée, de sortie, méthodes d'implication, de défuzzification, etc.) peuvent être affichées sous la forme d'un texte ASCII par la commande `edit`.

```
>> edit reg_sug3.fis

[System]

Name ='reg_sug3'
Type = 'sugeno'
NumInputs = 2
NumOutputs = 1
NumRules = 4
AndMethod = 'prod'
OrMethod = 'probor'
ImpMethod = 'min'
AggMethod = 'max'
DefuzzMethod = 'wtaver'

[Input1]
Name = 'err'
Range = [-10 10]
NumMFs = 2
MF1 = 'Neg':'gaussmf',[8.5 -10]
MF2 = 'Pos':'gaussmf',[8.5 10]

[Input2]
Name = 'd_err'
Range = [-1 1]
NumMFs = 2
MF1 = 'Negat':'gaussmf',[0.85 -1]
MF2 = 'Posit':'gaussmf',[0.85 1]

[Output1]
Name = 'cde'
Range = [-10 10]
NumMFs = 4
MF1 = 'GP':'constant',10
MF2 = 'P':'constant',5
```

```
MF3 = 'N':'constant',-5
MF4 = 'GN':'constant',-10

[Rules]
1 1, 4 (1) : 1
1 2, 3 (1) : 1
2 1, 2 (1) : 1
2 2, 1 (1) : 1
```

Par défaut, un système flou de `Sugeno` réalise le `ET` par le produit, le `OU` par le `OU probabiliste`, l'implication par le `min`, l'agrégation des règles par le `max` et la défuzzification par la méthode `wtaver`.

Le `OU probabiliste` ou somme algébrique est défini par :

```
a Ou_prob b = a + b - a b
```

Le fichier `cde_sug.m`, dans lequel on fait appel à la matrice `reg` du régulateur flou `reg_sug3.fis`, par la commande `reg = readfis('reg_sug3)`, donne les résultats de poursuite suivants :

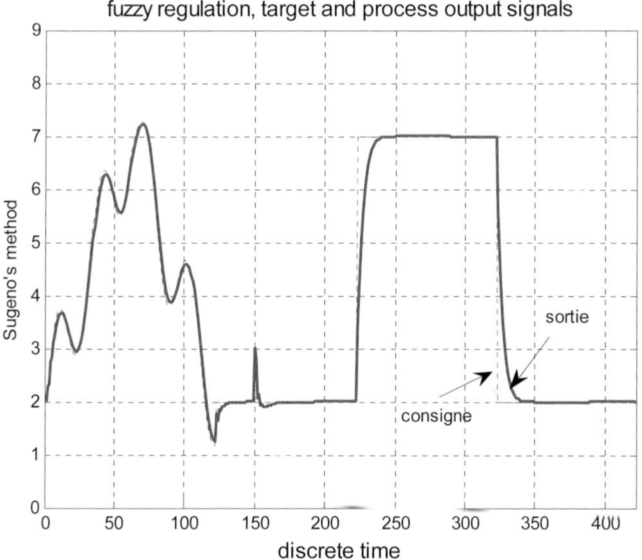


Le gain multiplicatif de la sortie du régulateur est de 0.2.

A l'instant discret t = 150, on remarque la perturbation rejetée avec un léger dépassement.

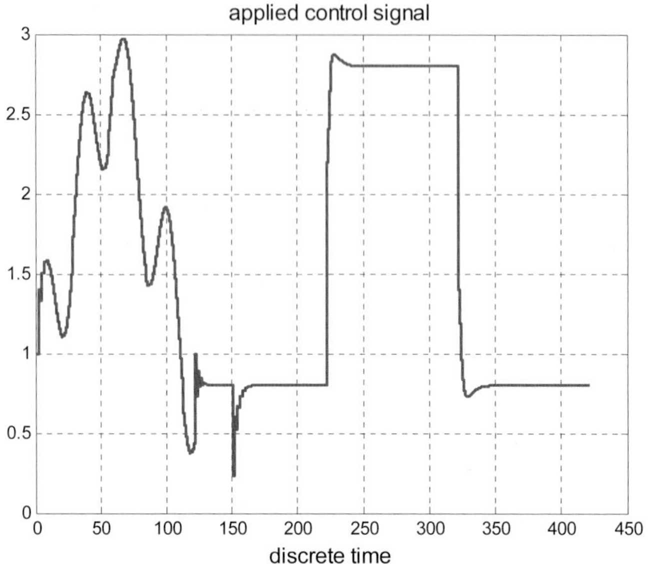


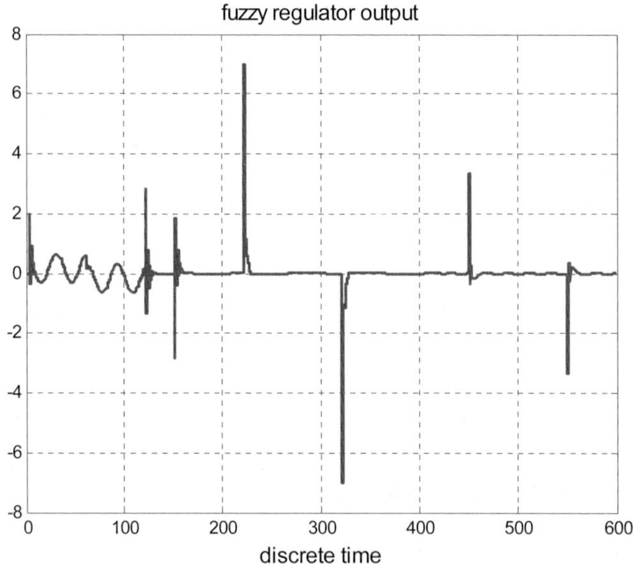


Avec les mêmes intervalles de définition des variables d'entrée, la commande est moins stable qu'avec un singleton de sortie dépendant linéairement des entrées. On remarque, sur la figure précédente, une petite oscillation du signal de sortie du régulateur, lors du rejet de la perturbation et au changement de type du signal de consigne.

Pour avoir une commande plus stable, il faut augmenter le nombre d'ensembles flous des entrées et celui des singletons de sortie. On considérera le fichier `prog_flou5.m`, dans lequel on définit l'erreur et sa variation dans l'intervalle [-10 ; 10] avec 3 fonctions d'appartenance gaussiennes.
La variable de sortie sera ainsi définie par 5 singletons, régulièrement répartis dans l'intervalle [-10 ;10].

*fichier prog_flou5.m*

```
% création d'un régulateur flou de type Sugeno
sys_flou = newfis('reg_sug4','sugeno');

% définition des variables d'entrée : l'erreur et sa variation
interv_err = [-10 10];
interv_derr = [-10 10];
sys_flou = addvar(sys_flou,'input','err',interv_err);

% définition des ensembles flous des entrées
% gaussiennes d'écart-type 8.5, centrés sur -10, 0 et 10
sigma = 8.5;
sys_flou = addmf(sys_flou,'input',1,'Neg','gaussmf',...
                 [sigma min(interv_err)]);
sys_flou = addmf(sys_flou,'input',1,'Nul','gaussmf',...
                 [sigma mean(interv_err)]);
sys_flou = addmf(sys_flou,'input',1,'Pos','gaussmf',...
                 [sigma max(interv_err)]);

% ajout de la 2ème variable d'entrée : dérivée de l'erreur
sys_flou = addvar(sys_flou,'input','d_err',interv_derr);

% gaussiennes d'écart-type 0.5, centrés sur -10, 0 et 10
sys_flou = addmf(sys_flou,'input',2,'Negat','gaussmf',...
                 [sigma min(interv_derr)]);
sys_flou = addmf(sys_flou,'input',2,'Zero','gaussmf',...
                 [sigma mean(interv_derr)]);
sys_flou = addmf(sys_flou,'input',2,'Posit','gaussmf',...
                 [sigma max(interv_derr)]);

% définition de la variable de sortie du régulateur
interv_cde = [-10 10];
sys_flou = addvar(sys_flou,'output','cde',interv_cde);

% définition des 5 singletons constants de sortie
sys_flou = addmf(sys_flou,'output',1,'GN','constant',-10);
sys_flou = addmf(sys_flou,'output',1,'PN','constant', -5);
sys_flou = addmf(sys_flou,'output',1,'ZZ','constant',0);
sys_flou = addmf(sys_flou,'output',1,'PP','constant',5);
sys_flou = addmf(sys_flou,'output',1,'GP','constant',10);
```

```
regles=['si err est Neg et d_err est Negat alors cde est GN ';
        'si err est Neg et d_err est Zero alors cde est PN ';
        'si err est Neg et d_err est Posit alors cde est ZZ ';
        'si err est Nul et d_err est Negat alors cde est PN ';
        'si err est Nul et d_err est Zero alors cde est ZZ  ';
        'si err est Nul et d_err est Posit alors cde est PP ';
        'si err est Pos et d_err est Negat alors cde est ZZ ';
        'si err est Pos et d_err est Zero alors cde est PP  ';
        'si err est Pos et d_err est Posit alors cde est GP
'];
sys_flou = parsrule(sys_flou,regles,'verbose','francais');

% sauvegarde sur disque du système flou : reg_sug2.fis
writefis(sys_flou,'reg_sug4')

% suppression des variables intermédiaires
clear sigma interv_cde regles base interv_derr base1
interv_err
```

On utilise le fichier de commandes `cde_sug.m` dans lequel on fait appel au régulateur flou `reg_sug4.fis`.

Avec un gain multiplicatif de 0.2, on observe une bonne poursuite de l'échelon, contrairement à la partie fortement variable de la consigne.

L'erreur statique est nulle quelle que soit la valeur de ce gain, grâce à la présence de l'intégration dans la loi de commande.

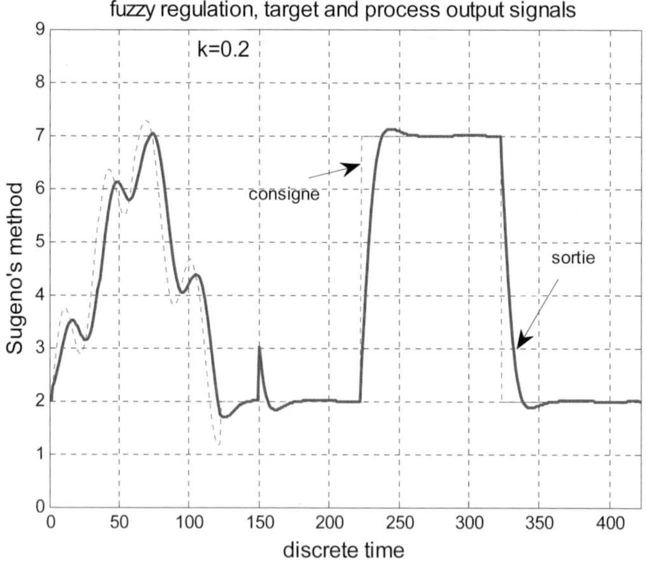


Avec un gain de 0.7, on obtient une bonne poursuite du signal de consigne.

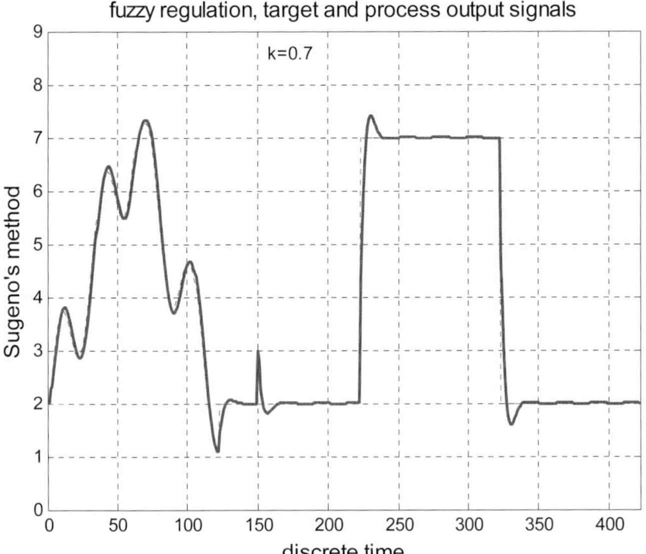


Si le signal de consigne est carré, plusieurs valeurs de ce gain permettent de modifier dans une large mesure le temps de réponse.

Le fichier `sugen_cde.m` permet d'illustrer l'effet du gain multiplicatif de la sortie du régulateur, sur le temps de réponse du système bouclé.

*fichier sugen_cde.m*

```
% Régulateur flou de Sugeno

% effet du gain sur le temps de réponse du système bouclé
close all

% lecture du régulateur de Sugeno
reg = readfis('reg_sug4');
t = 0:600;

% signal de consigne carré
r = [zeros(1,50) 5*ones(1,100) zeros(1,50)];
r = [r r r]+2;

% différentes valeurs du gain multiplicatif
k =
0.1*(t<=200)+0.2*((t>200)&(t<=400))+0.9*((t>400)&(t<=600));

% initialisation de la commande et de l'erreur
u = ones(1,2);
```

```
y = r;
err = zeros(1:2);

for i = 3:length(r)-1

   % lecture de la sortie du processus
   y(i) = 0.8*y(i-1)+u(i-1)-0.5*u(i-2);

   % erreur et dérivée de l'erreur
   err(i) = r(i+1)-y(i);
   d_err(i) = err(i)-err(i-1);

   % commande à appliquer
   x = [err(i) d_err(i)];
   du(i) = evalfis(x,reg);
   u(i) = u(i-1)+k(i)*du(i);

end

% affichage des résultats

figure(1)
plot(r,':')
axis([0 length(r) 0 9])
hold on
plot(y)
grid

titre1 = 'régulation par logique floue - ';
titre2 = 'signaux de consigne et de sortie';
title(strcat(titre1,titre2))

xlabel('temps discret')
ylabel('Méthode de Sugeno')

figure(2)
stairs(u)
xlabel('temps discret')
grid
title('signal de commande appliqué')

figure(3)
stairs(du)
title('sortie du régulateur flou')
xlabel('temps discret')
grid
```

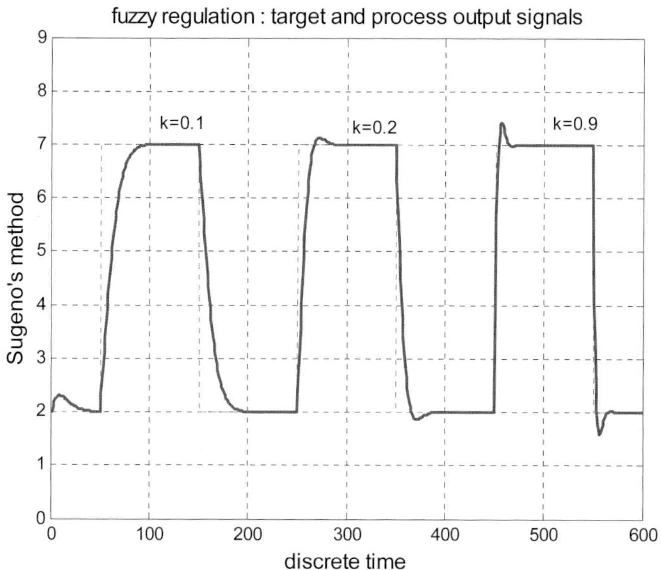
fuzzy regulation : target and process output signals
Sugeno's method
k=0.1
k=0.2
k=0.9
discrete time
0
100
200
300
400
500
600
0
1
2
3
4
5
6
7
8
9

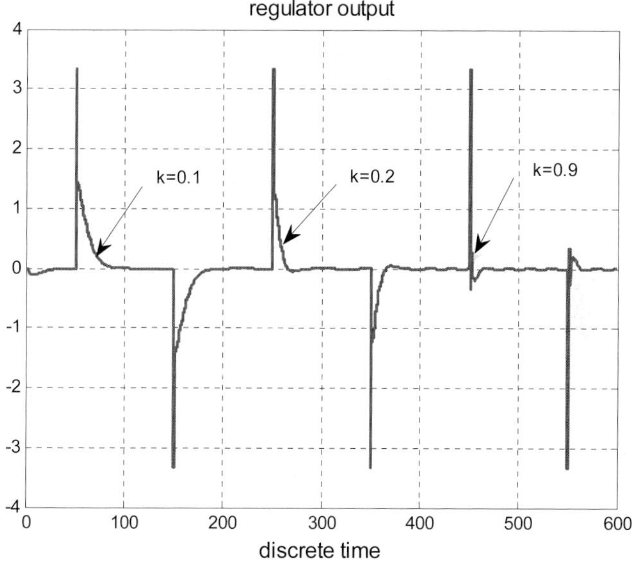
regulator output
k=0.1
k=0.2
k=0.9
discrete time
0
100
200
300
400
500
600
-4
-3
-2
-1
0
1
2
3
4

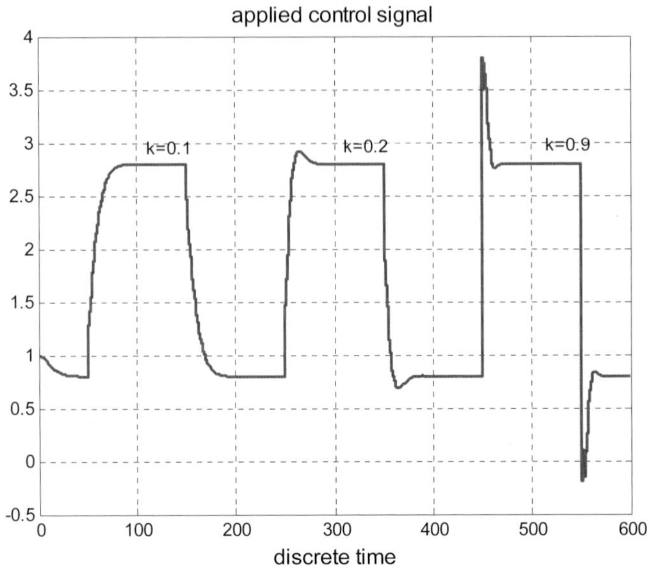


## VII. Bloc « Fuzzy Logic Controller with Ruleviewer »

Avec ce contrôleur, nous avons la possibilité d'observer en temps réel, les variations des variables du système flou dans la fenêtre `Ruleviewer`.

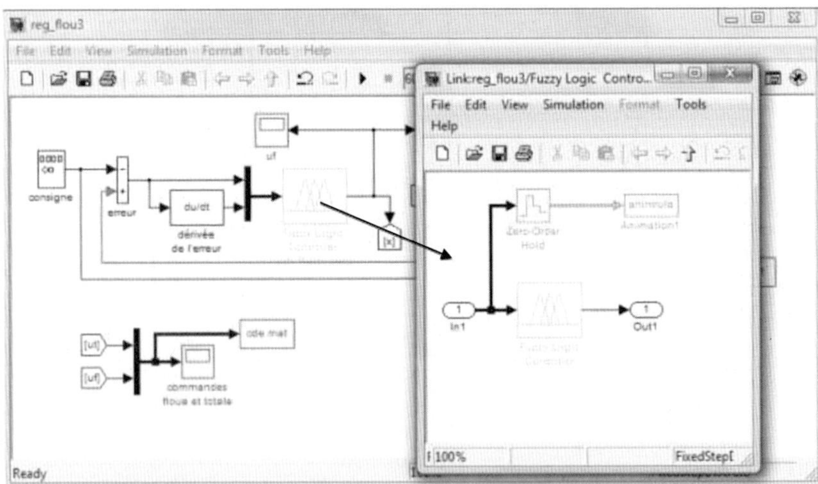

Nous pouvons spécifier le nom du système flou ainsi que la vitesse de rafraîchissement.

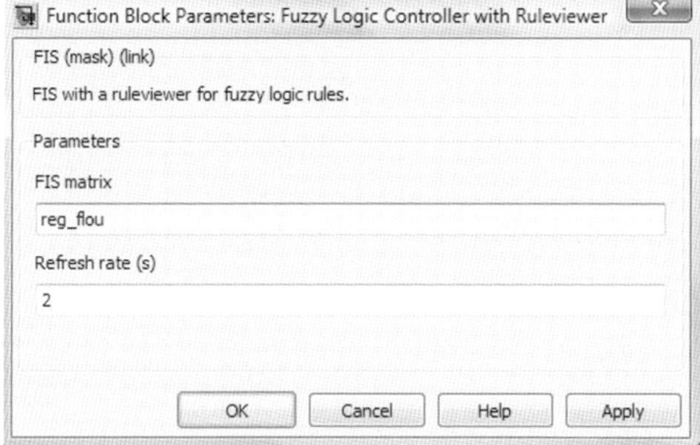


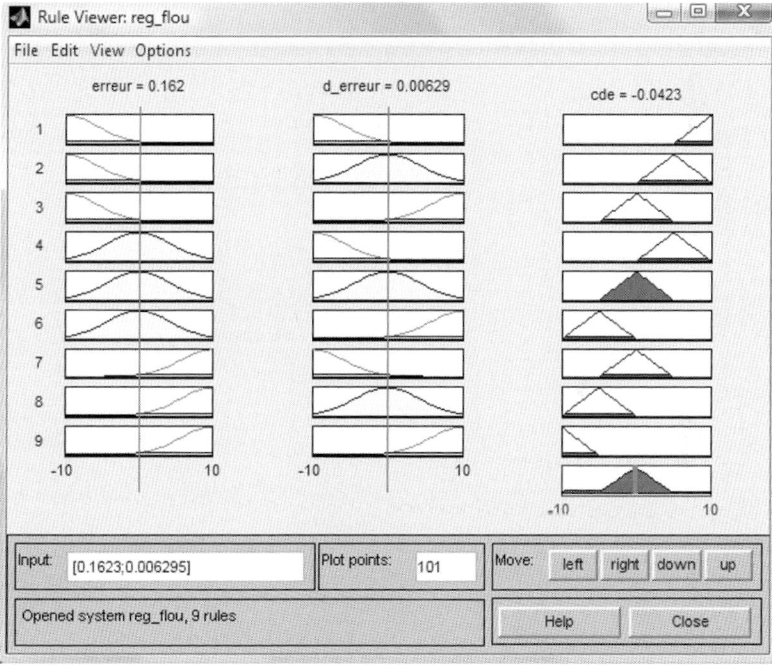

## Chapitre 17

# Réseaux de neurones



## I. Introduction

Les neurones, au nombre d'une centaine de milliards, sont les cellules de base du système nerveux central. Chaque neurone reçoit des influx nerveux à travers ses dendrites (récepteurs), les intègre pour en former un nouvel influx nerveux qu'il transmet à un neurone voisin par le biais de son axone (émetteur).

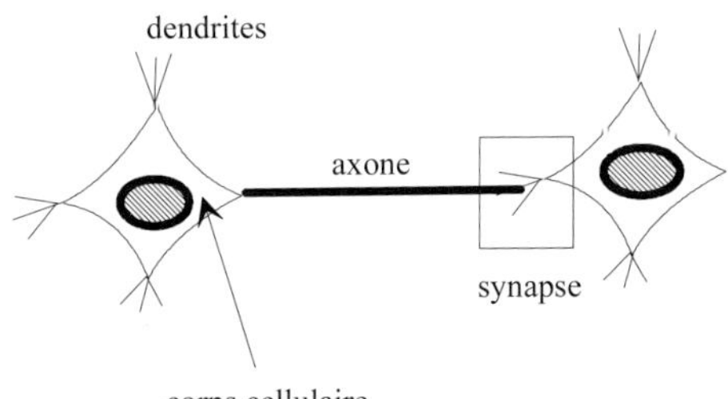


La modélisation des neurones biologiques par des neurones formels, datant des années quarante, a été faite par Mac Culloch et Pitts.

N. Martaj, M. Mokhtari, *MATLAB R2009, SIMULINK et STATEFLOW pour Ingénieurs, Chercheurs et Etudiants*, DOI 10.1007/978-3-642-11764-0_17, © Springer-Verlag Berlin Heidelberg 2010

Le neurone formel reçoit et émet des signaux binaires (0/1). La somme pondérée de toutes ses entrées est comparée à un seuil $\theta$ . Si ce seuil est dépassé, le neurone s'active, sinon il ne transmet aucun signal.

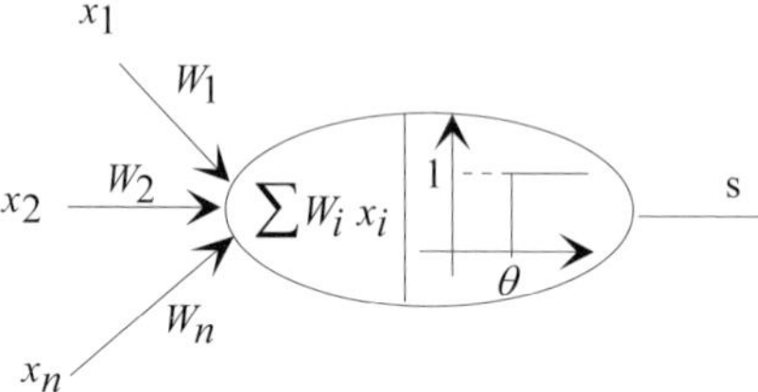


La somme pondérée des signaux d'entrée (stimuli), constituant l'activation du neurone, se transforme en sortie après son passage par une fonction de seuillage ou de transfert.

$$s = f(W_i x_i) = \begin{cases} 1 & si \; W_i x_i > \theta \\ 0 & si \; W_i x_i \leq \theta \end{cases}$$

Suivant le type de données traitées (réel ou binaire), la fonction réalisée (modélisation, reconnaissance de formes, classification, etc.), il existe plusieurs types de réseaux. Le réseau dit Perceptron peut être considéré comme le premier réseau de neurones spécialisé pour la classification.

Cet ouvrage, ne traitant que des applications liées au traitement du signal, nous n'étudions que les réseaux dit linéaires adaptatifs (Adaline) et les réseaux à couches cachées.

## II. Réseaux de neurones linéaires adaptatifs

### II.1. Architecture

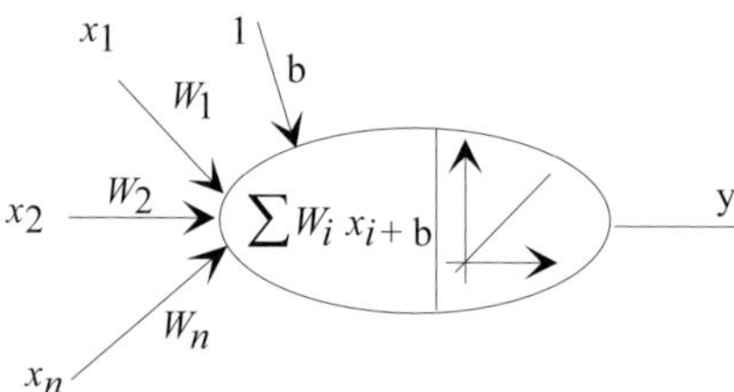


Le neurone de type Adaline réalise une somme pondérée des signaux qu'il reçoit, à laquelle il ajoute un biais.
Cette activation passe à travers une fonction de transfert linéaire.

### II.2. Loi d'apprentissage

L'apprentissage du réseau consiste à modifier, à chaque pas, les poids et les biais afin de minimiser la somme des carrés des erreurs en sortie en utilisant la loi de Widrow-Hoff.

A chaque pas d'apprentissage, l'erreur en sortie est calculée comme la différence entre la cible recherchée t et la sortie y du réseau.
La quantité à minimiser, à chaque pas d'apprentissage k, est la variance de l'erreur en sortie du réseau.

$$E_k = e_k^T \, e_k = (t_k - y_k)_k^T \, (t_k - y_k) = \frac{1}{2}(t_k^T \, t_k + y_k^T \, y_k - 2 y_k^T \, t_k)$$

Le gradient de cette quantité par rapport à la matrice de poids W est donné par :

$$\nabla E_{k/W} = \frac{1}{2} \nabla \left[ y_k^T \, y_k - 2 y_k^T \, t_k \right]_{/W}$$

Ce gradient peut se calculer comme suit :

$$\nabla E_{k/W} = \frac{\partial E_k}{\partial W} = \frac{\partial E_k}{\partial y_k} \frac{\partial y_k}{\partial W}$$

D'après l'expression de $E_k$, et avec $y_k = W x_k + b$, les dérivées partielles sont :

$$\frac{\partial E_k}{\partial y_k} = y_k - t_k$$

$$\frac{\partial (W x_k + b)}{\partial W} = x_k^T$$

La mise à jour se faisant dans le sens inverse du gradient, la matrice de poids W de l'étape future (k+1) est :

$$W(k+1) = W(k) - \eta \, \nabla E_{k/W} = W(k) + \eta \, (t_k - y_k) \; x_k^T$$

avec $\eta$ le gain d'apprentissage.

De même, on obtient l'expression de la modification du biais :

$$b(k+1) = b(k) - \eta \, \nabla E_{k/b} = b(k) + \eta \, (t_k - y_k)$$

Dans le cas général, un réseau de type Adaline possède une seule couche de S neurones.

Si le vecteur d'entrée est de taille R, la matrice de poids W est de dimensions (S, R). A chaque pas d'apprentissage, on calcule l'erreur entre la sortie y = W x + b et le vecteur cible t pour servir dans la règle d'apprentissage.

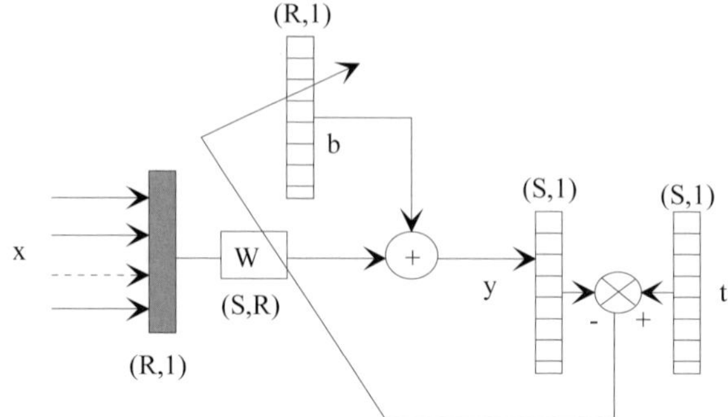


La boîte à outils «Neural Network TOOLBOX» propose la fonction `learnwh` pour l'implémentation de cette loi.

```
[dw, db] = learnwh(x,e,eta)
```

| | | |
|---|---|---|
| `e` | : | erreur en sortie e = t - y, de dimensions (S, 1), |
| `x` | : | vecteur d'entrée, de dimensions (R, 1), |
| `eta` | : | gain d'apprentissage, |
| `dw` | : | variation des poids, dimensions (S, R), |
| `db` | : | variations des biais, dimensions (S, 1). |

## II.3. Quelques domaines d'application

### *II.3.1. Identification de processus*

Les réseaux comportant des neurones de type Adaline sont capables de résoudre des systèmes linéaires. La commande

```
[w, b] = solvelin(x,t)
```

permet de déterminer un réseau de type Adaline en calculant les poids `w` et les biais `b` par une méthode algébrique. Considérons le cas de l'identification d'un modèle ARMA d'un processus du type :

$$H(z) = z^{-1} \frac{b_1 + b_2 z^{-1}}{1 - a_1 z^{-1}}$$

L'équation de récurrence liant la sortie y(t) à l'entrée u(t),

$$y(t) = a_1\, y(t-1) + b_1\, u(t-1) + b_2\, u(t-2)$$

peut être mise sous la forme :

$$y(t) = \begin{bmatrix} a_1 & b_1 & b_2 \end{bmatrix} \begin{bmatrix} y(t-1 \\ u(t-1) \\ u(t-2) \end{bmatrix}$$

A l'instant d'échantillonnage t = kT, la sortie y(t) peut être considérée comme la cible d'un neurone linéaire comme suit :

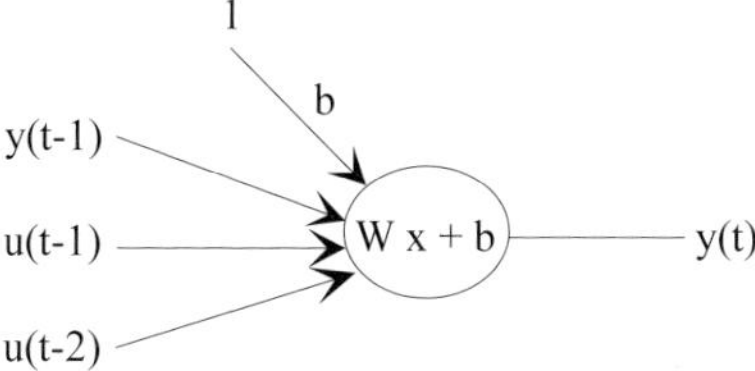


avec :

$$x = [y(t-1)\ \ u(t-1)\ \ u(t-2)]^T\ ,\ b = 0$$

Le fichier `adal_ident1.m` permet de simuler un modèle ARMA et de déterminer les signaux d'entrée et de cible pour le neurone.

*fichier adal_ident1.m*

```
% identification par solvelin
clear all, close all, clc

% Paramètres du modèle à chercher
A = conv([1 -0.8],[1 0]);
B = [1 -0.5];

% signal SBPA d'entrée (longueur 1023)
u = (-1).^(1:10);
N = 100; % nombre de points
for i = 11:N
   u(i) = -u(i-7)*u(i-10);
end
y = (dlsim(B,A,u))'

% affichage des signaux d'entrées-sorties
plot(u)
hold on
plot(y)
xlabel('échantillons')
title('signaux d''entrée et de sortie du système à
identifier')
grid

% signaux retardés
y1 = delaysig(y,1)
y1 = y1(2,:);

u1 = delaysig(u,2);
u2 = u1(3,:);
u1 = u1(2,:);
```

```
% suppression des éléments nuls des signaux retardés
u1 = u1(3:N);
u2 = u2(3:N);
y1 = y1(3:N);
y = y(3:N);

% entrées du neurone
x = [u1;u2;y1];
t = y;
% utilisation de la commande solvelin
[w,b] = solvelin(x,t)
```

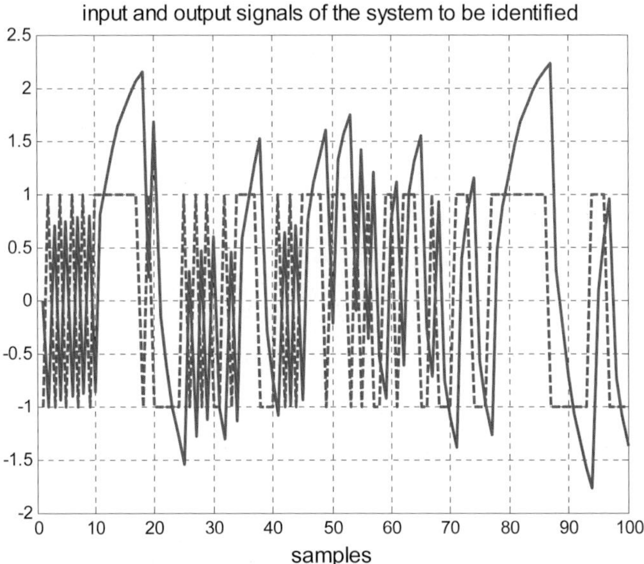


Nous obtenons exactement les valeurs, respectivement de $a_1$, $b_1$ et $b_2$ comme les éléments de la matrice W de poids du neurone linéaire.

Le biais correspondant au terme constant est négligeable.

```
w =
    1.0000   -0.5000    0.8000
b =
    -5.9217e-017
```

Dans certains cas, cette commande utilisant des calculs matriciels, notamment l'inversion, n'aboutit pas à des résultats ; il faut dans ce cas programmer l'apprentissage de la loi de Widrow-Hoff en utilisant la commande `learnwh`.

*fichier adal_ident2.m*

```
% neurone Adaline, loi de Widrow-Hoff
clear all, close all, clc

% Paramètres du modèle à chercher
A = conv([1 -0.8],[1 0]); B = [1 -0.5];

% signal SBPA d'entrée (longueur 1023)
u = (-1).^(1:10);
N = 500; % nombre de points

for i = 11:N
   u(i) = -u(i-7)*u(i-10);
end

y = (dlsim(B,A,u))' ;

% initialisation des poids et du biais
[W,b] = rands(1,3);
poids_W = cat(3,W);
biais_b = cat(3,b);

eta = 0.1;     % gain d'apprentissage

   for i = 3:length(u)-1

      % stimulus n° i
      p = [y(i-1) u(i-1) u(i-2)]';

      % sortie du neurone
      o = W*p + b;

      % erreur
      e = y(i) - o;

      % calcul des variations des poids et du biais
      [dw,db] = learnwh(p,e,eta);

      % mise à jour des matrices de poids W et de biais b
      W = W + dw;
      b = b + db;

      % sauvegarde des poids et biais
      poids_W = cat(3,poids_W,W);
      biais_b = cat(3,biais_b,b);

   end % boucle for
```

```
disp(['valeurs finales des poids et du biais :']);
W, b
```

```
% tracé de l'évolution des poids
for k = 1:3
   x = poids_W(1,k,:);
   plot(x(:)), hold on
end
eta = num2str(eta);
title(['évolution des poids W et du biais b, \eta=' eta])
xlabel('échantillons')
plot(biais_b(:),':')
```

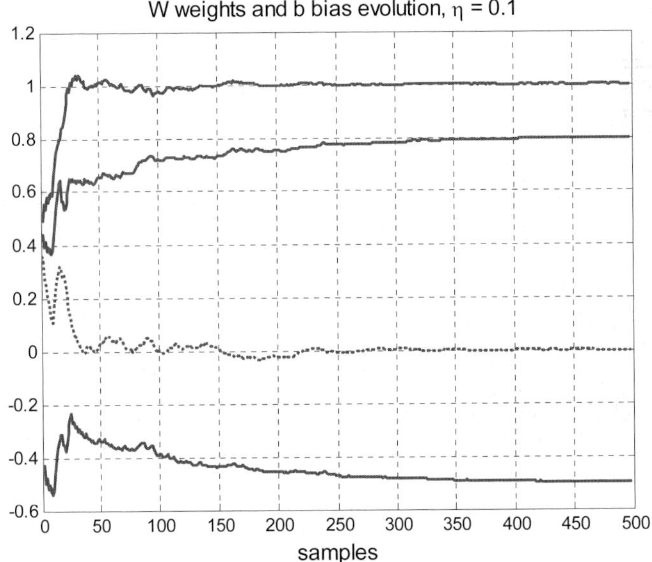


A la fin de l'apprentissage, nous obtenons :

```
final values of weights and bias
W =
    0.7973    0.9999   -0.4976

b =
   -0.0012
```

### *II.3.2. Prédiction de signal*

On programme la règle d'apprentissage de la loi de Widrow-Hoff sans avoir recours à des fonctions de la boîte à outils.

*fichier pred_adal.m*

```
% prédiction de signal à 1 pas
clear all
close all
clc

time = 0:0.05:10;
r = 0.5 + sin(time*2*pi);

% Initialisation aléatoire des poids W et du biais b
S = 1;    % un neurone adaline
R = 5;    % nombre d'entrées

[W,b] = rands(S,R);

% valeurs initiales des poids et biais
poids_W = cat(3,W);
biais_b = cat(3,b);
eta = 0.1;      % gain d'apprentissage

   for i = 5:length(r)-1
    % stimulus n°i
    x = [r(i) r(i-1) r(i-2) r(i-3) r(i-4)]' ;
    % sortie
    y = W*x+b;
    dr_est(i+1) = y;
    r_est(i+1) = dr_est(i+1)+r(i);

    % remise à jour des poids et biais
    e = r(i)-r(i-1)-dr_est(i);

    % mise à jour des matrices de poids W et de biais b
    W = W+eta*e*x'; b = b+eta*e;

    % sauvegarde des poids et biais
    poids_W = cat(3,poids_W,W);
    biais_b = cat(3,biais_b,b);
end % boucle for

disp(['valeurs finales des poids et du biais :']); W, b

% tracé des différents signaux
figure(1)
hold on
plot(time, r_est)
plot(time,r,':')
title(['Signaux réel et prédit,  \eta = ' num2str(eta)])
```

```
figure(2)
plot(e)
title(['erreur de prédiction,  \eta = ' num2str(eta)])
hold on
plot(r-r_est)
hold off

% tracé de l'évolution des poids
figure(3)
for k = 1:R
   x = poids_W(1,k,:);
   plot(x(:))
   hold on
end

hold off
title(['évolution des poids W,  \eta = ' num2str(eta)])
xlabel('temps discret')

% tracé de l'évolution du biais
figure(4)
plot(biais_b(:))
title(['évolution du biais,  \eta = ' num2str(eta)])
xlabel('temps')
```

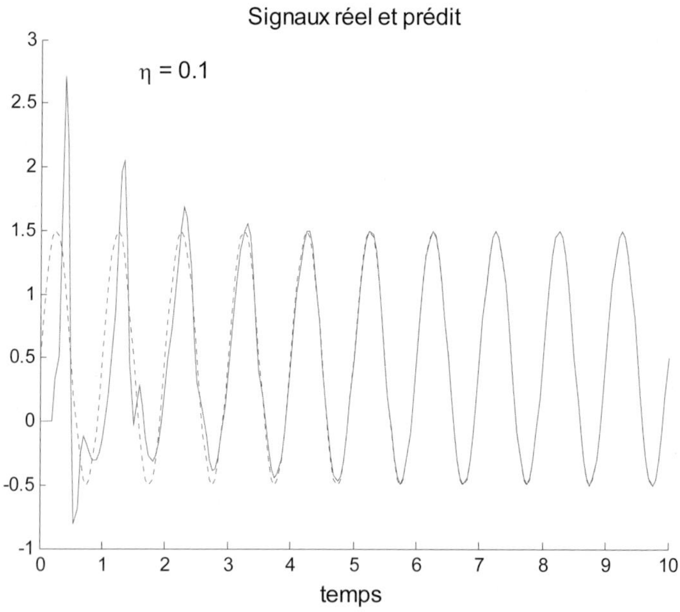

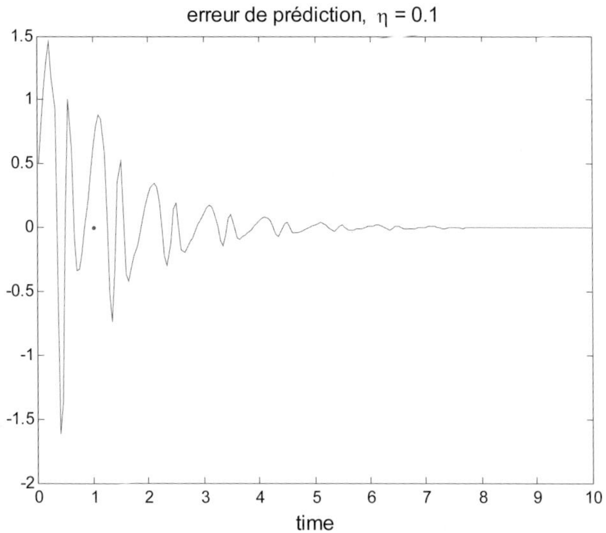


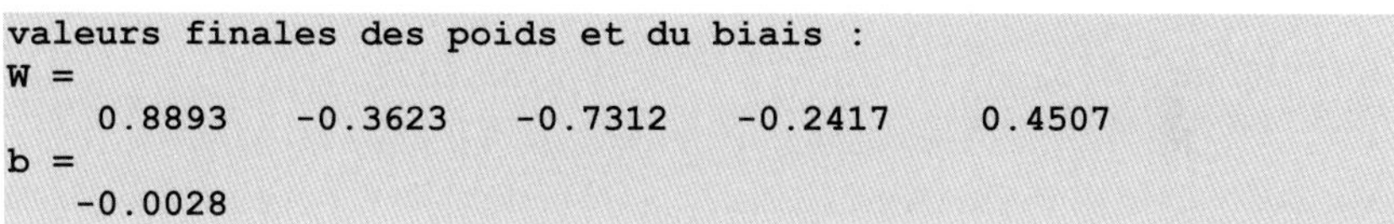

```
valeurs finales des poids et du biais :
W =
    0.8893   -0.3623   -0.7312   -0.2417    0.4507
b =
   -0.0028
```

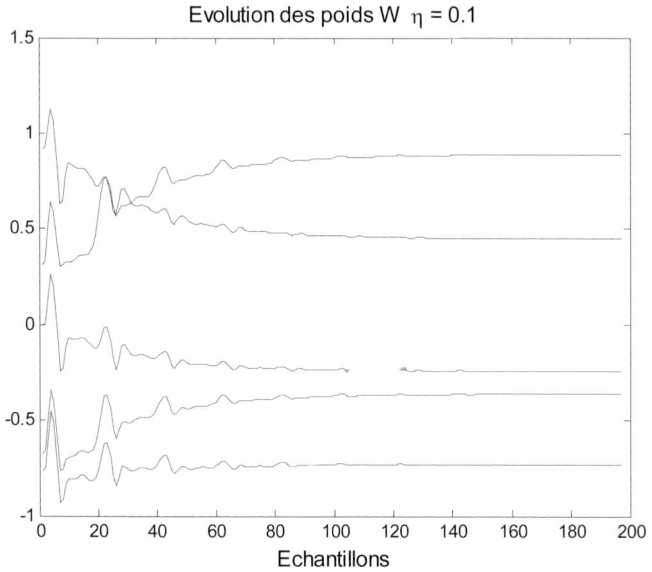

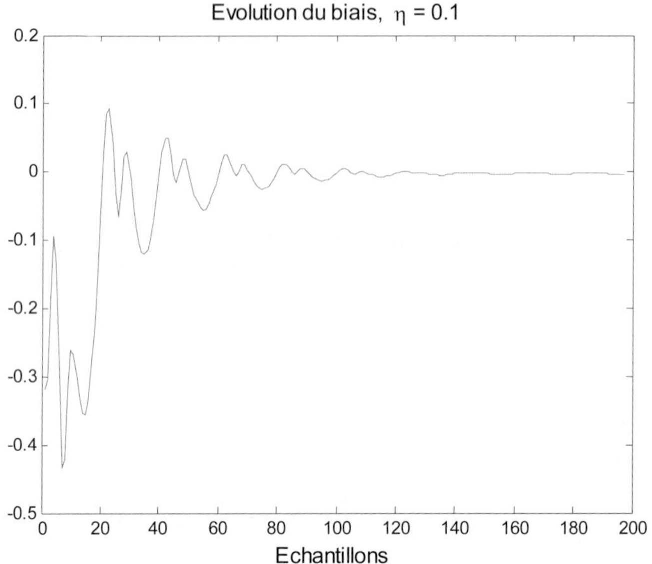


### *II.3.3. Suppression d'interférence*

Dans beaucoup de cas industriels, un signal utile x n'est pas transmis correctement. Un signal parasite p est cause d'une interférence. Le signal transmis est formé du signal utile x auquel s'ajoute un élément parasite proportionnel au bruit p.

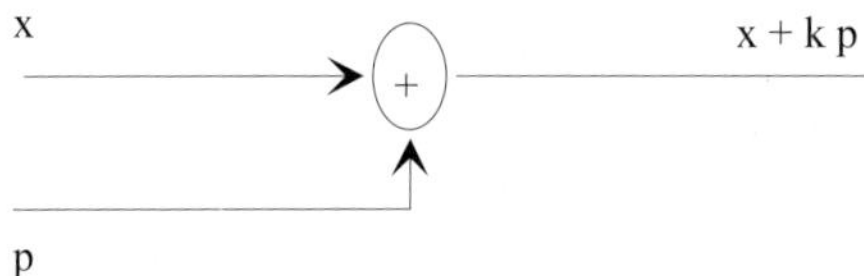


Le principe consiste à présenter à l'entrée du neurone linéaire le bruit p afin de reconstituer le signal bruité. Comme le neurone est linéaire, il cherchera la partie du signal cible proportionnelle au bruit p : c'est l'interférence. L'erreur entre la cible et la sortie du neurone constituera le signal utile x que l'on cherche à extraire.

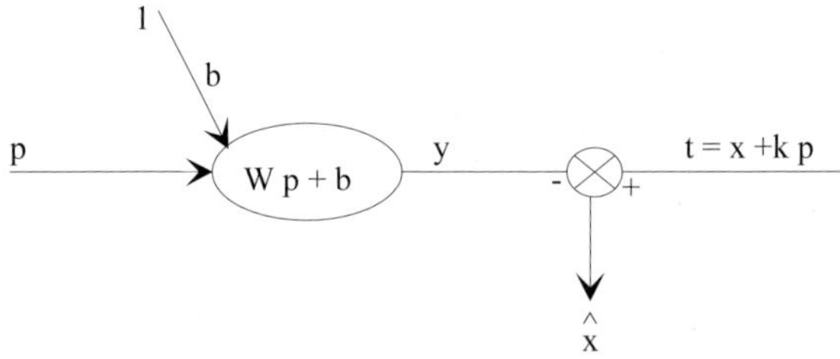

C'est le cas, par exemple, d'une personne qui parle au téléphone dans un milieu bruyant (atelier mécanique, message d'un pilote, ...). On désire transmettre un signal le plus proche possible du message utile x.

Dans le cas où la totalité du signal est connue, on peut utiliser la fonction `adaptwh` de syntaxe :

```
[y, e, W, b] = adaptwh(W, b, x, t, eta)
```

| | | |
|---|---|---|
| `[y, e, W, b]` | : | sortie, erreur, poids et biais finaux, |
| `W, b, x, t, eta` | : | poids et biais initiaux, matrice d'entrée, cible et gain d'adaptation des poids et biais. |

*fichier sup_interf1.m*

```
% suppression d'une interférence
clear all, close all, clc
temps = 0:0.1:10;
r = sin(temps*4*pi);

% Initialisation aléatoire des poids W et du biais b
R = length(temps); % nombre d'entrées
S = R;
% signal parasite p
p = randn(size(r));

% signal bruité
t = r + 0.833*p;

% initialisation de W et b
[W,b] = initlin(p,t);

figure(1), plot(temps,t)
title('cible à prédire = signal bruité'), xlabel('temps')

[y,e] = adaptwh(W,b,p,t,0.1);

figure(2)
plot(r,':')
hold on
plot(e)
title('signal utile = signal d''erreur')
hold off

figure(3)
plot(r-e)
title('erreur = signal utile - signal reconstruit')
xlabel('temps')

% poids et biais finaux
w, b
```

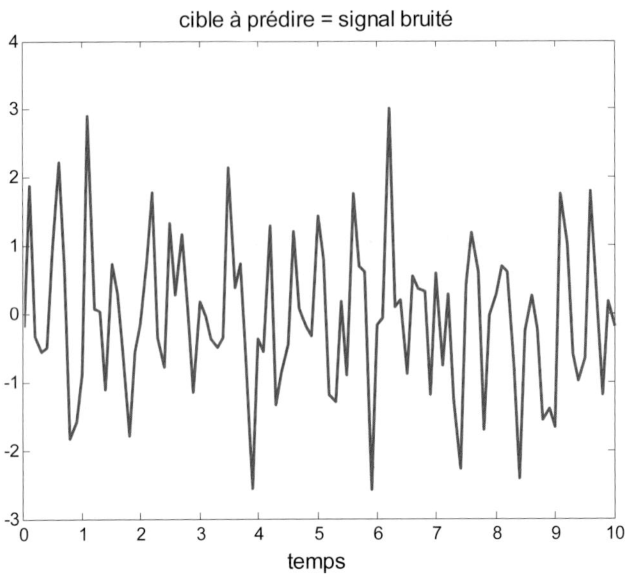
cible à prédire = signal bruité
4
3
2
1
0
-1
-2
-3
0 1 2 3 4 5 6 7 8 9 10
temps

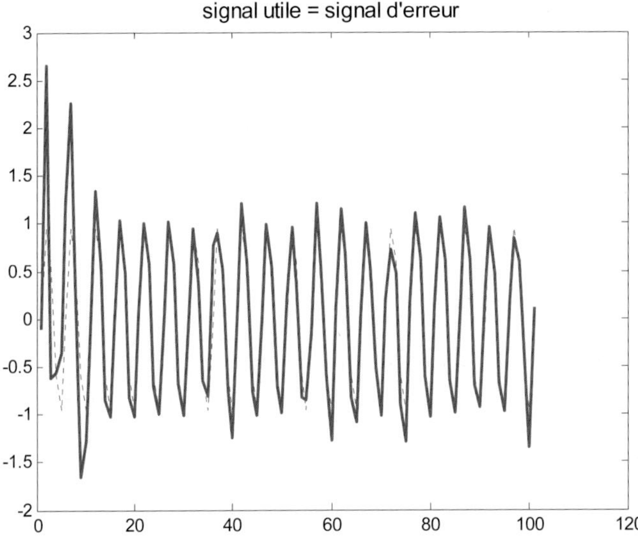
signal utile = signal d'erreur
3
2.5
2
1.5
1
0.5
0
-0.5
-1
-1.5
-2
0 20 40 60 80 100 120

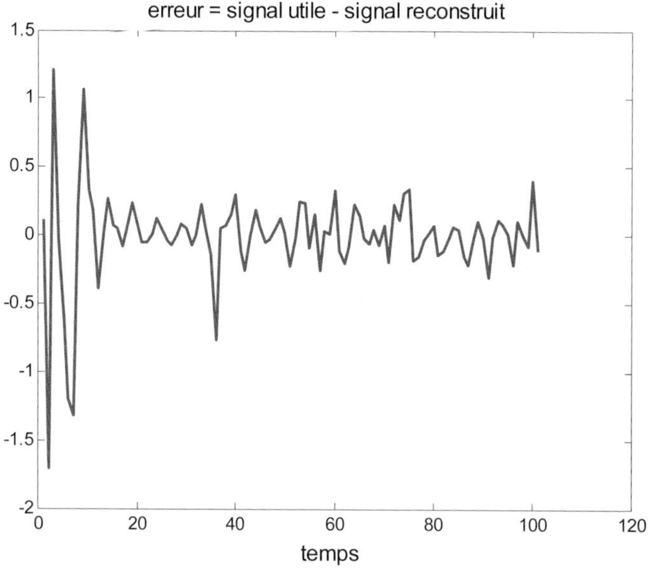


Nous obtenons le poids et le biais suivants :

```
w =
   -0.5166

b =
   -0.1922
```

Dans le fichier `sup_interf2.m`, nous utilisons la fonction `learnwh` de la boîte à outils «`Neural Network TOOLBOX`».

*fichier sup_interf2.m*

```
% suppression d'une interférence
clear all
close all, clc
temps = 0:0.05:20;
r = sin(temps*pi);

% Initialisation aléatoire des poids W et du biais b
S = 1;
R = S;
% signal parasite p
p = randn(size(temps));

% signal bruité
t = r + 0.833*p;
```

```
% initialisation de W et b
W = randn(1,1);
b = randn(1,1);
poids_W = W;
biais_b = b;

figure(1)
plot(temps,t)
title('cible à prédire = signal bruité')
xlabel('temps')

eta = 0.02;

for i = 1:length(temps)
   % sortie du neurone
   y(i) = W*p(i)+b;

   % erreur en sortie
   e(i) = t(i) - y(i);

   [dW,db] = learnwh(p(i),e(i),eta);
   % mise à jour des matrices de poids W et de biais b

   W = W+dW;
   b = b+db;

   % sauvegarde des poids et biais
   poids_W = [poids_W,W];
   biais_b = [biais_b,b];
end

figure(2)
plot(temps,r,':')
hold on

plot(temps,e)
title('signal utile = signal d''erreur')
hold off

figure(3)
plot(temps,r-e)
title('erreur = signal utile - signal reconstruit')

hold on
plot(temps,zeros(size(t)))
xlabel('temps')
```

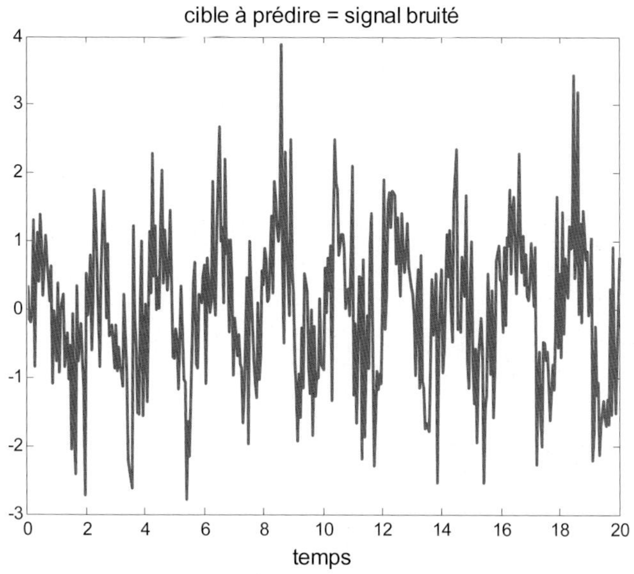
cible à prédire = signal bruité
4
3
2
1
0
-1
-2
-3
0
2
4
6
8
10
12
14
16
18
20
temps

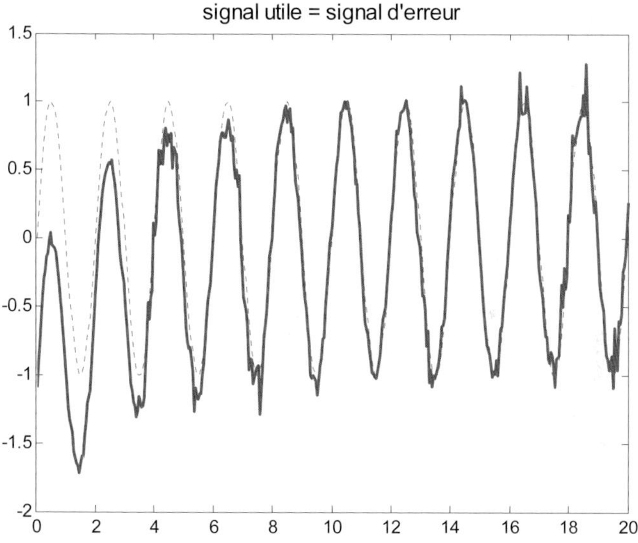
signal utile = signal d'erreur
1.5
1
0.5
0
-0.5
-1
-1.5
-2
0
2
4
6
8
10
12
14
16
18
20

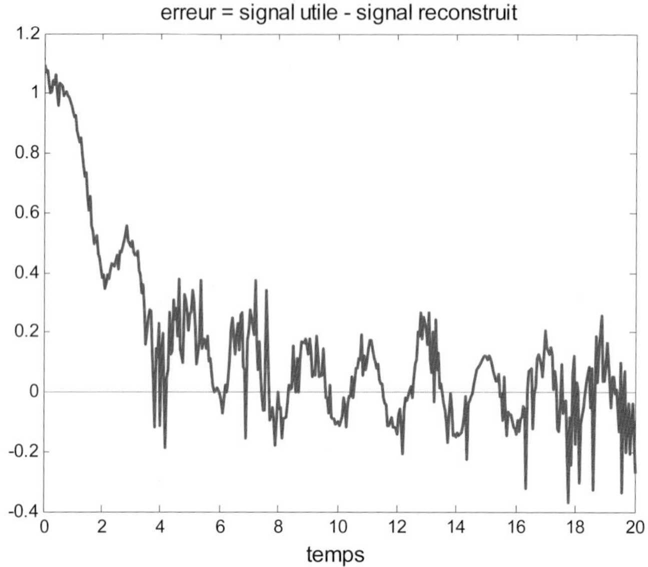


## III. Réseaux à couches cachées, rétropropagation de l'erreur

### III.1. Principe

Ce type de réseau possède une ou plusieurs couches intermédiaires, dites couches cachées.

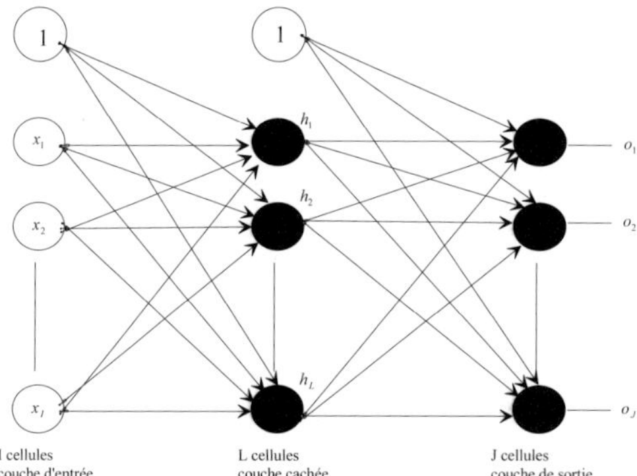


Les cellules de la couche d'entrée propagent le stimulus vers la couche cachée via des connexions. Le vecteur d'entrée de la couche cachée est donné, sous forme matricielle, par :

$$h\_in = W\,x + w0$$

où W et w0 représentent respectivement la matrice de poids de dimensions (L, I) et vecteur biais (I, 1) et x le vecteur stimulus (J, 1).

Chaque cellule de la couche cachée transforme son entrée en réponse à travers une fonction de transfert.

$$h = f(h\_in) = f(Wx + w0)$$

De même, chaque cellule de la couche de sortie transforme son entrée en sortie par une fonction de transfert.

La réponse de la couche de sortie est donnée par :

$$o = g(Zh + z0)$$

Les matrices de poids W, Z et les vecteurs biais w0, z0 sont initialisés à des valeurs aléatoires. Le vecteur de sortie du réseau est ensuite comparé au vecteur cible $t$ que l'on cherche à obtenir et l'on déduit l'erreur $(t - o)$ en sortie du réseau. Cette erreur sera rétropropagée dans le réseau afin de mettre à jour les matrices de poids et les vecteurs de biais suivant un algorithme dit de rétropropagation de l'erreur qui minimise la somme des carrés des erreurs commises sur l'ensemble des stimuli.

## III.2. Fonctions de transfert

La fonction de transfert ou d'activation, non linéaire et croissante, permet d'introduire un seuil et une saturation. Dans la technique de rétropropagation, l'algorithme fait intervenir la dérivée de cette fonction. Il est alors intéressant d'utiliser des fonctions dont la dérivée est facile à calculer. Les fonctions les plus courantes sont les sigmoïdes unipolaire et bipolaire transformant respectivement l'intervalle $[-\infty;\infty]$ en $[0;1]$ et $[-1;1]$ ainsi que la fonction tangente hyperbolique.

- ***sigmoïde unipolaire***

$$f_1(x) = \frac{1}{1+e^{-x}}$$

$$f_1'(x) = f_1(x)\left[1 - f_1(x)\right]$$

- ***sigmoïde bipolaire***

$$f_2(x) = \frac{1-e^{-x}}{1+e^{-x}} = 2\left[f_1(x) - 0.5\right]$$

$$f_2'(x) = \frac{1}{2}\left[1 + f_2(x)\right]\left[1 - f_2(x)\right]$$

- ***tangente hyperbolique***

$$f_3(x) = \frac{e^{x} - e^{-x}}{e^{x} + e^{-x}}$$

$$f_3'(x) = \frac{4}{(e^x + e^{-x})^2}$$

Le fichier `f_activ.m` permet de tracer les fonctions d'activation les plus couramment utilisées.

*fichier f_activ.m*

```
close all
x = -6:0.1:6;
% sigmoïde unipolaire
sigm_unip = logsig(x);

% tangente hyperbolique
tnh = tanh(x);

% sigmoïde bipolaire
sigm_bip = 2*logsig(x)-1;

plot(n,tnh)
grid
gtext('tangente hyperbolique')
hold
plot(x,sigm_unip,':')
gtext('sigmoïde unipolaire')
plot(x,sigm_bin,'--')
gtext('sigmoïde bipolaire')
title('différentes fonctions d''activation')
```

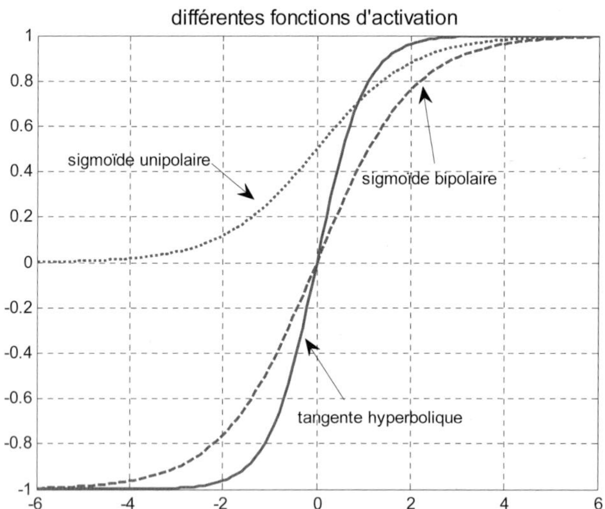

L'utilisation de l'une de ces fonctions impose des conditions sur l'amplitude des signaux d'entrée et de sortie du réseau. Pour cela, on définit une fonction sigmoïdale dont on peut modifier la pente et les valeurs extrêmes.

Si l'on veut modifier seulement la pente, on considère la fonction

$$f_4(x) = f_1(\sigma x) = \frac{1}{1+e^{-\sigma x}}$$

dont la dérivée est donnée par :

$$f_4'(x) = \sigma f_1(\sigma x)\left[1 - f_1(\sigma x)\right]$$

Si l'on veut, de plus, modifier les valeurs extrêmes, on définit la fonction

$$g(x) = \alpha f_4(\sigma x) - \beta$$

qui permet d'avoir $g(x \to \infty) = \alpha - \beta$ et $g(x \to -\infty) = -\beta$.
Si l'on veut que les valeurs de la fonction soient symétriques $\mp\beta$, il faut choisir $\alpha = 2\beta$.

La dérivée, comme pour les autres fonctions sigmoïdales, s'exprime facilement par l'expression de la fonction de transfert :

$$g'(x) = \frac{\sigma}{\alpha}\left[\beta + g(x)\right]\left[\alpha - \beta - g(x)\right]$$

Le fichier fonction `sigm_var.m` implémente cette fonction sigmoïdale.

*fichier fonction sig_param.m*

```
function [g, gp] = sig_param(x,par)
g = par(1)*logsig(par(3)*x)-par(2);
gp = (par(2)+g).*(par(1)-par(2)-g)*par(3)/par(1);
```

Le fichier `sigm_var.m` permet de tracer plusieurs versions de cette sigmoïde et leurs dérivées.

*fichier sigm_var.m*

```
% fonction sigmoïde paramétrable
close all
x = -10:0.1:10;
% a_b_s : vecteur contenant alpha, beta et sigma
abs1 = [4 2 2];

[g1,gp1] = sig_param(x,abs1);
plot(x,g1)
text(-0.9,-1.5,'\leftarrow \alpha=4, \beta = 2, \sigma =
2',...
     'HorizontalAlignment','left')
hold on
```

```
abs2 = [4 2 1];
[g2,gp2] = sig_param(x,abs2);
plot(x,g2,':')
text(-2,-1.5,'\alpha = 4, \beta= 2, \sigma= 1 \rightarrow
',...
   'HorizontalAlignment','right')

abs3 = [3 1 0.5];
[g3,gp3] = sig_param(x,abs3);
plot(x,g3,'-.')
text(-1.6,0,'\alpha=3, \beta=1, \sigma = 0.5 \rightarrow ',...
     'HorizontalAlignment','right')

axis([-10 10 -2.5 2.5])
title('sigmoïde de pente et de valeurs extrêmes variables')
xlabel('activation x')
gtext('g(x) = \alpha/(1+e^{-\sigma x}) - \beta')

% tracé des dérivées de ces sigmoïdes
figure(2)
plot(x,gp1), hold on
plot(x,gp2,':'), plot(x,gp3,'-.')
title('dérivées des sigmoïdes')
xlabel('activation x')
axis([-10 10 0 2.4])
gtext('g''(x) = \alpha [\beta + g(x)] [\alpha-\beta - g(x)]')
```

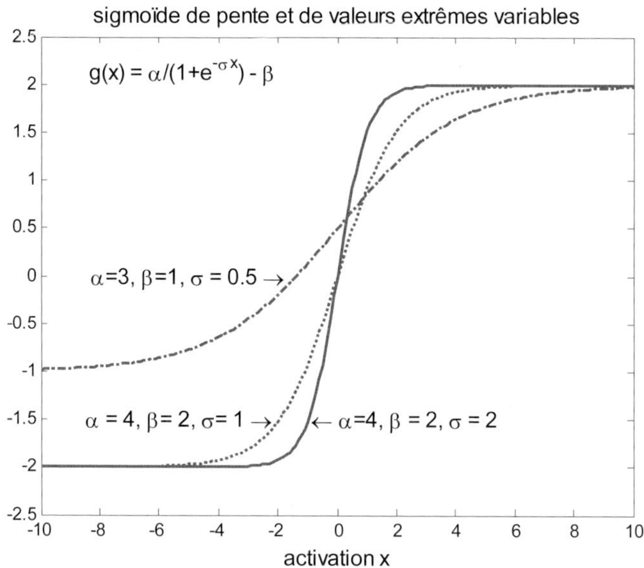


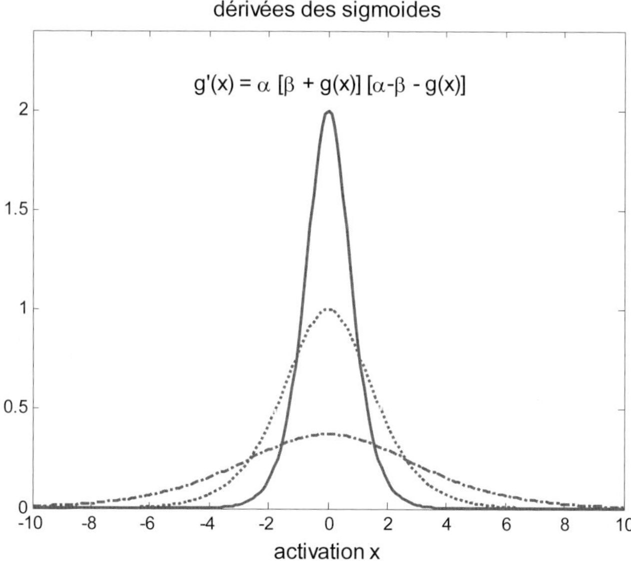


La boîte à outils `Neural Network TOOLBOX` propose les fonctions de transfert suivantes :

| | | |
|---|---|---|
| `logsig` | : | sigmoïde unipolaire, |
| `tansig` | : | tangente hyperbolique, |
| `purelin` | : | fonction de transfert linéaire. |

Pour chacune de ces fonctions, la dérivée est calculée, respectivement par `deltalog`, `deltatan` et `deltalin`.

`deltalog(o)` : retourne le vecteur des dérivées, soit $o.*(1-o)$.

### III.3. Algorithme de rétropropagation

On note :

| | | |
|---|---|---|
| X | : | matrice de stimuli, dimensions (I, N) où N représente le nombre de stimuli à présenter au réseau, |
| $x_k$ | : | stimulus n° k (colonne n° k de la matrice X), |
| T | : | matrice de cibles ou réponses théoriques, dimensions (I, N), |
| $t_k$ | : | cible n° k (colonne n° k de la matrice T), |
| $h_k$ | : | sortie de la couche cachée, dimensions (L, 1), |
| $o_k$ | : | réponse du réseau, vecteur colonne à J composantes, |
| $W$ | : | matrice de poids des connexions liant la couche d'entrée à la couche cachée, dimensions (L, I), |
| $w0$ | : | vecteur de biais des cellules de la couche cachée, dimensions (L, 1), |
| $Z$ | : | matrice de poids des connexions liant la couche cachée à la couche de sortie, dimensions (J, L), |
| $z0$ | : | vecteur de biais des cellules de la couche de sortie, dimensions (J, 1). |

A chaque présentation d'un stimulus n° k, on réalise les 2 étapes successives suivantes :

1. le passage du stimulus de l'entrée vers la sortie du réseau,
2. la rétropropagation de l'erreur dans le réseau pour la mise à jour des matrices de poids et de biais afin de réduire l'erreur entre la sortie obtenue et la cible recherchée.

- ***passage du stimulus à travers le réseau***

Chaque cellule de la couche cachée somme toutes ses entrées et fait passer le signal obtenu à travers sa fonction de transfert. De même pour les cellules de la couche de sortie. Sous forme matricielle, le vecteur de sortie n° k a pour expression :

$$o_k = g\left[Z(f(W x_k + w0) + z0\right]$$

avec $f$ et $g$, les fonctions de transfert, qui peuvent être identiques, respectivement des couches cachée et de sortie.

Le vecteur de sortie est comparé à celui que l'on désire obtenir, le vecteur $t_k$. On déduit l'erreur

$$e_k = t_k - o_k$$

- ***rétropropagation de l'erreur***

L'apprentissage du réseau consiste à modifier, à chaque pas d'apprentissage, les poids et les biais afin de minimiser la somme des carrés des erreurs en sortie. La méthode de rétropropagation est basée sur la technique du gradient.
La quantité à minimiser, à chaque pas d'apprentissage k, est la variance de l'erreur en sortie du réseau.

$$E_k = e_k^T\, e_k = \frac{1}{2}(t_k^T\, t_k + o_k^T\, o_k - 2\, o_k^T\, t_k)$$

$$\nabla E_{k/Z} = \frac{1}{2}\nabla\left[o_k^T\, o_k - 2\, o_k^T\, t_k\right]_{/Z}$$

Si l'on considère des fonctions de transfert identiques pour les 2 couches (`f` ≡ `g`), la sortie du réseau est donnée par :

$$o_k = f\left[Z\, h_k + z0\right]$$

Le gradient de $E_k$ par rapport à la matrice Z peut se calculer comme suit :

$$\nabla E_{k/Z} = \frac{\partial E_k}{\partial Z} = \frac{\partial E_k}{\partial o_k}\,\frac{\partial o_k}{\partial (Z\, h_k + z0)}\,\frac{\partial (Z\, h_k + z0)}{\partial Z}$$

D'après l'expression de $E_k$, la première dérivée partielle est :

$$\frac{\partial E_k}{\partial o_k} = o_k - t_k$$

La deuxième dérivée partielle dépend du type de fonction de transfert utilisée. Dans le cas de la sigmoïde unipolaire, la deuxième dérivée partielle a pour expression :

$$\frac{\partial o_k}{\partial (Z\, h_k + z0)} = f(Z\, h_k + z0)\ .\!*\left[1 - f(Z\, h_k + z0)\right] = o_k\ .\!*(1 - o_k)$$

avec $1$ représentant un vecteur unitaire de même taille que le vecteur de sortie $o_k$ et l'opérateur '.*' définit le produit terme à terme ou produit de Hadamard.

La troisième dérivée partielle est simple à calculer :

$$\frac{\partial (Z\, h_k + z0)}{\partial Z} = h_k^T$$

La mise à jour se faisant dans le sens inverse du gradient, la matrice de poids Z de l'étape future (k+1) est :

$$Z(k+1) = Z(k) - \eta\nabla E_{k/z} = Z(k) + \eta\ (t_k - o_k)\ .\!*o_k\ .\!*\ (1 - o_k)\ h_k^T = Z(k) + \eta\,\partial s\ h_k^T$$

avec $\eta$ le gain d'apprentissage.

La même méthode sera utilisée pour la mise à jour du vecteur des biais z0. En considérant que le vecteur d'entrée passant par les biais est unitaire, on obtient facilement :

$$z0(k+1)=z0(k)-\eta\nabla E_{k/z0}=z0(k)+\eta\,(t_k-o_k)\,.*o_k\,.*\,(1-o_k)=z0(k)+\eta\,\partial_S$$

L'erreur en sortie $\partial_S$ est rétropropagée à la sortie de la couche cachée à travers la transposée de la matrice Z.

Par analogie à l'expression précédente de remise à jour de la matrice Z, avec $h_k$ le vecteur de sortie de la couche cachée, on obtient :

$$W(k+1)=W(k)-\eta\,\nabla E_{k/W}=W(k)+\eta\,Z(k)^T\,\partial s\,.*\,h_k\,.*\,(1-h_k)x_k^T=W(k)+\eta\,\partial_h\,x^T$$

et

$$w0(k+1)=w0(k)-\eta\,\nabla E_{k/w0}=w0(k)+\eta\,Z(k)^T\,\partial s\,.*\,h_k\,.*\,(1-h_k)\;=\;w0(k)+\partial_h$$

La boîte à outils `Neural Network TOOLBOX` propose des fonctions pour le calcul de la dérivée de l'erreur en sortie d'une couche quelconque du réseau et en celle de la couche cachée précédente. Si l'on considère le réseau précédemment défini, avec une seule couche cachée, ces fonctions dites `delta`, permettent de calculer les erreurs $\partial_s$ et $\partial_h$.

`deltalog(o)` : retourne le vecteur des dérivées de l'erreur en sortie d'une couche, soit $o\,.*\,(1-o)$, si $o$ désigne le vecteur des sorties en sortie de cette couche,

`deltalog(o,e)` : retourne la quantité $e.*o\,.*\,(1-o)$. Dans les calculs précédents, cette quantité est notée $\partial_s$,

`deltalog(h,ds,Z)` : retourne la quantité $Z(k)^T\,ds\,.*\,h_k\,.*\,(1-h_k)$. Dans les calculs précédents, cette quantité est notée $\partial_h$.

Ces différentes syntaxes propres à la fonction sigmoïde unipolaire, sont les mêmes pour les fonctions de transfert `deltatan` et `deltalin`.

## IV. Commande par modèle inverse neuronal

Le modèle inverse neuronal d'un processus donné est un réseau de neurones qui permet de calculer l'entrée (ou le signal de commande) u(t), de l'instant discret t = kT, à partir des valeurs antérieures de ses entrées-sorties.

L'étape de modélisation nécessite l'acquisition d'un fichier d'entrées-sorties du processus. Pour que les différents modes du processus soient excités, on appliquera un signal riche en fréquences : une séquence binaire pseudo-aléatoire autour du point de fonctionnement désiré.

Si l'on réalise N acquisitions, on obtient un fichier sous la forme d'une matrice à N lignes et 2 colonnes représentant respectivement l'entrée discrète u(t) et la sortie y(t).

On considérera, dans la suite, un modèle de transmittance H(z),

$$H(z) = \frac{z^{-1}(0.3 + 0.05z^{-1})}{1 - 0.7z^{-1}}$$

auquel on appliquera un signal de commande u(t), formé d'une séquence binaire pseudo-aléatoire de hauteur 1 et de longueur 1023 que l'on superpose à une valeur constante égale à 5, correspondant à un point de fonctionnement du processus.

A partir du fichier contenant u(t) et y(t), on calcule les variations $\Delta u(t) = u(t) - u(t-1)$ et $\Delta y(t) = y(t) - y(t-1)$.

Avec l'utilisation de la sigmoïde unipolaire, on doit normaliser les différents signaux, $u(t), y(t)$, $\Delta u(t)$ et $\Delta y(t)$ entre les valeurs limites 0.1 et 0.9.

## IV.1. Première architecture

Le réseau de neurones, ci-après, a pour but de fournir, à chaque instant d'échantillonnage, la variation de commande $\Delta u(t) = u(t) - u(t-1)$. La variation future de la sortie $\Delta y(t+1)$, permettra, comme on le verra plus loin, de réaliser une commande prédictive à 1 pas d'échantillonnage.

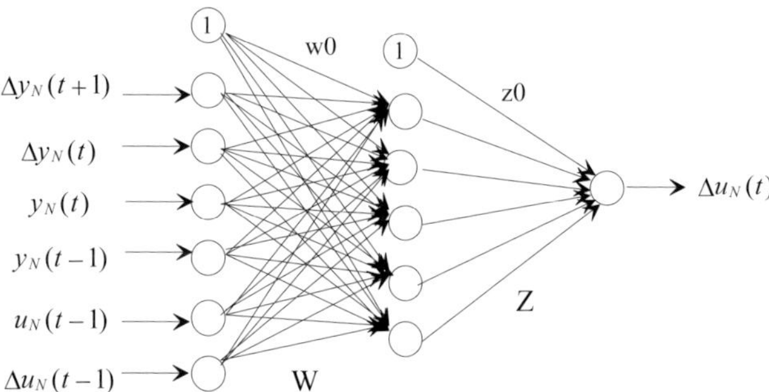


Le fichier `modele.m` permet l'acquisition et l'affichage des entrées-sorties de ce modèle.

*fichier modele.m*

```
% fichier de génération d'E/S d'un modèle de processus

clear all; close all

% Génération d'un signal constant + S.B.P.A.
temps = 200;
```

```
u = 5*ones(1,temps);
% génération de la séquence SBPA
sbpa = (-1).^(1:10);

for i = 11:length(u)
   sbpa(i) = -sbpa(i-10)*sbpa(i-7);
end

u = u+sbpa;

% calcul de la sortie du modèle
num = [0.3 0.05];
den = conv([1 0],[1 -0.7]);
y = (dlsim(num,den,u))';

% suppression des régimes transitoires
u(1:10) = []; y(1:10) = [];

% tracé du signal de commande et de la sortie du modèle
stairs(u)
hold on
h = plot(y);
set(h,'LineWidth',2)
title('Signal de commande et sortie du modèle')
xlabel('temps discret'), grid, hold off
axis([0 length(u) 3.5 7])
gtext('commande S.B.P.A.')
gtext('sortie')
% suppression des variables inutiles
clear num den h i sbpa temps
```

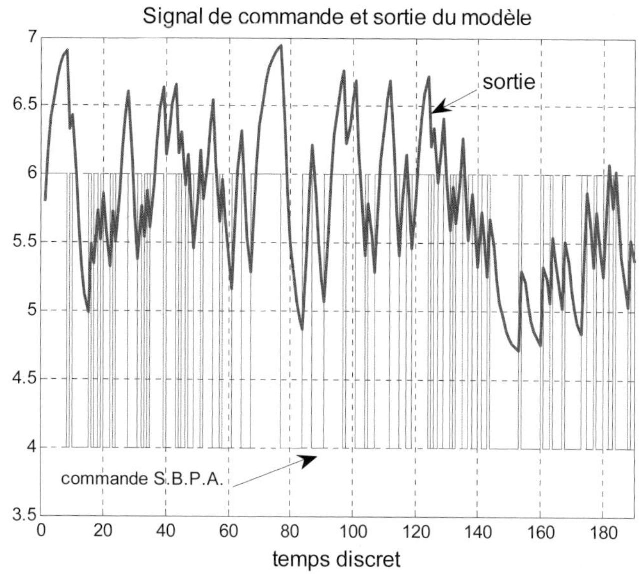


D'après la structure précédente du réseau, nous avons besoin de normaliser les signaux d'entrée et de sortie ainsi que leurs variations. Le fichier `es_norm1.m` normalise ces différents signaux et les stocke dans le fichier `es_N1.mat`. Les coefficients de normalisation, qui seront utiles dans la loi de commande, sont sauvegardés dans le fichier `ab_norm1.mat`.

*fichier es_norm1.m*

```
% variation de l'entrée et de la sortie
du = diff(u); dy = diff(y);

% suppression de la dernière valeur de u et y
u(length(u)) = []; y(length(y)) = [];

% Normalisation des différents signaux entre 0.1 et 0.9
[du_N,a_du,b_du] = normalis(du,0.1,0.9);
[dy_N,a_dy,b_dy] = normalis(dy,0.1,0.9);
[u_N,a_u,b_u] = normalis(u,0.1,0.9);
[y_N,a_y,b_y] = normalis(y,0.1,0.9);
% sauvegarde dans fichier "signaux.mat"
es_N1 = [dy_N;y_N;u_N;du_N]; save signaux es_N1

% coefficients a et b de normalisation des E/S
save ab_norm1 a_du b_du a_dy b_dy a_y b_y a_u b_u
clear all
```

Nous utilisons le fichier fonction `normalis.m` pour normaliser un signal entre les valeurs `alpha` et `beta`, et retourner les coefficients `a` et `b` de la droite de normalisation.

*fichier fonction normalis.m*

```
function [xN,a,b] = normalis(x,alpha,beta)
a = (beta-alpha)/(max(x)-min(x));
b = beta-a*max(x);
xN = a*x+b;
```

L'apprentissage du réseau, par la méthode de rétropropagation de l'erreur, est réalisé grâce au fichier `apprent1.m`. Les poids et les biais sont initialisés à des valeurs aléatoires, de distribution uniforme entre -0.5 et 0.5. Le gain d'adaptation est choisi égal à 0.8. Tout le fichier des entrées-sorties est présenté au réseau pendant un nombre d'itérations égal à 300. Nous avons choisi d'utiliser 7 cellules dans la couche cachée.

*fichier apprent1.m*

```
% Apprentissage du réseau de sortie = variation de la commande
clear all; close all

% lecture du fichier E/S normalisées
load signaux
dy_N = es_N1(1,:); y_N = es_N1(2,:);
u_N = es_N1(3,:); du_N = es_N1(4,:);

% Nombre de cellules d'entrée (6), cachées(7) et de sortie (1)
Nb_Iu = 6; Nb_Hu = 7; Nb_Ou = 1;

% Initialisation aléatoire des poids W, Z et des biais w0 et
z0
W = rand(Nb_Hu, Nb_Iu)-0.5; w0 = rand(Nb_Hu,1)-0.5;
Z = rand(Nb_Ou, Nb_Hu)-0.5; z0 = rand(Nb_Ou,1)-0.5 ;

N_iter = 300; % nombre d'itérations
eta = 0.8;    % gain d'apprentissage
k = 0;
while k<=N_iter
   k = k+1;

   for i = 2:length(es_N1)-1
      % stimulus n° i
      x=[dy_N(i+1) dy_N(i) y_N(i) y_N(i-1) u_N(i-1) du_N(i-
1)]';

      % réponses des cellules de la couche cachée
      h = logsig(W*x+w0);

      % réponse des cellules de la couche de sortie
      o(i) = logsig(Z*h+z0);
```

```
      % erreur en sortie du réseau
      e(i) = du_N(i)-o(i);
      % erreur à rétropropager
      delta(i) = o(i).*(ones(Nb_Ou,1)-o(i)).*e(i);

      % mise à jour des matrices de poids Z et de biais z0
      Z = Z+eta*delta(i)*h';
      z0 = z0+eta*delta(i);

      % erreur en couche cachée
      dh = h.*(ones(size(h))-h).*(Z'*delta(i));

      % mise à jour des matrices de poids W et de biais w0
      W = W+eta*dh*x';
      w0 = w0+eta*dh;
   end % boucle for
   poids_W(:,:,k) = W;
   poids_Z(:,:,k) = Z;
   biais_w0(:,:,k) = w0;
   biais_z0(:,:,k) = z0;

   % sauvegarde des poids et biais dans fichier weights1.mat
   save weights1 poids_W poids_Z biais_w0 biais_z0

   home, clc, disp(['k = ' num2str(k)])
end % boucle while
```

Les matrices de poids et les vecteurs de biais sont sauvegardés dans le fichier `weights1.mat` sous forme de tableaux multidimensionnels où chaque page représente le résultat obtenu à chaque itération.

Dans le fichier `lire_poids.m`, on trace l'évolution des poids $W_{1k}$ (k=1 à 5), liant la première cellule d'entrée à toutes celles de la couche cachée, tous les biais des cellules de la couche cachée ainsi que tous les éléments de la matrice Z et le biais z0 de la cellule de sortie.

*fichier lire_poids.m*

```
clear all

load weights1
N = length(poids_W)
W = poids_W(:,:,N), w0 = biais_w0(:,:,N)
Z = poids_Z(:,:,N), z0 = biais_z0(:,:,N)
% tracé de l'évolution des poids W11, W12, W13 et W14
Nb_Iu = 6; Nb_Hu = 7; Nb_Ou = 1;

for k = 1:Nb_Hu
   x = poids_W(k,1,1:100);
   plot(x(:))
   hold on
end
```

```
hold off, grid, title('évolution des poids W1k')
xlabel('itérations')
% tracé de l'évolution des biais de la couche cachée
figure(2)
for k = 1:Nb_Hu
    x = biais_w0(k,1,1:100);
    plot(x(:)), hold on
end
hold off, grid
title('évolution des biais des cellules de la couche cachée')
xlabel('itérations')

% tracé de l'évolution des poids Z
figure(3)
for k = 1:Nb_Hu
    x = poids_Z(1,k,1:100);
    plot(x(:)), hold on
end
hold off, grid
title('évolution des poids Z')
xlabel('itérations')

% tracé de l'évolution du biais z0
figure(4)
x = biais_z0(1:100);
plot(x(:)), grid
title('évolution du biais de la cellule de sortie')
xlabel('itérations')
```

A la fin de l'apprentissage, on obtient les matrices suivantes des poids W et Z ainsi que les biais w0 et z0.

Comme les poids et les biais sont initialisés de façon aléatoire, on n'obtient jamais les mêmes valeurs finales à chaque apprentissage.

```
W =
   -1.6033    0.4364    0.2059   -0.2863    0.0839    1.2180
    2.9130   -1.5538    0.2580    0.1130   -0.2805   -0.9558
   -2.3355    1.2993   -0.1474    0.0618    0.3341    0.6473
    1.2532   -0.0377    0.4334   -0.0441   -0.5160   -0.6047
   -0.6187    0.5576   -0.3808    0.3577   -0.2688    0.6438
    0.8187   -0.1380   -0.1528    0.3798   -0.2569    0.0907
    0.4436   -0.6641    0.0232    0.2985   -0.0241   -0.2073
w0 =
   -0.1236
   -0.2509
    0.1125
    0.0375
    0.4022
   -0.3227
    0.1946
```

```
z =
   -1.9933    3.5470   -2.8655    1.2070   -1.0029    0.6890
    0.6931

z0 =
   -0.1336
```

L'évolution des poids et des biais à chaque itération de l'apprentissage est donnée par les courbes suivantes.

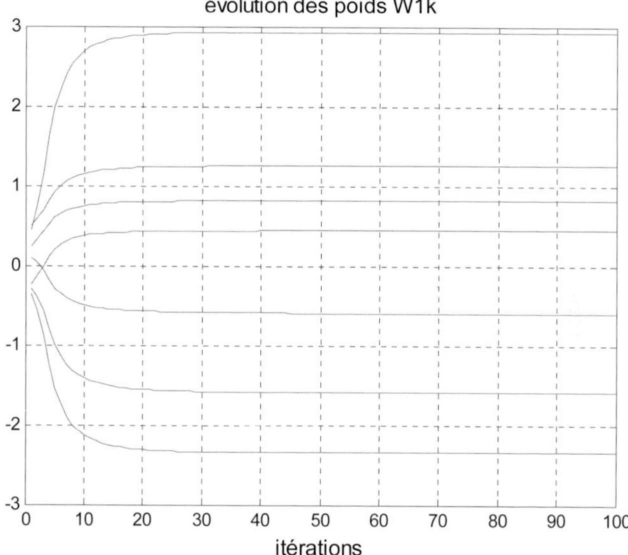


Au bout d'une cinquantaine d'itérations, on obtient une bonne convergence des poids et des biais. Malgré la valeur assez élevée du gain d'adaptation, les différents poids et biais ne varient plus au-delà de la 100$^{ème}$ itération.

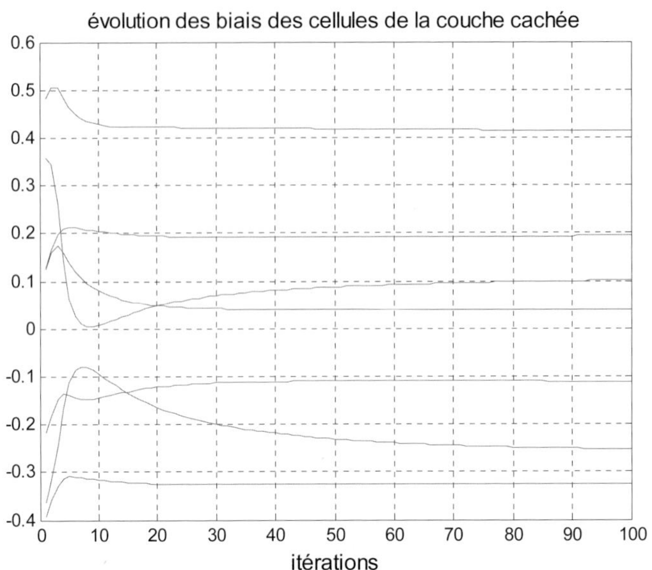
évolution des biais des cellules de la couche cachée
0.6
0.5
0.4
0.3
0.2
0.1
0
-0.1
-0.2
-0.3
-0.4
0 10 20 30 40 50 60 70 80 90 100
itérations

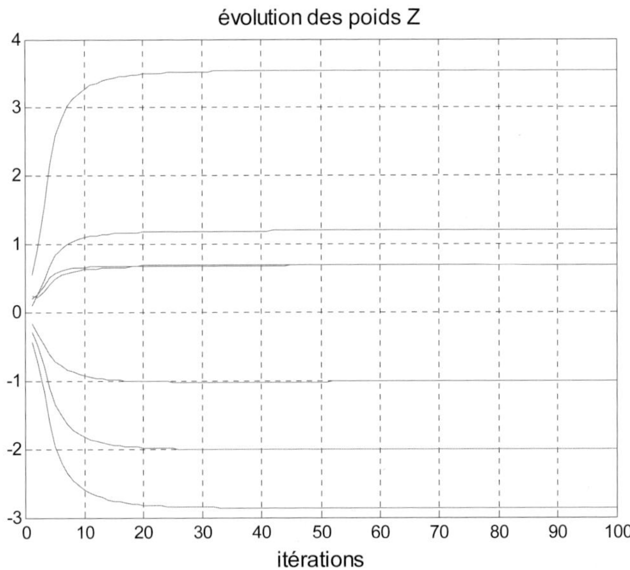
évolution des poids Z
4
3
2
1
0
-1
-2
-3
0 10 20 30 40 50 60 70 80 90 100
itérations

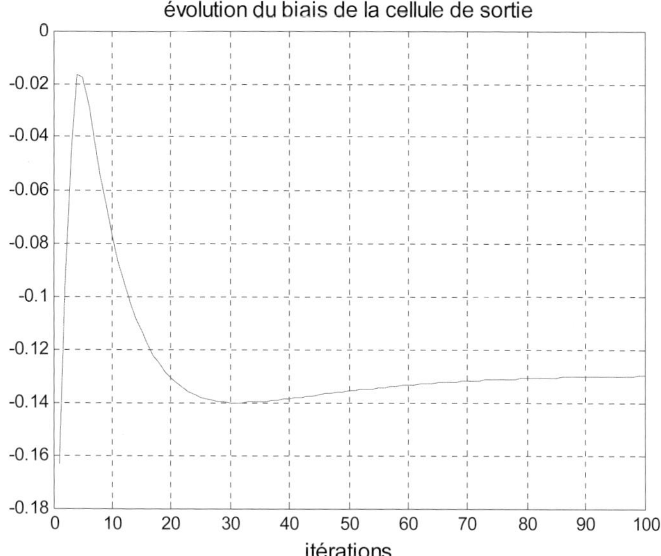


Pour vérifier la qualité de l'apprentissage, on utilisera les mêmes signaux normalisés que l'on applique au réseau dont les poids et les biais sont figés aux valeurs finales. La comparaison de la variation de commande normalisée en sortie du réseau et celle du fichier, permet de montrer la qualité d'identification du modèle inverse.

*fichier ver_app1.m*

```
clear all; close all
% lecture du fichier E/S normalisées
load signaux
dy_N = es_N1(1,:);
y_N = es_N1(2,:);
u_N = es_N1(3,:);
du_N = es_N1(4,:);

% lecture du fichier des poids et biais
load weights1

N = length(poids_W)-1
W = poids_W(:,:,N)
w0 = biais_w0(:,:,N)
Z = poids_Z(:,:,N)
z0 = biais_z0(:,:,N)
clear poids_W poids_Z biais_w0 biais_z0
   for i = 2:length(es_N1)-1
     % stimulus n° i
```

```
    x=[dy_N(i+1) dy_N(i) y_N(i) y_N(i-1) u_N(i-1) du_N(i-
1)]';
% réponse des cellules de la couche de sortie
    y(i) = logsig(Z*(logsig(W*x+w0))+z0);

   end % boucle for

y = y(1:100);
figure(1), plot(y), hold
h = plot(du_N(1:100));
set(h,'LineWidth',1.5)
title(['réponses réelle et désirée du réseau après ' ...
       num2str(N) ' itérations'])
axis([0 100 0 1]), grid, hold off

figure(2), du_N = du_N(1:100);
erreur = y-du_N;
plot(erreur), grid
axis([0 100 -0.2 0.2])
title(['erreur d''apprentissage ' 'après ' num2str(N) ...
       'itérations'])

disp(['erreur maximale : ' num2str(max(erreur))])
disp(['variance de l''erreur : ' num2str(std(erreur)^2)])
disp(['variance de l''erreur : ' num2str(std(erreur)^2)])
```

Au bout des 300 itérations, on obtient une similitude quasi parfaite entre la réponse du réseau et le signal réel à apprendre.

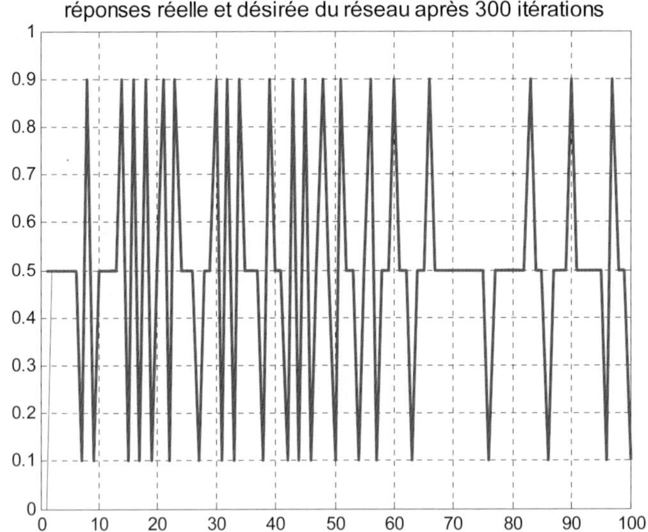

La courbe suivante représente l'erreur d'apprentissage.

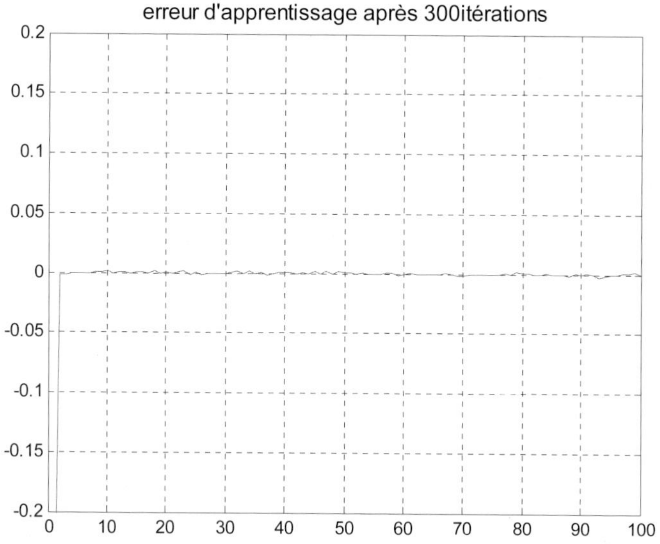


```
erreur maximale : 0.0020113
variance de l'erreur : 0.0024997
```

Au bout de 5 itérations (N=5 dans le fichier `ver_app1.m`) seulement, nous obtenons :

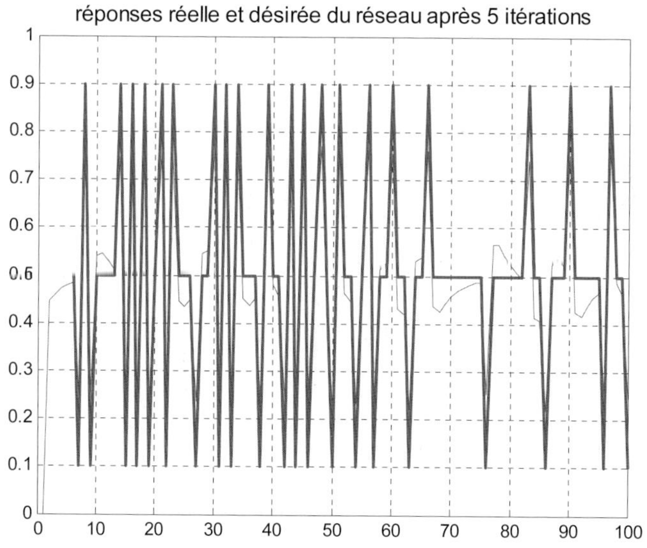

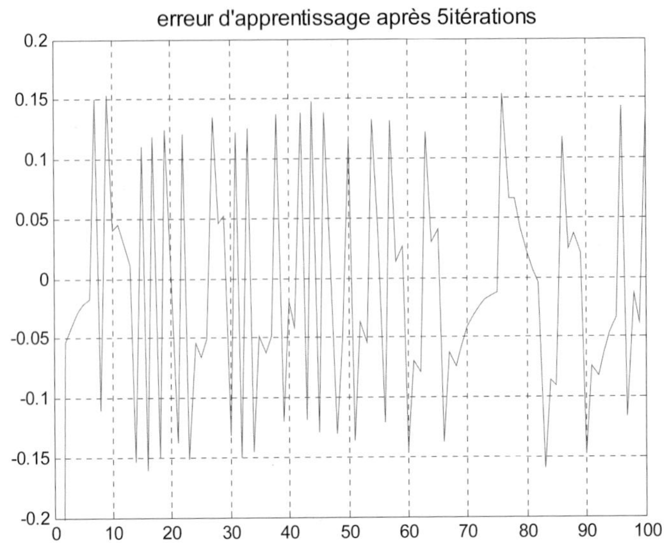


```
erreur maximale : 0.15391
variance de l'erreur : 0.011208
```

Pour réaliser un système de commande avec le modèle inverse neuronal, la première cellule de la couche d'entrée recevra la valeur normalisée de l'écart entre la valeur future $r(t+1)$ de la consigne et la valeur courante de la sortie, $y(t)$, du processus.

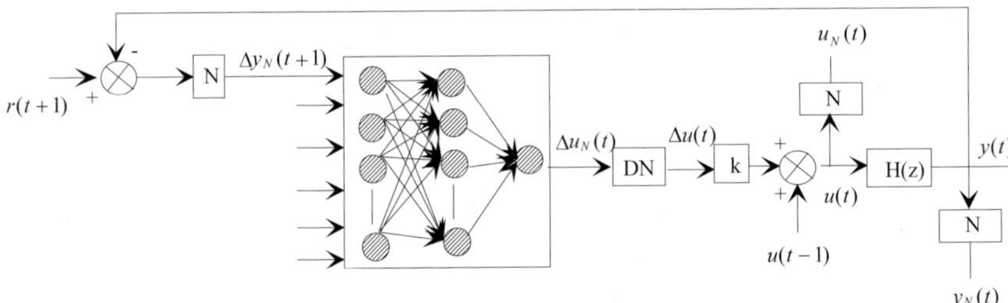


Le fichier `cde_nr1.m` réalise la commande schématisée ci-dessus. Le signal issu de la cellule de sortie du réseau, après sa dénormalisation, multiplié par un gain k, est ajouté à la commande appliquée au processus à l'instant d'échantillonnage précédent.

La valeur du gain k influe sur la stabilité du système bouclé.

L'erreur statique est nulle grâce à la présence de l'intégration. On réalise ainsi une commande prédictive avec intégration.

*fichier cde_nr1.m*

```
% commande par modèle inverse neuronal
clear all; close all, clc
load weights1 % lecture des poids
N = length(poids_W);
W = poids_W(:,:,N); w0 = biais_w0(:,:,N);
Z = poids_Z(:,:,N); z0 = biais_z0(:,:,N);
clear poids_W poids_Z biais_w0 biais_z0
% lecture des coefficients de normalisation
load ab_norm1
% génération de la consigne
palier1 = 5*ones(1,100); palier2 = 6*ones(1,100);
r1 = [palier1 palier2];
t = 0:pi/100:2*pi; r2 = 6+sin(0.8*t);
r = [r1 r2]; y = r; % initialisation de la sortie du modèle
u = 5*ones(size(r)); y_N = a_y*y+b_y;
du_N = zeros(size(r)); u_N = a_u*u+b_u;
   for i = 3:length(r)-1
      % lecture de la sortie du processus
      y(i) = 0.7*y(i-1)+0.3*u(i-1)+0.05*u(i-2);
      % normalisation de l'erreur
      err = a_dy*(r(i+1)-y(i))+b_dy;
      % normalisation de l'incrément de sortie
      dy_N = a_dy*(y(i)-y(i-1))+b_dy;
      % normalisation de la sortie
      y_N(i) = a_y*y(i)+b_y;
      % stimulus n° i
      x = [err dy_N y_N(i) y_N(i-1) u_N(i-1) du_N(i-1)]';
      % activation des cellules de la couche cachée
      h_in = W*x+w0;
      h_in = h_in.*(-5<=h_in<=5)-5.*(h_in<-5)+5.*(h_in>5);
      % sortie des cellules de la couche cachée
      h_out = logsig(h_in);
      % activation des cellules de la couche cachée
      o_in = Z*h_out+z0;
      o_in = o_in.*(-5<=o_in<=5)-5.*(o_in<-5)+5.*(o_in>5);
      % sortie des cellules de la couche cachée
      du_N(i) = logsig(o_in);
      % réponse des cellules de la couche de sortie
      u(i) = ((du_N(i)-b_du)/a_du)*0.1+u(i-1);
      u_N(i) = a_u*u(i)+b_u;
      % création d'une perturbation a k=300
      y(i) = y(i)-(i==300)/2;
end   % boucle for
% tracé des différents signaux
figure(1), plot(y), hold, plot(r,'-.')
title('Consigne et sortie')
xlabel('temps discret'), axis([0 400 4.5 7.2])
text(110,5.7,'\leftarrow signal de sortie',...
    'HorizontalAlignment','left')
```

```
figure(2), stairs(u), title('signal de commande')
xlabel('temps discret'), axis([0 400 4 6.2]), grid
```

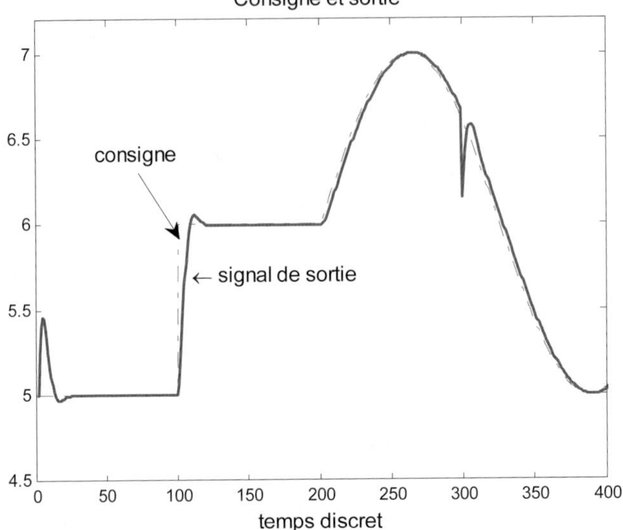


A l'instant discret t = 300, on a créé une perturbation sur la sortie du modèle. Comme pour la poursuite de l'échelon, cette perturbation est rejetée avec un léger dépassement.

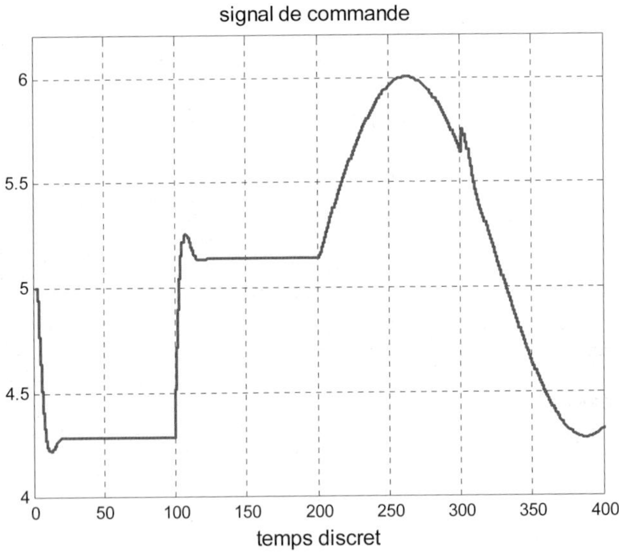

### IV.2. Deuxième architecture

Une autre structure de réseau modélisant le modèle inverse du processus est la suivante.

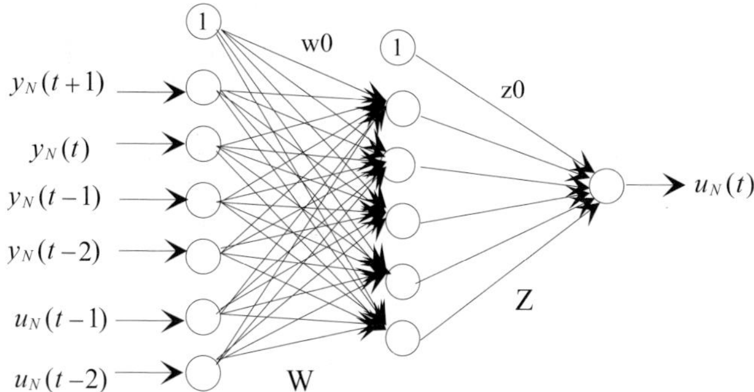


Les signaux d'entrée ne contiennent pas de variations et en sortie on cherche à obtenir directement le signal de commande normalisé.

On conserve néanmoins le caractère prédictif de la loi de commande, dans laquelle la consigne future normalisée sera appliquée à la première cellule de la couche d'entrée.

On exécute le fichier `modele.m` afin de générer de nouvelles valeurs de la commande et de la sortie du modèle.

Le fichier `es_norm2.m` se charge de normaliser les signaux et de les stocker dans le fichier `es_N2.mat`.

Les coefficients de normalisation seront sauvegardés dans `ab_norm2.mat`.

*fichier es_norm2.m*

```
% Normalisation des différents signaux entre 0.1 et 0.9
[u_N,a_u,b_u] = normalis(u,0.1,0.9);
[y_N,a_y,b_y] = normalis(y,0.1,0.9);

% sauvegarde dans fichier "signaux.mat"
es_N2 = [u_N;y_N];
save signaux es_N2

% coefficients a et b de normalisation des E/S
save ab_norm2 a_u b_u a_y b_y
clear all
```

L'apprentissage du réseau se fait à l'aide du fichier `apprent2.m`.

*fichier apprent2.m*

```
% Apprentissage du réseau
clear all, close all
% lecture du fichier E/S normalisées
load signaux
u_N = es_N2(1,:);
y_N = es_N2(2,:);

% Nombre de cellules d'entrée (6), cachées(7) et de sortie (1)
Nb_Iu = 6; Nb_Hu = 7; Nb_Ou = 1;

% Initialisation aléatoire des poids W, Z et des biais w0 et
z0
W = rand(Nb_Hu,Nb_Iu)-0.5; w0 = rand(Nb_Hu,1)-0.5;
Z = rand(Nb_Ou,Nb_Hu)-0.5; z0 = rand(Nb_Ou,1)-0.5;

N_iter = 300; % nombre d'itérations
eta = 0.8;    % gain d'apprentissage
k = 0;
while k<=N_iter
   k = k+1;

for i = 3:length(es_N2)-1
      % stimulus n° i
      x=[y_N(i+1) y_N(i) y_N(i-1) y_N(i-2) u_N(i-1) u_N(i-
2)]';

      % réponses des cellules de la couche cachée
      h = logsig(W*x+w0);

      % réponses des cellules de la couche de sortie
      o(i) = logsig(Z*h+z0);

      % erreur en sortie du réseau
      e(i) = u_N(i)-o(i);

      % erreur à rétropropager
      delta(i) = o(i).*(ones(Nb_Ou,1)-o(i)).*e(i);

      % mise à jour des matrices de poids Z et de biais z0
      Z = Z+eta*delta(i)*h'; z0 = z0+eta*delta(i);

      % erreur en couche cachée
      dh = h.*(ones(size(h))-h).*(Z'*delta(i));

      % mise à jour des matrices de poids W et de biais w0
      W = W+eta*dh*x';
      w0 = w0+eta*dh;
end % boucle for

   poids_W(:,:,k) = W; poids_Z(:,:,k) = Z;
```

```
    biais_w0(:,:,k) = w0; biais_z0(:,:,k) = z0;

    % sauvegarde des poids et biais dans fichier weights.mat
    save weights2 poids_W poids_Z biais_w0 biais_z0

    clc
disp(['k = ' num2str(k)])
  end % boucle while
```

Les différentes matrices des poids et des biais sont affichées en exécutant le fichier `lire_poids.m` dans lequel on remplace la première ligne de commande `'load weights1'` par `'load weights2'`.

```
W =

   -1.6033    0.4364    0.2059   -0.2863    0.0839    1.2180
    2.9130   -1.5538    0.2580    0.1130   -0.2805   -0.9558
   -2.3355    1.2993   -0.1474    0.0618    0.3341    0.6473
    1.2532   -0.0377    0.4334   -0.0441   -0.5160   -0.6047
   -0.6187    0.5576   -0.3808    0.3577   -0.2688    0.6438
    0.8187   -0.1380   -0.1528    0.3798   -0.2569    0.0907
    0.4436   -0.6641    0.0232    0.2985   -0.0241   -0.2073
```

```
w0 =

   -0.1236
   -0.2509
    0.1125
    0.0375
    0.4022
   -0.3227
    0.1946


Z =
   -1.9933    3.5470   -2.8655    1.2070   -1.0029    0.6890
    0.6931


z0 =
   -0.1336z0 =
   -0.5345
```

Les courbes d'évolution des différents poids et des biais sont représentées par les figures suivantes, dans lesquelles on observe une convergence, comme dans le cas précédent, au bout d'une cinquantaine d'itérations.

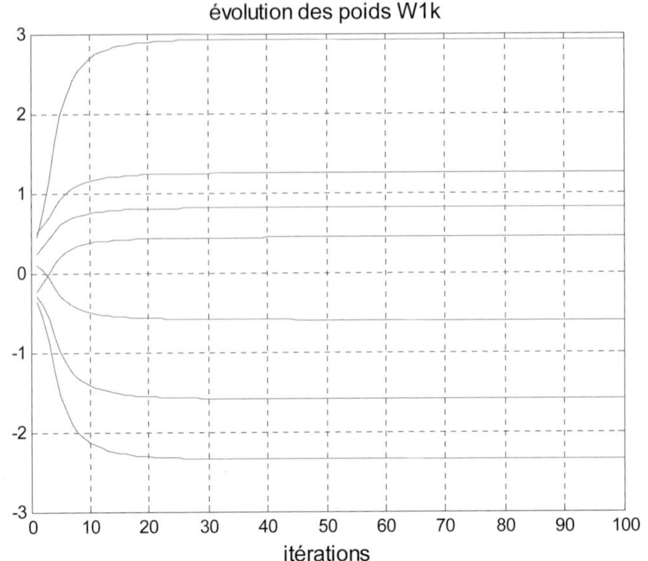
évolution des poids W1k
3
2
1
0
-1
-2
-3
0 10 20 30 40 50 60 70 80 90 100
itérations

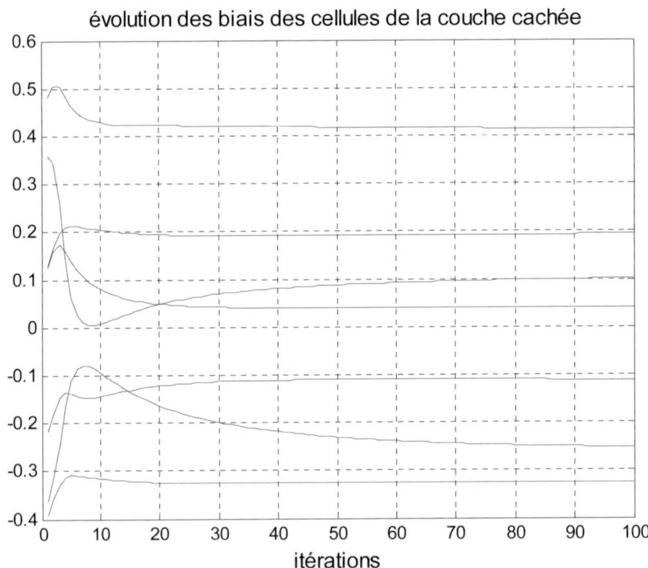
évolution des biais des cellules de la couche cachée
0.6
0.5
0.4
0.3
0.2
0.1
0
-0.1
-0.2
-0.3
-0.4
0 10 20 30 40 50 60 70 80 90 100
itérations

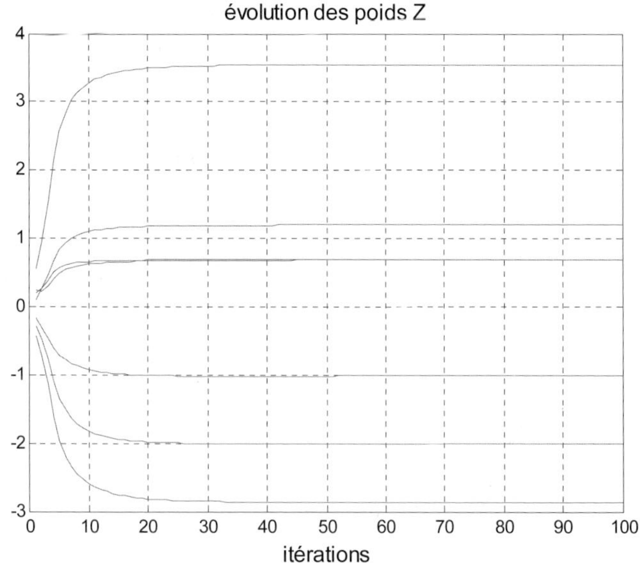
évolution des poids Z
4
3
2
1
0
-1
-2
-3
0 10 20 30 40 50 60 70 80 90 100
itérations

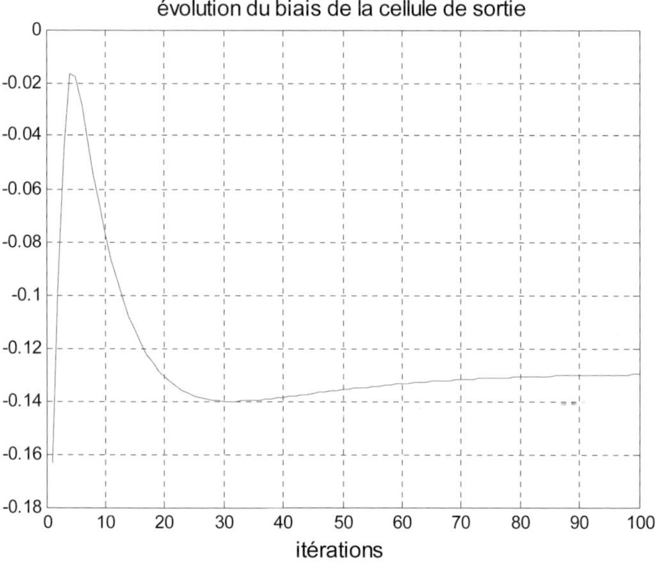
évolution du biais de la cellule de sortie
0
-0.02
-0.04
-0.06
-0.08
-0.1
-0.12
-0.14
-0.16
-0.18
0 10 20 30 40 50 60 70 80 90 100
itérations

On vérifie, comme pour la première structure du réseau, les résultats de l'apprentissage.

*fichier ver_app2.m*

```
% Apprentissage du réseau
clear all; close all

% lecture du fichier E/S normalisées
load signaux
u_N = es_N2(1,:);
y_N = es_N2(2,:);

% lecture du fichier des poids et biais
load weights2

N = 100;
W = poids_W(:,:,N), w0 = biais_w0(:,:,N)
Z = poids_Z(:,:,N), z0 = biais_z0(:,:,N)

clear poids_W poids_Z biais_w0 biais_z0

   for i = 3:length(es_N2)-1
      % stimulus n° i
      x=[y_N(i+1) y_N(i) y_N(i-1) y_N(i-2) u_N(i-1) u_N(i-
2)]';

      % réponse des cellules de la couche de sortie
      y(i) = logsig(Z*(logsig(W*x+w0))+z0);

   end % boucle for

y = y(1:100);
figure(1)
stairs(y)
hold
h = stairs(u_N(1:100));
set(h,'LineWidth',1.5)
title(['réponses réelle et désirée du réseau après ' ...
        num2str(N) ' itérations'])
axis([0 100 0 1])
grid
hold off
figure(2)
u_N = u_N(1:100);
erreur = y-u_N;
plot(erreur)
grid
axis([0 100 -0.2 0.2])
title(['erreur d''apprentissage ' ' après ' num2str(N) ...
```

```
        'itérations'])
disp(['erreur maximale : ' num2str(max(erreur))])
disp(['variance de l''erreur : ' num2str(std(erreur)^2)])
```

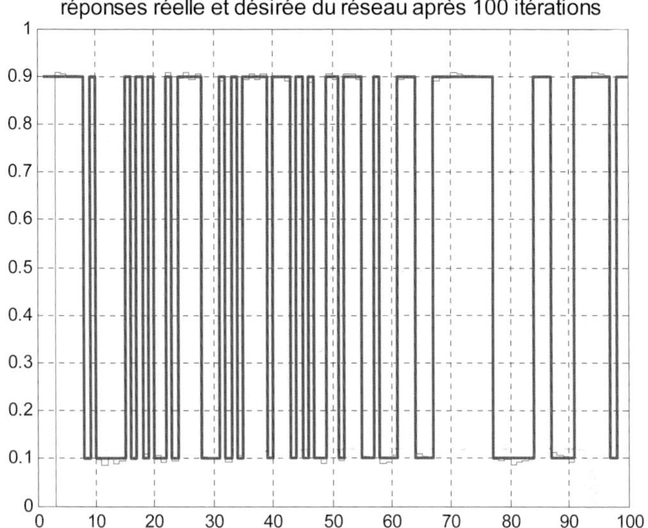

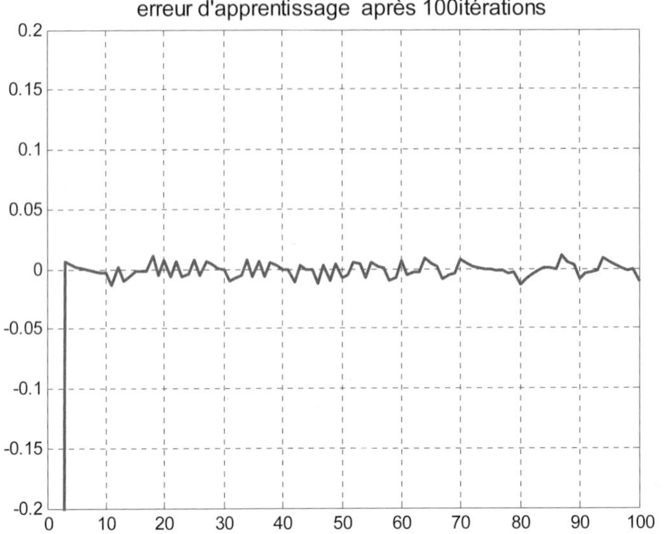


```
erreur maximale          : 0.011183
variance de l'erreur :   : 0.016032
```

La variance de l'erreur est sensiblement égale à sa valeur maximale en valeur absolue, soit approximativement $10^{-2}$

Cette erreur a lieu seulement sur les paliers de la commande, ce qui entraînera nécessairement une erreur de poursuite en régime permanent, dans la mesure où la loi de commande, du fait de la structure du réseau, ne contiendra pas d'intégration.

Dans la loi de commande, la première cellule de la couche d'entrée reçoit la valeur future du signal de consigne, ce qui a pour effet, comme dans le cas précédent, de supprimer le retard d'un pas d'échantillonnage de la sortie sur la consigne.

Après sa dénormalisation, la réponse du réseau constituera le signal de commande qui sera directement appliqué au processus.

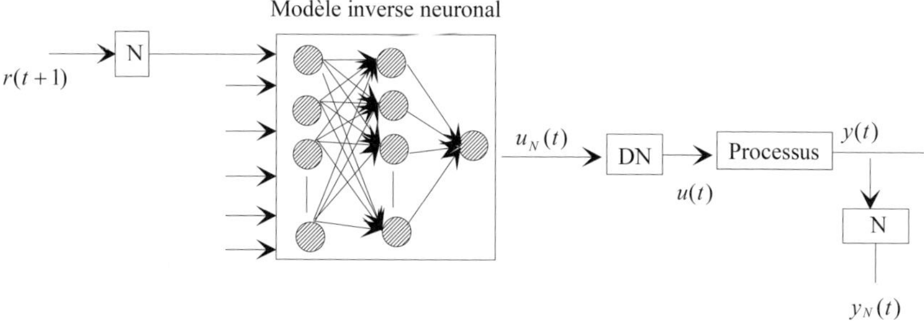


Cette loi de commande est implémentée dans le fichier `cde_nr2.m`.

*fichier cde_nr2.m*

```
% commande par modèle inverse neuronal
clear all, close all, clc

% lecture des poids
load weights2
N = length(poids_W);
W = poids_W(:,:,N);
w0 = biais_w0(:,:,N);
Z = poids_Z(:,:,N);
z0 = biais_z0(:,:,N);
clear poids_W poids_Z biais_w0 biais_z0

% lecture des coefficients de normalisation
load ab_norm2

% génération de la consigne
palier1 = 5*ones(1,100);
palier2 = 6*ones(1,100);
r1 = [palier1 palier2];

t = 0:pi/100:2*pi;
r2 = 6+sin(t);
r = [r1 r2];
y = r; % initialisation de la sortie du modèle
u = 5*ones(size(r));
y_N = a_y*y+b_y;
u_N = a_u*u+b_u;

   for i = 3:length(r)-1

      % lecture de la sortie du processus
      y(i) = 0.7*y(i-1)+0.3*u(i-1)+0.05*u(i-2);

      % normalisation de la consigne future
      r_N = a_y*r(i+1)+b_y;
```

```
      % normalisation de la sortie actuelle
      y_N(i) = a_y*y(i)+b_y;

      % stimulus n° i
      x=[r_N y_N(i) y_N(i-1) y_N(i-2) u_N(i-1) u_N(i-2)]';

      % activation des cellules de la couche cachée
      h_in = W*x+w0;
      h_in = h_in.*(-5<=h_in<=5)-5.*(h_in<-5)+5.*(h_in>5);

      % sortie des cellules de la couche cachée
      h_out = logsig(h_in);

      % activation des cellules de la couche de sortie
      o_in = Z*h_out+z0;
      o_in = o_in.*(-5<=o_in<=5)-5.*(o_in<-5)+5.*(o_in>5);

      % réponse des cellules de la couche de sortie
      u_N(i) = logsig(o_in);

      % dénormalisation de la commande
      u(i) = (u_N(i)-b_u)/a_u;

      % création d'une perturbation à k = 300
      y(i) = y(i)-(i==300)/2;
   end % boucle for

% tracé des différents signaux
figure(1), plot(y), hold, plot(r,'-.')
text(296,5.7,'perturbation en sortie \rightarrow',...
     'HorizontalAlignment','right')
title('Consigne et sortie'), xlabel('temps discret')
axis([0 400 4.5 7.2])
figure(2),
stairs(u)
title('signal de commande')
xlabel('temps discret'),
axis([0 400 4 6.2])
grid
```

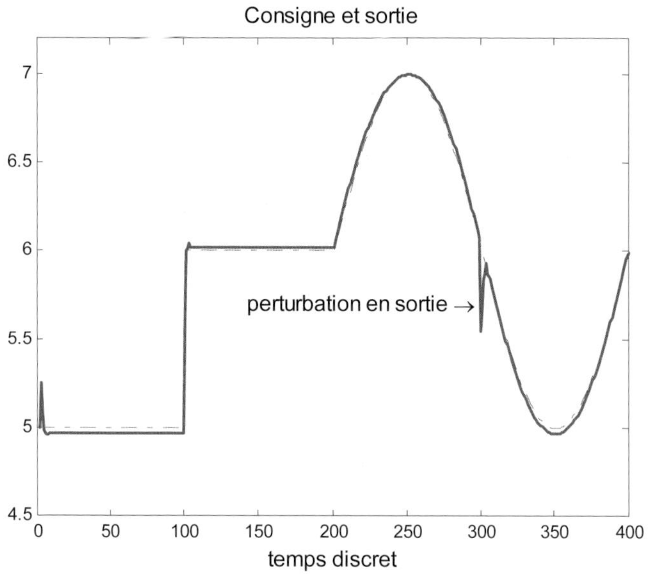


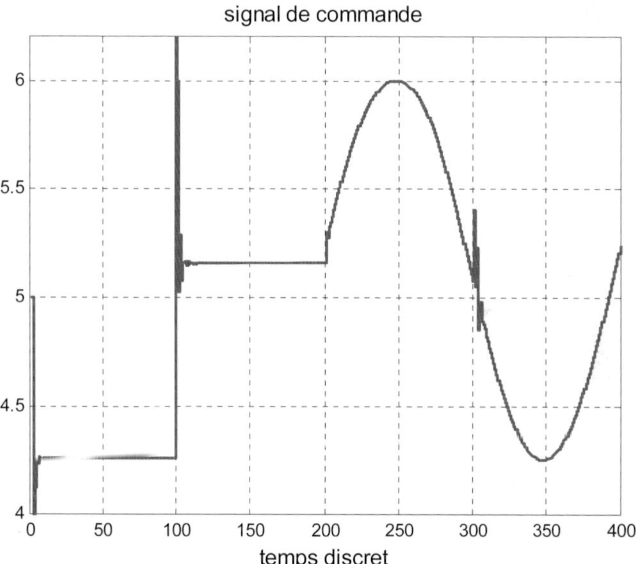


L'absence d'intégration dans la loi de commande, ajoutée à l'erreur statique de modélisation, entraîne un écart en régime permanent entre la consigne et la sortie du processus. Par contre, la perturbation est rejetée sans dépassement.

Pour supprimer cette erreur en régime permanent, on peut, soit inclure une commande intégrale que l'on ajoute à celle fournie par le réseau, soit mettre à jour les matrices de poids et de biais des 2 couches du réseau à chaque période d'échantillonnage (commande adaptative).

- ***Commande adaptative***

A chaque période d'échantillonnage, on rétropropage l'erreur de poursuite à travers le réseau pour modifier les différents poids et biais, afin d'annuler l'erreur en régime permanent.

Ceci revient à continuer l'apprentissage en ligne du réseau afin d'éliminer l'erreur de poursuite. Comme l'erreur est, dans ce cas précis, statique, ce sont les biais qui subiront les plus grandes variations.

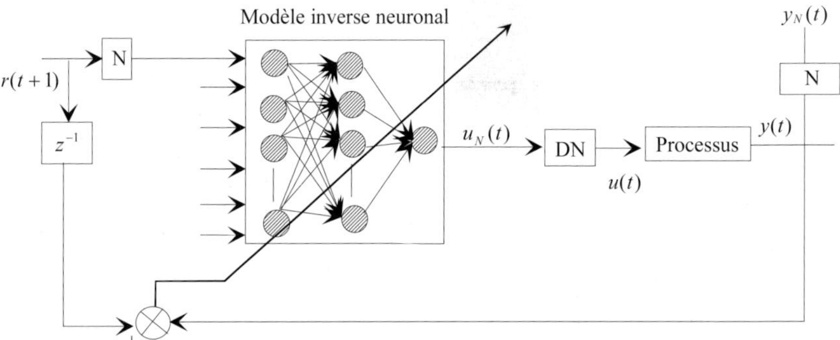


Ce type de commande, à la fois prédictive et adaptative, est implémentée dans le fichier `cde_nr3.m`.

*fichier cde_nr3.m*

```
% commande par modèle inverse neuronal
% avec adaptation des poids pour annuler l'erreur statique

clear all, close all
clc

% lecture des poids
load weights2
N = length(poids_W);
W = poids_W(:,:,N);
w0 = biais_w0(:,:,N);
Z = poids_Z(:,:,N);
z0 = biais_z0(:,:,N);
clear poids_W poids_Z biais_w0 biais_z0
% lecture des coefficients de normalisation
load ab_norm2
```

```
% gain d'adaptation des poids
eta = 0.2;

% génération de la consigne
palier1 = 5*ones(1,100);
palier2 = 6*ones(1,100);
r1 = [palier1 palier2];

t = 0:pi/100:2*pi;
r2 = 6+sin(t);
r = [r1 r2];

y = r; % initialisation de la sortie du modèle
u = 5*ones(size(r));
y_N = a_y*y+b_y;
u_N = a_u*u+b_u;

% valeurs initiales des poids et biais
poids_W = cat(3,W,W,W);
biais_w0 = cat(3,w0,w0,w0);
poids_Z = cat(3,Z,Z,Z);
biais_z0 = cat(3,z0,z0,z0);

   for i = 3:length(r)-1
      % lecture de la sortie du processus
      y(i) = 0.7*y(i-1)+0.3*u(i-1)+0.05*u(i-2);

      % normalisation de la consigne future
      r_N = a_y*r(i+1)+b_y;

      % normalisation de la sortie actuelle
      y_N(i) = a_y*y(i)+b_y;
      % stimulus n° i
      x = [r_N y_N(i) y_N(i-1) y_N(i-2) u_N(i-1) u_N(i-2)]';

      % activation des cellules de la couche cachée
      h_in = W*x+w0;
      h_in = h_in.*(-5<=h_in<=5)-5.*(h_in<-5)+5.*(h_in>5);

      % sortie des cellules de la couche cachée
      h = logsig(h_in);

      % activation des cellules de la couche de sortie
      o_in = Z*h+z0;
      o_in = o_in.*(-5<=o_in<=5)-5.*(o_in<-5)+5.*(o_in>5);

      % réponse des cellules de la couche de sortie
      o = logsig(o_in);
      u_N(i) = o;

      % dénormalisation de la commande
```

```
        u(i) = (u_N(i)-b_u)/a_u;

        % création d'une perturbation à k = 300
        y(i) = y(i)-(i==300)/2;

        % remise à jour des poids et biais
        e = r(i)-y(i);

        % erreur à rétropropager
        delta = o.*(ones(1,1)-o).*e;

        % mise à jour des matrices de poids Z et de biais z0
        Z = Z+eta*delta*h';
        z0 = z0+eta*delta;

        % erreur en couche cachée
        dh = h.*(ones(size(h))-h).*(Z'*delta);

        % mise à jour des matrices de poids W et de biais w0
        W = W+eta*dh*x';
        w0 = w0+eta*dh;

        % sauvegarde des poids et biais
        poids_W = cat(3,poids_W,W);
        biais_w0 = cat(3,biais_w0,w0);
        poids_Z = cat(3,poids_Z,Z);
        biais_z0 = cat(3,biais_z0,z0);
end % boucle for

% tracé des différents signaux
figure(1)
plot(y), hold, plot(r,'-.')
title(['Consigne et sortie, Gain = ' num2str(eta)])'
xlabel('temps discret')
axis([0 400 4.5 7.2]), grid

figure(2)
stairs(u)
title(['signal de commande, Gain = ' num2str(eta)])
xlabel('temps discret')
axis([0 400 4 6.2]), grid

% tracé de l'évolution des poids W11, W12, W13 et W14
figure(3)
for k = 1:5
   x = poids_W(k,1,:);
   plot(x(:)), hold on
end
hold off
grid
title('poids W1k')
```

```
xlabel('temps discret')

% tracé de l'évolution des biais de la couche cachée
figure(4)
for k = 1:5
   x = biais_w0(k,1,:);
   plot(x(:)), hold on
end
hold off
grid
title('biais de la couche cachée')
xlabel('temps discret')

% tracé de l'évolution des poids Z par adaptation
figure(5)

for k = 1:5
   x = poids_Z(1,k,:);
   plot(x(:))
hold on
end

hold off, grid
title('poids Z')
xlabel('temps discret')

% tracé de l'évolution du biais z0 par adaptation
figure(6)
plot(biais_z0(:)
grid
title('biais de la cellule de sortie')
xlabel('temps discret')
```

Les différents poids et les biais sont initialisés aux valeurs obtenues lors de l'étape d'apprentissage.
On remarque que l'erreur statique est complètement annulée, mais comme pour la commande avec intégration, la perturbation est rejetée avec dépassement.

Le temps de réponse, ainsi que le dépassement, dépendent du gain d'adaptation des poids et des biais.
Avec un gain d'adaptation de 0.2, la perturbation est rejetée sans trop de dépassement.

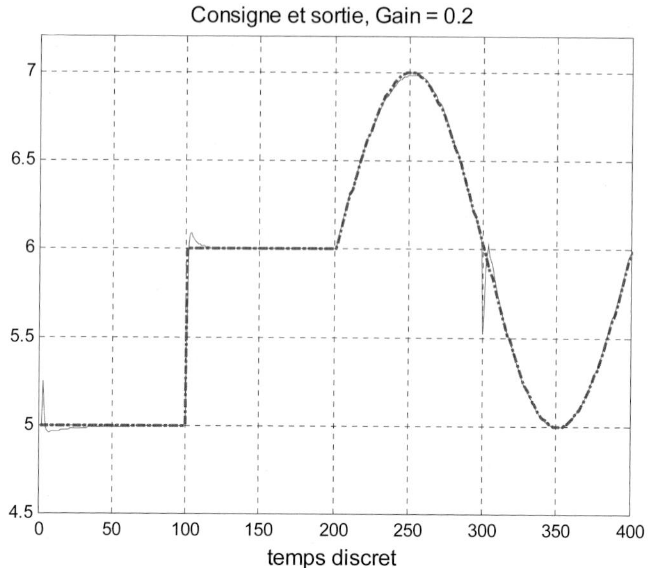
Consigne et sortie, Gain = 0.2
7
6.5
6
5.5
5
4.5
0
50
100
150
200
250
300
350
400
temps discret

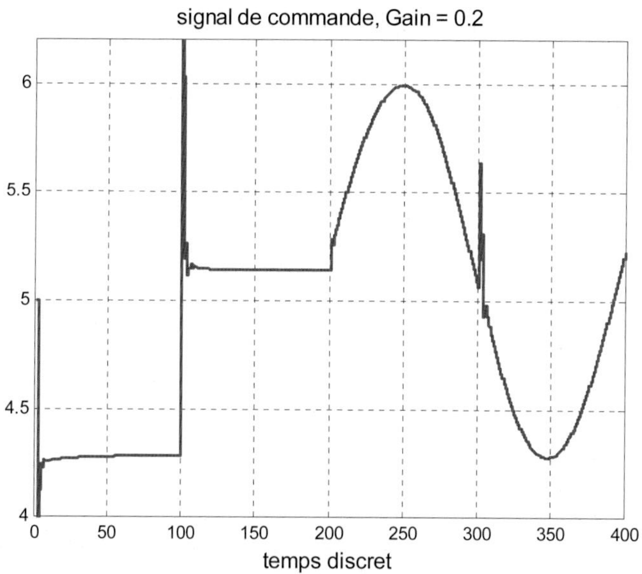
signal de commande, Gain = 0.2
6
5.5
5
4.5
4
0
50
100
150
200
250
300
350
400
temps discret

Les figures suivantes représentent l'évolution des différents poids et biais du réseau, initialisés aux valeurs obtenues lors de l'étape d'apprentissage.

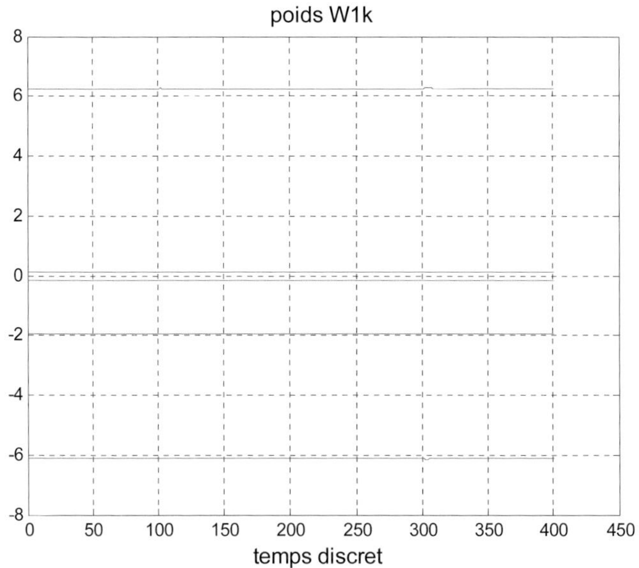


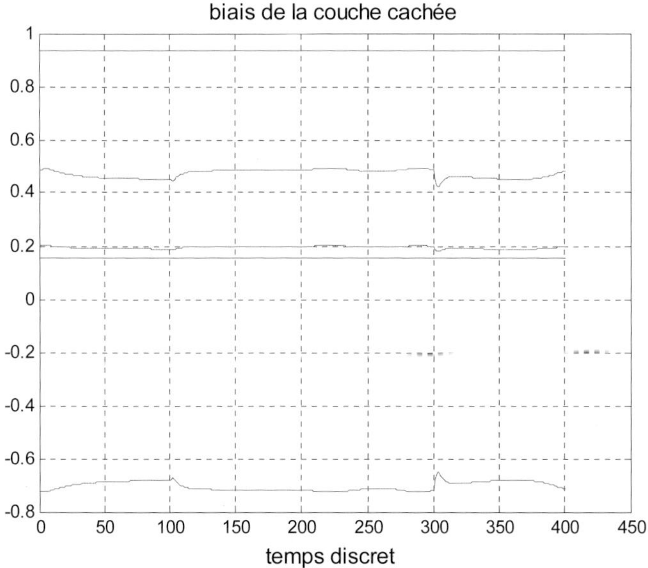

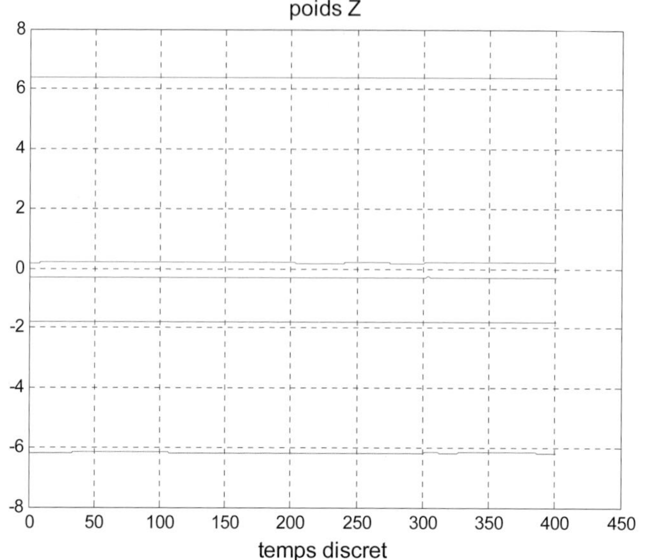


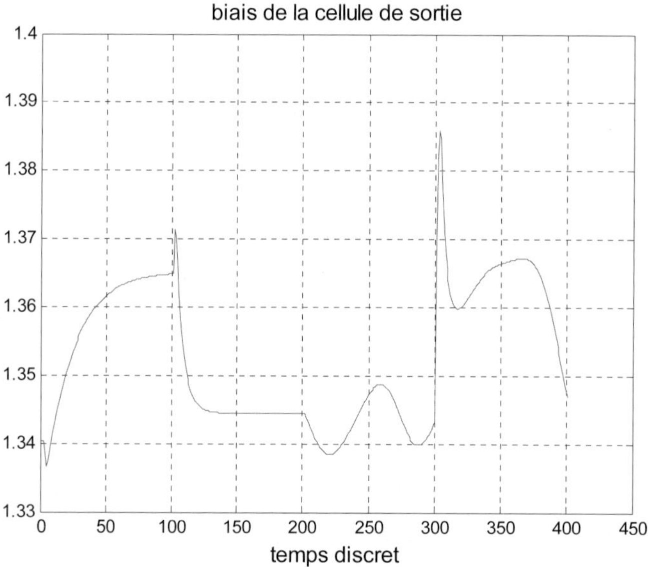


Les poids W et Z ne varient pas beaucoup, contrairement aux biais, car l'erreur à annuler est plutôt statique. Avec un gain de 0.8, le temps de réponse est plus faible mais le rejet de la perturbation s'accompagne d'un dépassement.

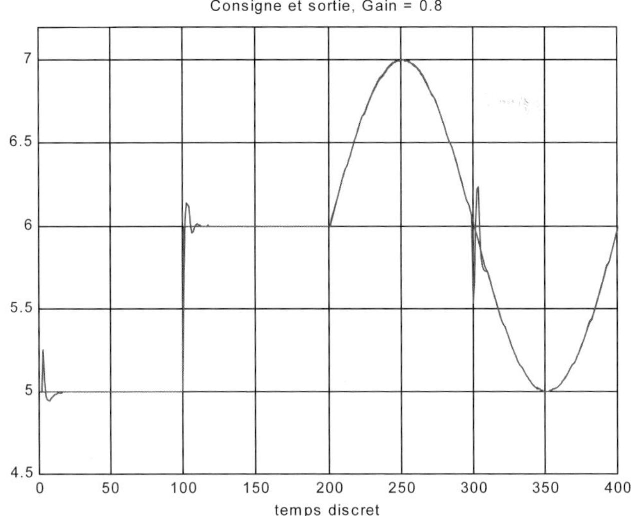


Pour un signal de consigne carré, on peut imposer la dynamique de poursuite en spécifiant un modèle de référence. Si l'on veut suivre la consigne suivant une dynamique du 2ème ordre de pulsation propre normalisée $w_0 T$ et de coefficient d'amortissement $\xi$ tout en ayant un gain statique unité, le signal de référence $r(t)$ à poursuivre est, en fonction de la consigne $c(t)$ :

$$r(t) = \frac{1+\alpha_1+\alpha_2}{1+\alpha_1 z^{-1}+\alpha_2 z^{-2}} c(t)$$

avec :

$$\alpha_1 = -2\, e^{-\xi w_0 T} \cos(\sqrt{1-\xi^2}\, w_0 T)$$

$$\alpha_2 = e^{-2\xi w_0 T}$$

Dans le fichier `cde_modref.m`, on spécifie un filtre du second ordre de facteur d'amortissement $\xi = \frac{\sqrt{2}}{2}$.

*fichier cde_modref.m*

```
% Commande neuronale adaptative par modèle de référence

% génération de la consigne
close all
palier1 = 5*ones(1,100);
palier2 = 6*ones(1,100);
c = [palier1 palier2 palier1 palier2];
```

```
% modèle de référence du second ordre
dzeta = sqrt(2)/2;
w0T = 0.08*pi;

alfa1 = -2*exp(-dzeta*w0T)*cos(w0T*sqrt(1-dzeta^2));
alfa2 = exp(-2*dzeta*w0T);

r(1:2) = c(1:2);

for i = 3:length(c)
    r(i) = (1+alfa1+alfa2)*c(i)-alfa1*r(i-1)-alfa2*r(i-2);
end

% affichage de la consigne
plot(r)
hold on
plot(c,'-.')

% lecture du fichier des poids et biais
load weights2
N = length(poids_W); % nombre d'itérations

% récupération de la dernière page des tableaux
W = poids_W(:,:,N);
w0 = biais_w0(:,:,N);
Z = poids_Z(:,:,N);
z0 = biais_z0(:,:,N);
clear poids_W poids_Z biais_w0 biais_z0

% lecture des coefficients de normalisation
load ab_norm2

% gain d'adaptation des poids
eta = 0.1;

y = r; % initialisation de la sortie du modèle
u = 5*ones(size(r));
y_N = a_y*y+b_y;
u_N = a_u*u+b_u;

% valeurs initiales des poids et biais
poids_W = cat(3,W,W,W);
biais_w0 = cat(3,w0,w0,w0);
poids_Z = cat(3,Z,Z,Z);
biais_z0 = cat(3,z0,z0,z0);

   for i = 3:length(r)-1
      % lecture de la sortie du processus
      y(i) = 0.7*y(i-1)+0.3*u(i-1)+0.05*u(i-2);
```

```
% normalisation de la consigne future
    r_N = a_y*r(i+1)+b_y;

    % normalisation de la sortie actuelle
    y_N(i) = a_y*y(i)+b_y;

    % stimulus n° i
    x = [r_N y_N(i) y_N(i-1) y_N(i-2) u_N(i-1) u_N(i-2)]';

    % activation des cellules de la couche cachée
    h_in = W*x+w0;
    h_in = h_in.*(-5<=h_in<=5)-5.*(h_in<-5)+5.*(h_in>5);

    % sortie des cellules de la couche cachée
    h = logsig(h_in);

    % activation des cellules de la couche de sortie
    o_in = Z*h+z0;
    o_in = o_in.*(-5<=o_in<=5)-5.*(o_in<-5)+5.*(o_in>5);

    % réponse des cellules de la couche de sortie
    o = logsig(o_in);

    % signal de commande normalisé
    u_N(i) = o;

    % dénormalisation de la commande
    u(i) = (u_N(i)-b_u)/a_u;

    % remise à jour des poids et biais
    e = r(i)-y(i);

    % erreur à rétropropager
    delta = o.*(ones(1,1)-o).*e;

    % mise à jour des matrices de poids Z et de biais z0
    Z = Z+eta*delta*h';
    z0 = z0+eta*delta;

    % erreur en couche cachée
    dh = h.*(ones(size(h))-h).*(Z'*delta);

    % mise à jour des matrices de poids W et de biais w0
    W = W+eta*dh*x'; w0 = w0+eta*dh;

    % sauvegarde des poids et biais
    poids_W = cat(3,poids_W,W);
    biais_w0 = cat(3,biais_w0,w0);
    poids_Z = cat(3,poids_Z,Z);
    biais_z0 = cat(3,biais_z0,z0);
  end % boucle for
```

```
% tracé des différents signaux
figure(1)
plot(y)
hold on
plot(r,'-.')
title(['Consigne et sortie, Gain = ' num2str(eta)])
xlabel('temps discret'), grid

figure(2), stairs(u)
title(['signal de commande, Gain = ' num2str(eta)])
xlabel('temps discret'), grid

% tracé de l'évolution des poids W11, W12, W13 et W14
figure(3)
for k = 1:5
   x = poids_W(k,1,:);
   plot(x(:)), hold on
end
hold off, grid
title(['adaptation des poids W1k, Gain = ' num2str(eta)])
xlabel('temps discret')

% tracé de l'évolution des biais de la couche cachée
figure(4)
for k = 1:5
   x = biais_w0(k,1,:);
   plot(x(:)), hold on
end
hold off, grid
title(['biais de la couche cachée, Gain = ' num2str(eta)])
xlabel('temps discret')

% tracé de l'évolution des poids Z par adaptation
figure(5)
for k = 1:5
   x = poids_Z(1,k,:);
   plot(x(:)), hold on
end

hold off, grid
title(['adaptation des poids Z, Gain = ' num2str(eta)])
xlabel('temps discret')

% tracé de l'évolution du biais z0 par adaptation
figure(6), plot(biais_z0(:)), grid
title(['biais de la cellule de sortie, Gain = ' num2str(eta)])
xlabel('temps discret')
```

Avec un gain d'apprentissage de 0.1, le temps de réponse est assez élevé, ce qui se traduit par une erreur entre le signal de sortie et celui de référence.

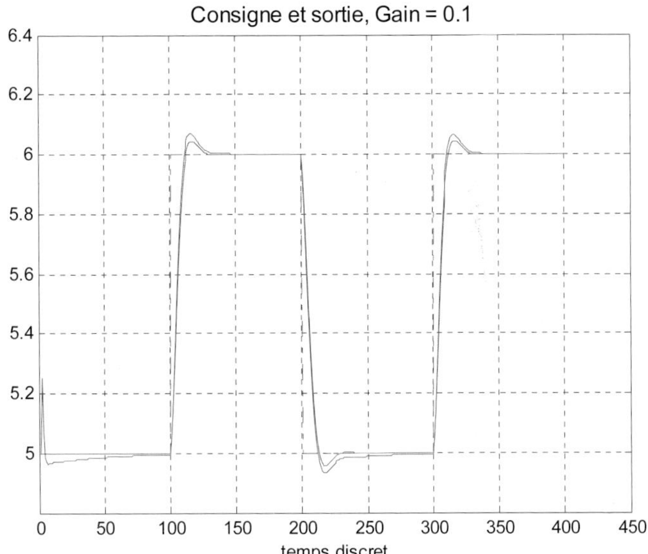


Une valeur plus élevée du gain d'adaptation permet de réduire le temps de réponse et d'améliorer la qualité de la poursuite. La figure suivante montre que les signaux de référence et de sortie sont quasiment confondus avec un gain de 0.5.

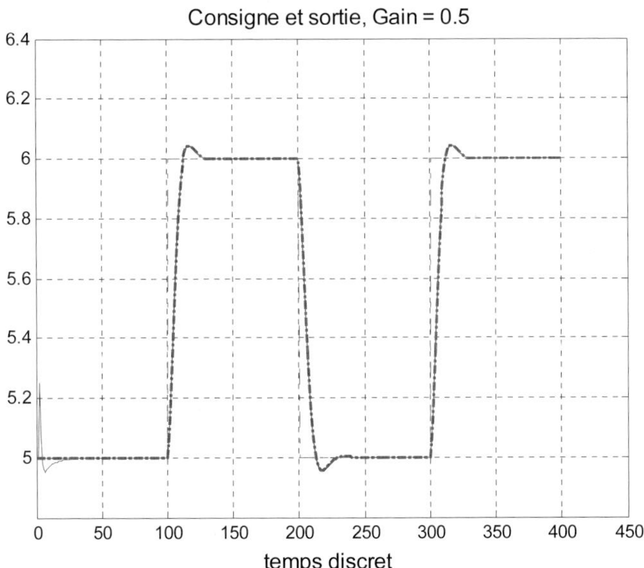

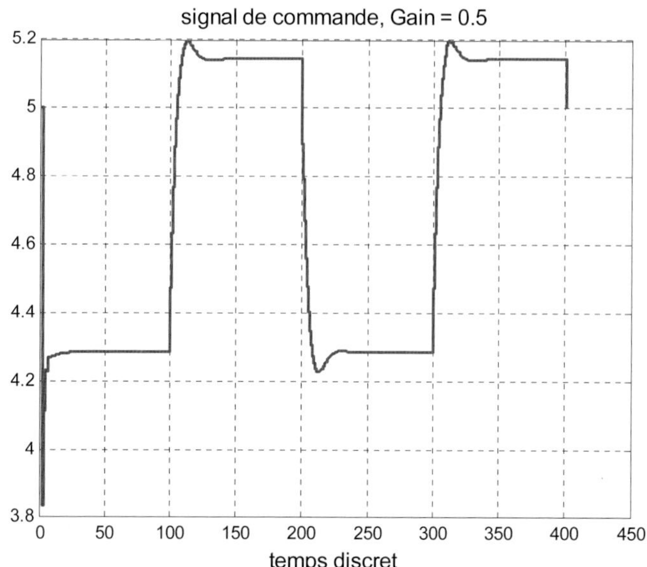


On peut remarquer que les poids liant la couche d'entrée à la couche cachée ne varient presque pas par rapport à leurs valeurs obtenues lors de l'apprentissage hors ligne. Il en est presque de même pour les poids reliant la couche cachée à la cellule de sortie. Par contre, les biais subissent des variations suivant la forme du signal de référence à poursuivre.

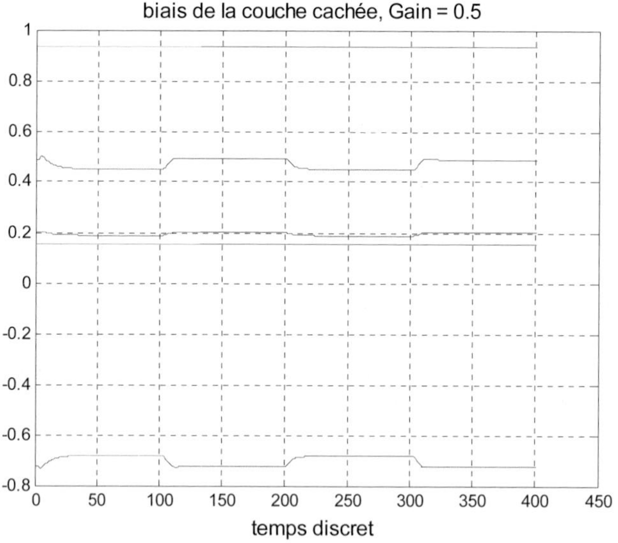

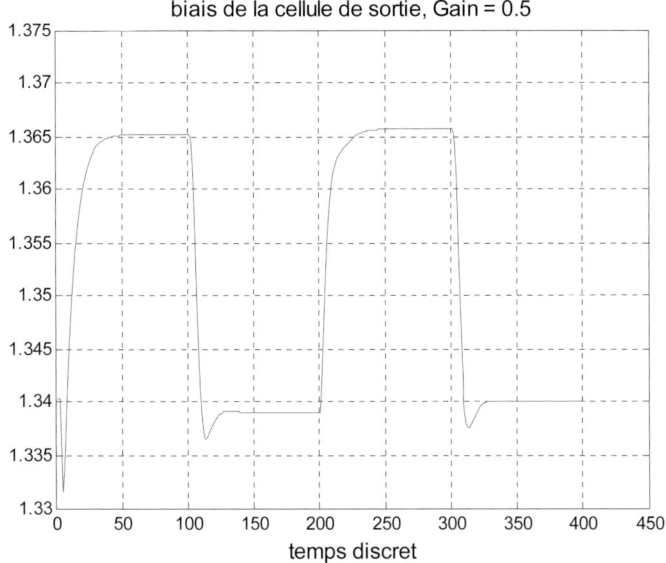


## V. Prédiction de signal

On se propose d'utiliser un réseau de neurones afin de prédire, à chaque instant d'échantillonnage t=kT, la valeur future d'un signal (prédiction à 1 pas).

Le réseau d'architecture suivante apprend en temps réel pour estimer la variation future du signal.

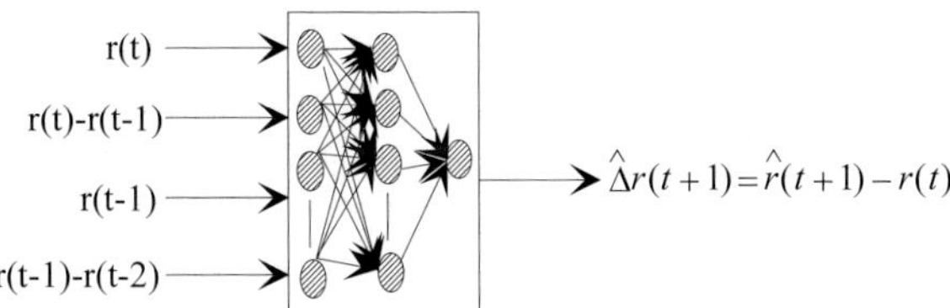


En ajoutant la valeur disponible à l'instant t, on déduit la valeur future estimée, comme le montre le schéma suivant.

L'erreur entre la variation du signal à l'instant t et celle prédite à l'instant (t-1) sera rétropropagée dans le réseau pour permettre l'apprentissage.

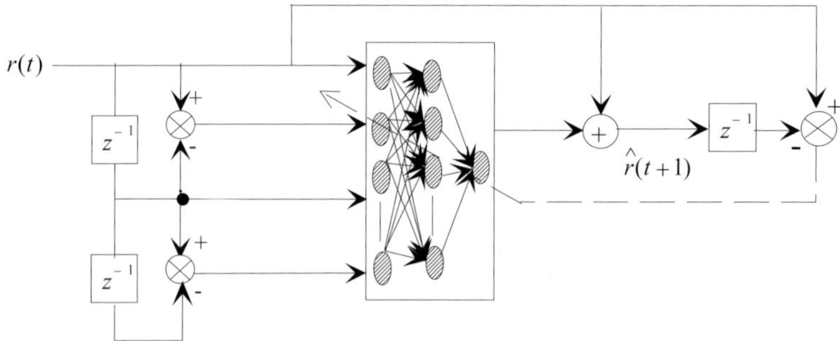


*fichier pred.m*

```
% prédiction de signal à 1 pas
clear all;
close all;
clc

% Nombre de cellules d'entrée (4), cachées(5) et de sortie (1)
Nb_Iu = 4;
Nb_Hu = 5;
Nb_Ou = 1;

% Initialisation aléatoire des poids W, Z et des biais w0 et
z0
W = rand(Nb_Hu,Nb_Iu);
w0 = rand(Nb_Hu,1);

Z = rand(Nb_Ou,Nb_Hu);
z0 = rand(Nb_Ou,1);

% signal à prédire
t = 0:0.01:3;
r = 0.5*abs(sin(5*t).*exp(-.5*t)+cos(2*t)) ;

r_est = r;

% valeurs initiales des poids et biais
poids_W = cat(3,W,W,W);
biais_w0 = cat(3,w0,w0,w0);
poids_Z = cat(3,Z,Z,Z);
biais_z0 = cat(3,z0,z0,z0);

eta = 5; % gain d'apprentissage

   for i = 3:length(r)-1

      % stimulus n° i
      x = [r(i) r(i)-r(i-1) r(i-1) r(i-1)-r(i-2)]';
```

```
        % variation future estimée par le réseau
        h = logsig(W*x+w0);
        o = logsig(Z*h+z0);
        dr_est(i+1) = o;
        % valeur future estimée du signal
        r_est(i+1) = dr_est(i+1)+r(i);

        % erreur d'estimation
        e(i) = r(i)-r(i-1)-dr_est(i);

        % erreur à rétropropager
        delta = o.*(ones(1,1)-o).*e(i);

        % mise à jour des matrices de poids Z et de biais z0
        Z = Z+eta*delta*h';
        z0 = z0+eta*delta;
```

```
        % erreur en couche cachée
        dh = h.*(ones(size(h))-h).*(Z'*delta);

        % mise à jour des matrices de poids W et de biais w0
        W = W+eta*dh*x';
        w0 = w0+eta*dh;

        % sauvegarde des poids et biais
        poids_W = cat(3,poids_W,W);
            biais_w0 = cat(3,biais_w0,w0);
            poids_Z = cat(3,poids_Z,Z);
            biais_z0 = cat(3,biais_z0,z0);
    end % boucle for

% calcul de la variation de l'erreur d'estimation
  e = e(250:300);
  disp('variance de l''erreur d''estimation :')
  var_err = std(e)^2

% tracé des différents signaux
figure(1), hold on
h = plot(r_est);

set(h,'LineWidth',2)
plot(r)
axis([0 length(r) 0 1.7])
grid
title(['Signaux réel et prédit, Gain = ' num2str(eta)])

figure(2)
plot(r-r_est)

hold off
title('erreur de prédiction')
```

```
axis([0 length(t) -0.1 0.1]), grid

% tracé de l'évolution des poids W11, W12, W13 et W14
figure(3)
for k = 1:Nb_Hu
   x = poids_W(k,1,:);
   plot(x(:)), hold on
end
hold off, grid
title(['évolution des poids W1k, Gain = ' num2str(eta)])
xlabel('temps discret')

% tracé de l'évolution des poids Z
figure(5)
for k = 1:Nb_Hu
   x = poids_Z(1,k,:);
   plot(x(:))
hold on
end

hold off
grid
title(['évolution des poids Z, Gain = ' num2str(eta)])
xlabel('temps discret')
```

La figure suivante montre le signal réel et celui que le réseau prédit un pas d'échantillonnage à l'avance.

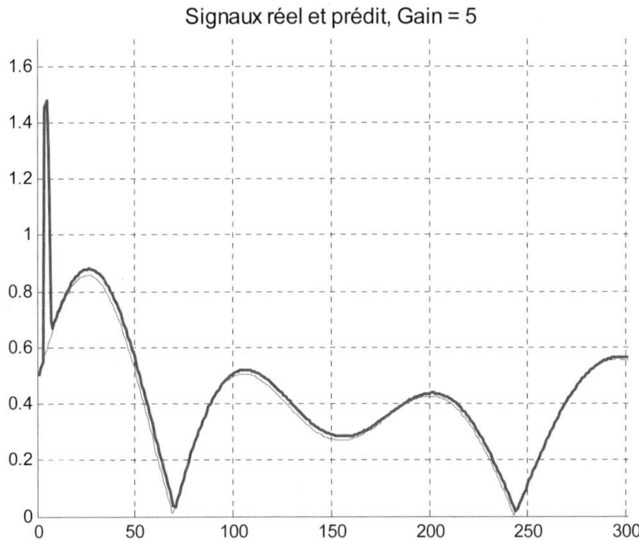


```
variance de l'erreur d'estimation :
var_err =
  2.2907e-005
```

Si l'on désire que le réseau sorte directement l'estimation de la valeur future, il suffit simplement de rétropropager la différence entre la valeur du signal disponible à l'instant t et la sortie du réseau.

Le fichier `pred2.m` réalise ce type d'estimation.

Les lignes de code de ce fichier caractérisent ce type d'estimation.

```
% sortie du réseau : estimée de r(t+1)

      o = logsig(Z*h+z0);
      r_est(i+1) = o;

      % erreur d'estimation
      e(i) = r(i)-r_est(i);
```

Un gain d'apprentissage de 4, non seulement ne permet pas d'estimer correctement le signal, mais fait apparaître un début d'instabilité.

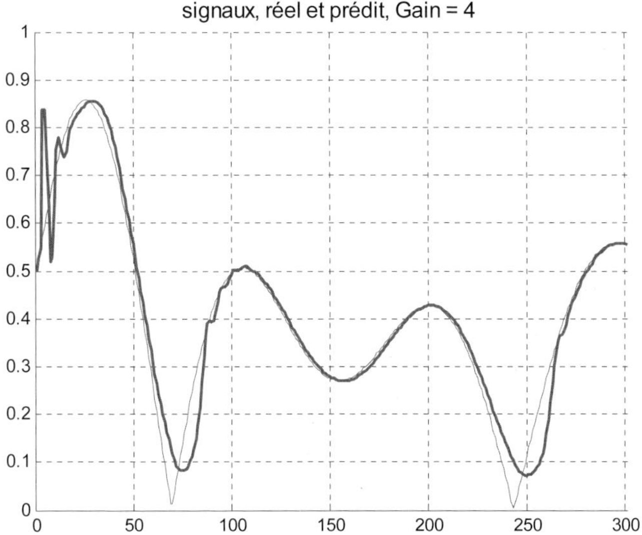


```
variance de l'erreur d'estimation :

var_err =
    0.0018
```

Cette instabilité se voit bien lorsque le gain vaut 5.

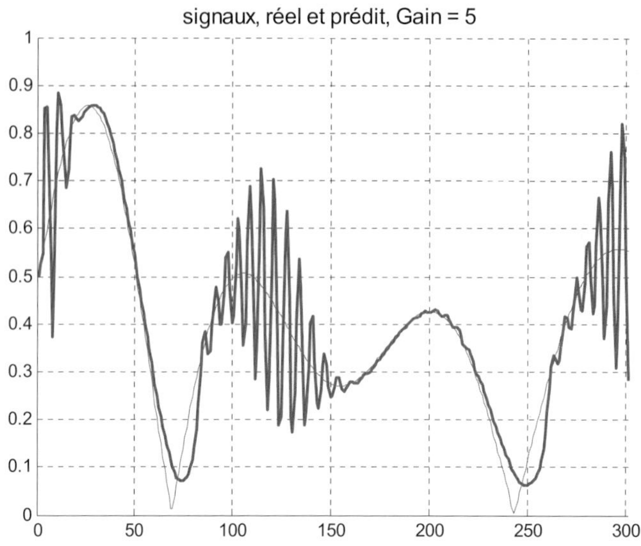


L'estimation est meilleure lorsque le réseau sort la variation, car on fait intervenir la valeur du signal disponible à l'instant t que l'on ajoute à la variation estimée.

On peut améliorer la qualité de l'estimation si le réseau réalise la double dérivation du signal, i.e. que sa réponse est :

$$\hat{r}(t+2) - 2\hat{r}(t+1) + r(t).$$

Pour obtenir l'estimée de la valeur future, on utilisera 2 valeurs réelles du signal en ajoutant la quantité $2r(t) - r(t-1)$ à la valeur estimée par le réseau à l'instant précédent.

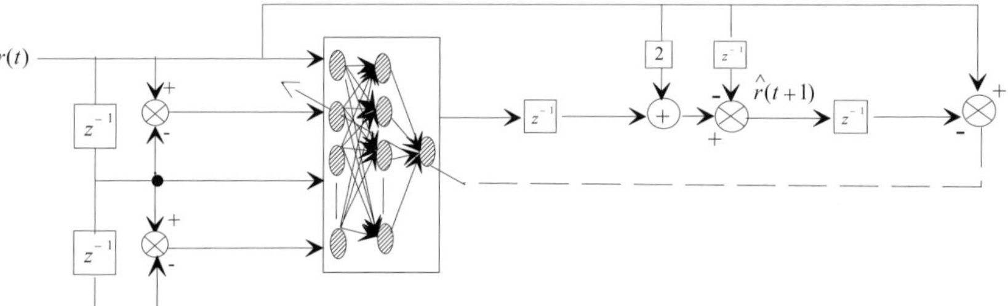


Les lignes de code du fichier `pred3.m` qui diffèrent de celles du fichier `pred.m` sont :

```
% variation future estimée par le réseau
h = logsig(W*x+w0); o = logsig(Z*h+z0); ddr_est(i+1) = o;

% valeur future estimée du signal
r_est(i+1) = ddr_est(i+1)+2*r(i)-r(i-1);
e(i) = r(i)-2*r(i-1)+r(i-2)-ddr_est(i); % erreur d'estimation
```

Dans ce cas, le gain d'apprentissage peut atteindre la valeur 10, ce qui augmente la qualité de l'estimation, sans qu'il y ait instabilité.

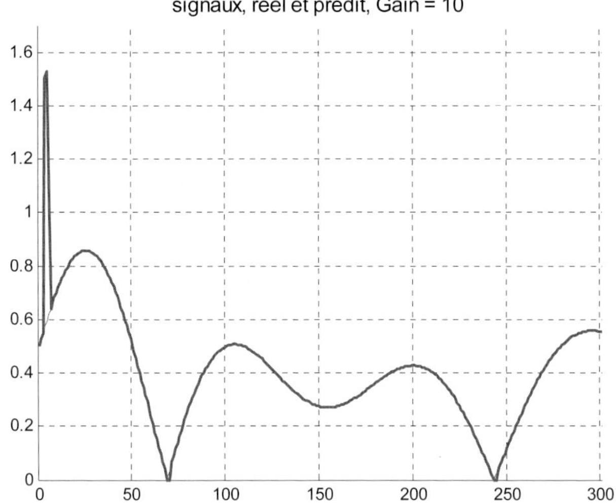


La variance de l'erreur d'estimation de $10^{-9}$ environ, est 20000 fois inférieure à celle obtenue dans le cas où le réseau apprend la simple variation du signal.

Nous observons une très rapide stabilisation des poids du réseau.

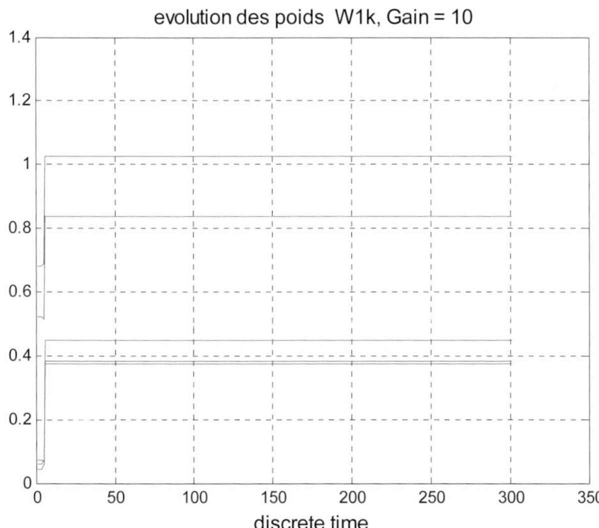

La figure suivante représente l'erreur de prédiction.

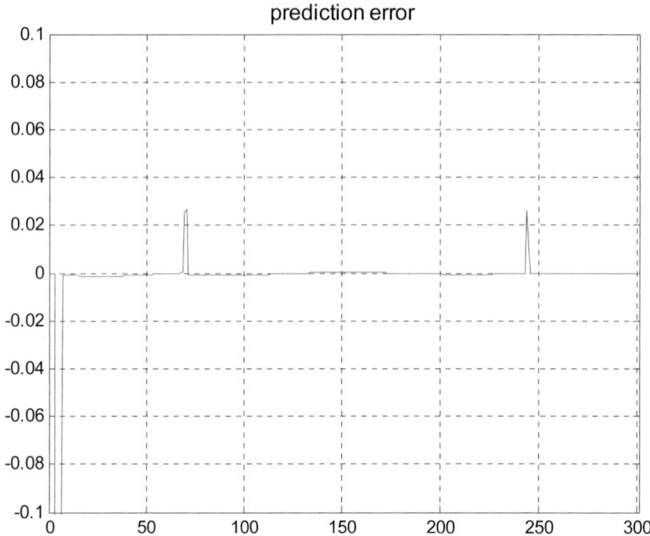

# Références bibliographiques


*M. MOKHTARI, A. MESBAH, « Apprendre et Maîtriser MATLAB », Editions Springer-Verlag Berlin Heidelberg New York, USA, 1997*

*M. MOKHTARI, M. MARIE, « Applications de MATLAB 5 et SIMULINK 2. Contrôle de procédés, logique floue, Réseaux de neurones, Traitement de signal», Editions Springer-Verlag Berlin Heidelberg New York, USA, 1998*

*M. MOKHTARI, « MATLAB 5.2 & 5.3 et SIMULINK 2 et 3 pour étudiants et ingénieurs », Editions Springer-Verlag Berlin Heidelberg New York, USA, 2000*

*M. MOKHTARI, M. MARIE, « Engineering Applications of MATLAB 5 and SIMULINK 3», Editions Springer-Verlag Berlin Heidelberg New York, USA, 2000*

*A. TEWARI, « MODERN CONTROL DESIGN, with MATLAB and SIMULINK» Editions John & Sons, LTD, 2002*

*M. ZELAZNI, « Systèmes asservis : commande et régulation. Tome 2 : Synthèse, Applications, Instrumentation»*

*G. DREYFUS, « Réseaux de neurones, méthodologie et applications», Editions Eyrolles, 2004.*

*A. BIRAN, « MATLAB for Engineers», Editions Addison-Wesley, 1995*

*S. J. CHAPMAN, « MATLAB Programming for Engineers», Editions Brooks/Cole, 2002.*

*P. MARCHAND, « Graphics and GUIs with MATLAB», Editions Chapm an&Hall/CRC, 2003*

*C. BURGAT, « Automatique, Problèmes résolus d'automatique», Editions Ellipses, 2001.*

*V. MINZU, « Commande automatique des systèmes linéaires continus», Editions Ellipses, 2001.*

*P. PROUVOST, « Automatique, contrôle et régulation», Editions Dunod, 2004.*

*M. BROWN, « Neurofuzzy Adaptive Modelling and Control», Editions Prentice Hall International, 1994.*

*C. S. BURRUS, « Computer-Based Exercises for Signal Processing using MATLAB», Editions Prentice Hall International, 1994.*



N. Martaj, M. Mokhtari, *MATLAB R2009, SIMULINK et STATEFLOW pour Ingénieurs, Chercheurs et Etudiants*, DOI 10.1007/978-3-642-11764-0, © Springer-Verlag Berlin Heidelberg 2010

*A. Angot, « Compléments de mathématiques », Editions de la revue d'optique, 1952*

*A. V. Oppenheim, « Digital signal processing », Prentice Hall International, 1975*

*A. Biran, M. Breiner, « MATLAB for Engineers», Addison-Wesley Publishers Ltd., 1995.*

*C. Marven & Gillian Ewers, « A simple approach to Digital Signal Processing», Texas Instruments, 1993*

*C. Johnson, « Process control instrumentation technology», Prentice-Hall International, 1988*

*D. Jaume, « Commande des systèmes dynamiques par calculateur », Eyrolles, 1991*

*E. Diday, J. Lemaire, J. Pouget, F. Testu, « Eléments d'analyse des données », Dunod, Paris, 1982.*

*E. Davalo, Patrick Naïm, « Des réseaux de neurones », Eyrolles, 1990*

*F. Gruau, « Synthèse de réseaux de neurones par codage cellulaire et algorithmes génétiques », Université de Lyon 1, 1994.*

*J. De Lagarde, « Initiation à l'analyse des données », Dunod, Paris, 1983.*

*J.D. Cowan, « Advances in neural information processing system», Ed.Tesauro, Gerald, Alspector, Joshua. Morgan Kaufmann, 1994.*

*J.P. Benzécri, et coll.. Pratique de l'Analyse des données. Analyse des correspondances, exposé élémentaire, Dunod, Paris, 1980.*

*J. C. Gille, M. Clique, « Systèmes linéaires, équations d'état », Eyrolles, 1990*

*K J. Aström, B. Wittenmark, « Computer-controlled systems», Theory and design, Prentice-Hall International Editions, 1984*

*L. Fausett, « Fundamentals of neural networks, architectures, algorithms, and applications»*

*L. B. Jackson, « Digital Filters and Signal Processing», Third Edition, 1996*

*L. Jézéquel, « Active control in mechanical engineering », Hermès, 1995*

*M. Bellanger, « Traitement numérique du signal, Théorie et pratique», Masson, 1996*

*MathWorks, MATLAB référence guide, the MathWorks Inc.*
*MATLAB user's guide, the MathWorks Inc.*

*M. J. Grimble and Michael A. Johnson, « Optimal control and stochastic estimation, Theory and applications », John Wiley & Sons, 1988*

*Arago 14, Logique floue, Observatoire Français des techniques avancées, Editions Masson, 1994*

*B. PORAT, Digital Processing of Random Signals, Theory & Methods, Editions Prentice Hall Information and system sciences series, 1993*

*B. KOSKO, Neural Networks and Fuzzy Systems, Prentice Hall International Editions, 1992*

*H. T. NGUYEN, Theoritical Aspects of Fuzzy Control, Editions John Willey & Sons, Inc., 1995*

*J. B. DABNEY, Mastering SIMULINK, Editions Pearson Prentice Hall, 2004*

# Index

## A



## B



## C

## D



## E

## J



## K



## L



## M



## N



## O

## P



## Q



## R



## S

**T**



**U**



**V**



**W**